Me 163
Raketenjäger

Entwicklung
Technik
Einsatz

Stephen Ransom
Hans-Hermann Cammann

Me 163
Raketenjäger

Entwicklung
Technik
Einsatz

Motor
buch
Verlag

Einbandgestaltung: schreiberVIS, Joachim Schreiber

Ins Deutsche übertragen und bearbeitet
von Martin Benz M. A.

ISBN: 978-3-613-04571-2

Sie finden uns im Internet unter:
www.motorbuch-verlag.de

1. Auflage 2023

Die Originalausgabe erschien 2021 unter dem Titel
„Me 163 Rocket Interceptor“ bei Crécy Publishing Ltd.
Zeichnungen und Farbgrafiken: Arthur Bentley, Tim Brown,
Thomas Tullis und Richard J. Caruana
Kartenmaterial: Colin Woodman

Lektorat: Alexander Burden
Layout, Satz und Prepress: schreiberVIS, Joachim Schreiber, Seeheim
Druck und Bindung: Conzella, 85609 Aschheim-Dornach
Printed in Germany

Einführung und Dank

Dieses Werk, das nun erstmals in deutscher Sprache vorliegt, erschien 2021 im englischen Sprachraum in überarbeiteter und erweiterter dritter Auflage. Erstmals kam es 2002 heraus; die zweite Auflage folgte bereits 2003.

In den vergangenen 20 Jahren nutzten wir die Gelegenheit, den Inhalt wo immer nötig zu ergänzen und bislang unbekanntes Zeichen- und Fotomaterial sowie Erinnerungen weiterer ehemaliger Flugzeugführer hinzuzufügen, die diese als Ergebnis eigener intensiver Nachforschungen beisteuerten. Ihre Namen finden sich in der ebenfalls erweiterten Dankesliste. Leider konnte keiner von ihnen das Erscheinen der vorliegenden Ausgabe noch miterleben.

Stephen Ransom und Hans-Hermann Cammann 2021*

* *A. d. Ü.: Leider verstarb auch Hans-Hermann Cammann im Oktober 2021 wenige Monate nach Erscheinen der dritten englischen und vor Herausgabe der ersten deutschen Ausgabe.*

Einführung zu den Ausgaben von 2002 und 2003 sowie erweiterte Dankesliste

Handelt es sich bei diesem Werk lediglich um ein weiteres Buch, das die Geschichte des Raketenjägers Me 163 nacherzählen will? Die Verfasser hoffen inständig, dass dem nicht so ist. Sie gehen eher davon aus, dass ihre Arbeit die Geschichte des Flugzeugs in einem neuen Licht darstellt, sie unter kritischen und teils widersprüchlichen Gesichtspunkten beleuchtet, mit einigen gängigen Mythen aufräumt und neue Sachverhalte beisteuert, die noch immer nicht zufrieden stellend geklärt werden konnten.

Um das seit Jahrzehnten ungebrochene große Interesse an der Me 163 zu verstehen, wollten die Verfasser den Ursachen dieses Interesses auf den Grund gehen. Sie kamen zum Schluss, dass es sich zum einen um das psychologische Moment handelt, mit dem schon die alliierten Piloten, die diesem Flugzeug begegneten, zu kämpfen hatten – es erschien wie aus heiterem Himmel, war schnell und im Luftkampf kaum zu besiegen. All dies lieferte den Stoff für Geschichten. Zum anderen ist es die Faszination fortgeschrittener Technologie. Letztere kam so richtig erst nach Ende des 2. Weltkriegs ans Licht, als Amerikaner, Briten und Sowjets erbeutete Me 163 – sowie deren Gegenstück, den vielseitiger einsetzbaren Strahljäger Me 262 – testfliegen und ausgiebig untersuchen konnten. Die Ergebnisse wurden in späteren Jahren nach und nach veröffentlicht. Technisch gesehen, leistete die Me 163 auf dem Gebiet der Aerodynamik Pionierarbeit bei der Entwicklung schwanzloser Hochgeschwindigkeitsflugzeuge mit gepfeilten Tragflächen und bei der Verwendung von Flüssigkeitsraketentriebwerken. Erstaunlicher Weise fanden Versuchsflüge mit der Me 163 bereits zu einem Zeitpunkt statt, als man andernorts die aerodynamischen Eigenschaften von Pfeilflüglern noch im Windkanal untersuchte. Im Oktober 1941 stellte das Flugzeug mit über 1000 km/h bereits einen inoffiziellen Weltrekord auf – eine Geschwindigkeit, die die Me 262 erst 1944 erreichte! Dabei sollte man nicht außer acht lassen, dass parallel zur eigenen Maschine Unterbringungsmöglichkeiten für den hochflüchtigen Raketentreibstoff und dem Umgang mit ihm, besondere Piloten-Schutzkleidung, eine Flugausbildung in großen Höhen sowie Funkleitverfahren entwickelt werden mussten. Trotz der beachtlichen Anstrengungen, die man unternahm, um das Flugzeug unter schwierigen Kriegsbedingungen zur Einsatzreife zu bringen, stellte es kein wirklich wirksames Mittel der Luftverteidigung dar. Sein Einfluss auf den Verlauf des Krieges war gering. Nach offiziellen deutschen und alliierten Berichten kam nämlich nur eine sehr bescheidene Zahl an Me 163 gegen die Tagesangriffe der US-Bomberströme und einzelne Aufklärer zum Einsatz. Das auch nur, wenn sich der Feind dem Raum Halle–Leipzig–Merseburg näherte oder sich im Anflug aufs Ruhrgebiet befand. Weit größere Verluste als die Me 163 brachten den US-Bomberströmen konventionelle Jagdflugzeuge vom Schlage der Bf 109, Fw 190 und gegen Ende des Krieges der Strahljäger Me 262 bei; von der Flak einmal ganz abgesehen. Die Me 163-Einheiten konnten nur wenige Luftsiege vermelden. Auch ihre eigenen Einsatzverluste blieben gering. Wenn man deutschen Quellen glauben darf, traf dies entgegen landläufiger Meinung auch auf Unfälle in den Versuchs- und Ausbildungsphasen zu.

Die Tapferkeit und der Mut der Me 163-Piloten sind unbestritten und stehen außerhalb jeder Erörterung. Es waren sie, die bei Versuchsflügen, in der Erprobung oder im Einsatz gegen eine gewaltige Übermacht erfolgreich ein radikales Konzept umsetzten. Nicht minder Anerkennung verdienen die Bodenmannschaften, welche die Maschinen auf die Flüge vorbereiteten – alles andere als eine ungefährliche Angelegenheit. Die Verfasser trafen etliche von ihnen, sowohl Flugzeugführer als auch Flugzeugwarte, die frei von der Leber weg über die damaligen Gegebenheiten und Ereignisse berichteten. An dieser Stelle wollen wir nicht versäumen, den Angehörigen des *Erprobungskommandos 16*, des *Jagdgeschwaders 400* und des *Ergänzungsjagdgeschwaders 2* für die vielfältige Unterstützung zu danken. Dasselbe gilt für die *Traditionsgemeinschaft des JG 400* für die erwiesene Gastfreundschaft bei den Jahrestreffen. Ihre Namen sind weiter unten aufgeführt.

Auch die alliierten Piloten und Besatzungen, die es mit der Me 163 zu tun bekamen und ebensolchen Mut aufbringen mussten, seien nicht vergessen. Zahlreiche persönliche Erinnerungen und Einsatzberichte, verfasst nach der Rückkehr auf ihre

Flugplätze, fanden Eingang in dieses Buch. Diese Bomberbesatzungen erlitten höhere Verluste durch die Me 163 als umgekehrt.

Dieses Buch hätte ohne die großzügige Unterstützung von Peter Achs, Murray R. Barber, Stan D. Bishop, Manfred Boehme, Ian Brown, Sven Carlsen, Kubilay Cavusoglu, Steve Coates, Philippe Couderchon, Fernando D'Amico, Klaus F. Filthaut, Martin Frauenheim, H.J.M. Groeneveld, Günther F. Heise, Jan Arend Hey, Gerold Horn, Karl-Heinz Ingenhaag, Philip Jarrett, Dr. Volker Koos, Karl Kössler, Alfred W. Krüger, Gisela Mayr (Tochter von Dr. Reinhard Opitz), Eric Mombeek, Nigel Moore, Willy Radinger, Philippe Ricco, Helmut Roosenboom, Karlheinz Rohrwild, Dr. Reinhard Sagner, Günter Sengfelder, J. Richard Smith, Daniel M. Sharp, Reinhold Stadler und Marton Szigeti nicht geschrieben werden können.

Diese Luftfahrthistoriker gewährten nicht nur Einblicke in die Ergebnisse jahrelanger sorgfältiger Forschungsarbeit, sondern halfen auch mit sonstigen Informationen weiter, ohne die die Verfasser die umfassende Geschichte der Me 163 nicht hätten zu Papier bringen können.

Die Autoren möchten sich des Weiteren bei den Mitarbeiterinnen und Mitarbeitern des Firmenarchivs von Airbus Defence & Space (früher European Aeronautic & Defence Systems) in Bremen und Ottobrunn, des Bundesarchivs/Militärarchivs in Freiburg, des Deutschen Museums München, des Imperial War Museums in London und Duxford, des Pariser Musée de l'Air, des National Air & Space Museum in Washington D.C. , der National Archives, College Park in Maryland und der National Archives in London (das früherer Public Records Office) für ihre Unterstützung bei der Suche nach Quellenmaterial und dessen Zurverfügungstellung bedanken.

Die Geschichte der Me 163 wäre unvollständig geblieben ohne die persönlichen Erinnerungen und Aufzeichnungen, die Tagebücher und Fotos, mit denen folgende Personen und Institutionen das Werk bereicherten: Gebhard Aders, Edward Andrews (ehemaliger Mitarbeiter der Raketenversuchsanstalt RPE Westcott), Karl-Heinz Bädeker, Steve Blake, Dr. Kurt Braatz. Prof. L.R. Brown, Mark Copeland, Paul M. Crucq, Peter Ebel, Terry A. Fairfield (für die Übernahme von Auszügen aus seinem Buch Riddle's Raiders – A History of the 479th Fighter Group during World War Two), Hans-Jürgen Fischer, Günter Frenzel, Uwe Frömert (für die Erlaubnis, das Flugbuch seines Großvaters zu nutzen), Heinz Fütterer und Bärbel Bode (frühere Mitarbeiterin des historischen DLR-Archivs in Göttingen), Carola Eberhard (Archivarin des Stadtarchivs Böblingen), Christine Greenfield und David Tint (speziell für die Erlaubnis, aus den Tagebüchern von Beverley S. Shenstone zitieren zu dürfen), Julius Hatry, Matthias und Jörg Henkelmann (für die Erlaubnis, Auszüge und Fotos der Familienchronik nutzen zu dürfen), Fred Huntley (Beratender Archivar von British Airways), Heinz Jirousek, Horst Jung, Kornelis Kamphuis, Jürgen Küster (Museum für Kommunikation, Frankfurt a.M.), Günter Klug, Hans-Joachim Lindstädt, Richard P. Lutz jr., Eric Mombeek, Michael Neufeld, die Adam Opel AG Rüsselsheim, Dr. Ingo Niebel, Sarah M. Quinley (geb. Mullins), Rudolf und Michael Opitz, Günther Ott, Huub Ottens, Hans J. Pancherz, Barbara Peters, Peter Petrick. Doris Rangnick (AEG-Archiv, Frankfurt a. M.), Otto Reukauf, Peter Selinger, Holger Sprick, Jerry Scutts, Frank Schimpke, Rolf Schulze, Botho Stüwe, Herbert Thomas, Felix Wander (Deutsches Museum), Hans-Peter Weymar, Ursula Voy und Hans-Ulrich Willbold.

Von der USAAF wollen wir folgende Piloten und Angehörige von Bomberbesatzungen nicht vergessen: Eugene Arnold jr., Ralph M. Brown, Anthony Chardella, J. Ralph Helms, Charles Miller, A. Willard Reese, Stan Soderblom, Joseph K. Waddell, Donald M. Waltz; und von der US Army Marvin L. Freeman, Terry N. Jonethis, Alan H. Murphey, Jonathan Murrman und George Ruhlen.

Des Weiteren stehen wir in der Schuld unserer Freunde, die ihre gesammelten Erfahrungen und Kompetenzen zur Verfügung stellten: Robert Forsyth, der wieder einmal als Herausgeber fungierte, uns auf dem Weg zum gedruckten Buch begleitete sowie uns vor 17 Jahren bei speziellen Nachforschungen viel seiner wertvollen Zeit opferte (als er einen Verlag zu führen hatte und selbst als Autor zu Werke war). Dann Eddie Creek, der uns Zugang zu seinem umfangreichen Archiv gewährte und mit Material unterstützte; Arthur Bentley für seine hervorragenden, sehr detaillierten Zeichnungen sowie Tom Tullis und Richard J. Caruana für die wunderbaren Farbgrafiken; Mark Nelson für die frische und lebendige Buchgestaltung. Nicht zuletzt ein großer Dank an Crécy Publishing (englischer Originalverlag) für die dritte Auflage. Nicht minderen Dank schulden wir Stephanie June Ransom, die die von Hans-Hermann Cammann geschriebenen Kapitel, viele deutsche Dokumente, die Erinnerungen deutscher Piloten und weitere Quellen ins Englische übersetzte sowie uns beim Erstellen des Manuskripts tatkräftig unterstützte.

Stephen Ransom und Hans-Hermann Cammann
2021

Hinweise: Erklärende Fußnoten zum Inhalt finden sich am Ende jedes Kapitels. Die in Klammern stehenden blauen Ziffern sind hingegen Quellenangaben und werden im Fußnoten-Quellennachweis ab Seite 466 aufgeschlüsselt.

Der Übersichtlichkeit halber wurden in Abkürzungen geschriebene englische Luftwaffendienstgrade (z. B. *P/O = Pilot Officer*, Leutnant) in der Regel mit den entsprechenden deutschen Dienstgraden wiedergegeben. Ein Rangvergleich findet sich auf Seite 475.

Angloamerikanischen Längen-, Breiten- und Höhenangaben in Berichten britischer und amerikanischer Flieger (*feet, yards, miles*) wurden die groben Entsprechungen in Meter oder Kilometer in Klammern nachgestellt, um dem Leser ein ständiges Umrechnen zu ersparen.

Vorwort von

Otto Böhner

Ehemals Staffelkapitän der 2./JG 400*

Es hat mich sehr gefreut, dass Stephen Ransom und Hans-Hermann Cammann ein Buch über den Raketenjäger Me 163 geschrieben und mich um ein Vorwort dazu gebeten haben. Die Anfrage der Verfasser ließ Erinnerungen wach werden, die über 60 Jahre zurückliegen. Es war Weihnachten 1942 auf dem Kriegsschauplatz Nordafrika. Die Amerikaner waren in West-Marokko gelandet und das Deutsche Afrikakorps unter Feldmarschall Rommel hatte sich vor den Engländern zurückziehen müssen. Unsere wichtige Stellung in Tunesien musste unter allen Umständen gehalten werden. Der Feind hielt jedoch mit der Kontrolle des Mittelmeers und der Nachschubwege sämtliche strategischen Trümpfe in der Hand.

Als Technischer Offizier war ich für Wartung und Versorgung unserer Jagdstaffel verantwortlich. Mit der Erkenntnis, dass es nichts mehr für mich zu tun gab und mein einsamer Kampf um Versorgungsgüter aussichtslos war, hatte ich eine bittere Pille zu schlucken.

Damals besuchte uns Oberst Galland und ich ergriff die Gelegenheit, um die Versetzung in einen neuen Verantwortungsbereich zu bitten, etwa zu einem Projekt, bei dem neue Flugzeuge erprobt wurden. Knapp ein halbes Jahr später wurde mein Antrag bewilligt. Ich verließ Afrika mit dem letzten Flugzeug der Staffel und buchstäblich dem letzten Tropfen Benzin.

In Peenemünde beschäftigte sich ein Erprobungskommando mit einem legendären Projekt, das später als *Komet* bekannt werden sollte. Völlig neue Verfahren hatten die Gewinnung von hochkonzentriertem Wasserstoffperoxid ermöglicht, das sich als Treibstoff für Turbinen und Raketen verwenden ließ.

Alexander Lippisch hatte mit der Ausführung A ein prächtiges und höchst elegantes Kleinflugzeug mit einfachem Raketentriebwerk entwickelt sowie das noch schnellere Jagdflugzeug, die so genannte heiße Variante. Die Grenzen des Entwurfs musste man jedoch immer im Hinterkopf behalten. Der Nurflügler konnte die Schallmauer nicht durchbrechen, obwohl es die Leistung seines Raketentriebwerks durchaus ermöglicht hätte. Ein weiteres Problem war die Höhe. Hier lagen die Schwächen im menschlichen Bereich, zumal der Flugzeugführer in Höhen über 12.000 m nicht mehr handlungsfähig war. Es gab weder eine druckbelüftete Kanzel noch einen Druckanzug, wie er bei heutigen Kampfpiloten zum Standard gehört.

Herkömmliche Bewaffnung hatte sich wegen dem riesigen Geschwindigkeitsunterschied zwischen Flugzeug und Ziel überdies als ungeeignet erwiesen. Die Kanonen wurden durch eine Senkrechtbewaffnung mit Raketen in den Flächen ersetzt, die ein optischer Sensor selbsttätig auslöste, sobald sich der Jäger unter einem Feindflugzeug befand und dessen Schatten auf ihn fiel.

Start und Landung waren wegen des instabilen und hochexplosiven Treibstoffs die gefährlichsten Augenblicke. Leider kam es dabei zu den meisten Unfällen. Trotz allem war das Fliegen mit dem „Raketenfloh“ (Kunstflugmanöver eingeschlossen) eine wunderbare Erfahrung. Vielleicht sahen einige Flugzeugführer darin den Weg zur Raumfahrt und dass dies der Anfang war.

Die Verfasser werden erzählen, wie es weiterging und wie viel neue Technologie zur Lösung all der Schwierigkeiten erforderlich war, die ich nur angerissen habe.

Ich wünsche ihnen mit dem Buch den größtmöglichen Erfolg.

Vorwort von

Reinhard Opitz

Ehemals Staffelkapitän der 7./JG 400*

Die Me 163 war ein faszinierendes Flugzeug. Vor fast 60 Jahren, im Sommer 1944, unternahm ich meinen ersten Flug mit der Me 163 B (die Me 163 A habe ich nie geflogen) und war begeistert von den Flugeigenschaften dieses von Lippisch entwickelten Typs. Zunächst beobachtete ich einige Flugzeugstarts mit dem Walter-Raketentriebwerk, das ziemlich laut war – um nicht zu sagen ohrenbetäubend, und ich machte völlig neue Erfahrungen. Ich kann mich erinnern, dass die ersten Tage in dieser Umgebung wie im Rausch vergingen. Die Gefühle beim ersten Start mit Raketentriebwerk lassen sich kaum beschreiben. Als junger Mann hatte ich mich zur Luftwaffe gemeldet um Pilot zu werden, und nun erlebte ich Fliegen in einer bislang unbekannten Dimension.

Noch wenige Monate zuvor hätte ich jeden der Lüge bezichtigt, der mir von einem Flugzeug ohne Propeller erzählt hätte, das schneller flog als das schnellste bekannte Jagdflugzeug. Ein General (der Luftwaffe!) fragte mich einst anlässlich der Besichtigung des Erprobungskommandos 16 in Brandis, ob die Me 163 nur eine Luftschraube habe (er meinte den Propellerantrieb für die Lichtmaschine!)

So war es damals: zum Teil Geheimhaltung, zum Teil Unwissen bis in die höchsten Ränge. Auf Erprobungsplätzen und in Firmen probierte man eine Sache nach der anderen aus, um die zahlenmäßige Überlegenheit der amerikanischen Bomber und ihrer Begleitschutzjäger bei den Tagesangriffen auf Deutschland zu brechen. Ab 1944 beherrschten sie den Luftraum über dem Deutschen Reich und warfen täglich fast ungehindert ihre tödlichen Lasten ab.

Zu dieser Zeit hatte die Me 163 mit ihrem variablen Walter-Raketentriebwerk einen technischen Entwicklungsstand erreicht, der Einsätze gegen Bomberverbände gestattete oder zumindest versuchen ließ. Flugzeug, Triebwerk und Bewaffnung waren jedoch noch nicht vollständig einsatzreif. Start mit abwerfbarem Fahrgestell, Landung auf einer Kufe und der folgende zeitraubende und aufwändige Transport des Flugzeugs zu den Treibstofftanks nebst Betanken mit C- und T-Stoff unter strengsten Sicherheitsvorkehrungen – all dies stand einem schnellen und sicheren Einsatz der Me 163 entgegen. Die damaligen Piloten scherten sich nicht um die Schwierigkeiten. Alle, die am Projekt Me 163 mitarbeiteten, Konstrukteure, Techniker, Soldaten, unsere Flugzeug-, Waffen und Munitionswarte und wir Flugzeugführer taten alles Menschenmögliche, um dieses Projekt zum Erfolg zu führen. Innerhalb von Tagen oder wenigen Wochen wurden Dinge erreicht, die man sich heute kaum noch vorstellen kann. Jeder von uns wurde täglich mit der Notwendigkeit konfrontiert, die Zahl der Feindflugzeuge über Deutschland zu verringern oder sie an ihrem Tun zu hindern, sowie mit der Frage, wie dies zu erreichen sei. Von der Me 163 B wurden letztlich nur wenige Feindflugzeuge abgeschossen, was keinen Einfluss auf den Ablauf der Ereignisse hatte.

Dank Stephen Ransom und Hermann Cammann wurde eine Menge an Informationen über die Me 163 und die Menschen, die mit ihr zu tun hatten, zusammengetragen und nun veröffentlicht. Bei ihren Forschungen entdeckten sie Dokumente, die bislang – zumindest in Deutschland – kaum zugänglich waren. Dies verdeutlicht die Schwierigkeiten, über Dinge zu schreiben, die sich vor über 60 Jahren abspielten. Ich wünsche dem Werk großes Interesse und Aufmerksamkeit bei der Leserschaft.

Vorwort von

Hans Bott

Ehemals Me 163-Pilot der 1./JG 400

Ich danke den Verfassern, die mich einluden, ein Vorwort für dieses Buch zu schreiben, in dem sie nach intensiven, besonders umfangreichen Nachforschungen wohl die korrektesten Erfahrungen über Flüge und Einsätze mit der Me 163 mitteilen.

1941, als Gefreiter, erhielt ich meine Ausbildung in Warnemünde bei der Flugzeugführerschule A/B 10. Dann wurde ich Fluglehrer, obwohl es mein Wunsch war, bald an die Front zu kommen. 1943, zusammen mit weiteren drei Piloten ohne Fronterfahrung – Lt. Medicus, Lt. „Mano" Ziegler, Fw. Schametz – wurde ich für das Erprobungskommando 16 ausgewählt. Nach einer Jagdflieger-Kurzausbildung im Oktober beim JG 106 in Lachen-Speyerdorf und beim JG 104 in Fürth kam ich im November 1943 nach Bad Zwischenahn.

Was für ein Erlebnis, die Me 163 fliegen zu dürfen! Nach mehreren Starts mit Segelflugzeugen, zuletzt mit dem *Stummelhabicht*, erfolgten Schleppflüge mit der 163 A. Man hätte sie mit dem kleinen Finger steuern können, man konnte sich im Kunstflug austoben, konnte das Landekreuz vor der Landung mit hoher Geschwindigkeit im Tiefflug annehmen und zum Aufschwung hochziehen. Dann der erste scharfe Start, danach Schleppflüge mit der Me 163 B. Oft hieß es warten, weil nur wenige Maschinen vorhanden waren.

Nachdem ich der 1./JG 400 zugeteilt war, kam in Wittmundhafen der erste scharfe Start mit Halblast, wobei in etwa 9000 m Höhe im fast senkrechten Steigflug bei 800 km/h die Treibstoffe zu Ende gingen. Es gab nur wenig Gelegenheit für weitere Flüge, denn es fehlten Maschinen. Bei einem Schießlehrgang im dänischen Kastrup wurde ich vor allem mit dem richtigen Vorhaltewinkel bekannt gemacht. Später, in Brandis, gab ich als Schießoffizier Unterricht. Unser erfolgreichster Kamerad, Fw. Schubert, bestätigte mir, wie nützlich es für ihn war, den richtigen Vorhaltewinkel zu erspüren.

Im Sommer 1944 wurde die 1./JG 400 nach Brandis verlegt. Bis auf zwei Monate Unterbrechung nach meinem Unfall im Oktober habe ich alles bis zum Ende miterlebt. Ahnten wir, wussten wir, wie hoffnungslos es war, bedeutende Erfolge erzielen zu können? Wir erkannten es, haben kaum darüber gesprochen. Alles jedoch wurde verdrängt durch das abenteuerliche Erlebnis, die Me 163 fliegen zu dürfen. Man fürchtete wohl die Gefahren, erlebte sie auch, vor allem, wenn das Triebwerk ausfiel. Durch intensives Nachdenken musste man vorbereitet sein, um automatisch reagieren zu können, wenn der große Vogel zur Bestie wurde, denn zum Überlegen hatte man keine Zeit. Jedoch, wenn wir ungewollt bei 960 km/h die Schallgrenze erreichten, bäumte sich die Maschine auf, schüttelte sich, so dass das Triebwerk augenblicklich aussetzte. Eine geringe Erhöhung der Fahrt hätte die 163 auseinander brechen lassen, wie es wohl bei der Me 262 die Ursache für mysteriöse Unfälle war.

Es ist die Tragik der Me 163, dass man von den fantastischen Flugeigenschaften so beeindruckt war und dadurch die Erkenntnis ihrer Unzulänglichkeit für den Einsatz verdrängte – neun anerkannte und einige nicht bestätigte Abschüsse gegenüber einem Riesenaufwand an Menschen und Material!

* Die Vorworte von Otto Böhner und Reinhard Opitz lagen leider nicht mehr im Original vor und mussten rückübersetzt werden.

Die Verfasser

Stephen Ransom wurde im englischen Oxfordshire geboren und studierte an der Universität Salford Luftfahrttechnik. Bei der British Aircraft Corporation in Warton/Lancashire schloss er die Ausbildung zum Ingenieur ab und arbeitete dort im Büro für fortschrittliche Technologien, bevor er 1976 nach Deutschland zog. Bei der Firma ERNO Raumfahrttechnik in Bremen beschäftigte er sich mit dem Spacelab-Programm, um dann wieder zur Luftfahrtindustrie zu stoßen. Bei den Vereinigten Flugtechnischen Werken und bei MBB in Bremen arbeitete er von 1979 bis 1983 in der Entwicklungsabteilung für Sonderprojekte. Danach wechselte er wieder zur Raumfahrtindustrie und arbeitete in Bremen in der Entwicklungsabteilung für Raumfahrzeuge zur Planetenforschung. Anschließend führte ihn sein beruflicher Weg nach Wien zur Liquifer Systems Group, wo er als Planungsingenieur eine Reihe internationaler Projekte betreute. Sein lebhaftes Interesse an der deutschen und britischen Luftfahrtgeschichte brachte vier Bücher hervor: Zusammen mit Robert Fairclough schrieb er *English Electric Aircraft and their Predecessors* (Putnam 1987); dann *Zwischen Leipzig und der Mulde, Flugplatz Brandis 1935–1945* (Stedinger Verlag 1996), um sich dann zusammen mit Hans-Hermann Cammann der umfassenden, in zwei Bänden erschienenen Geschichte der Me 163 zu widmen: *Me 163 Rocket Interceptor* (Classic Publications 2002 und 2003). Als führender Co-Autor trat er bei *Junkers Ju 287 Germany's Forward Swept Wing Bomber* (Classic Publications 2008) in Erscheinung. Die vorliegende, überarbeitete und ergänzte Dokumentation zur Me 163 ist, wenn man so will, sein fünftes Buch.

Hans-Hermann Cammann (1969–2021) wuchs in Celle in der Lüneburger Heide auf. Als Kind und Jugendlicher verfolgte er interessiert das Hobby seines Vaters, der Flugzeugmodellbau und -flug betrieb. Die Vorführung eines Modells der Me 163 B bei einem Flugtag beeindruckte den 15-jährigen dermaßen, dass er Mano Zieglers Klassiker *Raketenjäger Me 163* (Erstauflage Motorbuch Verlag 1961) buchstäblich verschlang. Das Interesse an der Me 163 ließ ihn nie mehr los und ab dem 19. Lebensjahr besuchte er ab 1988 regelmäßig die in Bad Zwischenahn oder Berlin stattfindenden Jahrestreffen ehemaliger Angehöriger des Erprobungskommandos 16 und des Jagdgeschwaders 400.

Im Lauf der Zeit entwickelte sich eine Freundschaft mit Wolfgang Späte, ehemals Geschwaderkommodore des JG 400 und Verfasser von *Der streng geheime Vogel* (Erstauflage Verlag für Wehrwissenschaften 1983, ein weiterer Me 163-Klassiker). Die Freundschaft mit Wolfgang Späte gipfelte in der Ernennung Hans-Hermann Cammanns zum „Chefarchivar des JG 400".

Auf Vorschlag von Stephen Ransom, der seinerzeit intensive Forschungen zur Geschichte des Flugplatz Brandis betrieb, beteiligte er sich als Mitverfasser an dessen englischsprachigen Werken zur Me 163.

Hans-Hermann Cammann war aktiver Offizier der Bundeswehr.

Dieses Buch ist dem Andenken von
Hans-Hermann Cammann gewidmet.

Ins Deutsche übertragen und bearbeitet
von Martin Benz M. A.

Inhalt

Ein Flugsamen namens Zanonia Macrocarpa

Schwanzlose Flugzeuge

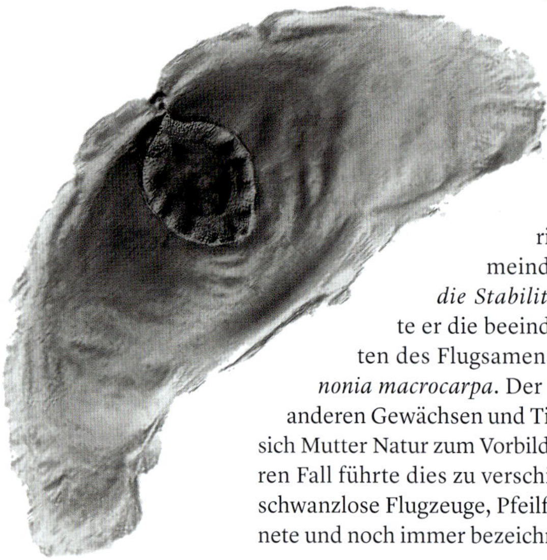

Oben: Auf die hervorragenden Strömungseigenschaften des Flugsamens der Java-Gurke (*Zanonia macrocarpa*) wurden die ersten Flugpioniere durch eine 1897 veröffentlichte Arbeit des Hamburger Gymnasiallehrers Friedrich Ahlborn aufmerksam. Die Spannweite des Flugsamens beträgt etwa 15 cm.

IM JAHR 1897 rüttelte der Aufsatz eines gewissen Friedrich Ahlborn die noch kleine Gemeinde Flugbegeisterter auf. In *Über die Stabilität der Drachenflieger* schilderte er die beeindruckenden Gleitflugeigenschaften des Flugsamens der Java-Gurke, botanisch *Zanonia macrocarpa*. Der flügelartige Samen regte, neben anderen Gewächsen und Tieren, viele Flugpioniere dazu an, sich Mutter Natur zum Vorbild zu nehmen. In diesem besonderen Fall führte dies zu verschiedenen Entwürfen, die man als schwanzlose Flugzeuge, Pfeilflügler oder Deltaflügler bezeichnete und noch immer bezeichnet.

Deutschland – Österreich

Der 39-jährige Friedrich Ahlborn unterrichtete 1897 Biologie am Johanneum, einem humanistischen Hamburger Gymnasium (und nebenbei das älteste der Hansestadt). Privat beschäftigte er sich mit der Erforschung der Bewegungsarten von Vögeln und Fischen in ihrer natürlichen Umgebung. Während eines früheren Besuchs im botanischen Garten von Buitenzorg (Bogor) auf der Insel Java, hatte er den Flug der halbmondförmigen, handgroßen *Zanonia*-Samen studiert. In seinem 1897 veröffentlichten Aufsatz schrieb er sinngemäß: (1) „Ihr Flug ist herrlich gleichmäßig und stabil. Ganz gleich, wie sie vor dem Fall auch hingen, gehen sie überraschend schnell in den normalen Flugzustand über." Ahlborn hatte nach seiner Rückkehr von Java dem Flugpionier Otto Lilienthal sogar vorgeschlagen, deren wichtigstes Merkmal zur Stabilisierung seiner Flugapparate zu übernehmen – die sich aus einer negativen Wölbung und dem Anstellwinkel der Spitzen ergebende Flügel-Schränkung. Der Vorschlag fand jedoch keine Berücksichtigung, zumal Lilienthal bald darauf starb: Der Flugpionier stürzte am 9. August 1896 bei Stölln am Gollenberg ab und erlag tags darauf seinen schweren Verletzungen. (2) Als Unfallursache gilt eine thermische Ablösung seines Flugapparats, nicht aber ein Konstruktionsfehler.

1898 bekam Ahlborn Besuch von Igo Etrich und dessen Partner Franz Wels, die in Berlin Flugapparate aus der Hinterlassenschaft Lilienthals kauften und von Ahlborns Veröffentlichung gehört oder sie gelesen hatten. Igo Etrich und sein Vater Ignaz waren sozusagen in die Fußstapfen Lilienthals getreten und hatten ihrerseits schon Segelflugapparate gebaut. Ahlborn notierte über den Besuch und nachfolgende Ereignisse: (1) „Die Herren hatten meine Arbeit gelesen und erklärten, sie hätten die Absicht, ebenfalls einen Flugapparat zu bauen, wozu sie meinen Rat einholen wollten. Wir kamen überein, zusammenarbeiten zu wollen, aber dies wurde nicht schriftlich niedergelegt. Sie behaupteten, keine Zeit für das Abfassen einer schriftlichen Vereinbarung zu haben. Gemäß unserer »Absprache unter Ehrenmännern« übergab ich ihnen mein Modell des Zanonia-Samens, erklärte ihnen dessen einzelne Merkmale und fügte hinzu, der Auftrieb ließe sich durch Hinzufügen eines Parallelprofils zwischen den symmetrischen Hälften des Flügelsamens unter Beibehaltung der Form steigern. Nach der Rückkehr in Herrn Etrichs Heimatort Oberaltstadt bei Trautenau in Böhmen, baute Herr Wels den ersten Flügel nach Zanonia-Prinzip nach den von mir bereitgestellten Auskünften und flog ihn kurz danach mit Erfolg, wobei er Lilienthals längste Flugstrecke überbot. Zuvor hatte ich dargestellt, dass ich aufgrund der

Friedrich Ahlborn (geb. 1858 in Göttingen, gest. 1937 in Hamburg) studierte an der Universität Göttingen Zoologie, war danach Assistent am Göttinger Zoologischen Institut und trat 1884 eine Lehrstelle am Realgymnasium des Johanneum in Hamburg an. Dort wurde er 1903 zum Gymnasialprofessor ernannt. Ahlborn war Mitbegründer der Hamburger Gesellschaft für Aeronautik und Mitglied des Technischen Ausschusses. Von 1916–1918 leitete er die Hydrodynamische Versuchsanstalt der Flugzeugmeisterei Adlershof bei Berlin. Nach dem Krieg kehrte er nach Hamburg zurück, wo er als Pensionär Aerologie studierte.

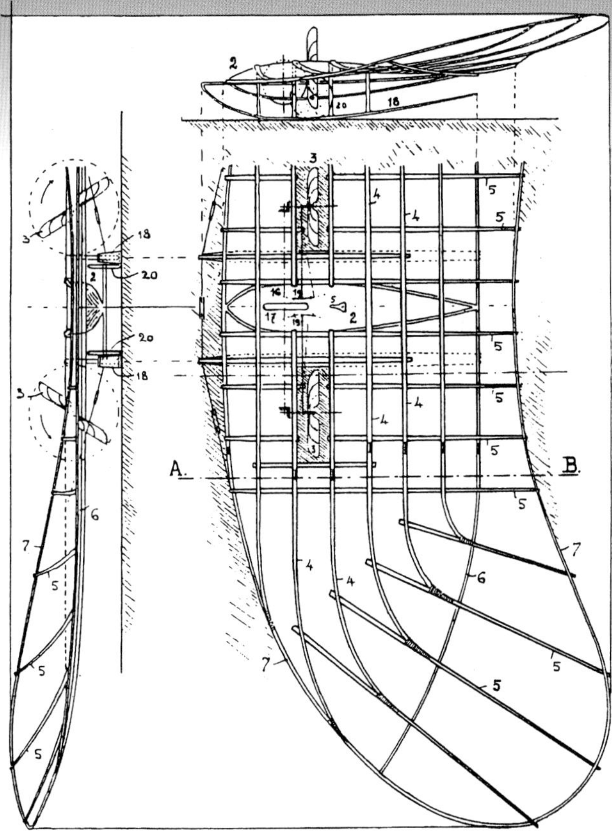

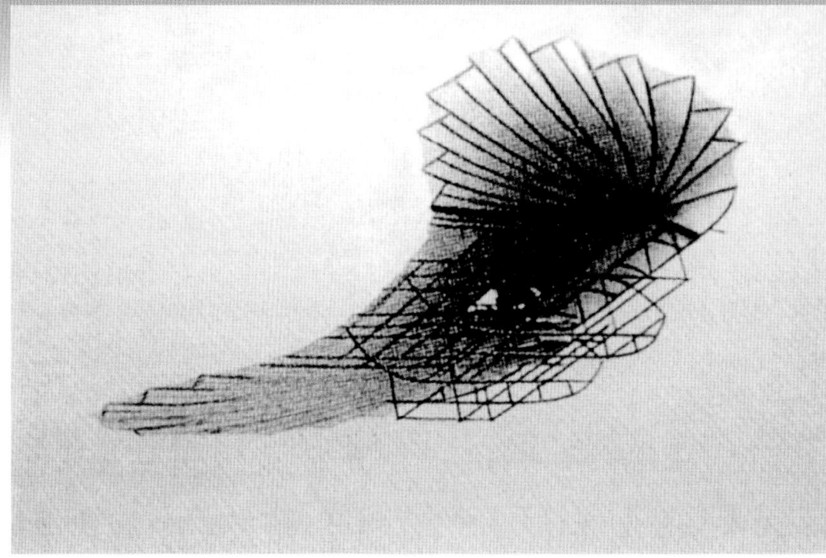

Oben und links: Der erste Etrich-Gleiter, der eine Person tragen konnte, wurde von Partner Franz Wels gebaut und 1905 bei Trautenau im österreichischen Teil Schlesiens geflogen. Im selben Jahr erhielt Etrich das Patent für eine motorgetriebene Ausführung mit gebogenen Zanonia-Flächen (links).

Veröffentlichung meiner Arbeit kein deutsches Patent beantragen könne. Herrn Etrich aber gelang es, ein Patent des Zanonia-Flügels für Österreich zu erwerben, von dem er behauptete, er sei der alleinige Erfinder und in dem er über Zanonia kein Sterbenswörtchen verlor.

Auf meinen Einspruch hin erwiderte Herr Etrich, er hätte dies lediglich aus Zeitgründen getan und versicherte, das Patent sei Teil unserer Übereinkunft. Die Weiterentwicklung des Flugapparats erfolgte in Wien, wo ich anlässlich eines Vortrags beim Kaiserlichen Automobilklub meinen Zusammenschluss mit den Herren Etrich und Wels ankündigte. Herr Illner, der Nachfolger Wels', flog den verbesserten Flugapparat wenig später." Die von Friedrich Ahlborn beschriebenen Vorgänge spielten in der Zeit von 1903 bis 1909.(3,4) Der erste Gleiter hatte 6 m Spannweite und wog 20 kg; im Jahr 1903 führte er Gleitflüge bis zu 1000 m durch. Der zweite Gleiter mit etwa 10 m Spannweite war 1905 fertig. Wels flog ihn 1906 über Distanzen bis 250 m. Im Frühjahr 1908 zog Etrich nach Wien und baute ihm dort einen 24 PS leistenden Antoinette-Motor ein, der den Druckpropeller antrieb. Karl Illner flog das Gefährt im Sommer 1909 in Steinfeld bei Wiener Neustadt. Es folgten weitere Flüge mit anderen schwanzlosen Flugapparaten mit Zanonia-Flächen, deren Zugpropeller ein 40 PS leistender Clerget-Kreiskolbenmotor antrieb. Im Sommer 1909 gab Etrich das Schwanzlos-Prinzip auf und wandte sich mit Unterstützung Karl Illners der Entwicklung konventioneller Flugzeuge zu, die aber weiterhin Zanonia-Flächen bekamen, und unter dem Namen „Taube" Bekanntheit erlangten.

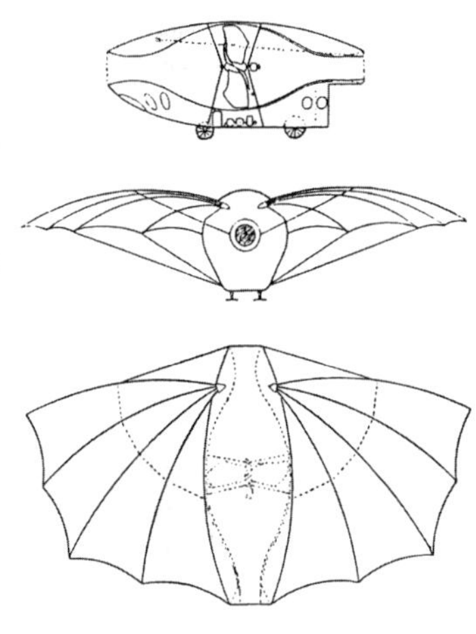

Der in München lebende Salzburger Gustav Koch (geb. am 04.12.1843) baute in den 1880er-Jahren Modelle und schrieb Zeitschriftenbeiträge und Bücher zum Thema Luftfahrt. In *Der freie menschliche Flug als Vorbedingung dynamischer Luftschiffahrt* (erschienen 1891) beschrieb er einen von einem liegenden Piloten gesteuerten Hanggleiter. Dieser sollte von einem Ballon auf große Höhe gebracht werden, ausklinken und hinab zur Erde gleiten – was John Montgomery, Physik-Professor an der kalifornischen Santa-Clara-Universität, 1905 vorführte. 1893 konstruierte Koch ein Luftschiff und unterbreitete dem *Verein zur Förderung der Luftschiffahrt* mehrere Vorschläge zum Bau schwanzloser Flugzeuge mit Mantelgebläse, eines motorgetriebenen Dreideckers (1896) sowie eines Doppeldeckers mit Schaufelrad-Propeller. Auf der *Allgemeinen Deutschen Sport-Ausstellung* in München 1899 erhielt Gustav Koch die Silbermedaille für Flügelkonstruktionen.

Dr.-Ing. E. h. Ignaz Igo Etrich (geb. 1879 in Oberaltstadt bei Trautenau/Riesengebirge, gest. 1967 in Salzburg) baute zusammen mit Franz Xaver Wels einen Nurflügel-Gleiter nach Vorbild des Flugsamens der Java-Gurke. Der rumpf- und schwanzlose Gleiter erhielt später einen Motor und wurde 1909 in Wiener Neustadt vorgeführt. Daraus entstand die Etrich II „Taube" mit Rumpf, welche die deutschen Rumpler-Werke in Lizenz als „Rumpler-Taube" nachbauten. Etrich gründete im Februar 1912 im schlesischen Liebau die Etrich-Flieger-Werke und 1914 die Brandenburgischen Flugzeugwerke in Brandenburg-Briest, später in Hansa- und Brandenburgische Flugzeugwerke umbenannt. Nach dem Krieg ging Etrich ins mittlerweile tschechisch besetzte Trautnau zurück und entwarf 1929 ein weiteres Flugzeug. Da dieses schneller als alle damaligen tschechischen Militärflugzeuge flog, beschlagnahmten es die tschechischen Behörden, worauf Igo Etrich alle weiteren Arbeiten auf dem Gebiet der Luftfahrt einstellte.

José Weiss beim Handstart eines Modellgleiters irgendwo in den Hügeln der Sussex Downs. Im ersten Jahrzehnt des 20. Jahrhunderts baute Weiss über 200 solcher Segelflugapparate.

Großbritannien

Etwa um die Jahrhundertwende wurden auch wissenschaftliche Kreise in Großbritannien auf Ahlborns Aufsatz aufmerksam. Mit Sicherheit gelangte ein Abzug zur *Aeronautical Society*. Allerdings scheint sich nur der Flugpionier John William Dunne auf ihn bezogen zu haben, wobei auch Frederick Handley Page über José Weiss – allesamt aktive oder spätere Mitglieder der *Aeronautical Society* – von der Arbeit Kenntnis erhalten haben dürfte. Weiss, ein französischer (oder Elsässer) Ingenieur und Landschaftsmaler mit Wohnsitz Houghton House bei Amberley/Sussex[1] hatte zwischen 1902 und 1907 (5 – 7) Versuche mit rund 200 Modellen verschiedener Größe unternommen. Berichten zufolge ging deren besondere Flächenform auf kreisende Adler zurück, die Weiss 1870 als Junge in den Tiroler Bergen beobachtet hatte. Diese Flächenform ähnelte stark dem Zanonia-Flugsamen – halbmondförmige Vorderkanten und nach oben gerichtete pfeilförmige Spitzen, wobei Flächenwölbung und -dicke hinter der Mittellinie abnahmen. Diesen Tragflügelentwurf sicherte sich Weiss im 1908 veröffentlichten *British Patent No. 17, 150*. Das erste Weiss'sche Gleiter-Modell im Maßstab 1:1 namens „Olive" (benannt nach einer Tochter von Weiss) brachten Eric Gordon England, Graham Wood und andere 1908 und 1909 in Amberley erfolgreich in die Luft.[2] Dieser Erfolg ermutigte Weiss zum Bau eines zweiten, ganz ähnlichen, aber motorgetriebenen Modells namens „Madge" (eine weitere Tochter). Das schwanzlose Flugzeug trieb zuerst ein JAP- und dann ein Dreizylinder-Anzani-Motor zu 12 PS für zwei Druckschrauben an. Die Erprobung fand im Winter 1908/1909 auf dem von Noel Pemberton Billing in Farmbridge/Essex eingerichteten Flugfeld statt, doch das Ding wollte einfach nicht in die Luft. Nichtsdestoweniger stellte man es im März 1909 auf der *Aero & Motor Boat Show* in Olympia bei London aus. Und zwar auf dem Stand von Handley Page, seines Zeichens Anteilseigner der am 10. Juni 1908 gegründeten *Weiss Aeroplane and Launcher Syndicate Ltd*. Mit Weiss hatte Handley Page die formlose Vereinbarung getroffen, das nächste Flugzeug mit strukturell verbesserten Flächen auszustatten, wofür er im Gegenzug das Weiss'sche Patent für eigene Entwürfe nutzen durfte. (1909 baute Handley Page einen Gleiter in so genannter Entenbauweise, dessen Flügel und Vorderflügel starke Ähnlichkeiten mit den Weiss-Flächen aufwiesen. Man brachte den Apparat zu Versuchszwecken nach Creekmouth an der Themse, aber fliegen tat er nie).

Den letzten seiner motorisierten Apparate baute Weiss 1910 mit der „Elsie", die über eine einzelne Druckschraube und einen 25 PS leistenden Dreizylinder-Motor von Warren-Simpson verfügte. Man brachte „Elsie" nach Brooklands/Surrey, wo sie der Artist Gerald Leake fliegen sollte. Doch es gibt keinen Beweis, dass dies jemals gelang. Auf „Elsie" folgte „Sylvia", die Gordon England 1910 in Brooklands in die Luft brachte. Das Schlusslicht der schwanzlosen Flugapparate bildete der 1911 gebaute „Joker" (Spitzname eines Sohnes von Weiss), und auch er flog. Fast alle Flugzeuge, die Handley Page bis zum Ausbruch des 1. Weltkriegs baute, seien es Ein- oder Doppeldecker, wiesen Flügelformen nach dem Weiss'schen Patent auf. (7) Weiss starb 1919 im Alter von 60 Jahren.

Während Weiss bei seinen fliegerischen Experimenten die Öffentlichkeit nicht scheute, schottete sich John William Dunne – zumindest anfänglich – vollkommen ab. (6, 8) Wie Weiss hatte Dunne zuerst mit kleinen Modellen und verschiedenen Flächenformen experimentiert, die er aus steifem Briefpapier herstellte und mit gewöhnlichen Stiften beschwerte. Dunne (siehe Kurzlebensläufe S. 420) hatte sich für das Flugwesen zu interessieren begonnen, als er sich von einer Krankheit erholte, die er sich 1900 während seiner Dienstzeit beim Wiltshire-Regiment in Südafrika eingefangen hatte. Als er 1902 wieder diensttauglich geschrieben wurde, übergab er seine Aufzeichnungen dem bekannten Schriftsteller H. G. Wells (*Die Insel des Dr. Moreau, Der Krieg der Welten, Die Zeitmaschine* usw.), zu dem sich während der Genesungsphase eine enge Freundschaft entwickelt hatte. 1903 bekam Dunne einen Rückfall und wurde heimkrank geschrieben, d. h. zur Erholung nach Hause geschickt. Da sich die Krankheit mittlerweile auf's Herz geschlagen hatte, war er nur noch eingeschränkt dienstfähig und wurde bei halber Löhnung als Hauptmann in die Reserve versetzt. So fand er wieder Zeit für seine Experimente, wozu ihn Wells ausdrücklich ermutigte. Nebenbei baute Dunne seine Beziehungen zu bekannten Persönlichkeiten, die sich ebenfalls für das Flugwesen interessierten – darunter Sir Hiram Maxim, Erfinder des modernen Maschinengewehrs – weiter aus und wurde von ihnen gefördert. So soll ihm Maxim eine seiner Fabrikhallen für Versuchs-

José Weiss (geb. 1859 vermutlich in Paris, gestorben 1919 in Amberley/Sussex) arbeitete als Ingenieur und Landschaftsmaler in England. Er unternahm verschiedene Flüge mit schwanzlosen Gleitern und baute ab 1907 motorgetriebene Flugapparate, die er nach seinen zahlreichen Kindern benannte. 1908 erhielt er das britische Patent für den von ihm entwickelten halbmondförmigen, biegsamen Flügel. Zur Finanzierung seiner Arbeiten gründete er am 10. Juni 1908 das *Weiss Aeroplane and Launcher Syndicate*. Nach Ausbruch des 1. Weltkriegs stellte Weiss als bekennender Pazifist die Arbeit an Flugzeugen ein und widmete sich ganz der Malerei, wobei seine Ölgemälde insbesondere in den USA viele Käufer fanden.

José Weiss (rechts) benannte seine Flugapparate nach seinen zahlreichen Töchtern. Die beiden Druckschrauben des Eindeckers „Madge“ trieb ein einzelner Motor an; die Spannweite betrug 34 Fuß (10,36 m). Flugversuche auf dem Flugplatz Fambridge scheiterten. Gerald Leake (links) kaufte mit „Elsie“ eine andere schwanzlose Weiss-Maschine und testete sie 1910 in Brooklands. Es gibt allerdings keinen Beweis, dass sie je flog.

zwecke zur Verfügung gestellt haben.[3] Ende 1905 hatte Dunne das Modell eines formstabilen schwanzlosen Eindeckers mit scharfen Pfeilflächen fertig. Die Stabilität gründete auf der gleichmäßigen Schränkung der gewölbten Tragflächen, wobei die Flügelspitzen in einen negativen Anstellwinkel ausliefen. 1913 stellte Dunne einen Vergleich zwischen seiner Flügelform und dem auf dem Zanonia-Flugsamen beruhenden Flügel an. Hinweise darauf finden sich erst zu einem viel späteren Zeitpunkt in Percy Walkers Buch *Early Aviation at Farnborough. The first Aeroplanes*: (8) „Dunne erörterte den Zanonia-Flugsamen in seinem klassischen Aufsatz *The Theory of the Dunne Aeroplane*, den er am 29. Januar 1913 bei der *Aeronautical Society* vortrug (9). Darin behauptete er zwar, dass sein Apparat nicht dem Zanonia-Typ entspräche und auf eigenen Erkenntnissen beruhe. Als hauptsächliche Begründung führte er an, dass die Hinterkanten der Flügelspitzen nach oben zeigten, während bei seinen Apparaten die Vorderkanten der Flügelspitzen nach unten wiesen. Einer der anwesenden Mitglieder, kein Geringerer als Handley Page, entgegnete auf dieses so typische Beispiel Dunne'scher Spitzfindigkeit, es ginge hier um Flugstabilität und vom Grundsatz her handele es sich um ein und dasselbe. Es sei schwer zu verstehen, dass Dunne dem Zanonia-Samen in seinem Aufsatz so große Aufmerksamkeit geschenkt hätte, wenn sein Denken nicht stark von ihm beeinflusst worden wäre.

In besagtem Aufsatz schrieb Dunne des Weiteren: „Ahlborn aus Berlin [sic] war der Erste, der sich mit den Gleitflugeigenschaften des Zanonia-Blattes beschäftigte. Verschiedene Leute haben versucht, dessen typische Eigenschaften in großen Flügeln umzusetzen; darunter Blériot. Herr Etrich aber widmete dem Studium dieses Teils eines Flugzeugs mit nach hinten gekrümmten Flügeln die größte Aufmerksamkeit und die meiste

John William Dunne (links) mit dem französischen Major Felix, der am 11. und 12. August 1913 eine Dunne D.8 in mehreren Etappen von Eastchurch/Kent nach Villacoublay (ca. 15 km südwestlich Paris) flog und erstmals mit einem schwanzlosen Flugzeug den Ärmelkanal überquerte.

Zeit. Am Grund- und Seitenriss des frühen Etrich-Gleiters im Patent von 1905 lässt sich erkennen, dass er sich ziemlich stark am Blatt orientierte. Die im Patent dargestellten Querschnitte sind nahezu identisch mit denen des Weiss-Apparates, nur dass die Weiss'sche Form vorn und hinten gestreckter ist; nach meinem Verständnis wurde sie unabhängig entwickelt."

1906 wurde *Colonel* J. E. Capper, Direktor der *HM Balloon Factory* (Königliche Ballonfabrik) in Farnborough/Hampshire, auf die Arbeit Dunnes aufmerksam. Capper versuchte gerade, das *War Office* (Kriegsministerium) davon zu überzeugen, den Flugzeugbau zu unterstützen und den Brüdern Wright einen Vertrag über 20.000 Pfund anzubieten, nach dem sie vier Jahre ausschließlich für die britische Regierung arbeiten sollten. Beeindruckt von Dunnes Arbeiten und um die eigenen Plä-

Der schwanzlose Dunne-Gleiter D.1 wird auf seinen Startwagen gehoben. Der Erstflug vom Meall Dail-min in den Hügeln nördlich Blair Atholl im Herbst 1907 dauerte acht Sekunden. Am Steuer saß *Colonel* J. E. Capper, der sich beim Absturz leicht verletzte.

ne voranzutreiben, beauftragte Capper Dunne mit dem Bau eines Flugzeugs in Originalgröße. Dunne begann am 7. Juni 1906 in der *Balloon Factory*, wobei er finanziell zunächst auf seine halbe Offizierslöhnung angewiesen war, später aber Gehalt von der *Factory* bezog. Praktische Unterstützung erhielt er von dem energischen Percy Gurr, selbst noch ein halber Junge, der bei der Herstellung mehrerer Papiermodelle half, die sie dann von den Dachträgern der abgeschotteten Ballonhalle fliegen ließen – das Ganze sollte sich unter strengster Geheimhaltung abspielen. Den Versuchen folgten ebenso geheime Erprobungen eines Doppeldecker-Modells mit 3 Fuß (ca. 91 cm) Spannweite auf Caesar's Camp, einer rund vier Meilen südwestlich der Fabrik gelegenen Anhöhe und Stätte einstiger archäologischer Ausgrabungen. Das Modell schaffte Gleitflüge bis zu 100 Fuß (ca. 30,5 m). Die Arbeiten am Segler in Originalgröße begannen Anfang 1907. Dabei war die Aufnahmemöglichkeit von zwei 12 PS-Buchet-Motoren in Tandem-Anordnung für zwei Druckschrauben zu berücksichtigen. Der Segler namens „D.1" war im Sommer fertig, wurde zerlegt und zu Flugversuchen im Juli 1907 per Bahn ins Dorf Blair Atholl in den Grampian Mountains verbracht. Die Versuche fanden etwa fünf Meilen nördlich auf einer Liegenschaft des Herzogs von Atholl statt. Dies war wiederum der Freundschaft Cappers zum Marquis von Tullibardine zu verdanken, dem ältesten Sohn des Herzogs, die auf den Burenkrieg (1899–1902) zurückging. Dem ersten Test, bei dem Capper am Steuer saß, gingen diverse Versuche mit Modellen zur Einschätzung der herrschenden Windverhältnisse voraus. Bedauerlicher Weise endete der erste Flug mit einem Absturz: der Segler löste sich von seinem Startwagen, flog etwa acht Sekunden gegen den Wind, kippte plötzlich ab und krachte seitwärts in eine Mauer. Das Flugzeug kam mit leichten Schäden und Capper mit leichten Verletzungen sowie dem Schrecken davon. Das Gerät wurde repariert und bei dieser Gelegenheit mit den Buchet-Motoren und Luftschrauben versehen. Ein Flugversuch damit Anfang Oktober bei böigen Winden endete ebenfalls mit Absturz: das Flugzeug glitt die aus Planken bestehende Starbahn hinab, die man eigens für eine möglichst glatte Startfläche errichtet hatte, und stellte sich auf die Nase. Dieses Mal waren die Schäden beträchtlich. Da ohnehin der Winter vor der Tür stand, beschloss die Gruppe nach Farnborough zurückzukehren.

Im September 1908 aber tauchten Dunne und seine Farnborough-Mannen wieder in Blair Atholl auf, diesmal mit der D.3. Mit diesem Segler hoffte Dunne die notwendigen Erkenntnisse zur Fertigstellung der im Bau befindlichen, REP-motorisierten Ausführung D.4 zu erlangen. Diese verwendete die abmontierten Flächen des D.1. (Die Bezeichnung D.2 war für ein Dreidecker-Segelflugzeug reserviert worden, das nie gebaut wurde, aber ursprünglich als Prototyp des motorisierten Dunne-Huntington-Dreideckers dienen sollte, der es 1911 erfolgreich in die Luft schaffte). Die ersten Flüge mit der D.3 fanden am 20. September statt und verliefen zur vollsten Zufriedenheit. Am Steuer saß *Lieutenant* Launcelot Gibbs, ein Offizier der *Royal Artillery Militia*. Die letzten Gleitflüge erfolgten am 16. Oktober. Ende September brachte man die Zelle der D.4 nach Blair Atholl und baute sie mit einigen Schwierigkeiten in einem Schuppen der Parkanlage des Herzogs von Atholl zusammen. Motor- und Propellerträger sowie Motor wurden etwa Mitte Oktober geliefert. Die D.4 stand schließlich im November für Rollversuche bereit; Schwierigkeiten mit dem 30 PS leistenden Siebenzylinder-Sternmotor von REP hatten einige Verzögerungen verursacht. Den ersten Rollversuch führte Gibbs am 15. November durch – ein kurzes Vergnügen, da das selbsttätig lenkbare Fahrwerk versagte. Vier weitere Rollversuche am nächsten Tag verliefen erfolgreich. Dann gab es Verzögerungen aufgrund technischer Probleme, doch am 4. Dezember hob das Flugzeug erstmals zu einem kurzen Schlingerflug ab. Der letzte Flug am 10. Dezember bewältigte immerhin eine Strecke von 120 Fuß (ca. 37 m). Ein paar Tage drauf kehrte das Versuchskommando nach Farnborough zurück.

Am 23. Oktober 1908 richtete das *Committee of Imperial Defence* (in etwa: Ausschuss für Reichsverteidigung; ein von 1904–1939 bestehendes und mit Spitzenpolitikern besetztes

Versuche mit dem motorisierten Dunne D.4 fanden Anfang Dezember 1908 in der Nähe des Dorfes Blair Atholl statt. Es gelang nicht, den Apparat in die Luft zu bringen. Darauf verbrachte man ihn an die Stelle, wo schon der D.1 erprobt worden war, aber auch mit *Lieutenant* Launcelot Gibbs am Steuer wollte es nicht so richtig klappen. Diesem gelang jedoch am 10. Dezember 1908 ein Flug über immerhin 120 Fuß (ca. 37 m).

strategisches Gremium der britischen Regierung) einen Unterausschuss unter Vorsitz von Reginald Baliol Brett ein, seines Zeichens Lord Esher. Dieser Unterausschuss sollte sich mit allen Gesichtspunkten der Navigation aus der Luft unter militärischen Gesichtspunkten befassen. Dazu gehörte auch die Beurteilung der Rolle der *Balloon Factory* und der britischen Militärluftfahrt überhaupt. Am 28. Januar 1909 legte der Unterausschuss seinen Bericht auf den Tisch, worin er die Entwicklung von Luftschiffen empfahl und der mit folgenden dürren Worten endete: „Es scheint für die Regierung keine Notwendigkeit zu bestehen, Versuche mit Flugzeugen fortzuführen, vorausgesetzt, man kann weiter Nutzen auf diesem Feld aus privaten Vorhaben ziehen." Als unmittelbare Folge dieses Berichts wurde Dunne bei der *Balloon Factory* entlassen. Er durfte seine Flugzeuge behalten, allerdings ohne Motoren. Dunne ließ sich davon nicht entmutigen und gründete mit Unterstützung des Marquis von Tullibardine und weiteren Lordschaften bis Jahresende die *Blair Atholl Aeroplane Syndicate Ltd.* 1910 stieß Richard Fairey, der später seine eigene Flugzeugfirma gründete, als Geschäftsführer dazu.

Dunnes nächstes Flugzeug D.5 – zunächst mit 60-PS-Motor von ENV und später von Green – bauten die Brüder Short in ihrer Fabrik Leysdown auf der Insel Sheppey in Kent.

Nach ihrer Fertigstellung brachte man die D.5 auf das Firmenfluggelände nach Eastchurch, wo am 11. März 1910 der Erstflug stattfand. Dort führte sie Dunne am 20. Dezember 1910 offiziellen Vertretern der *Aeronautical Society* vor, darunter Orville Wright und Griffith Brewer, der Patentanwalt der Brüder Wright.[4] Dunnes in der Zeitschrift *The Aeroplane* veröffentlichter Versuchsbericht (10) belegt, was er alles unternommen hatte, um seinem Gefährt Eigenstabilität zu verleihen. Wie die D.4 wurde die D.5 nur über zwei Klappen außen an den Vorderkanten der oberen Tragflächen gesteuert. Sie dienten zugleich als Höhen- und Querruder, Seitenruder gab es nicht. Jede Klappe wurde über einen eigenen Hebel links und rechts des Piloten bedient. Zum Steigen oder Abkippen bewegte dieser die Hebel vor- oder rückwärts; zur Quersteuerung in entgegen gesetzte Richtungen. Die Hebel ließen sich festlegen, so dass die D.5 gleichmäßig und selbsttätig steigen, kurven und stürzen konnte. Dunne schrieb über die Vorführung: „Da Mr. Orville Wright und Mr. Griffith Brewer nur wenig Zeit hatten, beschloss ich, nur kurze Rundflüge durchzuführen. ... Selbstverständlich galt es als erstes zu zeigen, dass die Maschine genauso gut und stabil wie Flugzeuge mit üblichem T-Aufbau fliegen konnte; die Wirksamkeit der Lenkung und Manövrierfähigkeit über lediglich zwei kleine Steuerruder zu demonstrieren; und vor allem zu zeigen, dass mit diesem Flugzeugtyp einwandfreies Kurven unter Beachtung der korrekten Querneigung und ohne Schieben auch ohne das komplizierte „Drei-Ruder-System" möglich waren. Aus diesem Grunde zwang ich mich zu einem Flug im geschlossenen Kreis, bei dem die Maschine auf 100 Fuß stieg. Da dies für mich das erste derartige Manöver war, gab ich mir alle Mühe, es sauber auszuführen und dabei keinen besonderen Versuch zu unternehmen, vor dem Sinken die automatische Flugstabilität der Maschine zu demonstrieren. ... Eine altbekannte Flugregel besagt, dass der Bug vor dem Drosseln des Motors leicht nach unten gerichtet werden soll, um den sonst unvermeidlichen Geschwindigkeitsverlust auszugleichen. Das richtige Bedienen der Hebel kurz danach zur Aufrechterhaltung der Geschwindigkeit und Steuerbarkeit ist auch für den geübten Piloten die größte Kunst. Die Drosselung des Motors ohne vorher den Bug nach unten zu drücken und dann die Maschine sich selbst zu überlassen, ist ein harter Test ihrer automatischen Längsstabilität, was natürlich nicht auf die Seitenstabilität zutrifft. So legte ich bei diesem und beim zweiten Flug die Hebel in Mittelstellung fest und beließ sie so im weiteren Flug, drosselte den Motor, reckte die Arme in die Höhe und ließ die Maschine selbsttätig aus dem Neigungs- in den Gleitflug übergehen und danach den Weg zur Erde finden. Der Steilhang, wo sich der Landepunkt befand, machte es riskant, die Flugbahn über das Drosseln des Motors vor dem Aufsetzen wie erforderlich abzuflachen und so betätigte ich im letzten Augenblick die Rudersteuerung. ... Als nächstes ging es um die Sicherheit der Maschine. Da im derzeitigen Flugapparat kein Platz für Passagiere ist, schlug ich vor, denselben engen Kreis nochmals zu fliegen und dabei den Schreibtest zu machen. Den schlug ich

Dunnes Doppeldecker D.5 aufgenommen 1910 in Eastchurch. Das Flugzeug wurde nur über die kombinierten Höhen- und Querruder der oberen Tragflächen gesteuert; es gab keine Seitenruder.

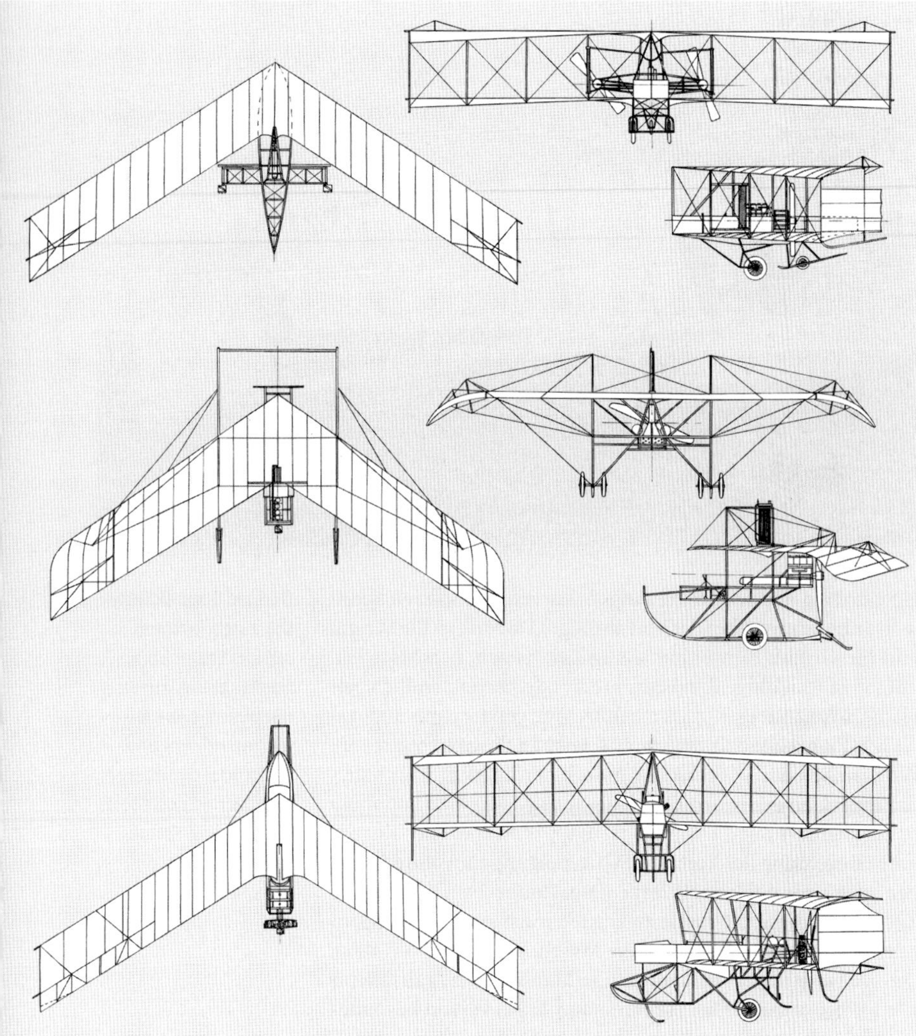

Schwanzlose Dunne-Modelle im Vergleich: D.5 (oben), D.6 (mittig) und D.8 (unten).

vor, weil mir nichts Vergleichbares bekannt ist, das das Vertrauen des Fliegers in die Fähigkeit seiner Maschine an den Tag legt, sich um sich selbst zu kümmern. Der Schreibtest zwingt nämlich zu absoluter Konzentration. Man kann essen, trinken, rauchen oder fotografieren, den Mantel ausziehen oder sonst tausend Dinge tun und dabei die ganze Zeit das Verhalten der Maschine beobachten sowie notfalls einen Hebel betätigen. Aber beim Schreiben, unten in unserem großen Boot sitzend, wird die Aufmerksamkeit gezwungener Maßen allein auf diese Tätigkeit gelenkt. ... Ich startete hangabwärts gegen den Wind, sprang hoch, bekam wieder Bodenberührung und begann gleichmäßig zu steigen. Sobald klar war, dass ich problemlos über die Büsche der Walleinfriedung kommen würde, legte ich die Hebel fest und tastete nach dem Blatt Papier und dem Bleistift, die mir Mr. Griffith Brewer gegeben hatte. Das Blatt steckte in der einen und der Stift in der anderen Tasche. Bis ich endlich schreibbereit war, musste ich bereits eine beträchtliche Strecke zurückgelegt haben. Dann begann ich, bestimmte Punkte zu notieren, die ich mir vorgenommen hatte. Zuerst zählte ich die Striche des Drehzahlmessers, der zwischen der 1000er- und 1500er-Marke keine Einteilung aufwies. Leider erwies sich dies auf dem dünnen Papier und der Nichtschreibhand als Unterlage als fast unmöglich; hinzu kam eine gewisse Nervosität. Dann zählte ich die Zähne der Zahnräder bis zur Raststellung der Lenkhebel und notierte es. Als nächstes blickte ich mich im ‚Boot' nach weiteren Dingen um und wurde erst jetzt des starken Windes gewahr, der mir ins Gesicht schlug, was mir merkwürdigerweise beim vorigen Flug nicht aufgefallen war. ... Es schien mir wichtig zu notieren, in welchem Umfang die Frontscheibe den Piloten abschirmte. In der Zeit von der Arretierung der Hebel bis jetzt hatte ich dem Verhalten der Maschine nicht die geringste Aufmerksamkeit geschenkt. Sie konnte tun was sie wollte und mochte sich zu diesem Zeitpunkt überall und in welcher Fluglage auch immer befinden. Beim Aufblicken erkannte ich jedoch, dass sie sich noch immer im Horizontalflug befand, aber leewärts auf ein Windrad zudriftete. So beschloss ich, die Kurve einzuleiten. ...

Ich löste die Hebel und hielt sie bis zum Einleiten der Kurve, notierte den Radius, der kürzer war als vorgesehen, verringerte den Abstand zwischen den Hebelstellungen, arretierte sie, nahm die Hände weg und wartete einen Augenblick, bis ich mit dem Radius zufrieden war und griff mit derselben Geschwindigkeit, mit der die Maschine stieg, mir wieder das Papier. Mit einiger Schwierigkeit schrieb ich ‚Kurve eingeleitet'. Über den linken Bug erblickte ich ganz nah ein Bauernhaus und erkannte, dass der Kreis doch größer als beabsichtigt ausfiel und ich deutlich höher als gedacht war. Ich stellte die Hebel in der vierten Raststellung fest und ließ – die Hände im Schoß – die Maschine scharf eindrehen. Dann stellte ich die Hebel in Mittelstellung und lehnte mich zurück, ließ aber das Schreiben bleiben, da ich einen Augenblick lang die Bodensicht verlor. ... Ich bin kein Ballonfahrer und nicht an Höhen gewöhnt. Kurz darauf machte ich einen kleinen dunkelgrünen Klecks aus – der Teich inmitten des Geländes. So richtete ich die Maschine darauf aus und notierte ‚wieder gerade'. Nachdem dies geschrieben war wurde mir auf einmal bewusst, dass ich sofort steigen musste, um den Startpunkt wieder erreichen zu können. So drehte ich die Flugzeugnase ein, zwei Grad und visierte den genannten Punkt an, stellte die Hebel vorsichtig wieder in Mittelstellung, drosselte den Motor und nahm die Arme hoch. Sofort ging die Nase etwas tiefer und ohne weitere Drosselung der Geschwindigkeit sank die Maschine. Ich landete sie, wie eingangs beschrieben."

Es kam zu weiteren Flügen mit der D.5. Irgendwann vor März 1911, als Dunne die Maschine bei der *Olympia Aero Show* ausstellen wollte, machte sie jedoch Bruch. Am Steuer saß der Sohn des freiberuflichen Luftschiff- und Flugzeugkonstrukteurs Dr. F. A. Barton. Man stellte sie wieder her und baute sie im Lauf des Jahres zur zweisitzigen D.8 um. Diese sollte sich als die erfolgreichste Konstruktion von Dunne erweisen. Mit der D.6 und der D.7 griff Dunne wieder auf Prinzipien schwanzloser Flugzeuge zurück, mit denen er sich kurz vor Eintritt in die *Balloon Factory* 1906 beschäftigt hatte. Die D.6 trieb ein 60-PS-Motor von Green und die etwas kleinere D.7 ein 50-PS-Gnome-Sternmotor an. Beide Maschinen wurden im Auftrag des *Blair Atholl Syndicate* von den Brüdern Short gebaut und gingen Anfang 1911 in den Versuch: um die D.6 kümmerte sich Dunne in Eastchurch und um die D.7 anfänglich *Lieutenant* Robert A. Cammell von den *Royal Engineers* (die britische Pioniertruppe) in Larkhill auf dem Truppenübungsplatz Salisbury Plain. Letzteres geschah im Auftrag von *Colonel* Capper, der die Maschine gekauft hatte, und später von Dunne. Die D.7 wurde auf der *Olympia Aero Show* ausgestellt und überlebte danach vier nicht zu verachtende Abstürze bei der Erprobung. 1912 baute man die D.6 zum Zweisitzer mit zwei 70 PS-Gnome-Motoren um und gab ihr die neue Bezeichnung D.7bis.

Bei der grundlegend zur D.8 umgebauten D.5 handelte es sich um einen zweisitzigen Doppeldecker mit 60 PS-Gnome-Kreiskolbenmotor und Druckschraube. Ober- und Unterflügel erhielten Höhen- und Querruder; die paarweise miteinander verbundenen die Bewegungen um Längs- und Querachse ermöglichten. Wieder verzichtete man auf Seitenruder; gekurvt wurde durch Querlegen mittels der Querruder. Im Herbst 1911 absolvierte Dunne den Erstflug der D.8. Seine wieder aufflackernde, diesmal in Lungenentzündung ausartende Krankheit machte weitere Flüge unmöglich. N. S. Percival sprang in die Bresche und flog die D.8 ab Sommer 1912 bis 1913, wobei sie ein stärkerer Gnome-Motor antrieb.

Anno Dunne-mals: Aufnahmen der Dunne D.8 im August 1913 in Villacoublay bei Paris, nachdem sie der französische Major Felix in mehreren Etappen vom englischen Eastchurch über den Ärmelkanal geflogen und nebenbei einen Rekord für schwanzlose Flugzeuge aufgestellt hatte.

1913 gelang es dem *Blair Atholl Syndicate*, sowohl beim Kriegsministerium die Bestellung von zwei D.8 zu ergattern, als auch dem französischen Unternehmen Astra eine Lizenz für den Bau eines Dunne-Eindeckers zu verkaufen. Die Franzosen waren allerdings mit dessen Leistungen gar nicht zufrieden und sahen von einer Fertigung ab. Die vom Kriegsministerium für das *Royal Flying Corps* bestellten D.8 sollten im August ausgeliefert werden, waren aber nicht vor Jahresende fertig. Nach der Flugvorführung einer D.8 durch den gesundheitlich einigermaßen wiederhergestellten Dunne kaufte die Flugzeugfabrik Nieuport eine Maschine. Mit *Commandant* (Major) Felix am Steuer bewältigte sie die Strecke Eastchurch–Villacoublay am 11. und 12. August in mehreren Etappen und stellte dabei den weitgehend unbekannt gebliebenen Rekord des Erstfluges eines schwanzlosen Flugzeugs über den Ärmelkanal auf. Felix stellte die Maschine anschließend dem französischen Fliegerkorps vor. Bei einem Flugtreffen in Deauville kletterte er zum Erstaunen der Zuschauer mitten im Flug aus der Kanzel und machte einen „Spaziergang“ auf dem Unterflügel. Das Flugzeug flog am 20. August 1913 über Paris und Nieuport stellte im selben Jahr einen Nachbau auf dem Pariser Aérosalon aus.

Der spektakuläre Flug von Felix hatte außerdem den Besuch von W. Starling Burgess in England zur Folge, der in den USA Wright-Flugzeuge fertigte und außerdem ein bekannter Bootsbauer war. Burgess ging es um die Nutzung des vom *Blair Atholl Syndicate* vergebenen amerikanischen Patents; genauer gesagt wollte er den Dunne-Doppeldecker als Wasserflugzeug bauen. Burgess sicherte sich die Rechte und baute verschiedene Ein- und Zweisitzer mit Schwimmern und Dunne-Flügeln für Privatleute und die *US Navy*. Ein Flugzeug stellte am 23. April 1915 (11) mit 10.000 Fuß (3048 m) den amerikanischen Höhenrekord für Wasserflugzeuge auf.

Im März 1914 erwarb das Unternehmen Armstrong Whitworth eine Beteiligung am *Blair Atholl Syndicate* und im Mai genehmigte der Vorstand den Bau eines Dunne-Doppeldeckers, der nicht mehr als 500 Pfund kosten durfte. Im Juli lieferte das Syndikat halb fertige Teile, Motoren und weitere Komponenten an die Armstrong- Whitworth-Niederlassung Gosforth bei Newcastle am Tyne. Der Ausbruch des 1. Weltkriegs im August setzte allen weiteren Arbeiten ein Ende, da man dem Dunne-Flugzeug keine militärische Verwendungsmöglichkeit zutraute. (12)

Ende 1913 sah es um Dunnes Gesundheit nicht gut aus. Er hatte sich überarbeitet und sein Arzt riet ihm zur Ruhe. Dunne hörte nicht auf ihn und machte sich an die Konstruktion bzw. den Bau weiterer schwanzloser Flugzeuge – des Anderthalbdeckers D.9 und des Doppeldeckers D.10. Im Mai 1914 konnte Dunne einfach nicht mehr und er musste seine flugzeugtechnischen Arbeiten einstellen. Trotz angeschlagener Gesundheit hatte er noch etliche Jahre vor sich: John William Dunne starb 1949 im Alter von 73 Jahren.

Deutschland

Der am 28. Juni 1919 unterzeichnete Versailler Vertrag zwang Deutschland, große Teile seines Staatsgebietes an Frankreich, Polen und die Tschechoslowakei, seine Kolonien an Frankreich und Großbritannien sowie das Pachtgebiet Kiautschou an Japan abzugeben, praktisch die ganze Handelsflotte und die Hochseeflotte auszuliefern sowie seine Streitkräfte drastisch zu verringern. Des Weiteren verdammte der Vertrag im Widerspruch zu den tatsächlichen Ursachen Deutschland zur Anerkennung der alleinigen Kriegsschuld und zu gigantischen Reparationszahlungen – was in der so genannten Weimarer Republik zu heftigen Protesten und Auseinandersetzungen führte. Deutschland durfte an den Vertragsverhandlungen auf der „Pariser Friedenskonferenz" im Schloss von Versailles praktisch nur als Zuschauer teilnehmen, Frankreich, Großbritannien, die USA und Italien handelten die Bestimmungen unter sich aus. Machtlos aber nicht ehrlos, setzte der deutsche Außenminister Ulrich Graf von Brockdorff-Rantzau (1869–1928) dieser Willkür eine heute nahezu vergessene, symbolische Geste entgegen: er unterzeichnete das Protokoll zur Gegennahme des Vertrags in Handschuhen, die er danach abstreifte und auf dem Tisch liegen ließ. Versuche der deutschen Regierung, einige Versailler Bestimmungen zu ändern, hatten nur begrenzten Erfolg. So wurde eine Volksabstimmung in Oberschlesien zu und die Gesamthöhe der Reparationen zunächst offen gelassen. Aus dem besetzten Rheinland zogen sich die Franzosen 1930 zurück und 1932, nach Zusammenbruch des deutschen Bankensystems 1931, wurde auf der Konferenz von Lausanne ein Ende der Reparationen mit einer Restzahlung von 3 Milliarden Goldmark(!) festgelegt. Viele Parteien in Deutschland, nicht nur die rechten, wollten sich damit nicht abfinden. Als 1933 schließlich ein Bündnis aus der Nationalsozialistischen deutschen Arbeiterpartei und der Deutschnationalen Volkspartei die Wahlen gewann und Adolf Hitler Kanzler wurde, kündigte die neue Regierung – wie ihm Wahlkampf angekündigt – sämtliche Reparationen auf und verfolgte eine entschiedene Revisionspolitik. Auf militärischem Gebiet hatte der Vertrag von Versailles nicht nur Marine und Heer zahlenmäßig auf einen Schatten ihrer selbst schrumpfen lassen, sondern Deutschland auch den Bau schwerer Geschütze, von Tanks und Militärflugzeugen verboten. Dies galt nicht für kleinere Zivil- und für Segelflugzeuge. In Folge erlebten das Segelfliegen und der Bau von Segelflugzeugen eine Hochzeit, was der späteren deutschen Luftwaffe sehr zugute kam. Was den Segelflugsport angeht, entwickelte sich die Wasserkuppe in der Rhön zu seinem Mekka. Viele junge Segelflieger, die sich dort ihre fliegerischen Sporen erwarben, wurden später Piloten der Luftwaffe und einige wenige eng in die Entwicklung des Raketenjägers Me 163 eingebunden. Aber so weit sind wir noch nicht.

Die Wasserkuppe ist mit 950 m der höchste Berg der Rhön; ihr Namen leitet sich von den vielen Quellbächen ab. Im Winter ist sie oft meterdick von Schnee bedeckt und für die anderen Jahreszeiten sind starke Winde und gelegentlich heftige Niederschläge typisch. Zum idealen Segelflug-Gelände machen sie u. a. die sanften, weit auslaufenden Grashänge, die in breiten offenen Senken enden. In den 1920er-Jahren stand auf dem Gipfel der Wasserkuppe nur eine einfache Unterkunft, die mittlerweile längst einem modernen Hotel gewichen ist. Auf die Wasserkuppe gelangt man entweder auf Schusters Rappen oder mit dem Auto auf der kurvenreichen Straße von Gersfeld, das auch Bahnstation einer Nebenstrecke nach Fulda ist.

1920 fiel die Wahl für den ersten Rhön-Segelflugwettbewerb aus nahe liegenden Gründen auf die Wasserkuppe. Die Rhönwettbewerbe fanden bis Ausbruch des Krieges 1939 jährlich statt. Internationale Bekanntheit erlangte das deutsche Segelflug-Mekka spätestens 1937 als Austragungsort der Weltmeisterschaften im Segelfliegen. Die Idee, auf der Wasserkuppe Wettkämpfe auszutragen, stammte von den damaligen Studenten der Technischen Hochschule Dresden und Mitgliedern des dortigen Flugtechnischen Vereins Wolfgang Klemperer und Erich Meyer. Am 24. März 1920 veröffentlichte Oskar Ursinus (1878–1952; siehe Kurzlebensläufe S. 428) ihren Vorschlag in *Flugsport*. Ursinus gab diese Zeitschrift seit 1908 heraus, um seine Leser für den Entwurf und Bau von Flugzeugen zu begeistern. Er leitete *Flugsport* als Herausgeber und Chefredakteur bis 1944, als die kriegsbedingte Papierknappheit zur Einstellung der Zeitschrift zwang.

Als Förderer der Rhönwettbewerbe traten ferner der *Deutsche Modell- und Segelflugverband*, das *Reichs-Luftamt* sowie Dr. Karl Kotzenberg in Erscheinung, der als Leiter eines größeren Frankfurter Wirtschaftsunternehmens für die nötigen Finanzspritzen sorgte. Die Organisation aber lag in den Händen von Ursinus. Sein unermüdlicher und begeisterter Einsatz über viele Jahre brachte ihm den Ehrennamen „Rhönvater" ein. Unter jenen, die sich von Ursinus' Unterstützungsappell in Flugsport/

Ausgabe vom 24. Mai 1920 für den Rhönwettbewerb angesprochen fühlten, befand sich Gottlob Espenlaub; ein junger schwäbischer Tischler und Möbelschreiner, der trotz seiner etwas rauen Art bei jedermann beliebt war. „Espe" – wie man ihn nannte – half den Teilnehmern mit seinen geschickten Händen beim Zusammenbau und bei der Reparatur ihrer Segelflugzeuge. (13)

Der erste Rhönwettbewerb begann offiziell am 15. Juli 1920, wobei die meisten Teilnehmer erst im Lauf der Woche mit zerlegten Apparaten eintrafen. Schlechtes Wetter machte jedwedes Fliegen unmöglich; erst am 6. August konnten nach Wetterbesserung die ersten Wettkampfflüge ausgetragen werden. Bruno Poelke blieb ganze acht Sekunden in der Luft. Willy Pelzner hatte mit seinem Hanggleiter mehr Erfolg und schaffte an den Wettkampftagen bis zu 52 Sekunden lange Flüge von bis zu 452 m Länge. Den Hang, von dem er am liebsten startete, taufte man später „Pelznerhang". Wolfgang Klemperer, einer der Unterstützer des Wettbewerbs und damals Assistent Professor Theodor von Kármáns an der Technischen Hochschule Aachen, traf erst kurz vor Ende des Wettbewerbs am 31. August ein. Er hätte nicht teilnehmen können, wäre der Wettkampf nicht bis zum 7. September verlängert worden. Mit seinem stromlinienförmigen Segler „Schwarzer Düwel" startete er erstmals am 4. September und legte eine Strecke von 1830 m in 2 Minuten 22,6 Sekunden zurück. Der Start erfolgte mit Hilfe eines Gummiseils – seine Erfindung, die später zur üblichen Startmethode wurde. (Zuvor wurden Segelflugzeuge angeschoben und sozusagen „aus der Hand" gestartet).

Espenlaub blieb bis Ende September auf der Wasserkuppe und baute sich aus den Resten des havarierten Doppeldeckers von Eugen von Loessl, der am 8. August tödlich abgestürzt war, einen eigenen Segler. „Espe" verfügte über keinerlei Flugerfahrung. Nach einigen Flügen machte er Bruch, und zwar vollständig.

Nach der Rückkehr in sein Heimatdörfchen Balzholz am Fuß der Burgruine Hohenneuffen am Rand der Schwäbischen Alb baute er im Winter/Frühjahr 1920/21 ein weiteres Segelflugzeug; einen Eindecker, dessen Skizzen und Pläne er während des Rhönwettbewerbs angefertigt hatte.[5] Im Mai 1921 hängte „Espe" sogar seinen Beruf als Möbelschreiner an den

Segelflieger sowie Teilnehmer der Rhönwettbewerbe logierten auf der Wasserkuppe entweder im 1924 erbauten Hotel „Deutscher Flieger", in provisorischen Unterkünften oder in Zelten (die Aufnahmen entstanden Ende der 1920er-Jahre). Die Schneeverwehungen ums Hotel geben einen Eindruck von den harschen Bedingungen, unter denen Alexander Lippisch und Gottlob Espenlaub im Winter 1921–22 hier hausten und arbeiteten.

Oskar Ursinus (rechts), Herausgeber der Zeitschrift *Flugsport* und Organisator der von 1920 bis kurz vor Kriegsausbruch 1939 stattfindenden Rhönwettbewerbe, im Gespräch mit fliegerischen Bekanntheiten der 1920er-Jahre. Von links nach rechts der belgische Rekordflieger Masseaux, Fluglehrer Fritz Stamer, Graf Isenburg und Luftsport-Funktionär Gerd von Hoeppner.

Gottlob Espenlaub mit seinem ersten Hanggleiter im Herbst 1921 auf der Wasserkuppe. Er hatte den Segler im Winter und Frühjahr 1920/21 in seinem Heimatort Balzholz bei Beuren nach Skizzen und Zeichnungen gebaut, die er während des Rhönwettbewerbs 1920 angefertigt hatte.

Nagel, nur um den Segler rechtzeitig zum nächsten Rhönwettbewerb im August fertig zu bekommen. Doch alle Mühe war dann vergebens – auf der Wasserkuppe machte er Bruch. Im Herbst lernte er Alexander Lippisch kennen, der seinen Weg in die Rhön 1921 aufgrund einer Zeitungsanzeige gefunden hatte. Gesucht wurde ein Aerodynamiker und Lippisch hatte ein paar Jahre zuvor als solcher bei Dornier im Zeppelin-Werk Lindau gearbeitet. Die Stellenausschreibung stammte von Fritz Schneider aus Mannheim, seines Zeichens Hypnotiseur und Parapsychologe, der mit einem Segelflugzeug am Rhönwettbewerb 1921 teilnehmen wollte. Das von Lippisch entworfene Modell hieß „Falke", hatte 8 m Spannweite und 4 m Länge und wog leer nur 35 kg! Mit Lippisch am Steuer stürzte es bereits beim Erstflug ab. (14) Lippisch räumte später ein, es habe sich nicht um seinen besten Entwurf gehandelt. Er stand nun vor der Wahl, entweder als Künstler und Landschaftsmaler weiterzumachen oder auf der Wasserkuppe seiner wiedererwachten Leidenschaft für die Fliegerei zu frönen. Er entschied sich für Letzteres und so kam es zur Zusammenarbeit mit Espenlaub. Im Winter 1921/22 hausten die beiden unter sehr „frischen Bedingungen" in einem großen Zelt, das Espenlaub mit einem Bretterboden und Betten etwas wohnlicher gestaltet hatte. Nachdem ein November-Schneesturm das Zelt zerstört hatte, durften sie in eine der leeren Holzhütten ziehen, welche die Segelflugzeugwerke GmbH 1921 als Unterkünfte für die Wettkampfteilnehmer hatte bauen lassen.

In dieser schlichten Behausung und unter einfachsten Umständen gingen sie den Bau eines neuen Segelflugzeugs an. Zuerst fertigten sie Modelle, um die Konstruktion der Einzelteile möglichst einfach zu gestalten; nebenbei schrieben sie noch einen Beitrag für *Flugsport*. Mit milder werdenden Temperaturen und unter Verwendung der Tragflächen des „Falke" machten sie sich an den Bau des Gleiters. (Nach späteren Veröffentlichungen über Espenlaubs Arbeiten trug dieser den Namen „Espenlaub E 1"). Mit besser werdendem Wetter tauchte im Frühjahr 1922 die Weltensegler GmbH auf der Wasserkuppe auf. Letztere war von Friedrich Wenk (siehe Kurzlebensläufe S. 430), damals noch Student, mit finanzieller Unterstützung seines Vaters und Alexander Steinmetz 1921 in Baden-Baden gegründet worden. Mit dem Ableger Weltensegler GmbH wollte Wenk seine Ideen eines schwanzlosen Gleiters mit Möwenschwingen umsetzen. Die Weltensegler-Gleiter sollte Fritz Stamer (siehe Kurzlebensläufe S. 428) dann auf der Wasserkuppe erproben. Lippisch trat noch 1922 der Weltensegler GmbH bei und auch privat wurde die Verbindung enger: 1926 heiratete Lippisch in Gersfeld Stamers Schwester Käthe. Ohne Zweifel beeinflusste Wenk Epenlaubs und Lippischs Ideen, was sich unter anderem am schwanzlosen Gleiter erkennen lässt, den die beiden im Frühjahr 1922 bauten und der später „Espenlaub E 2" getauft wurde. In einem späteren Aufsatz bestätigte Lippisch, (15) dass er just zu diesem Zeitpunkt mit schwanzlosen Modellflugzeugen mit rückwärts oder vorwärts gepfeilten, geraden und gebogenen Tragflügeln experimentierte. Das erste Modell diente als Vorlage für seinen schwanzlosen Gleiter „Experiment", den Vorläufer der Bauserie „Storch". Des Weiteren berichtete Lippisch von einer Anzahl Flüge, die Espenlaub mit der „E 2" unternahm. Sie endeten sämtlich nach Strömungsabriss, wonach die Segler zu Boden sanken und hart aufsetzten. Einige erlitten dabei irreparable Beschädigungen. (16)

Nach dem Übertritt Lippischs zur Weltensegler GmbH baute Espenlaub auf der Wasserkuppe eine Anzahl herkömmlicher Segler und flog sie durchaus mit Erfolg. Ende 1923 wechselte er zur vom Bund der Deutschen Flieger Hirschberg eingerichteten Segelflugschule im schlesischen Grünau.[6] Im Sommer 1925 gründete er in Dörnberg bei Kassel seine eigene Flugschule und führte im Mai 1927 mit seinen Flugzeugen Schleppversuche in Kassel sowie in Rossitten auf der Kurischen Nehrung durch (wo, nebenbei bemerkt, 1901 mit der Vogelwarte Rossitten die erste ornithologische Forschungsstation der Welt eingerichtet worden war). Ende 1927 zog er auf den Flugplatz Lohausen bei Düsseldorf um.

Im November 1923 erhielt Lippisch eine Stelle bei der Firma Steinmann-Flugzeugbau im westfälischen Hagen; etwa zur selben Zeit gründete Fritz Stamer zusammen mit Arthur Martens eine Segelflugschule auf der Wasserkuppe. Bei Steinmann entwarf Lippisch eine Anzahl herkömmlicher Segelflugzeuge sowie das schwanzlose Modell „Experiment". (17) Letzteres war ein schwanzloser Hochdecker mit scharf gepfeilten Flächen, die an die Dunne-Modelle erinnerten, deren Flügelabschnitte aber sich im Unterschied zu diesen nach außen verjüngten. Dies bewirkte eine bessere Druckverteilung und diese wiederum einen Auftriebsschwerpunkt, der bei allen Anströmwinkeln bis zum Abrisspunkt gleich blieb. Die Steuerung des Flugzeugs ohne Seitenruder erfolgte ausschließlich über die als Höhen- und Querruder fungierenden Klappen an den Tragflächen-Hinterkanten. Da Hagen zu dieser Zeit noch französisch besetzt war, durften auf keinen Flugplätzen in der Gegen Flugversuche stattfinden. Die Flugversuche mit „Experiment" fanden daher 1924 im 80 km ostwärts Hagen gelegenen Winterberg statt, wo Lippisch ein Büro und eine Werkstatt betrieb.[7] Als die Firma Steinmann-Flugzeugbau 1925 Konkurs anmelden musste, kehrte Lippisch auf die Wasserkuppe zurück und arbeitete für die am 31. August von Oskar Ursinus und Karl Kotzenberg gegründete Rhön-Rossitten-Gesellschaft (RRG). Die RRG setzte sich zum Ziel, als Mittler zwischen Flugsport und flugwissenschaftlicher Forschung zu dienen, den technischen Standard von Segelflugzeugen und deren Weiterentwicklung zu beobachten und zu verbessern, und vor allem die Entwicklungen der deutschen Segelflugzentren auf der Wasserkuppe und in Rossitten zu gegenseitigem Nutzen abzugleichen. Am 1. April 1925 rief die RRG ein Forschungsinstitut ins Leben, das zuerst Professor Wilhelm Schlink und ab 1926 Professor Walter Georgii leiteten. Das Institut gliederte sich in drei Abteilungen: Atmosphärenforschung (Walter Georgii), Segelflugzeug-Entwurf (Alexander Lippisch; wobei die Konstruktionszeichnungen für Segelflugvereine gedacht waren) sowie Segelflug-Schulung und Entwicklung von Ausbildungsverfahren (Fritz Stamer). Stamer übernahm dieses Amt nach Überführung der Flugschule Martens in die RGG am 1. Oktober 1925. Im März 1933 wurde die RGG im Rahmen der Gleichschaltung in den Deutschen Luftsportverband (DLV) überführt und das Forschungsinstitut hieß fortan Deutsches Forschungsinstitut für Segelflug (DFS).[8] Aus Platzgründen verlegte die DFS 1933 zum Flugplatz Griesheim westlich Darmstadt. Die meisten Veröffentlichungen Lippischs vermitteln den Eindruck, er habe sich bei RRG und DFS vorrangig mit der Entwicklung schwanzloser Flugzeuge beschäftigt. Tatsächlich hatte dies nachgeordnete Bedeutung, denn vor allem musste sich Lippisch dort um Entwürfe für Segelflugvereine und -schulen in Deutschland zu kümmern, die konventionelle und robuste Muster bevorzugten. Die schwanzlosen Entwürfe kamen dort nie über das Versuchsstadium hinaus. Außerdem reichten ihre Flugleistungen – zumindest der Segelflugzeuge – nie an die der u. a. von Lippisch entwickelten herkömmlichen Segler heran, die in Folge zahlreiche Langstrecken-, Dauerflug- und Höhenrekorde aufstellten.

In dem von der Segelflugzeugwerke GmbH bereitgestellten Schuppen auf der Wasserkuppe bauten Alexander Lippisch (links) und Gottlob Espenlaub (Mitte) den Hanggleiter „Alexander". Man beachte die Hobelspäne, Schraubzwingen und herumliegenden Latten. Der Segler nutzte die Tragflächen des „Falke", den Lippisch für Fritz Schweizer entworfen hatte. Aufnahme vom Frühjahr 1922. (Zu Lippisch und Espenlaub siehe Kurzlebensläufe S. 424 und S. 420).

Fritz Stamer (links) mit Alexander Lippisch im Gespräch auf der Wasserkuppe. Beide hatten in den 1920er-Jahren eine Zeitlang für die Weltensegler GmbH Segelflugzeuge entworfen und erprobt. Auch privat waren sie eng verbunden: 1926 heiratete Lippisch Stamers Schwester Käthe.

Selbst mit Motoren waren die schwanzlosen Flugzeuge nie so erfolgreich, wie es sich Lippisch erhofft hatte, und auch maßgebliche Stellen erkannten seine Pionierleistung bei deren Entwicklung nicht so richtig. Das Institut schien seine Arbeit bezüglich der schwanzlosen Modelle hauptsächlich nur deshalb gut zu heißen oder zu tolerieren, weil sie in den Bereich der Forschung fielen, der ja zu den Aufgaben der RGG gehörte. Insgesamt baute Lippisch zwischen 1927 und 1934 neun Muster, die alle auf der „Storch"-Grundkonstruktion beruhten. Der im Herbst 1927 erstmals von Johannes Nehring geflogene „Storch I" ging wiederum auf das Modell „Experiment" zurück, Lippisch hatte den „Storch I" mit Hilfe von Modellen und Windkanalversuchen bei der Aerodynamischen Versuchsanstalt (AVA) in Göttingen entwickelt. (18) Den wesentlichen Unterschied zwischen „Experiment" und „Storch I" stellten die Flossen des „Storch I" zur Seitensteuerung oben an den Flügelspitzen dar. Beim „Experiment" hatte man sie nach den ersten Flügen und Windkanalversuchen mit Modellen noch unten an den Flügelspitzen angebracht. Der „Storch III" und nachfolgende Muster erhielten herkömmliche Flossen und Seitenruder. Als erstes Modell der Reihe bekam der „Storch V" mit einem 8 PS leistenden DKW-Motorradmotor ein Antriebsaggregat, das eine Druckschraube antrieb. Günther Groenhoff startete im September 1929 zum Erstflug und führte den „Storch V" am 25. Oktober in Berlin-Tempelhof vor. Unglücklicher Weise beschädigte Groenhoff die Maschine kurze Zeit darauf bei einer harten Landung in Griesheim, wo er sie Hermann Köhl vorführte, der wachsendes Interesse am Typ gezeigt hatte und die Möglichkeiten schwanzloser Flugzeuge als Reisemaschinen im Flugverkehr untersuchte. Köhl hatte im April 1928 international für Aufsehen gesorgt, als er mit seinem irischen Kopiloten James Fitzmaurice den Atlantik erstmals von Ost nach West überflog. (19)

Gottlob Espenlaub (Mitte) zusammen mit Alexander Lippisch und einem jungen Assistenten (wahrscheinlich der Junge vom Bild auf der vorigen Seite) hinter dem ersten, von Espenlaub gebauten Hanggleiter, der anfänglich noch über keine Klappen an den Flügelspitzen verfügte.

Am 8. Dezember 1931 gewann Günther Groenhoff mit dem „Storch VII" den vom Ullstein-Verlag ausgeschriebenen Preis über 3000 Reichsmark für den Ohnehaltflug mit einem schwanzlosen Flugzeug über mindestens 300 km nach Berlin-Tempelhof. Groenhoff legte dabei eine Strecke von 370 km in 1 Stunde 55 Minuten zurück.

Das letzte Muster der Reihe, der 1934 gebaute „Storch IX", entstand zunächst als Segler, bevor es einen Motor und eine Zugschraube erhielt. Es verzichtete auf die Flossen an den Flügelspitzen und kam mit einem einzelnen, im Heck versenkten Seitenruder aus.

Lippisch schrieb später, der „Storch IX" sei zufrieden stellend geflogen „und war von großem Nutzen, zeigte aber keineswegs bessere Leistungen als irgend ein anderes Flugzeug herkömmlicher Bauart."

In der Zwischenzeit hatte Gottlob Espenlaub 1927 in Düsseldorf-Lohhausen eine eigene Firma gegründet und eine Anzahl schwanzloser und motorgetriebener Flugzeuge gebaut, die der in Berlin lebende Schweizer Künstler und Ingenieur Alexander Soldenhoff (siehe Kurzlebensläufe S. 428) entworfen hatte. (20 - 22) Soldenhoff hatte schon seit etwa 1905 Modelle gebaut und 1912 ein deutsches Patent für ein schwanzloses Flugzeug mit Pfeilflügeln erhalten. Mit dem ersten, noch unbemannten Gleiter stellte er 1920 Versuche an und ließ sich seine Methode zur Stabilisierung 1922 patentieren. Das erste motorisierte Muster entstand in Zürich und wurde von Ernst Gerber am 29. Juni 1927 in Dübendorf erstmals geflogen. Leider trat während des Flugs ein Festigkeitsproblem auf: die Maschine kreiste spiralförmig nach unten und schlug auf, was Gerber glücklicher Weise unbeschadet überstand. Wegen dieses Unfalls entzogen die Dübendorfer Soldenhoff die Erlaubnis für weitere Versuchsflüge, weshalb er nach Berlin auswich. Beim Rhönwettbewerb 1928 trat er mit seinem schwanzlosen Doppeldecker „Bülbül I" an. Der überschlug sich beim Start und wurde beschädigt. Im Lauf des Jahres machte er sich mit Unterstützung der Ingenieure Wilhelm Langguth[9] und Samuel Friedmann an den Bau des „LF 5", seines ersten Musters mit Motor. Espenlaub absolvierte die Erprobungsflüge irgendwann zwischen dem 12. und 14. Oktober 1929. Am 25. Oktober führte er die Maschine in Tempelhof vor, wo auch der „Storch V" gerade sein Debüt gab (siehe oben).

Nach einem in der Schweizer Zeitschrift *Aero-Revue* veröffentlichtem Beitrag soll Soldenhoff um diese Zeit (1928–1929)

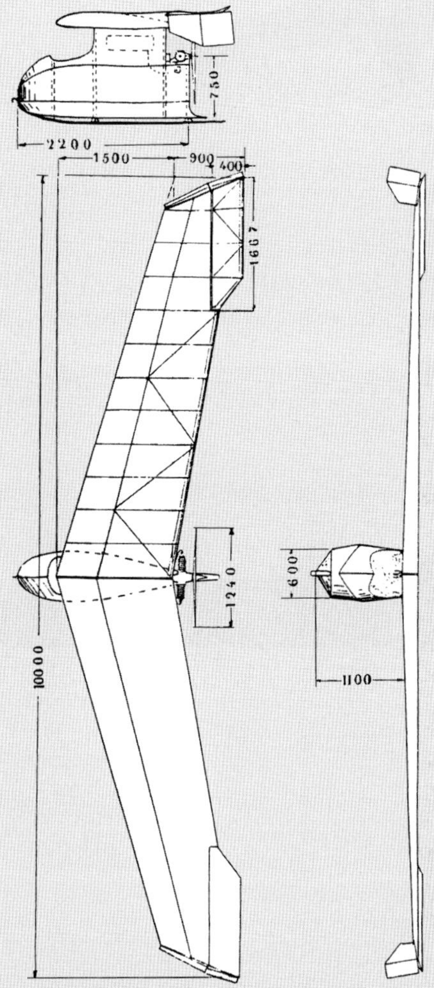

Oben: Das schwanzlose Segelflugzeug „Experiment“ entwarf Alexander Lippisch bei der Firma Steinmann-Flugzeugbau in Hagen. Der Erstflug 1924 erfolgte aufgrund der französischen Besetzung Hagens im rund 80 km ostwärts gelegenen Winterberg. Versuche fanden mit und ohne den an den Flügelspitzen montierten Flossen statt. Bevor man noch einen Motor einbaute, ging das Flugzeug zu Bruch. Viele seiner Merkmale fanden sich später in den Modellen der „Storch“-Reihe.

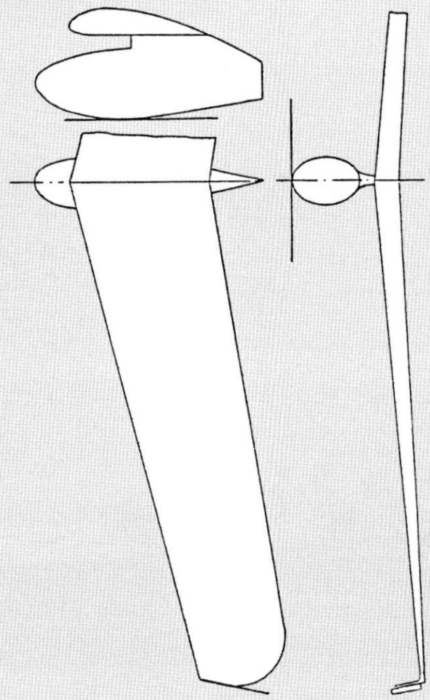

R. R. G. „Storch I“ (1927); E: A. Lippisch
b = 12.16 m; t = 1.89 m; l = 2.80 m

Oben: Johannes „Bubi“ Nehring absolvierte im Herbst 1927 den Jungfernflug mit dem „Storch I“. Das Muster leitete sich vom „Experiment“ ab und behielt die unter dem Flügel montierten Flossen bei. Alexander Lippisch entwarf die „Storch“-Reihe während seiner Zeit bei der Rhön-Rossitten-Gesellschaft bzw. dem Deutschen Forschungsinstitut für Segelflug.

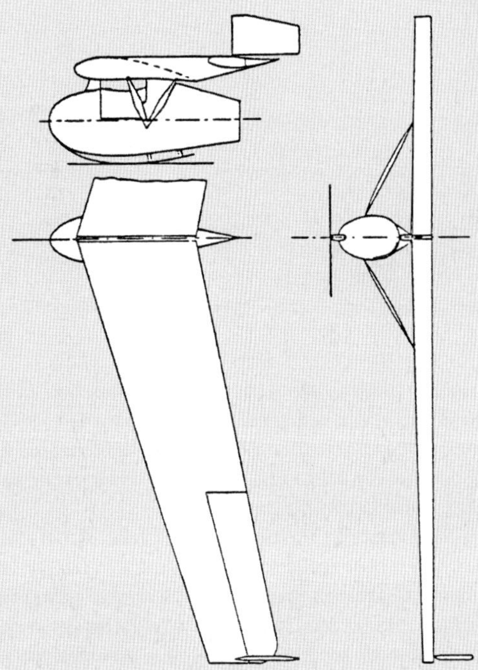

R. R. G. „Storch II“ (1927); E: A. Lippisch
b = 12.60; t = 1.89 m; l = 3.65 m

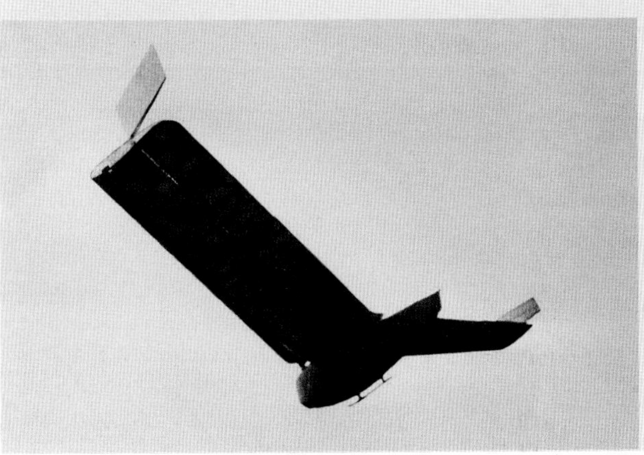

Links und oben: Der „Storch II“ und folgende Modelle verfügten über Flossen an den Flügelspitzen. Sie waren nach oben gerichtet, um Beschädigungen bei der Landung zu vermeiden – wie geschehen beim „Storch I“. Die Flossen waren entweder als Pendelleitwerke oder fest mit Seitenrudern ausgelegt. 1929 erhielt Lippisch dafür ein Patent.

Die charakteristische Tragflächenform der „Storch“-Reihe änderte sich nur geringfügig; die verschiedenen Ausführungen ließen sich anhand der Tragflächen-Hinterkanten und der Form der Flossen an den Flügelspitzen einfacher unterscheiden. Im Falle des „Storch III“, hier kurz nach dem Start auf der Wasserkuppe fotografiert, verjüngten sich die Tragflächen nach außen und die Ruder wiesen Rundungen auf.

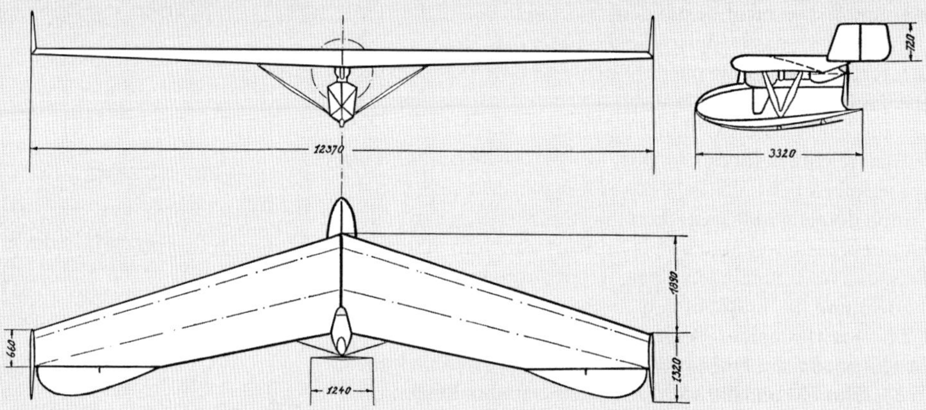

Links: Der „Storch VII“ mit Namen „Hans Huckebein“ verfügte über eine geschlossene Kanzel und einen 20 PS-Motor von Daimler-Benz, der eine Zweiblatt-Luftschraube mit breiten Blättern antrieb. Da der Motor nicht genug Leistung brachte, tauschte man ihn später gegen ein 24 PS-Aggregat. Die mit den Tragflächen abschließenden kombinierten Höhen- und Querruder waren senkrecht zur Mittellinie des Flugzeugs angeordnet. Am 8. Dezember 1931 gewann Günther Groenhoff mit der Maschine den vom Ullstein-Verlag ausgeschriebenen Preis über 3000 Reichsmark für den Ohnehaltflug mit einem schwanzlosen Flugzeug über mindestens 300 km nach Berlin-Tempelhof; Startpunkt in Deutschland egal.

Oben links und oben: Als erstes Serienmodell erhielt der „Storch V“ einen Antrieb, und zwar einen 8 PS leistenden Boxermotor von DKW. Beim Erstflug im September 1929 saß Günther Groenhoff am Steuer, der das Muster auch am 25. Oktober des Jahres auf dem Flugplatz Berlin-Tempelhof vorführte.

Rechts: Der „Storch IX“ erschien 1933 zunächst mit einfachen, offenem Rumpfgerüst, was sich nach dem Umbau zum „Storch IXa“ in Darmstadt-Griesheim änderte. Erich Wiegmeyer übernahm die Versuchsflüge.

Links: Versuche mit dem „Storch IXb“ ließen die Notwendigkeit einer großen Heckflosse erkennen, um dem destabilisierendem Effekt der Luftschraube entgegenzuwirken. Die Seitensteuerung erfolgte über die Ruder an den Flügelspitzen.

Unten: Beim modifizierten „Storch IXa“ trieb ein 30 PS-Motor von Bristol Cherub die Zugschraube an. Die in „Storch IXb“ umgetaufte Maschine wurde 1933 auf der Wasserkuppe zusammengebaut, doch erst im nächsten Jahr von Erich Wiegmeyer in Griesheim erstmals geflogen – wovon diese Fotos zeugen.

zur Förderung der Flugzeugentwicklung in Deutschland der RRG die freie Nutzung all seiner Patente bezüglich schwanzloser Flugzeuge gewährt haben.(20) Recherchen der Verfasser konnten dies nicht bestätigen, was möglicher Weise den Schluss zulässt, dass Lippisch Soldenhoffs Patente beim Entwurf der „Storch“-Reihe nutzte. Nach erwähntem Artikel verfügte das im Soldenhoff-Patent von 1912 beschriebene Flugzeug über ähnliche Flossen an den Flügelspitzen wie der „Storch“. Lippisch reichte dafür am 14. Dezember 1929 das am 17. März 1932 veröffentlichte Patent Nr. 546993 ein. Der „LF 5“ hatte keine derartige Flossen und diese tauchten bis 1930 auch an keinem weiteren Soldenhoff-Entwurf auf. Soldenhoff zog Ende 1930 nach Böblingen. Seine in Lohausen gebaute „A/4“ (D-1923) und die in Böblingen gebaute „A/5“ (D-2156) wiesen beide mittig auf den Tragflächen angeordnete Seitenruder und Flossen an den Flügelspitzen auf – die „A/4“ Pendelruder wie der „Storch“ und die „A/5“ in Festanordnung. Im Sommer 1930 brachte Anton Riediger die „A/4“ in Lohausen erstmals in die Luft; Espenlaub zog mit der „A/5“ ein paar Monate drauf in Böblingen nach. Interessanter Weise brachte Espenlaub derartige Seitenruder auch auf dem im April 1930 geflogenen schwanzlosen Muster mit Raketenantrieb an. Espenlaub flog die „A/5“ von Böblingen nach Dübendorf und führte sie dort dem Schweizer Publikum am Wochenende vom 22. und 23. August 1931 vor. Außer ihm saßen Riedinger und Hans-Dietrich Knoetzsch am Steuer. Letzterer brachte es später zum Chef-Versuchspilot der Bayerischen Flugzeugwerke und stieg mit der Bf 109 am 28. Mai 1935 erstmals in die Luft. Auf dem Rückflug von Dübendorf nach Böblingen am 26. August 1931 zwangen schlechtes Wetter und schlechte Sicht Espenlaub und seinen Kopiloten Arnold Kieser zur Notlandung am Bodensee.

Glücklicher Weise verlief alles glatt wie auch der Weiterflug nach Böblingen. Riediger flog die Maschine mit Soldenhoff als Passagier am 26. September erneut nach Dübendorf. Soldenhoff blieb dort und Riediger flog am nächsten Tag weiter nach Luzern, um das Muster dort vorzuführen. Auf dem Luzerner Flugplatz aber herrschte nach dem Absturz eines Flugzeugs Chaos, so dass Riediger gar nicht erst landete und nach Böblingen zurückflog, wobei er unabsichtlich einen neuen Streckenrekord im Ohnehaltflug für schwanzlose Flugzeuge aufstellte.

1929 begann Lippisch mit dem Bau eines neuartigen schwanzlosen Flugzeugs, das den Namen „Delta“ erhielt und schließlich zur Entwicklung der Messerschmitt Me 163 führte. Im Oktober 1928 hatte er auf der Internationalen Luftfahrtausstellung (ILA) in Berlin die Zeichnung eines großen Passagierflugzeugs mit Delta-Tragflächen und großer Flügelstreckung präsentiert, was die Aufmerksamkeit des Rekordfliegers Hermann Köhl erregt hatte (siehe Kurzlebensläufe S. 424),(23) dessen „Bremen“ ebenfalls auf der ILA zu sehen war. In seinem Buch *Bremsklötze weg!* schrieb Köhl:(24) „Unendlich viel neue Probleme hatte der Ozeanflug an mich herangetragen, deren Erforschung mein weiteres Schaffen gewidmet sein sollte. Darüber darf es keinen Zweifel geben: unsere wackere »Bremen«, die Junkers W 33, war im Jahre 1928 die beste und brauchbarste Maschine, die sich für einen Ozeanflug finden ließ.(19) Was jedoch für einen Erstlings-, einen Pionierflug ausreicht, kann nicht genügen, das Endziel zu erreichen: den wirtschaftlichen Transozean-Luftverkehr. Diesem Problem wollte ich nachspüren und versuchen, an seiner Lösung mitzuarbeiten. Hier erschlossen sich für mich dankenswerte, neue Aufgaben. Schon bald nach dem Fluge, noch in Amerika drüben, erkannte ich, dass dazu ganz neue Wege beschritten werden mußten. Da war das »Tanken in der Luft«. Vielleicht konnte man dadurch den Aktionsradius mehrmotoriger Flugzeuge erweitern. Aber die Beobachtung der da und dort angestellten Versuche zeigten mir deutlich, dass dieser Weg nicht zum Ziele führte. Die Reichweiten der Maschinen wurden nicht verbessert, dafür verschlechterte sich jedoch die Wirtschaftlichkeit. Dann waren die »schwimmenden Inseln« ein vielerörtertes Problem. Auch mit ihnen beschäftigte ich mich eingehend, allerdings ... um dabei feststellen zu müssen, dass solche Anlagen heute wirtschaftlich noch nicht tragbar sind. Wo aber war ein Weg, den man gehen konnte?! Im »Nur-Flügel Flugzeug« – dem »Fliegenden Flü-

Eine Aufnahme aus dem Hangar der Brüder Espenlaub in Düsseldorf-Lohausen. Auf dem hinteren Sitz der Espenlaub „E 14“ (D-1570) mit Anzani-Motor der junge Otto Krutsch. Im Krieg flog er nach der Schulung beim Erprobungskommando 16 bei der 1./JG 400. Die „E 14“ erhielt im Februar 1929 die Zulassung; das Lufttüchtigkeitszeugnis wurde ihr im April 1932 entzogen.

Alexander Soldenhoff (links) und Gottlob Espenlaub vor der Soldenhoff „LF 5“ in Lohausen (nach anderen Quellen handelt es sich um die „A/3“). Die Flugerprobung der „LF 5“ im Oktober 1929 übernahm Espenlaub, der die Maschine am 25. Oktober auch in Tempelhof vorführte.

Oben und links: Anton Riediger (links) mit Soldenhoff vor der Soldenhoff „A/4“ (D-1923). Riediger flog die Maschine in dieser Form im Sommer 1930 in Lohausen und Espenlaub ein paar Monate drauf in Böblingen, nachdem er an den Flügelspitzen Pendelruder angebracht hatte. Die Soldenhoff „A/5“ (D-2156) besaß einen ähnlichen Aufbau, aber ein Dreirad-Fahrwerk. Man beachte die mittig auf den Tragflächen angeordneten Pendelruder. Diese wies auch die von Espenlaub im April 1930 geflogene schwanzlose Maschine mit Raketenantrieb auf.

gel«? Vielleicht, man mußte es erproben. Ich suchte die Zusammenarbeit mit Männern, die auf diesem Gebiet bereits brauchbare wertvolle Vorarbeiten geleistet hatten. Basierend auf den Erfahrungen, die der Ozeanflug vermittelt hatte, formte sich nun in mir in großen Umrissen die Form eines neuen Flugzeugtyps. Wenn man das Gute der bisherigen Flugzeugmuster mit den vielfachen neuen Erkenntnissen verband, die vor allem bei der Segelfliegerei gemacht worden waren, so konnte man versuchen, eine Maschine zu entwickeln, die unter Ausnutzung aller die Flugsicherheit bedingten Faktoren auch die vom Luftverkehr geforderte Wirtschaftlichkeit und Schnelligkeit in sich vereinigte. Mit größter Aufmerksamkeit verfolgte ich die Versuche mit schwanzlosen Flugzeugen, wie sie von Etrich, Soltenhoff, Riediger und Espenlaub durchgeführt wurden. Auch die Arbeiten der Rhön-Rossitten-Gesellschaft interessierten mich ganz besonders. Dort hatte man den „Storch" konstruiert. Segelflugzeugtragflächen, darunter ein Rumpf und hinten dran ein schwacher Motorradmotor, der einen Liliputpropeller drehte. Auf dem Flugplatz in Darmstadt sah ich diesen seltsamen Vogel [»Storch V«], gesteuert von dem jungen Segelflieger Günter Groenhoff, der ein paar Jahre später nach einem beispiellosen Aufstieg so jäh aus dem Leben gerissen wurde.

Mit Hilfe eines Gummiseils wurde die Maschine gestartet, brauste über uns hinweg, kurvte und kam mit großer Fahrt wieder zurück. Die Kiste flog. Was tat's, dass der Motor streikte und Groenhoff, von einer Bö gepackt, zu Boden gedrückt wurde und einen ganz passablen Bruch machte? Ich hatte genug gesehen

Oben: Alexander Lippisch (links) und Hermann Köhl entspannen auf der grünen Wiese. Die Eintracht der beiden litt später unter gegensätzlichen Ansichten zur Leistungsfähigkeit der „Delta I". Hermann Köhl (geb. 1888 in Neu-Ulm, gest. 1938 in Pfaffenhofen) wurde im 1. Weltkrieg als Kommandeur eines Bombergeschwaders hoch ausgezeichnet. Nach einer Zeit bei der Reichswehr wurde er 1926 Nachtflugleiter der Deutschen Luft Hansa. Köhl und sein Kopilot Major James Fitzmaurice (geb. 1898 in Dublin, gest. 1965 ebd.), Kommandeur des Fliegerkorps des Freistaats Irland, überflogen am 12. und 13. August 1928 am Steuer der Junkers W 33 „Bremen" erstmals den Atlantik von West nach Ost.

Links: Lippisch untersuchte die Flugeigenschaften seiner Entwürfe zuerst an Modellen. Im Bild ein Vorläufer der „Delta"-Reihe.

Links und oben: Lippischs Modelle fielen recht groß aus. Hier wird im Winter 1930/31 gerade ein „Delta"-Modell mit rund 4 m Spannweite aus einem Gebäude der Wasserkuppe vorsichtig abgelassen. Oben die Vorbereitungen zum Start.

und entschloß mich an diesen Forschungsarbeiten sowohl beratend wie finanziell zu beteiligen. Die RRG. war in ihren finanziellen Mitteln sehr beschränkt und sollte damals zunächst keine weiteren Unterstützungen von seiten der Luftfahrtbehörde zur Fortführung dieser interessanten Versuche bekommen. Ich sprang hier helfend ein und erteilte nun der Rhön-Rossitten-Gesellschaft den Auftrag, mir eine Maschine zu bauen, die unter Verwertung der bereits vorhandenen Erfahrungen auch eine Reihe meiner Gedankengänge mit verwirklichen sollte. Da ich den Bau allein finanzierte[10] und mir nicht unbegrenzte Geldmittel zur Verfügung standen, wurde zunächst ganz klein mit dem Bau von Modellen begonnen. Als dann die verschiedenen Segelflugmodelle brauchbare Leistungen aufwiesen, konnten wir einen Schritt weitergehen und ein Segelflugzeug in dieser »Nur-Flügel-Form« schaffen. Das, was diese Maschine von allen bisher bekannten Flugzeugtypen grundlegend unterschied, war die Tatsache, dass wir mit ihr dem Idealtyp des Flugzeuges überhaupt so nahe wie möglich kommen wollten: dem »Fliegenden Flügel«, den der geniale Professor Hugo Junkers bereits vor zwanzig Jahren erdacht hatte, der aber leider noch niemals gebaut worden war. Jedem Laien wird es klar sein, dass letzten Endes nur der tragende Flügel am Flugzeug unbedingt notwendig ist. Rumpf und hinten liegendes Leitwerk könnten also fortfallen, wenn es gelingt, den Flügel auch ohne das schädliche Widerstände erzeugende Leitwerk steuerfähig zu gestalten. Diese Widerstände beeinträchtigten Tragfähigkeit, Aktionsradius und Geschwindigkeit recht beträchtlich, und damit auch die Wirtschaftlichkeit des Flugbetriebes. Alexander Lippisch, der die technische Durchführung des Baues für die Rhön-Rossitten-Gesellschaft leitete, und ich versuchten nun, diese Forderungen in dem neuen Flugzeugtyp zu verwirklichen.“

Beverley Shenstone im Juni 1930 vor einer Junkers „Junior“ auf dem Flugplatz Berlin-Tempelhof.

Zu einem weiteren Ereignis, das später indirekt Einfluss auf den Verlauf des 2. Weltkriegs nehmen sollte, kam es ebenfalls im Jahr 1929 [A. d. B.: Sofern man daran glaubt – eine Anspielung auf den Bau des Jagdflugzeugs „Spitfire“, an dem Protagonist Shenstone später beteiligt war]. Am 16. Oktober kam der junge kanadische Ingenieur Beverley Shenstone in Hamburg an. Er hatte sich die Überfahrt von Kanada an Bord der in Japan gebauten und unter norwegischer Flagge fahrenden *Storburg* (6000 BRT) mit Arbeiten an Bord verdient. (Shenstone war später am Tragflächen-Entwurf der Supermarine „Spitfire“ beteiligt; siehe Kurzlebensläufe S. 427). Am 18. Oktober traf er in Berlin ein, wohin ihn sein Großvater geschickt hatte, seines Zeichens Direktor einer großen Landmaschinenfabrik mit Niederlassungen in Deutschland. Hier sollte der Enkel Deutsch lernen und einen Einblick in die Geschäftswelt erhalten. Shenstone brachte ein Empfehlungsschreiben an den britischen Luftwaffenattaché *Group Captain* Christie mit,[11] der ihm eine Art Praktikumsstelle bei den Junkers Flugzeug- und Motorenwerken in Dessau besorgen sollte. Shenstone vermerkte in seinem Tagebuch über das Treffen mit Christie am 24. Oktober: „Traf schließlich Christie in der britischen Botschaft. Er sagte, die Junkers-Leute seien gute Jungs. Gab mir den Rat, dort nicht allzu lang zu bleiben. Sagte, wenn die deutsche Regierung davon erführe, bekäme sie einen Anfall. Man stelle sich vor, ein Brite würde dort alles über ihre heiligen Flugzeuge erfahren! (Ich könnte noch Probleme bekommen). Er gab mir den Rat, mich als Amerikaner und nicht als Kanadier auszugeben. Entschloss mich, an Böhme [Junkers-Mitarbeiter] zu schreiben und mein Eintreffen auf den 11. November zu verschieben, um [vorher] besser Deutsch lernen zu können. Anscheinend wollen sie ihre Riesenmaschine [Junkers G 38] in den nächsten Tagen erproben. Er [Christie] wird bald dorthin gehen und sie sehen. Zuvor will er ihnen ein paar Zeilen über mich schicken.“ Am 9. November fing Shenstone bei Junkers an. Am 1. Juli 1930 vertraute er seinem Tagebuch an: „Der Rhein [das Rheinland] ist frei! So schallt es heute in Deutschland von allen Dächern. Es beherrscht die Schlagzeilen sämtlicher Zeitungen. Jedermann trägt es auf den Lippen. Tag der Freiheit, Tag der Freude! All dies heißt nichts anderes, als dass der letzte Soldat der französischen Besatzungsarmee deutsches Staatsgebiet verlassen hat. Heute machte ich mich auf ins Unbekannte. Das heißt, ich verließ Dessau heute Morgen 8.45 mit Ziel Wasserkuppe. Ich wusste nur soviel darüber: dort soll sich die beste Segelflugschule der Welt und die Wiege der Segelflugzeuge oder Hanggleiter befinden. Seit 1919 wird dort gesegelt. Sonst wusste ich nichts. Ich schrieb, stellte einen Antrag, wurde angenommen und bezahlte. Das ist alles. Und darum schreibe ich »ins Unbekannte«.“ Auf der Wasserkuppe teilte man Shenstone einer Gruppe zu, die einen einmonatigen Lehrgang zum Erlernen des Segelfliegens oder zur Fortgeschrittenen-Schulung bestritt. Darunter Dr. Brand, der seinen B-Schein in Rossitten gemacht hatte; Leutnant Tamm; ein Seemann namens Barthe; der Verkehrspilot Seibicke; die Amerikaner Casady und Schwabe; der Engländer Shutte, ehemaliger Soldat und Mitglied eines britischen Flugvereins; und Fräulein Mannesmann, die gerade ein Seminar Flugzeugbau an der Berliner Hochschule abschloss.

Am 9. Juli machte Shenstone seinen ersten Flug; er dauerte 30 Sekunden. Am Ende der „Ferien auf der Wasserkuppe“ hatte er den C-Schein in der Tasche (da er schon in Kanada fliegen gelernt hatte). Tagebucheintrag vom 21. Juli: „Heute morgen startete Oberleutnant Hammer mit der »Schloß Mainberg« und segelte von der Kuppe zum Pelznerhang hin und her… Man munkelte, er wolle einen neuen Wasserkuppe-Dauerflugrekord aufstellen… Shutte erhielt die Erlaubnis, zum C-Schein anzutreten. Seit Mai hatte ihn keiner mehr gemacht. Er war vier Minuten in der Luft und benötigte nur noch eine. Dann drehte er über den Hügel weg und wir hielten die Luft an. Er verlor vollkommen den Aufwind und damit an Höhe! Er sank und setzte ein paar Sekunden vor Ablauf der [vorgeschriebenen] 5 Minuten auf, aber nicht richtig, glitt in die Senke hinab und landete nach insgesamt 5 Minuten und 35 Sekunden. Zur Landung eilten wir alle nach unten. Der Landeanflug war in Ordnung, dann aber berührte er etwas (vermutlich den Bergrücken), was ihn herumwarf, den Bug traf und den Rumpf unmittelbar vor dem Schwanz brechen ließ. Trotz allem bekam er seinen C-Schein, war mit Sicherheit glücklich und nahm die Gratulationen der Umstehenden entgegen. ... Natürlich waren wir, die wir als nächste an die Reihe kommen sollten, etwas gedämpft, denn die Reparatur würde sicherlich ein paar Tage in Anspruch nehmen. Aber da gab es ja noch die »Schnecke« oben im Hangar. Die »Schnecke« hatte keinen richtigen Rumpf sondern lediglich eine Art Boot für den Piloten; der Restrumpf bestand lediglich aus offenen Streben. Recht hässlich, was aber keine Rolle spielt, wenn man darin sitzt. Ich hatte sie zuvor nie geflogen. Wir zogen sie auf die Kuppe. Der Wind toste. Mir schwante, dass dies wahrscheinlich ein göttliches Zeichen zur Erlangung des C-Scheins war; eine Chance, die sich vielleicht monatelang nicht mehr bieten würde. Ich hatte noch nie einen richtigen Segelflug gemacht und sollte nun fünf Minuten in der Luft bleiben. Das bekannte komische Gefühl in der Magengrube machte sich breit. Ich hatte meine Anweisungen. Andere waren gescheitert und einer hatte es geschafft. Ich wusste, *was* zu tun ist, hatte aber kein Vertrauen ins »Wie«. »Weißt Du genau, was zu tun ist?« fragte der Ausbilder. »Ja, alles bereit«, sagte ich. »Ausziehen« und die Startmannschaft ging die Kuppe hinunter. »Laufen« und sie begannen zu ziehen. Plötzlich »Los« und das Pfeifen des Windes in den Drähten, als das Flugzeug hochsprang. Ich fühlte, wie sich das Startseil straffte und stieg wie ein Drachen im Aufwind. Wie wenn ein Aufzug losfährt! Dann drücke ich die Nase in die vorgegebene Stellung; die einzige Möglichkeit sicher zu sein, genug Geschwindigkeit zu haben aber auch nicht zuviel. Nach dem Ausklinken des Seils schlug ich nach links ein und glitt wie eine Krabbe in Richtung auf den mittlerweile tief unten liegenden Beobachtungspunkt zu. Alles spielte sich in Sekunden ab. Mit viel Höhe flog ich direkt über den Beobachtungspunkt. Dann schießt mich ein neuer Aufwind weiter in die Höhe und ich muss den Horizont im Auge behalten, um die richtige Geschwindigkeit zu halten. Der Wind braust mit sechzig Sachen vorbei, aber der Boden bewegt sich so gut wie nicht. Jetzt drehe ich etwa 45° in den Wind und segle zur Straße hinüber. Jetzt die Wende und zurück zum Beobachtungspunkt. Ich betätige das Seitenruder und sie [die »Schnecke«] reagiert nur in Zeitlupe.

Ich gehe in die Kurve ein, sie reagiert prompt, aber ich verliere Höhe. Zurück zum Beobachtungspunkt mit immer noch viel Höhe. Kann mich nur an die andere Gruppe unter mir erinnern, die mich gespannt beobachtet, anstatt ihr Flugzeug nach oben zu ziehen. Auch den halbmondförmigen Swimming Pool sehe ich. Die Straße zum Beobachtungspunkt und sonst nichts. Ich habe Angst, zu weit nach außen zu gehen, um den Wind nicht zu verlieren. Ich habe Angst, zu weit hereinzukommen. Ich ziehe scharfe und steile Kurven. Ich weiß, dass mich der Lehrer beobachtet und jedes Manöver kritisiert. Ich weiß, dass meine Gruppe über die Kurven spottet. Die Zeit – keine Ahnung. Vergehen fünf Minuten schnell oder langsam? Ich komme etwas zu weit nach außen. Ich lege mich quer und kurve mit dem Seitenruder ein. Jetzt reicht es und ich versuche, geradeaus zu fliegen. Noch in Querneigung lege ich das Seitenruder zu früh in Gegenrichtung ein. In Schräglage nähere ich mich dem Boden. Verliere Geschwindigkeit. Der Wind peitscht mich umher und ich ziehe aus dem Aufwind hinunter auf die Gebäude unter mir. Aber ich bekomme das Flugzeug wieder in den Griff und steuere auf den Beobachtungspunkt vor mir zu. Ich sehe den Fluglehrer (Herr Groenhoff) unter mir. Er ist von der Kuppe abgestiegen. Er winkt mir zu, weiterzumachen. Ich frage mich, wie lang ich schon fliege. Ich bin tief und sinke. Dann erfasst mich plötzlich ein Aufwind und ich rausche nach oben. Eine lange Kehre hin zur Straße. Kurvt immer noch schlecht. Nicht genügend Geschwindigkeit und zu viel Querneigung. Schlechtes Fliegen. Dann wieder über dem Beobachtungspunkt. Weiß nicht mehr, wie oft ich hin und her geflogen bin. Mache eine Kurve. Es ist schrecklich. Ich slippe, bin trotzdem zu tief. Slippe noch mehr. Der Wind drückt mich gegen den Hang. Den Absturz vor Augen, lege ich mich voll auf die andere Seite, gebe ein wenig Seitenruder und fliege ein paar Fuß am Hang vorbei. Aber da ist immer noch ein wenig Aufwind, der mich in die Höhe zieht, aber nicht genug, um den Flug fortzusetzen. Bei der nächsten Wende bin ich knapp unter der Höhe des Beobachtungspunkts und Groenhoff winkt mir zu, ich soll landen. Ich richte das Flugzeug gerade und lege unten auf den Feldern eine ordentliche Landung hin. Im Hinblick auf »Schloß Mainberg«, die leicht und ruhig wie eine Möwe hin und her segelte, komme ich mir ganz klein vor und die sieben Minuten in der Luft noch kleiner. Schnell wurde mir klar, dass der C-Schein nur einen kleinen ersten Schritt bedeutete. ... Da der Wind nicht nachließ, waren Shutte und ich nur die ersten am Start und während des Nachmittags sieben Minuten und 43 Sekunden in der Luft. Dann fühlte ich mich irgendwie schwach – aber Hans, das Pferd, kam hoch. Wir packten mit an und zogen das Flugzeug wieder auf die Kuppe. Man gratulierte mir, meist mit Bemerkungen über die »wilden Kurven«. Dann erschien Stamer und überreichte mir das Abzeichen mit den drei weißen Möwen auf blauem Grund, das C-Schein-Inhaber auszeichnet. ... Später suchte ich Stamer auf und bat ihn, mich mit Lippisch bekannt zu machen, dem Flugzeugbauer. L ist sehr bekannt für seine Entwürfe von Segelflugzeugen, schwanzlosen Flugzeugen und Tragflächen. Er ist ein jüngerer Herr mit einer Frisur, wie sie üblicherweise Künstler tragen. Spricht mit deutlichen Worten. Bei der Vorstellung fragte er [auf Englisch] nach meinen Interessen in der Art von »Nun, sind Sie nur neugierig? Wahrscheinlich haben Sie keine Ahnung, aber da Sie mir von Stamer vorgestellt wurden, sollte ich Ihnen zumindest eine Chance geben.« Als ich auf Deutsch antwortete, war er ein wenig überrascht und wurde freundlicher. Als ich Interesse an seinen schwanzlosen Entwürfen bekundete, taute er auf und zeigte mir Artikel, die er geschrieben hatte und erzählte von seinen Flügelkonstruktionen und deren anderer Leute (die alle schon verfault sind). Er ist strikt gegen die Verwendung von Hochleistungsmotoren in Flugzeugen und wetterte gegen Militär- und Rennmaschinen vom Schlage der derzeit an der Schneider Trophy teilnehmenden Wasserflugzeuge. Er scheint sehr moderne Tragflächenentwürfe auf Lager zu haben, ist aber strikt gegen Metallkonstruktionen. Obwohl ich diese Ansicht nicht teile, könnte ich mir die Arbeit mit ihm sehr interessant vorstellen. Wäre immerhin besser, als in der Konstruktionsabteilung eines großen Flugzeugbauer zu arbeiten, da man sich dort mit Kleinkram herumplagen muss und nicht weit kommt. Bei Lippisch einige Erfahrung zu sammeln, wäre sehr wertvoll. Man wird sehen. ... Während meines weiteren Aufenthalts [auf der Wasserkuppe] begann es

Oben: Ausziehen! Die Startmannschaft zieht das Gummiseil straff, um einem „Zögling" auf der Wasserkuppe in die Luft zu katapultieren. Beverley Shenstone erwarb seinen C-Schein am 21. Juli 1930 eben dort. An diesem Tag stellte Oberleutnant Hammer in seinem Segelflugzeug „Schloß Mainberg" bei stürmischen Winden mit 9 Stunden 35 Minuten einen neuen Dauerflugrekord auf. Der Prüfungsflug von Shenstone dauerte hingegen nur rund 7 Minuten.

Oben: Der Schulgleiter „Zögling" war ein vertrauter Anblick auf der Wasserkuppe. Die ersten Schulflüge dauerten meist keine Minute und manchmal nur wenige Sekunden.

Links und unten: Seinen Erstflug absolvierte der „Delta"-Hochdecker-Segler am 2. August 1930 auf der Wasserkuppe mit Günther Groenhoff am Steuer.

täglich zu regnen, aber die »Schloß Mainberg« flog und flog, wobei sie bei stark böigem Wind einmal fast abstürzte…. Wir schauten aus dem Fenster und sahen die »Schloß Mainberg« immer noch mit dem Sturm kämpfen, wobei sie den [Dauerflug-]Rekord von 8 Stunden und 40 Minuten einzustellen im Begriff war. Sie zündeten auf den zwei Wendepunkten Leuchtfeuer an, damit sie im Dunkeln weiterfliegen konnte. Sah alles sehr eindrucksvoll aus. Als der bisherige Rekord um 15 Minuten überboten war, stiegen Signalraketen hoch, um dies anzuzeigen. Er [Oberleutnant Hammer] hatte keine Uhr bei sich und rief zur Zeitabfrage den ganzen Tag über nach unten. Selbst bei Dunkelheit flog er weiter. Als wir runter in die Kantine gingen, erfuhren wir, dass die »Schloß Mainberg« nach 9 Stunden und 35 Minuten in der Luft eben gelandet war. Es war stockdunkel und der Pilot konnte den Abstand zum Boden nicht erkennen. Eine Tragfläche berührte den Boden, dann die Schnauze und das ganze Flugzeug überschlug sich auf den Rücken. Hammer trug keinerlei Verletzungen davon, aber das Flugzeug ist ein wenig blessiert."

Am 2. August 1930 wurde Shenstone Zeuge des Erstflugs des „Delta"-Seglers: „Heute Nachmittag wurde die neue schwanzlose Maschine kurz nach dem Tee fertig gemacht. Sie hat noch keinen Motor und muss zuerst als Segler fliegen. Sie ist die sauberste Sache, die man sich vorstellen kann. Tragflächen mit etwa 42 Fuß [12,8 m] Spannweite und ein kleiner, etwas auskragender und wunderschön verkleideter Rumpf darunter. An der Wurzel 18 Inch [45,72 cm] tief, laufen die Flächen ganz dünn – praktisch ins Nichts – zu den Spitzen, wo sich die Seitenruder befinden. Querruder wie üblich. Höhenruder wie Querruder und zweigeteilt am restlichen Teil der Tragflächenhinterkanten, den die Querruder noch übrig gelassen haben.

Ein Zweisitzer. Wir zogen ihn zum Pelznerhang. Groenhoff stieg über eine Klappe ein und saß vollkommen umschlossen und blickte durch ein Fenster in der Flügelvorderkante sowie mehrere kleine Seitenfenster im Rumpf nach draußen. Fünf Mann hielten den Schwanz und vierzehn zogen die Startseile. Er machte einen winzigen Hüpfer in die Luft und kam wieder runter. Groenhoff sagte, er sei buglastig und ließe sich nicht hochziehen. Lippisch sagte, er habe das Flugzeug extra so ausgelegt, da dies sicherer als eine Schwanzlastigkeit sei. So brachten sie Gewichte im Schwanz an und unternahmen mehrere weitere Startversuche, bis die Balance stimmte. …Aber als es schließlich flog, tat es das wunderbar. Es sah ebenso erstaunlich aus, da ein Heck vollkommen fehlte. Es war nur ein Sprung, aber es schwebte etwa 100 Yards [91 m] weit einen Fuß [30 cm] über dem Boden und landete gut. Lippisch rannte freudestrahlend zu Groenhoff und fragte ihn, wie es sich angefühlt hatte, und als G antwortete, der Flug sei so gut wie perfekt gewesen, freute sich L wie ein Kind und führte fast einen Freudentanz auf. Dann verstaute man das Flugzeug wieder, zumal sich das Wetter verschlechterte und ohnehin Zeit fürs Mittagessen war. Hermann Köhl erzählt die weitere Geschichte in *Bremsklötze weg!*: „Nachdem das Segelflugzeug wiederum von Günter Groenhoff eingeflogen worden war und unseren Erwartungen entsprach, ließ ich es umbauen und mit einem Kleinmotor ausrüsten. Leider sind diese Motoren immer noch sehr teuer. Direktor Theo Croneiß von der Deutschen Verkehrsflug A.-G. enthob uns aber dieser Sorge, indem er uns freundlicherweise einen solchen schenkte. Meine Zusammenarbeit mit der Rhön-Rossitten-Gesellschaft und die dabei erreichten Erfolge veranlaßten auch nun das Reichsverkehrsministerium, neue Gelder für den Bau eines ähnlichen Versuchsflugzeuges zur Verfügung zu stellen. Der Umbau wurde vollendet. Am Himmelfahrtstage des Jahres 1931 [14. Mai] startete der »Fliegende Flügel« [„Delta I“] zum ersten Male mit Motorkraft.[12] Von Groenhoff geführt, zog er über der Wasserkuppe siegreich seine ersten Kreise. Als dieses erste »Nur-Flügel-Flugzeug« nach Berlin gebracht wurde, flog ich es dreimal je eine Stunde über dem Flughafen Tempelhof. Dabei konnte ich feststellen, dass der Versuchsbau geglückt war, und damit ein Forschungsergebnis erzielt war, mit dem alle daran Beteiligten zufrieden sein konnten. Wenn nun auch weiterhin keine sichtbaren Erfolge sich an die Vollendung dieser Maschine anfügen konnten: Eines wurde erreicht: Das Interesse der Flugzeugkonstrukteure wurde geweckt. Sie haben daraus gelernt und neue Anregungen bekommen. So hat diese Neukonstruktion nachweislich zur Weiterentwicklung der Flugzeugkonstruktionen beigetragen. Wie immer in meinem Leben, ging es auch hier nicht ohne Kämpfe ab. Sie sind hart gewesen und hitzig geführt worden, immer hatten sie jedoch nur den einen Zweck – der Sache zu dienen und die Entwicklung vorwärtszutreiben.“

Aus Kosteneinsparungsgründen hatte die „Delta I“ die Tragflächen des Seglers erhalten. Eine Reihe Schwierigkeiten begleiteten die Vorführung in Berlin. Sie rührten hauptsächlich vom launischen, von Croneiß gespendeten 30 PS-Motor Bristol „Cherub“. Dieser musste ersetzt werden.

Die erste Vorführung mit Kunstflug und Trudeln flog Groenhoff am 14. September 1931. Am nächsten Tag stieg Köhl in die Maschine, wobei es um ein Haar zu einer Katastrophe kam: Beim Start setzte sie mehrfach auf und das Bugrad brach ab. Köhl bedachte nicht, dass die Maschine sacht und nicht wie ein schweres Flugzeug geflogen werden musste. Des Schadens

Beim „Delta I“ handelte es sich um einen Mitteldecker, der im Sommer 1931 auf der Wasserkuppe erprobt wurde. Fritz Krämer bei der Überprüfung der Maschine vor dem Flug (rechts).

Oben: Im September 1931 führten Groenhoff und Köhl die „Delta I“ in Tempelhof vor. Köhls in der Presse abgedruckte Aussage, die Maschine ließe sich nur schlecht fliegen, führte zum Zerwürfnis mit Lippisch.

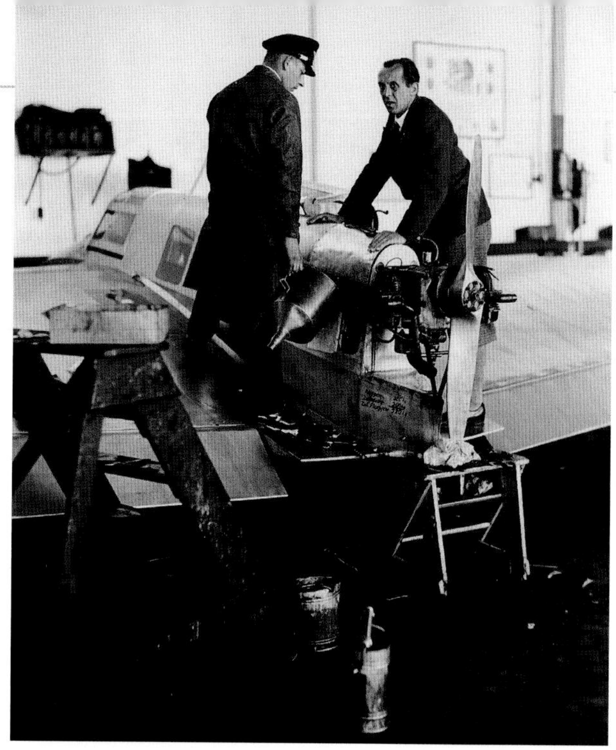

Rechts: Alexander Lippisch unterhält sich mit einem Lufthansa-Mechaniker in Berlin-Tempelhof über die Motorprobleme der „Delta I“. Das von Theo Croneiß (Direktor der Deutschen Verkehrsflug A.-G.) gespendete Aggregat Bristol „Cherub“ zeigte etliche Mucken, war jedoch nicht ausgetauscht worden.

nicht gewahr, brachte er sie wieder unter Kontrolle und machte einen großen Rundflug um Berlin. Bei der Rückkehr machte man ihn mit Gestikulieren und dem Hochheben des Bugrads auf die Notlage aufmerksam. Beim zweiten Anflug gelang ihm die Landung auf Hauptfahrwerk und Schleifsporn. Man reparierte den Schaden und führte die Maschine am 25. September in Gegenwart von Köhl, Croneiß sowie Ernst Heinkel erneut vor. Die Presse berichtete begeistert über die Flüge, aber einige unbedachte Äußerungen Köhls gegenüber Journalisten führten zu einem heftigen Streit mit Lippisch. Köhl hatte angedeutet, die Maschine ließe sich nur schlecht fliegen, ohne seine mangelnde Erfahrung mit dem Typ zu erwähnen. (Köhls Aussage „... ging es nicht ohne Kämpfe ab. Sie sind hart gewesen und hitzig geführt worden ...“, wie oben zitiert, dürfte eine Anspielung auf den Streit sein.) Die RGG erstattete Köhl die Unkosten und

Oben: Nach den Erfahrungen mit der „Delta I“ beauftragte Köhl die Ingenieurschule in Weimar mit der Konstruktion eines ähnlichen Flugzeugs. Rollversuche fanden 1934 statt; das weitere Schicksal der Maschine ist unbekannt. Heini Dittmar, der später den Erstflug mit der Me 163 bestritt, besuchte diese Schule.

übergab die „Delta I“ der Deutschen Versuchsanstalt für Luftfahrt (DVL) in Berlin zur weiteren Erprobung.

Man nimmt an, dass die in Folge von Köhl mit Mitteln des Reichsverkehrsministeriums (RVM) gebaute Maschine von Dipl-Ing. von Lössl konstruiert worden war, einem Dozenten an der Ingenieurschule in Weimar. Sie wies äußerlich große Ähnlichkeit zur „Delta I“ auf; der 60-PS-Motor stammte von Hirth. 1934 führte Köhl Rollversuche auf dem Flugplatz des Deutschen Luftsportverbandes in Webicht durch, unweit des Weimarer Hauptflugplatzes Nohra. Berichten zufolge wollte Köhl

Die ganz auf Günther Groenhoff zugeschnittene „Delta II“ wurde nie fertig gestellt. Der Ursinus-Motor, mit dem der Typ ausgestattet werden sollte, erfüllte nicht die Erwartungen. In der Kanzel sitzt Richard Mihm, einer der Assistenten Lippischs. Links Ingenieur L. Kaffenberger.

die Maschine nach Rückkehr aus einem Urlaub im selben Jahr fliegen, aber man hörte nichts mehr davon.

Mittlerweile hatte Lippisch mit dem Bau eines kleineren, ganz auf Groehoffs Körpermaße zugeschnittenen Flugzeugs mit einem 24 PS-Ursinus-Motor begonnen. Aufgrund von Schwierigkeiten mit diesem Antrieb kam es jedoch nicht zur Fertigstellung. Über nachfolgende Ereignisse berichtete Lippisch nach dem Krieg in einem unveröffentlichten Manuskript (Rückübersetzung): (25)

„Im Winter 1931/32 reiste ich zu einem Vortragsabend der WGL [Wissenschaftliche Gesellschaft für Luftfahrt] im Haus der Flieger nach Berlin. Auf der Treppe zum Vortragssaal traf ich Gerhard Fieseler, den herausragenden Kunstflieger. Wir kannten uns schon aus der Zeit, als Fieseler in Kassel eine kleine Flugzeugbau-Firma gegründet hatte, in der er u. a. Segelflugzeuge baute. Kurz vor dem Saaleingang sprach er mich kurz an und sagte, er wollte später gern mit mir reden. Irgendjemand referierte über Segelflug. Danach trafen wir uns auf der Treppe wieder und Fieseler teilte mit, er habe von der Zigarettenfabrik Haus Bergmann einen Vertrag über drei Flugzeuge bekommen. Sie wollten eine Werbeflotte aufbauen und brauchten dazu einen schnellen Delta-Flügler. Des Weiteren beabsichtigten sie die Teilnahme am Europa-Rundflug 1932. Fieseler fragte, ob ich mich imstande sähe, einen zu bauen und auch das die ganze Arbeit bis zur Ausstellung des Lufttüchtigkeitszeugnisses übernehmen würde.

Im Sommer 1931 führten wir die Delta I »Hermann Köhl« mit Erfolg vor und die Leute von Haus Bergmann hielten es für eine glänzende Werbeidee, wenn drei Delta in ganz Deutschland herumflögen. Der Auftraggeber bestand jedoch auf englischen Motoren, außerdem sollte das Flugzeug unbedingt die Bedingungen zur Teilnahme am Europa-Rundflug erfüllen. Sollte ich diesen Auftrag annehmen?

Es war aber der einzige Lichtstrahl in diesen schwierigen Zeiten, denn trotz des Erfolges mit der Delta I hatten wir keine offizielle [finanzielle] Unterstützung für unser Werk erhalten. Der DLV warf uns jeden erdenklichen Stein zur Erlangung des Lufttüchtigkeitszeugnisses in den Weg und es gab unschöne Auseinandersetzungen über die Urheberschaft des Entwurfs im Zusammenhang mit »Hermann Köhl«. Kurz gesagt, es herrschte materielle und geistige Ebbe. Fieselers Auftrag würde uns zumindest für die nächsten Monate über Wasser halten und in dieser Zeit ergäbe sich schon irgendetwas Neues. Mit Sicherheit stand alles auf der Kippe, zumal wir nur begrenzte Erfahrung mit der ersten Delta hatten.

Auch Professor Georgii war nicht sehr begeistert, als ich ihm das Vorhaben erläuterte. »Meine Herren, meine Herren – können Sie in so kurzer Zeit ein ganzes Flugzeug entwerfen?« Ja, auch das war ein Haken. Die Zeichnungen mussten bis Frühjahr [1932] fertig sein, sonst konnte das Flugzeug nicht termingerecht geliefert werden.

Trotz aller Probleme entschloss ich mich zur Annahme des Angebots. Auf der Wasserkuppe stieß Ing. Willy Plath zu uns.[13] Meine Gehilfen waren Hans Jacobs, Fritz Krämer, Heinrich Voepel, Wilhelm Hubert und der ständig zu Scherzen aufgelegte Günther Groenhoff. Hätte ich mich nicht auf Groenhoffs Fähigkeiten bei der Flugerprobung zählen können, hätte ich die Sache nicht angenommen.

Oben: Die deutsche Segelflieger-Gemeinschaft war eng verwoben. Diese 1932 in Berlin-Tempelhof entstandene Aufnahme zeigt v. l. n. r. Peter Riedel, Heini Dittmar, Willy Drude (Teilnehmer am Rhönwettbewerb 1920 und 1921), Wolf Hirth, Hanna Reitsch und Edgar Dittmar.

Professor Walter Georgii, Heini Dittmar, Günther Groenhoff, Robert Kronfeld und Fritz Stamer 1932 auf der Wasserkuppe.

Als wir gerade fieberhaft [am erwähnten Auftrag] arbeiteten, ging der Vertrag für eine neue Delta ein, der einige Zeitlang im RVM herumgeflattert war. Auch hier sollten wir die Konstruktionszeichnungen anfertigen und Focke-Wulf in Bremen den Bau übernehmen. Wir bündelten all unsere Kräfte und dies wurde die Delta III und Fieselers Vogel die Delta IV.[14] Nach langer Suche in Katalogen englischer Motoren entschieden wir uns für zwei 75 PS leistende Pobjoy-Motoren, von denen einer im Bug und der andere im Heckrumpf verbaut werden sollte. Des Weiteren sollte das Flugzeug eine kurze Spannweite, klappbare Flächen und zur Erhöhung des Auftriebs beim Start Hilfsflügel hinter dem Frontmotor und über dem Tragflächenmittelstück erhalten. Ich hatte Fieseler gebeten, keinen Erprobungsflug mit dem Vogel zu machen und uns telefonisch zu benachrichtigen,

Diese drei Persönlichkeiten sind eng mit der Entwicklung der Me 163 verbunden: Heini Dittmar, Hanna Reitsch und Wolfgang Späte.

wenn er fertig war, wonach Groenhoff und ich nach Kassel kämen.

Ich rief Groenhoff an, als die erste Delta IV eben flugklar geworden war, als sich Fieseler selber in die Kanzel zwängte und den Schubhebel durchdrückte. Er erzählte uns später nicht, was passiert war, aber das Flugzeug war reichlich zertrümmert.

Mit seinen Leuten baute er es rasch wieder auf und diesmal wollte er den Erprobungsflug Groehoff überlassen.

Groenhoff sah unsere Schwierigkeiten und wollte aushelfen. So fuhren wir in seinem roten Opel nach Kassel. Ich hatte bei Gotha eine Lebensversicherung abgeschlossen, aber ob die Gothaer nach all dem, was dann passierte, noch gezahlt hätten, ist eine gute Frage.

Da stand der frisch gestrichene Vogel. Er schien flugklar, aber oho! Groenhoff ging alles systematisch durch. Dann begann er mit Rollen. So weit schien alles in Ordnung zu sein. Als er aber Vollgas gab und abheben wollte, brach das Flugzeug nach rechts aus und kam kurz vor dem Grenzzaun des Flugplatzes zum Halten.

Sobald der Bugmotor auf vollen Touren lief, brach das Flugzeug nach rechts aus und ließ sich nicht mehr auf Kurs halten. Schließlich gelang ihm der Start bei Vollast laufendem Heckmotor und Halblast laufendem Frontmotor. Er raste davon und kreiste eine halbe Stunde über Kassel. Bei der Landung brach der Schleifsporn. »Das kriegen wir bis morgen repariert«, meinte Fieseler. Am Abend saßen wir in Fieselers Garten. Doch selbst sein köstlicher Wein konnte die trübe Stimmung nicht heben. Nichtsdestoweniger hatten wir den Erstflug der Delta IV würdig zu feiern. Später im Hotel saßen Groenhoff und ich noch lange beisammen und beratschlagten, was zu tun sei.

Um ehrlich zu sein, hatte das Flugzeug praktisch sämtliche schlechten Eigenschaften, die man sich vorstellen konnte. Erstens brach es beim Start aus und ließ sich nicht mehr auf Kurs halten. Es reagierte auf Querruder-Betätigung mit Gieren in die andere Richtung. Auf Neutralstellung [der Querruder] fing das Flugzeug an, schwanzlastig zu werden. Das war die Ursache des gebrochenen Schleifsporns. War man nicht auf der Hut, fiel man vor der Landung heraus. Es war schnell, bei Vollgas 250 km/h – einer der wenigen Punkte, bei denen unsere Berechungen stimmten.

Am nächsten Tag unternahm Groenhoff einen weiteren Flug. Wir beschlossen, einige Änderungen vorzunehmen und fuhren im roten Opel wieder auf die Wasserkuppe. Dem Himmel sei Dank waren die Straßen leer, besonders an den Kurven! Wir unterboten unsere bisherige Fahrtzeit um sieben Minuten…

So pendelten wir Woche und Woche von Kassel hin und her, doch wir wurden – um es vorsichtig zu sagen – der schlechten Eigenschaften des Flugzeuges nur langsam Herr, Schritt für Schritt.

[Kurz darauf kam Günther Groenhoff beim Rhön-Wettbewerb 1932 ums Leben. Bei einem Start unter schlechten Wetterbedingungen rutschte sein Segelflugzeug statt zu steigen den Hang hinunter über die Kante des Westhangs, wobei das Heck bei Berührung mit der Steilwand beschädigt wurde und abbrach, bevor noch das Flugzeug am Boden aufschlug. Groenhoff stieg aus, doch sein Fallschirm öffnete sich nicht.]

Weiter Lippisch: „Nun mussten wir von vorn anfangen und neue Flugzeugführer zur Erprobung des schwanzlosen Flugzeugs ausbilden. Fieseler versuchte, die Delta IV wieder in einen flugfähigen Zustand zu versetzen, was ihm erwartungsgemäß nicht gelang. Schließlich bat er den DVL-Versuchspiloten Hans-Dietrich Knoetzsch, die fliegerische Erprobung zu übernehmen.[15] Das Ergebnis war niederschmetternd. Kurzerhand forderte Fieseler die fertigen und halbfertigen Zellen der Delta IV von der RRG zurück.[16] Ein »Experten«-Ausschuss verfasste eine Beurteilung der Entwicklung der Delta-Flugzeuge. In diesem Dokument hieß es eindeutig, dass »die Entwicklung des schwanzlosen Flugzeuges keinen wesentlichen Beitrag zur Entwicklung künftiger Flugzeuge« leiste. Es wurde von sieben bekannten und angesehenen Experten unterschrieben.

Hinzu kam, dass sich all diese negativen Geschehnisse 1932 ereigneten, einem Krisenjahr, das auf alles seine Schatten warf und mich sicherlich nicht ermutigte, die Sache fortzuführen. Im Herbst des Jahres bewachten wir den Flugplatz nachts mit geladenen Karabinern, da Überfälle kommunistischer Banden zu befürchten waren.

Die RRG wurde [1933] aufgelöst und das Forschungsinstitut vom DLV [Deutscher Luftsportverband] übernommen. Dessen Leiter wurde Oberst Bruno Loerzer.[17] Unserer Begeisterung über die Besetzung wichtiger Posten mit Leuten, die in den vergangenen Krisenjahren wenig mit der Fliegerei zu tun gehabt hatten, hielt sich in Grenzen.

Das neu errichtete Reichsluftfahrtministerium übernahm die Luftfahrgruppe des Heereswaffenamtes unter Roluf Lucht und Nikolaus unter Oberleitung von Oberst Wilhelm Wimmer.[18] Wir wussten, dass wir aus dieser Richtung keine Unterstützung erwarten konnten. Plath und ich hatten 1932 an einer Besprechung mit Lucht teilgenommen, in der es um finanzielle Unterstützung durch das Heereswaffenamt für weitere Forschungsarbeiten an Pfeilflüglern und Delta-Flugzeugen ging. Die Herren hatten jedoch wenig Interesse an der Entwicklung eines Tiefdeckers gezeigt, der für militärische Zwecke wegen der eingeschränkten Sicht nach unten nicht in Frage käme. Das war die Ansicht der Behörden, welche die Entwicklung dieses Flugzeugtyps jahrelang verzögerten. Später waren dieselben Herren dann der Meinung, ein schwanzloser Hochdecker sei wahrscheinlich als Aufklärer von Nutzen!

So motteten wir die Delta traurig ein und begannen mit der Entwicklung des Hochdeckers Storch IX, der einwandfrei flog und sehr nützlich war, aber in keinerlei Weise bessere Flugleistungen als Flugzeuge herkömmlicher Bauart erbrachte.

Die für Gerhard Fieseler gebaute „Delta IV" erwies sich als Lippischs schwarzes Schaf. Er äußerte später einmal, der Typ habe praktisch sämtliche schlechte Eigenschaften gehabt, die ein Flugzeug nur haben könne. Die restlichen von Fieseler bestellten Zellen übernahm die Rhön-Rossitten-Gesellschaft und stattete eine davon mit neuen Tragflächen sowie einer zusätzlichen Druckschraube aus.

Da organisatorische Fragen im Vordergrund standen, kamen wir in dieser Zeit vergleichsweise selten zu Entwurfs- und Entwicklungsarbeiten. Schließlich mussten wir noch die bittere Pille des Umzugs von der Wasserkuppe, die uns zur zweiten Heimat geworden war, nach Darmstadt schlucken.

Die Schaffung von Prüfverfahren zur Qualitätskontrolle von Segelflugzeugen hatte meine ganze Zeit in Anspruch genommen und mich von der Entwurfstätigkeit fern gehalten. Im Entwurfsbüro hatten wir, einschließlich der »alten Hasen« Hans Jacobs und Fritz Krämer, ab 1932 Verstärkung durch ein paar Ingenieure der TH Darmstadt bekommen, die als »Assistenzingenieure« arbeiteten. Dipl.-Ing. Hartz und Dipl.-Ing. Josef Hubert[19] waren seitdem unsere ständigen Begleiter. Erich Wiegmeyer, der sich als Segelflieger einen Namen gemacht hatte und schon seit Jahren in der Erprobung und Vorführung für einen Frankfurter Flugzeughersteller [sic] arbeitete, kam als Flugzeugführer zu uns.[20] Die Flugerprobung des Storch IX ließen wir sehr vorsichtig angehen. Der Zugpropeller, der die Stabilität ungünstig beeinflusste, musste systematisch erprobt werden. Wie erwartet, trat dabei eine Seiteninstabilität zu Tage, die wir nur durch eine Heck-Verlängerung ausgleichen konnten. Die Flugleistung wurden dadurch nicht besser und das Flugzeug wurde so langsam zum Kuriosum.

Die von Focke-Wulf gebaute Delta III, ursprünglich mit Druckschraube, wurde ebenfalls auf Zugschraube umgebaut. Das Flugzeug kam schließlich im Straßentransport nach Darmstadt.

Die Erhöhung finanzieller Zuwendungen für Flugforschungszwecke ermögliche neue Programme. Ich gehörte zu den Leuten, die man mit der Ausarbeitung eines solchen Programms beauftragte. In diesem Zusammenhang tat ich meine Ansicht über die Wichtigkeit umfassender und systematischer Versuchsreihen zu Pfeilflüglern kund. Ebenso betonte ich die Notwendigkeit weiterer Forschungen an Tragflächenprofilen.

Professor Hermann Blenk lehnte meine Vorschläge ab; zumindest aber waren die notwendigen finanziellen Mittel zu ihrer Umsetzung nicht verfügbar. Allerhöchstens ließ sich der kleine Windkanal einer Technischen Hochschule für Versuche nutzen. Niemand wollte einsehen, dass Messungen in einem kleinen Windkanal bei geringer Reynold-Zahl nichts brachten. Neue Tragflächenprofil-Messungen seien nicht notwendig, da man von den von Dr. phil. August Kupper[21] in einem Druckwindkanal vorgenommenen Messungen an der amerikanischen NACA-Serie alles andere ableiten könne. Die Kurzsichtigkeit dieser Entscheidungen begriff man leider viel zu spät.

Dass die Forschungsergebnisse nicht rechtzeitig vorlagen, verzögerte den Gang der Entwicklung beträchtlich.

Die neu gegründete Luftwaffe unterstützte mich aktiv im Kampf um angemessene Unterstützung für unsere Forschung an schwanzlosen Flugzeugen. Oberst Ritter von Greim wurde zum Kommandeur der Jagdflieger, Oberst Ernst Udet zum Kommandeur der Sturzkampfflieger und Hauptmann Oskar Dinort zum Adjutanten des Kommandos [Oberkommando der

Hans Jacobs (links; siehe Kurzlebensläufe S. 423) und Fritz Krämer waren Lippischs Assistenten am Forschungsinstitut der Rhön-Rossitten-Gesellschaft und danach beim Deutschen Forschungsinstitut für Segelflug in Griesheim.

Die von Focke-Wulf in Bremen gebaute „Delta III“ verfügte anfänglich über eine Druck- und eine Zugschraube. Nach den Erfahrungen mit der „Delta IV“ erhielt der Typ einen Reihenmotor, der nur noch eine Zugschraube antrieb.

Erich Wiegmeyer (geb. 1899 in Hungen bei Gießen, gest. 1937 in Wolfshagen bei Kassel) diente von 1917 bis 1919 als Jagdflieger und studierte danach Maschinenbau am Polytechnikum Friedberg. 1921 meldete er sich zum Grenzschutz Oberschlesien, der in Oberschlesien eindringende polnische Insurgenten abwehrte, und diente bis 1932 als Verbindungsoffizier zur so genannten Schwarzen Reichswehr. 1922–1929 arbeitete er als Pilot beim Flugzeugwerk Raab-Katzenstein in Kassel-Bettenhausen sowie beim Deutschen Luftsportverband (DLV) in Frankfurt am Main. Danach war er Fluglehrer bei der Süddeutschen Luftverkehrs AG und beim DLV Wetzlar an der Lahn, Leiter der Deutschen Segelflugschule Hirzhain sowie Fluglehrer bei der Südwestdeutschen Sportfliegervereinigung in Gießen. 1934–1937 war er Fluglehrer und Versuchspilot bei der DFS in Darmstadt und danach Versuchspilot beim Flugfunk-Forschungsinstitut Oberpfaffenhofen (FFO). Seit 1934 trug er das Segelflug-Leistungsabzeichen in Silber und gehörte dem SA-Fliegersturm an. Zusammen mit fünf FFO-Kollegen kam Erich Wiegmeyer 1937 beim Absturz eines ins Trudeln geratenen Flugzeugs in Wolfshagen ums Leben.

Luftwaffe] ernannt, dessen Büros sich Unter den Linden in Berlin befanden. Ich konnte [dort] meine Sorgen und Nöte abladen und in dieser Zeit war es der einzige Ort, an dem man mir geduldig zuhörte. Leider waren der DVL und die Herren von der Erprobungsstelle Rechlin nicht so hilfreich.

1935 kamen eines Tages Tönnis[22] [sic], Kupper und (so weit ich mich erinnere) Fischer[23] zur Flugerprobung der Delta III und zur Beurteilung ihrer Flugeigenschaften nach Darmstadt. Der von Kupper verfasste Bericht war sehr kritisch und hatte praktisch an allem, was mit den Flugeigenschaften der Delta zu tun hatte, etwas auszusetzen. Kupper hatte selbst mit der Entwicklung eines schwanzlosen Hochdeckers begonnen [Go 147], den die Gothaer Waggonfabrik (25–28) bauen sollte. Theoretisch erfüllte der Flächenentwurf des Flugzeugs die Stabilitätsanforderungen an ein normales Flugzeug.

Ich setzte von Greim über die Lage in Kenntnis. Er kam tatsächlich nach Darmstadt und flog die Delta III persönlich, um sich ein eigenes Bild zu machen. Kupper und Tönnis waren früher einmal seine Schüler gewesen und seine Autorität strahlte immer noch aus, und so wies er ihren Bericht mit deutlichen Worten zurück. Da half, zumindest für eine gewisse Zeit, aber dann ereigneten sich zwei weitere Katastrophen.

Wiegmeyer erprobte mit der Delta IV eine speziell für Streigflüge entworfene Luftschraube. Bei der Landung kreuzte unmittelbar vor dem Aufsetzen ein Klemm-Schleppflugzeug seinen Kurs. Schnell gab er Schub, um noch über es hinweg zu kommen, da sich sein Flugzeug aber im Zustand starken Auftriebs befand, brach der Luftstrom an einem Flügel weg, die Maschine überzog und drehte sich auf den Rücken, bevor sie aufschlug. Das Flugzeug zerbarst in tausend Stücke bis auf den Hinterrumpf, wo sich der Sitz mit Wiegmeyer befand, der als Ganzes wegbrach – wie Phoenix aus der Asche kletterte Wiegmeyer unverletzt aus dem Wrack.

All dies war Wasser auf die Mühlen der Delta-Gegner. Natürlich hatten sie alles vorhergesehen und die Flugeigenschaften der Maschine waren unter jeder Kritik.

Kurz danach sollte Wiegmeyer die Delta III zu weiteren Erprobung mit verschiedenen Schwerpunktlagen nach Rechlin überführen. (29) Zu diesem Zweck hatte man vorn und hinten große Wasserbehälter eingebaut. Der Flugzeugführer konnte das Wasser von einem in den anderen Behälter pumpen und so den Schwerpunkt verändern. Wiegmeyer startete mit ziemlich viel Gepäck, das er hinter dem zweiten Flugzeugführersitz verstaut hatte. Natürlich machte dies den Vogel schwanzlastig, aber Wiegmeyer schlug meinen Rat in den Wind, den vorderen Behälter mit Wasserballast zu füllen. Beim Start in Darmstadt schlingerte das Flugzeug und in diesem schwanzlastigen Zustand wurde es nach Halle-Leipzig geflogen. Damals arbeitete das Siebel Flugzeugwerk in Halle gerade an einem Entwicklungsauftrag für einen schwanzlosen Hochdecker (DFS 193). (30) Entgegen seinem Überführungsauftrag nach Rechlin flog Wiegmeyer zu Siebel nach Halle und konnte dabei nicht widerstehen, alle möglichen Kunstflugfiguren vorzuführen. Die Schau endete nach einem Schnellstart, wonach Wiegmeyer eine scharfe Rechtskurve flog. Das war zuviel für die Delta, die mit auf Hochtouren drehender Schraube senkrecht zu Boden ging. Das Flugzeug zerschlug es in tausend Stücke, aber Wiegmeyer, sein Gepäck und das Heck wurden wieder vom Rest getrennt und kamen mit leichten Blessuren davon.

Dieser Unfall brach uns endgültig das Genick. Das Siegesgeschrei der Delta-Gegner hallte durch ganz Deutschland. Selbst Greim und Dinort konnten nichts mehr dagegen machen. Wir lasen die Trümmer in Halle zusammen und sagten freundlich, aber eindeutig Adieu zu Wiegmeyer und suchten weiter nach der metallenen Luftschraube, die den Vogel geschmückt hatte. Nach längerem Suchen entdeckte ich ein Loch in der Rasenfläche, wo das Flugzeug »gelandet« war. In einem halben Meter Tiefe stießen wir auf die Luftschraube, die sich bei voller Umdrehung in den Boden gebohrt hatte. Professor Georgii schüttelte – verständlicher Weise – nur den Kopf.

Das RLM strich die finanziellen Mittel zur Erforschung schwanzloser Flugzeuge. Wir hatten aber noch das Budget für die Entwicklung von Segelflugzeugen und die Leute in Berlin konnten unmöglich jeden Tag die ganzen Berechnungen der Aerodynamik-Abteilung überprüfen.

Zunächst mussten wir die tatsächlichen Ursachen der beiden Unfälle herausfinden. Es war offensichtlich, dass beide Male der Strömungsabriss am Außenflügel ursächlich war. Dies bedeutete, dass der Auftriebskoeffizient bei hohen Anströmwinkeln zu groß war. Frithjof Ursinus [der Sohn von Os-

Links: Erich Wiegmeyer in DLV-Uniform und „Delta III“ noch ohne zivile Kennung D-ELTA und Hoheitskennzeichen im Jahr 1934.

kar Ursinus] und Josef Hubert zermarterten sich die Hirne und berechneten die Auftriebsverteilung neu. Hier lag die wahre Ursache und wir kamen zum Schluss, dass wir die Flügel so spitz zulaufen lassen konnten, wie wir wollten, ohne in diese Lage zu kommen.

Schrittweise entwickelten wir einen neuen, verbesserten Flügel für die Delta IV, hatten aber keine Idee, woher wir das Geld zum Wiederaufbau des Flugzeugs nehmen sollten. Ich weiß zwar bis heute noch immer nicht, wie, aber der Professor [Georgii] schaffte es tatsächlich, dafür 10.000 RM aufzutreiben.

Kaum jemand ist sich darüber bewusst, dass das darauf entstandene Flugzeug mit der Bezeichnung DFS 39 der direkte Vorläufer der Me 163 war.

Unten: Ursprünglich trieb ein 100-PS-Motor Argus As 8 die „Delta III“ an. Aufgrund von Unterschieden der Motorverkleidung ist anzunehmen, dass diese Maschine mit einem noch stärkeren Argus-Motor ausgestattet worden war.

Großbritannien – Deutschland

1931 folgte Alexander Lippisch einer Einladung der *Royal Aeronautical Society* nach London, wo er einen Vortrag über den Segelflugzeugbau hielt. Darin nahm er auch Bezug auf die in Großbritannien geleistete Arbeit: „Die erfolgreichen Versuche mit schwanzlosen Flugzeugen, die hier von Hauptmann Geoffrey Hill durchgeführt wurden, sind der Beginn einer neuen Entwicklungsphase der Luftfahrt.“ Ganz ähnlich hatte sich Lippisch schon anlässlich seines Vortrags über schwanzlose Flugzeuge bei der 1. Internationalen Wissenschaftlichen Segelflugtagung vom 8.–10. März 1930 in Darmstadt geäußert: „Ideen gehen Taten voraus. Wenn ich den Versuch unternehme, die wichtigsten Probleme der Luftfahrt zu beschreiben, geschieht dies mit dem Gedanken, dass wir heute einen Wendepunkt in der Flugzeugentwicklung erreicht haben und es notwendig ist, frühere Arbeiten Früchte tragen zu lassen.“ (16)

Sowohl Lippisch als auch Hill hatten schwanzlose Flugzeuge entwickelt. Letzterer mit dem Ziel, die Flugsicherheit zu verbessern. In seinem 1923 dem *Aeronautical Research Council* vorgelegten Bericht kam Hill zum Schluss, dass für die Flugsicherheit kurz vor oder beim Erreichen des Strömungsabreißwinkels eine Konstruktion entwickelt werden müsse, bei der sich der Druckmittelpunkt unter jeglichen Bedingungen nicht veränderte. (32) Lippisch war zur gleichen Erkenntnis gekommen, aber aus anderen Gründen. Hill nahm an, dass schwanzlose Flugzeuge den Sicherheitsanforderungen gerecht würden und empfahl zu diesem Behufe Versuche mit unterschiedlichen Tragflügelformen: Typ A mit gerader Vorderkante und vorgepfeilter Hinterkante; Typ B mit nach hinten gepfeilter Vorderkante und gerader Hinterkante; Typ C mit gepfeilter Vorder- und Hinterkante. Die Tragflügel seien mit Pendelspitzen – jede mit einer Hinterkantenklappe als Quer- und Höhenruder. (Der Typ B entsprach in etwa dem „Delta I“-Flügel, lief aber nicht

Captain Geoffrey Hill in seiner Zeit als Versuchspilot und Aerodynamiker bei Handley Page mit Werksleiter C. W. Meredith vor einer Handley Page 0/7, einer zivilen Ausführung des Bombers 0/400.

Die Evolution des „Pterodactyl“:
a) Gleiter (1924),
b) „Pterodactyl“ Mk I (1925),
c) „Pterodactyl“ Mk IA (1928),
d) „Pterodactyl“ Mk 1V (1931).

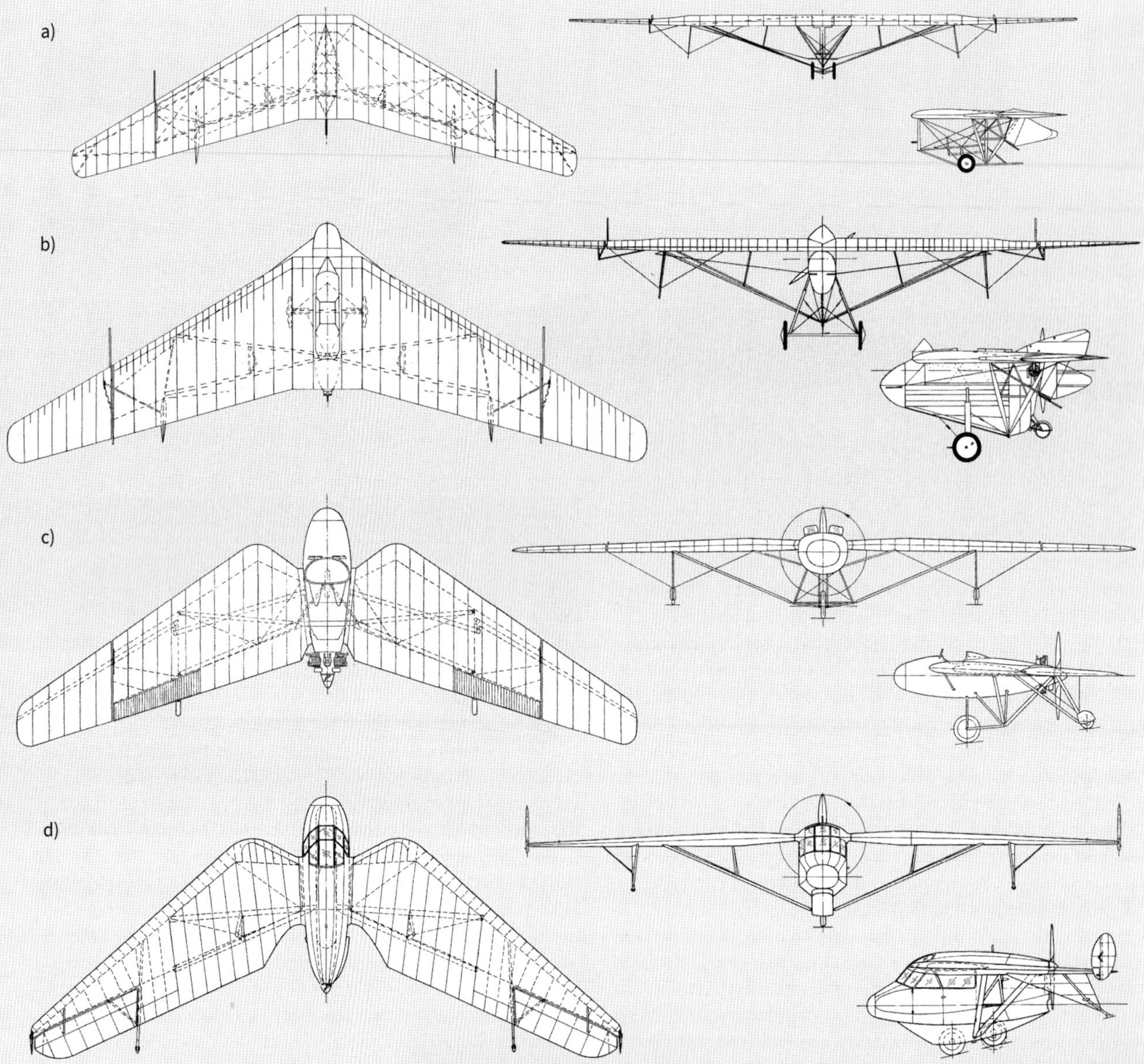

Der Westland-Hill „Pterodactyl“ Mk IB 1929 auf dem RAF-Fliegerhorst Andover in Hampshire (1925). Bei einem Testflug mit Hauptmann F. J. Brunton und Harald Penrose setzte das Flugzeug nach dem Hochziehen aus einem plötzlichen Durchsacken hart auf und das Fahrwerk ging zu Bruch. Mit neuem, verbessertem Fahrwerk erhielt das Flugzeug die Typenbezeichnung Mk IC.

Der Westland-Hill „Pterodactyl" Mk IV wurde 1931 in Andover noch ohne Seitenruder an den Flächenenden geflogen. Es war der erste Typ der Reihe, der auf Steuerelemente an den Flügelspitzen verzichtete und sich mehr auf herkömmliche Vorrichtungen an den Tragflächen-Hinterkanten mit kombinierten Höhen- und Querrudern verließ, wie sie J. W. Dunne erstmals verwendete.

so spitz zu.) Hill wählte Typ C und baute Modelle sowie danach einen Hochdecker-Segler zur Überprüfung seiner Arbeit. Zur Vereinfachung der Konstruktion erhielt der Segler Pendelspitzen ohne Klappen, außerdem Seitenruder unter den Flächen. Für die Innenflügel sah er eine gleich bleibende Tiefe vor; die relative Profildicke nahm in Richtung Spitze zu, und die Pendelspitzen wiesen ein konstantes Dickenverhältnis auf. Die Tragflügel wiesen eine gleich bleibende Schränkung von Wurzel zu Spitze von 5 Grad auf und die Flügelenden einen negativen Anströmwinkel. Hill kannte an, dass die Tragflügelgeometrie von Dunne und anderen Pionieren übernommen worden war. Während des Baus taufte er den einsitzigen Gleiter „Pterodactyl" (*Pterodactylus*; ein kleiner Flugsaurier). Am 31. Dezember 1924 brachte Hill – der am Steuer saß – seinen kleinen Saurier mithilfe eines Katapultstarts am Gummiseil in die Luft; geschehen bei Devil's Rest Bottom in den South Downs in Sussey.[24] Bei 12–15 mph (19–24 km/h) Windstärke und 30 Fuß (9,1 m) Anlaufstrecke flog „Pterodactyl" 450 Fuß (137 m) weit mit Seil – Hill hatte schlicht das Ausklinken vergessen.

Der Gleiter unternahm drei weitere Flüge – der längste ging über 900 Fuß (274 m) – worauf man ihn bis zur geplanten Ausstattung mit einem Motor einmottete. Dazu kam es aber nicht. Es erfolgte ein Komplettumbau zum zweisitzigen „Pterodactyl" Mk I mit 33-PS-Motor Bristol „Cherub" und Druckschraube.

Den „Pterodactyl" Mk I (J8067) flog Hill erstmals am 2. November 1925 auf der Flugerprobungsstelle RAE Farnborough. Bis zum 25. April brachte das Flugzeug mit Hill und Major Rollo Amyatt de Haga Haig (Leiter des *Experimental Flying Department* in Farnborough) 21 Flüge hinter sich und erhielt das Lufttüchtigkeitszeugnis. Im Zuge der Versuche fanden die beiden Piloten heraus, dass sich das Flugzeug bis auf 29 mph (ca. 47 km/h) Mindestgeschwindigkeit drosseln ließ, ohne dass ein Strömungsabriss eintrat. 1929 machte die Maschine beim Start Bruch. Dabei saß mit Major Laurence Openshaw ein erfahrener Pilot am Steuer, der seit zwei Jahren für die Westland Aircraft Works in Yeovil/Somerset arbeitete. Das Flugzeug hatte zu diesem Zeitpunkt kleinere Ruder an den Flügelspitzen bekommen und überzog(!), nachdem es nach dem Start eine kleine Bodenerhebung gestreift hatte.

Nachdem das Luftfahrtministerium den Westland Aircraft Works die Erlaubnis zur Weiterentwicklung des „Pterodactyl" erteilt hatte, trat im Frühjahr 1926 auch Geoffrey Hill der Firma bei. Er schlug vor, das Flugzeug zum Hochgeschwindigkeitsjäger „Pterodactyl" Mk II und Mk III mit Zug- oder Druckschraube weiterzuentwickeln. Dem Luftfahrtministerium ging dies aber zu weit und erteilte lediglich die Genehmigung für die Zwischenlösung „Pterodactyl" Mk IA (J9251). Den Erstflug absolvierte Westland-Chefpilot Hauptmann Louis G. Paget 1928 auf dem RAF-Fliegerhorst Andover. Mit dem 70 PS leistenden Fünfzylinder-Sternmotor Armstrong Siddeley „Genet" erhielt der „Pterodactyl" die Typenbezeichnung Mk IB. Bei der Erprobung gab es eine harte Landung mit Fahrwerksbruch. Man überarbeitete das Fahrwerk und der Typ hieß nun Mk IC.

Der nächste „Pterodactyl" Mk IV (K1947) verließ in etwa zur selben Zeit die Werkshallen, als Alexander Lippisch seinen Vortrag vor der *Royal Aeronautical Society* hielt. Den Dreisitzer trieb ein 120 PS-Motor de Havilland „Gipsy" mit Druckschraube an. Trotz der bei der Erprobung der Vorgänger gesammelten guten Erfahrungen gestaltete man den Tragflügel vollständig um. Die Steuerruder an den Flügelspitzen entfielen, dafür bekam er Klappen an den Hinterkanten, die als kombinierte Höhen- und Querruder (*elevons*) fungierten, sowie Seitenruder an den Flächenenden. Zum Austrimmen ließ sich die Pfeilung am Boden und in der Luft um ein paar Grad verstellen 1931 stieg Hauptmann Paget zum Jungfernflug auf. Die weiteren Versuchsflüge übernahm der spätere Westland-Chefversuchspilot Harald Penrose, da Paget nach einem Unfall am 2. Juni bei der Vorführung einer Westland „Widgeon" die Segel bei der Firma gestrichen hatte. Penrose berichtete über seine Erfahrungen mit der Mk IV: (33) „Ich erhielt den Auftrag, die Mk IV vor Übergabe an die RAE Farnborough zu fliegen, die sie auf der anstehenden RAF-Flug-

Die Segler der Horten-Brüder mit ihren charakteristischen Tragflügeln. V. l. n. r.: Horten II (D-10-125), Horten IIIb (WL-VI-45) und Prototyp Horten IV. Diese Flugzeuge lassen sich am besten als Nurflügel (oder Nurflügler) bezeichnen, denn im Unterschied zu anderen schwanzlosen Entwürfen war die Pilotenkanzel nahezu vollständig im Tragflügel untergebracht. Man beachte das Fehlen eines Seitenleitwerks – die Kurssteuerung übernahmen die Höhenruder.

schau [in Hendon am 27. Juni] vorführen wollte. Als Beobachter war ich in jeder Ausführung des »Pterodactyl I« mitgeflogen. Obwohl es keine doppelte Flugsteuerung Steuer gab, hatte ich das Gefühl für den Steuerknüppel in der linken Hand entwickelt und empfand sie [die Maschine] als kleine empfindliche Zicke. Deshalb betrachtete ich den neuen »Pterodactyl« beim Anlegen der Gurte mit gebotener Vorsicht, während Geoffrey Hill noch beruhigende Worte über die Unkompliziertheit der Steuerung verlor. Die Sicht aus der gondelartigen Kanzel beim Rollen war fast wie in einer [de Havilland] »Puss Moth«, aber besser. Das gut gefederte, aber leicht schaukelnde Tandem-Radfahrwerk war eine Verbesserung gegenüber der Mk IC; sie ließ sich einigermaßen leicht steuern, obwohl die über die Grasbüschel holpernden außenliegenden Tragflächenkufen die Maschine hin und her schaukeln ließen. Ich rollte bis an die Begrenzung des 600 Yard-Flugplatzes, drehte dann in den Wind und gab Gas. Über eine Strecke von hundert Yards schlingerten, nicerten und schaukelten wir – die Seitenruder reagierten anfänglich nicht. Plötzlich stieß sie eine Bodenunebenheit in die Luft, wobei sie fast überzog; berührte wieder den Boden und wurde erneut hochgeworfen; meine instinktiven Steuerbewegungen führten zu einer zunehmenden Längsschwingung unter Gieren und Schlingern, was sich kaum kontrollieren ließ. Wenn das »Pterodactyl«-Fliegen war, dann ohne mich! Aber nach ein paar Sekunden bekam ich das Gefühl, sie mit zunehmender Geschwindigkeit gerade zu halten und sacht steigen lassen zu können. Das Schlimmste war überstanden. Als wir genügend Höhe für den Absprung mit dem Fallschirm erreicht hatte, überprüfte ich jedes Ruder. Ganz eindeutig war sie vorn und hinten zu leicht und anfällig und befand sich am Rand der Instabilität, aber an den Seiten so schwer wie eine [Westland] »Wapiti«; ihre einzeln zu betätigenden Schleppseitenruder waren schwerfällig, aber einfach zu bedienen. Ein zusammenhängendes Rollen und Gieren machte die Sache nicht einfacher Hinzu kamen, wobei der Pfeilflügler bei seitlichen Bewegungen seine Tragflächen-Vorderkanten dem Luftstrom in unterschiedlicher Länge präsentierte, was der längeren Auftrieb verlieh, was man Jahre später als »Dutch Roll« bezeichnete.

Binnen zehn Minuten gewann ich den Eindruck, den „Pterodactyl" einigermaßen zu beherrschen, obwohl er mit Sicherheit nicht meinen Idealvorstellungen entsprach! Bevor ich landete, versuchte ich zu überziehen, was die Maschine mit leichtem Nicken quittierte; die Seitenrudern sprachen exzellent an. Der Anflug war flach, aber problemlos, zumal die mir bestens vertraute

»Widgeon« die gleichen Eigenschaften im flachen Gleitflug an den Tag gelegt hatte. Obwohl sie [„Pterodactyl"] nicht so feinfühlig reagierte wie eine herkömmliche Maschine, gab es keine Schwierigkeiten bei der Landung. Nach der Bodenberührung war das rasche Abkippen etwas befremdlich, aber sie ließ sich mit dem steuerbaren Bugrad gut gerade aus lenken. Ich startete noch zweimal, jedes Mal recht stabil, wurde mir aber der Gefahr eines Strömungsabrisses an den Flächenspitzen gewahr – was wenige Monate später nach vorherigem Aufsetzen passierte: Kaum in der Luft, brach die Maschine im rechten Winkel weg, ließ sich nicht mehr steuern und stieg dann weiter auf ihrem ungeplanten Kurs. Es schien, dass die Erprobung neuer Flugzeugtypen durchaus Überraschungen auf Lager hatte."

Hauptmann George Stainforth führte den „Pterodactyl" Mk IV auf der RAF-Flugschau 1931 vor. Der bekannte Rennflieger hatte kurz nach der Teilnahme am Schneider-Pokal am 10. September 1929 in Calshot am Solent in einem Wasserflugzeug Gloster IV mit 336,3 mph (541,2 km/h) einen neuen Geschwindigkeitsrekord aufgestellt.[25]

Westland baute den Typ aber nicht in Serie, zumal seine Flugleistungen nicht an die leichten Flugzeuge heranreichten, die andere britischen Hersteller damals zur Zeit der Weltwirtschaftskrise bauten. Der „Pterodactyl"-Tragflügel tauchte an weiteren zivilen und militärischen Mustern auf und noch 1942 befassten sich britische Flugzeugbauer mit ihm. (34) Geoffrey Hill verließ die Firma Westland im Oktober 1934, um fortan am Kennedy-Lehrstuhl für Maschinenbau am University College in London zu unterrichten.

In den frühen 1930er-Jahren entstanden weitere Entwicklungsansätze für schwanzlose Flugzeuge, die von denen Geoffrey Hills und Alexander Lippischs abwichen. Zu einem hatte Alexander Lippisch in seinen zahlreichen Veröffentlichungen der 1920er-Jahre selbst den Anstoß gegeben. 1929 begann das junge Brüderpaar Walter und Reimar Horten (siehe Kurzlebensläufe S. 423) mit dem Bau von Segelflugzeugmodellen nach „Storch"-Vorbild, hauptsächlich um sich aerodynamisches Grundlagenwissen beizubringen. Zweifellos beeinflusst von Veröffentlichungen über schwanzlose Flugzeuge, entwickelten sie ihre eigenen Vorstellungen. Diese führten kurz- und mittelfristig zum Bau einer Anzahl Nurflügel-Flugzeuge mit immer größerer Flügelstreckung und lediglich Steuerelementen an den Tragflächen-Hinterkanten, die als Höhen- und Querruder wirkten. (35, 36)

Die Zelle ihres ersten richtigen Segelflugzeug bauten sie im Bonner Elternhaus und versahen es auf dem nahe gelegenen Flugplatz Hangelar mit Flügeln. Die Flügel wiesen eine sich stark verjüngende Delta- oder Dreiecksform mit nahezu geraden Hinterkanten und waagrechten Oberseiten auf und die Flügeltiefe bewirkte einen V-förmigen Querschnitt. Die mittig angeordneten und an der Mittellinie geteilten Höhenruder nahmen fast ein Drittel der Länge der Hinterkante ein und die Querruder erstreckten sich über die gesamte Länge der Außenflügel. Die Kurssteuerung erfolgte über eine Klappe auf der Unterseite des Flügelendes. Alle Ruder waren oben mit Scharnieren angelenkt. Der Pilot saß sozusagen mitten im Flügel im Kufenkasten mit blasenförmiger Kuppel. Die Flugversuche im Juli 1933 auf dem Flugplatz Bonn-Hangelar begannen mit vorsichtigen Sprüngen von an die 2 m Höhe und 50–100 m Länge am Gummiseil. Sie dienten vor allem der Überprüfung der Steuerung und der Flugstabilität und erwiesen die Unzweckmäßigkeit der mittigen Anordnung des Höhenruders. Dessen Bremswirkung beim Ausschlag nach unten beeinträchtigte das Steigen beträchtlich. Diesem Problem wurde man durch Entfernen der Trimmgewichte aus dem Bug Herr, wodurch sich der Schwerpunkt nach hinten verlagerte und sich die Nullstellung der Querruder änderte. Flügelabschnitte mit größerer Wölbung nach oben glichen den vom Höhenruder bewirkten Neigungseffekt aus.

Nach diesen Verbesserungen waren deutlich größere Flugstrecken möglich, wenn auch die Wirkung der Höhenruder bis zu einem Punkt abnahm, an dem die Gefahr bestand, erst durch Gegensteuern den gewünschten Effekt zu erzielen. Weitere Versuche mit Schlepp-Fahrzeugen und danach Schleppwinden erwiesen, dass der Ausschlag der Querruder das Flugzeug in eine flache statt eine geneigte Kurve brachte. Dem wurde man durch Verlängerung und Neuausrichtung der Querruder mit asymetrischem Ausschlag Herr. Ebenso zeigten die Versuche, dass die (Brems-)Klappen nicht den gewünschten Effekt brachten und Gegensteuern nötig war, um das Flugzeug am Kurven zu hindern; aber sie ließen sich zum Kurven mit Querneigung verwenden. Den Auftrieb der Ruder glichen Luftbremsen aus, die man über den Rudern auf dem Oberflügel anbrachte.

Schleppflugversuche bestätigten diese Maßnahmen. Sie erstreckten sich über etliche Monate, denn erstens stand nicht immer eine Schleppmaschine zur Verfügung, und zweitens ging Reimar noch zur Schule und Walter leistete seinen Wehrdienst bei der Reichswehr ab. Außerdem mussten die Brüder die Kosten aus eigener Tasche berappen. 1934 lud der DLV die Brüder

Vorführung der Horten IV beim Luftwaffenkommando IX in Göttingen am 27. Februar 1943. V. l. n. r. Professor Robert Pohl (Universität Göttingen), Oberleutnant Walter Horten, Professor Ludwig Prandtl (Universität Göttingen), Professor Karl Emil Becker (TH Berlin-Charlottenburg) und Leutnant Reimar Horten.

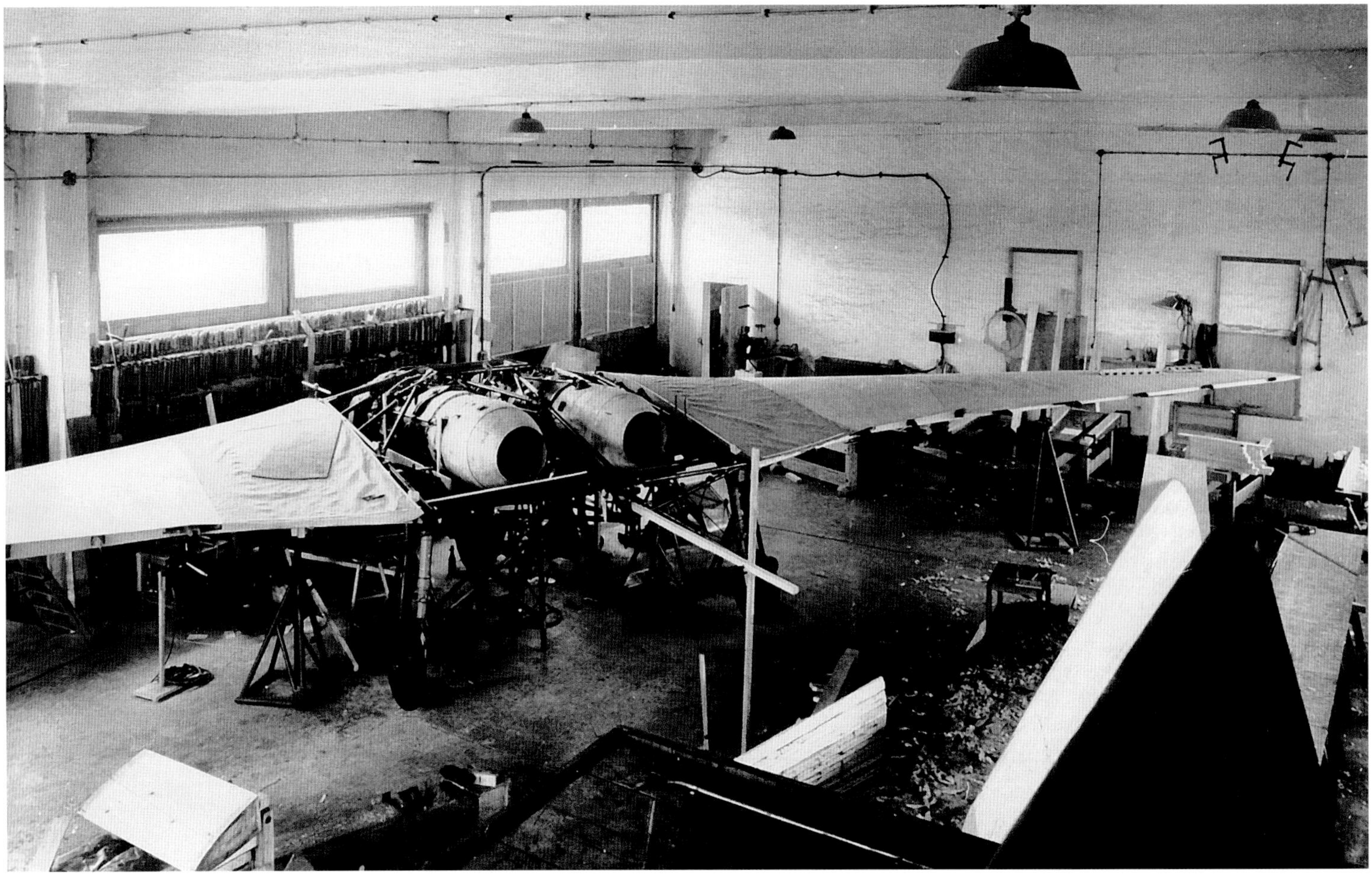

Das zweite Versuchsmuster Horten IX V2 bei der Montage in Göttingen. Gut zu erkennen die beiden Strahltriebwerke Junkers Jumo 004, die man statt der geplanten aber nicht lieferbaren Aggregate BMW 003 eingebaut hatte. 1945 gab es Pläne, die Me 163 durch die Horten IX zu ersetzen.

zur Vorführung ihres Seglers auf einer Flugschau in Hangelar im Juni ein, wobei sie für die Unkosten selbst aufkommen sollten. Sie willigten unter der Bedingung ein, dass der DLV nicht nur für die Kosten der Schleppmaschine aufkam, sondern sich auch um die Ausstellung des Lufttüchtigkeitszeugnisses kümmerte. Dieses benötigten sie für die geplante Teilnahme am Rhönwettbewerb im Juli. Der DLV willigte ein und so geschah es, doch sie durften an ihrem Modell H I keine weiteren Änderungen vornehmen. Deshalb trugen sie sich mit dem Gedanken, ein zweites Flugzeug zu bauen.

Reimar konnte erst in der zweiten Wettkampfwoche auf die Wasserkuppe kommen. Über Beziehungen organisierte Walter einen Schlepp von Hangelar, um noch rechtzeitig vor Ende der Veranstaltung in die Rhön zu gelangen. Eine aufkommende Gewitterfront verzögerte den Abflug. Erst nach Entwarnung durften sie starten, wobei Walter die geliehene Schleppmaschine Klemm 25 flog. Über der Wasserkuppe klinkte sich Reimar aus und Walter flog zurück nach Hangelar. Die schweren Turbulenzen während des Fluges hatten Reimar erschöpft, er verschätzte sich bei der Landung und die H I wurde beschädigt. Die Reparatur nahm mehrere Tage in Anspruch. Reimar hatte die Hoffnung auf die Teilnahme bereits aufgegeben, als es am vorletzten Tag doch noch klappte und er zu einem 20-minütigen Flug aufstieg. Am Ende des Wettbewerbs konnte er sogar noch einen Preis über 600 Reichsmark für die Konstruktion des Seglers entgegennehmen. Da er schon einmal da war, blieb Reimar noch eine Woche auf der Wasserkuppe, um die Zeit für weitere Flüge zu nutzen, doch aufgrund schlechten Wetters reichte es nur noch zu einem Start. Dann musste er endgültig das Feld räumen und stand vor dem Problem, das Flugzeug entweder heim zu transportieren – was er mangels Transportfahrzeug nicht konnte – oder es zu verschenken. Der DLV Bonn riet, sich an den DLV Essen zu wenden, aber dieser lehnte das Angebot mit der Begründung ab, die unkonventionelle H 1 eigne sich nicht für Ausbildungszwecke. So rief Reimar als letzten Strohhalm schließlich Alexander Lippisch in Darmstadt an, der dort als Chef der Technischen Abteilung der DFS tätig war. Er bot Lippisch die H I zum Nulltarif an, wenn er sie nur mit einer Schleppmaschine abholte, doch dieser sah keine Möglichkeit. So blieb Reimar nichts anderes übrig, als die H I an Ort und Stelle abzuwracken und zu verbrennen – eine dem Verantwortungsgefühl der Horten-Brüder entsprungene, radikale Maßnahme, denn kein Pilot sollte mit ihr zu Schaden kommen.

Zurück in Bonn machte sich Reimar an den Bau des zweiten Flugzeugs, des ersten einer Reihe von Seglern und motorisierten Modellen, die zunehmend leistungsfähiger wurden und auch immer eleganter im Erscheinungsbild. Die zweistrahlige Horten Ho IX sollte gegen Ende des Krieges sogar die Me 163 ersetzen sowie als „England-Bomber“ Ho 229 weit entfernte Ziele angreifen.

Fußnoten

1 Ob Weiss tatsächlich gebürtiger Franzose oder deutscher Abstammung war, lässt sich nicht mit Sicherheit sagen. Franz Ludwig Neher schreibt in seinem 1937 in München erschienenem Buch *Das Wunder des Fliegens*: „Josef Weiss (1869 - 1919), ein deutscher Flieger, baute zwischen 1902 und 1907 an die 200 Modelle und 1909 sein erstes Segelflugzeug, das einen Menschen tragen konnte." Nach einer anderen Quelle wurde Weiss im Elsaß geboren, das erst nach Ende des 1. Weltkriegs an Frankreich fiel. (Bekanntlich verleibte sich Frankreich das Elsaß erstmals im 17. Jahrhundert in den Kriegen Ludwig XIV. ein; 1871 kam es wieder zu Deutschland, um 1919 erneut an Frankreich angeschlossen zu werden). Die Annahme, Weiss sei in Paris geboren, übernahmen die Verfasser aus englischen Quellen, was aber nichts heißen muss. Der Nachname „Weiss" ist ja nicht unbedingt französisch.

2 Den meisten Quellen zufolge soll der erste bemannte Gleiter von Weiss 1909 geflogen sein. Im Hinblick auf die zeitliche Abfolge muss er aber vor dessen ersten motorisierten Muster in die Luft gekommen sein; d. h. vermutlich 1908. Diesen Schluss lässt C. H. Barnes in seinem Buch *Handley Page Aircraft since 1907* zu (siehe Fußnoten-Quellennachweis 7), wonach sich Weiss im Dezember 1908 mit Handley Page in Fambridge traf. Zu diesem Zeitpunkt erprobte Weiss bereits sein erstes motorgetriebenes Flugzeug. Das angegebene Jahr 1909 bezieht sich auf den Flug von Eric Gordon England am 27. Juni 1909, der außerdem mit 58 Sekunden Dauer einen inoffiziellen britischen Rekord im Segelfliegen aufstellte.

3 Sir Hiram Maxim (1840 - 1916) machte sich als Erfinder automatischer Waffen einen Namen, darunter das nach ihm benannte Maschinengewehr. Außerdem führte er mit seinem Schwenkhebel-Mechanismus systematische Versuche mit Luftschrauben durch und baute ein von zwei Dampfmaschinen angetriebenes riesiges Fluggerät, das er 1894 in Baldwyn's Park in Bexley/Kent erprobte (es erhob sich kurz in die Luft). In dem im Fußnoten-Quellennachweis 6 angegebenen Buch steht Ausführlicheres darüber.

4 Griffith Brewer (1867 - 1948), Inhaber des *Ballooning Certificate No. 5*, nahm an den Gordon-Bennett-Rennen für Ballone der Jahre 1906, 1907 und 1908 teil. Als erster Engländer flog er zusammen mit Wilbur Wright und gewann bei rund 30 Besuchen tiefe Einblicke in die Arbeit der Brüder Wright.

5 Gottlob Espenlaub baute sein Flugzeug sozusagen „frei Schnauze", ohne detaillierte Konstruktionszeichnungen zu verwenden.

6 Die Segelflugschule, in der Hanna Reitsch ihren ersten Segelflugschein erwarb.

7 Lippisch wollte sein Modell „Experiment" eigentlich mit einem Motor und einer Druckschraube ausstatten. Der Konkurs von Steinmann-Flugzeugbau machte Flugversuche mit Motor aber zunichte.

8 1937 wurde das Institut in *Deutsche Forschungsanstalt für Segelflug* umbenannt und unterstand dem Reichsluftfahrtministerium.

9 Eigentlich hatte Langguth die Vornamen Friedrich Wilhelm Paul, unterzeichnete aber nur mit Wilhelm Langguth.

10 Köhl bezahlte der Rhön-Rossitten-Gesellschaft stolze 4200 Reichsmark.

11 Eine von den Alliierten im September 1945 entdeckte Liste des SD führte Personen auf, die nach einer Besetzung Englands (Unternehmen „Seelöwe") verhaftet werden sollten. Neben Winston Churchill führte sie unter Nr. 47a den Namen Christie auf, der als Geheimdienstoffizier klassifiziert wurde. Nach Ansicht der Verfasser handelt es sich um denselben Christie, den Shenstone in Berlin traf.

12 Lippisch gibt für den Erstflug des „Delta I" den Pfingstsonntag 1931 an. Siehe Fußnoten-Quellennachweis 17.

13 Ing. Flugkapitän Wilhelm „Willy" Plath arbeitete von 1932 - 1936 als Versuchspilot bei der DVL und blieb der Fliegerei auch nach dem Kriege treu. Er stürzte am 12. Juli 1961 in Kassel beim Erprobungsflug mit einem Hubschrauber tödlich ab.

14 Fieseler taufte sein Flugzeug „Wespe".

15 Hans-Dietrich Knoetzsch arbeitete von 1930 - 1934 als Versuchspilot bei der DVL.

16 Die RRG behielt beide Zellen.

17 Bruno Loerzer, Jagdfliegerass des 1. Weltkriegs, hatte den Deutschen Rundflug 1925 in einer zweisitzigen Klemm L 21 gewonnen. 1933 wurde er Präsident des DLV, 1938 Inspekteur der Jagdflieger und 1943 unter Beförderung zum Generaloberst Chef des Luftwaffenpersonalamtes und der personellen Rüstung.

18 Dipl.-Ing. Roluf Wilhelm Lucht wurde später Generalstabsingenieur im RLM und Ing. Nikolaus im Heereswaffenamt (HWA) Chef der Amtsgruppe Waffenprüfwesen 8. Oberstleutnant Wilhelm Wimmer brachte es zum General der Flieger und Chef der Fliegertechnik im HWA sowie zum Chef des Technischen Amtes des RLM.

19 Bei Josef Hubert handelt es sich wahrscheinlich um den Sohn von Wilhelm Hubert. Nach dem Krieg arbeitete er bei *Grumman Aircraft* in den USA.

20 Erich Wiegmeyer arbeitete für die von Antonius Raab und Kurt Katzenstein gegründete Firma Raab-Katzenstein Flugzeugbau in Kassel-Bettenhausen, zu deren Piloten auch Gerhard Fieseler zählte. Das Unternehmen musste 1931 Konkurs anmelden, worauf Raab sich von Katzenstein trennte und nach Krefeld zog. Wiegmeyer verließ die Firma Ende der 1920er-Jahre und ging zum DLV nach Frankfurt am Main.

21 August Kupper kam bei einem Flugunfall am 12. Juni 1937 ums Leben.

22 In seinem Manuskript schrieb Lippisch viele Namen falsch. So dürfte es sich bei Dr.-Ing. Eduard Tönnis um Flugbaumeister Alexander Thoenes von der Erprobungsstelle Rechlin gehandelt haben.

23 Möglicher Weise ist Willy Fischer gemeint, einer der Direktoren der Rhön-Rossitten-Gesellschaft. Ob er Pilot war, ist nicht bekannt.

24 Man beachte die Verwendung des Gummiseils zum Flugzeugschlepp, das Wolfgang Klemperer erfand und beim Rhönwettbewerb 1920 benutzte.

25 Diesen Rekord stellte Major Augustus Orlebar in einem Wasserflugzeug Supermarine S.6 und 355,8 mph (572,6 km/h) bereits wenige Stunden darauf wieder ein und erneut am 12. September 1929 in einer S.6 mit 357,7 mph (575,7 km/h). Fritz von Opel flog die „Hatry-Rak I" mit Raketenantrieb erstmals am 10. September 1929.

2

Aufbruch ins All

Flugzeuge mit Raketenantrieb

JULES VERNE, der berühmte französische Schriftsteller, gilt als geistiger Vater utopischer Zukunftsromane, die man heute unter der Gattung „Science fiction" zusammenfasst. In *Von der Erde zum Mond* (1) schilderte er sehr glaubhaft und mit wissenschaftlich-technischen Sachverstand die Reise einer kleinen amerikanischen Forschergruppe zum Mond mit Hilfe einer riesigen Kanone. Dieser Roman gab rund 50 Jahre nach seinem Erscheinen vielen Wissenschaftlern, Technikern und Raketen-Enthusiasten den Ansporn, sich mit Reisen ins All zu befassen und die Grundlagen für die bemannte Raumfahrt zu legen. (2, 3) Im Besonderen begeisterten sie sich für Erdumkreisungen sowie Flüge zu anderen Planeten und beschäftigten sich vor allem mit dem Bau von Raketen mit Flüssigkeitsantrieb. In den 1920er-Jahren fanden Aufsätze und Bücher von Raketenpionieren wie Hermann Oberth, Max Valier oder Johannes Winkler im deutschen Sprachraum weite Verbreitung; der Russe Konstantin Ziolkowski hatte schon 1903 Theorien veröffentlicht, wie man mit Flüssigkeitsraketen die Erdumlaufbahn erreichen könne, und der US-Amerikaner Robert Goddard startete 1926 – in seiner Heimat verlacht und verspottet – die weltweit erste Flüssigkeitsrakete. Goddard und viele andere Raketenpioniere fanden erst Jahre oder Jahrzehnte später gebührende Anerkennung für ihre Visionen und wegweisenden Arbeiten.[1]

Valier, Winkler und der VfR

Erste Erwähnungen von geflügelten Raketen finden sich in Briefen Max Valiers aus dem Sommer 1924. Ab 1925 nahm das Thema im Schriftverkehr mit Walter Hohmann, Verfasser von *Die Erreichbarkeit der Himmelskörper*, breiten Raum ein. Am 7. September 1925 traf sich Valier mit Vertretern der Firma Junkers sowie einer nicht näher genannten Luftfahrtorganisation in Berlin. Hermann Oberth fasste die Ergebnisse des Treffens Anfang 1926 schriftlich zusammen (auch Walter Hohmann war daran beteiligt) und stellte sie Valier zur Verfügung, der sie für weitere Gespräche mit der Firma Junkers nutzte. Doch für eine Zusammenarbeit reichte es nicht. Bereits 1925 hatte Valier den Gedanken zur Gründung eines eigenen Vereins geäußert. Diesen setzte Johannes Winkler 1927 in Breslau in die Tat um. Zweck des Vereins war es, Geld zum Kauf eines Junkers-Flugzeugs zu beschaffen, mit dem Valier Versuche durchführen konnte – was aber scheiterte. Die Kette an Ereignissen, die im Frühjahr 1927 zur Gründung des *Vereins für Raumschiffahrt e. V.* (VfR) führen sollte, nahm am 29. April ihren Lauf. An diesem Tag hielt Valier in Berlin einen seiner zahlreichen Vorträge vor der *Wissenschaftlichen Gesellschaft für Luftfahrt* (WGL), Thema: *Flug mit Raketenkraft in Statosphäre und Weltenraum*. Valiers Visionen riefen ein unterschiedliches Echo hervor; ein nicht geringer Teil der Zuhörer reagierte mit einer Mischung aus Unglauben und Skeptik. Unter den WGL-Mitgliedern befand sich allerdings der diplomatische frühere Marineoffizier und -flieger Stephen von Prondcinsky, Leiter einer DVL-Abteilung. Er machte folgenden Vorschlag: Alle, die sich mit Raketenentwicklung beschäftigten oder sich dafür interessierten, sollten sich zum Gedankenaustausch und zur Bündelung der finanziellen Mittel zusammenschließen, um einer Verzettlung staatlicher Fördergelder entgegen zu wirken. Valier warf ein, er finanziere seine Arbeiten aus eigener Kasse. Nichtsdestoweniger fiel Prondcinskys Vorschlag auf fruchtbaren Boden. Wenig später traf sich Valier mit Johannes Winkler, der bei der Kirchendirektion Breslau arbeitete und sich privat der Raketenforschung verschrieben hatte. 1927 hatte er Versuche mit Feststoffraketen durchgeführt und gab zur Förderung des Raketen- und Raumfahrtgedankens seit kurzem außerdem die Zeitschrift *Die Rakete* heraus. Wenn man so will ein Theologe, der dem Himmel auch ganz praktisch näher kommen wollte.

Und so meldeten Winkler und Valier am 5. Juli 1927 im Vereinsregister Breslau den *Verein für Raumschiffahrt* (VfR) an. Zuerst lehnte das Amtsgericht die Anmeldung mit der Begründung ab, der Begriff „Raumschiffahrt" sei in der Öffentlichkeit weder bekannt noch im deutschen Wortschatz zu finden. Winkler konnte die Einwände mit dem Hinweis, neue Erfindungen erforderten neue Begriffe, aber rasch ausräumen. Zu seinem 1. Vorsitzenden wählte der VfR Johannes Winkler, da Valier den Posten mit der stichhaltigen Begründung ausschlug, seine zahlreichen Verpflichtungen mit Vortragsreisen in Deutschland und Österreich ließen dies nicht zu. *Die Rakete* wurde zum offiziellen Vereinsorgan mit Winkler als Herausgeber und Willy Ley[2] als seine rechte Hand.

Im Herbst 1927 begann Winkler mit VfR-Unterstützung verschiedene Arten des Raketenflugs zu erörtern, was schließlich im Bau eines schwanzlosen Modellflugzeugs mit Raketenantrieb gipfelte. Da die gekauften Treibstoffe nicht den nötigen Schub lieferten, mischte er eigene Treibmittel zusammen und stellte mit ihnen Versuche im Maschinenlabor der Universität Breslau an. Im Frühjahr 1928 unternahm Winkler Flugversuche mit dem Modell, bevor noch Fritz Stamer mit der raketengetriebenen „Ente" am 11. Juni des Jahres auf der Wasserkuppe dazu kam.

Innerhalb von sechs Monaten nach seiner Gründung zählte der VfR bereits über 500 und nach zwei Jahren über 1000 Mitglieder. Viele kamen aus Wissenschaft und Ingenieurswesen. Bis Ende des Jahrzehnts fand der Verein weltweite Anerkennung in Wissenschaftlerkreisen, nicht zuletzt wegen so prominenter Mitglieder wie Oberth, von Hoefft, Rynin, Perelman, Esnault-Pelterie, Hohmann und von Pirquet.[3] Selbst Literaten wie Thomas Mann, H. G. Wells und George Bernard Shaw waren auf ihn aufmerksam geworden und leisteten finanzielle Unterstützung. Mit die ansehnlichsten Spenden stammten vom Hutfabrikanten Hugo A. Hückel aus Neutitschein/Sudetenland.

Die Pläne des VfR zum Bau großer Raketengefährte erwiesen sich jedoch als zu ehrgeizig, und so schraubte er auf kleinere, realistischere Projekte zurück, die ebenso den in der Vereinssatzung festgelegten Zielen entsprachen. Einige Mitglieder wie Winkler und Oberth verfolgten darüber hinaus eigene Projekte, die auch dem VfR nützten, da sie ihn weiter bekannt machten. So baute Oberth zusammen mit Rudolf Nebel eine Flüssigkeitsrakete für den Ufa-Film *Die Frau im Mond* (Regie Fritz Lang), der am 15. Oktober 1929 in die deutschen Kinos kam. Rudolf Nebel war dem VfR 1928 auf Vorschlag Willy Leys beigetreten und rasch zum Schriftführer gewählt worden. Des Weiteren unterstützte der russische Student Alexander Borisowitsch Scherschewski Oberth bei den Arbeiten an der Filmrakete.[4], (7) Die dabei benutzte Ausrüstung samt Werkzeugen sowie das Startgerüst – die Rakete flog natürlich nie – kaufte der VfR der UfA für 1000 RM ab.

(A. d. B.: Auf den Kosten für das Triebwerk ließ Langs Produktionsfirma Oberth sitzen, der noch dazu bei einer Explosion die Sehfähigkeit auf dem linken Auge eingebüßt hatte).

Rudolf Nebel brachte frischen Wind in den Verein. Auch der Patentanwalt Erich Wurm trug zur Unterstützung bei, indem er den VfR-Mitgliedern sein Berliner Büro zur Verfügung stellte. (Das Angebot wurde in *Die Rakete* am 15. August 1929 veröffentlicht). Und so verlagerte sich die Tätigkeit des VfR nach und nach von Breslau nach Berlin; 1930 schlug er dort seinen Hauptsitz auf.

Weitere organisatorische Änderungen folgten dem Rücktritt Winklers als 1. Vorsitzendem 1929.[5] Zum Nachfolger wurde Hermann Oberth gewählt. Kurz darauf stellte der Verein die

Maximilian Edmund „Max" Valier kam am 9. Februar 1895 in Bozen zur Welt und begeisterte sich schon während seiner Schulzeit am dortigen Franziskaner-Gymnasium für Astronomie. 1913 begann er an der Universität Innsbruck mit dem Studium der Astronomie, Meteorologie, Mathematik und Physik. 1915 rückte er ihn die k.u.k.-Armee ein und diente während des 1. Weltkriegs als Wetterbeobachter, Luftaufklärer sowie in der Flugerprobung. Nach dem Krieg schloss er sein Studium ab und begann als Autor zahlloser wissenschaftlicher Abhandlungen sowie von Zukunftsromanen („*Science Fiction*") zu veröffentlichen. 1927 gründete er mit Johannes Winkler in Breslau den *Verein für Raumschiffahrt* und baute 1928 zusammen mit Fritz von Opel Automobile mit Raketenantrieb („Raketenautos"). 1928–1919 folgten Versuche mit einem unbemannten, von Pulverraketen getriebenen Raketenschlitten, der eine Geschwindigkeit von 380 km/h erreichte, sowie mit Flüssigkeitsraketen als Rennwagen-Antriebe. Am 17. Mai 1930 kam Max Valier bei Versuchen mit einem neuartigen Raketentriebwerk, das explodierte, ums Leben. Er gilt als erstes Todesopfer der Raumfahrt.

Herausgabe der Zeitschrift *Die Rakete* ein und verlor dadurch rund 600 Mitglieder im benachbarten und ferneren Ausland. Für diese Maßnahme aus Kostengründen war dem VfR keine große Wahl geblieben: entweder gab er seine knappen Ressourcen weiterhin für die Zeitschrift aus, oder er bündelte sie für Versuche mit Raketenantrieben. Andererseits kappten nun einige Sponsoren ihre Zuwendungen, was sich natürlich in einem verringerten Spendenkapital niederschlug. Davon ließ sich der VfR nicht entmutigen und trieb die Forschungen zum Bau einer Kegeldüse[6] nach Oberth-Patent weiter voran. Wegen der begrenzten Geldmittel wandten sich Oberth und Nebel um Unterstützung an die Chemisch-Technische Reichsanstalt in Berlin-Tegel. Die Reichsanstalt wollte zwar keine Spenden berappen, sagte ihre Unterstützung bei der Erprobung jedoch zu. Wenn alles planmäßig funktionieren sollte, würde sie sogar eine amtliche Bescheinigung vornehmen. Um diesen Zeitpunkt herum waren drei neue Mitglieder dem VfR beigetreten, die in der Raketenforschung noch eine gewisse Rolle spielen sollten: Rolf Engel, Klaus Riedel und Wernher von Braun. Letzterer studierte an der Technischen Universität Charlottenburg Maschinenbau und machte gerade ein Ingenieurs-Praktikum bei Borsig in Berlin. Dem Trio oblagen die Entwicklungsarbeiten an der Oberth'schen Kegeldüse, die sie am 23. Juli 1930 erfolgreich testeten.

Kurz danach trat Oberth als VfR-Vorsitzender zurück, da er einen Lehrauftrag in Mediasch in seiner siebenbürgischen Heimat (er wurde in Hermannstadt geboren) nicht länger aufschieben bzw. wieder aufnehmen wollte. Zum Nachfolger wählte der

Raketenpionier **Johannes Winkler** (geb. 1897 in Carlsruhe/Oberschlesien, gest. 1947 in Braunschweig-Querum) war Mitbegründer und 1. Vorsitzender des Vereins für Raumschiffahrt. Als Kriegsfreiwilliger bei einem Sturmangriff 1916 schwer verwundet, studierte er nach dem Krieg Theologie und arbeitete ab 1924 in der Buchhaltung der Kirchendirektion Breslau. Winklers Hauptinteresse aber galt den Naturwissenschaften und der Technik, so dass er im Nebenfach Mathematik, Physik und Astronomie studiert hatte. Bei der Entwicklung der Rakete mit Flüssigantrieb spielte er eine maßgebliche Rolle.

Verein Major a. D. Hans-Wolf von Dickhut-Harrach, der zuletzt beim Heereswaffenamt (HWA) tätig gewesen war. Trotz seiner Vergangenheit hielt er nicht allzu viel von Raketen zu militärischen Zwecken und äußerte des Öfteren, er glaube nicht, dass man sie als Fernartillerie verwenden könne. Dies ist merkwürdig, da sich gerade das HWA seit Mitte der 1920er-Jahre verstärkt für Raketenwaffen interessierte. Im Dezember 1930 veranstaltete das HWA eine Tagung unter Vorsitz von Oberst Dr.-Ing. Karl Emil Becker, bei der es um die Entwicklung von ungelenkten Artillerie-Raketen zur Unterstützung der Feldartillerie, von lenkbaren Raketengeschossen sowie um den Stand der Raketenentwicklung allgemein ging. (8) Oberst Dr.-Ing. Becker hatte als ausgewiesener Ballistik-Fachmann u. a. maßgeblich am berühmten *Lehrbuch der Ballistik* mitgearbeitet, das sein Mentor an der Technischen Hochschule Charlottenburg, Prof. Carl Cranz, herausgegeben hatte. Becker war auch einer der treibenden Kräfte im HWA bei der „Rekrutierung“ von VfR-Mitgliedern für die militärische Raketenentwicklung. Kluger Weise aber hielt sich das HWA in Sachen Raketenforschung bedeckt und vermied offizielle Kontakte zum VfR und anderen „Raketenclubs“, um keine unliebsame Aufmerksamkeit im Ausland zu erwecken.

Auf der Suche nach einem Versuchsgelände hatte der VfR dank der Bemühungen Nebels und mit finanzieller Unterstützung Hugo Hückels mittlerweile ein 121 Hektar großes ehemaliges Militärgelände bei Reinickendorf nördlich Berlin erworben.[7] Dort sollten Versuche mit den Nachfolger der Kegeldüse, den Flüssigraketen „Mirak“ und „Repulsor“, stattfinden. Ein erster Start erfolgte am 10. Mai 1931. Nach den privaten Aufzeichnungen Leys wurden dort in den nächsten zwölf Monaten 87 Raketenstarts und über 270 Triebwerk-Standprüfungen durchgeführt, einschließlich 23 Vorführungen für Vereine und neun für die Öffentlichkeit. Nach Aufzeichnungen erreichten die Raketen Flughöhen bis 1500 m und Entfernungen bis zu 3 km. Nebel schrieb von Startgewichten von 3 bis 250 kg.

Der Erfolg der VfR-Projekte und der fast vollständige Misserfolg mit Pulver- und Flüssigraketen auf der Versuchsstelle West in Kummersdorf rund 45 km südlich Berlin mögen das HWA bewogen haben, die Unterstützung des VfR zu suchen. Im Frühjahr 1932 besuchte Oberst Dr.-Ing. Becker in Begleitung von Hauptmann d`Aubigny von Engelbrunner Hörstig und dessen Stellvertreter Hauptmann Walter Dornberger den VfR-Raketenflugplatz Reinickendorf – alle in unauffälligem Zivil, um jedes Aufsehen zu vermeiden. Dort wollten sie Informationen zu Technik und Leistung der VfR-Raketen sammeln. Trotz guten Willens konnte sie der Verein aber nicht liefern – er konnte sich entsprechende Messinstrumente schlicht nicht leisten. Nebel schlug darauf vor, das Heer solle doch den VfR finanziell unterstützen. Das HWA lehnte dies vom Grundsatz her ab, erklärte sich jedoch zur Finanzierung eines Raketenstarts in Kummersdorf bereit. Außerdem sollte der VfR die Geräte zum Messen der Flugbahn nutzen dürfen. Die Vorführung mit Nebel, Riedel und von Braun fand im Juli 1932 statt, das HWA aber zeigte sich von den Ergebnissen enttäuscht.

Nebel reiste wiederholt nach Kummersdorf, was aber nur die Meinung des HWA bestätigte, der VfR gehe bei der Raketenentwicklung unwissenschaftlich vor. Schließlich legte Wernher von Braun Oberst Dr.-Ing. Becker sämtliche spärliche Messergebnisse der VfR-Versuche vor. In Folge band ihn das HWA insgeheim in die Kummersdorfer Heeresversuche ein und machte ihn am 1. November 1932 zum Zivilangestellten.

Kurz darauf – Anfang 1933 – löste sich der VfR auf. Dies hatte mehr oder weniger direkt mit den katastrophalen wirtschaftlichen Verhältnissen in Deutschland in Folge der Weltwirtschaftskrise und der alliierten Reparationsforderungen zu tun hatte, die viele finanzielle Förderer sowie Mitglieder jetzt abspringen ließen. Nicht ganz unschuldig aber war auch Nebels ungeschickte Führung und Finanzpolitik im Verein.

Die Gründungsmitglieder Winkler und Valier waren derweil ihre eigenen Wege gegangen. Johannes Winkler hatte an der Technischen Hochschule Breslau systematisch mit Feststoffraketen experimentiert, deren Leistungen und Flugverhalten akribisch gemessen und festgehalten sowie die Ergebnisse im Januar 1928 in *Die Rakete* veröffentlicht. Max Valier hatte sich weiter mit Flugzeugen mit Raketenantrieb beschäftigt als Vorstufe zu Stratosphären- und Weltraumflügen. Seine Schriften und Vorträge führten zur Zusammenarbeit mit Fritz von Opel, Friedrich Sander und Alexander Lippisch. Außerdem machte er mit öffentlichen Vorführungen von Raketenautos, -schlitten und -flugzeugen von sich reden. Ein Teil der Arbeiten Winklers nach seinem Rücktritt als VfR-Vorsitzender blieb bis heute im Dunkeln. (9 – 11)

Allgemein bekannt sind seine Versuche mit Flüssigraketen in Dessau am 21. Februar und 14. März 1931 – die ersten europaweit –, die Versuche auf dem Raketenflugplatz Reinickendorf 1931 sowie die Versuche vom Sommer 1932 auf der Frischen Nehrung in Ostpreußen. Sämtliche Forschungsarbeit finanzierte Winkler aus eigener Tasche bzw. aus Spenden von Hugo Hückel. Alles geschah in seiner Freizeit oder im Urlaub, denn Winkler arbeitete seit dem 19. September 1929 an der *Forschungsanstalt Professor Junkers* in Dessau, wo er bis zum 31. März 1941 angestellt war.[8] Danach trat er eine Stelle als Abteilungsleiter beim *Institut für Gasdynamik* der Luftfahrtforschungsanstalt (LFA) unter Prof. Dr.-Ing. Adolf Busemann in Braunschweig an. In Dessau hatte er unter Philipp von Doepp in der Abteilung Strömungstechnik gearbeitet, zuständig für Messarbeiten an sämtlichen auf dem Markt erhältlichen Feststoffraketen, mit dem Ziel der Auswahl einer Starthilfsrakete für schwer beladene Flugzeuge.[9] Noch bevor Winkler bei Junkers anfing, hatte die Firma Versuche in dieser Richtung angestellt.[10] In Braunschweig beschäftigte sich Winkler dann mit der Triebwerks-Entwicklung von Flüssigraketen. Ebenso war er in die Entwicklung von Feststoff-Triebwerken für die von Rheinmetall-Borsig projektierte Luft-Boden-Rakete „Feuerlilie“ eingebunden. Von der Rakete mit Pfeilflügeln waren Unter- und Überschall-Ausführungen geplant.

Bereits im Juli 1924 hatte sich Max Valier mit Prof. Hermann Oberth schriftlich über den Umbau eines kolbengetriebenen Flugzeugs in ein Flugzeug mit Raketenantrieb ausgestauscht. (12 – 15) Erst wollte er das Auspuffrohr eines Kolbenmotors als Strahldüse verwenden.[11] Die Korrespondenz mit Oberth sowie mit Hohmann und von Hoefft brachte ihn dann auf die Entwicklung eines Zwitters mit Mischantrieb, d. h. mit Kolben- *und* Raketenantrieb. Diesen Gedanken vertrat der Südtiroler fortan in seinen Vorträgen und viel gelesenen Büchern, was das Interesse der Firma Junkers weckte. Sie lud Valier zu einer Tagung am 7. September 1925 nach Berlin ein, an der auch sowjetische Ingenieure teilnahmen. Nicht ohne Grund: Junkers hatte 1921 im Zuge des deutsch-sowjetischen Geheimabkommens über die Entwicklung und den Bau von Flugzeugen und Flugmotoren, deren Größe und Leistung die knebelnden Versailler Bestimmungen überschritten, im Moskauer Vorort Fili eine Art Zweigwerk errichten lassen. (16) Mit gespitzten Ohren lauschten die Russen dem Vortag Valiers und nahmen seine Vorschläge mit nach Moskau, um im Geheimen an ihrer Umsetzung zu arbeiten.[12] Auch Junkers äußerte Interesse und wollte entsprechende Versuche zur Einschätzung der Wirtschaftlichkeit anstellen, allerdings erst nach Fertigstellung und Erprobung der Raketentriebwerke. Mit der Bitte, auf seine Unterstützung zählen zu dürfen, verabschiedeten sie den rührigen Valier. Der hörte allerdings nichts mehr von den Dessauern und machte sich frustriert auf die Suche nach anderen Sponsoren. Weiter hielt er Vorträge, die er mit Grafiken der Münchner Künstler Hans und Botho Römer untermalte. 1927 hielt er den Vortrag, der zur Gründung des VfR führte. Im Herbst des Jahres fand er endlich jemanden, der seine Ideen tatkräftig unterstützte, allerdings über den Umweg des Raketenautos.

Valier, Opel und Sander

Es war kein Geringerer als Fritz von Opel, Enkel des berühmten Automobilbauers (siehe Kurzlebensläufe S. 426). Zusammen mit dem Wesermünder Ingenieur Friedrich Wilhelm Sander besuchte Valier im April 1928 inkognito die Wasserkuppe, um Ausschau nach geeigneten Flugzeugen für die Versuche zu halten bzw. um sich zu erkundigen, ob man solche überhaupt bauen könne. Doch schon am 12. April 1928 gingen Valier und von Opel wieder auseinander, da Letzterer vor der Fahrt Volkharts mit dem Raketenauto „RAK 1“ in Rüsselsheim entgegen voriger Absprache Valiers Namen entfernt bzw. überdeckt hatte. Nur die Namen Opel und Sander schmückten das Fahrzeug. Valier war stinksauer.

Als das nächste Raketenauto Opels „RAK 2“ am 23. Mai 1928 auf der Berliner Avus[16] vor großem Publikum mit 234 km/h einen neuen Straßengeschwindigkeitsrekord aufstellte, hatten sich die Wogen geglättet. Wie vertraglich vereinbart, prangte auch Valiers Namen am Gefährt. In einem Punkt aber hatte sich Opel wieder nicht an die schriftlichen Abmachungen gehalten: er saß selbst am Steuer, obwohl Valier hätte fahren sollen und Kurt Volkhart danach versuchen sollte, den Geschwindigkeitsrekord zu brechen.

Max Valier ging darauf zu den Pulver- und Pyrotechnischen Fabriken J. F. Eisfeld in Silberhütte/Harz, wo er mit kleinen unbemannten Schienenfahrzeugen Raketenversuche durchführte. Bei der Versuchsfahrt mit dem großen Eisfeld-Raketenauto blieb er hingegen nur Zuschauer. Vertreter der Firma Junkers waren ebenfalls zugegen. Sie bestellten einige Eisfeld-Raketen, führten damit wissenschaftliche Versuche durch, orderten verbesserte Muster und testeten diese auf ihre Tauglichkeit als Starthilfsraketen für Flugzeuge.

Valier verfolgte seine persönlichen Ziele weiter und experimentierte mit raketengetriebenen Schienenfahrzeugen, Schlitten und einem Auto. Die Schienengefährte testete er von Juli bis Oktober 1928 auf einer Bahnstrecke bei Blankenburg im Harz, die Schlitten auf dem verschneiten Flugplatz Schleißheim sowie auf dem zugefrorenen Eibsee im Januar bzw. Februar 1929; sein Raketenauto im September des Jahres in Essen.

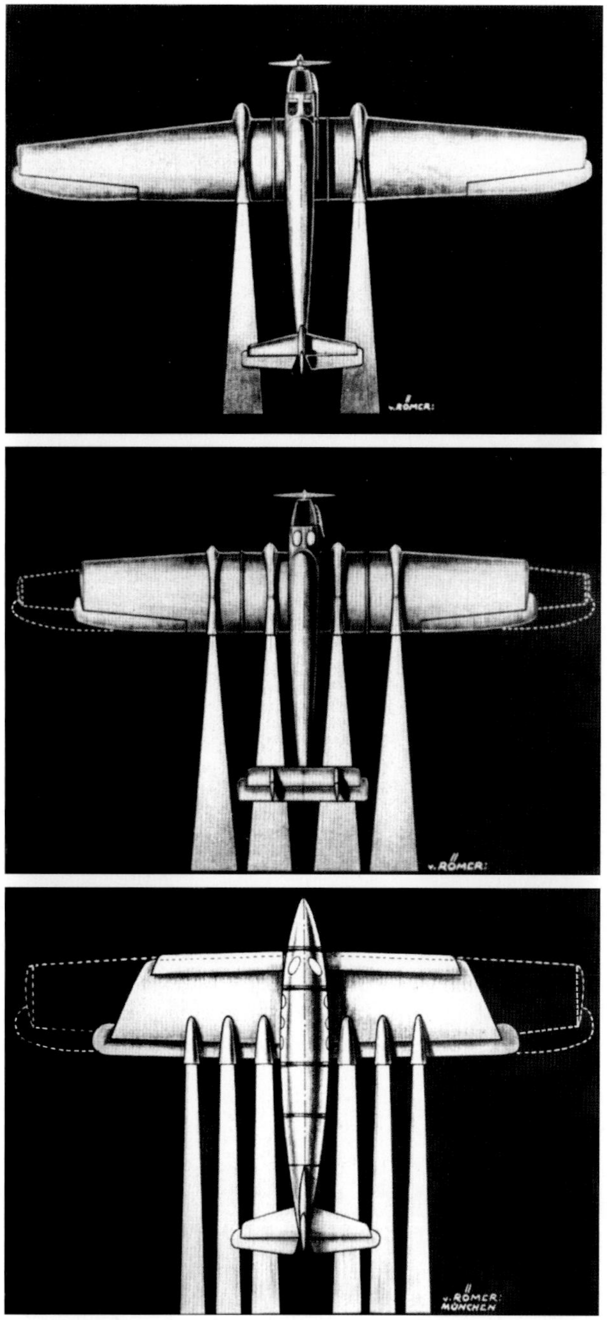

Drei Grafiken der Künstler-Brüder Hans und Botho Römer, mit denen Max Valier seine Vorträge untermalte. Sie zeigen die Wandlug eines Flugzeugs mit Mischantrieb zu einem rein von Raketen angetriebenen Luft- und Raumfahrzeug.

Nochmals zurück zu „RAK 1“, „RAK 2“ und Valiers Plänen zum Bau eines Raketenflugzeugs: Gemäß eines Vertrages mit Opel vom 8. Dezember 1927 war die gemeinsame, schrittweise Entwicklung eines Raketenflugzeugs vereinbart worden. Den ersten Schritt bildete die systematische Auswahl geeigneter Pulverraketen von Friedrich Sander, deren Erprobung im Januar 1928 in Wesermünde begann. Nach einem Monat intensiver Versuche konnte Valier Opel melden, dass nun der nächste Schritt erfolgen könne – die Erprobung eines Raketenautos auf der Opel-Rennbahn bei Rüsselsheim. Das Fahrzeug befand

Ing. Friedrich Wilhelm Georg Sander, geboren am 25. August 1885 in Glatz/Schlesien, machte nach der Schule eine Lehre als Maschinenbauer bei einer Uslarer Firma. Danach bei Eduard Ahlhorn Eis- und Dampfmaschinen in Hildesheim und beim Motorenhersteller Gebrüder Körting in Hannover. Besuch des Technikums Strelitz in Altstrelitz mit Abschluss „Ing.". Nach einer Station in Osnabrück und dem Mitwirken am Bau des Schiffes Tripolis bei Niederweserbau fand Sander 1909 eine Anstellung bei einem Ingenieurbüro in Geestemünde bei Wesermünde (Bremerhaven). 1913 Gründung der Firma Kühne und Sander, Eisenbau in Bremerhaven, die bis 1918 bestand. Danach Leiter des Konstruktionsbüros der Tecklenborgwerft in Geestemünde. 1920 übernahm Sander die Firma des Büchsenmachermeisters H. G. Cordes, der einst die Walfangkanone erfunden hatte. Sander aber begann 1925 mit der Fertigung der von ihm entworfenen Sander'schen Leinen-Raketen-Pistolen zur Rettung Schiffbrüchiger, wie sie fortan zur Ausrüstung von Seenotrettungsstationen und Rettungsbooten (etwa der *Deutschen Gesellschaft zur Rettung Schiffbrüchiger*) gehörten. Ab Ende der 1920er-Jahre arbeitete Sander mit Fritz von Opel und Max Valier beim Bau von Raketengefährten zusammen. Opel riet ihm zum Zusammenschluss mit einer größeren Firma, was Sander, der selbstständig bleiben wollte, aber ablehnte. Der Erfolg seiner Flüssigraketen brachte ihm wachsende Entwicklungsaufträge des Militärs ein und Sander errichtete eine zusätzliche Raketenfabrik. 1935 aber schränkte die Reichsregierung die kommerzielle Raketenentwicklung stark ein, worauf Sander in finanzielle Schwierigkeiten geriet und trotz Verbot seine Raketen nach Italien verkaufte. Dies brachte ihm letztlich eine viereinhalbjährige Haftstrafe ein, aus der er 1938 entlassen wurde. In Berlin richtete man ihm zwar ein Raketenforschungslabor unter polizeilicher Aufsicht ein, doch seine Fabriken musste er zu einem Spottpreis an die neu errichtete Donar GmbH in Wulsdorf verkaufen, welche die Fertigungsstätten in staatlichem Auftrag zwischenzeitlich übernommen hatte. Friedrich Wilhelm Sander starb am 15. September 1938 in Berlin-Friedenau an einer Herzattacke.

sich jedoch noch im Bau, so dass man die Raketen an ein Modell Opel 4 PS montierte. Der erste Versuch am 12. März verlief nicht gerade spektakulär, das von Kurt Volkhart gesteuerte Auto erreichte bis zum Abbrand der Raketen nur bessere Schrittgeschwindigkeit. Beim zweiten Versuch am selben Tag beschleunigten stärkere Raketen den Wagen auf immerhin 75 km/h. Am nächsten Tag reisten Valier und Sander auf die Wasserkuppe, wo sie bei der RRG ein Segelflugzeug kaufen wollten, das dann mit Raketen ausgestattet werden sollte. Valier und Sander wurden an Stamer und Lippisch verwiesen, denen sie umständlich und verschleiernd erklärten, sie suchten zum Einbau eines leichten Motors mit starker Schubleistung einen schwanzlosen Segler.

Mit dem Raketenauto Opel „RAK 1" erreichte Kurt Volkhart am 12. April 1928 auf der Opel-Rennbahn in Rüsselsheim eine Geschwindigkeit von über 100 km/h, was für enormes Aufsehen sorgte.

Opel hatte ihnen untersagt, die Raketenauto-Versuchen vom Vortag zu erwähnen. Schließlich traf man eine vorläufige Vereinbarung zur Lieferung des gewünschten Flugzeugs, wobei Stamer und Lippisch weder die beiden noch die wahren Hintergründe des Kaufs erkannten. Erst als sie Wochen später ein Foto mit Sander und Valier vor dem Opel „RAK 1" in die Hände bekamen, fiel es ihnen wie Schuppen von den Augen.(17) Nach Stamer und Lippisch hatten sich die Besucher geweigert, ihre Namen zu nennen.

Die erste Probefahrt mit dem Opel „RAK 1" fand am 11. April 1928 statt, wobei es auf der 1 km langen Strecke eine Geschwindigkeit von 80 km/h erreichte. Für den nächsten Tag hatte Opel für die öffentliche Vorführung des Raketenautos die Presse eingeladen. Mit Kurt Volkhart am Steuer fuhr das „RAK 1" über 100 km/h schnell, was allgemeine Begeisterung hervorrief und dem Raketenauto einen riesigen Bekanntheitsgrad verschaffte. Opel war verärgert, da außer ihm auch Valier gebührenden Ruhm erntete.

Der nächste Schritt scheint Teil des Vorhabens Valiers zum Bau eines Raketenflugzeugs gewesen zu sein. In ihrer Ausgabe vom 15. Mai 1928 schrieb das VfR-Organ *Die Rakete* (Rückübersetzung aus dem Englischen): „*...Versuche mit unsererm raketengetriebenen Modell fanden am 1. Mai auf dem Flugplatz Breslau statt. Das Modell war nach wissenschaftlichen Grundsätzen gebaut worden, die, ohne die Eigenschaften zum Fliegen opfern zu müssen, auch auf ein Raumschiff übertragbar sind. Es ist ein Vertreter der ersten praktischen Raumschiff-Form. Mittlerweile wird ein handelsübliches Flugzeug von den Raab-Katzenstein-Werken für Raketenantrieb eingerichtet, zu diesem Zweck erhielt es Vorflügel.*" Beim erwähnten Modell handelte es sich um einen Ableger der schwanzlosen „Storch"-Reihe von Lippisch, nämlich um die RRG „Ente". Die ersten Flüge raketengetriebener Modellflugzeuge beim VfR trugen sich, angeregt von Valier, Ende 1927 zu. Und zwar mit von Feuerwerksraketen angetriebenen, 200 g leichten Doppeldeckern, die der Breslauer Modell- und Segelflugverein sowie der VfR gebaut hatten, am 27. November in Heidewilxen bei Obernigk nördlich Breslau.[13] (Etwa zur selben Zeit und ebenfalls auf Anregung Valiers führten Heinz Beck und ein Herr Trautenhahn im Erzgebirge ganz ähnliche Versuche durch, wobei die Raketen von der Firma F. J. Eisfeld stammten).[14] *Die Rakete* berichtete in ihrer Ausgabe vom 15. Januar 1928 darüber (Rückübersetzung): „*In unserer letzten Ausgabe* [15. Dezember 1927] *berichteten wir über die Versuche, die der Breslauer Modell- und Segelflugverein »Schlesischer Adler« e.V. im Auftrag des Vereins für Raumschiffahrt e.V. durchführte.*

Seitdem haben weitere Versuche stattgefunden. Das größte Modell hatte eine Spannweite von 2 m. Weitere Versuche werden mit kleineren Modellen durchgeführt werden zum Zwecke der Bestimmung des besten Tragflächenprofils und der geeignetsten Auslegung (geteilte Leitwerkflächen, Vorderflügel, Flügelpfeilung). Zur genauen Beurteilung wird es ebenfalls notwendig sein, genaue Einzelheiten über die Leistungen der Raketen zu gewinnen, was nur über Schub-Zeit-Diagramme möglich ist. Dies ist der einzige Weg zur Schaffung von Raketen mit entsprechender Leistung. Großzügiger Weise hat uns [VfR] *Prof. Baer zu diesem Zweck die Einrichtungen des Maschinenlabors an der Technischen Hochschule Breslau zur Verfügung gestellt. Schub-Zeit-Messungen haben bereits begonnen…*"

Mit an Sicherheit grenzender Wahrscheinlichkeit stammte dieser Beitrag aus der Feder Johannes Winklers. In der Ausgabe vom 15. Mai 1928 veröffentlichte *Die Rakete* Einzelheiten zum im Bau befindlichen Modell mit 1,5 m Spannweite: „*Auf keinen Fall dürfen die Leitwerksflächen in der Wirbelschleppe der Rakete liegen – deshalb die schwanzlose Bauart. (Bereits vorhandene Flugzeuge dieser Form: die Segler »Weltensegler«, »Experiment« und »Storch«). Zugleich bietet diese Bauform den geringsten Luftwiderstand. Das stromlinienförmige Leitwerk »Göttingen 410« wurde aus demselben Grund gewählt. Die Versuche mit diesem Modell werden zum Zweck der Gewinnung von Vergleichswerten für einen künftigen größeren Entwurf durchgeführt…*"[15] Ein Foto des Modells im Flug wurde in der Ausgabe vom 15. Mai veröffentlicht; ein weiteres, das ein Segelflugzeug mit 4 m Spannweite in der Werkstatt des Breslauer Modell- und Segelflugvereins „Schlesischer Adler" zeigt, am 15. Juni. Beider Bauform glich dem „Storch" von Lippisch.

Die bei den Raab-Katzenstein Flugzeugwerken in Kassel-Bettenhausen umgebauten Flugzeuge, auf die *Die Rakete* in ihrer Ausgabe vom 15. Mai 1928 Bezug nahm, scheinen die ersten bemannten Opel-Modelle mit Raketenantrieb gewesen zu sein. Bezeichnender Weise schloss Opel mit Raab-Katzenstein am 29. April einen Vertrag ab – nach dem Besuch von Valier und Sander auf der Wasserkuppe und dem vielleicht nicht allzu ermutigenden Bericht an Opel. Ebenfalls bemerkenswert ist die geplante Ausstattung des Flugzeugs mit einem Vorderflügel – auf der Wasserkuppe hatten Valier und Sander die „Ente" zu sehen bekommen. Ursprüngliche Absicht von Antonius Raab (einer der beiden Firmengründer) war es gewesen, die Raab-Katzenstein RK 9 „Grasmücke" mit Raketen zu bestücken. Der herkömmliche Doppeldecker wurde üblicher Weise von einem Anzani- oder Salmson-Motor angetrieben; die Raketen wollte man seitlich am Rumpf zwischen Ober- und Unterflügel anbringen. Der geplante Anbau von Vorflügeln erzwang allerdings eine völlige Neugestaltung unter Verzicht auf den Kolbenmotor. (18) Möglicher Weise wollte Antonius Raab mit Hinsicht auf Valiers Mischantrieb den Kolbenmotor anfänglich beibehalten. Der etwas überkandidelte Flugzeugbauer wollte sich selbst ans Steuer des Raketenflugzeugs setzen und es beim Erstflug auf eine Höhe von 10.000 m(!) bringen…

Der mit Opel abgeschlossene Vertrag und der notorische Ehrgeiz Fritz von Opels, im Rampenlicht zu stehen, lassen eher die Annahme zu, dass Raab das Flugzeug nicht selbst gesteuert hätte – so es denn gebaut worden wäre. Letztlich wurde das Projekt eingestellt.

Im Juli und August 1928 führte Opel auf einem Abschnitt der Bahnstrecke Hannover–Celle bei Burgwedel eine Anzahl Versuche mit raketengetriebenen Schienenwagen (einschließlich „RAK 3") durch. Ziel war es, den Geschwindigkeitsrekord für Landfahrzeuge zu brechen, der seinerzeit bei 334 km/h lag. So weit kam es nicht: zwei Schienenfahrzeuge explodierten und die Bahnbehörden zogen die Erlaubnis zur Benutzung der Strecke zurück, bevor Opel noch das dritte Raketengefährt einsetzen konnte. Opel verlegte sich nun auf andere Raketenflug-Vorhaben und lernte zuerst einmal fliegen.

Lippisch, Opel, Sander und Valier

Am 10. und 11. Juni 1928 führten Stamer und Lippisch auf der Wasserkuppe Versuche mit schwanzlosen Modellflugzeugen mit Raketenantrieb durch.[17] Die frappierende Ähnlichkeit zu den Modellen des Breslauer Modell- und Segelflugvereins lässt vielleicht den Schluss zu, dass Valier an Lippisch herangetreten war um sein in Breslau begonnenes Werk fortzuführen. Lippisch baute grundsätzlich erst Modelle, bevor er sich an „echte" Flugzeuge machte (jedenfalls bei den meisten Entwürfen). Selbst beim Me 163-Vorläufer DFS 194 mochte er nicht darauf verzichten. Denkbar, dass Lippisch diese Vorgehensweise Valier im Zuge der anstehenden Erprobung der „Ente" empfahl. (19) Mit Sicherheit arbeiteten Valier und Lippisch zu diesem Zeitpunkt bereits zusammen, wofür auch ihr am 7. Juni 1928 beantragtes gemeinsames Patent „Kraftwagen für hohe Fahrgeschwindigkeit mit zu beiden Seiten des Fahrzeugs angeordneten Tragflächenansätzen" spricht.

Möglicher Weise blieben die Versuche mit Flugzeugmodellen nach Valiers Trennung von Opel Bestandteil des dann abgeschlossenen Vertrages zwischen Opel und der RRG.

Gemäß Lippisch kamen Opel und Sander zur Erprobung der „Ente" am 11. Juni 1928 auf die Wasserkuppe. Opel brachte die von Raab-Katzenstein gefertigten Halterungen für die Raketen mit (vermutlich jene für das geplante Raab-Katzenstein-Raketenflugzeug). Die zur Verfügung stehenden Raketen ordnete man als zu stark ein; ihre Schubkraft musste erst einmal auf ein geeignetes Maß verringert werden. Auch die von Opel mitgebrachten Halterungen erwiesen sich als untauglich und mussten ersetzt werden. Schließlich montierte man zwei

Am 23. Mai 1928 stellte Fritz von Opel auf der Berliner Avus mit seinem Raketenauto „RAK 2" den neuen Straßengeschwindigkeitsrekord von 234 km/h auf. Die Tragflächenansätze sollten Straßenlage und Bodenhaftung verbessern, was eine Innenwölbung sicher noch unterstützt hätte.

Zwischen dem Modell des Breslauer Modell- und Segelflugvereins – hier auf der Titelseite der VfR-Zeitschrift *Die Rakete*, Ausgabe 15. März 1928 – und dem Lippisch „Storch" bestand auffallende Ähnlichkeit. Lippisch war kein Mitglied des VfR. Das erste Flugzeug der „Storch"-Reihe flog im Herbst 1927.

nebeneinander angeordnete Raketen oben aufs Heck, für den Gewichtsausgleich sorgte ein Wasserbehälter im Bug. Die Zündung erfolgte nacheinander beim Schleuderstart. Der erste Startversuch Stamers mit zwei Raketen mit 12 und 15 kg Schub scheiterte; die 12 kg-Schub-Rakete konnte die „Ente" einfach nicht in die Luft bringen. Für den zweiten Versuch montierte man eine Rakete mit 15 kg und eine mit 20 kg Schub, doch Erstere lieferte bis zur Zündung der zweiten nur ungenügend Schub und Stamer flog nur 200 m weit. Beim dritten Versuch mit zwei 20 kg-Schub-Raketen blieb er immerhin 60–80 Sekunden in der Luft.

Kurz nach dem nächsten Start – wieder mit zwei 20 kg-Raketen – explodierte die gezündete Rakete und setzte das Heck in Flammen. Stamer drehte eine Sturzkurve in Richtung Flugfeld, landete und sprang aus der Kanzel. Jetzt zündete die andere Rakete und brannte ohne zu explodieren ab; die Flammen am Heck hatten die Isolierung elektrischer Leitung weggeschmolzen und einen Kurzschluss verursacht. Diese Flüge gelten weltweit als die ersten mit einem bemannten raketengetriebenen Flugzeug. Bekannter Weise trugen sie sich am 11. Juni 1928 zu, wobei der in der *Zeitschrift für Flugtechnik und Motorluftschiffahrt* veröffentlichte Bericht Stamers und Lippischs den Zeitpunkt des Erstflugs der „Ente" mit Raketenantrieb nicht ausdrücklich erwähnt. (21)

Oben rechts: Schwanzlose Flugzeuge mit Raketenantrieb 1928 auf der Wasserkuppe. Professor Wilhelm Schlink gibt gerade Anweisungen beim Ausrichten der Startrampe, Alexander Lippisch (am Boden kniend) führt sie aus. Prof. Dr. Wilhelm Schlink lehrte an der Technischen Hochschule Darmstadt und war bis 1927 Stellvertretender Vorsitzender der Rhön-Rossitten-Gesellschaft. Sein Nachfolger wurde Prof. Walter Georgii. Oben das Modell nochmals auf der Startrampe und unten beim Start; im Hintergrund Angehörige der Flugschule Arthur Martens. Die Spannweite betrug 4,05 m.

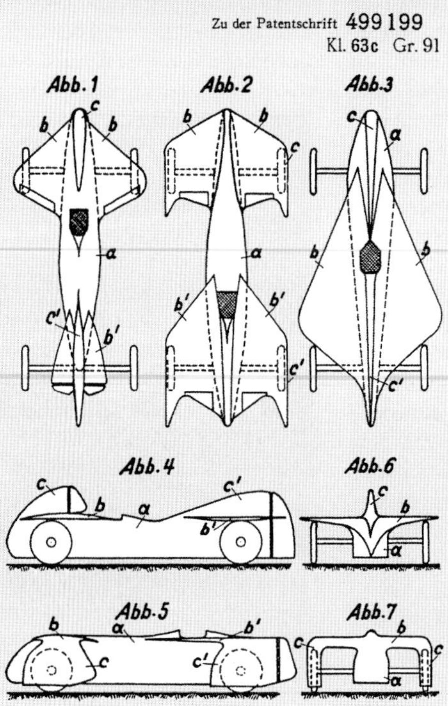

Links: Zeugnis der Zusammenarbeit zwischen Valier und Lippisch war u. a. das am 7. Juni 1928 beantragte und am 15. Mai 1930 ausgestellte gemeinsame Patent Nr. 499199 „Kraftwagen für hohe Fahrgeschwindigkeit mit zu beiden Seiten des Fahrzeugs angeordneten Tragflächenansätzen". Indirekt nahm es Bezug auf die Stummelflügel des „RAK 2" und wurde schon zwei Wochen nach Opels Avus-Rekord beantragt!

Rechts: Lippisch-Einflüsse bei Valier verrät auch der raketengetriebene Nurflügler auf seinem 1928 erschienenen Buch *Raketenfahrt*.

1928 auf der Wasserkuppe: „Ede“ Rottge half Lippisch beim Bau des Modells mit Vorderflügel, eines Vorläufers der „Ente“. Die Spannweite betrug 4 m und die Länge 1,25 m. Versuche mit diesem Modell und dem Nurflügel mit Raketenantrieb fanden vor dem 13. April 1928 statt, als Lippisch sie in einem Bericht für die Wissenschaftliche Gesellschaft für Luftfahrt beschrieb.

Die „Ente“ im Flug, abgebildet auf der Titelseite von *Die Rakete*, der Vereinszeitschrift des VfR. Mit der „Ente“ fand der erste bemannte Flug eines Raketenflugzeugs statt, was Fritz von Opel ignorierte.

1929 kauft Fritz von Opel bei der Flugzeugbau Gebrüder Müller (GMG) in Darmstadt-Griesheim ein Flugzeug GMG IIa mit einem Flüssigraketentriebwerk, das Friedrich Sander gebaut hatte. (22, 23) (Darüber wurde viel spekuliert. Außer einem Foto, das es in einem Opel-Flugzeug zeigt, sowie der Erwähnung in verschiedenen Dokumenten ist so gut wie nichts über die Entwicklung bekannt). Beim Flugzeug handelte es sich vermutlich um dieselbe GMG IIa (D-1556), mit dem Opel am 21. März in Darmstadt eine Bruchlandung hingelegt hatte und das GMG darauf zur Aufnahme des Raketenmotors umgebaut hatte. Opel war damals noch fliegerischer Anfänger. Jedenfalls rüstete GMG das Flugzeug im Mai um kurz darauf erfolgte ein erster Probelauf des eingebauten Triebwerks. Dieses versagte und erzeugte nur jede Menge gelben Rauchs. Man rief die Feuerwehr. Nach dem Löschen bestand die Feuerwehr, die nun im Bilde über die Ursachen war, auf die Verlagerung weiterer Versuche auf den Flugplatz Darmstadt. Der auf Geheimhaltung bedachte Opel aber ließ die Maschine nach Rüsselsheim bringen, wo das Triebwerk im Juni 1929 erneut getestet wurde. Auch dieser Versuch endete mit Beschädigungen, die langwierige Reparaturen nach sich zogen. Über den Zeitpunkt, an dem Opel wahrscheinlich Rollversuche und kurze „Hüpfer“ durchführte, ist nichts Näheres bekannt. Letztlich erhob sich die GMG IIa mit Raketenantrieb nie in die Lüfte. Auf das Drängen von Opels Vater hin verbrachte man das Flugzeug an einen anderen Standort, wobei es auf dem Transport irreparabel beschädigt wurde.

Am 28. Oktober 1928 war Valier erneut zu Lippisch auf die Wasserkuppe gereist und hatte dort weitere Versuche mit raketengetriebenen Flugzeugmodellen durchgeführt. Die bei den Versuchen benutzten „Storch“-ähnlichen Typen waren mit 22 kg Schub leistenden Eisfeld-Raketen ausgestattet worden. Alles in allem kam er zum Schluss, dass sich schwanzlose Gleiter doch nicht so sehr als Raketenträger eigneten, und wandte sich herkömmlichen Baumustern zu. Am 9. Mai 1929 kam es auf dem Duisburger Flugtag zum Treffen mit Gottlob Espenlaub. Valier beauftragte den begeisterungsfähigen Schwaben mit dem Bau eines Flugzeugs mit Raketenantrieb. Ein Zeitungsartikel vom 10. Juli 1929 berichtete über Valiers jüngstes Projekt: „Der unermüdliche Erfinder Max Valier hat in aller Stille weitere For-

Im Juli 1928 führte Opel auf einem Abschnitt der Bahnstrecke Hannover–Celle eine Anzahl Versuche mit dem raketengetriebenen Schienenwagen „RAK 3“ durch. Sein Ziel, den Geschwindigkeitsrekord für Landfahrzeuge zu brechen, der seinerzeit bei 334 km/h lag, erreichte er nicht.

Gottlob Espenlaub beim Einhängen der Schleppleine in die E 7 mit Edgar Dittmar am Steuer. Die E 7 stattete er später mit zwei Pulverraketen auf dem Mittelteil der Tragflächen aus.

Die Espenlaub EA 1 wurde für öffentliche Vorführungen von Schleppstarts gebaut. Sie war leichter und deshalb einfacher zu schleppen als die E 7, die Espenlaub ebenfalls als Demonstrationsflugzeug verwendet hatte. Da das Interesse an den Vorführungen nachließ und dafür kein Verwendungszweck mehr bestand, baute Espenlaub die EA 1 schließlich für Max Valier zum Raketenflugzeug um. Als Antrieb dienten zwei Eisfeld-Pulverraketen oben auf dem Tragflächenmittelteil. Erste Bodenversuche fanden am 9. Juli 1929 in Lohausen statt. Valier bezeichnete die Maschine als „RAK 3". Sie flog aber nie.

Das Raketenflugzeug, mit dem Fritz von Opel den Ärmelkanal überfliegen wollte. Diesem Bodenversuch mit Flüssigraketenantrieb wohnten relativ sorglos (v. l.) Karl Treber, August Becker und Friedrich Sander bei.

schungsarbeit geleistet. Nur wenige wissen, dass er seit einigen Wochen in Bochum lebt. Gestern Abend konnte er endlich auf dem Düsseldorfer Flugplatz den ersten Versuch mit dem neuen raketengetriebenen Flugzeug »Valier RAK 3« durchführen. Er erklärte sich bereit, unsere Fragen zu beantworten und sagte: *„[Zum Bau eines wirklich geeigneten Flugzeugs habe ich mich mit den Brüdern Espenlaub zusammengeschlossen, die sich in Düsseldorf niedergelassen haben.]*

Uns fehlen nur noch die entsprechenden Geldmittel zur Fertigstellung. Das neue Flugzeug hat eine Länge von 11 Metern und eine Spannweite von 6½ Metern. Es ist ein Hochdecker mit rückwärts gepfeilten Flügeln in leichter V-Form. Aus diesem Grund [fehlende Geldmittel] mussten die ersten Versuche mit einem Flugzeug erfolgen, das Espenlaub zum Schleppen verwendete [Espenlaub EA 1]. *Diese wurden unternommen, um zu prüfen, ob den Hauptholm den Schubkräften der Rakete standhält und ob die Leitwerksflächen nicht vom Flammausstoß in Mitleidenschaft gezogen werden. Für diese Versuche wurde das Flugzeug an den Boden gefesselt. Sie wurden mit üblichen Pulverraketen durchgeführt, die auch bei folgenden Versuchen so lange beibehalten werden, bis die Flüssigkeitsrakete, an der ich derzeit in meinem Labor arbeite, fertiggestellt ist.*"[18]

In einem am 29. August 1929 in der *Recklinghauser Zeitung* veröffentlichtem Beitrag schrieb Valier: „Mein Ziel für 1929: Ein Raketenflug über den Ärmelkanal." (Einen Monat darauf kündigte Fritz von Opel das gleiche Vorhaben an.) Als Antwort auf kritische Äußerungen Opels tat Valier kund, dass die Zusammenarbeit mit Espenlaub der erste Schritt zum Erreichen dieses Ziels sei. Wachsende Zweifel ließen Valier den Plan jedoch aufgeben und die Zusammenarbeit mit Espenlaub beenden. Seinen Arbeiten an Flüssigraketen unterstützte später zu einem Teil der betuchte Industrielle Dr. Paul Heylandt, dessen Vermögen zu einem guten Teil auf einem Patent zur Verflüssigung von Gasen beruhte. Heylandt stellte Valier ein Labor in seiner Fabrik für Apparatebau in Berlin-Britz zur Verfügung. Den Erfolg seiner Bemühungen erntete Valier im März und April 1930 bei der Vorführung der Raketenautos „Valier Rak 6" und „Valier Rak 7" in Berlin. Beide Fahrzeuge trieben Raketenmotore mit flüssigem Sauerstoff an. Es war die weltweit erste Vorstellung derartiger Antriebe; sie gingen den Versuchen Prof. Hermann Oberths mit der Kegeldüse voraus. Am 17. Mai 1930 fand Max Valier bei Experimenten für die Firma Shell in seinem Labor ein tragisches Ende. Auf Wunsch des Auftraggebers und entgegen seiner Überzeugung benutzte er beim Probelauf des neuartigen Triebwerks Paraffin als Treibstoff. Bei der Explosion des Triebwerks durchtrennten Splitter die Lungenarterie. Max Valier wurde nur 35 Jahre alt.

Espenlaub, Hatry und Opel

Angeregt von den Vorstellungen Valiers veranstaltete Gottlob Espenlaub in Düsseldorf-Lohausen weiter Versuche mit raketengetriebenen Flugzeugen. (24 – 26) Anstelle der „Valier RAK 3" trat Espenlaubs Segler E 7 mit zwei am Mittelteil der Tragflächen befestigten Sander-Pulverraketen. Am 22. Oktober 1929 brachte eine Espenlaub E 14 die E 7 mit „Espe" am Steuer bis

Rechts: Max Valier in seinem Raketenauto „RAK 6“, das er am 22. Dezember 1929 und am 3. Januar 1930 auf der Berliner Avus vorführte. Der Treibstoff bestand aus Kohlensäure, die mit Warmwasser in Gas verwandelt wurde.

Unten: 1929 baute Gottlob Espenlaub sein erstes motorgetriebenes schwanzloses Flugzeug E 15, das ihm als Schablone für seine schwanzlosen Raketenflugzeuge diente. Die E 15 stattete er später mit mittig auf den Tragflächen angeordneten Seitenrudern aus, wie es auch Soldenhoff bei der A/4 und A/5 tat. Die Ähnlichkeiten dieses Flugzeugs zum Modell, das Espenlaub für die Studiengesellschaft für Raketen e.V. baute, legen den Schluss nahe, dass es sich bis auf den Raketenantrieb um ein und dasselbe Flugzeug handelte. Zwei weitere Maschinen dieses Typs entstanden. Eine mit der Bezeichnung E 15 befand sich 1931 noch in Düsseldorf, die andere stürzte in Wesermünde ab.

Oben und rechts: Im April 1930 unterzeichnete Espenlaub einen Vertrag mit der Studiengesellschaft für Raketen e.V. in Frankfurt am Main über den Bau eines schwanzlosen Flugzeugs mit Raketenantrieb. Dieses sieht man rechts noch in unfertigem Zustand und oben beim Start in Lohausen.

Übersichtsdarstellung der Espenlaub E 7 mit Raketenantrieb

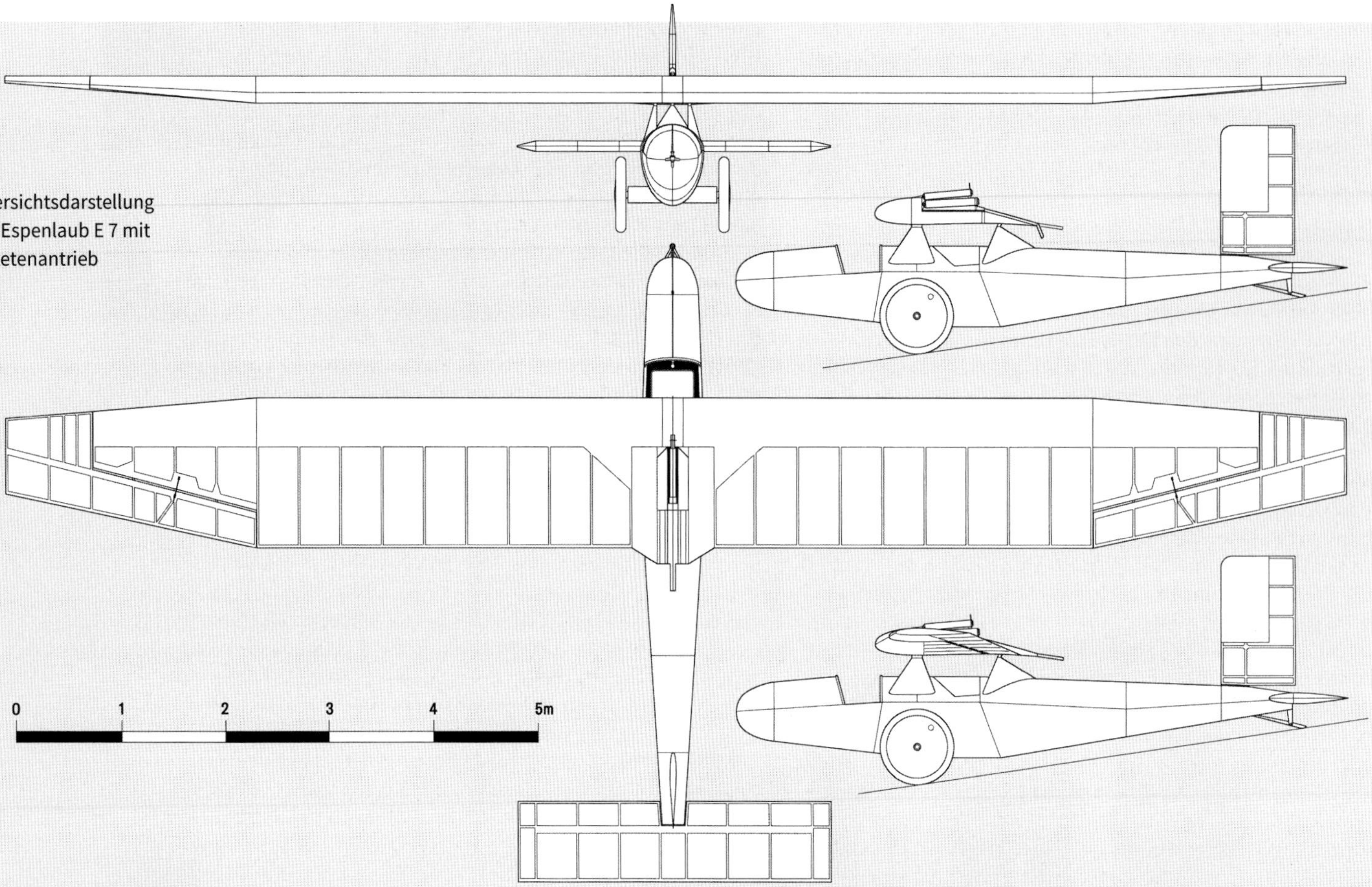

Links: Gottlob Espenlaubs Bruder Hans (links) und ein Unbekannter im Oktober 1929 in Lohausen beim Überprüfen der Raketeninstallation der E 7 vor dem Flug. Hans Espenlaub kam am 6. Februar 1930 in Lohausen bei einem Flugunfall ums Leben. Rechts: Gottlob Espenlaub inspiziert das trotz Asbest-Beschichtung schwer in Mitleidenschaft gezogene Leitwerk der E 7 nach dem Raketenflug vom 22. Oktober 1929.

zum Ausklinkpunkt auf etwa 20 m Höhe. Nach dem Ausklinken zündete Espenlaub eine der beiden Raketen. Das Flugzeug nahm die Nase runter und beschleunigte dann plötzlich.

Mit Mühe fing Espenlaub die Maschine ab und flog etwa 300 m geradeaus. Die zweite Rakete zündete nicht. Nach der Landung im üblichen Gleitanflug stellte Espenlaub fest, dass Teile des Leitwerks trotz Asbest-Beschichtung einfach weggebrannt waren.

Im April 1930 unterzeichnete Espenlaub einen Vertrag mit der Studiengesellschaft für Raketen e.V. in Frankfurt am Main über den Bau eines schwanzlosen Flugzeugs mit Raketenantrieb. (27) Noch im gleichen Monat führte Espenlaub erste Versuche durch. Er begann mit einer 80 kg Schub liefernden Sander-Pulverrakete, dann steigerte er den Schub mit einer zweiten gleichen Typs. Noch gab sich Espenlaub mit Hüpfern auf dem Rasen des Düsseldorfer Flugplatzes zufrieden. Als nächstes erfolgte ein Schleppstart zur Prüfung der Steuerungseigenschaften, wozu das Flugzeug vorsichtshalber nur zwei 17 kg-Schub leistende Raketen erhielt. Diese zündete Espenlaub nach dem Ausklinken – alles lief zufrieden stellend. Am 29. April brachte „Espe" die Maschine zur Vorführung auf dem „Raketentag" am 6. Mai nach Wesermünde. Am Morgen des 1. Mai machte er eine Anzahl Probeflüge mit Schleuderstart. Beim letzten Start hob er schon nach 25 m(!) ab, zündete sofort die erste Rakete und die beiden anderen kurz danach. In 250 m Höhe gab es eine Explosion, die Espenlaub aus dem Sitz schleuderte (er war nicht angeschnallt), wobei er mit dem Kopf an den Hinterholm der Tragflächen knallte und beinah das Bewußtsein wurde. Das Flugzeug stürzte im Winkel von 45 Grad in den Boden, wobei die Zelle vollständig zerstört wurde, der Tragflügel abmontierte und nahezu unbeschädigt neben dem Wrack niederkam. (28, 29) „Espe" hatte Glück im Unglück: man brachte ihn (nur) mit einer kräftigen Gehirnerschütterung ins Krankenhaus.

Am nächsten Vorhaben Fritz von Opels hatte Julius Hatry (siehe Kurzlebensläufe S. 422) großen Anteil. Erst Jahrzehnte später schilderte Hatry im DGLR-Tagungsbericht von 1983: (30) „Im Frühjahr 1929 überschlugen sich die Pressemeldungen über Bemühungen von Fritz von Opel, ein Flugzeug speziell für Raketenantrieb gebaut zu bekommen, bzw. über entsprechende Vertragslösungen mit den schon oben genannten Firmen Raab-Katzenstein und Müller-Griesheim. Die Erfolge mit meinem Raketenmodell und der *Wasserratte* [die ich beim Rossitten-Wettbewerb 1927–1928 eingereicht hatte] ermutigten mich, in bewusster Konkurrenz zu von Opel für mich selbst ein Raketenflugzeug zu bauen, und zwar in sehr naher Anlehnung an die Konstruktionsmerkmale des Wassersegelflugzeugs: Der Rumpf musste nur kurz hinter dem zweiten Hilfsholmspant abgeschnitten werden, damit die Raketen im Schwerpunkt untergebracht werden konnten. Hinsichtlich des Leitwerks bestand das gleiche Problem, es hoch in der Flügelebene anzubringen, damit der Raketenstrahl, ohne es zu treffen, darunter streichen konnte. Zu diesem Zweck erfolgte die Aufhängung wieder mittels des räumlichen Strebenfachwerks, wobei wegen des Raketenstrahls das Seitenleitwerk geteilt ausgeführt wurde. Lippisch hat in seinen Buch *Erinnerungen* (20) bereits darauf hingewiesen, dass von Opel es auf recht merkwürdige Art und Weise verstand, in den Besitz meines Flugzeugs zu kommen. Er hatte nämlich durch eine Indiskretion von Robert Kronfeld, der 2 Jahre vorher in Rossitten mein Flugschüler war und nun in der Rhön Einsicht in meine Arbeiten hatte, von meinem Vorhaben erfahren. Von Opel schickte deshalb am 28. Mai 1929 Sander auf die Wasserkuppe. In einer Unterredung mit Lippisch, Stamer und mir behauptete Sander, er hätte von meinen Modellflügen gehört und sei an einer Zusammenarbeit mit mir interessiert, da er sich von Fritz von Opel getrennt habe. So kam es, dass Sander und ich einen Vertrag vereinbarten, wonach wir mit meinem Flugzeug gemeinsam Schauflüge durchführen wollten, mit mir als Pilot. Das Ganze war aber nur ein abgekartetes Spiel zwischen von Opel und Sander, um mich vertraglich zu binden. Denn der letztere kam am 13. Juli 1929 erneut angereist und erklärte mir, von Opel habe nun gleichfalls von meinen Arbeiten erfahren; er würde in Kürze mit seiner De Havilland *Moth* auf der Wasserkuppe landen, um mein Flugzeug zu erwerben. Ich lehnte ein solches Ansinnen ab, so dass von Opel unverrichteter Dinge wieder abfliegen musste. Am Abend des 15. Juli wurde ich durch Zufall Zeuge eines Disputs zwischen Lippisch und Stamer. Ursache war, dass Stamer sich von Opel gegenüber bereit erklärt hatte, das fast fertige Flugzeug der RRG *Schuldoppelsitzer*, das genau meinen Konstruktionsprinzipien entsprach, umzubauen. Der Rumpf sollte verkürzt und hinten geöffnet werden, um anstelle des hinteren Piloten die Raketenbatterie im Schwerpunkt unterzubringen. Lippisch war aber nicht bereit, bei diesem Vorhaben seines Schwagers Stamer mitzuwirken. Auf Anraten von Lippisch habe ich mich dann entschlossen, damit von Opel mir nicht zuvorkäme, am 26. Juli 1929 einen Vertrag mit von Opel abzuschließen. Danach war dieser lediglich berechtigt, den ersten öffentlichen Vorführflug als Pilot auszuführen, wohingegen er sich verpflichtete, an 40 Plätzen, mit denen er schon entsprechende Verträge abgeschlossen hätte, Raketenschauflüge mit mir als Pilot durchzuführen. Am 1. September 1929 wurde das fertiggestellte Flugzeug nach Frankfurt transportiert, woselbst die Instrumente sowie der Zündschalter und der Raketenkasten eingebaut wurden, die beide in den Opel-Werken hergestellt worden waren. Auf dem alten Frankfurter Flugplatz am Römerhof flog ich das Flugzeug zunächst im Autoschlepp ein. Bei den ersten Raketenflugversuchen verwendeten wir Raketen mit Aluminium-Hülsen mit nur 1,5 Sek. Brenndauer und ca. 90 kg Schub, von denen 100 Stück in einem Raketenkasten untergebracht werden konnten und einzeln durch Bestätigung eines Schalters elektrisch gezündet wurden. Diese Versuche fanden zwecks Geheimhaltung auf einer Wiese bei dem Jagdgut Mönchbruch in der Nähe von Kelsterbach statt. Dabei durfte, wenn ich flog, niemand von den Helfern zugegen sein, außer von Opel selbst und ein Arzt. Ursprünglich hatte das Flugzeug die Bezeichnung *Hatry-RAK I*, die aber von Opel in *Sander-RAK I* abändern und groß davor *Opel* aufmalen lies. Auf meinen Protest hin wurde dann auf beiden Seitensteuerflächen die Bezeichnung *Hatry-Flugzeug* angebracht.

Am 10. September 1929 lud Opel einen Pressevertreter, einen Fotografen der New York Times, der für die Fotografien das alleinige Weltbildrecht erworben hatte, einen Journalisten vom Dammerts-Presse-Verlag, der das alleinige Presserecht besaß, ferner Dr. Dyck vom 8-Uhr-Abend-Blatt und den technischen Schriftsteller Otto Willi Gail zur ersten geheimen Vorführung ein.

An diesem Tag nahm Fritz von Opel zum ersten Mal am Steuer des Flugzeuges Platz. Beim ersten Start zündete er die

Der Mannheimer **Julius Hatry** konstruierte das Raketenflugzeug, mit dem Fritz von Opel 1929 den angeblich ersten Raketenflug unternahm. Dabei kommt diese Ehre Fritz Stamer zu, der mit der raketengetriebenen RRG „Ente" bereits am 11. Juni 1928 einige hundert Meter weit geflogen war. (Zu Hatry siehe Kurzlebensläufe S. 422).

Raketen zu spät, die am Boden ausbrannten. Erst beim zweiten Start mittels Startseil kam das Flugzeug frei und legte in geringer Höhe von 1 bis 2 m einen Flug über eine Strecke von ca. 1 km zurück. Die ersten Raketen-Katapultversuche fanden eine Woche später gleichfalls auf Mönchbruch unter meiner Führung statt. Dabei wurden Raketen in Stahlrohrhülsen von 9 cm Durchmesser verwendet, die bei 4 Sek. Brenndauer einen Schub von 350 kg entwickelte. Dabei wurden bis zu drei Raketen an einer Laufkatze befestigt, die das Flugzeug trug und zwischen U-Schienen lief. Das Katapultgestell selbst war 18 m lang, innerhalb derer das Flugzeug auf Fluggeschwindigkeit beschleunigt wurde. Das Katapult war in den Opel-Werken angefertigt worden. Bei einem Start mit drei Raketen durchschlug die Laufkatze die ungenügende Auffangvorrichtung und flog, während ich die ersten Flugraketen zündete, mit noch brennenden Startraketen mir nach und rasierte den Rumpf unter meinem Sitz weg.

Eigene Versuche mit dem Katapultstart hatte von Opel dadurch nicht, als am Montag, den 30. September 1929 das Flugzeug zahlreichen Pressevertretern, Fotographen und Kameraleuten auf dem Flugplatz in Frankfurt vorgestellt wurde. Zu meiner Bestürzung war nun aber mein Name auf den Seitenleitwerken mit dicken schwarzen Strichen übermalt, um in der Öffentlichkeit meinen Namen zu unterdrücken. Auf meinen Protest hin erklärte Fritz von Opel, die *New York Times* würde es ablehnen. Bilder mit der Reklamebeschriftung des Herstellers zu vertreiben. Auf meine Frage, was dann aber *Opel-Sander-Rak I* darstellen würde, erklärte er, das sei eine »Sensationsbeschriftung«, die von der *New York Times* geduldet würde!

Am 6. Oktober 1929 druckte die *New York Times* im illustrierten Teil der dicken Sonntagsausgabe ein Bild, auf dem mein Name sehr gut zu lesen ist, in ganzer Satzbreite ab. Denn da es damals noch keine Bildtelegraphie gab, hatte die *New York Times* zwecks schneller Berichterstattung Klischees von den Versuchsflügen vom 10. September angefertigt und an die ganze Weltpresse vorweg verschickt.

Zunächst hatte von Opel zwei Fehlstarts, weil die Zündung der Flugraketen nicht funktionierte. Da sich das Fliegen mit kurz brennenden Raketen als unpraktisch erwiesen hatte, wurden am 30. September nun Brennder mit einer Brenndauer von etwa 25 sek. und einem Schub von 22 kg verwendet. Bei einer Länge von 40 cm und einem Kaliber von 9 cm konnten in dem Raketenkasten 16 Stück diese Stahlrohr-Brennder untergebracht werden. Davon wurden 11 Brennder vor dem dritten Start angebracht.

Als die Batterie durch einen Akku ersetzt und die Kontaktzunge zurechtgebogen war, kam das Flugzeug beim dritten Start frei, wobei nach auf der Laufkatze kurz hintereinander zwei Flugbrennder gezündet wurden und gleich darauf ein weiterer für den Steigflug bis zu einer Höhe von etwa 20 m. Nach deren Ausbrennen zündeten zwei weitere Raketen zu einem entsprechend schnelleren Horizontalflug. Dabei wurde entlang dem Bahndamm, der den Flugplatz begrenzte; die erste Rechtskurve geflogen, später mit einer zweiten Rechtskurve in den Rückenwind auf Gegenkurs eingeschwenkt. Hier zündete offensichtlich nur mehr eine Rakete, denn das Flugzeug verlor an Höhe und landete mit Rückenwind in ungünstigem Gelände. Im Auslauf stieß es gegen einen kleinen Damm, auf welchem sich der Weg zum Römerhof befand. Dabei wurde der Rumpf erheblich beschädigt. Wiederum durch Versagen des Zünd-

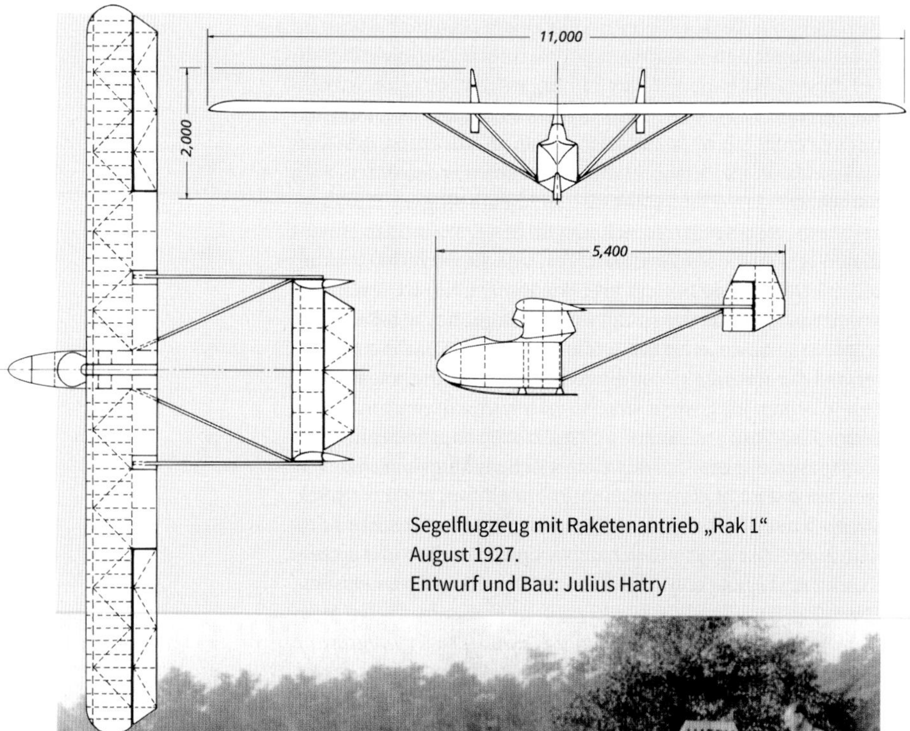

Segelflugzeug mit Raketenantrieb „Rak 1"
August 1927.
Entwurf und Bau: Julius Hatry

Links: Das von Hatry entworfene und gebaute Raketenflugzeug Opel-Sander „Rak 1" im September 1929 auf dem Mönchbruch in der Nähe des gleichnamigen Jagdschlosses bei Kelsterbach. Damals stand noch „Hatry Flugzeug" auf dem Leitwerk, was Opel später mit schwarzer Farbe übermalte.

Das Raketenflugzeug Opel-Sander „Rak 1“ bei Start und Flug am 30. September 1929 in Frankfurt am Main.

schalters war der Flug vorzeitig beendet worden, denn bei der Landung waren noch 5 unverbrauchte Raketen vorhanden. Insgesamt dauerte der Flug etwa 1 min. 15 sek. Dabei wurde eine Strecke von rund 2 km zurückgelegt mit einer Durchschnittsgeschwindigkeit von knapp 100 km/h. Dies war der erste öffentliche reine Raketenflug der Welt mit einem Raketenspezialflugzeug und mit Raketenstart mittels Feststoffraketen.

Von Opel war verpflichtet, das beschädigte Flugzeug wiederherstellen zu lassen. Als ich ihn dazu aufforderte, schrieb er zurück, die Jahreszeit sei bereits zu weit fortgeschritten und er habe die Abschlüsse mit den einzelnen Flughäfen in 8-tägiger Folge, beginnend im April 1930 in Bremerhaven, umdisponiert. Als ich auf der Bezahlung des Kaufpreises und meines Monatshonorars bestand, erklärte von Opel plötzlich, mein Flugzeug sei zu Schauflügen unbrauchbar. Ursache für diese Behauptung war aber, dass von Opel sich eines betrügerischen Bankrotts schuldig gemacht hatte und Deutschland fluchtartig verlassen musste, um sich einer Verhaftung zu entziehen.

Kurz darauf war ich auf Veranlassung von Walter Kleffel, dem Chefredakteur der *BZ am Mittag* beim Presseempfang von Al Williams, dem bekannten amerikanischen Kunstflieger, der nach Berlin gekommen war, um Ernst Udet eine persönliche Einladung zu überbringen, an den amerikanischen Kunstflugmeisterschaften teilzunehmen. Der ebenfalls anwesende Luftfahrt-Attaché der amerikanischen Botschaft lud mich ein, aus diesem Anlass ebenfalls nach Amerika zu kommen und dort mein Raketenflugzeug auf Schauflügen vorzuführen.

Bei dieser Sachlage versuchte ich Ende 1929 zunächst von Sander Raketen geliefert zu bekommen, um – wie ursprünglich vereinbart – mit ihm Schauflüge mit der zu reparierenden Maschine gemeinsam durchzuführen. Aber von Opel hielt nicht nur mein Flugzeug gesperrt, sondern sperrte von Amerika aus auch Sander bezüglich einer Raketenlieferung an mich unter Berufung auf den zwischen ihnen beiden bestehenden Exklusivvertrag.

Deshalb suchte ich Anfang 1930 Valier auf, der bei der Gesellschaft für Industriegas-Verwertung, Heylandt in Berlin-Britz arbeitete, um Näheres von ihm über seine Erfahrungen mit Eisfeld-Raketen zu hören. Er riet mir dringend ab, stellte aber in Aussicht, dass er mit der Entwicklung seines Flüssigkeitsraketen-Aggregats schnell voranzukommen hoffe und dann an einer Zusammenarbeit mit mir interessiert wäre. Leider konnte diese Absicht durch den Unfall von Valier am 17. Mai 1930 nicht realisiert werden. Sein Tod bedeutete für mich und die weitere Entwicklung einen großen Verlust.“

Junkers und Winkler

Das Interesse von Hugo Junkers an Raketenflugzeugen bekam 1930 durch die Anstellung des Raketenpioniers Johannes Winkler neuen Auftrieb. Philipp von Doepp, Leiter der Junkers-Abteilung Aerodynamik, verfasste am 4. August 1932 den Bericht Nr. B.7593/470, der die Skizze eines projektierten Raketenjägers zum Abfangen feindlicher Flugzeuge und Bomberströme bis in 15 km Höhe enthielt. (31 - 33) Diese Skizze wurde nach dem Krieg von erfahrenen Luft- und Raumfahrt-Technikern in allen Einzelheiten untersucht und erörtert. Auf ihrer Grundlage fertigte man unter Berücksichtigung struktureller Fragen sogar Grafiken an, die zeigten, wie das Flugzeug ausgesehen haben könnte, so es denn gebaut worden wäre. Bemerkenswert sind die vielfachen Übereinstimmungen zwischen der viel später gebauten Me 163 und dem Entwurf Wernher von Brauns eines senkrecht startenden Jägers aus dem Jahr 1939. (31) (Ebenso bestehen Ähnlichkeiten zur bemannten Flugabwehrrakete Bachem „Natter“). Der Antrieb des Jägers bestand aus Raketenantrieben für Zweikomponenten-Treibstoff; die Bewaffnung aus zwei längs der Landekufe angebrachten Maschinengewehren; die gegurtete Munition wurde aus Schächten hinter den Treibstoffbehältern zugeführt. Der Flugzeugführer saß in einer abwerfbaren Kanzel. Die Gesamtstartmasse wurde auf 2330 kg errechnet (Treibstoff 1425 kg, Zelle 655 kg). Winkler kündigte bei Junkers bereits wieder am 24. September 1931, nachdem ihm Philipp von Doepp die Öffentlichkeitsarbeit für seine private Raketenforschung untersagt hatte. Nach 1933 arbeitete Winkler wieder bei Junkers.

Hugo Junkers hatte die Grenzen von Pulverraketen schon früh erkannt und Winkler im Herbst 1929 für die Entwicklung eines Flüssigraketenantriebs angeworben. Winklers Entwick-

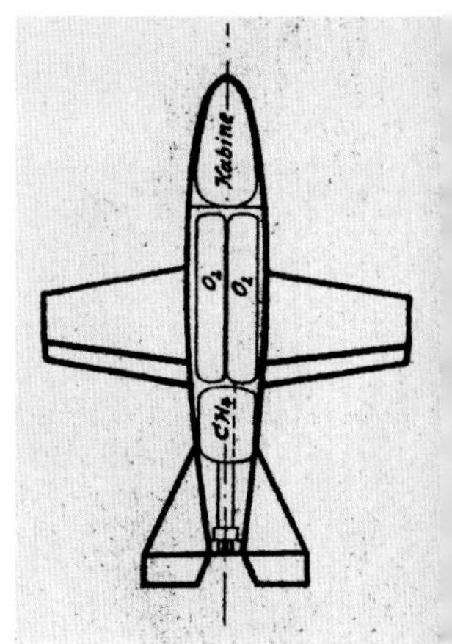

Auch der Junkers-Bericht Nr. B.9141/513 vom 16. April 1935 enthielt die kleinformatige Skizze eines projektierten Raketenjägers, nun in Weiterentwicklung mit nur einem Triebwerk für Flüssigmethan und Flüssigsauerstoff. Die Startmasse betrug schätzungsweise 3000 kg.

lung mündete später (nach seinem Abgang) in ein mit flüssigem Sauerstoff und Benzin arbeitendem Triebwerk für den Raketenjäger von Junkers. (Derweil arbeitete Winkler, finanziert von Hugo A. Hückel, an seinen Raketen HW-1 und HW-2.)

Henkelmann und Kronfeld

Am 20. September 1932 schrieb der junge Flugzeugingenieur Karl Henkelmann einen Brief an Winkler, der damals in Dessau-Ziebigk wohnte:

„*Am 1. Mai habe ich bei Junkers im* [Wind]*Kanal auch Schluss machen müssen. Seit dem 1. Juni arbeite ich für Herrn Rob. Kronfeld, teilweise konstruktiv an modernen Startmethoden für Segelflugzeug. Wir sind jetzt zu dem Entschluss gekommen, auch Raketenstartversuche in unserem Programm aufzunehmen und zu diesem Zweck frage ich bei Ihnen an:*

1) *Ob Sie die Flüssigkeitsraketen heute schon für so explosionssicher halten, dass man ohne große Bedenken ein Segelflugzeug damit starten kann.*
2) *Würden Sie uns Angaben die Zusammensetzung der Raketenfüllung machen? Es kommen für uns Schübe von ungefähr 50 bis 250 kg in Frage.*
3) *Könnten wir von Ihnen Zeichnungen über Düsen bekommen?*
4) *Könnten Sie ungefähre Gewichte, Größen und die Brenndauer mitteilen?*

Wir werden Sie selbstverständlich über die Versuchsergebnisse auf dem Laufenden halten.

Zum Schluss möchte ich nicht versäumen, Ihnen zu Ihrem bisherigen Erfolg meine herzlichen Glückwünsche zu sagen.

Mit herzlichsten Grüßen
Ihr
Karl Henkelmann“

Zu einem späteren Zeitpunkt hielt Karl Henkelmann seine Erfahrungen mit Starthilfsraketen beim „Kronfeld Circus“ fest. (Zum besseren Verständnis sei die Teilnahme Henkelmanns und Robert Kronfelds mit ihrem Segler KR 1 an der Flugschau in Wien-Friedenau am 2. Oktober 1932 vorausgeschickt. Dort hatte Eduard Heinl, österreichischer Minister für Handel und Verkehr im Ruhestand und Präsident der Österreichischen Radio-Verkehrs AG, die KR 1 mit „Austria II“ getauft.)

Karl Henkelmann: (34) „Wieder einmal erhielt ich von Kronfeld eine Sonderaufgabe gestellt. Zu damaliger Zeit spukte in vielen Köpfen das Fliegen mit Raketenantrieb herum. Fritz von Opel hatte mit seinen Versuchen im Raketen-Auto Aufsehen erregt und für seine weiteren Ideen den Segelflieger Espenlaub für einen Raketenstart mit Flugzeug gewonnen. Dem wollten wir zuvorkommen.

Kronfeld hatte sich mit Sander, Bremerhaven, in Verbindung gesetzt, welcher uns Raketen liefern sollte. Er bot uns die nach seiner Meinung brauchbaren Raketen aus dem Schifffahrt-Notdienst an, die eine Schubwirkung von 60 kg hatten, mit einer Brenndauer von 0,4 Sek.

Also setzte ich mich mal wieder ans Zeichenbrett und konstruierte 2 Anbaukästen für je 30 Raketen an unser neues Flugzeug KR 1, sowie in den Führersitz eine Zündanlage, mit der man wahlweise die Raketen einzeln oder zu mehreren zünden konnte. Zur Zündung wurde der Strom von 4 Volt aus parallel geschalteten Taschenlampenbatterien genommen. Ein Reihenschalter ließ bis zu 60 Einzelzündungen zu. Ich versäumte auch nicht, für jede Rakete eine Sicherung einzubauen, die bei 120 kg Schub die Rakete – etwa infolge einer Explosion – freigab.

Die ersten Startversuche fanden am 15. und 16. Oktober [1932] statt. Es wurden kurz hintereinander 2 Raketen gleichzeitig gezündet, – das Flugzeug jedoch verrührte [bewegte sich]

Major Karl Henkelmann

Karl Henkelmann kam am 21. April 1907 im hessischen Imshausen bei Bebra zur Welt. 1924–1925 leistete er ein freiwilliges Arbeitsjahr bei der Maschinenfabrik Schilde in Hersfeld, bevor er 1925–1929 Maschinenbau an der Gewerbe- und Handelshochschule Köthen studierte. Dort trat er der Flugwissenschaftlichen Arbeitsgruppe Köthen bei und nahm 1926 an einem Segelfluglehrgang der RRG unter Fritz Stamer auf der Wasserkuppe teil, wo er den A- und B-Schein erwarb. 1927 gewann beim Küsten-Segelflugwettbewerb in Rossitten die Disziplin für Jungflieger, was mit der Verleihung des C-Scheins verbunden war. An der Flugschule Würzburg erwarb Karl Henkelmann 1929 den Führerschein A II für Motorflug; sein Fluglehrer war Robert Ritter von Greim. 1929–1932 sammelte er bei Junkers Erfahrungen im Flugzeugbau, um 1931 auf einem Lehrgang für Flugzeugingenieure an der Deutschen Verkehrsfliegerschule (DV) in Braunschweig den Flugzeugführerschein B I zu machen. Von Juni 1932 bis Oktober 1933 arbeitete er als Schlepp-Pilot und Flugzeugingenieur für Robert Kronfeld. Von November 1933 bis Januar 1934 folgte der Lehrgang für mehrmotorige Flugzeuge bei der DVS in Braunschweig, wonach Henkelmann vom 15. Januar bis zum 31. März des Jahres als Ingenieur bei Junkers Flugzeugbau arbeitete. Auf Anweisung des RLM besuchte er ab April 1934 den Lehrgang für Fluglehrer an der DVS Schleißheim, um ab Mai als Fluglehrer bei der Fliegerschule Neuruppin mit zeitweiser Abstellung zur Fliegerschule Braunschweig tätig zu werden. Von April 1935 bis September 1938 bildete Henkelmann als Blindfluglehrer an der Blindflugschule Celle aus (die im Sommer 1937 nach Wesendorf verlegte). Von Oktober 1938 bis Februar 1939 als Leutnant der Reserve Zugführer beim Fliegerausbildungsregiment Uetersen und von März 1939 bis Januar 1940 Flugzeugführer beim KG 26 in Lüneburg. Dies war der eigentliche Beginn der fliegerischen Laufbahn bei der Luftwaffe. Karl Henkelmann flog als Oberleutnant (1. August 1939) und Hauptmann (1. Januar 1940) Einsätze im Polenfeldzug und danach gegen England. Von Januar 1940 bis Juli 1941 fungierte er als Blindluglehrer an der Blindflugschule Wien, um danach bis September 1942 als Staffelkapitän die 2./KG 40 in Bordeaux zu führen, mit der er Einsätze mit Fw 200 „Condor“ im Mittelmeerraum, in Nordafrika und Norwegen bestritt. Im Januar 1942 war er an der Flugerprobung der He 177 beteiligt. Im April erfolgte die Beförderung zum Major und am 20. Juli wurde ihm der Ehrenpokal der Luftwaffe verliehen. Ende September übernahm er die I./KG 40 als Gruppenkommandeur. Von Januar 1945 bis Kriegsende leitete Major Henkelmann als Kommandeur die Erprobungsstelle der Luftwaffe in Karlshagen (zuvor Peeenemünde-West), die im März 45 zur Erprobungsstelle in Wesermünde verlegte. Nach Kriegsende hielten ihn die Briten bis Januar 1946 im Sonderlager Gettorf bei Kiel des *Secret Intelligence Service* (SIS; Nachrichtendienst) gefangen. Am 17. September 1955 trat Karl Henkelmann in die neu gegründete Bundesluftwaffe ein, aus der am 30. September 1965 als Oberst ausschied. Bei der Bundesluftwaffe war Karl Henkelmann vorwiegend im Logistikbereich an den Standorten Uetersen, Kaufbeuren, Diepholz und Karlsruhe tätig. Er starb 1973.

Robert Kronfeld wurde am 5. Mai 1904 in Wien geboren. Als Jugendlicher oder junger Mann trat er der ersten österreichischen Segelflugschule auf dem Hundeheimer Kogel bei und gewann ein Stipendium bei der RRG-Segelflugschule auf der Wasserkuppe. 1926 gewann er die von der deutschen Sonntagszeitung *Grüne Post* ausgeschriebenen 5000 Reichsmark für den ersten Segelflug über 100 km. 1929 stellte er eine Reihe Weltrekorde im Segelfliegen auf und gewann den Preis der *Grünen Post*, wozu auch Segelfliegen unter stürmischen Wetterbedingungen gehörte. 1930 gewann Kronfeld den Hindenburg-Pokal für Langstreckenflug. Am 12. Juni 1931 überquerte er als erster Mensch mit einem Segelflugzeug den Ärmelkanal hin und zurück, was die Zeitung *Daily Mail* mit 1000 Pfund belohnte. 1934 verlieh ihm die Lilienthal-Gesellschaft ihre Silbermedaille und im selben Jahr entwickelte er den Startschlepp für Segelflugzeuge mittels eines Motorflugzeugs. Danach arbeitete er als Fluglehrer an der Fliegerschule Weimar. 1933 kehrte er nach Österreich zurück und emigrierte 1938 wegen seiner jüdischen Herkunft nach Großbritannien. Dort gründete Kronfeld zum Bau des Ultraleichtflugzeugs „Drone" die Firma British Aircraft Company. 1939 bekam er die britische Staatsbürgerschaft und trat der *Royal Air Force Volunteer Reserve* (RAFVR), die ihn am 15. April 1940 „für die Dauer des Krieges" zum „Leutnant auf Probe" beförderte und am 21. September 1941 zum Oberleutnant. Als Ausbilder kam er am 15. Mai 1940 zur *No. 1 Operational Training Unit* und zur *General Duties Branch* am 3. Oktober. Die Beförderungen zum Angehenden Oberleutnant, zum Angehenden Hauptmann und zum Angehenden Major/Staffelführer erfolgten am 21.06.1941, 20.10.1942 und 11.11.1943. Als RAFVR-Hauptmann erhielt er am 2. Juni 1943 das *Air Force Cross* (AFC). Am 18. Mai 1946 schied Robert Kronfeld aus der RAFVR aus. Er kam am 12. Februar 1948 beim Absturz eines Nurflügel-Gleiters GAL 56/01, der ins Trudeln geraten war, bei Lower Froyle 10 km östlich Lasham/Hampshire ums Leben. Für seine Errungenschaften im Segelflug verlieh ihm die *Royal Aeronautical Society* am 22. Mai 1948 posthum die Silbermedaille.

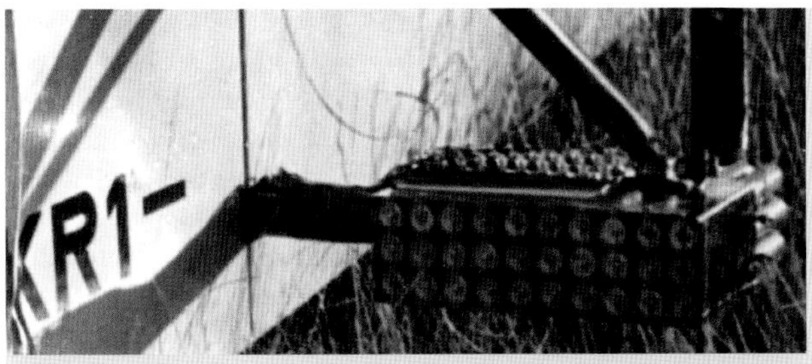

Links: Das von Karl Henkelmann entworfene Zusatzraketengestell für 60 Pulverraketen zu je 60 kg Schub und 0,4 Sekunden Brennzeit. Bei den ersten Startversuchen am 15./16. Oktober 1932 kam die KR 1 nicht vom Fleck, wobei nur ein Teil der 60 Raketen gezündet wurde.

Rechts: Beim Startversuch mit stärkeren Raketen am 14. November 1932 hob die KR 1 nach wenigen Metern ab und stieg rasch auf etwa 25 m Höhe.

Oben: Die KR 1 mit den stärkeren, je 280 kg Schub leistenden Raketen. Karl Henkelmann schreibt, an jede Seite seien zwei Raketen montiert worden – auf diesem Foto sind aber eindeutig drei zu sehen.

Robert Kronfeld neben der KR 1 „Austria II". An der rechten Rumpfseite zwei Startraketen.

Es hat geklappt – die KR 1 im Raketenflug!

Die rechte Rakete löste sich in Flugrichtung; die linke funktionierte planmäßig.

nicht. Beim zweiten Versuch wurden 10 Raketen gleichzeitig gezündet und anschließend 8 gleichzeitig; das Flugzeug rollte jedoch nur wenige Meter nach vorn ohne sich abzuheben.

Nun kamen wir zu der Erkenntnis, dass wir nicht genügend gerechnet hatten. Nicht alleine der Schub genügte, wichtiger war die Brenndauer der Raketen. Also neue Überlegungen und Telefonate mit Sander. Dieser bot uns nun eine Rakete mit 280 kg Schub und einer Brenndauer von 2,0–2,1 Sek. an. Es wurde wieder umkonstruiert und nun entstanden 2 Kästen für je 2 Raketen, dieses Mal anständige Kaliber, die seitlich wie vorher am Rumpf der Kr1 angebracht wurden.

Der nächste Versuch fand am 14. November statt. Bei der Zündung der ersten zwei Raketen hob sich die Maschine nach einem Anlauf von ca. 4 m vom Boden ab und stieg in steiler Flugbahn bis zu einer Höhe von 20–25 m. Dann erfolgte die nächste Zündung, wiederum zweier Raketen, wobei die Maschine auf 40–50 m Höhe stieg. Hierbei löste sich plötzlich die rechts gezündete Rakete und flog geschoßartig in Flugrichtung davon. Sie zeigte eine explosionsartige Verpuffung, die den vorderen Deckel zersplittert hatte.

Bei dem folgenden Versuch war nur eine Rakete am Flugzeug [montiert] und der Start war normal mit Winde erfolgt. Es sollte die Wirkung einer einseitigen Zündung in der Luft, bzw. der Schub erprobt werden. Bei der Zündung erfolgte wiederum ein Explosionsknall und die Rakete verabschiedete sich nach hinten, wie ein Feuerrad drehend, zur Erde. Hierbei war das Flugzeug stark beschädigt worden, und auch Kronfeld war von Ruß geschwärzt. In beiden Fällen hatten sich meine Sicherungen, die ich eingebaut hatte, gut bewährt. Auch bei dieser Rakete war der vordere Deckel zerstört und die Explosion nach beiden Seiten erfolgt. Der Versuch hatte ergeben, dass Schub und Brenndauer dieser Raketen zum Start und Flug genügten, in ihrer Art jedoch zu unsicher und daher nicht brauchbar waren. Das Projekt, welches bei einem Flugtag in London vorgeführt werden sollte, müsste leider abgesetzt werden. Später, aber zu spät, stellte sich heraus, das uns Arbeiter der Firma Sander falsche Raketen, und zwar solche mit Aluminiumdeckel der Fabrik verpackt hatten, die für Versuche der Fabrik vorgesehen waren."

Kummersdorf, Peenemünde und Heinkel

Um das Jahr 1935 herum erließ das Propagandaministerium unter Dr. Joseph Goebbels eine Richtlinie, nach der keine Berichte über Raketenforschung in jedweder Richtung ohne vorherige Genehmigung und Prüfung mehr veröffentlicht werden durften. (A.d.B: Bereits ab etwa Mitte 1934 war *Science-fiction*-Literatur aus dem deutschen Buch- und Zeitschriftenwesen verbannt worden). Danach änderten einige Raketenvereine den Namen, um öffentlich den Ball so niedrig wie möglich zu halten. Schlussendlich aber bedeutete der Erlass das Ende der privaten Raketenforschung im Vorreiterland Deutschland. Das Militär sollte künftig alle Forschungen bündeln.

Etwa zur selben Zeit (1935) begann das Reichsluftfahrtministerium (RLM) unter Hermann Göring (im Übrigen ein begeisterter Jules-Verne-Leser) sich verstärkt für Raketenantriebe und für Starthilfsraketen für schwer beladene Flugzeuge zu interessieren. Entsprechende Versuche unter RLM-Leitung wurden in Neuhardenberg rund 55 km südsüdöstlich Berlin durchgeführt. Ein Besuch von Dr.-Ing. Major Wolfram Freiherr von Richthofen, Chef der Entwicklungsabteilung im Technischen Amt des RLM (siehe Kurzlebensläufe S. 427) bei der Heeresversuchsstelle Kummersdorf, um sich auf den Stand der dortigen Raketenentwicklung zu bringen, zeitigte folgende Ergebnisse: Auf Vorschlag von Richthofens wurde der Beschluss gefasst, die Forschungen von RLM und HWA zu bündeln und in Peenemünde eine Raketenversuchsstelle zu errichten. (Ausführlich dazu in Murray R. Barber: *Die V2. Entwicklung–Technik–Einsatz*. Motorbuchverlag 2020.) Die Kummersdorfer Raketengruppe bezog im Februar 1937 die von Wäldern umgebene Osthälfte der nagelneuen Heeresversuchststelle Peenemünde (HVP). Dort entwickelte sie im Lauf der nächsten Jahre die Fernrakete V2 (Heer). (36, 38) Die RLM-Gruppe kam in der Westhälfte unter und entwickelte u.a. die Flugbombe V1. Im April 1938 aber begann sie erst einmal mit Flugerprobungen.

Am 10. Mai 1935 fand im Berliner RLM eine Besprechung zwischen Major von Richthofen und Hauptmann Dipl-Ing. Leo Zanssen (siehe Kurzlebensläufe S. 430) vom HWA statt. Dabei schlug Richthofen den Bau raketengetriebener Jäger zum Abfangen hoch fliegender Bomber vor. Dieser Vorschlag führte letztlich nicht nur zur Erprobung eines Prototyps der Heinkel He 176, sondern auch zur Entwicklung und zum Bau der Messerschmitt Me 163.

Die ganze Arbeit am leichten Abfangjäger He 176 fand unter strengster Geheimhaltung statt und den Verfassern gelang es trotz intensiver Forschung nicht, mehr als nur einige wenige überprüfbare Fakten bezüglich Konstruktion, Bau und Erprobung herauszufinden. (35, 39) Die Vorarbeiten am Entwurf begannen im Dezember 1936 und die ersten Konstruktionszeichnungen lagen bis Juli 1937 vor. Folgende Personen traten hierbei federführend in Erscheinung: Walter Künzel (Projektleiter und Triebwerkeinbau), Walter Günter (Vorentwurf und Strömungsanalyse), A. Jensen (Aerodynamik und Flugmechanik), H. Bosch (Berechungen von Festigkeit und Statik), H. Regner (Detailplanung) und Jacob (Fahrwerk).

Alle Arbeiten vollzogen sich in der von allen anderen Firmenbereichen abgeschirmten Abteilung *Sonderentwicklung I* im Heinkel-Werk Rostock-Marienehe.

Der Mitteldecker entstand ausschließlich in Metallbauweise, den Durchmesser des stromlinienförmigen Rumpfs mit ovalem Querschnitt bestimmte das Abteil des Flugzeugführers mit Halbliegesitz. Das Flugzeug erhielt eine abwerfbare Kanzel. Entsprechende Versuche wurden mit einer Heinkel He 111 in Peenemünde durchgeführt; zuerst mit einer Kanzelattrappe und dann mit einer Musterkanzel, in die man eine manngroße Puppe setzte. Ursprünglich sollte die He 176 eine Abart des von Wernher von Braun entwickelten Raketentriebwerks erhalten. Es leistete 1000 kg Schub und arbeitete (wie die spätere V2) mit einem Gemisch aus Alkohol und Flüssigsauerstoff. Bevor es noch zur Erprobung kam, wurde es jedoch durch ein „kaltes" Walter-Triebwerk ersetzt. Dieses nutzte hochkonzentriertes Wasserstoffperoxid (T-Stoff), das katalytisch mit Natrium- oder Kalziumperkarbonat (Z-Stoff) reagierte und einen Dampfstrahl sowie Sauerstoff erzeugte. Das Walter-Triebwerk ließ sich pneumatisch auf eine Schubleistung von 500 bis 600 kg regeln. Das Flugzeug erhielt ein Einziehfahrwerk nebst ausfahrbarer Landekufe. Für die Roll- und Schleppversuche in Peenemünde baute man ein festes Bugrad mit Verkleidung an. Es mochte auch dazu gedient haben, einer Überreaktion des Flugzeugführers entgegenzuwirken, wenn dieser für Drehmanöver beim Rollen vor dem Start zu viel Schub einsetzte (ein Problem,

Wolfram von Richthofen (Foto aus den 1920er-Jahren) zählte zu den Wegbereitern des Jagdflugzeugs mit Raketenantrieb. Sein Vorschlag von 1935 zur Entwicklung eines Raketenjägers führte nicht nur zur Erprobung eines Prototyps der Heinkel He 176, sondern auch zu Entwicklung und Bau der Messerschmitt Me 163.

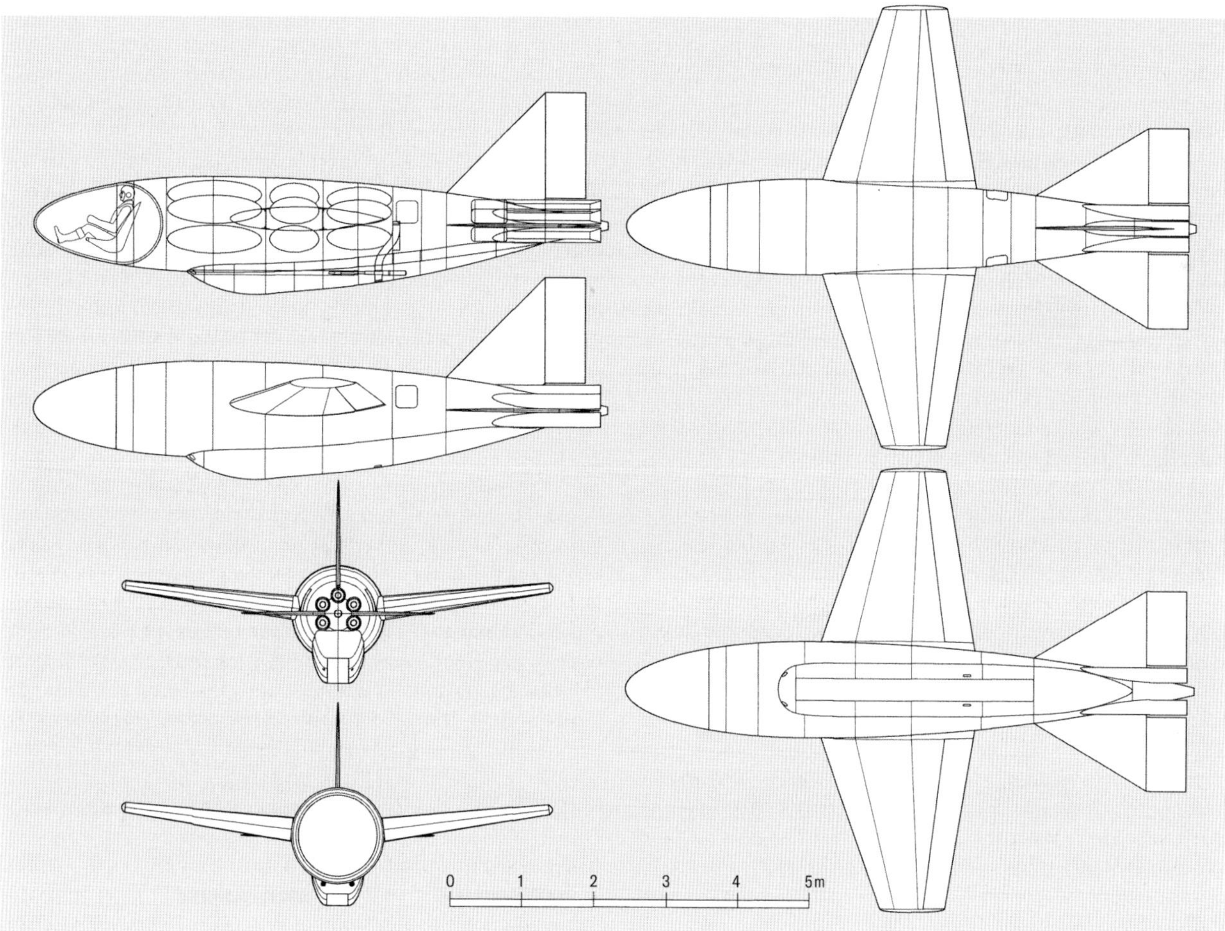

Übersichtsdarstellung des Junkers-Raketenjägers

Heinkel He 176

Die Zeichnungen beruhen auf dem einzig bekannten Foto.

Spannweite: 5 m
Länge: 6,2 m
Flügelfläche: 5,5 m²

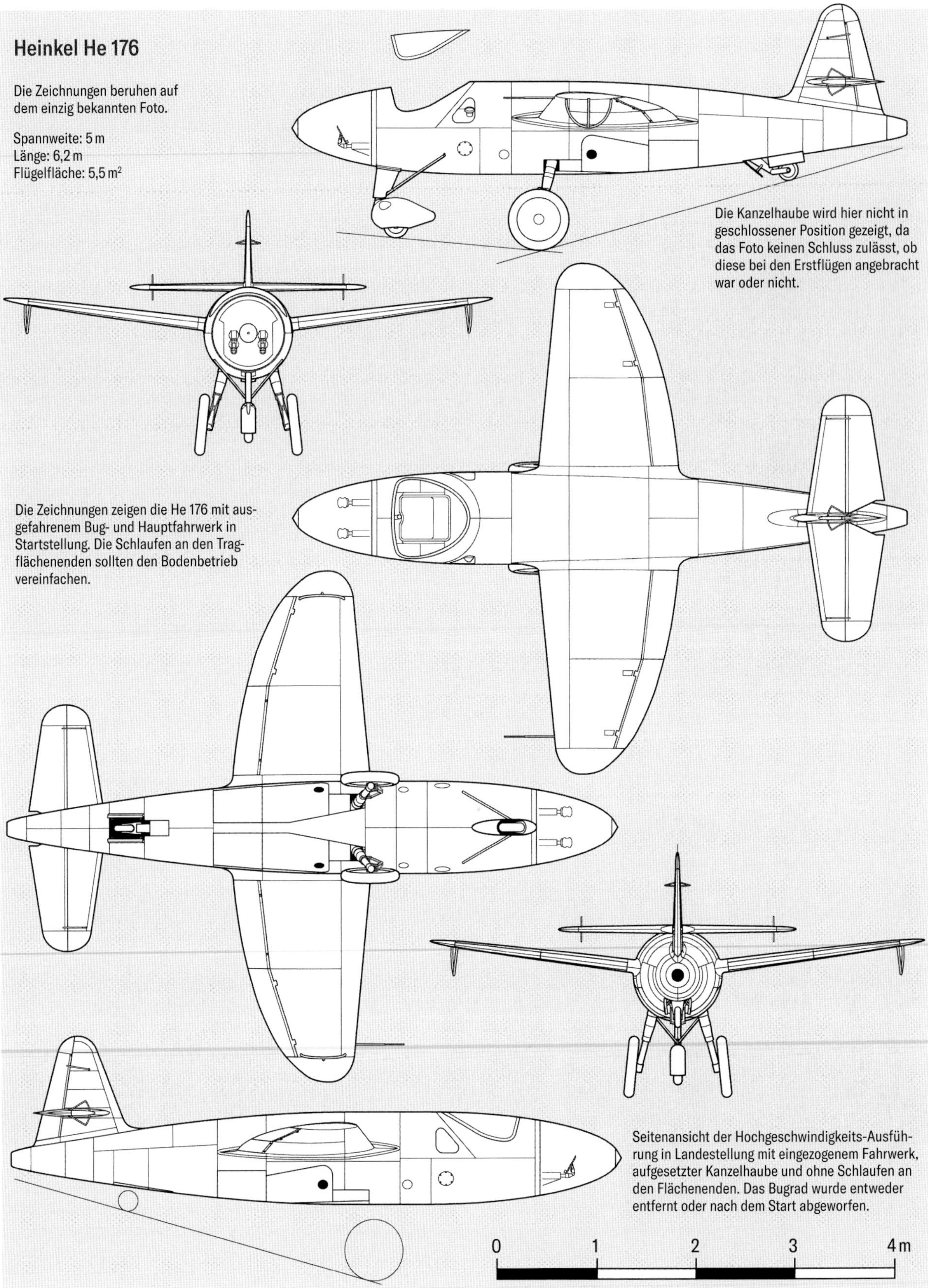

Die Kanzelhaube wird hier nicht in geschlossener Position gezeigt, da das Foto keinen Schluss zulässt, ob diese bei den Erstflügen angebracht war oder nicht.

Die Zeichnungen zeigen die He 176 mit ausgefahrenem Bug- und Hauptfahrwerk in Startstellung. Die Schlaufen an den Tragflächenenden sollten den Bodenbetrieb vereinfachen.

Seitenansicht der Hochgeschwindigkeits-Ausführung in Landestellung mit eingezogenem Fahrwerk, aufgesetzter Kanzelhaube und ohne Schlaufen an den Flächenenden. Das Bugrad wurde entweder entfernt oder nach dem Start abgeworfen.

Das einzig bekannte bzw. erhalten gebliebene Foto der Heinkel He 176. Es diente als Vorlage für die Zeichnungen der Übersichtsdarstellung, die am Computer unter Zuhilfenahme eines *Reverse engineering*-Programms (Nachkonstruktion) entstanden.

Zur Flugvorführung der He 176 kam Hitler am 3. Juli 1939 auf den Behelfsflugplatz Roggentin 10 km östlich der E-Stelle Rechlin. Vor dem Flug schilderte Versuchspilot Erich Warsitz (mit dem Rücken zur Kamera; A. d. B.: es könnte sich auch um Uvo Pauls handeln, vgl. Abb. rechts) Hitler, Göring, Udet, Milch sowie höheren Heeres- und Luftwaffenoffizieren seine bisherigen Flugerfahrungen mit dem Prototypen.

Peenemünde, 21. Juni 1939. Ein nachdenklicher Erich Warsitz (sitzend) lauscht dem Gespräch zwischen Ernst Heinkel und Flieger-Stabsingenieur Uvo Pauls, Leiter der Versuchsstelle der Luftwaffe Peenemünde-West. Kurz nach Kriegsausbruch ließ Udet am 12. September das Projekt He 176 einstellen, wobei weiterhin Flüge durchgeführt wurden. Zu diesem Zeitpunkt waren die Arbeiten an der DFS 194 bereits im Gange.

das auch bei der Erprobung der Me 262 und der Me 163 auftrat). Vom 9. bis 13. Juli 1938 fanden Prüfungen im großen Windkanal der Aerodynamischen Versuchsanstalt (AVA) in Göttingen statt. Die Erprobung begann irgendwann später; nach einigen Berichten im Spätsommer 1938. Gesichert ist, dass Versuchspilot Erich Warsitz zwischen dem 8. Januar und dem 13. April 1939 insgesamt 29 Flüge mit der He 176 unternahm. Dabei trat immer wieder instabiles Schubverhalten auf. (40) Man bekam das Problem noch vor dem 2. Juni 1939 durch Änderungen am Triebwerk und der Steuerung in den Griff.

In der Zeit vom 12. Juni bis zum 8. November 1939 absolvierte Erich Warsitz weitere 19 Flüge. Am 3. Juli 1939 führte er die He 176 auf dem Behelfsflugplatz Roggentin Adolf Hitler, Hermann Göring sowie hochrangigen Wehrmachtsoffizieren vor, darunter Generalluftzeugmeister Ernst Udet, Generaloberst Erhard Milch und Generaloberst Wilhelm Keitel.

Auf Weisung Udets wurde das Projekt am 12. September 1939 offiziell eingestellt. Weshalb die Flugerprobung bis November 1939 weiterlief, konnte nicht in Erfahrung gebracht werden.

Fußnoten

1 Weltraumvisionär und Raketenforscher Prof. Hermann Oberth (1894 - 1989), Verfasser des berühmten Werks *Die Rakete zu den Planetenräumen*, das auch Max Valier (1895 - 1930) den Anstoß gab. Valier stand mit ihm in regem Briefverkehr und veröffentlichte selbst unzählige Artikel sowie einige viel gelesene Bücher über Weltraumforschung, von seinen zahlreichen Vorträgen ganz zu schweigen. Nicht zu vergessen Johannes Winkler (1897 - 1947), der Pionierarbeit bei der Entwicklung von Flüssigkeitsraketen leistete; Konstantin Eduardowitsch Ziolkowski (1857 - 1935), den herausragenden russischen Wissenschaftler, der mit seinen theoretischen und praktischen Arbeiten die Grundlagen zur Flüssigkeitsrakete legte; sowie den US-amerikanischen Raketenpionier Robert Hutchings Goddard (1882 - 1945), der erst nach seinem Tod gebührende Anerkennung für seine Versuche mit Flüssigkeitsraketen fand.

2 Willy Ley (1906 - 1969), Publizist und Gründungsmitglied des VfR, wanderte 1934 in die USA aus.

3 Der Wiener Raumfahrtwissenschaftler Franz von Hoefft (1882 - 1954), bekannt für seine Arbeiten an Höhenforschungsraketen, gründete 1926 die Wissenschaftliche Gesellschaft für Höhenforschung. Der russische Wissenschaftler und Historiker Nikolai Alexejewitsch Rynin (1877 - 1942) sowie Jakow Issidorowitsch Perelman (1882 - 1942), Pädagoge und Raketenforscher. Der französische Luftfahrtpionier Robert Esnault-Pelterie (1881 - 1957). Der deutsche Ingenieur und Baustatiker Walter Hohmann (1880 - 1945), der sich in seiner Freizeit der Raumfahrt und Himmelsmechanik widmete und Berechnungen für Raumschiffe anstellte, sowie der österreichische Raketenpionier Guido von Pirquet (1888 - 1966), der Flugbahnen für interplanetare Raumsonden berechnete.

4 Scherschewski, den Prof. Oberth einmal als „die faulste Person, die ich kenne" bezeichnete, verfasste von November 1929 bis Juli 1931 insgesamt 32 Berichte über Oberths Arbeiten und ließ sie über die sowjetische Botschaft in Berlin dem sowjetischen Nachrichtendienst zukommen. Die von den sowjetischen „Gruppen zur Erforschung reaktiver Antriebe" (GIRD) entwickelten Raketen beruhten auf Oberths Kegeldüse.

5 Damals überstiegen die Ausgaben für Versuche sowie die Zeitschrift *Die Rakete* die Einnahmen durch Mitgliedsbeiträge und Spenden und der VfR verschuldete sich. Der Briefverkehr Winklers deutet auf ein angespanntes Verhältnis zu Nebel und Wurm und stellt die Führungsqualitäten von Oberth als Nachfolger in Frage (siehe Quellennachweis Fußnote 7). Eine Mischung aus all diesen Punkten mag Winkler zum Rücktritt bewogen haben.

6 Der Begriff *Kegeldüse* ist etwas irreführend, da er keinesfalls nur eine Düse, sondern eine kegelförmige Brennkammer mit einer einzelnen Austrittsdüse bezeichnet.

7 Im Sommer 1930 unternahm Winkler auf einem Grundstück neben dem Haus seiner Großeltern in Bernstadt bei Leipzig die ersten „Mirak"-Standprüfung. Beim Startversuch am 7. September 1930 explodierte die Rakete.

8 Die Angaben wurden aus der in Fußnote 10 des Quellennachweises angegebenen Schrift entnommen. Über den Zeitpunkt von Winklers Eintritts bei der LFA gehen die Veröffentlichungen auseinander.

9 1927 reichten sowohl die Fa. Junkers als auch die Fa. Dornier Patente über Starthilfen schwer beladener Flugzeuge in Gestalt so genannter Parasitenflugzeuge ein. Spätere Junkers-Vorschläge zur Nutzung von Starthilfsraketen scheinen darauf zu beruhen.

10 Am 25. Juli 1929 startete Wilhelm Zimmermann mit einem mit Starthilfsraketen versehenen Wasserflugzeug Junkers W 34 bei Leopoldshafen bei Dessau aus der Elbe. Der Startlauf begann mit Motorkraft, dann zündete Mitflieger Dipl.-Ing. Reginald (Leiter der Flugerprobung bei Junkers) die Eisfeld-Pulverraketen unter den Flächen.

11 Ähnliches hatte schon 1908 der Franzose Lorin vorgeschlagen.

12 Dies gab höchstwahrscheinlich den Anstoß für die Arbeiten Zanders und Korolews bei ZAGI, wobei Zander Anfang der 1920er-Jahre eher zu üblichen Starts mit Propellern neigte und die Raketenzündung erst in großer Höhe vorsah. Ein entsprechendes Flugzeugmodell präsentierte er 1927 auf der Moskauer Kosmos-Ausstellung.

13 Das Dorf Heidewilxen (poln.: Wilcyn Lesny) liegt bei Trebnitz in Niederschlesien.

14 Ob dieses Ereignis in Zusammenhang mit den Pulverraketen-Versuchen bei Breslau steht, ist fraglich. Heinz Beck arbeitete als Ingenieur für Opel. Das Erzgebirge liegt weit entfernt von Breslau.

15 Der von Gerhard Pusch verfasste Bericht endet mit einem Verweis auf einen angeblich 1919(!) in der *Zeitschrift für Flugtechnik und Motorluftschiffahrt* veröffentlichten Beitrag über den „Storch". Es handelt sich eindeutig um eine Schreib- oder Druckfehler.

16 Die 9,8 km lange Avus-Strecke zwischen Grunewald und Nikolasee wurde nach der *Automobil-Verkehrs und Übungs-Straße GmbH* benannt, die sie erbaut hatte.

17 In der zweiten Auflage seines Buches *Raketenfahrt* gibt Valier an, diese Versuche zwischen dem 9. und 11. Juni im Auftrag Opels durchgeführt zu haben. Siehe Angabe 12 im Fußnoten-Quellennachweis.

18 Veröffentlicht in dem unter Fußnote 12 im Quellennachweis angegebenem Buch.

In eigenen Worten

Alexander Lippisch und sein Anteil an der Entwicklung der Me 163

Die Entwicklung des schwanzlosen Flugzeugs

Alexander Lippisch
Messerschmitt AG Augsburg, 5. September 1941

ANGEREGT durch die Arbeiten von [Franz Xaver] Wels (1903–1911) begann ich bereits als Schüler mit den Grundlagen des Baues schwanzloser Flugmodelle. Als Aerodynamiker der Firma Zeppelin-Werk Lindau (später Dornier Werke) führte ich die ersten systematischen Profilmessungen – die bekannten Profile 409, 410, 412, 413, 446–48, 449–51 (siehe Ergebnisse der Aerodynamischen Versuchsanstalt zu Göttingen, I. Lieferung)[1] – im Sommer 1918 durch. Diese Profilserie war auf der Systematik Profilumriß–Profilskelett aufgebaut, wie dies dann durch die neueren Systematiken der 1TACA nach 12 Jahren Allgemeingut wurde. Diese Art der Profilesystematik wurde von mir 1918 erstmalig angewendet. (Ich ließ die Profile in Göttingen (AVA KI) messen und erläuterte die Profilkonstruktion dem damaligen Messleiter Dr. [Max] Munk. Munk, der 1922 nach USA ging, wendete dann bei der von ihm stammendem M-Profilserle das gleiche System wieder an, wobei er die von mir gewählte Umrissfunktion $y = h(1-x)\sqrt{x}$ ebenfalls übernahm. Im Anschluss an diese Arbeiten von Munk entstand die bekannte NACA-Profilsystematik). Durch diese Systematik gewann ich Einblick in die Stabilitätsverhältnisse verschieden geformter Flügelschnitte, sodaß ich bereits 1921 auf der Rhön den ersten schwanzlosen Gleiter mit druckpunktfesten Profilen – damals symmetrisch – baute.

Da ich aus finanziellen Gründen keine Windkanalmessungen mehr durchführen konnte, prüfte loh die schrittweise ausgebaute Theorie des eigenstabilen Flügels an Hand zahlreicher Versuche mit großen, freifliegenden Modellen. In den ganzen ersten Rhön-Jahren 1921–1925 wurden diese experimentell-theoretischen Arbeiten fortgesetzt und führten zu folgenden grundsätzlichen Erkenntnissen.

Der „Eigenstabile Flügel" kann entweder gebaut werden als Pfeilflügel mit gleichseitiger Verwindung[2] – wobei auch die negative Pfeilform mit nach außen vergrößertem Anstellwinkel Stabilität liefert (Versuche 1922/23) – oder mit eigenstabilen Profilen auch ohne jede Pfeilform (Brettflügel) (Versuche 1925).

Alexander Lippisch. Die Aufnahme entstand 1930 bei der Flugerprobung des „Delta"-Seglers auf der Wasserkuppe.

1941 verfasste **Alexander Lippisch** einen ausführlichen Bericht über seine bisherigen Forschungen zu Nurflügel-Flugzeugen und die Erfahrungen mit ihnen. Dieser wird hier in voller Länge wiedergegeben, da er bislang unbekannte Einzelheiten zur Entwicklung der DFS 194 und der Me 163 A enthält. Außerdem gibt er Einblicke in das Wesen des namhaften Erfinders und Forschers. Einige Stellen im Text widersprechen späteren Veröffentlichungen aus seiner Feder. Der Grund, weshalb Lippisch diesen Bericht zum genannten Zeitpunkt verfasste, ist nicht bekannt. Allgemein erweckt der Text den Eindruck, dass Lippisch seine Stellung gegenüber Prof. Willy Messerschmitt zu rechtfertigen suchte, zu dem er in einem angespannten Arbeitsverhältnis stand. Einige wenige Tipp- oder Schreibfehler im Originalmanuskript bzw. der Abschrift (hier ausgemerzt) deuten darauf hin, dass es unter Zeitdruck oder aus Dringlichkeit verfasst wurde und Lippisch daher keine Zeit zur Korrektur mehr fand. (Aufschlussreich ist ein Vergleich mit dem 1943 zum selben Thema geschriebenen Bericht für die *Deutsche Akademie der Luftfahrtforschung* DAL mit deutlich geschliffenerem Auf- und Satzbau.) Der Bericht von 1941 verrät einige egozentrische Charaktermerkmale; er ist teilweise recht kritisch, selektiv (beispielsweise erwähnt Lippisch seine Verbindung zur DFS 193 nicht) sowie lehrhaft. Er endet mit der sinngemäßen Aussage, er habe der Messerschmitt AG sein umfangreiches Wissen zur Verfügung gestellt und es sei nun an ihr, es in die Tat umzusetzen.

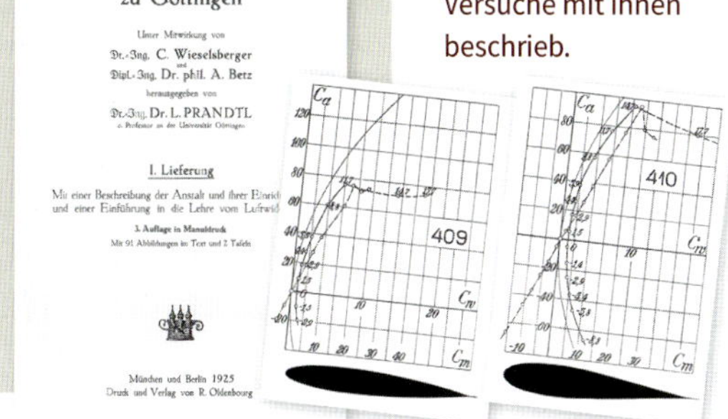

Aus dem AVA-Ergebnisbericht von 1925, der die Eigenschaften der von Lippisch entworfenen Tragflächenformen und die AVA-Versuche mit ihnen beschrieb.

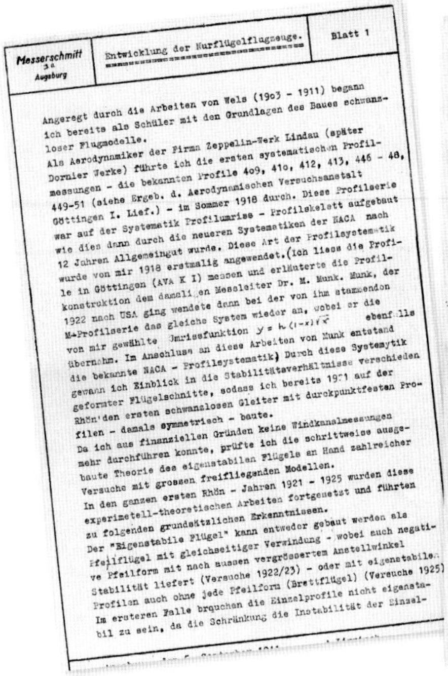

Messerschmitt A.G. Augsburg | Entwicklung der Nurflügelflugzeuge. | Blatt 1

Angeregt durch die Arbeiten von Wels (1903 - 1911) begann ich bereits als Schüler mit den Grundlagen des Baues schwanzloser Flugmodelle.
Als Aerodynamiker der Firma Zeppelin-Werk Lindau (später Dornier Werke) führte ich die ersten systematischen Profilmessungen - die bekannten Profile 409, 410, 412, 413, 446 - 48, 449-51 (siehe Ergeb. d. Aerodynamischen Versuchsanstalt Göttingen I. Lief.) - im Sommer 1918 durch. Diese Profilserie war auf der Systematik Profilumrise - Profilskelett aufgebaut wie dies dann durch die neueren Systematiken der NACA nach 12 Jahren Allgemeingut wurde. Diese Art der Profilsystematik wurde von mir 1918 erstmalig angewendet. (Ich liess die Profile in Göttingen (AVA K I) messen und erläuterte die Profilkonstruktion dem damaligen Messleiter Dr. M. Munk. Munk, der 1922 nach USA ging wendete dann bei der von ihm stammenden M-Profilserie das gleiche System wieder an, wobei er die von mir gewählte Umrissfunktion $y = h(1-x)\sqrt{x}$ ebenfalls übernahm. Im Anschluss an diese Arbeiten von Munk entstand die bekannte NACA - Profilesystematik) Durch diese Systemytik gewann ich Einblick in die Stabilitätsverhältnisse verschieden geformter Flügelschnitte, sodass ich bereits 1921 auf der Rhön den ersten schwanzlosen Gleiter mit durckpunktfesten Profilen - damals symmetrisch - baute.
Da ich aus finanziellen Gründen keine Windkanalmessungen mehr durchführen konnte, prüfte ich die schrittweise ausgebaute Theorie des eigenstabilen Flügels an Hand zahlreicher Versuche mit grossen freifliegenden Modellen.
In den ganzen ersten Rhön - Jahren 1921 - 1925 wurden diese experimetell-theoretischen Arbeiten fortgesetzt und führten zu folgenden grundsätzlichen Erkenntnissen.
Der "Eigenstabile Flügel" kann entweder gebaut werden als Pfeilflügel mit gleichseitiger Verwindung - wobei auch negative Pfeilform mit nach aussen vergrössertem Anstellwinkel Stabilität liefert (Versuche 1922/23) - oder mit eigenstabilen Profilen auch ohne jede Pfeilform (Brettflügel) (Versuche 1925)
Im ersteren Falle brquchen die Einzelprofile nicht eigenstabil zu sein, da die Schränkung die Instabilität der Einzel-

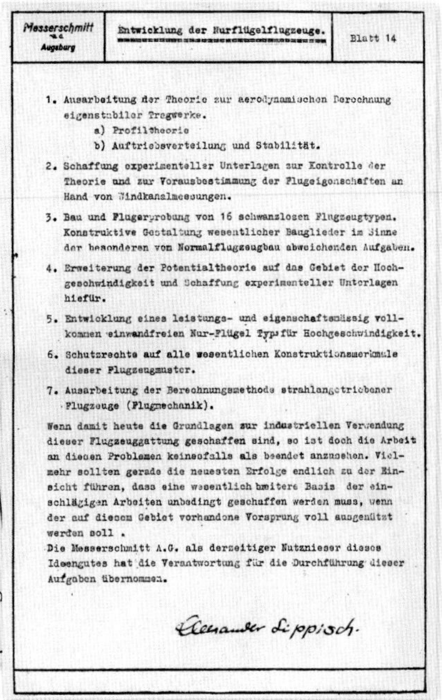

Messerschmitt A.G. Augsburg | Entwicklung der Nurflügelflugzeuge. | Blatt 14

1. Ausarbeitung der Theorie zur aerodynamischen Berechnung eigenstabiler Tragwerke.
   a) Profiltheorie
   b) Auftriebsverteilung und Stabilität.
2. Schaffung experimenteller Unterlagen zur Kontrolle der Theorie und zur Vorausbestimmung der Flugeigenschaften an Hand von Windkanalmessungen.
3. Bau und Flugerprobung von 16 schwanzlosen Flugzeugtypen. Konstruktive Gestaltung wesentlicher Bauglieder im Sinne der besonderen vom Normalflugzeugbau abweichenden Aufgaben.
4. Erweiterung der Potentialtheorie auf das Gebiet der Hochgeschwindigkeit und Schaffung experimenteller Unterlagen hiefür.
5. Entwicklung eines leistungs- und eigenschaftsmässig vollkommen einwandfreien Nur-Flügel Typ für Hochgeschwindigkeit.
6. Schutzrechte auf alle wesentlichen Konstruktionsmerkmale dieser Flugzeugmuster.
7. Ausarbeitung der Berechnungsmethode strahlangetriebener Flugzeuge (Flugmechanik).

Wenn damit heute die Grundlagen zur industriellen Verwendung dieser Flugzeuggattung geschaffen sind, so ist doch die Arbeit an diesen Problemen keinesfalls als beendet anzusehen. Vielmehr sollten gerade die neuesten Erfolge endlich zu der Einsicht führen, dass eine wesentlich breitere Basis der einschlägigen Arbeiten unbedingt geschaffen werden muss, wenn der auf diesem Gebiet vorhandene Vorsprung voll ausgenützt werden soll.
Die Messerschmitt A.G. als derzeitiger Nutznieser dieses Ideengutes hat die Verantwortung für die Durchführung dieser Aufgaben übernommen.

Alexander Lippisch.

Links: Die erste und die letzte Seite des Lippisch-Berichts „Die Entwicklung der Nurflügelflugzeuge“ vom 5. September 1941. (1)

Im ersteren Falle brauchen die Einzelprofile nicht eigenstabil zu sein, da die Schränkung die Instabilität der Einzelprofile ausgleicht. Versuche ergaben, daß für langsame Flugzeuge (Segelflug) letztere Bauarten wegen des größeren Höchstauftriebs vorteilhaft sind, daß für den Schnellflug jedoch der Flügel mit eigenstabilen nahezu symmetrischen Profilen vorzuziehen ist. Ich baute daraufhin 1924 den Gleiter *Experiment* (siehe Flugsport 1925), dessen Flügelkonstruktion dem ersteren Gedankengang entlehnt ist. Das Flugzeug wurde von mir 1925 eingeflogen und auf zahlreichen Gleit- und Segelflügen erprobt. Eine weitere wesentliche Erkenntnis stammt aus diesen ersten Vorarbeiten.

Man sah bisher die Schwierigkeiten beim schwanzlosen Flugzeug in der Erhaltung der Stabilität um die Querachse. Tatsächlich ist es, wenn man obige grundlegender Erkenntnisse beachtet, sehr einfach dies zu erreichen. Baut man jedoch ein solches Flugzeug ohne Leitwerk, dann kann man sehr wohl mit einem solchen Flugzeug fliegen, aber man muss eine andere Steuertechnik anwenden, als beim Normalflugzeug, da die Seitensteuerung fehlt.

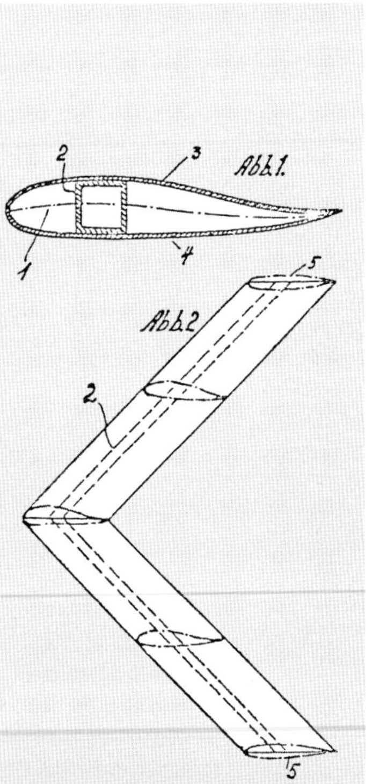

Das am 14. Dezember 1929 eingereichte deutsche Patent 582542 beschrieb die sich nach außen hin verändernde Tragflächenform von Nurflügel-Flugzeugen, die ein Anbringen des Hauptholms im Druckmittelpunkt der einzelnen Flügelabschnitte erlaubte.

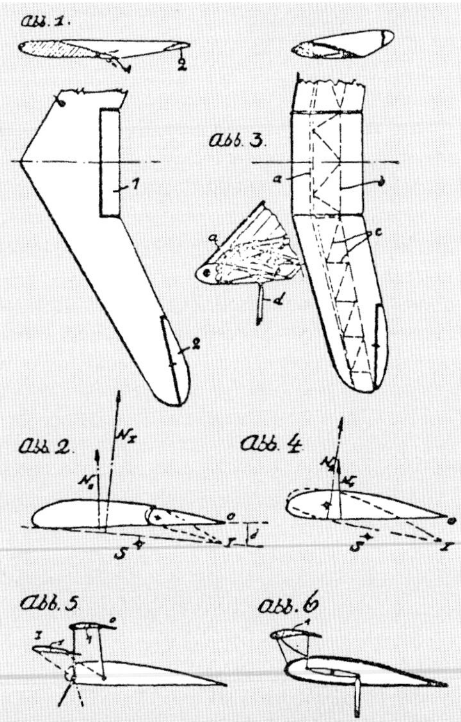

Die von Lippisch am 14. Dezember 1929 und am 9. Februar 1932 eingereichten deutschen Patente 546993 und 609583 beschrieben feste und bewegliche Flügelspitzen mit unsymmetrischen Flächen zur Stabilisierung und Steuerung von Flugzeugen mit Pfeilflügeln. Die beweglichen Flossen ließen sich ebenfalls zur Seitensteuerung oder in Einwärtsstellung als Luftbremsen verwenden.

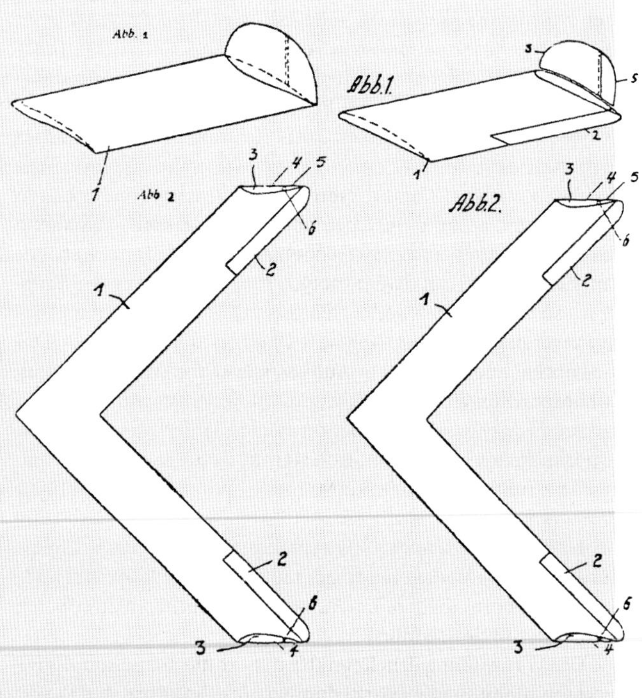

Das am 24. Mai 1930 eingereichte deutsche Patent 558959 beschrieb die Höhensteuerung von Nurflüglern mit Höhenrudern, die nach unten gerichtet kein Abkippen über die Nase und Auftriebsverlust bewirkten. Die im Patent angesprochenen Schwierigkeiten entdeckten auch die Brüder Horten bei den Versuchen mit ihrem ersten Flugzeug (siehe Kapitel 1). Lippisch schlug ein Höhenruder über der Tragflügel-Vorderkante am Flügelmittelteil vor. Eine ganz ähnliche Vorrichtung erhielt die Horten IIIc. Lippisch versah seine spätere „Delta IV“ mit einer verbesserten Ausführung.

Da ich jedoch die ganze Entwicklung auf die Verwendung der Nurflügel-Bauweise als Motorflugzeuge, insbesondere als Militärflugzeuge abstellte – die ganze Rhön-Arbeit war doch dem Ziele des Wiederaufbaues gewidmet – so konnte ein nur mit Sondersteuerung und Sondersteuertechnlk zu fliegendes Flugzeug uns hier nichts helfen (Weltensegler). Sollte das schwanzlose Flugzeug Eingang finden, so musste es wie ein Normalflugzeug zu fliegen sein, und die gleichen Eigenschaften aufweisen. Dazu musste das Nurflügelflugzeug in erster Linie eine einwandfrei wirksame Steuerung um die Hochachse (Seitensteuerung) besitzen. Die logische Folgerung, daß beim Nurflügel sie Schwanzsteuerung zur Flügelspitzensteuerung umgestaltet wurde, war es dann, auch die Seitensteuerung durch Endscheiben mit angelenkten Rudern an den Flügelenden zu bewerkstelligen. Versuche mit Modellen 1922 zeigten die Richtigkeit dieser Überlegung und führten in der Folgezeit zur Anwendung dieser Seitenleitwerksbauweise (Patent 546932 [sic 546993] u. 609853).[3] Andererseits musste ein statisch einwandfreier konstruktiver Flügelaufbau gefunden werden. Bisher waren nämlich alle Versuche mit Nurflügelflugzeugen (Etrich, Dunne, Weltensegler) daran gescheitert, daß erstens die Flugeigenschaften sehr mangelhaft waren, und daß zweitens die Festigkeit und vor allem die Steifigkeit der Flügel nicht im Entferntesten ausreichten, um sicher mit solchen Flugzeugen fliegen zu können.[4] Gerade beim Nurflügel ist ja die Steifigkeit des Tragwerks eine unerlässliche Vorbedingung für die Erhaltung der Stabilität und Steuerfähigkeit in allen Fluglagen. Deformiert der Flügel bei starken Beanspruchungen, so büßt er an Eigenstabilität ein, und kann dann nicht mehr steuerfähig gehalten werden.

Fast alle Unfälle mit diesen unvollkommen durchdachten Flugzeugen waren dieser Ursache zuzuschreiben. Geknickte oder geschwundene Flügel (Weltensegler Dr. Geest u. a.) konnten nicht entwicklungsfähig sein.[5] Vielmehr musste das Tragwerk so einfach wie möglich als gerader Trapez-Pfeilflügel gebaut werden, dessen Holmsystem Biege- und Verdrehsteifigkeit gewährleistete. Ein solcher Aufbau, wie er von mir von Anfang an beschritten wurde, lieferte sehr einfache statische Verhältnisse, da je die Gleichgewichtsbedingung der Momente und Querkräfte aus den Luftkräften stets in Bezug auf den Schwerpunkt erfüllt sein musste.(ZFM) [*Zeitschrift für Flugtechnik und Motorluftschiffahrt*] 1926).

Man muss bedenken, daß damals in dieser Hinsicht keinerlei Kenntnisse vorlagen und gerade die mangelhafte Behandlung dieser grundlegenden Festigkeitsforderungen zu solchen Fehlkonstruktionen führte.

Die Verwendung druckpunktfester Profile am geraden oder verwundenen Flügel führte dann zu der Erkenntnis, daß mit der Verlegung des Holmsysteme in die aerodynamische Achse des Flügels eine optimale Konstruktion gewonnen sein musste. (Patent 382 542). Dieser Gedanke stammt tatsächlich aus dem Jahre 1921. Die Durchbildung der Steuerung im Einzelnen war ein weiteres konstruktiv-fliegerisches Problem. Es wurden in dieser Richtung im Laufe der Entwicklungsjahre fast sämtliche möglichen fliegenden Flugzeuge erprobt.

In jedem Falle muss eine gute Steuerung für den Nurflügel so beschaffen sein, daß vom Führer aus die gleiche Anordnung wie im Normalflugzeug vorgefunden wird. Andererseits

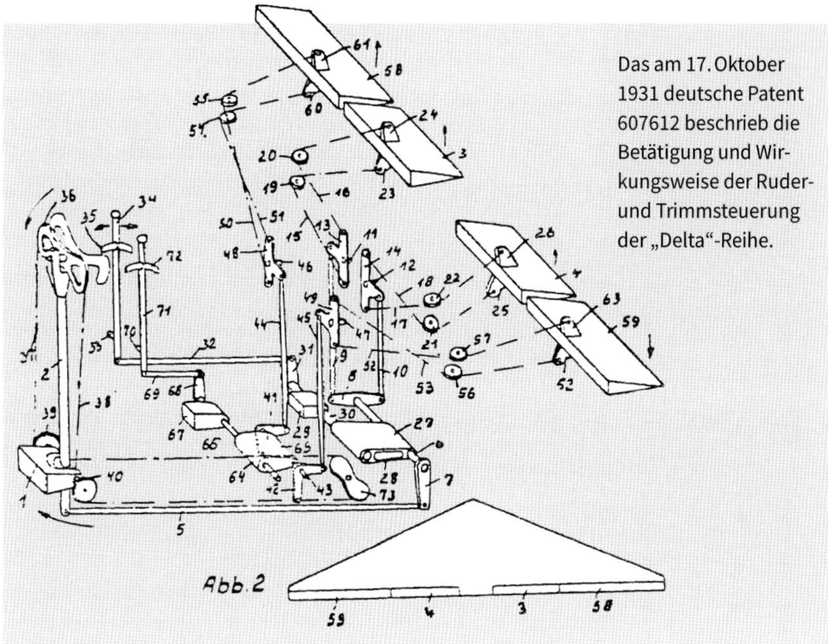

Das am 17. Oktober 1931 deutsche Patent 607612 beschrieb die Betätigung und Wirkungsweise der Ruder- und Trimmsteuerung der „Delta"-Reihe.

soll eine Trimmung um die Querachse und bei großen Flugzeugen im Hinblick auf den Flug mit Motorenausfall auch um die Längsachse vorhanden sein. Die Lösung liegt im Patent 607 612 in einer grundsätzlichen Form vor und alle seither angewandten Konstruktionen waren stets auf diesen Gedanken fußend aufgebaut. Neuere Ausführungen der Empfindlichkeitsveränderung (163) sind in Anmeldung begriffen.

Die seit 1926 verstärkt einsetzende Erprobung an fliegenden Flugzeugen führte zu der Erkenntnis, daß nicht immer die Flügelspitzen-Höhensteuerung vorteilhaft sein muss. Vielmehr konnte die Verwendung stark gefeilter Flügel eine andere für den Startvorgang besonders vorteilhafte Lösung möglich machen, da dann eine dem Ententyp analoge Auftriebs-Höhen-

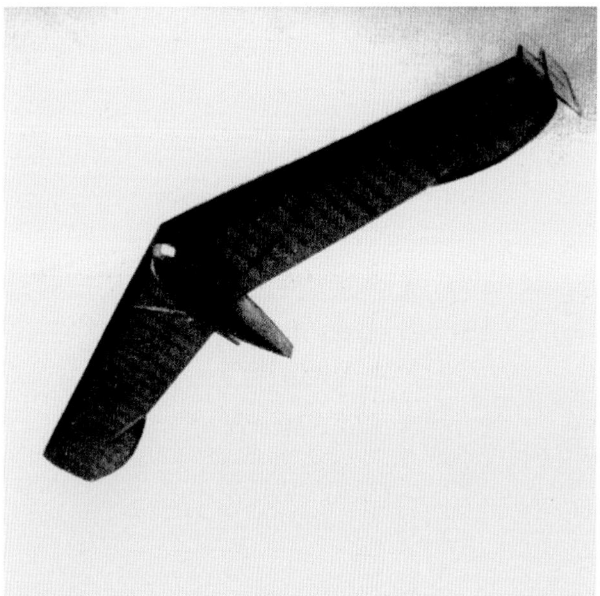

1929 führte Günther Groenhoff die Flugerprobung des „Storch IV" durch. Es war das erste Flugzeug der Reihe, dessen Anschläge für die kombinierten Höhen- und Querruder zur Erhöhung der Ruderwirkung senkrecht zur Mittellinie des Flugzeugs ausgerichtet waren.

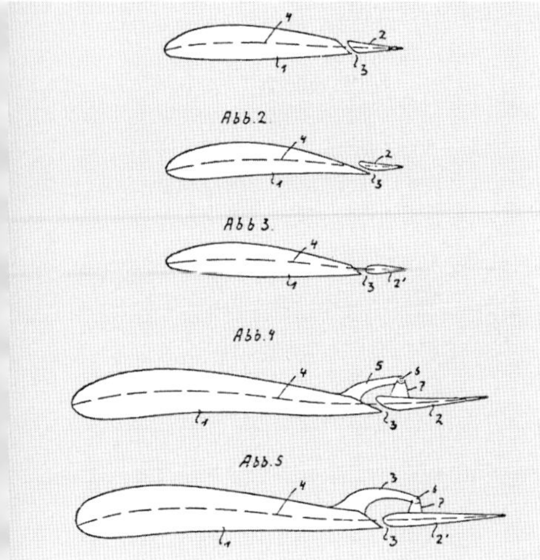

Das am 3. Dezember 1930 eingereichte deutsche Patent 558111 beschrieb die für Flügel mit gleich bleibendem Druckmittelpunkt geschaffenen geschlitzten Steuerruder der Nurflügler. Dadurch konnten Piloten nach der Rudertrimmung die Hände vom Steuer nehmen; außerdem benötigten sie bei der Ruderbetätigung weniger Kraft.

steuerung möglich sein musste (Patent 553 958 [*sic* 558 959]).

Wenn diese Steuerungsart bisher von mir nur in einem Fall *Delta IV* angewendet wurde, so lag dies nicht an der Idee an sich, sondern daran, daß die aus Eigenschaftsgründen bisher starke Pfeilung der Flügel vermieden wurde. Der Gedanke überdeckt jedoch andererseits die Verwendung innenliegender kippmomentefreier Auftriebshilfen und ist dadurch besonders heute akut geworden.

Im Anschluss an die Flugversuche mit dem Gleiter *Experiment* gestattete mir meine Berufung als Technischer Leiter zum Forschungs-Institut der Rhön-Rossitten-Gesellschaft [RRG] November 1925 einen Ausbau der bisher durchgeführten Forschungsarbeit.

Neben der Entwicklung der bekannten Gleit- und Segelflugzeuge – *Zögling*, *Prüfling*, *Professor*, *Falke*, *Wien*, *Fafnir* u. a. – führte ich den Bau und die Flugerprobung weiterer schwanzloser Flugzeuge laufend durch. 1927 wurden der *Storch* (Pfeilflügel-Hochdecker) und die *Ente* fertiggestellt. Die Versuchsflüge führten [Fritz] Stamer, [Johannes] Nehring und später [Günther] Groenhoff aus. Nach einer Reihe von Änderungen, die alle der Verbesserung der Flugeigenschaften dienten, war der Typ 1929 soweit entwickelt, daß der Einbau eines Leichtmotors den ersten Schritt vom Gleitflugzeug zum Motorflugzeug möglich machte.

Vorführung des „Storch V" am 25. Oktober 1931 in Berlin-Tempelhof.

Es war selbstverständlich, daß der Antrieb als Druckschraube mit verlängerter Motorwelle ausgeführt wurde. Das Flugzeug wurde mit großem Erfolg September [sic, Oktober] 1929 auf dem Flughafen Tempfelhof in Berlin der Öffentlichkeit vorgeführt. Die durch Modellversuche und Windkanalmessungen entwickelte Zelle (siehe Ergebnisse der Aerodynamischen Versuchsanstalt zu Göttingen, II. Lieferung) bewies eine für damalige Verhältnisse außergewöhnlich hohe aerodynamische Güte. Die Wendigkeit und Stabilität war ebenfalls wesentlich besser als bei allen anderen Typen der damaligen Zeit

Es wurden in der Folgezeit auf der Rhön einige Dauerflüge zur weiteren Erprobung durchgeführt, bei denen sich ein Mangel an der Höhensteuerung herausstellte der auf folgender Ursache beruht. Das Flugzeug besaß einen aerodynamisch und geometrisch verwundenen Flügel. Die der Höhen- und Quersteuerung dienenden Klappen an der Hinterkante der Außenflügel wurden durch die Anströmung so belastet, daß vom Führer eine dauernde Steuer-Handkraft in Richtung Ziehen ausgeübt werden musste. Der Anbau einer Ausgleichsfläche hinter dem eigentlichen Ruder vorbesserte zwar diese unangenehme Eigenschaft, gewährleistete jedoch nicht die Möglichkeit das Flugzeug mit losem Höhenruder stabil zu erhalten. (Versuche Herbst und Winter 1929).

Es muss eine verbesserte Ruderanordnung so getroffen werden, daß das Ruder für sich ein eigenstabiler Flügel würde, sodaß eine stabile Selbsteinstellung ohne zutun des Führer gewährleistet war.

Nach einer Reihe von Versuchen an fliegenden Modellen und im Windkanal ergaben sich die in Patent 558 111 niedergelegten Anordnungen als Lösung des Problems. Erprobt wurde diese Rudergestaltung an den Flugzeugen *Storch VII* und *Delta II*, *III* u. *IV*. Die Me 165 V 4 und V 5 erhalten die gleiche Bauweise der Ruder, nachdem eine andere Bauweise, die Vereinfachungen enthielt keine befriedigenden Ergebnisse lieferte. Alle weiteren Muster erhalten die gleichen Konstruktionen.

Die Vorführung des Motor-*Storch* in Berlin veranlaßte den Ozeanflieger Hauptmann [Hermann] Köhl die Verbindung mit mir aufzunehmen und als Weiterentwicklung den Bau eines zweisitzigen Nurflügelflugzeuges zu planen. Die theoretischen Arbeiten waren inzwischen soweit fortgeschritten, daß sowohl die Profilberechnung als auch die Auftriebsverteilungsrechnung nach eigenem Verfahren vorlagen, sodaß Stabilität und Steuerwirkung vorausbestimmt werden konnte.

Erstmalig wurde ein Nurflügelflugzeug mit dickem freitragendem Flügel gebaut und erprobt (1930). Es ergaben sich keine Änderungen, da die Vorausberechnung übereinstimmig mit den Flugergebnissen lieferte [sic]. Nach einigen Erprobungsflügen des motorlosen Musters *Delta I* wurde sofort beschlossen auf Motorantrieb mit Druckschraube überzugehen. Triebwerk, Fahrwerk und Ausrüstungsteile lieferte Dir. Croneiss der Nordbayerischen Verkehrsflug A. G. Fürth kostenlos aus eigenen Beständen und stellte zur Einweisung meiner Hilfskräfte

Theo Croneiß (1894–1942) diente im 1. Weltkrieg als Jagdflieger, gründete 1925 die Nordbayerische Verkehrsflug GmbH in Fürth und unterstützte Lippisch beim Bau der „Delta I“ mit Bauteilen und Ratschlägen, 1936 gründete er die Bayerischen Flugzeugwerke Regensburg GmbH (1941 in Messerschmitt Regensburg GmbH umbenannt), um im April 1942 nach dem Rücktritt Messerschmitts schließlich Vorstandsvorsitzender der Messerschmitt AG zu werden. (Ausführlicher siehe Kurzlebensläufe S. 420).

seine Monteure zur Verfügung. So entstand das Muster „Hermann Köhl“ (*Delta I*) welches durch die von Groenhoff ausgeführten Flüge sehr bekannt geworden ist. Hier war Gelegenheit gegeben, die im Patent 607612 niedergelegte volle Steuerkonstruktion in vollem Maße praktisch zu erproben. Der Aufbau des Motorflugzeuges führte zu dem Patent 615460, dessen grundlegende Gedankengänge bis zur Konstruktion der Me 163 beibehalten wurden.

Die Vorführung des Flugzeuges in Berlin-Tempelhof (Oktober 1931) brachte eine Vergrößerung des Interessentenkreises für das Nurflügelflugzeug. Meine Forderung nach weitgehender Unterstützung der notwendigen grundsätzlichen Forschungsarbeiten und die Zurverfügungstellung entsprechender Beträge für Messungen und Personal wurden von den betreffenden Reichsstellen abgelehnt. Ich hatte damals sehr wohl erkannt, daß es in allererster Linie notwendig war das wissenschaftliche Fundament dieser Flugzeugweisen zu erweitern und nun nach diesen bahnbrechenden Anfangsfolgen die verschiedenen Probleme systematisch durchzuarbeiten. Der landesübliche Flugzeugbau in Verbindung mit dieser neuen Idee verständnislos gegenüberstehenden Schul-Wissenschaftlern verhinderte den Ausbau zu einer Zeit, in der es möglich gewesen wäre, den errungenen Vorsprung weitgehendst auszubauen.

So blieb ich weiterhin auf den schmalen Etat des RRG angewiesen und musste durch Privatauftrage versuchen Forschungsarbeiten zu finanzieren.

Aus dieser Zwangslage entstand der von Fieseler-Flugzeugbau gegebene Auftrag *Delta IV* als zweimotorige zweisitzige Sportmaschine. Das Flugzeug, welches im Sommer 1932 fertig wurde, entsprach eigenschaftsmäßig keinesfalls den Erwartungen und führte notgedrungen zu einem schweren Rückschlag in der Entwicklung. Der Verlust des bisherigen Einfliegers Groenhoff, der beim Segelflugwettbewerb 1932 durch Fehlstart mit *Fafner I* abstürzte, legte jede Weiterarbeit auf fliegerischem Gebiet lahm. Sowohl die Firma Heinkel, auch BF [Bayerische Flugzeugwerke] wendeten sich in jener Zeit an mich zum Zwecke des Übertrittes in die Flugzeugindustrie. Da ich jedoch stets die Forderungen nach Ausbau der Forschungsarbeit stellte, denn nur so konnte man weiterarbeiten, scheiterten die Verhandlungen. Die Verbindung mit Hauptmann Köhl scheiterte ebenfalls an Meinungsverschiedenheiten über das geistige Eigentum an diesen Arbeiten.

Aus den Besprechungen mit der Firma Heinkel entwickelte sich immerhin ein Auftrag auf die aerodynamische Projektbearbeitung eines Militärflugzeuges in schwanzloser Bauweise. Die damals von militärischer Seite gestellten Forderungen gestatteten nicht die Anwendung der freitragenden Nurflügelbauart. So entstand der Typ des schwanzlosen Doppeldeckers, den ich bereits 1922 aus Modellversuchen vorbereitet hatte (Patent 593 495). Es wurde hierzu eine neue Profilsystematik vorbereitet und der Entwurf an zwei großen freifliegenden Modellen geprüft. Diese Ergebnisse waren sehr gut und wenn auch infolge Auftragsmangels diese Arbeit nicht zur Durchführung gelangte, so bleibt der hier festgelegte Grundgedanke einer Verwendung in der Zukunft vorbehalten. Man mag z. Zt. der Ansicht sein, daß der Doppeldecker eine veraltete Bauweise darstellt. Man bedenke jedoch, daß diese Ansicht sehr leicht durch neue Erkenntnisse umgestoßen worden kann, denn es bleibt wohl unbestritten, daß bei gleicher Spannweite der Doppeldecker dem Eindecker gegenüber aerodynamisch in Vorteil sein muß. Bis auf die Arbeiten der Akaflieg Darmstadt (*D 18* u. *D 22*) hat sich aber bisher niemand die Mühe gemacht einen Doppeldecker aerodynamisch einwandfrei zu gestalten.

Auch im Bereich oberhalb der Schallgeschwindigkeit liefert der Doppeldecker wesentliche Vorteile (Busemann, Lucht)[6]. Diese theoretische Aussage wurde neuerdings durch Versuche der Italiener bestätigt. (Versuche Guidonia).[7] Wenn also auch der heutige Entwicklungsstand die Anwendung dieser Bauformen vermeidet, so sollte man dennoch auch diesen Problem gegenüber den notwendigen sachlichen Abstand halten.

Der beginnende Wiederaufbau 1933 brachte in erster Linie einen wesentlichen Aufschwung für die Ausbreitung des Segelfluggedankens. So liefen die Arbeiten am schwanzlosen Flugzeug nur nebenbei weiter und der Versuch, die militärischen Stellen der Luftfahrt für den Nurflügel als Fernkampflugzeug zu gewinnen, schlug fehl. (Besprechungen mit Nikolaus und Lucht).[8] Vielmehr wurde die Vorentwicklung für einen schwanzlosen Nahaufklärer als Hochdecker mit Zugschraubenantrieb und freiem rückwärtigem Schussfeld gefordert. Ich griff auf die Erfahrungen mit den als *Storch*-Typen bezeichneten Mustern zurück und es entstand der Typ *Storch IX*, der von dem inzwischen als Versuchspiloten gewonnenen Herrn [Erich] Wiegmeyer 1933–34 eingeflogen wurde. Die Zugschraubenanordnung brachte insbesondere für die Stabilität um die Hochachse neue Probleme.

Der ganze Entwurf war ein Kompromiss an die von militärischer Seite gestellten Forderungen und lieferte keine guten

Oben: Alexander Lippisch hinter einem „Delta“-Modell, bei dem es sich wahrscheinlich um den 1934 projektierten Typ eines Jagdflugzeuges handelt.

Oben: Erich Wiegmeyer am „Storch IX b“, bevor dieser noch ein größeres Leitwerk erhielt.

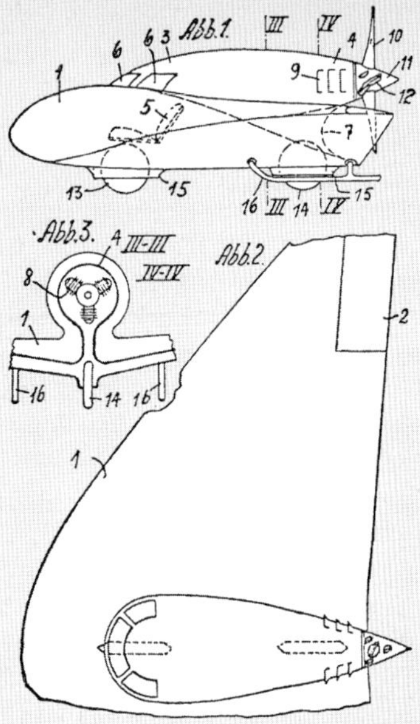

Rechts: Das von Lippisch am 12. Oktober 1930 eingereichte deutsche Patent 615 460 beschrieb einen der „Delta I“ ähnlichen Typ, aber mit wesentlich dickeren Tragflächen. So konnten Kanzel- und Motorraumverkleidung kleiner gehalten und das Fahrwerk teilweise in den Tragflächen versenkt werden.

Oben: Die „Delta I“ im September 1931 in Berlin-Tempelhof.

Unten: Der Erstflug der „Delta III“ fand 1933 statt. Diese Aufnahmen zeigen sie in Griesheim – am Boden und in der Luft.

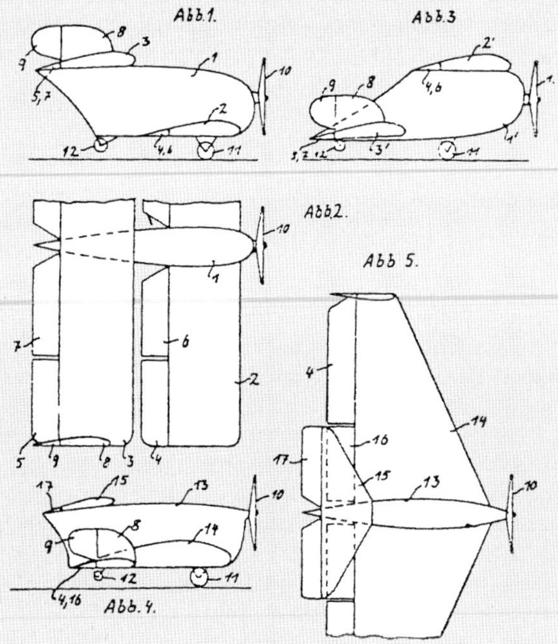

Rechts: Das am 24. Januar 1932 eingereichte deutsche Patent firmierte unter „Nurflügel(!)-Flugzeug“. Tatsächlich beschrieb es verschiedene Ausführungen eines Fugzeugs mit verschiebbaren Tandemflügeln. Lippisch nahm an, dass die gestaffelte Flächenanordnung auch die Ruderwirkung an den Tragflächen-Hinterkanten erhöhen würde. Das Patent beruhte auf einem für Heinkel gefertigten Entwurf eines Aufklärungsflugzeugs.

Leistungen und beträchtliche Schwierigkeiten auf dem Gebiete der Flugeigenschaften. Allerdings wurden sehr umfangreiche Erfahrungen mit den verschiedensten Ruderanordnungen gewonnen und an diesem Typ auch die ersten Versuche mit Landeklapper ausgeführt.

Inzwischen waren zwei weitere Muster, die *Delta III* und *Delta IV*, zum Teil durch Umbau früherer Muster entstanden und gingen in Erprobung. Es waren dies beides freitragende Tiefdecker mit Zugschraubenanordnung, bei denen die gleichen Instablitätserscheinungen durch den Zugschraubenantrieb beobachtet worden konnten. Klare Erkenntnisse über die Ursachen wurden erst gewonnen, als Heini Dittmar ab 1936 das Amt als Einflieger der Nurflügelflugzeuge übernahm. Diese Umstellung wurde durch Brüche der beiden Versuchsflugzeuge *Delta III* und *Delta IV* unter Wiegmeyer infolge von Unachtsamkeit (Bodenakrobatik) veranlasst.[9] Der Wiederaufbau der *Delta IV* mit geändertem Tragwerk[10] lieferte das nunmehr seit 4 Jahren in Flugbetrieb erprobte Muster *DFS 39*, das mir heute noch als Reiseflugzeug dient. Systematische Untersuchungen der Seitenleitwerksanordnung führten schließlich zu der Bauweise mit schräghängenden Endscheiben.

Hierdurch wird ein Optimum beim Ausgleich der Querrudergiermomente erreicht. Neben dieser Maschine wurde ein motorloses Flugzeug mit negativ gepfeiltem Flügel (Muster *Kormoran*) erprobt, wobei grundsätzliche Erfahrungen über das Verhalten der Strömung bei solchen Flügeln gewonnen wurden. Insbesondere wurden diese Feststellungen im Bereich des Höchstauftriebs eingehend durchgearbeitet. Die bisher damit gemachten Erfahrungen waren nicht positiv und zeigten vor allem ein sehr abreißempfindliches Verhalten des Mittelflügels, der sowieso durch den Rumpf beeinträchtigt ist. Eine Verbesserung dieser Mängel wurde durch verschiedene Maßnahmen erreicht, jedoch wurden die Arbeiten durch Einberufung des betreffenden Typenbearbeiters unterbrochen und nach meinem Weggang von der DFS ganz abgestoppt.

Meiner Ansicht nach wird der Flügel mit negativer Pfeilform bei Anstellwinkelvergrößerung an den Außenflügeln insbesondere bei hochbelasteten Flugzeugen Bedeutung gewinnen, da die Kippsicherheit und die Sichtverhältnisse wesentlich verbessert werden, Patent-Anmeldungen auf diesem Teilgebiet stehen noch aus.[11] Auf Betreibern von Gen. Ritter von Greim wurde nunmehr das Projekt eines Druckschrauben-Einsitzers als Studienflugzeug zur Jagdeinsitzer-Entwicklung in Angriff genommen (*DPS 194*). Parallel dazu lief der Entwurf und die Konstruktion eines reinen Nurflügelflugzeug (*DPS 40*), das Raum für zwei nebeneinander sitzende Insassen in dem verdickten Mittelflügel bot. Als Triebwerk diente der As 8 mit einem von uns entwickelten Ferntrieb. Das Flugzeug war in Sommer 1938 fertiggestellt und wurde im Schlepp eingeflogen und eingehend erprobt. Es wurde die Gleitflugpolare gemessen, sowie eingehende Stabilitätsbestimmungen um die Querachse durch Schwerpunktsveränderung im Fluge durchgeführt. Im Frühjahr 1939, bereits nach meinem Übertritt zur Messerschnitt A.G., wurde das Flugzeug dann nach Einbau des fertigentwi-

Von Januar 1937 bis April 1939, als er dann zu Lippisch nach Augsburg kam, führte Heini Dittmar in Griesheim zahlreiche Versuchsflüge mit der DFS 39 „Delta IVc" durch. Das Flugzeug kam ebenfalls nach Augsburg und wurde dort zumindest bis August 1941 geflogen.

Heini Dittmar in der Kanzel der „Delta IVc" (D-ENFL). Er kam im April 1936 zur DFS und führte dort vor allem Versuchsflüge mit Nurflüglern durch.

Die DFS 40 im Flug über Griesheim. In seinen Erinnerungen erwähnte Lippisch, er habe an einem Schleppflug teilgenommen und das Ganze mit einer Schmalfilmkamera aus der Kanzel festgehalten.

ckelten Triebwerks als Motorflugzeug geflogen und bewährte sich gut. Der Aufbau des ganzen Flugzeuges entsprach dem Patent 615 460. Leider wurde die Übernahme dieser Maschine zur Messerschmitt A.G. von Seiten des Leiters der DFS nicht zugelassen. Dadurch wurde mir die Erprobung aus der Hand genommen und im Sommer 1939 stürzte die Maschine infolge falscher Beladung ab und wurde restlos zerstört. Ursache unzulässige Schwerpunktsrücklage über 42%. Immerhin hatten wir für uns soviel Erfahrungen gesammelt, daß über Eigenschaften und Leistungen für eine Weiterentwicklung Grundlagen vorhanden sind. Wesentlich war vor allen die schon bei *Delta I* getroffenen Festlegung, daß Schwerpunktsverlagerung kaum durch eine Instabilität um die Querachse in Erscheinung tritt, sondern daß in erster Linie das Abkippverhalten durch Schwerpunktsrücklage viel empfindlicher beeinfluss wird. Insofern muss bei dar Erprobung stets auf diese Erscheinung Rücksicht genommen werden. Gelingt es andererseits das Abkippverhalten durch auftriebssteigernde Hilfen, wie Vorflügel, zu verbessern, so wird zumindest im Bereich normaler Geschwindigkeiten das Nurflügelflugzeug erstaunlich unempfindlich gegen Schwerpunktsverschiebung sein.

Die *DFS 194* wurde im Herbst 1938 als Zelle fertig und ebenfalls motorlos im Schlepp eingeflogen. Es zeigte sich, daß die Schieberollmomente noch zu groß waren im Verhältnis zur Stabilität um die Hochachse, sodaß Neigung zu Gierschwingungen vorhanden war. Verminderung der V-Stellung verbesserte sofort diese Mängel. Da das Flugzeug im Sinne die neuen Entwicklungsaufgaben innerhalb der Messerschmitt A.G. für vorbereitende Versuche mit Sonderantrieben Verwendung finden sollte, wurde mit Motorantrieb nie geflogen. Die Fertigstellung der V2-Zelle wurde durch den Kriegsbeginn zurückgestellt. Mit der *DFS 194* sowie mit dem Entwurf für die 163 wurden umfangreiche Messungen im der AVA Göttingen durchgeführt.

Die Aufgabe, ein schwanzloses Flugzeug mit Strahlantrieb zu entwickeln, wurde mir vom RLM LC I Ende 1937 gestellt und der Auftrag für die Vorarbeiten erteilt. Es sollte zu diesem Zwecke die beste vorhandene Zelle so durch Rumpfänderung umgestaltet werden, daß der Einbau eines Walter-Kiel-Triebwerks mit 300kg Schub möglich sein sollte. Die notwendige Geheimhaltung der Arbeiten bedingte den Einsatz nur weniger besonders zuverlässiger Mitarbeiter.

Die Verwendung von Raketen zum Antrieb von Flugzeugen wurde von uns bereits im Jahre 1928 mit Unterstützung von Fritz von Opel geprüft (ZFH). Mit dem Raketenforscher Max Valier wurde auch später noch eine Reihe von Versuchen mit raketenbetriebenen Nurflügelflugmodellen durchgeführt.[12] Die damals verwendeten Pulverraketen waren jedoch für Versuche mit bemannten Flugzeugen zu unzuverlässig, sodaß die Versuchsflüge keine brauchbaren Ergebnisse lieferten. Immerhin veranlasste mich die Beschäftigung mit dem Problem zu den grundsätzlichen Betrachtungen über die Flugmechanik strahlangetriebener Flugzeuge. Die Aufgabenstellung war mir also 1937 nichts Neues. Da beim Raketenantrieb, wenn überhaupt, eine begrenzte Wirtschaftlichkeit erreicht werden sollte, große Fluggeschwindigkeiten für Steig- und Reiseflug in Frage kamen, wurde aus der Zelle der *Delta IV-DFS 59* eine widerstandsmäßig ideale Bauform abgeleitet. Die Berechnung fußte hierbei auf den mit der *Sao-Paulo* (*Fafnir II*) gewonnen ausgezeichneten Erfahrungen bei der Anwendung meiner Profil- und Auftriebsverteilungsrechnung.

Es war ursprünglich vorgesehen, das Tragwerk in meiner Werkstatt bei der DFS zu bauen, den Rumpf aber in der Geheim-Abteilung der Firma Heinkel herzustellen. Es zeigte sich jedoch im Verlauf der Arbeit, daß diese Arbeitsverteilung eine unzulässige Verzögerung und Erschwerung der Durcharbeitung bedeutete. Da ich erkannte, daß das Nurflügelflugzeug für diese neue Antriebsart besonders geeignet sein mußte, da die Vorteile des Pfeilflügels bei Hochgeschwindigkeit erst recht zur Geltung kommen konnten, entschloss ich mich, mein Arbeitsgebiet ganz in die Industrie au verlegen. Meine Verhandlungen mit der Firma Heinkel standen vor dem Abschluß, als ein zufälliges Zusammentreffen mit Dir. Croneiss und Prof. Messerschmitt in Berlin mich für den Übertritt zur Messerschmitt A.G. Augsburg gewann.

Ich mußte damit allerdings eine Reihe anderer Forschungsarbeiten, die ich in meiner Abteilung bei der DFS noch bearbeitet hatte, völlig aufgeben, gewann aber andererseits die Möglichkeit, das Nurflügelflugzeug nach einer jahrzehntelangen eingehenden Forschungsarbeit in das Stadium des Gebrauchsflugzeugs überzuführen. Von der Forschung aus konnte ich diese Aufgab bei der Industrie niemals befriedigend bearbeiten, da die Zusammenarbeit zwischen Forschung und Industrie nicht eng genug sein konnte.

Als ich im Januar 1939 mit den besten Mitarbeitern meiner Abteilung zur Messerschmitt A.G. übersiedelte, brachten wir einmal die z. Zt. laufenden Entwicklungsauftrage der Strahlantriebzelle – jetzt Me 163 – mit und besaßen die Erfahrungen einer langjährigen Forschungs- und Entwicklungsarbeit auf dem Gebiete des Nurflügels. Die äußere Form der 163 sowie die Project-Konstruktion lagen bereits mitsamt der aerodynamischen Berechnung vor, sodaß die Konstruktionsarbeiten sofort anlaufen konnten. Die inzwischen gesteigerten Leistungen des Strahlantriebs veranlassten eine Verstärkung des vorgesehenen Schubs auf 750kg und bedingten eine weitgehende Auslastung der Zelle.

Die Messerschmitt A.G. hatte beim Übertritt die Zurverfügungstellung von eigenen Konstrukteuren usw. zugesagt, jedoch kam dieser Plan wegen Mangel an Arbeitskräften nicht zur Ausführung.

Meine Werkstatt siedelte im Frühjahr1939 ebenfalls nach Augsburg über und brachte noch die Muster *DFS 39 V1* und *DFS 194 V1* und *V2* mit. Um sobald als möglich Erfahrungen mit dem Walter-Strahlantrieb zu sammeln, wurde die Zelle der *DFS 194 V1* ebenfalls für diese Antriebsart und zwar für 300kg Schub umgebaut. Der Umbau lehnte sich an die neue Zellenform der 163 an und sah vor allem ein nun wieder zentral angeordnetes Seitenleitwerk vor. Einmal gestattete der Strahlantrieb diese statisch und dynamisch bessere Bauweise und andererseits hatten die eingehenden Messungen am Modell der 163, die noch bei der DFS im Jahre 1938 durchgeführt wurden, eindeutig die eigenschaftsmäßige Überlegenheit dieser Anordnung ergeben. An der Gewinnung dieser Erkenntnis hatte der Leiter meiner acrodynamischen Abteilung Dipl.-Ing. Hubert wesentlichen Anteil. Die geänderte *DFS 194 V1* wurde im Sommer 1939 eingeflogen. Die Überführung nach Peenemünde zur Triebwerkserprobung fiel jedoch bereits in die Zeit des Kriegsbeginns. Anfangs wurden die laufenden Arbeiten völlig abgestoppt, konnten dann aber im Oktober 1939 wieder weitergeführt werden. Wenn euch der Mangel an Arbeitskräften in Büro und Werkstatt immer fühlbarer wurde, so gelang es doch den Bau der 163-Zelle zu begingen und im Laufe des Jahres 1940 durchzuführen.

Im Sommer 1940 wurden dann in Peenemünde die ersten Triebwerksflüge mit der DFS 194 mit Walter-Antrieb ausgeführt. Die Ergebnisse entsprachen nicht nur den Erwartungen, sondern gingen über die vorausberechneten Leistungen hinaus. Die Zellengestaltung sowie das Versuchsprogramm über den Schleppflug und motorloses Einfliegen bewährten sich in vollem Maße. Die reichhaltigem Erfahren kamen der Me 163 noch zu Gute und wurden sofort eingearbeitet. Die erflogenen Leistungen der *DFS 194* mit 300 kg Schub-Antrieb waren 440 km/h Horizontalgeschwindigkeit und 23 m/s Steiggeschwindigkeit. In einem der letzten Erprobungsflüge wurden 550 km/h Fluggeschwindigkeit erreicht.

Die weitere Entwicklung zum heutigen Stand dürfte bekannt sein. Inzwischen ist die Me 163 eingeflogen und von der E-Stelle Rechlin durch Nachfliegen geprüft worden; die kürzlich begonnen Triebwerksflüge in Peenemünde lieferten bisher als erste Ergebnisse 830 km/h Horizontalgeschwindigkeit bei 650 kg Schub und Steigleistungen von 4000 m in 55 Sekunden. Eine Steigerung dieser Leistungen nach Beseitigung einiger triebwerksseitiger Störungen steht in Aussicht. Die bisher erflogenen Leistungen sind mit den vorausberechneten Leistungen in Übereinstimmung.

Das Ergebnis dieser seit 1921 systematisch vorgetriebenen Entwicklung ist in kurzer Zusammenfassung:

1. Ausarbeitung der Theorie zur aerodynamischen Berechung eigenstabiler Tragwerke.
   a) Profiltheorie
   b) Auftriebsverteilung und Stabilität.
2. Schaffung experimenteller Unterlagen zur Kontrolle der Theorie und zur Vorausbestimmung der Flugeigenschaften an Hand von Windkanalmessungen.
3. Bau und Flugerprobung von 16 schwanzlosen Flugzeugtypen. Konstruktive Gestaltung wesentlicher Hanggleiter im Sinne der besonderen vom Normalflugzeubau abweichenden Aufgaben.
4. Erweiterung der Potentialtheorie auf das Gebiet der Hochgeschwindigkeit und Schaffung experimenteller Unterlagen hierfür.
5. Entwicklung eines leistungs- und eigenschaftsabhängig vollkommen einwandfreien Nur-Flügel Typs für Hochgeschwindigkeit.
6. Schutzrechte auf alle wesentlichen Konstruktionsmerkmale dieser Flugzeugmuster.
7. Ausarbeitung der Berechnungsmethode strahlangetriebener Flugzeuge (Flugmechanik).

Wenn damit heute die Grundlagen zur industriellen Verwendung dieser Flugzeuggattung geschaffen sind, so ist doch die Arbeit an diesen Problemen keinesfalls als beendet anzusehen. Vielmehr sollten gerade die neuesten Erfolge endlich zu der Einsicht führen, daß eine wesentlich breitere Basis der einschlägigen Arbeiten unbedingt geschaffen werden muss, wenn der auf diesem Gebiet vorhandene Vorsprung voll ausgenützt werden soll.

Die Messerschmitt A.G. als derzeitiger Nutznießer dieses Ideengutes hat die Verantwortung für die Durchführung dieser Aufgaben übernommen.

gez. Alexander Lippisch

Ganz oben: Nachdem Heini Dittmar Ende Juli/Anfang August 1939 in Augsburg mit der DFS 194 einige Schleppflüge unternommen hatte, kam das Flugzeug zur Motorflugerprobung nach Peenemünde. Am 3. Juni 1940 absolvierte Dittmar dort einen Flug mit Selbststart. Oben: Helgo Jahnke hilft ihm beim Anlegen des Schutzanzuges.

Der erste Prototyp A V4 der Me 163 im Juli 1941 kurz nach der Anlieferung in Peenemünde. Der erste Flug mit Raketentriebwerk fand am 13. August 1941 statt.

Fußnoten

1 Der 1925 veröffentlichte Bericht gibt keine Auskunft über Firmen oder Personen, von denen die AVA die Tragflächenteile erhielt oder in deren Auftrag sie handelte. Auch die Arbeit von Dr. Munk fand keine Erwähnung.

2 Diese Tragflügelgeometrie wies auch das irgendwann zwischen 1907 und 1913 gebaute Flugzeug von Dunne könnte Lippisch 1921 bekannt gewesen sein.

3 1943 äußerte Lippisch, er habe die Anbringung von Flossen und Seitenrudern an den Flügelspitzen nicht erfunden. Vielmehr habe Dunne diese Methode der Seitensteuerung als Erster angewandt. Tatsächlich hatte Dunne seine Doppeldecker aber mit festen Flossen an den Flügelenden ausgestattet. Die Seitensteuerung erfolgte über die als Quer- und Höhenruder wirkenden Klappen an den Tragflächen-Hinterkanten.

4 Unfairer Weise deutet Lippisch an, den von Etrich, Dunne und der Weltensegler GmbH gebauten Nurflüglern sei kein Erfolg beschieden gewesen. Diese Feststellung steht im Widerspruch zur Aussage eines Manuskripts für einen Vortrag, den er 1943 bei der DAL hielt. Dort lobte er die Errungenschaften dieser Flugpioniere und hob im Besonderen die herausragenden Flugeigenschaften des Seglers der Weltensegler GmbH hervor. Lippisch hatte 1921 unter ihrem Gründer Dr. Wenk für die Weltensegler GmbH gearbeitet.

5 Form und V-Stellung der Tragflächen waren abgewinkelt (Weltensegler) oder gekrümmt (Geest).

6 Ein Hinweis auf Busemanns Idee eines Überschall-Doppeldeckers, bei dem Schockwellen günstige aerodynamische Interferenzen zwischen dem Ober- und Unterflügel bewirken. Siehe dazu beispielsweise den Beitrag Kármáns *Some significant developments in aerodynamics since 1946* im 1959 bei Pergamon Press in London erschienenen Band I des Werkes Advances in Aeronautical Sciences.

7 Das in Guidonia nordöstlich Rom sitzende Institut war vor und während des 2. Weltkriegs für seine Tragflächen-Versuche im Überschall-Windkanal bekannt. Einen Teil der Versuchsberichte ließ das US- Luftfahrtforschungsamt (NACA) ins Englische übersetzen.

8 Ing. Nikolaus war Leiter der Abteilung Waffenprüfwesen 8 im HWA. Generalingenieur Roluf Lucht (1901 - 1945) war 1936 Chefingenieur des Technischen Amtes im RLM und später Leitender Chefingenieur des Generalluftzeugmeisters.

9 Die Vorgänge, die zum Weggang Wiegmeyers bei der DFS führten, beschreibt Lippisch auch in seinen *Erinnerungen* (Luftfahrtverlag Axel Zuerl ca. 1976) sowie in *Ein Dreieck fliegt* (Motorbuch Verlag 1976). Diese Schilderungen stimmen nicht mit den hier gegebenen überein. Im Besonderen Wiegmeyers Bruchlandung mit der „Delta IV" nach einem Ausweichmanöver, durch das er dem Zusammenstoß mit einem anderen leichten Flugzeug aus dem Wege ging.

10 Das von Wiegmeyer gesteuerte Flugzeug trug die Bezeichnung „Delta IVa", das wieder aufgebaute Modell hieß „Delta IVb". Vor allen „Delta IV" stand *DFS 39*.

11 Diese Idee ließen sich G. M. A. Landwerlin und G. A. Berreur 1922 in Frankreich patentieren. Siehe britische Patentanmeldungen 196,937 vom 30. April 1923 und 203 654 vom 2. Mai 1923. Letztere wurden nicht abgeschlossen.

12 Die Versuche mit raketengetriebenen Modellflugzeugen und der „Ente" am 10. und 11. Juni 1928 auf der Wasserkuppe schilderten Lippisch und Stamer in Ausgabe 12/1928 der *Zeitschrift für Flugtechnik und Motorluftschiffahrt* (ZFM) auf den Seiten 270 - 274. Lippisch berichtet in seinen Erinnerungen, die „Ente" sei zu diesem Behufe an Opel und Valier ausgeliehen worden. Über nachfolgende Versuche Valiers ist den Verfassern nichts bekannt. Er kam, wie in Kapitel 2 geschildert, 1930 bei Laborversuchen mit einem Flüssigraketentriebwerk ums Leben.

4

Eine Sternschnuppe

Entwicklung und Fertigung der Me 163 „Komet“

IM MÄRZ 1933 wurde die *Rhön-Rossitten-Gesellschaft* (RRG) aufgelöst und ihr Forschungsinstitut in den *Deutschen Luftsport-Verband* (DLV) überführt, wo es – neu aufgestellt – nun als *Deutsches Forschungsinstitut für Segelflug* (DFS) in Erscheinung trat. Die Arbeiten der RRG auf der Wasserkuppe wurden nun in Griesheim am Westrand Darmstadts fortgesetzt. 1937 erhielt die DFS den neuen Namen *Deutsche Forschungsanstalt für Segelflug*.

Deutsche Forschungsanstalt für Segelflug

Obwohl die Arbeiten an der „Delta“-Reihe nach den enttäuschenden Leistungen der für Fieseler gebauten „Delta IV“ 1933 scheinbar auf Eis gelegt worden waren, setzte Lippisch deren Entwicklung in Griesheim weiter fort. Dort war unter seiner Leitung eine „Nurflügel-Abteilung“ entstanden. (Zur gleichen Zeit kam es unter Hans Jacobs zur Aufstellung einer weiteren Abteilung für Hochleistungssegler.) Die von Fieseler zurück gekaufte „Delta IV“ wurde unter Wegfall der Entenvorflügel und der Druckschraube zur „Delta IVa“ aufgebaut. Wiegmeyer machte mit dem Flugzeug Bruch, als er einer Klemm-Schleppmaschine ausweichen musste, die seinen Flugweg kreuzte.[1] Eine weitere Anstrengung Lippischs zur Verbesserung der Strömungseigenschaften führte zur einsitzigen „Delta IVb“ mit Zugpropeller und völlig neu aufgebauten Tragflächen mit Seitenrudern an den schrägen Flügelspitzen und am Heck. Die Anströmung der Flächen verbesserten feste Vorflügel geringer Profiltiefe vor den Tragflügel-Vorderkanten. Flugversuche zeigten jedoch ein nicht hinnehmbares Verhältnis zwischen Längs- und Seitenstabilität. So verringerte man die Pfeilung und baute bei der Gelegenheit gleich einen zweiten Sitz mit Schiebehaube ein. Die so entstandene „Delta IVc“ erhielt die Typenbezeichnung DFS 39 und übernahm von der „Delta IVb“ die Zivilkennung D-ENFL. Am 9. Januar 1939 unternahm der 1936 zur DFS übergewechselte Heini Dittmar in Griesheim den Erstflug. Der Maschine war nicht nur ein relativ langes Leben beschieden (Dittmar absolvierte bis zum 24. August 1941 insgesamt 230 Flüge); sondern sie diente außer zu Versuchszwecken auch zu Passagierflügen. Am 19. April 1939 flog Dittmar mit ihr nach Augsburg, als er bei Lippisch und Messerschmitt als Versuchspilot anfing.

1937 wandte sich Lippisch mit der DFS 40 und der DFS 194 zwei neuen Projekten zu[2], denen er unter Verwendung der aerodynamischen Erfahrungen mit der „Delta IVc“ eine ähnliche Flügelform verlieh. DFS 40 und DFS 194 entstanden zur Erforschung der Einflüsse des Rumpfes auf Nurflügler. Bei der DFS 40 handelte es sich um einen Fast-Nurflügler, bei dem Pilot und Motor im Flügel untergebracht waren; bei der DFS 194 um einen Mitteldecker mit speziellem Rumpf. 1937/38 fanden umfassende Windkanalversuche mit einem DFS-194-Modell bei der AVA Göttingen statt. (1 – 3) Über nachfolgende Ereignisse berichtete Lippisch nach dem Krieg (4) (Rückübersetzung): „Damals wurden wir der RLM-Forschungsabteilung unter Dr. Adolf Baeumker (Abteilung LC 1) unterstellt; sein Assistent in organisatorischer Hinsicht war Dr. Hermann Lorenz.[3]

Dr. Lorenz und ich verstanden uns nicht besonders. Ich tat ständig irgend etwas, das nicht auf der Tagesordnung stand. Tatsächlich lag es nicht an mir: Ich war es gewohnt, um schneller voran zu kommen neue Erkenntnisse unmittelbar umzusetzen, und dies passte nicht zu den wohl geordneten Abläufen der Forschungsabteilung.

Rechts: Der mangelnden Flugstabilität der „Delta IV“ begegnete man mit einigen wesentlichen Änderungen. So verringerte man die Flügelpfeilung und baute eine zweite Kanzel ein; damit wurde sie zur „Delta IVc“. Heini Dittmars Flugbuch verrät einen Flug mit der „Delta IV“ im April 1936, kurz nachdem er bei der DFS als Versuchspilot angefangen hatte. Die zivile Kennung lautete damals D-ENFL. Dittmar flog die Maschine erneut im Januar 1937 – ob mit derselben Kennung, ist nicht bekannt; sie tauchte aber im Oktober 1938 wieder auf. Die Verfasser nehmen an, dass sich der erste Eintrag auf die „Delta IVb“ und die späteren auf die „Delta IVc“ bezogen. Daraus ließe sich wiederum der Umbau von „b“ auf „c“ dem Zeitraum April–Dezember 1936 zuschreiben.

Oben und unten: Alexander Lippisch in DLV-Uniform. Das Schulterabzeichen der *Abteilung Segelflug* weist ihn als Sturmführer aus, das Ärmelabzeichen (Zahnrad) als zum Flugpersonal gehörig. Die Aufnahmen entstanden wahrscheinlich bei einem Modellflugwettbewerb auf der Wasserkuppe am 30. Mai und 1. Juni 1936.

Oben und unten: Im Januar 1937 absolvierte die „Delta IVc“ den Erstflug. Die langlebige Maschine wurde noch im August 1941 geflogen.

Oben: Heini Dittmar in der Kanzel der D-ENFL bei einem Besuch der Lastenseglerschule auf dem Flugplatz Langendiebach bei Hanau vom 11.–14. Juli 1941.

Rechts: Claus, Heini und Edgar Dittmar (als Gefreiter der Luftwaffe).

Im Herbst 1937 kam Dr. Lorenz in Begleitung von Dr. Jennissen [?] zu einer Prüfung nach Darmstadt. Ich ging mit den Herren in die Werkstatt, wo gerade an der neuen DFS 194 gearbeitet wurde. Die DFS 39 (*Delta IVc*) befand sich ebenfalls dort. Dr. Lorenz fragte mich, welches der beiden Flugzeuge die besseren Flugeigenschaften hätte. »Fraglos die DFS 39, Herr Dr. Lorenz.« »Sagen Sie, Herr Lippisch, könnten sie für uns ein zweites Flugzeug dieser Art bauen, mit genau denselben Tragflächen, aber mit anderem Rumpf?« »Das ist mit Sicherheit möglich.« »Wir möchten Versuche mit einem neuen Antrieb durchführen, der im Unterschied zur DFS 39 im Hinterrumpf hinter der Kanzel eingebaut werden soll.« Da ich Ähnliches schon 1928 von Fritz von Opel gehört hatte, fiel der Groschen schnell. Ich antwortete trocken: »Sie möchten ein neues Raketentriebwerk testen?« Für die Enthüllung dieses Staatsgeheimnisses hätte Lorenz mich am liebsten erwürgt. »Warum um Himmels Willen posaunen sie dies unter all den Leuten heraus und wie können Sie das überhaupt wissen? Das ist unglaublich!« »Ich weiß überhaupt nichts davon, doch schon vor zehn Jahren flogen wir bereits mit Raketenantrieben« keuchte ich, als ich wieder zu Atem kam. »Ich muss Sie bitten, das Wort ‚Rakete' nicht mehr in der Öffentlichkeit zu benutzen«, sagte Dr. Lorenz sehr scharf und bestimmt. Als wir uns in die Privatsphäre meines Büros zurückzogen, kam ich mir ziemlich belämmert vor.

Nachdem sämtliche Türen und Fenster verriegelt waren, wurde ich mit leiser Stimme darüber informiert, dass ein Vertrag über ein Forschungsflugzeugs für Versuche mit einem »Strahlenantrieb« ausgestellt werden sollte. Die Forschungsabteilung des RLM hatte einen solchen Vogel bei Heinkel bestellt [He 176]. Ich sollte eine aerodynamisch verbesserte DFS 39 für die [RLM-]Forschungsabteilung konstruieren. Dieser Entwurf erhielt die Bezeichnung Projekt X mit dem Sicherheitsvermerk »Vor dem Lesen verbrennen« und war der erste Schritt zu einem Projekt, aus dem dann die Me 163 hervorgehen sollte.[4] Kurz darauf wurde ich nach Berlin beordert um weiter in die Geheimnisse dieses außergewöhnlichen Plans eingeweiht zu werden. Ich erfuhr nur das Allernotwendigste über die Maschine: sie sollte 400 kg Schub entwickeln und offensichtlich durch einen Flüssigtreibstoff angetrieben werden.

Zufällig begegnete ich Dr. Pleines vom DLV und er erzählte mir von seinen Rollstabilitäts-Messungen bei Doppeldeckern. Er hatte die Idee, zur Auslösung einer genau bestimmten und begrenzten Rollmoments Raketen an den Flügelspitzen anzubringen. Da Schub und Brennzeit bekannt waren, ließ sich die Wankdämpfung der Tragflächen im Flug berechnen. Der Schub der Pulverraketen war jedoch zu ungleichmäßig. Nach langer Suche stieß Dr. Pleines auf die Firma Hellmuth Walter in Kiel, die eine Dampfturbine für Torpedos und U-Boote entwickelt hatte. Die Turbine arbeitete mit hochkonzentriertem Wasserstoffperoxyd und Kalziumpermanganat als Katalysator. Der Schub ließ sich genau bestimmen und so kam Dr. Pleines zu seinen Messergebnissen. Da diese dampfgetriebene Rakete so wunderbar funktionierte, kamen die Leute vom DLV auf den amüsanten Gedanken, eine kleine Rakete unter dem für Versuchszwecke benutzten Doppeldecker anzubringen. Trotz des vergleichsweise geringen Schubs kletterte der *Drahtverhau* [wie der Doppeldecker hieß] senkrecht in den Äther und so begann die Entwicklung von Starthilfsraketen.[5]

Jedenfalls wusste ich nun etwas mehr. Der Plan war wie folgt: Wir von der DFS sollten die Aerodynamik des Flugzeugs ermitteln und in unserer Werkstatt den Flügel bauen. Rumpf und Triebwerk sollte eine Sonderabteilung von Heinkel erstellen, wobei wir die Konstruktionszeichnungen für den Rumpf lieferten. Aus Sicherheitsgründen richtete die DFS ein Sonderkonstruktionsbüro ein. Dieses wurde wie ein Banktresor mit Panzertüren ausgestattet, die sich nur mit einem »Zauberwort« öffnen ließen. Außer mir wurden Josef Hubert und Fritz Krämer eingeschworen. Fritz Krämer saß jeden Tag in der sicheren Höhle und fertigte Entwurfsskizzen für das Projekt X. Hubert und ich arbeiteten an der Aerodynamik, die niemand außer uns entziffern konnte. So genossen wir unsere Freiheit und den Blick über die Griesheimer Sande.

Bald standen reichlich Geldmittel zur Verfügung, weshalb wir uns dazu entschlossen, systematische Versuche mit Tragflächenprofilen und im großen neuen Göttinger Windkanal Druckverteilungsmessungen am ganzen Modell durchzuführen. (5) Das Modell wies noch geneigte Flächenspitzen, aber einen aerodynamisch sauberen Rumpf auf. In Darmstadt führten wir Versuche mit einem von einem Benzinmotor angetriebenen Großmodell der DFS 194 durch, da ich mich vergewissern wollte, ob es über ausreichend Seitenstabilität verfügte. Nach ein wenig gutem Zureden sprang der Argus-Motor an und das Modell flog wild und unstet über den Flugplatz. Wegen unzureichender Seitenstabilität zeigte es Gier-/Rollschwingungen. Warum also nicht eine ordentliche Seitenflosse ans Heck setzen? Das war die Lösung. Ausgestattet mit einer mittigen Seitenflosse flog das Modell schnurgeradeaus und kam in Richtung Rheinniederung außer Sicht. Die Polizei fand es später in einiger Entfernung. Die Windkanalversuche in Göttingen erbrachten eine ähnlich unzureichende Gier- und Rollstabilität. Deshalb entfernten wir die die geneigten Flächenspitzen, bauten den Flügel ohne Schrägstellung neu auf und versahen das Heck mit einer Seitenflosse. Die Ergebnisse waren sehr zufrieden stellend und die Gleitzahl 20 stellte bei dieser geringen Tragflächenstreckung von 4.5 einen Rekord dar!

Die Entwurfsarbeiten im Sicherheitsbau gingen nur sehr langsam voran, da Krämer nicht alles alleine machen konnte. In dieser Zeit war die Arbeitgruppe der Heinkel-Abteilung in einer recht komplizierten Art und Weise aufgestellt worden und es war nicht schwer vorherzusagen, dass diese Einrichtung keine positiven Ergebnisse hervorbringen würde. Außerdem lag das Hauptinteresse der Firma Heinkel auf dem von Walter Gün-

Links: Das Projekt X in ursprünglicher Form mit Flossen an den Flügelspitzen und ohne Leitwerk bei den Göttinger Windkanalversuchen im Frühjahr 1939. Unten: Das Modell nach dem Umbau mit Leitwerk und ohne Flossen. Bei den Winkanalversuchen wurden die Modelle mit dem Bauch nach oben aufgehängt. Das Gegengewicht befand sich oben und außerhalb des Windkanals.

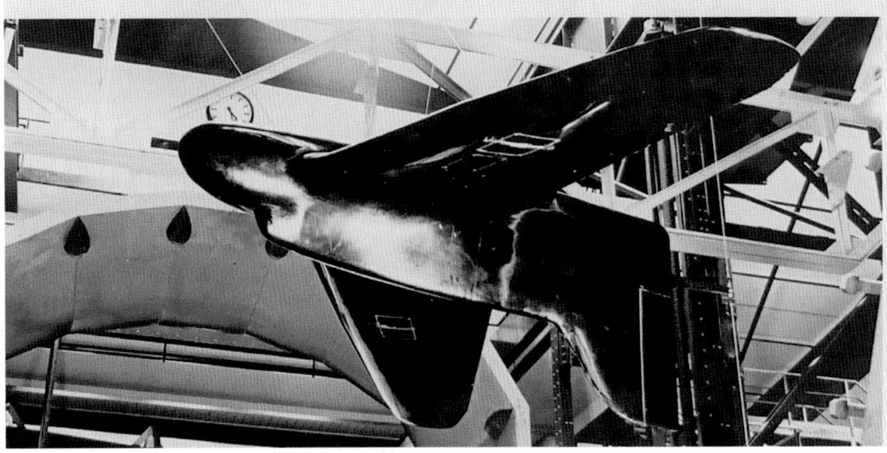

Rechts: Zeichnungen des Windkanal-Modells von Projekt X („Delta IVd“) in den Ausführungen I und II (später als DFS 194 bezeichnet) zeigen die Entwicklungsstufen.

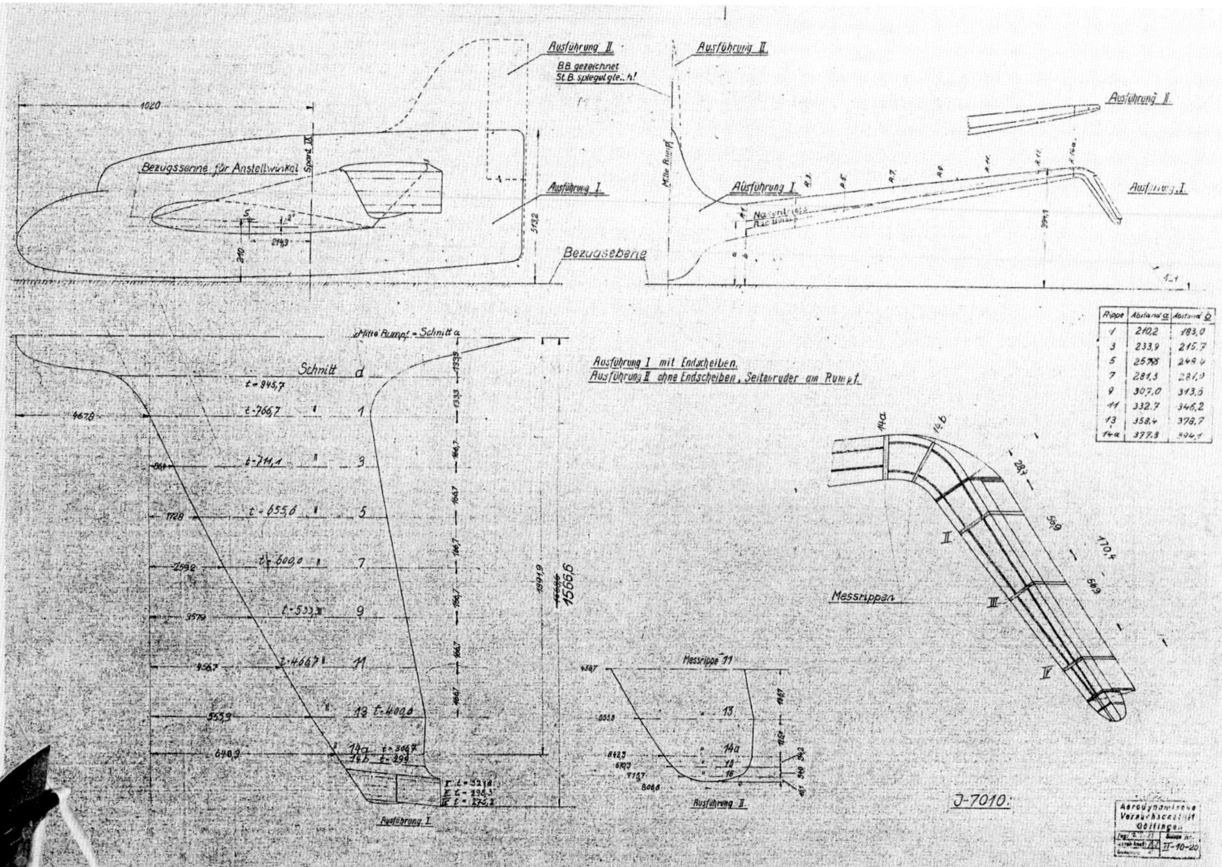

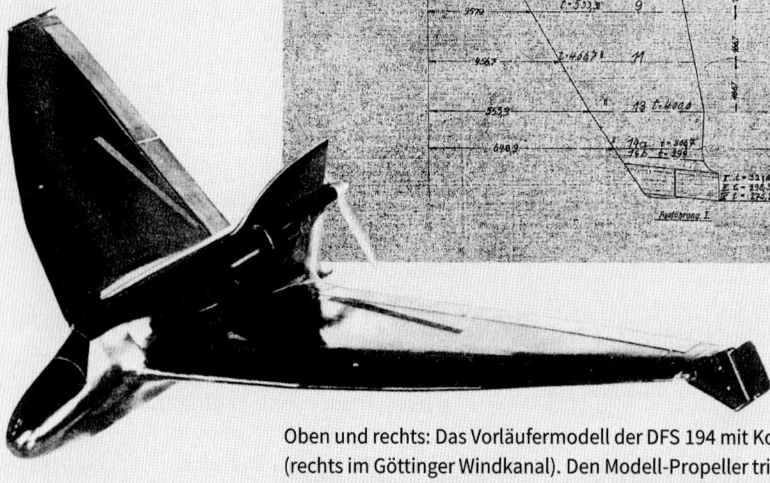

Oben und rechts: Das Vorläufermodell der DFS 194 mit Kolbenmotor (rechts im Göttinger Windkanal). Den Modell-Propeller trieb ein Elektromotor an; es fanden Versuche mit Zweiblatt- und Dreiblattpropellern statt. Später testete man das Modell noch mit Leitwerk und ohne Klappen an den Flügelspitzen.

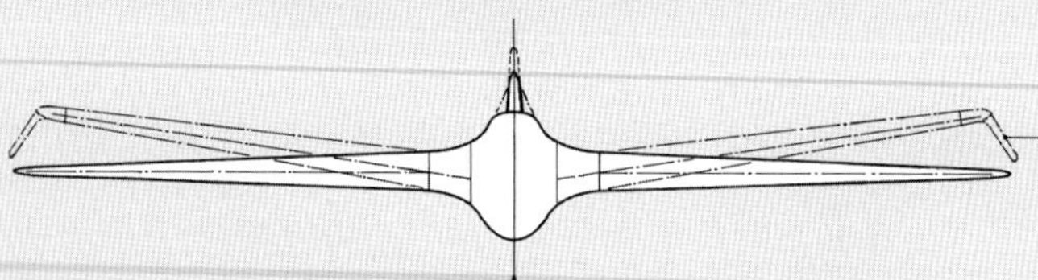

„Delta IVd“ mit nach unten gerichteten Flügelspitzen.

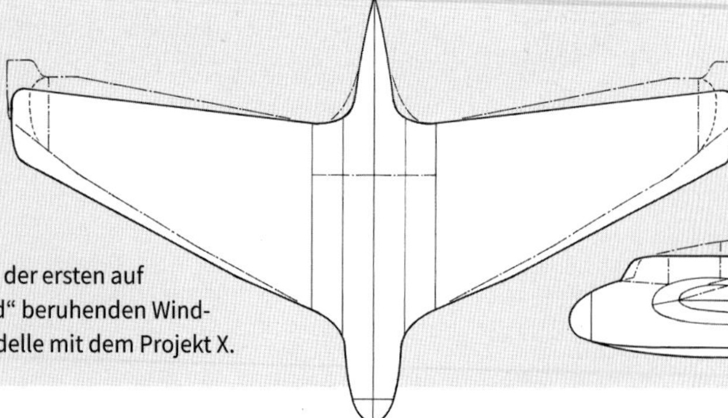

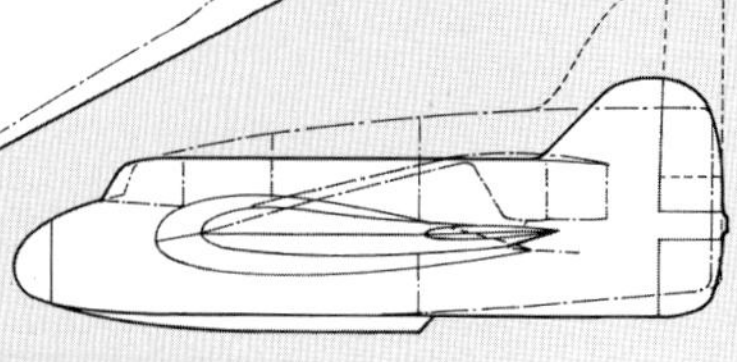

Legende:
- ._._ Projekt X („Delta IVd“) Ausführung I
- ---- Projekt X („Delta IVd“) Ausführung II
- —— DFS 194

Abmessungen Projekt („Delta IVd“) Ausführung I

Spannweite	9450 mm
Länge	5200 mm
Höhe	1540 mm

Abmessungen Projekt („Delta IVd“) Ausführung II

Spannweite	8850 mm
Länge	5250 mm
Höhe	2015 mm

Vergleich der ersten auf „Delta IVd“ beruhenden Windkanalmodelle mit dem Projekt X.

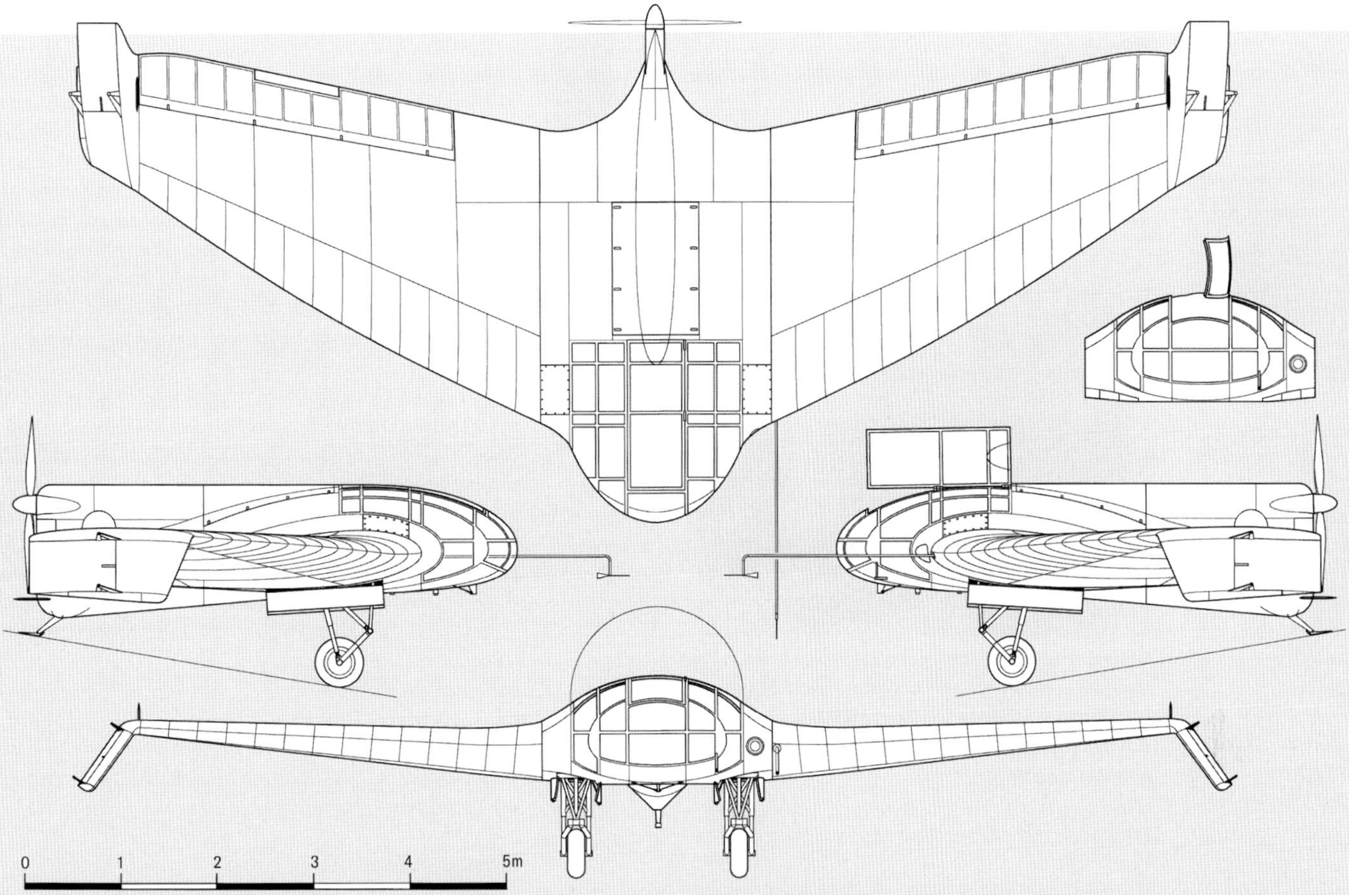

DFS 40

Der zu Forschungs- und Erprobungszwecken gebaute Nurflügler DFS 40 wurde von Heini Dittmar und Rudolf Opitz geflogen. Im Sommer 1939 geriet das Flugzeug mit Opitz am Steuer in unkontrollierbares Flachtrudeln und rauschte bei Darmstadt in einen Wald – Totalschaden.

Der namhafte Meteorologe **Prof. Walter Georgii** (siehe Kurzlebensläufe S. 421) unterstützte als Leiter der DFS die Forschungen Lippischs mit Nurflüglern, musste aber auch so manchen Strauß mit Behörden ausfechten, wenn sich Lippisch mal wieder nicht an den Dienstweg gehalten hatte.

Oben: Die Gebrüder Dittmar im Jahr 1938. V. l. n. r. Walter (als Leutnant der Luftwaffe), Heini, Edgar und Erich. Walter brachte es zum Hauptmann, wurde gegen Kriegsende jedoch degradiert und nach Brandis versetzt, wo er sich zur Bewährung beim JG 400 für Rammeinsätze bereithielt.

ter entworfenen Vogel und das Projekt X machte nicht wirklich Fortschritte.

Um Erfahrungen zu sammeln und zum Vergleich mit herkömmlichen Flugzeugen schufen wir ein schwanzloses, als DFS 40 bezeichnetes Versuchsflugzeug. Wir hatten die Zelle des schwanzlosen Mitteldeckers DFS 194 fertig gestellt, aber der Einbau eines Gebläse-gekühlten Motors mit langer Schraubenantriebswelle bereitete uns einiges Kopfzerbrechen. Argus hatte eine sehr große und komplizierte Kühlanlage konstruiert, die wir nicht einbauen konnten, und so machten wir uns Gedanken über eine einfachere Anlage mit Zwangskühlung. Außerdem musste ein zusätzliches Verbindungsstück zwischen Triebwerk und Antriebswelle geschaffen werden; eine Firma, die sich damit auskannte, übernahm diese Aufgabe. Dieses Sonder-Verbindungsstück fiel beim ersten Triebwerkslauf auseinander und so mussten wir uns auch hier selbst helfen. All dies verzögerte die Fertigstellung der DFS 194 beträchtlich.

Oft kam Dr. Lorenz nach Darmstadt. Als er die fast fertige DFS 40 in meiner Werkstatt sah, jammerte er fürchterlich, dieses Flugzeug stehe nicht auf dem Arbeitsplan. Alles in allem war der Sachstand überhaupt nicht zufrieden stellend und ich musste mich mächtig anstrengen, um die Dinge am Laufen zu halten.

Im Frühjahr 1938 verstarb meine Frau Käthe nach einer zu spät durchgeführten Operation. Dieser schwere Verlust warf mich privat wie beruflich vollständig aus der Bahn. Nur sehr langsam fand ich wieder Interesse an unserer technischen Entwicklung. Derweil ballten sich politisch dunkle Wolken am Horizont zusammen und die Kriegsgefahr wuchs stetig.

Es gab Pläne, das Forschungsinstitut von Darmstadt nach Braunschweig zu verlegen. Auch unser Versuchsflugzeug sollte dorthin. Alles, bis auf die schwanzlose DFS 40, wurde verpackt und verladen. Was sollten wir mit ihr machen? Sie war noch nicht probegeflogen worden, besaß keinen Motor und der Vogel hatte auch nur wenige zerlegbare Teile.

Vielleicht konnten wir den Drachen wegschleppen. In großer Hast bereiteten wir den Vogel auf einen geschleppten Versuchsflug vor. Wir trimmten den Schwerpunkt mit Ausgleichsgewichten an den Tragflügel-Vorderkanten aus und brachten ein einziehbares Fahrwerk an. Heini Dittmar [sic] startete dann im Schlepp einer Heinkel 46 zum Jungfernflug.[6] Es klappte, und da der angekündigte Sturm noch eine Weile ausblieb, konnten wir mit der motorlosen Zelle der DFS 40 ein recht umfangreiches Versuchsprogramm durchziehen. Da im geräumigen Mittelteil ausreichend Platz vorhanden war, ließen sich dort alle Arten von Messinstrumenten unterbringen. Bewaffnet mit einer Filmkamera saß ich neben Heini [sic] und filmte den Schleppflug.[7] Die Ergebnisse der Leistungsmessungen wurden später ausgewertet und von Dr. Werner Spilger veröffentlicht. Ohne Zweifel war dieses Flugzeug einem herkömmlichen Flugzeug in aerodynamischer Hinsicht deutlich überlegen.

Mittlerweile hatten Dr. Georgii und Stamer den Plan zur Verlegung der DFS ausgearbeitet. Als ich einen Blick darauf warf, war ich nicht wenig erstaunt feststellen zu müssen, dass die Abteilung Nurflügelforschung aufgelöst und meine Mitarbeiter auf andere Abteilungen verteilt werden sollten.[8] Es hieß, es gäbe kein unmittelbares Interesse an Nurflügel-Forschung, da dieser Entwurfstyp für militärische Zwecke nicht in Frage käme.“

Messerschmitt AG

Lippisch weiter: „Da meine Stellung bei der DFS nicht viel Hoffnung oder Verheißung für die Zukunft bot und da ich, wie schon so oft, die Erfahrung machen musste, dass Beziehungen zu Hochrangigen in Partei und RLM mehr zählten als praktische Arbeit, entschloss ich mich kurzerhand mit meinen besten Mitarbeitern in die Industrie zu wechseln.

Um aktive Unterstützung von der Forschungsabteilung des RLM zu erhalten, fuhr ich in der Nacht nach Rechlin, weiter nach Travemünde und dann nach Berlin – alles in allem eine Ochsentour. Dann trat ich mit Heinkel und später Messerschmitt in Verhandlungen; schließlich fing ich mit meiner Gruppe im Januar 1939 bei der Messerschmitt AG in Augsburg an. Am Morgen des 2. Januar 1939 fand sich unsere 13-köpfige Gruppe am Empfang des Hauptgebäudes der Messerschmitt AG in Augsburg-Haunstetten ein.[9] Dort sollten wir in der neu errichteten Abteilung L (Lippisch) unsere Arbeit aufnehmen. Als Erstes zogen wir in einen großen Raum ein, der bislang als Vortragssaal gedient hatte und von dem man eine hervorragende Sicht auf die Werksgebäude und den Flugplatz hatte. Von nun an war die Entwicklungsabteilung des RLM für unsere Tätigkeiten zuständig, die sich in Zusammenarbeit mit Flugbaumeister Hans-Martin Antz, Leiter [sic] der betreffenden Abteilung, zweifellos als wesentlich produktiver erwiesen als die Zusammenarbeit mit Dr. Lorenz.[10]

Von Anfang an befanden wir uns bei der Firma Messerschmitt in einer privilegierten Stellung. Zunächst einmal war unser Vertrag »streng geheim« und niemand außer Messerschmitt, sein Assistent Joachim Schmedemann und uns selber wusste genau, worum es ging. Natürlich begegneten die Angehörigen des Projektbüros der Anwesenheit einer neuen Entwicklergruppe mit Argwohn. Die führenden Angestellten des Projektbüros stammten aus der Darmstädter Fliegergruppe, mit der wir ehemaligen DFSler immer in Konkurrenz gestanden hatten. Insofern machten wir uns über ihre versteckten Angriffe keinerlei Gedanken.

Bald schon befassten wir uns mit den Endkonstruktionszeichnungen für den neuen Typ mit Bezeichnung 163 A. Für die Zahl 163 gab es einen bestimmten Grund. Die Zeichnungen für die in der Versuchswerkstatt zu fertigenden Bauteile erhielten möglichst unauffällige Bezeichnungen, so dass niemand auf den Gedanken kam, hier entstünde etwas Neues. Schmedemanns kam auf den Gedanken, die Nummer eines bereits bestehenden Typs zu verwenden. Die Bf 163 war eine in Konkurrenz zum Fieseler »Storch« entstandene Langsamflug-Maschine von der nur eines von drei Versuchsmustern fertiggestellt worden war (Bf 163 V1, W.Nr. 822, D-IUCY). (6) Sie konnte die vorgegebenen Anforderungen nicht erfüllen, und so standen die Zeichnungen der 163 A [offiziell] für eine verbesserte Ausführung dieses seltenen Vogels, weshalb auch der erste Prototyp der Me 163 [in Fortführung der Bf-163-Reihe] die Bezeichnung A V4 erhielt. Dies glaubte zumindest die Messerschmitt-Belegschaft.

Die Arbeiten gingen nicht sehr schnell vonstatten. Da der Schub beschlussgemäß auf 750 kg bei Voll-Lst gesteigert werden sollte, kam der vorliegende Entwurf dafür nicht mehr in Frage und ein neuer musste her. Bis auf das Triebwerk sollte alles bei Messerschmitt hergestellt werden; Rumpf und Mittelteil aus Aluminium, die Flügel aus Holz. Zuerst versuchte ich, die Leistungsangaben des Triebwerks zu erfahren, aber niemand wusste Genaueres darüber. Unsere Tätigkeit umfasste auch Arbeiten an Flugzeugen mit Strahlantrieb, die sich im Entwicklungsstadium befanden. Die Leistungsangaben für deren Triebwerke waren noch nebulöser.

Beim Abgang von der DFS hatte sich Prof. Georgii damit einverstanden erklärt, uns die noch nicht ganz fertig gestellten DFS 39 und DFS 194 zu überlassen. Allerdings hatten wir die schwanzlose DFS 40 zurücklassen müssen, was uns recht schwer fiel. Heini hatte damit zusätzliche Versuchsflüge übernommen und weitere nach Einbau des Triebwerks.[11] Bei anderer Gelegenheit war der Schwerpunkt für einen besonderen Versuch weiter nach hinten verlagert worden – die Maschine geriet ins Flachtrudeln und wurde vollständig zerstört. Flugzeugführer Rudolf Opitz konnte gerade noch aussteigen und kam nur knapp mit dem Leben davon.

Unsere Hauptsorge war, dass wir nichts über das Raketentriebwerk wussten und wie es die Flugeigenschaften des Typs beeinflusste. Um einige Erfahrungen mit dem Triebwerk zu sammeln, entstand die Idee, es in eine speziell abgeänderte DFS 194 einzubauen und diese in Peenemünde probezufliegen. Da die Zelle nicht für so hohe Geschwindigkeiten ausgelegt war, genügten 300 kg Schub vollkommen.

Zur gleichen Zeit arbeiteten wir für Prof. Messerschmitt an einer Reihe anderer Projekte mit Strahlantrieb. Diese kamen jedoch über die Entwurfsphase nicht hinaus. Am 1. September 1939 begann der 2. Weltkrieg mit dem Angriff auf Polen. Da man der Me 163 A eine nur geringe Priorität bei den Kriegsanstrengungen einräumte, verlief unsere Arbeit nur noch schleppend. Der Umbau der DFS-194-Zelle ging bei so wenig Werkstattpersonal nur langsam voran. Aufgrund der Erkenntnisse aus den Windkanalversuchen mit dem Modell der 163, die damals noch *Delta IVd* hieß, entfernten wir die schrägen Flügelspitzen und bauten die Flächen ohne V-Form neu auf, nur die Flügelmittelteile behielten die ursprünglich geplante V-Form bei. Des Weiteren verpassten wir dem Hinterrumpf eine große Heckflosse."

Der Entwurf der Bf 163 entstand bei Messerschmitt in Augsburg unter der Projektnummer P 1011. Die Konstruktionsarbeiten führte das Werk Rohrbach in Berlin aus, die Fertigung übernahm die Weserflug in Lemwerder (nördlich Bremen). Die Aufnahme zeigt das auf den unter Federführung von VFW Fokker in Bremen entstandenen Konstruktionszeichnungen der Bf 163 V1 beruhende Modell. Den Erstflug unternahm Gerhard Hubrich am 19. Februar 1938 vom Flugplatz Lemwerder der Weserflug.

Im Herbst 1939 verbrachte man die DFS 194 nach Peenemünde, wo sie etwas über ein Jahr verblieb. Die letzten Versuchsflüge fanden am 30. November 1940 statt. Ende September 1940 kam es bei der Aerodynamischen Versuchsanstalt (AVA) in Göttingen zu einem Treffen von wichtigen Vertretern der deutschen Luftfahrtindustrie und verschiedenen Forschungsanstalten, bei dem die AVA die Ergebnisse ihre Hochgeschwindigkeits-Windkanalversuche vorstellte.[12] Am 26. September, dem zweiten Tag der Konferenz, beschrieb Dr. rer. nat. Hubert Ludwieg die von ihm und seinen AVA-Kollegen bei den Hochgeschwindigkeits-Windkanalversuchen gemessenen und festgestellten Auftriebs-, Luftwiderstands- und Steigungswerte sowie -eigenschaften von Flugzeugen mit sich verjüngenden, gepfeilten und ungepfeilten Tragflächen im Überschallbereich. (7) Zu diesem Zeitpunkt lagen die ersten Pfeilflügel-Forschungen in diesem Geschwindigkeitsbereich erst wenige Monate zurück. Dabei hatte Dr.-Ing. Adolf Busemann, der an der Technischen Hochschule Dresden lehrte, die Theorie von Pfeilflüglern im Überschallbereich bereits 1935 dargelegt. (8) Die Anwendung der Theorie und die Entdeckung, dass Flügelpfeilung das Einsetzen von Kompressibilitätseinflüssen bei hoher Überschallgeschwindigkeit verzögert, war das Werk von Betz und Busemann. Am 8. September 1939 war ihnen das Patent „*Anordnung von Tragflügeln für sehr große Geschwindigkeit*" zuerkannt worden.[13] Alexander Lippisch nahm ebenfalls an der Göttinger Konferenz teil. Die Ähnlichkeit der Flügelform der Me 163 zu einer von der AVA getesteten ist wahrscheinlich reiner Zufall. Dennoch scheint es verwunderlich, dass Lippisch in keinem seiner Bücher und

DFS 194

Dreiseitenriss

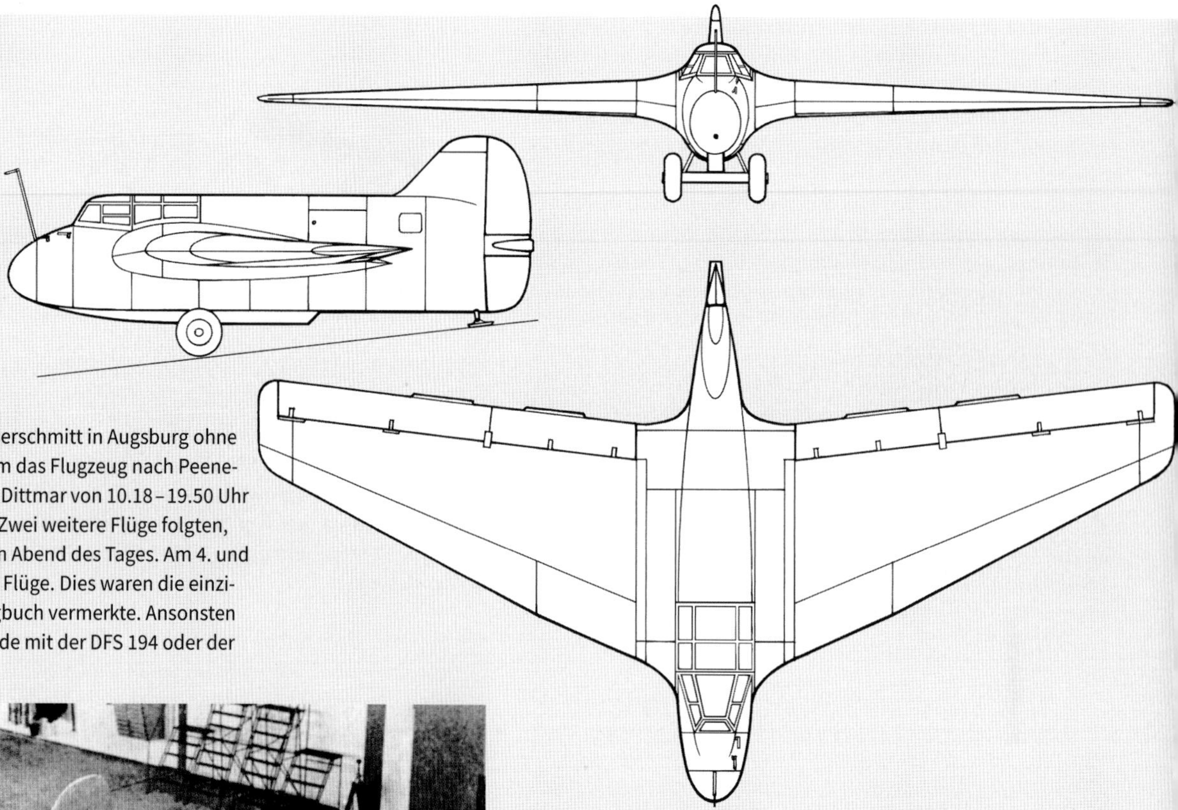

Unten: Montage der DFS 194 bei Messerschmitt in Augsburg ohne Walter-Raketentriebwerk. Danach kam das Flugzeug nach Peenemünde. Am 28. Juli 1939 führte Heini Dittmar von 10.18 – 19.50 Uhr den ersten geschleppten Flug durch. Zwei weitere Flüge folgten, der letzte von neun Minuten Dauer am Abend des Tages. Am 4. und 9. August unternahm Dittmar weitere Flüge. Dies waren die einzigen, die er zur DFS 194 in seinem Flugbuch vermerkte. Ansonsten trug Dittmar keinen der in Peenemünde mit der DFS 194 oder der Me 163 absolvierten Flüge ein.

Rechts und unten: Das Rumpfgerüst der DFS 194 nutzte man auch für Prüfläufe des experimentellen Walter-Raketentriebwerks HWK RI, das 400 kg Schub auf Meereshöhe entwickelte. Die Versuche fanden im Gebäude W-15 in Peenemünde-West statt. Der große und einzige Tank enthielt T-Stoff (konzentriertes Wasserstoffperoxid). Die Triebwerkmontage war nicht eben einfach, da Bauteile, Treibstoffleitungen, Stromleitungen und die Ausstoßdüse am Rumpfgerüst befestigt werden mussten. Das RLM forderte Vereinfachungen, was sich in der ohne großen Aufwand zu bewerkstelligenden Montage des Walter-Raketentriebwerks als Baugruppe in der Me 163 niederschlug. Rechts: Weitere Standversuche fanden im Gebäude W-15 an der teilmontierten DFS 194 statt, bevor man noch das Heck mit Leitwerk anbrachte.

Diese Fotos entstanden bei den Vorbereitungen der DFS 194 für einen Flug mit Raketentriebwerk – wahrscheinlich dem ersten – am 3. Juni 1940 in Peenemünde mit Heini Dittmar am Steuer. Ganz unten links: Willi Elias (links) und Helgo Jahnke (rechts) helfen Heini Dittmar in den Schutzanzug. Im Unterschied zur Me 163 ließ sich die Kanzelhaube der DFS 194 in einem Stück abheben bzw. aufsetzen.

Die DFS 194 beim Start in Peenemünde-West. In der Zeit vom 16. Oktober 1939 bis zum 30. November 1940 wurden mit dem Flugzeug unterschiedliche Versuche durchgeführt. Interessanter Weise befand sich bis zum 8. November 1939 auch die He 176 auf dem Flugplatz.

Aufsätze einen Vergleich zwischen seinen frühen Versuchen und den Erfahrungen mit der Me 163 herstellte – immerhin war die Me 163 das erste Pfeilflügel-Flugzeug, das zum Hochgeschwindigkeits-Dauerflug in der Lage war, und dies obwohl ihre Flächenform aus ganz anderen aerodynamischen Gründen gewählt worden war. Die Messerschmitt AG hatte allerdings einige AVA-Versuche finanziert und möglicher Weise wurde Lippisch durch Vorabinformationen der Firma beeinflusst. Der Flügel der Me 163 wies einen geringfügig dünneren Flächenquerschnitt als die DFS 194 auf, was den Luftwiderstand im Hochgeschwindigkeitsbereich verringerte. Zur Zeit der Konferenz befand sich die Me 163 A im fortgeschrittenen Konstruktions- und Baustadium. Am 13. Mai 1941 startete Heini Dittmar mit ihr zum ersten geschleppten Flug. Der erste Motorflug musste wegen Lieferverzögerungen der Hellmuth Walter KG in Kiel (Triebwerk) auf August des Jahres verschoben werden. Obwohl Udet kurz nach Kriegsausbruch die weitere Flugerprobung der He 176 hatte einstellen lassen, segnete er Flugversuche mit der DFS 194 ab. Gemäß Lippisch unterstützte er auch die Entwicklung der Me 163. Mit typischem Humor erinnerte sich Lippisch an ein Geschehnis, das sich wohl kurz nach Beginn der Flugerprobung des ersten Prototyps ereignete:[14] „Eines Tages kam General Udet zur Besprechung der Probleme mit der Me 210 nach Augsburg. Heini Dittmar war gerade mit der Me 163 A zu einem Versuchsflug gestartet. Wir befanden uns vor der Flugzeughalle, als Heini Dittmar im Gleitflug den Flugplatz überquerte, wobei er seine üblichen Kunststückchen vorführte. Udet beobachtete das Ganze mit wachsender Bewunderung. Schließlich drehte er sich um zu mir und fragte: »Welchen Motor haben Sie da eingebaut, Lippisch?« »Es ist noch keiner eingebaut. Dittmar führt gerade Gleitversuche aus, Herr General.« Als Heini zum wiederholten Mal vorbeiflog, meinte Udet: »Sie nehmen mich auf den Arm. Er kreist seit zehn Minuten um den Platz!« »Das Flugzeug ist wegen seiner guten Gleitzahl und des äußerst geringen Luftwiderstandes dazu in der Lage, Herr General.« »Das kann ich kaum glauben, Lippisch.« Dittmar landete vor unserer Flugzeughalle und stieg aus. Als er Udet schnellen Schritts auf sich zu kommen sah, konnte er sich das Grinsen kaum verkneifen. Udet: »Lassen sie es stehen, lassen sie es stehen! Ich möchte das mit eigenen Augen sehen.« Wir mussten dann alle Klappen am Rumpf öffnen, damit Udet nach dem »versteckten Motor« suchen konnte! Schließlich konnten wir ihn davon überzeugen, dass sich in der Maschine kein Motor befand. Er war tief beeindruckt und in Folge erhielt unsere Arbeit höhere Priorität. Von nun an ließ Udet die Flugerprobung der 163 nicht mehr aus den Augen und seiner Initiative ist das Entstehen der Me 163 B zu verdanken."

Weiter Lippisch: „Im Sommer 1941 bezogen wir Quartier in Peenemünde und die Leute von Walter bauten das Triebwerk ein. Da Heini aufgrund seiner Gleitversuche mit den Flugeigenschaften bestens vertraut war, verliefen die ersten Flüge einwandfrei.[15] Es war ein wunderbarer Anblick, ihn diesen Vogel fliegen zu sehen. Nach dem Start blieb die Maschine dicht am Boden, gewann an Fahrt und stieg dann steil auf 4000–6000 m Höhe (ab Start bis auf 4000 m in 55 Sekunden). Das Flugverhalten war ausgezeichnet und als ich, mehr oder weniger nur Zuschauer, den Vogel mit einer Rauchfahne in den Wolken

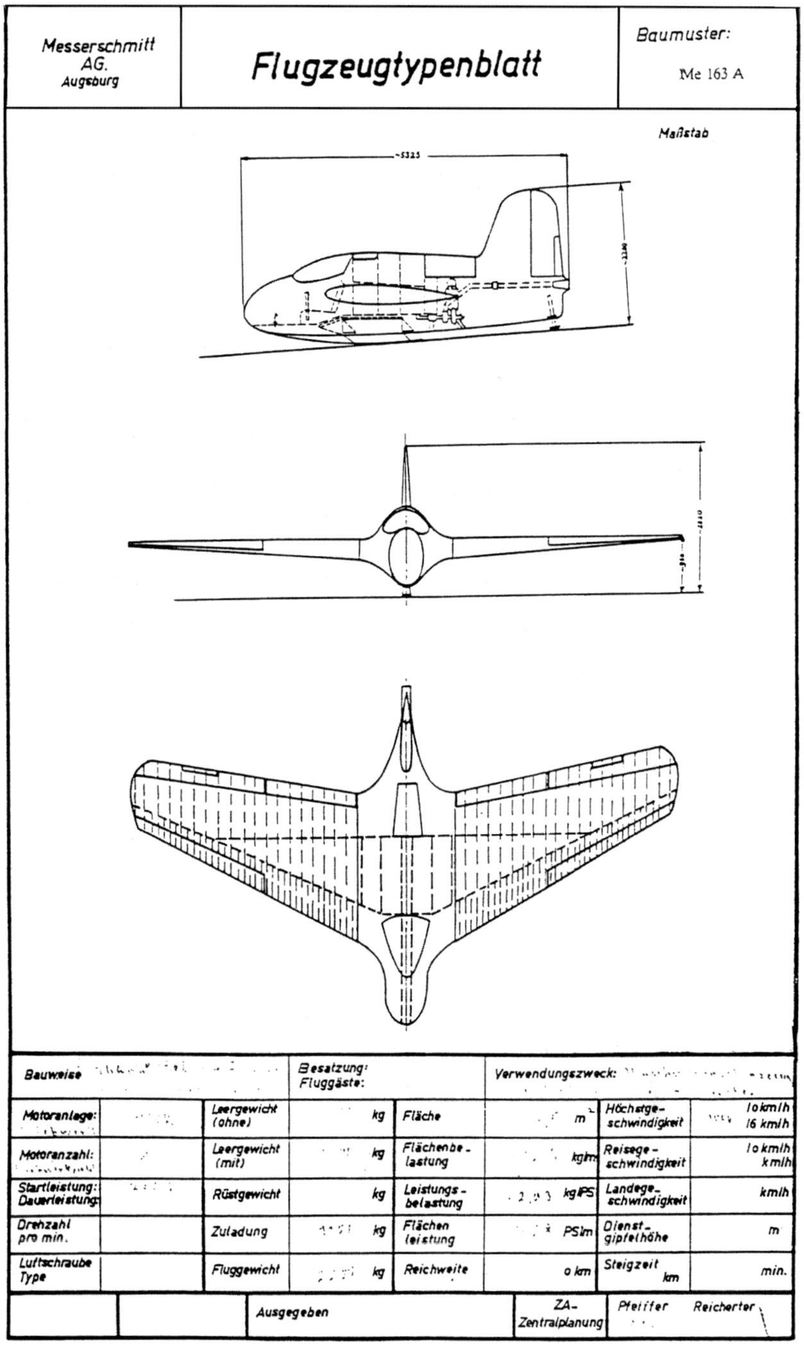

Das RLM verlangte für alle Baumuster Flugzeugtypenblätter von den Herstellern. Hier das Typenblatt der Me 163 A. Die Dreiseitenrisse waren nicht zu hundert Prozent maßstabsgerecht; sie sollten vor allem die Hauptmerkmale zeichnerisch herausstellen.

verschwinden sah, schweiften meine Gedanken zurück in die Kindheits- und Jugendtage unserer Schöpfung, und ich war überglücklich, dass es uns schließlich und endlich gelungen war, die vielen, fast unüberwindbar scheinenden Schwierigkeiten zu meistern.

Unser Erfolg von 1941 fand seine Krönung in Heinis Flug, bei dem er eine Geschwindigkeit von über 1000 km/h erreichte.

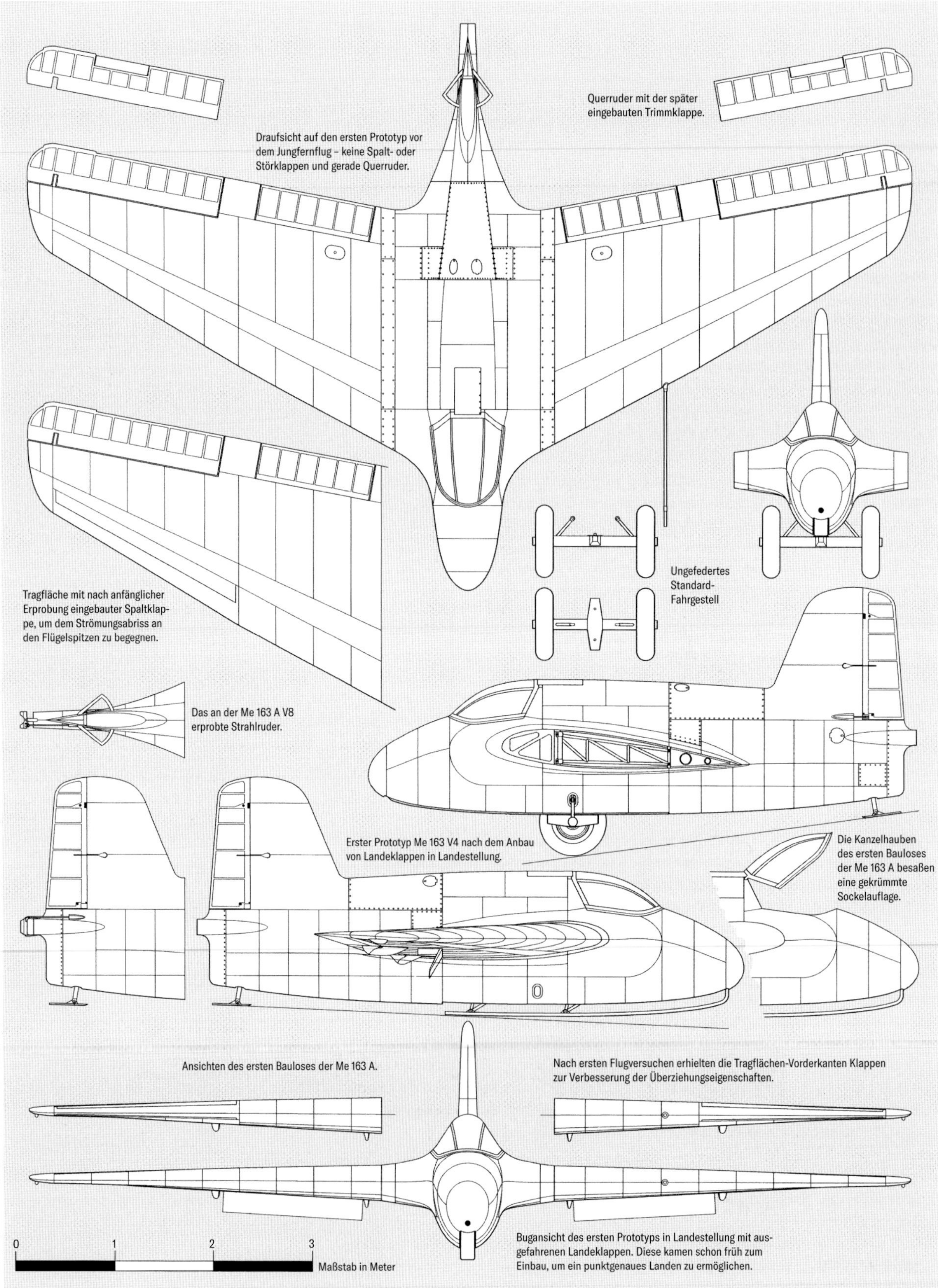

Me 163 A

Erstes Baulos

© A. L. Bentley 2000
überarbeitet 2009

Me 163 A

Zweites Baulos

Diese Skizzen zeigen die Endausführung der Me 163 A bei den Prototypen des zweiten Bauloses mit allen beim ersten Baulos vorgenommenen Änderungen. Man beachte die gerade Ausführung des Kanzelhauben-Sockels zur Vereinfachung der Fertigung.

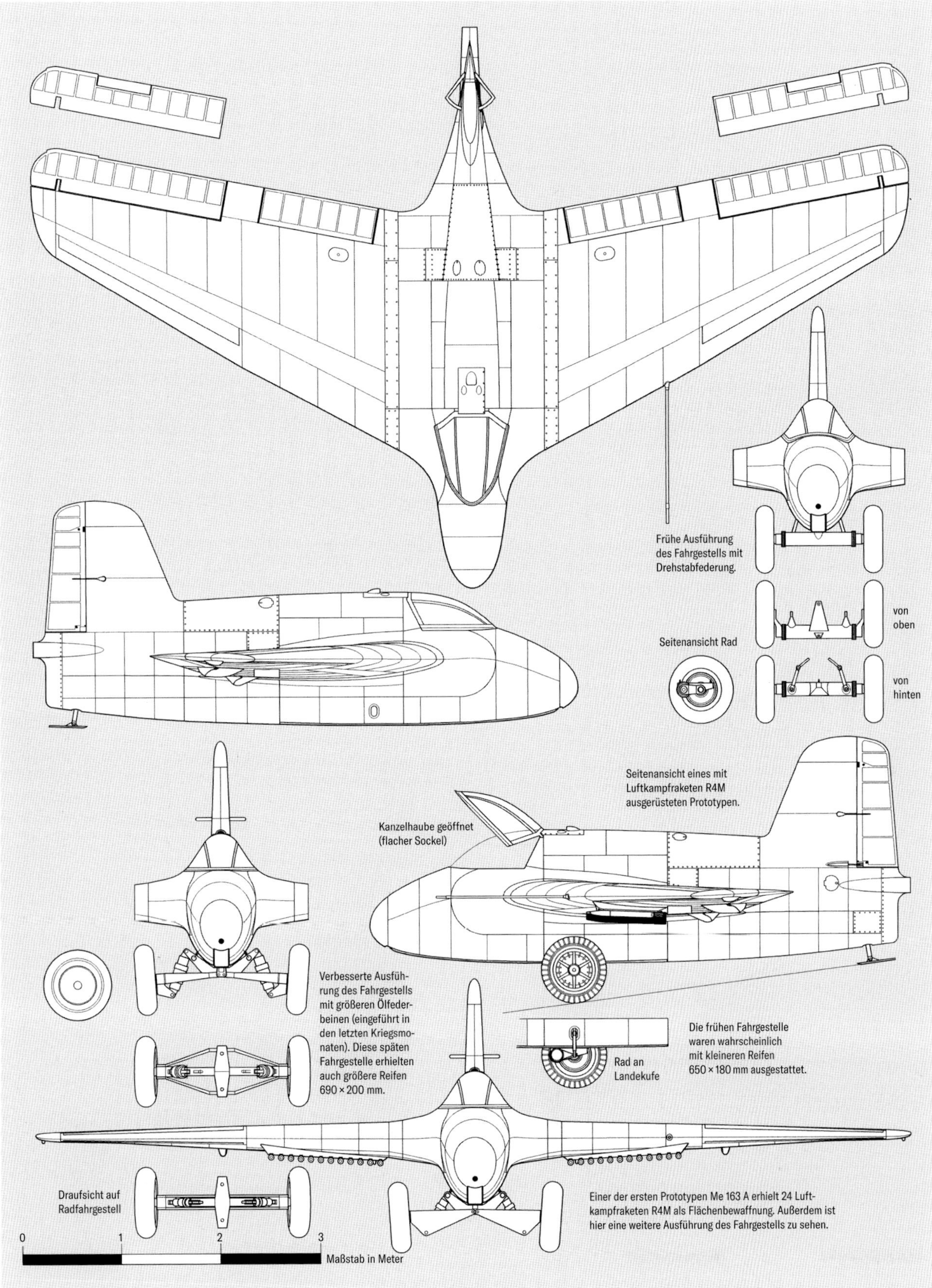

Me 163 A

© A. L. Bentley 2000
überarbeitet 2009

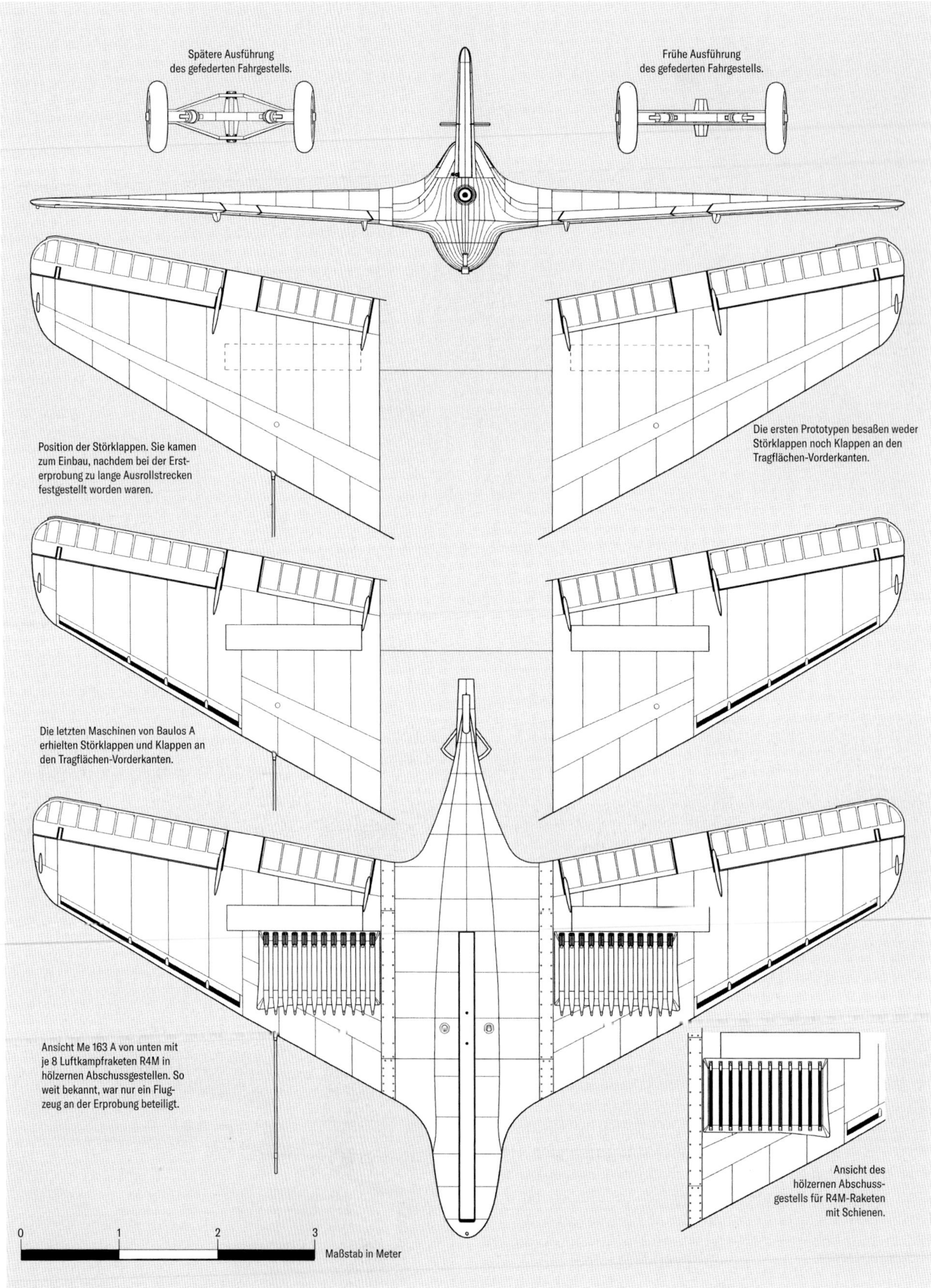

Führerraum Me 163 A

1 Kompass
2 Steigmesser
3 Zug für Haubenabwurf
4 Höhenmesser
5 Borduhr
6 Leistungshebel
7 Schalter für Landeklappen
8 Bedienhebel für Landekufe
9 Entriegelungshebel für Rollwerk
10 Fahrtmesser
11 Wendezeiger (künstlicher Horizont)
12 Brennkammer-Druckanzeige
13 Trimmrad
14 Auslösegriff für Schleppkupplung
15 Notgriff T-Stoff
16 Schaltkasten Elektrik mit Sicherungen und Trennschalter
17 Anzeige Druckluftspeicher
18 Messer Druckluftanlage
19 Haubenverriegelung
20 Verbrauchsmeßanzeige T-Stoff
21 Kraftstoffwarnlampe
22 Turbinen-Drehzahlmesser

Die Kanzelinstrumente der Me 163 B sind auf Seite 280 dargestellt.

Ansichten der Me 163 A V4 (KE+SW) kurz nach der Ankunft in Peenemünde im Juli 1941. Gemäß den Fertigungs- und Auslieferungsplänen des Messerschmitt-Planungsbüros hätte sich die A V4 bereits am 17. April 1941 in Peenemünde befinden müssen. Die Einträge im Flugbuch von Heini Dittmar beweisen, dass er die Maschine bis zum 2. Juli noch in Augsburg flog. Danach fehlen Einträge zur A V4.

Kurz über 1000 km/h bewirkte die Schockwelle den plötzlichen Abbruch der Luftströmung über den Außenflügeln und das Flugzeug kippte mit der Nase nach vorn, wobei die Messinstrumente eine negative Beschleunigung von 11 g anzeigten. Heini nahm schnell den Leistungshebel zurück, das Flugzeug verlangsamte sich und er konnte es wieder steuern. Am Abend wurden die Messungen des Askania-Theodoliten ausgewertet: das Endergebnis offenbarte eine Geschwindigkeit von 1003 km/h! Nachdem wir dies nach Berlin gemeldet hatten, fanden die Fortschritte unserer Bemühungen Anerkennung. Bei der Rück-

Die ersten Probeflüge der Me 163 A V4 mit Heini Dittmar am Steuer erfolgten im Schlepp einer von Rudolf Opitz geflogenen Bf 110. Opitz arbeitete damals noch für die Erprobungsstelle Peenemünde. Anfang August 1941 verfügte das Flugzeug noch über kein Raketentriebwerk.

Messerschmitt Me 163 A V4 (KE+SW)
W.Nr. 163 00 00 001
Erprobungskommando 16
Peenemünde-West, August 1941

Diese und Folgeseite: Diese Aufnahmen entstanden wahrscheinlich am 13. August 1941 beim ersten Start und Flug der Me 163 A V4 aus eigener Kraft. Das vorletzte Bild der Serie (Propellermaschine) zeigt einen Prototypen des Aufklärers Me 161.

Rechts: Nach dem Jungfernflug mit Triebwerk kann sich Heini Dittmar der Glückwünsche und Fragen kaum erwehren. Oben: Ein glücklicher Heini Dittmar in der Kanzel der Me 163 A V4.

kehr nach Augsburg sprach mich Messerschmitt nicht sofort an. Er hatte die Tatsache zu verdauen, dass mein Flugzeug schneller war als seines."

Leutnant Rudolf Opitz, der als Angehöriger des Erprobungskommandos 16 das Flugzeug für die Erprobungsstelle der Luftwaffe in Peenemünde testete, erinnerte sich nach dem Krieg:

„Der Geschwindigkeitsrekord wurde tatsächlich beim vierten Flug des Forschungsflugzeugs aufgestellt. Beim ersten Flug Dittmars in Peenemünde waren Udet sowie Leute vom Oberkommando und sonst woher zugegen. Natürlich waren sie von dem was sie zu sehen bekamen und der Steiggeschwindigkeit tief beeindruckt. Nach diesem Flug stoppte Udet das Programm und verbot weitere Flüge so lang, bis ein zweiter Pilot ins Programm aufgenommen wurde, da Dittmar bislang der einzige bei Messerschmitt gewesen war, der das schwanzlose Flugzeug geflogen hatte. Udet erkannte, dass wenn Dittmar irgendetwas zustoßen sollte, seine ganze gesammelte Erfahrung verloren ging. Die Firma Messerschmitt wurde um Empfehlung eines Flugzeugführers gebeten. Die Wahl fiel auf mich, weil ich ab Mitte der 30er-Jahre zusammen mit Dittmar Nurflügler zu Forschungszwecken geflogen hatte. Ich erhielt einen Anruf und binnen weniger Tage erfolgte die Versetzung nach Peenemünde. Als ich dort ankam, machte Dittmar einen zweiten Flug. Am Tag darauf übergab er mir das Steuer für einen kurzen Flug und ich flog die Maschine. Beim vierten Flug sollte ich eine ausgemessene Strecke über der Ostsee abfliegen, um zu sehen, wie schnell das Flugzeug [im Geradeausflug] *fliegen konnte. Bisher hatte es nur Steigflüge gegeben.*

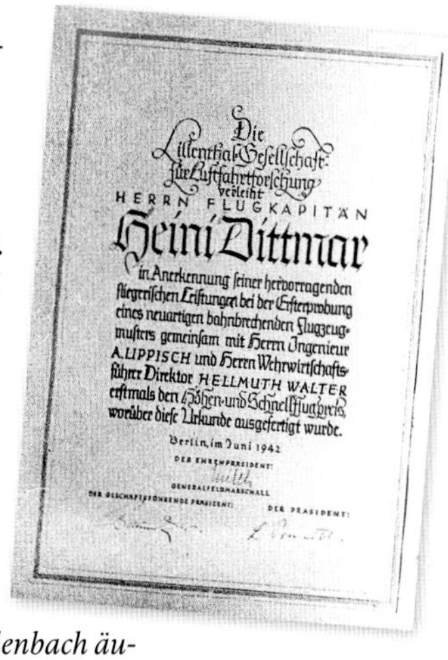
Die Lilienthal-Gesellschaft für Luftfahrtforschung verleiht HERRN FLUGKAPITÄN Heini Dittmar in Anerkennung seiner hervorragenden fliegerischen Leistungen bei der Ersterprobung eines neuartigen bahnbrechenden Flugzeugmusters gemeinsam mit Herrn Ingenieur A. LIPPISCH und Herrn Wehrwirtschaftsführer Direktor HELLMUTH WALTER erstmals den Höhen- und Schnellflugpreis, worüber diese Urkunde ausgefertigt wurde.

Berlin, im Juni 1942

DER EHRENPRÄSIDENT: GENERALFELDMARSCHALL

DER GESCHÄFTSFÜHRENDE PRÄSIDENT: DER PRÄSIDENT:

In Anerkennung seiner hervorragenden fliegerischen Leistungen, nicht zuletzt seines Rekordfluges am 2. Oktober 1941, verlieh die Lilienthal-Gesellschaft für Luftfahrtforschung Heini Dittmar im Juni 1942 diese Urkunde.

Was die ersten Flüge mit der Me 163 A angeht, hatte Lippisch nach dem ersten Flug Dittmars ein Startverbot verhängt, bis »sein« zweiter Flugzeugführer (Opitz) ins Erprobungsprogramm einstieg. Auf Anordnung Udets gelang es ihnen, mich von meiner Tätigkeit als Chefausbilder an der Fliegerschule für Lastensegler 4 loszueisen. Nach der Ankunft in Peenemünde wies mich Dittmar in die Me 163 A ein und dann durfte ich auch schon einen scharfen Start durchführen, ohne das Flugzeug vorher als Gleiter geflogen zu haben. Schon beim ersten Start erkannte ich, wie anfällig das Flugzeug gegenüber Bodenwellenströmungen auf dem Flugplatz war. Aufgrund dieser Bodenströmungen hatte ich Schwierigkeiten, in die Luft zu kommen. Als die Maschine schließlich in der Luft und unter Kontrolle war, hatte ich bereits die Platzgrenze überflogen und befand mich über der Ostsee. An diesem Punkt entschloss ich mich, das Fahrgestell nicht abzuwerfen (da es ins Wasser gefallen wäre) und nach kurzem Flug mit ihm zu landen (die Maschine war nicht vollgetankt). Der Rest des Fluges und die Landung verliefen normal, die Landestrecke fiel wegen dem Mangel an Luftwiderstand (über Gras) des Fahrgestells im Vergleich zur Kufe aber länger aus. Hernach teilte man mir mit, dass nach vorherrschender Meinung Landungen mit Fahrgestell höchstwahrscheinlich mit Bruch endeten. Ich hatte ihnen das Gegenteil bewiesen. In Folge mussten bei künftigen Flügen mit Me 163 die Startbahnen vor dem Start auf Bodenströmungen untersucht werden. Aufgrund der Erfahrungen bei diesem Flug konnte ich nun einschätzen, was Hanna Reitsch bei ihrem Unfall [mit der Me 163 B V5 am 30. Oktober 1942 in Obertraubling] *erlebt haben musste.*"

Nach der Landung betankte man das Flugzeug und Leutnant Opitz kletterte in die Schleppmaschine Bf 110 mit Willi Elias auf dem Rücksitz. Dann brachte er Dittmar für seinen Rekordflug auf Höhe. Willi Elias hielt alles mit seiner 16 mm-Schmalfilmkamera fest. Seine Aufnahmen vom Schleppen der Me 163 A, ihrem Ausklinken und nachfolgendem Vorbeiflug stellen also völlig authentisches Filmmaterial vom Rekordflug Heini Dittmars dar. Opitz hatte den zweiten scharfen Flug hinter sich und Dittmar mit dem dritten Motorflug der KE+SW den Rekord aufgestellt.

Mittlerweile gab es Pläne zur Fertigung der bewaffneten Ausführung Me 163 B; der Auftrag umfasste 70 Maschinen. Die Pläne enthielten des Weiteren den Vorschlag, die Abteilung L von Augsburg nach Obertraubling zu verlegen, was aber das Veto Prof. Messerschmitts hervorrief. Im Protokoll einer Besprechung im RLM am 29. August gibt es Hinweise, dass Alexander Lippisch Anerkennung für seinen Teil an der Entwicklung der Me 163 haben sowie diesbezüglich mehr Verantwortung in der Firma übertragen haben wollte. (9, 10) Nach Protokoll unterstützte Udet die Maßnahmen. An der Besprechung nahmen außerdem Oberst-Ingenieur Gottfried Reidenbach, Flugbaumeister Hans-Martin Antz, SS-Brigadeführer Theo Croneiß, Direktor Friedrich Heinrich Hentzen und Direktor von Perhtes teil. Auszüge aus dem Protokoll (Rückübersetzung):

„*Brigadeführer Croneiß verlas das Protokoll von Rechtsanwalt Merkel vom 28. August 1941 bezüglich des Treffens von Prof. Messerschmitt, Lippisch, Brigadeführer Croneiß und Merkel, aus dem hervorgeht, dass eine vollständige Einigung zwischen Prof. Messerschmitt und Lippisch erzielt wurde. Des Weiteren erläuterte Croneiß verschiedene der im Protokoll aufgeführten Punkte. Oberst-Ing. Reidenbach kannte die Einwände Prof. Messerschmitts bezüglich der Verlagerung der Abteilung L nach Obertraubling an und erklärte sich damit einverstanden, die Abteilung in Augsburg zu belassen. Er fragte, ob die Projektbüros von Lippisch und Voigt innerhalb der Organisation Messerschmitt den gleichen Status besitzen und ob das Entwurfsbüro und die Versuchsmuster-Werkstatt beide Projektbüros in gleichem Maße unterstützten. Brigadeführer Croneiß und Direktor Hentzen bejahten beide Fragen. Oberst-Ing. Reidenbach äußerte, er sei mit dieser Lösung zufrieden.*

Anschließend verlas Oberst-Ing. Reidenbach das Protokoll einer Besprechung abgehalten bei General-Oberst Udet, bei der Oberstleutnant Pendele, Flugbaumeister Antz und Heini Dittmar zugegen waren. Bei der Besprechung, die nach einer Vorführung der Me 163 in Peenemünde [im August] *stattfand, entschied General-Oberst Udet daß*

1) die Abteilung Lippisch nach Obertraubling verlegen solle.
2) die von Lippisch konstruierten Flugzeuge seinen Namen tragen sollen.
3) die Fertigung des ersten Flugzeug-Bauloses zu beschleunigen sei, damit die Flugzeuge im nächsten Jahr einsatzreif sind.
4) Lippisch mit dem nötigen Personal zur Erfüllung seiner Aufgabe auszustatten ist …

Oberst-Ing. Reidenbach kommentierte die Punkte wie folgt:
zu 1) Er würde den General-Oberst in Kenntnis setzen, seine Entscheidung zu revidieren, da nach weiterer Erörterung der Gründe zur Verlagerung der Abteilung L nach Obertraubling Prof. Messerschmitt und Lippisch bei einem Treffen am 28. diesen Monats eine Einigung zu diesem Punkt erzielt haben.
zu 2) Oberst-Ing. Reidenbach nicht über die Befugnis verfüge, über diesen Punkt zu entscheiden. Er schlug vor, daß Prof. Messerschmitt die Angelegenheit direkt mit General-Oberst Udet besprechen solle. Brigadeführer Croneiß und Direktor Hentzen legten dar, daß gemäß eines früheren Beschlusses des Technischen Amtes Flugzeugmuster mit dem Kürzel des Herstellernamens zu bezeichnen sind. (Man beachte die Argumente bezüglich der Bezeichnung Me, als die Firma noch Bayerische Flugzeugwerke hieß, und das Beharren des Technischen Amtes auf der Bezeichnung Bf). Oberst-Ing. Reidenbach konnte sich dieser Ansicht nicht anschließen, war aber nach wie vor der Meinung, Prof. Messerschmitt solle dies persönlich mit General-Oberst Udet besprechen.
zu 3) Brigadeführer Croneiß übergab die Baubeschreibung der vergrößerten Me 163 [Me 163 B] *an Herrn Antz zur weiteren Bearbeitung.*
zu 4) Dies wird Gegenstand einer Besprechung am 4. September in Augsburg sein. …

Herr Antz informierte die Sitzung über die Vorlage eines Projekts durch das Projektbüro Voigt, das dem des Projektbüros Lippisch

Eine an die Original-Messerschmitt-Zeichnung 279-31 in einer Anweisung vom 09.05.41 angelehnte Skizze.

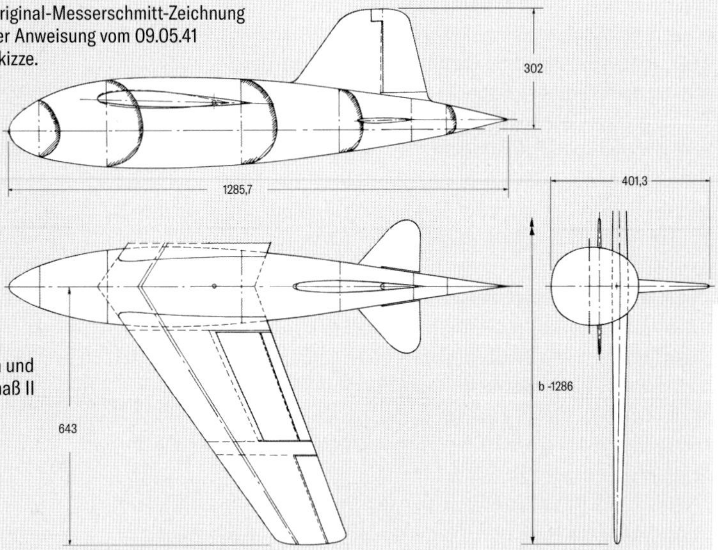

Eine an die Original-Messerschmitt-Zeichnung 279-32 in einer Anweisung vom 13.06.41 angelehnte Skizze.

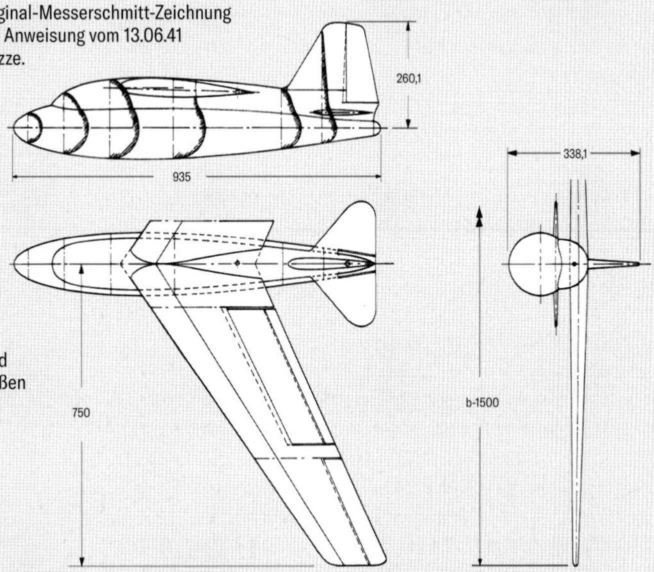

Eine an die Original-Messerschmitt-Zeichnung 279-33 in einer Anweisung vom 19.06.41 angelehnte Skizze.

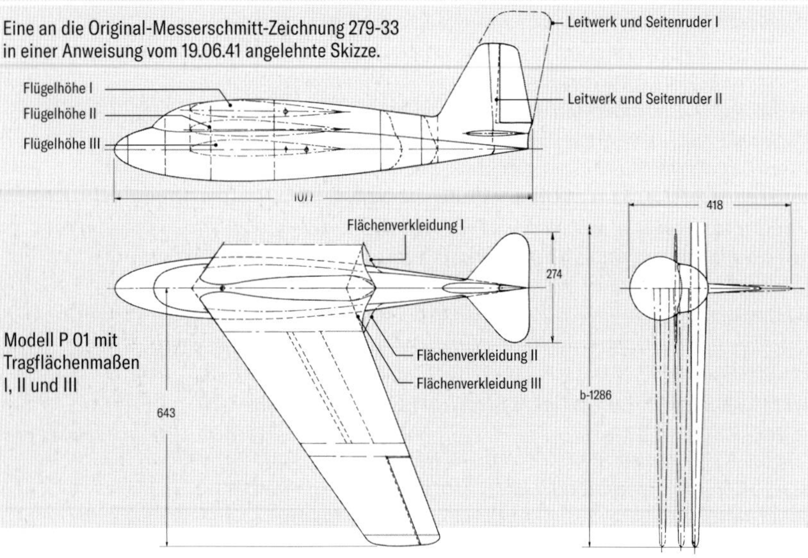

Musterzeichnungen eines Modells mit verschiedenen Abweichungen von der Me 163. Lippisch nannte das Muster P-01. Es zählte zu einer Reihe von Entwürfen, mit denen er sich 1941 beschäftigte. Den Bericht Nr. 41/14/22 über die Windkanalversuche veröffentlichte die AVA Göttingen am 23. September 1941. Noch zu diesem Zeitpunkt hielt man ein Höhenleitwerk zur Stabilisierung und zur Verbesserung der Steuerungseigenschaften für erforderlich – was Lippisch gestört haben mag. Es erschien wenig später in Form eines Schmetterlingsleitwerks.

sehr ähnlich ist. Er hatte eine Zeichnung von P 1079 / 13a vom 11. August 1941 und die beiliegende Beschreibung eines Flugzeugs erhalten, das zwar kein Nurflügler ist, aber stark nach hinten gepfeilte Tragflügel aufweist und von einem Strahltriebwerk angetrieben wird.[16] *Herr Antz bemerkte, dass Herr Voigt bei der Übergabe sagte, wenn man dieses Projekt weiterentwickelte, es die Me 163 und den Interzeptor erübrigen würde.*

Direktor Hentzen bemerkte, Prof. Messerschmitt hätte es für notwendig erachtet, nachdem er von den Forschungen von Prof. Betz erfahren habe, Hochgeschwindigkeitsflugzeuge mit Pfeilflügeln auszustatten und deshalb Anweisungen gegeben, das Projekt in dieser Weise zu konstruieren. Brigadeführer Croneiß fügte hinzu, dass Prof. Messerschmitt bei der Besprechung am 28. diesen Monats Herrn Voigt ausdrücklich untersagt habe, sich mit schwanzlosen Entwürfen zu befassen, da diese in den Verantwortungsbereich des Projektbüros Lippisch fielen.“

Die Entwicklung der Me 163 B begann am 1. September 1941. Im Laufe des Monats erhielt das RLM eine Beschreibung des Flugzeugs und einen Fertigungsplan zur Genehmigung. Der Beginn der Fertigung von vier Versuchsmustern (V1–V4) einschließlich Montage und einer weiteren Zelle für Festigkeitsversuche sollte plangemäß am 1. Oktober in Augsburg beginnen. Die Teile-Fertigung der verbleibenden 66 Produktionsmuster(!) sollte in Regensburg und die Montage in Obertraubling erfolgen. Der Plan wurde nachfolgend überarbeitet und zusammen mit einer Alternative am 22. Oktober beim RLM in Anwesenheit von Udet, Reidenbach, Hentzens sowie eines Rechtsanwalts erörtert. (9) Der vom RLM bevorzugte Plan sah den Erstflug des ersten Produktionsmusters sieben Monate nach Beginn der Fertigung vor. Messerschmitt hielt dies für wirklichkeitsfern: man solle sämtliche Flugzeuge als Vorserienmuster ansehen, wobei die fünfte Maschine nicht vor 17 Monaten ausgeliefert werden könne. Das Beharren des RLM auf einer höheren Fertigungszahl führte zur Anfrage der Firma beim RLM, Vorrang bei Windkanalversuchen in Göttingen (die plangemäß am 15. November beginnen sollten) zu erhalten sowie nach Zurverfügungstellung von Rohmaterialien, in Traubling zu installierenden Montagegestellen, Technischen Zeichnern und Facharbeitern. Der Vorschlag, Metall statt Holz für die Tragflächen zu verwenden, wurde ebenfalls erörtert. Schließlich willigte Messerschmitt in die Fertigung von 60 Paaren Metallflügel zur Nachrüstung der Produktionsmuster ein (was bis Mai 1942 wieder gestrichen wurde).

Wegen der späten Ankunft der vom RLM versprochenen Technischen Zeichner konnten die Produktions-Vorbereitun-

Maßstabsgetreue Rumpfattrappe der Me 163 B in Augsburg. Ursprünglich sollte die Messerschmitt AG in Augsburg die ersten vier Prototypen sowie eine Me 163-B-Zelle für Festigkeitsversuche fertigen und die Messerschmitt GmbH in Regensburg bzw. Obertraubling die restlichen Prototypen bauen bzw. endmontieren. Letztlich wurde aber fast die gesamte Produktion nach Regensburg verlagert – nur die B V1 und B V1a entstanden in Augsburg.

gen erst im Dezember 1941 beginnen. Des Weiteren gab es Verzögerungen aufgrund der späten Lieferung des Windkanalmodells und weil Aerodynamiker fehlten. Wesentlich größere Schwierigkeiten bereiteten die Materialknappheit, so dass der Bau der Produktionsmuster erst im Mai 1942 beginnen konnte, sowie der Mangel an Informationen über die HWK- und BMW-Triebwerke nebst Einbau. Letzteres wurde durch den Umstand verschärft, dass die Triebwerke unterschiedliche Kraftstoffanlagen benötigten sowie durch weitere Modifikationen, die nötig waren, um mit den Triebwerksentwicklungen Schritt zu halten.

Außerdem war das für die Me 163 B vorgesehene Triebwerk HWK RII 209 gestrichen und durch das RII 211 ersetzt worden. Da die Triebwerke unterschiedliche Treibstoffbehälter benötigten, waren weitere Änderungen erforderlich. Die Wahl des RII 211 verursachte nochmalige Verzögerungen, doch es gab einen kleinen Lichtblick: die Me 163 B V1 würde höchstwahrscheinlich vor Lieferung des Aggregats fertig und für Flugversuche zur Verfügung stehen. Deshalb stattete man sie noch mit dem „kalten" Triebwerk HWK RII 203 der Me 163 A aus. Mit diesem kam es aber zu keinem Flug aus eigener Kraft.

Das von Walter entworfene so genannte „kalte" Triebwerk erhielten außer A V12 und A V13 sämtliche Me 163 A sowie die B V4, B V6 und B V8. Es wurde mit *T-Stoff* (wässrige Lösung von konzentriertem Wasserstoffperoxyd) und *Z-Stoff* (konzentrierte Lösung von Natrium- oder Kalziumpermanganat als Katalysator) betankt. Das „heiße" Triebwerk HWK RII 211 (RLM-Bezeichnung 109-509 B) stand anfänglich nur in der Vorserien-Ausführung 509 A-0 zur Verfügung. Bis auf die für das BMW-Aggregat reservierten B V10–B V14 erhielten es dann alle Prototypen der Me 163 B. Das RII 211 arbeitete mit *C-Stoff* (Mischung aus Methanol, Hydrazinhydrat und Wasser) und *T-Stoff*. (11, 12)

Verträge über das BMW-Raketentriebwerk P 3390 A (RLM-Bezeichnung 109-510) wurden im Oktober 1941 ausgestellt, als die Schwierigkeiten bei der Entwicklung des HWK-Triebwerks für die Me 163 B und bei der Erzeugung der Treibstoffe immer deutlicher zutage traten. BMW hatte 1939 im Werk Berlin-Spandau mit der Entwicklung von Raketentriebwerken begonnen. Dabei entstanden drei Typen: der erste als reines Versuchsmuster, der zweite arbeitete mit drei Treibstoffen und der dritte mit nurmehr zwei. Die Grundtreibstoffe waren *S-Stoff* (hochkonzentrierte Salpetersäure) und Methanol, die sich beim Zusammentreffen mit *R-Stoff* (Mischung aus Xylidin und Triethylamin, auch als *Tonka* bekannt) entzündeten.

Gemäß dem Protokoll einer am 25. Mai 1942 in Augsburg abgehaltenen Besprechung sollte das BMW-Aggregat in die B V2, B V4, B V6 und B V7 eingebaut werden.(13) Mitte Juli kam die Meldung, BMW hätte zwar zwei Raketentriebwerke fertig, könne aber keine Versuche damit anstellen, da die Prüfstände noch nicht fertig seien. Weitere Verzögerungen führten zur Umdisposition, die BMW-Triebwerke in B V10–B V14 einzubauen, und zu diesem Behufe brachte man B V10 am 18. Juni 1943 nach Spandau. Berichte über Flüge der B V10 mit diesem Triebwerk fehlen.

Prof. Hellmuth Walter (1900 – 1980, siehe Kurzlebensläufe S. 429. Seine Walter KG in Kiel entwickelte die Raketentriebwerke für die He 176, die DFS 194 und die Me 163.

Im März 1942 sah man Schmidt-Argus-Triebwerke für die B V11 und B V12 vor, was schon im Oktober

Die beim Einbau des Raketentriebwerks der DFS 194 gewonnenen Erkenntnisse führten zur Entwicklung eines Verfahrens, mit dem es sich als Baugruppe wesentlich einfacher montieren und demontieren ließ. Die Befestigung erfolgte mittels zweier verstellbarer Flansche und einer Stützstrebe am Ringrahmen. Die Hellmuth Walter KG in Kiel und Beerberg fertigte verschiedene Ausführungen des Triebwerks. Das hier zu sehende, so genannte „heiße" HWK RII 211 (RLM-Bezeichnung: 109-509 B) erhielten fast alle Me 163 B einschließlich Prototypen. Es arbeitete mit T- und C-Stoff und erbrachte etwa 760 kg Schub in Meereshöhe.

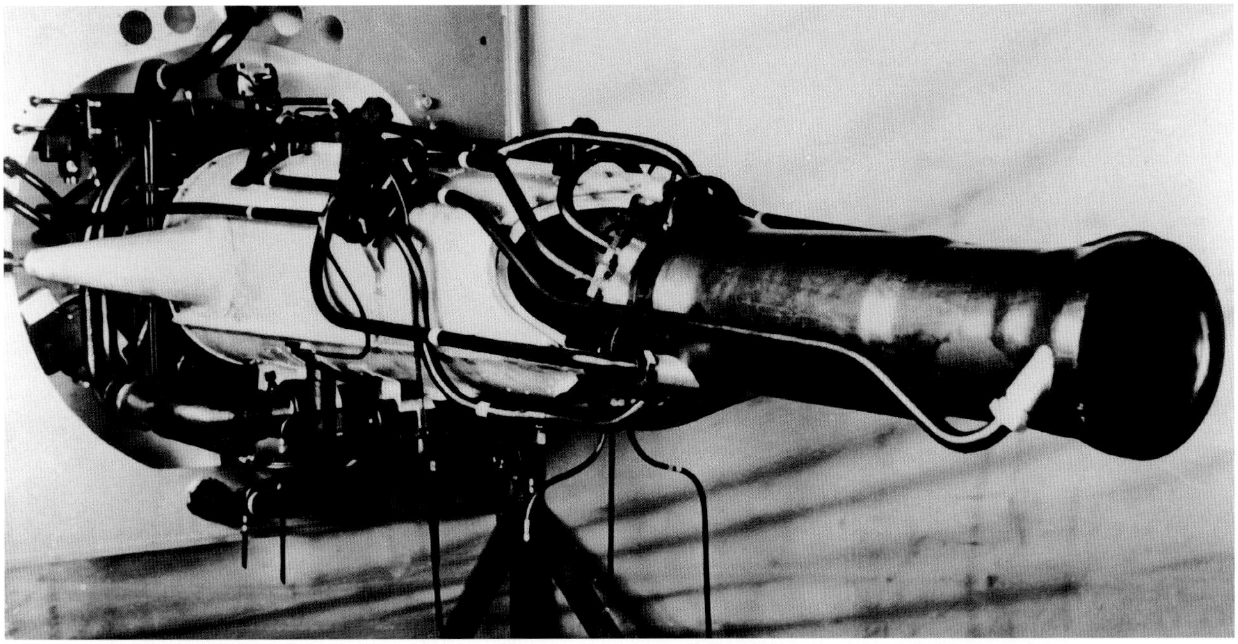

Oben: Aufgrund von Entwicklungsschwierigkeiten beim Walter-Triebwerk schloss das RLM im Oktober 1941 einen Vertrag mit BMW zur Lieferung eines Aggregats für die Me 163 ab. BMW arbeitete seit 1939 an einem Flüssigkeits-Raketentriebwerk. Es sollte in die fünf Prototypen Me 163 B V10–B V14 eingebaut werden; gemäß vorliegenden Dokumenten wurde aber nur die B V10 damit ausgestattet – wahrscheinlich nur zur Überprüfung des Einbaus. Zu diesem Zweck kam die B V10 am 18. Juni 1943 nach Spandau. Zu diesem Zeitpunkt hatte die Firma Walter jedoch die meisten Probleme mit ihrem Triebwerk in den Griff bekommen, so dass das RLM die BMW-Entwicklung stoppen ließ. Die Arbeiten wurden später jedoch wieder aufgenommen, als man das Aggregat als Hilfstriebwerk für die Me 262 vorsah. Die genannten Me 163-Prototypen aber erhielten später sämtlich das Walter-Triebwerk.

1942 erörtert worden war. Aber auch diese Versuche wurden gestrichen und die beiden Flugzeuge sowie B V13 und B V14 schließlich mit Walter-Triebwerken versehen. Am 22. Juni 1942 griff Prof. Messerschmitt den Argus-Gedanken mit dem Vorschlag wieder auf, zu Versuchszwecken und zur Gewinnung aerodynamischer Werte im Windkanal eine Me 163 A mit zwei 250 kg oder vier 150 kg Schub leistenden Triebwerken auszustatten. Diese Vorschlag überschnitt sich zeitlich mit einem anderen, der schließlich zur Entwicklung der Me 328 führte.

Im Mai 1942 musste der Produktionsplan erneut revidiert werden. Nun sollte Augsburg Bau und Montage von B V1 und B V6 übernehmen, wobei Letztere eine druckbelüftete Kanzel sowie das verbesserte Walter-Triebwerk 109-509 B1 mit zusätzlicher Brennkammer („Marschofen") für erhöhte Flugdauer bei Reisegeschwindigkeit erhalten sollte. (Die druckbelüftete Kanzel für die B V6 wurde nicht eingebaut, da das RLM die maximale Einsatzhöhe der Me 163 auf 12.000 m begrenzte).

Des Weiteren erhielt Messerschmitt/Augsburg einen Vertrag über eine zusätzliche Maschine B V1a, die auf Anraten des DLV in Berlin ungeschränkte Flächen erhalten sollte. Die erwarteten verbesserten Flugleistungen dieser Modifikation wollte man anhand des Flugzeugs besser bewerten können. (14) Die restlichen Maschinen und die Versuchszelle sollte die Messerschmitt GmbH in Regensburg fertig stellen. Im Spätfrühling 1943 mussten die Fertigungspläne aufgrund von Verzögerungen erneut revidiert werden. Zum einen ging die Flugerprobung nicht schnell genug voran, zum anderen mangelte es an Arbeitskräften: das Aufgabengebiet der Firma hatte sich kriegsbedingt erweitert und Messerschmitt oblag die Fertigung sowohl der Me 163 als auch der Me 262. Eine gewisse Entspannung der Lage brachte die RLM-Forderung bezüglich der Hanns Klemm

Oben: BMW-Triebwerk auf dem Prüfstand in Spandau. Es arbeitete mit konzentrierter Salpetersäure und Methanol, was im Falle einer Übernahme den kompletten Umbau der Me 163-Antriebsanlage erfordert hätte.

Heck-Demontage der Me 163 B V10, um an das BMW-Triebwerk zu gelangen. Das Walter-Triebwerk erforderte ganz ähnliche Arbeitsschritte.

GmbH im württembergischen Böblingen: Klemm sollte freie Kapazitäten zum Bau sowie zur Endmontage der Me 163 bereitstellen. Es kam zu einem Vertragsabschluss zwischen Messerschmitt und Klemm, und künftig übernahmen die Böblinger in Lechfeld die Endmontage der Me 163 B ab Muster B V23.

Am 26. Juni 1942 stieg Heini Dittmar in Augsburg mit der geschleppten B V1 (KE+SX) zum Erstflug auf – rund einen Monat später, als im Oktober 1941 geplant. Obwohl die B V1 für ein Walter-Raketentriebwerk vorgesehen war, erhielt sie es nie. Man setzte die Maschine zu Versuchen mit Bremsschirmen, Spornrädern sowie Landeklappen ein und übergab sie Ende 1943 schließlich dem Erprobungskommando 16 in Bad Zwischenahn, das mit ihr Piloten schulte. Im Juli 1944 zog sie mit der Ergänzungsstaffel/JG 400 nach Brandis um und später nach Udetfeld in Oberschlesien. Die B V1 überstand den Krieg und zählte letztlich zu jenen Me 163, die von den Amerikanern in Linz zerlegt und in die USA geschafft wurden.

In der zweiten Jahreshälfte 1942 beeinflussten weitere Umstände die Entwicklung der Me 163.

Sie hingen zum einen mit allgemeinen Plänen Prof. Messerschmitts bezüglich schwanzloser Flugzeuge zusammen, zum anderen mit der Flugerprobung der B V1 und den Schätzungen der Einsatzmasse des gefechtsfähigen Flugzeugs zusammen. Gegen Jahresende verschmolz beides in der nun ernstlich verfolgten Erkenntnis, damit baulich bedingte technische Probleme bei der Me 163 B in den Griff zu bekommen. Vermutlich fanden die Ideen Prof. Messerschmitts ihren Niederschlag in einem im Juli 1942 eingereichten Patent. (15) Messerschmitt (Rückübersetzung):

„Allgemein ist es notwendig, an schwanzlosen Flugzeugen ein Seitenleitwerk anzubringen, um sie um die vertikale Achse zu stabilisieren. Da die vom Seitenruder bewirkten Momente zum Ausgleich großer Bewegungen des Neutralpunktes bei ausgefahrenen Landeklappen nicht genügen, wird vorgeschlagen:

1) *schwanzlose Flugzeuge mit zwei kleineren Flossen, angeordnet in Form eines V-Leitwerks, auszustatten, die als Höhenleitwerk fungieren, und*

Modell der Me 263 im Vier-Fünftel-Maßstab für die Versuche der AVA im Windkanal Nr. 6 im Juli und August 1941.

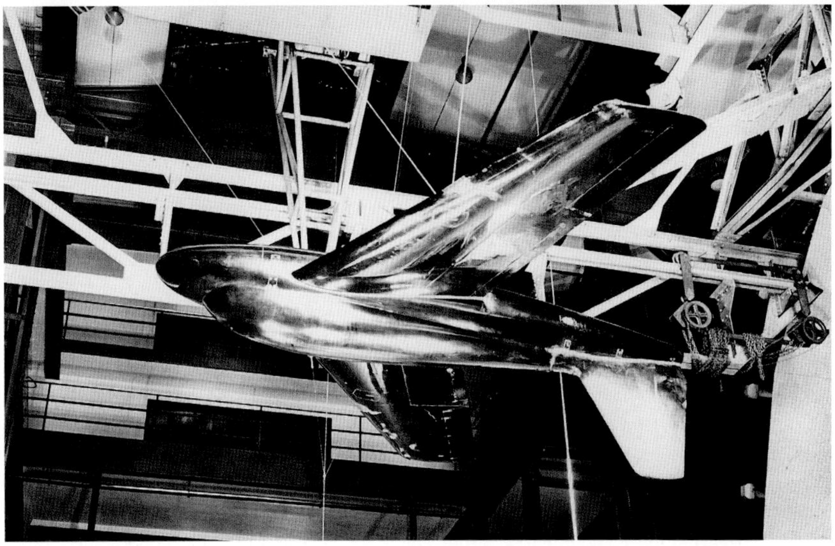

2) sie in solcher Weise anzuordnen, dass sie sich bei eingefahrenen Klappen zu einer Einzelflosse zusammenklappen lassen.“

Im Januar 1943 führte er den Sachverhalt weiter aus:
„Der Pfeilflügel ist für Hochgeschwindigkeitsflugzeuge unabdingbar. In diesem Fall ist es ratsam, den Flügel mit Eigenstabilität zu konstruieren. Durch mittigen oder fast mittigen Einbau der Triebwerke [im Flügel] *lässt sich der Rumpf kurz halten, wie von Herrn Lippisch vorgeschlagen. Die verbleibende Frage, die es zu beantworten gilt, ist, ob die Teilung des Leitwerks in zwei Flossen zur Schaffung eines V-Schwanzes folgende Vorteile gegenüber einem schwanzlosen Flugzeug bietet:*

1) bei Manövern in Schräglage oder bei der Landung ist bei herkömmlicher [schwanzloser] *Bauweise das Querruder nach oben gerichtet, wobei es den Gesamtauftrieb in einem Augeblick verringert, in dem es auf möglichst großen Auftrieb ankommt. Bei Einsatz eines V-Schwanzes ist vorstellbar, vorausgesetzt daß das Flugzeug auch ohne Leitwerksfläche um die Längsachse stabil ist, daß die Steuerung um die Querachse durch Ausschlag beider Flossen am V-Leitwerk in diesem Sinne besser wirkt als durch Einsatz der Querruder.*

2) Die Verwendung eines V-Leitwerks ermöglicht eine größere Spanne des Massenschwerpunkts als gegenwärtig [bei schwanzlosen Entwürfen] *möglich, d. h. das Flugzeug läßt sich mit dieser Schwanzform teilweise trimmen, teilweise mit den Landeklappen.*

3) Ein Vorteil der Verwendung des V-Leitwerkes ist, daß sich Landeklappen über einen Teil der Tragfläche, vielleicht über die gesamte Länge der Tragfläche, zur Auftriebserhöhung einsetzen lassen. In diesem Fall ist die Verwendung eines unsymmetrischen Profils bei den Leitwerksflächen zur Erhöhung des negativen Auftriebs ratsam. Unter besonderen Umständen sollte ein fester oder ausziehbarer Vorflügel am V-Leitwerk angebracht werden, um den von den Landeklappen bewirkten Kippmomenten nach vorn entgegenzuwirken, und um die Größe des V-Leitwerkes zu verringern…“

Am 29. Januar schrieb Messerschmitt auf eher persönlicher Ebene an Lippisch (Rückübersetzung): (17)
„Ich habe schon wieder erfahren müssen, dass Sie Projekte mit dem Technischen Amt besprochen haben, und muss Sie zum wiederholten Male darauf hinweisen, dies zu unterlassen und künftig vor Besuchen des RLM alle Projekte mit mir zu besprechen. Ich kann nicht länger dulden, daß Sie als Angehöriger der Messerschmitt AG Schritte unternehmen, die zuvor nicht vom Vorstand genehmigt worden sind. Außerdem muss Sie bei Besuchen des Technischen Am-

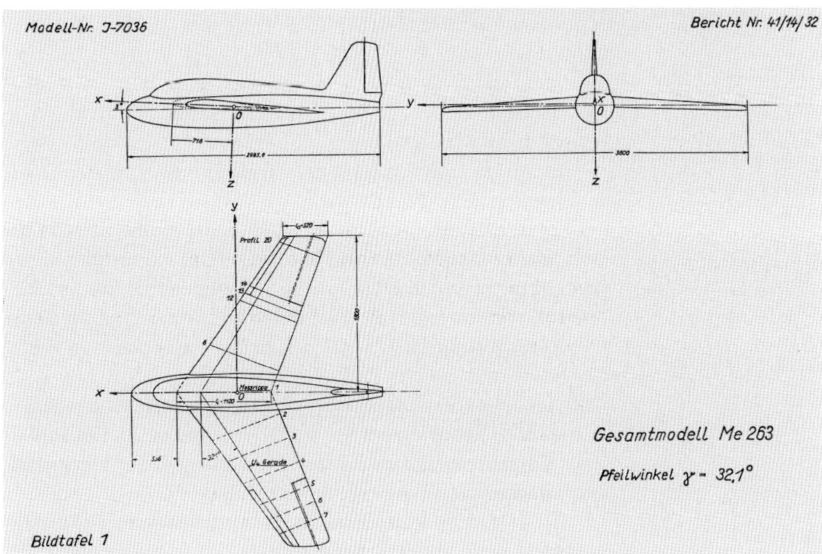

Dreiseitenriss des geplanten Produktionsmodells der Me 263 (in der Literatur wird manchmal die falsche Bezeichnung Me 163 S verwendet). Im Sommer 1941 fanden Versuche im großen Windkanal der AVA Göttingen statt; deren Ergebnisse der am 28. April 1942 veröffentlichte AVA-Bericht 41/14/32 festhielt. Man beachte den länglicheren Rumpf. Die Bezeichnung Me 263 ging später auf die Ju 248 über, die gegen Ende des Krieges projektierte, umfassend verbesserte Ausführung der Me 163.

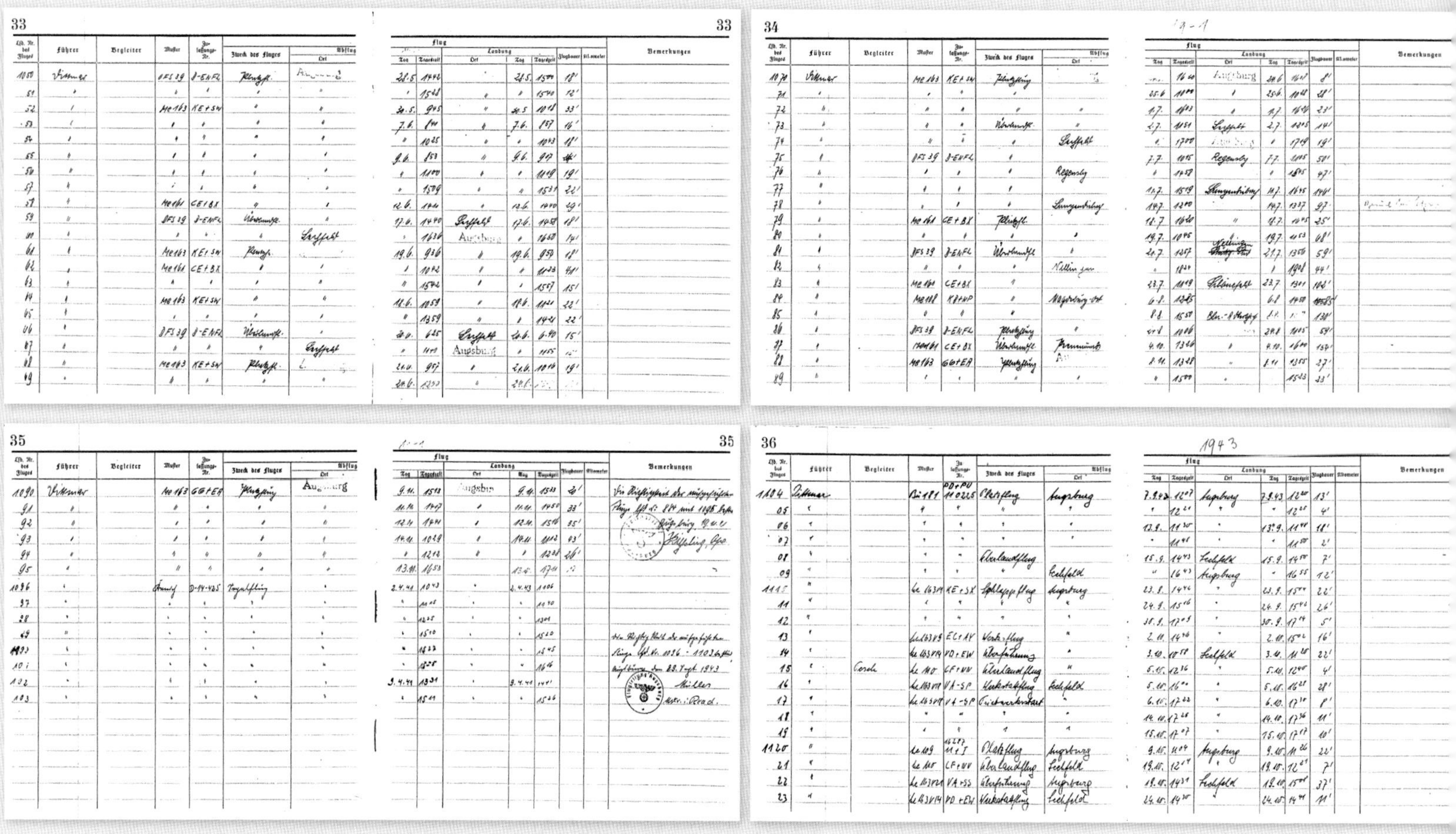

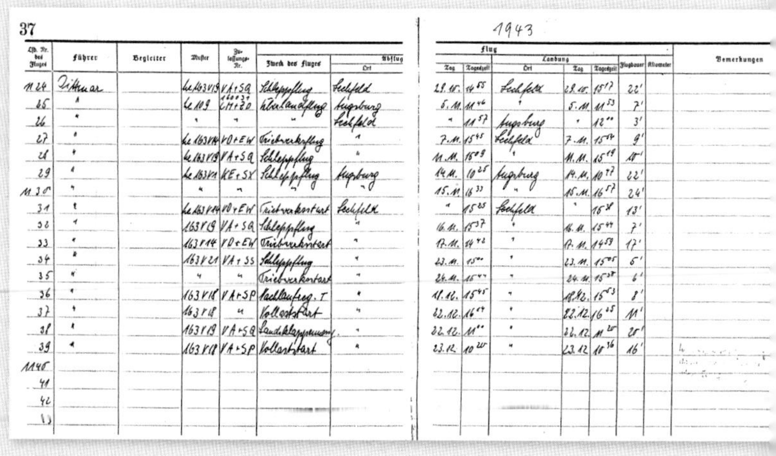

Auszüge aus dem Flugbuch Heini Dittmars mit Einträgen vom 28. Mai 1941 bis zum 23. Dezember 1943. Obwohl die Einträge in fortlaufender Reihenfolge durchnummeriert wurden, fehlen die vom 9. April 1941 bis 7. September 1943 durchgeführten Flüge mit der Me 163. Am 16. Oktober 1942 erlitt Dittmar bei einer harten Landung mit der Me 163 A V12 (CD+IQ) in Augsburg so schwere Verletzungen, dass er erst ein Jahr darauf wieder fliegen konnte bzw. durfte. Einige der „fehlenden Flüge" mit der Me 163 sind in Erprobungsberichten dokumentiert.

tes ein Angehöriger des Berliner Büros begleiten, so wie alle anderen, die dies tun."

Lippisch wurde damals nicht nur wegen seiner Umgehungen des „offiziellen Dienstweges" getadelt, sondern geriet zunehmend wegen seiner geschätzten Prinzipien bei der Konstruktion schwanzloser Flugzeuge unter Kritik.

Am 1. März 1943 meldete Hauptmann Wolfgang Späte dem General der Jagdflieger und dem RLM (Rückübersetzung): (18)

„Die jüngsten Schätzungen der endgültigen Ausrüstungsmasse und des Schwerpunkts der Me 163 B zeigen die Notwendigkeit einiger grundlegenden Änderungen der Zelle. Entweder müssen wesentliche Gewichtseinsparungen am Flugwerk vorgenommen oder das derzeitige Einzel- durch ein V-Leitwerk ersetzt werden. Im ersten Fall müssen, so weit es sich beurteilen läßt, der Bremsschirm, die Bremsklappen und das Spornrad entfernt und das Volumen des Z-Stoff-Behälters verringert werden. Die Erprobungsstelle Peenemünde sowie das Erprobungskommandos 16 können Versuche mit ei-

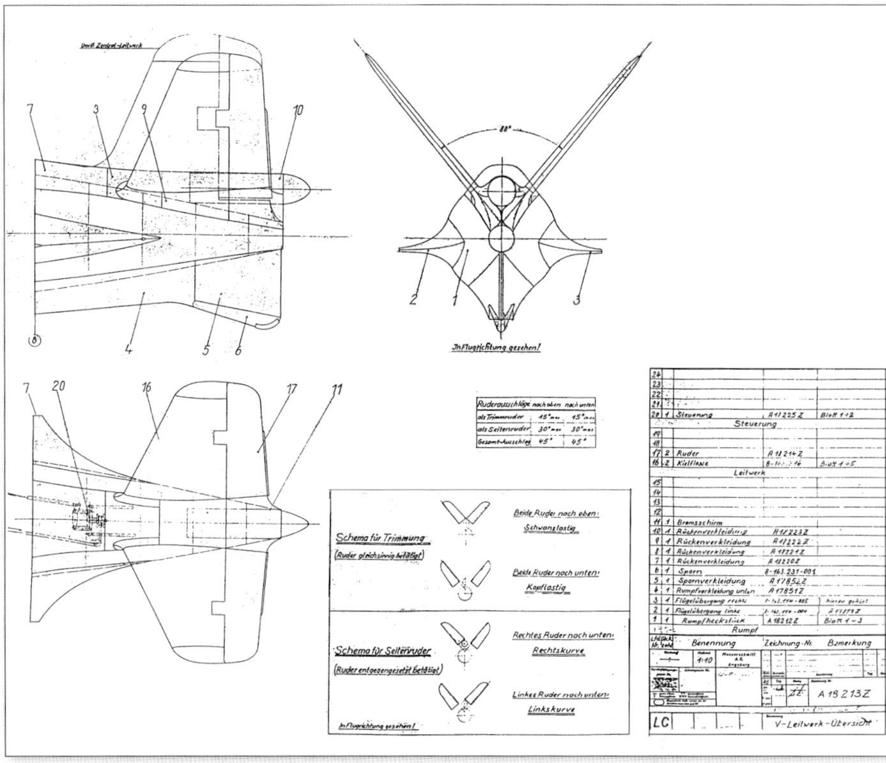

Dreiseitenriss des für die Me 163 B vorgeschlagenen V- oder Schmetterlingsleitwerks.

ner Me 163 B mit diesen Änderungen lassen sich einfach und ohne weiter Zeit zu verlieren durchführen. Dem Erprobungskommando sind auf einem Staffelplatz sogar Einsatzerprobungen möglich, sofern herausragende Flugzeugführer verfügbar sind. Das Erprobungskommando bezweifelt allerdings, ob durchschnittliche Flugzeugführer Kampfeinsätze mit diesen vereinfachten Me 163 B aus Serienproduktion fliegen können, die

1) *über keine Landehilfen verfügen, was Landungen vor allem auf freiem Gelände sehr schwierig macht und wahrscheinlich zu Bruchlandungen führt.*
2) *über keine Bremsklappen verfügen, was Angriffe sehr schwierig macht und die Erfolgschancen verringert.*
3) *die sich (ohne Bremsklappen) nicht ausreichend abbremsen lassen, um dem Flugzeugführer ein gefahrloses Aussteigen bei Überschreiten der kritischen Geschwindigkeit* [Machzahl] *zu ermöglichen.*

Die Ausstattung aller Produktionsmuster mit V-Leitwerk kann möglicherweise nicht vor August oder September abgeschlossen werden und zu großen Verzögerungen in der Fertigung all jener Teile führen, die zur Änderung der Zelle benötigt werden. Es stimmt notwendiger Weise auch nicht, daß die ersten, von HWK für Anfang Mai versprochenen »heißen« Triebwerke unmittelbar nach Auslieferung in die Produktionsmuster eingebaut werden können, zumal die Flugerprobung dieser Triebwerke mehrere Monate in Anspruch nehmen wird. Auf der anderen Seite sollten die Vorteile des V-Leitwerks aus Sicht des Flugzeugführers nicht unterschätzt werden, da der V-Schwanz die Unterbringung des Bremsschirms oben auf dem Heck zulässt, wo ihm Treibstofflecks nicht zusetzen können und von wo er sich erstmals erfolgreich verwenden lässt, was bei der derzeitigen Unterbringung nicht möglich ist. Auch weil sich das V-Leitwerk zur Trimmung des Flugzeugs verwenden lässt; sich die Trimmklappen an der Innenseite der Tragflächenvorderkanten zur Auftriebserhöung und auch als Landeklappen verwenden lassen. In diesem Fall fiele die Startstrecke kürzer aus und es stünde eine wirksame Landehilfe zur Verfügung, ohne die Einsatzpiloten beträchtliche Schwierigkeiten bei der Landung bekämen. Die wenigen derzeit verfügbaren Me 163 A reichen nicht im Entferntesten zur Schulung aus und die Verwendung von Me 163 B ohne Landehilfen zu diesem Zweck ist äußerst fraglich.

Die Änderungen von Masse und Schwerpunkt bei der Me 163 B wurden verursacht durch

1) *Änderungen, die im Zuge der Flugerprobung vorgenommen wurden, die im Besonderen zur Gewichtserhöhung des Hecks führten (Verlängerung der Landekufe, Anbau eines Spornrades),*
2) *die Triebwerke, die schwerer als erwartet ausfielen,*
3) *keine Berücksichtigung der in den Kraftstoffleitungen und im Z-Stoffbehälter befindlichen Treibstoffe bei der Massenberechnung des Flugzeugs.*

Die Lage des Schwerpunktes lässt sich durch Ballast in der Schnauze und Verstärkung der Panzerung des Bugkegels korrigieren. Die Gewichtszunahme infolge dieser Maßnahmen sowie der Umstand, daß die Masse der vollbeladenen Me 163 schon höher als geschätzt ausfiel, würde wahrscheinlich die Verringerung der Treibstofflast erfordern und dies wiederum zur Verringerung der Einsatzreichweite führen, was nicht hinnehmbar ist.

Derzeit wird in Augsburg ein V-Leitwerk gebaut, das in etwa 4 bis 6 Wochen für die Erprobung verfügbar sein wird. Sollte die Flugerprobung erweisen, daß dieses Leitwerk den Erwartungen entspricht – eine Bf 109 mit Schmetterlingsleitwerk wurde bereits mit gutem Ergebnis erprobt –, und dies zu Änderungen an den Produktionsmustern führt, muss das bei der Me 163 B angewandte Prinzip des schwanzlosen Flugzeugs aufgegeben werden. Allerdings ist es wichtiger, das Flugzeug schnellstmöglich und durch Einsatz aller Mittel zur Einsatzreife zu bringen, als sich auf dieses Konstruktionsprinzip zu verlegen. Im gegenwärtigen Zustand handelt es sich bei der Me 163 B wegen der eingebrachten Zusatzausrüstung und den provisorischen Änderungen als Folge der anfänglichen Flugerprobung mit den Triebwerken um einen Zwischenentwurf, der durch einen neuen Entwurf ersetzt werden muss, der alle bisherigen Erkenntnisse aus der Flugerprobung berücksichtigt.“

Im Gegensatz zu Spätes Feststellung zeigte die am 21. Januar 1943 begonnene Flugerprobung der Bf 109 mit Schmetterlingsleitwerk (V48, W.Nr. 14003, VJ+WC) eine unerwünschte Instabilität um alle Achsen. Unter Messerschmitt-Vertrag führte die AVA Göttingen Windkanalversuche mit dem Modell einer Me 163 B mit V-Leitwerk durch. Sie waren am 23. Juli abgeschlossen und ein Bericht in Vorbereitung. Der Bericht wurde erstellt, aber bei Kriegsende vernichtet.

Die Probleme mit der Me 163 B kamen am 10. und 11. März in Augsburg erneut zur Sprache. Wolfgang Späte (Rückübersetzung): (19)

„Es hatte sich als notwendig erwiesen, zur Lösung von Problemen mit den Schwerpunkt und dem Gewicht der Ausrüstung über grundlegende Änderungen am Entwurf der Me 163 B zu entscheiden. Die Ergebnisse der Besprechung in kurzem:

Folgende, derzeit für die Me 163 B vorgesehene Änderungen werden nicht mehr verfolgt:

1) *Druckkabine: Die Bauform des Triebwerks erlaubt keinen Be-*

Der Erstflug der Bf 109 V48 (VJ+WC, W.Nr. 14003) mit Schmetterlingsleitwerk fand am 21. Januar 1943 statt. Die als „vielversprechend" geschilderte Flugerprobung brachte aber unbefriedigende Stabilitätseigenschaften um alle Hauptachsen ans Licht, so dass man das V-Konzept wieder verwarf. Nichtsdestoweniger fand die von Prof. Messerschmitt vorgeschlagene Leitwerksform noch Anwendung bei anderen Hochgeschwindigkeitsflugzeug-Projekten wie der Me 262 HG II.

trieb des Luftkompressors, wenn das Triebwerk ausgeschaltet ist. Eine Druckkabine ohne Kompressor ist nicht machbar. Die Kanzel müsste so gut abgedichtet sein, daß bei einer Höhe von sagen wir mal 15 km bei abgeschaltetem Triebwerk und ohne Druckbelüftung der Kanzel durch den Motor-getriebenen Kompressor der Druck im Gleitflug bis in eine Höhe von 12 km aufrecht erhalten bleibt. Diese Forderung lässt sich mit der Me 163 B nicht erfüllen. Die Me 163 mit HWK-Triebwerk und ohne Raketen-Starthilfen kann nicht viel höher als 12 km fliegen, da der dazu nötige Treibstoffverbrauch wahrscheinlich viel zu hoch wäre.

2) *Schutz der Treibstoffbehälter: Es gibt weder bei den HWK- noch den BMW-Triebwerke einen ausreichenden Schutz für die Treibstoffbehälter; ein wirksamer Schutz wurde noch nicht einmal angedacht, geschweige denn gebaut.*
3) *Bremsschirm: Da die Me 163 B nicht die bei der Me 163 A vorgesehenen Landeklappen besitzt, geht die einzig wirksame Landemethode mit Ausbau des Bremsschirms verloren. Die Bremsklappen haben sich als nicht wirksam beim Abbremsen des Flugzeugs beim Landen erwiesen, wegen der bei der Flugerprobung aufgetretenen Schwierigkeiten werden sie vielleicht auch noch entfernt. Das Erprobungskommando 16 möchte daher darauf hinweisen, daß derzeit wegen der nicht zu unterschätzenden Verschlechterung der Landeeigenschaften fortlaufende Luftwaffeneinsätze wahrscheinlich durch unsachgemäße Handhabung und viele Bruchlandungen begleitet werden. Deshalb hält es das Erprobungskommando die möglichst schnelle Entwicklung des Schmetterlingsleitwerks für besonders wichtig, damit es sich nachrüsten lässt, sollte die Flugerprobung mit einem vereinfachten Flugzeug die Unmöglichkeit einer Landung ohne irgendeine Art von Landehilfe erweisen.*
4) *Spornrad: Dieses wird aus Sicherheitsgründen zumindest an allen Prototypen mit »heißem« Triebwerk angebaut werden, damit zusätzliche Sicherheit beim Start gewährleistet ist und Starts von betonierten Startbahnen möglich sind.*
5) *Ausrüstung mit Hilfsantrieb: Der Hilfsantrieb wird nicht mehr benötigt, da die dafür vorgesehene Ausrüstung nicht eingebaut wird."*

Am 26. März 1943 setzte der Messerschmitt-Vorsitzende Friedrich Seiler Alexander Lippisch darüber in Kenntnis, dass Oberstleutnant Georg Pasewaldt, Chef der Entwicklungsabteilung GL/C-E im Technischen Amt des RLM, am 20. März die Anweisung gegeben habe, die Abteilung L vollständig in das Unternehmen Messerschmitt zu integrieren. (20) Mit dem Verlust seiner Abteilung reichte Lippisch seine Kündigung ein, die angenommen wurde. Lippischs duldsames Verhalten in dieser Sache und die Schnelligkeit, mit der sie umgesetzt wurde, lassen vermuten, dass sie seit längerem geplant war – möglicher Weise auf Betreiben von Staatssekretär Erhard Milch.

Aus dem Aktenvermerk zu diesem Vorgang geht hervor, dass Lippisch nach Verlassen der Firma eine Professorenstelle in Wien antrat, der Messerschmitt AG jedoch als Berater erhalten blieb. Sein Beraterhonorar wurde auf jährlich 5000 RM über einen Zeitraum von fünf Jahren festgelegt. Lippischs Vertrag mit Messerschmitt lief am 30. Juni 1943 ohnehin aus und der Beratervertrag setzte mit Wirkung des folgenden Tages ein. Im Kündigungsschreiben bat Seiler Lippisch um die Zeilen, dass „seine Differenzen mit Professor Messerschmitt vollständig beigelegt wurden und er das Unternehmen in gegenseitigem Einvernehmen verlassen" habe. Den Beratervertrag unterzeichnete Lippisch schließlich am 27. Oktober 1943.

Vor seiner Ernennung zum Professor hatte Lippisch die üblichen akademischen Hürden durch Einreichen einer Dissertation zur Promotion nehmen müssen, was ihm nicht schwer fiel. Am 29. März verlieh ihm die Universität Heidelberg für die Arbeit *„Flugmechanische Beziehungen des Fluges mit Strahlenantrieb"* den Doktortitel (Dr. Phil. nat.).

Die Luftfahrtforschungsanstalt Wien (LFW), wo er seine Stelle antrat, gehörte verwaltungstechnisch zur Luftfahrtforschungsanstalt München (LFM). Die 1940 in Ottobrunn rund 10 km südlich München gegründete LFM befasste sich mit den unterschiedlichen Aspekten des Hochgeschwindigkeitsfluges und sollte mit einem Überschall-Windkanal sowie Prüfständen zur Entwicklung von Strahl- und Raketentriebwerken ausgestattet werden. Tatsächlich entstand der Windkanal dann im Tiroler Ötztal südwestlich Innsbruck. Zur LFM-Abteilung in Wien gehörte eine Maschinenbaufabrik, deren Werkstätten nun Lippisch zur Verfügung standen.

Lippisch verließ Messerschmitt am 28. April 1943 zusammen mit seinen engsten Mitarbeitern Dr. Friedrich Ringleb, F. Handrick, Sanders und Dr. Völker – was er in seinem Kündigungsschreiben erbeten hatte. Bei einem Besuch in Wien am 22. Juli 1943 notierte Friedrich Seiler, Lippisch habe nun an die 100 Mann unter sich und genügend Platz, um seinen Arbeitsstab auf 300 Mann zu vergrößern. (21) Da er die zur Verfügung stehenden Maschinenwerkstätten mit seiner Arbeit nicht voll ausnutzen konnte, wurden darin Fahrwerke und andere Teile für die Bf 110 gefertigt. Die Entwurfsbüros für 60 bis 70 Konstrukteure befanden sich noch in Einrichtung. Seiler erwähnte des Weiteren eine Attrappe des einsitzigen, von zwei Junkers-Strahltriebwerken angetriebenen Jägers P 11 mit Deltaflügeln, von dem Lippisch vertragsgemäß drei Prototypen bauen sollte. Der Erstflug der P 11 war für Anfang 1944 geplant. Sämtliche Pläne machte jedoch ein amerikanischer Bombenangriff im Juni 1944 zunichte, der schwere bauliche Schäden anrichtete und dem 45 Arbeiter und Angestellte zum Opfer fielen, darunter Mitarbeiter von Lippisch.

Nach dem Abgang Lippischs verteilte Messerschmitt das Personal der Abteilung L auf andere Abteilungen und Stellen, den ganzen damit zusammenhängenden Verwaltungs- und Papierkram bewältigte der ehemalige Lippisch-Mitarbeiter Kalberlah. (22) Nach einem Aktenvermerk vom 27. April 1943 kamen die ehemaligen Lippisch-Leute zu folgenden Stellen:

Projektbüro: Arndt, Blank, Dreher, Kienle, Klee, Korten, Lienharz, Narbonek, Pfäffle, Rentel, Wenz, Dr. Wurster.

Statikbüro: Billmayer, Dees, Görner, Kink, Dr. Kopp, Langsch, Neumann, Sielaff, Späth, Winkelmann, Zick.

Entwurfsbüro: Adelt, Armbrust, Bauer, Betzold, Brecht, Ettinghausen, Fleischmann, von der Forst, Forster, Harbich, Hartmann, Käseberg, Knoll, Kollenz, Körner, Lebl, Lechner, Marold, Meister, Neswadba, Öhlenschläger, Peuker, Putz, Radinger, Roewer, Rothmeier, Scheit, Schmidt, Spalding, Stangl, Stengel, Tillmanns, Vogt, Werkmeister.

Flugversuchsabteilung: Beushausen, Dittmar, Elias, Guthier, Gutmeister, Holzmann, Hubert, Keller, Prinz.

Werkstätten: Fröhlich, H. Hamburger, K. Hamburger, Kropp, Lippacher, Merk, Rosskopf, L. Sailer, J. Seiler, Sauer, Seip, Weiss, Witschorek, Zink.

Verwaltungsbüro: Armbruster, Kalberlah, Knoblauch, Köhler, Martin, Weyrich.

Im Juni 1943 gab es für Wolfgang Späte erneut Grund zum Klagen über die verfahrene Situation (Rückübersetzung): (23)

„Das Erprobungskommando gewann bei Besprechungen mit Messerschmitt den Eindruck, eine Stimmung der Unsicherheit liege über der Notwendigkeit, alles im Zusammenhang mit der Entwicklung und der Fertigung der Me 163 mit der notwendigen Dringlichkeit zu verfolgen. So erfuhr man beispielsweise, dass der Technische Vorstand von Messerschmitt die Ansicht geäußert habe, »nicht an einem Flugzeug mit solch kurzer Einsatzdauer interessiert« zu sein. Insofern scheint es notwendig, dass die Verantwortlichen im Technischen Amt den Messerschmitt-Direktoren die Bedeutung von Entwicklung und Fertigung der Me 163 unmissverständlich vor Augen führen...“

Modell der Me 163 B bei einem der Hochgeschwindigkeits-Versuche im Windkanal der DVL in Berlin-Adlershof (Durchmesser: 2,7 m). Zwischenergebnisse wurden im August 1942 veröffentlicht. Weitere Versuche mit Windgeschwindigkeiten von bis zu Mach 0.88 im selben Kanal folgten vom 17. Februar bis zum 6. März 1943. Über die Ergebnisse berichtete der ZWB-Bericht UM 1085 vom 1. Oktober 1943. Es gab ebenfalls Versuche mit Waffenbehältern unter den Flächen und Bremsklappen in Rumpfnähe über und unter den Flügeln. Die Versuche zeigten, dass die Flügelschränkung bei hohen Geschwindigkeiten zu einem unerwünschten Nickmoment beitrug; der Bericht empfahl eine Verringerung der Schränkung. In Folge erhielt die Me 163 B V1a (VA+EO) – die im Übrigen nie mit einem Raketentriebwerk ausgestattet wurde – zu Vergleichen mit der Standardausführung Tragflächen ohne Schränkung.

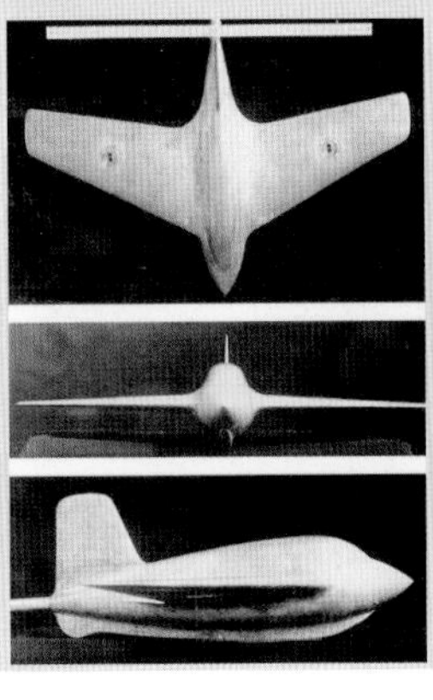

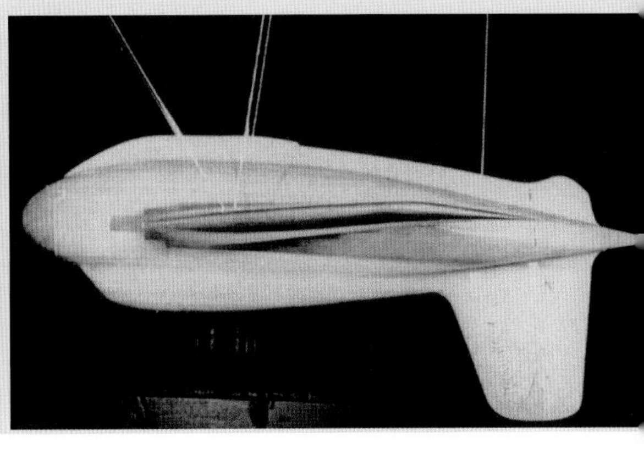

Die Lage entspannte sich ein wenig durch die Ernennung Joachim Schmedemanns zum *Sonderbeauftragten Me 163* am 14. Juli 1943. Seine Aufgabe bestand im Abstimmen der Maßnahmen von Messerschmitt, RLM und E-Stellen. Außerdem hatte er für die Umsetzung der zwischen der Messerschmitt GmbH (Regensburg), der Firma Klemm und der Messerschmitt AG (Augsburg) getroffenen Absprachen und Vereinbarungen zu sorgen. Schmedemann war direkt Rakan Kohotaki unterstellt, dem Messerschmitt-Generaldirektor.

Nach dem Krieg äußerte Schmedemann, dass seine Aufgaben „sehr vielschichtig waren und oft kaum umsetzbar erschienen, aber trotz aller Widerstände, Schwierigkeiten und Unwägbarkeiten konnten die Probleme dank der Unterstützung der Mitarbeiter bewältigt werden." Schmedemanns Gruppe umfasste rund 270 Mitarbeiter und firmierte unter der Tarnbezeichnung *Fahrzeugbau Leipheim*.

Im Juli 1943 empfahl das RLM trotz Bedenken des Erprobungsstelle Peenemünde eine Erhöhung der Produktionsmuster auf 120: „Die E-Stelle Peenemünde ist der Ansicht, daß die Fertigung weiterer Me 163 (zu den 70 bereits in Produktion befindlichen) beim gegenwärtigen Stand der Ausrüstung nicht zu rechtfertigen ist." (24, 25) Der Vertrag über 120 Flugzeuge war vor dem ersten Flug mit „heißem" Triebwerk und noch vor Ablauf der Prüfstandsversuche abgeschlossen worden. Zu dieser Zeit richtete sich die Firma Klemm auf den Bau dieser Flugzeuge ein. Von Messerschmitt erwartete man bis zum 27. Juli eine Entscheidung bezüglich des Einbaus von Marschofen, Strahlruder, Landeklappen, Kufenaufhängung und des Latscher-Fahrgestells. Die notwendigen Gerätschaften musste Klemm installieren, ohne die laufende Produktion zu beeinträchtigen. Die Flugzeuge erhielten die Bezeichnung B-1 und stellten eine Zwischenstufe zur Me 163 C dar. Auch über die Entwicklung der Me 163 C musste Messerschmitt bis zum 27. Juli eine Entscheidung treffen. Die Bewaffnung dieser Ausführung sollte aus vier Bordkanonen MK 108 bestehen, zwei längs am Rumpf neben dem Flugzeugführer angeordnet. Außerdem wollte man die Me 163 C mit einer druckbelüfteten Kanzel, dem Marschofen, einem Blasendach zur Verbesserung

Bis Ende 1944 behielt die Firma Messerschmitt ein paar Prototypen der Me 163 B zu Versuchszwecken in Lechfeld. Dazu gehörten V1a, V6 (hier kurz vor dem Start), V13, V18, V19 und V32. Die Me 163 B V6 sollte eine druckbelüftete Höhenkanzel erhalten; es gibt allerdings keine Original-Quellenbelege, dass dies tatsächlich geschah. Die B V6 trieb ein Walter-Triebwerk 109-509 B-1 an (HWK RII 211 mit Zusatzbrennkammer – Marschofen – für den Reiseflug). Sie wurde zu Steigflug-Messungen eingesetzt und kam im Oktober 1944 zum zwischenzeitlich in Brandis liegenden EKdo 16. Dort stellte man Beschädigungen der Tragflächen aufgrund von Witterungseinwirkungen fest und tauschte die Flügel gegen die Flächen der B V1a aus. Die letzten Flüge der B V6 unternahm, so weit bekannt, Fl. Ing. Harald Kuhn noch am 9. April 1945 in Brandis; eine Woche später besetzten US-Truppen den Platz.

Messerschmitt Me 163 B V6
W.Nr. 16310015
Messerschmitt AG
Lechfeld, August 1944

der Pilotensicht und einem Treibstoffvorrat ausstatten, der die Einsatzdauer um vier Minuten verlängerte (bei 800 km/h und in 15.000 m Höhe). Nach Abschluss der Arbeiten an der Me 163 B wollte Messerschmitt die Entwurfszeichnungen der Me 163 C bereitstellen, während Focke-Achgelis in Laupheim eine Attrappe, Feinzeichnungen sowie Bau und Montage von vier Prototypen fertigen bzw. übernehmen sollte. Man hätte auf den Gedanken kommen können, die bestellten 120 Maschinen gleich als Me 163 C auszuführen. Am 22. Juli 1943 fiel jedoch die Entscheidung, sie als B-1 zu bauen – was wahrscheinlich mit erwarteten Verzögerungen bei der Auslieferung des Marschofens zusammenhing. Trotzdem begann man in Laupheim mit den Entwicklungsarbeiten an der Me 163 C, wobei Messerschmitt Focke-Achgelis mit Fachkräften unterstützte. Da es für diese in Laupheim aber weder ausreichend Arbeitsplätze noch Unterkunftsmöglichkeiten gab, verzögerte sich ihre Ankunft bis Dezember. Die Arbeiten an der Me 163 C zogen sich neun Monate bis zur Einstellung des Projekts hin.

Ende 1943 rechnete das Erprobungskommando 16 damit, bald die ersten Me 163 B aus Serienproduktion in Bad Zwischenahn erproben zu können.

Auch Lechfeld war in die engere Wahl gekommen, zumindest für Abnahmeflüge der Me 163, doch der Flugplatz befand sich noch im Bau und mit der Fertigstellung war nicht vor März 1944 zu rechnen. In seinem Bericht vom 3. August 1943 äußerte Wolfgang Späte Zweifel an der Eignung von Bad Zwischenahn: (26) *„In Anbetracht der derzeitigen Lageänderung bezüglich der Luftüberlegenheit äußert EKdo Zweifel, ob alle im Zusammenhang mit der Me 163 stehenden Aktivitäten in Bad Zwischenahn konzentriert werden sollten. Es ist fast sicher, daß der Flugplatz angegriffen wird und wertvolle Flugzeuge dabei verloren gehen. Es wird vorgeschlagen, Befehle zur sofortigen Herrichtung von Lechfeld für Me 163-Einsätze zu erteilen. Lechfeld könnte innerhalb weniger Wochen eingerichtet werden, da nur Treibstofftanks und Garagen für die Tankfahrzeuge gebaut werden müssen. Lechfeld eignet sich dank seiner Nähe zu Augsburg [außerdem] noch besser als Peenemünde zur beschleunigten Durchführung von Werksflügen* [Messerschmitt].“ Am 13. September 1943 fanden in Lechfeld die ersten Erprobungsflüge mit Prototypen statt. Sechs Monate darauf erlebte der Platz den ersten einer ganzen Reihe von Bombenangriffen, die nicht nur die Me 163-Erprobung, sondern auch die Fertigung der Me 262 gefährdeten.

Schwierigkeiten anderer Art kamen nach dem fürchterlichen Luftangriff der Amerikaner auf Regensburg am 17. August 1943 auf Messerschmitt zu, der das Unternehmen zu Umgliederungen und zur Auslagerung von Produktionsstätten zwang. Die Bomben rissen die Fertigung der Bf 109 förmlich auseinander, beschädigten Montageeinrichtungen und Prüfanlagen zur Abnahme der Me 262 und zerstörten eine Anzahl Me 163.[18] (27, 28) Zu den wichtigen Umgliederungsmaßnahmen zählte die Auslagerung der Projekt-, Entwurfs- und Statikbüros im Oktober 1943 von Augsburg nach Oberammergau, die dort in einer vormaligen Gebirgsjägerkaserne unterkamen. Der Umzug verzögerte die Fertigstellungen von Zeichnungen für die B-1 um rund vier Wochen. Für den Rest des Jahres 1943 nahmen die Schwierigkeiten bei Fertigung, Erprobung und Auslieferung von Versuchsmaschinen nicht ab. Im Dezember zog Friedrich Schmedemann eine Bilanz der Ursachen:

Die ersten Probeflüge mit Me 163 fanden manchmal noch vor der Bemalung statt.

- unzureichende Flugerprobung
- fehlerhafte Verschweißungen bei den Flächen-Treibstoffbehältern der von Klemm gelieferten Flugzeuge
- Mangel an HWK-Fachkräften zur Behebung von Triebwerksproblemen
- Schwierigkeiten bei der Beschaffung von Bodenausrüstung, Tankwagen, Kraftstoffanzeigen sowie Bodenbehältern für Treibstoff
- schlechtes Herbstwetter
- Mangel an Monteuren
- Fehlen von Führungspersonal, das zu einer Flugvorführung vor Hitler am 20. November 1943 nach Insterburg/Ostpreußen abgereist war. Dadurch wurden Entscheidungen verzögert, die vor allem die B V 18 betrafen, die bislang vier Flüge durchgeführt hatte.

Hauptmann Wolfgang Späte berichtete etwa zur selben Zeit (Rückübersetzung): (29)
„Die neblige Witterung in Lechfeld ließ in den letzten drei Wochen keine Erprobungsflüge zu. Da man nicht weiß, wann eine Wetterbesserung eintritt, hat sich GL/C-E2 I damit einverstanden erklärt, eine Anzahl Versuchsmaschinen an das EKdo 16 auszuliefern, zumal Berechnungen und Festigkeitsversuche die Möglichkeit erwiesen haben, das mit den neuen Klappen versehene Flugzeug mit bis zu 900 km/h zu fliegen, obwohl Lechfeld noch keine Gelegenheit dazu hatte. (Es ist davon auszugehen, daß Messerschmitt und Klemm bis Ende Dezember mindestens 23 Flugzeuge fertig gestellt haben, von denen über die Hälfte mit den neuen Klappen ausgerüstet sind.) Die Flugabnahme wird in Zwischenahn durchgeführt.“

Frustriert von den nicht endenden Verzögerungen schrieb Späte am 13. Januar 1944 (Rückübersetzung): (30)
„Anfang Dezember letzten Jahres hatte Messerschmitt die Lieferung von mindestens 23 Einsatzmaschinen Me 163 B bis Ende 1943 versprochen. Tatsächlich sind vom 24. Dezember bis zum 13. Januar nur sechs Flugzeuge geliefert worden. Diese Verzöge-

Vom 5. Oktober 1943 bis zum 29. August 1944 unternahm Heini Dittmar mit der Me 163 B V18 (VA+SP) in Lechfeld zahlreiche Erprobungsflüge. So testete er die Maschine im Juni 1944 mit Strahlrudern (Schubvektor-Steuerung des Abgasstrahls an der Austrittsdüse) zur Unterstützung der Seitensteuerung in der Startphase. Auch bei Versuchen mit Starthilfsraketen im Juli und August 1944 fanden sie Anwendung. Die Feststoffraketen mit einer Schubleistung von 350–125 kg stammten von Rheinmetall-Borsig.

Der *Arbeitsbericht 26 Me 163* belegt eindeutig, dass Rudi Opitz bei einem Erprobungsflug in Peenemünde das Seitenruder seiner Me 163 verlor. Es sei darauf hingewiesen, dass das Landschaftsbild ebenso wenig mit Peenemünde übereinstimmt (siehe Karte in Kapitel 5, S. 121) wie der Ausmaß des Schadens an der hier gezeigten Me 163 B V18.

Am 23. Dezember 1943 riss das Seitenruder der Me 163 B V18 bei einem Hochgeschwindigkeitsflug mit 980 km/h in 800 m Höhe aufgrund eines Materialfehlers ab – dem siebten Flug der Maschine. Dittmar konnte das Flugzeug zwar sicher landen, zog sich beim Schleudern der Maschine über unebenes Gelände aber eine Wirbelsäulenverletzung zu. Dieser Flug sollte nicht mit jenem von Rudolf Opitz mit der B V21 am 3. August 1943 verwechselt werden, bei dem das Seitenruder ebenfalls schwer beschädigt wurde. Die B V18 erhielt jedenfalls danach ein verstärktes Seitenruder.

rungen lassen sich nicht auf zusätzliche Probleme bei der Flugerprobung zurückführen. Sie sind ausschließlich das Ergebnis von negativen Aussagen von Messerschmitt-Vorständen in den letzten Tagen. Die Messerschmitt AG hatte Dr. Lippisch beim Verlassen des Unternehmens im letzten Jahr versprochen, alle zur Verfügung stehenden Mittel zur Entwicklung und Fertigung einsatzreifer Me 163 einzusetzen. In Wahrheit aber stagnierte die Arbeit in den Entwicklungsbüros und Werkstätten sofort. Danach setzte man Herrn Schmedemann provisorisch als Verantwortlichen für sämtliche Me 163-Angelegenheiten ein. Die Ernennung wirkte sich insofern günstig aus, als zumindest ein gewisser Anschein von Ordnung in Augsburg einkehrte, Klemm die Fertigung übergeben und die Produktion von Ersatzteilen nach Laupheim verlagert wurden. [Selbst] *Außenseiter wurde es immer klarer, daß es [nur] den organisatorischen Fähigkeiten Herrn Schmedemanns zu verdanken war, die ihm vom eigenen Unternehmen in den Weg gelegten Hindernisse zu überwinden. Diese Schwierigkeiten waren es auch gewesen, die Herrn Dr. Lippisch zur Kündigung veranlasst hatten. Das EKdo 16 hat im Erfahrungsbericht von Juni letzten Jahres bereits darauf hingewiesen, daß die Me 163 seitens des Technischen Vorstandes von Messerschmitt »nicht von Interesse« Interesse war. Später stellte sich heraus, daß diese Aussage von Herrn Prof. Messerschmitt selbst stammte. Kürzlich (Ende Dezember 1943) trat dieses Desinteresse erneut zutage, als ihn Flg.-Stabsingenieur Antz fragte, warum er (Antz) seit Mai 1943, also seit neun Monaten, nichts mehr von der Me 163 C gehört habe!*

Ähnliche Kommentare haben auch Mitglieder der Entwurf- und Projektbüros (darunter Dr. Wurster) abgegeben, die glauben, es mache keinen Sinn, an der Me 163 zu arbeiten, da sie sowieso »abgeschossen« werden würde.

Außerdem wäre das Flugzeug kaum in Insterburg aufgetreten, wenn es der Kommandeur der Erprobungsstellen nicht zur Vorführung dorthin befohlen hätte. Noch während der Vorbereitung der Maschine auf einen Vorführungsflug versuchte Personal von Messerschmitt durch reine Ungeschicklichkeit den Flugzeugführer Herrn Hohmann von der KdE Karlshagen von der Durchführung des Fluges abzubringen.

Sogar noch im Oktober letzten Jahres ließ sich feststellen, daß sich die Flugerprobung in Lechfeld aus unerklärlichen Gründen länger als erwartet hinzog. Der Beobachter des EKdo 16 bei diesen Erprobungen, Flg.-Haupting. Brede (General der Truppentechnik) stellte fest, daß die negative Einstellung der Unternehmensführung bis auf das Wartungspersonal durchgesickert war. Sogar die bei der Me 262 eingesetzten Monteure gaben gegenüber den an der Me 163 arbeitenden Kollegen unfreundliche Äußerungen des Inhalts ab, sie hätten künftig nicht mehr viel zu tun. Der Oberwerkmeister verhinderte mit der Aussage, bestimmte Werkzeuge dürften nur für die Me 262 verwendet werden, sogar Arbeiten an der Me 163. Soldaten, die bestimmte Tätigkeiten an der Me 163 durchführen sollten, wurde der Zugang zu den Flugzeughallen verweigert, obwohl sie vom Leiter der Flugerprobung die Anweisung dazu erhalten hatten. Außerdem mussten sie stundenlang auf die für die Startvorbereitungen der Me 163 notwendigen Fahrzeuge warten, usw. usf. (Diese Schwierigkeiten berichtet jetzt Maj. Späte persönlich an Maj. Hofmann, GL/C-E2.)

Dies sind nur einige wenige von vielen Beispielen, daß die Arbeiten entsprechend den Wünschen des Messerschmitt-Vorstandes und nur wenn absolut notwendig vorangetrieben werden, so dass niemand der vorsätzlichen Sabotage beschuldigt werden kann.

Es ist bedauerlich, daß ein Mann mit gutem Willen, dem die Aufgabe zur Überwachung der Fertigung der Me 163 übertragen wurde, einem solchen Mangel an Zusammenarbeit begegnet, und aus Firmenloyalität nicht offen über die auftretenden Probleme berichten kann, auch wenn sich diese vor den mit der Entwicklung und Erprobung Beschäftigten nicht verheimlichen lassen. Die Einschätzung der Lage durch EKdo 16 wird von Klemm und Walter geteilt; letztere Firma zieht sogar die Errichtung einer eigenen Flugerprobungsabteilung in Betracht.

Hätte die Messerschmitt AG, angefangen von Professor Messerschmitt über den Vorstand bis zum letzten Werkmeister, wirklich alles getan, was sie als einer der größten deutschen Flugzeughersteller zur Herstellung der Einsatzreife der Me 163 hätte tun können, wären schon einige Staffeln in Dienst gestellt. Die derzeitigen Umstände tragen nicht besonders zur Motivation des Truppen-Erprobungskommandos bei.“

Die Forderung nach mehr Einsatzmaschinen brachte angesichts der bestehenden Probleme bei der Fertigung und der nicht nachlassenden Schlechtwetterperiode wenig. Hauptmann Anton Thaler schrieb am 30. März 1944 (Rückübersetzung): (31)
„Zu Beginn des Monats verfügte das EKdo 16 über neun einsatzfähige Me 163 B, von denen eine zum Flug freigegeben war. Im Laufe des Monats wurden eine Maschine schwer beschädigt (derzeit in Instandsetzung) und fünf weitere ausgeliefert. Wie vereinbart, wurden die von Klemm gelieferten Maschinen ohne vorherige Abnahmeflüge geliefert. Der tiefe Schnee in Lechfeld verhindert noch immer den Flugbetrieb.

Kommando Hummel wurde vom Kommandeur der Erprobungsstellen nach Bad Zwischenahn beordert. Es traf dort von Augsburg und Lechfeld am 27. März ein.

Erprobungskommando Hummel lässt sich wegen Überbelegung des Fliegerhorstes Zwischenahn (fünf Staffeln mit zusammen 120 Flugzeugen) nur unter Schwierigkeiten unterbringen, weshalb die dem Kommando übertragenen Aufgaben begrenzt sind. Der Flugzeugführer des Kommandos, Herr Hohmann, wurde zur Übernahme der Flugerprobung von Flugkapitän Dittmar zu Messerschmitt beordert mit dem Ergebnis, daß sämtliche Flugerprobungen des Kommandos nun vom Erprobungskommando 16 übernommen werden müssen. Es ist unbegreiflich, daß eine Firma wie Messerschmitt nur einen Piloten zur Eprobung der Me 163 haben soll. Klemm in Böblingen hat seit Jahresbeginn drei Versuchspiloten [Karl Voy, Franz Perschall und Otto Lamm] *eingesetzt. Deshalb wäre vernünftiger Weise die Übertragung der Aufgaben von Flugkapitän Dittmar auf einen der Klemm-Piloten zu erwarten gewesen, so daß sich die Flugerprobung beider Firmen auf einen Platz konzentriert hätte.“*

Bernhard Hohmann berichtete 1951 über seine Tätigkeit beim Kommando Hummel: (32)
„Da fast täglich mit einem größeren Bombenangriff auf Peenemünde-West gerechnet wird, und aus diesem Grunde schon im Oktober-November 1943 die Messerschmitt-Flugerprobung der Me 163 von Peenemünde-West nach Lechfeld verlegt wurde, wird entschieden, dass auch die E-Stellen-Erprobung zur Unterstützung der Firma nach Lechfeld verlegt wird, zumal die Firma über nicht genügend Treibstoff-Fachleute, Tankanlagen und Fahrzeuge sowie Bodengeräte verfügt. Außerdem bin ich noch immer der einzige Versuchspilot der Me 163 B, da Dittmar sich noch nicht entschlossen hat, selber wieder zu fliegen. Ende Dezember 1943 ziehen wir mit der E-Stellen-Erprobung nach Lechfeld um und geben unserer Versuchsgruppe den Tarnnamen »Kommando Hummel«. In enger Zusammenarbeit zwischen E-Stelle und Firma wird nun die Erprobung fortgesetzt, zumal wir nun jederzeit der Firma ein Schleppflugzeug zur Verfügung stellen können, was bisher nicht der Fall war. Dittmar fliegt nun hin und wieder auch mal, sodass wir uns abwechselnd schleppen können oder ich übernehme seine Fliegerei während seines Winterurlaubs. In dieser Zeit führen wir Verbesserungen im Hydraulik- und Kufensystem sowie in der Landeklappenanlage durch. Wir machen Abwurfversuche mit der Führerhaube, welche aber nicht abfallen will, es platzen Hydraulikrohre und wir verstärken mehrfach den Kufenkästen sowie die Verkleidungsbleche zwischen Flügel und Rumpf, die noch immer bei höherer Geschwindigkeit hochgesaugt werden. Für die Funk- und Radioanlage führe ich mehrfach Reichweitenflüge aus, bis plötzlich durch einen größeren Bombenangriff im März 1944 die Arbeiten für einige Zeit unterbrochen werden. Nun wird entschieden, dass das »Kommando Hummel« zum EKdo 16 nach Bad Zwischenahn verlegt wird. Ich bleibe aber für die dringendere Werkserprobung vorläufig bei der Firma Messerschmitt in Lechfeld, sodass diesmal das »Kommando Hummel«, also die E-Stelle, keinen Flugzeugführer für die 163 hat, sondern sich jeweils einen Piloten vom EKdo 16 ausleihen muss.“

Am 19. März 1944 erhielt die Firma Messerschmitt von Oberstleutnant Ulrich Diesing die Anweisung, die Flugerprobung von Lechfeld nach Bad Zwischenahn zu verlagern. Diese Weisung nahm General-Ingenieur Dipl-Ing. Rudolf Spies, Chefingenieur der Luftflotte 2, am 24. März wieder zurück. Am folgenden Tag erhielt die Firma allerdings die Weisung zur Verlagerung

Karl Voy wurde am 31. März 1909 in Augsburg geboren. 1923–1925 besuchte er die Technikerschule und wurde Mechaniker. Nach Jahren der Arbeitslosigkeit 1926–1928 fand er eine Anstellung als Monteur bei den *Bayerischen Flugzeugwerken* (BFW) in Augsburg. 1932 machte er den Meister und wechselte 1933 als Startmeister zu *Leichtflugzeugbau Klemm* nach Böblingen. Als Monteur begleitete er den Europa-Rundflug 1934 und stellte die beschädigte Kl 36 wieder her, die als einziges Flugzeug die ganze Tour bewältigte. In Anerkennung seiner hervorragenden Leistungen durfte Karl Voy beim Klemm-Chefpiloten Marczinski auf Firmenkosten einen Kurs für den Flugzeugführerschein besuchen und erhielt 1935 den Pilotenschein A2. Voy wurde Einflieger und nach Werner Marczinski (tödlich abgestürzt am 12. September 1935) sowie Helmut Kalkstein (abgestürzt am 5. Juli 1939) Chefpilot bei Klemm. 1942/43 nahm Voy an einem Schulungskurs für die Me 163 in Bad Zwischenahn teil (Hanna Reitsch war auch dabei), denn das RLM hatte entschieden, freie Kapazitäten bei Klemm für die Me 163-Fertigung zu nutzen. Im März 1944 machte Karl Voy den ersten Schleppflug mit einer Me 163 sowie im April in Wittmundhafen den ersten „scharfen" Start. Versuchspilot in Jesau von Juni–August 1944 und in Oranienburg von August 1944–Januar 1945. Im Übrigen übernahm Karl Voy 1943 die fliegerische Beratung für den Film *Quax, der Bruchpilot*, wofür sich Hauptdarsteller Heinz Rühmann (der als Quax eine Klemm flog) persönlich bedankte. Nach dem Krieg versuchten die Amerikaner Karl Voy für Raketenantriebs-Versuche in den USA zu gewinnen, was dieser jedoch ablehnte. Von 1949–1974 arbeitete er bei Daimler-Benz in Sindelfingen. Karl Voy starb am 28. Oktober 1991 in Böblingen.

Für die meist mit hohen Risiken für Leib und Leben verbundenen Erprobungsflüge mit der Me 163 erhielt Klemm-Chefpilot Karl Voy 1944 das Kriegsverdienstkreuz I. und II. Klasse.

der Flugerprobung nach Oranienburg. Am 27. März nahm Spies aber auch diese Anordnung wieder zurück. Schließlich bestätigte Diesing am 1. April die Beibehaltung der Flugerprobung in Lechfeld, aber diese Anordnung ging erst nach Bahnverladung der Ausrüstung für Oranienburg ein. Die Güterwagen mussten wieder entladen werden. Kurz nach Erteilung der ersten Anweisung meldete Diesing an Milch und [Staatssekretär] Saur (Rückübersetzung): (33) *„Die Flugerprobung der Prototypen von Me 163 und Me 262 sowie von fünf Me 262 aus Serienproduktion wird noch in Lechfeld durchgeführt. Eine Kampfgruppe, eine Kampfstaffel, ein Kommando aus Breslau sowie verschiedene andere Einheiten liegen ebenfalls dort und sind noch nicht vollständig auf andere Plätze verlegt worden. In Folge befinden sich die fünf Produktionsmuster der Me 262 zusammengepfercht in der Hälfte einer der Flugzeughallen, die zusammengebauten Me 163- und Me-262-Prototypen in einer anderen Hälfte, und die Endmontage der Me 163 findet unter beengten Platzverhältnissen in einer dritten Halle statt. Insgesamt liegen diese Flugzeuge auf einer Bodenfläche von 20.000 qm. Im Augenblick befinden sich daher sämtliche ersten Serienmuster mit Strahl- und Raketenantrieb in Lechfeld. Glücklicherweise wurde nur je eine Me 163 und Me 262 beschädigt [bei der Bombardierung Lechfelds]; Erstere durch eine nicht gezündete Bombe, die das Triebwerk des Flugzeugs traf und einen Flügel zerschmetterte; Letztere durch Bombensplitter.*[17] *Der Schaden an neueren Flugzeugen ist vernachlässigbar, da sie entweder rechtzeitig aus den Hallen geschleppt oder diese nicht getroffen wurden.*[18] *Des Weiteren finden sämtliche Messerschmitt-Abnahmeflüge hier statt. Dies ist nicht hinnehmbar und ich habe die Anweisung zur Verlagerung sämtlicher Me 163-Tätigkeiten auf einen anderen Platz gegeben. Nach meiner Ansicht können sie unmittelbar auf jeden der drei in Frage kommenden Flugplätze Wittmundhafen, Oranienburg oder Bad Zwischenahn verlegt werden. Des Weiteren habe ich die Auflösung des Kommando Hummel angeordnet. Diese zivile Einheit aus Karlshagen ist überflüssig und hat einen nur schwachen Eindruck hinterlassen; ihre 302 Fachkräfte und weiteres Personal lungern nur herum.*

(Saur: »Man sollte sie mit etwas anderem beschäftigen«.) Ebenso fand ich heraus, daß acht oder zehn Me 163 von acht Monteuren unter einem Werkmeister zusammengebaut werden, alle von Klemm. Von so einer kleinen Gruppe lässt sich nicht viel erwarten: Der Werkmeister ist hevorragend, aber es fehlt ihm an Arbeitskräften. Ich schlage eine nochmalige Prüfung des gesamten Fertigungsprozesses der Me 163 vor und die Zulieferer von Junkers von Holzbauteilen ins Spiel zu bringen. Dies würde die Fertigung der 163 ankurbeln. Ich entsinne mich der Aussage Dr. Eugen Ritters, des Verantwortlichen für die Fertigung der Ju 352, es seien freie Kapazitäten vorhanden. Prof. Hertel hat bestätigt, daß große Holzbaufirmen entweder Kapazitäten frei haben oder nicht richtig ausgelastet sind und deshalb Arbeiter an andere Firmen abgeben. (Saur: »Leiten Sie an Herrn Götsch weiter, den Stellvertreter Schaafs, damit diese Firmen sinnvoll eingesetzt werden können. Kapazität, die sich jetzt nicht nutzen lässt, ist verloren.« Milch: „Ich möchte bis Nachmittag einen Bericht von RLM GL/C vorliegen haben, wie und wohin sich die Fertigung von 163 und 262 verteilen lässt.«)"

Hanns Klemm Flugzeugbau GmbH

Im Januar 1943 stellte die Firma Klemm die Fertigung des Leichtflugzeugs Kl 35 ein und fuhr die Produktion der in Lizenz gebauten Muster herab. So wurde ein erklecklicher Anteil an Produktionskapazitäten in Böblingen frei und in Folge entschied das RLM mit Segen des Rüstungsstabes, diese für den Bau der Me 163 zu nutzen. Firmengründer Dr.-Ing. Hanns Klemm erhob jedoch mit dem Argument Einspruch, seine Firma eigne sich nicht für diese Aufgabe. Das RLM scherte sich nicht darum und befahl die sofortige Aufnahme der Me 163-Produktion. Klemm trat daraufhin am 23. Mai 1943 als Vorsitzender zurück, seine Stelle übernahm der vom RLM beauftragte Direktor Wenz. Trotz des angespannten Verhältnisses zwischen Klemm und dem RLM machten die Pläne zum Bau der Me 163 rasch Fortschritte. Vor Aufnahme der Fertigung mussten die Werkstätten allerdings für Bau und Montage von Ganzmetallzellen eingerichtet werden.[19] Dies bedeutete u. a. die Installation entsprechender Gerätschaften sowie eines Luftkompressors für die ganzen Nietmaschinen. Die Vorarbeiten setzten im März 1943 ein, doch bis zur Aufnahme der Fertigung dauerte es bis Oktober, zumal auch die rund 1200 Angestellten und Arbeiter des Unternehmens erst im Metallbau geschult werden mussten. Darunter ein nicht unerheblicher Anteil osteuropäischer Fremdarbeiterinnen, die Klemm hauptsächlich beim Zusammenbau der Zellen einsetzte. Sie leisteten ausgezeichnete Arbeit.

Der Metallrumpf und die hölzernen Tragflächen entstanden im Werk II in der Alten Sindelfinger Straße. Da Werk II zuvor schon Holzbauteile hergestellt hatte, stellte der Tragflächenbau kein Problem dar – auch wenn man erst beheizbare Schablonen für die Verleimung der Flügelteile schaffen musste. Die Endmontage fand im Werk I in der Calwer Straße statt, gelegen an der Südgrenze des Fliegerhorstes Böblingen.

Die Produktionspläne sahen einen monatlichen Ausstoß von 30 Flugzeugen vor. Bedingt durch konstruktive Änderungen an der Zelle, insbesondere durch Einbau der MK 108 ab B V46, gab es zunächst Verzögerungen. Weitere Änderungen betrafen die Zusatzpanzerung der Kanzel, der Einbau von Peilausrüstung, eines Kraftstoff-Ausgleichsbehälters (der für gleichmäßige Treibstoffzufuhr beim Beschleunigen sorgte), einer Spornradverriegelung, einer Fahrgestell-Notwurfanlage, eines dickeren Nasenkegels als Ausgleich für das schwerere Triebwerk, verstärkter Landeklappen, eines neuen Spornrades sowie von Hisspunkten zum Heben des Flugzeugs. (Alles in allem eine Gewichtszunahme um 200 kg.) Zuerst lieferte Klemm die Prototypen zur Flugabnahme durch Piloten des EKdo 16 nach Bad Zwischenahn. Im April und Mai 1944 führte Klemm-Chefpilot Karl Voy diese Aufgabe in Wittmundhafen durch; danach übernahm die 1./JG 400 die Maschinen direkt. Im Juni wurden Endmontage und Einfliegen nach Jesau/Ostpreußen und im August nach Oranienburg verlagert. Danach lieferte Klemm die Zellen bis Ende 1944 an die Firma Junkers, die am 1. September 1944 offiziell die Verantwortung für die Me 163-Fertigung übernahm. Zur Erhöhung des Ausstoßes wies der unter Leitung von Messerschmitt-Direktor Friedrich Heinrich Hentzen stehende Sonderausschuss F2 (der wiederum dem Reichsministerium für Bewaffnung und Munition unterstand) die Firmen Klemm in Böblingen und Focke-Achgelis in Laupheim zur engeren Zusammenarbeit an. (34) Klemm-Direktor Wenz und Focke-Achgelis-Direktor Vogel als Stellvertreter führten die Firmengruppe. Im Juni 1944 wurde Wenz durch Reichskommissar Müller ersetzt.

Karl Voy (Rückübersetzung): „*Ich glaube es war im März 1943, als mich mein Chef fragte, ob ich nicht die Abnahmeflüge der Me 163-Serienmuster übernehmen wolle. Natürlich willigte ich ein und kam in Begleitung zweier weiterer Piloten, die ich angesprochen hatte – Franz Perschall und Otto Lamm – zur Einweisung in die Me 163 für ein paar Wochen nach Lechfeld und Bad Zwischenahn.*

Wir drei freuten uns auf die ersten Flüge, aber wegen der durch die vielen Änderungen an den Produktionsmustern bedingten Verzögerungen kamen wir erst Ende Februar 1944 dazu.“

Franz Perschall erlitt später bei einer Zwangslandung aus 25 m Höhe kurz nach dem Start in Jesau schwere Verletzungen (Kieferbruch, Schädelbruch, gebrochener Rücken). Wahrscheinlich kurz nach diesem Unfall kam Voy zur Unterstützung Lamms nach Jesau.

Die zunehmenden Luftangriffe auf Böblingen im Winter 1943/44 beeinträchtigten die Me 163-Produktion empfindlich, weshalb das RLM die Auslagerung der Klemm-Fertigungsstätten in den Schwarzwald und Umgebung anordnete. Die Verlagerung des Maschinenparks und der Bezug neuer Fertigungsstätten in Herrenberg, Nagold, Ebhausen und anderen Orten vollzog sich im April und Mai 1944. Das Hauptmontage-Werk I blieb jedoch in Böblingen und wurde einschließlich einer noch nicht ausgelieferten Me 163 bei einem Tagesangriff auf den benachbarten Fliegerhorst am 19. Juni 1944 vollkommen zerstört.[20] Angesichts der durch die zahlreichen britischen und US-amerikanischen Bombenangriffe angerichteten Zerstörungen in Böblingen kamen die übrigen Fabrikanlagen von Klemm unter dem Strich überraschend glimpflich davon. (35, 36) Werk II blieb unbeschädigt und die Fertigung von Rümpfen und Tragflächen unbeeinträchtigt. Die Bombardierungen störten jedoch die Teile-Zulieferung erheblich und es bedurfte des Einschaltens einer Sonderfirma, welche die Teile bei den Erzeugern abholte und zum Hauptwerk nach Böblingen transportierte. Trotz all dieser Schwierigkeiten erreichte Klemm den geplanten monatlichen Ausstoß von 30 Flugzeugen fast, was den

Die Me 163 (BQ+UH; W.Nr. 440005) nach einer harten Landung in Jesau. Obwohl Karl Voy hier nicht am Steuer saß, beurteilte er den bei Königsberg/Ostpreußen liegenden Flugplatz als zu klein und seine 1200 m-Startbahn als zu kurz für die Me 163.

Bergung einer weiteren hart gelandeten Me 163 in Jesau. Man beachte die in Grassoden steckende Landekufe und ihre Schleifspur.

Rechts: Dieselbe Me 163 von links und bevor noch die Bergemannschaft anrückte. Sie trägt keine Kennung. Die von Klemm in Böblingen gebauten Maschinen wurden zerlegt nach Jesau transportiert, dort zusammengebaut und von den Klemm-Piloten Karl Voy, Franz Perschall und Otto Lamm probegeflogen.

Jägerstab aber nicht zufrieden stellte. Mitte Juni 1944 erhielten die Junkers Flugzeug und Motorenwerke in Dessau den Auftrag zur Unterstützung der Fertigung. Schon bis Mai 1944 hatten die Dessauer den Böblingern mit dem so genannten Junkers-Arbeits-Stab (JAS) unter die Arme gegriffen. Die Produktionsgebiete für Zellen und Tragflächen erhielten die Bezeichnungen Punkt A und B. Punkt A umfasste den Raum Stuttgart-Schwarzwald mit den Anlagen in Böblingen, Herrenberg, Ebhausen, Nagold, Lahr, Freiburg und Vöhrenbach für Konstruktion und Bau der Zellen. Punkt B umfasste den Raum südwestlich Leipzig mit den Anlagen Zeitz, Triebes, Zeulenroda, Probstzella und Themar für den Bau der Tragflächen. Im fernen Ostpreußen fanden auf dem Flugplatz Jesau beim Gerätebau Jesau II die Endmontage statt und auf dem Platz die Abnahmeflüge. In den jeweiligen Lieferplänen war auch von den Fertigungsstätten *Bach*, *Berg*, *Burg* und *Karo* die Rede. Vermutlich handelte es sich um interne Junkers-Tarnbezeichnungen für Vöhrenbach, Herrenberg (Sitzmöbelfabrik Walter Knoll & Co.) und Freiburg (Fortschritt Büro-Einrichtungsfabriken GmbH). Der Zusammenbau der Zellen der Me 163 B erfolgte bei der Band- und Gurtweberei C. J. Schickhardt in Ebhausen unter Leitung von Ludwig Gielen. Diese Stätte hieß *Karo*. Ortshistoriker Karl Barth: „*Ab Mai 1944 montierte die Firma Klemm in der Gurt- und Bandweberei C. J. Schickhardt in Ebhausen bei Nagold Rümpfe der Me 163 B vor (in Losen von 5 bis 6 Stück ohne Raketentriebwerk). Der Abtransport der Rümpfe erfolgte über den Bahnhof Nagold.*"

Oberingenieur Max Rubens, der die Fertigung in Nagold leitete, erinnerte sich nach dem Krieg: (37) „*Ich begann mit meiner Arbeit der Betreuung der Zulieferung von in Baden-Württemberg hergestellten Me 163-Teilen im Herbst 1944. Klemm Flugzeugbau in Böblingen war für die Lieferung der Flugzeuge verantwortlich (der damalige Fertigungsleiter war Obering. Naylor) und die Junkers Flugzeug und Motorenwerke in Dessau waren vom RLM dazu verpflichtet worden, zur Einhaltung der Lieferpläne Personal zu stellen und technische Unterstützung zu leisten.*

Ich übernahm das Nagolder Werk von Dr. Eugen Ritter von der Junkers-Entwicklungsabteilung.[21] *Er war dort für den Anlauf der Fertigung verantwortlich gewesen und nach Dessau zurückberufen worden, wo er dringend für andere Entwicklungsaufgaben benötigt wurde. Etwa 70 Junkers-Beschäftigte waren nach Nagold geschickt worden, um sich mit den Zeichnungen und Fertigungsabläufen vertraut zu machen.*

Von September bis Dezember 1944 hatten wir für die Fertigstellung von 100 Flugzeugen zu sorgen. Dank der unermüdlichen Anstrengung aller beteiligter Firmen und deren Angestellten, vor allem der Junkers-Ingenieure Kühnel, Hertling, Niederquell und Pavel, konnten wir die plangemäße Umsetzung der Aufgabe erfüllen. Um Jagdbomber-Angriffen bei Tag aus dem Weg zu gehen, fuhren wir unter den herrschenden winterlichen Bedingungen oft nachts von Nagold nach Freiburg und zu kleineren Fabriken, wo wir den Stand der Produktion prüften und notfalls korrigierend eingriffen. In diesem Zusammenhang verdient die Arbeit der Junkers-Ingenieure Obering. Löpner und Ing. Hertel besondere Erwähnung. Alle zwei Wochen fand eine Besprechung in allen Einzelheiten über den Stand der Produktion in Dessau sowie der Auslieferungen statt. Dessau fertigte Bauteile und war auch für die Verteilung der von Unterauftragnehmern gelieferten Teile zuständig. Für die Fahrten von Nagold nach Dessau stellte mir die Luftwaffe einen Feldwebel und einen Mercedes D zur Verfügung. Besonderes Lob gebührt dem Feldwebel, der die langen Nachfahrten immer nur mit einem Halt für eine kurze Schlafpause bewältigte.

Die Flugzeugfertigung erfolgte in zwei Schichten, was wiederum bedeutete, dass nie genug Gestelle für Bau und Montage von Einzelteilen verfügbar waren. Um Abhilfe zu schaffen, mussten deshalb in Herrenberg Zusatzschichten eingelegt werden. Die Beschäftigten verblieben über einen Zeitraum von vier Wochen für jeweils vier Stunden Arbeit und vier Stunden Ruhe an ihren Arbeitsplätzen. Sie erhielten Sonderrationen in Form von Speerpaketen. Die Herrenberger Belegschaft bestand großteils aus jungen ukrainischen und holländischen Fremdarbeitern beiderlei Geschlechts, die sich trotz der harten Arbeit bemerkenswert gut hielten. Beim Schichtwechsel herrschte viel Trubel und es kam zu ersten Verlusten durch Jagdbomber-Angriffe. Der schwere Luftangriff auf Freiburg wurde jedoch ohne Verluste und nur kurzzeitiger Unterbrechung der Fertigung überstanden.[22]

Die Zellen wurden in der Nagolder Fabrik ausgerüstet, wobei diese Arbeiten mit Unterstützung von bereitgestelltem Personal der Luftwaffe und der Deutschen Lufthansa durchgeführt wurden, und dann vom Transportstab Speer in speziellen Wagen auf Straße oder Schiene nach Brandenburg-Briest transportiert. Das letzte der 100 von der Böblinger Firmengruppe zu fertigenden Flugzeuge wurde plangemäß fertiggestellt und am 22. Dezember 1944 ausgeliefert. Die Abwicklung der verbliebenen Produktion dauerte noch weit bis ins Jahr 1945 hinein, wobei das technische Perso-

nal von Junkers bereits Ende Januar zu anderen Firmen in Süddeutschland geschickt wurde, um dort bei der Me-262-Fertigung Unterstützung zu leisten, vor allem in den Autobahntunneln bei Leonberg und in den Alpen.“

Junkers Flugzeug- und Motorenwerke AG

Die von Junkers gelieferten Bauteile für die Me 163 B stammten aus weit verstreuten Produktionsstätten. Die Endmontage fand in Brandenburg-Briest und die Abnahme nebst Abnahmeflügen in Oranienburg statt.[23]

Aus Tarnungsgründen benannte Junkers die Fertigungsstätten nach zwei Landgütern auf dem Gelände des Fliegerhorstes Oranienburg: Antonienhof und Wilhelminenhof. Die einzelnen Firmen erhielten zusätzliche Kodierungen:[24]

Baugesellschaft Antonienhof (BGA)/Oranienburg: *Pik I* (BGA Pik I)
Baugesellschaft Antonienhof (BGA)/Brandenburg-Briest: *Pik II* (BGA Pik II)
Baugesellschaft Antonienhof (BGA)/Eilenburg: unbekannt
Baugesellschaft Wilhelminenhof (BGW)/Oranienburg: *Pik I* (BGW Pik I)

Die Baugesellschaft Antonienhof scheint im August 1944 eingerichtet worden zu sein. BGA Pik II Brandenburg-Briest nutzte auch Messerschmitt für die Produktion der Me 262. Zur Lenkung und Überwachung der Fertigung richtete Junkers Büros in Zeulenroda, Zeitz, Oranienburg, Brandenburg-Briest und Eilenburg ein.

Mit Wirkung vom 1. September 1944 wurde Junkers die Gesamtproduktion der Me 163 B übertragen. In Nagold war zu diesem Zweck eine Arbeitsgruppe errichtet worden. Die Fertigung im Nordschwarzwald wurde in Folge teilweise auf Stätten hauptsächlich südlich Dessau und südwestlich Leipzig übertragen.

Mit Übernahme der Gesamtfertigung setzte Junkers verschiedene Verbesserungen an der Me 163 B und in den Produktionsabläufen um. Der Fliegerhorst Brandis rund 18 km östlich Leipzig diente als Erprobungsplatz der Modifikationen. (38) Die für die Me 163 verantwortliche Abteilung 700 teilte sich den Flugplatz mit dem EKdo 16, dem JG 400 und der Flugzeugführerschule B 31. Zur Sicherstellung der Austauschbarkeit von Hauptbaugruppen und Ausrüstungsteilen ließ Junkers sämtliche Schnittstellenzeichnungen überarbeiten und als Ersatz für die bei Bombenangriffen vernichteten Konstruktionsunterlagen für den Marschofen-Einbau neue anfertigen. Des Weiteren konstruierte und baute Junkers zur Vereinfachung der Produktion und zum Einsparen von Aluminium eine Stahl-Landekufe mit aufgerauter Gleitfläche, überarbeitete den Einbau der Treibstoffbehälter sowie die Mechanik des Kanzelhauben-Notwurfs sowie der Landeklappen. Die in Zeulenroda ansässigen Möbelfabriken stellten seit Oktober 1942 Tragflächen für die Me 163 her und tat dies auch weiterhin. Im Einzelnen handelte es sich um die Firmen

May (Tragflächen, Flügelspitzen, Tragflächen-Vorderkanten)
Arnstadt & Nellenschulte (Tragflächen-Vorderkanten)
Simmerling (Tragflächen-Vorderkanten)
Paul K.-G. (Rippen, Spanten und Führungen)
Jahn (Tragflächen)

Die britische oder amerikanische Luftaufnahme vom September 1944 zeigt einen Teil der Start- und Landebahn des Fliegerhorstes Oranienburg. Oben ist eine Me 163 B und unten eine Me 110 zu erkennen.

Die Tragflächen-Montage fand außerdem statt bei
Puklitzsch in Zeitz
Schwarz in Themar
Tippmann in Triebes

Weitere Flügelbestandteile stellten her
Detzner in Weißenfels (Zwischenschablonen Rumpf/Tragflächen)
Fahr in Zeitz (Tragflächen-Vorderkanten)
Greifzu in Themar (Flügelspitzen)

Bauteile für das Fahrgestell lieferten Firmen in Leipzig und Heilbronn.

Am 5. Januar 1945 ließ der Rüstungsstab den Weiterbau der Me 163 B einstellen und wies Junkers an, sich auf die erheblich verbesserte Me 263 (Ju 248) auf Grundlage der Me 163 C und D zu konzentrieren. Diese Entscheidung wurde dann noch von einer anderen eingeholt, nach der gemäß Führernotprogramm vom 20. Januar 1945 die gesamte Me 163-Fertigung einzustellen sei. Dies mit der Begründung, dass die 1944 bei der Luftwaffe befindlichen 217 Maschinen nur fünf Feindbomber abgeschossen hätten! Die im Auslauf der Fertigung befindlichen Me 163 B sollten aber noch die jüngsten Verbesserungen bekommen. Für Januar war die Auslieferung von 30 und für Februar von 20 Maschinen vorgesehen.

Rechts: Der Tragflächenaufbau der Me 163 A wurde aus der „Delta IV" und der DFS 194 entwickelt. Wegen des Einbaus von Flächentanks entfiel bei der Me 163 B der Mittelholm. Holme und Rippen bestanden aus verleimtem Schichtholz.

Rechts: Aufbau der Tragflächen-Vorderkante bei der Me 163 B. Der Hohlraum und die mit Klammern fixierte Außenhaut sind gut zu erkennen. Im Hohlraum kam ein C-Stoff-Tank unter, den eine geschützte Rohrleitung unter dem Vorderholm mit dem Flächen-Hauptkraftstoffbehälter verband.

Rechts: Rumpffertigung bei Messerschmitt und Junkers.
1 Untere Rumpfschale für den Mittelteil;

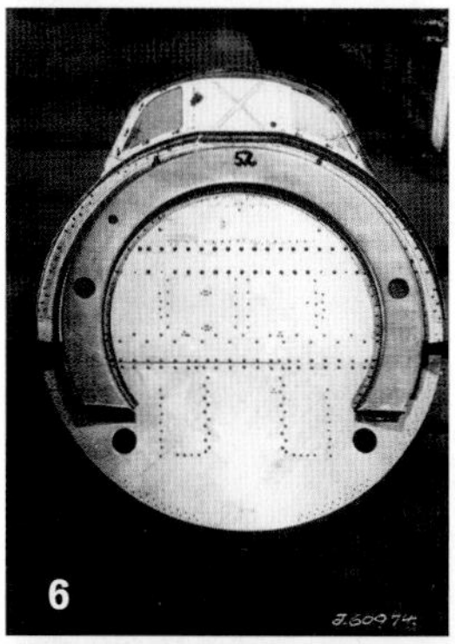

Rumpffertigung bei Messerschmitt und Junkers.
2 untere Rumpfschale beim Anbau ans Heck; rechts ein Kanzelteil,
3 mittlere Rumpfschale nach Lösen aus dem Montagegestell,
4 Mittelrumpfteile vor dem Anbau an die Kanzelbaugruppe,
5 + 6 Hinteres Kanzelschott mit Kabeldurchführungen und Aufnahmen für die Tragflächen-Vorderholme,
7 Oberseite des Rumpfmittelstücks mit dreieckigem Ausschnitt für hinteres Kanzelfenster,
8 Hinterer Teil des Landekufengehäuses,
9 Montage der Landekufe,
10 Kanzel verbunden mit Rumpfmittelteil.

(Die Fotos mit handschriftlichen „J"-Vermerken am unteren Bildrand entstanden Anfang Dezember 1944 bei Junkers).

Rechts: Überprüfung der elektrischen Anlage mithilfe eines E-Motors, den ein Bowdenzug mit dem Hilfsstromerzeuger in der Nasenspitze verbindet. Im Flug trieb ein kleiner Propeller den Generator an. Hinter der Aufschrift „Gela“ mag es sich vielleicht um die Tarnbezeichnung eines Junkers-Zweigwerkes handeln; vermutlich ist es aber nur die schlichte Abkürzung für „Gerätelager“.

Arbeiten an der Heck-Baugruppe in einem Junkerswerk im Zeitraum Ende November 1944 bis Mitte Januar 1945.

Rechts: Montierte Heckbaugruppe.

Rechts außen: Arbeiten an den Seitenrudern. Man beachte die fixierte Hinterkante.

Unten: Leitwerkmontage.

Unten rechts: Heck-Aufbau.

Rumpf und Flächen verladen für den Transport auf Rad oder Schiene.

Fußnoten

1 Der Vorfall wird in Kapitel 1 geschildert.

2 DFS 194 ist eine RLM-Bezeichnung. Möglicher Weise hatte auch dieses Flugzeug eine RLM-Projektnummer.

3 Dr.-Ing. Hermann Lorenz wurde 1937 zum Gruppenleiter im Forschungsamt des RLM befördert.

4 Nach verschiedenen Dokumenten firmierte das Projekt X auch unter DFS 39 („Delta IVd").

5 Startversuche mit Hilfsraketen begannen 1935 in Neuhardenberg.

6 Lippischs Schilderung findet im Flugbuch Dittmars keine Untermauerung. Es enthält keine Einträge von Flügen mit der DFS 40 im Jahr 1938. Interessanter Weise schleppte Dittmar in Begleitung seines Mitfliegers am 8. Februar 1938 mit der He 76 (D-IBUU) ein nicht näher bezeichnetes Flugzeugmuster. Möglicher Weise trog Lippisch die Erinnerung und die Flüge wurden von Rudolf Opitz unternommen.

7 Auch diese Schilderung Lippischs wird nicht durch Dittmars Flugbuch gestützt. Vor dem Weggang nach Augsburg unternahm Dittmar am 30. Januar und 5. Februar 1938 insgesamt drei Flüge mit der DFS 40, also zu einer Zeit, als sich Lippisch seinerseits schon in Augsburg befand. Es gibt keinen Hinweis, dass Lippisch bei einem dieser Flüge mitflog. Interessanter Weise bezeichnete Dittmar das Flugzeug als DFS 40 „Delta 6". Lippisch nannte es in allen Veröffentlichungen „Delta V".

8 Diese Aussage überrascht; immerhin war Lippisch mit Stamers Schwester verheiratet.

9 In seinem Buch *Erinnerungen* nennt Lippisch von 16 Kollegen, die ihn zu Messerschmitt nach Augsburg begleiteten: die Aerodynamiker Beushausen, Guthier, Hubert und Ringleb, die Statiker Görner und Sielaff, die Technischen Zeichner Brecht, von der Forst, Hartmann, Körner und Rentel, die Mechaniker und Monteure Elias, Hamburger und Kropp, Dittmar (Pilot) sowie Hartz (Verwaltungswesen). Dittmar kam im April 1939 zu Messerschmitt.

10 Zu dieser Zeit arbeitete Hans-Martin Antz im Technischen Amt des RLM als Berater bei der Unterabteilung LC 2/III unter Stabsing. Christensen. Abteilungsleiter LC 2 war Flg.-Hauptstabsing. Reidenbach. Antz wurde später Leiter der Unterabteilung GL/C-E 2 I, die sich mit Sonderflugzeugen beschäftigte (z. B. Strahl- und Raketenflugzeuge, Hubschrauber usw.).

11 Diese Aussage wird nicht durch Dittmars Flugbuch gestützt (siehe Fußnote 7).

12 Von Seiten der Fa. Messerschmitt nahmen folgende Personen teil: Walter Eisenmann, Dipl.-Ing. Josef Hubert, Ing. Alexander Lippisch, Dr. habil. Friedrich Ringleb, Dipl.-Ing. Riclef Schomerus und Dr.-Ing. Hans Winter.

13 Der Titel der hier erwähnten Patentschrift wurde über das Deutsche Patentamt in München in Erfahrung gebracht. Einige Quellen geben ihn mit *Flugzeug mit Geschwindigkeiten in Nähe der Schallgeschwindigkeit* an.

14 Udets Besuch in Augsburg fand wahrscheinlich zwischen Februar und April 1941 statt. Den ersten Schleppflug bewältigte die Me 163 A am 13. Februar 1941 und Udet erschoss sich am 17. November 1941. Die Probleme mit der Me 210 spitzten sich im Frühjahr 1941 zu; ein Jahr darauf wurde das Flugzeug gestrichen.

15 Der Erstflug der Me 163 A unter Einsatz des Triebwerks fand am 13. August 1941 statt.

16 Vorentwürfe der Me 328 liefen unter der Projektnummer P 1079.

17 Es könnte sich um die Me 163 B V3 gehandelt haben, die schon am 18. März 1944 bei einem Angriff auf Lechfeld beschädigt worden war und am 13. April 1944 weitere Schäden erlitt.

18 Berichte klaffen bezüglich der Zahl zerstörter Me 163 bei der Bombardierung Regensburgs am 17. August 1943 auseinander. Einer (siehe Quellennachweis 26) spricht von zehn, ein anderer von Ende Oktober 1943 (siehe Quellennachweis 27) von elf Maschinen. Diese Zahl stammt aus dem Monatsbericht August 1943 über den Stand der Lieferungen in diesem Monat, der bei Messerschmitt in Augsburg für den Zellen-Sonderausschuss F2 erstellt wurde. Der nächste Lieferplan vom 1. Dezember 1943 spricht wieder von insgesamt 10 zerstörten Maschinen. Zu diesem Zeitpunkt gab es insgesamt 71 Versuchsmuster der Me 163 B, wozu auch die Bruchzelle der B V0, die B V1 bis V69 mit den von Lippisch entworfenen Flügeln mit Schränkung sowie die B V1a-Vergleichszelle mit ungeschränkten Flügeln gehörten. Die früheren Berichte beziehen sich eindeutig auf sämtliche Versuchsmaschinen Me 163 B, der nachfolgende Lieferplan hingegen nur auf die für die Flugerprobung vorgesehenen Muster. Logischer Weise kann es sich deshalb bei der elften in Regensburg zerstörten „Maschine" nur um die Bruchzelle der Me 163 B V-0 für Festigkeitsversuche gehandelt haben, die natürlich nie für den Flugbetrieb vorgesehen war. (Bruchzellen wurden in Lieferplänen des RLM ohnehin nicht aufgeführt). Deshalb wurden im Oktober 1943 von den ursprünglich 70 zur Flugerprobung vorgesehenen Maschinen 20 Me 163 B-0 in Augsburg abgeändert; weitere 36 sollte Klemm in Böblingen umbauen. (Der Lieferplan LP 225/1 erhöhte dann die Klemm-Maschinen auf 37 Stück, während es bei Messerschmitt bei den 20 blieb.) Bekannter Weise wurden B V62, 63 und 64 im August 1943 von der Bauaufsicht Luft (BAL) in Regensburg fertig gestellt und abgenommen. Hingegen waren Ende August V65, 66 und 67 nur zu 90 % fertig und die restlichen beiden V68 und 69 nur zu 50 %. Keine dieser fünf unvollständigen Maschinen wurde je als fertig gestellt und ausgeliefert gemeldet – wahrscheinlich weil die zu ihrer Vollendung benötigten Arbeitskräfte für Wiederherstellungsarbeiten nach dem Luftangriff vom 17. August abgestellt worden waren (wozu auch der Umzug von einer der drei Montagelinien für Bf 109 von Prüfening nach Regensburg-Obertraubling zählte). Bislang sind den Verfassern keine Originaldokumente bekannt geworden, welche die Identität der 10 beim Bombenangriff als zerstört gemeldeten Maschinen preisgeben. Im Messerschmitt-Bericht von August ist sogar die Rede davon, dass von den 11 als zerstört gemeldeten Flugzeugen „nach bisherigen Feststellungen drei Flugzeuge wieder aufgerüstet werden" könnten. Guten Gewissens kann aus den vorhandenen Unterlagen deshalb auf vier wiederherstellbare Maschinen (von den genannten zehn) geschlossen werden. Die nachfolgend genannten vier Muster wurden jedenfalls nachweislich nach den anderen B-Versuchsmaschinen ausgeliefert: B V49, B V53, B V61 und B V62. Unter dem Strich befanden sich deshalb unter den zehn nach dem Bombenangriff auf Regensburg im August abgeschriebenen Flugzeugen höchstens sechs, die für die Flugerprobung vorgesehen waren (höchstwahrscheinlich B V23, V42, V51, V58, V60 sowie B V64, die zuletzt von der BAL abgenommen worden war). In vorhandenen Unterlagen tauchen sie jedenfalls nach diesem Zeitpunkt nicht mehr auf. Hinzu kam die Bruchzelle für Festigkeitsversuche, die aber nie für den Flugbetrieb vorgesehen war.

19 Anfang 1943 hatte Klemm als Hersteller von Rümpfen für die Go 242, Teilen für die Ar 76 und Bombenschächten für die Do 217 bereits Erfahrungen im Metallbau gesammelt.

20 Am selben Tag fielen auch US-Bomben auf Lechfeld. Böblingen und das benachbarte Sindelfingen waren bereits 1943 und 1944 zum Ziel britischer Nachtangriffe geworden (11. März, 15. April, 7. – 8. Oktober 1943 sowie 21. Februar, 2. und 15. März, 29. Juli 1944). Die 1944 von den Amerikanern geflogenen Tagesangriffe ereigneten sich am 13. April, 19. Juli, 9. und 14. August; am 5., 10., 13. und 30. September, am 3. und 8. Oktober sowie am 9. und 27. Dezember. Zu weiteren US-Tagesangriffen kam es 1945; der letzte fand am 21. April statt. Das Klemm-Werk in der Calwer Straße erhielt am 9. Dezember 1944 Bombentreffer, welche die Fremdarbeiter-Unterkünfte vollkommen zerstörten. Da alle rechtzeitig in Schutzräumen Zuflucht gesucht hatten, gab es keine Personenverluste. Die Hauptziele der Amerikaner, die Zivilverluste in den Orten billigend in Kauf nahmen, waren der Flugplatz Böblingen nebst anliegenden Eisenbahngleisen sowie das Werk von Daimler-Benz in Sindelfingen.

21 Im September 1944 war das Klemm-Zentralbüro von Böblingen in die Möbelfabrik Martin Koch nach Nagold umgezogen und das Materiallager in die dortige Ölmühle Bäuerle.

22 Die Briten bombardierten Freiburg in der Nacht vom 27. auf den 28. November 1944.

23 Die Fertigung der Me 163 B lief bei Junkers unter der Tarnbezeichnung „Scholle". Die Produktion der geplanten Ju 248 (Me 263) erhielt den Decknamen „Flunder".

24 „Pik" und „Karo" leiten sich von Spielkartensymbolen ab. Der Ort einer Fertigungsstätte „Kreuz" war noch nicht festgelegt worden.

Erfolge und Rückschläge

Arbeitsberichte des Erprobungskommandos 16, April 1942 bis Oktober 1944

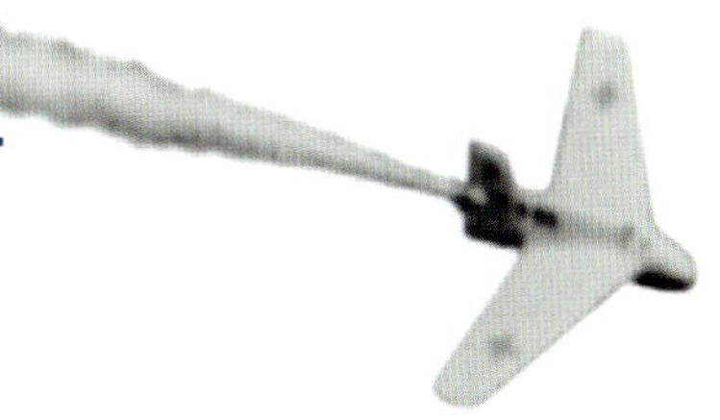

DAS ERPROBUNGSKOMMANDO 16 (EKdo 16) diente zur praktischen Erprobung und Weiterentwicklung der Me 163 hin zur Einsatzreife. Die Erprobung betraf nicht nur das Flugzeug an sich mit Flug- und Tragwerk, Raketentriebwerk, Bewaffnung und Zusatzausrüstung, sondern auch sämtliche für Betrieb und Wartung notwendigen Einrichtungen. Des Weiteren hatte das Kommando den Auftrag zur Umschulung von Flugzeugführern und Bodenmannschaften auf die Me 163 sowie zur Entwicklung von Leitverfahren zum Abfangen von Feindflugzeugen.

Das Erprobungskommando 16 bestand von April 1942 bis Februar 1945 und verfasste regelmäßig kurze Berichte über den Fortgang und die Ergebnisse seiner Arbeit, bzw. über noch anstehende Aufgaben. Hierin kamen auch die technischen und verwaltungstechnischen Schwierigkeiten bei der Erprobung der Me 163 hin zur Einsatzreife zur Sprache. Diese *Arbeitsberichte* und *Monatsberichte* gingen an die Dienststelle des *Generals der Jagdflieger* in Berlin, an den *Kommandeur der Erprobungsstellen* in Rechlin, an den *Luftwaffenführungsstab* sowie an die betreffenden Abteilungen des *Technischen Amtes* des RLM in Berlin. Ab März 1943 bis Juni 1944 erhielt auch *Generalfeldmarschall Erhard Milch* eine Ausfertigung und danach *Oberst Gordon Gollob*. Als Verfasser der Berichte traten Oberleutnant – später Hauptmann und Major – Wolfgang Späte, Führer des EKdo 16, und Hauptmann Anton „Toni" Thaler in Erscheinung. Letzterer verfasste sie in Abwesenheit Spätes als dessen Stellvertreter und ab Mai 1944 als Kommandoführer nach Spätes Versetzung zur IV./JG 54.

Auszüge der Arbeits- und Monatsberichte werden hier im Großen und Ganzen wörtlich im Original wiedergegeben. So entstand eine Art Tagebuch der Me 163 einschließlich Pilotenschulung und Einsatzerprobung bis Oktober 1944, als das EKdo 16 von Bad Zwischenahn auf den Fliegerhorst Waldpolenz (Brandis) rund 18 km östlich Leipzig verlegte. Die Berichte wurden verschiedenen Quellen entnommen. (3–17) In Brandis setzte das EKdo 16 die Einsatzerprobung der Me 163 fort. Verschiedentlich flogen Piloten des nach Brandis verlegten JG 400 Kampfeinsätze mit dem Raketenjäger (Verlegung der Staffeln des JG 400 im Juli und September 1944 von Wittmundhafen bzw. Venlo). Über den weiteren Werdegang des revolutionären Raketenjägers berichten dann nachfolgende Kapitel.

Wolfgang Späte führte das Erprobungskommando 16 von April 1942 bis Mai 1944 zuerst als Oberleutnant, dann als Hauptmann und Major. Kurz vor der Beförderung zum Hauptmann im Mai 1942 hatte er für 72 beim JG 54 errungene Luftsiege das Eichenlaub erhalten.

Die wechselnden Standorte des EKdo 16

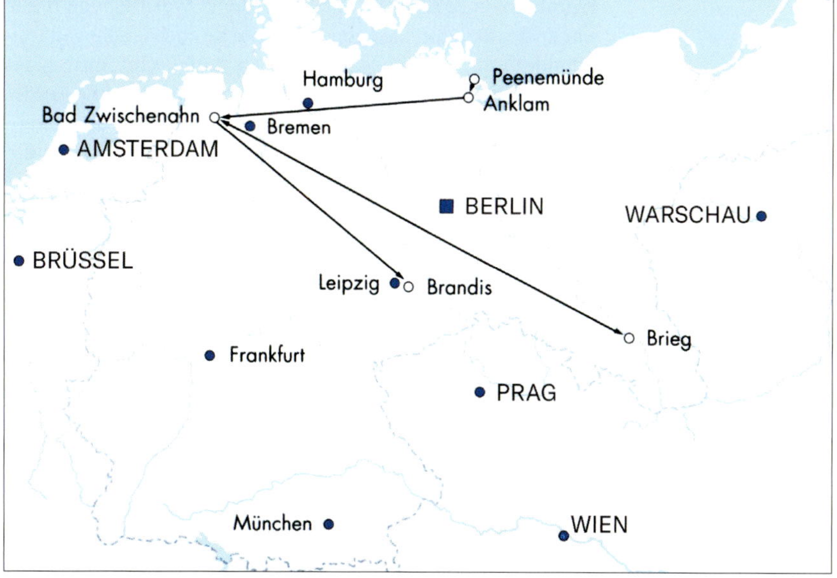

Oberleutnant Wolfgang Späte (ganz rechts) bei der Verleihung des Eichenlaubs zum Ritterkreuz des Eisernen Kreuzes durch Adolf Hitler am 23. April 1942. Major Herbert Ihlefeld (links) vom JG 77 erhielt für 101 Luftsiege die Schwerter und Hauptmann Wolf-Dietrich Huy (Mitte), ebenfalls JG 77, für 40 Abschüsse und Erfolge als Jagdbomberpilot das Eichenlaub.

Erprobung in Peenemünde, Augsburg und Kiel

Die ab 1936 errichtete Versuchsstelle Peenemünde an der Nordspitze Usedoms erlangte vor allem durch die Entwicklung der Flugbombe V1 und der Fernrakete V2 weltweit Bekanntheit, aber es fanden sowohl im Heeres- als auch Luftwaffenteil weitere bahnbrechende Entwicklungen und Erprobungen statt. Allgemein diente Peenemünde zur Erprobung von Strahl- und Raketentriebwerken und deren Anwendung in Flugzeugen bzw. Waffen. Das abgelegene, direkt an der Ostsee liegende Peenemünde bot für diese Zwecke weitaus breitere Möglichkeiten als die Heeresversuchstelle Kummersdorf rund 45 südlich Berlin, einem 1870 errichteten Artillerieschießplatz, auf dem ab Ende der 1920er-Jahre auch Versuche mit Raketenwaffen stattfanden. Offiziell als Versuchsstelle-West bezeichnet, unterstand Kummersdorf dem Heereswaffenamt.

In Kummersdorf hatten sich auch Raketenpioniere wie Wernher von Braun erste Sporen verdient. Wernher von Braun war an der Standortwahl von Peenemünde auch „nicht ganz unschuldig" gewesen: im Winter 1935/36 hatte er im Auftrag des HWA – hin und wieder begleitet von Erich Warsitz – eine Anzahl Erkundungsflüge nach einem geeigneten Gelände unternommen und in seinem Bericht ans HWA dann Peenemünde empfohlen.(18)

Etwa zur selben Zeit begann sich das Reichsluftfahrtministerium (RLM) für Raketenantriebe für Flugzeuge sowie für Starthilfsraketen für schwer beladene Maschinen zu interessieren. Entsprechende Versuche ließ das RLM in Neuhardenberg rund 55 km südsüdöstlich Berlin durchführen. Ein Besuch Major Dr.-Ing. Wolfram Freiherr von Richthofens (siehe Kurzlebensläufe S. 427) in Kummersdorf (kurz nachdem Wernher von Braun seinen HWA-Bericht abgegeben hatte), um sich auf den neuesten Stand zu bringen, mündete in eine Besprechung am 2. April 1936 im Berliner RLM. Sie fand unter Vorsitz von Generalleutnant Albert Kesselring statt, seinerzeit Chef des Luftwaffenverwaltungsamtes im RLM, und setzte sich zum Ziel, die Ressourcen von HWA und RLM zur Errichtung einer Versuchsstelle in Peenemünde zu bündeln. Die offizielle Einweihung der Versuchsstelle Peenemünde fand am 1. April 1938 statt.

Bereits im Februar 1937 hatte die Kummersdorfer Gruppe nach Peenemünde verlegt und den bewaldeten Ostteil des Versuchsgeländes bezogen (wo sie im Auftrag des Heeres mit der Entwicklung der Fernrakete A4, besser bekannt als V2, begann). Das RLM richtete sich in Form von Entwicklergruppen der Firmen Walter, Junkers und Heinkel rund um den Flugplatz im Westteil ein. Im April 1938 fanden erste Flugerprobungen statt.

Im Zuge von Reformen kam das RLM 1938 unter die Fittiche der Luftwaffe, wonach die Einrichtung die Bezeichnung *Versuchsstelle der Luftwaffe Peenemünde-West* erhielt und ab April 1943 die Bezeichnung *Erprobungsstelle der Luftwaffe Karlshagen* (der Ostteil hieß *Heeresversuchsstelle Peenemünde*). Als erster Leiter der Stelle trat Flieger-Oberstabsingenieur Uvo Pauls in Erscheinung. Im September 1942 löste ihn Major (später Oberstleutnant) Otto Stams ab.

Mai 1942

Arbeitsbericht I

Am 20.4.42 wurde Oberlt. Späte durch den General der Jagdflieger mit der Aufstellung und Führung des Erprobungskommandos16 beauftragt mit der Aufgabe, sich in die Versuche und Arbeiten des GL zur Erprobung der Me 163 a und b einzuschalten und sich in der Industrie in die neuartige Materie einweisen zu lassen. Zum 4.5.42 wurden 23 Mann Bodenpersonal nach Göttingen einberufen, die sich wie folgt zusammensetzten:

- 1 Oberwerkmeister
- 12 I. u. II. Warte
- 4 Flugzeugtischler
- 4 Flugmotorenschlosser
- 2 Schreiber

Bis zum 7.5.42 war dieses Kommando vollzählig in Göttingen eingetroffen. Der Oberwerkmeister, Oberfeldwebel Dietrich, wurde mit den 12 Warten und 4 Flugzeugtischlern nach Augsburg zwecks Einweisung zur Abt. L der Messerschmittwerke kommandiert. Die Flugmotorenschlosser und Schreiber wurden nach Peenemünde geschickt, wo sie während der folgenden 4 Wochen von der Triebwerks-Erprobungsgruppe der dortigen E-Stelle unterrichtet und eingewiesen wurden. Die Führung dieses Teilkommandos hat der techn. Schreiber, Uffz. Erhart.

Gemäß den Erinnerungen von Alfons Schneider kamen folgende Männer von Augsburg nach Göttingen:

Ofw. Dietrich (Oberwerkmeister)
Ofw. Lenk (Waffenmeister)
Fw. Schneider, Uffz. Diel, Eggert, Fritsche, Iser, Rath und Twachtmann, Ogefr. Reckstatt, Schlichting und Zander (Techniker)
Uffz. Dietz (Waffenwart)
Uffz. Klumpe und Ogefr. Kopf (Tischler)
Ogefr. Bedrunka (Fallschirmwart)

Nach Peenemünde geschickt wurden die Uffz. Garzarek und Maier sowie die Ogefr. Birkenstock und Pätzold (Techniker), Hptfw. Jacobi (Spieß), Uffz. Erhardt und Ogefr. Falkenrath (Schreiber).

Oberlt. Späte nahm vom 8.–12.5.42 an den Erprobungsflügen des Flugkapitän Dittmar in Peenemünde teil, wobei er selbst am 11.5. seinen ersten Versuchsstart mit einer Me 163 a mit Triebwerk durchführte. Die Flugeigenschaften der Me 163 wurden als sehr befriedigend festgestellt. Ruderdrücke und -wirkung sind sehr gut aufeinander abgestimmt trotz einer möglichen Geschwindigkeitsspanne von 110– zu etwa 1000 km/h. Die Stabilitäten um alle Achsen sind ausreichend. Das Flugzeug weist keinerlei Abkipp-Tendenzen auf. Beim Übergang zum Langsamflug kann man mit voll durchgezogenem Knüppel Sackflug ausführen, ohne die Steuerbarkeit um die Längsachse einzubüßen. Die Wendigkeit um die Längs- und Querachse ist mindestens so gut wie die eines Bücker-Jungmeister. Im Langsamflug läßt die Seitenruderwirkung etwas nach, ist aber nicht erforderlich, da die Me 163 a keinerlei negatives Wendemoment aufweist und für Kurveneinleitung usw. also keine Seitenruderunterstützung benötigt. Die einzige zellenmäßige Beanstandung gab das starr befestigte ungefederte Fahrwerk. Dieses Fahrwerk übernimmt keinerlei Stöße, die beim Rollen durch Bodenunebenheiten auftreten, sondern überträgt sie ungedämpft auf das Flugzeug. Es entsteht dadurch die Gefahr, dass das Flugzeug durch eine Bodenwelle bei höherer Rollgeschwindigkeit vom Boden weggeschleudert wird, bevor Ruderwirkung vorhanden ist, und es nach solchem unfreiwilligem Abheben noch nicht gesteuert wieder an den Boden zurückgebracht werden kann. Vom 15.5.42 an beteiligte sich daher das E-Kommando 16 in Augsburg an Versuchen, ein geeignetes federndes Fahrwerk zu finden und zu erproben.

Arbeitsbericht II

Nachdem durch einen Versuchsstart am 11.5.42 durch Oberleutnant Späte festgestellt wurde, dass eine schulmässige Inbetriebnahme der Me 163 a das Vorhandensein eines gefederten Fahrwerkes unerlässlich macht, wurde vom Werk Augsburg eine Befestigung des abwerfbaren Fahrwerkes an der ausgefahrenen (federnden) Kufe vorgesehen. Roll-Versuche, die mit dieser Fahrwerksanordnung vom 21.5.42 an durch Flugkapitän Dittmar, Obltn. Späte, Flugkapitän Hanna Reitsch und Lt. Opitz in Augsburg durchgeführt wurden, ergaben, dass die Federung der unbeladenen Me 163 a als ausreichend bezeichnet werden konnte. Bei Versuchen mit einer Zuladung von etwa 600 kg Wasserballast stellte sich aber heraus, dass die Federung wieder ungenügend wurde. Für Starts mit Triebwerk muss jedoch gefordert werden, dass Betriebsstoffzuladungen bis zu 1200 kg möglich sind. Eine solche Beladung hält die derzeitige Kufen-Hydraulik nicht aus.

Es wurde daraufhin versucht, in sich gefederte Anlaufräder von der Fa. VDM [Vereinigte Deutsche Metallwerke] in Frankfurt zu beschaffen. Die bei VDM vorhandenen Konstruktionen sind aber für leichtere Flugzeuge berechnet (Me 108 usw.). Neuentwicklungen würden mindestens ½–1 Jahr Herstellungszeit erfordern. Dies würde bedeuten, dass die bereits anlaufende Serie der Me 163 b fertigestellt wäre, bevor die zur Umschulung notwendige Me 163 a flugreif ist.

Folgende Pläne zur Lösung dieser Fahrwerksfragen wurden daraufhin entwickelt und liegen nunmehr zur Entscheidung vor:

1.) Verstärkung der Kufenhydraulik (bedeutet weitgehende konstruktive und bauliche Veränderungen des Rumpfes und Verzögerung der Fertigstellung der Me 163 a um Wochen wenn nicht Monate).

2.) Herstellung eines starren Fahrwerkes mit zusätzlichen Stütz-Federbeinen, die bei Starts mit Triebwerk und Treibstoffzuladung die vermehrte Last mit aufnehmen (ebenfalls mit grösseren Änderungsarbeiten verbunden).

3.) Herstellung eines in sich gefederten dreirädrigen Fahrgestells, welches am Boden bleibt und das Flugzeug erst nach Erreichung der Abhebegeschwindigkeit freigibt. (Längere Entwicklungs- und Herstellungsarbeit notwendig).

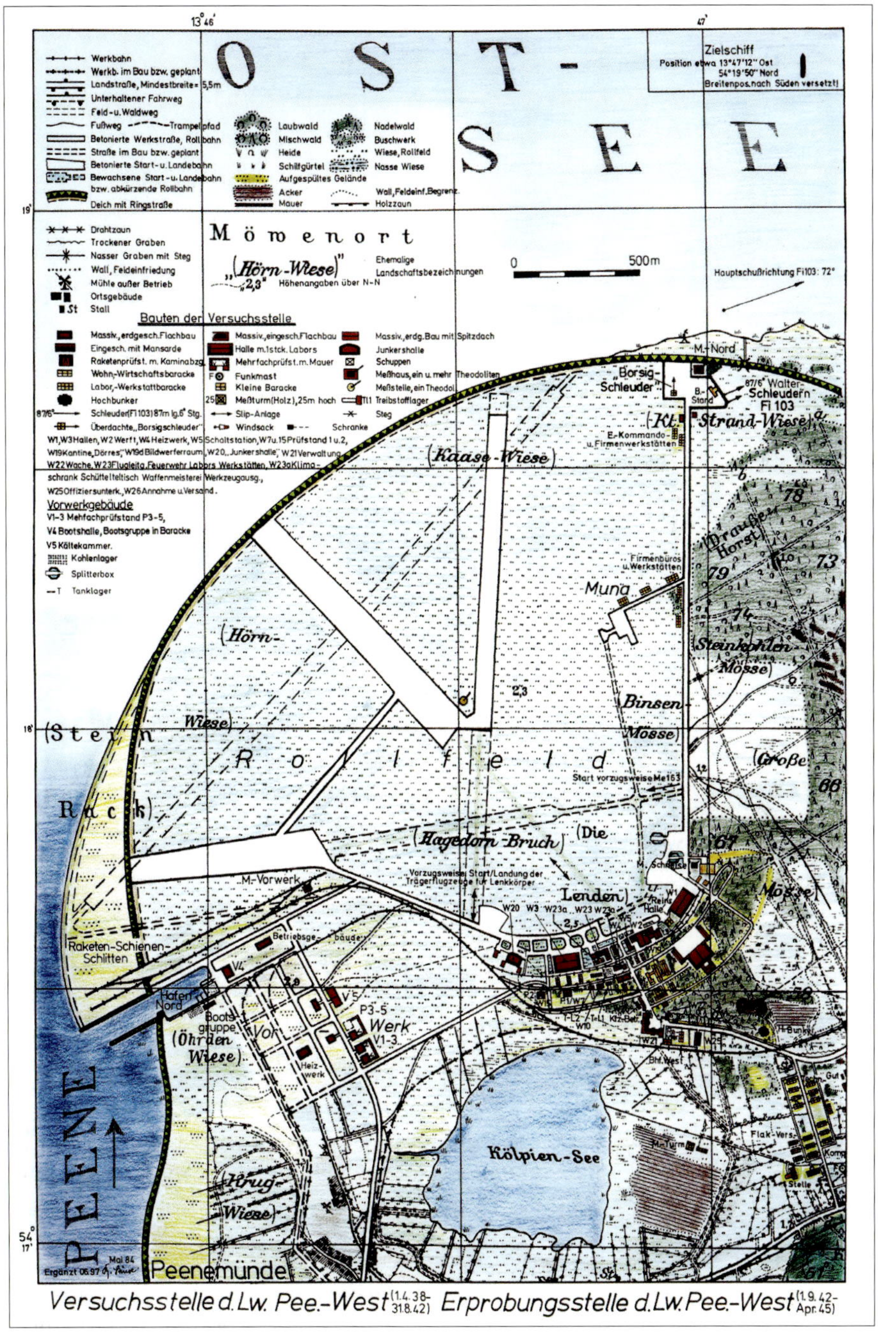

Nach dem Krieg erstellte Farbkarte der Versuchsstelle der Luftwaffe Peenemünde-West. Dort fand die Ersterprobung der Me 163 durch die Messerschmitt AG und das EKdo 16 statt. Die Flugzeughallen des EKdo 16 lagen nördlich des kleinen Sees. Die Schienenstrecke nördlich des Hafens diente 1943 zu Schleuderstartversuchen.

Feldwebel Alfons Schneider gehörte zu den ersten für den Dienst beim Bodenpersonal des EKdo 16 gewonnenen Männern. Er meldete sich am 4. Mai 1942 in Göttingen zum Dienst und durchlief erst einmal einen Schulungslehrgang in Augsburg, bevor er zum EKdo 16 in Peenemünde stieß.

Leutnant Rudolf Opitz (hier als Hauptmann) war Versuchspilot bei der E-Stelle der Luftwaffe in Peenemünde und kam im Mai 1942 zum EKdo 16. Im Juli 1943 erfolgte die Beförderung zum Oberleutnant. Als Hauptmann und Gruppenkommandeur der I./JG 400 erhielt er am 1. Januar 1945 das Deutsche Kreuz in Gold (siehe Kurzlebensläufe S. 426).

Die im April 1942 in Peenemünde angekommene Me 163 A V5 (GG+EA) zeigt den Schlitz an den Tragflächen-Vorderkanten, das außen angebrachte Querruder und das innen liegenden Höhenruder. Die Landeklappen saßen etwa in Flügelmitte.

4.) Verwendung eines bereits bei den ersten Versuchen benutzten in sich gefederten abwerfbaren Fahrwerks (hat den Nachteil, nach durchschnittlich 5 Starts beschädigt oder zerstört zu sein und müsste deshalb in grösserer Anzahl – etwa 100 Stück – hergestellt werden).

Von diesen 4 Vorschlägen besitzt der unter 4.) angeführte die meiste Aussicht, einen Schulbetrieb mit den Flugzeugen des Musters Me 163 a in absehbarer Zeit zu gewährleisten. Auf jeden Fall tritt in der weiteren Erprobungsarbeit durch diese vorläufig ungelöste Fahrwerks-Schwierigkeit eine Pause von mindestens 4–8 Wochen [ein].

Die soll vorläufig damit ausgefüllt werden, den am 26.5.42 in Augsburg eingetroffenen Oberleutnant Kiel und Leutnant Pöß [Pöhs] segelfliegerisch vorzuschulen und sich im Schlepp auf die unbeladene Me 163 a einfliegen zu können.

Das in Augsburg zur Werkseinweisung befindliche Bodenpersonal des Kommandos wird bis auf weiteres dort belassen, da das Werk Hilfskräfte gut gebrauchen kann. In gleicher Weise werden 4 Motorschlosser zum Werk Kiel der Fa. Walter kommandiert. Inzwischen hat sich auch in der Herstellung der Triebwerke für das Muster Me 163 a eine Verzögerung ergeben. Sowohl die in den ersten beiden V-Mustern eingebauten und in vielen Starts bemutzten als auch für die in Fertigstellung begriffenen Maschinen vorgesehenen kalten Triebwerke sind z. Zt. nichts betriebsklar und voraussichtlich erst in 4–6 Wochen wieder einsatzfähig. Grund für den Ausfall der Triebwerke ist vor allem in ungleichmässiger Zusammensetzung des verwandten T-Stoffes und Materials der Katalysatoren zu suchen.

Für die nächste Zeit sind die Aufgaben für das E.-Kommando 16 in das Auge gefasst:

1.) Erprobung des gefederten und in Augsburg zu entwickelnden gefederten Fahrwerkes.
2.) Umschulung des Oberleutnant Kiel und Leutnant Pöß [Pöhs] in Augsburg auf die unbeladene Me 163 a, nachdem ihre Jagdfliegerausbildung z. Zt. als abgeschlossen betrachtet werden kann.
3.) Unterrichtung über die Möglichkeiten eines Schleuderstarts anlässlich Versuchsflügen, die in Nellingen durchgeführt werden.
4.) Unterrichtung über den Stand der Entwicklung der Triebwerke für die Me 163 b durch Besuche bei den Werken in Spandau und Kiel.

Juni 1942

Arbeitsbericht III

Eine Besprechung zwischen Major Eisermann [Luftwaffenführungsstab] und Oblt. Späte am 12.6.43 über die für die Me 163 vorzusehenden Funk- bez. Funkleitgeräte führte zu folgenden grundsätzlichen Erwägungen:

1. Infolge der kurzfristigen Laufzeit des Triebewerkes der Me 163 B ist es notwendig, dass Flugzeug vom Boden aus auf kürzestem Wege an das zu bekämpfende Feindflugzeug heranzuführen.
2. Der günstigste Steigwinkel dürfte voraussichtlich bei etwa 20° liegen, nach einer gewissen Steigzeit und entsprechendem Betriebsstoffverbrauch etwas darüber.

Oben: Lechfeld, Juni 1942. Oblt. Kiel und Lt. Pöhs vom EKdo 16 (Mitte) im Gespräch mit Messerschmitt-Chefpilot Fritz Wendel (links) und Oberleutnant Hans-Joachim Marseille. Der legendäre „Stern von Afrika“ befand sich gerade auf Heimaturlaub in Deutschland und hatte für seine herausragenden Jagderfolge beim JG 27 in Nordafrika die Schwerter zum Eichenlaub erhalten. Marseille gehörte zu den führenden Experten im Schießen mit Vorhaltewinkel und schaltete seine Gegner mit minimalem Munitionseinsatz aus. Einmal schoss er sechs englische Curtiss „Tomahawk“ an einem Tag ab und am 17. Juni 1942 weitere sechs Feindjäger innerhalb von zwölf Minuten. Diese Tat gab den Ausschlag zur Verleihung der Schwerter.

Oberleutnant Johannes Kiel (links) und Leutnant „Joschi“ Pöhs führten zusammen mit Späte und Opitz die erste Phase der Flugerprobung der Me 163 in Peenemünde durch.

3. Eine einmalige Kursbestimmung für den Flugweg zum Zeitpunkt des Startes wäre also nicht möglich, wenn das Feindflugzeug in einem steileren Winkel als 20° über dem Horizont gesichtet wird. In diesem Falle müsste der Flugweg Kursänderungen unterworfen und zu deren Bestimmung der Standort des eigenen Flugzeuges vom Boden aus laufend verfolgt werden. Bei mehreren in der Luft befindlichen Flugzeugen gäbe die dann notwendige Durchgabe des neuen Kurses zu Verwechslungen Anlass, da dieser für jedes Flugzeug anders wäre. Gleichzeitiger Start in Schwärmen oder Ketten und Steigen im geschlossenen Verband wäre eine unerlässliche Vorbedingung für eine Lenkung vom Boden aus.
4. Verwendung des Flak-E-Messgerätes zur Lenkung erscheint nicht angebracht,
   a) weil das Gerät die Flugbahn eines von einem vorher bekannten Punkt am Boden ausgehenden Geschosses berechnet. Bei einer notwendig werdenden Kursänderung der Me 163 müsste die Rechungsgrundlage des Gerätes auf einen neuen Ausgangspunkt umgestellt werden (nämlich den Punkt der Kursänderung des Flugzeuges), was das Verfahren – soweit sich übersehen lässt – zu umständlich macht.
   b) weil die Reichweite des E-Messers geringer ist als die der Me 163 B.
5. Der für den Einbau von Funkgeräten zur Verfügung stehende Raum in der Me 163 B ist ausserordentlich beschränkt. Konstruktiv vorgesehen ist nur der Einbau des FuG 16 und FuG 25 „Erstling“. Einbau grösserer Apparaturen, wie sie bei der Nachtjagd Verwendung finden, scheitern von vorne herein an der Raumfrage.
6. Anzustreben scheint folgende Lösung zu sein: Einbau des FuG 16 und FuG 25 „Erstling“. Lenkung erfolgt entweder
   a) durch Durchgabe des Standortes und der Höhe des Geg-

Flugvorführung der Me 163 A am 13. Juni 1942 in Peenemünde. Dafür standen lediglich A V4 und A V5 zur Verfügung; da die A V4 aber am Boden bleiben musste, flog nur die A V5. Unter den Zuschauern Generalfeldmarschall Erhard Milch (Mitte) und, zu seiner Linken, Hermann Kröger von der Abteilung E2 der E-Stelle Rechlin.

Mitte: Heini Dittmar nimmt nach dem Flug Milchs Glückwünsche entgegen. In der Bildmitte in zivil Prof. Hellmuth Walter.

Rechts: Heini Dittmar mit GFM Erhard Milch, Reichsminister Albert Speer und Hermann Kröger.

Die Me 163 A V4 in Peenemünde. Man beachte die Hochglanzoberflächen.

ners über das FuG 16 in Zusammenarbeit mit „Würzburg-Riesen". (Gegebenenfalls Spezial-Einteilung der zu verwendenden Karten durch ein vereinfachtes Planquadratsystem, das nur den bekämpfbaren Raum um den Ausgangsort des eigenen Flugzeuges erfasst, oder

b) mittels Durchgabe des einzuschlagenden Kurses über das FuG 16, indem durch „Würzburg-Riesen" zusätzlich der Standort der eigenen Flugzeuge verfolgt und der neue sich ergebende Kurs durch eine mit einem Verbindungsoffizier des Jagdverbandes besetzte Bodenleitstelle bestimmt uznd dem in der Luft befindlichen Verband durch Funk durchgegeben wird.

Gelegentlich einer Besichtigung des Walter-Werkes, Kiel, am 15. und 17.6.42 wurde als Stand der Entwicklung der Triebwerke für die Me 163 A und B festgestellt:

Die kalten Triebwerke für die Me 163 A werden z. Zt, mit einer Sicheheitsschaltung versehen, die bei Unterbrechungen im Zufluss

Augsburg, Juni 1942 (v. l. n. r.): Flugkapitän Helmut Kaden, verantwortlich für die Flugabnahme von Serienflugzeugen, Oberleutnant Kiel, Hauptmann Späte, Heini Dittmar, Leutnant Opitz und Leutnant Pöhs. Kiel wurde im August zum Hauptmann befördert und Pöhs im Dezember zum Oberleutnant.

eines der beiden verwendeten Treibstoffe automatisch auch den Zufluss des anderen abschaltet und dadurch die Gefahr einer Explosion beseitigt.

Das erste der neuen kalten Triebwerke mit Förderpumpen für den Z-Stoff macht bereits Probeläufe. Flugerprobung erfolgt, sobald das Vorhandensein gefederter Fahrwerke Starts mit Triebwerk ermöglicht. (Voraussichtlich in der zweiten Juli-Hälfte.)

Das (heisse) Triebwerk für die Me 163 B ist erst in Teilerprobung. Ein Probelauf mit einem Versuchsmodell des neuen Gerätes, der am 17.6.42 gezeigt wurde, verlief zufrieden stellend. Die Fa. Walter hofft, den Termin für die Fertigstellung des ersten einbaufähigen Triebwerkes (Anfang August) einhalten zu können, falls Schwierigkeiten in der Zuweisung von Arbeitskräften, unter denen das Werk z. Zt. leidet, in der nächsten Zeit behoben werden können.

Das BMW-Werk, Spandau, ist noch bei Teilerprobungen mit dem dort in Entwicklung befindlichen Triebwerk für die Me 163 B.

Am 20.6.42 machten Oblt. Späte und Ltn. Pöhs in Nellingen in einer He 111 einen Schleuderstart mit einer Madelung-Schleuder mit.

Am 23. bis 27.6.42 wurden Oblt. Kiel und Ltn. Pöhs in Augsburg, bzw. auf dem Flugplatz Lechfeld auf die Me 163 A mittels Schlepp umgeschult. Es zeigte sich, dass die eingeschlagene Methode, nach etwa 4 – 6 Schulflügen im Doppelsitzer-Segelflugzeug (Kranich) und einigen Flügen auf einsitzigen Segelschulflugzeugen (Grunau-Baby u.ä.) den Flugzeugführer mit 10 – 15 Starts auf dem Kunstflug-Segelflugzeug Muster Habicht vorzubereiten, eine ausreichende Vorschulung für die Me 163 A darstellt. Vorbedingung ist, dass der Flugzeugführer bereits genügende Motorflug-Erfahrung mitbringt. Oblt. Kiel und Ltn. Pöhs führten bisher je 6 Flüge mit einer Me 163 A durch, zu denen sie im Schlepp hinter einer Me 110 gestartet wurden. Gleichzeitig wurden sie auch im Schlepp mit der Me 110 ausgebildet.

Am 26.6.42 wurde von Flugkapitän Dittmar das V 1 Muster der Me 163 B zum ersten Male in Lechfeld geflogen. Eine Teilnahme an der weiteren Flugerprobung durch das Erprobungskommando 16 erfolgt nach Einbau der taktischen Bremse und des Bremsfallschirmes, die an diesem V-Muster noch fehlen. Die Flugerprobung des im Bau befindlichen V 2-Musters (mit eingebauten Waffen und Funkgerät) durch das E-Kommando 16 kann voraussichtlich in 2 – 3 Wochen erfolgen.

Juli 1942

Arbeitsbericht 4

Den Arbeitsbericht 4, der den Zeitraum Ende Juni bis Mitte Juli 1942 abdeckt, konnten die Verfasser leider nicht ausfindig machen.

Arbeitsbericht 5

1.) Fliegerische Tätigkeit.
Infolge schlechter Wetterlage wurden lediglich am 21., 22., 27., 28. und 30.7. einzelne Starts in Augsburg mit einem Muster Me 163 A mittels Schlepp durchgeführt. Zwecks Einfliegen in Kunstfluglagen bezw. Abkipp- und Trudelversuche. Hinsichtlich letzterer kann als vorläufiges Ergebnis berichtet werden, dass es nicht gelang die Me 163 A aus irgend einer Lage zum Trudeln zu bringen. Selbst nach „Aushungern" in steil gezogener Lage, ja sogar aus dem Rückenflug heraus ist das Flugzeug weder durch Seitenruder- noch durch Querruderausschläge oder Steuerkreuzen zu steuerlosen Bewegungen zu veranlassen. Es „schmiert" lediglich in einer Kurve über eine Fläche und fängt sich trotz ständig durchgezogenen Höhensteuers stets wieder.

Gemäss fernschriftlicher Anweisung durch K.d.E. stehen Oblt. Kiel und Lt. Pöhs, soweit die Erprobungsarbeit des E-Kdos. 16 dies zulässt, der Einflugabteilung der Mtt.A.G. [Messerschmitt] zur Erledigung von Erprobungsaufgaben zur Verfügung. Lt. Pöhs führt am 30.7. bereits Fahrwerkserprobung an einer Bf 109 durch.

2.) Entwicklungsstand von Zelle und Triebwerk.
a) Me 163 A
Flugerprobung der Zelle mit voller Last konnte bisher noch nicht vorgenommen werden, da das hierzu notwendige gefederte Fahrwerk noch nicht fertig ist. Für Anfang August ist mit den ersten Rollversuchen eines nunmehr in Augsburg nahezu vollendeten Federfahrwerkes zu rechnen. Sollten die damit geplanten Versuche nicht befriedigen, so ist beabsichtigt bis zur Lieferung eines brauchbaren Fahrwerkes ab Anfang September in Peenemünde trotzdem mit Startversuchen mit Triebwerk zu beginnen. Diese Versuche werden dann nur mit geringem Treibstoffvorrat vorgenommen, wobei wieder das starre an der federnden Kufe befestigte Fahrwerk benutzt werden soll. Vorversuche hierzu werden im August in Augsburg durchgeführt. Anfang September sollen sämtliche 10 in Auftrag gegebenen Zellen der Me 163 A fertiggestellt sein. Die baldige Lieferung einer ausreichenden Anzahl von brauchbaren gefederten Fahrwerken muss nach wie vor als Grundlage eines geregelten Schulbetriebes dringend gefordert werden. Desgleichen wird gefordert, dass alle Zellen der Me 163 A so bald als möglich mit den für Schleuderstart notwendigen Verstärkungen ausgerüstet werden. Die Fertigstellung der für die Muster V 5 und V 7 vorgesehenen Triebwerke hat sich bis zum 15.8.42 verschoben. Die Versuchsstelle Peenemünde beabsichtigt, das Triebwerk der Me 163 A auf einem Spezialprüfstand hinsichtlich seiner Betriebssicherheit bei Schleuderstarts zu erproben. Bevor diese Versuche nicht abgeschlossen sind, werden Schleuderstarts ohne Triebwerk ausgeführt.
b) Me 163 B
Alle bisher vorgenommenen Erprobungsflüge zeigten, dass die Flugeigenschaften nicht wesentlich von denen der Me 163 A abweichen. Die Ausrollstrecke ist durch die günstigere Konstruktion der Kufe gegenüber der Me 163 A wesentlich verkürzt, während allerdings der Anschwebewinkel zur Landung mangels Landeklappen geringer und die Landung dadurch schwieriger ist. An Stelle der Holzkufe, die sich für Starts mit grösserer Last als nicht ausreichend erwies, wird z. Zt. eine Metallkufe eingebaut. Die Kufe muss zudem eine weitere Umkonstruktion erfahren, da das Fahrwerk weiter nach hinten gesetzt werden muss. Am 27.4.42 erfolgte in Regensburg die Musterbesichtigung der Me 163 B (siehe Besprechungsprotokoll). In der hierzu fertigestellten Zelle (V 2) waren bereits die 2 Hauptwaffen [MG 151/20] und das FuG 16 eingebaut. Im Rückstand ist noch der Einbau des Bremsfallschirmes und der taktischen Bremse. Das Vorhandensein dieser beiden Geräte ist unerlässlich für die weiteren Erprobungsflüge mit Triebwerk und die Erleichterung der Landung. Die Entwicklung des Bremsfallschirmes wird z. Zt. dadurch verzögert, dass noch kein Gewebe gefunden wurde, das die geforderte Unempfindlichkeit gegenüber den als Treibstoff verwendeten Säuren besitzt. Mit der Auslieferung einbaufähiger einsatzbereiter Triebwerke ist nach den Voraussa-

Die Me 163 B V2 (VD-EL) wurde bei der Messerschmitt GmbH in Regensburg gebaut und in Obertraubling endmontiert. Zur Ausrüstung mit Bewaffnung und Funk kam sie später nach Augsburg. Man beachte die Verkleidung über der Ausstoßdüse, das schwarze Pflaster am Seitenruder und den Schleifsporn. Im September 1942 schlug Dittmar eine Verlängerung des Hecks unter der Ausstoßdüse vor, damit die Maschine in einem flacheren Anstellwinkel abheben konnte. An der in Augsburg gefertigten B V1 wurde die Änderung erfolgreich getestet. Die Aufnahmen der B V2 entstanden im September 1942 in Augsburg vor dem Einbau der vier 2 cm MG 151/20 – zwei im Rumpf-Flächenübergang und zwei in Waffengondeln unter den Flügel. Der Standbeschuss der eingebauten Waffen fand am 6. Oktober 1942 in Augsburg statt.

gen der Triebwerks-Firmen [HWK und BMW] mit Sicherheit erst Ende 1942 zu rechnen. Es besteht jedoch die Aussicht, dass vielleicht zu Versuchszwecken bereits zu einem früheren Termin ein Gerät geliefert werden kann.

3.) Aufgaben des Erprobungskommandos 16 für die nächste Zeit.

a) Erprobung des gefederten Fahrwerkes für die Me 163 A
b) Flugeigenschaftserprobung der Me 163 mit Last
c) Fahrwerkserprobung der Me 163 B mit Last
d) Erprobung der V 2 (Waffen- und FT-Erprobung)

Das E.Kdo. 16 verbleibt zu diesem Zweck im August noch in Augsburg, während weiterhin laufend 6 Mann Bodenpersonal zur Industrieeinweisung bei der Fa. Walter in Kiel abgestellt bleiben.

August 1942

Arbeitsbericht 6

Fliegerische Tätigkeit:

Wegen Änderungsarbeiten an Kufe und Fahrwerk der Me 163 B waren lediglich Flüge mit einem V-Muster der Me 163 A möglich. Am 4.8. wurden in Augsburg 3 Starts durch Obltn. Späte, Ltn. Opitz und Ltn. Pöhs ausgeführt, wobei durch Obltn. Späte noch einmal Abkipp- und Trudelversuche unternommen wurden. An dem im letz-

Messerschmitt Me 163 B V2 (VD-EL) W.Nr. 16310011
Messerschmitt AG Lechfeld, Oktober 1942

ten Arbeitsbericht gemachten Feststellungen ist hierzu nunmehr abschließend zu berichten, daß auch nach Aushungern in Rückenlage das Flugzeug nicht zum Trudeln gebracht werden konnte. Es geht immer wieder sehr schnell zu geslipten Kurven oder Sackfliegen über. Beim Flug mit durchgezogenem Höhenruder überwiegt die Querruderwirkung gegenüber der Seitenruderwirkung. Mit voll angezogenem Höhenruder können noch enge Kurven geflogen werden. Versucht man, das Flugzeug durch Mitgeben mit dem Querruder im Sinne des jeweils voll ausgetretenen Seitenruders zum Trudeln zu veranlassen (bei einigen Segelflugzeugen als wirkungsvoll erprobt), so erzielt man lediglich ein vertikales gesteuertes Rollen nach unten. Diese Erfahrungen gelten nur für die Me 163 A ohne Triebwerk, Treibstoffbehälter oder sonstige Zuladung. Am 14.8. wurde die dem E.-Kommando 16 zugeteilte Bf 110, Kennz.: DF+NN, Werknr.: 3073, aus Liegnitz nach Augsburg überführt. Nach Einbau einer Schleppkupplung sollen die Motore (DB 601 A) gegen DB 601 N-Motore ausgewechselt werden.

Das gefederte Fahrwerk für die Me 163 A wurde von Flugkapitän Dittmar hinsichtlich seiner Abwurffestigkeit am 13.8. durch Abwurf aus 10–15 Meter Höhe aus einer Bf 110 erprobt. Es hielt 3 Abwürfe ohne Beanstandungen aus. Die Flugerprobung dieses Fahrwerkes erfolgt z.Zt. in Peenemünde.

Vom 4.–10. 8. waren Obltn. Späte, Hptm. Kiel und Ltn. Pöhs beim Jafü Deutsche Bucht und III. Fliegerkorps zur Einweisung in Jägerleitverfahren. A, 5.8. wurde ihnen in Jever eine Suchübung [unleserlich] mittels Y-Verfahren vorgeführt und die Bodengeräte gezeigt und erklärt.

Am 7. u. 8.8. besichtigten sie nach [unleserlich] bei Generalleutnant Kammhuber auf dem Gefechtsstand Deelen den Tag- und Nachtbetrieb. In der Nacht vom 9. zum 10.8. erfolgte die Besichtigung eines Nachtjagdgefechtsstandes bei Kleve mit Einweisung in Nachtjagdleitverfahren.

Hinsichtlich er für die einsatzmäßige Führung der Me 163 hierbei gemachten Erfahrungn kann festgestellt werden:

1.) Es erscheint gewährleistet, daß mit Hilfe des Jägerleitverfahrens I unter Benutzung der in Einrichtung begriffenen Gefechtsstände Deelen, Stade usw. eine sichere Heranführung der Me 163 an einen Gegner stattfinden kann. Nach den auf den besuchten Gefechtsständen vorliegenden Erfahrungen muß jedoch als Vorbedingung ein sicheres und schnelleres Erfassen hochfliegender Feindflugzeuge durch die Freya- und Würzburggeräte gefordert werden.

2.) Es wird unerläßlich sein, daß durch Verwendung des FuG 25 a (Erstling) die Ausstrahlung einer Kennung erfolgt, damit eine Verwechslung von Freund und Feind – auch kurzzeitig – auf jeden Fall vermieden bleibt. Diese Verwechslungen kommen heute sowohl bei Tag- als auch bei Nachtjagdleitung noch häufig vor. Bei der kurzzeitigen Einsatzdauer der Me 163 muß jedoch gewährleistet sein, daß solche vermeidbaren Fehlerquellen von vornherein ausgeschaltet bleiben.

3.) Da bei der Heranführung der Me 163 an einen Gegner die genaue Leitung auch in der vertiklaen Dimension sehr wichtig ist, wird es notwendig sein, eine dauernde Durchgabe der jeweiligen Höhenlage des Flugzeuges vorzusehen. Bei der Tag- und Nachtjagd mit den bisher üblichen Flugzeugtypen wird die Höhe des eigenen Flugzeuges entweder durch das Würzburggerät gemessen oder durch Funkspruch der Bodenleitstelle durchgesagt. Sollte sich bei der praktischen Erprobung ergeben, daß das Durchsagen der Höhe mittels Funksprechverkehr nicht genügt, so müßte zusätzlich eine Einrichtung geschaffen werden, daß mit Hilfe des FuG 25 a oder des Y-Gerätes eine laufende Registrierung der Höhenlage des eigenen Jägers erfolgen kann.

4.) Da der Steigflug der Me 163 stets in einem optimalen Winkel von etwa 20 Grad erfolgen wird, ergibt sich für den Jägerleitoffizier mit Seeburg-Tisch zudem die Möglichkeit, auf Grund der Entfernung des eigenen Flugzeuges vom Startpunkt dessen Höhe mit einiger Genauigkeit abzuschätzen. Praktisch sähe das so aus, daß von dem auf dem Seeburgtisch eingezeichneten Standort konzentrische Kreise eingezeichnet werden, die dem Leitoffizier sagen, daß der im geraden Kurs vom im Kreismittelpunkt gelegenen Flugplatz gestartete Interzeptor mit Erreichung eines Kreises die für diesen Kreis gültige Höhe eingenommen hat. Soll ein sich in einer bestimmten Höhe einfliegendes Feindflugzeug bekämpft werden, so kann der Leitoffizier ungefähr abschätzen, zu welchem Zeitpnkt es den seiner Höhenlage entsprechenden Kreis schneiden wird und läßt den Interzeptor so starten, daß er das Feindflugzeug unterschneidet. Kann der Flugzeugführer hierbei den Gegner noch nicht sichten, so läßt der Leitoffizier den Interzeptor sich so weit entfernen, daß er nach einer einmaligen grundlegenden Kursänderung in seinem günstigsten Steigwinkel das Gegnerflugzeug erreicht.

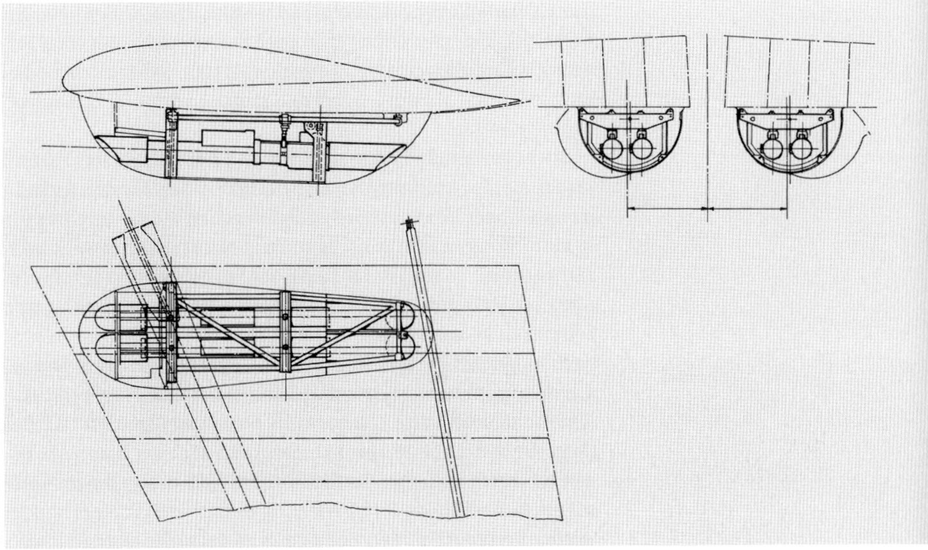

Einbau von Luftkampfraketen RZ 65; Vorschlag für die Me 163 B. Messerschmitt-Zeichnung Nr. 8-163.803.804 vom 11. Juli 1942.

Arbeitsbericht 7

Am 17.8. war es möglich, die bei Messerschmitt entwickelten gefederten Fahrwerke an den beiden Flugzeugen Me 163 A V 4 und V 5 zu erproben. Da gleichzeitig die für diese Muster vorgesehenen Triebwerke nach Durchführung einiger Verbesserungen von der Firma Walter fertiggestellt und eingebaut waren, wurden bis zum 25.8. in Peenemünde Erprobungsflüge durch Flugkapitän Dittmar und Lt. Opitz sowie Oblt. Späte und Hptm. Kiel durchgeführt.

Das Fahrwerk erwies sich hinsichtlich seiner Federungs-Eigenschaften als geeignet und brauchbar. Auch den beim Abwurf auftretenden Beanspruchungen zeigte es sich gewachsen und hielt nach vorheriger Erprobung aus einer Me 110 10 Abwürfe nach normal verlaufenen Starts ohne wesentliche Beschädigungen gut durch. Schäden, wie Verbiegen eines Achsstummels oder einer Felge bezw. Undichtwerden eines Reifens traten bisher auch an den ungefederten Fahrwerken auf und müssen vorläufig in Kauf genommen werden.

Die in Peenemünde durchgeführten Triebwerk-Starts zeigten jedoch als neu auftretenden Schwierigkeit, daß für den nicht in monatelanger Versuchsarbeit eingeflogenen Flugzeugführer die Beherrschung der Me 163 A beim Start mit Strahltriebwerk noch nicht einfach genug ist. Im Laufe der vorhergegangenen Erprobung im Schleppflugbetrieb war das Fahrwerk sehr nahe zum Schwerpunkt zurückverlegt worden, damit der Flugzeugführer nach möglichst kurzem Anrolle das Flugzeug „auf Stufe heben", d.h. den Sporn hochdrücken und dadurch normale Flug- bezw. Rollage einnehmen kann. (Damit sollte verhindert werden, daß das Flugzeug bereits beim Anrollen, während noch der Sporn am Boden ist, durch Bodenunebenheiten zum Abheben gebracht wird, solang es noch keine Ruderwirkung besitzt und also noch nicht wieder gesteuert an den Boden zurückgebracht werden kann). Beim Schleppstart erwies sich dieses Fahrwerkslage als vorteilhaft, denn der Zug des Schleppseils gab dem Flugzeug eine ausreichende Längsstabilität im ersten etwas kritischen Teil des Startvorganges. Beim Start mit Triebwerk fällt die Stabilisierung durch den Schleppseilzug fort. Hinzu kommt eine Verlagerung des Schwerpunktes nach hinten durch den zugeladenen Treibstoffvorrat. Der Schub durch den Strahlantrieb und die Bodenreibung der Räder begünstigen aber die Neigung des Flugzeuges, nunmehr sich leichter überdrücken zu lassen und zu stark beim Rollen „auf den Kopf zu gehen".

Diese soeben beschriebenen veränderten Starteigenschaften der Me 163 A beim Triebwerksstart waren im wesentlichen auch der Grund eines Fehlstartes von Hptm. Kiel am 25.8.42 in Peenemünde, bei dem das Flugzeug (Me 163 A V5) nach etwa 300 m Anrollstrecke durch eine Bodenwelle ein wenig vom Boden abgehoben wurde und beim Nachdrücken so hart auf dem Boden aufprallte, daß das Fahrwerk brach. Beim Abstellen des Triebwerkes rutschte das Flugzeug auf der eingefahrenen Kufe mit einigen Beschädigungen des Rumpfvorderteiles aus. Hptm. Kiel hatte durch den Aufprall eine leichte Wirbelsäulen-Verletzung erlitten. Durch auslaufenden Betriebsstoff wurde eine Hitzebildung ohne Flammenerscheinung im hinteren Rumpfteil verursacht, die das Metall des Rumpfes vom Triebwerk bis einschließlich Seitenleitwerk zu Rotglut brachte. Das Flugzeug ist zellenseitig bis auf die rechte Fläche und die Führersitzausrüstung zerstört. Das Triebwerk ist nach Angabe der Firma Walter zu 20% beschädigt. Der Bruch des Fahrwerkes ist nicht auf einen Fehler in der Konstruktion oder Herstellung zurückzuführen.

Um diese Startschwierigkeiten zu beheben, wurde eine neue Schlepperprobung mit Last in Augsburg in Angriff genommen, bei der besonders auch in Hinsicht auf die Starteigenschaften der Me 163 B die endgültige Fahrwerksanordnung und -Ausführung gefunden und erprobt werden soll. Die Einsatzfähigkeit der Me 163 hängt zellenmäßig z.Zt. (neben der noch immer ungelösten Frage des Bremsfallschirmes und der taktischen Bremse) im wesentlichen von der Schaffung eines einwandfreien Fahrwerkes ab, das einen sicheren Start für das unbeladene Flugzeug im Schlepp wie auch für Triebwerkstarts mit Teil- und voller Last gewährleistet.

Der Start der Me 163 mit Triebwerk und Fahrwerk wird trotz aller noch möglichen Verbesserungen im Einsatz immer mit Schwierigkeiten verbunden sein, wenn man sich vergegenwärtigt, daß die Abhebegeschwindigkeit der voll beladenen Maschine bei 250 km/h liegen wird. Beim Einsatz werden nicht immer Flugplätze zur Verfügung stehen, deren Rollfeldbeschaffenheit die Geschwindigkeit zulässt. Ein Einsatz von mehreren Flugzeu-

Im August 1942 erhielten die Me 163 A V4 und A V5 leistungsstärkere Triebwerke, die Eigenstarts erlaubten. Mit den Maschinen sollten die Federungseigenschaften des abwerfbaren Fahrgestells beim Rollen und beim Start überprüft werden.

Die Me 163 A V5 (GG+EA) nach dem Unfall in Peenemünde am 25. August 1942.

gen wird zudem durch die abgeworfenen Fahrwerke beträchtlich behindert. Diese Erwägungen lassen erneut die Dringlichkeit der vom Erprobungskommando 16 bereits wiederholten geforderten Entwicklung einer Schleuderanlage in Erscheinung treten. Bei der am 23.6. bei C 2 I [GL/C-2 I] stattgefundenen Besprechung über die für die Me 163 zu entwickelnden Schleuderstartmethoden wurde festgelegt, daß für erste Versuche eine Madelung-Schleuder umgebaut und in Peenemünde in Erprobung genommen werden sollte. Für den späteren Fronteinsatz aber wurde die Entwicklung einer Preßluftschleuder beschlossen. Der Auftrag hierzu wurde am 24.6. bereits durch GL/CE 8 den Deutschen Werken in Kiel erteilt, mit der Weisung, sich zur Beschaffung der notwendigen Konstruktionsunterlagen mit der Firma Messerschmitt in Verbindung zu setzen. Da diese Verbindung durch die Deutschen Werke bisher nicht aufgenommen wurde, ist anzunehmen, daß in den seither vergangenen zwei Monaten nichts in dieser Angelegenheit geschehen ist.

12 Mann Bodenpersonal des Erprobungskommandos werden ab 1. Sept. in Peenemünde abgestellt, um sich an der Wartung der dort befindlichen Flugzeuge sowie an den Arbeiten der Firmen Walter und Messerschmitt zu beteiligen und beim Erprobungs- und Schulbetrieb als Hilfspersonal zu dienen. Der Rest verbleibt in Augsburg, bis die Fahrwerkserprobung und eine vorläufige Beschuß- und Funkerprobung der Me 163 B V 2 abgeschlossen sind.

September 1942

Arbeitsbericht 8

Vom 29.8. – 8.9.42 wurden auf dem Werkplatz in Augsburg und Lechfeld Flüge durchgeführt mit dem Ziel, die in Arbeitsbericht 7 geschilderten Schwierigkeiten beim Startvorgang zu beseitigen. Es wurden Schleppstarts mit verschiedener Zuladung auf den Flugzeugmustern Me 163 A V 10 und V 11 und Me 163 B V 1 und V 2 durch Flugkapitän Dittmar, Hauptmann Späte, Leutnant Opitz und Leutnant Pöss [Pöhs] ausgeführt, die zu folgenden grundsätzlichen Kenntnissen und Änderungsvorschlägen führten:

Im Gegensatz zu Flugzeugen mit Normalleitwerk, deren Höhenruder vom Startbeginn an durch den Luftstrahl des Triebwerkes angeblasen werden, muß das schwanzlose Flugzeug, dessen Höhenruder (gleichzeitig Querruder) sich an den Flächenaußenteilen befindet, erst die erhebliche Startgeschwindigkeit erreicht haben, bevor Höhenruderwirkung auftritt. Bis zu diesem Stadium rollt das schwanzlose Flugzeug in Dreipunktlage (mit dem Sporn am Boden). Es ist dabei nicht zu verhindern, daß bereits Auftriebskräfte am Flügel wirksam werden, bevor durch das Höhenruder der Sporn gehoben und dem Flugzeug nochmals Roll-Lage gegeben werden kann. Diese Auftriebskräfte am Flügel während des Anrollens sind zwar nicht so groß, daß sie das unter einem ziemlich steilen Anstellwinkel sich bewegende Flugzeug von sich allein zum Abheben bringen. Unebenheiten der Rollbahn, die die Federung des Fahrwerkes nicht mehr aufnimmt, können jedoch bereits Ursache dafür werden, daß das Flugzeug beim Rollen springt. Diese Sprünge aber sind durch mangelnde Ruderwirkung nur schlecht oder gar nicht auszusteuern.

Hinzu kommt, daß die Ruderkräfte, bezw. Ruderwirkung entsprechend der Steigerung der Vollgeschwindigkeit im raschen Übergang von Null bis zu Normalverhältnissen anwachsen. Dieses stellt eine flugeigenschaftsmäßige Erscheinung dar, die bei Flugzeugen, deren Höhenleitwerke im Luftschraubenstrahl liegen und daher von Startbeginn an bereits gute Ruderwirkung besitzen, nicht auftritt und das Umschulen auf die Me 163 in ihrem bisherigen Zustand sehr erschwert bezw. der Beherrschung des Flugzeuges während des Startes ein kaum tragbar erscheinendes Risiko verleiht.

Eine restlose Beseitigung dieser Startschwierigkeiten wäre zu erreichen bei Verwendung eines Bugrad-Fahrwerkes. Damit wäre dem Flugzeug während des gesamten Rollvorganges jene Lage gegeben, die es bis zum Abheben vom Boden beibehalten muß. Der Flugzeugführer brauchte nur mit normaler Knüppelstellung das Erreichen der Abhebegeschwindigkeit abwarten, um das Flugzeug dann vom Boden wegzuheben, ohne vorher genötigt zu sein, bei dauernd sich verändernden Ruderwirkungen und Ruderkräften geradezu einen schwierigen „Balanceakt" um die Querachse des Flugzeuges zu vollführen. Ein Umbau der Me 163 auf Bugrad-Fahrwerk ist technisch nicht mehr möglich. Es würde die Umkonstruktion nahezu des gesamten Flugzeuges erfordern.

Auf Vorschlag von Flugkapitän Dittmar wurde jedoch bei der Me 163 B V 1 eiue wesentliche Erhöhung des Spornes vorgenommen. Das Flugzeug erhält dadurch beim Rollen mit Fahrwerk eine Lage, die beinahe derjenigen entspricht, die bei Verwendung eines Bugrad-Fahrwerkes erreicht würde. Dieser neue Sporn gestattet trotzdem noch nach Abwerfen des Fahrwerkes ein einwandfreie Landung auf der Kufe. Die mit der neuen Spornausführung vorgenommenen Flüge zeigten ein nunmehr völlig zufrieden stellendes Verhalten des Flugzeuges beim gesamten Startvorgang. Da die bei der Me 163 B V 1 vorgenommene versuchsmäßige Vergrößerung des Spornes für Dauerbetrieb nicht fest genug ist, ergibt sich die

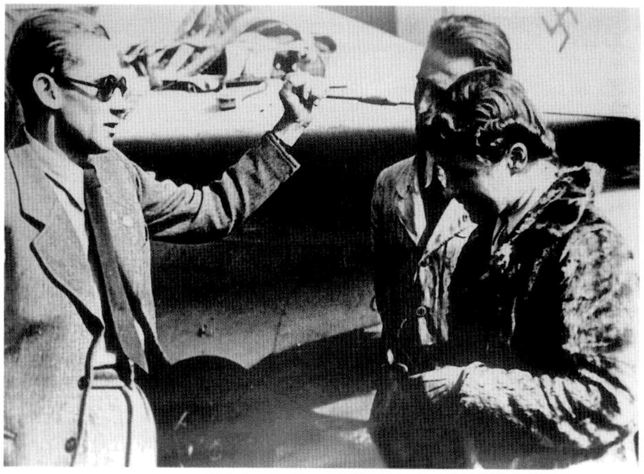

Oben und rechts: Flugkapitän Hanna Reitsch unterhält sich mit Mitarbeitern des Messerschmitt-Entwurfsbüros und Alexander Lippisch über Besonderheiten der Me 163. Die Fotos entstanden wahrscheinlich auf dem Flugplatz Obertraubling in Nähe des Messerschmitt-Werks Regensburg. Bei der Landung nach einem Flug mit der Me 163 B V5 am 30. Oktober 1942 in Augsburg zog sich Hanna Reitsch schwerere Verletzungen zu – Schädelbasisbruch und Nasenbeinbruch.

Notwendigkeit, für die Serienausführung der Me 163 B eine Änderung des Rumpfendes durchzuführen. Diese Änderung wird z. Zt. zur Erprobung an der V 1 bereits vorgenommen. Um auch den Flugzeugen des Musters Me 163 A die erforderliche Sicherheit beim Start zu geben, wurde vom E.-Kommando 16 eine Vergrößerung des Spornes auch für dieses Muster vorgeschlagen.

Entwicklungsstand der Zellen:
a) Me 163 A

V 4: befindet sich flugklar mit eingebauten betriebsfertigen Triebwerk in Peenemünde. Es sollen damit in nächster Zeit noch einige Triebwerkstarts zwecks Dauererprobung des gefederten Fahrwerkes und des Triebwerkes ausgeführt werden. In Verbindung damit Leistungsmessungen.

V 5: zu Bruch gegangen.

V 6: das neue Triebwerk mit Sicherheitsschaltung ist im Einbau. Flugerprobung erst nach Änderung der Z-Stoffleitungen in den Tragflächen.

V 7: dient ohne Triebwerk zur Schleppeinweisung zum Umschulen von Flugzeugführern der E-Stelle Peenemünde.

V 8 und V 9: von Augsburg nach Peenemünde versandt zum Einbau von Triebwerken.

V 10 und V 11: werden in Augsburg gerade eingeflogen.

Beim Einbau des Triebwerkes in die V 6 stellte sich heraus, daß die Z-Stoff-Zuleitungen von den Flügeltanks zum Triebwerk einen zu kleinen Querschnitt besitzen und gegen Leitungen größeren Querschnitts ausgetauscht werden müssen. Dies erfordert ein Aufreißen der Flügel und Änderungsarbeiten größeren Umfanges. Der Umbau macht sich an sämtlichen V-Mustern der Me 163 A erforderlich, die mit Flächentanks für Z-Stoff ausgerüstet sind, also V 6 bis V 11. Die Änderungsarbeiten sollen in Peenemünde vorgenommen werden, wozu die Firma Messerschmitt ein Kommando entsenden wird, während das Erprobungskommando 16 und die E-Stelle Peenemünde weiteres Personal an Tischlern, Klempnern und Schlossern zur Verfügung stellen.

b) Me 163 B

V 1: wird z. Zt. in den Werkstätten in Augsburg mit dem neuen vergrößerten Sporn versehen.

V 2: Einbau der Rumpfwaffen und des Fu.G. 16 beendet. Das Flugzeug wird z. Zt. in Augsburg mit der Gondelbewaffnung ausgerüstet. Weiterhin wird sich die bei V 1 bereits in Erprobung befindliche Spornänderung notwendig machen. Nach einer kurzen Funktionserprobung von Waffen und Funkgerät im Rahmen einiger Flüge in Augsburg soll das Flugzeug nach seiner Fertigstellung nach Peenemünde bezw. Rechlin zur weiteren Erprobung überführt werden.

V 3: steht vor der Fertigstellung. Zur Zeit werden in Augsburg Rüstversuche zur Beschaffung der Unterlagen für die zu entwickelnden Bodengeräte damit vorgenommen.

BMW-Triebwerke: Am 11.9.42 fand auf den Prüfständen der Firma BMW eine von GL/C3 angeordnete Besichtigung statt, bei der grundsätzlich festgestellt werden konnte, daß das dort entwickelte heiße Triebwerk (Salbei-Mell-Verfahren) [S-Stoff/T-Stoff] in seinen Einzelteilen werkstattmäßig fertiggestellt ist. Es wurden Teilerprobungen gezeigt u. a. Probeläufe des Dampferzeugers, der Brennkammern, der Brennstoffpumpen und Einspritzdüsen. Mit den ersten Probeläufen eines gesamten einbaufertigen Triebwerkes ist bis Ende Oktober zu rechnen.

Arbeitsbericht 9

Deckt die zweite Septemberhälfte ab. Leider verschollen.

Oktober 1942

Arbeitsbericht 10

Waffenerprobung mit V 2

Da an sämtlichen V-Mustern der Me 163 A und B z. Zt. größere Umbauarbeiten vorgenommen werden, war für das E-Kdo 16 lediglich eine geringe Beteiligung an der Flugerprobung im Werk Augsburg möglich. Am 6.10. stellte sich bei dem Versuch, die Waffenerprobung der V 2 durchzuführen, heraus, daß die Kufe verstärkt werden mußte. Die hierzu erforderlichen Arbeiten werden Ende Oktober beendet sein.

Bremsfallschirm

Der erste Erprobungsflug mit dem Bremsfallschirm wurde am 15.10. von Flugkpt. Dittmar ausgeführt. Er verlief noch nicht zufrieden stellend, da der Schirm zu spät aus dem Behälter austrat und sich nicht richtig entfaltete.

Kpz,-Fahrwerk mit Ringfederung

Das neue Fahrwerk nut Ringfederung für die Me 163 A wurde am 16.10. erstmalig beim Start verwendet. Es muß noch bezüglich seiner Federungseigenschaften und Rückhol-Dämpfung verbessert werden. Eine weitere Ausführung dieses Fahrwerkes soll mit Druckluft-Federung versehen werden.

Z-Stoffbehälter Me 163 A

In Peenemünde ist ein Arbeitskommando der Fa. Messerschmitt dabei, in die V 6 (Me 163 A) an stelle der Flächenbehälter zwei Z-Stoffbehälter im Rumpf einzubauen. Die V 7 soll dahingehend verändert werden, daß versuchsweise auch die Flächenbehälter beim Start mit Triebwerk Verwendung finden können. Die Erfahrungen, die mit diesen beiden Behälter-Anordungen gemacht werden, sollen über den endgültigen Einbau entscheiden.

Unfall Flugkapitän Dittmar

Am 16.10 erlitt Flugkapitän Dittmar bei einer Landung mit der V 12 (Me 163 A) einen Unfall dadurch, daß sein Flugzeug kurz vor dem Aufsetzen von einer Bodenböe hart auf den Boden gedrückt wurde. Flugkapitän Dittmar trug innere Verletzungen davon, über deren Natur die behandelnden Ärzte noch nichts Entgültiges aussagen können. Eine Rückgratverletzung scheint nicht vorzuliegen. Es besteht die Vermutung einer Zwerchfell-Dehnung. Die Werkserprobung übernimmt bis zur Wiederherstellung Dittmars Lt. Opitz, E-Stelle Peenemünde [sic]. Das Flugzeug selbst wies keine Beschädigungen auf. Die Verletzung dürfte nicht so sehr durch unzureichende Federung der Kufe als vielmehr durch Verwendung eines zu dicken Rückenfallschirmes (Fleck-Fallschirm) verursacht worden sein. Durch Verwendung einer anderen Fallschirmart und bessere Angleichung der Rückenunterlage an den Körper des Flugzeugführers sowie Verwendung von Gummipolsterung soll für die Zukunft die Wiederholung eines derartigen Unfalles ausgeschlossen werden.

Arbeitsbericht 11

Das Erprobungskommando 16 nahm weiterhin an der Werks-Erprobung in Augsburg teil. Da an fast sämtlichen V-Mustern Änderungsarbeiten im Gange sind, wurden lediglich am 22. und 30.10. einige Fahrrwerkserprobungsflüge durchgeführt.

Für Anfang bis Mitte November können folgende Erprobungsarbeiten voraussichtlich in Angriff genommen werden:

1.) Triebwerksflüge mit Me 163 A V 6 mit den neuerdings im Rumpf eingebauten Z-Stoffbehältern. Dabei Fahrwerkserprobung.
2.) Bremsfallschirm-Versuche mit Me 163 B V 1
3.) Waffenerprobung mit Me 163 B V 2
4.) Funkerprobung mit Me 163 B V 4

Beim Einfliegen der Me 163 B V 5 in Augsburg erlitt am 30.10.42 Flugkpt. Hanna Reitsch einen Unfall. Nach dem Start fiel das Fahrwerk nicht ab. Flugkpt. Hanna Reitsch versuchte deshalb möglichst knapp in den Augsburger Platz hinein zu kommen, kam dabei zu kurz und setzte mit dem Triebwerk vor der Platzgrenze auf einem frisch gepflügten Acker auf. Das Flugzeug machte zwei Sprünge, nachdem ein Teil des Fahrwerks abgebrochen war, und blieb nach einer Rechtsdrehung von 100 Grad ohne größere Beschädigungen liegen. Flugkpt. Hanna Reitsch war durch den Landestoß mit dem Kopf auf dem Reflexvisier aufgeschlagen. Dies war dadurch begünstigt bezw. überhaupt möglich gewesen, daß sie wegen ihrer geringen Körpergröße ein dickeres Rückenpolster benutzte und daher weit vorne saß und vermutlich sich nicht besonders fest angeschnallt hatte. Sie erhielt einen Bruch des Nasenbeines und einen Schädelbasisbruch.

November 1942

Arbeitsbericht 12

Me 163 B

V 1: Am 3.11.42 machte Lt. Opitz in Vertretung von Flugkpt. Dittmar einen Start zur Erprobung des Bremsfallschirmes. Für diesen Versuch war der Schirm in der hinteren Rumpfspitze untergebracht, um an der Stelle ausgestoßen zu werden, an der sonst - bei Triebwerksflügen - die Brennkammeröffnung des Triebwerkes liegt. Diese Öffnung erwies sich als zu klein. Der Schirm trat nur mit großer Verzögerung heraus. Außerdem wurden die Sprengkupplungen, die ein Abtrennen des Schirmes vom Flugzeug er-

Szenen aus der Triebwerkserprobung der Me 163 A in Peenemünde im Oktober 1942.

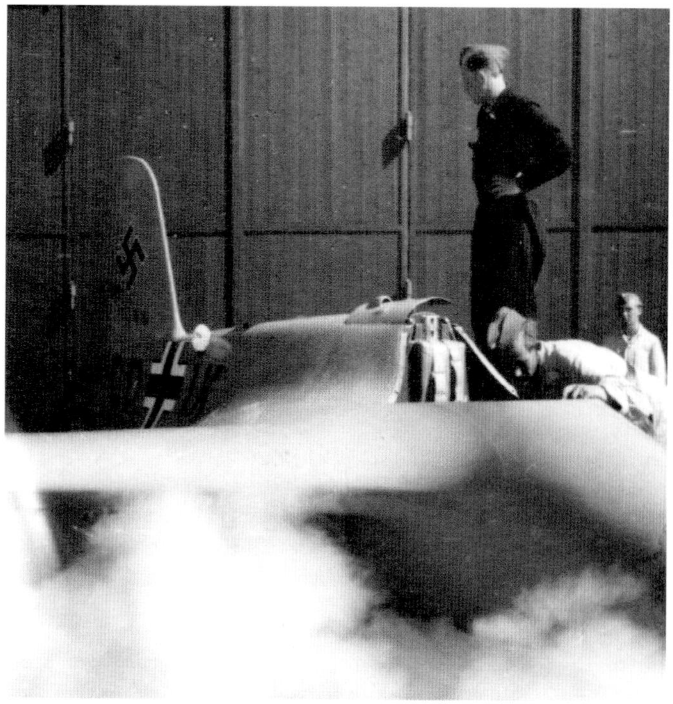

Triebwerks-Prüflauf der A V6 im November 1942.

Peenemünde, Juni 1942: Leutnant Rudolf Opitz unternimmt mit der Me 163 A V10 (CD+IO) einen Erprobungsflug.

Messerschmitt Me 163 (CD+IO)
W.Nr. 1630000007
Erprobungskommando 16
Peenemünde-West, Juli 1943

Peenemünde im Dezember 1942: Prüflauf des Triebwerks der Me 163 B V2. Das infernalische Heulen und Dröhnen brachte manchen dazu, sich die Ohren zuzuhalten – nicht aber den eisenharten Wilhelm Brecht von der Abteilung L (oben, mit Hut). Man beachte die Änderungen am Heck, die dem Flugzeug einen flacheren Anstellwinkel beim Abheben verschafften.

Rudolf Opitz beim Einsteigen in die Me 163 B V2. Eine Kennung fehlt. Vermutlich wurde diese übermalt, als die Maschine nach Ausstattung mit dem „verlängerten" Schleifsporn in Augsburg einen neuen Anstrich erhielt.

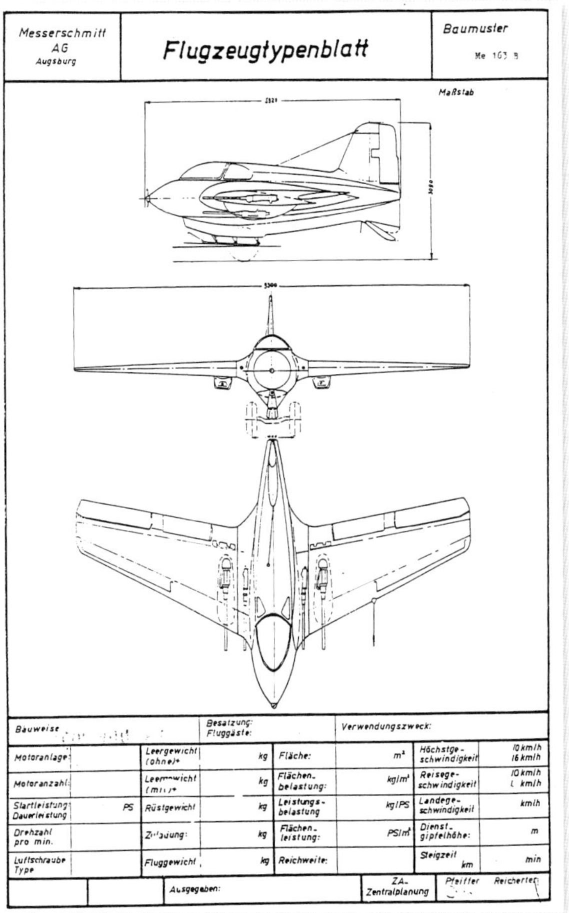

Oben: Flugzeugtypenblatt Me 163 B mit vier 2 cm MG 151/20 – zwei in Rumpf-Flächenübergang und zwei in Flächengondeln. Erstere wurden beibehalten.

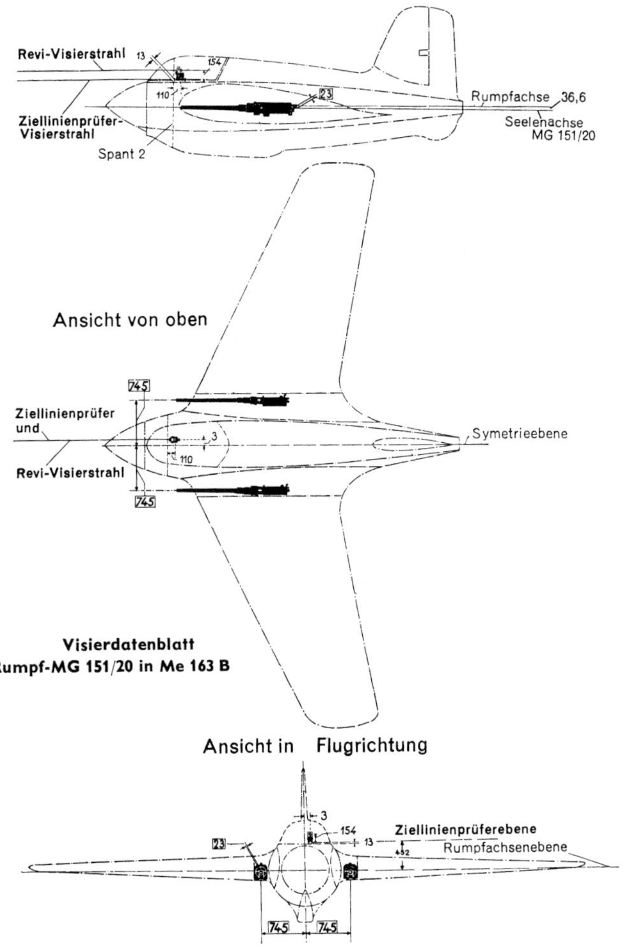

Einbau MG 151/20 in Me 163 B

Oben: 2 cm MG 151

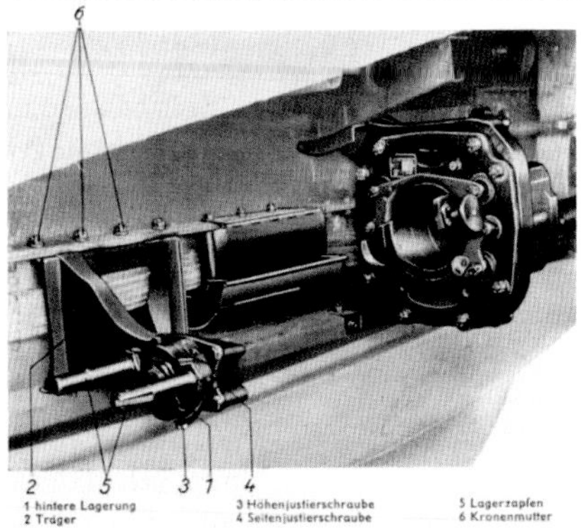

Oben und links: Einbau MG 151/20 im Rumpf-Flächenübergang der Me 163 B. (Vgl. 3 cm MK 108 S. 169)

möglichen sollen, beschädigt. Lt. Opitz mußte mit anhängendem Schirm eine Außenlandung neben dem Flugplatz Lechfeld ausführen. Das Flugzeug wird nunmehr vor einer weiteren Fortsetzung der Bremsschirmerprobung mit dem neuen Sporn und dem dadurch vergrößerten Schirmbehälter ausgestattet. Letzterer liegt dann an der von vornherein vorgesehenen Stelle an der Rumpfunterseite, so daß die Schwierigkeit beim Austritt sowie ein Beschädigen der Sprengkupplung vermieden werden.

Die Arbeiten werden nach Angaben des Werkes voraussichtlich bis Ende Dezember dauern. Bis dahin ist auch mit dem Einbau der taktischen Bremse zu rechnen. Weiterhin wird auch der Sporn mit einer Spornrolle ausgerüstet, deren Unterbringung die die neue Spornausführung ebenfalls gewährleistet ist. Dadurch werden Starts auf Betonrollbahnen möglich werden, was den Startvorgang der Me 163 wesentlich vereinfachen, verkürzen und sicherer gestalten dürfte.

V 2: Nach Einbau einer verstärkten Kufe und Behebung einiger Mängel an der Waffenanlage wurden am 9.11.42 in Augsburg nochmals Standbeschuß-Versuche mit Rumpf- und Gondelwaffen durchgeführt, die sehr zufriedenstellend verliefen. Am 11.11.42 wurden auf dem Lechfeld von Hptm. Späte zwei Schleppstarts mit anschließendem Beschuß einer neben dem Flugplatz befindlichen Scheibe aus der Luft ausgeführt. Funktion der Waffen und Trefferlage waren zufrieden stellend. Die Me 163 zeigte beim Schießen in der Luft die angenehme Eigenschaft, daß man die Lage des Flugzeuges sehr leicht verbessern kann, wenn es durch eine Bö oder dergleichen beim Schießen aus der Anflugrichtung gebracht wurde. Die V 2 wird in diesen Tagen nach Peenemünde gebracht, wie die weitere Waffenerprobung vor sich gehen soll. Es läßt sich aber heute bereits mit ziemlicher Sicherheit voraussagen, daß keine zusätzlichen Veränderungen der Waffenanlage nötig sein werden, die den Serienbau irgendwie beeinträchtigen könnten.

V 3: Mit diesem V-Muster werden z. Zt. Triebwerkseinbau-Versuche und Standerprobung des neuen Triebwerkes bei Fa. Walter in Kiel vorgenommen.

V 4: Die Anlieferung und damit der Einbau des Fu.G. 16 Z für die mit dieser Maschine vorgesehene Funkerprobung hatte sich um 14 Tage verzögert, so daß mit den ersten Funkerprobungsflügen erst ab 25. November gerechnet werden kann. Das Flugzeug wird nach Fertigstellung der FT-Einbauten in Augsburg nach Peenemünde verfrachtet, dort aufmontiert, um von dort im Schlepp nach Rechlin überführt zu werden, wo dann die Funkerprobung erfolgt.

V 5: Wird nach der Beschädigung anlässlich der Außenlandung mit Flugkpt. Hanna Reitsch in Regensburg wieder aufgebaut.

Me 163 A

Flugerprobung mit neuem Z-Stoffbehälter.

Die Flugerprobung des in der V 6 erstmals eingebauten neuen Z-Stoffbehälters wird in den nächsten Tagen erfolgen, nachdem mehrmalige Standversuche in Peenemünde zufrieden stellend verliefen.

Arbeitsbericht 12 enthiel des Weiteren ein kurzes „Untersuchungsergebnis Unfall Flugkpt. Dittmar“ und sprach „mangelhafte Bauüberwachung in Zeulenroda“ an.

Arbeitsbericht 13

Flugerprobung in Peenemünde

Nachdem Mitte November die vorläufige Waffenerprobung mit der Me 163 (V 2) in Augsburg abgeschlossen worden war, wurde das Flugzeug mittels Bahntransport nach Peenemünde verfrachtet und hier am 27.11. die Waffenerprobung durch Schießen aus der Luft wieder aufgenommen. Bis jetzt haben sich keine grundsätzlichen waffentechnischen Beanstandungen ergeben. Die Gondelwaffen werden in der Zwischenzeit mit einer als Versuchsträger verwendeten Me 110 in Tarnewitz erprobt.

Die Me 163 B V 4, deren Funkausrüstung in Augsburg fertiggestellt worden ist, wurde Ende November ebenfalls mittels Bahntransportes nach Peenemünde gebracht, wo sie zur Zeit aufgerüstet wird um anschließend sofort in Rechlin im Fluge FT-mäßig vermessen zu werden.

Das Bodenpersonal des Erprobungskommando 16 wurde bis auf ein Restkommando von 5 Mann, das in Augsburg verbleibt, nach Peenemünde verlegt.

Nächste Seite fehlte im Original. Darin ist u. a. von mehreren Triebwerksflügen von Leutnant Opitz mit der Me 163 A V6 am 24., 37. und 30. November in Peenemünde die Rede sowie von Eingewöhnungs-Schleppflügen von Hauptmann Kiel und Oberleutnant Pöhs mit Me 163 A die Rede. Hauptmann Kiel war ja eine Zeitlang ausgefallen; vgl. Arbeitsbericht 7. Ein längerer Teil des Arbeitsberichts 13 beschäftigte sich des Weiteren mit den Ergebnissen der Flugerprobung der Me 328 in Hörsching und den Leistungen der Argus-Rohre.

Dezember 1942

Arbeitsbericht 14

Triebwerkstarts Me 163 A:

Seit 22. November wurden mit der neuen Behälterausrüstung 17 Triebwerkstarts durchgeführt (Lt. Opitz, Hptm. Späte und Oblt. Pöhs je 1 Start). Dabei wurden noch einige Unstimmigkeiten der automatischen Triebwerks-Abstellung behoben. Seit Anfang Dezember kann das Muster Me 163 A nunmehr auch mit Triebwerk als einsatzfähig für Erprobungs- und Umschulungsflüge bezeichnet werden. Der erhöhte und mit einer härteren Federung versehene Sporn hat den Startvorgang gegenüber dem früheren Zustand fliegerisch bedeutend einfacher werden lassen. Für die ersten Umschulungsstarts wird grundsätzlich die Treibstoffmenge auf 390 kg beschränkt, weil dabei die Schwerpunktlage am günstigsten ist. Ebenso wird beim Umschulen zur Regel gemacht, daß nach Schleppflügen mit dem Muster Me 163 A noch einige Schleppstarts auch mit einem Flugzeug des Musters Me 163 B ausgeführt werden, bevor zum ersten Triebewerkstart übergegangen wird. Durch den höheren Sporn prägt sich dem Flugzeugführer in der Me 163 B beim Start noch besser die normale Lage der Maschine beim Anrollen ein. Für einen ausgedehnten Schulbetrieb muß aber trotzdem noch eine weitere Verbesserung des gefederten Abwurf-Fahrwerkes gefordert werden.

Die Schießerprobung mit der Me 163 B V2

in Peenemünde erbrachte keine nennenswerten Funktionsschwierigkeiten. Die Waffen schießen auch bei starken Beschleunigungen, die während des Schießvorganges erzeugt werden, einwandfrei. Lediglich bei ungewöhnlich starker Beschleunigung nach oben ereignete sich in einem Fall ein Abreissen eines Gurtes. In der Praxis ist mit solchen Beschleunigungen aber nicht zu rechnen,

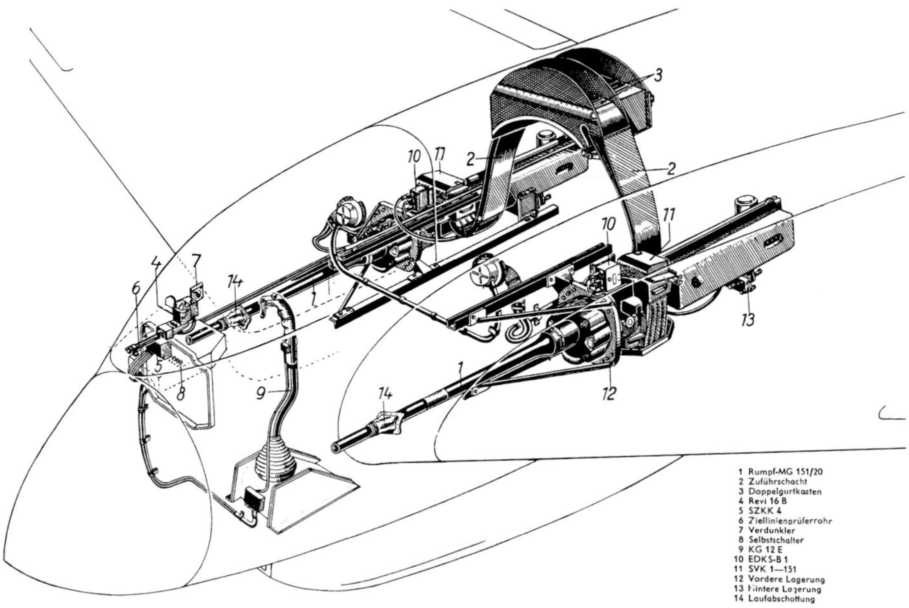

Panzerungen der Me 163 B

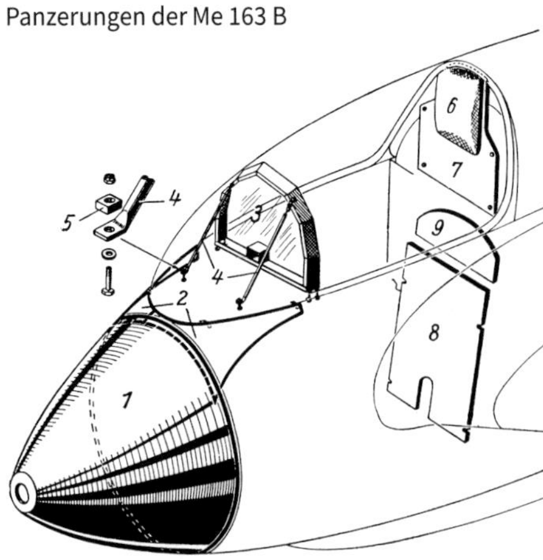

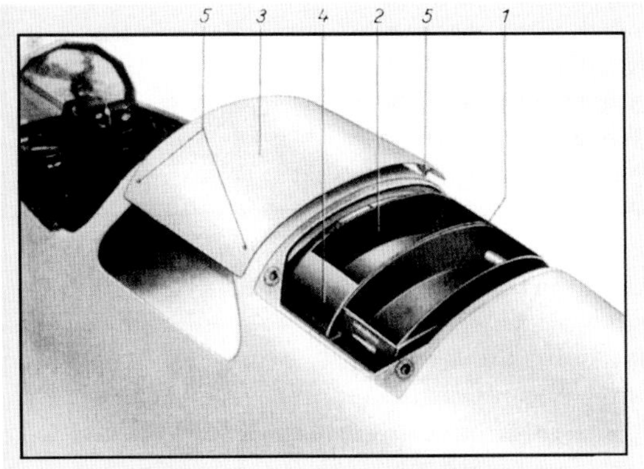

Gurtkästen für MG 151/20 hinter der Kanzel

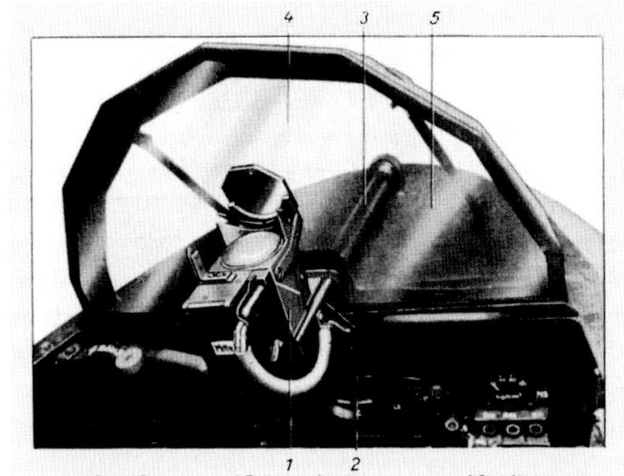

Jägervisier Revi 16 B

Rechts: Der Waffenauslöseknopf am Steuerknüppel

Die Gondelwaffen wirken sich allerdings bei dem derzeitigen Rüstzustand des Flugzeuges (es fehlen noch die Treibstoffbehälter, das Triebwerk und der Bremsfallschirm) während des Schießens unangenehm auf die Lage des Flugzeuges aus. Sie liegen zur Zeit erheblich unter dem Schwerpunkt des Flugzeuges. Der Rückstoß der Waffen bewirkt dadurch während des Schießens ein Herausdrehen des Flugzeuges aus der Schussrichtung nach unten, so daß ein längerer gezielter Feuerstoß aus den Gondelwaffen nicht möglich ist. Ein Aussteuern dieses durch den Waffenrückstoß erzeugten Drehmoments mit dem Höhenruder ist nicht möglich. Die im Rumpf-Flächenübergang eingebauten Waffen liegen günstiger und haben keine Einwirkung auf die Lage des Flugzeuges in der Luft.

Treten Waffenhemmungen auf, so daß jeweils nur eine der paarweise auszulösenden Waffen schießt, so ist ein ähnliches Drehmoment um die Hochachse festzustellen, das ebenfalls ein mit dem Seitenruder nicht auszusteuerndes Auswandern der Geschoßgarbe nach der Seite zur Folge hat.

Es wird erwartet, daß nach Einbau der Betriebsstoffbehälter, des Triebwerkes und des Bremsfallschirmes sowie bei Vorhandensein einer geringen Treibstoffmenge in den Behältern eine Schwerpunktverlagerung nach unten eintritt, die diesen jetzt festgestellten Mangel der Gondelwaffen wieder ausgleicht. Trotzdem muß damit gerechnet werden, daß im schlimmsten Fall die Gondelwaffen für längere gezielte Feuerstöße nicht verwendbar sind. Deswegen erscheint es wichtig, den vom Technischen Amt bereits vorgeschlagenen Einbau von stärkeren Waffen in den Rumpf-Flächenübergang mit besonderem Nachdruck zu verfolgen, damit wenigstens zwei Waffen vorhanden sind, deren Wirkung auch bei einer geringeren Trefferzahl den Ausfall der Gondelwaffen ausgleicht. (Austausch der MG 151 gegen MK 108).

Seit Anfang Dezember wurden 14 Schießflüge mit der Me 163 B in Peenemünde ausgeführt, wobei jeweils nach Schleppstart beim Gleitflug über einem Sperrgebiet der Ostsee bezw. auf eine am Flugplatzrand aufgestellte Scheibe geschossen wurde.

Sichtverbesserung:

Im Verlaufe dieser Flüge fiel wiederum als besonderer Mangel die schlechte Sicht nicht nur nach hinten sondern auch nach seitwärts unten auf. Es wäre sehr zu wünschen, wenn sofort in einer Probeausführung eine Führersitzhaube mit seitlich angebautem Sichthutzen hergestellt und zur Erprobung zur Verfügung gestellt würde, wie sie an einigen Ausführungen der Spitfire zu beobachten sind.

Anschnallgurte:
Da der Rumpf der Me 163 B für einen Einsitzer unverhältnismäßig breit ist, fällt es dem festangeschnallten Flugzeugführer schwer, mit dem Kopf bis an den seitlichen Kabinenrand zu gelangen, ohne sich loszuschnallen. Verwendung anderer Anschnallgurte, die sich während des Fluges wahlweise lockern und wieder festmachen lassen, wäre eine Abhilfe, die besonders bei Vorhandensein der oben geforderten Sichthutzen unbedingt notwenig wäre.

Sitzfederung:
Bei Fehlstarts, technischen Mängeln an der Hydraulik-Anlage und schließlich auch durch Vergeßlichkeit der Flugzeugführer kommen hin und wieder Landungen auf eingefahrener Kufe vor. Die Erschütterungen, die der Flugzeugführer in diesem Fall erleidet, sind bei weichem Boden bereits so stark, daß für einen solchen Landungsfall bei gefrorenem Boden mit Rückgratverletzungen gerechnet werden muß. Ohne die von der Fa. Messerschmitt versprochenen zusätzliche Sitzfederung kann daher bei Eintreten von Frostwetter eine Fortführung der Erprobungsarbeiten kaum verantwortet werden.

Vergrösserung der Kufenreibung:
Bei nassem Gras und wenig Wind hat die aufgerüstete Me 163 B bei der Landung oftmals über 500 Meter Ausrutschstrecke nötig. Daher steht zu befürchten, daß bei Schneelage die glatte Metallkufe diese Rutschstrecke noch weitaus verlängern wird. Es erscheint als notwendig, daß von der Fa. Messerschmitt für den Winterbetrieb eine Veränderung der Kufenunterseite durch Rasten, Bremskanten o. dgl. vorgesehen wird.

Am 20.12. wurde die für die Funkerprobung ausgerüstete Me 163 B V4 im Schlepp von Peenemünde nach Rechlin überführt. Hier werden in den nächsten Tagen von der Fa. Lorenz und Messerschmitt bereits die ersten Funkvermessungen bezw. letzten Einbauten durchgeführt, die voraussichtlich 10 Tage in Anspruch nehmen werden. Danach werden in Rechlin Vermessungsflüge ausgeführt, die später in Werneuchen fortgesetzt werden.

Januar 1943

Arbeitsbericht 15

Am 22. 12. 42 wurden 4 Schießerprobungsflüge
mit der Me 163 B V2 durchgeführt, welche erbrachten, daß bei Geschwindigkeiten über 400 km/h ein Aussteuern des durch die schießenden Gondelwaffen nach unten erzeugten Drehmomentes und damit auf kurze Zielentfernung Abgabe von Dauerfeuer möglich ist. Eine gewisse Treffgenauigkeit ist bei der bisherigen Schwerpunktlage aber auch bei hohen Fluggeschwindigkeiten nicht zu vermelden.

Die Flugerprobung der Funkanlage
konnte durch Hptm. Kiel und Oblt. Pöhs am 8.1.43 in Rechlin mit der Me 163 B (V4) in Angriff genommen werden. Nachdem seit dem 20.12. durch die Fa. Lorenz und Messerschmitt an der nach Rechlin überführten Maschine Bodenmessungen und Einbauarbeiten zur Durchführung gelangt waren. Als Außenantenne wurde der Morane-Mast beibehalten. Wie vorausgesehen, war die gegenseitige Beeinflussung der beiden Antennen sehr stark. Doch zeigte sich die Leistungs- und Strahlungscharakterisik als stark und nach allen Seiten eingigermßen gleich gut. Wegen Schneelage wurde der Flugplatz Lärz zum Starten benutzt. Nach Beheben einiger anfänglicher Fehlerquellen wurde erstmals am 25.1.43 ein Funkflug mit sehr zufrieden stellenden Ergebnissen gemacht. Nach Einbau eines Siebes wurde am 26.1. ein Reichweitenflug gemacht, bei dem in 500 m Flughöhe auf Stellung „Führermaschine" eine Verständigung auf 75 km, auf Stellung „Begleitmaschine" auf 90 km noch gut möglich war. Größere Flughöhen konnten nicht eingenommen werden, da die Wetterlage dies nicht gestattete. Mit zunehmender Höhe kann jedoch sogar noch mit einer Steigerung der FT-Reichweite auf mehr als 150 km gerechnet werden. Es kann also gesagt werden, daß die Reichweite des FuG 26 ZE im Y-Verfahren bei guter Lautstärke mit Sicherheit weit größer ist als die Reichweite der Me 163 selbst. Die Funkerprobung des FuG 25 a kann erst ab Mitte Februar vorgenommen werden, da die Messgeräte zur Zeit gerade nach Werneuchen überführt werden und dort erst zur Aufstellung gelangen müssen.

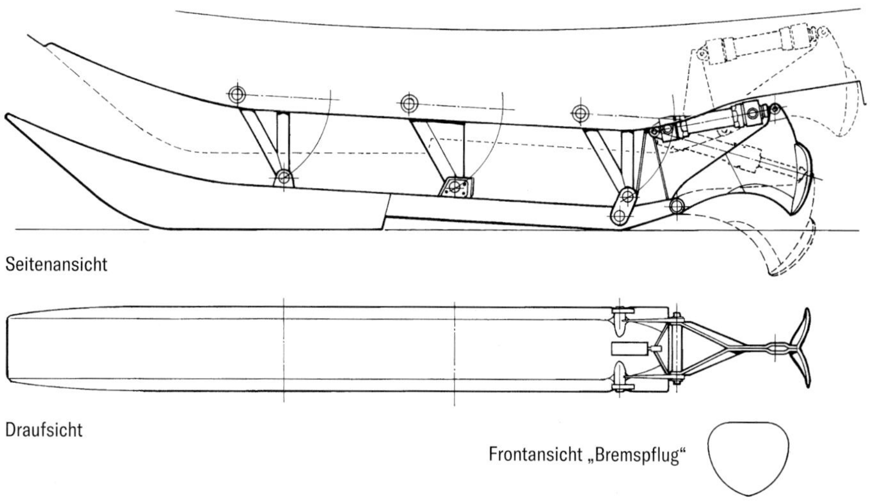

Zu den verschiedenen Ideen zur Herabsetzung der Landegeschwindigkeit am Boden zählte auch diese Notbremsvorrichtung mit ausfahrbarem „Bremspflug" hinten an der Landekufe. Das EKdo 16 hatte im Arbeitsbericht 14 vom 21. Dezember 1942 auf die Notwendigkeit einer solchen Kufenbremse insbesondere im Wintereinsatz verwiesen.

Die Probeausführung von zwei Lichthutzen
wurde bereits durchgeführt. Zu diesem Zwecke begaben sich Herr Körner von Abt. L der Messerschmitt A.G. und Hptm. Späte am 6.1. nach Blumberg bei Donaueschingen zur Fa. Kopperschmitt, wo nach ihren Angaben Sichthutzen geblasen und versuchsweise in Ausschussscheiben eingepasst wurden. Anschließend wurde die Plexiglasscheibe der Me 163 B V8 durch zwei Soldaten des E.-Kdos. 16 von Peenemünde nach Blumberg gebracht und dort zwei Sichthutzen eingepasst.

Diese Plexiglasscheibe ist bereits wieder in Peenemünde auf der B V8 aufmontiert. Sichtversuche auf dem Boden ergaben, daß die Hutzen eine ganz wesentliche Verbesserung der Sicht nach seitwärts unten und hinten erbringen. Die Sichthutzen werden voraussichtlich auch in sofern brauchbar sein, als für die druckdichte Kabine noch keine Vorrichtung geschaffen wurde, das unvermeidliche Beschlagen der Scheibe von innen zu verhindern. (Heizdrähte im Plexiglas reißen beim Verformen). Ein Abwischen des

Ob die erstmals im Januar 1943 in Peenemünde nachgewiesene Me 163 B V8 dort tatsächlich die Kennung VD+ER trug, lässt sich aus Dokumenten nicht belegen. Dieses Foto wurde ursprünglich im *Me 163 Flugzeug-Handbuch, Teil 0: Allgemeine Angaben*, das im September 1944 erschien, mit retuschierter Kennung abgebildet. Die Recherchen der Verfasser ergaben, dass den ersten 13 Me 163 B keine fortlaufenden oder einheitlichen Kennungen zugewiesen wurden (vgl. Anhang 3). Interessanter Weise berichtete Späte in Arbeitsbericht 18, dass er und Opitz im März 1943 in Augsburg Versuche mit der mit einem Spornrad versehenen B V1 durchführten, d. h. nachdem Opitz die B V8 den Monat zuvor in Peenemünde geflogen hatte. Insofern muss die B V8 zuerst über einen Schleifsporn verfügt haben und wurde erst hinterher mit einem Spornrad versehen.

Scheibenvorderteils von innen ist nicht möglich, da die Panzerglasscheibe daran hindert. Die Sichthutzen jedoch sind vom Flugzeugführer mit der Hand bequem zu erreichen. Vor Abgabe eines endgültigen Urteiles müssen die Ergebnisse der Flugerprobung abgewartet werden. Zur Zeit laufen die Arbeiten zwecks Einbaues eines kalten HWK-Triebwerkes in die Me 163 B V8, die Mitte Februar abgeschlossen sein dürften. Die dann folgenden Versuchsflüge müssen noch zeigen, daß die Sichthutzen keine Ablösung von Wirbeln an der Haube zur Folge haben und daß sie die bei größerer Fluggeschwindigkeit und Kälte auftretenden Spannungen und Beanspruchungen aushalten. Anschließend sind noch Versuche erforderlich, die auch die Verwendungsmöglichkeit der Sichthutzen bei der Druckkabine klären.

Die bisher gelieferten Plexiglas-Hauben
sind von der BAL Regensburg nur für Erprobungsflüge abgenommen und freigegeben worden, da sie derart viele Verzerrungen und Pickel aufweisen, daß sie für Einsatzzwecke nicht verwendet werden können. Anläßlich der Anwesenheit des Hptm. Späte bei der Fa. Kopperschmitt in Blumberg wurde von seiten der Fa. die Feststellung gemacht, daß es mit den bisherigen Vorrichtungen und Erfahrungen dort nicht möglich ist, Hauben in der gewünschten Ausführung ohne Verzerrungen und Pickel herzustellen. Gelegentlich der Funkerprobung in Rechlin wurde in Erfahrung gebracht, daß sich bei E.-Stelle Rechlin ein Plexiglas-Spezialist (Herr Grünberg, Rechlin-Nord, Klempnerei) befindet, der in der Lage zu sein vorgibt, Hauben ohne Verzerrungserscheinungen herzustellen. Es wird gebeten zu veranlassen, daß Herr Grünberg eine Straak der Führersitzhaube der Me 163 B durch die Fa. Messerschmitt und eine temperierte Plexiglasscheibe in entsprechender Größe durch die Fa. Röhm u. Haas, Darmstadt oder Kopperschmitt, Blumberg übergeben werden, damit er von der E.-Stelle Rechlin mit der versuchsweisen Herstellung einer Haube beauftragt werden kann.

Verstellbare Anschnallgurte
sind – wie durch eine Besprechung bei [GL/]LC 5 am 11. 1. 43 klargestellt wurde – in der vom E.-Kdo, im letzten Arbeitsbericht geforderten Ausführung bereits fertig vorhanden. Inzwischen hat auf Anweisung von LC 5 die Fa. M. Schmittner Augsburg bereits den Versand von zwei automatischen Rückengurtverstellungen au das E.-Kdo. nach Peenemünde angekündigt. Mit dem Eintreffen derselben wird in den nächsten Tagen gerechnet. Der Einbau soll in der Me 163 B V2 und V8 erfolgen. Die Fa. Messerschmitt hat hierzu auf Anweisung durch LC 5 bereits Zeichnungsunterlage für die notwendigen Änderungen der Beschläge im Führersitz geliefert.

Die Erprobung eines neuen Federfahrwerkes
mit Öl-Luftfederung, das von Messerschmitt Abt. L fertiggestellt wurde, verlief zufriedenstellend. Im Rahmen von Triebwerkstarts wurde das Fahrwerk von Lt. Opitz und Hptm. Späte in Peenemünde am 30.1. erprobt und die Federungseigenschaften als ausreichend für einen Schul- und Übungsbetrieb festgestellt. Mängel, die an den Arbeitszylindern noch auftreten, werden augenblicklich in Augsburg behoben.

Die Kufenhydraulik der Me 163 A
hatte im Verlauf der letzten Monate immer wieder Mängel gezeigt, die nach und nach zum größten Teil behoben wurden. Es ist aber der Fa. Messerschmitt bis heute noch nicht gelungen, einwand-

Eine Me 163 A mit Bodenpersonal vor der Halle in Peenemünde.

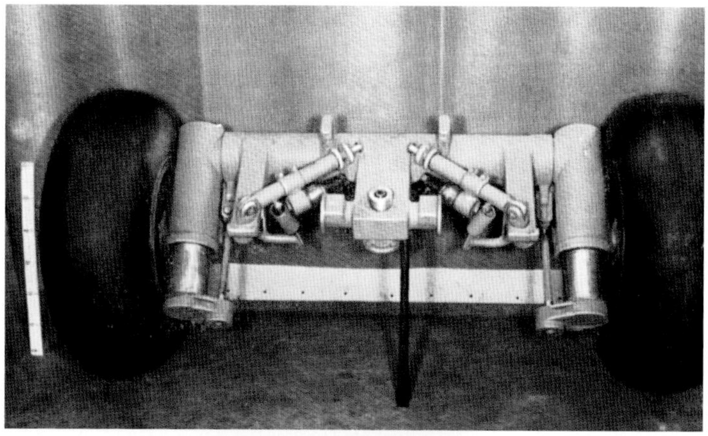

Zur Dämpfung des Radfahrgestells auf unebenem Untergrund beim Rollen und Start stellte man Versuche mit unterschiedlichen Federungen an. Links das Standard-Fahrgestell.

frei arbeitende Arbeitszylinder zu dieser Hydraulik-Anlage zu liefern, Bei dem bisherigen Konstruktionsstand sind Ausfälle an der Tagesordnung. Ein Schulbetrieb in größerem Umfang ist damit nicht gewährleistet.

Auch die Kufenhydraulik der Me 163 B
zeigt noch Mängel, die einen Fronteinsatz vorläufig nicht möglich machen. Bei kaltem Winterwetter muß der Druck im Arbeitszylinder der Kufenfederung für den Start der unbeladenen Maschine bis nahe an die höchstzulässige Grenze (25 atü) gesteigert werden, damit bei Landungen die Kufe nicht durchschlägt. Bei diesem Zylinderdruck ist aber im Start überhaupt keine Federung mehr vorhanden. Die Arbeitszylinder haben zudem laufend Schäden, sodaß sie oft nach einigen Starts bereits ausgewechselt werden müssen.

Schneelandungen
Im Verlauf der Funkerprobung wurden in Rechlin durch Oblt. Pöhs Landungen bei verschiedenen Schneelagen mit der Me 163 B ausgeführt. Es zeigte sich dabei, daß auch bei glattem Schnee und stellenweiser Vereisung die Rutschstrecke bei der Landung nicht in dem vordem befürchtetem Umfang zunimmt. Für einen geübten Flugzeugführer ist also auch im Winter eine Landung auf einem größeren Flugplatz zu bewerkstelligen. Für einen späteren Schulbetrieb und für Außenlandungen muß trotzdem die Schaffung von Bremskanten u. ä. gefordert werden.

Me 163 B V1
Die an der Me 163 B V1 in Augsburg seit November v. J. laufenden Arbeiten an der Herstellung des herabgezogenen Spornes mit Spornrad, am Einbau des Bremsfallschirmes und der taktischen Bremsen sind – nach Mitteilungen aus Augsburg – nicht vor Mitte Februar beendet. Es wird erneut darauf hingewiesen, daß ohne diese neue Spornanlage, den Bremsfallschirm und die taktische Bremse die Me 163 B nicht als auch nur erprobungsfertig – geschweige denn als frontreif bezeichnet werden kann. Es besteht sogar im hohen Maße die Möglichkeit, daß nach den ersten Flügen mit den angeführten Einbauten Mängel auftreten (Schwerpunktlage usw.), die die endgültige Fertigstellung der Zelle ebensoweit hinauszuzögern geeignet sind, wie die Schwierigkeiten, die z. Zt. beim Triebwerk immer neue Terminverzögerungen verursachen. Die Arbeiten an der Zelle der Me 163 B sind deswegen trotz der sich hinausziehenden Triebwerk-Entwicklung noch als genauso dringend zu bezeichnen wie bisher.

Die Fertigstellung des Schienenstartwagens
bei Rheinmetall-Borsig hat sich um zwei Monate gegenüber dem anfangs genannten Termin (Ende Januar) verschoben. Der Hauptgrund dafür soll im Mangel an Konstruktions-Personal bei Rheinmetall-Borsig zu suchen sein. Es wäre dringend zu wünschen, daß die Arbeiten an diesem Startwagen ohne weitere Terminverzöge-

rungen beendet würden, damit bereits vor dem Vorhandensein der ersten heißen Triebwerke die ersten Vorversuche mit dieser Starthilfe in Peenemünde in Angriff genommen werden können.

Februar 1943

Arbeitsbericht 16

Strahlruder-Erprobung

Wegen schlechten Wetters konnten in der Berichtszeit nur am 2., 3. und 4.2.43 Versuchsflüge zur Ausführung kommen. Mit der Me 163 A V8 wurden durch Lt. Opitz und Hptm. Späte Triebwerkstarts gemacht, bei denen das in der Mitte des austretenden Strahles eingebaute Hilfs-Seitenruder Verwendung fand. Das Strahlruder erwies sich als überaus empfindlich und wirkungsvoll, so daß eine Verkleinerung der Ruderausschläge vorgenommen werden konnte. Mit diesem Strahlruder wurden die letzten Starts bereits auf den Beton-Rollbahnen des Peenemünder Platzes ausgeführt. Das Flugzeug konnte dabei von Startbeginn an mit dem Seitenruder gesteuert werden, was vordem nicht möglich war. Während bisher nur auf der Grasfläche des Flugplatzes unter Benutzung einer Kielleiste am Spornschuh des Flugzeuges gestartet werden konnte, weil das Flugzeug auf der Rollbahn stets nach der Seite ausbrach, ist nunmehr auch für den Schulbetrieb ein Starten von künstlichen Rollbahnen aus möglich. Dadurch wird der Startvorgang einfacher und risikoloser, da die Gefahr wegfällt, daß das Flugzeug durch eine Bodenunebenheit zu früh vom Boden weggeschleudert wird oder aus der normalen Roll-Lage gebracht wird. Für Starts mit 1040 T-Stoffzuladung wurde selbst bei leichtem Rückenwind eine Startstrecke von nur etwa 700 m benötigt.

Die nächsten Flugversuche sollen nunmehr der Untersuchung dienen, ob das Strahlruder die gefahrlose Verwendung von Raketen-Starthilfen gewährleistet. Zu diesem Zwecke ist das Flugzeug (A V8) bereits mit Aufhängungs-Vorrichtung für Raketen-Starthilfen versehen worden. Die Versuche sind in den nächsten Tagen geplant.

Einbau von Triebwerken

Die für die Me 163 A V9 – 11 vorgesehenen Triebwerke sollen in nächster Zeit in Peenemünde eintreffen. Es ist geplant, diese Triebwerke lediglich durch das Bodenpersonal des E.-Kdo. 16 unter Leitung des von der Fa. H. Walter Kiel abgestellten Lehringenieur [Obering. Otto] Oertzen einbauen und betriebsfertig machen zu lassen. Dabei sollen bereits Erfahrungen über die truppenmäßige Behandlung des Triebwerks gesammelt werden. Zur Zeit sind 3 Flugzeuge des A-Musters triebwerkstartklar, von denen eines für Umschulungszwecke (V5), eines für Spezialtriebwerkserprobung durch E 3 [Abteilung E 3 der Erprobungsstelle Peenemünde] (V7) und das dritte (V8) für eigene Erprobungszwecke (Strahlruder, Starthilfen usw.) vorgesehen ist.

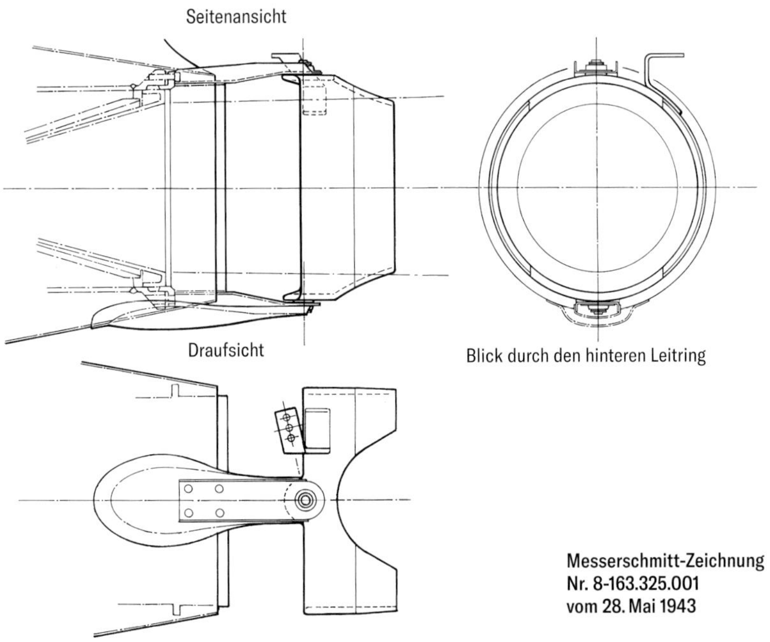

Oben: Versuchsmuster der Me 163 A und B erhielten zu Versuchszwecken Strahlruder, nicht jedoch die Serienmaschinen. Wie der Name verrät, diente es zur Lenkung des Abgasstrahls und unterstützte bei der Me 163 die Seitensteuerung in der Startphase. Die Zeichnung zeigt das Strahlruder für die Me 163 B.

Links und rechts: Der zum EKdo 16 abgestellte HWK-Triebwerkspezialist Obering. Otto Oertzen (Mitte) und Wilhelm Brecht von der Messerschmitt-Abteilung L (links mit Hut) überwachten die Versuche mit dem Strahlruder an der Me 163 A V8.

Erprobung FuG 25 a

Die für die Funkerprobung des FuG 25 a notwendigen Bodengeräte werden z. Zt. in Peenemünde aufgebaut, so daß die weitere Funkerprobung der Me 163 in Peenemünde erfolgen kann. Die Aufstellung der Bodengeräte wird erst in 2 bis 3 Wochen beendet sein, sodaß die Funkerprobung so langen unterbrochen bleiben muß. Vorläufige Bodenvermessungen in Rechlin waren jedoch bereits derart zufrieden stellend, daß mit Enttäuschungen kaum gerechnet zu werden braucht.

Die Me 163 B V1

ist am 15.1. aus Augsburg als erprobungsfertig gemeldet worden. Nach Abschluß der in Peenemünde z. Zt. laufenden Erprobung , wird in den nächsten Tagen bereits Lt. Opitz in Vertretung des durch seine Rückgrat-Verletzung immer noch an das Krankenlager gefesselten Flugkapitän Dittmar in Augsburg mit der Flugerprobung der B V1 beginnen, woran sich das E,.Kdo. 16 und die E.-Stelle Peenemünde mit beteiligen werden.

Arbeitsbericht 17

Von diesem Bericht lag nur noch die englische Übersetzung vor, weshalb er sinngemäß rückübersetzt werden musste.

Das Erprobungskommando 16 erhielt den Auftrag zur Flugerprobung der He 280 und der Me 262. Um sich mit der He 280 vertraut zu machen besuchten Hptm. Späte und Oblt. Pöhs am 17.2. das Heinkel-Werk Rostock-Marienehe. Dort erfuhren Sie, dass die He 280 V1 zerstört worden war, die V2 derzeit in Schwechat bei Wien derzeit mit Junkers-Triebwerken ausgerüstet wird und die V3 Anfang Februar bei einer Notlandung in Marienehe beschädigt wurde.

Mit der Bereitstellung der He 280 V2 zur Flugerprobung ist erst im Laufe des März zu rechnen. Für Anfang März rechnet E.-Kdo. 16 mit Aufnahme der Flugerprobung der Me 262 in Augsburg. Für diesen Zeitpunkt ist aber auch die Aufnahme der Flugerprobung der mit Änderungen versehenen Me 163 V1 vorgesehen.

Flüge mit dem in der Me 163 B V8 eingebautem kalten Triebwerk: Am 21. Februar führten Lt. Opitz und Hptm. Späte in Peenemünde die ersten Erprobungsflüge mit einer Me 163 B aus, in die ein kaltes HWK-Triebwerk eingebaut worden war. Es wurden sowohl Schlepp- als auch Triebwerksflüge vorgenommen. Dies ermöglicht künftig

1.) Erprobungsflüge mit einer Me 163 mit 750 kg Triebwerkschub,
2.) Fortsetzung der Waffenerprobung mit einem Flugzeug mit Triebwerk,
3.) Erprobungsflüge mit dem FuG 16 ZE im Y-Verfahren mit einem Flugzeug mit Triebwerk. Hierzu wird die E.-Stelle Peenemünde die dazu benötigten Bodengeräte anfordern.

Umschulung mit Me 163 A: Die Herren [Bernhard] Hohmann und [Hans] Boye von der E.-Stelle Peenemünde wurden von Lt. Opitz geschult und können jetzt mit der Erprobung der Spezialtriebwerke und der Reservebetriebsstoffbehälter in den dazu vorgesehenen Flugzeugen (A V7 und A V9) beginnen.

Strahlruder-Erprobung: Hptm. Späte und Lt. Oblt. Pöhs führten eine Anzahl Flüge mit der mit Strahlruder ausgestatteten Me 163 A V8 aus, wobei sich herausstellte, dass mit ihm von der Beton-Rollbahn sogar bei leichtem Seitenwind mühelos Starts möglich sind und dass das Flugzeug keinerlei Anstalten machte, vom Startkurs abzuweichen.

März 1943

Arbeitsbericht 18

Spornrad-Erprobung.

Am 1. und 2., sowie am 15. und 16.3. wurden durch Hptm. Späte und Lt. Opitz in Augsburg das in die Me 163 B V2 eingebaute Spornrad erprobt. Das Ergebnis der Erprobung war völlig zufrieden stellend. Das Flugzeug ist durch das mit dem Seitenruder gekoppelte Spornrad beim Rollen ausreichend steuerbar. Dies ist besonders wichtig in Hinsicht auf Erprobungsflüge mit dem heissen Triebwerk. Ohne lenkbares Spornrad wäre bei einem Aussetzen des Triebwerkes im Start das Flugzeug nicht mehr zu steuern und der Flugzeugführer nicht in der Lage, beim Ausrollen Hindernissen auszuweichen.

Bremsbares Fahrwerk.

In Verbindung mit der Spornrad-Erprobung wurde ein bremsbares Abwurf-Fahrwerk für die Me 163 B erprobt. Ein Steuern des rollenden Flugzeuges durch einseitiges Bremsen ist wegen der geringen Spurbreite nur in ganz bescheidenem Ausmass möglich. Durch Abbremsen beider Räder kann die Ausrollstrecke des Flugzeuges wesentlich verkürzt werden. Zur Vereinfachung der Anlage wird daher auf einseitiges Bremsen verzichtet und die Bremseinrichtung dergestalt vorgesehen, dass durch Betätigung der Bremspedal-Spitzen jeweils beide Räder gleichzeitig abgebremst werden.

Verbrannte Erde nach einem Triebwerk-Probelauf mit der Me 163 A V7 (CD+IL). Man beachte den ausgefahrenen Schleifsporn.

Taktische Bremse.

Im Verlaufe von bisher 12 Versuchsflügen wurde in der Zeit vom 1. – 16.3. die taktische Bremse in Gestalt von je zwei am hinteren Flügelmittelstück nach unten und oben austretenden Klappen erprobt. Die Geschwindigkeitsverminderung besonders bei Staudrücken über 500 km/h ist ganz wesentlich und wäre taktisch gut brauchbar. Aus bisher ungeklärten Ursachen tritt aber bei Betätigung der Bremse, besonders im halbausgefahrenen Zustand, ein starkes kopflastiges Moment auf. Dieses Moment bewirkt bei Geschwindigkeiten von 600 – 700 km/h bereits eine derartige Beschleunigung nach oben, dass der Flugzeugführer in den Gurten hängt und nur mit Kraftaufwand die Hand am Bedienungsgriff der Bremse halten kann. Es wird vermutet, dass diese Instabilitäts-Erscheinungen, die bei vorhergegangenen Windkanalmessungen nicht zu beobachten waren, dadurch zu erklären sind, dass beim Ausfahren der Bremsklappen Öffnungen am Flügel freigelegt werden, die ein Durchströmen des Flügels an dieser Stelle hervorrufen. [Das Windkanalmodell war nur Blechen in Form der Klappen versehen gewesen.] Die in den nächsten Tagen geplanten Flugversuche in Augsburg sollen zeigen, ob nach Abdichten dieser Öffnungen die beschriebenen Lastigkeits-Änderungen verschwinden. Sollte dies nicht der Fall sein, so müsste entweder eine neue Bremse konstruiert werden oder die taktische Bremse vollkommen in Fortfall kommen. Für die Landung erbringt die taktische Bremse wegen ihrer kleinen Ausmasse keine entscheidende Erleichterung.

Funkerprobung FuG 16 ZE abgeschlossen.

Oblt. Pöhs führte von Peenemünde aus am 10.3. den vom GL C E 4 geforderten abschliessenden Reichweiten-Flug aus und bestätigte damit die bereist vordem erflogenen Resultate. Nachdem er Verbindung mit der Bodenstelle in Rechlin aufgenommen hatte, flog er im Schlepp in 4000 m Höhe bis zum Flugplatz Peenemünde zurück, klinkte dort aus und behielt im Niedergehen bis auf 700 m Höhe einwandfreie Verständigung mit der Bodenstelle von Rechlin, wobei er im Y-Verfahren laufend angemessen wurde.

Auswahl von zwei mit Bodengeräten auszurüstenden Horsten.

Gemäss einer am 27.2. bei Genst. 2. Abt. stattgefundenen Besprechung wurden durch das Erprobungskommando 16 einige Fliegerhorste an der Deutschen Bucht auf ihre Eignung als Umschul- bezw. Einsatzhorste für die Me 163 besichtigt. Es wurden als besonders geeignet der Fliegerhorst Zwischenahn [der nicht wirklich an der Deutschen Bucht liegt] und Wittmundhafen gemeldet. Zwischenahn kommt für Belegung zu Umschul- und Truppenerprobungs-Zwecken in Betracht, während Wittmundhafen für Sonder-Erprobung (Funkleitverfahren) und Einsatzzwecke vorgesehen sein soll.

Der Bericht enthielt noch weitere Ausführungen zum Rüststand der Me 163 B sowie zur Erprobung der He 280 und Me 262, von denen sich „augenblicklich weder die He 280 noch die Me 262 in einem Erprobungszustand" befänden, „der ein Fliegen dieser Flugzeugmuster durch Flugzeugführer des Erprobungskommandos den Werken als zulässig erscheint."

Arbeitsbericht 19

Taktische Bremse Me 163

Die Erprobung der taktischen Bremse wurde in Augsburg fortgeführt. Ein Beseitigen der Kopflastigkeits-Momente beim Ausfahren der Bremse war nicht zu erzielen. Zum Herabfedern hoher Geschwindigkeiten ist sie demnach nicht zu verwenden und könnte in Fortfall kommen.

Es wird jedoch noch versucht, durch Vergrößern der Störflächen die Bremse in eine bei geringen Geschwindigkeiten zu verwendende Landehilfe umzugestalten, deren Vorhandensein äußerst erwünscht wäre.

Der Flugplatz Böblingen

wurde am 20.3. durch Hptm. Späte , Oblt. Pöhs und Lt. Opitz auf seine Eignung für Starts mit der Me 163 besichtigt. Bodenbeschaffenheit und Platzausdehnung in Hauptwindrichtung (Ost-West) erscheinen ausreichend. Ob der durch die dortige AB-Schule bedingte starke Platzflugbetrieb das Einfliegen der [bei Klemm gefertigten Maschinen der] Me 163-Serie behindern kann, müßte die Praxis ergeben.

Fliegerhorst Oranienburg

soll gem. Bef. Gen. D. Jagdflieger mit einem der ersten aufzustellenden Schwärme Me 163 belegt werden. Hptm. Späte nahm am 31.3. eine Platzbesichtigung vor und meldete sich bei Oberst Rowehl. Der Flugplatz ist – besonders durch die Erweiterungen, die in diesem Frühjahr vorgenommen werden – ohne Bedenken als geeignet für Eigenstarts der Me 163 zu bezeichnen. Anlage einer Schienenstartbahn erscheint vorläufig nicht notwendig, jedoch wäre eine Verlängerung der Betonrollbahnen nach SO und S in die neuangelegten Platzteile bis zur Platzgrenze erwünscht. Anlage der Betriebstofflager im SO-Teil an der Platzgrenze.

Schnelltransportwagen für Me 163

Es zeigt sich bereits jetzt im Erprobungs-Flugbetrieb, daß das Abschleppen der gelandeten Me 163 aus dem Rollfeld viel zu viel Zeit in Anspruch nimmt, so daß später ein einwandfreier Start- und Landebetrieb im Einsatz nicht gewährleistet erscheint. Auch bei eingearbeitetem Bodenpersonal dauert das Entfernen einer auf Kufe gelandeten Me 163 aus dem Rollfeld durchschnittlich 20 – 30 Minuten. Den Hauptzeitaufwand erfordert hierbei das Hochbocken des Flugzeuges, Reinigen der Fahrwerks-Verklinkung und Befestigen des Fahrwerkes.

Das E.-Kdo. 16 bittet deshalb, die Entwicklung und den Bau eines einfachen niedrigen Schnelltransportwagens bei einem Fahrzeugwerk in Auftrag zu geben, der ungefähr einem in der Anlage beigefügten Entwurf des Oblt. Pöhs entsprechen müßte.

Dieser Entwurf beruhte auf einem Vierrad-Anhänger mit Laufrollen für die Kufe der Me 163, auf den das Flugzeug mittels Seilwinde gekurbelt wurde. Die Flügel stützten dabei verstellbare Seitenstreben ab. Später kam der Scheuch-Schlepper zur Anwendung. Siehe Abb. S. 166, 261, 264.

April 1943

Arbeitsbericht 20

Erprobung FuG 25 a

Im Verlauf einiger Schleppflüge wurde durch Obltn. Pöhs die Erprobung des FuG 25 a begonnen. Nachdem anfangs mit Werneuchen als Bodenstelle zusammengearbeitet worden war, wurde im weiteren Verlauf der Versuchsflüge ein der E:-Stelle Peenemünde zur Aufstellung gebrachtes Freya-Gerät zur Vermessung benutzt. Bis jetzt zeigt sich als Ergebnis der Messflüge, daß größere Reichweiten erzielt werden als bei dem beschränkten Aktionsradius der Me 163 nötig wäre. Bei verschiedenen Kurvenlagen wechselt allerdings die Strahlungsintensität der Antenne zum Bodengerät stark. Die Größe dieses Fehlers muß noch ermittelt werden. Gegebenenfalls werden kleine Abänderungen vorgenommen, die sich aber nur auf die Antenne erstrecken. Die Beendigung der Erprobung verschob sich durch einen Unfall am 13.4., bei dem das Flugzeug (B V4) durch Überschlag bei einem Fehlstart beschädigt wurde.[1]

Spornrad

Der oben beschriebene Unfall mit der B V4 wäre zu vermeiden gewesen, wenn das Flugzeug mit einem [lenkbaren] Spornrad ausgerüstet gewesen wäre. Dem Flugzeugführer, Lt. Opitz, war es beim Abbrechen des Starts nicht möglich, das seitlich ausbrechende Flugzeug auf der festen Rollbahn zu halten. Im weichen Erdreich überschlug es sich dann sofort. Es wird gebeten, bei GL/C E 2 noch-

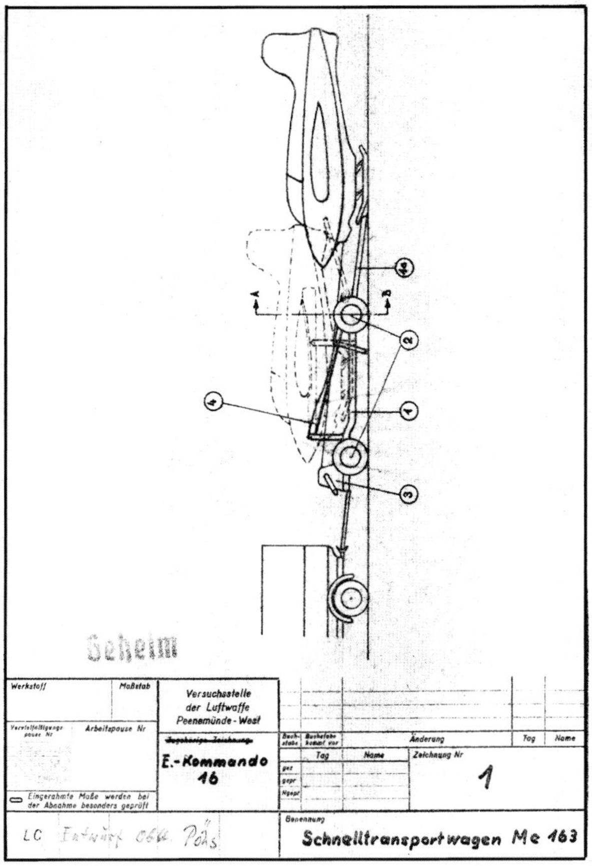

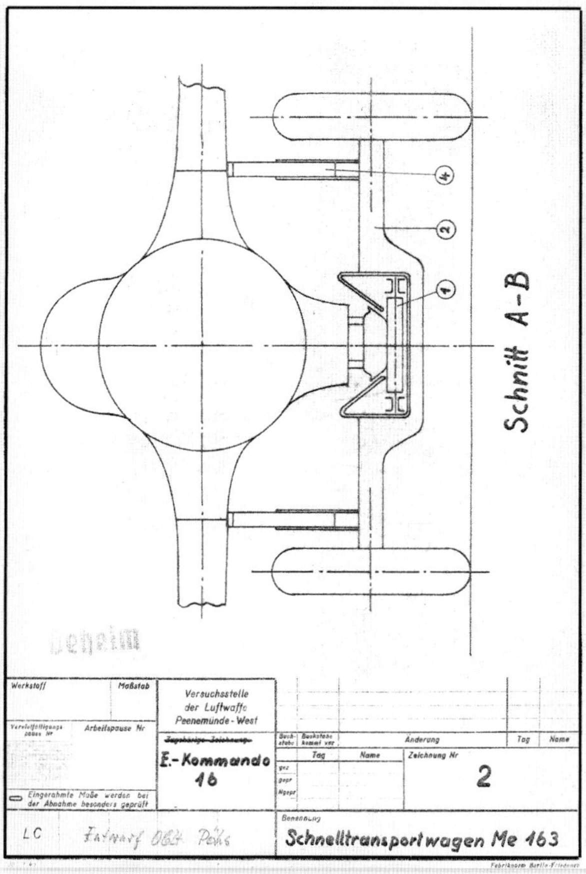

Der von Oberleutnant Josef Pöhs entworfene Schnelltransportwagen für die Me 163. Die Zeichnungen wurden zusammen mit Arbeitsbericht 19 eingereicht.

mals zu untersuchen, ob eine Ausrüstung nicht bloß der ersten Versuchsträger sondern der gesamten Serie mit Spornrad möglich ist. Desgleichen wird eine Vorverlegung des Fahrwerkes vorgeschlagen, um die Neigung zum Kippen bei der rollenden Maschine herabzusetzen.

Überschläge mit getankter Maschine bedeuten Lebensgefahr für den Flugzeugführer, da er aus dem auf dem Rücken liegenden Flugzeug nicht heraus kann, bevor es durch Hebewerkzeuge angehoben ist, und in der Zwischenzeit durch ausfließenden Betriebsstoff sofort Brände entstehen werden.

Sitzfederung

Unter Mitarbeit von Stabsarzt Dr. Schneider wurde in Augsburg eine Torsionsfederung des Führersitzes der Me 163 B ausgearbeitet, die nunmehr allen Ansprüchen genügt, die seitens der Flugzeugführer auf Grund der Unfälle mit Rückgratverletzung gestellt wurden.

Die Me 163 B V8

wurde mit kaltem Walter-Triebwerk ausgerüstet und mit Waffen und Funkgerät versehen. Oblt. Pöhs führte zwei Flüge aus, wobei er mit laufendem Triebwerk Schießversuche machte und zu guten Trefferergebnissen kam. Die Maschine machte am 16.4. bei einer Landung Überschlag und wurde leicht beschädigt, sodaß die weitere Waffen- und FT-Erprobung etwa 3-4 Wochen unterbrochen ist.

Hauptmann Wolfgang Späte berichtete des Weiteren ausführlicher über einen Flug mit der Me 262 V2 am 17. April 1943 in Lechfeld und die erlebten bzw. festgestellten Flugleistungen

Einige Me 163 überschlugen sich bei der Landung, was für die Flugzeugführer erhöhte Lebensgefahr bedeutete (siehe Arbeitsbericht 19). Leutnant Rudolf Opitz geriet mit der Me 163 B V4 (VD+EN) am 13. April 1943 in diese prekäre Lage.

und -eigenschaften des zweistrahligen Jägers, mit dem er eine Geschwindigkeit von 750 km/h erreichte.

Weiters erwähnenswert sind die im Bericht nicht geschilderten beiden Flüge von Stabsingenieur Heinrich Beauvais am 20. und 21. April (ein Schlepp- und ein Triebwerksflug) mit der A V6 in Peenemünde, nachdem er sich zuvor mit zwei Flügen in einem „Habicht"-Segler und zwei Schleppflügen in der A V13 darauf vorbereitet hatte. Er berichtete (3): „Es stellte sich heraus, dass die Me 163 sehr einfach zu fliegen war, was vermutlich der ausreichenden Beweglichkeit um die Längsachse, der guten Ruderabstimmung und geringen Steuerkraft in allen Geschwin-

Herbert Langer (mit Sonnenbrille) und Ernst Siebert stießen im April 1943 als Leutnants zum EKdo 16. Oberleutnant Langer kam am 21. Juni 1944 bei einem Flugunfall wegen Bodennebels mit der Bf 108 (W.Nr. 1687) bei Hassendorf ca. 5 km westlich des Flugplatzes Rotenburg/Wümme ums Leben.

Am 20. und 21. April 1943 unternahm Stabsing. Heinrich Beauvais in Peenemünde mit der A V8 einen Schleppflug und zwei Flüge mit Triebwerk. Zur Eingewöhnung hatte Beauvais am 20. April je zwei Übungsflüge mit einem Segelflugzeug „Habicht" und der geschleppten A V13 absolviert. Er berichtete: „Es stellte sich heraus, dass die Me 163 sehr einfach zu fliegen war, was vermutlich der ausreichenden Beweglichkeit um die Längsachse, der guten Ruderabstimmung und geringen Steuerkraft in allen Geschwindigkeitsbereichen, der ausgewogenen und gut gedämpften Quer- und Längsstabilität und der geringen Flächenbelastung zu verdanken war." Ende November 1943 war Beauvais bei der Vorführung der B V22 in Insterburg zugegen.

digkeitsbereichen, der ausgewogenen und gut gedämpften Quer- und Längsstabilität und der geringen Flächenbelastung zu verdanken war." Stabsing. Heinrich Beauvais war Gruppenleiter und Versuchspilot bei der Flugerprobungsabteilung E2 der E-Stelle Rechlin (siehe Kurzlebensläufe S. 419).

Arbeitsbericht 21

Raketenstarthilfen Me 163 A

Am 29.4. wurde in Peenemünde durch Lt. Opitz erstmalig ein Start mit Triebwerk und zwei zusätzlichen Pulver-Raketen-Starthilfen von je 500 kg Schub ausgeführt. Als Versuchsträger wurde die Me 163 A V8 benutzt, die mit Strahlruder ausgerüstet ist und dadurch die Gewähr bietet, bei ungleichmäßigem Ein- oder Aussetzen oder gänzlichem Versagen einer der beiden Pulverraketen einem Ausbrechen des Flugzeuges nach der Seite entgegen zu steuern. Das Flugzeug hatte nach 5 Sekunden Rollzeit bereits abgehoben. (Gegenüber einer Rollzeit von 23–26 Sekunden bei Start ohne Starthilfe). Der Abwurf der leeren Raketenhülsen erfolgte am Platzrand. Unangenehme Lastigkeitsänderungen waren nicht festzustellen, da der Strahl der Raketen nach unten abgewinkelt worden ist, so daß der Schub durch den Schwerpunkt des Flugzeuges gerichtet ist. Diese Strahlabwinklung wirkt sich außerdem noch insofern günstig aus, als das Flugzeug von Startbeginn an leicht angehoben wird und das Fahrwerk beim Rollen entlastet. Die für die Me 163 B vorgesehenen Pulverraketen sollen auf Grund der bisher gewonnenen Erfahrungen ebenfalls nach unten, gleichzeitig aber nach der Seite abgewinkelt werden, so daß sich das Aussetzen einer der beiden Raketen nicht mehr durch unverhältnismäßig große Drehmomente um die Hochachse auswirken kann.

Des Weiteren enthält der Bericht eine kurze Erörterung Hauptmann Spätes über ein Nachtjagd-Suchgerät für die Me 262.

Am 22. April 1943 flog die britische Luftwaffe erstmals Aufklärung über Peenemünde. (19)

Mai 1943

Arbeitsbericht 22

Umschulung Oblt. Thaler und Lt. Langer

Ende April wurden Oblt. Thaler und Lt. Langer als Flugzeugführer zum Erprobungskommando kommandiert und sofort über die Ausbildung auf Segelflugzeugen auf die Me 163 A umgeschult. Die Segelflugausbildung wurde so weit fortgesetzt, daß Oblt. Thaler und Lt. Langer nunmehr auch als Lehrer für später noch umzuschulende Besatzungen eingesetzt werden können.

Latscher-Fahrwerk

Zwei Abwurffahrwerke, deren Federung von der Fa. Latscher – Wien konstruiert und gefertigt wurde, sind im Erprobungsflugbetrieb mit Me 163 A in Peenemünde erprobt worden. Die Federungseigenschaften sind ausgezeichnet, desgleichen die Dämpfung. Einige Änderungen wurden im Beisein von Herrn Latscher gleich in Peenemünde vorgenommen. Die Fahrwerke sollen nunmehr in Dauerprobung genommen werden.

Starts mit Pulverraketen

Durch Lt. Opitz wurden weitere Starts mit Pulverraketen als Starthilfen an der Me 163 A durchgeführt, wobei Startzeiten und Roll-

Heini Dittmar mit der Me 163 B V21 (VA+SS) kurz nach deren Ankunft Anfang Juni 1943 in Peenemünde. Zuvor hatte sie bei der Walter KG in Kiel ihr „heißes" Triebwerk erhalten. Am 24. Juni unternahm Rudolf Opitz damit den ersten Flug.

Messerschmitt Me 163 B V21 (VA+SS) W.Nr. 16310030.
Erprobungskommando 16, Peenemünde-West Juni 1943

strecke vermessen wurden. Grundsätzlich ergab die Verwendung von Raketenstarthilfen eine Verkürzung der Startstrecke um über 50 % gegenüber Normalstart. Auch für die Me 163 B dürfte die abwerfbare Pulverrakete eine der wichtigsten Starthilfen darstellen.

Hochgeschwindigkeitsflüge in großen Höhen

Die bisher durch Lt. Opitz erzielten Ergebnisse bei Flügen in Höhen von 7 – 8000 m Höhe mit der Me 163 A zeigten bisher, daß die zu erreichenden Geschwindigkeits-Höchstwerte ziemlich genau jenen Mach-Zahlen entsprechen, die auch bei Flügen in geringeren Höhen die Grenze für den Beginn kritischer Erscheinungen (Kopflastig-werden) bildeten. Da bei den neueren kalten Walter-Triebwerken die in 7000 m Höhe zu erzielenden Höchst-Ofendrücke anscheinend zu klein bleiben, um im Horizontalflug Grenzgeschwindigkeiten zu erreichen, müssen diese Flugversuche vorläufig mit der Me 163 A V4 weitergeführt werden.

Heißes Triebwerk für die Me 163 B

In der letzten Woche des Mai gingen in Kiel die letzten Stand- und Abnahmeläufe des in die V21 eingebauten heißen Walter-Triebwerkes vor sich. Sie verliefen zufrieden stellend. Das Flugzeug wird z. Zt. mittels Bahntransportes nach Peenemünde gebracht. Bevor die ersten Triebwerksflüge damit begonnen werden können, sind jedoch noch eine Reihe von Arbeiten zellenseitig notwendig. Es müssen noch Entlüftungsleitungen für die Treibstoffbehälter neu verlegt und ein Schnellablaß eingebaut werden.

Außerdem ist der Einbau der Spornrolle und Landeklappen noch nicht erfolgt. Wenn diese Arbeiten seitens der Fa. Messerschmitt nicht mit höchstem Nachdruck betrieben werden, besteht die Gefahr, daß das Flugzeug auch jetzt noch nicht mit Triebwerk geflogen werden kann, nachdem seine Fertigstellung bis heute lediglich durch die Terminverschiebungen in der Triebwerkslieferung verzögert worden war.

Kufenhydraulik Me 163 B

Belastungsversuche mit der Me 163 B V8 ergaben von Neuem, daß die Kufenhydraulik die volle Belastung für ein Startgewicht von 4 Tonnen nicht aushält. Sollte dieser Mangel nicht nur bei der V8, sondern auch bei allen übrigen Maschinen des Musters Me 163 B in Erscheinung treten, so wäre damit eine sofortige grundsätzliche Erprobung der Einsatzmaschine mit heißem Triebwerk in Frage gestellt. Als wichtigstes Ergebnis der ersten Triebwerkstarts wird Klarheit über die Frage erwartet, ob Vollaststarts mittels Eigenstart möglich sind und welche Gipfelhöhen und Reichweiten erreicht werden können. Die gesamte weitere Planung der Me 163 hängt somit von diesen ersten Triebwerksflügen ab. Es ist unbedingt erforderlich, daß seitens der Fa. Messerschmitt alles getan wird, um eine Verzögerung der Erprobung auf Grund von Hydraulik-Mängeln zu verhindern.

Juni 1943

Arbeitsbericht 23

Erster Start mit heißem Triebwerk

Anfang Juni traf die Me 163 B V21 mit dem in Kiel eingebauten heißen Triebwerk in Peenemünde ein. Nachdem durch das Werkpersonal der Fa. Messerschmitt und Walter die noch erforderlichen Zellenänderungen vorgenommen worden waren, erfolgten noch einige Standläufe, die den einwandfreien Lauf des Triebwerkes auch im eingebauten Zustand unter Beweis stellten. Am 24.6. wurde dann von Lt. Opitz der erste Triebwerksstart durchgeführt. Das Startgewicht der Maschine betrug 2560 kg. Ein höheres Gesamrgewicht war auf Grund der letzthin festgestellten Mängel der Kufenhydraulik vorläufig nicht zulässig.

Bei vollem Schub (1500 kg) war die Startbeschleunigung, die das Flugzeug erhielt, überraschend groß. Bereits nach 200 m Rollstrecke hatte es – bei einem allerdings starken Gegenwind von 55 km/h – abgehoben, nachdem es durch eine schadhafte Stelle im Rollfeld zu einem Sprung veranlaßt worden war. Bei einem mehrfachen Aufsetzen auf dem Boden brach das Fahrwerk. Die Kufe hatte durchgeschlagen und das starre Fahrwerk dann der Belastung nicht standgehalten. Trotzdem kam das Flugzeug vom Boden frei und zeigte bei dem folgenden kurzen Flug eine Steigfähigkeit und ein Beschleunigungsvermögen, die erwartungsgemäß weit über den bei der Me 163 A erzielten Leistungen lagen. Da die Fluganzeigegeräte ausfielen, war Lt. Opitz ein Ablesen der erzielten Steig- und Horizontalgeschwindigkeit nicht möglich. Das Flugzeug erwies sich aber im Steigflug wie auch bei annäherndem Horizontalflug mit Schub als flugeigenschaftsmäßig einwandfrei. Das Triebwerk (HWK R II 211) macht einen völlig zuverlässigen und betriebssicheren Eindruck.

Höchste Dringlichkeit für Zellenarbeiten

Mit dem ersten Triebwerkstart dürfte nunmehr der Beweis für die Einsatzfähigkeit der Me 163 B erbracht sein. Da der von der Fa. Walter angegebene Betriebsstoffverbrauch eingehalten wird, können voraussichtlich die errechneten Steigzeiten, Gipfelhöhen und Reichweiten auch heute schon ohne praktische Bestätigung durch Flugversuche als gewährleistet angesehen werden.

Die Fa. Walter ist in der Lage, bereits mit serienmäßiger Lieferung der Triebwerke zu beginnen. Alles hängt jetzt also lediglich davon ab, mit welchem Zeitaufwand die an der vorhandenen Zellenarbeit noch vorzunehmenden Änderungen und Nachrüstungen durchgeführt werden. Wenn bei Messerschmitt und Klemm mit dem nötigen Nachdruck gearbeitet würde, wäre es als durchaus möglich anzusehen, im Herbst d. J. Einsatzeinheiten mit der Me 163 aufzustellen. Hinsichtlich der Lieferung von Triebwerken wären jedenfalls alle Vorbedingungen dazu vorhanden.

Gelegentlich einiger Besprechungen bei der Fa. Messerschmitt ist jedoch beim E.-Kdo. 16 der Eindruck entstanden, als ob bei den maßgebenden Stellen des Werkes reichliche Unklarheit über die Notwendigkeit einer intensiven Bearbeitung und Verfolgung aller mit der Konstruktion und Fertigung der Me 163 zusammenhängenden Fragen bestände. Es wurde beispielsweise in Erfahrung gebracht, daß seitens der Technischen Direktion der Fa. Messerschmitt die Ansicht geäußert wurde: „Flugzeuge mit derart kurzer Betriebsdauer interessieren nicht". Es erscheint demnach notwendig, daß seitens der dafür maßgebenden Stellen des Amtes und gegebenenfalls des Führungsstabes dem Werk unmissverständlich klargelegt wird, ob und welcher Wert der Entwicklung und Fertigstellung der Me 163 beigemessen wird.

Im einzelnen ergeben sich folgende Forderungen, deren Erledigung durch die Fa. Messerschmitt mit höchster Dringlichkeit in Angriff genommen werden müssen:

1.) Schnellstmögliche Herstellung einer ausreichenden Kufenfederung oder Fahrewerksfederung.
2.) Verstärkung des starren Abwurf-Fahrwerkes; gegebenenfalls Schaffung einer unter Verspannung stehenden Sicherheitsfederung (ähnlich der Sitzfederung) die erst dann anspricht, wenn die Kufe durchschlägt.

3.) Beschleunigte Fertigstellung eines geeigneten Strahlruders.
4.) Beschleunigter Einbau von Landeklappe und Spornrolle.
5.) Für die Serie ohne Druckkabine Schaffung einer einwandfreien Kabinenbelüftung.
6.) Zur Vermeidung jeden Versagens in der Flugerprobung Abstellung von genügend Personal in Peenemünde, da die Arbeitsverfahren durch das Eintreffen von neuen Zellen und Triebwerken in Peenemünde sich in Kürze um ein Beträchtliches vermehren werden.

Schlechter Rollfeldzustand in Peenemünde
Die Flugerprobung der Me 163 in Peenemünde wird seit geraumer Zeit dadurch wesentlich beeinträchtigt, daß laufend Staffeln des E.-Kdo. 15 mit Do 217 auf dem Platz einfallen, um von hier aus mit Hs 293-Bomben zu Übungswürfen zu starten. Das Rollfeld ist durch den Flugbetrieb mit den schwerbeladenen Flugzeugen in kurzer Zeit in einen derart schlechten Zustand gekommen, daß heute bereits ein gefahrloses Starten mit Me 163 kaum noch möglich ist. Der Fahrwerksbruch beim Start des Lt. Opitz am 24.6. ist beispielsweise eine Folge dieser Rollfeldbeschädigungen durch das E.-Kdo. 15 und hätte leicht einen Totalbruch zur Folge haben können. Da die Flüge des E.-Kdo. 15 mit Erprobung nichts mehr zu tun haben und lediglich den Charakter der Truppeneinweisung tragen, wird gebeten, hierfür einen anderen Absprunghafen zu bestimmen.

Kufenhydraulik Me 163
Am 10.6. fand bei Fa. Messerschmitt in Augsburg eine Besprechung statt, bei der in Anwesenheit von Vertretern der E.-Stelle Rechlin, E.-Stelle Peenemünde und des E.-Kdo. 16 alle Fragen zur Klärung und Behebung der an der Kufenhydraulik der Me 163 B aufgetretenen Mängel besprochen wurden. Grundsätzlich wurde festgestellt, daß der Arbeitszylinder der Kufenhydraulik nur für ein Gesamtgewicht von 3,6 to ausgelegt worden ist, während sich im Verlaufe der Entwicklung dieses Gewicht auf über 4 to erhöht hat. Von Seiten der Fa. E C [Latscher] wurde zudem erklärt, daß der Arbeitszylinder für dem ihm in dieser Hydraulikanlage übertragenen Zweck nicht vorgesehen war. Starts mit der Kufenanlage im derzeitigen Zustand werden vorläufig nur bis zu einem Gesamtgewicht von etwa 2600 bis höchstenfalls 3000 kg möglich sein. Folgende Maßnahmen wurden beschlossen:
1.) Einige Druckleitungen werden in Rechlin auf Druckfestigkeit überprüft und für einige Flugerprobungsstarts für erhöhte Öldrücke zugelassen.
2.) Der Arbeitszylinder wird vergrößert.
3.) Eine Umstellung der Kufenfederung vom bisherigen System auf eine Latscher-Federung wird entwickelt.
4.) Ein abwerfbares gefedertes Fahrwerk wird entwickelt.

Diesen Arbeiten ist größtes Gewicht von allen in der Entwicklung der Me 163 z. Zt. bestehenden Aufgaben beizumessen, da ohne ausreichende Federung beim Vollaststart und damit keine Erprobung der Reichweite und Gipfelhöhe der Me 163 B möglich ist. ….

Starts mit einer abgewinkelten Pulverrakete
Um praktische Erfahrungen zu sammeln, ob bei Ausfall einer von den beiden als Starthilfen vorgesehenen Pulverraketen das Drehmoment der [unleserlich] Rakete durch die Ruderwirkung eines Strahlruders ausgeglichen werden kann, führte Lt. Opitz mehrere Starts aus, bei denen jeweils nur eine Rakete einseitig am Flugzeug aufgehängt war. Die Schubkraft wurde von Versuch zu Versuch gesteigert. Die bis jetzt vorliegenden Ergebnisse lassen erkennen, daß bei der Aufhängungsanordnung der Raketen, die für die Me 163 B vorgesehen ist, die bei Ausfall einer Rakete auftretenden Drehkräfte durch das vorgesehene Strahlruder ausgeglichen werden können, sofern der Raketenstrahl auch seitlich abgewinkelt und seine Schubkraft annähernd durch den Fahrwerksmittelpunkt gerichtet wird. Die Arbeit am Strahlruder der Me 163 B erhält durch diese Erprobungsergebnisse besondere Wichtigkeit und Dringlichkeit.

Am 12. Juni 1943 erschien ein weiterer britischen Aufklärer über Peenemünde und fotografierte eine Rakete V2 auf Transportanhänger. (19) Am 23. Juni führten die Oberfeldwebel Peek und Williams der *540 RAF Photographic Reconnaissance Squadron* in einer de Havilland „Mosquito“ vom schottischen Leuchars einen sechseinhalbstündigen Aufklärungsflug nach Stettin durch. Sie schossen Luftbilder über Rügen, Peenemünde und Swinemünde sowie von den Flugplätzen Garz und Stargard. (20) Die Fotos von Peenemünde zeigten nicht nur vier Me 163, sondern bestätigten auch das Vorhandensein der V2. Interessanter Weise wurden die Raketenjäger im Bericht des britischen Luftfahrtministeriums mit der korrekten RLM-Bezeichnung benannt. (6) In der Nachkriegsliteratur wurde behauptet, die dortigen Me 163 seien bei der ersten Sichtung am 26. Juli 1943 [sic]! als „Peenemünde 30“ bezeichnet worden gemäß der alliierten Gepflogenheit, unbekannte Flugzeuge nach der geschätzten Spannweite in Fuß und nach dem Ort zu bezeichnen, wo sie fotografiert wurden. In einem USAAF-Bericht vom 25. August 1944 wurde die Me 163 tatsächlich als „Peenemünde 30“ betitelt. (14)

Im Juni 1943 lagen 14 Me 163 in Peenemünde: A V4, A V6 bis A V13, B V2, B V4, B V7, B V8 und B V21.

Juli 1943

Arbeitsbericht 24

Verbesserung der Kufenhydraulik Me 163 B
Anfang Juli wurde im Verlaufe mehrerer Besprechungen bei Fa. Messerschmitt Augsburg nochmals eine konstruktive Verbesserung der Kufenhydraulik der Me 163 B beschlossen und deren schnellstmögliche Durchführung in die Wege geleitet. Die Änderung besteht im Einbau eines größeren Arbeitszylinders, der zudem in günstigerer Anordung als bisher (stehend, mit kürzeren Leitungen, besseren Dichtungen und veränderlicher Düse) eingebaut wird. Es ist zu erwarten, daß mit diesem neuen Kufenzylinder Starts mit voller Beladung möglich sind. Fertigstellung der ersten neuen Kufenfederung und Einbau in eines der V-Muster voraussichtlich Anfang August. Die Herstellung eines gefederten Abwurf-Fahrwerkes (Latscher), die nebenher läuft, erscheint weiterhin unerlässlich.

Verstärkung des Abwurf-Fahrwerkes Me 163 B
Auf Grund des Fahrwerk-Bruches beim ersten Triebwerkstart der V 21 wurde eine vorläufige Verstärkung zweier Fahrwerke in Zusammenarbeit zwischen Messerschmitt Augsburg und Regensburg vorgenommen. Mit einem dieser verstärkten Fahrwerke sind inzwischen bereits 3 weitere Triebwerkstarts ohne Beanstandungen gemacht worden.

24. Juni 1943. Nach dem ersten „scharfen" Flug mit der B V21 erhielt „Hexenbesenzureiter" Rudolf Opitz aus der Hand von Hauptmann Späte den „Münchhausen-Orden". Wilhelm Brecht (mit Hut) und Oberleutnant „Toni" Thaler fungierten bei der Zeremonie als Kronzeugen. Karl Friedrich Freiherr von Münchhausen (1720–1797), genannt der Lügenbaron, schrieb Bücher über seine erfundenen fantastischen Abenteuer („Ritt auf der Kanonenkugel"), die ihn bekannt machten wie einen bunten Hund.

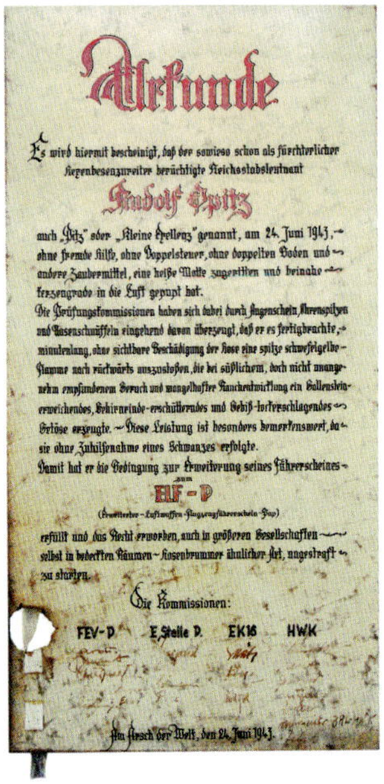

Urkunde

Es wird hiermit bescheinigt, daß der sowieso schon als fürchterlicher Hexenbesenzureiter berüchtigte Reichsstabsleutnant

Rudolf Opitz

auch „Pitz" oder „Kleine Exzellenz" genannt, am 24. Juni 1943, ohne fremde Hilfe, ohne Doppelsteuer, ohne doppelten Boden und andere Zaubermittel, eine heiße Matte zugeritten und beinahe kerzengrade in die Luft gepupt hat.

Die Prüfungskommissionen haben sich dabei durch Augenschein, Ohrenspitzen und Nasenschnüffeln eingehend davon überzeugt, daß er es fertigbrachte, minutenlang, ohne sichtbare Beschädigung der Hose eine spitze schwefelgelbe Flamme nach rückwärts auszustoßen, die bei süßlichem, doch nicht unangenehm empfundenem Geruch und mangelhafter Rauchentwicklung ein Gallenstein-erweichendes, Gehirnrinde-erschütterndes und Gebiß-lockerschlagendes Getöse erzeugte. – Diese Leistung ist besonders bemerkenswert, da sie ohne Zuhilfenahme eines Schwanzes erfolgte.

Damit hat er die Bedingung zur Erweiterung seines Führerscheines zum

ELF-D

(Erweiterter-Luftwaffen-Flugzeugführerschein-Pup)

erfüllt und das Recht erworben, auch in größeren Gesellschaften selbst in bedeckten Räumen – Hosenbrummer ähnlicher Art, ungestraft zu starten.

Die Kommissionen:

FEV-D E.Stelle P. EK16 HWK

Am Arsch der Welt, den 24. Juni 1943.

„Münchhausen-Orden" und Urkunde für den „Hexenbesenzureiter" Rudolf Opitz, ausgestellt „Am Arsch der Welt, den 24. Juni 1943".

Startraketen für Me 163 A

Die bisher durchgeführten Versuche mit Pulverraketen als Starthilfen an der Me 163 A hatten ausschließlich den Zweck, die Verwendungsmöglichkeiten von Raketenstarthilfen für das Muster Me 163 B vorzuklären. Im Laufe der durch E 2 Peenemünde gesteuerten Erprobung hat sich ergeben, daß die Verwendung von Starthilfen nicht nur für die Me 163 B geeignet ist, sonder auch an der Me 163 A – selbst bei Ausfall einer Rakete – keine Gefahr in sich birgt, wenn der Raketenstrahl entsprechend abgewinkelt wird.

Die Versuche sind in dieser Richtung nur bis zu einem Schub von 375 kg ausgedehnt worden. Es erscheint als wichtig und wertvoll, wenn dem E-Kdo 16 für Schulbetrieb mit Me 163 A bei der demnächst kommenden Ausbildung von Flugzeugführern die Durchführung übungsmäßiger Starts mit 500 kg-Startraketen ermöglicht werden. Es wird deswegen gebeten, seitens E-Stelle Peenemünde, GL/CE 2I und Werk Messerschmitt alles zu veranlassen, was zu einer raschen Durchführung dieser Erprobung nötig ist.

Egon-Jägerleitverfahren

Nachdem in letzter Zeit Versuche mit dem Egon-Leitverfahren in Rechlin sehr günstige Ergebnisse gezeitigt hatten, wurde auf Weisund des K.d.E. durch des E-Kdo 16 die Anwendungsmöglichkeit dieses Verfahrens für die Me 163 grundsätzlich geklärt. Da für das Flugzeug von vornherein bereits das FuG 25 a vorgesehen ist und die bisherigen Flugerprobungsergebnisse zufriedenstellend waren, dürfte mit dem Egon-Verfahren neben dem Y-Verfahren ein zweites Leitverfahren vorhanden sein, das zur taktischen Lenkung der Me 163 Verwendung finden kann. Eine Entscheidung für das eine oder andere System kann vor einer eingehenden Prüfung des Egon-Verfahrens, die kommende Woche erfolgen soll, und vor ei-

Irgendwann im Sommer 1943 stiegen diese Me 163 A bei einer Vorführung für hochkarätige Besucher in Peenemünde als Dreierschwarm auf. Damals besaßen lediglich A V4, A V6 sowie A V8–A V11 Triebwerke.

Obere Reihe: Me 163 A V6 (CD+IK), A V8 (CD+IM) und A V10 (CD+IO) in Peenemünde, Sommer 1943.

Links: An einem freien sonnigen Sommertag 1943 unternahm das Bodenpersonal des EKdo 16 vom Peenemünder Hafen-Nord einen Bootsausflug zur kleinen Insel Greifswalder Oie.

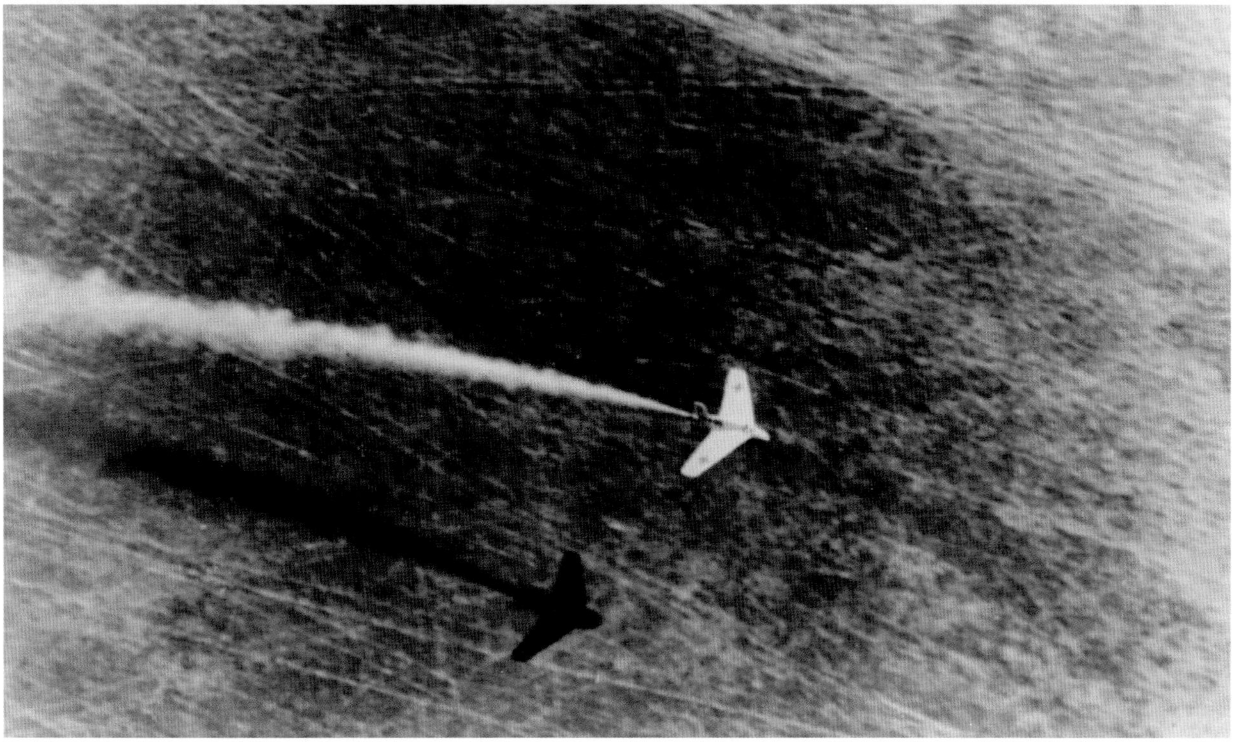

Eine Me 163 A beim Beschleunigen kurz nach dem Start, bevor sie wenig später in den typischen, spektakulären Steigflug überging.

ner ausgiebigen Erprobung im Einsatz während der Fronterprobung der Me 163, nicht erfolgen. Das das Egon-Leitverfahren das Vorhandensein einer größeren Anzahl von Freya-Geräten zur Voraussetzung hat, wird aus Gründen der Knappheit an diesen Funkmessgeräten voraussichtlich sowohl das eine wie das andere Verfahren zur Anwendung gelangen.

Weitere Triebwerkstarts mit der V 21

Seit dem ersten Triebwerkstart der V 21 wurden durch Lt. Opitz in Peenemünde bereits 4 weitere Starts ausgeführt, die triebwerkseitig alle völlig zufrieden stellend verliefen. Diese Starts, deren letzter auf der Startbahn erfolgte, zeigten als wichtigstes Resultat, daß die Kufenfederung nach Erreichen einer gewissen Anfangsrollgeschwindigkeit durch den am Tragflügel entstehenden Auftrieb wesentlich entlastet wird, sodaß in Kürze voraussichtlich auch mit der z. Zt. noch unvollkommenen Kufenhydraulik Starts mit größerer Triebstoffmenge und damit ein Ausfliegen der Gipfelhöhe möglich sein dürfte. Die bisher mit etwa halber Brennstoffzuladung erreichte größte Höhe betrug ca. 7000 m.

Ersatzteile für Me 163 A

Der Erprobungs- und Übungsflugbetrieb mit Me 163 A in Peenemünde hat einen besonders hohen Verbrauch einzelner Ersatzteile zur Folge gehabt, der so weit ging, daß zeitweise sämtliche Flugzeuge wegen Mangel an diesen Einzelteilen ausfielen. Es handelt sich triebwerkseitig hauptsächlich um Ventile und Pumpen, zellenteilig um Ruder, Fahrwerks- und Hydraulik-Teile. Die Bevorratung mit diesen Einzelteilen müßte im Hinblick auf einem bei einem Schulbetrieb besonders hoch anwachsenden Verbrauch entsprechend heraufgesetzt werden.

Arbeitsbericht 25

Steigflüge mit V 21

Im Verlauf mehrerer Flüge wurde in den vergangenen Tagen keine weitere Steigerung der zugeladenen Betriebsstoffmenge und damit der erreichten Gipfelhöhe vorgenommen. Die am Höhenmesser abgelesenen Maximalhöhen lagen über 11 km (11,3 – 11,5 km). Starts mit der gesamten möglichen Betriebstoffmenge sind erst mit der V 20 möglich, die die neue Kufenhydraulikanlage besitzt. Diese Maschine ist z. Zt. in Augsburg fertiggestellt und wird in den nächsten Tage nach Peenemünde verfrachtet.

Sonderkost für Me 163- Flugzeugführer

Lt. Opitz mußte am 26.7. einen Steigflug bei 11,5 km Höhe abbrechen, da er starke Blähbauchbeschwerden hatte, hervorgerufen durch falsche Kost an den Vortagen (Hülsenfrüchte und Kohl). Diese Blähungserscheinungen traten nach Einhalten einer entsprechenden Diätkost nicht mehr auf. Vom E-Kdo 16 wurde deswegen bei LD Ag 2 [RLM-Abteilung] ein Antrag eingereicht, grundsätzlich für Flüge mit Me 163 eine von der Normalkost abweichende Verpflegung zu [unleserlich] vorzuschreiben, die nicht bloß die Gestaltung des Frühstückes sondern auch der Mittags- und Abendkost umfasst.

Rudolf Opitz zum Einfluss der Steiggeschwindigkeit auf den Stoffwechsel: „Wir hatten keinerlei Probleme mit hohen Steiggeschwindigkeiten. Wir benutzten eine Sauerstoffmaske und diese Einrichtung war sehr gut. Ursprünglich sollte der Jäger Me 163 eine Druckkabine bekommen, nur fehlte schlicht die Zeit zur Entwicklung derselben. Als das Flugzeug da war und seine Flugleistungen erbrachte, wollte es das Militär einfach so übernehmen. Unsere einzige Schwierigkeit war die, dass wir sehr unwissend waren, was das Essen anging; im Krieg aß man das, was gerade auf den Tisch kam. Gab es Bohnensuppe oder dergleichen, bekam man ein Problem: bei den hohen Steiggeschwindigkeiten blähte es einen auf wie einen Ballon. Um uns besser an die Höhe anzupassen, lernten wir von Menschen, die in Südamerika oder Indien in großen Höhen leben – wir schickten unsere Flugzeugführer in ein Hotel auf dem höchsten Berg Deutschlands*, wo sie sich etwa drei Wochen lang an die Höhe anpassen sollten. Dann betrieben wir Ausbildung. Kam man wieder herunter, stellte sich allerdings das Problem mit der Aufrechterhaltung der Höhenanpassung; man musste sich wieder und wieder akklimatisieren. Dafür gab es eine Höhenkammer, in der jeder eine Stunde pro Woche zubrachte. Dies machte unsere Leute ziemlich höhentauglich."

* Gemeint ist die Zugspitze (2962 m). Der höchste Berg des Deutschen Reiches aber war der Großglockner (3798 m) und nach der faktischen Wiederangliederung Südtirols im Herbst 1943 der Ortler (3905 m).

Ersatzteile Me 163 A

Da in nächster Zeit mit Ausbildungsflugbetrieb in größerem Umfang zu rechnen ist, wird um baldmögliche Bevorratung von Zwischenahn mit allen jenen Ersatzteilen gebeten, die als

Ersatz für die Me 163 A bereits zusammengestellt und zahlenmäßig festgelegt wurden.

Die Nennung von Bad Zwischenahn legt den Schluss nahe, dass die Pläne zur Verlegung bereits vorlagen und dass die britische Bombardierung Peenemündes in der Nacht vom 17./18. August 1943 diese nur beschleunigte. Siehe Arbeitsbericht 26.

Änderungsarbeiten an der Me 163 A

An den neu vorhandenen Flugzeugen des Musters Me 163 A sind noch nicht durchweg alle Änderungen durchgeführt worden, die Vorbedingung für die Aufnahme eines Übungs- und Schulbetriebes sind. Es erscheint notwendig, daß seitens der Fa. Messerschmitt nochmals eine Änderungs-Kolonne angesetzt wird, die alle notwendigen Arbeiten in Kürze zur Durchführung bringt (Einbau des verstärkten Kufenzylinders, Kabinenöffnungsgriff vergrößern, Entlüftungsleitungen verlegen, Strahlruder, Spornabdichtung und Randloch für Kufenentlüftung einbauen usw.).

Serieneinfliegen in Zwischenahn?

Als voraussichtlicher Flugplatz für das Einfliegen der ersten Me 163 B-Serie wurde der als Übungs- und Einsatzplatz für das E-Kdo 16 vorgesehene Fliegerhorst Zwischenahn in Aussicht genommen, während ab März kommenden Jahres Lechfeld für diese Zwecke benutzt werden soll. Auf Grund der veränderten Luftlage erscheint es dem E-Kdo 16 bedenklich, fast den gesamten Flugbetrieb mit Me 163 in Zwischenahn zu konzentrieren, da dann wohl ziemlich sicher mit Luftangriffen und Ausfall wertvoller Flugzeuge zu rechnen sein dürfte. Es wird vorgeschlagen, bereits jetzt den Befehl zum sofortigen Ausbau von Lechfeld für den Me 163-Betrieb zu geben. Da es sich dabei nur um Erstellung einer Tankanlagen und Garage für K.K.-Wagen [Tankwagen] handelt, dürfte der Platz in wenigen Wochen für Flugbetrieb mit Me 163 benutzbar sein. Es entfiele dann auch die durch die Entfernung von Augsburg sehr zeitraubende Werkerprobung in Peenemünde, die dann ebenfalls in Lechfeld durchgeführt werden könnte.

Am 26. Juli 1943 führten Major G. E. Hughes und Oberleutnant J. R. Chubb mit einer „Mosquito" einen Aufklärungsflug über Stettin, Swinemünde, Rostock und Peenemünde durch. Sie starteten in Leuchars und landeten nach fünfeinviertel Stunden wieder in Benson. (20)

Peenemünde – Anklam – Bad Zwischenahn – Augsburg

August 1943

Arbeitsbericht 26

Erprobung Landeklappe Me 163 B V1

Am 10. und 11.8. wurde in Augsburg die in die V1 eingebaute Landeklappe erprobt. Es wurden Versuche mit etwa 1300 kg und 1800 kg Fluggewicht gemacht, also ungefähr auch die Gewichtsverhältnisse der mit Triebwerk, Waffen und Restbetriebsstoffmenge landenden Einsatzmaschine erreicht. Das Ausfahren der Landeklappe erzeugt nur unwesentliche Lastigkeits-Momente. Bei voll ausgefahrener Klappe wird das Flugzeug leicht kopflastig, was angenehm ist, da hierdurch die zum Anschweben notwendige Mindestfahrt beibehalten wird. Die Landewinkel-Verschlechterung ist sehr zufrieden stellend. Es ist jetzt möglich aus einer Höhe von 100 m über Platzgrenze noch in einen Flugplatz mittlerer Größe einzuschweben. Landungen mit der Me 163 B dürften somit nun auch für Nicht-Segelflieger keine Schwierigkeiten mehr machen. Bei voll ausgefahrener Landeklappe zeigt das Flugzeug auch bei größtmöglichen Schiebewinkeln kein Tendenz zum Abkippen. Die Mindestgeschwindigkeit des Flugzeuges wird durch Ausfahren der Landeklappe um etwa 10 km/h herabgesetzt.

Beim Aufklärungsflug über Peenemünde am 26. Juli 1943 schossen *Squadron Leader* G. E. Hughes und *Flying Officer* J. R- Chubb von der RAF u. a. dieses Foto. Es zeigt neben anderen Flugzeugmustern drei Me 163 A.

Querruder-Beplankung

Bei einem Erprobungsflug in Peenemünde [am 3. August mit B V21, VA+SS] wurde von Lt. Opitz unbeabsichtigt eine sehr hohe Geschwindigkeit erreicht (wahrscheinlich 1000 km/h). Dabei wurde durch einen sich loslösenden Splitter die Seitenruderbespannung aufgerissen. Der Fahrtwind fing sich dann in diesem Riß und löste die gesamte Leinwandbespannung vom Seitenruder, so daß Opitz praktisch ohne Seitenruder weiterflog und landete.

Dieser Vorfall zeigte zwar, daß die Me 163 B auch ohne Seitenruder voll flugfähig ist (nicht einmal die Stabilität um die Hochachse hatte darunter gelitten), doch gibt er Anlaß, zu überlegen, was erfolgt, wenn im Falle eines Luftkampfes bei hoher Geschwindigkeit eines der Querruder (die gleichzeitig Höhenruder sind) Beschuß erhält. Nach obiger Erfahrung ist anzunehmen, daß es ebenfalls genau so wie das Seitenruder die gesamte Stoffbespannung

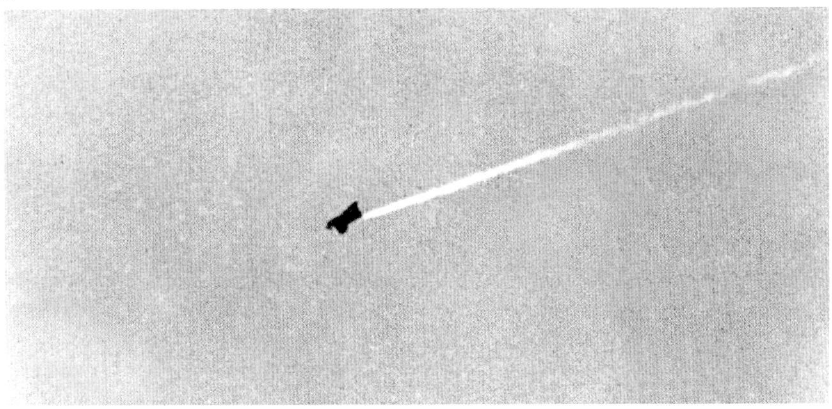

Links und unten: Eine Me 163 B beim Hochgeschwindigkeitsflug in großer Höhe über Peenemünde.

Am 31. Juli und 3. August 1943 unternahm Oberleutnant Rudi Opitz Erprobungsflüge mit der B V21 (VA+SS) zur Messung des Drucks in den T-Stoff-Behältern unter verschiedenen Schubeinstellungen.

Beim Flug am 3. August beschleunigte er kurz nach dem Start auf 500 km/h und ging dann in den Steilflug. Mit einer an der Fliegerhaube befestigten Kamera fotografierte er die Bordinstrumente. Während er sich auf die Instrumentenanzeigen konzentrierte, stellte er eine rasante Geschwindigkeitszunahme durch unabsichtliche Änderung der Fluglage fest. Ein Blick aus der Kanzel verriet, dass er sich im Sturzflug befand. Opitz schaltete das Triebwerk ab und zog aus dem Sturz. Dabei vernahm er einen lauten Schlag, die Ruderpedale vibrierten und der Kabinendruck fiel. Er flog zurück nach Peenemünde, schaltete das Triebwerk in der Luft erneut an und wartete, bis es von selbst ausging. Beim Landeanflug stellte er ein Versagen der Seitensteuerung fest, konnte nichtsdestoweniger aber sicher landen. Am Boden erkannte er, dass es das linke hintere Kanzelfenster herausgerissen und dieses wiederum die Bespannung des Seitenruders aufgerissen hatte, worauf der Fahrtwind die gesamte Leinwand-Bespannung vom Seitenruder löste.

verliert. GL/CE 2 wird daher gebeten, untersuchen zu lassen, 1.) ob die Me 163 mit einem einzigen Quer-Höhenruder noch flugfähig ist und gegebenenfalls noch gelandet werden kann (Windkanalversuche), und 2.) ob nicht wenigstens eine einseitige Blechbeplankung der Querruder in Erwägung zu ziehen ist.

Verlegung nach Anklam und Zwischenahn

Da nach dem Bombenangriff vom 17. zum 18.8. eine Massierung des Flugbetriebes mit Me 163 in Peenemünde nicht mehr geraten schien, wurde die sofortige Verlegung des Erprobungskommando 16 mit dem für den Betrieb in Zwischenahn vorgesehenen Flugzeugbestand und Gerät in Angriff genommen. Zunächst wurden zum größten Teil auf dem Luftwege Flugzeuge und Bodengeräte nach Anklam verlagert. Von hier wird mittlerweile im Bahntransport die Weiterverlegung nach Bad Zwischenahn vorgenommen.

---

597 britische Bomber flogen in der Nacht einen schweren Angriff vor allem auf die Versuchsstelle Peenemünde-Ost, wo das Heer an der V2 arbeitete. 40 Bomber kehrten vom Einsatz nicht zurück. Die Bomben richteten zwar beträchtliche Schäden an, brachten die deutsche Fernraketen-Entwicklung aber nur kurzzeitig aus dem Takt.

Erprobung von Schonbelägen für Startbahnen

Am 21.8.43 wurden durch das Erprobungskommando 16 in Peenemünde die letzten Flüge zur Erprobung von Schonbelägen für Startbahnen gemacht. Die Erprobung ergab, daß einige der verwendeten Belagarten gut geeignet sind, so daß nunmehr auch auf festen Startbahnen mit Kufe gelandet werden kann, ohne daß diese dadurch übermäßiger Abnutzung ausgesetzt ist. Ein entsprechender Erfahrungsbericht ging an L.D. Ag. III.

Arbeitsbericht 27

Verlegung nach Zwischenahn

Das Erprobungskommando 16 verlegte am 18.8. mit dem grössten Teil der Flugzeuge (7 Me 163 A, 1 Me 163 B, 3 Segelflugzeugen und 5 Schlepp- und Kurierflugzeugen) und dem z. Zt. vorhandenen Gerät und Personal nach Anklam. Da Anklam auf Grund der sehr schlechten Rollfeldverhältnisse und mangelnder Sonderanlagen einen Flugbetrieb mit Me 163 nicht zulässt, wurde am 27.8. nach dem Fliegerhorst Bad Zwischenahn weiterverlegt. Der für Zwischenahn geforderte Sonder-Ausbau ist noch nicht beendet. Es kann deshalb (ebenfalls aus Geheimhaltungsgründen wegen der auf den Baustellen vorhandenen ausländischen Arbeitskräfte) mit einem schulmässigen Flugbetrieb vor Oktober nicht begonnen werden. Das Erprobungskommando 16 ist vor Anfang Oktober voraussichtlich auch deswegen noch nicht voll arbeitsfähig, weil bis heute noch nicht die beantragte Ausrüstungs-Nachweisung befohlen wurde und dadurch eine Beschaffung des erforderlichen Boden-Gerätes sehr erschwert, bzw. nicht möglich ist. (Die Stärkenachweisung wurde durch Genst.Gen. Qu.2.Abt. am 1.9.43 befohlen). Die Ausbildung der für den 15.9. zum E.-Kdo. 16 befohlenen Flugzeugführer im Segelflug wird nach Vereinbarung mit Chef AW [Ausbildungswesen] in diesem Ausnahmefall auf der Segelflugschule Gelnhausen unter Aufsicht und Beteiligung der Offiziere des Erprobungskommandos 16 vorgenommen und dürfte Ende September abgeschlossen sein.

Firmenkolonne bzw. Sachverständiger für Zwischenahn

Das Erprobungskommando 16 ist z. Zt. damit beschäftigt, Änderungen an Zellen der Me 163 A durchzuführen, die eigentlich Aufgabe der Fa. Messerschmitt Augsburg wären. Da sich die Arbeiten beim Werk durch Personalmangel zeitlich zu sehr hinauszögern würden, hat das E.-Kommando 16 in Vereinbarung mit allen zuständigen Stellen diese Arbeiten übernommen. Es ist jedoch dringend nötig, daß die Firma Messerschmitt eine arbeitsfähige Arbeitskolonne abstellt für alle beim E.-Kommando später noch anfallenden Arbeiten, die über den Rahmen der an die Truppe zu stellenden Aufgaben hinausgehen. Wenn dies nicht möglich ist, ist zumindest die dauernde Anwesenheit eines Sachverständigen in beratender Stellung zu fordern, der firmenseitig die Verantwortung und Aufsicht für alle wichtigen Zellenarbeiten übernimmt. Die Fa. H. Walter, Kiel, hat dies bereits seit einigen Wochen getan, indem sie Herrn Oertzen als Lehringenieur an das Erprobungskommando 16 abgab. Diese Einrichtung hat sich äusserst günstig bewährt. In der Ausbildung des Bodenpersonals und der Wartung von Triebwerken hat es innerhalb des Erprobungskommandos 16 seither keine Schwierigkeiten gegeben.

Funkerprobung der Me 163

Die Durchführung der letzten Flüge zum Abschluss der Erprobung des Fu.G.25 a hat die E-Stelle Peenemünde übernommen. Das Erprobungskommando 16 legt nunmehr das Hauptgewicht seiner Arbeit auf die Ausarbeitung eines Leitverfahrens. Hierzu wurde durch Chef NVW [Nachrichten- und Verbindungswesen] und den BFH [Befehlshabern] weitestgehende Unterstützung mit allen zur Verfügung stehenden Mitteln zugesagt. Auf Weisung des Herrn Generals Martini wird der Nachrichtenoffizier des Erprobungskommandos 16, Lt. Korff, sich mit Oblt. Diehl (Chef NVW) ins Benehmen setzen, um mit ihm alle Maßnahmen zu besprechen und zu veranlassen, die für eine umfassende funkmässige Erprobung in Zwischenahn nötig sind. Oblt. Diehl wurde durch General Martini als Sonderaufgabe die Betreuung des E.-Kdos. 16 hinsichtlich der Schaffung eines geeigneten Funk-Leitverfahrens übertragen. Erprobt werden sollen: die Führung mittels Y-Verfahrens, Führung durch Freya und Erstling, Würzburg-Riese und Häuptling, und Würzburg Riese G mit entsprechender A.N. Auf Vorschlag von Staatsrat Dr. Plendl wird der Ausbau des Fliegerhorstes Deelen für den Betrieb mit Me 163 beschleunigt in Angriff genommen, damit von dort aus ebenfalls Funkerprobungsflüge gemacht werden können. Für deren Durchführung stehen die gesamten Einrichtungen des BFH in Holland zur Verfügung. Dadurch ist die beste Aussicht auf erfolgreiche Durchführung der Erprobung auch von Deelen aus gewährt. Staatsrat Dr. Plendl hat bereits jetzt die Vorbereitung für Versuche mit Würzburg-Riese und Häuptling zu führen, in die Hand genommen.

Unfall Oblt. Opitz

Bei der Überführung einer Me 163 A von Peenemünde nach Anklam musste Oblt. Opitz am 23.8. wegen Versagens der Kufenhydraulik auf eingefahrener Kufe landen. Das Flugzeug setzte an einer besonders unebenen Stelle des durch Trockenheit sehr harten Rollfeldes auf und machte dabei mehrere kräftige Sprünge, wobei der Kufenkasten beschädigt wurde. Durch den mehrmaligen Aufprall erlitt Oblt. Opitz eine leichte Verletzung des 7. Rückgratwirbels, die für etwa 8 Wochen sein Ausscheiden aus dem Erprobungsflugbetrieb zur Folge hat. Unfallursachen: Fehlen der vom E.-Kdo. 16 seit Jahresfrist geforderten Sitzfederung. Bei einer Landung mit der für die B-Serie bereits entwickelten und in die Serie einlaufenden Sitzfederung konnte sich Hptm. Späte am 11.8. von der einwandfreien Wirkungsweise der Sitzfederung für die B-Maschinen überzeugen. Gelegentlich eines Fluges zur Erprobung der Landeklappe in der Me 163 B V1 landete Hptm. Späte mit eingefahrener Kufe auf einem besonders welligen Teil des Augsburger Flugplatzes, wodurch das Flugzeug beim Ausrutschen zu einigen Sprüngen auf dem hartgetrockneten Boden veranlasst wurde. Die in das Flugzeug eingebaute Sitzfederung bewirkte dabei eine gerade richtig bemessene Abschwächung der härtesten Landestösse. Ohne Sitzfederung hätte mit Rückenstauchungen oder -Verletzungen gerechnet werden können.

Das Erprobungskommando 16 hat in einem Arbeitsbericht vom 21.12.42 bereits darauf hingewiesen, daß ohne eine zusätzliche Sitzfederung eine Fortführung der Erprobung kaum zu verantworten sei. Inzwischen haben sich 2 weitere Rückgratverletzungen (Herr Hohmann, E.-Stelle Peenemünde und Oblt. Opitz) ereignet und die Sitzfederung für die A-Maschinen fehlt immer noch. Es wird darauf hingewiesen, daß eine Schulung im Rahmen des E.-Kommandos, die anfangs vornehmlich mit A-Maschinen erfolgt, auf Kosten von Flugzeugführer-Rückgraten durchgeführt wird, wenn nicht im Verlaufe des Septembers endlich die bei Messerschmitt entwickelte Sitzfederung für die 9 A-Maschinen hergestellt und in Zwischenahn zum Einbau gebracht werden [sic].

Spornhaken oder Auffangvorrichtung für Fehlstarts

Bei einem Werkerprobungsflug, den Oblt. Opitz mit einer Me 163 B in Peenemünde machte, fiel das Fahrwerk beim Start nicht ab. Die Landung erfolgte also auf Rädern. Das Flugzeug setzte dabei knapp am Platzrand auf und rollte dann ungebremst etwa 800 m über die Grasnarbe des Rollfeldes und anschliessend die 1200 m lange Bitumen-Startbahn entlang. An deren Ende hatte es noch so viel Schwung, daß es über eine etwa 20 cm hohe Eisenschiene sprang. Für den Fall von Fehlstarts muss infolge des höheren Gewichtes mit noch längeren Rollstrecken und damit Zusammenprall mit Hindernissen an der Rollfeldgrenze gerechnet werden. Es wird daher gebeten, die Entwicklung eines Hakens am Spornrad oder einer einem Fußballtor ähnlichen Auffangvorrichtung mit grösster Beschleunigung zu veranlassen. Der Haken am Spornrad müsste geeignet sein, ähnlich wie bei Trägerflugzeugen ein dicht über dem Boden ausgespanntes Seil zu erfassen und das Flugzeug damit abzubremsen. Die Fußballtor-Auffangvorrichtung müsste (ähnlich einem Hockeytor) nicht fest am Boden verankert sein, sondern mit einem gewissen Reibungswiderstand ein Stück in Rollrichtung mitbewegt werden können. (Vorschlag Flg.Stabsing. Eick, GL/C-E 2 I).

Behälter für C-Stoff

Keiner der bisher für Betrieb mit Me 163 B ausgebauten oder in Ausbau befindlichen Flugplätzen ist für Bevorratung mit C-Stoff eingerichtet. Als Grund wurde bisher angegeben, daß noch kein Material gefunden wurde, in dem C-Stoff einwandfrei gelagert werden könne. Es muß deswegen sofort der Bau von C-Stofflagern in Zwischenahn, Wittmundhafen und Oranienburg begonnen – besonders in Zwischenahn – und beschleunigt zum Abschluss gebracht werden. E 8 Peenemünde behauptet, C-Stoff könne unbedenklich in emaillierten Eisenbehältern gelagert werden. H.W.K. bezeichnet dies als nicht angängig. Diese Frage scheint einer grundsätzlichen und endgültigen Klärung zu bedürfen, damit nicht der oben geforderte Ausbau von Tankanlagen noch lange durch Unklarheit über zu verwendende Materialien verzögert wird.

Habichte mit verkleinerter Tragfläche zur Vorschulung

Am 1.9. flogen auf Vorschlaf von GL CE 2 Hptm. Späte und Hptm. Thaler in Trebbin ein Segelflugzeug Typ Habicht mit stark verkleinerten Tragflächen (6 m Spannweite). Die Flugeigenschaften zeigten in vieler Hinsicht eine Annäherung an die Me 163, sodaß der Wunsch besteht, eine Anzahl dieser Flugzeuge zur Vor- und Umschulung für Me 163-Flugzeugführer zu bekommen. Folgenden Forderungen müsste dieser Habicht mit verkleinerter Tragfläche gerecht werden:

1.) Etwas besserer Gleitwinkel, als der des 6 m-Habichtes (also etwa 8 m Spannweite)
2.) Beim Schleppstart muss Querruderwirkung vorhanden sein bei einer Geschwindigkeit, die der am Flächenende mitlaufende Hilfsposten noch ohne besondere Anstrengung mithalten kann.
3.) Störklappen (keine Sturzflugbremse)
4.) Sturzflughöchstgeschwindigkeit heraufsetzen (statt 250 km/h – wie z. Zt. – möglichst 400 km/h
5.) Versuchsweise Einbau einer M.P. mit Revi zum übungsmässigen Schiessen aus der Luft. (Siehe Versuche von Hirth mit einem Kleinkalibergewehr im Normal-Habicht).

Dieser Habicht mit verkleinerter Tragfläche stellt auch ein Übungsflugzeug für Einsatz-Verbände dar, das eine Inübunghaltung von Flugzeugführern billig gestaltet.

(Siehe dazu „Die Sache mit dem Habicht" S. 310–312).

Aufhellung des Fliegerhorstes Bad Zwischenahn

Zwischenahn ist im Zuge der hellen Nachtjagd aufgehellt. Da die aufgehellten Plätze nicht selten von einzelnen Nachtbombern Beschuß erhalten, ist hinsichtlich Zwischenahn darauf hinzuweisen, daß bei dem

Hier verwendeten und lagernden Sonder-Treibstoffen ein Beschuß sehr beachtliche Brandwirkung zur Folge haben könnte. Es wird gebeten, bei den einschlägigen Stellen vorzuschlagen, wenigstens in den nächsten Monaten die Aufhellung von Zwischenahn zu unterlassen, bis die Fronterprobung der Me 163 beendet ist. Der Ausfall von Zwischenahn dürfte für die helle Nachtjagd nicht sonderlich ins Gewicht fallen, da folgende Plätze ganz in der Nähe liegen: Oldenburg (15 km SO), Varel (20 km NO), Marx (25 km NW) [bei Friedeburg], Carrel [sic, Garrel] (28 km S).

Bad Zwischenahn

Der Flugplatz Bad Zwischenahn geht auf die Mitte der 1930er-Jahre zurück, als die *Luftdienst-Schleppstaffel GmbH* am westlichen Rand des Zwischenahner Meers eine Zweigstelle mit Flugplatz einrichtete; den See selber nutzten Wasserflugzeuge. Die Firma mit Sitz auf der Nordseeinsel Norderney bot verschiedene Dienste an; beispielsweise schleppte sie Flugziele für die Marinflak. 1937 änderte sich der Name in *Luftdienstverband I*. Zwei Jahre darauf kam auch die *Seenotstaffel 1* nach Zwischenahn, aus der die anderen Seenotstaffeln der deutschen Luftwaffe hervorgingen und die im August 1939 nach Norderney verlegte. Im April 1939 übernahm die Luftwaffe den *Luftdienstverband I* und kurz vor Ausbruch des Krieges mit Polen im September den gesamten Flugplatz. Den ersten Gefechtseinsatz flogen von hier am 10. Mai 1940 zwölf Wasserflugzeuge He 59 zur Einnahme der Rotterdamer Willems-Brücke. Sie landeten Soldaten nah der Brücke auf der Nieuwe Maas an. 1940 wurde der Flugplatz weiter ausgebaut und erhielt asphaltierte Start- und Landebahnen, die auch schwerere Flugzeuge aufnehmen konnten. Am Ende des Westfeldzuges verlegte die *III./KG 4 „General Wever“* von Amsterdam nach Zwischenahn und flog mit ihren Ju 88 von dort Angriffe auf Ziele in England. Im Januar 1941 bezog die bisher in Oldenburg liegende *Wettererkundungsstaffel 1/Ob.d.L.* hier ihren neuen Standort. Ihr folgten später ein Truppenteil des *KG 6*, der auf die Ju 88 schulte, sowie eine Staffel Bf 110 der *III./NJG 3*. 1943 kamen Staffeln des KG 40 und im Dezember des KG 30 hinzu. (21)

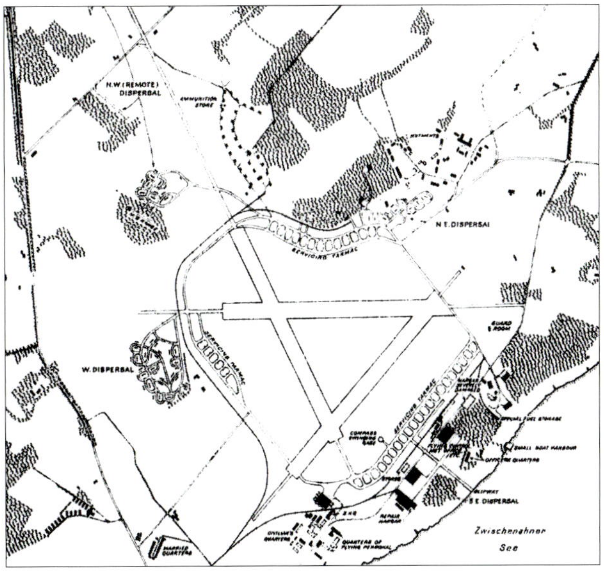

Ende August 1943 verlegte das Erprobungskommando 16 von Peenemünde nach Bad Zwischenahn. Der Flugplatz befand sich unweit des Zwischenahner Meers, ein flacher See mit 2,8 km Durchmesser.

September 1943

Arbeitsbericht 28

C-Stoff-Versorgung

Am 29.9.43 wurde durch Herrn Höpfner, RLM, Nachschubamt (App. [unleserlich]) mitgeteilt, daß z. Zt. Lieferung von C-Stoff nicht erfolgen könne, da derselbe nicht vorhanden sein. Mit Lieferung könne vor Ablauf von 3 – 4 Wochen nicht gerechnet werden, da auch keine Transport- und Lagerungsmöglichkeiten vorhanden seien. Dazu sei das Muster Me 163 vom DE-Programm gestrichen, was sich auch bei Zuweisung von C-Stoff auswirke.

Ohne C-Stoff kann in Zwischenahn kein Start mit heißem Triebwerk gemacht werden, sodaß die Truppenerprobung der Me 163 B liegen bliebe, wenn die C-Stoffversorgung nicht sichergestellt wird. In diesem Zusammenhang wird darauf verwiesen, daß die derzeitige C-Stoffproduktion für den späteren Einsatzfall nicht ausreichend erscheint. Nach Mitteilung, die der Fa. Messerschmitt von den Elektro-chemischen Werken, Höllriegelsruth, gemacht wurden, genügt die bisherige Produktion gerade knapp zur Durchführung der Abnahmestandläufe der Serientriebwerke bei der Fa. Walter, Kiel.

Beginn der Ausbildung in Zwischenahn

Das gem. Stärke-Nachweisung vom Erprobungskommando 16 angeforderte Bodenpersonal ist in Zwischenahn eingetroffen und wurde in Ausbildung genommen. Arbeits- und Flugbetrieb mit Triebwerken kann erst einsetzen, wenn die Bauarbeiten auf dem Horst soweit zum Abschluß gekommen sind, daß den dabei beteiligten Arbeitskräften (u. a. Dänen) kein unmittelbarer Einblick in die Wartungsvorgänge, Startvorbereitungen usw. gegeben werden braucht. Dies dürfte Ende Oktober der Fall sein. Der Ausbau der von Chef NVW angewiesenen Funkmessgeräte ist im Gange. Die Aufstellung der W.R.-Stellung [Würzburg-Riese], Y-Bodenstellen und des Gefechtsstandes mit Seeburgtische wird Ende Oktober beendet sein, sodaß dann im Zusammenhang mit den ersten Starts mit Me 163 B auch bereits die Erprobung des Leitverfahrens in Angriff genommen werden kann.

Umschulung der Flugzeugführer

Flugzeuge mit Strahlantrieb – insbesondere die Me 163 – sind im Unterschied zu Flugzeugen mit Luftschraubenantrieb im Beginn des Startvorganges mit Höhen- und Seitenruder nicht steuerbar. Es ist vielmehr erst mit zunehmender Rollgeschwindigkeit ein [unleserlich] der Ruderkräfte und Wirkungen von [unleserlich] Empfindlichkeit und Wirkung zu verzeichnen, was für normal ausgebildete Motorflieger ungewohnt ist. Ähnliche Verhältnisse liegen nur beim Segelflugschleppbetrieb vor. Deshalb – und auch zur Gewöhnung an motorlose Landungen – wurde bei der Vorschulung der zum E-Kdo 16 versetzten Flugzeugführer der Weg über die Segelflugausbildung beschritten. Dabei ergaben sich folgende Erfahrungen:

Es wurden 21 Flugzeugführer in Ausbildung genommen. Davon wurde ein Flugzeugführer mangels Eignung und Interesse nach den ersten Tagen abgelöst. Ein Zweiter muß aus gesundheitlichen Gründen zum alten Verband zurückgeschickt werden, obwohl er sich fliegerische als gut geeignet erwies. Die gesamte Umschulung war innerhalb von 7 Tagen beendet, sodaß nunmehr an Schleppflüge mit der Me 163 herangegangen werden kann. Im Durchschnitt wurden 3 – 4 Flüge im Zweisitzer mit Lehrer ausgeführt. Dieses zeigte sich als dringend nötig, da fast jeder der Flugzeugführer sich fliegerisch Fehler bezw. Unsauberkeit des Flugstiles angewöhnt hatte, die erst einmal ausgemerzt werden mussten. Die Hauptbeanstandungen waren immer wieder:

Unsauberer Kurvenflug (falscher Gebrauch oder völlige Vernachlässigung des Seitensteuers).

Unruhe im Höhenruder (Me 109) [d. h. als Folge des Fliegens mit Bf 109].

Gebäude, die das EKdo in Bad Zwischenahn im Föhrenhain am Flugplatz nutzte. Der Befehlsstand befand sich im rechts abgebildeten stattlichen Haus.

Mangelndes Schätzungsvermögen für den Gleitwinkel (Motorflieger sind nicht mehr gewohnt, Ziellandungen ohne Motor auszuführen, sondern ziehen sich immer mit Gas an den Platz heran).

Fahrtverringerung bei Annäherung an den Boden unter das Fahrtmindestmaß und zu hohes Abfangen.

Die Umstellung für Flugzeugführer auf die neuen Flugbedingungen erfolgte jedoch stets ungemein rasch. Nach 4–5 Doppelsteuerflügen und 4–5 Alleinstarts waren fast alle Flugzeugführer einewandfrei und wurden auf den Habicht gesetzt, der durchweg einwandfrei – auch im Kunstflug – geflogen wurde. Es wurde kein Bruch gemacht. Die Umschulung erfolgte nach Vereinbarung mit General der Truppenausbildung vom 17.–24.9.43 auf der Segelflugschule Gelnhausen, da beim Erprobungskommando noch nicht alle angeforderten Segelflugzeuge und das nötige Bodengerät eingetroffen waren.

Am 29. September nahm Hauptmann Wolfgang Späte in einem Schreiben an den KdE in Rechlin zu dem Vorschlag von Hauptingenieur Knorr Stellung, die Me 163 als Nachtjäger einzusetzen. Er hielt diese Verwendung der Me 163 trotz ihrer hervorragenden Flugleistungen für unzweckmäßig, zumal ihr gegenwärtiger Rüststand, ihre kurze Flugzeit und das Nichtvorhandensein einer Schleuderstartvorrichtung dagegen sprachen. Er schloss das Schreiben mit dem Vorschlag, die in Entwicklung befindliche Me 163 C unter Umständen und unter Verwendung von Suchscheinwerfern zur Nachtjagd einzusetzen – vorausgesetzt, eine Schleuderstartvorrichtung auf Schienen sei vorhanden, das Flugzeug könne ausreichend Treibstoff für den Rückflug zum Flugplatz mitführen und notfalls einen zweiten Landeanflug ausführen und man es sofort nach der Landung vom Flugfeld bergen könne. Nichtsdestoweniger räumte Späte dem Einsatz mit Suchscheinwerfern Aussicht auf Erfolg ein.

Oktober 1943

Arbeitsbericht 29

Entwicklung von Bodengeräten für Me 163

Während die Herausbringung der Me 163 B-Serienflugzeuge in letzter Zeit zu den versprochenen Lieferterminen anläuft, hängt die Entwicklung wichtiger Bodengeräte noch erheblich hinterher. Von den geforderten Transportgeräten ist lediglich Mitte Oktober ein Versuchs-Muster eines Schnelltransportwagens fertiggestellt und der E-Stelle Peenemünde zur Erprobung übergeben worden. Die beiden anderen in Auftrag gegebenen Entwicklungen sind noch nicht erprobungsfertig.

Die Betankung der Me 163 kann nur in Ausnahmefällen und unter kaum tragbaren Erschwernissen aus offenen Kannen erfolgen. Normalerweise muss sie durch Spezialtankwagen vorgenommen werden. Diese Tankwagen müssen mit Meß- und Abfüllarmaturen versehen sein, deren Entwicklung und Fertigung im Vergleich zur Entwicklung und Ausbringung der Flugzeuge viel zu langsam vorangeht. Das Erprobungskommando 16 besitzt bis heute noch keinen Tankwagen mit brauchbaren Meß- und Abfüllarmaturen. Der in den nächsten Tagen beginnende Schulbetrieb mit Me 163 wird dadurch vor kaum zu lösende Schwierigkeiten gestellt. Einer der Gründe für die schleppende Entwicklung und Fertigung von Bodengeräten dürfte der Umstand darstellen, daß dafür nicht der Dringlichkeitsgrad zur Verfügung steht, der dem Flugzeug selbst zuerkannt wurde. Firmen, denen die Erstellung von Bodengeräten übertragen wurde, mussten die Arbeiten immer wieder zurückstellen, da zu viel andere Aufträge mit höherem Dringlichkeitsgrad vorlagen. Es wird daher gebeten, auch dem für den Einsatz der Me 163 unerlässlichen Bodengeräten notfalls den Dringlichkeitsgrad zu geben, der ihre rechtzeitige Fertigstellung sichern könnte. (DE).

Ausbildung von Bodenpersonal und Flugzeugführern

Im Verlauf des Monats Oktober wurde das dem E-Kommando 16 zugewiesene neue Bodenpersonal in Unterricht und praktischer Arbeit an den Flugzeugen auf die Me 163 A eingewiesen. Die Ausbildung ist bereits soweit abgeschlossen, daß zu dem Anfang November beginnenden Schulbetrieb auch das gesamte neue Wartungspersonal selbständig angesetzt werden kann. Im Verlauf der Einweisung wurde der Einbau der von Fa. Messerschmitt gelieferten Sitzfederungen in 7 Me 163 A-Flugzeugen durchgeführt.

18 Flugzeugführer, die aus Frontverbänden herausgezogen und Ende September im Segelflug ausgebildet worden waren, nehmen z. Zt. am Höhenanpassungslehrgang des Instituts für Luftfahrtmedizin, München, auf der Zugspitze teil, der Ende Oktober beendet ist. Von 8 weiteren Flugzeugführern, die aus verschiedenen Heimatverbänden (AB-Schulen, E-Gruppen, u.s.w.) zugewiesen wur-

den, befinden sich 4 in Kursausbildung auf der Segelfliegerschule Fürth (Schiessen aus der Luft), der Rest in Zwischenahn in Segelflugumschulung.

Aufbau von Funkmeßgeräten

Das dem E-Kommando 16 für Zwischenahn zugewiesene W.B.-Gerät [Würzburg-Riese] ist bereits aufgestellt und einsatzklar. Die Y-Bodenstation ist im Bau begriffen und soll in etwa 14 Tagen arbeitsfähig sein. Ein Tornado-Peiler und -Sender ist fertiggestellt. Die Einrichtung eines Gefechtsstandes mit Seeburgtisch ist abgeschlossen. Kabellegung erfolgte durch die 6./Ln.Regt. 10, die zu diesem Zweck durch LGK XI [Luftgaukommando 11] nach Zwischenahn kommandiert wurde. Ab Mitte November kann mit der Einarbeitung des ausgewiesenen In-Personals begonnen und anschliessend an die Auswahl und Erprobung eines geeigneten Jägerleitverfahrens herangegangen werden.

November 1943

Arbeitsbericht 30

Umschulung der Flugzeugführer

Nachdem Anfang November der Höhenanpassungslehrgang auf der Zugspitze beendet war, wurde in Zwischenahn die Umschulung der Besatzung fortgesetzt. Die im Segelflug ausgebildeten Flugzeugführer wurden nunmehr auf Me 163 A eingesetzt und zwar im Schlepp hinter Bf 110. Die nebelige Herbstwetterlage brachte bisher nur 7 Tage, die wettermäßig überhaupt einen Flugbetrieb zuliessen. Trotzdem wurden bisher bereits 16 Flugzeugführer umgeschult. Sofern noch einige Tage mit gutem Flugwetter kommen, dürfte auch der Rest der Flugzeugführer bis Ende November auf die Me 163 A fliegerisch eingewiesen sein. Gemäß einer Neuregelunt mit der Luftaufsicht wird neuerdings auch bei „myo“ [Warnung vor Feindflugzeugen über Reichsgebiet] der Platzbetrieb aufrecht erhalten, bis sich der einfliegende Gegner im 150 km-Kreis befindet. Dann erst ruht der Flugbetrieb und die gelandeten Flugzeuge werden durch Tarnmatten bedeckt, bis der Gegner sich im Abflug wieder auf mehr als 150 km entfernt hat.

Erprobungsstand Me 163 B

Von dem im Werk Augsburg und Böblingen inzwischen fertiggestellten Serienflugzeugen der Me 163 B ist bis jetzt noch keines zur Auslieferung an das Erprobungskommando 16 gelangt. Im Laufe der Werkerprobung in Lechfeld hatte sich ergeben, daß die nachgerüstete Landeklappe in einem Gebiet der Flügelunterseite eingebaut worden war, die noch im Sogbereich liegt, so daß die Landeklappe beim Fluge herausgesaugt und höherer Geschwindigkeit (> 500 km/h) Bruch der Antriebsgestänge verursacht wurde. Mtt. [Messerschmitt] entwickelte eine Verriegelung der Landeklappe, die jedoch im hohen Geschwindigkeitsbereich auch noch nicht genügte. Daraufhin wird nunmehr die Klappe selbst verstärkt, um deren Herausbiegen auf Grund von Verformung zu verhindern. Die Erprobung dieser Änderung steht noch aus und wird durch Schlechtwetter zusätzlich verzögert. Damit die ersten grundlegenden Flüge zur Erprobung des Funkleitverfahrens unternommen werden können, wurde durch das E.-Kommando 16 die Me 163 B V4 von Augsburg abberufen, die nun als Schleppflugzeug eingesetzt werden soll und bei der vorläufig auf restlose Behebung aller Landeklappenmängel verzichtet wird, da sie nur mit geringer Geschwindigkeit geflogen werden soll.

Am 28. November wollte ein Aufklärer „Mosquito“ PR IX (LR428) der in Benson liegenden britischen *540 Squadron*, Besatzung Major J. R. H. Merifield (DFC) und Oberleutnant W. N. Whalley, Bombenschäden in Berlin aufnehmen. Da dichte Bewölkung über der Stadt lag, fertigten sie Luftbildaufnahmen über Stettin, Swinemünde, Stralsund, Peenemünde sowie von den Flugplätzen Anklam, Garz und Greifswald an. (21) Über Stettin bannten sie den dort liegenden, nicht fertig gestellten Flugzeugträger *Graf Zeppelin* aufs Bild und in Peenemünde eine Me 163 – wahrscheinlich die A V11, die dort wegen Triebwerkerprobungen verblieben war. Der Flug No. N/1980 dauerte 6 Stunden 10 Minuten.

Am 30. November 1943 kam Oberfeldwebel Alois Wörndl bei einem Flug mit der Me 163 A V6 (CD+IK) ums Leben – der erste tödliche Unfall mit einer Me 163 A. Das Flugzeug wurde vollkommen zerstört. (7) Dazu Wolfgang Späte in seinem Buch *Der streng geheime Vogel*: (23) „Bald wusste ich mehr: Der Fall lag hart an der Grenze dessen, was man im Pilotenjargon mit »fliegerischer Unzucht« bezeichnete – Nichteinhaltung der Flugvorschriften. Alois Wörndl war trotz seiner 28 Jahre sozusagen ein

Die Me 163 A V10 (CD+IO) diente neben anderen Maschinen ab Dezember 1943 als Schulflugzeug für den Start mit Triebwerk. Im Juli 1944 kam sie zur Ergänzungsstaffel/JG 400 nach Brandis.

Eine Me 163 beim Start vom Flugplatz Bad Zwischenahn.

Als Starthilfen zog man mehrere Möglichkeiten in Betracht. Dazu gehörten Starthilfsraketen, die Madelung-Schleuder, ein Dreirad-Fahrgestell ähnlich dem der Arado Ar 234, sowie ein Raketenschlitten. Die oft verzögerten Versuche mit dem Raketenschlitten trieb man ernsthaft ab dem 31. Juli 1943 voran; sie fanden auf der Schienenstrecke am Peenemünder Hafen Nord statt. Bei einem Versuch am 6. September 1943 versagten die Bremsen und der Schlitten entgleiste mit Totalschaden. Mit einem neuen Schlitten wurden die Versuche ab dem 19. September fortgesetzt, wobei man vier schottergefüllte Puppen als Ballast und eine Me 163-Attrappe verwendete. Vom 6. bis zum 31. Oktober 1943 fanden weitere zehn Versuchsfahrten mit Me 163-Attrappen statt, wovon eine scheiterte. Zu den letzten beiden Versuchen kam es am 11. November. Aufgrund ihrer einsatzmäßigen Nachteile sah man von der Einführung von Raketenschlitten letztlich ab.

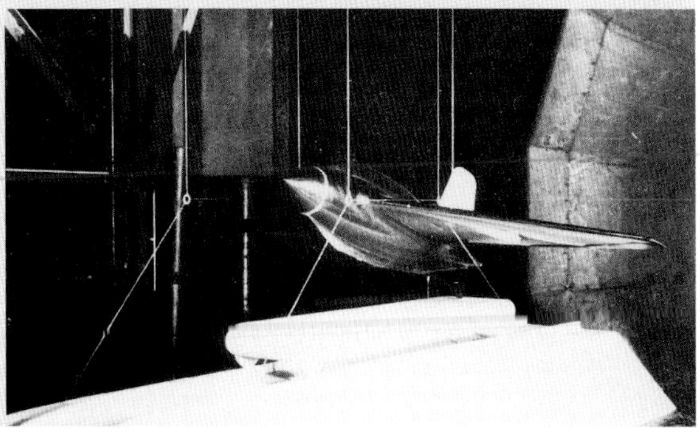

Rechts: Den Raketenschlitten-Experimenten in Peenemünde gingen im November/Dezember 1942 Modellversuche im Winkanal Nr. 1 der AVA Göttingen voraus.

»uralter« Pilot gewesen und hatte als Jagdflieger im Spanienkrieg und Polenfeldzug teilgenommen. Danach musste er Lehrer auf einer Jagdfliegerschule spielen. Nach vielen Gesuchen um Frontverwendung war er endlich zu uns versetzt worden. Ein brillanter Flieger, hatte er sich rasch auf unsere Me 163 A eingeflogen und beherrschte die »Motte« bewundernswert gut. Und weil ihm diese kleine schwanzlose Raketenmaschine geradezu eine fliegerische Offenbarung geworden war, ließ er sich am diesem Tage von ihr zu Manövern verführen, die er besser hätte bleiben lassen. Nach einem Triebwerksstart mit vollen Behältern hoch hinauf in die unermessliche Himmelsweite und anschließendem Stürzen, Wiederhochziehen und minutenlanger »Luftakrobatik« war Alois Wörndl dann wieder in einer Höhe angelangt, aus der er nach dem ihm erteilten Weisungen zum Abfliegen einer bestimmten Lande-Prozedur hätte übergehen müssen. Doch da ritt ihn wohl der Teufel. Oder die kleine Bestie, die unsere 163 ja auch sein konnte, verdrehte ihm den Kopf. Als wäre er auf dem Frontflugplatz von einem Feindflug zurück, »stach« er seine Kameraden am Startplatz unten an, pfiff mit Prassfahrt an ihnen vorbei, passierte den ganzen Platz, hob dann die A mit spielerischer Leichtigkeit wieder hoch und kehrte zurück, diesmal mit weniger Fahrt und gar nicht viel Höhe. Für das normale Anflug-Verfahren war er zu niedrig. So überflog er den Startplatz noch einmal mit Rückenwind und drehte kurz hinter der Flugplatzgrenze in eine Kehrtkurve, bei der die Tragflächen senkrecht zum Boden standen. Aus dieser Fluglage fiel er plötzlich wie ein Stein zu Boden, sagten Augenzeugen."

Dezember 1943

Arbeitsbericht 31

1.) Stand der Werkerprobung Me 163 B

Im Verlauf der ersten Werkerprobungsflüge mit Triebwerk und bei Erprobungsflügen der E.-Stelle Karlshagen [Peenemünde] hatten sich im Herbst d. J. noch Mängel an Triebwerk und Zelle der me 163 gezeigt, die in einer Besprechung am 18.10.43 bei GL/C-Chef durch E2 Karlshagen nochmals dargelegt und deren Abstellung den Herstellerwerken zur Pflicht gemacht wurden. (Protokoll vom 26.10.1943). Seitens der Flugerprobung Lechfeld wird nunmehr berichtet, daß sämtliche , der im o. a. Protokolle enthaltenen Beanstandungen behoben sind. Selbst eine einigermassen brauchbare Gängigkeit des Gasgestänges wurde erreicht und zudem noch eine Auffütterung der Kufe vorgenommen. Letztere erwies sich als notwendig, da durch die neue verbesserte Kufenhydraulik das Spornrad keine genügende Führung mit dem Boden mehr besaß und die Gefahr des Ausbrechens bei der Landung mit anschliessendem Überschlagen beseitigt werden musste. Alle Änderungen laufen bereits als Nachrüstung in die Serie ein. Die Verzögerung in der Herausbringung der ersten truppenreifen Serienflugzeuge für das E.-Kommando 16 war nicht so sehr durch diese o. g. Änderungsarbeiten hervorgerufen worden, sondern durch die an der Landeklappe noch erforderlich gewordenen Verstärkungen, deren Notwendigkeit sich erst bei Triebwerkstarts erwies. Die ungenügende Festigkeit der Klappen und der später dann geschaffenen Verriegelung war es, die neuen Verzug in die die endgültige Fertigstellung brachte. Es wurde deshalb beabsichtigt, die Me 163 gegebenenfalls anfangs auch ohne Landeklappe auf entsprechend grossen Flugplätzen (Deelen, Venlo) einzusetzen. Dies dürfte sich voraussichtlich als nicht mehr notwendig erweisen, da die erste Maschine mit der neuen Landeklappenausführung in Lechfeld bereits startklar steht [vgl. Arbeitsbericht 30]. Es muss nur noch auf gutes Flugwetter gewartet werden, damit ihre Erprobung mit einigen Triebwerk-

„Erstaunlich, was er für Einzelheiten fragt…"

Bernhard Hohmann führte seinen ersten Flug mit der Me 163 bereits im August 1942 aus und brachte es auf eine beachtliche Anzahl Erprobungsflüge in Peenemünde, Lechfeld und Bad Zwischenahn. In seinem Anfang der 1950er-Jahre in den USA verfassten, hier auszugsweise veröffentlichten Manuskript *Über die Entwicklung des Hochgeschwindigkeitsfluges* schilderte er u. a. die Vorführung der Me 163 am 26. November 1943 vor Hitler (siehe auch *Arbeitsbericht 32*).(17)

Fast noch interessanter als die Vorführung selbst sind die detailreichen „atmosphärischen" Schilderungen Hohmanns über das Geschehen im Vorfeld:

„Am Sonnabend, den 20. November 1943 erhalten wir plötzlich in Peenemünde-West den Befehl, die Me 163 B V22 auf schnellstem Wege nach Insterburg zu transportieren und die Maschine für eine Vorführung im Führerhauptquartier herzurichten. Bereits am nächsten Vormittag rollten 4 Eisenbahnwagen beladen mit der Me 163 B V22, Tankfahrzeugen, den notwendigen Bodengeräten, sowie einem Waggon mit ferngelenkten Körpern, der V-1, Hs 293 usw., in Richtung Insterburg ab.

Ich soll im Rahmen einer Flugvorführung, bei der die neusten Flugzeuge Hitler vorgeflogen werden sollen, die Me 163 fliegen. Zu diesem Zweck habe ich mir die besten Monteure mit einigen Spezialisten von Walter und Messerschmitt mitgenommen, außerdem ist Hans Boye als verantwortlicher Triebwerksmann mitgekommen.

Als wir in Insterburg eintreffen, wird uns sofort klar, dass es sich hier um eine ganz besondere Vorführung handeln muss. Der gesamte Platz, der mit einer A-B Schule belegt ist und zu dieser Jahreszeit normalerweise schon einen Winterschlaf hält, ist plötzlich über Nacht rücksichtslos bis auf den letzten Mann und Offizier geräumt worden. Sämtliche Unterkünfte und Hallen sind leer und peinlichst gesäubert. Vom Fliegerhorst-Kommandanten, einem sehr freundlichen Oberst, erfahren wir, dass stärkere Luftfahrt-Industriegruppen angemeldet sind, wir aber außer einigen Rechliner Leuten praktisch die ersten seien.

Wir haben die V 22 gar bald aufmontiert, einen Startversuch gefahren und alle Tankanlagen auf Dichtigkeit genau geprüft. Ich hatte genug Treibstoffe mitnehmen lassen, um noch vor der Vorführung einen Werkstattflug machen zu können, aber leider war der Wettergott mit meinem Vorhaben ganz und gar nicht einverstanden, da er es ständig regnen und die Wolken fast auf dem Boden auffliegen ließ. So muss ich mich also mit einem kurzen Flug im Fieseler Storch zufrieden geben, bei dem ich mir lediglich in niedriger Höhe mal den Flugplatz und die nähere Umgebung kurz ansehen kann, um mich etwas zu orientieren. Der Platz ist mit seinen 1100 m Länge und etwa 10 – 12 cm langem Gras für eine Landung der Me 163 mit alter glatter Stahlkufe und keinen Landeklappen keinesfalls zu groß. Im Gegenteil, er ist wahrscheinlich sogar zu klein, da ich infolge eines Zaunes, einer Rollstraße mit großer Zementplatte und Startbahn auf der einen Seite und durch Bahnanlagen, Rangiergeleise sowie einer Siedlung direkt neben der Startbahn am Platzrand auf der anderen Seite nicht die ganze Rasenfläche zur Landung benutzen kann. Wenn es dann zufällig noch etwas regnen sollte oder das Gras nur noch etwas nass sein sollte, dann kann ich die Maschine kaum zum Stehen bringen, da sie endlos rutschen wird.

Ein Sonderzug nach dem anderen läuft ein und bringt die verschiedenen Industriegruppen. Als Arado mit der Ar 234 eintrifft und der Flugzeugführer die Flugplatzverhältnisse sieht, lehnt er sofort ab, die Maschine zu fliegen. Es ist noch die alte 234 ohne Fahrwerk, mit Landekufen und abwerfbarem Startwagen, also dieselben Landeschwierigkeiten wie bei der Me 163.

Am 16. April 1943 besuchte GFM Erhard Milch Peenemünde, um sich von den Fortschritten bei der Entwicklung der Flugbombe Fi 103 zu überzeugen. Hier nimmt er die Meldung von Oberst Edgar Petersen, Kommandeur der Erprobungsstellen, entgegen. In der Mitte Major Otto Stams, Kommandeur der Erprobungsstelle der Luftwaffe Peenemünde-West.

Mit dem Eintreffen der Industriegruppen kommt zum Glück auch eine andere Atmosphäre, die nun die Unsicherheit der wenigen anwesenden Offiziere stark in den Vordergrund bringt und besonders bei den höheren Offizieren das schlechte Gewissen erkennen lässt. Hitler hatte angeordnet, dass wir E-Stellen-Leute bis dahin noch nicht wussten, dass er diesmal kein Theater vorgespielt haben, sondern die für die einzelnen Projekte verantwortlichen Männer sehen wollte.

Am Auftreten der einzelnen Leute ist eindeutig zu erkennen, dass die Luftfahrtindustrie – oder besser gesagt die Ingenieure – wieder erheblich Oberwasser bekommen haben. Offiziere sind kaum zu sehen und die wenigen werden von den Zivilisten, den Ingenieuren, überhaupt nicht ernst genommen. Zur damaliger Zeit waren Spannungen dieser Art noch nie so stark zum Ausdruck gekommen, jedenfalls waren sie uns E-Stellen-Leuten in dieser Form zumindestens nicht bekannt. Diese Tatsachen wurden besonders dadurch stark hervorgehoben, weil alle Kapazitäten des zivilen und militärischen Sektors an einer Stelle zusammen trafen und der kleinste Versuch einer Provokation von seiten der Luftwaffenoffiziere den Ingenieuren gegenüber wurde von den Zivilisten sofort rücksichtslos unterdrückt. Ja, es war schon bereits eindeutig zu erkennen, dass die Ingenieure über kurz oder lang doch wieder die technische Führung der Luftfahrtentwicklung übernehmen werden.

Den Höhepunkt dieser sehr interessanten Vorbereitungen stellt dann die Aufforderung durch den Kommandeur der Erprobungsstellen (KdE) Oberst Petersen zu einer Besprechung dar, in welcher der KdE allen Leuten, die evtl. Gelegenheit haben mit Hitler zu sprechen oder von ihm gefragt zu werden, Verhaltungsmaßregeln und Antworten auf gewisse Fragen, die Hitler evtl. stellen werde, bekannt geben will. Als am Mittwochnachmittag alle um 4 Uhr zur Besprechung gebetenen Personen im Vorzimmer des KdE, das im Feuerwehrgebäude des Fliegerhorstes Insterburg eingerichtet war, erschienen sind, lässt der sowieso nicht sehr beliebte KdE die Herren der Luftfahrtindustrie leider etwas zu lange warten ohne sich seinem Volk zu zeigen, sodass sich plötzlich um 4 Uhr 10 alle Herren auf dem Absatz umdrehen und mit passenden Bemerkungen verschwinden.

Ing. Bernhard Hohmann von der Abteilung E2 der Erprobungsstelle der Luftwaffe in Peenemünde-West führte Hitler die Me 163 B V22 am 26. November 1943 in Insterburg vor. Später war Bernhard Hohmann der einzige zum Kommando Hummel abgestellte Flugzeugführer. Das im Dezember 1943 aufgestellte Kommando sollte ursprünglich die Firma Messerschmitt in Lechfeld bei Flugerprobung, Umbauten und Wartung der Me 163 unterstützen. Im März 1944 verlegte es nach Bad Zwischenahn. Bernhard Hohmann folgte erst im Juni, nachdem ihn Heinz Peters als Flugzeugführer in Lechfeld abgelöst hatte. Man beachte die Ringpeilantenne hinter der Kanzel.

Schon allein aus Interesse an der heiklen Situation bleiben Boye und ich sowie einige Rechliner Leute natürlich da, außerdem haben wir als dem KdE direkt Unterstellte sowieso zu warten. Als Oberst Petersen einige Zeit später aus seinem Zimmer tritt und erstaunt fragt: »Ist das allen?« erklärt ihm Stabs-Ing. Beauvais, dass es den Herren zu lange gedauert hätte und sie darum gegangen seien. Petersen setzte darauf die Besprechung auf 7 Uhr abends im Kasino fest, aber Prof. Messerschmitt, der in der Stadt wohnte, schickt den Fahrer zurück und lässt bestellen, dass er ablehne. Daraufhin hört man von der Besprechung nichts mehr und Oberst Petersen zieht sich in ein Nebenzimmer des Kasinos zurück!

Auf meine Frage, ob denn Major Stams, der Kommandeur von Peenemünde-West, selber kommen und den Vortrag über Fi 103 halten würde, wie ich gehört hätte, da ja andererseits Iwan Kröger am Vorabend der Vorführung noch immer nicht eingetroffen sein, wird mir mit wütendem Blick eindeutig geantwortet: »Stams wird hier nicht gebraucht und auch nicht erscheinen, Kröger ist von Jesau aus schon unterwegs und wird in etwa einer halben Stunde eintreffen!«

Man hatte also meine Frage sehr genau verstanden, aber vielleicht nicht geahnt, dass mir die Vorgeschichte dieses V-1-Vortrages (Fi 103) bekannt war. Der General Axthelm hatte gegen den Willen von Kröger, aber auf Betreiben von Stams, einige Wochen vorher bereits Hitler gemeldet, dass die V-1 spätestens am 1. Januar 1944 zum Einsatz fertig sei. Nun wurde ein schwarzes Schaf gesucht, da die Herren Offiziere nicht den Mut hatten, Hitler die Wahrheit zu sagen. Als Kröger ankommt und sich von Petersen über den V-1-Einsatztermin beraten lassen will, sagt ihm Petersen, dass er damit nichts zu tun haben will – ja, sogar General Vorwald will mit der Sache nichts zu tun haben! Noch nicht einmal von Generalfeldm. Milch kann Kröger eine Antwort bekommen.

Am Morgen der Vorführung, Freitag, den 26.11.43, wird nun doch noch besagte Besprechung im Kasino unter Vorsitz von General Vorwald gehalten. Nachdem aber sofort einleitend dem Prof. Messerschmitt die Produktionsziffern seiner Werke vorgelegt werden und Messerschmitt sowie auch Dir. Hentzen sofort beanstanden, dass die Ziffern wesentlich höher als die tatsächlichen Anzahlen liegen, kommt es zu unfreundlichen Auseinandersetzungen, in denen General Vorwald erklärt, dass diese Zahlen Hitler bereits gemeldet seien und nun müsse Messerschmitt diese bestätigen. Prof. Messerschmitt erklärt jedoch daraufhin eindeutig, dass er selbst wisse, was er zu sagen haben und er außerdem die Produktionsziffern seiner Werke genau kenne. Ferner führe die Firma Messerschmitt die Me 262 vor und würde deshalb auch selbst entscheiden, welche von den beiden Maschinen und von welchem Piloten vorgeflogen würde. Die Firma Messerschmitt hatte eine Maschine mit Bugrad-Ausführung und eine mit Spornrad-Ausführung nach Insterburg gebracht und versuchte mehrfach doch durchzusetzen, dass beide Flugzeuge vorgeflogen werden konnten. Nach diesen Unstimmigkeiten wird plötzlich die Besprechung abgebrochen, ohne dass weitere Verhaltensmaßregeln verteilt werden.

Kurz vor der Vorführung, nachdem bereits alles Aufstellung genommen hat und auf das Eintreffen des Führersonderzuges wartet, machen verschiedene höhere Offiziere die Runde, um die aufgestellten Flugzeuge zu besichtigen und um sich evtl. bei den Besatzungen etwas zu orientieren. U. a. kommt auch General Vorwald mit einem höheren Marine-Offizier und besichtigt eingehend die Me 163 B. Obwohl General Vorwald, unser hoher Chef, der Chef des Technischen Amtes im Reichsluftfahrtministerium, eigentlich etwas über die Me 163 orientiert sein sollte, stellt er die sonderbarsten Fragen und betont immer wieder, dass das Flugzeug doch so komisch aussehe und er sich aber anderseits auch nicht erklären könne, wieso die Maschine diese ungeheure Geschwindigkeit erreiche, da doch der Propeller in keinem Verhältnis zu dem an der Me 109, zumindest rein äußerlich, stehen würde. Wohl oder übel muss ich ihm also in Gegenwart des höheren Marineoffiziers erklären, dass es sich um ein schwanzloses Flugzeug handelt, bei dem die an Normal-Flugzeugen üblichen Leitwerksorgane am Rumpfende fehlen, das Flugzeug ebenfalls im Gegensatz zu anderen Maschinen durch einen Raketenmotor am Schwanzende angetrieben wird und die kleine Luftschraube an der Rumpfspitze nichts mit dem Antrieb des Flugzeuges zu tun hat, sondern lediglich zur Energieversorgung einen elektr. Generator antreibt!

Um 10 Uhr 55 schiebt sich langsam ein weiß-grauer Sonderzug in den Rangierbahnhof des Fliegerhorstes, nachdem am Vormittag mehrere Einheiten von Wach- und Sicherheitsmannschaften in immer größer werdenden Kreisen um den Fliegerhorst Aufstellung genommen haben. Aus dem Zug steigt aber keinesfalls eine höhere Persönlichkeit, sondern lediglich der Koch winkt der erstaunt wartenden Wagenkolonne freundlich zu. Wie Fachleute bemerken, ist dies der Minenzug, der zur Sicherheit dem Hauptzug vorfährt. Pünktlich um 11 Uhr kommt dann ein normal schmutzig-grau aussehender Sonderzug, mit welchem tatsächlich Hitler und seine Begleitung ankommen. Die Wagenkolonne begibt sich sofort zu den auf der Rollbahn aufgestellten, startbereiten Flugzeugen. An den Maschinen befinden sich nur die Flugzeugführer, die die Maschinen vorfliegen werden, sowie der betreffende Chefkonstrukteur der Herstellerfirma. In meinem Fall ist es Prof. Messerschmitt, welcher zwischen Karl Baur und mir steht, da ebenfalls die Me 262 und die Me 163 nebeneinander aufgestellt sind. Als die Kolonne ankommt, bin ich erstaunt, da Hitler von der Leibwache aus dem Wagen geholfen wird, er machte außerdem einen sehr kranken Eindruck und ging sehr gebückt am Stock. Sein Gesicht ist wie bei einem kranken Mann aufgeschwollen.

Göring erklärt die Flugzeuge und ist diesmal, im Gegensatz zu anderen früheren Vorführungen, erstaunlich gut orientiert. Es ist fast nicht zu glauben, wenn man ihn in anderen Vorführungen erlebt hat, mit welcher Genauigkeit er diesmal Einzelheiten der Maschinen erklärt. Sogar die Steigleistungs- und Produktions-Diagramme hat er genau im Kopf, wenn er Zahlen nennt und mit dem Finger auf die Kurven zeigt, trifft er tatsächlich die richtigen Werte.

Hitler selbst sagt sehr wenig und stellt auch nur ganz selten Fragen. Allerdings sind die Fragen, die er stellt, sehr gut und sachlich und es ist erstaunlich, was er für Einzelheiten fragt. Besonders bei der Me 262, die von Göring immer wieder als die Rettung des Luftkrieges angeboten wird, fragt Hitler mehrfach: »Ist dies wirklich die große Hoffnung? Wir wollen gerne alles hineinstecken, was wir möglich machen können, wenn es wirklich die große Hoffnung ist und nicht wieder ein Fehlschlag!« »Nein, mein Führer«, sagt Göring, »dies ist die große Hoffnung, mit der wir in spätestens einem halben Jahr tatsächlich die Luftherrschaft wieder besitzen....« usw., usw. ... Göring spielte den grenzenlosen Optimisten, während Hitler immer wieder sehr berechtigte Fragen stellt.

Nachdem die Gäste die startbereiten Flugzeuge besichtigt haben, werden die in einer Halle aufgebauten »ferngelenkten Körper« (Ferngesteuerte Bomben), u. a. auch die V-1, erklärt. Als Kröger den V-1-Vortrag beendet hat, wird von Hitler die zu erwartende Frage des Einsatztermins gestellt, welche von Kröger mit April 1944 beantwortet wird, was aus technischen Gründen der kürzeste Termin sei. Hitler dreht sich daraufhin um und stellt an seine Begleitung kurz die Frage: »Wie kommt es, dass mir bereits der 1. Januar 1944 gemeldet wurde?« Die verlegenen und kreideweißen Gesichter scheinen auf diese Frage nicht vorbereitet gewesen zu sein. (Einer der höheren Offiziere, der weiter hinten steht, stellt halblaut die Frage: »Was ist das eigentlich für ein komischer Zivilist, der dort solche Sachen redet?« Von diesem Augenblick an wurde ununterbrochen an Iwan Krögers Stuhlbein gesägt, aber erfreulicherweise gelang keiner dieser Versuche. Im Gegenteil, verschiedene dieser Herren Offiziere haben dabei auf Pfefferkörner gebissen!)

Nach dieser kleinen, die Gemüter ermunternde Zwischenfrage, begeben sich die Gäste zum Turm der Flugleitung, um die fliegerische Vorführung zu beobachten.

Das Flugprogramm selber ist sehr unzweckmäßig und ohne Rücksicht auf die verschiedenen Verwendungszwecke der Flugzeuge festgelegt. Nach dem Start von Osten nach Westen soll eine Rechtskurve um den Platz geflogen werden und dann sofort anschließend ein Vorbeiflug an der Flugleitung, die auf der linken Seite des Platzes liegt, zwischen Startbahn und Flugleitung in 50 m Höhe ebenfalls von Osten nach Westen. Es darf nur *ein* Geradeausflug gemacht werden ohne irgendwelche Kunstflugfiguren und noch nicht einmal ein Hochziehen zum Steigflug. In meinem Fall, der Me 163 als Interzeptor-Flugzeug, liegt die Maschine mit ihren Steigleistungen weit über allen anderen Maschinen. Es gibt in der ganzen Welt kein Flugzeug, das an die Steigleistungen der Me 163 heran kommt. Aber es hilft nichts, so viel ich beim KdE auch rede, um eine Sonderregelung zu erreichen, es wird abgelehnt. Das Flugprogramm darf auch für die 163 nicht geändert werden. Man will einfach nicht die Steigeleistungen oder Wendigkeit der Me 163 zeigen. Vielleicht versteht man aber auch in diesen Tagen gar nicht, was eigentlich der Sinn der 163 ist. Da ich als letzte Maschine starten und aber sofort als erste Maschine landen soll, andererseits aber nur ein Vorbeiflug gemacht werden darf, kann die Maschine nicht vollgetankt werden, um auf dem kleinen Platz zu landen und das Flugzeug rechtzeitig zum Stehen zu bekommen, da das Gras noch immer von Regen nass ist und die Maschine sicherlich endlos rutscht.

Als ich nach dem Start das Fahrwerk abwerfe – das in den Güterbahnhof rollt – und die Maschine sofort in die befohlene Rechtskurve lege, ziehen schon schwache T-Stoff-Dämpfe in die Kabine. (Hinterher sagt man mir, dass die Maschine sofort nach dem Start eine weiße Rauchfahne hinterließ). Als ich zur Einflugsposition in einer Höhe von etwa 150 m einkurve, gehe ich zügig mit dem Regelhebel auf Vollschub. Ich konnte nach dem Start nicht höher als 150 m fliegen, da ja der Vorbeiflug in 50 m Höhe erfolgen soll und wir nach den wenigen Versuchsflügen noch nicht wissen, wie sich das Triebwerk infolge Andrückens bei negativen Beschleunigungen verhalten wird. Um also sicher zu gehen, dass mir das Triebwerk nicht stehen bleibt, muss ich tief und langsam fliegen. Langsam deshalb, weil es befohlen ist und außerdem damit ich den Platz im Dunst nicht verliere. In der Vollschubstellung fängt plötzlich das Triebwerk an zu stottern und läuft wie ein Argus-Rohr! Das Triebwerk läuft mit ständigen Unterbrechungen, aber entwickelt nicht genügend Schub, um auf größere Geschwindigkeit zu kommen, sodass ich unter Stottern mit weißer Rauchfahne den Vorbeiflug mit einer Geschwindigkeit von etwa 780 bis 800 km/h ausführen muss. Die Landung erfolgt einwandfrei, nachdem vorher die Ju 290 von der Zementplattform fortgerollt worden war, sodass ich ganz niedrig anschweben kann und nach einem Seitenslip über der Zementplattform, da die Maschine keine Landeklappen hat, etwa 3 bis 4 Meter hinter der Plattform auf dem Rasen aufsetze. Die Maschine rutscht fast endlos, kommt aber doch noch wenige Meter vor der anderen Platzgrenze zum Stehen.

Nach der Vorführung hängen [wir] die auf einem Waggon verladene V 22 an den Sonderzug der Firma Messerschmitt, da die Maschine für Umbauten und Änderungen zum Herstellerwerk zurückgehen soll. Wie wir noch kurz feststellen, klemmte während des Vorführungsfluges eine Regulierklappe in der Treibstoffanlage, sodass nur zögernd Treibstoff in die Brennkammer gefördert wurde, aber immerhin noch genügend, dass das Triebwerk gerade noch stotternd in Betrieb blieb."

flügen zur Durchführung kommt. Die verstärkte Landeklappe wird bereits auch in die Serienflugzeuge nachgerüstet.

2.) Auslieferung von Einsatzflugzeugen an das E.-Kommando 16

Die Nebelwetterlage liess in Lechfeld für die Flugerprobung der Me seit über 3 Wochen keinen Start zu. Weil nicht abzusehen ist, wann mit einer Besserung des Wetters gerechnet werden kann, wurde im Einvernehmen mit GL/C-E 2 I folgendes beschlossen: Da die neue Landeklappenausführung nach den angestellten Berechungen und Belastungsversuchen eine Geschwindigkeit von 900 km/h mit Sicherheit auszuhalten verspricht, wird – auch wenn vorher eine Erprobung durch Flüge in Lechfeld nicht stattfinden kann – ein Teil der jetzt fertig werdenden Serienflugzeuge unverzüglich an das E.-Kommando 16 zur Ablieferung gebracht. (Bis Ende Dezember werden voraussichtlich von Mtt. und Klemm mindestens 23 Flugzeuge herausgebracht, von denen über die Hälfte auch die neue verstärkte Landeklappe besitzen.) Die Flugzeuge machen in Zwischenahn ihren Abnahmeflug. Dadurch wird 1.) dem E.-Kommandoe 16 beschleunigt die Möglichkeit zur Aufnahme von Erprobungs- und Schulflügen gegeben und 2.) die letzte nun noch notwendige Erprobung der Landeklappe an zwei Orte verschiedenen Wettercharakters verlegt, so daß deren Durchführung nicht mehr so sehr wettergebunden ist. Das Risiko des Einlaufens der verstärkten Landeklappe in die Serie ohne vorhergegangene Flugerprobung wird in Kauf genommen, da eine weitere Verstärkung ohne beachtliche Konstruktions-Änderungen technisch kaum noch durchführbar erscheint und die an der Landeklappe auftretenden Kräfte durch die bisher erfolgte Erprobung bis zu einem hohen Grade bekannt sind und die neue Landeklappe entsprechend fest ausgelegt ist. Die einzige Frage, die in der Werkerprobung der Me 163 z. Zt. noch offen erscheint, ist die Ungewissheit darüber, ob das Triebwerk nach Erreichen seiner Einsatzhöhe von 8 – 12 km ein Ausfahren der Betriebstoffrestmengen bei Teilschub im Horizontalflug gestattet. Bisher wurde noch kein so gearteter Flug gemacht, so daß keine Gewissheit darüber besteht, ob ein längerer Horizontalflug in grosser Höhe möglich ist. Die ersten Flüge in Zwischenahn werden darum anfangs der sofortigen praktischen Untersuchung dieser Frage dienen. Sollten die Flüge zur Erprobung der Landeklappe – wie erwartet – positive Ergebnisse zeitigen und die Ausbringung der Serie ungestört weiterlaufen, dann wäre damit zu rechnen, daß Mitte Januar 44 bereits genügend Flugzeuge vorhanden sind, um neben der Ausbildung und Erprobung in Zwischenahn eine Einheit auf einem Flugplatz in Holland aufzustellen, die versuchsweise bereits ohne Erprobung eines Spezial-Leitverfahrens zu scharfen Einsätzen vornehmlich durch [unleserlich] sichtbare einfliegende Feindflugzeuge eingesetzt werden kann.

3.) Stand des Ausbaues von Flugplätzen

Der durch Genst.Gen.Qu.2.Abt. befohlene Ausbau von Flugplätzen für den Einsatz von Me 163-Einheiten läuft in recht unterschiedlichem Tempo voran. Grundsätzlich ist festzustellen, daß im Luftgau Holland Bauvorhaben mit einem Vielfachen an Schnelligkeit vollendet werden im Vergleich zu gleichen Unternehmen in Luftgauen innerhalb des Reichsgebietes. Die Flugplätze Venlo und Deelen sind z. B. bereits bis auf den C-Stofftank (der noch nicht geliefert wurde) völlig fertig ausgebaut. Die Bauzeit betrug knapp 6 Wochen. Die Bauleitung Zwischenahn wurde mit einer gleichen Aufgabe in 7 Monaten noch nicht fertig. Nächst Venlo und Deelen befinden sich kurz vor der Fertigstellung die Anlagen in Wittmundhafen und Oranienburg. In absehbarer Zeit beziehbar dürften gleichfalls die Plätze Husum und Brandenburg-Briest sein, wo sehr viel vorhandene Bauten verwendet wurden und nicht viel neu hinzu gebaut werden musste. Ende März ist mit Fertigstellung von Twente zu rechnen, weniger sicher (wenngleich von den Bauleitungen versprochen) zum gleichen Zeitpunkt: Achmer, Nordholz und Parchim.

4.) Flugzeugführerausbildung

In der letzten Berichtszeit [21. November bis 17. Dezember] wurden sämtliche der 27 Flugzeugführer auf Me 163 A umgeschult. Fast jeder von ihnen hat bis jetzt 10 – 20 Schleppstarts gemacht. 10 Flugzeugführer haben bereits Triebwerkstarts gemacht. Der Rest ist hinsichtlich Ausbildungsstand und Eignung ebenfalls so weit, um bei günstigem Wetter mit Triebwerk zu fliegen.

6 Flugzeugführer können als ausreichend vorgeschult bezeichnet werden, daß sie auch Me 163 B fliegen können, sobald diese hier in Zwischenahn eintreffen. Vorschulung im Schlepp mit B-Maschinen ohne Triebwerk erfolgt bereits laufend. In der Berichtszeit konnten wegen schlechten Wetters nur 12 Tage mit Flugbetrieb – und auch diese meist nur teilweise – ausgenutzt werden. Trotzdem wurden 280 Schleppstarts und 68 Triebwerkstarts gemacht. Es zeigte sich von neuen, daß die Leistungen der Flugzeugführer auf Me 163 umso besser waren, je mehr Starts der einzelne auf Segelflugzeugen gemacht hatte. Einige Segelflüge genügen auch in fast allen Fällen, um nach fliegerischen Pausen (bedingt durch Schlechtwetter, Krankheit, usw.) die Flugzeugführer wieder in die für die Me 163 nötige Übung zu bringen. Wichtig und besonders wertvoll ist die Benutzung des Habichts mit verkleinerter Fläche (8 m Spannweite). Dieses Flugzeug dürfte auch für die Inübunghaltung von Flugzeugführern in Einsatzeinheiten unerlässlich werden. Der Schleppstart eines Kurzflächen-Habichts kostet nur wenige Liter Kraftstoff und erfüllt nahezu denselben Zweck wie ein Übungsflug mit einer Me 163, der 2000 kg C- u. T-Stoff erfordert. Die Erstellung einer Serie von Kurzflächen-Habichten wird sich aus reinen Betriebstoff-Ersparnis-Gründen als unbedingt notwendig zeigen (s. Arbeitsbereicht Nr. 27 v. 5.9.43). Brüche wurden nicht gemacht bis auf einen Totalverlust mit Tod des Flugzeug-

Die als Schleppmaschine für Me 163 dienende Messerschmitt Bf 110 G (GL+GT) wurde bei einem Start im August 1944 beschädigt. Der Unfall ereignete sich kurz nachdem die Flugabnahme von Me 163 vom ostpreußischen Jesau nach Oranienburg nördlich Berlin verlagert worden war.

Messerschmitt Me 110 G (GL+GT), Schleppmaschine der Hanns Klemm Flugzeugbau in Jesau, Juli 1944

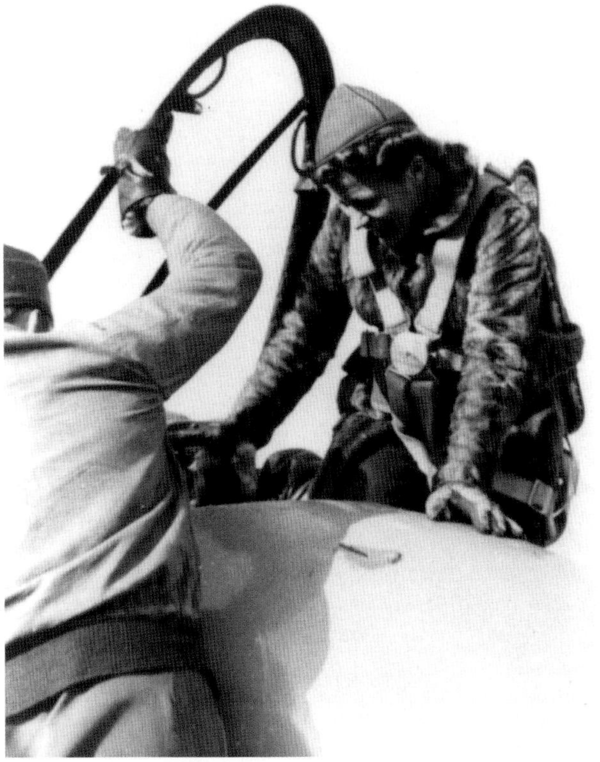

Bevor sie sich an der Flugerprobung der Me 163 A mit Triebwerk beteiligte, kam Flugkapitän Hanna Reitsch im Dezember 1943 zur Einschulung in das Baumuster nach Zwischenahn. Hier unterhält sie sich gerade mit Rudi Opitz, den sie aus alten Segelflugzeiten gut kannte. Trotz Pelzmantel und fehlender Schutzkleidung unternahm die erfahrene Fliegerin gleich einen Start mit Triebwerk. (Siehe Kurzlebensläufe S. 426)

führers aus ungeklärter Ursache (Ofw. Wörndl). Technische Störungen lagen bei diesem Unfall nach den angestellten Ermittlungen nicht vor. [Siehe dazu Nachkriegsbericht Späte S. 159/160] Z. Zt, wird Flugkapitän Hanna Reitsch im Rahmen der Ausbildung auf Triebwerksflüge eingewiesen und umgeschult, desgleichen zwei Werkpiloten der Firma Klemm. [Karl Voy und Franz Perschall oder Otto Lamm]

5.) Bauzustand der Funkmessanlagen

Der Aufbau der Funkmessanlagen für Zwischenahn ist bis auf kleine Restarbeiten beendet. Das Würzburggerät Zwischenahn ist bereits betriebsfähig und zeigt im Freyateil eine Reichweite von etwa 150 km bei Abflug und 105 km bei Zielauffassung. Ebenso arbeitet der Würzburgteil noch gut bei 80 km Entfernung. Der Y-Peiler Zwischenahn ist aufbaumässig fertiggestellt. Am Sender ist noch eine kleine Reparatur und die Beschickung des Peilers durchzuführen. Die Besatzung für das WR-Gerät wurde durch Ln-Versuchs-Rgt. Köthen gestellt. Der Y-Peiltrupp Zwischenahn ist bisher trotz wiederholter Anforderung bei Chef N.V.W. noch nicht eingetroffen. Jafü 2. Jagddivision hat sich bereiterklärt, ggf. einen Peiltrupp vorübergehend zu stellen. Ebenso wurde auch die Y-Frequenz zugewiesen. Der Ausbau des Leit-Gefechtsstandes Zwischenahn ist fertiggestellt. Das WR-Gerät Wittmundhafen ist aufbaumässig beendet. Die Besatzung hierfür konnte noch nicht in Marsch gesetzt werden. Die Y-Stellung W´hafen steht kurz vor der Fertigstellung. Die genaue Vermessung und Justierung beider Anlagen muß noch durch die Vermessungsabteilung des L.G.K. XI vorgenommen werden. Die Verbindungsleitungen zwischen den Geräten und der Auswertung sind in einigen Tagen restlos geschaltet. Unnötige Verzögerungen im Ausbau der Funkanlagen und des Gefechtsstandes ergaben sich durch mangelhaftes Arbeiten der Bauleitung. Weiterhin stieß die Beschaffung von Material, insbesondere von Zubehörgeräten, auf ausserordentliche Schwierigkeiten, da das gesamte Gerät durch das E.-Kommando 16 selbst beschafft und durch Abholkommandos bei einer ganzen Reihe von Dienststellen und Ln-Zeugämtern abgeholt werden musste. Die Funkmessanlagen stehen zwar arbeitsbereit, der Beginn der Erprobung eines Funkleitverfahrens schiebt sich jedoch immer wieder hinaus, da bis jetzt noch kein Antennenanpassungsgerät (AAG. 16/II mit Filter) in die dem E.-Kommando 16 zur Verfügung stehenden Flugzeuge eingebaut ist. Von diesen Antennenanpassungsgeräten gibt es– soviel bekannt ist – überhaupt nur 2 Stück, wovon eines die E-Stelle Karlshagen und das andere das Werk Augsburg besitzt. Warum eine rechtzeitige Herstellung und Beschaffung dieser Anpassungsgeräte nicht in ausreichender Anzahl möglich war, ist hier unbekannt, auf jeden Fall unverständlich. Ohne Antennenanpassungsgerät ist eine Y-Führung undurchführbar.

Am 30. Dezember 1943 kam **Oberleutnant Josef „Joschi" Pöhs** beim Absturz der Me 163 A V8 (CD+IM) in Bad Zwischenahn ums Leben. Er wurde 31 Jahre alt. Das Ritterkreuz hatte er nach 228 Einsätzen und 28 Abschüssen im Polen- und Westfeldzug sowie der „Luftschlacht über England" am 6. August 1941 erhalten. (Siehe Kurzlebensläufe S. 426).

Die Me 163 B V14 im Originalanstrich, bevor sie noch eine einheitlich rote Bemalung bekam. Oberleutnant Opitz brachte die Maschine am 11. Januar 1944 im Schleppflug von Lechfeld nach Bad Zwischenahn. Vor Einführung des Scheuch-Schleppers mit Gabel-Anhänger (vgl. Kapitel 7 S. 261–265) barg man die Flugzeuge mittels aufblasbarer Luftsäcke auf einem Schleppgestell.

Messerschmitt Me 163 B V14
(VD+EW) W.Nr. 16310023
Erprobungskommando 16
Bad Zwischenahn, Januar 1944

Am 30. Dezember 1943 kam Oberleutnant Josef „Joschi“ Pöhs bei einem Unfall mit der Me 163 A V8 (CD+IM) ums Leben. (7) Kurz nach dem Start setzte das Triebwerk aus. Zum Aussteigen hatte Pöhs noch nicht genug Höhe erreicht und er versuchte es gar nicht erst. Stattdessen drehte er in einer steilen Kehrtkurve wieder auf den Flugplatz ein und kam in Berührung mit der Antenne des Leitgefechtsstandes, der er nicht mehr ausweichen konnte. Er streifte den Kontrollturm, bekam mit der Flügelspitze Bodenberührung und überschlug sich. Es folgte eine heftige Explosion. Bei der nachfolgenden Untersuchung stellte sich heraus, dass das Fahrwerk nach dem Abwurf höher als üblich vom Boden zurücksprang und eine T-Stoff-Leitung an der Rumpfunterseite durchtrennte. Tragischerweise funktionierte die eingebaute Sicherheitsvorrichtung bei Unterbrechung der Treibstoffzufuhr und schaltete das Triebwerk ab. (20)

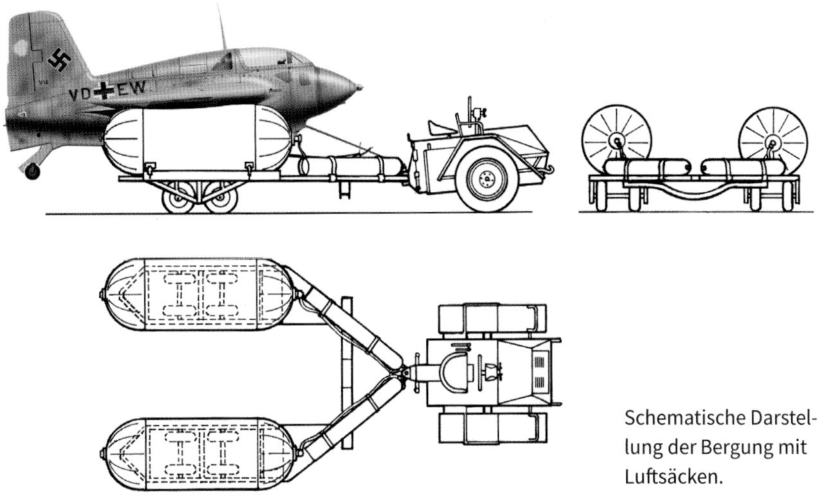

Schematische Darstellung der Bergung mit Luftsäcken.

Januar 1944

Arbeitsbericht 32

Nach einer längeren Beschwerde über die Firma Messerschmitt unter der Überschrift „1.) Messerschmitt A.G. an der Me 163 »uninterressiert«“ fuhr der Bericht fort:

Personal für Einsatzeinheiten Me 163
In der Zeit vom 4.–8. Januar traf in Zwischenahn das über L Lehr angeforderte Personal zur Auffüllung des E.-Kommandos 16 sowie die F.B.K.(S) 5 [Fliegerhorstbetriebskompanie (Sonder) 5] ein. Es wurde sofort mit Unterrichtung und praktischer Einweisung im Rahmen des Schulungs- und Erprobungsbetriebes begonnen. Eine 4 wöchentliche Ausbildung ist unerlässlich, bevor das Bodenpersonal für erste Einsatzeinheiten herausgezogen werden kann. Die F.B.K.(S) 5 wird befehlsgemäss aufgelöst. Freiwerdende Geräte und Kfz werden im Benehmen mit L.G.Kdo XI an Genst.Gen.Qu. 6. Abt. und Chef K.W.Lw. [Kraftfahrwesen der Luftwaffe] gemeldet.

Ausbildung der Flugzeugführer
Die Ausbildung der Flugzeugführer wurde hauptsächlich daraufhin ausgerichtet, fliegende Besatzungen für eine erste Einsatzeinheit fertig zu schulen. Es wurden neuerdings vorwiegend Angriffsübungen mit Me 163 A auf Zieldarstellungsflugzeuge geflogen. Es stellte sich dabei heraus, daß Angriffsübungen einen der wichtigsten Teile des Ausbildungsprogramms darstellen müssen. Auf Grund der verhältnismäßig schwachen Bewaffnung der Me 163 dürfte ein Angriff im Vorbeiflug (von unten, oben oder von der Seite) nur von besonders guten Schützen mit Erfolg angewandt werden und die sichere Abschussmethode der Angriff von hinten mit Fahrtangleichung sein. Die Fahrtangleichung muss aber besonders geübt werden, da die Me 163 keine taktische Bremse oder bremsende Luftschraube besitzt. Neben dieser einsatzmässigen Schulung lief die Ausbildung der übrigen Flugzeugführer weiter. Das E-Kdo. 16 besitzt nach dem Totalverlust von 2 Me 163 A (tödlicher Absturz des Ofw. Wörndl am 30.11.43 und des Oblt. Pöhs am 30.12.43) nur 3 Me 163 A mit Triebwerk und 3 als Schleppflugzeug eingesetzte Maschinen gleichen Musters. Wenn trotzdem bis heute sämtliche der im Oktober in Ausbildung genommenen Flugzeugführer be-

reits soweit gebracht werden konnten, daß bis heute schon alle die Me 163 A mit Triebewerk flogen, so war dies nur durch laufende Nachtarbeit des Werkstatt- und Wartungspersonals möglich. Insgesamt sind jetzt 27 Flugzeugführer (einschliesslich Werkpiloten) umgeschult und fliegen die Me 163 A mit Triebwerk. Mit 3 Flugzeugen vom Muster 163 B, die ohne Triebwerk als Schleppflugzeuge eingesetzt sind, wird die Einweisung auf das Einsatzmuster vorgenommen, der nunmehr Triebwerkstarts mit dem heissen Triebwerk folgen.

Erste Erfahrungen Me 163 mit Triebwerk

Das erste der gelieferten Einsatzflugzeuge (V 14) fiel nach der Montage durch Leckwerden eines C-Stoff-Behälters aus. Die Lieferung eines Ersatzbehälters dauerte rund 14 Tage. Die am 6.1.1944 eingetroffene V 9 wurde nach einigen Standläufen am 11.1.44 von Oblt. Opitz eingeflogen. Bei einem folgenden Standlauf fiel das Triebwerk aus und mußte gewechselt werden. Ebenso machte sich an der V 9 nach dem ersten Standlauf Triebwerkwechsel nötig. Ein geregelter Flugbetrieb wird im wesentlichen von der ausreichenden Lieferung von Ersatzteilen und Triebwerk-Ersatzteilen und zellenseitig von Kufenhydraulik-Ersatzteilen abhängig sein.

Februar 1944

Arbeitsbericht 33

Flugausbildung und Erprobung

Seit 15.1.44 waren lediglich 2 Tage mit Flugwetter für Me 163-Einsatz zu verzeichnen. Es wurden 31 Schleppstarts mit Me 163 A und B, 9 Triebwerkstarts mit Me 163 A und 5 Triebwerkstarts mit Me 163 B gemacht. Die Flugzeugführerausbildung auf Me 163 A wird noch dadurch behindert, daß selbst von den wenigen Flugzeugen dieses Musters immer einige unklar sind, da bei Ausfall eines Triebwerkes oder Zellenteilen keine oder zu wenig Ersatzteile vorhanden sind. Die Lieferung des T-Satzes durch Focke-Achgelis, Laupheim, geht nur langsam vor sich. Die 5 Triebwerkstarts mit Me 163 B wurden am 24.1.44 durch Major Späte und Oblt. Opitz durchgeführt. Es wurden ausschließlich Starts mit halber Treibstoffzuladung als Abnahme- und Werkstattflüge gemacht. Die Triebwerke arbeiteten einwandfrei. Die Restmengen an Betriebsstoff lagen zwischen 30 und 100 kg T-Stoff und entsprechenden Mengen C-Stoff. Die Einstellung des Gashebels auf Leerlauf ist noch zu schwierig zu finden.

Aufgetretene zellenseitige Beanstandungen: 1.) Bruch von 2 Fahrwerken wegen schlechter Schweißung, 2.) Bruch von 2 Spornradgabeln da zu schwach konstruiert, 3.)Versagen der Fahrwerksausklinkung infolge Abnutzungsschäden und zu schwacher Bauart des Verriegelungsbolzens.

In Zusammenarbeit mit dem Herstellerwerk wurden sofortige Abhilfemaßnahmen in die Wege geleitet; zu 1.) Überprüfung aller Fahrwerke auf Ausführung der Schweißungen, gegebenenfalls Verstärkung des Achsenstückes, an dem die Brüche auftraten; zu 2.) Verstärkung der Spornradgabeln; zu 3.) Verstärkung und Verbesserung der Fahrwerks-Ausklinkung.

Die Bauaufsichtsleitung der Fa. Mtt. und Klemm wird künftig laufend über auftretende Mängel in Kenntnis gesetzt, damit von dort eine entsprechende Aufsicht der Produktion erfolgen kann. Die Durchführung von Änderungen an Zelle und Triebwerk wird durch den von Gen.d.T.T. [General der Truppentechnik] zum E.-Kdo 16 kommandierten Reisestab überwacht.

Mangel an Ersatzteilen für Me 163 B

3 von den 5 bisher an das E.-Kdo 16 zur Auslieferung gelangten Einsatzmaschinen stehen seit 10 Tagen unklar aus Mangel an Zellenersatzteilen (Führerraumbehälter, Druckspeicher, Seitenleitwerk). Ersatzteile für die Zelle gibt es bekanntlich noch nicht. Der T-Satz läuft erst im März an. Dies hat zur Folge, daß Flugzeuge, bei denen Teile ausgewechselt werden müssen, vorläufig nicht instand gesetzt werden können, oder daß die fehlenden Teile aus halbfertigen Serienmaschinen entnommen werden müssen. Dadurch wird deren Ausbringung wiederum auf unbestimmte Zeit hinaus verschoben. Die Fa. Klemm hat für ein solchermassen notwendiges „Zerlegen" von nahezu abgabefertigen Maschinen naturgemäss kein Verständnis, da sie so die ohnedies beachtlich überschrittenen Ablieferungstermine für die Serie nicht einhalten, geschweige denn den Terminverzug wieder aufholen kann. Dem beschleunigten Anlauf der Zellenersatzteil-Herstellung muss deswegen besonderes Augenmerk geschenkt werden.

Kfz.-Aufsatzkran für Flugbetrieb Me 163

Als bestes und sicherstes Abschleppgerät für Me 163 B hat sich der Kfz.-Aufsatzkran bewährt. Er ist besonders bei Bruchlandungen und Überschlägen unentbehrlich, weil man mit seiner Hilfe Flugzeuge in jedem Fall hochheben, den Flugzeugführer bergen und das Flugzeug abschleppen kann. Die Aufnahme dieses Kranens in die A.N. [Ausrüstungs-Nachweisung] jeder Einsatzeinheit wurde beantragt.

P-C-Fallschirme

Die ersten 3 PC-geschützten Fallschirme wurden in Benützung genommen. Diese Zahl ist noch längst nicht ausreichend für einen Erprobungsbetrieb. Da die Me 163 B T-Stoffbehälter besitzt, die rechts und links vom Flugzeugführer in den Führerraum hineinragen, ist das Benützen von geschützten Fallschirmen eigentlich eine genau so selbstverständliche Forderung wie das Benützen von Schutzkombinationen für den Flugzeugführer. Ausfliessender T-Stoff würde den Fallschirm in Brand setzen und einen Absprung illusorisch machen. Es wird gebeten, die Lieferung von PC-Fallschirmen für das E-Kdo 16 zu beschleunigen und die termingemässe Bevorratung von genügend Schirmen für Einsatzeinheiten im Auge zu behalten. Eine Gesamtproduktionszahl von 50 Stück, die hier bekannt wurde, ist in keinem Falle ausreichend.

Justierung der MK 108

In einer Besprechung mit Fl.Stabsing. Dr. Giesler (GL(C-E 5) wurde festgelegt, daß die MK 108 nicht auf 500 m sondern auf 350 m Entfernung justiert wird. Bei Justierung auf 500 m erhebt sich die Flugbahn des Geschosses um nahezu ½ m über die Mündungswaagrechte, während die Erhebung bei Justierung auf 350 m nur 0,4 m beträgt. Auf Grund der besonderen Einsatzvoraussetzungen und des geringen Munitionsvorrates der Me 163 dürfte ein Schießen aus grösserer Entfernung als 400 m gar nicht in Frage kommen. Zudem hat die MK 108 eine derartig grosse innere Streuung, daß ein Schießen auf weiten Abstand ein Glücksspiel bleibt. (Das Trefferbild der in das Flugzeug eingebauten Waffe verteilt sich bei Standbeschuß auf 100 m Entfernung auf eine Fläche von mehr als ½ Meter Durchmesser!). Da die Munition der MK 108 empfindlich für Beschuß von vorn ist, wurde die Panzerung der Gurtschächte- und Kästen gefordert. (Ein einziger MG-Treffer auf den Zünder eines MK 108 Geschosses bringt die gesamte mitgeführte Munition zur Entladung.)

Nachlaufregelung des T-Stoffbehälters

Am 24.11.44 flog Major Späte in Lechfeld die V 18 mit der Nachlaufregulierung im T-Stoffbehälter. Diese Nachlaufregulierung

Links und unten: Die 3 cm-Bordkanone MK 108 bildete die Standardbewaffnung der Me 163 und gelangte in allen Maschinen nach der B V46 (diese eingeschlossen) zum Einbau. Die Erprobung der Waffe erfolgte in der B V16. (Vgl. 2 cm MG 131/20 S. 136–138)

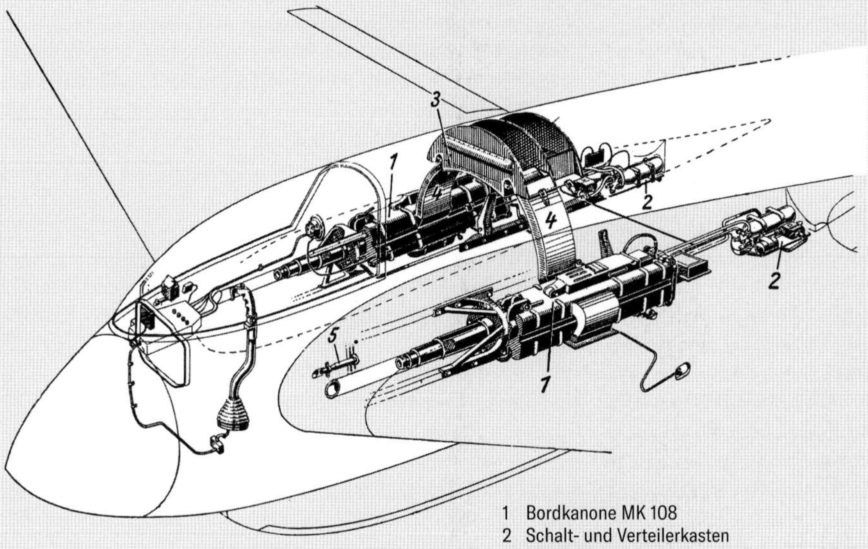

1 Bordkanone MK 108
2 Schalt- und Verteilerkasten
3 Doppelgurtkasten
4 Gurtschacht
5 Ziellinienprüferrohr

gestattet eine Zurückverlegung des Schwerpunktes um mindestens 50 mm, was der Maschine verbesserte Starteigenschaften und eine Vergrösserung des c a max [Auftrieb] bei der Landung und damit eine geringere Landegeschwindigkeit verleiht. Da die Landegeschwindigkeit mit Schwerpunktlage 440 bereits bei 200 km/h liegt, muss das schnellstmögliche Einlaufen der Regulierung in die Serie und die Nachrüstung in bereits fertige Flugzeuge gefordert werden.

Stand der Funkmeß-Bodengeräte

Das Y-Gerät Zwischenahn ist technisch auf normale Leistungen gebracht worden. Die Besatzung wurde, soweit es die Flüge mit B-Maschinen zuliessen, geschult. Ebenso wurde der für Wittmundhafen bestimmte Trupp eingearbeitet. Ab 1.2.44 ist die Y-Stelle Wittmundhafen dauernd besetzt und wird nunmehr zur Verbesserung der Führung durch Seitenpeilung herangezogen. Das gleiche gilt für den UKW-Adcock Peiler Wittmundhafen. Die Befehlsstelle Wittmundhafen konnte bisher wegen Schwierigkeiten in der Beschaffung von Nachrichtenmaterial, bwz. -Gerät noch nicht voll ausgebaut werden. Eine behelfsmässige Durchschaltung von Leitungen wurde bereits durchgeführt. Die Besatzung für das WB-Gerät [Würzburg-Riese] Wittmundhafen ist eingetroffen. Eine Prüfung der Soldaten ergab, daß dieselben nur eine 2 stündige Einweisung am WR-Gerät erhalten hatten. Dabei war dieses Gerät nicht einmal betriebsklar. Nach eigener Angabe waren diese Soldaten bei ihrer Einheit fast ausschliesslich mit Arbeitsdienst beschäftigt. Es ist unmöglich, diesen Trupp ein WR-Gustav-Gerät anzuvertrauen, von einer wertvollen Mitarbeit im Rahmen der gestellten Aufgaben kann überhaupt keine Rede sein. Meldung über diesen Sachverhalt erfolgte im Leistungsbericht des Nachr.Offiziers des E.-Kdos 16 an Chef NVW Robinson. Bis zum Eintreffen einer anderen Truppe werden genannten Soldaten ebenfalls am 1.2.44 zur Inbetriebnahme des WR-Gerätes Wittmundhafen unter Führung des Mechanikers Uffz. Leisten eingesetzt.

Zur raschen Überprüfung der Bordanlagen wurden verschiedenen Hilfsgeräte erstellt. Unter anderem ein auf einen Batteriewagen aufgebautes Fu.G. 16 ZY Bodengerät. Dasselbe soll einerseits als Prüf- und Abstimmungsgerät, andererseits als Bodengerät am Rollfeld verwendet werden. In letzterem Falle soll dem Ausbildungsleiter die Möglichkeit gegeben sein, von seinem Standort aus direkt mit den einzelnen Maschinen zu verkehren zum Zwecke der Durchgabe von Fluganweisungen, Warnungen oder dergleichen. Der Einbau einer automatischen Winkelübertragungs-Anlage für Y-Gerät Zwischenahn wurde begonnen. Eine man Seeburgtisch angebaute, automatisch arbeitende Optik zur Erzeugung eines Lichtspaltes auf der Glasplatte ist in wenigen Tage einsatzbereit. Eine zweite Optik ist in Arbeit. Zweckbestimmung: Laufende Durchführung von Kreuzpeilungen zur Kompensierung des Höhenfehlers bei Peilung mit UKW-Peilern ohne Messung des Erhebungswinkels. Die bisher fehlenden Schleifenantennen-Anpassungsgerate AAG 16/II wurden inzwischen durch selbstbeschaffte AAG/16/III bis zum Eintreffen der Serie 16/II ersetzt. Die Schaffung eines automatischen UKW-Nachlaufpeilers aus vorhandenen Peilgeräten ist im Gange. Zweckbestimmung: Ausschaltung jeden Zeitverzuges bei Führung. Hier kann das Y-Bodengerät durch einfache Fu.G. 16 Sprachgeräte ersetzt werden. Eine Kartenauswerte-Schlippse und Spezial-Auswertekarten wurden angefertigt. Ebenso Grossübersichtskarte (Glastafel). Mit dem Ausbau des Gefechtsbunkers wurde begonnen.

Bisher erzielte Ergebnisse der Funkversuchsflüge

Die von der Fa. Mtt. gelieferten Maschinen waren funkmässig noch nicht klar und mussten erst beim Kommando vollständig ausgerüstet und auf einheitliche Leistung gebracht werden. Es fehlten z. B. das Fu.G. 25 A und AAG 25 A in allen Flugzeugen, desgleichen die Antennenanpassungsgeräte AAG 16/II, welche letztern durch inzwischen durch das E.-Kommando 16 beschaffte AAG 16/III ersetzt wurden. Ein Umformer U 17 musste beschafft und nachgerüstet werden. Ein Flugzeug (V 20) wurde ohne jeglichen Funkgeräte ausgeliefert, angeblich weil sie die E-Stelle Karlshagen ausgebaut habe. Endgültige Ergebnisse für die Y-Führung können noch nicht mitgeteilt werden. Die Versuche haben aber gezeigt, daß Seitenpeilung wie E-Messung auch bei hohen Bahn- und Steiggeschwindigkeiten ohne weiteres durchführbar sind. Störungen durch den Strahlantrieb waren bisher nicht feststellbar. Eine Führung durch WR-Gustav ist gut möglich unter Verwendung einer Gemse[?] bzw. Freund/Feindkennung.

Arbeitsbericht 34

Flugerprobung

Im Verlauf des Monats Februar 1944 wurden Triebwerkstarts mit Flugzeugen des Musters Me 163 B durch Major Späte und Oblt. Opitz ausgeführt, die vornehmlich dem Zweck dienten, den Beweis zu erbringen, daß das Flugzeug unter einsatzmässigen Bedingungen geflogen und vom Boden aus geführt werden kann. Die Flüge wurden fast ausschließlich so angelegt, daß nach einem Start mit voller Treibstoffzuladung und anschliessendem Steigflug in 10.000 m Höhe zum Horizontalflug übergegangen wurde, um dann mit Teilschub bei etwa 800 km/h horizontal weiter zu fliegen. Das Ergebnis dieser Flüge (Major Späte 5 Starts, Oblt. Opitz 3 Starts) war, daß sich der Steigflug in jedem Fall ohne Beanstandung durchführen liess, nach dem Übergang zum Horizontalflug jedoch ein Weiterlauf des Triebwerks bzw. ein sofortiges Anlassen des vorher abgestellten Triebwerkes längere Zeit nicht möglich war. Als bisheriges Erfahrungsergebnis konnte festgestellt werden: Das Triebwerk ist stark empfindlich gegen negative Beschleunigung. Solche negativen Beschleunigungen treten beispielweise jedes Mal ein, wenn nach dem letzten verhältnismäßig steilen Teil des Steigfluges zum Horizontalflug übergegangen wird. Lässt man bei diesem Nachdrücken das Triebwerk weiterlaufen, so bleibt es stehen. Stellt man es vorher ab und versucht es nach dem Einnehmen der normalen Fluglage wieder anzulassen, so gelingt dies vorläufig ledigliche nach einer Pause von mehr als etwa 2 Minuten. Der Grund für dieses Verhalten des Triebwerkes ist bisher noch nicht einwandfrei ermittelt worden, wie auch das soeben geschilderte Verhalten des Triebwerkes weder in der Werkerprobung noch in der Erprobung der E-Stelle festgestellt wurde. Es dürfte wahrscheinlich nicht in einer Höhenabhängigkeit der Triebwerksanlage, sondern nur in einem Belüftungsfehler der Kraftstoffpumpen zu finden sein. Entsprechende Untersuchungen sind bei H.W.K. und Mtt., sowie auch beim E.-Kommando 16 im Gange. Die bei diesen Flügen gemessenen Steigzeiten stimmen fast völlig mit den vom Werk errechneten überein. Die bisher vom Werk versprochenen Restflugzeit in 10 bzw. 12 km Höhe dürfte nicht ganz erreicht werden. Da es bisher niemals möglich war, Flüge durchzuführen, bei denen nach einem Steigflug auf grosse Höhe ein Horizontalflug mit Teilschaub angeschlossen wurde, wurde am 2.3.44 ein Standversuch gefahren, bei dem aus einem Flugzeug nach Stoppuhr mit

Vollschub über die gleiche Zeitspanne Betriebsstoff ausgefahren wurde, wie dies bei einigen vermessenen Flügen des Major Späte und Oblt. Opitz praktisch der Fall gewesen war. Nach einem Verbrauch von einem angenommenen Steigflug auf 9 km Höhe wurde eine Restmenge von 470 kg T-Stoff vermessen, die mit einem Ofendruck von 5 Atü ausgefahren, eine Restflugzeit von knapp 3 Minuten ergab. (5 Atü Ofendruck entsprechen in 10 km Höhe einer Horizontalfluggeschwindigkeit von 800 km/h).

Die Funkverständigung und die Führung durch die vorhandenen Funkmessanlagen war ohne Beanstandung. Im Verlauf dieser Flüge gingen 2 Flugzeuge bei der Landung zu Bruch. Major Späte erlitt dabei eine Gehirnerschütterung.

Technische Erfahrungen

Anfang Februar 1944 besass das E.-Kommmando 16 5 Me 163 B mit Triebwerk, davon waren laufend jeweils höchstens nur 1 oder 2 Maschinen flugklar. Im Verlauf des Monats wurden weitere 6 Flugzeuge vom Werk angeliefert, die jedoch bis heute alle noch nicht flugklar sind. Die 5 Anfang Februar 1944 bereits in Zwischenahn befindlichen Me 163 fielen langfristig u. a. aus durch folgende sich als notwendig erweisende Werkstattarbeiten:

1.) Ersatz von Zellenteilen, deren Anlieferung sehr langwierig ist.
2.) Hydraulikschäden.
3.) Triebwerkschäden, besonders Schäden an der Brennkammer.
4.) Leckwerden der Betriebsstoffbehälter und -ableitungen.
5.) Beschädigungen, die beim Verladen entstanden sein mussten.

Die 6 im Verlauf des Monats Februar angelieferten Flugzeuge konnten noch nicht in Flugbetrieb genommen werden, da bei ihrer Aufrüstung in Zwischenahn eine erhebliche Anzahl von Fertigungsmängeln festgestellt werden musste, die erst eine Nachbearbeitung durch die Werkstatt des E.-Kommandos 16 notwendig machten. Es handelte sich bei diesen Flugzeugen um die ersten von der Firma Klemm gelieferten Maschinen, die vereinbarungsgemäss nicht eingeflogen abgeliefert wurden. Dies dürfte grösstenteils der Grund dafür sein, daß noch Mängel festzustellen waren, die bei einem Durchgang der Flugzeuge durch einen Einflugbetrieb wohl behoben worden wären. (Falsche Schaltung des Bordnetzes, Rohrrisse am Staurohr, Hydraulikundichtigkeiten, falsche Einstellung der Höhensteueranlagen, ungenaue Abstände der Betriebsstoffleitungen, Beschädigungen der Flächenanschlussbolzen, usw.) Diese kleinen Beanstandungen sind inzwischen durch das E.-Kommando 16 bereits behoben worden. Die Flugzeuge sind trotzdem noch nicht einsatzklar, da erst noch verschiedenen grundsätzliche Änderungen zur Durchführung gebracht werden müssen. (Verstärkung des Landeklappenbockes, Einbau der Nachlaufregulierung im T-Stoffbehälter, Einbau des Verbrauchsmessgerätes, Änderung des Schnellablasses.) Die Durchführung der Änderungsarbeiten zieht sich laufend hinaus durch verzögerte Anlieferung notwendiger Einbauteile und der dazu notwendigen Anweisungen.

Flugzeugführerausbildung

Die Flugzeugführerausbildung im Verlauf des Februar 1944 wurde in starkem Maße durch schlechtes Wetter und bei gutem Wetter durch die dann stattfindenden Feindeinflüge behindert. Es wurden 86 Flüge mit Me 163 A und 82 Flüge mit Me 163 B ausgeführt. 13 Flugzeugführer haben keine Ausbildung mehr nötig um den ersten Triebwerkstart mit der Me 163 B zu machen, der Rest von 10 Flugzeugführern ist nach einigen Starts ebenso weit. Hauptmann Olejnik machte seinen ersten Triebwerkstart mit Me 163 B.

Bericht erstmals unterzeichnet von Hauptmann Anton Thaler als stellvertretendem Kommandoführer.

März 1944

Arbeitsbericht 35

Technischer Monatsbericht

Zu Beginn des Monats verfügte das E.-Kommando 16 über 9 Einsatz-Flugzeuge Me 163. Davon war 1 klar. Während des Monats 1 Abgang und 5 Zugänge, Flugzeuge wurden laut Vereinbarung mit der Fa. Klemm uneingeflogen übernommen, da in Lechfeld immer noch Flugbetriebschwierigkeiten wegen zu hohem Schnee vorlag. [sic] Abgesehen von kleineren Montagestörungen, welche firmenseitig beim dortigen Einflug auch behoben worden wären, mussten an fast allen Flugzeugen noch folgende Änderungen durchgeführt werden:

1.) Verstärkung des Zylinderbockes für Landeklappenbetätigung.
2.) Einbau der Kraftstoffbehälter mit Nachlaufregulierung.
3.) Einbau der verstärkten Rollwerkverriegelungen.
4.) Einbau der geänderten Höhenatemanlagen.
5.) Einbau der Kraftstoffrestmengenanzeige.
6.) Einbau der Rohrleitungen zur Behebung der bei negativer Beschleunigung auftretenden Selbstabstellung des Triebwerkes.

Ohne diese Änderungen sind die Flugzeuge nicht einsatzbereit.

Zu 1.) Die Verstärkung ist bis auf die beiden zuletzt eingetroffenen Flugzeuge durchgeführt worden-

Zu 2.) Obwohl die Kraftstoffbehälter seit dem 17.2.44 angefordert waren und Anfang März eintrafen, trat eine erhebliche Verzögerung dadurch ein, daß die dazugehörenden Schlauchleitungen erst am 23.3. eintrafen.

Zu 3.) -5.) Einbauten werden z. Zt. vorgenommen.

Zu 6.) An einem Flugzeug wurde mit 2 Flügen die im Monatsbericht Februar erwähnte Erprobung – Behebung der Selbstabstellung des Triebwerks – vorgenommen. Die Erprobung ergab, daß die Abstellung nicht nur auf wenige Sekunden herabgesetzt, sondern gegen Erwarten sogar im Leerlauf völlig beseitigt werden konnte. Durch Rohrrisse und Brand während des Fluges erhielt das Flugzeug erhebliche Schäden, fiel für weitere Versuche aus und musste ins Reparaturwerk geschickt werden.

Neben der provisorischen Anordnung in diesem Flugzeug kam in einem zweiten dieselbe Anlage mit Prüfgeräten zum Einbau. Das Flugzeug wird z. Zt. flugklar. Gründliche Erprobung für den taktischen Einsatz erfolgt in den nächsten Tagen [nach dem 30. März].

Bei positivem Ergebnis wird die Anlage in alle Flugzeuge eingebaut. Damit werden voraussichtlich – falls keine erneuten Schwierigkeiten auftreten – klar:

Bis zum 10.4. 3 Flugzeuge
Bis zum 20.4. weitere 5 Flugzeuge.

Immer noch treten erhebliche Wartungsschwierigkeiten in der Hydraulikanlage auf. Die Einstellung ist derart kompliziert, daß selbst erfahrenen Warte oft Stunden zum Klarmachen benötigen. Erfahrungen mit Sondergerät und Werkzeugen wurden wegen der Vielfalt der benötigten Spezialgeräte in Verbindung mit den Fir-

Oben und unten: Me 163 A (V 10, CD+IO) und B (W.Nr. 440188) nebeneinander. Die Fotos entstanden kurz nach Anlieferung der ersten von Klemm gebauten Maschine (rechts) in Zwischenahn im Juli 1944. Der Zusammenbau aller Prototypen nach B V23 (diese eingeschlossen) erfolgte bei Klemm.

men zum Abschluss gebracht, und als Sondersätze in Auftrag gegeben.

Bei einem Flugzeug entstand Brand durch ausgelaufenen T-Stoff in Berührung mit stoffbespannten Gummischläuchen. Zur Vereinheitlichung sämtlicher Schläuche auf Buna S 13-94 wurde eine Eingabe ans C-Amt gemacht. Diese Vereinheitlichung ist im Truppenbetrieb zur Vermeidung von Verwechslungen unbedingt notwendig. Es wurde vorgeschlagen, einen grösseren Bestand an Buna S im Luftwaffennachschub aufzunehmen. Da die Seitensteuerstoßstange aus Leichtmetall beim Brand völlig geschmolzen war und somit Steuerlosigkeit eintrat, wurde eine solche aus Stahl gefordert. Erfahrungsberichte und Verbesserungsvorschläge in kleinerem Umfange wurden mit den Firmen direkt ausgetauscht, C-Amt erhielt darüber Nachricht.

Flugbetrieb

Am 1.3.44 wurde die erste Einsatzeinheit 1/400 in Wittmundhaven[sic] unter Führung von Hauptmann Olejnik aufgestellt. Das gesamte Bodenpersonal und 12 Flugzeugführer wurden zu diesem Zeitpunkt vom Erprobungskommando 16 zur Verfügung gestellt. Die ersten 5 Einsatzmaschinen gehen nach dem im technischen Bericht angegebenen Termin an die 1/400 ab. [3 am 10. und 2 am 20. April] Die mit der B V16 z. Zt. laufenden MK 108 Flugerprobung wurde am 29.4. an die 1/400 abgegeben, da ein Luftbeschuß durch die nahe Küste gefahrloser ist und fliegendes wie Bodenpersonal schon weitere Erfahrung mit Einsatzmaschinen sammeln kann. An Erprobungs- und Werkstattflügen wurden 8 Starts mit Vollast durchgeführt. Die Flüge dienten zur Erprobung der unter Ziff. 6 erwähnten Änderungen und zur Erprobung der MK 108. Von den zum 1.3. angeforderten 18 Flugzeugführern trafen nacheinander bis zum 28.3. 11 Flugzeugführer ein. Diese wurden sofort in Segelflugschulung genommen. 2 Flugzeugführer werden wegen Nichteignung für Me 163 wieder zurückgeschickt.

Am 27.3. traf das E.-Kommando „Hummel" des K.d.E. aus Augsburg-Lechfeld in Zwischenahn ein. Durch die Überbelegung des Fliegerhorstes Zwischenahn (4 Einheiten mit zus. 120 Flugzeugen) ist eine Unterbringung des E.-Kommandos „Hummel" nur unter schwierigsten Umständen möglich. Die erforderlichen Arbeiten des Kommando „Hummel" werden bei dem derzeit verfügbaren Arbeitsraum nur in ganz geringem Maße möglich sein. Der Flugzeugführer des Kommando „Hummel", Herr Hohmann, wurde als Ersatz für Flugkapitän Dittmar zur Firmenerprobung Messerschmitt kommandiert. Die anfallenden Erprobungsflüge müssen notgedrungen vorerst vom Erprobungskommando 16 durchgeführt werden. Es ist unverständlich, daß die Fa. Mtt. bis heute nur einen Flugzeugführer für Me 163 besitzt, während die Fa. Klemm, Böblingen, seit Januar 1944 3 ausgebildete Me 163 Flugzeugführer [Karl Voy, Franz Perschall und Otto Lamm] besitzt. Da die Firmenerprobung der Firmen Mtt. und Klemm auf einem Platz lag, wäre es nahe liegend gewesen, zumindest bei Ausfall von Flugkapitän Dittmar, einen der Flugzeugführer der Fa. Klemm heranzuziehen.

Am 29. März stellte ein britischer Aufklärer zwei Me 163 in Bad Zwischenahn fest. Oberleutnant D. G. Scott von der *541 Squadron* machte mit seiner „Spitfire" PRXI (EN330) auch Luftaufnahmen von Bremen, Hamburg und Flensburg.

April 1944

Arbeitsbericht 36

Flugerprobung

Von den in Zwischenahn beim Erprobungskommando 16 befindlichen 12 Me 163 B mit Triebwerk waren Anfang April 5 Flugzeuge mit den im letzten Arbeitsbericht genannten Änderungen versehen worden. Die Arbeiten wurden durch die Mtt.-Nachrüstkolonne, verstärkt durch Fachpersonal des E.-Kommandos 16, ausgeführt. Triebwerkflüge, die durch Oblt. Opitz gemacht wurden, ergaben von neuem Triebwerkstörungen und -ausfälle, die sich in ähnlicher Weise auch beim Einfliegen der Serienflugzeuge bei Fa. Klemm zeigten. Als Ursache wurde mangelnde Kraftstoffzufuhr (besonders T-Stoffseitig) festgestellt. Untersuchungen ergaben, daß die in der Beruhigungswand im T-Stofftanke eingebaute Rückschlagklappe in einigen Fällen klemmte. Daraufhin musste in sämtlichen Betriebsstoffbehältern eine entsprechende Änderung zum Gängigmachen der Rückschlagklappen-Scharniere vorgenommen werden. Nachdem diese Arbeiten beendet waren, ereignete sich ein erneuter Fall von Triebwerkaussetzern während des Fluges. Am 21.4. blieb Hptm. Olejnik bei einem Vollast-Start in Wittmundhaven [sic] das Triebwerk stehen, als er gerade vom Boden abgehoben und das Fahrwerk abgeworfen hatte. Es gelang ihm, hinter dem letzten Hindernis am Platzrand auf einem Wiesenstück eine Notlandung auszuführen und das beschädigte Flugzeug, das wegen auslaufenden T-Stoffes in Flammen stand, zu verlassen. Sekunden darauf wurde das Flugzeug durch eine Explosion auseinander gerissen. (Der Brand hatte C-Stofftanks Leck werden lassen und ein Zusammentreten von C-Stoff und T-Stoff ermöglicht.) Die Ursache dieser Triebwerkaussetzung blieb bis heute ungeklärt. Das Flugzeug hatte vorher 12 Triebwerkstarts ohne Beanstandungen ausgeführt. Sabotage-Verdacht war nicht von der Hand zu weisen, erschien aber unbegründet. Herr Dr. Schmidt von Fa. Walter vermutete eine Versagen des Druckreglers und veranlasste eine Änderung desselben. Diese Annahme erwies sich aber bei grundsätzlichen Besprechungen und Untersuchungen anlässlich einer mehrtägigen Anwesenheit von Herrn Dr. Schmidt in Zwischenahn als unzutreffend. Die Änderung im Druckregler läuft aber trotzdem ein, da sie eine zusätzliche Sicherheitsmaßnahme darstellt. Die letzte noch offene Möglichkeit sind Mängel in der Tank- und Pumpenbelüftung in der Fertigung zu suchen. Dieser Frage wird darum in Zukunft bei allen Flugzeugen erhöhte Aufmerksamkeit geschenkt. Die Tankbelüftungshutzen werden vergrössert und durch Siebe geschützt. Die T-Stoffpumpen sind durch [unleserlich] zur Verhinderung von Triebwerkaussetzern bei negativer Beschleunigung bereits mit Entlüftung versehen. Eine gleiche Entlüftung C-Stoffseitig wird nunmehr von Herrn Dr. Schmidt bei Fa. Walter entwickelt und soll schnellstmöglich einlaufen.

Versuche, nach Schleppstarts mit Teilzuladung an Betriebsstoff in der Luft das Triebwerk anzulassen und dem anscheinende kritischen Startvorgang damit in eine gewisse Sicherheitshöhe zu verlegen, brachte keine Erklärungen für den oben geschilderten Triebwerksausfall. Das Triebwerk arbeitete in diesen Fällen stets einwandfrei. Daraufhin wurden wieder Triebwerkstarts wie vordem aufgenommen. Dabei ereignete sich ein ähnlicher Fall wie beim Unfall Hptm. Olejnik. Am 4.5. setzte nach einem Start von Oblt. Opitz [mit B V33 (GH+IL)], kurz nach dem Fahrwerksabwurf, wiederum das Triebwerk völlig aus. Oblt. Opitz gelang bei 50 km/h Rückenwind eine glatte Landung auf dem Rollfeld. Dadurch blieb das Flugzeug erhalten. Als Unfallursache wurde ermittelt, daß der T-Stoffschnellablass sich von selbst geöffnet hatte. Bei einer Kontrolle sämtlicher Schnellablässe an anderen Flugzeugen musste festgestellt werden, daß die Möglichkeit für ein selbsttätiges Öffnen des Schnellablasses bei noch einigen weiteren Maschinen gegeben gewesen wäre, während in einem anderen Fall sich der Schnellablass überhaupt nicht öffnen liess. (Dieser letztere Mangel wurde bereits im Februar d.J. einmal beanstandet, als bei einem Flug des Major Späte der Schnellablass nicht zu öffnen war, das Flugzeug mit 800 kg Betriebstoffrest gelandet werden musste und dabei zu Bruch ging). Es wurden daraufhin sofort Vertreter von Fa. Mtt., KHU [Kommando Hummel], HWK und E.-Stelle Travemünde nach Zwischenahn geholt, eine für den Fortlauf der Erprobung notwendige Sofortlösung und eine in die Serie einlaufenden bzw. nachzurüstende Änderung des Schnellablasses besprochen und festgelegt. Mit dem verbesserten Schnellablass wurde am 6.5. die Flugerprobung wieder aufgenommen. Dabei wurde im Verlauf von 2 „scharfen" Starts durch Major Späte das Flugzeug gleichzeitig auf Empfindlichkeit gegenüber negativen Beschleunigungen überprüft. Die Flüge erbrachten die Bestätigung der bereits im letzten Arbeitsbericht als Ergebnis eines Fluges des Oblt. Opitz gemeldeten Umstandes, daß mit der jetzt eingebauten T-Stoffpumpen-Entlüftung bei leichten negativen Beschleunigungen das Triebwerk im Leerlauf weiterläuft. Zusätzlich wurde ermittelt, daß bei starken negativen Beschleunigungen das Triebwerk – auch wenn vorher auf Leerlauf gedrosselt wurde – abstellt. Es ist jedoch nach wenigen Sekunden (3–5) ein erneutes Anlassen und Anfahren wieder möglich. Nur bei geringen Treibstoffrestmengen dürfte die Zeitspanne bis zur Anlassfähigkeit noch etwas grösser sein, was auf mangelnde C-Stoffbelüftung zurückzuführen sein mag. Es ist zu erwarten, daß auch dieser Mangel durch die geplante zusätzliche C-Stoffbelüftung beseitigt wird.

Für den Einsatz bei der Gruppe muss auf jeden Fall ein einfaches Anlassen des Triebwerkes – wie durch Major Späte bereits im Februar gefordert – vorgesehen werden. Bei der augenblicklichen Form des Gashebels wäre es notwendig, bei Stehenbleiben

Zur Gewöhnung an große Höhen mussten sich Me 163-Flugzeugführer Prüfungen in einer Druckkammer unterziehen, die Druckverhältnisse bis zu 13.500 m Höhe simulierte. Außerdem wurden sie zur Höhenanpassung in die Berge geschickt; u. a. in die bayerischen Alpen und nach Südtirol. Stabsarzt Dr. Erich Dunker (mit Blick zur Kamera) überwachte die am 19. Januar 1944 beginnenden Druckkammer-Prüfungen in medizinischer Hinsicht.

des Triebwerkes in das Innere des Flugzeuges zu schauen, um mit dem Finger ein Loch im Gashebel zu finden, durch welches der Anlassknopf dann bedient wird. Z. Zt. wird eine einfache Vorrichtung [? unleserlich] beim E.-Kommando 16 entwickelt bzw. erprobt, bei der der Anlassknopf oben auf dem Gashebel angebracht ist, so daß der Flugzeugführer ihn im Fluge finden kann, ohne den Blick in das Innere des Führerraumes richten zu müssen.

Bei einem weiteren Flug am 8.5., den Oblt. Opitz [wieder mit der B V33] ausführte, trat wiederum Triebwerkleistungsabfall und [unleserlich] unmittelbar nach Beginn des Steigfluges ein. Als Ursache wurde eine Verschmutzung des C-Stoffes und dadurch Verstopfen der Leitungen im Triebwerk festgestellt. Die Verschmutzung des C-Stoffes scheint nicht lediglich die übliche Verschmutzungserscheinung zu sein, sondern [kann?] davon herrühren, daß die Leitungen und [Wandungen?] der C-Stoff-Anlage mit einem nicht beständigen Brennlack eingekleidet[?] sind. [Unleserlich] C-Stoffen wird in Zukunft durch vorheriges [Filtern] schon bei der Betankung verhindert werden. Zur Untersuchung der [Sachlage?] wurde zuvor dem Chemiker des Kommando Hummel auch der Sachverständige der Herstellerfirma zugeteilt. Weitere Flüge die am 8.5. durchgeführt wurden, verliefen triebwerkseitig ohne Beanstandungen. Zusammenfassend ist zu sagen:

1.) Es ist anzunehmen, daß nunmehr die bisher aufgetretenen Triebwerkschwierigkeiten grundsätzlich gefunden sind.
2.) Bei Flugzeugentwicklungen mit Triebwerken von ähnlichem Betriebsstoffverbrauch wie bei der Me 163 muss die Triebwerksfirma viel intensiver bei der Entwicklung von Betriebsstoffbehältern, -leitungen, -entlüftugen, usw. eingeschaltet werden, damit Fehlentscheidungen und -entwicklungen von vornherein ausgeschaltet bleiben
3.) Es erscheint notwendig, für [den Betrieb?] von Flugzeugen wie Me 163 nur überdurchschnittlich befähigtes Personal vorzusehen, da nur bei gewissenhafter Wartung ein einwandfreies Arbeiten besonders der Triebwerke zu erwarten ist.

Es folgt ein kurzer Abschnitt über das „Einlaufen der Nachrüstung in die Serie", der hier u. a. aus Umfangsgründen nicht wiedergegeben wird.

CW-Verringerung an Me 163 B

Als Grund für die z. Zt. noch sehr geringe Restflugzeit der Me 163 [nach dem Steigflug] wurde seitens HWK und Mtt. u. a. als Erklärung angeführt, daß ein Horizontalflug in 8–10 km Höhe bei 800 km/h nur einen Ofendruck von 3½ atü erfordern dürfte, während die Versuchsflüge bisher einen Ofendruck von 5 atü zum Einhalten dieser Geschwindigkeit erforderlich machten. Es laufen deswegen Untersuchungen bei Mtt., die ein Herabsetzen jeglichen schädlichen Widerstandes, hervorgerufen durch Bauungenauigkeiten, Oberflächenrauhigkeit usw. zum Ziel haben. Da diese Arbeiten die Einsatzfähigkeit des Flugzeuges bedeutend heraufsetzen können, wäre dringend zu wünschen, daß sie sich auch auf die Serienfertigung noch auswirken.

Flugzeugführerschulung

Im Verlauf der Berichtszeit [30. März bis 10. Mai] wurde folgender Ausbildungsstand der Flugzeugführer erreicht: 2 Flugzeugführer haben Me 163 B mit Triebwerk geflogen (ausser Major Späte, Hauptmann Olejnik und Oblt. Opitz.) 33 Flugzeugführer können bei Vorhandensein klarer Triebwerkmaschinen zum ersten „scharfen" Start eingesetzt werden (davon 11 in Wittmundhaven). 12 Flugzeugführer befinden sich noch in Schleppausbildung, ihre Schulung wird voraussichtlich in 14 Tagen beendet sein.

Mai 1944

Nachtrag April: Am 18. April 1944 hatten die Alliierten „fünf oder sechs" Me 163 in Bad Zwischenahn festgestellt. (15) Am 27. April wurde Hauptmann Hubert Krieger bei einem Unfall mit der Me 163 A V9 (CD+IN) verletzt und die Maschine zu 30 % beschädigt.

Am 8. Mai stellte Oberfeldwebel L. B. Baker von der britischen *542 Squadron* mit seiner „Spitfire" PRXI (MB771) erneut „fünf oder sechs" Me 163 in Zwischenahn fest. Außerdem fotografierte Baker die Flugplätze Ardorf (Wittmundhafen), Schleswigland und Jever. (22) Ein US-Aufklärer berichtete drei Tage darauf von zwei Me 163. Am 15. Mai wurde nur ein Raketenjäger entdeckt (es könnte sich um die Maschine von Major Späte gehandelt haben, der an diesem Tag einen Einsatz flog (siehe nachfolgenden Arbeitsbericht 36).

Arbeitsbericht 36

(Zweiter Arbeitsbericht mit dieser Nummer)

Beim ersten Einsatzflug am 13.5.44 [sic] auf B V41 [PK+ QL], Flugzeugführer Major Späte, erfolgte die Heranführung an die feindliche Maschine durch den N.O. [Nachrichtenoffizier] einwandfrei. Durch Unachtsamkeit des Flugzeugführers kam die Maschine beim Anflug auf zu hohe, kritische Geschwindigkeit. Durch [unleserlich] trat negative Beschleunigung auf, die Aussetzen des Triebwerkes zur Folge hatte. Operationshöhe 6500 m.

Verschiedene Quellen (23–25) beschreiben anschaulich Spätes Versuch, amerikanische Begleitjäger P-47 „Mustang" abzufangen. Das genannte Datum des gefechtsmäßigen Ersteinsatzes der Me 163 führte nach Angaben Spätes dazu, dass seine begeisterten Warte die B V41 nach Vorbild des berühmten roten Fokker-Dreideckers des Baron Manfred Freiherr von Richthofen, legendärer Kampfflieger des 1. Weltkriegs, mit einem roten Anstrich versahen. Die Gelehrten streiten sich allerdings darüber, ob die B V44 nach dem Anstrich weiter ihre Kennzeichen trug und ob sie nicht schon vor dem Einsatz rot angestrichen worden war. Im Jubiläumsheft, das künstlerisch begabte Soldaten anlässlich des zweijährigen Bestehens des EKdo 16 zum 5. Mai 1944 anfertigten, ist auf der letzten Seite eine Farbkarikatur der roten Me 163 ohne Kennung abgebildet (was freilich auch mit der Größe der Darstellung und künstlerischer Freiheit zu tun gehabt haben könnte, A. d. B.) In diesem Zusammenhang ist die Aussage eines Soldaten interessant, der nach eigenen Angaben vom 16. Dezember 1943 bis zum 29. Januar 1944 [sic; gemeint ist wahrscheinlich September 1943] „für fünf Monate" beim Erprobungskommando 16 tätig gewesen und als Angehöriger der 8. Kompanie/Fallschirmjäger Ersatz- und Ausbildungsregiment 1 bei Kriegsende in Gefangenschaft geraten war: (5) *„Die Schulmaschine trug den üblichen Luftwaffen-Tarnanstrich und eine der beiden Einsatzmaschinen eine graue Bemalung. Als Individualist, der er einmal war, hatte Späte die andere Maschine – seine eigene – knallrot anstreichen lassen."* Nach dem ältesten erhalten gebliebenen Bericht, in der die B V41 erscheint, hatte Hauptmann Otto Böhner mit ihr am 29. April 1944 einen Schleppflug ausgeführt. Wahrscheinlich unternahm Böhner mit ihr am 10. Mai 1944 auch den ersten „scharfen" Start mit voller Bewaffnung. Insofern war die Maschine vermutlich erst kurz zuvor nach Bad Zwischenahn gekommen. Möglicher Weise ist Böhner im Arbeitsbericht ein Fehler unterlaufen und er flog eine andere Maschine als die B V41. Ebenso konnte den oben zitierten Soldaten auch die Erinnerung trügen...

Weiter im Bericht:
Beim zweiten Feindflug am 13.5. [sic] mit gleichem Muster und Flugzeugführer kam Feindberührung nicht zustande. Ursache: Kompaß zeigte falsch an, so daß zweimal falsche Kursverbesserung auftrat. Durch Anlass-Schwierigkeiten beim Start war der Gegner bereits im Abflug, sodaß die eigene Maschine, nachdem sie etwa 60 km vom Horst entfernt war, zurückgerufen wurde.

Am 20.5.44 [sic] startete Ofw. Nelte auf B V40 zu seinem ersten Feindflug. Feindberührung kam nicht zustande, da der Flugzeugführer den vom NO befohlenen Kurs und die Korrekturen nicht einwandfrei einhielt. Der Flugzeugführer beherrschte die Maschinen noch nicht ausreichend.

Vierter Einsatz am 22.4.44 durch Oblt. Opitz auf B V33 [GH+IL]. Feindberührung kam nicht zustande, da in 1500 bis 2500 m eine Wolkendecke von 8/10 vorherrschte und der Gegner in 2000 m gemeldet war und wahrscheinlich in die Wolken hineingestoßen war. Rückführung des Flugzeuges erfolgte einwandfrei ohne Erdsicht.

Am 28.5. Oblt. Langer auf B V41, Feindberührung kam nicht zu Stande. Grund: Feind wurde zu spät aufgefasst und eigenes Flugzeug zu spät eingesetzt. Führung zum Feind durch NO einwandfrei, lediglich zu spät gegebener Startbefehl. Verfolgung wurde Befehl des IIc bei einer Entfernung von 50 km zum Horst abgebrochen.

Am 29.5. Oblt. Opitz auf B V40. Flug erfolgte ohne Führung, da Gerät ausgefallen, auf [unleserlich]. Gegner befand sich ca. 12.550 m in ungefähr 30 km Entfernung vom Platz. Feindberührung kam nicht zustande, da der Einsatz taktisch falsch war, d. h. der Flugzeugführer hatte nicht genügend vorgehalten, um den Gegner abzuschneiden. Flug musste in 12.500 m abgebrochen werden. Rückkehr zum Platz einwandfrei.

Beim zweiten Feindflug am gleiche Tage mit Oblt. Opitz kam Feindberührung auf 1 bis 2 km wegen Dunst und Anflug in die Sonne nicht zustande. Der nächste Feindflug musste wegen Triebwerkstörungen kurz nach dem Start abgebrochen werden.

Bei dem Flugzeug, auf das Opitz angesetzt war, handelte es sich um die „Spitfire" PRXI (MB791) von Hauptmann G. R. Crakanthorp, Träger des DFC, von der *542 Squadron*. Es war Crakanthorpes 102. Einsatzflug und ein Erfolg, zumal er mit 500 Luftbildern unbeschadet auf den Horst Benson/Oxfordshire zurückkehrte. Am Montag, den 27. November 1944 hatte Crakanthorp nicht mehr so viel Glück. Nach einer Aufklärungsmission – seinem 138. Einsatz – und wiederholten Überflügen über München befand er sich mit seiner „Spitfire" PRXI (PL906) bereits auf dem Heimflug, als ihn Feldwebel Horst Lennartz von der III./JG 7 bei Stuttgart mit seiner Me 262 aufs Korn nahm. Der Anflug erfolgte von hinten unten und endete mit dem Abschuss der „Spitfire". Crankanthorp konnte mit dem Fallschirm aussteigen und verbrachte den Rest des Krieges in Gefangenschaft.

Die Me 163-Flugzeugführer Rolf Schlegel, Franz Medicus. Jacob Bollenrath, Heinz Schubert, Joachim Bialucha und Peter Gerth bei einer Bergtour.

Fast wie auf Urlaub – Feldwebel Schametz, Leutnant Fritz Kelb, Oberleutnant Herbert Langer und Unteroffizier Rolf Glogner am Sellajoch in Südtirol.

Das *British Air Intelligence Department AI2(g)* (Abt. Feindaufklärung der brit. Luftwaffe) meldete in seinem Bericht No. 3027 *Reported Interception of PRU Spitfire by Me 163*:(4) „*Am 29. Mai 1944 versuchte ein Feindflugzeug bei Wilhelmshaven eine PRU Spitfire abzufangen. Der Spitfire-Pilot wurde dazu von einem Offizier der Technischen Feindaufklärung befragt. Nachfolgend eine durch AI2(g) kommentierte Schilderung des Geschehens:*

1. *Die Spitfire befand sich auf einem Bildaufklärungsflug bei guter Wetterlage (Kondensstreifenhöhe 30.000 Fuß [ca. 10.000 m]. Sie hatte je zwei Überflüge über Hamburg und Bremen ausge-*

führt, womit der Gegner ausreichend Zeit hatte, sie zu erfassen. Für Abfangjagd herrschten gute Bedingungen.

2. Um 13.15 Uhr näherte sich der Pilot (im Folgenden »X« genannt) in 37.000 Fuß [ca. 11.300 m] und Nordwestkurs Wilhelmshaven und wendete zu einem Überflug von O nach W. Als er Kurs W nahm, sichtete er einen von einem Flugzeug stammenden weißen Streifen. Das Flugzeug befand sich schätzungsweise 7000–8000 Fuß [ca. 2100–2400 m] unter ihm und ca. 2000 yards [ca. 1800 m] (waagrecht) in südöstlicher Richtung entfernt. Das Flugzeug flog Richtung Norden und X bemerkte einen scharfen Richtungwechsel des Kondensstreifens auf ihn zu. Daraus zog er den Schluss, der Feindpilot wolle ihn angreifen.
3. Nach seinem Kurswechsel setzte der Kondensstreifen des Feindflugzeugs aus und setzte erst wieder ein, nachdem es eine Entfernung von schätzungsweise der dreifachen Länge des Streifens zurückgelegt hatte. Dies wiederholte sich in offenbar gleichmäßigen Abständen bis etwa eine vierfache Streifenlänge erkennbar war. Mittlerweile hatte X, der unmittelbar nach Erkennen des Streifens in den Steigflug übergegangen war, eine Höhe von etwa 41.000 Fuß [ca. 12.500 m] erreicht. Der Gegner befand sich nach

Die von Hauptmann Wolfgang Späte geflogene rote **Messerschmitt Me 163 B V41 (PK+QL) W.Nr. 16310050**. Erprobungskommando 16 Bad Zwischenahn, 14. Mai 1944. Wahrscheinlich schon vor diesem Tag hatte der Prototyp seinen roten Anstrich erhalten. Es gibt allerdings keinen fotografischen Beweis, dass die Kennung beibehalten wurde.

Anlässlich seines zweijährigen Bestehens fertigten künstlerisch begabte Soldaten des Erprobungskommandos 16 ein liebevoll mit Farbzeichnungen und launischen Sprüchen versehenes Jubiläumsheft an. Natürlich durfte Kommandeur Spätes rote Me 163 nicht fehlen.

seiner Schätzung rund 3000 Fuß [ca. 1000 m] unter ihm und etwa 1000 yards [ca. 900 m] (waagrecht) in Richtung SSO.

4. *Während X rund 3500 Fuß [ca. 1100 m] stieg, war das Feindflugzeug etwa 8000 Fuß [ca. 2400 m] gestiegen und hatte gleichzeitig die horizontale Entfernung bis auf etwa 1000 yards verkürzt. X konnte das Feinflugzeug zwar erkennen, aber nicht zweifelsfrei identifizieren. Er beschrieb es als »fast ein Nurflügler«. Er meinte auch eine ausgeprägte Flügelpfeilung zu erkennen, aufgrund des Blickwinkels konnte er dies aber nicht mit Sicherheit bestätigen.*
5. *Es gab keine weiteren Kondensstreifen, X verlor das Feindflugzeug aus den Augen und es tauchte nicht wieder auf. Mittlerweile hatte er seinen Bildaufklärungsflug nahezu abgeschlossen. Ohne weitere Vorkommnisse kehrte er zum Heimatplatz zurück.*
6. *Die zeitliche Erinnerung von X ist getrübt, aber verständlich, und beeinträchtigt nicht den Wert seines Berichtes. Bei der Befragung sagte er beispielsweise, von der ersten Sichtung des Kondensstreifens bis zu dessen Erlöschen seien vielleicht 30 Sekunden vergangen. Als man ihm verdeutlichte, dass er in dieser Zeit etwa 3500 Fuß [ca. 1100 m] im Steigflug zurückgelegt hatte, was etwa 3 Minuten in Anspruch nimmt, war er nicht wenig überrascht.*
7. *Er warf darauf ein, es hätte möglicherweise noch mehr Kondensstreifen-Abschnitte gegeben. Insgesamt ist davon auszugehen, dass sein erster Eindruck von vier Kondensstreifen wohl am ehesten zutrifft.*
8. *Aufgrund von vier Zyklen innerhalb etwa 3 Minuten ist davon auszugehen, dass das Triebwerk des Feindflugzeuges zunächst 11 Sekunden und später etwa 33 Sekunden abschaltete. Aufgrund von Geschwindigkeitsänderungen stimmt das Zeitverhältnis zugegebenermaßen nicht genau mit dem Entfernungsverhältnis überein, weicht aber vom geschätzten Wert 3:1 nicht wesentlich ab."*

Einzelheiten dieses Berichts deuten auf den zweiten Feindflug von Opitz am 29. Mai hin, als er sich einem Feindflugzeug bis auf 1 bis 2 km näherte, den Angriff aber wegen herrschenden Dunstes und da er gegen die Sonne flog abbrechen musste. Der darauf folgende Einsatz scheiterte wegen Triebwerksproblemen kurz nach dem Start.

Arbeitsbericht 36 (Fortsetzung)

Diese 8 Feindflüge haben gezeigt, daß trotz der kurzen Flugzeug, der hohen Dauer- und Steigegeschwindigkeit ein Heranführen an den Gegner mit den beim E-Kdo 16 ausgearbeiteten und eingeführten Jägerleitverfahren einwandfrei möglich ist. Es fehlt lediglich an Erfahrungen der Flugzeugführer und des IIc. In Zukunft werden Anflüge auf eigene Zieldarstellungsflugzeuge (Me 110) in Höhen zwischen 6 bis 10.000 m durchgeführt.

6 Flugzeugführer kamen mit der Einsatzmaschine zu heißen Triebwerkstarts, die alle wider Erwarten ohne Störungen verliefen.

Besonders der erste Einsatzflug von Major Späte hat gezeigt, daß die Mach-Erreichung eine unbedingte Forderung darstellt. Machmessgeräte wurden daraufhin in 3 Flugzeuge eingebaut und werden z. Zt. erprobt.

Bei einem Aufklärungsflug am 11. Mai 1944 stellten die Briten zwei Me 163 in Bad Zwischenahn fest. An diesem Tag befanden sich insgesamt fünf Raketenjäger auf dem Platz.

Rechts: Flight Lieutenant G. R. Crakanthorp von der *542 Squadron* flog den Bildaufklärer „Spitfire PR.XI" und wurde am 29. Mai 1944 vergeblich von „Rudi" Opitz angegriffen. Sein Schicksal ereilte Crakanthorp am 27. November 1944 bei Stuttgart, als ihn Me-262-Pilot Feldwebel Horst Lennartz abschoss. Er überlebte und geriet in Kriegsgefangenschaft.

Schnappschuss von Leutnant Hermann „Mano" Ziegler (links), Technischer Offizier beim Erprobungskommando 16, und Oberleutnant Rudolf „Rudi" Opitz.

Gemäß dem *USAAF Missing Aircraft Crew Report (MACR) 3927* (Flugzeugbesatzungen-Vermisstenmeldungen) vom 8. April 1944 wurde die B-24 „Liberator“ s/n 42-52180 „Lil Eight Ball“ der 733. Bomberstaffel auf dem Flug nach Braunschweig bei Elmendorf in der Nähe von Oldenburg von Flak abgeschossen. Nur vier der zehn Besatzungsmitglieder überlebten, indem sie mit dem Fallschirm absprangen: S/Sgt Clifford W. Bird, S/Sgt Harold G. Pace, S/Sgt Ernest E. Devries und S/Sgt Alvar M. Christensen. Die ersten drei kamen ins Kriegsgefangenenlager Oberursel und der verletzte Christensen ins Reservelazarett Oldenburg-Kreyenbrück. Beim Durchsuchen des Wracks einer abgeschossenen B-24 in der Nähe des Flugplatzes Bad Zwischenahn entdeckte das EKdo 16 Karten, aus deren Auswertung ein bevorstehender Angriff auf Bad Zwischenahn hervorging. Das EKdo 16 brachte daraufhin die meisten Me 163 in Sicherheit. Der entsprechende deutsche Feindnachrichtenbericht erwähnte die Karten allerdings nicht.

Männer des EKdo 16 am Wrack der abgeschossenen B-24 „Liberator“. Mit Fliegerhaube Rudi Opitz.

Beim Begutachten der Karten. Links Stabsarzt Dr. Dunker; rechts mit Hut Wilhelm Brecht.

Einer der Technischen Offiziere war ebenfalls präsent: Oberleutnant Dietrich Angermann (vorn).

Bei Flügen und Triebwerkstandläufen traten, besonders am Druckregler, häufig Störungen auf und zwar schaltet das Triebwerk bisweilen mit Höchstdruckabschaltung bei normalen Drücken ab. Dieses ist auf einen grundsätzlichen Fehler im Druckregler zurückzuführen, der durch eine bereits bei der Fa. Walter durchgeführte Änderung behoben ist. Es ist anzustreben, daß sämtliche Triebwerke schnellstens mit dem geänderten Druckregler nachgerüstet werden. Weiterhin traten am gleichen Bauelement Schwierigkeiten bei der Einstellung der Leerlaufdrehzahl auf. Diese ist zum Teil auf Fertigungsschwierigkeiten in der Serie zurückzuführen. Der Fa. Walter wurde auch diese Störung wiederholt mitgeteilt. Eine Behebung dieser Schwierigkeiten ist in Vorbereitung.

Der grundsätzliche Mangel, daß das Triebwerk bei negativer Beschleunigung abschaltet, ist noch nicht behoben. Bei den Einsatzflügen wurde dieses Moment peinlichst beobachtet und Einsätze dennoch geflogen. Zur Klärung dieser Schwierigkeit wird ein weiterer Erprobungsträger umgebaut und eingesetzt. Fa. H.W.K. ist in dieser Angelegenheit weitgehenst eingeschaltet.

Trotz der Verstärkung der Landeblöcke und der Umlenkhebel traten im Laufe des Monats wieder zwei Brüche am Gelenkhebel auf. Da die einwandfreie Funktion der Landeklappen für dieses Flugzeug eine unbedingte Notwendigkeit ist, wird gefordert, daß die Kinematik in Ordnung gebracht wird und nicht durch dauernden Einbau von Verstärkungen überbrückt wird. In Zwischenahn und Wittmundhaven [sic] treten die von Lechfeld gemeldeten Deformationen an den Kufenkästen nicht auf. Dies ist wahrscheinlich auf die sehr weichen Plätze zurückzuführen.

Zur Klärung der noch nicht behobenen Regelschwierigkeiten des Gestänges sind Fa. Mtt. und Fa. Walter unmittelbar [unleserlich] eingeschaltet.

Bei der Flugerprobung in Zwischenahn hat sich gezeigt, daß die errechneten Flugzeiten weitaus unterschritten werden. Als Gründe hierfür können angesehen werden:

1.) Völlig vernachlässigte Oberflächen-Bearbeitung des Rumpfes (abstehende Bleche, keine Spachtelung, normaler Fliegerlack, der teilweise in grossen Fetzen abblättert.)
2.) Kufenauffütterung.
3.) Unverkleidete Haubenscharniere.
4.) Zu grosse, variierende [unleserlich] an Kraftstoff. [Gemeint sind Qualitätsunterschiede]

Diese Beanstandungen wurden am 5.6.44 bei einer Besprechung mit Prof. Messerschmitt im Beisein von Oberst Gollob vorgetragen und deren Abhilfe in die Wege geleitet.

In einer Besonderen Erprobung wird der spezifischen Verbrauch des Triebwerkes bei verschiedenen Schubstufen [unleserlich] überprüft.

Maschinenstatus: 12 Me 163 B, davon 6 in Nachrüstung der Änderungs[unleserlich] 7 bis 9 der Fa. Mtt. Zwischenahn.

Bei 17 Flugtagen wurden insgesamt 11 Schleppstarts und 33 Triebwerkstarts durchgeführt. Davon 8 Feindeinsätze. Bei den 25 Triebwerkstarts handelt es sich um 9 Werkstattflüge und 16 Schulflüge. Das Umschulen der Flugzeugführer erfolgte einwandfrei ohne jegliche Schwierigkeit.

Arbeitsbericht 37

Am 30.5.44 erfolgte der aus Beutepapieren gemeldete Angriff auf den Fliegerhorst Bad Zwischenahn. Durch die geschickt angesetzten Angriffe aus 3 Seiten war die Zeitspanne zwischen Vorwarnung

und Teppichalarm zu knapp um alle Maschinen vom Platz zu entfernen. Sämtliche wichtigen Bodengeräte und Ersatzteile waren rechtzeitig ausgelagert.
Schäden: An Flugzeugen 2 Me 163 Totalverlust, davon eine am Start stehende Einsatzmaschine. 2 Me 110 Totalverlust, 1 Fi 156, 1 Me 108, 2 Fw 56 und einige Segelflugzeuge. Bis auf 2 Maschinen waren alle Me 163 bis zu 25% beschädigt. Durch Brand wurde die gesamte Schreibstube vernichtet. Personell verlor das Kommando lediglich 2 Mann, die als MG-Posten im Hallenvorfeld in Einmannlöchern aufgestellt waren.

Bombardierung von Bad Zwischenahn durch die 2. Bomberdivision der 8. USAAF am 30. Mai 1944.

Gemäß Schadensmeldung Gen.Qu.6.Abt.(V) vom 10. Juni 1944 wurden beim Angriff folgende Flugzeuge zerstört oder beschädigt. (10) Der Schadensgrad in Prozent ist hinter den Werknummern aufgeführt. 100% bedeutet Totalverlust.

Bf 110 G2	W.Nr. 5501 (100%), W.Nr. 5714 (20%), W.Nr. 6213 (15%)
Bf 110 G3	W.Nr. 5720 (73%), W.Nr. 5699 (15%), W.Nr. 5711 (10%)
Bf 110 G3	W.Nr. 5711 machte am 12. Juli in Merseburg eine Notlandung mit Schaden 30%; die Besatzung blieb unverletzt (gem. Gen. Qu.6.Abt.(V) *Flugunfälle und Verluste bei Schulen und sonstigen Dienststellen* vom 16. Juli 1944)
Bf 108 B1	W.Nr. 1311 (100%), W.Nr. 1993 (10%),
Me 163	B V33 W.Nr. [163]10042 (100%), B V14 W.Nr. [163]10023 (10%), B V17 W.Nr. [163]10026 (30%), B V21 W.Nr. [163]10030 (25%), B V45 W.Nr. [163]10054 (15%), B V47 W.Nr. [163]10056 (15%)
Fi 156 C3	W.Nr. 110335 (100%)
Fw 54	W.Nr. 2449 (100%), W.Nr. 2308 (100%), W.Nr. 1857 (10%)
He 46	W.Nr. 867 (100%)
Kranich	W.Nr. 191 (100%), W.Nr. 1237 (100%)
Grunau-Baby	W.Nr. 2243 (100%), W.Nr. 3895 (100%), W.Nr. 3896 (100%), W.Nr. 3897 (100%)
Habicht	W.Nr. 20125 (100%), W.Nr. 20134 (100%), W.Nr. 20132 (100%)
Olympia-Meise	W.Nr. 296 (100%)

Lakonischer Weise stellten die Allierten am 30. Mai die Anwesenheit einer Me 163 in Bad Zwischenahn fest. (15)

Nachdem die B-Kompanie des kanadischen Infanterieregiments „The Argyll and Sutherland Highlanders of Canada (Princess Louise's)" am 1. Mai 1945 die Stadt Bad Zwischenahn durchstöbert hatte, durchsuchte sie am 4. Mai den Flugplatz. Dabei entdeckten die Kanadier auf dem Abstellplatz in der Ostecke des Flugplatzes fünf zerstörte Me 163. Eine befand sich unter den Trümmern eines vollkommen zerstörten Betongebäudes, wobei nur der Mittelrumpf zu sehen war. Die vier anderen lagen vollständig ausgebrannt in einer anderen Halle. Eine der Maschinen hatte Aufnahmen für MG 131, die anderen vier verfügten über je zwei MK 108.

Bad Zwischenahn - Brieg

Juni 1944

Arbeitsbericht 37 (Fortsetzung)

Durch den restlosen Ausfall der Wasser- und Stromversorgung und die notwendigen Aufräumungsarbeiten, konnten bis zum 10.6. keinerlei Arbeiten an den Maschinen durchgeführt werden. Am 7.6. erfolgte auf Befehl OKL Gen.d.Fl.Bo.Org. Nr. 59/44 g.K.(IIa) vom 2.6.44 die Verlegung der Me 163 Vorschulung nach Brieg/Oder. Bei zwei Telefongesprächen mit Luftflotte Reich wies das Kommando ausdrücklich darauf hin, daß eine sofortige Weiterführung der Schulung nur nach erfolgter Räumung des Fliegerhorstes Brieg durch die Nahaufklärergruppe erfolgen könnte. Da einerseits die Nahaufklärergruppe monatlich etwa 10.000 bis 12.000 Starts mit Arado 56, Fw 56, Bücker 131 und Me 109 macht, und andererseits das E.-Kdo. seine Schleppschulung nur in Ost-Westrichtung durchführen kann, wodurch der Flugbetrieb wesentlich durch die abgeworfenen Fahrwerke gefährdet wird, ist es von vornherein klar, daß beide Einheiten niemals auf dem Platz zusammen arbeiten können. Seit dem 10.6. befindet sich die Schule in Brieg. Die zerlegten Flugzeuge und Ersatzteile befinden sich in einer kleinen Kfz.-Halle. Es ist nicht einmal möglich, die Maschinen zusammenzubauen, da keinerlei Hallen- oder Werftraum zur Verfügung steht. Trotz mehrmaliger Reklamierung durch das E.-Kommando 16 bzw. durch Herrn Oberst Gollob ist bis zum heutigen Tage noch keine Änderung in dem Zustand eingetreten und demzufolge bisher nicht ein Start in Brieg gemacht worden. In Zwischenahn verbleibt vorerst die gesamte Flug- und Einsatzerprobung in Zusammenarbeit mit der Nachrichtenführung durch Leutnant Korff.

Schnappschuss von Unteroffizier Manfred Eisenmann und Feldwebel Rolf „Bubi" Glogner in ihrer dienstfreien Zeit in Bad Zwischenahn. „Bubi" Glogner war der jüngste Me 163-Pilot des EKdo 16. Manfred Eisenmann kam als Angehöriger der 2./JG 400 am 7. Oktober 1944 bei einem Flugunfall in Brandis ums Leben.

Stand an Flugzeugen: 9 Me 163 B, davon 7 mit Beschädigung bis zu 15 %, die beim E.-Kommando beseitigt werden. Die Instandsetzung der 7 beschädigten Maschinen geht aus folgenden Gründen nur sehr langsam und unter grössten Schwierigkeiten vonstatten:

1.) Ausfall von über 14 Tagen der Strom- und Wasserzufuhr und der Beschädigung von Hallen und Geräten.
2.) Durch das völlige Fehlen von Ersatzteilen und Truppenvorratshaltung. Durch die starke Forcierung der Serienproduktion reichte die nur für eine Anzahl von V-Mustern bestimmte Ersatzteilproduktion der Firma Flugzeugbau Laupheim nicht mehr aus. Auch jegliche Teillieferung von Ersatzteilen aus der Serienproduktion wurde später von den Firmen im Interesse der Einhaltung ihrer Lieferungstermine abgelehnt. Demzufolge werden unter grössten Schwierigkeiten Serienmaschinen produziert, ohne Rücksicht auf die Truppenvorratsfrage.

Die augenblickliche Notlage wurde am 10.6. im Beisein von Herrn Oberst Gollob, Herrn Prof. Messerschmitt und Herrn Prof. Ritter der Fa. Junkers, besprochen und die Fa. Junkers mit der T-Satzproduktion beauftragt. Vorerst ist die 1. J.G. 400 wie das E.-Kommando 16, um den Flugbetrieb aufrecht erhalten zu können, darauf angewiesen, zum Teil beschädigte Maschinen auszuschlachten.

Am 15.6. wurde mit 2 V-Mustern der Flugbetrieb wieder aufgenommen. Es wurden durchgeführt: 11 Triebwerkstarts und 7 Schleppstarts. Bei einem Schleppflug [am 19. Juni] musste der Flugzeugführer, Ofw. Nelte, mit der B V38 [GH+IQ] in etwa 50 m Höhe über dem Zwischenahner Meer, durch Ausfall des einen Motors der Schleppmaschine, notlanden. Mit einer Geschwindigkeit von 220 km und 40 km/h Rückenwind setzte die Maschine im Wasser auf und überschlug sich nach 2 kurzen Sprüngen. Dabei wurde das Kabinendach zertrümmert und der Flugzeugführer konnte die Maschine verlassen und sich auf die Fläche retten. Rumpf wie Fläche wurden durch Wasserschlag stark beschädigt. Es ist zu vermuten, daß jede Wasserung einer Me 163 mit einem Überschlag endet. Da es, wie bisher in einigen Fällen, vorgekommen ist, daß die Flugzeugführer statt den Notabwurf den Griff zum Öffnen des Kabinendaches zogen, scheint es angebracht, den Notabwurf an einer anderen Stelle anzubringen, an der keine Verwechslung möglich ist.

Am 12. und 13.6. wurde auf Befehl Oberst Gollob, bzw. K.d.E., die Vorführung der Me 163 in Rechlin befohlen. Da das E.-Kommando zu diesem Zeitpunkt keine Me 163 klar hatte, wurden 3 Maschinen von der 1. J.G. 400 gestellt und durch Flugzeugführer des E.-Kommandos vorgeflogen. Beim Start am 12.6., Flugzeugführer Hauptmann Opitz, blieb das Triebwerk in 2000 m im Steigflug stehen. Nach mehrmaligen misslungenen Anfahrversuchen entschloss sich Hauptmann Opitz den Schnellablass zu ziehen und zu landen. Es wurde festgestellt, daß aus Kiel völlig verschmutzter C-Stoff geliefert worden war und die C-Stoffsiebe im Druckregler verstopft waren, sodaß das Triebwerk aus C-Stoffmangel abstellte. Über Nacht neu herbeigeschaffter C-Stoff war ebenfalls leicht

In einer Pause fanden sich Angehörige des EKdo 16 zum „Sonne tanken" auf dem Vorfeld zusammen. V. l. n. r. Josef Mühlstroh, Joachim Bialucha, Heinz Schubert, Rolf Glogner (liegend), Mano Ziegler, Hans Bott und Hartmut Ryll.

Messerschmitt Me 163 B V35 (GH+IN)
W.Nr. 16310044
Erprobungskommando 16 Bad Zwischenahn
August 1944

Die Me 163 B V35 (GH+IN) bei der Landung in Bad Zwischenahn. Im August 1944 erhielt die Maschine einen neuen Anstrich und die Kennung C1+13. Sie kam dann nach Brandis, wo sie am 5. November 1944 bei einem Landefehler beschädigt wurde.

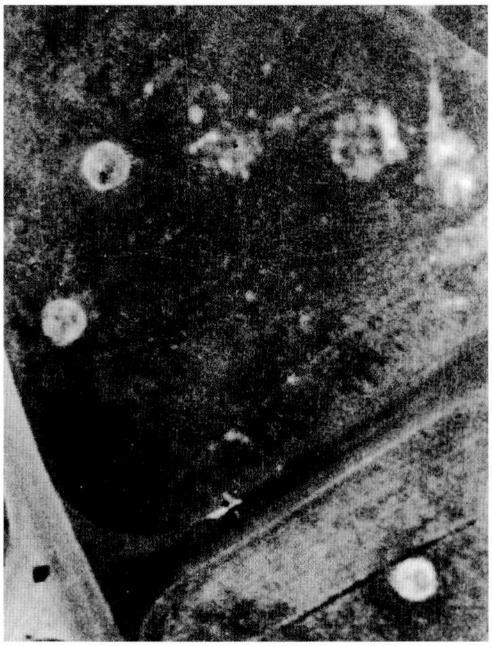

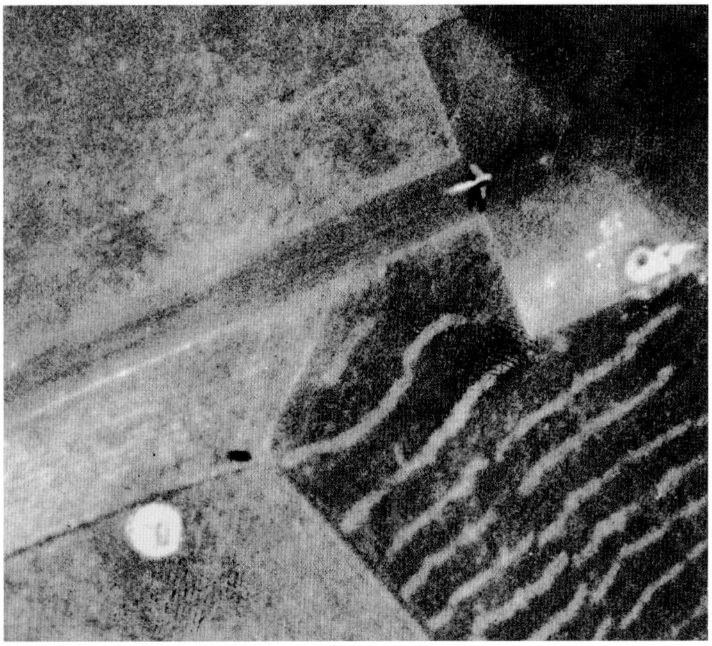

Diese alliierte Luftaufnahme von Bad Zwischenahn nach dem US-Bombenangriff vom 15. August 1944 fing eine Me 163 beim Start ein. Es handelt sich nicht um die Startbahn, die Feldwebel Reinhard Lukas am 23. August 1944 benutzte. Man beachte die Bombentrichter.

Die von Leutnant August Hachtel in Bad Zwischenahn und Brandis geflogene Me 163 B V45 mit noch alter Kennung PK+QP nach der Landung. Unten links die anschließende Verbringung der Maschine zum Hangar.

Betankung der Me 163 B V45 mit T-Stoff.

Messerschmitt Me 163 B V45 (PK+QP)
W.Nr. 16310054
Erprobungskommando 16
Bad Zwischenahn Mai 1944

verschmutzt und musste besonders gefiltert werden. Am 13. starteten Hauptmann Opitz und Oberlt. Langer zur Vorführung vor dem Jägerstab. Beide Flüge waren einwandfrei. Bei der Landung wollte Hauptmann Opitz hart an der Platzgrenze- und Seite aufsetzen, um eine hereinlandende Me 262 nicht zu stören, dabei kam die Maschine in den abgesperrten schlechten Platzteil. Die Kufe grub sich tief in den weichen Sand und schaufelte auch etwa 80 m unter, worauf die Maschine sich mit ziemlicher Wucht überschlug und auf dem Rücken liegen blieb. Durch auslaufenden T-Stoff aus dem Tankkopf des Rumpfbehälters erlitt der Flugzeugführer starke Verbrennungen zweiten Grades an der linken Hand. Nur durch das rechtzeitige Vorhandensein von Wasser konnte der Flugzeugführer gerettet werden. Um derartige Unfälle in Zukunft zu verhindern wird hiermit vorgeschlagen: 1. den Füllkopf des T-Stoffrumpfbehältertrichters [unleserlich]förmig gegen die Rumpfoberseite abzuschliessen. Der durch Undichtigkeiten des Tankverschlusses austretende T-Stoff soll dadurch nach aussen abgeleitet werden. 2. vor der Kufe am Rumpf ein an der Unterseite gleitendes Verbindungsblech anzubringen, sodaß bei weichem Boden ein Schaufeln der Kufe ausgeschaltet wird.

Der Bericht endete mit einer mehrseitigen detaillierten Aufstellung über „Technische Mängel und Erfahrungen".

Was sich derweil beim Kommando „Hummel" in Lechfeld tat, darüber berichtete dessen einziger Flugzeugführer Bernhard Hohmann nach dem Krieg: (17)

„Mit dem neuen Fall-Anlasser in der V22, welche wieder fertiggestellt ist, führe ich [im Mai 1944] *eine Reihe von Erprobungsflügen durch. Ferner haben wir* [in Lechfeld] *die neue Me 163 B1a mit dem unbeschrankten Flügel, von der man eine Verbesserung der kritischen Mach-Zahl erwartet, zur Flugerprobung, die wir zunächst im Schlepp einfliegen.*

Inzwischen ist noch Heinz Peters zur Firma Messerschmitt kommandiert worden, um in die Geheimnisse der Me 163-Fliegerei eingewiesen zu werden, da die E-Stelle von Peenemünde-West nicht damit einverstanden ist, dass ich die mir von Messerschmitt angebotenen Einfliegerei für ständig übernehme. [Peters kam etwa Ende Mai 1944 nach Lechfeld].

Nachdem Dittmar dann wieder soweit hergestellt ist, dass er wieder die Werksfliegerei übernehmen kann und die wichtigsten Flüge abgeschlossen sind, fliege ich [Anfang Juni] mit unserer Me 110-Schleppmaschine über Peenemünde nach Bad Zwischenahn, um dort wieder den Erprobungsflugbetrieb beim Kommando Hummel zu übernehmen, da das Kommando noch immer keinen Piloten hat, der die Me 163 B fliegen kann [was freilich nur für das Kommando „Hummel" zutraf; das E-Kdo 16 verfügte über eine verhältnismäßig große Anzahl geeigneter Flugzeugführer]. *Als ich in Zwischenahn ankomme, ist der Flugplatz gerade einige Wochen vorher ausgebombt worden, wodurch einige Maschinen, Hallen usw. verloren gehen. Die gesamte Zementdecke einer großen Halle ist zusammengebrochen und hat u. a. die Me 163 V2 unter sich begraben. Das Kommando ist inzwischen auf die andere Platzseite in die Prüfstandsanlagen eingezogen und hat die noch vorhandenen Flugzeuge zum Flugbetrieb klar gemacht."*

Am 21. Juni 1944 kamen Oberleutnant Herbert Langer und sein Mitreisender Stabsarzt Dr. Ortwin Rave beim Absturz der Bf 108 B1 (W.Nr. 1687) in der Nähe von Rotenburg an der Wümme ums Leben. Sie befanden sich auf einem Flug von Bad Zwischenahn nach vermutlich Brandis. (11)

Am 23. Juni stellte ein alliierter Aufklärer zwei Me 163 in Bad Zwischenahn fest. (15)

Oben und links: Im heißen Sommer 1944 stattete Major Walter Nowotny dem EKdo 16 in Bad Zwischenahn einen Besuch ab; ganz leger in kurzen Hosen. Im Oktober 1943 hatte das im niederösterreichischen Gmünd geborene Jagdfliegerass für seine Leistungen beim JG 54 die Brillanten erhalten und zählte zu den 27 Soldaten, denen bis Kriegsende diese hohe Stufe des Ritterkreuzes verliehen wurde (zwölf waren Angehörige der Luftwaffe einschließlich Fallschirmtruppe). Im Sommer 1944 übernahm der Brillantenträger den Ausbildungsverband JG 101 und wurde im September Führer des Me-262-Erprobungsverbandes *Kommando Nowotny*. Oben v. l. n. r: Nowotny, Franz Rösle und Kurt Schiebeler. Am 8. November 1944 kam Walter Nowotny nach einem Einsatz gegen „Fliegende Festungen" B-17 bei Bramsche ums Leben, als er im Landeanflug beim Aussteigen mit dem Fallschirm an seiner Me 262 hängen blieb, deren Triebwerk Treffer erhalten hatte.

Juli 1944

Die *Arbeitsberichte* hießen ab Juli 1944 *Monatsberichte*. Der Monatsbericht Juli 1944 ist leider verschollen. Mit ziemlicher Sicherheit nahm er Bezug auf die Aufstellung der Ergänzungsstaffel/JG 400 und deren Verlegung einschließlich der 1./JG 400 von Wittmundhafen nach Brandis Anfang Juli.

Die Ergänzungsstaffel unter Oberleutnant Franz Medicus verfügte seinerzeit über folgende sechs Me 163 A und B: A V10 (CD+IO), A V11 (CD+IP), A V13 (CD+IR), B V1 (KE+SX), B V4 (VD+EN) und B V8 (VD+ER). Davon waren B V1, B V4 und B V8

Bei der Verlegung nach Brandis führte Oberleutnant Franz Medicus die Ergänzungsstaffel/JG 400. Der erfahrene und außerordentlich versierte Segelflieger hatte bereits 1930 den C-Schein erworben und als Segelfluglehrer gearbeitet. Bei der Luftwaffe hatte er sich vom Mannschafts- in den Offiziersstand empor gedient (siehe Kurzlebensläufe S. 424).

nicht mit Triebwerken ausgestattet – dies geht aus Flugbucheinträgen jener Piloten hervor, die sie in Brandis flogen. Deshalb muss die Staffel auch ein Schleppflugzeug besessen haben, vermutlich eine Fw 56 „Stößer" oder eine Fw 44 „Stieglitz". Die Hauptaufgabe der Ergänzungsstaffel bestand in der Schulung von Flugzeugführern für die Einsatzstaffeln des JG 400. Ende 1944 wurde sie in die IV./EJG 2 unter Hauptmann Robert Olejnik überführt (siehe dazu Kapitel 10).

Vermutlich im Juli 1944 – mit Sicherheit aber vor dem 23. August 1944 – erhielten die Maschinen des EKdo 16 einen neuen Tarnanstrich und neue Kennungen mit C1+.. (wobei C1 für EKdo 16 stand). „C1" vor dem Balkenkreuz am Rumpf in schwarzer Schrift fiel wesentlich kleiner aus als die hinter dem Balkenkreuz stehenden Ziffern in weißer Schrift (siehe nachfolgende Farbgrafiken). Allerdings ist nicht sicher, ob wirklich alle Me 163 des EKdo 16 die „C1" trugen, zumal sie auf den meisten erhalten gebliebenen Fotos der Flugzeuge nicht erscheint. Der neue Tarnanstrich bedeutete jedenfalls das Ende der alten Kennungen. Zum Glück lässt sich aus Dokumenten die alte Identität einiger Maschinen ableiten:

C1+01 a)	GH+IG	B V28	W.Nr. 16310037
C1+02	GH+II	B V30	W.Nr. 16310039
C1+03 b)	?	B V40	W.Nr. 16310049
C1+04 c)	PK+QL	B V41	W.Nr. 16310050
C1+05	PK+QP	B V45	W.Nr. 16310054
C1+06	PK+QR	B V47	W.Nr. 16310056
C1+07	nicht festgestellt		
C1+08	nicht festgestellt	(Die C1+08 befand sich im Januar 1945 noch in Brandis)	
C1+09	nicht festgestellt		
C1+10	nicht festgestellt		
C1+11 d)	VD+EP	B V7	W.Nr. 16310016
C1+12	VD+EW	B V14	W.Nr. 16310023
C1+13	GH+IN	B V35	W.Nr. 16310044

a) Zu 80 % beschädigt am 23. August 1944. Flugzeugführer Feldwebel Reinhard Lukas kam dabei ums Leben.
b) Die alte Identität ist unbestätigt (siehe Anhang 3).
c) Zu 60 % beschädigt bei einer Bruchlandung am 1. August 1944. Überführt an die Fliegertechnische Schule II in Faßberg zu Ausbildungszwecken (siehe Anhang 3).
d) Die Kennung C1+11 wurde nach dem Totalschaden der B V7 am 11. September 1944 neu vergeben an die Me 163 B-0 (BQ+UK, W.Nr. 440008) aus Klemm-Fertigung. Um die Verwirrung noch zu steigern: Gemäß zwei Flugbüchern gab es nach dem Unfall der B V7 noch eine weitere V7, deren Identität nicht herauszufinden war.

Vermutlich gehören die B V12, B V21 und B V39 ebenfalls noch auf die Liste, dazu eine vierte unbekannte Maschine. Aus der Liste geht des Weiteren hervor, dass sich die Vergabe der neuen Kennungen – was die fortlaufende Reihenfolge angeht – nicht stringent an den alten V-Nummern orientierte. Die B V39 wurde beim US-Bombenangriff am 15. August 1944 schwer beschädigt.

Feldwebel Reinhard Lukas kam am 23. August 1944 bei einem Landeunfall in der Me 163 B V28 (C1+01) ums Leben.

Oben: Die Reste der Me 163 B V28 nach dem Landeunfall vom 23. August 1944. Ein durch eine harte Landung am Rumpf verursachter Schaden lässt das Foto ganz rechts erkennen. Es handelt sich wahrscheinlich um die am 1. August verunglückte B V41 mit 60-prozentiger Beschädigung.

Im August 1944 erhielten die verbliebenen Me 163 des Erprobungskommandos 16 den neuen Tarnanstrich sowie Kennungen mit klein geschriebenem schwarzem „C1“ plus einer zweistelligen Zahl in größerer weißer Schrift. Die Kennung der B V45 lautete „C1+05“.

Ins Deutsche übertragender Original-Einsatzbericht der 479. US-Jagdgruppe und der 434. US-Jagdstaffel mit anschließender Stellungnahme des ehemaligen Staffelkapitäns der 1./JG 400 Robert Olejnik zum angeblichen Abschuss einer Me 163 am 29. Juli 1944 (siehe Folgeseite).

„HEISSE SACHE"

Zusammenfassender Einsatzbericht

479th Fighter Group

A. 479th Fighter Group unter Major Herrow
B. 46 P-38 (17–434th, 11–435th, 18–436th) Start 0739 [Uhr], Landung 1315
C. 5 P-38 (2 Begleitschutz)
D. FO No. 470, HQ 8FC. Begleitschutz An- und Abflug schwerer Bomber 28. Juli 1944.
H. Luftsiege 1-0-0 (Me 163 SJ)
I. Treffpunkt mit 5 Bomberpulks B-17 der 1st Div. um 0935 in 20.000 [Fuß] bei Merseburg und 4 Bomberpulks B-17 der 3rd Div. um 0940 in 23.000.

Frankenhaus. Alle Bomber in guter Verbandsordnung und glücklich mit Ausnahme des üblichen und genauen schweren Flakbeschusses. Hervorragende Bombenlagen – große Brände und aufsteigender schwarzer Rauch. im Zielgebiet.

Drei Bomber über Merseburg brennend abgestürzt um 0942. Weder Fallschirme noch Aufschlag beobachtet.

Über Merseburg in [Höhe] 22.000 [Fuß] schwerer und zielgenauer Flakbeschuss mit großen weißen Sprengwolken etwa 1000 Fuß über üblichen schwarzen Sprengwolken. Vernebelungsschleier über Merseburg unwirksam.

Trennung von Bombern um 1140 in 20.000 Fuß, 5340N[ord]–0933O[st].

Funkdisziplin gut. Bordfunk überlastet.

Heiße Sache:
Begegnung mit einmotorigem Raketenjäger Me 163

Schwarm „Newcross Gelb" unter Captain Arthur J. Jeffrey begleitete eine nachhängende B-17 der 3rd Div., letzte vier Ziffern [Kennung] 7007 und einem „D" in Quadrat am Schwanz, aus der Einsatzzone. Um 1145 in 1100 Fuß über Wesermunde flog eine Me 163 aus 5 Uhr von unten seitlich an, ging dann kurz in den Sturz- und dann in den Geradeausflug. Captain Jeffrey und sein Rottenflieger jagten ihr nach, worauf die Me unter ständigem Kurven wieder kurz in den Sturzflug überging, dann in den Steigflug. Während des Kurvens schloss Captain Jeffrey auf und eröffnete das Feuer, wobei er Treffer beobachtete. Die Me stieg auf 15.000, wobei sie schubweise Rauch ausstieß, entweder aus Auspuffrohr oder wegen Treffer. Auf 15.000 kreiste die Me nach rechts, die P-38 kam näher heran und landete gute Treffer im Vorhalt. Kürzeste Entfernung schätzungsweise 300 yards. Die Me machte einen leichten Abschwung und ging in eine Sturzspirale im Winkel von 80 bis 90 Grad, wobei ständig Triebwerksabgase oder Rauch ausströmten. Capt. Jeffrey stürzte ihr im Winkel von 90 Grad nach, den er auf 70 Grad verringerte, ständig feuernd und Treffer beobachtend, bis die Me davon zog, so dass er den Sturzwinkel auf 70 Grad verringern musste. Capt. Jeffrey beendete den Sturzflug in 4000 oder 3500 Fuß, wobei der Fahrtmesser etwas über 500 mph anzeigte. Captain Jeffrey zog in 1500 Fuß aus der Kurve, wobei er das Bewusstsein verlor. Unter der Wolkendecke konnte er unmittelbar keine Spur der Me mehr ausmachen und ging wegen des Flakbeschusses wieder über die Wolkendecke. Die ganze Begegnung dauerte 3–4 Minuten.

Nr. 2 und 4 des Schwarms „Newcross Gelb", die in 16.000 Fuß Begleitschutz von oben vor und hinter dem Bomber flogen, bekamen wie die Gelbe 1 und 2 den ersten Angriff des Raketenjägers nicht mit, aber gegen etwa 1148 griff eine Me 163 aus der Sonne heraus im Winkel von 70 Grad an. Der Schwarm hatte ein besonderes Auge auf Anflüge von oben und hinten gehabt und keine Kondensstreifen bemerkt. Im Sturz stieß die Me Schübe von blauem Rauch aus. Sie änderte den Sturzwinkel langsam auf 60 Grad und verschwand in 8000 Fuß in den Wolken. Keine Chance zu folgen.

Einsatzbericht 434th Fighter Squadron der 479th Fighter Group, AAF, AF 657 Station F-977, 1. August 1944

A. Art des Einsatzes: Luftkampf.
B. Zeitpunkt: 29. Juli 1944.
C. Einheit: 434th Fighter Squadron, 479th Fighter Group (P-38).
D. Angriffszeitpunkt: 1145.
E. Ort: über Wilhelmshafen, Deutschland.
F. Wetter: Bewölkt über 3000 Fuß, vereinzelte Wolken darüber.
G. Feindflugzeugtyp: Me 163.
H. Feindverluste: eine Me 163.
I. Einsatzschilderung:

Ich führte den Schwarm „Newcross Gelb" bei einem Begleitschutzeinsatz für Bomber gemäß Einsatzbefehl Nr. 470 des VIII. Fighter Command. In Nähe des Zielgebiets (Merseburg) beorderte der Gruppenkommandeur meinen Schwarm zum Begleitschutz einer beschädigten B-17 der Dritten Division für den Heimflug. Mein Rottenflieger und ich übernahmen den Schutz im Nahbereich, die „Gelbe Drei" und „Vier" die Abschirmung nach oben. Die B-17

Captain Arthur Jeffrey von der *434th Fighter Squadron, 479th Fighter Group*

schleppte sich auf 11.000 Fuß dahin und umflog wegen des Flakbeschusses Lücken in der Wolkendecke. Um 1145 sichtete ich eine Me 163 in Angriffsposition hinter ihr. Keine Ahnung, woher sie kam. Ich war auf Frequenz „0“ gegangen und hatte versucht, mit dem Bomber Verbindung aufzunehmen, so dass ich keine Zeit mehr zum Anfunken des Rottenfliegers hatte, und nahm mir sie nun vor. Die Me griff aus 5 Uhr schräg von unten an, ging dann kurz in den Sturz- und dann in den Geradeausflug. In diesem Moment musste mich der Deutsche gesehen haben, denn er ging erneut in den Sturzflug und dann in sehr steilem Steigflug nach oben, wobei er ständig kurvte, als ob er sehen wollte, ob jemand hinter ihm war. Bei diesem Kurven kam ich näher an ihn heran, eröffnete das Feuer und beobachtete Treffer an der Me 163. In 15.000 Fuß ging die Me in den Horizontalflug und begann nach links zu klettern, wie wenn sie sich in Angriffsposition hinter uns setzen wollte. Ich konnte enger kurven als sie und landete im Vorhalt einen guten Treffer, die geringste Distanz betrug schätzungsweise 200–300 yards. Dann machte die Me einen leichten Abschwung und ging im Winkel von 80–90 Grad in den Stechflug nach unten. Ich folgte und feuerte, solang sie sich in Schussentfernung befand, und beobachtete Treffer. Während des Sturzes stieß die Me Rauch aus, ob es Abgase des Triebwerks waren oder Folgen meines Beschusses, kann ich nicht sagen. Ich musste meinen Sturzflug auf etwa 70 Grad begrenzen, die Me aber stürzte weiter steil nach unten, im nahezu senkrechten Sturzflug. Auf 4000 Fuß zeigte mein Fahrtmesser 500 Meilen in der Stunde an und als ich meinen Sturzflug beendete, zog die Me davon. Auf 3000 Fuß verschwand die Me 163 in den Wolken, immer noch in fast senkrechtem Sturzflug, Nach meiner Einschätzung kann sie kaum langsamer als 550 Meilen in der Stunde geflogen sein. Auf 1500 Fuß kam ich aus dem Sturzflug, wobei ich kurzzeitig das Bewusstsein verlor, und stieß dann kurz aus den Wolken, um nach ihr zu suchen, konnte sie aber nicht mehr finden. Wegen des Flakbeschusses ging ich wieder in die Wolken.

Nach meiner Meinung kann kein Pilot und kein Flugzeug mehr aus einem Sturzflug kommen, der im Sturzwinkel 80 bis 90 Grad aus 3000 Fuß Höhe bei einer Geschwindigkeit von 500 Meilen per Stunde oder mehr erfolgt.

Ich melde den Abschuss einer Me 163.

J. Munitionsverbrauch: 720 Schuss Kal. .50 A.P.I.; 145 Schuss 20 mm H.E.I.

Arthur F. Jeffrey.
Captain, A.C.

Bestätigung der Abschussmeldung

Am 29. Juli 1944 flog ich die Nummer Zwei im Schwarm „Newcross Gelb“ bei einem Begleitschutzeinsatz für Bomber gemäß Einsatzbefehl Nummer 470 des VIII Fighter Command. Wir begleiteten einen beschädigten Bomber aus der Einsatzzone. Mein Schwarmführer Captain Arthur F. Jeffrey und ich übernahmen die Deckung im Nahbereich, die Nummern Drei und Vier die Abschirmung nach oben. In der Gegend von Wilhelmshafen, Deutschland, sichtete ich in 11.000 Fuß ein Flugzeug, das sich später als Me 163 herausstellte, das sich dem Bomber direkt von hinten näherte. Captain Jeffrey ging zum Angriff über und der Deutsche in einen sehr steilen, kurvenden Steigflug, wobei ihn Captain Jeffrey in kurzen Abständen beschoss. Nachdem sie etwa 4000 Fuß gestiegen war, kreiste die Me nach links und Captain Jeffrey griff erneut an. Ich hatte mit einem Motor Probleme und konnte nicht so schnell steigen wie sie, deshalb konnte ich nicht sehen, ob er Treffer erzielte oder nicht. Dann machte die Me einen Abschwung und ging in einem sehr steilen, nahezu senkrechten Sturzflug über. Captain Jeffrey und ich folgten, aber ich konnte wieder nicht mithalten. Zwischen 3500 und 4000 Fuß zog ich bei einer Geschwindigkeit von etwas über 400 Meilen in der Stunde aus dem Sturzflug. Die Me verschwand auf etwa 3000 Fuß in den Wolken, immer noch im Sturzwinkel von 80 Grad oder darüber. Sie muss 550 oder 600 Sachen geflogen sein und zeigte keine Anzeichen, den Sturzflug zu beenden. Ich halte es für unmöglich, dass der Deutsche noch aus diesem Sturz gekommen ist.
Richard G. Simpson
2nd Lt., A.C.

Stellungnahme von Robert Olejnik, seinerzeit Hauptmann und Staffelkapitän der 1./JG 400, zum Bericht von Captain Arthur F. Jeffrey über den Abschuss einer Me 163 am 29. Juli 1944 über Wesermünde (Rückübersetzung)

„Ich war zu der Zeit Staffelkapitän der ersten mit Me 163 B ausgerüsteten Einsatzstaffel und möchte zum Bericht von Captain Arthur F. Jeffrey wie folgt Stellung nehmen:

Es tut mir leid, aber ich kann diesen Bericht vom Abschuss einer Me 163 B aus folgenden Gründen nicht bestätigen: Zur genannten Zeit befand sich die 1./JG 400 noch in Aufstellung und sie beschäftigte sich um den 29. Juli 1944 herum hauptsächlich mit der Waffenerprobung. Des Weiteren gab es strenge Befehle seitens des RLM, des Generals der Jagdflieger und der Jagddivision, die besagten, dass »keinerlei Einsätze gegen feindliche Aufklärungsflugzeuge und Bomberverbände zu fliegen seien.« Diese Befehle sollten Bombenangriffe auf Standorte der Me 163 verhindern.

Um den 15. Juni 1944 herum wurde die nahezu einsatzfähige erste Staffel des JG 400 nach Brandis bei Leipzig verlegt. Dies bedeutet, dass um den 29. Juli 1944 herum keine Me 163-Einsatz- oder Ausbildungseinheit in jenem Raum lag, in dem sich der Abschuss der Me 163 B ereignet haben soll. Ebenso unwahrscheinlich ist, dass es eine Me 163 B von Brandis war, denn sie hatte nur eine Reichweite von 100 km. Die von den US-Piloten, die besagtes Flugzeug abschossen, geschilderte Sturzgeschwindigkeit beweist, dass es sich nicht um eine Me 163 B gehandelt haben kann, denn bei einem Sturzwinkel von 80–90° erreichte die Me 163 B auch ohne Schub bereits eine Geschwindigkeit von 800–900 km/h. Ihr zu folgen, wäre den US-Jägern schlicht nicht möglich gewesen, geschweige denn bis auf 300 yards aufzuschließen. Des Weiteren hätte die Me 163 B ihren Treibstoff restlos aufgebraucht gehabt und es wäre ihr nicht möglich gewesen, im Spiralflug wieder zu steigen.

Die Begleitschutzpiloten des Schwarm »Newcross«, die den Abschuss beobachteten, schildern den schwarzem Rauch, den die Me 163 B ausstieß, als untrügliches Zeichen eines Abschusses.

Dazu möchte ich Folgendes feststellen:

Die Me 163 B verwandte nie Benzin oder Öl als Treibstoff, und nur diese Stoffe verursachen schwarzen Rauch bei Treffern oder Abschuss. Die Me 163 aber wurde ausschließlich mit T- und C-Stoff betankt. Diese Stoffe hinterließen charakteristischer Weise weißen Rauch.

Höchstwahrscheinlich hat es sich bei genanntem Abschuss um eine allein fliegende Fw 190 gehandelt. So weit ich mich erinnern kann, gab es einen Befehl von Reichsmarschall Hermann Göring, nach dem Flugzeugführer bei Erprobungsflügen in Sichtweite kommende Feindverbände angreifen sollten [was, wie oben geschildert, für Me 163 aber verboten war]. Da sich der Werkflugplatz von Focke-Wulf in der Nähe von Bremen befand, hätte also ein Werkspilot von Focke-Wulf den Angriff ausführen können.

Eine einzelne Me 262 scheidet für den Angriff allein schon aus dem Grund aus, da sich die Me-262-Einsatzeinheiten noch in Aufstellung befanden und hauptsächlich in Süddeutschland stationiert waren. Außerdem konnte die Me 262 im Horizontalflug Geschwindigkeiten von über 850 km/h erreichen – sie hätte also jedem Gegner davonfliegen können und wäre nicht zum Sturzflug gezwungen gewesen.

Schleißheim, den 28. April 1963
Robert Olejnik"

Anmerkungen der Verfasser:
Man beachte die zeitlichen und örtlichen Ungereimtheiten in den Berichten.

Die korrekte Schreibweise von *Wesermunde, Frankenhaus und Wilhelmshafen* – in den US-Berichten aus Gründen der Unverfälschtheit belassen – ist natürlich Wesermünde (heute: Bremerhaven), Frankenhausen und Wilhelmshaven.

Der Koordinatenangabe 5340N–0933O entspricht einer Position über Schwarmstedt (135 km südöstlich Wilhelmshaven).

Bei der B-17 mit dem „D" im Quadrat handelte es sich um das Flugzeug „Sea Hasta" der *100th Bombardment Group* mit Kennung EF-B und Werknummer 42-107007. Pilot war William Greiner. Die durch Flak- oder Jägerbeschuss beschädigte „Fliegende Festung" musste in der Nordsee bei der westfriesischen Insel Ameland notwassern und ging unter. Acht der neun Besatzungsmitglieder wurden von der deutschen Seenotrettung geborgen und verbrachten den Rest des Krieges in Gefangenschaft. Der neunte Mann, der schwer verwundete Heckschütze Bernard Baumgarten, war mit dem Flugzeug untergegangen.

Die Namen Greiner und Baumgarten deuten auf eine deutsche Abstammung der US-Flieger hin, die das Land ihrer Väter bombardiert hatten.

Kommandeur der 100. Bombergruppe war zur fraglichen Zeit *Colonel* Thomas S. Jeffrey.

August 1944

Monatsbericht

Maschinenstand am 31.8.44
7 Me 163 b 1 Do 217 mit eingebautem Trieberk Me 163
3 Me 110 1 Fi 156
In etwa 3 – 4 Wochen kommen noch 1 Do 217 und 1 Ju 88 als Walthertriebwerkerprobungsträger [sic] hinzu.

Ausfall im Monat August:
Me 163 BV 41 Bruchlandung 1.8. (60 % Lehrmodell für T.S.Faßberg)
Me 163 BV 39 Feindeinwirkung 15.8. (75 %)
Me 163 BV 28 Aufschlagbrand 23.8. (mehr als 80 %)

Flugbetrieb:
34 Triebwerkstarts und 5 Schleppflüge. Anfang August konnte 6 Tage kaum geflogen werden, da durch Feindeinwirkung kein C-Stoff aus Kiel kam. Der dann als Notmaßnahme per Eisenbahn geschickte C-Stoff war nicht katalysiert und verschmutzt. Am 15.8. erfolgte Bombenangriff von etwa 120 – 150 Bombern. Erster Flugbetrieb am 23.8. möglich. (Knapp 1000 m Startstreifen in ungünstiger Windrichtung.) 1. Start tödl. Unfall Feldw. Lukas. (Landung in Bombentrichtern der Startbahn 2).

Vom 16.8. – 23.8. Gesamteinsatz des E.-Kdos. 16 zum Beseitigen der Trichter auf Rollfeld und Startbahn 2. Ab 23.8. technischer Dienst. Überzähliges Personal Rollfeldarbeiten. Wiederaufnahme des Flugbetriebes etwa am 4.9.44.

Die Do 217 (RS+TB) war so abgeändert worden, dass ihr Bombenschacht Rumpf plus Triebwerk einer Me 163 aufnehmen konnte. Der Führerraum der Me 163 nahm einen Flugzeugführer auf. Die RS+TB diente in Brandis zu Höhenversuchen. Die Nichterwähnung von A-Mustern deutet darauf hin, dass sie in Brandis nicht mehr benutzt wurden oder abgeschrieben worden waren. Von diesen A-Mustern wuren – nach Aufzeichnungen in Flugbüchern – die A V4 letztmals im April 1944, A V7 im Januar 1944 und A V12 im Dezember 1944 letztmals geflogen. Die A V9 wurde bei einem Unfall in Bad Zwischenahn am 27. April 1944 beschädigt. Die restlichen A-Muster waren entweder bei Unfällen zerstört oder der Ergänzungsstaffel/JG 400 übergeben worden.

Die Alliierten stellten in Bad Zwischenahn am 15. August eine Me 163, eine weitere am nächsten Tag und drei Maschinen am 22. August fest.

Am 23. August kam Feldwebel Reinhard Lukas tragischer Weise bei einem Landeunfall mit der Me 163 B V28 (C1+01) ums Leben. Nach Augenzeugenberichten hatte Lukas beim Start ungewöhnlich früh Schub gegeben, war aber einwandfrei gestartet und auch der Abwurf des Fahrwerks klappte ohne Beanstandung. Etwa 1000 m vor Startbahnende setzte das Triebwerk in 50 m Höhe plötzlich aus; der Flammstrahl glich dem Abschalten des Triebwerks bei einem Standlauf. Lukas kurvte zur Landung auf dem Platz nach links, hatte aber nicht genug Höhe und landete quer auf der von Nord nach Süd verlaufenden Startbahn, wobei sich die Kufe im Wall eines Bombentrichters verfing und abriss. Das Flugzeug machte einen Sprung und landete in einem anderen Bombentrichter der von Ost nach West verlaufenden Startbahn. Dabei wurde der linke Flügel samt C-Stoffbehältern abgerissen. Lukas versuchte noch aus der Kanzel zu klettern, doch die Kabinenhaube schlug auf ihn zurück. Kurz

Die Me 163 B (C1+04) des EKdo 16 beim Start.

darauf brannte die Maschine lichterloh. (12) Das Wrack ging später zu Ausbildungszwecken an die Fliegertechnische Schule II in Fassberg.

Schwierigkeiten:
Noch keine klare Wartungsunterlage über C-Stoff. Sogar nicht einmal einheitliche Ansicht zwischen Firma Walter Kiel – Beerberg. Kein beständiger Gummi für T-Stoff. Buna S 139 4 nur knapp 2 Monate beständig. Noch kein dauernder Korrosionsschutzlack für C-Stoff. (Typenbegleiter ist unterrichtet.)

Am 25.8. trafen 42 Mann techn. Personal (2 Uffz. 40 Flieger) nach 14 Tagen Ausbildung bei Firma Klemm, Ebhausen, ein. Nach telef. Rücksprache mit Herrn Oberst Gollob soll dieses Personal beim E.-K.16 fertiggeschult werden.

In der letzten Woche des August trafen 20 Uffz. und Feldwebel des K.G. 53 hier ein. E.-Kdo. 16 kann dieses Personal nicht ausbilden. Vorschlag: Weiterleitung an Flieger-Techn.-Schule, Faßberg.

Es befinden sich immer noch die 65 Mann überzähliges Personal (Techniker, Sattler, Tischler, Maler, Kraftfahrer und Waffenwarte), die schon mehrmals zur Abgabe bzw. Abberufung gemeldet waren, beim Erprobungskommando. Das Kommando bittet nochmals, dieses Personal zur Ergänzungsstaffel J.G. 400 zu versetzen, bzw. kommandieren, das

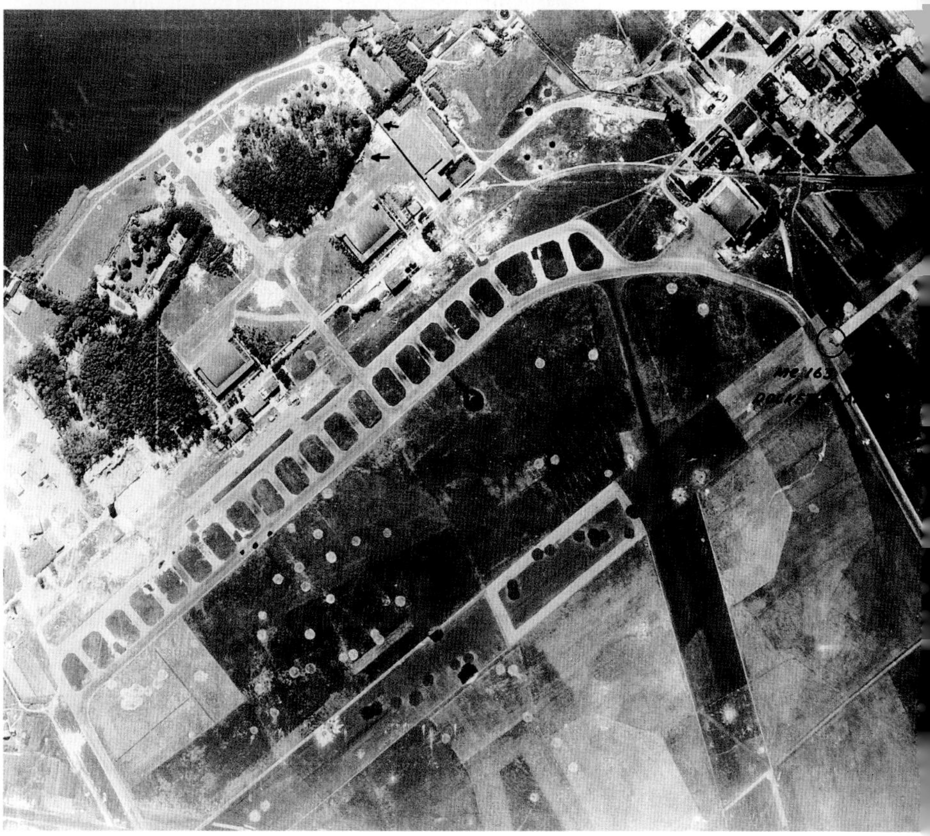

Die Amerikaner bombardierten Bad Zwischenahn erneut am 15. August 1944. Für das EKdo 16 ging es glimpflich ab, nur die B V39 wurde schwer beschädigt. Man beachte die Bombentrichter.

August Hachtel zählte zu den erfahrenen „alten Hasen" im EKdo 16, hatte als Stukaflieger bereits im Januar 1942 das Ritterkreuz erhalten und wurde im August 1943 vom Oberfeldwebel zum Leutnant befördert. Zum Erprobungskommando 16 kam er im April 1944. (Siehe Kurzlebenslauf S. 362).

1.) laut Absprache zwischen Herrn Oberst Petersen und Oberst Gollob das Erprobungskommando lediglich E.-Stelle ist und nicht Schule für General der Jagdflieger.
2.) nur noch 7 Me 163 vorhanden sind und daher das überzählige Personal nur arbeitsverzögernd ist,
3.) über 60 % der Unterkünfte vernichtet wurden.

Als besondere Schwierigkeit in truppendienstlicher Hinsicht zeigte sich immer wieder, daß laufend Personal von irgend einer Dienststelle versetzt wird, ohne Versetzungsverfügung. Ebenso werden durch den Typenbegleiter Flugzeugführer wegbefohlen oder versetzt, ohne Versetzungsverfügung. Das Erprobungskommando hat daher dauernd Schwierigkeiten mit dem LP-Amt [Luftwaffenpersonalamt].

Das Erprobungskommando macht nochmals darauf aufmerksam, daß, wenn eine fruchtbare, reibungslose Erprobung gewährleistet sein soll, das Kommando mindestens Maschinen vom gleichen technischen Stand hat, wie die Truppe. Das Gleiche gilt für Flugzeugführer. Es ist nicht zweckmässig, die besten Leute für Schulen, bzw. neuaufzustellende Einheiten wegzunehmen. (Gerade Erprobungsflieger müssen Erfahrung und Können besitzen).

Stand an Flugzeugführern am 1.9.44

Lt. Hachtel, (alter, erfahrener Flugzeugführer)
Ofw. Oeltjen, (alter Jagdlehrer, bester Mann)
Uffz. Tegtmeier, (junger, unerfahrener, talentierter Flugzeugführer)
Uffz. Germann, (junger, erfahrener, guter Flugzeugführer)

Abgang:

Lt. Ziegler, (Schule Brandis)
Ofw. Nelte, (III. J.G. 400, z. Zt. Junkers, Oranienburg)
Fw. Lukas (23.8.44 tödl. verunglückt.)

September 1944

Monatsbericht

Nach Beseitigung der schweren Schäden an Startbahn 2 wurde nach 23 Tagen Pause der Flugbetrieb wieder aufgenommen. Durch die beiden Bombenangriffe vom 30.5. und 15.8. und durch Ausfall im Flugbetrieb war der Maschinenstand von 14 Maschinen auf 6 gesunken. Ersatz wurde mehrmals angefordert, wurde aber jedoch nicht gestellt. Dadurch daß das Kommando grösstenteils die alten V-Muster besitzt, gingen Reparaturen und Beschaffung von Flugzeugersatzteilen besonders schwer voran. Beschädigungen an Flächen mussten selbst repariert werden, da Serienflächen an die V-Muster nicht passten. Durch den Ausfall von 2 Flugzeughallen und starke Beschädigung der Me 163-Hallen, sowie durch die verstärkte Platzgefährdung, war eine besondere Auflockerung notwendig. Erschwerend kam der sich ständig steigernde Kfz.-Kraftstoffmangel hinzu. Über 3 Wochen bekam das Erprobungskommando nicht mal das schon besonders stark gekürzte zustehende Kontingent zugewiesen. Notwendiges Nachtarbeiten der Techniker zum Flugklarmachen der Maschinen war durch mangelnde Verdunklungsmöglichkeiten und häufigen Fliegeralarm besonders erschwert. Das technische Personal arbeitet teilweise bis zu 18 Stunden. Trotz dieser Schwierigkeiten konnten im Monat September 1944 33 scharfe Starts durchgeführt werden. Im Vordergrund der Erprobung standen die seit langem geforderten Leistungsflüge. Es wurden 9 Flüge durchgeführt von denen 7 verwendbar waren, 2 davon durch Messbasis vermessen. Die Steigflüge wurden ausgewertet und gehen den zuständigen Stellen zu. Gleichzeitig wurden die von der Fa. Mtt. angegebenen günstigsten Gleitgeschwindigkeiten nachgeflogen. Es hat sich gezeigt, daß die errechneten theoretischen Steigfluggeschwindigkeiten den praktischen entsprachen. Als günstigste Steiggeschwindigkeit sind Geschwindigkeiten zwischen 680 und 720 km/h mit einem in Bodennähe Aufholen der Geschwindigkeit von 600 km/h. Die günstigste Gleitgeschwindigkeit wurde in der Praxis leicht überboten, sodaß die an die Einheiten herausgegebenen Schaubilder benutzt werden können.

Bei der Zusammenstellung der Betriebstoffrestmengen im Vergleich mit der Anzeige des T-Stoffverbrauchszählers stellte sich heraus, daß die Verbrauchsmessanlage ein Plus und Minus bis zu 150 Litern anzeigte und auch bei Geberwechsel keine wesentliche Änderung zeigte. Da der Sachbearbeiter des Gerätes aber auf der Zuverlässigkeit seines Gerätes beharrte, wurden sämtliche 7 T-Stofftanks ausgelitert. Es stellte sich heraus, daß kein Behälter den Sollwert von 1160 Litern erreichte. Es waren grösstenteils Differenzen von minus 50 bis minus 140 Litern vorhanden. Diese Tatsache ist mit ein Grund weswegen die an sich schon äusserst knappe Flugzeit noch weiter heruntergesetzt wird. Die entsprechenden Dienststellen wurden vom Kommando benachrichtigt. Der C-Stoffbehälter hatte durchwegs ein Plus von 5 bis 20 Litern, ausser der ersten Serienmaschine, die ein Minus von 15 Litern hatte.

Beim Leistungsflug des Uffz. Tegtmeier am 11.9.44 kam die Maschine [B V7, C1+11] in 9000 m Höhe bei 720 km/h in eine Fluglage von etwa 70 Grad. Der Flugzeugführer suchte durch leichtes Drücken den Steigwinkel zu verringern, dabei ging die Maschine schlagartig auf den Kopf in ein sehr starkes Trudeln über. In der Trudelbewegung schlug dem Flugzeugführer eine grosse Flamme von unten herauf ins Gesicht. Die Bemühungen des Flugzeugführers, das Kabinendach abzuwerfen, waren anfänglich ohne Erfolg. Unter grösstem Kraftaufwand gelang es dem Flugzeugführer in 6000 m Höhe das Dach abzuwerfen. Im selben Augenblick ging die Maschine in normale Fluglage über. Da er zu weit vom Platz weg war und unter ihm nur unwegsames Moorgelände, stieg der Flugzeugführer in 500 m Höhe aus und landete glatt. [Die Maschine schlug 2 km südostwärts Lohe bei Barssel auf (westlich Bad Zwischenahn).] Es muss nochmals mit allem Nachdruck auf einen einwandfreien Kabinennotwurf hingewiesen werden. Nach Erfahrung von Flugkapitän Dittmar, Hauptmann Opitz und Ing. Hohmann von der E-Stelle Karlshagen, scheint die Maschine bei einem Steigwinkel von 60 bis 80 Grad in fast leergeflogenem Zustand, bedingt durch die Schwerpunktverlagerung ins Trudeln zu gehen. Nach Erfahrung der Flugerprobung Mtt. lässt sich die Maschine aber sofort aus dem Trudeln durch Stellung sämtlicher Ruder auf 0 [Neutralstellung] herausnehmen. Bei einem Vollaststart des Ofw. Oeltjen platzte in etwa 1000 m Höhe eine T-Stoffleitung. Der Flugzeugfüh-

Messerschmitt Me 163 B V47 (C1+06 ex PK+QR) W.Nr. 16310056.
Erprobungskommando 16
Bad Zwischenahn, August 1944

Die Me 163 (C1+06) – die frühere B V47 (PK+QR) beim Betanken mit C-Stoff (links) und oben beim Start.

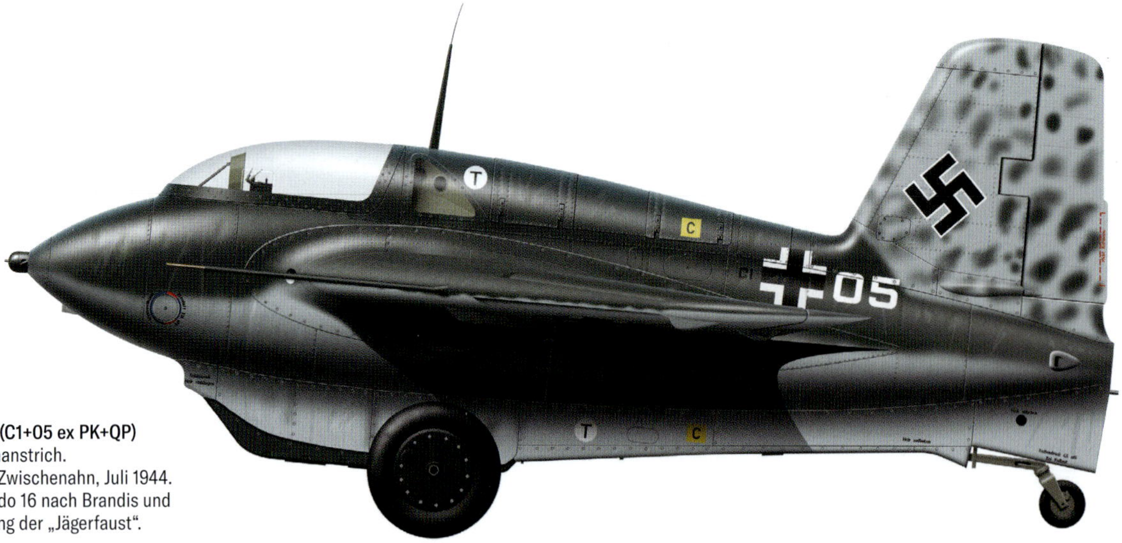

Messerschmitt Me 163 B V45 (C1+05 ex PK+QP)
W.Nr. 16310054 im neuen Tarnanstrich.
Erprobungskommando 16 Bad Zwischenahn, Juli 1944.
Die Maschine kam mit dem EKdo 16 nach Brandis und diente dort später zur Erprobung der „Jägerfaust“.

Ein Wart beim Anlassen des Triebwerks der Me 163 B V45 (C1+05).

Die Me 163 B V7 (C1+11 ex VD+EP) in Bad Zwischenahn. Nach der Zerstörung der B V7 am 11. September 1944 übernahm die bei Klemm gebaute Me 163 B-0 (BQ+UK, W.Nr. 440008) die Kennung C1+11.

Messerschmitt Me 163 B V7 (C1+11 ex VD+EP)
W.Nr. 16310016
Erprobungskommando 16 Bad Zwischenahn
September 1944

rer zog sofort den Schnellablass und versuchte die Haube abzuwerfen, da er durch T-Stoffdämpfe jeglicher Sicht beraubt war. Auch hier öffnete sich das Kabinendach nur einen Spalt, der aber genügte um den Führerraum genügend zu belüften, sodaß der Flugzeugführer das Kabinendach wieder schloss. Da ihm die Maschine bei der Landung etwas schwer vorkam, schwebte er mit etwa 10 bis 20 km höherer Geschwindigkeit ein. Das Aufsetzen war völlig einwandfrei. Es stellte sich nachher heraus, daß der Schnellablass durch Klemmen des Bowdenzuges nicht aufgegangen war und das Flugzeug noch eine Restmenge von 1250 kg Betriebsstoff hatte. Somit ergibt sich ein Landegewicht von 3160 Kilo. Durch diesen Flug ist bewiesen, daß auch mit grösseren Restmengen einwandfrei gelandet werden kann und die Einschwebegeschwindigkeit höchstens um 20 km erhöht werden muss. Die Landung selbst wurde durch die Meßbasis einwandfrei vermessen. Die Aufsetzgeschwindigkeit betrug 55 m pro Sek. = 198 km/h. Die Rutschstrecke betrug bei leichtem Seitenwind von 20 km/h 502 m. Es traten keinerlei Verformungen am Kufenschacht auf. [Dieser Flug mit der Me 163 B V14 (C1+12) fand am 14. September 1944 statt.]

In 2 von 6 vorhandenen Me 163 wurde Ende August von der Fa. Telefunken im Auftrage Gen. der Jagdflieger ein Straßburgempfänger, ein Peilsender und ein AFN 2 eingebaut, um ein neues Führungsverfahren mittels einem Würzburg-Mannheim-Gerät mit Michaelempfänger und einem Steuersender zu erproben. Zu diesem Zweck mussten die Maschinen gänzlich auseinandergebaut werden. Ende September waren die Arbeiten beendet und die ersten Flüge wurden durchgeführt. In 2 weitere Maschinen wurde durch die E.-Stelle Karlshaben 2 Oszillographen eingebaut (10 fach Schreiber), die einwandfreie Triebwerkleistungsdaten und Flugleistungen ermöglichen, als Auswertung für die Weiterentwicklung des C-Triebwerkes. [Die Me 163 C sollte das so genannte Marschtriebwerk erhalten.]

Der Nachrichtenoffizier des Kommandos [Leutnant Gustav Korff] arbeitete weiter an seinem Y-Leitstrahlverfahren. Einzelheiten sind aus dessen beigefügtem Bericht zu entnehmen.

Die Fa. Walter nahm die ersten Erprobungsflüge mit der Do 217 und eingebauter Me 163 Anfang des Monats auf.

General der Jagdflieger Generalmajor Adolf Galland besuchte das Erprobungskommando 16 Anfang September 1944 und teilte Kommandoführer Hauptmann Anton Thaler die Auflösung des Truppenteils mit.

Anfang September besichtigte Herr Generalmajor Galland [General der Jagdflieger] das Erprobungskommando und teilte dem Kommandoführer [Hauptmann Anton Thaler] mit, daß das Erprobungskommando aufgelöst werden sollte. Der Kommandoführer machte darauf aufmerksam, daß, wenn überhaupt mit der in Entwicklung befindlichen Me 163 C, bzw. mit einem verstärkten Einsatz der Me 163 B zu rechnen ist, es unmöglich wäre, die Erprobung aufzulösen.

Der Vorschlag von Herrn Generalmajor Galland, das Erprobungskommando auf 40 Mann zu kürzen und in der Ergänzungsstaffel in Brandis einzugliedern, wurde ebenfalls als untragbar bezeichnet. Bei einem Flugzeugmuster wie der Me 163, das triebwerks- wie zellenseitig auf völlig neuer Basis fusst und das durch die Ereignisse des letzten Jahres so vorwärts getrieben wurde, ist eine intensive Flugerprobung und Bodengeräteerprobung unbedingt erforderlich. Bei der bisher erreichten Einsatzklarheit der Maschine und den dauernden Einbauten sowie schwierigen Ersatzteilbeschaffung ist es unmöglich, eine einigermassen brauchbare Erprobung in kürzester Zeit mit nur 6 Maschinen durchzuführen. Nach Ansicht des Kommandos müsste zu diesem Zweck die Kommandostärke mindestens der einer Einsatzstaffel entsprechen. (Personal 120). Um wenigstens laufend 5 bis 6 Maschinen flugklar zu haben, müsste das Kommando einen Maschinenstand von 12 bis 16 Maschinen besitzen. Es wäre durchaus möglich, bei einem Stand von 16 Maschinen 5 bis 6 Maschinen für die Einsatzerprobung bei Einflügen bereitzustellen. Allerdings wäre in diesem Fall die Zahl der Triebwerkschlosser und Flugzeugmechaniker in Staffelstärke nicht ausreichend, da bei Einbauten von Versuchsgerät und Änderungen an den Maschinen 2 Mann an einer Maschine nicht genügen. Bei einer Einsatzeinheit wird das Flugzeug klar gemacht und bleibt dann solange klar, bis es zum Einsatz gelangt. Beim Erprobungsbetrieb wird die Maschine sofort geflogen und daher auch öfters unklar.

Zuzüglich der Flugerprobung kommt die Erprobung des gesamten Bodengerätes sowie die Erprobung der Nachrichtenführung. Abschliessend weist das Kommando nochmals darauf hin, daß eine normale Erprobung weder mit 40 noch mit 100 Mann durchzuführen ist.

Bis zur Aufstellung der 1./ und 2./J.G. 400 hatte das Kommando folgende Aufgaben:

1.) Flugerprobung
2.) Teilweise übernommene Aufgaben der Firmenerprobung durch mangelhaftes Aufziehen der Firmenerprobung Mtt.
3.) Ausbildung der Flugzeugführer für Gen. der Jagdflieger.
4.) Ausbildung des gesamten technischen Personals für die ersten drei Einheiten.
5.) Ausbau der für Me 163 vorgesehenen Flugplätze (8 Flugplätze)
6.) Nachrichtenführungs-Erprobung mit Würzburg, Freya und Y-Geräten.
7.) war der Kommandoführer Typenbegleiter für Me 163 B und C.

Nachdem im Frühjahr 1943 ein grösseres Aufziehen von Me 163-Einheiten geplant war und das Kommando durch den Bombenangriff vom 30.5. in seiner Arbeit schwer behindert wurde, gab das Kommando auf eigenen Wunsch die Schulung und die Ausbildung des Bodenpersonals für die 1./ und 2./J.G. 400 sowie den Ausbau der Flugplätze ab. Durch die Schulung der Flugzeugführer und die Ausbildung des Bodenpersonals war das Kommando auf

Eine gegen Witterungseinflüsse und Luftsicht mit Planen und so genannten Tarnmatten abgedeckte Me 163 in Bad Zwischenahn. In der Flugzeughalle lässt sich das Heck der Me 163 B V41 (PK+QL) erkennen.

eine Stärke von über 500 Mann angestiegen. Nach Abgabe der angeführten Arbeitsgebiete sank die Kopfzahl auf 300 bis 350 Mann. Im März d.J. kam von Lechfeld das Kommando Hummel in Stärke von 50 Mann hinzu, das die Erprobungsbelange der E.-Stelle Karlshagen vertrat. Nach der Aufstellung der 1./ und 2./J.G. 400 und Verlegung der Ausbildung nach Brieg, bzw. Brandis, bestand das Kommando immer noch aus 340 Mann. Diese 340 Mann gaben anscheinend bei höheren Dienststellen ein falsches Bild. Tatsächlich an seinen Erprobungsarbeiten gearbeitet hat das Kommando mit seiner Etatstärke von 186 Mann. Das restliche Personal war noch in Ausbildung begriffenes Personal für die 3. und 4. Staffel sowie unbrauchbarer Ersatz für gutes Bodenpersonal, das sich zur Flugzeugführerausbildung gemeldet hatte. Somit war das Kommando lediglich Durchgangslager für Personal des General der Jagdflieger. Dieses Personal wurde, soweit es nicht in Ausbildung begriffen war, zur Beseitigung der erheblichen Platz-, Gebäude- und Unterkunftsschäden seit dem 30.5. herangezogen.

Sollte von Seiten des Gen.d.Jagdflieger, bzw, des Führungsstabes für die nächste absehbare Zeit nur mit dem Einsatz von 4 Me 163-Staffeln, was einem Absterben des Typs gleich käme, gerechnet werden, würde das Kommando vorschlagen, die Ausbildung der Flugzeugführer mit dem E.-Kdo. 16 zusammen auf einen Platz zu legen. (Günstig Stargard). Rechnet man aber mit einem verstärkten Einsatz der Me 163 C, bzw. D im Frühjahr 1945, dann sollte das E.-Kommando in seiner bisherigen Stärke von 180 Mann mit seinem unersetzlichen Fachpersonal beibehalten bleiben. Bis zum Anlauf der Me 163 C-Erprobung könnte das Kommando als Einsatz-Erprobungsstaffel, wie schon vorgeschlagen, bestehen, bei der allerdings die Erprobung erstrangig ist und es nicht darauf ankommt, daß nun unbedingt 6 Maschinen einsatzklar sind, wenn Erprobungsarbeit die Einsatzklarheit beeinträchtigt hat.

Die beiden Angriffe auf den Flugplatz Zwischenahn (30.5. mit etwa 80 Bombern, 15.8. mit etwa 120 – 140 Bombern,) zeigen, daß dem Gegner sehr an dem Niederhalten der Me 163 gelegen ist. Lediglich durch die Inkaufnahme des äusserst schwierigen Arbeitens durch verstärkte Auslagerung wurde besonders beim 2. Angriff keinerlei Schaden an der eigentlichen Me 163 und seinem Spezialgerät verursacht. Das Kommando ist aus diesem Grunde überrascht, daß nach dem Verlegebefehl vom 21.9.44 das Kommando auf den Flugplatz Brandis verlegt werden soll. Dem Kommandoführer war bekannt, daß der Flugplatz Brandis durch eine H 177 Kampfgruppe und eine Ergänzungs-Gruppe He 177 sowie durch Junkers-Erprobung schon überbelegt war, dazu kommt, daß bei der Verlegung des Kommandos nach Brandis die gesamte Firmenerprobung, Luftwaffenerprobung, Ausbildung und die zwei Einsatzeinheiten 1./ und 2./J.G. 400 auf einem schon sehr stark bombengefährdeten Platz zusammengedrängt liegen. Eine Auslagerung wie in Zwischenahn ist durch die ungünstigen Platzverhältnisse in Brandis sowieso nicht möglich. Bei einem normalen Bombenangriff von 150 Bombern würde somit die gesamte Entwicklung, Ausbildung und Einsatz der Me 163 innerhalb weniger Minuten vernichtet bzw. auf ½ bis ¼ Jahr zurückgeworfen werden. Aus diesem Grunde begab sich der Kommandoführer nach Erhalt des Verlegebefehls nach Berlin zu Oberst Gollob und trug ihm diese Bedenken vor. Herr Oberst Gollob bekräftigte die Ansicht des Kommandos und befahl dem Kommandoführer den Verlegebefehl noch nicht auszuführen. Die oben angeführten Gründe für die Nichtausführung des Verlegebefehls wurden an den Kommandeur der E.-Stellen Rechlin, Herrn Oberst Petersen, fernschriftlich mitgeteilt. Am 30.9. bekam der Kommandoführer auf sein Fernschreiben hin nochmals den Befehl sofort zu verlegen. Dieser Befehl wurde ausgeführt. Das Kommando ist seit dem 2.10. verlegebereit und wartet auf die Gestellung des Transportzuges.

Als Kommandoführer Hauptmann Anton Thaler den Monatsbericht September verfasste, waren die He 177 in Brandis bereits aus dem aktiven Dienst genommen und im Wald an der östlichen Platzgrenze untergestellt worden. Thalers Bedenken wegen einer möglichen Bombardierung von Brandis waren nachvollziehbar, erwiesen sich aber als unbegründet. Brandis wurde nur einmal bombardiert (28. Mai 1944), wenngleich US-Bomber beim Rückflug von ihren Angriffen auf Merseburg und Leipzig mehrfach den Platz überflogen. Über Entzifferungen deutschen Funkverkehrs und wegen den Einsätzen des JG 400 gegen US-Bomberverbände ab Ende Juli bis Mitte September 1944 wussten die Alliierten von den Me 163 in Brandis. Wenn die Alliierten – wie Thaler vermutete – die Me 163 dort hätten zerschlagen wollen, so hätten sie reichlich Gelegenheit dazu gehabt. Aber aus irgendeinem Grund taten sie es nicht. Ihr Hauptaugenmerk galt den Braunkohle-Hydrierwerken in Merseburg-Leuna, Lützkendorf, Böhlen und Rositz, die das für die deutsche Kriegswirtschaft so wichtige synthetische Benzin erzeugten. Die *USAAF Intops Summaries* (zusammenfassende Einsatzberichte) der fraglichen Zeit führen Brandis nicht einmal als Zweit- oder Ausweichziel auf. Am 12. und 14. September stellten die Alliierten je eine Me 163 in Bad Zwischenahn und in Rechlin-Lärz fest.(15)

Oktober 1944

Monatsbericht

Aufgrund der Transportanmeldung erhielt das Kommando die für die Verlegung nach Brandis gestellten Waggons am 6.10.44 gestellt. 3 Me 110 und 2 Me 163 im Schlepp wurden auf dem Luftwege überführt. Der Bahntransport ging am 7.10. um 23.00 Uhr ab und war am 8. gegen Abend am Zielort. Am nächsten Tage konnte lediglich der Transport entladen werden. Es fehlte an jeglichem Arbeits- und Abstellraum, da der Fliegerhorst Brandis, wie im Arbeitsbericht September erwähnt, überbelegt war. Auf Vorstellung des Kommandoführers wurde die Ergänzungsstaffel J.G. 400 verlegt. Diese Verlegung erfolgte jedoch erst in der 2. Hälfte Oktober. Danach konnte das Kommando Arbeitsräume und Quartiere übernehmen und notdürftig zu arbeiten beginnen. Die dem Kommando zugewiesene Halle war jedoch durch Bombentreffer so stark beschädigt, dass sie nicht heizbar war und auch die Tore sich nicht schliessen liessen. Auf nochmalige Vorstellung bei Herrn Oberst Gollob wurde ein Tausch des Arbeitsraumes der Jumo-Flugerprobung und des E.Kdos. 16 erreicht, sodass Erprobung der Fa. Junkers und die des E.K. 16 gemeinsam in einer geheizten Halle durchgeführt werden kann. Dadurch ist ein enges Zusammenarbeiten gewährleistet. Es ist zu erwarten, dass durch diesen Arbeitsansatz die Erprobungsergebnisse weitaus schneller vorwärts getrieben werden können. Inzwischen wurde die vorgesehene Verkleinerung des Kommandos beim K.d.E. im Beisein von Herrn Oberst Petersen, Herrn Major Grossholz, Hauptmann Opitz und dem Kommandoführer, Hauptmann Thaler durchgeführt. Nach eingehenster Besprechung wurde eine Gesamtstärke von 147 Offizieren, Beamten, Unteroffizieren und Mannschaften festgelegt. Das Kommando bekam gleichzeitig den Erprobungsauftrag „Me 163 C bezw. D". Das überzählige Personal wurde zum Aufbau der 4. Staffel/I.J.G. 400 und Ergänzungsstaffel J.G. 400 abgegeben.

Flugbetrieb:

Sofort nach Eintreffen des Kommandos wurden sämtliche 7 Maschinen flugklar gemacht. Bis zum 20.10.44 konnten jedoch keinerlei Standläufe bezw. Flugbetrieb durchgeführt werden, da der C-Stoff des Kommandos aus Bad Zwischenahn noch nicht eingetroffen war. Von der I./J.G. 400, die aus C-Stoff-Mangel selbst nicht fliegen konnte, konnte kein C-Stoff entliehen werden. A, 20.10.44 traf der C-Stoff ein. Es standen 5 Maschinen flugklar bereit. Bis zum 30.10.44 war jedoch laufend QBI bezw. Wolkendecke von 200 m. Am 31.10.44 und 1.11.44 wurden dann die ersten vier scharfen Starts in Brandis durchgeführt.

So weit der Monatsbericht Oktober, der in Kapitel 14 auf Seite 360 fortgesetzt wird. Bei den sieben erwähnten Maschinen handelte es sich um B V30 (C1+02), B V40 (C1+03), B V45 (C1+05), B V? (C1+98), die Me 163 B- V12 (C1+??) aus Klemm-Fertigung, B V14 (C1+12) und B V35 (C1+13).

Gemäß *USAAF Intops Summary No. 158* vom 5. Oktober 1944 sichtete eine Bomberbesatzung auf dem Flug nach Münster um 12.09 Uhr bei 5212N-0850O (Minden-Herford) eine in südöstlicher Richtung fliegende Me 163. Es wird weder ein Schlepp noch eine Bf 110 erwähnt. Wahrscheinlich handelte es sich dennoch um eine der nach Brandis verlegenden Maschinen. Die angegebene Flugrichtung legt den Schluss nahe, dass die Me 163 vielleicht nach Kassel flog, wo ihre Schleppmaschine möglicher Weise aufgetankt wurde. Der Verband, der Münster bombardierte, bestand aus zehn Bombengeschwadern mit insgesamt 382 B-17 „Fortress" und fünf Jagdgruppen mit zusammen 200 P-51 „Mustang" sowie 49 P-47 „Thunderbolt". (13) Die Streitmacht meldete des Weiteren bei 5218N-0507O die Sichtung einer sich bis auf 1200 yards (ca. 1100 m) nähernden Me 163, die dann abdrehte und in den Steigflug überging. Die angegebenen Koordinaten würden allerdings einer Position 16 km südwestlich Amsterdams entsprechen! Ein anderer Bomberverband im Anflug auf Rheine, Lippstadt und Paderborn meldete am 5. Oktober bei Position 5245N-0522O über der Zuidersee um 11.00 Uhr die Sichtung von neun(!) Me 163 mit sprühenden Kondensstreifen Bei den gesichteten Flugzeugen handelte es sich in beiden Fällen wahrscheinlich um Me 262 des in Rheine liegenden Kommandos Schenk (3./KG 51) oder des von Achmer und Hesepe operierenden Kommando Nowotny. Das Kommando Schenk hatte bereits am 5. September 1944 von Volkel in Holland nach Rheine verlegt. Das Kommando Nowotny bezog die Plätze Achmer und Hesepe am 3. und 4. Oktober 1944. (13)

Fußnote

1 Diese Schilderung im Arbeitsbericht 20 vom 19. April 1943 wurde von Hauptmann Späte unterzeichnet. Opitz gab nach dem Krieg jedoch an, er habe die Maschine bei diesem Flug nicht gesteuert. Leider konnten die Verfasser den Erprobungsbericht für den 13. April 1943 nicht ausfindig machen. Der Messerschmitt-Flugerprobungsbericht Nr. 163/2019 vom 31. Juli 1943 erwähnt zwar, dass die B V4 infolge Unfalls beschädigt wurde, nicht aber den Flugzeugführer. Nach Reparatur des Schadens unternahm Rudi Opitz am 31. Juli 1943 einen geschleppten Prüfflug mit der B V4. Danach kam die Maschine zu Messerschmitt nach Augsburg und im November 1943 zurück nach Bad Zwischenahn.

Start mit Hindernissen

Das Jagdgeschwader 400 in Wittmundhafen und Venlo

März bis September 1944

1./JG 400 Bad Zwischenahn – Wittmundhafen

IM DEZEMBER 1943 befanden sich die für Me 163-Einsätze vorgesehenen Flugplätze in unterschiedlichen Ausbaustufen. So zeigten beispielsweise die dem Luftgau Holland unterstehenden Plätze größere Fortschritte als jene im Reich: Venlo und Deelen waren bis auf die noch nicht angelieferten C-Stoff-Tankbehälter fertig. Insgesamt hatten die Arbeiten in Venlo und Deelen nicht einmal sechs Wochen in Anspruch genommen. Hingegen beschwerte sich das EKdo 16 darüber, dass die Vorbereitungen in Bad Zwischenahn in wohl nicht unter sieben Monaten abgeschlossen sein würden! Im Dezember 1943 berichtete das EKdo 16 von der Beinah-Fertigstellung der Plätze Wittmund und Oranienburg. Husum und Brandenburg-Briest, die bereits über ältere nutzbare Einrichtungen und Gebäude verfügten, seien in absehbarer Zukunft belegbar. Bei Twente ging man von einer Nutzung ab Ende März 1944 aus. Trotz gegebener Versprechungen der für den Bau verantwortlichen Stellen bestanden Zweifel daran, ob dies auch bei Achmer, Nordholz und Parchim der Fall sein würde. (1)

Wahrscheinlich ergingen die Befehle zur Errichtung der ersten Me 163-Einsatzstaffel Ende 1943, wobei seit längerem Pläne dazu bestanden. Erstmals erwähnt wurde die Staffel als 20./JG 1 in der Einsatzgliederung der Luftflotte Reich vom 31. Januar 1944; auf dem Fliegerhorst Wittmundhafen wurde sie zwischen dem 21. Februar und dem 15. März registriert. Irgendwann im Februar 1944 fand die Umbenennung in 1./JG 400 statt; nach offiziellen Dokumenten lag die Staffel ab dem 18. März bis zum 24. Juli 1944 in Wittmundhafen. Diese Zeitangaben stehen im Widerspruch zu später von Angehörigen der Einheit berichteten Ereignissen. Zur Zeit ihrer Aufstellung im Februar 1944 teilte die 20./JG 1 den Platz mit der 2./NJG 3 und weiteren Staffeln der III./NJG 1 sowie der II./KG 54. Ab März nutzten auch Staffeln der I. und III./KG 54 Wittmundhafen. Anfang Juni 1944 scheint aber nur noch die 1./JG 400 dort gelegen zu haben.

Zwischen dem 4. und 8. Januar traf das Bodenpersonal für die Me 163-Staffeln und das EKdo 16 in Bad Zwischenahn ein, wo es innerhalb von vier Wochen praktische Unterweisungen zum Betrieb der Me 163 bei der Pilotenschulung und der Erprobung erhielt. Die Bodenleitstelle in Wittmundhafen war seit dem 1. Februar 1944 durchgängig besetzt und schulte sich in der Verbesserung der Leitverfahren. Der Ultrakurzwellen- Festantennenpeiler war ebenfalls in Betrieb; dem Gefechtstand selber aber fehlte es wegen Beschaffungsschwierigkeiten noch an Ausrüstung. Dies galt vor allem für die notwendige Funk- und Fernmeldeausstattung, weshalb man ein provisorisches Funk-/Fernmeldenetz einrichtete.

Die Bedienmannschaft für das Funkmessgerät „Würzburg-Riese“ traf im Lauf des Februars ein. Es stellte sich jedoch schnell heraus, dass die Männer eine nur zweistündige Einweisung erhalten hatten, während der das Gerät nicht einmal in Betrieb genommen worden war! Das EKdo 16 fand auch heraus, dass es sich um Leute handelte, die in ihren vorigen Einheiten nur den üblichen Tagesdienst verrichtet hatten. Dies war untragbar und Leutnant Gustav Korff reichte als Nachrichtenoffizier des EKdo 16 bei der Führung des Nachrichten- und Verbindungswesens der Luftwaffe offiziell Beschwerde ein. Im Monatsbericht des EKdo 16 hieß es entsprechend: „Unmöglich zu glauben, dass diesen Männern der Betrieb des Geräts Würzburg-Riese-Gustav anvertraut werden soll, und dass sie einen wertvollen Beitrag bei der ihnen zugewiesenen Arbeit leisten können.“ In Folge nahm der ebenso kompetente wie rührige Nachrichten-Unteroffizier Leisten die Leute unter seine Fittiche und brachte ihnen erst einmal die Grundlagen zum einsatzmäßigen Betrieb des „Würzburg-Riesen“ bei. Bald fand sich geeigneter Ersatz, der in Bad Zwischenahn theoretisch und praktisch geschult bzw. eingewiesen wurde.

Schlechtes Wetter und immer wieder auftauchende feindliche Flieger bei gutem Wetter behinderten die Schulung der Me 163-Flugzeugführer im Februar. Immerhin konnten 68 Flüge mit Me 163 A und 82 Flüge mit Me 163 B durchgeführt werden. Bei 13 besonders versierten Flugzeugführern sah das EKdo 16 von weiteren Startschulungen mit Me 163 B ab; die restlichen zehn erwiesen sich als fast ebenso geeignet. (1) Im Februar 1944 absolvierte auch Hauptmann Robert Olejnik als angehender Kommandführer seinen ersten Start mit einer Me 163 B. Am 20. Februar 1944 erhielt er anlässlich eines Besuches beim

Oben: Staffelkapitän Hauptmann Robert Olejnik (links) nimmt die Meldung von Oberleutnant Franz Rösle entgegen.

Diese Aufnahme von Unteroffizier Kurt Schiebeler (auf Fahrrad), Feldwebel Heinz Schubert und Unteroffizier Hans Wiedmann entstand irgendwann im Frühjahr 1944 in ihrer dienstfreien Zeit in Wittmundhafen.

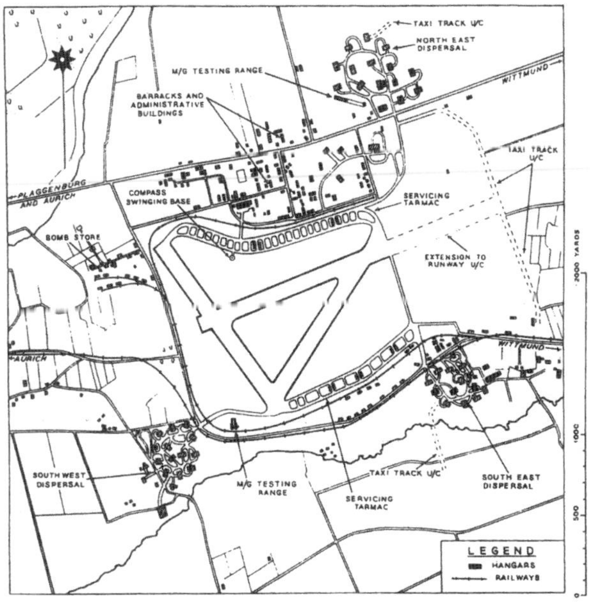

Links und rechts: Angloamerikanische Zeichnung und Luftaufnahme des Fliegerhorstes Wittmundhafen. Die Anlage des 45 km nordwestlich Bad Zwischenahn und 9 km westlich Wittmund gelegenen Platzes ähnelte Bad Zwischenahn. Die Hauptgebäude befanden sich im Norden und die Abstellplätze an den nordöstlichen und südöstlichen Flugplatzgrenzen. Zur Zeit der Aufstellung teilte die 1./JG 400 den Platz mit Nachtjagd- und Jagdbomberstaffeln.

General der Jagdflieger in Berlin-Gatow den Aufstellungsbefehl für die erste Einsatzstaffel. (2) Fliegendes und Bodenpersonal vom EKdo 16 war bereits ausgesucht worden. Mit Wirkung vom 1. März 1944 erfolgte die Versetzung zur neuen Staffel nach Deelen. Gemäß Anweisung des Oberkommandos der Luftwaffe handelte es sich um eine völlig selbstständige Einheit. Noch während der Vorbereitungen zur Verlegung auf den neuen Platz erhielt Hauptmann ein Geheim-Fernschreiben vom General der Jagdflieger (Dienststelle), dass Deelen aufgrund seiner exponierten Lage als Standort nicht mehr in Frage komme und die Staffel stattdessen Wittmundhafen beziehen solle. Sämtliche Pläne und Vorbereitungen für Deelen waren damit hinfällig; schnellstens musste man sich auf Wittmundhafen umstellen und das bereits in Deelen befindliche Vorauskommando zurück beordert werden. Kurz darauf erhielt Olejnik ein weiteres Fernschreiben vom General der Jagdflieger, das die Aufstellung der Staffel als neue 1./JG 400 mit Wirkung vom 1. März 1944 bestätigte. Dank der tatkräftigen Unterstützung des Fliegerhorst-Kommandanten Wittmundhafen, Major M. Mewes, klappte der Umzug innerhalb weniger Tage. Am 7. Februar feierte die Staffel ihre Aufstellung mit Gästen vom Fliegerhorst und aus Bad Zwischenahn. Leutnant Hans Bott, der jüngste Flugzeugführer der Staffel und künstlerisch begabt, verewigte die Anwesenden in einer karikaturistischen Farbzeichnung. Es handelte sich um die Flugzeugführer Hauptmann Robert Olejnik, die Oberleutnants Gerhard Eberle und Franz Rösle, Leutnant Hans Bott, die Oberfeldwebel Fritz Husser und Siegfried Schubert, die Feldwebel Hans Wiedemann und Friedrich Oeltjen sowie die Unteroffiziere Kurt Schiebeler und Rudolf Zimmermann.[1], (1) Zum Bodenpersonal gehörten Nachrichtenoffizier Oberleutnant Friedrich, die Technischen Offiziere Oberleutnant Ernst Siebert und Leutnant Ernst Kern, Prüfmeister Oskar Unterhuber, Oberfeldwebel Freiburg („Staffelspieß"), Oberwerkmeister Iser und Flieger-Hauptingenieur Brede. Als Gäste waren Stabsarzt Dr. Melchior, Oberleutnant Franz Medicus und Leutnant Hermann „Mano" Ziegler angereist.

Leutnant Hartmut Ryll, Feldwebel Herbert Straznicky sowie die Unteroffiziere Anton Steidl und Schametz stießen erst später zur 1./JG 400. Fitz Husser kam im Juli 1944 zur zweiten aufgestellten Staffel.

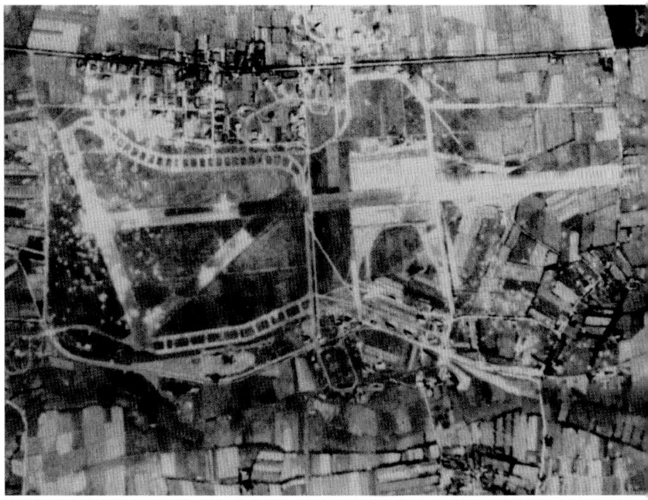

DER RAKETENFLOH

„Wie ein Floh – aber oho" – das Abzeichen der 1./JG 400
von Robert Olejnik*

Als ich nach der Beisetzung von Oberleutnant Joschi Pöhs im Januar 1944 nach Bad Zwischenahn zurückkam, erfuhr ich, dass die erste Me 163 B angeliefert worden war. Das aufreibende Tagesgeschäft war gerade erledigt und ich hatte keine Lust mehr, hinüber zur Halle zu marschieren, wo sie abgestellt worden war. Die Besichtigung verschob ich auf den nächsten Tag. Nach einem sehr zeitig eingenommenen Frühstück wanderte ich also hinüber zur Halle, um den neuen „Feuervogel" möglichst ungestört zu besichtigen. Am Abend zuvor war er das Thema Nummer eins im Kasino gewesen und ich war gespannt. Mit der nötigen Objektivität besah ich mir die Maschine. Bisher hatte ich nur die Me 163 A mit ihren eleganten Linien und dem schlanken Rumpf zu sehen bekommen, die eine zierliche Eleganz ausstrahlte. Die Me 163 B war offenbar auf andere Zwecke zugeschneidert worden. Im Vergleich mit der Me 163 A machte sie einen plumpen Eindruck, was sie sicher dem Rumpf verdankte. Bei den Flugzeugführern hieß sie deshalb nur Hummel, Hornisse oder Floh. Eines Tages fiel mir ein, dass wir noch keinen Schlachtruf besaßen und so schlug ich „Wie ein Floh – aber oho!" sowie den Entwurf eines entsprechenden Abzeichens vor. Es sollte eine Überraschung werden für Hauptmann Späte, der nach seinem Unfall noch immer im Krankenhaus lag. Aber keiner der Flugzeugführer konnte einen Floh zeichnen – Menschenflöhe waren in Deutschland ausgerottet und der Biologieunterricht lag Jahre zurück. Ich forderte alle auf, nach Abbildungen von Flöhen zu suchen. Ich glaube Unteroffizier Hans Wiedemann kam als erster mit einer Abbildung an, die er in einem alten Lexikon entdeckt hatte. Die wurde genommen und unser künstlerich begabter Leutnant Hans Bott erhielt den Auftrag, auf ihrer Grundlage das Staffelabzeichen zu entwerfen.

Leutnant Hans Bott

Nach einem Einsatz wird Oblt. Olejnik von seinem Bordwart beglückwünscht.

Hauptmann Robert Olejnik, Staffekapitän der 1,/JG 400, noch als Oberleutnant beim JG 1 oder JG 3, deren Bf 109 u. a. ein „Tatzelwurm" als Staffelabzeichen zierte.

* Rückübersetzung

Die erste Me 163 zu Einsatzzwecken überführte Oberleutnant Rudolf Opitz am 10. März 1944 nach Wittmundhafen. Im Übrigen wurden sämtliche Me 163 von Bad Zwischenahn im Schlepp einer Bf 110 nach Wittmundhafen gebracht; so ersparte man sich das aufwändige Zerlegen bzw. Zusammensetzen vor und nach dem Schienentransport. Drei der fünf Einsatzmaschinen trafen vermutlich am 10. April und die restlichen beiden am 20. April 1944 ein. (Die Verlegungsmeldungen sind unvollständig. Sicher ist aber, dass B V 9, B V20, B V16, B V 29 und B V34 zu den ersten nach Wittmundhafen verbrachten Me 163 gehörten. B V16 kam am 29. März an.) Der Flugbetrieb begann am 15. März 1944. Es herrschte jedoch Wassermangel und Wasser benötigte man nun einmal zum Ausspülen der Treibstoffbehälter und zum Beseitigen von verschütteten oder ausgelaufenen Treibstoffresten am Boden. In den Vorratsbehältern des Fliegerhorstes gab es nicht genug Wasser für diese Zwecke. Die Staffel ließ daher Brunnenbohrungen bis in 100 m Tiefe unternehmen, doch selbst in dieser Tiefe stieß man auf nur wenig Wasser. Erst als der Luftwaffenführungsstab noch tiefere Bohrungen genehmigt hatte, stieß man in 142 m Tiefe auf eine ergiebige Quelle.

Am 12. März 1944 erreichte die Staffel ein über den General der Jagflieger versandtes Fernschreiben mit dem Verbot von Kampfeinsätzen, da diese nur unnötige Aufmerksamkeit der Angloamerikaner auf die Me 163-Erprobung auf sich zögen. Im täglichen Flugbetrieb war allerdings Waffeneinsatz zu Übungszwecken erlaubt. Übungsschießen war bis dahin vernachlässigt worden, was die Flugzeugführer mit zwei oder drei „scharfen" Flügen unter Mitnahme voller oder halber Munitionsausstattung wieder einigermaßen ins Lot brachten. Da es sich bei den in den Me 163 eingebauten 2 cm MG 151/20 oder 3 cm MK 108 um kampferprobte Waffen handelte, konzentrierten sich die Schießübungen auf Feuern in großer Höhe oder bei Wendemanövern mit hoher Geschwindigkeit.

Als Ziele dienten u. a. Wolkenlöcher oder -zipfel. Keinerlei Schwierigkeiten traten im Gerad- oder Geradeausflug auf; bei engen Kurven und Geschwindigkeiten jenseits 800 km/h aber brachen oft Glieder der Zerfallgurte. Dabei muss man wissen, dass die langen Munitionsgurte aus den Gurtkästen hinter der Kanzel einen relativ weiten Weg zu den Waffen in den Flächenwurzeln zurücklegen mussten und nur von der Waffenmechanik eingezogen wurden. Olejnik schlug die Einführung von Gurttrommeln oder Trommelmagazinen direkt an den Waffen vor. Damit hätte man sich die langwierige Entwicklung neuer reißfester Gurte sparen können, die den hohen Fliehkräften

1st Lt Charles E. „Chuck" Parker von der *14 Squadron* der US-amerikanischen *7th Photographic Reconnaissance Group* unternahm am 31. Mai 1944 einen Aufklärungsflug nach Stettin. Beim Rückflug entdeckte er auf dem Gelände der Erprobungsstelle Rechlin etwas, „das die hohen Tiere daheim" interessieren könnte und machte zwei Überflüge. Auf den Luftbildern war nicht nur der Prototyp des Strahlbombers Ju 287 („Rechlin 66"), sondern auch ein „kleines Flugzeug" zu erkennen (von den Bildauswertern nicht als Me 163 erkannt). Vermutlich handelte es sich um eine der für die Vorführung am 11. und 12. Juni 1944 nach Rechlin verbrachten Me 163.
Oben rechts: Die *7th Photographic Reconnaissance Group* war mit britischen Vickers-Supermarine „Spitfire PR. XI" ausgestattet.

bei solchen Manövern trotzten. Die Trommel-Lösung bewährte sich in Versuchen, wurde aber nicht eingeführt.

Selbst als die Alliierten Anfang April 1944 ihre Aufklärungsflüge verstärkten, ließ die Gefechtserlaubnis des Luftwaffenführungsstabes für die Me 163 auf sich warten. Täglich überquerten zwei oder drei „Mosquito"-Aufklärer den Flugplatz in großer Höhe, aufgrund ihrer Kondensstreifen konnte man sie leicht erkennen. Laut Befehl musste die Staffel ihre Me 163 jedesmal in Sichtdeckung unterziehen, sobald sich ein Feindflugzeug zeigte. Bedienmannschaften und Piloten hatten Schutzräume oder Deckungslöcher aufzusuchen bzw. sich in den nahe gelegenen Wald zu begeben, wenn keine Zeit mehr blieb. Dies brachte natürlich den Flug- und Wartungsbetrieb durcheinander und ging dem Staffelpersonal mit der Zeit gehörig auf den Wecker.

Die Anhäufung von Triebwerksproblemen, die man schon nach Aufnahme des Flugbetriebs in Bad Zwischenahn festgestellt hatte, ließ auch in Wittmundhafen nicht nach. Am 21. April kam es zu einem weiteren Zwischenfall. Olejnik, der bereits 15 Schießübungen hinter sich und eine sechzehnte, letzte vor sich hatte, saß im Schutzanzug in seiner B V16, als ihm über Funk das Nahen von Feindflugzeugen gemeldet wurde. Seine vollbetankte und aufmunitionierte Maschine sollte „versteckt" werden. Als nach anderthalb Stunden Entwarnung gegeben wurde, ging es erneut an den Start. Kurz nach dem Abheben und Abwurf des Fahrgestells verlor das Triebwerk Schub und die Maschine fühlte sich an, als ob sie nicht ausgetrimmt wäre. Dann beschleunigte sich der Schubverlust und Olejnik entschloss sich zum Abschalten des Triebwerks und zum Notablass des Resttreibstoffs. Nur knapp schaffte er es an einem Flak-Turm vorbei und legte auf freiem Feld eine Notlandung hin. Mit 340 km/h schlitterte er mit eingezogener Landekufe rund 60 m weit, bis die Maschine zum Halten kam. Beim Aussteigen aus der Kanzel über die Fläche auf den Boden bemerkte er, dass das Triebwerk brannte, sein Gesicht blutete und irgendwas mit dem Rücken nicht stimmte. Bevor er zusammenbrach, schaffte er es noch, sich ein paar Meter weg vom Flugzeug zu bewegen. Ein paar Sekunden später explodierte die Maschine. Den Soldaten auf dem Flak-Turm war dies nicht entgangen. Sie eilten zum Unfallort und suchten das Gelände rund um das Flugzeug ab. Sie wollten schon aufgeben, als einer den im Gras liegenden Olejnik entdeckte. Dieser lehnte weitere Hilfeleistung mit dem Hinweis ab, er wolle auf die Staffelsanitäter und den Staffelarzt waren. Sie kamen, doch unglücklicher Weise kannte sich keiner mit den Besonderheiten von Me 163-Unfällen aus-sie waren erst vor zwei oder drei Tagen zur 1./JG 400 versetzt worden. Man brachte Olejnik nach Sanderbusch ins Marinelazarett, wo man Kopfverletzungen und gestauchte Rückenwirbel diagnostizierte.

Dort blieb er bis Ende Juni, dann entließ er sich selbst, um-immer noch im Gipsverband-wieder das Kommando über seine Einheit zu übernehmen. Anfang Mai war Hauptmann Otto Böhner an seine Stelle getreten und davor hatte Oberleutnant Gerhard Eberle als Stellvertreter Olejniks die Staffel geführt. Über Eberle stand er in regelmäßiger Verbindung mit ihr. Mittlerweile hatte man die Ursache seines Unfalls herausbekommen: ein Leck im T-Stoff-Durchflussregler, das sich durch eine Dichtung aus Kunstkautschuk gefressen hatte. Auch Hauptmann Böhner blieb nicht vor Unfall gefeit und verletzte sich bei einer harten Landung am 28. Mai (siehe unten). Ende April und im Mai 1944 kamen immer mehr Me 163 aus der Böblinger Klemm-Fertigung nach Wittmundhafen. Zu ihnen gesellte sich Klemm-Chefpilot Karl Voy, der vor Übergabe an die Staffel die Flugabnahmen durchführte. Zu diesen Maschinen zählten B V43, B V44, B V56, B V50, B V52, B V54 bis B V57 sowie B V59. Am 14. Juni ging B V43 wegen Umbauten an Lechfeld zurück. Am 19. Juni wurde die Maschine beim Bombenangriff der Amerikaner fast vollständig zerstört und nicht mehr instand gesetzt. B V57 und B V59 kamen später aus bislang unbekannter Ursache nach Jesau bzw. Oranienburg. Ab Mitte Mai gelangten Maschinen aus der Serienfertigung nach Wittmundhafen. Karl Voy nahm die erste Me 163 B-0 (BQ+UD, W.Nr. 440001) am 26. Mai ab. Ende Mai wurde die Flugabnahme der Me 163 aus Klemm-Fertigung zur Erprobungsstelle der Luftwaffe ins ostpreußische Jesau bei Königsberg verlagert.

Am 12. und 13. Juni setzte Oberst Gordon Gollob auf Anfrage des Kommandeurs der Erprobungsstellen eine Vorführung der Me 163 vor Mitgliedern des Jägerstabes in Rechlin an; des Weiteren waren Reichsmarschall Göring, Generalfeldmarschall Milch sowie interessierte japanische und italienische Gäste geladen. Da das EKdo 16 zu diesem Zeitpunkt über keine Maschine mit Flugfreigabe verfügte, musste die 1./JG 400 drei Me 163 stellen. Die beiden Flugzeugführer Hauptmann Rudolf Opitz und Oberleutnant Herbert Langer stellte das EKdo 16, wobei eine Me 163 nicht geflogen wurde und lediglich zur Besichtigungszwecken diente. (3)

Die Feldwebel Kurt Schiebeler und Rudolf Zimmermann überführten B V29 (GH+IH) und B V54 (GH+IW) am 11. bzw. 13. Juni im Schleppflug von Wittmundhafen nach Rechlin. Die Identität der dritten Me 163 ist nicht bekannt; vermutlich handelte es sich um eine Serienmaschine von Klemm, die sich schon seit geraumer Zeit in Rechlin befand.

Im Auswertungsbericht der angloamerikanischen ACIU vom 3. Juli 1944 ging es hauptsächlich um die in Rechlin liegenden

Prototypen des Strahlbombers Ju 287 („Rechlin 66"), die beiliegende, am 31. Mai geschossene Luftbildaufnahme zeigte aber auch eine Me 163 in Nähe der Kompass-Kompensierflächen am nördlichen Rand des Flugplatzes. (4) Die Bildunterschrift sprach lediglich von einem „kleinen Flugzeug" ohne den Typ zu erkennen. Die Aufnahme stammte vom US-Oberleutnant Charles E. „Chuck" Parker von der *14 Squadron* der *7th Photographic Reconnaissance Group*, der um 13.00 Uhr mit der „Spitfire PR.XI" (PL790) in Mount Farm/Oxfordshire gestartet war. (5) Nach einem Zwischenhalt zum Tanken in Bradwell Bay (20 km NNO von Southend/Essex) nahm er Kurs Amsterdam und Bremen. Nach dem Einsatz mit Hauptziel Stettin flog er dieselbe Strecke ohne Zwischenhalt in Bradwell Bay zurück und landete um 19.00 Uhr wieder in Mount Farm. Beim Rückflug, der von Stettin nach Bremen ziemlich genau über die E-Stelle Rechlin führte, entdeckte er dort aus 36.000 Fuß Höhe (ca. 10.970 m) B-17 mit deutschen Kennzeichen. Er dachte, es könne nicht schaden, diese Flugzeuge für die „hohen Tiere" daheim zu fotografieren, und machte zwei Überflüge. Über die Ergebnisse seines Aufklärungsfluges setzte man Parker nicht in Kenntnis.

Am 12. Juni führte Rudolf Opitz die B V29 in Rechlin vor. Während des Steigfluges nach dem Abheben gab es in 2000 m Höhe einen Flammabriss. Nach einigen Versuchen zum Neustart des Triebwerks entschloss sich Opitz zum Ablass des Treibstoffs und zur Landung. Hinterher fand man heraus, dass der aus Kiel gelieferte C-Stoff ziemlich verunreinigt war und den Filter am Druckregelventil zugesetzt hatte. Eine über Nacht angekommene neue C-Stoff-Lieferung zeigte ebenfalls Verunreinigungen und musste sorgfältig gefiltert werden. Am 13. Juni führten Opitz und Langer ihre Me 163 erfolgreich vor. Beim Landeanflug kam Opitz allerdings eine ebenfalls landende Me 262 in die Quere und er entschloss sich zur Landung auf einem eingezäunten Gelände am Rand des Flugplatzes. Die Landekufe grub sich in den weichen Untergrund und die Me legte sich nach 80 m mit einem Überschlag auf den Rücken. T-Stoff floss aus, auch über Opitz, und nach einem Bericht des EKdo 16 erlitt er Verbrennungen zweiten Grades an der linken Hand. (1) Opitz erinnerte sich an den Unfall wie folgt: „Ich landete seitlich der Landebahn, um diese für die ebenfalls an diesem Tag vorgeführten Strahlflugzeuge freizuhalten. Wir Vorführpiloten wuss-

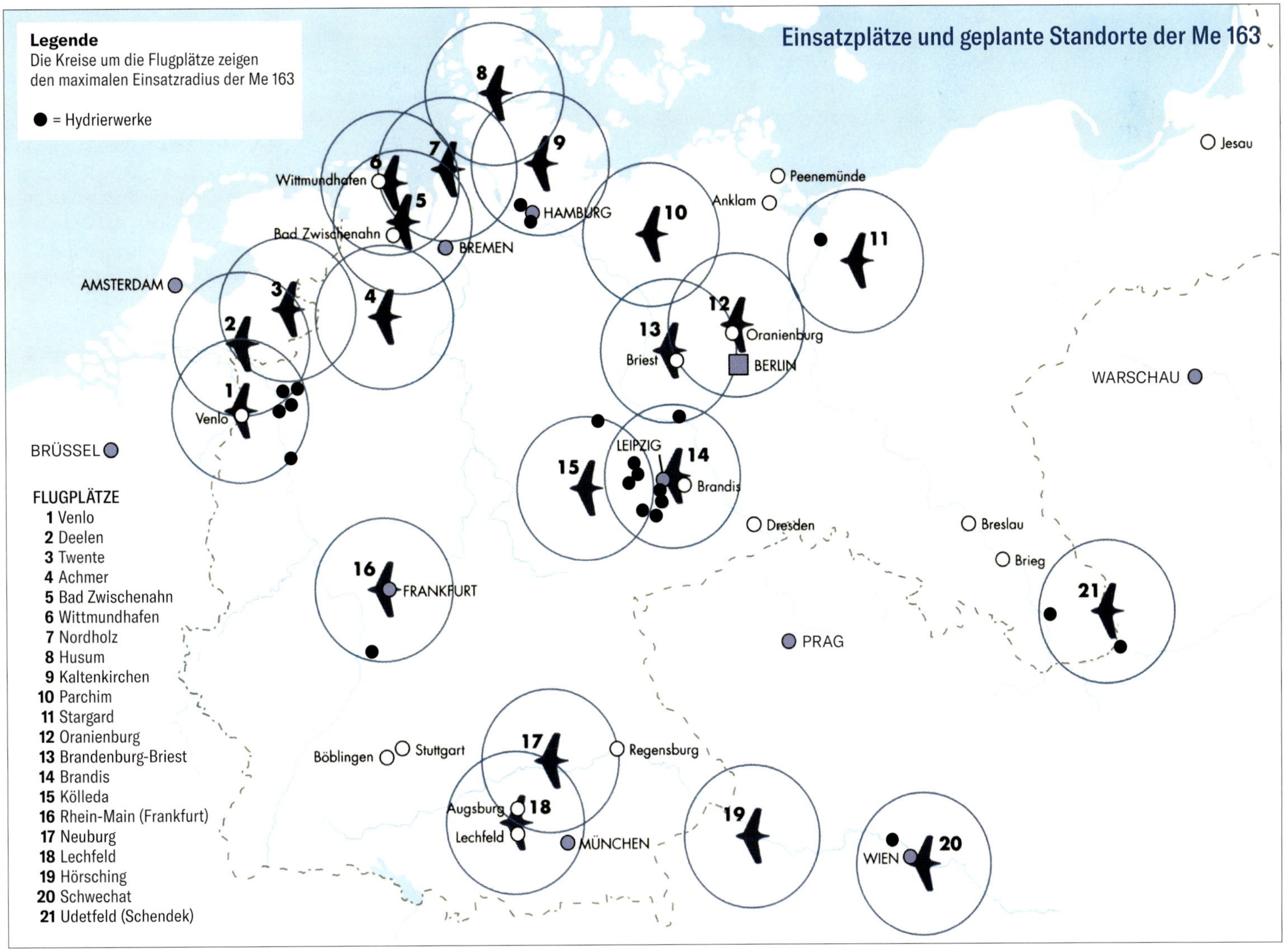

ten allerdings nicht, dass die Flak-Bedienungen des Platzes einen Graben von ihren Geschützstellungen bis zur Landebahn gezogen hatten für den Fall, dass sie sich bei Notfällen zur Landebahn begeben mussten und dort Deckung nehmen konnten. Als ich fast zum Halten gekommen war, tauchte plötzlich der Graben vor mir auf! Niemand hatte mich darüber informiert. Das Flugzeug kippte hinein, stand senkrecht und zögerte, als ob es sich entscheiden wollte, nach vorn oder nach hinten zu fallen. Es entschloss sich zum Kippen nach vorn und die Kanzel wurde eingedrückt. Zum Glück spielte sich alles in Zeitlupe ab und ich kam ohne Verletzungen davon. Ich hing nur in meinen Anschnallgurten und wartete auf die Soldaten, die mich herausholten – sie befanden sich ganz in der Nähe. Sie gruben so viel Erde wie nötig aus, so dass ich aus der eingedrückten Kanzel rutschen konnte. Gerade als ich dabei war, schlug eine Flamme in die Kanzel. Ich hatte mich aus dem Gurtzeug gelöst und war auf den Boden unter der Kanzel gefallen, wobei mir nicht bewusst war, dass Wasserstoffperoxid in die Kanzel ausgetreten war. Natürlich entfernte ich mich so rasch als möglich, stand aber in Flammen – meine Hand brannte, da die Flüssigkeit durch das Handschuhgewebe bis auf die Haut gesickert war und sich dann entzündet hatte. Das Gewebe schmolz einfach zusammen, man konnte es nicht abstreifen. Zum Glück war die Rettungsmannschaft sofort zur Stelle, sie hatten ein Feuerwehrauto mit Schlauch und bespritze mich. Unter dem Schutzanzug trug ich meine beste Uniform und das Wasserstoffperoxid war mir auch über den Rücken geflossen, ohne dass ich es bemerkt hatte. Meine Uniform bestand freilich aus organischem Stoff und als sie mir schließlich den Schutzanzug ausgezogen hatten, stellten sie fest, dass Arme und Rücken der Uniform weggeätzt waren. Der Treibstoff war aber nicht bis zur Unterwäsche vorgedrungen. Die Wassermenge hatte mich vor Verbrennungen der Haut bewahrt. Aber ich war wirklich erschrocken."

Unter den herbei geeilten Rettern befand sich auch Kurt Schiebeler. Er war aufs Feuerwehrauto gesprungen, hatte das Loch unter der Kanzel gegraben, die Haube eingeschlagen und Opitz mit der Bemerkung aus der Kanzel gezogen: „Herr Hauptmann, Sie haben Glück gehabt!"

In diesem Augenblick fing Opitz' Schutzanzug Feuer. Schiebeler reagierte sofort und Opitz wurde von Kopf bis Fuß mit Wasser überschüttet. Zur Behandlung der Verletzungen kam Opitz ins Luftwaffenlazarett Wismar, wo auch Otto Böhner seit seiner harten Landung vor ein paar Tagen lag.

Das Verbot von Kampfeinsätzen wurde allmählich gelockert und so waren alliierte Flugzeuge, die Wittmundhafen überflogen, nicht länger tabu. Die Angloamerikaner schenkten dem Platz zunehmend mehr Aufmerksamkeit. Bei einem Aufklärungsflug am 6. Juli stellten sie sieben Me 163 fest. (6) Rudolf Opitz versuchte den Aufklärer mit der B V59 (GN+MB) abzufangen, was aber nicht gelang. Kurt Schiebeler hatte mit der B V55 (GH+IX) bei zwei Einsätzen am nächsten Tag auch kein Glück. Am Morgen hatte er es auf eine P-51 „Mustang" und am Abend auf eine P-38 „Lightning" abgesehen gehabt. Es waren zugleich die letzten Gefechtseinsätze mit Me 163 in Wittmundhafen.

Die Verlegung der 1./JG 400 nach Brandis begann um den 10. Juli 1944; wobei ein Vorauskommando schon früher aufbrach. Die Masse der Flugzeuge befand sich bis zum 17. Juli am neuen Standort. Bf 110 schleppten die flugtauglichen Maschinen, wobei jede Schleppmaschine ein zusätzliches Me 163-Fahrgestell für den Fall einer Zwischenlandung mitführte. Diese vorbeugende Maßnahme bewährte sich bei einem Gespann, das aufgrund schlechten Wetters und einbrechender Dunkelheit auf dem Flugplatz Bork[2] südlich Berlin landen musste. Beide Maschinen legten auf dem nur 1000 m langen und 800 m breiten Flugfeld eine einwandfreie Landung hin. Mit Unterstützung des Bordmechanikers in der Bf 110 konnte das Gespann am nächsten Morgen den Flug fortsetzen; das abgeworfene Radfahrgestell blieb sozusagen als Erinnerungstück in Bork zurück.

Eine kleine Gruppe unter Oberleutnant Gerhard Eberle blieb zur Erledigung von Restarbeiten noch eine Weile in Wittmundhafen. Interessanter Weise stellten die Angloamerikaner dort noch am 15. August eine Me 163 fest. Dies bedeutet, dass noch nicht alle Maschinen der 1./JG 400 im Juli nach Brandis verlegt hatten. (6) Dort befanden sich auf alle Fälle B V48, B V50, B V52, B V55, B V56, die „Weiße 1", die „Weiße 2", die „Weiße 3", die „Weiße 4", die „Weiße 7" (B V62) und die „Weiße 11".

2./JG 400
Bad Zwischenahn – Venlo

Nach offiziellen Dokumenten erfolgte die Aufstellung der 2./JG 400 bereits am 27. März 1944 in Oranienburg und dort blieb sie bis zum 22. Juli. Aus denselben Unterlagen geht die Verlegung nach Venlo bis Ende Juli hervor. Nach Stärkemeldungen der Luftflotte Reich besaß die Staffel zwölf Maschinen, war aber am 10. April 1944 noch nicht einsatzbereit. Weitere Meldungen geben über den Standort der 2./JG 400 keine Auskunft, erwähnen jedoch, dass sie nicht mehr in Oranienburg lag. Keiner der ehemaligen Flugzeugführer, mit denen die Verfasser in Verbindung standen, konnte sich an die erste Phase der Aufstellung in Oranienburg erinnern. Vermutlich diente der Fliegerhorst als Sammel- und Ausbildungsstelle für das Bodenpersonal.

Gemäß eines vom Generalquartiermeister der Luftwaffe, General der Flieger Hans-Georg von Seidel, unterschriebenen Befehls wurde die 2./JG 400 erst am 6. April 1944 aufgestellt. (7) Der Befehl trat mit sofortiger Wirkung in Kraft und die Staffel wurde dem Luftgaukommando III unterstellt. Nach Angaben von Otto Böhner erfolgte die Aufstellung unter seinem Kommando Anfang Juli 1944 in Bad Zwischenahn mit den Flugzeugführern Oberleutnant Joachim Bialucha, den Leutnants Günter Andreas, Rolf Schlegel und Heinz Schubert, den Oberfeldwebeln Jacob Bollenrath, Fritz Husser und Fritz Kelb, Feldwebel Horst Rolly sowie den Unteroffizieren Manfred Eisenmann, Rolf Glogner und Ernst Schelper. Nachrichtenoffizier war Leutnant Dorsel.

Die 2./JG 400 erhielt Me 163 aus Böblinger Klemm-Fertigung, wobei die Masse über Jesau eintraf.

In der zweiten Augusthälfte trafen auch in Oranienburg montierte Maschinen ein, zumal die Endmontage und Flugabnahme zwischen dem 4. und 24. August von Jesau dorthin verlagert worden war. Der Transport sämtlicher Me 163 erfolgte auf dem Schienenweg.

Ende Juni schickte man Oberleutnant Bialucha in Begleitung von Leutnant Andreas als Vorauskommando nach Venlo, wo sie die nötigen Vorbereitungen für die Ankuft der 2./JG 400 trafen. Nachdem er seine am 28. Mai in der B V57 in Wittmundhafen erlittenen Verletzungen halbwegs auskuriert hatte, kehrte Hauptmann Böhner Anfang Juli nach Bad Zwischenahn zurück (siehe oben). Der Unfall hatte sich wie folgt zugetragen: Nach einem Erprobungsflug befand sich Böhner mit halb vollen Treibstoffbehältern gerade im Landeanflug, als das Gestänge einer Landeklappe brach. Er hatte keine Zeit mehr, die anderen Landeklappen einzufahren und schaffte gerade noch eine Bruchlandung in einem Getreidefeld, dessen Boden sich als relativ weich erwies. Bevor die Maschine zum Halten kam, machte sie noch einen Sprung und Böhner schlug mit dem Kopf auf das Reflexvisier. Darauf kam er ins Lazarett. In seiner Abwesenheit übernahm Leutnant Heinz Schubert befehlsgemäß das Kommando. Als Böhner zurück kam, machte ihm die Kopfverletzung erneut zu schaffen und er musste wieder ins Lazarett. Ende Juli trat er dann zur 2./JG 400 in Venlo und übernahm wieder die Führung.

Etwa Mitte Juli war das Fliegende Personal in Venlo eingetroffen, wo sich aber noch keine Me 163 befand. Die erste Maschine traf erst kurz nach der zweiten Entlassung Böhners aus dem Lazarett ein. In den ersten Wochen fand Ausbildung statt, wobei sich die Einheit den Platz mit Staffeln der I./NJG 1, der III./KG 3 und dem Erprobungskommando 410 (Me 410) teilte. Hauptmann Otto Böhner über den Flug mit der ersten Me 163 in Venlo: „Der Flugplatz liegt leicht erhöht und wenn man aus einer bestimmten Richtung von Westen her landet, bekommt man Auftrieb von den Dünen, das Flugzeug wird nach oben gerissen und der Landestreifen ist plötzlich zu kurz. Dies passierte mir. Ich schoss über die Landebahn hinaus. Es passierte nicht viel. Das Flugzeug war Totalschaden, aber bei mir war alles in Ordnung.“ (8) Am 26. Juli machte Feldwebel Horst Rolly nach einem Übungsflug Bruch, wobei die Me 163 (BQ+UL, W.Nr. 440009) natürlich beschädigt wurde.

Am 12. August 1944 kam Oberleutnant Joachim Bialucha unter tragischen Umständen ums Leben. Günter Andreas: „Wir waren in unseren Unterkünften und ruhten uns nach dem Abendessen vom Tagesdienst aus. Um 21.00 Uhr drehte ich als Offizier der Wache eine Runde auf dem Flugplatz. Als ich um 23.00 Uhr am Haupttor vorbei kam, sah ich dort Bialucha auf seinem Fahrrad warten. Der Torposten, der ihn nicht kannte, hatte ihm den Zugang verweigert. Er freute sich, mich zu sehen und bat um die Erlaubnis zu passieren und eine Abkürzung über den Flugplatz nehmen zu dürfen, denn er war auf dem Weg zu seiner Frau, die in Kaldenkirchen unweit der deutsch-holländischen Grenze wohnte. Ich ging in meine Unterkunft zurück und war gerade eingeschlafen, als im benachbarten Zimmer von Hauptmann Böhner das Telefon klingelte.

Seine Antwort auf die Frage, ob er einen Oberleutnant vermissen würde, lautete nein. Der Anrufer teilte mit, es hätte einen tödlichen Unfall mit einer Person gegeben, die auf einem Fahrrad der Staffel unterwegs war. Da Bialucha in unserer Staffel der einzige Oberleutnant war, schwante mir Schlimmes. Ich ging zu Bialuchas Zimmer und stellte fest, dass er nicht da war. Daraus schloss ich, dass er noch irgendwo mit dem Fahrrad unterwegs sein musste. Böhner, Schubert und ich fuhren zum Unfallort, wo wir Bialucha fanden. Beim Queren des Flugplatzes auf dem Fahrrad war er in der Dunkelheit auf die Luftschraube eines Nachtjägers geprallt, der von einem Schlepper gezogen wurde. Dann war er gestürzt und unter die Räder des Fahrwerks geraten.“ (2)

Hauptmann Otto Böhner und eine Me 163 der 2./JG 400 im August 1944 auf dem Flugfeld von Venlo.

Der Fliegerhorst Venlo war häufiges Ziel alliierter Luftangriffe. Fritz Husser meinte, dies hätte mit den dort stationierten He 111 (der III./KG 3) zu tun gehabt, die V1-Einsätze gegen England flogen. (2) Nach seiner Erinnerung wurde mindestens eine He 111 beim Beladen mit einer V1 in Stücke gerissen. Otto Böhner führte die Angriffe hingegen auf die in Venlo stationierten Nachtjäger zurück, deren Einsätze unterbunden werden sollten. Oberst Gollob hatte die Nachtjagd-Leitstelle in Venlo gerade deshalb einmal besucht.

Den ersten schweren Angriff auf Venlo flogen am 15. August 1944 B-17 der US-amerikanischen *390th Bomb Group unter Colonel* L. W. Dolan und *Lieutenant* Maher im Führungsbomber. Sie waren über tausend 100-Pfund-Sprengbomben ab.

Es ist nicht bekannt, wann die 2./JG 400 den ersten Gefechtseinsatz flog, nur dass er nicht von Erfolg gekrönt war. Fünf Me 163 unter den Piloten Günter Andreas, Jacob Bollenrath, Ernst Schelper, Fritz Kelb und Heinz Schubert waren daran beteiligt.[3] Nach der Erinnerung Böhners fand der Einsatz ein oder zwei Tage nach dem Abschuss einer B-17 durch Feldwebel Siegfried Schubert von der 1./JG 400 in Brandis statt. Die B-17 gehörte zu einem Verband, der am 16. August 1944 Böhlen bombardiert hatte. (2, 9, 10)

Am 27. August 1944 flogen 243 britische Bomber, die meisten vom Typ „Halifax“, einen Angriff auf das Rheinpreußen-Hydrierwerk bei Homberg. Für die Briten eine Besonderheit, da es sich um den ersten größeren Tagangriff seit August 1941 handelte (aufgrund empfindlicher Verluste hatten die Engländer dann auf Nachtangriffe umgestellt). Den Begleitschutz stellten neun „Spitfire“-Jagdstaffeln des Westhampnett-Geschwaders unter *Wing Commander* John Checketts, Neuseeländer und Träger des DSO. Die mehrheitlich aus Exilpolen bestehende *303 Squadron*, bei der auch Checketts flog, übernahm im Seitenabstand von 1000 Fuß (ca. 305 m) die linke Flankensicherung und flog über dem Spitzenverband der Bomber.

Um 13.58 Uhr sichtete Checketts über Geldern, ca. 45 km nordwestlich Düsseldorf, ein kleines Flugzeug, das schnell auf ihn zukam: *„Ich sichtete die düsengetriebene Me 163 zuerst etwa 17.000 Fuß (ca. 5200 m) unter den Bombern in Richtung 4 Uhr zu ihnen und etwa 2 Meilen (ca. 3,2 km) von mir entfernt. Das Feindflugzeug stieg in sehr steilem Winkel und mit unglaublich hoher Geschwindigkeit auf die in 22.000 Fuß (ca. 6700 m) fliegenden Bomber zu; das Düsentriebwerk war eingeschaltet und hinterließ einen*

Oben und rechts: Hauptmann Otto Böhner, Staffelkapitän der 2./JG 400 in der Kanzel seiner Me 163 W.Nr. 440014 aus Klemm-Produktion kurz vor einem Start in Venlo. Die Flugzeuge des Fertigungsloses trugen die Kennungen BQ+UD bis BQ+UW. Die W.Nr. 440014 entspricht eigentlich der BQ+UQ, doch dieser Maschine wurde die Kennung nie aufgemalt.

etwa ¼ bis ½ Meilen langen (ca. 400–800 m), weißen Kondensstreifen. Es schien mitten durch die Bomber zu stoßen und erreichte rasch unsere Höhe. Wir befanden uns links und in Nähe der Spitze des Bomberpulks in 22.000 Fuß (ca. 6700 m) und die Me 163 setzte aus Richtung 8 Uhr zum Angriff auf die 303 Squadron an. Das Flugzeug hatte es auf mich abgesehen und ich wich nach rechts aus, die 90-Gallonen-Tanks noch an der Maschine. Das Feindflugzeug näherte sich mir bis auf etwa 100 yards (ca. 90 m) und eröffnete im Winkel von 90 Grad das Feuer. Die »Spitfire« kurvte die Me 163 sehr leicht aus. Zwei Maschinen der 303 Squadron hängten sich hinter sie und eröffneten aus 600 bis 300 yards (ca. 550–275 m) das Feuer ohne erkennbare Treffer zu erzielen. Dann ging sie [Me 163] *mit stoßweißem Triebwerkseinsatz senkrecht nach unten und das war das Letzte, was wir von ihr sahen. Der Rumpf der Me 163 hatte vorn etwa die gleiche Größe wie bei einer »Thunderbolt«, sah von der Seite aber wesentlich gedrungener aus; die Nase war stumpfer als in den bisherigen Zeichnungen dargestellt. Die stark nach hinten gepfeilten Flächen ähnelten in der Form der »Spitfire« und die Kanonen schossen aus den Flügelwurzeln nah am Rumpf. Wieviele es waren, konnte ich nicht erkennen. Das Feindflugzeug besaß ein Leitwerk mit Seitenruder und den üblichen deutschen Tarnanstrich. Unsere Fluggeschwindigkeit betrug etwa 210 mph (ca. 340 km/h) und die Me 163 kam sehr schnell näher; ich vermute mit einer Endgeschwindigkeit von 310 mph (ca. 500 km/h).*“

Am 2. September setzte die Fliegerhorst-Kommandantur Hauptmann Böhner über die geplante Zerstörung der Flugplatzeinrichungen am nächsten Tag wegen vordringender angloamerikanischer Bodenverbände in Kenntnis. Da die Me 163 nicht einfach weg- und irgendwohin fliegen konnten, ordnete Böhner die Verbringung über Land nach Wesel an. Dazu baute man die Flügel ab und setzte Rümpfe und Flächen zum Schlepp auf die Radfahrgestelle. Die Tankwagen stattete man mit schnell zusammen gezimmerten Gestellen aus, auf denen sich die übrige Ausrüstung verlasten ließ. Die Fahrt nach Wesel dauerte drei Tage, wobei die Staffel nachts in Wäldern unterzog. Räder und Achsen der Radfahrgestelle, die ja nicht zu derartigen Zwecken gebaut worden waren, mussten regelmäßig geschmiert werden. Passanten und Einwohner der Orte am Wege betrachteten die vorbei ziehenden „Wunderwaffen“-Treck mit stillem Staunen. In Wesel zog die Staffel bis zum Eintreffen eines Befehls von Oberst Gollob weiter nach Brandls zu verlegen, in einem Wald unter. Dies war klug, zumal US-Artil-

Messerschmitt Me 163 B W.Nr. 440014.
Im August 1944 die Maschine von Hauptmann Otto Böhner, Staffelkapitän der 2./JG 400 in Venlo. Dem Flugzeug war die Kennung BQ+UQ zugewiesen worden, ohne dass diese je aufgemalt wurde.

lerie den Flugblatz Wesel am 3. September unter schweres Feuer nahm.

Leutnant Günter Andreas führte das Vorauskommando, das die Ankunft der 2./JG 400 in Brandis vorbereiten sollte. Am Tag nach der Ankunft meldete ihm ein Obergefreiter der Staffel, zwei Eisenbahnwaggons voller Ausrüstung für die Staffel, vor allem aber für das NJG 1, warteten bereits auf Nebengleisen des Flugplatzes auf die Entladung. Sie waren zwei Tage vor Hauptmann Böhner und dem Gros der Staffel in Brandis angekommen. Und zwar hatten die beiden Transportbegleiter (von der 2./JG 400) im Chaos der Verlegungen in Venlo keine Ansprechpartner beim NJG 1 mehr ausfindig machen können und sich an Hauptmann Böhner gewandt. Dieser beauftragte die beiden kurzerhand, die Brüsseler Waggons nach Brandis „umzudirigieren". (siehe Bericht Hans Hoever Kapitel 7). Natürlich mussten Lokomotivführer und Zugpersonal erst einmal von der neuen Destination „überzeugt" werden, was die beiden mit „Bestechung" erreichten - zur Ladung gehörten nämlich große Mengen Kognak, Likör und Wein. So kam es, dass die Waggons vor der Staffel in Brandis ankamen. (2) Das Entladen und Verstauen der geistreichen Ladung erwies sich zunächst als Problem, da der Staffel in Brandis noch keine Lagerräume zugeteilt worden waren. Irgendwer machte schließlich einen geeigneten Raum für die Spirituosen ausfindig und die Staffel erfreute sich bald überall auf dem Platz großer Beliebtheit. Hauptmann Böhner aber traf mit dem Gros erst zwei Tage später ein.

Die gescheiterten Luftlandungen der Briten und Amerikaner bei Arnheim und Nimwegen im September 1944 bremsten ihren weiteren Vormarsch in Holland aus. Erst am 1. März 1945 besetzte eine Kampfgruppe der 35. US-Infanteriedivision unter *Colonel* Bernard A. Byrne Venlo. Kurz danach rückte das 852. US-Luftpionierbataillon unter *Lieutenant Colonel* Arlong Hazen zu Aufräumungsarbeiten an. Unter den Trümmern der Flugzeughallen entdeckten die Pioniere drei schwer beschädigte Me 163.[4], (11-13)

Am 4. und 5. März 1945 durchsuchten britische Luftfahrtspezialisten den vor allem von alliierten Bomben zerstörten Flugplatz Venlo gründlich. Die Deutschen hatten Venlo bereits im September 1944 geräumt und alles noch brauchbare Gerät mitgenommen. Es blieben allerdings drei vollkommen zerstörte Me 163 ohne Triebwerke zurück, deren Wrackteile die Briten zur näheren Ersuchung an die Erprobungsstelle FAE Farnborough schaffen ließen, wo sie im April eintrafen. Hier sieht man sie ausgelegt in Farnborough. Aus einem britischen Bericht geht hervor, dass eines der Wracks an der Rumpfunterseite einen hellblauen und darüber einen braun-grünen Flecktarnanstrich auf hellblauem Grund aufwies.

Vor der Verlegung von Venlo nach Brandis in der ersten Septemberwoche 1944 flogen Me 163 der 2./JG 400 am 27. August noch einen Einsatz gegen 243 britische „Halifax"- und „Lancaster"-Bomber, die das Rheinpreußen-Hydrierwerk bei Homberg (12 km nordöstlich Düsseldorf) angriffen. Der Begleitschutz in Form der *303 Squadron* unter *Wing Commander* John Checketts fing sie ab. Checketts „Spitfire" wurde von einer Me 163 angegriffen, konnte ihr aber ausweichen. Der Neuseeländer, der bis Endes des Krieges 15 Luftsiege erzielte, gilt als alliiertes Jagdfliegerass (rechts).

Eine Me 163 steigt auf eine „Spitfire" des Begleitschutzes zu.

Unter den im September 1944 von Venlo nach Brandis transportierten Me 163 befanden sich die W.Nr. 440003 (BQ+UF), 440006 (BQ+UI), 440007 (BQ+UJ), 440013 (BQ+UP), 440014 (BQ+UQ) und 440015 (BQ+UR).

Fußnoten

1 Arbeitsbericht 35 des EKdo 16 vom 30. März 1944 berichtet von zwölf zur 1./JG 400 versetzten Flugzeugführern; nach Olejniks Bericht waren es aber nur zehn. Möglicher Weise bezog das EKdo 16 Medicus und Ziegler als zeitweilig abgestellte Ausbilder mit ein.

2 Bei dem als „Bork" (u. a. von Olejnik) bezeichneten Flugplatz handelte es sich um Borkheide rund 40 km südwestlich Berlin; Koordinaten 514648N-0717100. Im Übrigen das Revier des Luftfahrtpioniers Hans Grade (1879-1946).

3 In *Raketenjäger Me 163* schreibt Mano Ziegler, er sei nach der Landung vom Einsatz zugegen gewesen. Doch Ziegler war nie in Venlo.

4 In einem Gespräch mit den Verfassern sagte Olejnik, die wenigen Me 163 unter seinem Kommando seien alle von Venlo nach Brandis gebracht worden.

7

Gegen gewaltige Übermacht

Die I./JG 400 in Brandis Juli 1944 bis April 1945

DIESES KAPITEL schildert in chronologischer Reihenfolge die Einsätze der I./JG 400 in Brandis gegen die alliierten Bomberströme, wobei sich die Begegnungen und Luftkämpfe in Originalberichten und -meldungen amerikanischer und britischer Bomberbesatzungen und Jagdflieger widerspiegeln. Original-Einsatzberichte der I./JG 400 gibt es leider keine mehr – sie wurden kurz vor der Räumung Brandis im April 1945 vernichtet.

Im weiteren Zusammenhang sei auf Jeffrey L. Ethells ausgezeichnetes Buch *Komet. The Messerschmitt Me 163* (deutsche Ausgabe: *Messerschmitt Komet*, Motorbuch Verlag 1980) verwiesen (1), das auf Zeitzeugenberichten und Dokumenten beruht. Allerdings fanden die Verfasser in dem 1978 in England erstmals veröffentlichten Werk eine Anzahl Irrtümer wie Schilderungen von Luftkämpfen, die sich durch mittlerweile erschlossene Dokumente nicht belegen lassen. Sie haben sich vielfach auf die Arbeit Ethells gestützt, aus Gründen der historischen Genauigkeit aber neue Quellen herangezogen. In diesen Augenzeugenberichten amerikanischer und britischer Flieger kommt die Heftigkeit der Luftkämpfe besonders authentisch zur Geltung. Auf Seiten der I./JG 400 stützten sie sich auf bislang unveröffentlichte Berichte und Befragungen ehemaliger Angehöriger des Verbandes; Flugzeugführer wie Bodenpersonal. Weitere Schilderungen von Luftkämpfen finden sich in Mano Zieglers *Raketenjäger Me 163*. (2) Das Buch erschien erstmals 1961 und hat seitdem etliche Nachauflagen erlebt. Ziegler hat darin Informationen aus eigenem Erleben sowie aus Gesprächen mit Flugzeugführern des JG 400 verarbeitet. So packend das Buch auch geschrieben ist, so fehlen doch genaue Zeitangaben und manche Berichte gerieten in der zeitlichen Reihenfolge durcheinander. Außerdem nutzte Ziegler seine schriftstellerische Freiheit dazu, manche Ereignisse so zu schildern, als hätte er sie persönlich miterlebt, obwohl dies nicht der Fall war. Die Verfasser haben deshalb Zieglers nach wie vor empfehlenswertes Buch vor allem als Hintergrundinformation verwendet. Nichtsdestoweniger stimmen Zieglers Berichte mit den von den Autoren zu einem viel späteren Zeitpunkt recherchierten und verifizierten Informationen sachlich überein.

Vieles über die Me 163 Geschriebene erweckt den Eindruck, die Raketenjäger seien als kleiner, verlorener Haufen sozusagen allein auf weiter Flur gegen die übermächtigen alliierte Bomberströme und deren Begleitjäger eingesetzt worden. Dies ist aber nur ein Teil der Wahrheit. In der Tat waren die alliierten Bomber zahlenmäßig übermachtig. Bei ihren Tagesangriffen auf Merseburg setzte die 8. USAAF Hunderte Bomber an einem einzigen Tag ein, wobei an diesem Tag Aberhunderte weiterer Bomber andere Ziele in Deutschland bombardierten. Doch bis zuletzt gab es heftige Gegenwehr und die Me 163 waren nicht die einzigen Waffen, die sie bekämpften. Viele Bomber wurden von Flak und Jagdflugzeugen wie der Bf 109 und der Fw 190 abgeschossen oder schwer beschädigt, bevor sie ihre Angriffsziele erreichten, etliche später noch auf dem Heimflug. Ein Einsatz von Raketenjägern Me 163 erfolgte hingegen nur, nachdem die deutsche Funkmessortung einen Bomberanflug auf den Raum Merseburg gemeldet *und* sich die Bomber dem Zielgebiet bis auf 50 km genähert hatten.

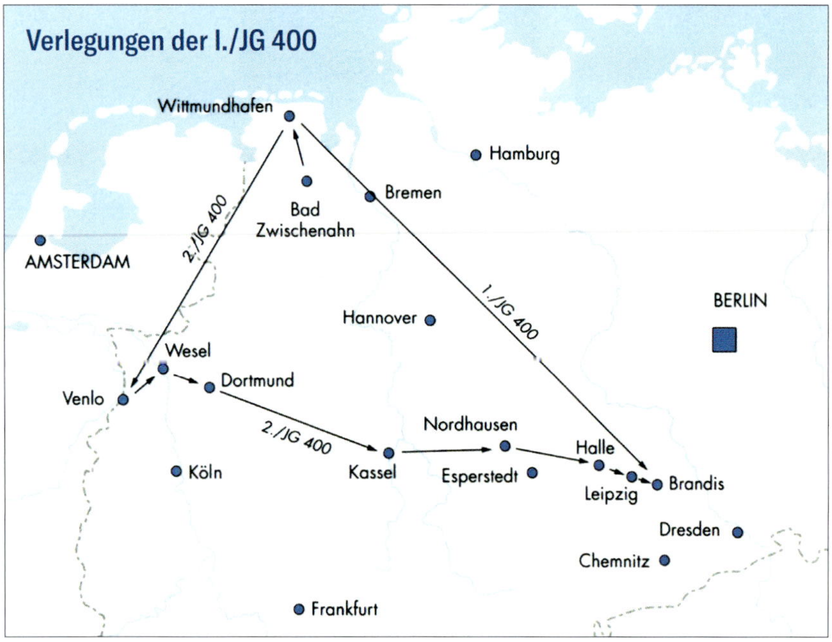

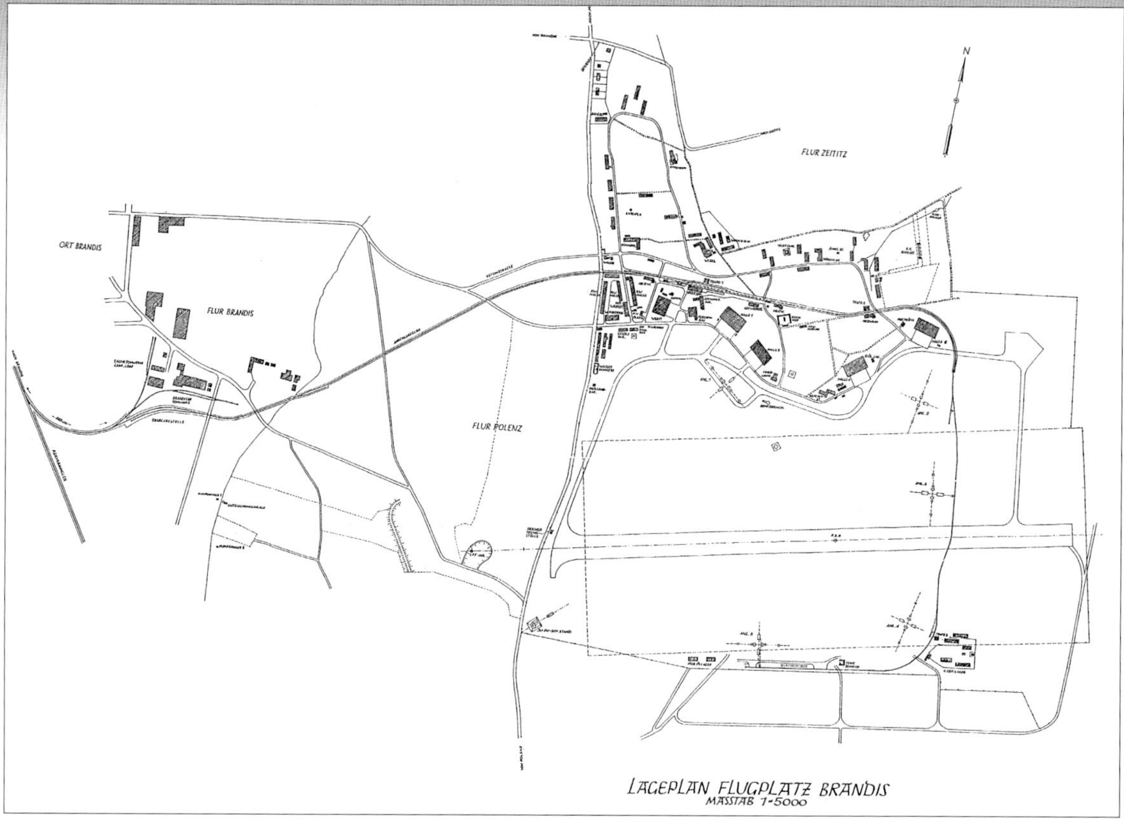

Lageplan Flugplatz Brandis vom 29. September 1944. Die 8. USAAF bombardierte Brandis am 28. Mai 1944. Die kreuzartigen Zeichen markieren unterirdische Treibstofftanks. Die das ostwärtige Ende der Start- und Landebahn schneidende Eisenbahnstrecke behinderte den Flugbetrieb.

Die I./JG 400 kam so bei den Großangriffen der 8. USAAF auf Merseburg, Lützkendorf und Böhlen am 28. Juli, am 16. und 24. August, am 11. September, am 7. Oktober und am 2. Dezember 1944 zum Einsatz. Obwohl die Amerikaner danach weiter Massenangriffe auf Merseburg und Städte der Umgebung flogen, beschränkte sich der Einsatz der I./JG 400 dann auf Einzelangriffe auf allein fliegende alliierte Aufklärer-manchmal mit Erfolg. (Die Me 163 der II./JG 400 wurden nicht gegen Massenangriffe eingesetzt). Im Nachhinein scheint es sonderbar, dass die Amerikaner Brandis nach dem 28. Mai 1944 nicht mehr angriffen, obwohl sie von der dortigen Stationierung der Me 163 Kenntnis erlangt hatten.

Brandis

Der Flugplatz Brandis in der Leipziger Tieflandsbucht zwischen den Siedlungen Polenz und Leulitz entstand 1934–35. (3) Die offizielle Bezeichnung lautete *Fliegerhorst Waldpolenz*, der Tarnname *Bickbeere* und die Amerikaner nannten den Platz *Polenz Airfield*. Bis 1943 nutzte die Luftwaffe Brandis als Ausbildungsplatz; ab 1943 lagen auch Einsatzstaffeln dort. Von 1944 bis Kriegsende diente Brandis als Erprobungsstelle für Flugzeuge der Junkers Flugzeuge- und Motorenwerke AG in Dessau. Ursprünglich war der Flugplatz für die *Blindflugschule (BFS) 1* gedacht gewesen, um Flugzeugführer im Blindflug und in Blindnavigation zu schulen. Im Herbst 1937 verlegte die Navigationsausbildung ins pommersche Anklam. Am 15. Oktober 1943 erhielt die BFS die neue Bezeichnung *Flugzeugführerschule (FFS) B 31*. Ihr Kommandeur war Oberst Paul Aue, der sich während des 1. Weltkriegs als Offiziersstellvertreter der Jagdstaffel 10 im Jagdgeschwader 1 ausgezeichnet hatte, dem berühmten „Fliegenden Zirkus" Manfred Freiherr von Richthofens.[1] Für jeweils kurze Zeit lagen in Brandis ferner die *Ergänzungsaufklärungsstaffel (F)/ObdL*, die *Wettererkundungsstaffel Luftflotte 1* mit ihren Ju 52, die *I./JG 3* mit Bf 109, die *9.* und *17./NJG 4* sowie die *11./NJG 5* mit Bf 110, sowie das *KG 1 „Hindenburg"* mit He 177 und Ju 88.

BFS 1 und FFS 31 verfügten zu unterschiedlichen Zeiten über jeweils wenige Junkers W 34, Ju 52, Ju 86, Ju 88, Do 17, Klemm Kl 32, Fw 44 „Stieglitz", Fw 56 „Stößer" und Fw 58 „Weihe", He 45, He 70, He 111 und He 177, Ar 66, Ar 76 und Ar 96 sowie Siebel Si 204. Je nach Muster dienten diese Flugzeuge zur Ausbildung in Langstreckennavigation, Blindflug, Luftkampf, Bombenwurf sowie zu Umschulungszwecken.

Im Juli 1944 verlegte die 1./JG 400 unter Hauptmann Robert Olejnik von Wittmundhafen nach Brandis. (Zur Geschichte der 1./JG 400 in Wittmundhafen siehe Kapitel 5).

10.–17. Juli 1944

Die Überführung der Flugzeuge der 1./JG 400 von Wittmundhafen begann um den 10. Juli und war mit Masse am 17. Juli abgeschlossen. Natürlich gab es auch ein Vorauskommando, das die Ankunft der Me 163 in Brandis vorbereitete. Diese verlegten im Schlepp von Bf 110, die je ein zusätzliches Me 163-Radfahrwerk für den Fall einer unplanmäßigen Zwischenlandung mitführten. Zu den überführten Maschinen zählten B V48, B V50, B V52, B V55, B V56, „Weiße 1", „Weiße 2", Weiße 3", Weiße 4", „Weiße 7" (B V62) und „Weiße 11" (höchstwahrscheinlich erhielten die ersten fünf Maschinen Staffelkennungen. Leider konnte dies durch keines der zur Verfügung stehenden Dokumente bestätigt werden). Etwa zur selben Zeit kamen folgende weitere Me 163 von Bad Zwischenahn nach Brandis, um den Kern der Ergänzungsstaffel/JG 400 unter Leutnant Franz Medicus zu bilden: A V10, A V11, A V13, B V1, B V4 und B V8 (siehe Kapitel 10).

16. Juli 1944

Die britische Funkaufklärung entschlüsselte einen Funkspruch der 1. Jagddivision an die 7. Jagddivision, wonach ab sofort in etwa 60 Meilen (97 km) Umkreis von Leipzig Me 163 B operierten. (4)

19. Juli 1944

Unteroffizier Kurt Schiebeler (Me 163 B V50, W.Nr. 16310059, PK+QU) scheiterte beim Versuch, eine P-38 „Lightning" abzufangen. Er startete um 16.30 Uhr und landete um 16.55 Uhr. (5)

25. Juli 1944

Oberst Gordon Gollob wies Hauptmann Robert Olejnik an, die Eignung von Flugplätzen in Frankfurt am Main, München und Linz für Me 163 festzustellen. Olejniks Inspektionstour mit einem Fieseler „Storch" war am 2. August abgeschlossen. (6)

28. Juli 1944

Die 8. USAAF bombardierte Merseburg-Leuna und Leipzig-Taucha. (7)

Hauptangriffsziel	3. Kampfgruppe:	Merseburg-Leuna Leipzig-Taucha
	4. Kampfgruppe:	Merseburg-Leuna
Bomber	5 Bombergeschwader der 3. Kampfgruppe (280 B-17) 13 Bombergeschwader der 4. Kampfgruppe (486 B-17)	
Begleitschutz	9 Jagdgruppen der 3. Kampfgruppe (62 P-38, 392 P-51) 5 Jagdgruppen der 4. Kampfgruppe	

Von *Colonel* Avelin P. Tacon, Kommandeur des *358th Fighter Wing* (Jagdgeschwader 359 der 8. USAAF), stammt der nebenstehende Bericht über die Begegnung mit Me 163 am 28. Juli 1944 über Merseburg.

Die Abt. Feindaufklärung der 8. USAAF berichtete:
„Die interessanteste Entwicklung war das Erscheinen der raketengetriebenen Me 163, die aber weder Bomber noch Begleitjäger angriff. ... Vorherige Sichtungen wiesen auf das Vorhandensein von sechs bis acht dieser Flugzeuge im Zielgebiet hin. Einige wurden von Bomberbesatzungen um 09.45 Uhr und andere um 11.22 Uhr von Jagdpiloten gesichtet. Besatzungen berichteten, dass sie durch die Bomberverbände stürzten ohne anzugreifen, sie sehr wendig aber instabil, und vor allem im steilen Steilflug schneller waren als die sie verfolgenden P-51." (7)

General Major William Kepner, Kommandeur des *VIII Fighter Command*, schickte seinen Gruppen am 28. Juli 1944 folgendes Fernschreiben: (8) *„Fünf raketengetriebene Feindflugzeuge, in zwei getrennten Rotten fliegende Me 163 zu je zwei und drei Maschinen, wurden am 28. Juli 1944 im Zielgebiet Merseburg gesichtet. Die Zweierrotte näherte sich Bombern in etwa 32.000 Fuß (ca. 9800 m) von hinten. Die Flugzeuge hinterließen sehr dichte, dicke weiße Kondensstreifen. Wie berichtet wird, hielten sie sehr gute Rottendisziplin und behielten die Rotte beim Angriff im Sturzflug bei. Sie griffen die Bomber von hinten in einer leichten Sturzkurve mit sehr hoher Geschwindigkeit an, die zwischen 500 bis 600 Meilen (ca. 805–966 km/h) angegeben wird. Acht* [Jäger] *der 359th Group schwenkten auf sie ein, aber sie kurvten nur leicht weg und griffen wieder an, die Jäger kamen nicht zum Schuss. Nach dem Angriff zog der Rottenflieger im Winkel von 50 Grad in die Sonne hoch, während der Rottenführer den Sturzflug im Winkel von etwa 45 Grad fortsetzte. Im Steigen stieß der Jet schubweise Rauch aus, was darauf hindeutete, dass er in kurzen Abständen Vollschub gab. Der Tarnanstrich war ein hochglänzendes Rostbraun. Die Feindflugzeug-Erkennungsblätter, welche die Gruppen zur Ausbildung benutzen, werden als sehr genau geschildert. Man kann davon ausgehen, dass wir bald mehr dieser Flugzeuge zu sehen bekommen und dass sie die Bomber von hinten in Formationen oder Wellen angreifen werden. Zur besseren Abwehr und um Zeit für Gegenangriffe zu haben, müssen unsere* [Jäger] *Einheiten relativ nah an die Bomber heran, um sich zwischen die Feindjäger und unsere Schwergewichte* [Bomber] *setzen zu können. Diese Taktik wird sie vermutlich von wirksamen und wiederholten Angriffen auf die Bomber abhalten. Besondere Aufmerksamkeit ist dem Umstand zu schenken, dass man höchstwahrscheinlich zuerst dicke, dichte Kondensstreifen in etwa 30.000 Fuß (ca. 9100 m) erkennen wird, die sich den Bombern von hinten nähern. Mit Raketenflugzeugen ist vor allem im Raum Leipzig und München sowie ostwärts der Neun-Grad-Linie zu rechnen."*

Colonel Avelin Tacon führte die *359th Fighter Group* (56 P-51), die Begleitschutz für die 3. Kampfgruppe flog und um 09.46 Uhr die fünf Me 163 ausmachte: *„Am 28. Juli 1944 um 09.46 Uhr begegnete ich über Merseburg zwei Jägern Me 163. Meine Halbstaffel zu acht Flugzeugen flog Begleitschutz für ein B-17-Geschwader, das gerade Merseburg bombardiert hatte. Die Bomber flogen in 24.000 Fuß (ca. 7300 m) Richtung Süden und wir flogen etwa 1000 yards (ca. 914 m) östlich von ihnen in 25.000 Fuß (ca. 7600 m). Jemand meldete obere Kondensstreifen in 6 Uhr. Ich blickte nach hinten und sah in etwa 32.000 Fuß (ca, 9800 m) und etwa fünf Meilen Entfernung (ca. 8 km) zwei Kondensstreifen. Ich meldete dies dem Schwarm sofort als raketengetriebene Flugzeuge. Man konnte ihre Kondensstreifen nicht verwechseln. Sie waren weiß und sehr dicht, so dicht wie eine Cumulus-Wolke; sie sahen auch so aus, nur in die Länge gestreckt. Die beiden Kondensstreifen waren etwa eine Dreiviertel Meile lang (ca. 1200 m). Wir warfen sofort unsere Zusatztanks ab und entsicherten die Waffenschalter, während wir eine 180°-Wende hin auf die Banditen vollzogen. Mittlerweile war auf Anfrage mitgeteilt worden, dass es sich um fünf Me 163 handelte, darunter eine Zweierrotte, wie ich an den Triebwerkabgasen erkannte, und eine Dreierrotte ohne Abgasstreifen. Die Rotte, die ich sah, kurvte mustergültig eng im Sturzflug nach links und schickte sich auf 6 Uhr zum Angriff auf die Bomber an. Kurz nach dem Kurven fuhren sie die Triebwerke herunter. Wir setzten zum frontalen Angriff an, um zwischen sie und hinter die Bomber zu kommen. In einer Entfernung von etwa 3000 yards (ca. 2700 m) zu den Bombern bemerkten sie uns und drehten in leichter Linkskurve auf uns zu und weg von den Bombern. Die Neigung bei dieser Kurve betrug etwa 80°, wobei sie den Kurs um lediglich 20° änderten. Sie griffen die Bomber nicht an. Ihre Kurvengeschwindigkeit schien exzellent zu sein, der Kurvenradius jedoch sehr groß. Nach meiner vorsichtigen Schätzung machten sie 500 bis 600 Sachen (ca. 800–970 km/h). Obwohl ich gesehen hatte, wie sie in den Sturzflug* *übergingen und sie die ganze Zeit beobachtet hatte, bekam ich sie zu keiner Zeit nicht im Entferntesten ins Visier. Die beiden Flugzeuge flogen noch immer in engem Abstand und ohne Triebwerkeinsatz etwa 1000 Fuß (ca. 300 m) unter uns durch. Ich brach aus meinem Schwarm und versuchte ihnen zu folgen. Sobald sie unter uns durch waren, flog einer im 45°-Sturzflug weiter, während der andere in die Sonne hochzog, die etwa 50 oder 60° über dem Horizont stand. Ich warf einen schnellen Blick zur Sonne, konnte ihn aber nicht sehen. Als ich mich etwa eine Sekunde später nach dem im Sturzflug umdrehte, war dieser schon etwa fünf Meilen weg (ca. 8 km) und auf vielleicht 10.000 Fuß (ca. 3000 m). Ich konnte es nicht beobachten, aber der Führer meines zweiten Schwarms berichtet, dass das in die Sonne fliegende Flugzeug in kurzen Abständen Schub gab. Der Schwarmführer verglich dies mit dem Ausstoßen von Rauchkringeln. Das Flugzeug verschwand und wir hatten keine Ahnung, wohin. ... Ihre Kondensstreifen waren unverwechselbar und sahen sehr dicht und weiß aus, ähnlich einer langgezogenen, etwa Dreiviertel-Meilen langen Cumulus-Wolke (ca. 1200 m). Es schien sich um sehr erfahrene, aber nicht angriffslustige Piloten zu handeln.*" (9)

29. Juli 1944

Die 8. USAAF bombardierte Merseburg-Leuna, Hildesheim und Göttingen. (7)

Hauptangriffsziel	1. Kampfgruppe:	Merseburg-Leuna
	2. Kampfgruppe:	Merseburg-Leuna, Hildesheim, Göttingen
Bomber	5 Bombergeschwader der 1. Kampfgruppe 10 Bombergeschwader der 2. Kampfgruppe (insgesamt 657 B-17)	
Begleitschutz	5 Jagdgruppen der 1. Kampfgruppe 5 Jagdgruppen der 2. Kampfgruppe (insgesamt 62 P-38, 47 P-47, 387 P-51)	

Aus einem Bericht der 8. USAAF: *„Eine P-38, die einen nachhängenden Bomber begleitete, meldete den Einzelkampf mit einer raketengetriebenen Me 163 gegen 11.45 Uhr bei Wesermünde. Die P-38 näherte sich dem Feindflugzeug auf 8000 Fuß (ca. 2400 m), aber Letzteres ging in den Steigflug über. Auf etwa 1000 yards (914 m) eröffnete die P-38 das Feuer. Die Me 163 wich weiter aus und stieg in einem zu steilen Winkel für die P-38. Die P-38 versuchte, sich direkt hintan zu hängen und stieg mit etwa 100 mph (ca. 160 km/h). Die Me 163 vergrößerte jedoch den Abstand zu ihr. Auf etwa 15.000 Fuß (ca. 4600 m) fing das Feindflugzeug an zu kreisen, offensichtlich um in Angriffsposition zu kommen. Die P-38 aber griff ihrerseits an, eröffnete das Feuer und erzielte eine Anzahl Treffer. Das Feindflugzeug ging in eine Spiralkurve nach rechts und stürzte senkrecht nach unten, die P-38 hinterher. Beim Versuch zu folgen, hatte die P-38 eine Geschwindigkeit von etwa 500 mph (ca. 800 km/h) erreicht, als die rund 550–600 mph (ca. 885–970 km/h) fliegende Me 163 in der Wolkendecke verschwand. In etwa 1500 Fuß (ca. 460 m) beendete die P-38 den Sturzflug und suchte erfolglos nach dem Feindflugzeug. Der Pilot zog folgende Schlussfolgerungen aus der Begegnung: Die Me 163 verfügt über einen größeren Steigwinkel und eine höhere Steiggeschwindigkeit als unsere Jäger, aber ihre Vorwärtsgeschwindigkeit ist geringer; die Me 163 lässt sich bei jeder Geschwindigkeit auskurven, wird aber unseren Jägern im Sturzflug wegziehen.*" (7) (siehe Kapitel 5)

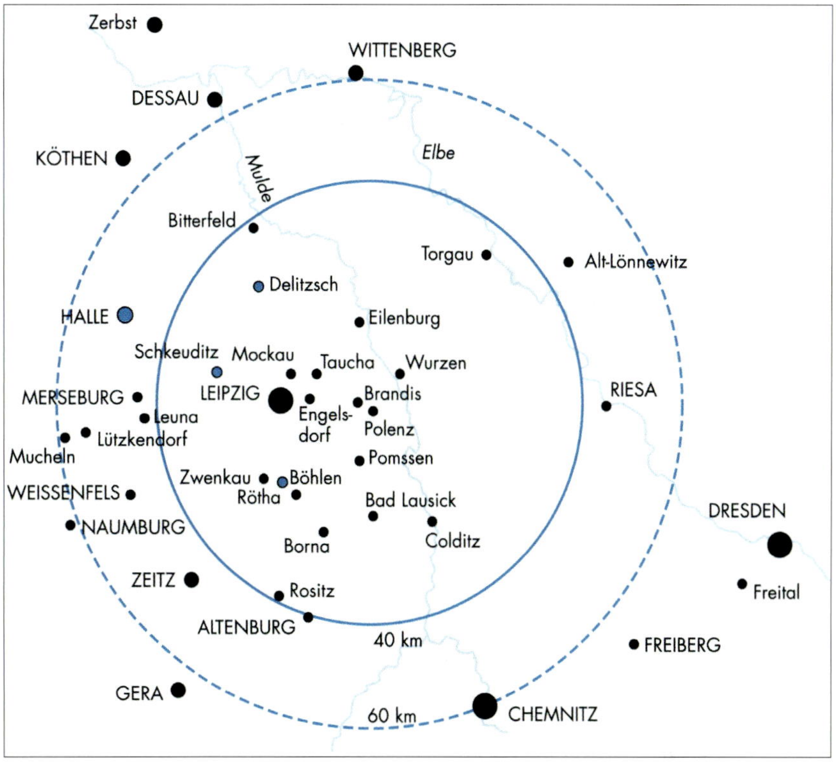

Die Me 163 hatte einen Einsatzradius von 40–60 km, erkennbar an den Kreisen in der Karte mit Mittelpunkt Brandis. Am 16. August 1944 bombardierte die 8. USAAF Delitzsch, Halle und Schkeuditz; auch die meisten anderen hier verzeichneten Städte suchten die amerikanischen Bomberströme bis Kriegsende heim. Mit einem geschlossenen Einsatz von Me 163 brauchten sie etwa ab November 1944 nicht mehr zu rechnen.

31. Juli 1944

Stärkemeldung der 1./JG 400 in Brandis: Bestand 16 Me 163, 4 einsatzfähig.

7. August 1944

Unteroffizier Kurt Schiebeler (Me 163 B „Weiße 1") scheiterte beim Versuch, eine „Mosquito" abzufangen. Er startete um 12.35 Uhr und landete um 12.51 Uhr. (5)

14. August 1944

Unteroffizier Kurt Schiebeler (Me 163 B V48, W.Nr. 16310057, PK+QS) flog einen Einsatz. Er startete 19.24 Uhr und landete 19.46 Uhr. Sein Flugbuch enthält keinen Eintrag über die Art des Gegners/Ziels. (5)

16. August 1944

Die 8. USAAF bombardierte Halle, Böhlen, Schkeuditz und Delitzsch. Diese Städte lagen innerhalb der Reichweite der in Brandis stationierten Me 163. (7)

Hauptangriffsziele	1. Kampfgruppe:	Delitzsch, Halle, Böhlen, Schkeuditz
Bomber	11 Bombergeschwader der 1. Kampfgruppe (425 B-17)	
Begleitschutz	6 Jagdgruppen der 1. Kampfgruppe (48 P-47, 241 P-51)	

„Um 10.50 Uhr wurde eine nachhängende B-17 [des Verbandes, der Halle angriff] *rund 5 Meilen westlich Köthen von einer einzelnen Me 163 angegriffen, doch dem Bomber gelang es zu entkommen.“* (7)

„Die oben fliegende Gruppe eines auf Böhlen angesetzten zweiten Bombergeschwaders wurde von zwei Maschinen einer aus sechs raketenengetriebenen Flugzeugen bestehenden Gruppe kurz nach dem Abflug vom Zielgebiet um 10.59 Uhr angegriffen. Die Flugzeuge unternahmen zwei Anflüge, den ersten von oben aus 11 Uhr, wonach die Flugzeuge wendeten und sich aus rund 2000 Fuß (ca. 610 m) an den Schwanz der Formation hängten. Die Flugzeuge näherten sich ohne Triebwerkseinsatz und schossen aus Kanonen in den Flügeln. Als sie auf etwa 200 yards (ca. 183 m) heran waren, fuhren sie die Triebwerke hoch und brachen so schnell weg, dass es unmöglich war, sie zu verfolgen.“ (7)

Bei den genannten Flugzeugen handelte es sich um Me 163. Nachforschungen ergaben, dass bei diesem Einsatz der 8. USAAF folgende Bomber angegriffen wurden: (1)

- B-17 (OR-N, 42-31636 „Outhouse Mouse“, 1st Lt W. Reese Mullins) der *91st Bomb Group*. Der Bomber wurde von Leutnant Hartmut Ryll angegriffen und beschädigt. Die beiden Bordschützen S/Sgt M. D. Barker und T/Sgt Carl A. Dickson wurden verwundet.
- B-17 (XK-B, 2nd Lt Charles Laverdiere) der *305th Bomb Group*. Der Bomber wurde von Leutnant Hartmut Ryll angegriffen und schwer beschädigt. Zwei Bordschützen fielen.
- B-17 (XK-D) der *305th Bomb Group*
- B-17 (XK-G, 1st Lt W. E. Jenks) der *305th Bomb Group*
- B-17 (XK-H, 2nd Lt D. M. Waltz) *305th Bomb Group*. Diesen Angriff flog Feldwebel Herbert Straznicky.

„Die [voraus fliegende] *dritte Gruppe von P-51 verwickelte vier raketengetriebene Flugzeuge, die im Raum Gotha Bomber angriffen, in ein Gefecht und macht zwei Abschüsse und ein beschädigtes Flugzeug geltend. Ein Pilot beschrieb das Aussehen der Feindflugzeuge eher als Nurflügler als auf dem Feinderkennungsblatt der Me 163 dargestellt, mit sehr stumpfer Nase, scharf nach rückwärts gepfeilten Tragflächen, ohne Querflächen am Seitenleitwerk, mit extrem dickem Stummelschwanz, Spannweite etwa ein Drittel der B-17 und viel größer als eine P-47. Der Anstrich war schwarz oder tief dunkelbraun und matt. ... Begleitjäger der 2. Kampfgruppe sichteten um 11.00 Uhr bei Friedburg* [Friedeburg 24 km NW Halle] *in 26.000–27.000 Fuß (ca. 7900–8300 m) eine Me 163 mit über 400 mph (ca. 644 km/h).“* (7)

Donald M. Waltz, seinerzeit Pilot der B-17 „Towering Titan“ der 305. Bombergruppe, erinnert sich: *„Ich flog als Leutnant eine B-17 der im englischen Chelveston liegenden 365. Staffel der 305. Bombergruppe der 8. USAAF. Am Morgen des besagten Tages wurden meine Besatzung und ich für einen Tagesangriff auf ein deutsches Hydrierwerk südwestlich Leipzig eingewiesen. Es war erst unser vierter scharfer Einsatz. Dieser galt wegen der Lage Leipzigs in Deutschland als Fernunternehmen. Wir waren mit Bomben und Treibstoff bis zur maximalen Abflugmasse beladen. Unsere Staffel aus zwölf Flugzeugen – sämtlich B-17 – wurde in drei Viererketten aufgeteilt. Ich sollte die Stelle vor Staffelführer Oberleutnant W. E. Jenks einnehmen, links außen in der Viererkette, welche die Führung übernahm. Ich denke, Leutnant Charles Laverdiere bekam die Innenposition zugewiesen“.*

„In den vergangenen zehn Tagen hatte man unsere Bombergruppe auf die Möglichkeit von Angriffen durch einen neuen deutschen ‚jet fighter‘ – die Me 163 – vorbereitet. Bei der Einweisung am frühen Morgen des 16. August beschrieb sie unser Gruppen-Feindnachrichtenoffizier noch einmal. Er sagte, die Me 163 wäre erst in Serie gegangen, es gäbe nur wenige einsatzfähige Flugzeuge und »es sei unwahrscheinlich, dass wir bei diesem Einsatz gegen Leipzig eine zu sehen bekämen«. Ferner führte er aus, dass, wenn wir tatsächlich einer begegnen würden, kein Problem beim Erkennen hätten: »... es ist das schnellste Flugzeug, das je einer von uns zu sehen bekommen hat.« Dieser Einsatz ist mir als lang und hart in Erinnerung geblieben. Wäre die deutsche Industrie in der Lage gewesen, im Herbst 1944 mehr von ihnen [Me 163] *zu fertigen, wäre der Luftkrieg über Europa für die amerikanische und britische Luftwaffe um einiges härter geworden.“*

Leutnant Paul Davidson, Navigator in der B-17 „Towering Titan“, vertraute seinem Tagebuch an: *„Der Himmel über Deutschland war schwarz vor* [alliierten] *Flugzeugen. Im gesamten Südosten Deutschlands waren meilenweit Feuer zu erkennen. Der Flakbeschuss zwischen dem Ausgangspunkt für den Luftangriff und dem Ziel war heftig und genau. Unsere Mühle bekam sieben Löcher, ein Treffer verfehlte einen Motor um lediglich 2 inches (ca. 5 cm). Es hätte tödlich enden können. Um 10.56 Uhr griff uns eine raketengetriebene Me 163 aus Richtung 6 Uhr von oben an. Unser Heckschütze S/Sgt Howard Kaysen (wir nannten ihn »Red«) pumpte einen langen Feuerstoß in sie. »Red« war unser bester Bordschütze. Die Me 163 kam bis auf 50 yards (ca. 46 m) heran und zog dann ab, als »Red« sie bepflasterte. Die Me 163 stürzte ab und zog schwarzen Rauch hinter sich her.“*

Der Anstrich der Feindflugzeuge wurde als schwarz oder tief dunkelbraun sowie matt beschrieben. An anderem Ort suchte die von 1st Lt Reese Walker Mullins geflogene B-17 „Outhouse Mouse“ der 91. Bombergruppe wieder Anschluss an den Hauptverband zu erlangen, der sich nach dem Angriff auf die Hydrierwerke Leuna auf dem Heimflug befand. Die „Outhouse Mouse“ war durch Fw 190 der IV. Sturmgruppe des JG 3 zuvor beschädigt worden. Mit zwei defekten Höhenladern und Verwundeten an Bord befand sie sich nicht in bestem Zustand. Doch es sollte noch schlimmer kommen. Um 10.45 Uhr setzte Leutnant Hartmut Ryll von der 1./JG 400 in seiner Me 163 von oben aus Richtung 6 Uhr zum Gleitangriff an, aus allen Kanonen feuernd. Als dringend gebotenes Ausweichmanöver „schaukelte Pilot Mullins den Bomber auf und ab“. Gegenüber einer amerikanischen Zeitung sagte Kopilot 2nd Lt Forrest P. Drewery später *„Wir begannen hin- und her zu schlingern“*. Ryll konnte demnach keine Treffer am angeschlagenen, aber ausweichenden Bomber erzielen. *„Dieser »Jettie« konnte uns nicht ins Visier bekommen“*, äußerte Heckschütze Unterfeldwebel Robert D. Loomis später gegenüber Reportern. *„Der »Jettie« sah wie eine Fledermaus aus. Der Rumpf war der kleinste Teil, es war praktisch ein Nurflügler. Beim senkrechten Steigflug in hoher Geschwindigkeit hinterließ er einen Kondensstreifen. Nachdem er hoch über uns war, schien der Pilot das Triebwerk abzuschalten, da es keine Kondensstreifen mehr gab.“*

Doch Hilfe nahte bereits in Gestalt von Jagdflugzeugen P-51 „Mustang“ der *370th Fighter Squadron* der *359th Fighter Group* unter Staffelkapitän *Lieutenant Colonel* John B. Murphy: *„Ich flog südöstlich Leipzig in Höhe 27.000 Fuß (ca. 8200 m) Begleit-*

Mit der Me 163 B V53 (W.Nr. 16310062) „Weiße 9“ machte Unteroffizier Kurt Schiebeler am frühen Abend des 4. August 1944 einen zwölfminütigen Erprobungsflug. Über den Buchstaben „x“ hinter der Prototypen-Nummer auf dem Leitwerk (nur mit scharfen Augen zu erkennen) rätseln die Autoren noch immer.

Messerschmitt Me 163 B V53
(W.Nr. 16310062) „Weiße 9“
Unteroffizier Kurt Schiebeler
1./JG 400, Brandis August 1944

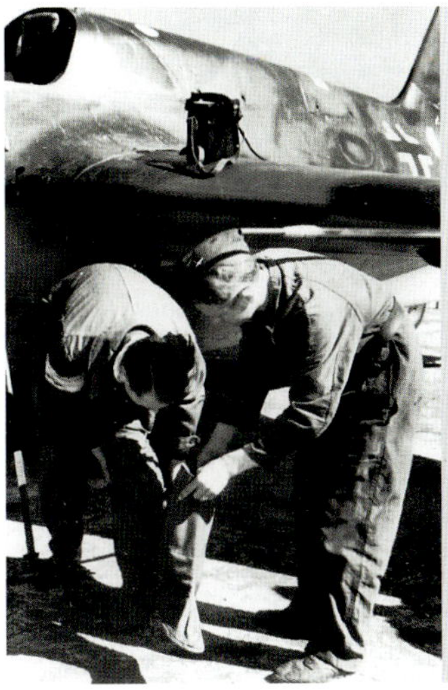

Links außen: Mit Unterstützung seines Bordwarts steigt Leutnant Hartmut Ryll in die Überstiefel seines Schutzanzuges. Der Feldfernsprecher auf der Tragfläche diente dem Piloten während der Startvorbereitungen als Verbindungsmittel zur Bodenmannschaft. Auf dem linken Foto sieht man Feldwebel Siegfried Schubert an der „Weißen 12“ damit gerade telefonieren. Diese Fotos entstanden vermutlich im Rahmen einer Bildserie für Propagandazwecke, die verschiedene Flugzeugführer bei Startvorbereitungen zeigt.

Die arg mitgenommene, von Leutnant Charles Laverdiere geflogene B-17 XK-B der *305th Bomb Group* nach Rückkehr auf dem englischen Fliegerhorst Chelveston/Northamptonshire. Die Treffer stammen höchstwahrscheinlich von Leutnant Hartmut Ryll, der den Bomber am 16. August 1944 angriff.

Die B-17 „Towering Titan" der *305th Bomb Group* und ihre Besatzung, aufgenommen im August 1944. Am 16.08.44 flog sie unter Oberleutnant Donald Waltz den Angriff auf Böhlen mit, der Waltz als „langer und harter Einsatz" im Gedächtnis blieb. Unterfeldwebel Howard Kaysen wehrte eine Me 163 ab. Sitzend v. l.: T/Sgt Paul Kennedy (Funker), T/Sgt Joe Kutskel (Bordwart), S/Sgt Howard Kaysen (Heckschütze), S/Sgt Marvin Dennis (Bugschütze). Stehend v. l.: S/Sgt Collin Lyerla (Bordschütze unterer Waffenstand/Rumpfbauch), 1st Lt Donald Waltz (Pilot), 1st Lt Paul Davidson (Navigator), 2nd Lt Sam Stempler (Bombenschütze), 2nd Lt John Keysor (Kopilot).

schutz für unsere Bomber, als ich einen Kondensstreifen bemerkte, der rasend schnell von links hinten auf die Bomber zustieg. Wegen der Geschwindigkeit musste der Streifen von einem raketengetriebenen Flugzeug stammen. Aufgrund der Vorteile in Geschwindigkeit und Höhe war mir klar, dass ich es nicht einholen konnte, bemerkte aber eine einzelne B-17, die als Nachzügler in 25.000 Fuß (ca. 7600 m) in nordöstliche Richtung weg von Leipzig flog. Ich ging davon aus, dass sie angegriffen werden würde und flog auf sie zu. Der Abgasstreifen des »Jettie« setzte etwa 500 yards (ca. 460 m) vor dem Bomber aus und ab diesem Moment bekam ich ihn in wie ein anderes Flugzeug ins Visier. Er flog durch den Bomberstrom und hinunter zum nachhängenden Bomber, wo er vor mir ankam; allerdings befand ich mich nicht weit hinter ihm und holte ihn ein. Als er die B-17 eingeholt hatte, schien er in den Horizontalflug überzugehen, und als ich nah heran war, eröffnete ich auf etwa 1000 Fuß (ca. 305 m) das Feuer und blieb auf dem Drücker, bis ich ihn überschoss. Ich erzielte ein paar Treffer auf der linken Rumpfseite. Ich kurvte so scharf nach links, wie ich nur konnte, um nicht zu überholen und vor ihn zu gelangen, wobei ich ihn und meinen Rottenflieger aus den Augen verlor. Mein Rottenflieger Lt Jones berichtete, dass sich der »Jettie« in einer halben Rolle auf den Rücken legte, und

Der tapfere Leutnant Hartmut Ryll war der erste im Luftkampf gefallene Flugzeugführer des JG 400. Diese beiden Aufnahmen zeigen ihn in der Kanzel seiner Me 163. Welche Maschine Ryll bei seinem letzten Einsatz flog, ist nicht bekannt. Die Namentliche Verlustmeldung führte eine nur unvollständige Werknummer auf.
Zur abgebildeten Maschine: Die mit einem Stück Stoff verschlossene Waffenöffnung in der Flächenwurzel deutet auf die Bewaffnung mit 3 cm-Kanonen MK 108 hin (beim 2 cm MG 151 würde die Mündung herausragen).

während er das tat, erzielte er [Jones] *eine für den Todesstoß ausreichende Anzahl Treffer in der Kanzel. Als Jones ihm im Sturzflug folgen wollte, verlor er das Bewusstsein. Als ich aus meiner scharfen Chandellekurve nach links herauskam, erblickte ich einen weiteren »Jettie« zur Linken und Jones in einiger Entfernung zur Rechten unter mir. Ich nahm mir den anderen vor, der in ziemlich flachen Kurven nach links wegdrehte. Ich denke, dass ich zwei seiner Kurven mitmachte und ihn dann einholte. Mir war auch klar, dass dies in ziemlicher Geschwindigkeit geschehen würde, eröffnete aber erst auf schätzungsweise 750 Fuß (ca. 230 m) das Feuer, gab einen langen Feuerstoß ab und beobachtete Treffer entlang des gesamten Rumpfes. Teile lösten sich ab, dann gab es eine starke Explosion, und weitere Teile flogen davon. Als ich durch die Explosionswolke flog, machte sich im Cockpit ein merkwürdiger chemischer Dunst breit. Es schien, als ob bei der Explosion ein großes Rumpfstück hinter der Kanzel abgeplatzt war. Ich folgte ihm in der Absicht nach unten, den Aufschlag zu beobachten, ließ es aber bleiben, als auf meiner Flughöhe in etwa zwei Meilen (ca. 3,2 km) Entfernung ein weiterer »Jettie« auftauchte. Da ich allein war und der Treibstoff knapp wurde, entschied ich mich gegen den Angriff und flog heim. Als ich das Raketenflugzeug zum ersten Mal sah, hatte ich den Eindruck, als ob ich stillstehen würde. Der Versuch, es einzuholen, schien hoffnungslos, doch die Neugier, so nah als möglich heranzukommen, überwog. Ich schätze, jeder Pilot würde so denken, der es mit ihnen zu tun bekommt. Eine andere bemerkenswerte Sache ist ihre sehr unterschiedliche Geschwindigkeit, was man aber erst wahrnimmt, wenn man selbst schnell an ihnen vorbeifliegt. Meiner Meinung nach sind sie wegen der großen Spannweite blind nach unten und nach den Seiten. Ich gebe zu bedenken, dass es sich bei den beiden als vernichtet gemeldeten Flugzeugen um nur eines gehandelt haben könnte, halte dies wegen der [unterschiedlichen] Flugmanöver und Lage der beiden aber für unwahrscheinlich. Ich melde eine (1) vernichtete und eine (1) im Luftkampf beschädigte Me 163.*“

Der Rottenflieger Murphys, *Lieutenant* Cyril W. Jones jr., erlebte das Ganze so: „*Ich flog mit der »Weißen 2« Begleitschutz für Bomber als »Führer Weiß«* [Murphy] *einen »Jettie« meldete, der auf die Bomber zuflog. »Führer Weiß« meinte, wie sollten ein Auge auf das Feindlugzeug haben. Wir flogen mit etwa zwei Meilen Abstand zum Bomberverband und das Raketenflugzeug befand sich jenseits der Bomber. »Führer Weiß« nahm Kurs auf einen nachhängenden Bomber, den sich das Raketenflugzeug vermutlich als Ziel ausgesucht hatte. Gerade als wir den Richtungswechsel vornahmen, bemerkte ich drei weitere Kondensstreifen, die jenem glichen, den »Führer Weiß« gemeldet hatte. Diese zogen durch einen anderen Bomberverband. Am Ende der Streifen konnte ich kein Flugzeug erkennen, ging aber davon aus, dass es sich um Raketenflugzeuge handelte. Ich beobachtete sie nicht weiter und konzentrierte mich darauf, meinem Rottenführer zu folgen.*

Links oben: Die B-17 „Outhouse Mouse“ (s/n 42-31636) kurz vor der Landung nach Rückkehr von einem Einsatz. Am 16. August 1944 wurde sie von 1st Lt W. Reese Walker Mullins bei der Bombardierung von Halle, Böhlen und Schkeuditz geflogen und als einer der ersten US-Bomber überhaupt von Me 163 angegriffen. Genau gesagt von Leutnant Hartmut Ryll von der 1./JG 400, der die B-17 aus Richtung 6 Uhr im Gleitflug attackierte.
Links: Die Besatzung, kniend v. l.: T/Sgt James R. Knaub (Funker), S/Sgt Kenneth J. Blackburn (Bugschütze), Sgt Joe V. Cullen (Hilfsbordwart und Schütze unterer Waffenstand), S/Sgt Robert D. Loomis (Waffenwart und Schütze unterer Waffenstand), Sgt Gordon D. Smith (Heckschütze, am 16.08.44 durch S/Sgt M. D. Baker ersetzt), T/Sgt Carl A. Dickson (Bordwart und oberer Bordschütze). Stehend v. l.: F/O Raymond Nassimbent (Kopilot, am 16.08.44 durch 2nd Lt Forrest P. Drewery ersetzt), 1st Lt W. Reese Walker Mullins (Pilot), 2nd Lt John O. Connor (Navigator und Bugschütze), F/O O. V. Chanes (Bombenschütze und Bordschütze im Kinnturm).

Gemäß seiner Einsatzmeldung beschädigte Lt Col John B. Murphy die Me 163 von Hartmut Ryll, bevor er eine zweite Me 163 angriff. Murphys Rottenflieger Lt Cyril W. Jones gab der Me 163 den Todesstoß.

Das Feindflugzeug, das wir abfangen wollten, hatte mittlerweile den Bomberverband passiert und nahm sich den Nachzügler vor. Es holte ihn ein und flog etwa 500 yards (ca. 460 m) rechts vor dem Verband vorbei, als wir den überholten. »Führer Weiß« befand sich etwa 1000 Fuß (ca. 305 m) über mir und im Endanflug. Ich sah, wie »Führer Weiß« feuerte und erkannte Treffer am Heck des Feindflugzeugs. »Führer Weiß« drehte ab, ich aber folgte dem abschwingenden Raketenflugzeug weiter hinterher. Ich gab einen kurzen Feuerstoß mit drei Radien Vorhalt ab, konnte aber keine Treffer erkennen. Ich vergrößerte den Vorhalt und schoss erneut. Jetzt schien das ganze Kanzeldach des Feindflugzeugs abzulösen, das ich als Me 163 identifiziert hatte. Ich ging sehr nah heran und schwang dicht hinter ihm ab. Beim Vorbeiflug am Heck geriet ich in seinen Luftstrudel, der meine Maschine halb nach links warf. Beim Berappeln verlor ich das Bewusstsein und die Me 163 aus den Augen. Nach dem Angriff in 23.000 Fuß (ca. 7010 m) kam ich in 14.000 Fuß (ca. 4300 m) wieder zu mir. Der Pilot war durch die Kanzeltreffer sicher getötet worden; so melde ich den Abschuss einer Me 163. Meinen Rottenführer fand ich nicht mehr und da der Sprit knapp wurde, flog ich heim. ... Bei eingeschaltetem Raketentriebwerk kann die P-51 die Me 163 unmöglich einholen, aber mit abgeschaltetem Triebwerk oder nach Verbrauch des Treibstoffs scheint sie langsamer als die P-51 zu sein. Die Geschwindigkeit mit abgeschaltetem Triebwerk lässt sich schwer schätzen, außerdem wechselt die Geschwindigkeit sehr stark. Nach der Schussabgabe hatte ich keine Gelegenheit mehr, mich mit der Me 163 zu messen und kann ihre Beweglichkeit deshalb nur schlecht beurteilen. Sie steigt nahezu senkrecht und ist dabei schneller als jedes herkömmliche Flugzeug im Horizontalflug; d. h. bei eingeschaltetem Triebwerk. Damit erreicht sie auch eine unglaubliche Beschleunigung und nach Abschalten eine sehr hohe Gleitflug-Geschwindigkeit. ... Ich melde die Vernichtung einer (1) *Me 163.*“

Ein anderer Jagdpilot der *370th Fighter Squadron* erlebte eine weitere Begegnung mit Me 163 an diesem 16. August 1944. *Lieutenant* Jimmie C. Shoffit: „*Ich flog die »Rote 2« im Schwarm von Capt Hipsher und bemerkte auf 27.000 Fuß (ca. 8300 m) und etwa 15 Meilen (ca. 24 km) hinter uns einen großen Kondensstreifen. Das Flugzeug, das den Streifen verursachte, stieg geradewegs – und wie sich später herausstellte – in einer Immelmann-Kurve nach oben. Ich identifizierte es als Raketenflugzeug. Wir befanden uns gerade auf dem Heimflug und ich hatte als Einziger noch genug Kraftstoffreserve. So drehte ich und flog geradewegs auf einen B-17-Verband zu, dem sich das Feindflugzeug etwa zwei Meilen (ca. 3,2 km) rechts davon aus Richtung 3 Uhr näherte. Ich hängte mich dahinter und eröffnete aus rund 500 yards (ca. 457 m) das Feuer. Es gab seinerseits einen Feuerstoß aus einer kleinkalibrigen Kanone in der linken Tragfläche ab. Für einen Angriff von hinten zog ich links hoch, da es 90 Grad nach links wegkurvte. Ich setzte mich hinter sein Heck und feuerte, wobei ich es trotz Klappen am Anschlag rasant überholte. Ich beobachtete keine Treffer. Das Feindlugzeug kurvte erneut nach links und meine nächste Garbe auf 300 yards (ca. 275 m) im Winkel von 60 Grad landete Treffer im rechten Flügel. Ich befand mich dabei auf 8500 Fuß (ca. 2590 m). Es gab dann Schub und schoss nach oben davon. Ich melde eine* (1) *Me 163 im Luftkampf beschädigt.*“

Aus dem Einsatzbericht des *65th Fighter Wing*: (9) „*Der 40 »A« CBW* [Combat Bomber Wing, Kampfbombergeschwader] – *obere Gruppe – wurde von zwei raketengetriebenen Flugzeugen einer Sechserformation angegriffen, die unmittelbar nach dem Abflug vom Hauptangriffsziel Böhlen um 10.59 Uhr gesichtet wurden. Die als Me 163 identifizierten Raketenflugzeuge unternahmen zwei Anflüge. Den ersten von oben aus 11 Uhr; danach drehten die Feindflugzeuge und setzten sich aus etwa 2000 Fuß (ca. 610 m) hinter den Verband. Sie näherten sich mit abgeschalteten Triebwerken und schossen aus Kanonen in den Flächen. Auf etwa 200 yards (ca. 183 m) schalteten sie die Triebwerke ein und zogen so schnell weg, dass eine Verfolgung unmöglich war.*“

Unteroffizier Kurt Schiebeler war an diesem Tag in seiner Bf 110 (PE+SE) mit der Me 163 von Feldwebel Siegfried Schubert im Schlepp von Altenburg nach Brandis unterwegs (Start Hinflug Altenburg 16.00 Uhr, Landung Altenburg 16.15. Start Altenburg 18.15 Uhr, Landung Brandis 18.30 Uhr). (5) In seinem Flugbuch vermerkte Schiebeler den Abschuss einer B-17 durch Schubert. Das JG 400 erlitt am 16. August 1944 folgende Verluste: (10)

Leutnant Hartmut Ryll 1./JG 400 gefallen im Luftkampf über Bad Lausick. Den Abschuss machten gemeinsam Lt Col John B. Murphy und 1st Lt Cyril W. Jones von der *359th Fighter Group* geltend. Me 163 (W.Nr. 163100??) zerstört; senkrechter Aufschlag um 10.52 Uhr in Planquadrat LF4/LF6.

Feldwebel Herbert Straznicky 1./JG 400 verwundet im Luftkampf. Sprang mit dem Fallschirm ab und galt zunächst als gefallen. Die Me 163 explodierte beim Aufschlag. Abschuss beansprucht von Sgt H. J. Kaysen, Heckschütze in der B-17 (XK-H) von 2nd Lt D. L. Waltz der *305th Bomb Group*.

Britische und amerikanische Berichte befassten sich eingehend mit den Begegnungen mit Me 163. (11–13)

„*Am 16. August 1944 begegneten B-17-Bomberverbände der USAAF und deren Begleitschutzjäger über Deutschland mehreren Me 163. Einsatzmeldungen von U.S.-Jagdpiloten und Bomberbesatzungen lieferten wertvolle Informationen über die Taktik der Feindflugzeuge. Die Hauptpunkte sind unten zusammengefasst, ergänzt um eine technische Beschreibung der Me 163 auf neuestem Stand.*

Steigen

Beim ersten Auftreten stiegen die Me 163 fast senkrecht mit außergewöhnlicher Geschwindigkeit. Bei einem Flugzeug schätzte man den Steigwinkel auf 50° bei 5000 ft/min (ca. 25 m/sec) und 250 mph (ca. 402 km/h). Man beobachtete einen langen weißen »Kondensstreifen«. Erste Sichtung auf 27.000 Fuß (ca. 8300 m), verschwand dann bei 32.000 Fuß (ca. 9750 m), als der Pilot des Feindflugzeugs offenbar vor dem Angriff die Triebwerkseinheit abschaltete. Zwei kurze Schubstöße reichten dem Feindflugzeug zum Wegsteigen.

Taktik

Es wird nur von Einzelangriffen berichtet. Ein Angriff erfolgte aus 2000 Fuß (ca. 610 m) über einem B 17 Verband aus Richtung 12 Uhr, das Feindflugzeug flog unter dem Verband vorbei, drehte in Richtung 5 Uhr ab und stieg unter Triebwerkseinsatz. Der Bericht eines weiterer Angriffs spricht von 1500 Fuß (ca. 460 m), das Feindflugzeug näherte sich im Gleitflug in einer flachen Kurve von hinten. Bis auf eine sprechen sämtliche B-17-Besatzungen von Angriffen von oben im Gleitflug, entweder von vorn oder von hinten. Eine Ausnahme bildet ein Angriff im Horizontalflug aus Richtung 9 Uhr. Der Heckschütze einer B-17, die dem Angriff durch Schiebeflug auswich, berichtet, dass auch das Feindflugzeug in den Schiebeflug ging, sein Pilot aber das Ziel nicht auffassen konnte.

Geschwindigkeit

Nach Angaben der Bordschützen des Bomberverbandes waren die Feindflugzeug so schnell, dass keine Zielauffassung durch Waffentürme und Einzelwaffen möglich war. Die Geschwindigkeit lag über der einen Begleitjägers im Sturzflug mit 400 ASI (595 TAS) [Angezeigte Fluggeschwindigkeit 400 mph = ca. 644 km/h/wahre Fluggeschwindigkeit 595 mph = ca. 958 km/h]] *auf 25.000 Fuß (ca. 7620 m). Dem steht in einem Fall die geschätzte Geschwindigkeit eines Feindflugzeugs im geraden Horizontalflug von lediglich 150 mph (ca. 240 km/h) gegenüber. Einmal flog eine Me 163 mit der gleichen Geschwindigkeit wie der Bomberverband neben ihm her. Nach Aussage eines Jagdpiloten konnte dieser eine Me 163 im Kurvenflug mit Leichtigkeit einholen.*

Erkennungsmerkmale

Das Erscheinungsbild der Me 163 entspricht ziemlich genau den Zeichnungen der AI2(g) [Abt. Feindaufklärung]. *Der vorherrschende Eindruck war der eines »Nurflügels«. Beim Anstrich der Flugzeuge reichten die Beschreibungen von hellblau über mattschwarz bis dunkelbraun. Auf den Flügeloberseiten waren* [Balken-]*Kreuze.*

Bewaffnung

Bomberbesatzungen berichteten von 20 mm-Sprenggeschossen, die aus der Flugzeugnase bzw. dicht daneben abgefeuert wurden.

Verwundbarkeit

Linksseitige Treffer am Heckrumpf einer Me 163 verursachten eine Explosion, welche diesen seitlich aufrissen, wobei Mehrfachtreffer am Kanzelsockel einer zweiten Me 163 den Piloten vermutlich töteten. Aus 300–400 yards (ca. 275–365 m) Entfernung abgegebene Schüsse trafen den rechten Flügel einer dritten Me 163, blieben aber ohne Wirkung. Die Me 163 ging aus eigener Kraft in den Sturzflug über."

19. August 1944

In einer Mitteilung der Dienststelle des *Generals der Jagdflieger* Adolf Galland in Berlin-Kladow, in der es um eine Beschreibung der Me 163 und ihrer Flugeigenschaften ging, taucht der Name „Komet" auf. Bezüglich seiner Flugeigen-schaften wurde das Flugzeug als „Kometenjäger" bezeichnet und daraus für eine sich damals in Aalborg befindliche Ausbildungsstelle der Name „Kometen-Waffenschule" abgeleitet (14) (siehe Kapitel 10). Den Verfassern ist ansonsten kein weiteres Dokument bekannt, in dem die Me 163 als „Komet" bezeichnet wird. Wann der Name offiziell zugewiesen oder erstmals benutzt wurde, bleibt weiter offen. Eine weitere Mitteilung des *Generals der Jagdflieger* gleichen Datums beschrieb den Status der Aufstellung des JG 400: (15)

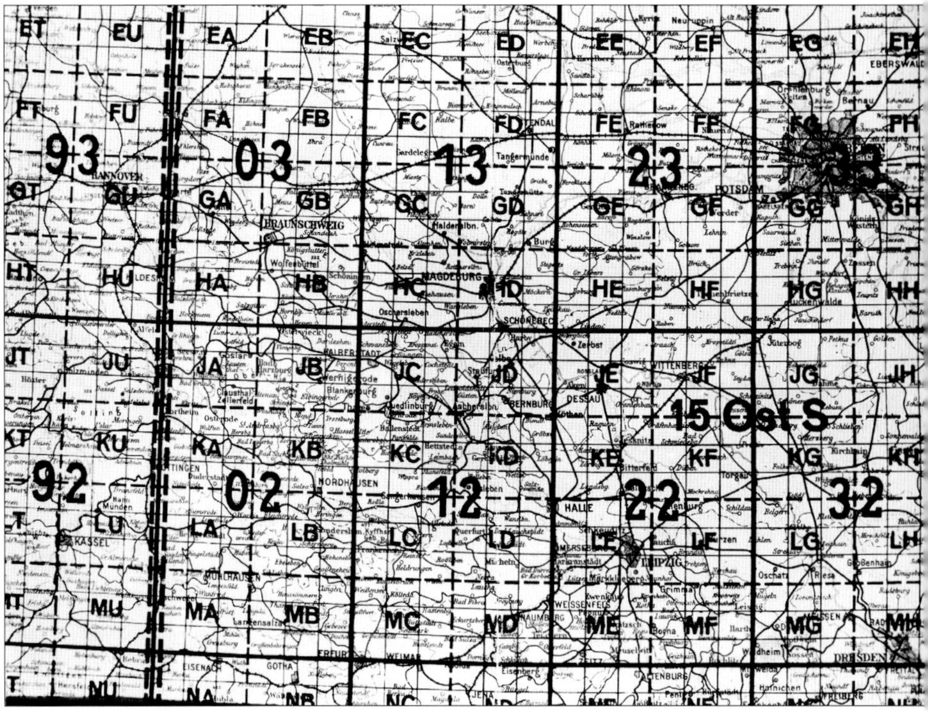

Planquadrat-Karte des Gebiets südwestlich Berlin. Der Luftkampf zwischen Leutnant Hartmut Ryll und amerikanischen Begleitjägern trug sich im Planquadrat LF4/LF5 zu. Brandis liegt in einem der neun LF-Unterquadrate.

Stab I./JG 400

In Aufstellung begriffen. Personal vorhanden. Vorgesehener Standort Brandis.

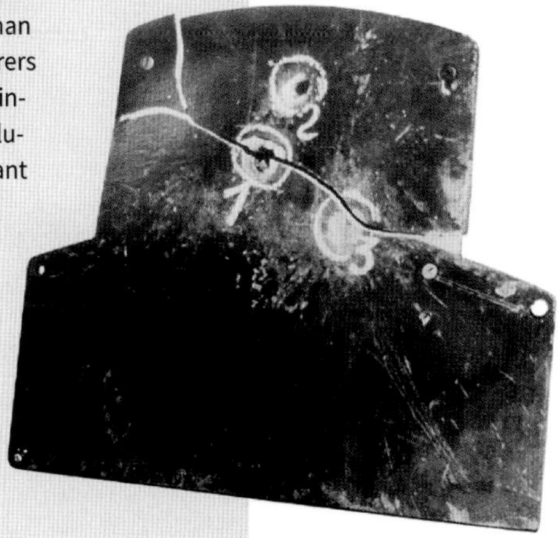

Links: Bergungsarbeiten an der Absturzstelle der Me 163 von Leutnant Hartmut Ryll. Als einziges Flugzeugteil barg man die hinter dem Sitz des Flugzeugführers angebrachte Panzerplatte mit drei Einschüssen, von denen zwei durchschlugen (rechts). Letztere dürften Leutnant Ryll getötet haben.

Etwa 1 km nördlich des westlichen Flugplatzrandes von Brandis befand sich die Stellung eines Funkmessgeräts FuMG 401 A „Freya LZ".

In einer Mitteilung der Dienststelle des *Generals der Jagdflieger*, Generalmajor Adolf Galland, vom 19. August 1944 wurde die Me 163 als „Kometenjäger" bezeichnet. Wann der Name offiziell zugewiesen oder erstmals benutzt wurde, ist nicht bekannt. Eine weitere Mitteilung gab Auskunft über den Aufstellungsstatus des JG 400.

1./JG 400
Liegeplatz Staffel Brandis. Einheit vollständig und einsatzfähig, Personal vollzählig. Bestand 15 Flugzeuge, davon neun im Juli geliefert.

2./JG 400
Liegeplatz Staffel Venlo. Einheit vollständig, Personal vollzählig. Acht Me 163 B zugewiesen.

3./JG 400
Staffel liegt in Stargard. In Aufstellung begriffen. Ausgebildetes Personal vorhanden. Flugzeuge noch nicht verfügbar, Auslieferung aus Augsburger Fertigung [sic] für September vorgesehen.

4./JG 400
Antrag auf Aufstellung gestellt. Personal verfügbar und in Ausbildung begriffen.

5. und 6./JG 400
Technisches Personal bereits vorhanden und in Ausbildung begriffen. Ausbildung bis 1. Oktober 1944 abgeschlossen.

Erg.St./JG 400
Aufstellung abgeschlossen. Gesamtes Personal verfügbar. Ausbildung gemäß jüngsten Richtlinien des Generals der Flieger-

Die Leitstelle zum Heranführen der Me 163 an die Bomberverbände befand sich am westlichen Ende der Startbahn in Brandis. Hier sieht man sie in baulicher Errichtung sowie im fertigen Zustand.

Leutnant Gustav Korff war maßgeblich an der Entwicklung von Funk- und Funkmess-Leitverfahren für die Me 163 beteiligt. Des Weiteren machte er sich als Erfinder der „Jägerfaust“ einen Namen. Diese nach oben feuernde Waffe wurde versuchsweise in der Me 163 eingebaut und erstmals am 10. April 1945 einsatzmäßig verwendet (vgl. S. 251 ff., 361 ff., 364 ff., 371).

Oben: Leutnant Korff zusammen mit Luftnachrichten-Flugmeldedienst-Helferin Linnig. Er betätigt gerade das Rad zum Schwenken der Peilantenne auf dem Dach des Gebäudes.

Links u. links außen: Das Rad war mit einem Apparat verbunden, der einen Lichtpunkt auf den so genannten Seeburgtisch warf (unten links). Auf diesem wurden Position und Flugrichtung einfliegender Bomberverbände angezeigt.

Unten: Zu den Aufgaben von Ln.-Flum.-Helferin Linnig gehörte das Eintragen von Flugrichtung und Position einfliegender Feindverbände in eine Wandkarte. Feldwebel Hans Hoever, der mit der 2./JG 400 im September 1944 nach Brandis kam, errechnet gerade Flughöhe und Entfernung der Bomber.

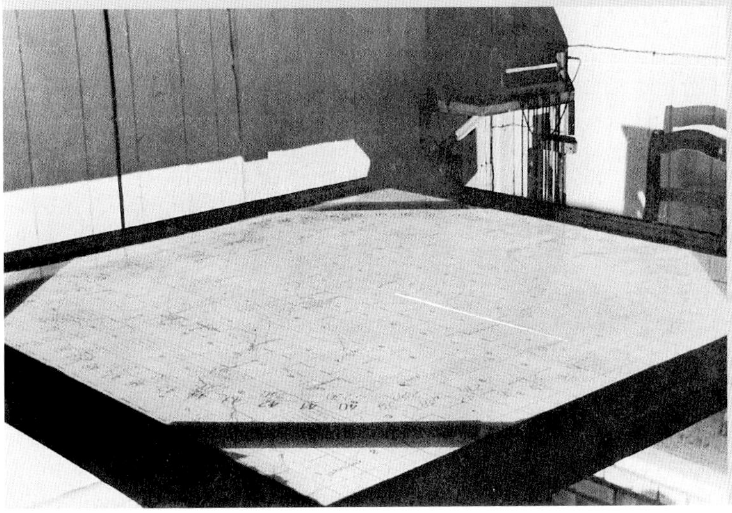

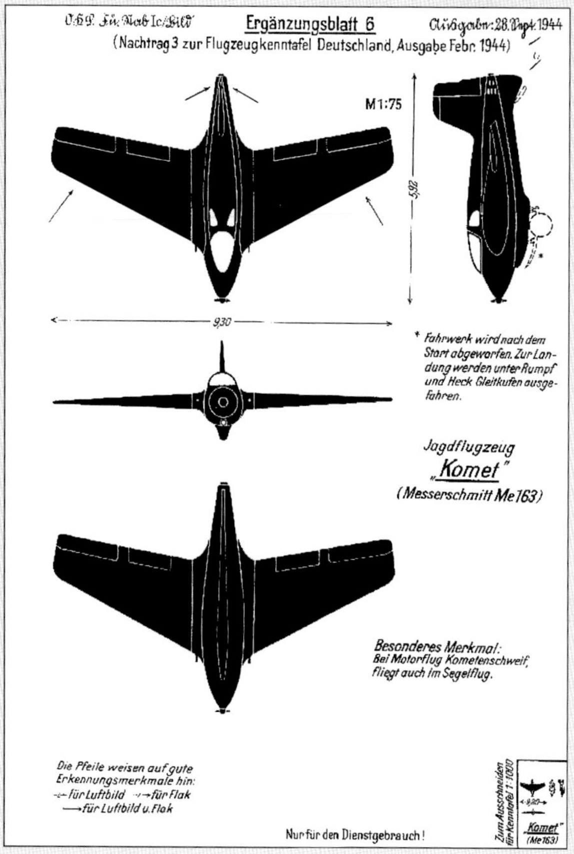

Das Erkennungsblatt der Me 163 der im Februar 1944 herausgegebenen *Flugzeugkenntafel Deutschland* (ergänzte Ausgabe vom 28. September 1944). Dieses Typenblatt und die Mitteilung des *Generals der Jagdflieger* vom 19. August 1944 sind die einzigen bekannten offiziellen Dokumente, worin sich die Bezeichnung „Komet" findet.

ausbildung. [Gemäß dieser Richtlinien sollten je Monat 35 ausgebildete Flugzeugführer zur Verfügung stehen, die dann ihre abschließende Schulung auf Me 163 bei der Ergänzungsstaffel erhielten. Jene, die sich als untauglich erwiesen oder zurück zu ihren alten Einheiten wollten, sollten rückversetzt werden.]

Schleppstaffel/JG 400

Antrag auf Aufstellung gestellt. Aufstellung in Kölleda, wo derzeit Bf 100 für Schlepp eingerichtet werden. Antrag auf Personal ist an L-Wehr zu richten. [Das örtliche Ersatzamt]

Aus unbekannten Gründen verzögerte sich Aufnahme der 5. und 6./JG 400 sowie der Schleppstaffel in das Schreiben bis kurz vor Verteilung der Mitteilung.

Im August wurden Me 163 von Klemm geliefert. Ursprünglich fanden deren Endmontage und Abnahme vor Auslieferung an das JG 400 in Jesau statt, doch im August verlagerte sich dies nach Oranienburg. Etwa zur selben Zeit schlossen sich Klemm und Junkers zur Fertigung der Me 163 zusammen. Am 1. September 1944 wurde Junkers die Gesamtleitung der Fertigung übertragen.

Leutnant Hans Bott

20. August 1944

In der Stärkemeldung vom 20. August gab die I./JG 400 in Brandis 14 Me 163 an, 5 davon flugklar.

In Bezugnahme auf eine Schilderung von Oberleutnant Franz Rösle berichtete Leutnant Hans Bott über einen am 20.08.1944 erfolgten Einsatz. Im Unterschied zu Rösle, der eine einzelne „Mosquito" als Grund für den Einsatz angab, erinnerte sich Bott an drei oder vier P-38 „Lightning". Rösle (Rückübersetzung): (16)

„Es war an einem wunderschönen Sommerabend, etwa eine halbe Stunde vor Einsetzen der Dämmerung. Leutnant Bott und ich hatten Bereitschaft in unseren Maschinen, aber keiner rechnete noch mit einem Einsatz. Plötzlich ertönte in den Kopfhörern die Meldung, ein feindlicher Aufklärer befände sich in 8000–9000 m Höhe im Anflug. Die Spannung wuchs. Einige Augenblicke später sahen wir den Kondensstreifen. Keiner dachte noch an die Gefahren beim Start. Der Einsatzbefehl kam. Ich warf sofort die Turbinen-getriebene Kraftstoffpumpe an, wartete, bis sich genügend Druck aufgebaut hatte und stellte den Schubhebel auf Vollschub. Nach einer Startstrecke von 1500 m hoben wir mit 350 km/h ab. Ich ließ den Kondensstreifen nicht aus den Augen und warf das Fahrwerk ab. Dann zog ich die 163 im Steigwinkel von 50–70° bei einer Geschwindigkeit von 100–150 m/s hoch und nahm Kurs auf das Ziel. Ein paar Sekunden später hatte ich 8000 m Höhe erreicht, wo ich in den Horizontalflug überging und vor mir eine Mosquito erblickte. Ich betätigte den Knopf zum Scharfmachen der Waffenanlage und konnte die Mosquito deutlich im Revi sehen. Ich befand mich nur 3 km weg von ihr, als mein Flugzeug plötzlich senkrecht nach oben schoss und mir der Steuerknüppel aus der Hand gerissen wurde. Ein Blick auf den Fahrtmesser zeigte eine Geschwindigkeit von 1050 km/h an! Einen Augenblick später wurde die Maschine kopflastig, ging in den Sturzflug und ich bekam sie wieder unter Kontrolle. Kurz darauf wurde mir klar, dass ich vor lauter Aufregung vergessen hatte, Schub wegzunehmen. Später erfuhr ich, dass Leutnant Bott das Gleiche passiert war. Wir waren beide über 1000 km/h schnell geflogen und den Kompressibilitätseffekt in Nähe der Schallgrenze erfahren. Aber das war nichts im Vergleich zu dem, was ich beim nächsten Einsatz [13. September] *erlebte."*

24. August 1944

Die 8. USAAF bombardierte Merseburg, Kölleda und Weimar. (7)

Hauptangriffsziele	2. Kampfgruppe:	Kölleda, Weimar, Merseburg
Bomber	12 Bombergeschwader der 2. Kampfgruppe (451 B-17)	
Begleitschutz	5 Jagdgruppen der 2. Kampfgruppe (152 P-51)	

Aus einem Bericht der Feindnachrichtenabteilung der 8. USAAF: *„Ein Bombergeschwader der 2. Kampfgruppe wurde um 12.05 Uhr nordöstlich Merseburg zwischen Ablaufpunkt und Ziel von drei Me 163 angegriffen. Südöstlich Leipzig (185 B-17 griffen das Hydrierwerk Merseburg und 10 B-17 Nebenziele im Raum Leipzig an) erfolgten weitere Angriffe durch zwei einzelne Me 163."* (7)

Gemäß Nachforschungen von Jeffrey Ethell attackierten die Me 163 folgende Bomber: (1)

B-17 der *92nd Bomb Group* (Lt Koehler). Das Flugzeug wurde von Feldwebel Siegfried Schubert schwer beschädigt und stürzte auf dem Rückflug nach England ab.
B-17 der *92nd Bomb Group* (1st Lt Robert Swift)
B-17 der *92nd Bomb Group* (1st Lt Harold H. Baird)
B-17 der *92nd Bomb Group* (JW-N, 1st Lt Lloyd G. Henry[2]
B-17 der *92nd Bomb Group* (PY-R, 2nd Lt Steve Nagy)

abgeschossen von Schuberts Rottenflieger [Leutnant Hans Bott]
B-17 der *305th Bomb Group* (2nd Lt C.E. Harris)
B-17 der *305th Bomb Group* (KY-A, 2nd Lt P.M. Dabney) abgeschossen
B-17 der *305th Bomb Group* (WF-B, 2nd Lt K.H. Dubanowich)
B-17 der *305th Bomb Group* (WF-D, 1st Lt C.E. Frisby)
B-17 der *305th Bomb Group* (WF-L, 2nd Lt E.E. Henry)
B-17 der *305th Bomb Group* (WF-P, 2nd Lt E. Arnold, Jr)
B-17 der *305th Bomb Group* (WF-S, 2nd Lt H.K. Wetherhold)
B-17 der *457th Bomb Group* (42-97571, Lt Winfred Pugh) abgeschossen durch Feldwebel Siegfried Schubert.

Der damalige 2nd Lieutenant Eugene Arnold jr., Kommandant der B-17 „Spare Parts", beschrieb den Angriff nach dem Krieg wie folgt: *„Unser Einsatz galt Merseburg/Deutschland, wo wir das Leuna-Hydrierwerk bombardierten. Merseburg war ein schwieriges Ziel, da es tief in Deutschland lag (ein 10-Stundeneinsatz) und von 140 mm-Flugabwehrgeschützen entlang unseres Angriffskurses geschützt wurde. [Gemeint sind wahrscheinlich 12,8 cm Flak als schwerste deutsche Flugabwehrkanonen]. Beim Flug tief in Deutschland wurden wir plötzlich von einem sehr kleinen Feindjäger aufgeschreckt, der geradewegs an unsere linke Flügelspitze hochzog und mit uns Formation flog. Tony Lanzano, unser Bordmechaniker, schrie ins Mikrofon »Hey Arnold, da ist ein Flugzeug ohne Propeller an unserem linken Flügel!« Tatsächlich schien es nichts zu geben, das es durch die Luft zog. Der deutsche Pilot und ich starrten uns an (der Abstand betrug lediglich 65 Fuß [ca. 20 m]). Ich nahm an, dass er zur Überwachung unseres Verbandes gekommen war, so dass ihn die Deutschen mit Jagdflugzeugen umso wirksamer angreifen konnten. Ich wies meine Bordschützen an, auf ihn zu feuern (sogar meine Leute konnten auf die Entfernung nicht vorbei schießen), aber als er sah, wie die Waffentürme schwenkten, kippte er auf seinen rechten Flügel, zeigte seinen stark gepanzerten Bauch und schoss Richtung Bug davon, und zwar mit einer Geschwindigkeit, die keiner von uns bei einem Flugzeug je gesehen hatte (wir kannten die V2-Raketen, die in großer Höhe an uns vorbeirauschten, aber sie stiegen nach oben und hinterließen lange Kondensstreifen). Zurück auf dem Einsatzplatz wurden wir von einem Feindnachrichtenoffizier befragt (was nach jedem Einsatz üblich war). Ich erzählte ihm von dem schnellen Flugzeug ohne Propeller. Er fragte mich, wie viel ich schon getrunken hätte. Ich sagte »Einen« (nach einem Einsatz durften sich Bomberbesatzungen einen Whisky genehmigen. Jene, die Alkohol tranken, stellten sicher, dass sie auch die Schnapsrationen der Nicht-Trinker bekamen. Insofern konnte man sich mehr als nur einen hinter die Binde gekippt haben). Als die Erfahreneren der Besatzung meine Schilderung bestätigten, erkundigte sich der Befrager bei anderen Feindnachrichtenoffizieren, ob sie Ähnliches gehört hätten, was bei einigen der Fall war. Für uns war es ein Glück, dass diese Flugzeuge erst gegen Ende des Krieges entwickelt wurden."*

Hans Bott schrieb 1951 in einem Brief an Mano Ziegler (Rückübersetzung): (17) *„Am 24. August 1944 standen für sieben Einsatzpiloten acht Me 163 zur Verfügung. Mein erster scharfer Einsatz hätte schon vor ein paar Tagen stattfinden sollen, wobei ich meinen ersten Triebwerksausfall erlebte.*[3] *Ich stieg auf große Höhe und sichtete plötzlich links unter uns einen Pulk B-17-Bomber, die links unter mir auf etwa 9000 m Höhe flogen. Ich stürz-*

Die Besatzung der B-17 „Spare Parts" („Ersatzteile", so benannt, da sie aus Ersatzleuten bestand) vor ihrem Bomber. Am 24. August 1944 sah sie sich Auge in Auge mit einer Me 163. Der damalige Pilot Eugene Arnold: „Der deutsche Pilot und ich starrten uns an (der Abstand betrug lediglich 65 Fuß) … Ich wies meine Bordschützen an, auf ihn zu feuern (sogar meine Leute konnten auf die Entfernung nicht vorbei schießen)…"
Hinten v. l.: Joe Petrilla (Heckschütze), Leon Metzler (Schütze unterer Waffenstand), Phil Rosenberg (Funker), Ted Stienle (Bugschütze Kinnturm) und Tony Lanzano (Bordmechaniker). Vorn v. l.: Eugene Arnold (Pilot), Frank Corrado (Bombenschütze), Ron Fowler (Kopilot) und Joe Butkiewicz (Navigator).

Feldwebel Siegfried Schubert schoss am 16. August 1944 mit seiner Me 163 einen viermotorigen US-Bomber ab und beschädigte einen weiteren so schwer, dass er beim Rückflug nach England abstürzte. Schubert fiel am 7. Oktober 1944 im Luftkampf.

Bildfolge aus einem Ufa-Propagandafilm über die Me 163. Die Dreharbeiten fanden vom 21. August bis 9. September 1944 in Brandis statt. Die auf dem Vorfeld am östlichen Ende der Startbahn abgestellten Me 163 waren zum Schutz vor einem Platzregen mit Planen abgedeckt worden; überall sind noch große Pfützen zu erkennen. Neben einigen Maschinen stehen Hilfsstromerzeuger, die bei der Flugvorbereitung zum Einsatz kamen.

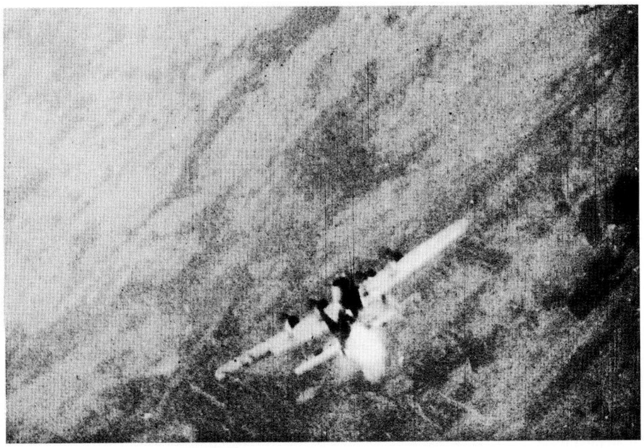

Diese drei Fotos aus der Schießkamera der Me 163 von Feldwebel Siegfried Schubert dokumentieren Treffer in der linken Tragfläche einer „Fliegenden Festung“ B-17. Sie wurden dem OKL vorgelegt und an den *General der Jagdflieger* weitergeleitet, der die Me 163 in einer Mitteilung vom 8. September 1944 als voll einsatzfähig erklärte.

te im Gleitflug – das Triebwerk hatte ich beim Übergang in den Horizontalflug abgeschaltet – hinab, um mich hinter die Bomber zu hängen. Nach Beendigung des Sturzfluges stellte ich einigermaßen erleichtert fest, dass sie verschwunden waren. Beim Landen ergriff mich rasende Wut. Ich sah die achte Maschine stehen und ließ mich von meinem Fahrer zu ihr bringen. Ich kannte das Flugzeug, da ich es bereits geflogen hatte und wusste, dass es das einzige mit zwei MG 151 als Bewaffnung war [wahrscheinlich die „Weiße 2“]. *Zum Start brauchte ich die gesamte Länge der Startbahn; der Druck in der Brennkammer war mit 22 atü zu niedrig. Der vorgegebene Kurs führte mich Richtung Leipzig. Noch im Steigen traf ich einen Bomberpulk und feuerte auf einen links außen fliegenden Bomber. Kurz nach Eröffnung des Feuers hatte eines der beiden MG 151 Hemmung, aber das andere schoss – ich sah die Treffer im Flugzeug landen. Mit dem letzten Rest Treibstoff stieg ich auf 9000 m und ging erneut in den Sturzflug. Mein Flug hatte sieben Minuten gedauert.*

[Die Flak bestätigte später den Absturz des beschossenen Bombers und Bott erhielt das EK II.]

An diesem Tag war ich außerdem Offizier vom Dienst und erhielt am Nachmittag die Meldung über ein Feindflugzeug, das in 9000 m Höhe nach Westen flog. In einer aufgetankten Me 163 stieg ich zum dritten Einsatz am Tag auf und folgte den Anweisungen der Bodenleitstelle nach meinem »Sonnenkompass«.[4] *Ich machte den »Gegner« aus und identifizierte ihn als Fw 190. Mit dem letzten Rest Treibstoff setzte ich mich in etwa 50 m Abstand neben ihn und wackelte mit den Flächen, doch der Flugzeugführer nahm nicht die geringste Notiz. Bei der Landung tadelte mich Olejnik: »Du hättest ihn abschießen sollen.« Ich mochte mir nicht vorstellen, wie ich mich gefühlt hätte, wenn ich es tatsächlich getan hätte. Wie wir zwei Tage darauf mitbekamen, war es ein deutscher Pilot gewesen, dessen Funkanlage ausgefallen war.*

Nach diesem Einsatz schickte die 1./JG 400 folgenden Bericht ans OKL (Rückübersetzung): (18) *„Am 24. August 1944 starteten acht Me 163 zu einem Einsatz gegen feindliche Bomberverbände. Der Abflug umfasste drei Zweierrotten und zwei Einzelmaschinen. Drei Flugzeuge hatten Feindkontakt, drei sichteten Feind und zwei nicht. Die erste Rotte sichtete den Feind erst unmittelbar vor der Landung. Die zweite Rotte stieg auf 10.000–11.000 m. Bei abgeschalteten Triebwerken segelten beide Maschinen auf 6000 m, bevor sie einen in 6500 m Höhe fliegenden feindlichen Bomberverband sichteten. Rottenführer Fw.* [Siegfried] *Schubert warf unverzüglich das Triebwerk an und griff die*

Der „Sonnenkompass“

Erfunden und eingesetzt von Leutnant Hans Bott

„Der Flüssigkeitskompass in. der Me 163 war im Flug vollkommen unbrauchbar. Er konnte sich nicht einspielen. Ich suchte eine Lösung und entwickelte für mich einen Sonnenkompass.

Auf einer dünnen Sperrholzplatte sind drei um den Mittelpunkt drehbare, runde Scheiben montiert. Die untere Scheibe besitzt eine Stundenskala. Durch eine geringe Drehung wird die örtliche Sonnenzeit einmal für den entsprechenden Flughafen fest eingestellt vorne in der Mitte. (In der Zeichnung die für Brandis zutreffende mitteleuropäische Sommerzeit, d. h. auf 1300 Uhr, Sonne im Süden). Die mittlere Scheibe erhält für die Bestimmung des Flugkurses eine 360°-Teilung, entgegengesetzt zum Uhrzeigersinn, mit einem kleinen Pfeil an der 0°- bzw. 300°-Marke. Auf der oberen Scheibe ist ein großer Zeiger angebracht und entgegengesetzt dazu ein kleiner Pfeil.

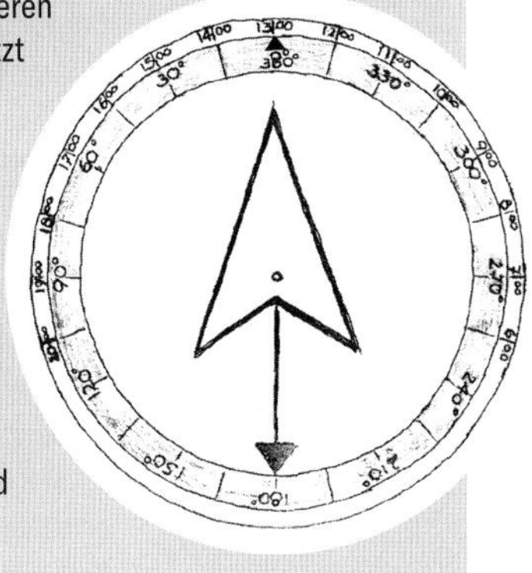

Kurz vor dem Start wird der kleine Pfeil der mittleren Scheibe auf die Uhrzeit eingestellt (in der Skizze 13.00 Uhr). Zum Start wird der durch Funk durchgegebene Kurs mit dem kleinen Pfeil der oberen Scheibe eingestellt (z. B. 180° Südkurs, hier zeigt der große Zeiger direkt nach vorne). Im Flug muss dieser Zeiger immer in Richtung Sonne weisen.

Bei meinen Flügen hatte ich den Kompass auf meinem linken Oberschenkel kurz ober dem Knie festgeschnallt, und es gab keine Probleme.“

Diese von Angehörigen der 1./JG 400 unterschriebene Zeichnung fertigte Leutnant Hans Bott im Zuge einer Staffelfeier am 2. September 1944 an. Gegebener Anlass war eine Kiste Sekt, die das EKdo 16 in Bad Zwischenahn als Anerkennung für die Abschüsse der Staffel am 16. und 24. August 1944 geschickt hatte. Der obere Teil zeigt die Abschüsse (im Uhrzeigersinn von links oben) von Leutnant Hans Bott, Feldwebel Herbert Straznicky, Feldwebel Siegfried Schubert (1), Unteroffizier Kurt Schiebeler, Feldwebel Schubert (2) und Leutnant Hartmut Ryll. Nach der Feier wurde die Zeichnung nach Bad Zwischenahn geschickt. Schiebeler vermerkte in seinem Flugbuch den erfolglosen Angriff auf eine B-17 am 24. August. Am Einsatz vom 16. August war er nicht beteiligt, schleppte jedoch Feldwebel Schubert von Altenburg heim, wo dieser nach seiner erfolgreichen Attacke auf die US-Bomber gelandet war.

Führungsmaschine des Verbandes an, wobei er Treffer in der linken Tragfläche erzielte. Bei einem weiteren Angriff auf ein anderes viermotoriges Flugzeug wurden in der rechten Tragfläche Treffer erzielt. Der Bomber brach brennend im Sturzflug weg und kam über die rechte Tragfläche ins Trudeln. Abschuss! Das Triebwerk der zweiten Me 163 der Rotte setzte wenige Sekunden nach dem Neustart aus; Versuche, es wieder in Gang zu bringen, scheiterten. Der Treibstoff ging zur Neige und der Flug wurde abgebrochen. Die dritte Rotte sichtete den Feind auf 3000 m. Der erste Angriff erfolgte von vorn, doch der Eintritt von Treibstoffgasen in die Kanzel behinderte die Sicht. Beim Versuch, den Verband von oben anzugreifen, war der Treibstoffvorrat erschöpft. Eine wirksame Schussabgabe war so nicht länger möglich.

Der nächste Start einen Einzelmaschine war zum Scheitern verurteilt und wurde in 3000 m abgebrochen. Die zuletzt startende Einzelmaschine sichtete den Feind von Anfang an und erreichte Kontakt auf 7000 m Höhe. Der Flugzeugführer, Lt. [Hans] *Bott machte unter Einsatz schwachem Schubs zwei Anflüge und erzielte Treffer in der linken Tragfläche. Nach dem Angriff auf die Feindmaschine setzte das Triebwerk aus. Ohne Schub führte er einen dritten Angriff aus. Es konnten keine Treffer mehr beobachtet werden. Drei Besatzungsmitglieder wurden beim Aussteigen beobachtet.*

Die erste Staffel hat somit die ersten fünf Erfolge mit Me 163 erzielt. Damit wurde bewiesen, dass die Me 163 nicht, wie vorher angenommen, Einzelflugzeuge abfangen und zerstören, sondern auch Bomberverbände wirkungsvoll angreifen kann. Die fünf am 16. August 1944 gestarteten Maschinen erzielten zwei Abschüsse. Die acht Maschinen vom 24. August erzielten drei Abschüsse. Es war möglich, zwei Abschüsse in einem Flug zu erzielen.

Von besonderer Wichtigkeit ist die Erkenntnis, dass fehlerhaftes Abdichten von Antriebsanlage oder Triebwerk zum Auftreten starker Dampfanreicherungen in der Kanzel führt. Eingeschränkte Sicht durch Beschlagen der Kanzelhaube und Tränenfluss führen nahezu unvermeidlich zum Abbruch des Fluges. Die Einsatzflüge machten ersichtlich, dass das Triebwerk in großer Höhe oft wegen mangelnder Treibstoffzufuhr aussetzte, was vermutlich durch die Verzögerung beim Übergang vom Steig- in den Horizontalflug verursacht wird. Unverzüglicher Neustart war erfolgreich. Die Turbinenpumpe benötigt Zeit zum Entlüften. Dies hat erneut die Notwendigkeit der Erprobung der neuen Treibstoffanlage erwiesen."

Am geschilderten Einsatz waren auch Unteroffizier Kurt Schiebeler in der Me 163 B „Weiße 1“ und Feldwebel Rudolf Zimmermann in der Me 163 B „Weiße 3“ beteiligt. Schiebeler startete um 12.00 Uhr und landete um 12.15 Uhr.

3.– 6. September 1944

Verlegung der 2./JG 400 unter Hauptmann Otto Böhner von Venlo nach Brandis. Am 2. September setzte die Fliegerhorst-Kommandantur Venlo Hauptmann Böhner in Kenntnis, dass wegen anrückenden Feinds die Flugplatz-Anlagen am nächsten Tag zerstört würden. Da die Me 163 nicht einfach so wegfliegen konnten, ordnete Böhner den Überlandtransport nach Wesel an. Dazu nahm das Bodenpersonal die Tragflächen ab und bereitete die Maschinen für den nächtlichen Abtransport vor. Dieser erfolgte im Schlepp von Lkw, welche die Flugzeuge auf ihren Radfahrwerken zogen. Die Tankwagen stattete man mit improvisierten Gestellen und Anhängern zur Aufnahme von Ausrüstung aus. Für die Strecke nach Wesel benötigte die Staffel drei Tage und zog nachts in Wäldern unter. Vor Wesel harrte sie so lang in einem Waldversteck aus, bis die Anweisung von Oberst Gollob eingegangen war, weiter nach Brandis zu verlegen. (Zur Geschichte der 2./JG 400 in Venlo siehe Kapitel 6).

Leutnant Günter Andreas gehörte zum Vorauskommando. Am Tag nach der Ankunft in Brandis meldete ihm ein Obergefreiter der Staffel, zwei Eisenbahnwaggons voller Ausrüstung warteten bereits auf Nebengleisen des Flugplatzes auf die Entladung. Sie waren zwei Tage vor Hauptmann Böhner und dem Gros der Staffel in Brandis angekommen (vgl. Kapitel 6). Mit ihnen hatte es eine besondere Bewandtnis, wie sich Hans Hoever, seinerzeit Feldwebel in der 2./JG 400, in einem Schreiben an Mano Ziegler erinnert: (19)

„Ich kam im August 1944 vom damaligen LN-Regiment 211 zur 2./JG 400 und zwar zu der in Venlo aufgestellten Bonner-Staffel. Ich hatte den Befehl, zusammen mit meinem Zugführer, Leutnant Dorsel, den Jägerleitstand in der Nähe der Flugleitung des Flughafens

Links: Hauptmann Otto Böhner, Staffelkapitän der 2./JG 400. Anfang September 1944 verlegte die Staffel in abenteuerlicher Straßenfahrt mit Me 163 im Lkw-Schlepp von Venlo nach Brandis.

Rechts: Feldwebel Hans Hoever von der Luftnachrichtentruppe kam im August 1944 zur 2./JG 400 und erhielt den Auftrag zur Aufstellung der Funkmessanlage sowie der Jägerleitstelle in Brandis. Als Augenzeuge erlebte er einige der herausragenden Einsätze des JG 400 in Brandis mit.

Venlo aufzubauen, da von vornherein beabsichtigt war, die Me 163 genauso zu leiten, wie wir das bereits seit Jahren mit den Nachtjägern des Nachtjagdgeschwaders I in Venlo gehalten hatten. Auf diese Art und Weise kam ich zum ersten Mal mit der neuen Waffe und ihren Leuten in Berührung und ich kann heute noch sagen, daß ich zu Hauptmann Böhner, für den ich als Nachrichtenmann fast ein Außenseiter war, sehr bald einen guten Kontakt bekam. In Venlo lernte ich auch Herrn Leutnant Fritz Kelb kennen, der mir sofort durch seine originelle Art, so wie Sie sie beschrieben haben, auffiel. Auch zu ihm stellte sich ungeachtet des Rangunterschiedes - ich war Feldwebel - ein nettes Verhältnis her. Nachdem wir in mehreren Angriffen mit je 10-12 Bombenteppichen beharkt worden waren, erhielten wir gegen den 10. September 1944 den Befehl, unsere Einheit nach Brandis bei Leipzig zu verlegen.

Wir haben diese Gelegenheit von Initiative von Herrn Hauptmann Böhner gleich dazu genutzt, um die gesamten Marketenderwaren für das NJG 1, das sich schon vor uns Hals über Kopf abgesetzt hatte, und die herrenlos auf dem Bahnhof herumstanden, mit nach Brandis umzudirigieren. Erst hinterher in Brandis stellte sich heraus, daß wir mit den 2 Waggons eine tolle Beute gemacht hatten und Sie werden sich ja selbst noch sehr gut erinnern können, daß die sehr beträchtlichen Alkoholvorräte vielfach Anlaß zu ausgedehnten Zechereien gegeben haben. Ich habe später etwa 53.000 RM aus dem Verkauf der Marketenderwaren auf die Sparkasse in Brandis eingezahlt.

In Brandis selbst übernahmen Leutnant Dorsel und ich die Radargeräte, die zwischen dem Flugplatz und Brandis rechts und links von einer Landstraße aufgestellt waren. Soweit ich mich erinnern kann, standen die Geräte etwa 1 km nördlich vom westlichen Auslauf der Startbahn für die Me 163. Ich habe meine Freizeit fast täglich bei den Staffeln verbracht und unzählige Starts und Landungen sowie das Abbremsen der Maschinen aus nächster Nähe miterlebt. Es war uns wohl bekannt, daß man bei diesen Gelegenheiten mit beiden Beinen im Grabe stand, aber die Freude an dieser neuen Waffe, von der wir uns nun doch trotz der riesigen Verschlimmerung der Gesamtlage einiges versprachen, überwog hier alle Bedenken. Dabei habe ich auch die anderen von Ihnen erwähnten Kameraden Uffz. Eisenmann, Oberfeldwebel Rolly, Oberfeldwebel Bollenrath, der wie ich aus dem Rheinland stammt, Oberfeldwebel Schelper aus Hannover u. a. kennengelernt.“

4. September 1944

An diesem Tag erging der Aufstellungsbefehl des OKL für die 4./JG 400 (20). Sollbestand der Staffel zwölf Me 163 B und vier Bf 110 G als Schleppmaschinen nebst Besatzungen .

8. September 1944

Ernennung von Major Wolfgang Späte zum *Kommandeur der Fliegergruppe I./JG 400*. Er konnte die Stelle allerdings nicht sofort antreten.

General der Jagdflieger Generalmajor Adolf Galland erklärte die Me 163 für einsatzreif: (21) „*... die erste einsatzfähige Staffel hat drei 4-motorige Bomber mit Sicherheit und zwei sehr wahrscheinlich abgeschossen und damit die Tauglichkeit dieses Flugzeugs im Kampf und der für es entwickelten Taktiken erwiesen.*

Es werden Maßnahmen zur Erhöhung der Stärke auf 20 Flugzeuge und Flugzeugführer je Staffel ergriffen, um deren Wirksamkeit zu erhöhen.

Die Einsatzbereitschaft wurde bisher durch Ersatzteilmangel für Zelle und Triebwerk nachteilig beeinflusst.

Das Flugzeug kann nun für einsatzreif erklärt werden.

Es wird vorgeschlagen, das Flugzeug in seiner jetzigen Form als zusätzliches Einsatzmittel der Jagdwaffe zu verwenden und es wie geplant schnellstmöglich durch die Me 163 C zu ersetzen.“

9. September 1944

Reinhard Opitz (Rückübersetzung): (22) „*Ein außergewöhnliches Ereignis, an das ich mich noch gut erinnern kann, rundet die in Brandis erlebte Zeit ab. Prof.* [Heinz] *Ritter, der Sohn des berühmten Ufa Regisseurs* [Karl Ritter], *war Oberleutnant in einer Propagandakompanie und erhielt den Auftrag, einen Film über die Me 163 zu drehen. Ich flog Ritter und seine beiden Kameramänner bei verschiedenen Gelegenheiten mit einer Bf 110. Um Platz für die Kameramänner und ihre Ausrüstung zu schaffen, wurde der hintere Teil der Kanzelhaube mit dem Zwillings-MG ausgebaut.*[5] *Wir stiegen oft mit den Kameraleuten an Bord und einer Me 163 im Schlepp auf einige Tausend Meter. Nach Ausklinken der Schleppleine ging ich auf 2000 m hinunter, damit sie den Scheinangriff der Me 163 auf unsere Maschine filmen konnten. Wir führten zur Vervollständigung der Aufnahmen Vorbeiflüge, Überziehen und Streifflüge mit Kurven nach links und rechts durch und eine Vorschau des Films zeigte, dass sich das Ergebnis für den vorgesehenen Zweck durchaus sehen lassen konnte.*

Man muss dabei bedenken, dass scharfe Starts damals noch selten waren. Am Tag, als ein solcher gefilmt werden sollte - Wolken als Hintergrund waren eine Voraussetzung - positionierte Ritter seine Kameraleute am Anfang, in der Mitte und am Ende der Startbahn. Ich hatte gerade ein paar Schleppstarts mit der 110 hinter mir, das Schleppseil abgeworfen und wollte eben auf dem Grasstreifen zur Landung ansetzen, als ich vor mir eine 163 erblickte, die gerade auf der Betonstartbahn startete. Beim Aufsetzen mit der 110 hatte die 163 das Ende der Startbahn erreicht und stieg ungewöhnlich steil nach oben. Unter dem Rumpf ausströmender Rauch zeigte, dass etwas nicht in Ordnung war; es schien, als ob das Triebwerk kurz nach dem Abheben ausgefallen war. In 100-150 m Höhe überzog die Maschine. Im gleichen Augenblick wurde die Haube abgeworfen und der Flugzeugführer stieg aus. Ob sich der Fallschirm öffnete, konnte ich nicht sehen, denn in der gleichen Richtung schoss die Rauchwolke von der Explosion der 163 beim Aufschlag in die Höhe. Der Flugzeugführer hieß [Leutnant Friedrich] *Kelb und er schaffte es, in einer Kiesgrube im nordöstlichen Teil des Platzes zu landen, die gerade tief genug war, dass sich der Schirm noch voll entfalten und seine Landung bremsen konnte.*[6]

Als Typenbegleiter der Me 163 und Kommandeur des EKdo 16 leitete Wolfgang Späte die Erprobung und Entwicklung des Raketenjägers hin zur Einsatzreife. Ende August 1944 übernahm er als Major die Führung der I./JG 400 und im Dezember des Geschwaders. Das Ritterkreuz mit Eichenlaub trug er sei April 1942, im Mai 1942 erfolgte die Beförderung zum Hauptmann (siehe Foto). Bis Kriegsende hatte Wolfgang Späte 99 Abschüsse an der West- und Ostfront erzielt, die meisten beim JG 54.

Ritter und seine Mannen hatten alles von Anfang bis Ende mitgefilmt. Unter großem Gelächter sahen wir uns den Streifen ein paar Tage später im Fliegerhorst-Kasino an. Bis heute blieb mir dieser Nachmittag in lebhafter Erinnerung. Zuerst wurde der Film »Herr Sanders lebt gefährlich« *mit – so weit ich mich erinnern kann – Heinz Rühmann in der Hauptrolle gezeigt, und danach der Streifen über Kelbs Flug, den wir entsprechend mit* »Herr Kelb lebt gefährlich« *betitelten.*"

Rolf Glogner (Rückübersetzung): (23) „*Ofw. Husser und ich sollten nach Wartungsarbeiten Werkstattflüge mit je einer Me 163 durchführen. Kelb startete vor uns und in 80 m Höhe setzte sein Triebwerk aus. Noch im Steigen drehte er nach links und stieg aus. Ritter filmte das Ganze.* [Hauptmann Otto] *Böhner fragte uns, ob wir noch immer starten wollten, worauf wir natürlich mit ja antworteten. Gerade als wir die Triebwerke anfuhren, raste ein Auto mit Staubfahne über den Platz direkt auf uns zu. Ein Mechaniker sprang heraus und rief „dass wir abbrechen sollten. Die beiden Maschinen kamen zur Überprüfung der Triebwerke in die Halle. Dort entdeckten Mechaniker in den Treibstoffleitungen beider Flugzeuge feine Abrissteile, die von einem Materialfehler herrührten. Am Abend feierte ich »Geburtstag«.*"

11. September 1944

Die 8. USAAF bombardierte Böhlen, Chemnitz, Merseburg, Lützkendorf (alle Orte in Reichweite der Me 163 in Brandis) sowie Ruhland und Brüx (Sudetenland): (7)

Hauptangriffsziele	1. Kampfgruppe:	Ruhland, Böhlen, Brüx (Most), Chemnitz
	2. Kampfgruppe:	Merseburg, Lützkendorf
Bomber	10 Bombergeschwader der 1. Kampfgruppe (384 B-17)	
	9 Bombergeschwader der 2. Kampfgruppe (351 B-17)	
Begleitschutz	5 Jagdgruppen der 1. Kampfgruppe (275 P-51)	
	4 Jagdgruppen der 2. Kampfgruppe (145 P-51, 33 P-38)	

Aus dem Einsatzbericht der 8. USAAF: „*Bomber der 1. Kampfgruppe sichteten ein »Jet«-Flugzeug (identifiziert als eine Me 262) in der Gegend von Böhlen. Die 2. Kampfgruppe wurde nicht angegriffen. Der einzige Angriff eines Raktenflugzeugs erfolgte auf eine P-51 einer* [Begleitschutz] *Gruppe der 1. Kampfgruppe. Der Angriff trug sich in der Nähe von Eberbach zu* [sic, Ebersbach?]. *Das Feindflugzeug ähnelte der Me 262 mit ausgeprägten Pfeilflügeln. Feindflugzeug machte einen Anflug auf schätzungsweise 15.000 Fuß (ca. 4600 m) und schoss die P-51 ab. Andere Flugzeuge des Schwarms verfolgten die Feindmaschine, die mit Hochgeschwindigkeit nach oben raste uns sie rasch abhängte.*" (7) [Anm. d. Verf.: *Eberbach* im Odenwald 21 km ONO Heidelberg befand sich nicht im Einflugbereich der Amerikaner. Es kommen drei Orte namens *Ebersbach* in Frage: 1) 8 km SW Colditz, 2) 27 km SSW Ruhland, 3) 54 km O Dresden.]

Eine gegensätzliche Darstellung des Angriffs findet sich bei Ethell: (1) „*Um 12.05 Uhr waren die anderen Bomberformationen in ihren Zielgebieten, und die 379. Bombergruppe wurde angegriffen. Bordschütze Stanley Chicinski im oberen Geschützturm der »Fliegenden Festung« FR-D machte in 8500 m und 800 Meter entfernt in 5 Uhr eine »Komet« aus, die zu einem Angriff einkurven wollte. Chichinski gab einen Feuerstoß auf die noch im Steigflug befindliche »Komet« ab. Der Raketenjäger kippte über die Fläche ab und wurde zuletzt im Steiltrudeln, eine Rauchfahne ziehend, gesehen. Lt. C. E. Harris, Kommandant der WF-J der 305., sah weitere vier 163, die von hinten Angriffe auf andere Verbände flogen, aber seine Gruppe blieb unbeeinträchtigt.*"[7]

Der damalige Unteroffizier Kurt Schiebeler erlebte es so: (24) „*Nach meinem zweiten scharfen Einsatz fragte mich Rösle, obwohl ich schon zwei scharfe Einsätze hinter mir hatte, ob ich den dritten für ihn fliegen wolle. Ich startete mit der »Weißen 2«. Bomber zogen in Richtung Dresden und eine einsame B-17 flog über den Flugplatz. Ich flog den Bomber zu schnell an und überschoss ihn. Ich setzte zu einem zweiten Angriff im Gleitflug an, erzielte aber immer noch keine Treffer. Im dritten Gleitangriff trafen meine Geschosse den inneren rechten Motor, der zu qualmen anfing. Bei meinem vierten Gleitangriff beharkte ich das Flugzeug zwischen rechtem Motor und Rumpf. Zwei Mann stiegen aus und das Hauptfahrwerk fiel ab. Eine Stimme vom Leitstand rief: »Kehr um. Das Flugzeug wird abstürzen!« Olejnik wies mich an, 90° quer über den Platz zu fliegen und mit den Flügeln zu wackeln. Die Überlebenden der Bomberbesatzung (drei Mann) wurden aufgesammelt und zum Flugplatz gebracht. Ich fragte sie, ob sie wüssten, wer sie abgeschossen hatte. Sie antworteten: »Shady – unclear«* [sic; in etwa „Fragwürdig – ist nicht klar"]. *Kurz danach landete ein Fw-190-Pilot, der sich verflogen hatte. Er behauptete, den Bomber abgeschossen zu haben und entging nur knapp einer Tracht Prügel.*"

Tatsächlich hatte Schiebeler die B-17 (LN-T, s/n 43-38043) an diesem 11. September 1944 zwischen 12.36 und 12.50 Uhr abgeschossen. Sie gehörte zur *350 Bomber Squadron* der *100 Bomb Group* auf dem Flug nach Ruhland. Er flog die Me 163 B „Weiße 2" mit 2 cm-MG 151/20. (5) Sowohl Ethell (1) als auch Späte (6) bestätigen den Abschuss der B-17 durch Schiebeler, sind sich über den Zeitpunkt jedoch uneins. In Schiebelers Flugbuch ist im Gegensatz zu seiner Erinnerung der 11. September eingetragen, doch nicht einmal ein „wahrscheinlicher Abschuss". Die *USAAF Intops Summary No. 134* (7) führt den Verlust dieser B-17 und/oder Sichtungen von Me 163 (anders als bei Ethell beschrieben) auf dem Flug der 1. Bomberflotte nach Ruhland nicht auf, wohl aber den Verlust zweier B-17 aus unbekannten Gründen.

Ein Bericht an eine Behörde in Grimma und der Verlustbericht US-amerikanischer Flugzeugbesatzungen MACR 8841 geben den Absturz einer B-17 in Gut Cummerdorf rund 1,5 km nördlich Machern bei Borsdorf an (ca. 4 km nordwestlich Brandis). Zwei der drei Überlebenden, Kopilot Richard P. Keirn und Bordmechaniker/oberer Turmschütze Kenneth S. Summers, wurden nach dem Fallschirmabsprung zuerst nach Borsdorf und dann nach Brandis gebracht. Beim dritten, ebenfalls gefangen genommenen Überlebenden handelte es sich um Navigator *2nd Lieutenant* Jerome H. Hutcheson. Sie kamen in Kriegsgefangenenlager. Der Rest der B-17-Besatzung hatte die Begegnung mit der Me 163 nicht überlebt.

12. September 1944

In einem vom britischen Nachrichtendienst abgefangenen und entschlüsselten Funkspruch ist von der Ausgabe von Kenntafeln für die Me 163 durch die Luftflotte die Rede. (4)

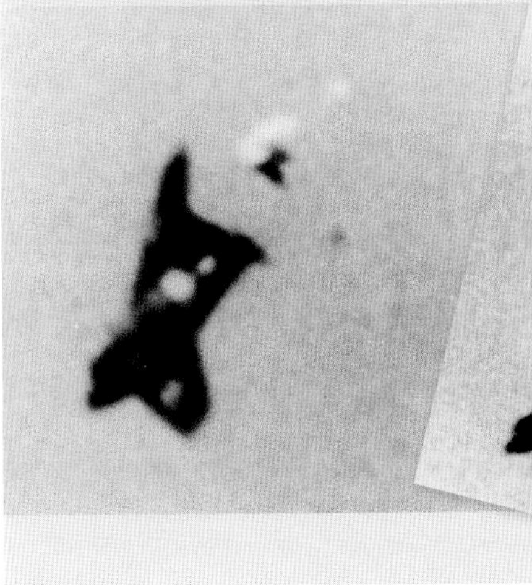

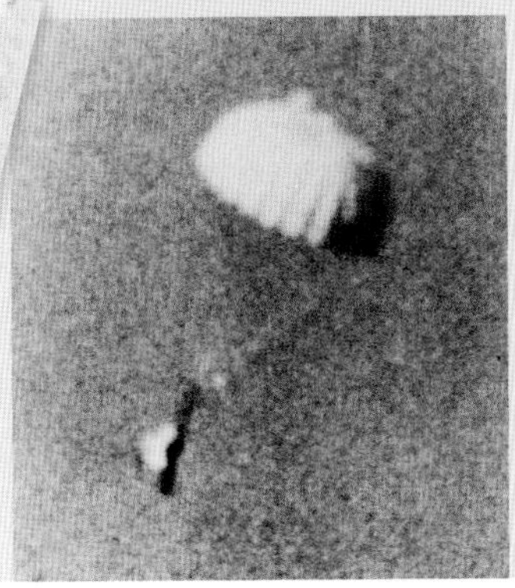

Kurz nach dem Start am 9. September 1944 fing die Me 163 von Leutnant Fritz Kelb (Foto oben) Feuer und er musste mit dem Fallschirm aussteigen. Die Aufnahmen stammen von einem in Brandis anwesenden Ufa-Kameramann. Hauptmann Bernhard Graf von Schweinitz, damals noch bei der Erg.St./JG 400, war ebenfalls Augenzeuge und berichtete von der Anwesenheit einer japanischen Delegation, die in Verhandlungen über den Nachbau der Me 163 in Japan stand (dazu mehr in Kapitel 15).

Die 8. USAAF flog Bombenangriffe auf Böhlen und Magdeburg. (7)

Hauptangriffsziele	2. Kampfgruppe: Magdeburg, Böhlen
Bomber	8 Bombergeschwader der 2. Kampfgruppe (348 B-17)
Begleitschutz	6 Jagdgruppen der 2. Kampfgruppe (80 P-47, 191 P-51)

Die 8. USAAF berichtete: *„Eine Me 163 griff in der Nähe von Böhlen B-17 der 2. Kampfgruppe an.* [35 B-17 waren auf das Hydrierwerk Böhlen angesetzt]. *Die Me 163 griff im Zielgebiet von hinten an und feuerte wahrscheinlich aus 20 mm-Kanonen unter jeder Tragfläche.“* (7)

13. September 1944

Die 8. USAAF bombardierte Lützkendorf und Merseburg. (7)

Hauptangriffsziele	3. Kampfgruppe: Lützkendorf, Merseburg
Bomber	6 Bombergeschwader der 3. Kampfgruppe (297 B-17)
Begleitschutz	6 Jagdgruppen der 3. Kampfgruppe (36 P-47, 238 P-51)

„Acht Me 163 griffen ein Bombergeschwader der 3. Kampfgruppe an, nachdem diese die Hydrierwerke Merseburg bombardiert hatte.“ (7) Das *Intops Summary* (Zusammenfassung gegnerischer Abwehrmaßnahmen) der 8. USAAF erwähnt hingegen keinerlei Angriffe durch Me 163.

Der Unfall, bei dem Oberleutnant Franz Rösle von der 1./JG 400 schwere Gesichtsverletzungen davontrug, ereignete sich vermutlich an jenem 13. September 1944. Rösle konnte sich an das genaue Datum nicht mehr erinnern, aber es muss vor dem 28. September geschehen sein, als er noch schwerer verletzt wurde. In einem Brief an Mano Ziegler schrieb er nach dem Krieg (Rückübersetzuug): (16)

Eine Seite aus dem Flugbuch von Unteroffizier Kurt Schiebeler mit den Einträgen seiner erfolgreichen und erfolglosen Me 163-Einsätze bei der 1./JG 400 gegen US-Bomber und -Jäger. Man beachte den Nachtrag der Flüge am 16. August zwischen dem 7.10. und 2.11.1944. In den lediglich acht Einsatzflügen vom 7. Juli bis zum 2. November 1944 schoss er drei „Fliegende Festungen“ B-17 ab bzw. war an deren Abschuss beteiligt. Danach kam er nur noch zweimal zum Abfangeinsatz, und zwar im Februar oder März 1945 (diese Flüge sind nicht im Flugbuch verzeichnet). Der erste Abschuss einer B-17 gelang ihm am 11. September 1944.

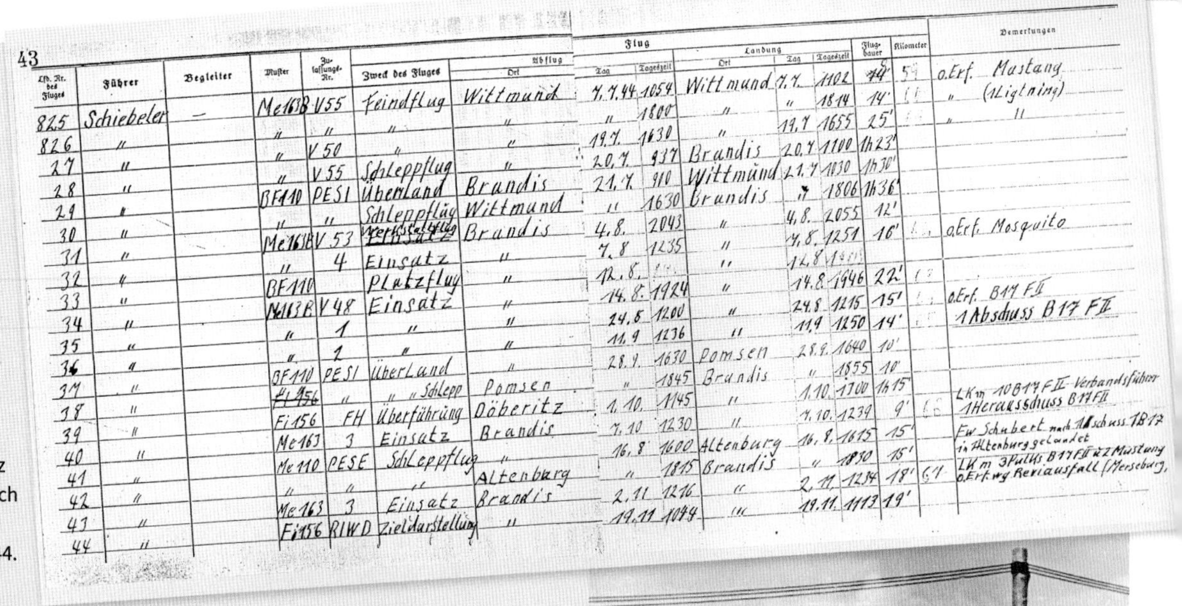

43

Lfd. Nr. des Fluges	Führer	Begleiter	Muster	Zulassungs-Nr.	Zweck des Fluges	Abflug Ort	Abflug Tag	Abflug Tageszeit	Landung Ort	Landung Tag	Landung Tageszeit	Flugdauer	Kilometer	Bemerkungen
825	Schiebeler	—	Me163B	V55	Feindflug	Wittmund	7.7.44	1054	Wittmund	7.7.	1102	8'	59	o.Erf. Mustang
826	〃		〃	〃	〃	〃	〃	1800	〃	〃	1814	14'		〃 (1 Lightning)
27	〃		〃	V50	〃	〃	19.7.	1630	〃	19.7	1655	25'		〃 〃
28	〃		〃	V55	Schleppflug	〃	20.7.	937	Brandis	20.7	1100	1h23'		
29	〃		BF110	PESI	Überland	Brandis	21.7.	910	Wittmund	21.7	1030	1h30'		
30	〃		〃	〃	Schleppflug	Wittmund	〃	1630	Brandis	〃	1806	1h36'		
31	〃		Me163B	V53	Werkstattflug	Brandis	4.8.	2043	〃	4.8.	2055	12'		
32	〃		〃	4	Einsatz	〃	7.8	1235	〃	7.8.	1251	16'		o.Erf. Mosquito
33	〃		BF110		Platzflug	〃	12.8.	[illegible]	〃	12.8	[illegible]			
34	〃		Me163B	V48	Einsatz	〃	14.8.	1924	〃	14.8.	1946	22'		
35	〃		〃	1	〃	〃	24.8	1200	〃	24.8	1215	15'		o.Erf. B17 FII
36	〃		〃	1	〃	〃	11.9	1236	〃	11.9	1250	14'		1 Abschuss B17 FII
37	〃		BF110	PESI	Überland	〃	28.9.	1630	Pomsen	28.9.	1640	10'		
38	〃		Fi156	〃	〃 〃 Schlepp	Pomsen	〃	1845	Brandis	〃	1855	10'		
39	〃		Fi156	FH	Überführung	Döberitz	1.10.	1145	〃	1.10.	1700	1h15'		
40	〃		Me163	3	Einsatz	Brandis	7.10	1230	〃	7.10.	1239	9'	68	LKm 10 B17 FII Verbandsführer 1 Herausschuss B17 FII
41	〃		Me110	PESE	Schleppflug	〃	16.8	1600	Altenburg	16.8.	1615	15'		Fw Schubert nach Abschuss 1 B17 in Altenburg gelandet
42	〃		〃	〃	〃	Altenburg	〃	1815	Brandis	〃	1830	15'		
43	〃		Me163	3	Einsatz	Brandis	2.11	1216	〃	2.11.	1234	18'	64	LKm 3 Pulks B17 FII u. 2 Mustang o.Erf. wg Reriausfall (Merseburg)
44	〃		Fi156	RIWD	Zieldarstellung	〃	19.11	1044	〃	19.11.	1113	19'		

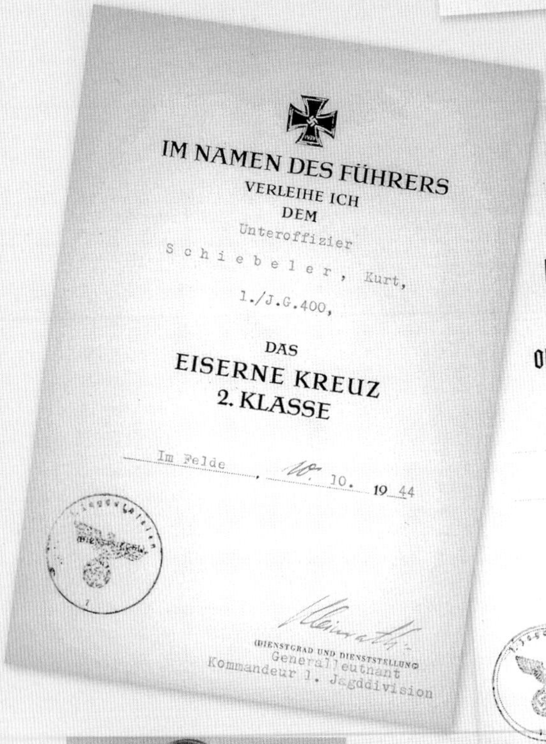

IM NAMEN DES FÜHRERS
VERLEIHE ICH
DEM
Unteroffizier
Schiebeler, Kurt,
1./J.G.400,
DAS
EISERNE KREUZ
2. KLASSE

Im Felde, 10. 10. 1944

(DIENSTGRAD UND DIENSTSTELLUNG)
Generalleutnant
Kommandeur 1. Jagddivision

Verleihungsurkunde

Im Namen des
Oberbefehlshabers der Luftwaffe
verleihe ich dem
Unteroffizier
Schiebeler, Kurt,
1./Jagdgeschwader 400,
die
Frontflug-Spange für Jäger
in Silber

Im Felde, den 21.9. 1944

Generalleutnant
Kommandeur 1. Jagddivision

Unteroffizier Kurt Schiebeler am Tag der Verleihung des EK II, dem 10. Oktober 1944. Die zugehörige Verleihungsurkunde sowie die Verleihungsurkunde für die Frontflugspange in Silber (21.09.1944) tragen die Unterschrift von Generalleutnant Kurt Kleinrath, Kommandeur der 1. Jagddivision.

Absturzbrand- und -stelle der von Kurt Schiebler abgeschossenen B-17 bei Borsdorf, rund 4 km nordwestlich Brandis.

„Zum Abfangen feindlicher Bomber gab es Alarmstart. Leider setzte – was oft geschah – beim Start das Triebwerk aus. Auf 600 m zog ich den Treibstoff-Notablass um meinen C- und T-Stoff vor dem Eindrehen zur Landung schnellstmöglich los zu werden. Alles lief nach Plan. Ich landete mit ausgefahrener Landekufe, rutschte über das Gras – und dann passierte es: das verdammte Ding explodierte! Die Schmerzen im Gesicht machten mich verrückt und ich hatte nur noch einen Gedanken: ich musste so schnell als möglich aus dem Trichter herauskommen, da die gesamte Maschine jeden Moment in die Luft fliegen konnte. Zum Glück war die Feuerwehr schnell da und ich rief nach Wasser. Sofort überschüttete ein Schwall Wasser mein Gesicht und danach fühlte ich nur noch ein Brennen. Auf dem Platz selber war nur ein Offizier, der sich sofort um mich kümmerte, der Rest befand sich zur Führung des Einsatzes im Leitstand außerhalb des Flugplatzes. Unglücklicher Weise waren unser Staffelarzt und der Sanitätswagen aus Sicherheitsgründen ausgelagert worden. Man brachte mich in den Keller unter den Kontrollturm, von dort sollte ein Arzt telefonisch benachrichtigt werden. Als ich in den Keller kam, rannten die Luftwaffenhelferinnen schreiend davon – ich muss einen schönen Anblick geboten haben. Das ganze Drumherum verzögerte die Ankunft des Sanka um 20 Minuten und ich möchte diesen Zeitabschnitt um keinen Preis noch einmal erleben. Nach der Versorgung im Krankenhaus musste ich drei Monate lang eine Gesichtsmaske tragen. Wahrscheinlich hatte sich beim Notablass T-Stoff im Kufenkasten gesammelt, der durch die Reibungshitze beim Rutschen über das Flugfeld explodiert war. Das war der zweite Schlag und der dritte ließ nicht lang auf sich warten [28. September 1944].“

Auch Rolf Glogner konnte sich gut an den Unfall erinnern: (23) *„Rösle zog den Treibstoff-Schnellablass-Griff, nachdem das Triebwerk beim Start ausgefallen war, worauf sich etwas Treibstoff im Kufenkasten sammelte. Die beim Landen entstehende Reibungshitze entzündete den Treibstoff und eine Flamme schlug bis in die Kanzel durch. Danach musste Rösle seine Mahlzeiten vor dem Spiegel einnehmen, da sein Kopf vollkommen einbandagiert war.“*

Feldwebel Rudolf Zimmermann hatte am 24. August 1944 dasselbe Problem gehabt. Nachdem Rösles Kufenkasten in Flammen aufgegangen war erging ein Befehl, die Hohlräume mit Kabelvergussmasse zu füllen.

23. September 1944

In einem vom britischen Nachrichtendienst abgefangenen und entschlüsselten Funkspruch ist erneut von der Ausgabe von Kenntafeln für die Me 163 die Rede, diesmal durch das Luftwaffenkommando West (vgl. 12. September). (4)

24. September 1944

Stärkemeldung der 1./JG 400 in Brandis: Bestand 19 Me 163, 11 einsatzfähig.

26. September 1944

Folgendes Fernschreiben aus dem Führerhauptquartier ging an das Feldluftgaukommando Belien in Nordfrankreich: *„Der Führer verbietet zum wiederholten Mal jegliche Gespräche und das Verstreuen von Gerüchten über Einsätze und Flugleistungen der Me 163, solange diese sich noch im Entwicklungsstadium befindet und in nur geringer Stückzahl zur Verfügung steht. Alle Verbandsführer haben diese Führerweisung unverzüglich bekanntzugeben.“* Das

Zwei Aufnahmen der Me 163 B „Weiße 14“ mit unterschiedlicher Ausführung der Staffelnummer 14. Nach dem Anstrich zu schließen, wurde die Maschine bei Klemm gebaut. Außer dem Umstand, dass sie beim Rollen über das Rollfeld gefilmt wurde, ist nichts Weiteres über sie bekannt.

Oberleutnant **Franz Rösle** (hier als Leutnant) kam am 20. März 1920 in Augsburg zur Welt. Er diente bei der 1./JG 400 von März bis September 1944 in Wittmundhafen und Brandis und war von September 1944 bis April 1945 dort Staffelkapitän der 3./JG 400. Nur am Rande: Sich mit unvorschriftsmäßigem Bartwuchs im Heimatgebiet ablichten zu lassen, widersprach den damaligen Gepflogenheiten und den Vorstellungen vom Erscheinungsbild eines Soldaten in der Öffentlichkeit („Frontschweine“ der Ostfront bildeten da eine Ausnahme). Möglicher Weise hatte Rösle die Erlaubnis, sich einen Bart wachsen zu lassen (wie auch Leutnant Fritz Kelb auf Seite 225).

Links: Me 163 am Ostende der Startbahn. Grasbewuchs wurde abgemäht und in Heuhaufen am Rand gestapelt. Ein Zeitzeuge berichtete davon, dass man die Heustapel zum Einfangen und Bremsen der Rollwerke benutzte – nach dem Abwurf beim Start hüpften und rollten diese nämlich munter über den ganzen Flugplatz. Das große Flugzeug mit vorwärts gepfeilten Tragflächen ganz im Hintergrund ist der erste Prototyp der Junkers Ju 287.

Rechts und unten: Die Me 163 am ostwärtigen Ende der Startbahn bei Startvorbereitungen. Die untere Bildfolge zeigt das Anwerfen des Triebwerks der rechten Maschine sowie das Wegziehen des Hilfsstromerzeugers durch die Bodenmannschaft. Kurz danach explodierte die Maschine. Der genaue Zeitpunkt des Unfalls ist unbekannt, nach den Anzugserleichterungen der Bodenmannschaft und den Heuböcken am Flugplatzrand muss es sich aber im Frühsommer/Hochsommer 1944 (erste oder zweite Mahd) zugetragen haben.

Verschicken dieses Fernschreibens muss im Führerhauptquartier (nach Ansicht der Verfasser) im Nachhinein für Unbehagen gesorgt haben, gab man dadurch doch einen Sachverhalt preis, der strenger Geheimhaltung unterlag. Eine ähnliche Weisung erging auch für die Me 262.

28. September 1944

Die 8. USAAF bombardierte Merseburg-Leuna. (7)

Hauptangriffsziel	2. Kampfgruppe: Merseburg-Leuna
Bomber	9 Bombergeschwader der 2. Kampfgruppe (342 B-17)
Begleitschutz	5 Jagdgruppen der 2. Kampfgruppe (231 P-51)

Die Abteilung Feindaufklärung der 8. USAAF meldete: *„Zwei unwirksame Angriffe durch zwei Me 163 wurden zwischen 11.57–12.10 Uhr auf B-17 der 2. Kampfgruppe im Zielgebiet durchgeführt.* [301 B-17 bombardierten die Leuna-Werke]. *Der Begleitschutz der 2. Kampfgruppe begegnete um etwa 12.00 Uhr über dem Zielgebiet verschiedenen verstreuten Me 163. Ein Pilot meldete den wahrscheinlichen Abschuss einer Me 163 im Zielgebiet um 12.10 Uhr."* (7)

„Mustang"-Pilot 1st Lt Edward L. Wilsey von der *374th Fighter Squadron* der *361st Fighter Group* befand sich zum angegebenen Zeitraum über Merseburg: *„Ich flog an der linken Flanke der Bomber, leicht nach unten versetzt, um 12.10 Uhr über Merseberg* [sic], *als ich aus dem Zielgebiet eine große Rakete – oder was ich dafür hielt – aufsteigen sah. Kurz darauf setzte der Kondensstreifen aus und das Flugzeug war da. Es flog von hinten nach vorn durch den Bomberverband, ging dann auf Höhe, drehte eine 180°-Kurve über die Tragfläche und tauchte erneut durch die Bomber, vollzog im Stürzen eine langsame Rechtsrolle und kam in 400 yards Abstand (ca. 370 m) an mir vorbei. Ich fasste ihn mit dem K-14-Visier auf und gab ihm einen Spritzer. Er schwenkte nach rechts, dann wieder zurück und dann im Sturzflug nach links. Ich tauchte hinterher und bekam ihn in kurzen Abständen wieder ins K-14-Visier, wobei ich kurze Feuerstöße abgab, wenn er wegzog. Mein Flugzeug begann arg zu zittern und zu vibrieren. Ein Blick auf den Fahrtmesser zeigte über 500 mph (ca. 805 km/h). Auf 8000 Fuß (ca. 2400 m) leitete ich den Sturzflug nach rechts aus, wobei die Me 163 immer noch geradewegs nach unten ging und mich definitiv abhängte; ich sah sie nicht wieder. Beobachtungen: Diese Me 163 hatte unglaubliche Geschwindigkeit und hervorragende Querruderwirkung. Hochbeweglich bei jeder Geschwindigkeit. Hohe Steiggeschwindigkeit bei 75–80 Grad. Schub schien sie nur im Steig- oder Horizontalflug zu geben, wobei sie auch ohne Schub nicht langsamer wurde. Anstrich kam mir schwarz vor. Keine Bewaffnungsmerkmale erkennbar. Mein Rottenflieger F/O* [Oberleutnant, brit. Dienstgrad] *sah die Me 163 auch auf etwa 5000 Fuß (ca. 1500) immer noch steil nach unten gehen, während er bei 7000 Fuß (ca. 2100 m) den Sturzflug abbrach; danach verlor er den »Jet« aus den Augen. Ich melde den wahrscheinlichen Abschuss dieser Me 163."*

Feldwebel Rudolf Zimmermann flog an diesem Tag einen Einsatz mit der Me 163 B V62 („Weiße 7", W.Nr. 16310071). (5)

Oberleutnant Franz Rösle erlitt bei einem Unfall erneut schwere Verletzungen (Rückübersetzung): (16) *„Beim Abheben fiel wieder das Triebwerk aus, diesmal aber in der gefährlichen Höhe von 300–400 m. Ich wendete zum Flugplatz und zog den Treibstoff-Notablass. Über die Gefahren der verzögerten Reaktion war ich mir bewusst und für eine normale Landung blieb keine Zeit. Es gab eine Explosion und mein Kopf wurde beängstigend heiß. Ich musste aussteigen. Die Höhe war nur 250 m. Ich öffnete den Sitzgurt und zog den Haubennotwurf. Nichts geschah. Die Spannung stieg. Was konnte ich tun? Ich versuchte mit beiden Händen die Haube aufzustemmen, überraschender Weise kippte sie nach der Seite, flog aber nicht weg. Zumindest war der Fluchtweg frei. Ich ließ mich seitlich nach hinten herausfallen. In diesem Augenblick machte die 163 eine Rollbewegung, die Haube fiel zu und ich hing mit dem Körper außen am Rumpf, während die Beine zwischen Haube und Haubenanschlag festklemmten. Zum Glück trug ich Fliegerpelzstiefel, so dass es mir gelang, einen Fuß herauszuziehen und mich mit diesem vom Flugzeug abzustoßen. Nach Augenzeugenberichten stieg ich in einer Höhe von lediglich 100–120 m aus. Sofort zog ich den Auslösegriff, spürte den Entfaltungsstoß des Fallschirms und erst dann ging mir auf, dass ich viel zu schnell fiel. Bei Bodenberührung verlor ich das Bewusstsein.*

Als ich im Krankenhaus zu mir kam, standen lauter bekannte Gesichter um mich herum, darunter der Arzt. Aus ihren Mienen konnte ich ablesen, dass irgendetwas nicht stimmte. Röntgenaufnahmen brachten einen Bruch im Bereich der Lendenwirbelsäule ans Licht. Die nächsten sechs Monate verbrachte ich im Gipskorsett."

In der Namentlichen Verlustmeldung ist davon die Rede, dass sich Oberleutnant Rösle seine Verletzungen nach einem Kampfeinsatz am 28. September 1944 in der Me 163 B V49 (PK+QT, W.Nr. 16310058) zuzog. Das Flugzeug war zu 60 %

Der Flugplatz Brandis diente auch diesem ungewöhnlichen Fluggerät als Erprobungsstätte. Der erste und einzige Prototyp des Kreisflügelflugzeugs Sack AS-6 kam im April 1944 nach Brandis. Sein Konstrukteur Arthur Sack stammte aus dem nahe gelegenen Machern. Die ersten Versuche führte der Cheftestpilot der Leipziger Allgemeinen Transportanlagen-Gesellschaft mbH (ATG) durch; sie endeten nach der Beschädigung des Hauptfahrwerks. Das Flugzeug wurde repariert; weitere Versuche unternahm Oberleutnant Franz Rösle, Staffelkapitän der 3./JG 400. Gemäß Augenzeugenberichten flog das Kreisflügelflugzeug aber nie. Vermutlich wurde es bei Kriegsende vor dem Einmarsch der Amerikaner zerstört. Die verschneite Umgebung deutet auf eine Aufnahme im April 1944 oder im Winter 1944/45 hin.

Generalmajor Robert Ritter von Greim (links als Chef der Luftflotte 6 im Osten in einer He 111) und Oberst Hajo Herrmann (rechts Mitte) zählten zu den bekannten Persönlichkeiten, die das JG 400 im Herbst 1944 besuchten. Das Foto mit Hajo Herrmann entstand während einer Inspektion des Jägerflugplatzes Achmer im Oktober 1943. Von links: Hauptmann Horst Geyer, ObdL Hermann Göring, Oberstleutnant Hajo Herrmann und Hauptmann Hannes Trautloft.

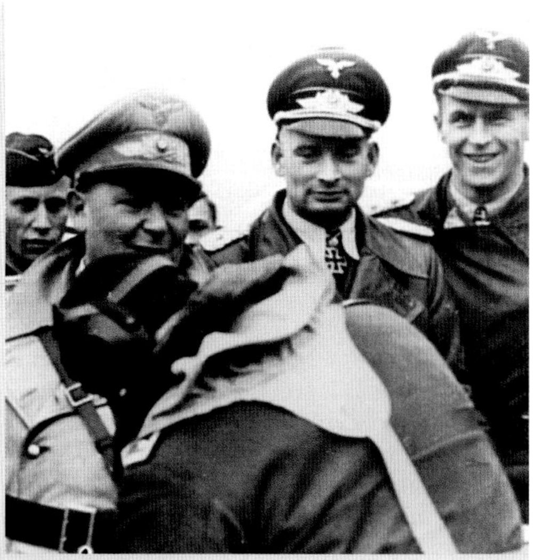

Ende September/Anfang Oktober 1944 stattete auch Me 163-Typenbegleiter Oberst Gordon Gollob dem Geschwader einen Besuch ab. Oben ist er mit Hauptmann Robert Olejnik zu sehen, in der Mitte (v. l.) mit Oberprüfmeister Oskar Unterhuber, Oberleutnant Ernst Siebert, Hauptmann Bernhard Graf von Schweinitz sowie Georg Sachse, Anlaufbeauftragter III im Rüstungsstab und verantwortlich für die Me 163. Nach dem Besuch hatte Hauptmann Olejnik das Vergnügen, Gollobs Reisemaschine Bf 108 anzuwerfen. Gordon Gollob flog während des Aufenthalts in Brandis die Me 163 A und B. Ende Januar 1945 trat der Brillantenträger die Nachfolge Adolf Gallands als *General der Jagdflieger* an.

Rechts: Technische Offiziere des JG 400. Von links Oberprüfmeister Oskar Unterhuber, Oberleutnant Ernst Siebert und Leutnant Ernst Kern.

Oben: Kurz nach dem Eintreffen des EKdo 16 in Brandis entstand in der ersten Oktoberwoche 1944 dieses Foto von Leutnant August Hachtel, Hauptmann Robert Olejnik und einem weiteren Offizier.

beschädigt. (11) Nach Aussage Rösles war sein Gesicht nach dem ersten Unfall drei Monate lang bandagiert, weshalb er den Einsatz vom 28. September noch mit Verband geflogen haben musste. Dafür spricht seine Anmerkung „sein Kopf sei beängstigend heiß geworden".

Gemäß offiziellen Dokumenten befand sich die 3./JG 400 im August 1944 noch in Aufstellung und sollte in Stargard stationiert werden. Im November erhielt die Staffel die neue Bezeichnung 5./JG 400 und eine neue 3./JG 400 wurde in Brandis errichtet. Diese Umbenennung führte zu beträchtlicher Verwirrung; so auch in Bezug auf Rösle, den einige Quellen als Staffelführer oder Staffelkapitän der 3./JG 400 benennen. Die Verfasser glauben, dass Rösle im August 1944 mit der Aufstellung der 3./JG 400 beauftragt worden war und die Staffel in Stargard führte. Sein Unfall am 28. September verhinderte die Ernennung zum Staffelkapitän der 5./JG 400; an seine Stelle trat Leutnant Peter Gerth. Nach dem zweiten schweren Unfall verbrachte Rösle nach eigenen Aussagen neun Monate – d.h. bis Juni 1945 – in einem Gipskorsett, doch nach Schilderungen ehemaliger Luftwaffensoldaten wurde er im Februar 1945 (trotzdem) zum Staffelkapitän der 3./JG 400 ernannt. Möglicherweise stimmen diese Schilderungen nicht; auf der anderen Seite kann Rösle die neue 3./JG 400 aber auch übernommen haben. (Er wäre nicht der einzige deutsche Soldat gewesen, der nicht auskuriert mit Verband aus dem Lazarett ausbüchste und wieder Dienst bei der alten Einheit tat). Wie er die Aufgaben als Staffelkapitän angesichts der schweren Einschränkungen bewältigen konnte, ist eine andere Frage.

September oder Oktober 1944

Das JG 400 erhielt Besuch von Generalmajor Robert Ritter von Greim, Pour-le-Mérite-Träger des 1. Weltkriegs sowie Eichenlaubträger, und Oberst Hajo Herrmann, Träger des Ritterkreuzes mit Eichenlaub und Schwertern. Ritter von Greim war Oberbefehlshaber der Luftflotte 6; Oberst Herrmann Kommandeur der 1. Jagddivision und Erfinder des Nachtjagdverfahrens „Wilde Sau".

Nach dem Krieg kommentierte Hans Bott den Besuch Hajo Herrmanns mit leichtem Sarkasmus: (17) *„Einmal besuchte uns Oberst Herrmann und brachte Sekt und Schokolade mit. Niemand erzählte ihm, dass das Triebwerk der Me 163 bei jedem zweiten Flug aussetzte. Olejnik schwieg. Herrmann dachte, wir könnten die Kriegslage vielleicht noch retten. Dann kam ein weiterer Oberst. Falderbaum legte einen wunderschönen Schauflug mit der Me 163 hin und der Oberst ging zufrieden heim."* 8

Beim „weiteren Oberst" könnte es sich um Me 163-Typenbegleiter Oberst Gordon Gollob gehandelt haben. Bott: (17) *„Gollob besuchte Brandis im Herbst 1944. Am Steuer einer Me 163 B machte er ein paar Schleppflüge, danach einen Alleinflug mit übler Landung. Natürlich flog er das Flugzeug kein zweites Mal, hatte aber auch nicht mehr viel Gelegenheit dazu."*

Feldwebel Hans Hoever: (19) *„Ich kann mich besonders gut an Hauptmann Falderbaum erinnern, weil er mit einer Me 163 bei eingeschaltetem Triebwerk einen Looping über dem Platz flog. Alle Anwesenden gingen in Deckung. Ich wusste nicht, ob so etwas* [Looping] *überhaupt erlaubt war, doch nach der Landung kam er auf uns zu, wie wenn dies das Selbstverständlichste der Welt gewesen wäre."*

6. – 8. Oktober 1944

Verlegung des Erprobungskommandos 16 von Bad Zwischenahn nach Brandis (zur Vorgeschichte des EKdo 16 in Peenemünde-West und Bad Zwischenahn siehe Kapitel 5 und 14).

7. Oktober 1944

Bombenangriffe der 8. USAAF auf Böhlen, Lützendorf, Merseburg-Leuna, Wurzen und Rositz. (7)

Hauptangriffsziele	2. Kampfgruppe:	Brüx (Most nicht angegriffen), Ruhland
Zweitziele	2. Kampfgruppe:	Zwickau, Wurzen, Ruhland
	3. Kampfgruppe:	Böhlen, Lützkendorf, Merseburg-Leuna
Bomber	9 Bombergeschwader der 2. Kampfgruppe (333 B-17)	
	12 Bombergeschwader der 3. Kampfgruppe (451 B-17)	
Begleitschutz	5 Jagdgruppen der 2. Kampfgruppe (256 P-51)	
	5 Jagdgruppen der 3. Kampfgruppe (70 P-47, 216 P-51)	

Bericht der 8. USAAF über den Einsatz der 3. Kampfgruppe gegen Böhlen: *„Zwischen 12.01 und 12.09 Uhr südwestliche Leipzig von etwa 40–50 Feindflugzeugen angegriffen. In der Masse handelte es sich um Fw 190, hinzu kamen einige Me 109, Me 410 sowie zwei Me 163. Sie griffen geschlossen aus den Wolken von oben hinten in Wellen von acht zu zehn Flugzeugen nebeneinander an, die dann nach rechts und links scherten; manche hielten die Formation aufrecht. Die Piloten waren sehr angriffsfreudig bis auf jene der Me 163, die wahrscheinlich unerfahren waren. Der Angriff dauerte etwa acht Minuten. Obwohl sich Begleitschutzjäger in unmittelbarer Nähe befanden, fielen zwölf B-17 dem Eindeckungsangriff zum Opfer."* (6) (Von 86 B-17, die Böhlen angriffen, wurde etwa jeder siebte Bomber abgeschossen.)

„Die auf Ruhland angesetzten B-17 der 2. Kampfgruppe meldeten 5 Meilen nordwestlich Chemnitz den Angriff von vier Me 163 auf einen Nachzügler. Die Angriffe erfolgten um 12.25 Uhr aus Höhe 19.000 Fuß (ca. 5800 m), doch es kam nur zu einem Anflug, bis Begleitjäger P-51 die Feindflugzeuge verjagten. Gemäß Berichten von Bomberbesatzungen schien die Geschwindigkeit der Me 163 im Angriff nicht über jener der P-51 zu liegen.

Eine Me 163 griff um 12.31 Uhr ostwärts Leipzig einen Pulk B-17 an und eine weitere attackierte um 12.35 Uhr. Die Feindflugzeuge konnten in beiden Fällen von Begleitjägern verjagt werden.

Die Begleitjäger der 2. Kampfgruppe griffen bei Ruhland eine und bei Almelo zwei Me 163 an. Der Angriff bei Ruhland könnte identisch mit dem weiter oben beschriebenen sein." (7)

Anm. d. Verf.: Ruhland lag außerhalb der Einsatzreichweite der in Brandis und Almelo liegenden Me 163 und ganz sicher der einst in Venlo befindlichen 2./JG 400, die ja schon am 3. September 1944 nach Brandis verlegt hatte (siehe Kapitel 9).

Nach *Intops Summary* (siehe oben) konnte die 2. Kampfgruppe ihre Ziele bei guter Sicht bombardieren; über Ruhland herrschte 3/10-Bewölkung. Die 3. Kampfgruppe hatte bei 3/10- bis 5/10-Bewölkung ebenfalls gute Bodensicht, allerdings eingeschränkt durch Bodendunst und Vernebelungen, die das Ausmachen der Ziele erschwerten. (7)

2nd Lieutenant Ralph M. Brown noch frohgemut auf dem Pilotensitz seiner B-17 der 95. Bombergruppe in England. Beim Einsatz gegen Böhlen am 7. Oktober 1944 wurde seine „Fliegende Festung" von Me 163 des JG 400 angegriffen. Brown: „Sie setzten unserem Verband in zwei Anflügen ziemlich heftig zu… Wir hatten sehr viel Glück…"

Nach Jeffrey Ethells Recherchen wurden bei diesem Einsatz folgende Bomber angegriffen:

B-17 (ET-B der 95. Bombergruppe unter 2nd Lt R.M. Brown) von Feldwebel Siegfried Schubert[9]

B-17 (ET-Q der 95. Bombergruppe unter 2nd Lt W. Hart) von Oberfeldwebel Friedrich-Peter Husser

B-17 (QW-E der 95. Bombergruppe unter 2nd Lt M.A. Hendrickson)

B-17 (QW-F der 95. Bombergruppe unter 1st Lt R.S. Lash)

B-17 (QW-T der 95. Bombergruppe unter 2nd Lt H.C. Coffman)

B-17 (QW-Y der 95. Bombergruppe unter 2nd Lt. B.B. Busse)

B-17 (42-102560 der 95. Bombergruppe unter 1st Lt N.F. Day) von Leutnant Hans Bott, der einen Abschuss meldete

B-17 (der 95. Bombergruppe unter Capt Waltman?) von Feldwebel Siegfried Schubert (Abschuss unbestätigt). Piloten der 352. Jagdgruppe beobachten den Angriff und berichteten von sechs Besatzungsangehörigen, die mit dem Fallschirm absprangen

B-17 (2nd Lt P.E. Ristine)

B-17 („Los Angeles City Limits" der 381. Bombergruppe unter 1st Lt John T. O'Connor)

2nd Lieutenant Ralph M. Brown flog eine B-17, die vermutlich Feldwebel Siegfried Schubert ins Visier nehmen wollte. Brown schrieb in sein Tagebuch: *„Diese Einsätze* [Me 163] *schienen rottenweise zu erfolgen. Heute flogen wir mit »Nummer 4« einen kleinen Ort namens Böhlen in der Gegend von Leipzig an mit einer Fabrik als Ziel. Ich hatte einen Piloten namens Philpott als Kopilot und dies war sein erster Einsatz. Da das Ziel im Raum Leipzig lag, ging ich von einem harten Einsatz aus und den bekamen wir auch in Gestalt von »Jerry«-Jägern* [Jerry=US-Spitzname für Deutsche]. *Kurz nach dem Abdrehen am Ausgangspunkt für den Angriff wurden wir von Me 109, Fw 190 und den neuen kleinen Jets angegriffen – Me 163. Sie setzten unserem Verband in zwei Anflügen ziemlich heftig zu und dabei wurde* [der Bomber von] *Hauptmann Waltman abgeschossen. Wir hatten sehr viel Glück, dass unsere Mühle nicht einen Treffer der 20 mm der Jäger kassierte. Der Zielan- und -abflug verlief ohne Beeinträchtigung. Als ich diese 20 mm* [Geschosse] *in kleinen hellen Blitzen explodieren sah, tat ich alles, um mein Flugzeug so nah als möglich an die anderen Bomber zu bekommen, mit dem geringsten Seitenabstand, den ich je geflogen hatte, und dankte meinen Glückssternen. Ich flog neben dem Leitbomber, denn das ist am einfachsten im Verband. Nach der Rückkehr meinte Philpott, dies sei ein einfacher Einsatz gewesen. Da es sein erster war, hatte er wohl nicht mitbekommen, wie schwer er gewesen war. Es scheint so, dass wir die Karte für die harten Einsätze gezogen haben."*

Die 95. Bombergruppe meldete *Captain* W.S. Waltman, *2nd Lieutenant* J.K. Farrar sowie *2nd Lieutenant R.L. Neal* (und ihre Besatzungen?) als vermisst.

Oberfeldwebel Friedrich-Peter „Fritz" Husser erlebte den 7. Oktober 1944 so: (26) *„Feldwebel Siegfried Schubert und Leutnant Hans Bott starteten als Erste – Schubert etwa 50 m vor Bott. Plötzlich schossen Flammen aus Schuberts 163: Die Brennkammer hatte sich entzündet. Er hatte da etwa 60 km/h drauf. Das Flugzeug rollte ins Gras und überschlug sich, da der Schwerpunkt hoch lag (voll betankt)."*(10)

Schubert flog die Me 163 B V61 (GN+MD, W.Nr. 16310070). (11) Nach einigen Quellen war es sein zweiter Start an diesem Tag. Husser: *„Unteroffizier Manfred Eisenmann und ich erhielten als nächste den Startbefehl. Wir hatten allerdings keine Feindberührung, da der Angriff vorbei war und der nächste Bomberverband noch nicht in Sicht. Dieser erschien jedoch, als wir gerade im Landeanflug waren, und es sah ganz danach aus, als ob er den Flugplatz angriff.*[11] *Mittlerweile hatte der Wind gedreht und kam von hinten, so dass ich das Gefühl hatte, meine Landeklappen würden nicht richtig funktionieren. Ich wollte unbedingt schnellstmöglich landen, bevor es Bomben regnete, und machte prompt eine Bumslandung. Mein Flugzeug sprang etwa 200 m in die Luft, segelte anschließend über den Grenzzaun und landete in einer Sandgrube, wo es sich auf den Rücken legte. Ein Soldat rief mir zu: »Mach dass Du rauskommst, es explodiert gleich!« Das Blut strömte mir über das Gesicht und ich konnte mich nicht bewegen. Hinter mir dröhnte noch immer das Raketentriebwerk. Letztlich rettete mich Unteroffizier Harald Kuhn von HWK, der die Plexiglashaube zertrümmerte und mich herauszog.* [Husser flog die von Klemm gebaute Me 163 B, W.Nr. 440165, die zu 60 % beschädigt wurde. (11)]

Eisenmann setzte aus zu großer Höhe zur Landung an. Er kam hart auf und wurde wieder hochgeschleudert. Das Flugzeug machte ein paar Rollen und drehte sich im Kreis, als eine Flügelspitze den Boden berührte. Es wurde komplett zerstört. Eisenmann wurde aus der Kanzel geschleudert und starb an seinen Verletzungen (Schädelbruch)."

Manfred Eisenmann flog die Me 163 (BQ+UP, W.Nr. 440013 aus Klemm-Produktion. (14) Er stammte aus Stuttgart und war der einzige Sohn.

Unteroffizier Rolf Glogner: (23) *„Feldwebel Schubert startete mit Rückenwind (der Wind hatte plötzlich gedreht) zu einem Abfangeinsatz gegen einen B-17-Verband. Nach der Hälfte der Startbahn setzte sein Triebwerk aus und er rollte ins Gras, um die nachfolgenden Flugzeuge nicht zu behindern. Eine Flächenspitze berührte den Boden, das Flugzeug überschlug sich und explodierte gerade im Augenblick, als die von Bott geflogene Maschine vorbeikam. Ich saß in der letzten Maschine und wartete auf die Startfreigabe. Jetzt aber kamen Flugzeuge vom Einsatz zurück, flogen die Landebahn gegen den Wind an und kamen geradewegs auf mich zu! Oberfeldwebel Husser war zu schnell, flog über den Grenzzaun, durch eine Hecke und landete in einer Wiese, wobei sich das Flugzeug auf den Rücken legte. Trotz Explosionsgefahr und ohne Rücksicht auf das eigene Leben zog die Bodenmannschaft Husser aus*

Rechts: Lt Ralph M. Brown und seine Besatzung vor ihrer B-17 G der *95th Bomb Group*, die Feldwebel Siegfried Schubert am 7. Oktober 1944 angriff. Knieend v. l.: Waters (Bombenschütze), Hadlock (Navigator), Brown (Pilot), Evans (Kopilot), Urankar (Radar-Navigator der Leitmaschine). Stehend v. l.: Malloy (Oberer Turmschütze), Kametler (Schütze unterer Waffenstand), Shue (Bordmechaniker) und Howard (Funker). Da Kopilot Evans aufgrund einer Verwundung ausgefallen war, übernahm Ersatzmann Philpott am 7. Oktober seinen Posten.

der Kanzel. Er hatte sich einen ausgekugelten Arm, eine gebrochene Nase und eine Gehirnerschütterung zugezogen. Dann kam Eisenmann an, zu hoch und zu schnell. Er geriet in Schräglage und eine Tragfläche berührte den Boden. Die Maschine zerlegte sich, Eisenmann wurde, noch festgeschnallt im Sitz, herausgeschleudert und schlug 100 m vor mir auf. Er war tot.

Mittlerweile hatte jemand mit der Leuchtpistole ein Rauchsignal geschossen, um einen Bomberverband anzuzeigen, der sich dem Flugplatz näherte. Ich kletterte aus meiner Maschine und stolperte wie ein Betrunkener im vollen Fliegerschutzanzug hinüber zu einem Deckungsgraben. Die Bomber flogen in Richtung Leipzig weiter und als Entwarnung gegeben wurde, stolperte ich zurück zu meinem Flugzeug. Ich erhielt dann Startfreigabe und kam beim Beschleunigen auf der Startbahn an zwei toten Kameraden vorbei. Fragen Sie mich nicht, was in mir vorging, zumal ich auch den Feind nicht mehr einholen konnte, da die Leitstelle das Funkmess abgeschaltet hatte – diese Idioten."

Unteroffizier Kurt Schiebeler startete mit der „Weißen 3" um 12.30 Uhr und landete um 12.39 Uhr. (5) Er meldete den Herausschuss des Leitbombers aus einem Zehnerpulk B-17.

Um 12.30 Uhr befanden sich die *Lieutenants* Elmer A. Taylor und Willard G. Erfkamp von der *358th Fighter Squadron* der *364th Fighter Group* in ihren P-51 in der Nähe von Leipzig. Taylor: „*Ich führte den in 25.000 Fuß (ca. 7600 m) Begleitschutz für Bomber fliegenden »Schwarm Gelb« an, als ich einen »Jet« sah, der eine nachhängende B-17 angriff. Um von hinten an ihn heranzukommen, flog ich eine weite Kurve. Ich befand mich etwa 2000 Fuß (ca. 610 m) höher als er, so dass ich ihn bald einholte. Auf 1500 yards (ca. 1400 m) eröffnete ich das Feuer in der Hoffnung, ihn zu beschädigen und von einem weiteren Angriff auf den Bomber abzuhalten. Offenbar hatte er das Triebwerk abgeschaltet, als ich mich ziemlich rasch mit 2400 U/min bei 30 inch Quecksilbersäule näherte. Ich hatte noch immer beide Rumpftanks nicht abgeworfen, zumal ich mir keine Chance ausrechnete, ihn einzuholen. Ich kam ziemlich schnell bis auf 100 yards (ca. 90 m) heran, drosselte den Schub, um hinter ihm zu bleiben, und schoss. Ich beobachtete zahlreiche Treffer in Heck, Rumpf und beiden Flächen. Der »Jet« überschlug sich und stürzte senkrecht nach unten, eine weiße Rauchfahne ziehend. Mein Rottenflieger folgte ihm mit etwa 500 mph (ca. 800 km/h) nach unten. Der »Jet« machte in einem Feld eine Bauchlandung, worauf ihn mein Rottenflieger beschoss, bis er explodierte und brannte. Der Pilot kam aus seiner Maschine nicht mehr heraus. Ich melde den Abschuss einer* (1) *Me 163 gemeinsam mit Lt. Erfkamp.*"

Lt Willard G. Erfkamp: „*Ich flog in »Schwarm Gelb« auf Position Nr. 3 Begleitschutz für Bomber im Zielgebiet auf 25.000 Fuß (ca. 7600 m). Wir sichteten eine Me 163, die eine nachzügelnde B-17 angriff. Schwarmführer Lt. Taylor führte uns in einer weiten Kurve auf 23.000 Fuß (ca. 7000 m) hinter den »Jet«. Lt Taylor er-*

Rechts: Oberfeldwebel Fritz Husser kam von der 10./JG 1 und ist hier 1943 vor seiner Fw 190 zu sehen. Er diente sowohl bei der 1. und 2./JG 400 und flog am 7. Oktober 1944 die Me 163 B (W.Nr. 440165). Er überlebte die Bruchlandung nach dem Einsatz.

Rechts: Unteroffizier Manfred Eisenmann kam nach Einsatz ohne Feindberührung bei der Landung mit der Me 163 B (W.Nr. 440013) am 7. Oktober 1944 ums Leben. Das Foto zeigt ihn noch beim EKdo 16 in Bad Zwischenahn am Zwischenahner Meer, der „Perle des Ammerlandes". Mit der 2./JG 400 verlegte er von Venlo nach Brandis.

Die „Mustang"-Piloten (v.l.) Lt. Elmer A. Taylor, Lt. Willard G. Erfkamp und Lt. Everett N. Farrell der *364th Fighter Group*. Der Beschuss eines wehrlosen, am Boden aussteigenden Piloten nach einem Luftkampf galt zumindest bei der deutschen Luftwaffe als ebenso unritterlich wie der Beschuss eines gegnerischen Piloten am Fallschirm.

Feldwebel Rudolf Zimmermann wurde nach dem Angriff auf eine B-17 am 7. Oktober 1944 von den „Mustang"-Piloten Taylor, Erfkamp und Farrell der *364th Fighter Group* in seiner getroffenen Me 163 B V62 „Weiße 7" verfolgt und nach einer Notlandung bei Borna noch am Boden beschossen. Er überlebte die Tiefangriffe trotz anders lautender Angaben der amerikanischen Jagdpiloten. Rudolf Zimmermann, Jahrgang 1922, begann 1937 bereits als 15-jähriger mit dem Fliegen. Nach dem Eintritt in die Luftwaffe durchlief er 1940–1943 seine fliegerische Ausbildung in Königsberg, beim Fliegerausbildungsregiment (FAR) 21 in Deblin (Polen), beim FAR 41 in Eggersdorf sowie auf den Jagdfliegerschulen Werneuchen und La Rochelle (Frankreich). Dabei brachte er es auf 609 Flüge mit den unterschiedlichsten Flugzeugtypen. Bei der 10./JG 27 in Kalamaki (Griechenland) machte er im Mai 1943 60 Flüge ohne Feindberührung. Im September 1943 erhielt er vor der Versetzung zum EKdo 16 Segelflug-Unterricht in Gelnhausen. Im Mai 1944 kam er zur 1./JG 400 in Wittmundhafen und verlegte mit der Staffel im Juli nach Brandis.

öffnete das Feuer und erzielte viele Treffer. Als er sah, dass er den »Jet« überholen würde, befahl er uns, dem »Jet« zu folgen. Mein Flügelmann und ich folgten ihm mit einer Geschwindigkeit von 500 mph (ca. 800 km/h) bis nach unten, beschossen ihn im Sturz und beobachteten einige Treffer. Er landete auf einer Wiese und wollte aussteigen. Wir beschossen ihn im Tiefflug, Er fiel ins Cockpit zurück. Wir machten eine Kehrtkurve und beharkten die Maschine aus der Gegenrichtung. Der Bug explodierte und das Flugzeug begann zu brennen. Ich melde den Abschuss einer (1) *Me 163 gemeinsam mit Lt Taylor.*"

Aus einem Bericht des *65th Fighter Wing:* (27) „*Nördlich des Ziels kam es um 12.30 Uhr in 17.000 Fuß (ca. 5200 m) zu einem Luftkampf mit Me 163. Raketenflugzeug beim Angriff auf einen Nachzügler gesichtet. Feindflugzeug auf 20.000 Fuß (ca. 6100 m) wurde aus 25.000 Fuß (ca. 7600 m) von Lt Taylor der 385. Jagdstaffel (364. Jagdgruppe) angegriffen. Angriff auf Feindflugzeug erfolgte von hinten von 1500 auf 150 yards Entfernung (ca. 1400–140 m), zahlreiche Treffer in Tragflächen und Rumpf beobachtet. Feindflugzeug offensichtlich in Überraschungsangriff überrumpelt. Me 163 ging dann mit etwa 500 mph (ca. 800 km/h) in steilen Spiralsturz nach unten, gefolgt von Lt Erfkamp und* [Everett N.] *Farrell. Die offenbar noch voll steuerbare Me 163 machte Bauchlandung auf einem Feld. Lts Erfkamp und Farrell schossen das Feindflugzeug am Boden in Brand und töteten mutmaßlich den im Brandfeld gefangenen Piloten.*"

In ihrem Buch *Deutsche Düsenflugzeuge im Kampfeinsatz 1944/45* (28) schildern Jeffrey Ethell und Alfred Price das Geschehen wie folgt: „*Leutnant Bock* [sic; gemeint ist Bott] *und ich* [Feldwebel Rudolf Zimmermann] *hoben um 12.30 Uhr in westlicher Richtung ab, schwenkten nach links und flogen den Einsatzraum 50 Kilometer im Nordosten von Leipzig an. Im Steilflug gingen wir auseinander und suchten den Himmel ab. Im Winkel von 60° kletternd und etwa 930 km/h fliegend blickte ich aus 11.000 m Höhe hinunter. Unter meiner rechten Fläche sichtete ich eine einzelne B-17, etwa 7400 m hoch. Ich kreiste weiter nach links, die B-17 war jetzt in 1 Uhr unter mir und etwa 1,5 Kilometer von mir entfernt. Da setzte mein Motor aus und zeigte mir an, dass der Treibstoff aufgebraucht war. Ich stürzte auf Schussposition hinunter, feuerte eine Garbe ab und sah Teile des Bombers wegfliegen.« Seine Geschwindigkeit fiel ab, Zimmermann wendete und nahm allgemeinen Kurs auf Brandis. Unter ihm eine nahezu geschlossene Wolkendecke. Gerade wollte er Verbindung mit dem Platz aufnehmen. »In diesem Augenblick brach es über mich herein. Meine Maschine wurde an Rumpf und linker Fläche getroffen. Etwa 80 Meter links von mir überholte mich eine Mustang. Sie hatte noch ihre Zusatztanks unterhängen. Ich selbst flog etwa 240 km/h, kurvte nach links ein, um hinter sie zu gelangen. Zur gleichen Zeit überholte mich rechts eine andere Mustang. Im Weiterkurven hatte ich plötzlich eine dritte direkt vor mir. Ich drückte auf den Waffenknopf. Aber bei der scharfen Kurve hatten meine Kanonen Ladehemmung.«*

Der Anführer der Mustang war Lieutenant Elmer Taylor von der 364th Fighter Group. Als er überholte, drückte Zimmermann seine kleine Jagdmaschine, bis er fast senkrecht nach unten stürzte; seine Geschwindigkeit nahm sehr schnell zu. Unter ihm wieder die kaum durchbrochene Bewölkung. Nur ein einziges größeres Wolkenloch ließ den Blick nach unten frei. Zimmermann entdeckte ein verhältnismäßig großes und von Bäumen umsäumtes Feld: »Nachdem ich den Mustang in entgegengesetzter Richtung im Sturzflug entkommen konnte, war ich für sie aus dem Spiel ausgeschieden. Mit etwa 880 km/h stieß ich hinunter und umkreiste die Wiese. Und dann, beim Landeanflug, klappte die linke Fläche nach unten, je mehr ich die Geschwindigkeit drosselte: Die Sperrholzbeplankung der Unterseite war von den Geschossen und durch den anschließenden Sturzflug zerfetzt worden. Ich streifte die Bäume und säbelte deren Spitzen ab; meine linke Tragfläche pflügte den Boden und verkürzte somit meine Landung. In der Mitte des Feldes kam ich zum Halten. Ich hörte die Mustang heranjagen und sprang so schnell ich konnte aus der Maschine. Als die erste zum Angriff hinunterstieß, rannte ich im rechten Winkel davon und warf mich hin. Nach mehrmaligem Bordwaffenbeschuss war mein Flugzeug nur noch ein Sieb.«“

Zimmermann flog an diesem Tag die Me 163 B V62 „Weiße 7“ (W.Nr. 16310071) und landete nach dem Einsatz in Borna. (5) Straznicky wurde ebenfalls von den „Mustangs“ verfolgt und entwich durch dieselbe Lücke in der Wolkendecke. Beim Ausrollen nach der Landung kollidierte die Maschine mit Bäumen. Beim Beschuss der Maschine durch eine „Mustang“ nahm Straznicky Deckung unter bzw. hinter den Bäumen und näherte sich der Me 163 erst wieder, als die Luft wieder rein war – sie war unbeschädigt! Unteroffizier Schiebeler unternahm mit nämlicher „Weißen 7“ am 22. Oktober 1944 einen Probeflug.(5)

Merkwürdiger Weise findet sich in Zimmermanns Flugbuch weder ein Eintrag über den Angriff auf eine B-17 noch die Erwähnung, dass er selbst attackiert wurde. Der Umstand, dass Schiebeler wenige Tage später einen Probeflug mit der angeblich schwer beschädigten oder gar zerstörten „Weißen 7“ unternahm, legt den Schluss nahe, dass Taylor, Erfkamp und Farrell am 7. Oktober 1944 eine andere Me 163 aufs Korn genommen hatten. Den Verfassern ist es allerdings nicht gelungen, Unterlagen über eine an diesem Tag beschädigte/zerstörte Me 163, einen verwundeten Me 163-Flugzeugführer oder gar eine Namentliche Verlustmeldung für einen gefallenen Piloten ausfindig zu machen. Ein weiteres Vorkommnis dieser Art und den Tod von Feldwebel Herbert Klein betreffend, trug sich nach Erinnerung ehemaliger JG-400-Angehöriger erst im Februar 1945 zu (siehe dort).

10. Oktober 1944

Stärkemeldung der I./JG 400 in Brandis: Bestand 28 Me 163, 6 einsatzfähig.

11. Oktober 1944

Leutnant Hans Bott: (17) *„Ich hatte mir öfter Gedanken gemacht, was ich wohl täte, wenn beim Start das Triebwerk aussetzt, und kam zum Schluss, dass ich es wie Späte machen würde [in Bad Zwischenahn]. Am 11. Oktober, einige Tage nach dem Tod von Feldwebel Schubert, fiel beim Start mein Triebwerk plötzlich bei Vollschub und einer Geschwindigkeit von etwa 200 km/h aus (die Treibstoffleitung war geplatzt). Ich öffnete den Sitzgurt und warf die Kanzelhaube ab, rollte ins Gras und sprang heraus, während das Flugzeug mit etwa 60 km/h weiterrollte. Ich zog mir eine Gehirnerschütterung sowie einen gebrochenen Knöchel zu und lag bewusstlos an der Absprungstelle am Boden. Die voll beladene, steuerlose und unbeschädigte Maschine rollte in einem Bogen über die Wiese und kehrte ungefähr an die Stelle zurück, wo ich lag. Nach dem Unfall erhielt ich drei Monate Flugverbot, doch kurz darauf untersagte die 1. Jagddivision aufgrund unserer hohen Verluste weitere Einsatzflüge.“*

14. Oktober 1944

In Vertretung des kranken Major Späte übernahm Hauptmann Rudolf Opitz befehlsgemäß vier Wochen lang die Führung der I./JG 400.(29)

2. November 1944

Die 8. USAAF bombardierte Merseburg-Leuna. (7)

Hauptangriffsziel	1. Kampfgruppe:	Merseburg-Leuna
	2. Kampfgruppe:	Merseburg-Leuna
Bomber	12 Bombergeschwader der 1. Kampfgruppe (460 B-17)	
	6 Bombergeschwader der 2. Kampfgruppe (223 B-17)	
Begleitschutz	8 Jagdgruppen der 1. Kampfgruppe (483 P-51)	
	4 Jagdgruppen der 2. Kampfgruppe (245 P-51)	

Bericht der 8. USAAF: *„Etwa neun Me 163 flogen Einzelangriffe auf eine Gruppe der 1. Kampfgruppe. Die 1. Jagdgruppe des Begleitschutzes der 1. Kampfgruppe begegnete südlich und ostwärts Merseburg 15+ Me 163 und 4+ Bf 109. Im Luftkampf mit dem Begleitschutz wurden die Abschüsse von 2 Me 163 und 2 Bf 109 gemeldet: eine Me 163 flog im Zielgebiet durch einen Bomberverband und wurde vom Begleitschutzführer in einer 180°-Kurve erwischt; die andere Me 163 wurde unter ähnlichen Umständen bei Leipzig abgeschossen. Die 6. Gruppe sichtete nördlich Zeitz zwei raketengetriebene Flugzeuge sowie in der Nähe von Einbeck* [bei Bad Gandersheim; wahrscheinlich Me 262]. *Die 1. Begleitschutzguppe der 1. Kampfgruppe begegnete vor dem Zielgebiet* [Merseburg?] *vier Raketenflugzeugen, doch diese wichen aus. Die 8. Begleitschutzgruppe der 1. Kampfgruppe sichtete in der Nähe von Naumburg sechs Me 163, die aufgrund hoher Geschwindigkeit entkamen … Die 2. Kampfgruppe wurde von Bf 109, Fw 190 und einer Anzahl Me 163 angegriffen.“* (7)

Das *Intops Summary* erwähnte des Weiteren die Sichtung von drei Me 163, zwei Bf 109 und einer Ju 88 auf dem Flugplatz Brandis.(7)

Einsatzbericht des *65th Fighter Wing*:(30) *„Auf dem heutigen Einsatz (Merseburg) begegnete die 4. Jagdgruppe beim Abfliegen der ostwärtigen Angriffszone etwa 15 Me 163. Die Feindflugzeuge erschienen einzeln und im Steigwinkel 45/60 Grad und zogen schwarze oder weiße Rauchstreifen hinter sich her. Die Rauchstreifen endeten in Höhe der Bomber. … Eine Me 163 stieg im Zielbebiet durch* [deutsches] *Flakfeuer hindurch an die Bomber heran, schaltete das Triebwerk ab und drehte in einer 180-Grad-Kurve ostwärts. Captain Fred N. Glover von der 336. Jagdstaffel gelang es unbemerkt hinter das kurvende Feindflugzeug zu kommen, aus 400*

Einige Me 163 entgingen nur knapp dem Abschuss. Diese Bildreihe stammt von der Schießkamera der P-51 von *Captain* W. H. Anderson (*335th Fighter Squadron* unter *Captain* Norley). Trotz erhaltener Treffer konnte diese Me 163 ihre Verfolger abschütteln.

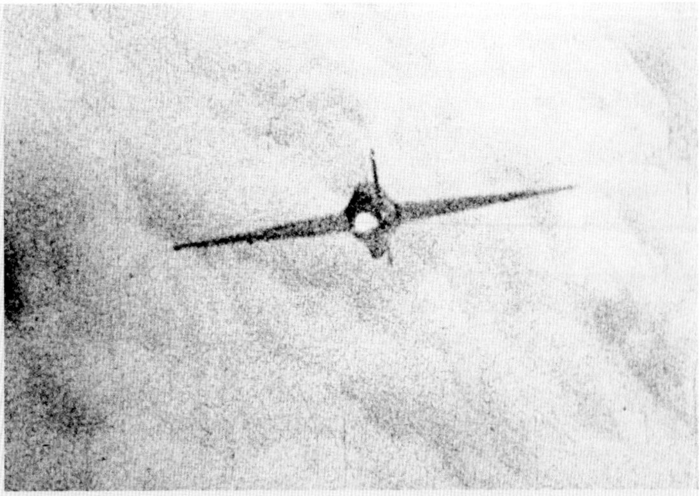

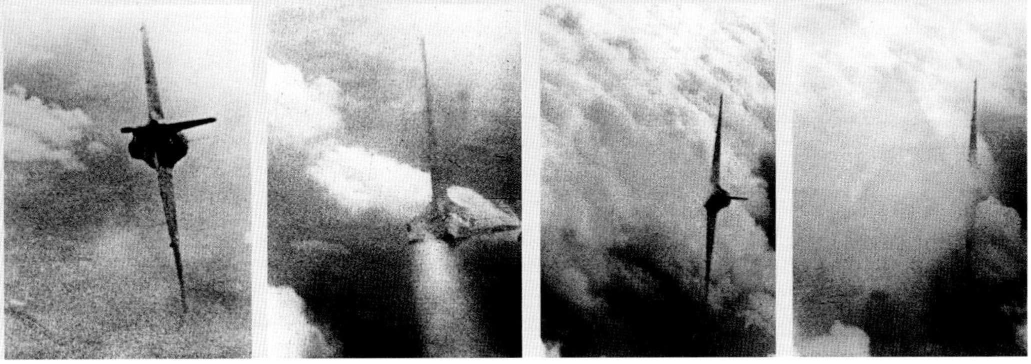

yards (ca. 370 m) zwei Feuerstöße abzugeben und sofort Treffer zu erzielen. Der Bauch explodierte und Flammen hüllten den Rumpf ein. Das Feindflugzeug ging wie ein fallendes Blatt nach unten und auf 8000 Fuß (ca. 2400 m) stieg der Pilot aus. ... Eine zweite Me 163 wurde fünf Minuten später südlich Leipzig von Captain Louis N. Norley, 335. Jagdstaffel, angegriffen. Unter der Wolkendecke (25.000 Fuß, ca. 7600 m) kreisend, sah Captain Norley das Feindflugzeug in einer Sturzspirale aus dem Dunst kommen. Das Feindflugzeug beschrieb eine 270 Grad-Kurve und flog Richtung Nordost. Captain Norley eröffnete aus großer Entfernung das Feuer ohne Treffer zu erzielen. Obwohl Captain Norley mit einer Geschwindigkeit von 325 mph (ca. 520 km/h) flog, zog das Feindflugzeug davon und wäre entkommen; aber aus irgendeinem Grund legte sich der Feindpilot in eine linksseitige Sturzkurve, so dass die P-51 aufschließen konnte. Captain Norley gab einen kurzen Feuerstoß ab und die Me 163 vollführte eine 360 Grad-Wende nach links. Trotz der überraschenden Drehgeschwindigkeit gelang es Captain Norley den Rudereinschlag zu halten und erzielte Treffer im Heck der Me 163. Das Feindflugzeug wurde deutlich langsamer und Captain Norley raste an ihm vorbei. Nach einer Wende griff Captain Norley das Feindflugzeug erneut von hinten an und erzielte weitere Hecktreffer. Das Feindflugzeug drehte sich auf den Rücken, stürzte ab und schlug in einer kleinen Stadt auf. ... Der »Jet«, dem Captain Glover begegnete, hatte viereckige Flügelspitzen, das in den Luftkampf mit Captain Norley verwickelte jedoch runde. Beide ähnelten den provisorischen Silhouetten [in US-Kennblättern] *in vielerlei Hinsicht, schienen aber deutlich größer als erwartet. Alle gesichteten Me 163 waren Einzelflugzeuge, sie griffen nach eigenem Gutdünken und offensichtlich ohne gegenseitige Abstimmung an."*

Ein Bombenschütze und Navigator einer B-17 erlebte vier Angriffe einer einzelnen Me 163: *„Eine Me 163 wurde zuerst vom Bombenschützen in Richtung 8 Uhr und 1000 Fuß (ca. 305 m) über dem Verband gesichtet, der in Höhe 28.000 Fuß (ca. 8500 m) flog. Der große zylindrisch fließende, flauschige und anhaltende Kondensstreifen, der nicht den flachen und dunkel-gräulichen Kondensstreifen von Bombern oder Jagdflugzeugen ähnelte, zog die Aufmerksamkeit des Bombenschützen auf sich. Das Feindflugzeug in Richtung 8 Uhr flog etwa 1800 yards (ca. 1650 m) neben dem Bomberverband und in dieselbe Richtung. Dieser schlug eine Ausweichkurve ein, als das Flugzeug sich von oben aus 9.30 Uhr auf 600 yards (ca. 550 m) näherte und auf 9 Uhr kam, wo es in den vertikalen Steigflug überging, eine weite Kreiskurve nach links beschrieb und* [erneut] *parallel zum Verband flog. An dieser Stelle war der Verband* [besonders] *verwundbar und nach schätzungsweise 7 Sekunden eröffnete es das Feuer. Der Feind gab einen kurzen und dann einen längeren Feuerstoß von etwa vier Sekunden ab. Der Berichtende geht von vier Maschinengewehren aus, zwei je Flügel. Maschinengewehre deshalb, weil das Mündungsfeuer sehr schnell aufblitzte. Der Bombenschütze gab während dieses Angriffs etwa 30 Schuss aus dem Kinnturm ab. Beim zweiten Angriff auf den Verband flog die Me 163 aus etwa 1500 yards (ca. 1400 m) über dem Verband und Richtung 9 Uhr in einer scharfen Steilkurve an. Nachdem sie sich dem B-17-Verband bis auf 800 yards (ca. 730 m) genähert hatte, tauchte sie etwa 900 Fuß (ca. 275 m) unter der Staf-*

fel weg, erschien wieder in Richtung 5 Uhr und verschwand in den Wolken. Die Me 163 setzte ihren Schub mit Unterbrechungen ein; der Berichtende schätzt ihre Geschwindigkeit auf 400 bis 600 mph (ca. 650–970 km/h). Dieser Angriff dauerte rund fünf Sekunden. Ob der Angreifer dabei feuerte, ist ungewiss. Sowohl der Heck- als auch der Kinnturm-Schütze feuerten ohne erkennbare Trefferwirkung. Eine Me 163 – ob es dieselbe war, ließ sich nicht feststellen – tauchte plötzlich Richtung 5 Uhr und 1200 Fuß (ca. 305 m) unter dem Verband in etwa 1000 yards (ca. 914 m) Entfernung aus den Wolken auf. Auf etwa 600 yards (ca. 550 m) beendete das mit einer leichten Linkskurve den Rammkurs, stieg aber weiter auf den Verband zu und erschien links auf 8 Uhr und rund 1200 yards (ca. 1100 m) Entfernung. Damit hatte es einen Vollkreis von 360 Grad geflogen und eine Position parallel zum Verband eingenommen. Das Feindflugzeug ging nun auf 10 Uhr, setzte in einer Wende zum Sturzangriff Richtung 6 Uhr an und verschwand dann in den Wolken. Der Berichtende gibt ferner zur Kenntnis, dass die C-Staffel zum Zeitpunkt der Angriffe nicht mit besonders engen Flugzeugabständen flog. Andere Flugzeuge des Verbandes schossen während dieser und anderer Angriffe [ebenfalls]. *Kurz nach dem Angriff der Me 163 unternahm eine einzelne Fw 190 einen kurzen Angriff aus 5 Uhr und 900 yards (ca. 830 m) und verschwand. Alle beschriebenen Angriffe ereigneten sich innerhalb fünf Minuten.*

Weitere Beobachtungen der Bomberbesatzungen im beschriebenen Zeitraum:

1. *Eine einzelne Me 163 stieg mit unglaublicher Geschwindigkeit fast senkrecht, passierte den Verband leicht achteraus, ging, einen Kreis beschreibend, auf 900 bis 1000 yards (ca. 830–914 m) über den Verband und flog diesen im Sturzflug an. Offenbar setzten die Feindflugzeug im Sturzflug kaum Schub ein.*
2. *Einige Bomberbesatzungen gehen davon aus, dass die Feindflugzeuge im Steig- und Sturzflug nicht feuerten. Auffälliger Weise war beim Waffeneinsatz das Triebwerk abgeschaltet.*
3. *Da die Angriffe auf nahe Entfernung und ohne Waffeneinsatz erfolgten, nahmen die Bomberbesatzungen an, es ginge dabei um das Sprengen des Verbandes.*
4. *Es gab keine Abstimmung unter den Me 163.*
5. *Aufgrund ihrer enormen Geschwindigkeit und ihrer geringen Größe wurden die Raketenflugzeuge erst durch ihre Kondensstreifen wahrgenommen, wie auch von anderen Begegnungen mit ihnen berichtet wird.*
6. *Die Me 163 griffen den Verband durch Flakfeuer hindurch an, das zur besagten Zeit ziemlich heftig war.*
7. *Einige Bomberbesatzungen beschrieben den Anstrich der Me 163 mit hellgrünen Flügeln, schwarzen Schnauzen und grauschwarz gesprenkelten Rümpfen. Wieder andere gaben einen dunkelgrauen Anstrich an.*
8. *Nach Wahrnehmung verschiedener Beobachter erfolgten die Angriffe mit Vollschub.*
9. *Die Schilderung eines weiteren Angriffs lässt darauf schließen, dass die betreffende Me 163 zur Verwirrung der Bomberbesatzungen die Staffel von unten Richtung 2 Uhr anflog, dann auf 8 Uhr erschien, in einer Kreiskurve auf 5 Uhr stieg und dann zum Angriff ansetzte. Das Feindlugzeug kam dann bis auf 600 yards (ca. 550 m) heran und feuerte aus seinen Flächenwaffen. Dann legte es sich in eine Linkskurve und flog aus Richtung 6 Uhr erneut an.“*

Nach Recherchen Jeffrey Ethells wurden folgende US-Bomber der *91st Bomb Group* bei diesem Einsatz gegen Merseburg von Me 163 angegriffen:

B-17 (LL-N) unter 1st Lt Lorne E. Marlott
B-17 (LL-O) unter Lt Bernhard H. Allison
B-17 (??-???333) unter 1st Lt William H. Trent

Bei der von *Captain* Fred N. Glover abgeschossenen Me 163 handelte es sich um die Maschine von Leutnant Günter Andreas von der 2./JG 400. Günter Andreas (Rückübersetzung): (31) *„Ich muss zugeben, dass ich mit der Me 163 unwahrscheinliches Glück gehabt hatte, denn das Raketentriebwerk versagte bei den (etwa 20–30) scharfen Starts, die ich machte, nie seinen Dienst. Deswegen ist mir der Alarmstart zur Abfangjagd, bei dem ich selber abgeschossen wurde, wohl am nachdrücklichsten in Erinnerung geblieben.*

Dies geschah im November 1944, als Feindbomber Leipzig anflogen. Sämtliche Flugzeugführer der Gruppe wurden nach der Einweisung mit Lkw sofort ans Ende der Starbahn gebracht, wo die einsatzklaren 163 standen. Jeder Flugzeugführer hatte seine eigene Maschine. Rasch zogen wir unsere Schutzanzüge über und saßen wenige Minuten darauf startbereit in den Kanzeln. Ich war in der zweiten Maschine hinter meinem Staffelkapitän [Hauptmann Otto Böhner]. *Vom Kontrollturm kam der Befehl zum Anlassen der Turbinen, aber meines ging nicht an, obwohl ich den Startknopf mehrfach gedrückt hatte.*

30 Sekunden später kam der Startbefehl, aber mein Triebwerk lief immer noch nicht. Mittlerweile hatte man entdeckt, dass mein Wart vergessen hatte, das Flugzeug an den Starterwagen anzuschließen. Sobald dies geschehen war, sprang die Turbine an und ich meldete dem Kontrollturm Starbereitschaft. Man befahl mir zu warten und die anderen 163, deren Triebwerke schon seit geraumer Zeit liefen, vor mir starten zu lassen. Schließlich erhielt ich als Letzter Startbefehl. Nach dem Abheben ging ich sofort auf den von der Leitstelle vorgegebenen Kurs. Auf dem Steigflug Richtung Leipzig sichtete ich Kondensstreifen und meldete der Leitstelle, dass ich ohne weitere Angaben den Kurs halten könne. Kurz darauf sichtete ich Bomberpulks in etwa 6000 m Höhe. Ich ging auf 10.000 m Höhe über sie und nahm den Schub zurück auf Leerlauf, um für den Notfall Treibstoff zu sparen. Aus dieser Höhe setzte ich zum Angriff von hinten auf eine B-17 an, die etwas abseits des Bomberpulks flog. Als ich auf Schussweite heran war, eröffnete ich das Feuer, erhielt aber fast im selben Moment Gegenfeuer vom Heckschützen, einige Geschosse schlugen in meine Kanzel. Meine Waffen fielen aus. Die Haube war durchlöchert und die Panzerglasscheibe vor mir zeigte drei Einschläge. Bis auf einen durch einen Splitter der Haube verursachten kleinen Schmiss über dem rechten Auge war ich unverwundet geblieben. Den Angriff brach ich unmittelbar ab und versuchte, für den Fall, dass die Maschine brannte und ich aussteigen musste, die Haube abzuwerfen. Bei 600 km/h Fahrt bewegte sich die Haube keinen Millimeter, wahrscheinlich war sie durch Treffer blockiert. Zur Verringerung der Fahrt veranstaltete ich verschiedene Flugmanöver. Bei 250 km/h gelang es mir die Haube mit dem rechten Arm freizubekommen. Gerade als sie wegflog beschoss mich ein Feindjäger, meine Maschine wurde aufgrund der geringen Fahrt kopflastig und ging in den Sturz. Ich versuchte, den Sturz zu beenden, musste aber feststellen, dass die Steuerseile durch Beschuss durchtrennt worden waren – ich konnte den

Am 2. November 1944 erlitt das JG 400 beim Einsatz gegen US-Verbände, die Merseburg, Leuna und Lützkendorf bombardierten, seine bisher schwersten Verluste. Die erste Me 163, die an diesem Tag abgeschossen wurde, flog Leutnant Günter Andreas von der 2./JG 400 (oben). Er konnte mit dem Fallschirm aussteigen und überlebte. Sein Gegner war *Captain* Frederick W. Glover von der *336th Fighter Squadron* (oben rechts).

Steuerknüppel in alle Richtungen bewegen, ohne dass etwas passierte. Ich entschloss mich zum Aussteigen, doch die ersten drei Versuche schlugen fehl, da die 163 immer steiler stürzte und der Luftwiderstand zu groß war. Nachdem die 163 immer schneller geworden war und von selbst aus dem Sturz zog, gelang mir in 5000–6000 m der Ausstieg. Ich zog den Fallschirm und landete in einer Ortschaft bei Wurzen. Mein Flugzeug schlug auf und explodierte."

Oberfeldwebel Jacob Bollenrath von der 1./JG 400 wurde von US-Jägern abgeschossen, die ihm auf dem Rückflug nach Brandis gefolgt waren. Seine Me 163 B (BQ+UF, W.Nr. 440003) (11) explodierte nah am Dorf Zeititz, unweit des ostwärtigen Endes der Startbahn. Der Abschuss ging auf das Konto von *Captain* Louis H. Norley von der *335th Squadron/4th Fighter Group*. Jacob „Köbes" Bollenrath stammte aus Münstereifel bei Euskirchen. Seine Eltern hatten drei Söhne, von denen zwei bereits gefallen waren. In solchen Fällen – vor allem, wenn es um den einzig verbliebenen Sohn oder den Vater einer Familie ging – wurden Soldaten in der Regel von Frontdienst und Kampfeinsätzen befreit. Oberfeldwebel Bollenrath hätte ohne Weiteres als Fluglehrer verwendet werden können, was aber – vielleicht auf eigenen Wunsch – nicht geschah.

Unteroffizier Rolf Glogner: (23) „*Auch bei Oberfeldwebel Horst Rolly von der 2./JG 400 setzte beim Start zu einem Einsatz das Triebwerk aus. Er stieg in 100 m Höhe aus, aber der Fallschirm öffnete sich bis zum Aufschlag am Boden nicht. Er war noch am Leben, erlangte aber das Bewusstsein nicht wieder, bevor er starb. Er trug einen der neuen gerefften Fallschirme, die es* [beim Aussteigen] *bei hohen Geschwindigkeiten nicht zerriss.*"

Oben: Oberfeldwebel Jacob „Köbes" Bollenrath von der 2./JG 400 war der zweite Gefallene des Geschwaders an diesem Tag. Er wurde vor der Landung in Brandis von *Captain* Louis H. Norley von der *336th Fighter Squadron* (rechts) abgeschossen.

Feldwebel Herbert „Niki" Straznicky (links) und Oberfeldwebel Horst Rolly (rechts, hier noch als Feldwebel) starben beide am 2. November 1944. Straznicky fiel im Luftkampf. Bei der Me 163 von Rolly setzte beim Start das Triebwerk aus. In 100 m Höhe stieg er mit dem Fallschirm aus der brennenden Maschine, doch die längere Öffnungszeit des neuen Fallschirmtyps reichte nicht zur Entfaltung. Beim JG 5, den „Eismeerjägern", hatte Rolly 35 bestätigte Luftsiege errungen und trug das Deutsche Kreuz in Gold.

Werner Husemann kam am 13. März 1922 in Essen zur Welt. Die Beförderung zum Unteroffizier erfolgte mit Wirkung vom 1. Dezember 1943. Bei Kriegsende geriet er in US-Gefangenschaft und kam ins Lager Zwickau, aus dem ihm zusammen mit Feldwebel Ernst Schelper (2./JG 400) die Flucht gelang. Er starb am 11. August 1990 in Berlin.

Horst Rolly flog die Me 163 B (BQ+UJ, W.Nr. 440007). (11) Er stammte aus Heidelberg, war der Sohn eines Professors und der jüngste von vier Brüdern.

Unteroffizier Kurt Schiebeler bekam es beim Angriff auf drei B-17-Verbände über Merseburg in seiner Me 163 B „Weiße 1" mit zwei „Mustangs" zu tun. Er startete um 12.16 Uhr und landete um 12.34 Uhr. (5) Es war sein letzter Einsatzflug.

Oberfeldwebel Herbert „Niki" Straznicky von der 1./JG 400 wurde im Raum Halle-Leipzig als vermisst gemeldet. Man fand ihn später neben den Resten seiner zerstörten Me 163 B „Weiße 8" (TP+TN, W.Nr. 440186) bei Delitzsch. (11) Hans Bott: (17) „»Niki« wurde nach einem Einsatz als vermisst gemeldet. Es folgte eine zehntägige Suche im Radius von 40 km um den Flugplatz. Am letzten Tag fand man ihn 30 km weit entfernt. Er konnte nur durch sein Halstuch und das Band des EK II identifiziert werden. Von seinem Flugzeug waren nur kleine Stücke übrig. Wahrscheinlich war er abgeschossen worden."

Der Bericht Werner Husemanns über seinen ersten Einsatz gibt einen guten Einblick in den Charakter der Einsätze (Rückübersetzung): „*Nach zwei Kursberichtigungen kam ich in gute Schussposition auf einen Schwarm »Thunderbolt«, die über mich* stiegen und nach links kurvten. Es waren vier Flugzeuge. Zum Überlegen blieb nicht viel Zeit. Ich fragte mich nur, ob ich sie zufällig entdeckt hatte oder ob mir die Bodenleitstelle den Kurs gewiesen hatte. Ich rief ins Funkgerät »Pauke, Pauke« [Kennwort für Angriff], dem ein wüster Fluch folgte: die Waffen schossen nicht! Ich zog hoch und hinter den »Thunderbolts« vorbei. Nachdem ich fast den gesamten Brennstoff verbraucht hatte, war mein erster Gedanke, dass ich nicht nach Brandis zurückfliegen konnte, da sie mir bald folgen würden. Ebenso fiel mir auf, dass ich seit längerer Zeit nichts mehr von der Leitstelle gehört hatte. Ich hielt Ausschau nach einem Landeplatz. Vor mir lag Leipzig und kurz darauf entdeckte ich den Flugplatz Schkeuditz, der kurz vorher bombardiert worden war. Da keine Feindflugzeuge in der Nähe waren, stieg ich mit hoher Geschwindigkeit ab, um nach Landemöglichkeiten Ausschau zu halten. Da war ein schmaler Grasstreifen ohne Bombentrichter neben der Startbahn. Ich beschloss, hier zu landen und danach unverzüglich Deckung zu suchen. Ich hatte so viel Höhe und Geschwindigkeit, dass ich den Flugplatz umkreisen konnte. Die Entscheidung war richtig. Ich landete mit ausgefahrenen Landeklappen und Kufe. Ich schaltete den Funk ab, öffnete die Haube und überzeugte mich mit einem Rundumblick, dass die Maschine nicht brannte – denn es war noch Resttreibstoff vorhanden. Auf dem Weg zu einem Gebäude, in dem ich Deckung suchen wollte, kam mir ein Soldat mit einem Eimer Wasser auf einem Fahrrad entgegen. Er rief: »Sie haben mich auf dem Kieker, Ich habe Befehl, das Feuer zu löschen. Die Feuerwehr hat den Platz geräumt, so muss ich jetzt löschen.«

Man hätte mich mit dem kleinen Finger umschubsen können, so leid tat mir der Mann. Ich sagte ihm, dass es nichts zu löschen gab und er das Wasser einfach über das Triebwerk leeren solle.

Am Nachmittag ging es im Schleppflug zurück nach Brandis. Sofort nach der Landung erhielt ich Befehl, mich bei Hauptmann Böhner zu melden. Die Besprechung hatte eher den Charakter einer Befragung. Hauptmann Böhner hatte bereits den Bericht der Bodenleitstelle vorliegen, was ich nicht wusste. Die Befragung spielte sich in einer recht ruhigen Atmosphäre ab und ich erzählte ihm alles, was ich wusste, während er Notizen machte. Dann sagte er, es sei die richtige Entscheidung gewesen, an den Feindjägern vorbeizufliegen – es seien mit Sicherheit mehr als zehn gewesen. Dass ich vor lauter Aufregung nur vier davon gesehen hatte, schrieb ich dem Umstand zu, dass alles so schien, wie ich es mir vorgestellt hatte. Dann sagte Böhner: »Ich wusste gar nicht, dass Sie so furchtbar fluchen können. Sie sollten Ihre Worte im Zaum halten. Wir haben Frauen in der Leitstelle. Wir sehen uns nachher beim Abendessen im Flugzeugführer-Speiseraum.« Damit war ich entlassen und verließ den Ort mit gemischten Gefühlen. Ich fragte mich, was ich falsch gemacht hatte.

Auf dem Weg zum Speiseraum holte mich Böhner ein. »Wir haben es, Husemann!« sagte er. »Wir haben mit einem Mann ihrer Größe in der Halle alles durchgespielt. Wir haben alle ihre Bewegungen nachgestellt, um herauszufinden, was schief gelaufen ist. Jetzt haben wir die Lösung.« Der Waffenwart war auf den Trichter gekommen und sagte: »Die Finger an den Handschuhen von Husemann sind zu lang.« Er meinte damit die Überhandschuhe des Schutzanzuges, die wir über den Lederhandschuhen trugen. Die Fingerspitzen sind beim Betätigen des Waffenknopfes umgeknickt, und so hatte ich gleichzeitig den Waffen- und den Sicherheitsknopf betätigt. Böhner: »Sie haben mächtig geflucht, aber es hatte seinen Grund. Ihre Handschuhe werden abgeändert.« Mit dem Waffenwart ging ich die ganze Sache nochmal durch. Bei späteren Einsätzen ließ ich die Überhandschuhe in der Tasche. Die Lederhandschuhe waren viel besser.

Ein paar Tage später lagen wir wieder in Bereitschaft. Die Bodenleitstelle gab uns die Kursangaben, die wir nach dem Start befolgten. Start – Abheben – Abwurf des Fahrwerks. Dann kam die erste Kursänderung durch – 90° nach rechts. Da bemerkte ich einen Kondensstreifen und meldete, dass ich Kurs auf ihn nahm. Die lange Rechtskurve hatte aber zu viel Treibstoff verbraucht. Ich erreichte den Kondensstreifen, machte eine Linkskurve und flog unter ihm her. Ich wusste nicht, mit welchem Flugzeugtyp zu rechnen war. Ich entsicherte, doch der Ruf »Pauke, Pauke« erstarb mir auf den Lippen. Das Triebwerk hatte abgeschaltet. Ich blieb am Streifen und sammelte meine Gedanken. Ich schrie: »Jetzt bin ich an

Feldwebel Schametz (links) und Leutnant Heinz Schuber (oben) dienten bei der 2./JG 400. Foto rechts: Die Unteroffiziere Anton Steidl (links) und Kurt Schiebeler waren Angehörige der 1./JG 400, wie auch Unteroffizier Ludwig Schweiger (rechts außen). Ludwig Schweiger gilt seit dem Flug mit einer Fw 190 gegen Kriegsende aus Prag als vermisst. Laut Aussage Kurt Schiebelers war Schweiger nicht auf Fw 190 geschult und kam bei der Bruchlandung in einem Friedhof ums Leben.

Unteroffizier Georg „Schorsch" Neher von der 2./JG 400 in der Kanzel der Me 163 B mit W.Nr. 191116. Diesem Flugzeug war die Kennung SC+VO zugewiesen worden. Karl Voy führte mit der Maschine am 20. November 1944 bei Junkers in Oranienburg Versuchsgleitflüge durch.

der Reihe, das ist zu viel!« Ich funkte die Bodenleitstelle an und bat um neue Anweisungen. Sie sagten, ich solle nach Begleitjägern Ausschau halten und direkt zum Platz zurückfliegen. Begleitjäger kamen nicht in Sicht und ich landete unbeschadet in Brandis, unglaublich enttäuscht und verärgert. Ich war untröstlich. Bei der Nachbesprechung mit Hauptmann Böhner kam heraus, dass ich auf eine B-17 angesetzt worden war. Ich nahm dies zur Kenntnis, aber es war mir im Einsatz egal, ich wollte nur angreifen. Ich hatte den Sprechfunkknopf gedrückt und ihn nicht wieder losgelassen, bis mir der Treibstoff ausgegangen war. Hauptmann Böhner nahm mich mit zur Leitstelle und hier wurde mir vorgespielt, was ich gesagt hatte. Gegenüber den anwesenden Damen [Luftwaffen-Nachrichtenhelferinnen] *ging meine Wortwahl durch, aber ich erkannte die eigene Stimme nicht und hätte schwören können, dass es nicht meine war. »Leisten Sie keinen Meineid,« sagte Böhner, »Die Sauerstoffatmung in großen Höhen verändert die Stimme. Sie können sich nicht mit Zarah Leander vergleichen. Damit ist die Sache abgeschlossen.«* "

9. November 1944

Unteroffizier Rolf Glogner: (23) „*Leutnant Woidich und ich starteten zu einem Erprobungsflug. Wir wollten auf 15.000 m Höhe und dort »Fangen« spielen. Auf 5000 m kurvte Woidich plötzlich weg und kam außer Sicht. Allein auf 10.000 m fiel mir auf einmal auf, dass ich aufgrund von Wolkenbildung den Flugplatz nicht mehr sehen konnte. Ich stürzte hinab und glaubte auf 4000 m den Platz durch ein Wolkenloch zu sehen. Ich stürzte weiter, kam in 300 m aus den Wolken und befand mich direkt über dem Platz. Dann wurde schlagartig alles weiß – innen an der Haube hatte sich eine 1 cm dicke Eisschicht gebildet. Auf 10.000 m hatte die Haube die Außentemperatur angenommen und beim Stürzen war die Wolkenfeuchtigkeit angefroren. Ich hatte nicht die mindeste Sicht und flog noch immer 800 km/h. Ich kratzte Eis um mein Leben und flog nur noch nach Instrumenten; schließlich erkannte ich schwach die Umrisse der Landebahn. Ich flog noch immer zu schnell. Ich drehte, hoffte, dass ich über Zeititz war, und landete. Bug und Kanzel waren schneeweiß.*"[12]

10. November 1944

Die Stärkemeldung der I./JG 400 listete 30 Me 163 auf, 16 davon einsatzfähig (ohne Flugzeuge der 3./JG 400).

12. November 1944

Ein am 12. November verschickter Befehl ordnete die Umbenennung der Staffeln sowie die Errichtung weiterer Staffeln an. (32) Der Befehl trat mit sofortiger Wirkung in Kraft.

In Folge wurde die 3./JG 400 zur 5./JG 400 und die 4./JG 400 zur 6./JG 400. Neu aufgestellt wurden der Stab II./JG 400, die 3./JG 400 und die 7./JG 400. Stab II./JG 400 sowie die 5., 6. und 7./JG 400 sollten nach Stargard verlegen. Die Aufstellung der „neuen" 3. Staffel sollte in Brandis erfolgen; die „neue" 4. Staffel wurde nicht errichtet. Der Tausch der Staffelnummern sorgte später für viel Verwirrung, selbst unter den Flugzeugführern. In ihren Aufzeichnungen verwandten sie oft weiter die alten Staffelnummern, wenn es um Stargard ging. Die Führer der 5., 6. und 7. Staffel hießen *Staffelführer*. Gemäß offiziellen Unterlagen wurden sie erst im Februar 1945 zu *Staffelkapitänen* erklärt.

19. November 1944

Oberfeldwebel August Müller von der 1./JG 400 zog sich bei einer Bruchlandung in Brandis schwere Verletzungen zu. Seine Me 163 B aus Klemm-Fertigung (W.Nr. 440172) wurde zu 15 % beschädigt. (11) (Siehe auch 12. April 1945).

25. November 1944

Zwei Kampfgruppen der 8. USAAF bombardierten Merseburg. (7) Die erste Kampfgruppe bestand aus 10 Bombergeschwadern der *3rd Air Division* mit 388 B-17 und die zweite aus 10 Bombergeschwadern der *1st Air Division* mit 378 B-17. Der Begleitschutz bestand aus 800 P-51 „Mustang". Sie berichteten weder von Me 163 noch Me 262 im Raum Merseburg.

30. November 1944
Die 8. USAAF griff mit 990 B-17 sowie 882 Begleitjägern Böhlen, Lützkendorf, Merseburg, Weißenfels und Zeitz an. (7) Erneut wurden im Raum Merseburg weder Me 163 noch Me 262 ausgemacht.

10. Dezember 1944
Die I./JG 400 in Brandis führte einen Bestand von 43 Me 163 auf, davon 22 einsatzfähig.

12. Dezember 1944
Zehn Geschwader der 8. USAAF mit 380 B-17 und 447 P-51 „Mustang" bombardierten Lützkendorf. Merseburg und Nordhausen unter schlechten Wetterbedingungen. Die Amerikaner sichteten in der Angriffszone weder Me 163 noch Me 262.

20. Dezember 1944
Versetzung von Hauptmann Robert Olejnik zur IV./Ergänzungsjagdgeschwader 2. (Siehe Kapitel 10).

27. Dezember 1944
Aufstellung Stab/JG 400. (33) Dieser sollte die Arbeit der Stäbe I./400 und II./400 in Brandis und Stargard abstimmen bzw. diese ersetzen. Nichtsdestoweniger tauchten diese Stäbe in Fernschreiben und Mitteilungen weiter auf. Des Weiteren schien es Pläne zur Aufstellung eines Stabes für die III./400 gegeben zu haben, die in Zusammenhang mit der geplanten Auslieferung der Me 263 im April 1945 standen. Im Januar 1945 verschob man die Aufstellung. (34)

Ernennung von Major Wolfgang Späte zum Geschwaderkommodore JG 400. Um den 27. Dezember übernahm Hauptmann Rudolf Opitz die II./JG 400 in Stargard, Hauptmann Wilhelm Fulda die I./JG 400 in Brandis und Hauptmann Albert Falderbaum deren erste Staffel, die 1./JG 400. (6)

Hauptmann Wilhelm Fulda bei einer Ansprache anlässlich der Weihnachtsfeier 1944 seiner I./JG 400. Zu seiner Linken die unentbehrliche Luftnachrichten-Flugmeldedienst-Helferin Linnig (siehe Fotos S. 217) sowie Hauptmann Otto Böhner.

Hauptmann Albert Falderbaum

Abert Falderbaum kam am 10. April 1913 in Niederpleis bei Bonn zur Welt. Mit 14 lernte er segelfliegen und erwarb mit 15 den A- und B-Schein. Mit 18 legte er die Prüfung zum Motorflugzeugführer ab und machte 1931 den Kunstflugschein. 1934 trat er als Fluglehrer in die (noch nicht enttarnte) Luftwaffe ein. Bei den deutschen Kunstflugmeisterschaften 1937 in Dortmund – Albert Falderbaum nahm zum ersten Mal daran teil – erreichte er auf Anhieb den zweiten Platz. Ein verheißungsvoller Beginn, denn 1938 und 1939 wurde Albert Falderbaum deutscher Kunstflugmeister.

Von Kriegsausbruch 1939 bis Sommer 1943 war er als Ausbilder an der Fluglehrerschule der Luftwaffe in Brandenburg-Briest tätig und danach von August bis Oktober 1943 als Fluglehrer an der Blindflugschule 10. Beförderung zum Leutnant im Juli 1941, zum Oberleutnant im Juli 1942 und zum Hauptmann im Juli 1943. Von Oktober 1943 bis August 1944 Gruppenkommandeur der I./JG 110 in Altenburg (schwerpunktmäßig Blindflugausbildung von Flugzeugführern) und danach bis Oktober 1944 an der Frontflug-Sammelstelle Quedlinburg. Von Oktober bis November 1944 Schulung auf Me 163 bei der Ergänzungsstaffel/JG 400 in Brandis. Im Dezember kam er zur 1./JG 400 und trat Ende des Monats die Nachfolge von Hauptmann Robert Olejnik als Staffelkapitän an, der als Gruppenkommandeur die IV./EJG 2 übernahm. Im Februar 1945 wurde Hauptmann Falderbaum Gruppenkommandeur und Nachfolger von Hauptmann Wilhelm Fulda bei der I./JG 400.

Nach dem Krieg wurde er nach verschiedenen Tätigkeiten 1952 Verkaufsleiter der Shell AG in Stuttgart. Da die Alliierten den Motorflug in Deutschland untersagten, erneuerte Falderbaum seinen Flugschein in der Schweiz und nahm dort sowie in Italien, Holland, Schweden und Frankreich an Kunstflugwettbewerben und, als dies 1955 wieder möglich wurde, auch in Deutschland teil. Bei den ersten deutschen Kunstflugmeisterschaften nach dem Krieg in Handorf bei Münster errang er 1960 erneut den 1. Platz. Albert Falderbaum kam am 29. September 1961 bei der abschließenden Trudelerprobung der von den Siebel Flugzeugwerken gebauten Schulmaschine SIAT-222 ums Leben. Als er das Rückentrudeln nicht beenden konnte, stieg er aus und blieb mit dem Fallschirm am Flugzeug hängen.

Albert Falderbaum vor einer Bücker Bü 133 „Jungmeister", seiner bevorzugten Kunstflugmaschine.

Hauptmann Wilhelm Fulda

Wilhelm Fulda wurde am 21. Mai 1909 in Antwerpen/Belgien geboren. 1935 trat er in die Luftwaffe ein und wurde zum Lastenseglerpiloten ausgebildet. Beim Handstreich auf Eben Emael am 10. Mai 1940 flog er bei der Sturmabteilung Koch eine DFS 230 und erhielt das EK I. Als Leutnant und Führer einer Lastenseglergruppe, die Fallschirmjäger zur Einnahme der Brücke über den Kanal von Korinth angelandet hatte, erhielt er am 14. Juni 1941 das Ritterkreuz.

Von August bis Dezember diente er bei der 3./LLG 1, von Dezember 41 bis Februar 42 bei der 17./KGzbV 1, von Februar bis Juni 42 bei der 1. Gotha-Staffel /KGrzbV 1, von Juni bis Dezember 42 im Stab der 1./LLG 2, von Dezember 42 bis August 43 bei der Ergänzungsgruppe (Sondereinheit) 1, von August bis November 1943 als TO beim Stab/JG 301, von November 43 bis Januar 44 als Staffelkapitän der 9./JG 301, von Januar bis Februar 44 als Gruppenkommandeur der II./JG 301, von Februar bis Juli 44 an der Sichtungsstelle des Generals der Jagdflieger, als Kommandeur der Ergänzungsjagdgruppe im August 44 sowie der II./JG 4 von August bis September 44 und als Gruppenkommandeur der I./JG 400 von Januar bis Februar 1945. Wilhelm Fulda starb am 8. August 1977 in Hamburg.

Am Nachmittag des 8. Dezember 1944 unternahm Unteroffizier Kurt Schiebeler mit der Me 163 B „Weiße 18“ einen achtminütigen Probeflug.

Die unverkennbare Silhouette einer Me 163 am Winterhimmel.

31. Dezember 1944

Die I./JG 400 in Brandis meldete 45 Me 163 im Bestand, keine allerdings flugklar.

10. Januar 1945

Die I./JG 400 in Brandis meldete einen Bestand von 46 Me 163, davon 19 einsatzfähig.

13. Januar 1945

Oberleutnant Heinz Dönnicke von der 1./JG 400 fiel im Luftkampf über Taucha. Er flog die wahrscheinlich für Überführungszwecke eingesetzte Bf 109 G6/U2 „Weiße 1“ (BI+OT, W.Nr. 19473), die vollständig zerstört wurde. (11)

20. Januar 1945

Besuch des japanischen Militärattachés beim JG 400 in Brandis.

Februar 1945

Feldwebel Herbert Klein gefallen. Das genaue Datum ist unbekannt. Klein war im Januar 1945 als Ausbilder im Gleitflug tätig gewesen. Hans Bott: (17) *„Ich sah, wie Klein in Sprottau einen sehr riskanten Vorbeiflug im Tiefflug hinlegte und sagte mir: wenn der so weiter macht, wird er nicht alt werden. Nach einem Einsatz wurde er von Feindjägern bis zurück nach Brandis verfolgt. Um den Flugplatz herum vollführte er verschiedene Manöver im Tiefflug, um sie abzuschütteln. Als er dann zum Landen die Geschwindigkeit verringerte, erhielt er einen Kopfschuss durch die Panzerglashaube. Das Flugzeug stürzte ab.“*

6. Februar 1945

Die 8. USAAF startete einen Angriff auf die Hydrierwerke in Böhlen, Rotha, Lützkendorf und Chemnitz. Wegen schlechten Wetters wurde jedoch nur Chemnitz bombardiert. (7) Die Bomberverbände umfassten 535 B-17 „Fying Fortress“ und 424 B-24 „Liberator“ der *3rd* und *1st Air Division*. Das *Intops Summary* meldete: *„Die 1. Kampfgruppe sichtete eine Me 163 bei Hannover, ansonsten wurden in der Angriffszone keine Me 163 gesichtet.“* (Siehe Kapitel 9).

8. Februar 1945

Flight Sergeant K. J. H. Nichol von der britischen *542 Squadron* unternahm mit seiner „Spitfire X“ (PL908) einen Aufklärungsflug mit dem Auftrag, die Hydrierwerke Zeitz und Merseburg sowie ein Flugzeugwerk in der Nähe von Leipzig zu fotografieren. (35) Obwohl 10/10-Bewölkung herrschte, konnte Nichol einige Fotos schießen. Er berichtete: *„Treibstoffziele im Raum Leipzig. Flog in 24.000 Fuß (ca. 7300 m) über 10/10*[-Bewölkung] *bis auf 5 Minuten der errechneten Ankunftszeit heran & und versuchte dann durch 7 bis 8/10*[-Bewölkung] *zu stoßen. Kein Vergnügen, so machte ich einen Überflug über einen Teil eines Flugplatzes & eine Kleinstadt & ging wieder über die 10/10 Cirrus. Gab keinen Ärger.“*

Der *ACIU Interpretation Report No. L.283* (Auswertungsbericht) vom 22. Februar 1945 hielt fest: *„Die Aktivitäten in Brandis scheinen jetzt hauptsächlich mit Me 163 zu tun zu haben. Zumindest siebzehn dieser Flugzeuge waren am 8. Februar zu erkennen, wobei die Belegung des Flugplatzes unvollständig war.“*

Im Januar 1945 gab es jede Menge Schnee und nur wenige Tage gutes Flugwetter. Hinzu kam Treibstoffknappheit. Die Flugzeugführer hatten also mehr Freizeit. Das Gruppenfoto zeigt v. l. n. r. Unteroffizier Georg Neher, Feldwebel Gerhard Mohr, Unteroffizier Kurt Schiebeler, Oberfeldwebel Kristoph Kurz und Oberfeldwebel „Jupp" Mühlstroh in ihren Fliegerpelzjacken.

9. Februar 1945

Die 8. USAAF bombardierte Lützkendorf, Weimar und Erfurt. (7) Dank dichter Bewölkung blieb Böhlen verschont. Insgesamt boten die Amerikaner 615 B-17 für diese Angriffe auf. Bei einem Bildaufklärungsflug mit Ziel Brandis wurde *Captain* Scott von der *60 Squadron* (USAAF) von einer Me 163 abgefangen und verjagt.

Feldwebel Ernst Zielsdorf von der 1./JG 400 machte beim Start mit der Me 163 (BQ+UR, W.Nr. 440015) Bruch; die Maschine wurde zu 90% beschädigt. Der Unfall ging auf einen Pilotenfehler zurück; Zielsdorf erlitt Verletzungen. (11)

10. Februar 1945

Im Zuge eines Einsatzes kam Feldwebel Gerhard Mohr von der 1./JG 400 bei einem Zusammenstoß ums Leben. Die Me 163 B-0 „Weiße 2" (DS+VV, W.Nr. 440184) wurde zerstört. (11) Oberfeldwebel Wilhelm Josef Mühstroh erinnert sich (Rückübesetzung): (37) „*Bott war Offizier vom Dienst. Wir* [Mühlstroh, Bott und Mohr] *machten grad Mittagspause im Pilotenheim, als wir von der Leitstelle des JG 400, die 3 km außerhalb des Flugplatzes lag, den Befehl zum Alarmstart bekamen.*

Acht Flugzeuge standen einsatzklar bereit. Obwohl meine Maschine die dritte in der Reihe war, sprang ich in die erste, die normaler Weise von Bott geflogen wurde, nur um festzustellen dass das

Oben: Flugzeugführer und Offiziere des JG 400 verfolgen das Geschehen auf Rollfeld und Startbahn. 2. v. l. Fritz Kelb, 3. v. l. „Jupp" Mühlstroh, 5. v. l. Otto Böhner, 6. v. l. Georg Neher.

Links: Oberfeldwebel Josef „Jupp" Mühlstroh beim Einsteigen in die Kanzel mit Hilfestellung des Bordwarts.

Die Me 163 B-0 „Weiße 2“ (ex DS+VV, W.Nr. 440184) aus Klemm-Fertigung neben einer Me 262, die Brandis einen Besuch abstattete. Diese beiden deutschen Flugzeugtypen revolutionierten den Hochgeschwindigkeitsflug. Die „Weiße 2“ wurde bei einem Zusammenstoß im Zuge eines Einsatzes irreparabel beschädigt. Flugzeugführer Feldwebel Gerhard Mohr kam ums Leben.

Revi nicht funktionierte. In Folge erhielt Mohr die Anweisung, als erster zu starten. Das Letzte, was wir von Mohr hörten, war seine Höhenangabe 5000 m. Ich folgte und jagte durch die Wolken auf 7000 m und stieg dann auf 10.000 m. Kein Feindflugzeug zu erblicken. Dann erhielten wir den Befehl zur sofortigen Landung. Ich ging mit 350 km/h in den Gleitflug, konnte den Platz wegen der Wolken aber nicht sehen. Ich erhielt die Anweisung, einen 360°-Kurs zu nehmen und erhielt dann die Mitteilung, ich sei über dem Platz. Ich bat um Bestätigung meiner Position, erhielt aber keine Antwort: der Funk der Leitstelle war abgeschaltet. Mittlerweile hatte ich im Sinkflug auf 800–900 km/h beschleunigt, und so zog ich hoch, um die Fahrt wieder auf 350 km/h zu drosseln. Dann erhaschte ich einen flüchtigen Blick vom Flugplatz, wo links an der südlichen Grenze ein paar He 177 abgestellt waren.[9] *Schließlich sah ich den Platz, landete, rutschte über die Landebahn und kam dann unmittelbar vor dem Kontrollturm zum Stehen.*“

Gemäß Hans Bott flog „Jupp“ Mühlstroh an diesem Tag die „Weiße 12“, die ansonsten Leutnant Botts persönliche Maschine war. Nach seinen Aussagen verfügte sie über außerordentlich gute Flugeigenschaften.

11. Februar 1945

Oberfeldwebel Oswin Schüller unterlief ein Pilotenfehler und er verletzte sich bei der Notlandung mit der Me 163 B „Weiße 22“ (SC+VJ, W.Nr. 191111). Die Maschine wurde zu 10 % beschädigt. (11) Des Weiteren wurde die Me 163 B W.Nr. 190573 bei einem Zusammenstoß zu 90 % beschädigt. Pilot unbekannt. (11)

14. Februar 1945

Auflösung des Erprobungskommandos 16. (38) Noch anstehende Aufgaben übernahm das JG 400. Die Flugzeuge wurden leergetankt auf dem Rollfeld abgestellt und dem Fliegerhorst übergeben. Das Personal wurde zur Verfügung des Kommandeurs der Erprobungsstellen, des Generals der Jagdflieger und des Luftgaukommandos IX gestellt. (Siehe Kapitel 14).

15. Februar 1945

Die 8. USAAF bombardierte Böhlen, Ruhland, Dresden und Cottbus, (7) wobei die Bombardierung des von den Briten schon am 13. Februar schwer heimgesuchten Dresden wiederholt als reiner Terrorangriff zu werten ist. Insgesamt waren an den genannten US-Angriffen 22 Bombergruppen der *1st* und *3rd Air Division* mit 622 B-17 beteiligt. In der Angriffszone sichteten die Amerikaner weder Me 163 noch Me 262.

Südwestlich Böhlen ging die Me 163 B W.Nr. 190573 aufgrund eines Pilotenfehlers verloren. Name des Piloten, der unverletzt blieb, unbekannt.

20. Februar 1945

Bei einer Notlandung aufgrund technischen Versagens ging die Me 163 B W.Nr. 190578 bei Polenz zu Bruch. Der Flugzeugführer Gefreiter Otto Berger (Beger?) blieb unverletzt. (11)

Die Me 163 B W.Nr. 440006 musste wegen eines Pilotenfehlers notlanden und wurde zu 30 % beschädigt. (11)

2. März 1945

Die 8. USAAF flog mit 905 B-17 Bombenangriffe auf Böhlen, Rositz, Chemnitz, Alt Lönnewitz und Dresden. Der Begleitschutz bestand aus 521 P-51. (7) Bericht des *Intops Summary*: „*Der Begleitschutz der 1. Kampfgruppe* [die Böhlen, Rositz und Chemnitz angriff] *wurde 15 Meilen NO Frankfurt von zwei Me 262 angegriffen (eine wahrscheinlich abgeschossen), ansonsten wurden keine Me 163 gesichtet.*“

3. März 1945

222 B-17 der 8. USAAF warfen Bomben auf Ruhland und Chemnitz(7) sowie auf eine Reihe anderer Städte. Zur Abwehr stiegen Me 262 sowie sieben Me 163 auf; nähere Informationen fehlen. (7)

5. März 1945

Aus einer Einschätzung deutscher „Jet“-Flugzeuge des britischen militärischen Nachrichtendienstes (Abschnitt Me 163): „*Aktuelle Erkenntnisse über die Me 163 belegen, dass ihre Weiterentwicklung über den jetzigen Stand hinaus wahrscheinlich mehrere Monate in Anspruch nehmen wird. Derzeit ist ihr Einsatz nur stark eingeschränkt möglich.*“

Oben: Mit der Me 163 B „Weiße 10“ absolvierte Leutnant Löscher in der letzten Februarwoche 1945 zwei Flüge.

Oben: Leutnant Hans-Ludwig Löscher kam nach der Schulung auf Me 163 bei der 14./EJG 2 im Februar 1945 zur 1./JG 400.

Die Begründung: (39) *„Die Me.163 befindet sich nun seit einem Jahr in der Versuchs- und Probephase mit Einsätzen zwischendurch. Es gab größere Probleme a) in der Konstruktion sowohl von Zelle als auch Triebwerk, b) in der Pilotenausbildung und c) bei der Führung im Einsatz. Offensichtlich ist die derzeitige Me.163 B so unbefriedigend, dass sie von der Me.163 C abgelöst werden soll. Dieser Untertyp, der nach zweimaliger Aussage in japanischen Berichten von Junkers stammt, sollte bis Ende Februar das Prototypenstadium erreicht haben.*

Das Ausbildungsverfahren ist unklar. Anfänglich wurden erfahrene Piloten bei der Versuchsgruppe 16 [EKdo 16] *in Bad Zwischenahn, später Udetfeld und jetzt Brandis umgeschult. Eine Zeitlang wurden vermutlich unerfahrene Piloten beim JG 102 ausgebildet. Nicht unbedingt verlässliche Gefangenenaussagen deuten auf die Ausbildung von jungen unerfahrenen Piloten im vergangenen Sommer in Jesau hin. Nach japanischen Berichten soll es sich bei Me.163 Piloten um erfahrende Lastenseglerpiloten handeln, die Flugerfahrung auf Kampf- oder Jagdflugzeugen und möglichst Einsatzerfahrung mitbringen. Bezüglich medizinischer Fragen gab es einige Gerüchte; das Gespräch des japanischen Botschafters mit Oberst Gollob zeigt deutlich, dass die hohe Geschwindigkeit ernste* [gesundheitliche] *Probleme bewirkte.*

Probleme mit der Führung im Einsatz ergeben sich aus der Geschwindigkeit und der begrenzten Reichweite der Me.163. Die Japaner sind unsere einzige Quelle. Allerdings sind sie an diesem Typ mehr als an jedem anderen interessiert und haben entsprechende Anfragen beharrlicher verfolgt. Die Übereinstimmung ihrer Berichte im großen und ganzen deutet auf eine gewisse Verlässlichkeit hin. Nach ihrer Aussage kommt der Führung im Einsatz eine solche Bedeutung zu, dass der Funknachrichtenoffizier einer Gruppe auch ihr Kommandeur ist. Das Flugzeug wird fast wie eine Flakgranate hoch geschossen, sobald sich Feindflugzeuge dem Zielgebiet nähern. Bislang war es nicht möglich, mehr als fünf [Me 163] *bei einem Einsatz einzusetzen. Beim üblichen Verfahren werden offenbar zwei oder drei Maschinen in Intervallen von drei Minuten hoch geschickt. Das Flugzeug zurück zu bekommen, schafft Spannungen, da es kurz vor der Landung besonders angreifbar ist. Das Wiederbetanken dauert eine Stunde.*

Aus dem oben Geschilderten ergibt sich die Folgerung, dass der Einsatz von Me.163 an Flugplätze gebunden ist. Ein Einsatz ist nur

Messerschmitt Me 163 B „Weiße 10“
Leutnant Hans-Ludwig Löscher
Brandis, Februar 1945

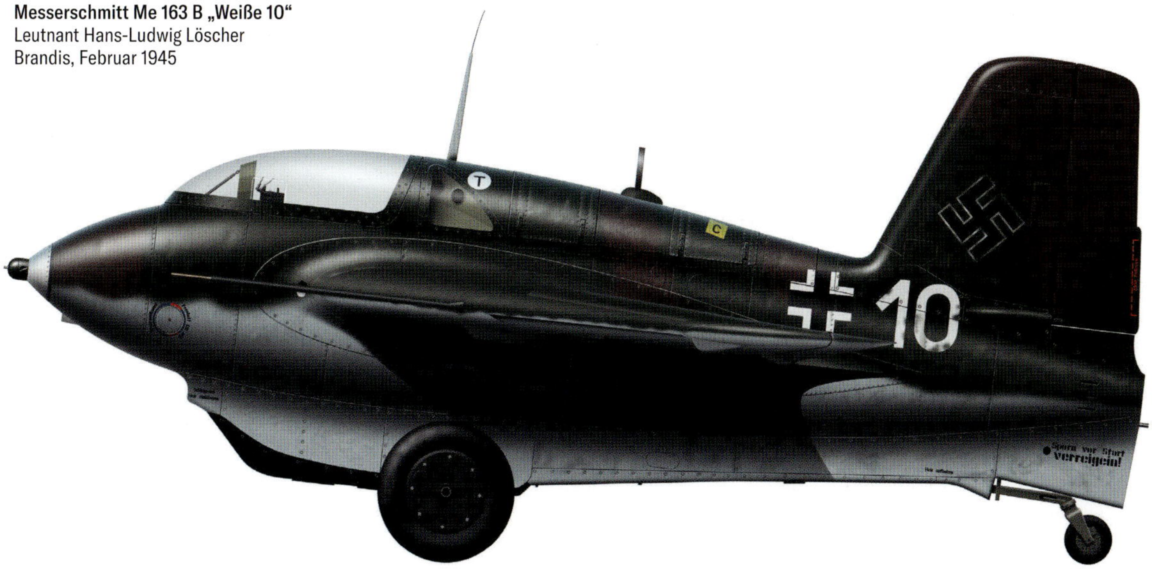

Blick auf Bug- und Kanzelbereich einer Me 163 der 1./JG 400. Die kleine Luftschraube trieb den Hilfsstromerzeuger an.

bei vorhandener Leitstelle möglich. Und wo der erforderliche Sondertreibstoff untergebracht und gehandhabt werden kann. Es gibt einige Hinweise auf Nachschubschwierigkeiten, da es nur eine begrenzte Anzahl Tankwagen für den Sondertreibstoff gibt.

Um nochmals die Japaner zu zitieren, gab es auch Schwierigkeiten bei der Herstellung des Sondertreibstoffs. Mit dem so genannten T-Stoff gab es keine Probleme, bei einem Bestandteil des so genannten C-Stoffs jedoch ernstliche Verzögerungen. Dieses als B bekannte Element [Hydrazin] *bildet ein Drittel der Chemikalie C. Gemäß den Japaner streben die Deutschen eine Monatsproduktion von 300 Tonnen B an, haben bislang aber nur 30 Tonnen im Monat geschafft. Diese Menge reicht für 100 Tonnen C-Stoff aus, die (nach Aussage der Japaner) wiederum 200 Flüge ermöglicht. Wenn sich, wie die Japaner sagen, derzeit 48 Me.163 in Einsatzeinheiten befinden, folgert daraus, dass die GAF* [German Air Force, Deutsche Luftwaffe] *pro Monat nur ausreichend Treibstoff für vier Flüge je Maschine produziert. Werden weiter Ausbildungsflüge durchgeführt, reduziert dies die Zahl der Einsatzflüge noch mehr.*

Die Japaner haben nur Hinweise auf Me.163-Einsatzeinheiten im Raum Leipzig gegeben (vermutlich ist Brandis gemeint) und auf weitere geplante im Raum Stettin. Im Westen gibt es nur flüchtige Hinweise auf mögliche Me.163-Operationen. Es ist keine dort liegende Einheit bekannt. Die Versuchseinheit 16 lag lange in Zwischenahn, hat diesen Standort im September aber mit Sicherheit verlassen. Vermutlich befinden sich auf dem Flugplatz Zwischenahn noch immer Einrichtungen für T- und C-Stoff.

Es gibt Hinweise auf Lehrgänge zum Umgang mit Sondertreibstoffen in Giebelstadt, aber keine Indizien, dass es sich dabei um einen Einsatzhafen handelt. Im September [1944] *wurden Nachforschungen über die Tauglichkeit für Me.163-Operationen von Deelen und Twente aus angestellt. Dabei kam heraus, dass Deelen zerstört wurde und es keinerlei Hinweise für Einsätze in Twente gibt. Im Spätsommer ergingen Befehle, Pläne zur Stationierung von Me.163 in Frankfurt Rhein-Main auszuarbeiten, aber davon hat man nichts weiter gehört. Im Frühwinter hat die in Husum liegende Abteilung der Organisation Todt von fast vollendeten Bauarbeiten an T- und C-Stoff-Einrichtungen auf einem Flugplatz, vermutlich Husum, berichtet; wobei dieser Flugplatz kaum als Me.163-Standort in Frage kommen dürfte. Im Gegensatz zu diesem Negativbeweis haben Bomberbesatzungen ständig von Me.163-Sichtungen im Westen berichtet, vor allem im Raum Koblenz/Köln.*

Zusammengefasst lässt sich feststellen, dass die derzeitige Me.163 nur in sehr begrenztem Maße in einem sehr begrenzten Raum zu Einsätzen in der Lage ist. Mit dem Erscheinen der verbesserten Me.163 C ist, wenn überhaupt, frühestens im Frühsommer zu rechnen. Der einzig bekannte Einsatzverband ist die I./JG 400 mit vier Staffeln, die (nach japanischen Quellen) über je 20 Flugzeuge verfügen – 12 für Einsätze und 8 als Reserve. Eine II./JG 400 befindet sich im Stadium der Aufstellung.“

7. März 1945

Auflösung Stab/JG 400. (40) Die Offiziere und Beamte wurden zur Verfügung des Generals der Jagdflieger gestellt, Unteroffiziere und Soldaten Einberufungsjahrgang 06 oder jünger Fallschirmjägerverbänden zugewiesen [die Fallschirmtruppe gehörte zur Luftwaffe]. Der Rest kam zur I. und II./JG 400.

Flight Lieutenant Raby von der in Benson/Oxfordshire liegenden *542 Squadron* (RAF) führte in seiner „Spitfire PR XI“ (PL886) einen Bildaufklärungsflug durch:

„Am Morgen des 7. März fand die Einweisung statt für den Bildaufklärungsauftrag mit Ziel Hydrierwerk Böhlen, Thermat-Kraftwerk Mölbis und ein Öllager in Rositz, alle südlich Leipzig gelegen. Weiters wurde eine Aufnahme der Bombenschäden in Chemnitz gefordert, das die RAF vor zwei Tagen bombardiert hatte.

Um 09.30 Uhr startete ich mit Schnittbildkameras, Magazine gefüllt, sowie vollen Tanks einschließlich eines 90-Gallonen-Abwurftanks. Bald befand ich mich hoch über den Wolken im Flug über die Nordsee, wo ich in 35.000 Fuß (ca. 10.700 m) meinen Kurs absteckte. Die 10/10-Bewölkung lag weit unten und riss bis zehn Minuten vor dem Zielgebiet nicht auf. Der Flug verlief vollkommen ereignislos bis auf den unbefriedigenden Umstand, dass ich einen dicken, 100 yards langen (ca. 91 m) und unbeständigen Kondensstreifen hinter mir her zog. Um 11.25 Uhr erreichte ich das Zielgebiet, Leipzig war im Norden gut zu sehen und alle meine Ziele einschließlich Chemnitz in nicht minder guter Sicht im Südosten. Chemnitz lag unter dicken Rauchschwaden, die langsam nach Süden zogen, ansonsten waren nur wenige oder gar keine Wolken am Himmel. Vom Boden aus musste man mich gut sehen. Über den ersten beiden Zielen Böhlen und Mölbis lief alles glatt. Beim ersten Überflug über Rostiz sah ich nach hinten und bemerkte zwei große schwarze Streifen in etwa 20 bzw. 10.000 Fuß (ca. 3050 bzw. 6100 m), die vom Flugplatz Leipzig-Mockau kamen. Ihre Geschwindigkeit war phänomenal, die Steiggeschwindigkeit lag bei etwa 10.000 Fuß pro Minute (ca. 51 m/sec) bei einem Winkel von rund 60 Grad. Es dauerte nicht lang und zwei winzige Raketenflugzeuge Me 163 kamen in Sicht. Das erste Feindflugzeug kam in einer Meile Entfernung (ca. 1,6 km) auf meine Höhe, stieg weiter auf etwa 40.000 Fuß (ca. 12.200 m), schaltete sein Triebwerk ab und war dann kaum mehr zu erkennen. Das alles schien sich binnen einer Sekunde abzuspielen, wobei die andere Me 163 schon recht dicht heran war. Es war klar, dass ich nicht die geringste Chance hatte, sie oben im Gleitflug auszumachen, wie sie ihre [Angriffs-]*Positionen einnahmen. Mit dem Kondensstreifen, den ich hinter mir herzog, bot ich hingegen ein auffälliges Ziel. Mein erster Gedanke war, den Kondensstreifen los zu werden. Ich legte mich auf den Rücken, gab Vollschub und volle Umdrehungen und tauchte auf etwa 18.000 Fuß ab (ca. 5500 m), wo meine Geschwindigkeit bei rund 500 mph lag (ca. 800 km/h). Dann ging ich in den Geradeausflug über und schaute nach einer rabiaten 90-Grad-Linkskurve zurück auf meinen absinkenden Kondensstreifen. Eine Me 163 befand sich bereits im Sturzflug parallel neben meinem Streifen; als ich sie sah, war sie nur noch 5 oder 6000 Fuß (ca. 1500–1800 m) über mir und kam rasch näher. Als sie angriff, vollführte ich eine scharfe 180-Grad-Wende, so dass wir in entgegen gesetzte Richtungen und so schnell davonstoben, dass ich sie bald nur als kleinen, kreisenden Fleck wahrnahm. Erneut änderte ich den Kurs und stieg zügig ab. Der Gegner kam zurück, befand sich aber weit über mir. Als mir klar war, dass ich nicht mehr gesehen wurde, ging ich in südlicher Richtung auf 6000 Fuß herunter (ca. 1800 m) und versuchte die andere Me 163 auszumachen, was aber nicht gelang. Die Begegnung hatte nur etwa fünf Minuten gedauert und da der Feind nicht mehr da war, entschloss ich mich ostwärts zu fliegen. Zum Fotografieren des jetzt rund 50 Meilen (ca. 80 km) nordwestlich gelegenen Chemnitz stieg ich bis knapp unter die Wolkendecke. Vom Feind war nichts mehr zu sehen und ich konnte meinen Aufklärungsauftrag ohne weitere Probleme abschließen. Um 13.45 Uhr landete ich mit Resttreibstoff für 10 Minuten in Bramwell Bay. Die Unfähigkeit des Gegners, sich aufgrund der hohen Geschwindigkeit und mangelnder Wendigkeit in günstige Angriffsposition zu setzen, war meiner Meinung nach das hervorstechendste Merkmal dieser kurzen Begegnung.“*

8. März 1945

Feldwebel Ingo Päsold sah sich wegen Treibstoffproblemen zu einer Notlandung bei Leipzig gezwungen, wobei er sich Verletzungen zuzog. Die Me 163 B W.Nr. 190576 wurde zu 45 % beschädigt. (11)

15. März 1945

Beim Angriff von US-Bombern auf Leipzig traf Begleitjägerpilot *Captain* Ray S. Wetmore von der *370th Fighter Squadron/356th Fighter Group* auf zwei Me 163. Hier sein Einsatzbericht:

„A. *Kampfeinsatz*
B. *15. März 1945*
C. *370th Fighter Squadron*
D. *15.00 Uhr*
E. *Wittenberg*
F. *Dunstig*
G. *Me 163*
H. *Eine (1) Me 163 in der Luft zerstört.*

1. Ich führte »Schwarm Rot« der Bomber SW Berlin begleitete, als ich in der Gegend von Wittenberg in 20 Meilen Entfernung (ca. 32 km) in rund 20.000 Fuß (ca. 6100 m) zwei Me 163 kreisen sah. Ich flog zu ihnen hin und griff aus 25.000 Fuß (ca. 7600 m) eine etwas unter mir befindliche an. Auf 3000 yards (ca. 2750 m) sah er mich, drehte und ging mit etwa 70° Steigung nach oben. Auf etwa 26.000 Fuß (ca. 7900 m) setzte sein Triebwerk aus, so dass er einen Abschwung machte. Ich stürzte ihm nach und kam nach 2000 Fuß (ca. 610) auf seine Höhe in 6 Uhr. Im Sturz zeigte der Fahrtmesser zwischen 550 und 600 mph an (ca. 885–970 km/h). Auf 200 yards (ca. 180 m) eröffnete ich das Feuer. Überall flogen Teile weg. Er machte eine scharfe Rechtskurve, ich gab einen weiteren kurzen Feuerstoß ab. Der halbe Flügel montierte ab und das Flugzeug fing an zu brennen. Der Pilot stieg aus und ich beobachtete, wie das Flugzeug am Boden aufschlug. Ich melde eine (1) Me 163 im Luftkampf abgeschossen.

J. Flugzeug-Seriennummer: 5521
Kennung: CS-V
Munitionsverbrauch: 222 Schuss API
[panzerbrechende Brandmunition]

Gezeichnet: Capt Ray S. Wetmore“

Oberfeldwebel Friedrich Ferdinand Helmut Reukauf nutzt das Warten in der Bereitschaft, um auf dem Flügel seiner Me 163 ein Nickerchen in der Sonne zu halten. Er trägt den speziellen Schutzanzug für Raketenjäger-Piloten. Der Thüringer kam am 24. Januar 1912 in Grumbach bei Schmalkalden zur Welt und am 15. März 1945 bei einem Flugunfall ums Leben, der nach offiziellen Angaben auf technischem Versagen beruhte. Das Portrait links zeigt Friedrich Reukauf als frisch gebackenen Unteroffizier.

Bestätigung der Abschussmeldung

Ich flog die »Rote Drei« im Schwarm von Capt Wetmore, als wir etwa 20 Meilen südwestlich von uns zwei »Jetties« ausmachten, die wir anflogen. Als uns der »Jetty« erblickte, ging er im Winkel von etwa 70° in den Steigflug. Nachdem ihm der Treibstoff ausgegangen war, schwang er ab. Wir gingen etwa 2000 Fuß tiefer und dort kam Capt Wetmore in Schussposition und feuerte. Ich beobachtete Treffer, worauf der »Jetty« steil nach rechts kurvte. In diesem Augenblick konnte Capt Wetmore gute Treffer im Flügel landen, Teile flogen weg und er begann zu brennen. Auf etwa 500 Fuß (ca. 150 m) stieg der Pilot aus und ich sah den »Jetty« aufschlagen. Ich bestätige den Abschuss einer (1) *Me 163 in der Luft durch Capt Wetmore.*

Gezeichnet: F/O Russel E. House"

Am selben Tag griff eine Me 163 in der Nähe von Leipzig die „Mosquito XVI" (NS500)von Hauptmann P. T. Pratt und Oberleutnant A. S. Lobban der britischen *544 Squadron* an. Sie war in Benson/Oxfordshire gestartet und befand sich auf einem Fernaufklärungsflug mit Ziel Leipzig, Dresden, Prag und Linz und sollte dann in San Severo in Süditalien landen. (43) Aus dem Bericht der Besatzung: *„Prag und Linz fotografiert; Me 163 verhinderte das Fotografieren Leipzigs."*

Eine weitere „Mosquito XVI" (RG115) derselben Staffel mit Hauptmann A. Neville-Polley und Hauptmann D. South befand sich zur selben Zeit auf einem Bildaufklärungsflug mit Ziel Plauen, Amberg, Eisenach sowie Gera und wurde ebenfalls von einer Me 163 angegriffen. (43) Aus dem Einsatzbericht: *„Abgefangen von Me 163 und später von Me 109, aber alle Bildaufnahmen gemacht."*

Captain Ray S. Wetmore von der amerikanischen 370. Jagdstaffel flog eine P-38 „Lightning" und schoss am 15. März 1945 bei Wittenberg eine Me 163 ab. Die berühmte Lutherstadt liegt rund 60 km nördlich Brandis und befand sich damals am äußersten Rand des Einsatzradius der Me 163. Rechts: Wetmores Chefmechaniker posiert vor der P-38 „Lightning" namens „Boomerang".

16. März 1945

Eine „Mosquito XVI" (NS795) der britischen 544 *Squadron*(44) startete von Benson zu einem Bildaufklärungsflug mit Ziel Gotha, Leipzig, Chemnitz, Karlsbad und Lützkendorf. Leutnant R. M. Hays und Oberfeldwebel M. Phillips berichteten:

„Ziele Gotha und Lützkendorf fotografiert, dann von drei Me 163 angegriffen. Flugzeug erhielt Treffer und landete in Lille...F/O R.M. Hays, DFC und F/S M. Phillips erhielten den Auftrag, Ziele in Gotha, Chemnitz und Lützkendorf zu fotografieren, wobei es vor allem auf Lützkendorf und Gotha ankam. Um 11.45 Uhr wurde in Höhe 35.000 Fuß (ca. 10.700 m) mit Kurs 090° ein Bildflug über Leipzig gemacht (der Navigator im Bug der Maschine), als der Pilot praktisch in Bodenhöhe zwei Me 163 sichtete, die rasch aufstiegen. Der Pilot änderte Kurs 90° und gab Vollgas. Innerhalb von 3 bis 5 Minuten waren die beiden Me 163 auf Höhe der »Mosquito« (30.000 Fuß; ca. 9100 m) und teilten sich in leicht erhöhter Position auf, eine nach rechts und eine nach links. Aus dieser Position griffen sie die »Mosquito« gleichzeitig von links und rechts an. Der Pilot machte eine halbe Rolle und ging in den senkrechten Sturzflug, wobei er eine Geschwindigkeit von 480 mph (ca. 770 km/h) erreichte, bevor er in 12.000 Fuß (ca. 3700 m) den Sturzflug beendete. Der Pilot erkannte jetzt, dass drei Me 163 angriffen, zwei von rechts und links aus etwa 500 yards Entfernung (ca. 460 m), die dritte von hinten aus etwa derselben Distanz. Alle Feindflugzeuge befanden sich in leicht überhöhter Position. Der Pilot sah nicht, ob der Feind feuerte, wohl aber der Navigator. Nach einer steilen Sturzkurve nach rechts auf Wolkenhöhe sah der Pilot den Feind immer noch nicht. Als die »Mosquito« in Wolkenhöhe in den Geradeausflug überging, sah der Pilot den rechten Motor rauchen und aussetzen – vermutlich die Folge von Kanonentreffern der Me 163. Der Pilot fuhr den Motor auf Segelstellung, stieg auf 2000 Fuß (ca. 610 m) und nahm Kurs 270 Grad auf die alliierten Linien. Nach ungefähr 30 bis 40 Minuten sichtete der Pilot eine einzelne Bf 109, die sich auf etwa 2400 Fuß (ca. 730 m) und in 1000 yards (914 m) Entfernung von hinten näherte. Darauf ging die »Mosquito« im Sturzflug wieder auf Wolkenhöhe und flog dann auf und nieder durch Täler, die sich ungefähr 30 Meilen (ca. 48 km) westlich Kassel befunden haben müssen. Bei diesem Ausweichmanöver wurde die Bf 109 aus den Augen verloren; kein weiterer Angriff erfolgte. Nach ungefähr 45 Minuten und auf Wolkenhöhe überflog die »Mosquito« eine nicht identifizierte Kleinstadt und wurde heftig von Flak beschossen – die »Mosquito« erhielt Treffer und der Navigator wurde am Fuß verwundet. Kurz danach ging der Pilot wegen ansteigendem Terrain erneut auf 2000 Fuß; auch um in 3/10–5/10-Bewölkung (Cu) voraus Deckung zu finden. Nach etwa 30 Minuten kamen durch eine Wolkenlücke am Boden amerikanische C-47 und Lastensegler in Sicht, aber der Pilot entschied sich weiterzufliegen (die Flugzeuge befanden sich nicht auf einem Flugplatz). Zu diesem Zeitpunkt erfolgte eine Kursänderung auf 300°, wobei in Flugrichtung 10/10-Bewölkung mit Regen herrschte. Das Ultrakurzwellen-Funkgerät wurde eingeschaltet und auf allen Kanälen ergebnislos Notrufe abgesetzt. Unter diesen Bedingungen flog der Pilot etwa eine Stunde in der Annahme weiter, in dieser Zeit sämtlichem hochliegendem Terrain ausgewichen zu sein. Dann ging er tiefer, durchbrach in 800 Fuß (ca. 240 m) die Wolkendecke und machte [wenig] *später Lille aus. Ein üblicher einmotoriger Landeanflug auf den Flugplatz Lille/Vendeville folgte. Der Pilot war sich aber nicht bewusst, dass der rechte Reifen von Granatsplittern durchlöchert war. Unmittelbar nach dem Aufsetzen riss es die Maschine nach rechts, die Fahrwerksbeine links und rechts brachen und die »Mosquito« erlitt schwere Beschädigungen. Eine Untersuchung erwies Schäden durch Kanonentreffer, der vermutlich von den Me 163 stammte. Ein Geschoss durchschlug die rechte Motorgondel, ein weiteres den rechten Motor nahe der Luftschraubenwulst, wobei es den Glykoltank beschädigte und zertrümmerte. Eine Flakgranate hatte ein Blatt der rechten Luftschraube getroffen und den rechten Motor sowie den Rumpf mit Splittern übersät. Für herausragenden Mut und Entschlossenheit erhielt Pilot F/O R.M. Hays kurze Zeit später das DFC* [Verdienstkreuz für Flieger]. *Der Navigator kam ins Lazarett nach Lille."*

Unteroffizier Rolf Glogner: (23) *„Am 16. März 1945 schoss ich eine »Mosquito« ab* [was wegen der hervorragenden Flugeigen-

Unteroffizier Rolf Glogner (rechts) von der 2./JG 400 war der jüngste Me 163-Pilot, was ihm den Beinamen „Bubi" einbrachte. Später wurde er noch zum Feldwebel befördert. Am 16. März 1945 stiegen er und Feldwebel Ernst Schelper zum Abfangeinsatz gegen die „Mosquito" von *Pilot Officer* Hays und *Flight Sergeant* Phillips auf. Da er das Fahrwerk nicht abwerfen konnte, musste Schelper umkehren. Beim Angriff Glogners warf die „Mosquito" ihre Zusatztanks ab, die an der Me 163 vorbeiflogen. Nach ein paar Schüssen bekam Glogners MK 108 Ladehemmung, doch die abgegebenen hatten ihr Ziel nicht verfehlt und den rechten Motor der „Mosquito" getroffen. Gemäß Einsatzbericht von Hays und Phillips waren noch andere Me 163 am Angriff beteiligt, deren Piloten die Verfasser aber nicht ausfindig machen konnten. Der zum Flieger degradierte Walter Dittmar soll allerdings mit einer für Rammeinsätze hergerichteten Me 163 dabei gewesen sein.

schaften dieses Typs als besonders schwierig galt]. Dafür hätte mir Göring eigentlich einen Orden verleihen müssen einschließlich Beförderung und Sonderurlaub. Stattdessen bestätigte man mir die Abschüsse in Russland. Weil ich bis zu diesem Zeitpunkt nur die Goldene Frontflugspange für Jäger erhalten hatte, verlieh man mir nachträglich das EK II. Kurz danach wurde ich zum Feldwebel befördert. Nach Auflösung der I./JG 400 in Brandis wurde ich zum JG 7 nach Prag-Rusin versetzt. Dort erfuhr ich von Fritz Kelb, dass mir das EK I verliehen worden war."

1967 konnte Rolf Glogner den Aufenthaltsort seines damaligen Gegners Morgan Phillips in Wales ausfindig machen. Bei einem Verbandstreffen überreichte Phillips Glogner ein Stück des „Mosquito"-Propellers mit einem Durchschuss von Glogners MK 108. Glogner und Phillips wurden enge Freunde mitsamt den Familien.

Leutnant Hans Bott:(17) „*Hauptmann Walter Dittmar, der zum Flieger degradiert und zum Tod verurteilt worden war, erhielt Frontbewährung. Ein Stahlbogen war an der Schnauze seiner Maschine angebracht worden, mit dem er Feindflugzeuge rammen sollte, aber dazu kam es nicht mehr. (Niemand kann beweisen, dass ein Pilot nicht angreifen wollte – zumal in dieser Kriegsphase). Bevor ich zum Kommando Elbe versetzt wurde, tauschte ich bei ihm meine Turnschuhe und meinen Fotoapparat gegen Zigaretten.*" (Siehe 6.8. April 1945).

17. März 1945

Die 8. USAAF bombardierte Böhlen, Ruhland und Mölbis – alle im Eiusatzradius der Me 163 von Brandis – sowie Plauen und Erfurt. Die nach den Angriffen ausgegebenen ACIU-Auswertungen erwähnten keine Sichtungen von Me 163. Man weiß aber, dass Flieger-Ingenieur Unteroffizier Harald Kuhn mit der Me 164 B V40 an diesem Tag aufstieg. (5)

19. März 1945

Leutnant Hans-Ludwig Löscher, der von der 14./EJG 2 kam, flog einen Einsatz mit der Me 163 B „Weiße 21". (5)

26. März 1945

Fünf Bombergruppen mit 185 B-17 der *1st Air Division* der 8. USAAF flogen Angriffe auf Zeitz, Plauen, Meiningen und Würzburg. Den Begleitschutz stellten sechs Jagdgruppen mit 238 P-51. Sie berichteten weder von Me 163 noch Me 262 in den Angriffszonen.

31. März 1945

Die 8. USAAF bombardierte mit 661 B-17 Halle, Zeitz, Bad Berka und Gotha. (7) Der Begleitschutz bestand aus 353 P-51. Geplante Angriffe auf Lützkendorf und Merseburg fielen wegen 10/10-Bewölkung über den Angriffszonen aus. Keine Sichtungen von Me 163.

1. April 1945

Die I./JG 400 meldete einen Bestand von 38 Me 163, 19 Maschinen einsatzfähig.

5.(?) April 1945

Major Wolfgang Späte erhielt die Versetzung zur III./JG 7 in Alt-Lönnewitz. (6) Für den am 4. April im Luftkampf verwundeten Major Rudolf „Rudi" Sinner übernahm er die Führung der Gruppe.

6.–8. April 1945

Hans Bott schildert die Lage beim *Kommando Elbe*, zu dem er versetzt worden war (Rückübersetzung): (17) „*Im Herbst 1944 verbot das RLM Einsätze mit der Me 163, da bei jedem Einsatz mit einer 30-prozentigen Verlustquote unter den Flugzeugführern zu rechnen war. Angriffe auf Bomber waren verboten, nicht aber auf Aufklärungsflugzeuge. In Folge wurden die an die 90* [sic] *Flugzeuge versteckt in den Wäldern und Feldern rund um den Flugplatz abgestellt. Danach wurden die Flugzeugführer lustlos, es gab keine begeisterten Meldungen zu Erprobungsflügen mehr; man versuchte dem eher aus dem Weg zu gehen. Die Stimmung in Brandis änderte sich mit einem Aufruf zur Freiwilligenmeldung zur Bekämpfung von Bombern. Hptm. Fulda, ich und neun weitere Flugzeugführer, darunter Löscher, meldeten sich.*[13] *Von Brandis wurden fünf ausgewählt und nach Stendal in Marsch gesetzt, wo sich Flugzeugführer verschiedener Staffeln einfanden. So kamen etwa 250 Mann unter dem Kommando von Oberst Hajo Herrmann zusammen. Beim Appell auf dem Exerzierplatz teilte man uns mit, dass wir Rammeinsätze gegen feindliche Bomberverbände fliegen sollten. In gewichtsmäßig abgerüsteten, zu Vierschwärmen zusammengefassten Me 109 sollten wir in 10.000 m Höhe die Bomber erwarten. Die Hoffnung auf Erfolg lag im Überraschungsmoment und der Gleichzeitigkeit unserer Angriffe; möglichst große Bomberverluste sollten Verhandlungen mit den Westalliierten über einen Waffenstillstand begünstigen und so den unvermeidbar scheinenden Ausgang des Krieges ändern. Dann erhielten wir durch »Spezialisten« Einweisung in Rammtechniken; alles nicht sehr überzeugend.*

Je sechzig Flugzeugführer wurden dann von Stendal auf drei Flugplätze kommandiert. Zusammen mit drei Flugzeugführern aus Brandis kam ich nach Gardelegen. Es wurden fünfzehn Schwärme aufgestellt und ich erhielt den Befehl über Schwarm 11. Ohne große Vorbereitungen erhielten wir am 7. April 1945 den Befehl, uns für einen Einsatz bereitzuhalten. Nur 40 Me 109 waren verfügbar. Meine brandneue Me 109 G14 traf eine halbe Stunde nach Eingang des Befehls ein, aber ich durfte unmittelbar nach der Landung keinen Probeflug mehr machen. Am Nachmittag flog ich die Maschine nach Stendal und meldete mich bei Oberst Herrmann. Er teilte mit, dass ähnliche Einsätze gegen Bomber über Bayern geplant seien und ich die Me 109 dort hin fliegen sollte. Ich machte mich an die Startvorbereitungen, durfte am Ende aber doch nicht fliegen, da die Maschine in Stendal bleiben und gesprengt werden sollte. Darauf bat ich Oberst Herrmann um Erlaubnis, mit den vier Flugzeugführern nach Brandis zurückkehren zu dürfen. Dort waren einige Me 163 eingelagert, mit denen wir nach Genehmigung durch die Jagddivision Kampfeinsätze fliegen konnten. Wir erhielten die Genehmigung und in Brandis wurden sieben Maschinen für den Einsatz hergerichtet. Einen Tag vor Abschluss der Vorbereitungen erging jedoch der Befehl zur Auflösung des JG 400; wir sollten zu einer Heereseinheit kommen.[14] *Brandis erhielt des Weiteren den Befehl zur Sprengung der auf dem Platz liegenden Flugzeuge.*"

9. April 1945

Die I./JG 400 in Brandis meldete einen Bestand von 38 Me 163, 19 Maschinen einsatzfähig.

10. April 1945

230 kanadische „Halifax"-Bomber sowie „Lancaster" der britischen Bombergruppen 6 und 8 flogen Angriffe auf Verschiebebahnhöfe im Raum Leipzig. Die „Halifax" nahmen sich Mockau vor und die „Lancaster" Engelsdorf. Der Begleitschutz bestand aus 13 „Mustang"-Staffeln der amerikanischen 11. Jagdgruppe. (46) Aus dem Einsatzbericht: *„Ziel Mockau...Keine Bewölkung. Ausgezeichnete Sicht. Die Bomberbesatzungen konnten das Ziel anhand der Eisenbahnlinie und der bewaldeten Umgebung auf Sicht ausmachen. Die Bombenwürfe erfolgten entweder auf Sicht oder anhand gelber Zielmarkierungen nach Anweisungen des Zeremonienmeisters* [Führerbomber], *die störungsfrei übermittelt wurden. Die Bombenlagen waren genau und konzentriert. Rauch und Staub bis in 5000 Fuß (ca. 1500 m). Der Zeremonienmeister wies die ersten Bomber an, erst nach den Markierungen zu werfen. Leichter Beschuss durch schwere Flak, meist genau vorhergesagt, mit Sprengpunkt 16/18.000 Fuß (ca. 4900–5500 m). Etwa acht Flugzeuge durch Flak beschädigt. Im Zielgebiet wurden mehrere Me 163 gesichtet. Es fanden zumindest zwei Luftkämpfe statt, wobei eine Me 163 als beschädigt gemeldet wurde.*

Ziel Engelsdorf:[15] *...Klares Witterung mit ausgezeichneter Sicht. Die Besatzungen konnten das Ziel anhand Karte finden und die Abwurfpunkte feststellen. Bombenwürfe erfolgten entweder nach Sicht oder anhand roter Markierungen aus 15/18.000 Fuß (ca. 4600–5500 m). Anweisungen des Zeremonienmeisters einwandfrei zu hören. Den ersten Bombern gab er Anweisung, die Bomben eine Sekunde und später drei Sekunden nach Passieren der Zielmarkierung zu werfen. Eine gute Konzentration der Würfe erfolgte um den Zielpunkt herum. Rauch- und Staubwolken stiegen bis auf 10.000 Fuß (ca. 3000 m). Es wurden zwei schwere Explosionen festgestellt, eine mit schwarzem öligem Rauch. Volltreffer auf Eisenbahnschuppen südlich des Haltepunktes* [für Bombenwurf]. *Nach Ansicht der Besatzungen war der Angriff ein voller Erfolg.*

Leichter Beschuss durch schwere Flak, meist genau vorhergesagt, mit Sprengpunkt 16/18.000 Fuß (ca. 4900–5500 m). Mehrere Flugzeuge durch Flaktreffer beschädigt. Einige wurden im Zielgebiet abgeschossen, darunter eine »Mustang« und eine Me 163 [durch Flak?]. *Mehrere Me 262 und zumindest eine Me 163 im Zielgebiet gesichtet, aber keine Luftkämpfe gemeldet. Alle Flugzeuge versuchten Fotoaufnahmen zu machen; auf den bislang entwickelten sind genaue Einzelheiten zu erkennen."*

Die Annalen der kanadischen Luftwaffe *The RCAF Overseas. The Sixth Year* schildern den Einsatz vom 10. April wie folgt: (47)

„...die »Halifax« begannen ihren siebenminütigen Schlag gegen Mockau, der nur durch den irrtümlichen Bombenwurf einer Gruppe im Zielgebiet der [britischen] *»Lancaster« beeinträchtigt wurde. Ansonsten entsprach der Angriff dem ersten* [die Kanadier flogen zwei Angriffe auf Mockau]. *Auch hier wurden die meisten durchgehenden Eisenbahnstrecken und Nebengleise ausgeschaltet, viele Schienenfahrzeuge wurden zerstört oder schwer beschädigt, ebenso Eisenbahnrondelle, Ausbesserungswerke und Schuppen sowie Fabrikgebäude der Umgebung. Über beiden Zielen leichter Beschuss durch schwere Flak. Einige wenige Feindjäger wurden gesichtet, aber nur ein Luftkampf gemeldet. Von jeder Kampfgruppe fehlte ein Bomber. Die »Lancaster«-Kampfgruppe verlor eine frische Besatzung der »Stachelschweine« (433 Squadron) mit Leutnant R.J. Grinsdale, den Oberleutnanten I. Zierler und H.G. McLeod, den Oberfeldwebeln J.M. Hirak, F.G. Seeley und*

Leutnant Friedrich „Fritz" Kelb von der 2./JG 400 beim Einsteigen in die Me 163 B (W.Nr. 190579) aus Junkers-Fertigung. Am 10. April 1945 flog er den ersten und zugleich einzigen Gefechtseinsatz mit einer mit SG 500 „Jägerfaust" ausgerüsteten Me 163. Beim Angriff kanadischer Bomber auf Engelsdorf bei Leipzig schoss er damit eine „Lancaster" ab. Bei diesem Angriff erhielt u. a. das dortige HASAG-Werk, Hersteller der „Jägerfaust", Treffer bzw. wurde nach US-Angaben zerstört. Nach kanadischen Berichten stiegen drei Me 163 von Brandis auf. Welche Maschine Leutnant Kelb an diesem Tag flog, ließ sich nicht feststellen. Alles in allem wurden mindestens drei Me 163 mit der „Jägerfaust" ausgerüstet – einer Waffe, die nach Ansicht von Experten zu einem früheren Zeitpunkt den Kampf gegen die alliierten Bomberströme hätte nachhaltig beeinflussen können (Näheres zur „Jägerfaust" siehe Kapitel 14).

D.W. Roberts sowie Feldwebel W.A. Thursten (RAF). Die [ebenfalls nicht zurückgekehrte] *erfahrene Besatzung der »Halifax« von der »Schwertfisch«-Staffel (415 Squadron) bestand aus den Oberleutnanten R.S. Evans, L.M. Spry und L.E. Veitch, den Oberfeldwebeln M.J. Burns, D.L. Lorens und R.D. Teevin sowie Feldwebel J.M. Andrews (RAF). Bei der einzigen Begegnung mit Feindjägern verdiente sich Major C.H. Mussels, Träger des DFC, von den »Vancouvers« (405 Squadron) einen Distinguished Service Order (DSO). Er hatte gerade den ersten Überflug hinter sich, als eine Me 163 angriff und ihm mit einem Feuerstoß den Heckturm und das rechte Seitenruder wegschoss.*[16] *Das linke Seitenruder und die beiden Höhenruder wurden schwer beschädigt. Der Heckschütze, Oberleutnant M. L. Mellstrom, wurde wahrscheinlich schon durch den ersten Feuerstoß getötet. Die »Lancaster« ging in den Sturzflug und ließ sich wegen der unbrauchbar gewordenen Trimmsteuerung nicht mehr beherrschen. Mussels kämpfte verzweifelt, bis er sie wieder in den Griff bekam. Um die Nase oben zu halten, musste der Steuerknüppel nach hinten festgelegt werden. Im Geleit von »Mustangs«, die bei beiden Einsätzen den Begleitschutz stellten, brachte er seinen schwer angeschlagenen Bomber nach England zurück. Nach Erreichen der* [englischen] *Küste befahl er seiner Besatzung den Absprung mit dem Fallschirm. Vier Mann befolgten den Befehl, doch der schwer verwundete Bordschütze des mittleren oberen Turms, Leutnant R.T. Dale, konnte es nicht. Mussels* [der jetzt nicht mit absprang] *blieb bei seinem Kameraden und flog den nächstgelegenen Flugplatz an, wo er trotz unbrauchbarer Klappen und in hinterer Stellung fixiertem Steuerknüppel eine meisterhafte Landung hinlegte.*" (A.d.B: Die Avro »Lancaster« hatte eine siebenköpfige Besatzung. Entweder bestand Mussels Besatzung aus nur sechs Mann oder der nicht erwähnte siebte war beim Angriff der Me 163 gefallen.)

In der Berichtskladde über die Einsätze der *309 (Polish) Squadron* (48) heißt es, deren »Mustang«-Piloten sahen *„aus dem Raum Brandis drei senkrechte Kondensstreifen aufsteigen, offenbar Me 163 im Steigflug."*

In der Me 163, die Mussels „Lancaster" angegriffen hatte, saß Leutnant Fritz Kelb. Als Besonderheit war diese Maschine mit der brandneuen SG „Jägerfaust" ausgerüstet worden, einer 5-cm-Waffe, die aus den Flächen senkrecht nach oben feuerte (Näheres dazu in Kapitel 14). Im nach Kriegsende in der Gefangenschaft von Fl. Ing. Unteroffizier Harald Kuhn verfassten Bericht über die Erprobung der „Jägerfaust" auf dem Fliegerhorst Brandis bis einschließlich 12. April 1945 heißt es: (49)

„Die erste (zugleich letzte) Einsatzerprobung [der „Jägerfaust"] *fand am 10. April 1945 über Leipzig statt. Um etwa 18.00 Uhr erschien ein großer Feindbomberverband über der Stadt. Eine Me 163 mit »Senkrechtbewaffnung« trat in Aktion. Dem Flugzeug gelang es, sich unbemerkt unter die Feindmaschinen zu setzen. Unmittelbar danach wurde die Waffe abgefeuert. Plötzlich fiel eine Boeing B-17* [sic, tatsächlich eine Avro »Lancaster«] *wie eine brennende Fackel vom Himmel, keiner der neun Mann Besatzung konnte noch aussteigen. Zwei weitere Flugzeuge wurden so schwer beschädigt, dass sie es noch über unseren Flugplatz schafften und dann aufschlugen. Unsere Maschine konnte sich unbemerkt vom Feind lösen und wurde erst nach Ankunft über unserem Flugplatz von »Mustang«- und »Thunderbolt«-Jägern entdeckt und angegriffen. Die Flugabwehr konnte die Feindflugzeuge auf Abstand halten, so dass unsere Maschine unbeschädigt und weich landete. Es waren die letzten Erfolge der Me 163 B."*

Augenzeuge Feldwebel Hans Hoever (Rückübersetzung): (19) *„Ich beobachtete den Angriff Kelbs auf einen Verband von etwa 150 »Lancaster«, die am 10. April Leipzig und Vorstädte bombardierten. Ich hatte gerade meine Schicht beendet und stand auf dem Beobachtungsturm der Jägerleitstelle neben dem Funkmessgerät »Würzburg«, als ich über den Lautsprecher mitbekam, dass Leutnant Kelb gerade mit seinem Sonderflugzeug startete. Ich hörte das Raketentriebwerk und sah Kelb über die Bäume am Ende der Startbahn südlich meines Standorts entschwinden. Ich verfolgte ihn mit Hilfe des weitreichenden Flakteleskops und sah ihn auf die Führungsmaschine des Bomberverbandes zusteuern, der in etwa 8000 m Höhe flog. Ich dachte zuerst, er wollte sie rammen, aber im Augenblick, als er etwa 100 m unter dem Flugzeug durchflog, explodierte der Bomber in einer Feuer- und Rauchwolke. Nie zuvor hatte ich gesehen, wie ein Bomber so einfach abgeschossen wurde wie der von Leutnant Kelb. ... Kurz nach der Explosion des Bombers bemerkte ich, dass die Begleitjäger Kelb entdeckt hatten. Mein erster Gedanke war: hoffentlich hat er noch genug Treibstoff, zumindest für 15 Sekunden, um sein Triebwerk wieder anzuwerfen. Erfreut sah ich das Triebwerk gerade im Augenblick wieder anspringen, als die Jäger zum Angriff auf ihn herunterschwärmten – Kelb schoss durch sie hindurch bis auf 2000 m über ihnen. Dank meines Teleskops konnte ich den sich entwickelnden Kampf verfolgen. Mit aufgebrauchtem Treibstoff drehte Kelb und stürzte mit solcher Geschwindigkeit an einem nahen Jäger vorbei, dass dieser gar nicht mitbekam, was sich abspielte. Etwa zwei Stunden später hörte ich der Einsatznachbesprechung unseres Kommandeurs Hauptmann Fulda mit umstehenden Offizieren unserer Staffel zu* [und erfuhr, was sich tatsächlich ereignet hatte]."

Oberleutnant J.M. Haslope von der *165 Squadron* hatte die Bomber in einer „Mustang III" begleitet: *„Ich flog als »Grüne 1«, als mir gegen 18.05 Uhr ein Bomber auffiel, aus dem es qualmte und von dem etwas wegflog. Letzteres entpuppte sich als eine Me 163, die mit großer Geschwindigkeit in den senkrechten Steilflug ging. Ich meldete das Flugzeug, warf meine Zusatztanks ab und jagte ihm mit Vollgas nach. Die Me 163 kurvte auf mich ein und in einer Rechtskurve feuerte ich, Entfernung rund 900 yards (ca. 820 m), Vorhalt 30°, beobachtete aber keine Treffer. Die Me 163 tauchte dann in einer Sturzspirale senkrecht nach unten weg. Ich folgte und gab mehrere 2–3 Sekunden lange Feuerstöße ab, wobei ich vier Mal Treffer an den Flügelwurzeln beobachtete, wonach einige Kleinteile wegflogen. Diese Treffer wurden von Oberleutnant Grae in der »Grünen 2«, Oberleutnant Lewin Green in der »Grünen 3« und Hauptmann Kelly von der 64 Squadron gesehen. Auf 3000 Fuß raste ich vorbei und musste dabei hochziehen, um einen Zusammenstoß zu vermeiden, wobei sich Falten auf den Flächen bildeten. Die Me 163 stürzte weiter nach unten und schlug nach Beobachtung Major Potockis von der 305 Squadron sowie Oberleutnant Wacniks von der 306 Squadron in der Nähe eines Flugplatzes, wahrscheinlich Brandis oder Manstorf,*[17] *am Boden auf und explodierte. Ich ließ den Flugplatz hinter mir und kletterte zusammen mit der »Grünen 2« hoch zu meiner Staffel, verfolgt von 40-mm-Flakbeschuss des Flugplatzes."*

Am 10. April erhielt die I./JG 400 Befehl, sich auf die Umschulung auf die Horten Ho 226 oder Ho 229 vorzubereiten. (50)

12. April 1945

Die I./JG 400 in Brandis meldete einen Bestand von 38 Me 163, 19 Maschinen einsatzfähig.

Leutnant Hans Bott: (17) *„Späte traf ein. Er wollte sechs Piloten für Prag, die die Me 262 fliegen sollten. Am frühen Morgen des nächsten Tages starteten Kelb, Glogner, Oberfeldwebel Gustav »Gustl« Müller und ich in einer Bf 110. Oberfeldwebel Kurz nahm eine Arado 234. Ein weiterer Flugzeugführer, der nicht in die Auswahl für die Me 262 gekommen war, nahm in einer Ju 52 Nachrichtenhelferinnen mit. Wiedemann kam nicht an. Niemand wusste, was mit ihm geschehen war. Als wir starteten, streiften »Mustangs« umher. Kelb blieb in Prag. Die anderen erhielten Befehl, nach Fürstenfeldbruck zu verlegen. Jeder ging dort seinen eigenen Weg. Das Ende war chaotisch."*

Unteroffizier Georg „Schorsch" Neher flog zusammen mit Oberfeldwebel Kristoph Kurz in einer Arado 234 nach Prag-Rusin, hatten aber keine Schulung auf das Muster erhalten. In Prag waren sie nicht willkommen. Darauf flogen sie eine Bf 108 nach Plattling. Neher geriet bei Mühldorf in Gefangenschaft.

13. April 1945

Unteroffizier Kurt Schiebeler startete mit Rottenflieger Feldwebel Hans Wiedemann um 13.00 Uhr Richtung Prag, wurde jedoch von drei „Thunderbolt" abgefangen. Wiedemann wurde über Döbeln abgeschossen und fiel. Schiebeler kehrte nach Brandis zurück und nahm um 19.00 Uhr mit einer Bf 110 (??+DT) einen zweiten Anlauf. 35 Minuten später landete er in Prag. (5)

14. April 1945

Angesichts nahender feindlicher Bodenverbände wurden die in Brandis verbliebenen Flugzeuge zerstört. Hauptmann Fulda und der Rest der I./JG 400, Fliegendes wie Bodenpersonal, erhielten Befehl, sich bei einer Kampfgruppe des Heeres zu melden. Diese bezog im Raum Eger Abwehrstellungen. Die Überlebenden gerieten am 26. April in Gefangenschaft. Feldwebel Hans Hoever: (19) *„Die Amerikaner rückten von Westen und die Russen von Osten näher. Wir bekamen Befehl, uns einer Heereseinheit anzuschließen und erreichten Schirnding an der deutsch-tschechischen Grenze, wo wir unerbittlich bis zum Verschuss der gesamten Munition weiterkämpften. Wir hatten schwere Verluste. Als wir uns zurückzogen, waren nur wenige übrig geblieben, vielleicht 30–40 Mann, die meisten waren in den Hügeln um Schirnding gefallen. Der Krieg endete für die Reste des JG 400 um 16.00 Uhr des 8. Mai 1945 in Doppau, rund 25 km östlich Karlsbad. Wir erhielten unsere Entlassungspapiere und man verteilte die restlichen Fahrzeuge auf uns, so dass jeder in Deutschland seines Weges ziehen konnte. Wir machten unsere Waffen unbrauchbar und uns nach einer Stunde in kleinen Gruppen auf den Weg. Am nächsten Tag schaffte ich es, mich als Anhalter auf einem Heereslastwagen über Joachimsthal bis nach Stolberg bei Chemnitz durchzuschlagen. Dorthin war meine Familie evakuiert worden. Sechs Wochen später erreichten wir Köln.“*

16. April 1945

An diesem Tag besetzten die Amerikaner Brandis. Um es genau zu sagen: Die *Task Force Collins* des *Combat Command A* (CCA) der 9. US-Panzerdivision unter Lt Col W. Collins, Kommandeur des *60th Armoured Infantry Battalion*. (3) Nach amerikanischen Angaben wurden dort zwei intakte Flugzeuge in zerlegtem Zustand sowie die Trümmer von 300(!) weiteren, darunter 40 Me 163, vorgefunden. Die beiden unbeschädigten, wenn auch zerlegten Maschinen lagerten in Flugzeughallen. Wahrscheinlich handelte es sich um die Me 163 B V13 (VD+EV, W.Nr. 16310022) und eine Horten IV V1 (Ho 229). Die Me 163 B V13 befand sich im Zustand des Umbaus auf Me 163 D. Die Horten IV V1 war im März 1945 nach Brandis verbracht worden.

6. Mai 1945

Gemäß des nachrichtendienstlichen Berichts *USAAF Intelligence Report A-383* vom 10. Mai 1945 untersuchte amerikanisches Fachpersonal am 6. Mai die zertrümmerten Wracks von 33 Me 163. Sie waren sämtlich vor dem Einrücken der Amerikaner gesprengt oder in Brand gesetzt worden. Insgesamt zählten die Amerikaner jetzt 131 Flugzeuge in Brandis (am 16. April musste sich jemand gewaltig verzählt haben).

Unteroffizier Kurt Schiebeler erinnerte sich an die Räumung Prag-Rusins am 6. Mai: (24) *„Ich war bei der letzten Gruppe, die Prag-Rusin verließ. Wir fuhren nach Saatz, wo einige Piloten die dort stehenden Flugzeuge bemannten. Einer flog eine Ju 52 mit 50 Insassen nach Weimar. Ich blieb wo ich war im Tank-Lkw und fuhr weiter nach Karlsbad. Bis auf einen Leutnant, der* [von Tschechen] *zusammengeschlagen wurde, verlief die Fahrt ereignislos. An der Grenze fuhren wir die Pkw in einen Graben und brachen mit dem Lkw durch eine Sperre.“*

Unteroffizier Siegfried Germann (hier noch als Oberflieger) diente beim EKdo 16. Nach Auflösung des Kommandos im Februar 1945 kam er zur I./JG 400 in Brandis. Mit den Resten der Gruppe kämpfte er bei einer Heereskampfgruppe und fiel bei Eger. Er war Inhaber von Segel-, Motor- und Kunstflugscheinen.

Unten: Mit dieser Karikatur hielt Obergefreiter Gerhard Stolle fest, wie er zusammen mit dem Obergefreiten Bernd von Bremen (rechts) in einer Fw 190 Brandis vor dem Einrücken der Amerikaner verließ. Detail am Rande: Bernd von Bremen war passionierter Pferdesportler und trägt an der linken Brust das Deutsche Reit- und das Deutsche Fahrabzeichen.

Rechts: Den aus Nordwesten anrückenden Amerikanern bot sich am 16.04.45 dieser Anblick gesprengter Flugzeuge am ostwärtigen Ende des Flugplatzes Brandis. Im Vordergrund eine Heinkel He 177.

Oben: Mit der Absicht, die Start- und Landebahn für die Amerikaner unbrauchbar zu machen, wurden Fliegerbomben ausgelegt. Entweder fand keine Sprengung mehr statt oder sie ging fehl.

Rechts: Flugzeughalle 2, fotografiert von einem Soldaten des 273. US-Infanterieregiments im Mai 1945. Auf dem Dach eine Stellung für 2 cm-Flak.

Die Me 163 B V45 (C1+05, ex PK+QP) W.Nr. 16310054 in gesprengtem und ganz rechts in unbeschädigtem Zustand. Die Maschine wurde wahrscheinlich am 8. April 1945 von Fl. Ing. Harald Kuhn letztmals geflogen. Sie war eine von mindestens drei mit „Jägerfaust“ bewaffneten Me 163. Die Erprobung der neuen Waffe mit B V45 fand an Heiligabend 1944 statt, wobei das Flugzeug schwer beschädigt wurde. Hinter dem Wrack die Reste einer Henschel Hs 130 A, mit der Junkers in Brandis Triebwerksversuche durchführte.

Oben und unten: Gesprengte Me 163 fanden sich überall auf dem Flugplatz. Interessanter Weise waren vor der Sprengung Triebwerke und Heckabteile entfernt worden. Von diesen Teilen gibt es keine Fotos.

Links: „DIE SCHWARZE 13“ war nicht das Abzeichen der 13./EJG 2 und kein offizielles Emblem. Nach Angaben von Werner Husemann trugen es drei oder vier Me 163 des JG 400 in Brandis. Man nimmt an, dass es das persönliche Abzeichen von „abergläubischen Flugzeugführern“ war. Auch die Maschine von Leutnant Fritz Kelb trug es.

Einige Amerikaner ließen sich vor oder in Me 163 fotografieren, so der Schütze M.G. Jauregui von der 9. US-Panzerdivision vor der Me 163 B V13 (oben) und der Gefreite Marvin L. Freeman von der Stabskompanie des Panzerabwehrzuges des 3. Bataillons des 273. US-Infanterieregiments (oben rechts) in einer Kanzel. Andere GI's taten es ihnen gleich (rechts).

Neben verschiedenen anderen Typen befand sich das (triebwerklose) Nurflügelflugzeug Horten Ho IX V1 (Ho 229) in Brandis, das zur Gleitflugschulung angehender Me 163-Piloten diente. Pläne sahen die Ausrüstung des JG 400 mit strahlgetriebenen Ho 229 vor. Die in Göttingen gebaute H IX V1 absolvierte dort ihren Erstflug am 1. März 1944 und kam dann nach Oranienburg zur weiteren Flugerprobung. Der gute Zustand lässt darauf schließen, das sie sich erst kurz in Brandis befand. Berichten, der Nurflügel sei von den Amerikanern in Brandis verbrannt worden, widerspricht das untere Foto. Es zeigt das Flugzeug zerlegt und etwas ramponiert in Kassel-Rothwesten.

Im Mai und Juni 1945 landeten ein paar US-Flugzeuge in Brandis, darunter die P-51 „Mustang" „Zoozie Zoozie" der *1st Scouting Force*.

Rechts: Am 6. Mai durchstöberte eine Einheit des US-Nachrichtendienstes den Flugplatz Brandis. Dieses Dokument listet die vorgefundenen Flugzeuge und ihren Zustand auf – von Raketentriebwerken keine Spur. Fotos der Me 163 belegen, dass die Triebwerke vor der Sprengung ausgebaut wurden.

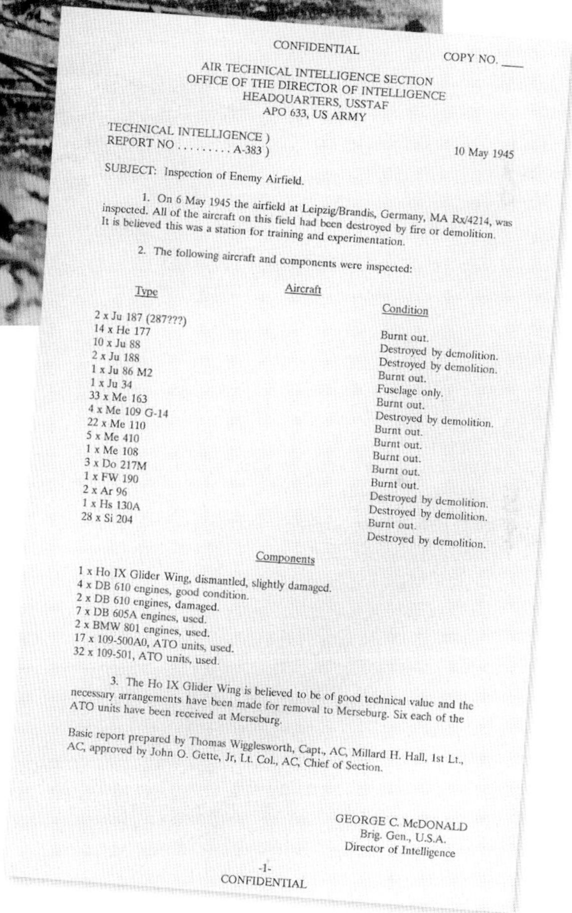

CONFIDENTIAL COPY NO. ___

AIR TECHNICAL INTELLIGENCE SECTION
OFFICE OF THE DIRECTOR OF INTELLIGENCE
HEADQUARTERS, USSTAF
APO 633, US ARMY

TECHNICAL INTELLIGENCE)
REPORT NO . . . . A-383) 10 May 1945

SUBJECT: Inspection of Enemy Airfield.

1. On 6 May 1945 the airfield at Leipzig/Brandis, Germany, MA Rx/4214, was inspected. All of the aircraft on this field had been destroyed by fire or demolition. It is believed this was a station for training and experimentation.

2. The following aircraft and components were inspected:

Aircraft

Type	Condition
2 x Ju 187 (287???)	Burnt out.
14 x He 177	Destroyed by demolition.
10 x Ju 88	Destroyed by demolition.
2 x Ju 188	Burnt out.
1 x Ju 86 M2	Fuselage only.
1 x Ju 34	Burnt out.
33 x Me 163	Destroyed by demolition.
4 x Me 109 G-14	Burnt out.
22 x Me 110	Burnt out.
5 x Me 410	Burnt out.
1 x Me 108	Burnt out.
3 x Do 217M	Burnt out.
1 x FW 190	Destroyed by demolition.
2 x Ar 96	Destroyed by demolition.
1 x Hs 130A	Burnt out.
28 x Si 204	Destroyed by demolition.

Components

1 x Ho IX Glider Wing, dismantled, slightly damaged.
4 x DB 610 engines, good condition.
2 x DB 610 engines, damaged.
7 x DB 605A engines, used.
2 x BMW 801 engines, used.
17 x 109-500A0, ATO units, used.
32 x 109-501, ATO units, used.

3. The Ho IX Glider Wing is believed to be of good technical value and the necessary arrangements have been made for removal to Merseburg. Six each of the ATO units have been received at Merseburg.

Basic report prepared by Thomas Wigglesworth, Capt., AC, Millard H. Hall, 1st Lt., AC, approved by John O. Gette, Jr, Lt. Col., AC, Chief of Section.

GEORGE C. McDONALD
Brig. Gen., U.S.A.
Director of Intelligence

-1-
CONFIDENTIAL

Nach der kampflosen Übergabe Wurzens am 24. April 1945 machten sich viele amerikanische und britische Kriegsgefangene des dortigen Lagers zu den amerikanischen Linien auf. Hier überqueren einige die gesprengte Mulde-Brücke bei Wurzen.

Vom 26. April bis zum 30. Juni 1945 diente der Flugplatz Brandis als Rückführungslager für ehemalige Kriegsgefangene verschiedener Nationalitäten aus den Gefangenenlagern ostwärts der Mulde. Am 9. Mai befanden sich an die 7000 Amerikaner, Briten, Kanadier, Holländer, Belgier und Franzosen einschließlich Kolonialtruppen dort. Die Lage verschlimmerte sich durch die Ankunft Tausender aus Russland und der Ukraine stammender Ostarbeiter. Oben links Holländer; daneben Franzosen bei der Ankunft in Brandis; darunter weitere Gefangene, die auf Lkw aus Richtung Machern anrollen. Oben rechts Franzosen und Marokkaner auf dem Marsch nach Leipzig, von wo sie in zweiwöchiger Reise nach Frankreich überführt wurden. Unten Russen oder Ukrainer beim Überqueren einer Behelfsbrücke über die Mulde in Richtung Osten. Mit einer Sowjetflagge versuchten sie „Gutwetter" bei der Roten Armee zu machen. Kriegsgefangene Sowjetsoldaten oder nach Deutschland verbrachte Arbeiter galten in der Sowjetunion grundsätzlich als Verräter. Viele Schicksale sind bis heute ungeklärt.

Oben: Deutsche Flüchtlinge aus den Ostgebieten, die bis nach Mitteldeutschland gelangt waren, flohen nun weiter vor der Roten Armee nach Westen. Die meisten waren auf Pferdewagen aller Art unterwegs. Links hat ein deutscher Schützenpanzerwagen Sd.Kfz. 251 eine ganze Reihe ehemaliger Zirkuswagen mit Flüchtlingen in Schlepp genommen.

Fußnoten

1 Oberst Aue befand sich nicht auf dem Flugplatz, als dieser am 16. April 1945 von der 9. US-Panzerdivision besetzt wurde. Er geriet bei Kriegsende in sowjetische Gefangenschaft und starb krank in einem sowjetischen Gefängnis.

2 Ethell (1) schreibt diesen Angriff Unteroffizier Manfred Eisenmann zu. Eisenmann diente zu der Zeit bei der 2./JG 400 in Venlo.

3 Bott erinnert sich an seinen ersten Triebwerkaussetzer (Rückübersetzung): (17) „Das Triebwerk fiel in 500 m Höhe aus. Sofort leitete ich eine Linkskurve ein und zog den Treibstoff-Notablass, der versagte. Nach einer 180°-Kurve landete ich it hoher Sink- und Landegeschwindigkeit."

4 Leitoffizier am Boden zum besagten Zeitpunkt war Leutnant Victor-Emanuel Preusker (1913–1991), nach dem Krieg 1953–1957 Bundesminister für Wohnungsbau.

5 Die Dreharbeiten begannen vermutlich am 21. August und endeten wahrscheinlich am 9. September 1944. Drei Filmflüge wurden in der Bf 110 (DO+GU) und drei in der Bf 110 (KR+PF) am 21. August sowie acht weitere mit letztgenannter Maschine am 9. September unternommen. Oberfeldwebel Damm (Kameramann?) saß dabei immer neben Opitz. Ritter und der Name des anderen Kameramannes erwähnt Opitz in seinem Flugbuch nicht. Beim siebten und achten Flug schleppte Opitz eine Me 163 und die von Feldwebel Hauss geflogene Me 163 B V8. (Opitz brachte auch Hauptmann Nocher in einer Me 163 oder einem Lastensegler am 20. August im Schleppstart in die Luft).

6 Ein Eintrag im Flugbuch von Reinhard Opitz lässt den Schluss zu, dass Kelb am 9. September 1944 verunglückte.

7 In seiner Schilderung des Einsatzes fährt Ethell (1) fort: *„Um 12.10 Uhr wurde die 384. von drei »Komet«-Flugzeugen angegriffen, die sich die hohen, tiefgestaffelten Einheiten auf ihrem Weg nach Merseburg aufs Ziel nahmen. Der erste Deutsche kam aus 5 Uhr auf gleicher Höhe heran, der zweite aus 12 Uhr und größerer Höhe. Er riss sein Flugzeug in eine Steilkurve, um dann im Sturz nach rechts zum Angriff überzugehen. Major W. E. Dolan beobachtete, wie das Jagdflugzeug in 3 Uhr vorbeiflog, notierte aber nur geringen Schaden. Die dritte »Komet« griff zuerst von vorne und aus größerer Höhe an, stürzte sich durch den Verband der 384. und feuerte aus dieser Position 30 Sekunden lang."* Nach USAAF-Berichten für diesen Tag sollte die *384th Bomb Group* Friedberg (Gelegenheitsziel) und Eisenach (Ausweichziel) angreifen; der Verband nahm nicht an der Bombardierung Merseburgs teil. (7)

8 Hajo Herrmann besuchte den Verband wahrscheinlich im September oder Oktober. In diesem Zeitraum wurde Hauptmann Albert Falderbaum, der mehrfache deutsche Kunstflugmeister, bei der Ergänzungsstaffel/JG 400 in Brandis auf Me 163 geschult. Falderbaum kam im Dezember 1944 zur 1./JG 400 und trat die Nachfolge von Hauptmann Robert Olejnik als Staffelkapitän der 1./JG 400 im Februar 1945 an.

9 Nach Ethell (1) geriet Schubert nach dem Angriff auf die B-17 (ET-B) durch Heckschaden ins Flachtrudeln. Stimmt dies, hätte Schubert schwerlich weiter angreifen können.

10 Vollbetankt lag die Schubachse der Me 163 unter ihrem senkrechten Schwerpunkt. Das Flugzeug hätte also zwangsläufig Nase hochgenommen und sich auf den Rücken gedreht.

11 Auf ihrem Kurs nach Wurzen und später Ruhland überflogen die Bomber Brandis.

12 Vorausgesetzt, dass Glogners Erinnerung bezüglich des Datums nicht trügt, befand sich Woidich im November noch in Brandis – zumindest bis zum 9. November. Nach der Zeit in Brandis wurde Woidich Staffelkapitän der 6./JG 400 in Stargard (siehe Kapitel 6).

13 Die zehn freiwilligen Flugzeugführer waren Bott, von Donner, Fulda, Grolmann, Hamburger, Hauss, Löscher, Rösle, Schorries und Slaby. Drei flogen am 7. April 1945 Rammeinsätze. Fulda, von Donner, Grolmann und Rösle wurden nicht ausgewählt.

14 Der offizielle Befehl zur Auflösung der I. und II./JG 400 erging am 20. April 1945, also nachdem die I./JG 400 Brandis bereits geräumt hatte.

15 Die Amerikaner gingen von einer Zerstörung des HASAG-Werkes aus, das sich in Nähe der Nebengleise bei Engelsdorf befand.

16 Diese „Lancaster" könnte einer von den Bombern gewesen sein, die beim „Jägerfaust"-Angriff beschädigt wurden.

17 Die Verfasser konnten keinen Ort „Manstorf" ausfindig machen. Es könnte sich um Mannsdorf bei Döbeln oder Mannsdorf bei Zeitz gehandelt haben. Orte mit Endung „torf" finden sich eher in Norddeutschland.

Abfolge eines Einsatzes

Die folgenden Bildseiten zeigen die vielschichtigen Vorbereitungen und Tätigkeiten vom Start bis zur Landung – Anbringen des Fahrwerks, Schleppen zur Startbahn, Start, Einsammeln des Radfahrwerks, Landung, Abstellen, Betanken sowie Triebwerk-Reinigung. Die Aufnahmen stammen aus den in Brandis gedrehten Filmaufnahmen und zeigen unterschiedliche Flugzeuge.

Anbringen des abwerfbaren Radfahrwerks (Rollwerk)

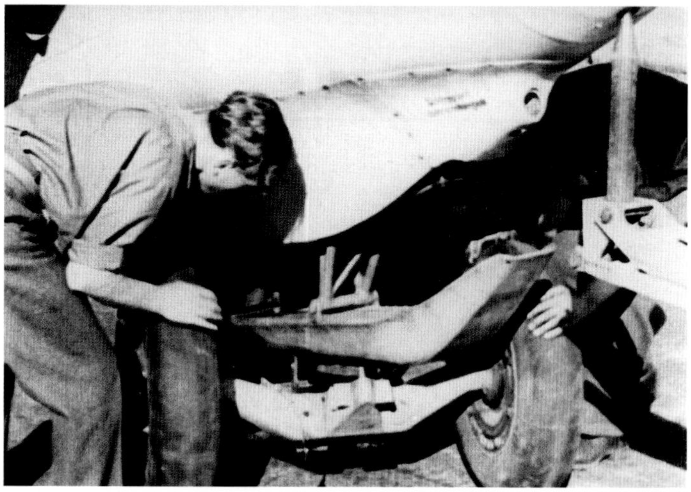

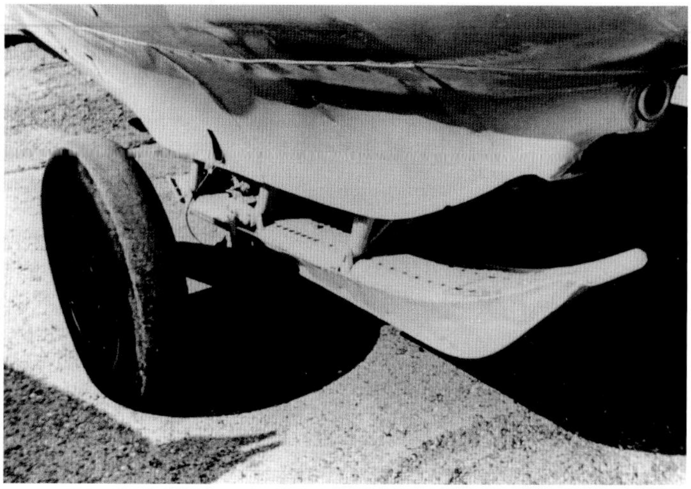

Schlepp zur Startbahn

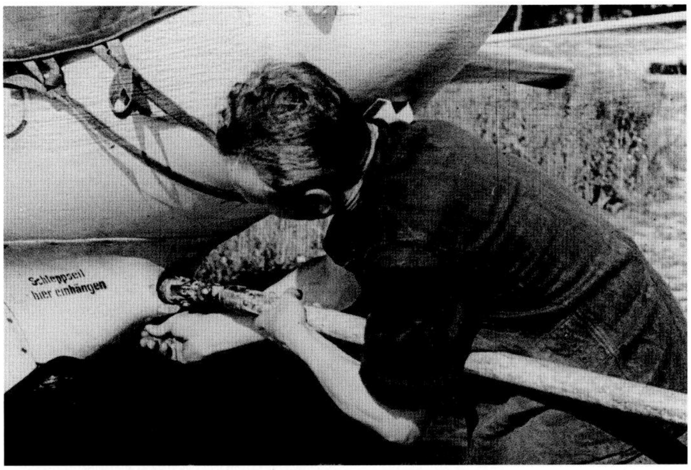

Nach Anbringen des abwerfbaren Radfahrwerks wird die Me 163 mit einem dreirädrigen Scheuch-Schlepper über das Rollfeld zur Startbahn gezogen. Eine starre Schleppdeichsel kam an die Stelle am Bug, wo auch das Seil für Schleppflüge befestigt wurde (siehe Aufschrift). In der Mitte wird die „Weiße 14" gerade ans östliche Ende der Hauptstartbahn geschleppt.

Start

Der Start mit Triebwerk erfolgte grundsätzlich auf betonierter Startbahn. In etwa 30 m Höhe wurde das Fahrwerk abgeworfen, das dank seiner Gummibereifung wie ein Ball über Starbahn und Flugplatz hüpfte. Man sammelte es mit dem Scheuch-Schlepper wieder ein.

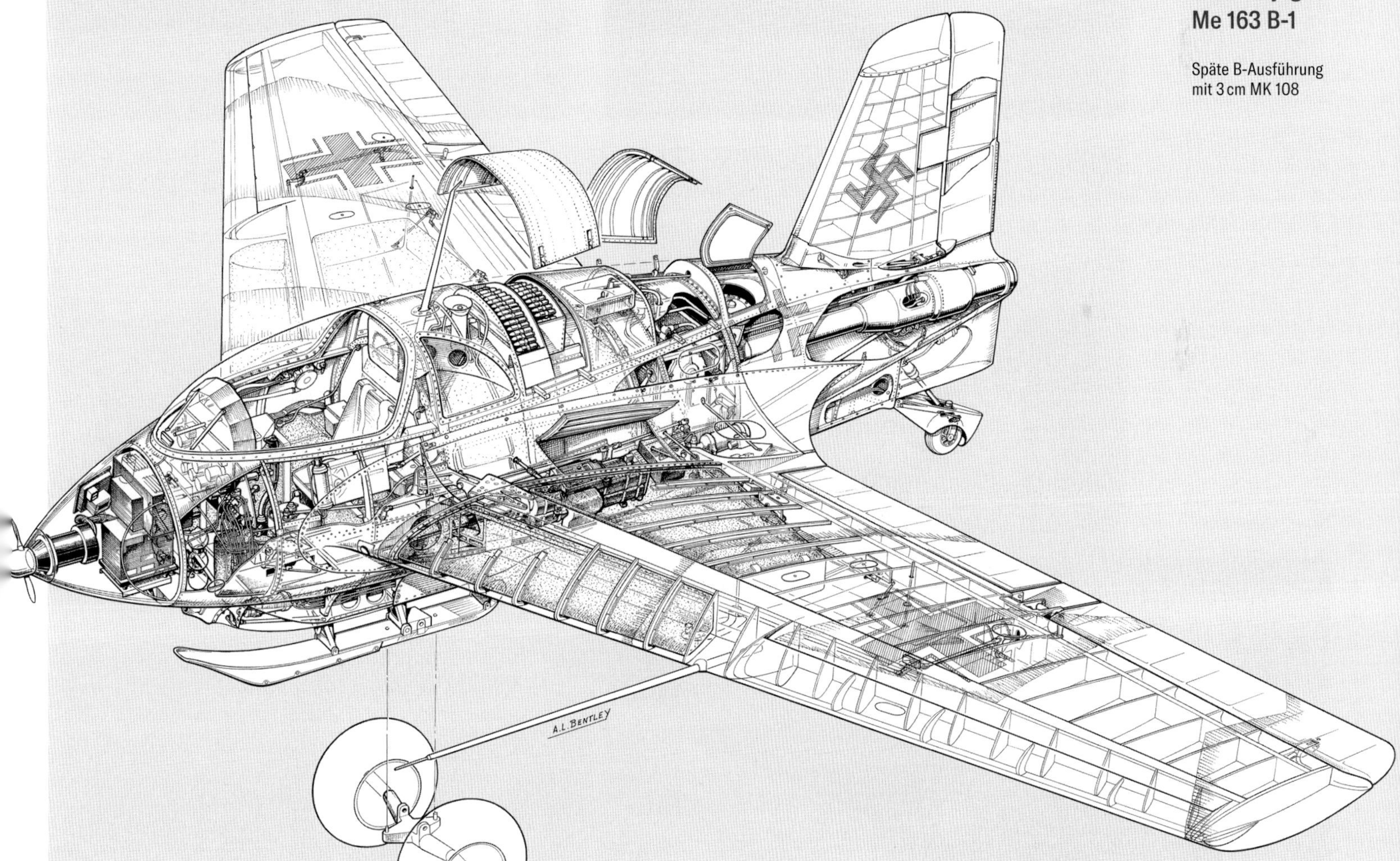

Raketenjäger Me 163 B-1

Späte B-Ausführung mit 3 cm MK 108

Landung

Gelandet wurde mit Kufe auf Rasenflächen des Flugplatzes. Je nach Zustand des Bewuchses – nass oder trocken – konnte die Landestrecke mehrere Hundert Meter betragen. Danach nahm ein Scheuch-Schlepper mit Gabel-Anhänger die Me 163 wieder auf und schleppte sie zum Unterstellplatz zurück (vgl. S. 166/167).

Scheuch-Schlepper beim „Andocken“

Schleppen des Flugzeugs zurück zum Hangar.

Betanken mit C-Stoff

Zuerst wurde die Me 163 mit C-Stoff betankt. Die Treibstoffbehälter befanden sich im Rumpf hinter dem Munitionsschacht und in den Flächen. Im Einfülltrichter befand sich ein Filter. Die Tankwarte trugen Gummischutzkleidung.

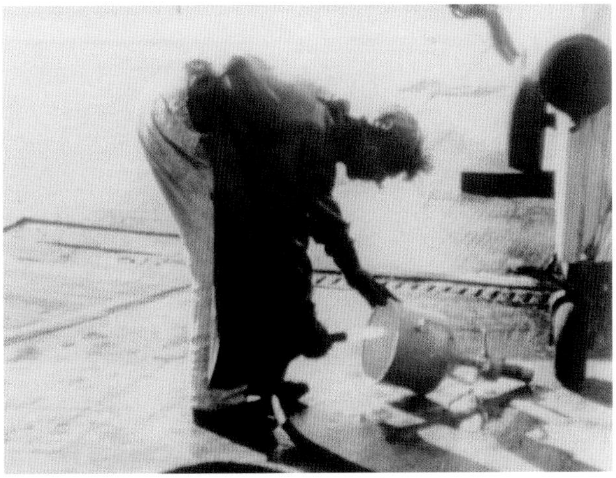

Sofort nach dem Tanken wurden Einfülltrichter und andere Teile, die mit C-Stoff in Berührung kamen, sorgfältig mit fließendem Wasser gereinigt.

„...dann geschieht das Ungeheure"
Kam C- mit T-Stoff in Berührung, erfolgte eine heftige chemische Reaktion – das Gemisch entzündete sich unmittelbar (unten links). Organische Materialien wie Baumwoll-Kleidung oder menschliche Haut hatten dann keine Chance. Unten rechts eine warnende Vorführung mit Stofflappen.

Betanken mit T-Stoff

Der T-Stoff kam in die Treibstoffbehälter unmittelbar hinter der Kanzel und seitlich davon. Auch hier war die Reinigung der Betankungsuntensilien mit fließendem Wasser eine unverzichtbare Vorsichtsmaßnahme.

Triebwerk-Reinigung

Wurde das Flugzeug längere Zeit abgestellt, wieder in Betrieb genommen oder das Triebswerk ausgebaut und gewartet, fand eine Reinigung der Treibstoffbehälter statt. Man füllte sie mit Wasser, das mit Pressluft durch die Leitungen und die Antriebsanlage gedrückt wurde und am Strahlrohr austrat. Die Prozedur entfernte verbliebene Treibstoffreste.

Zum Ein- und Ausbau des Walter-Raketentriebwerks HWK 109-501 A-1 mussten Leitwerk und Heckrumpf entfernt werden, was aber keine große Sache war.

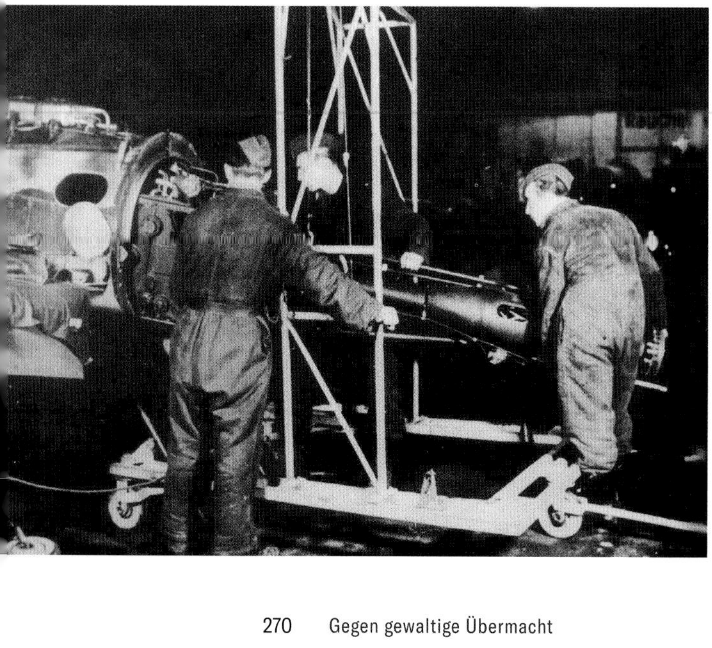

Das Raketentriebwerk ließ sich nach Entfernen der Halteschrauben im Rumpfgerüst einfach und schnell ausbauen. Dasselbe galt für Leitwerk und Heckrumpf, die eine Einheit bildeten.

Links und Folgeseite: Die Triebwerksprüfung wurde manchmal sogar in der Flugzeughalle vorgenommen (hier in Brandis), wobei man auf außerordentliche Sicherheitsmaßnahmen verzichtete. Ein Techniker in der Kanzel erhöhte über den Leistungshebel stufenweise den Schub.

Mobiler Prüfstand

Oben und rechts: Neu gelieferte Triebwerke überprüften die Staffeln vor dem Einbau in die Flugzeuge in der Regel auf dem mobilen Triebwerkprüfstand.

Festprüfstand

Diese beiden Aufnahmen zeigen den Festprüfstand der Raketenversuchsanstalt Trauen bei Fassberg in der Lüneburger Heide. An die Triebwerke wurden allerhand Prüfinstrumente angeschlossen, um Leistung und Verhalten wie auch Fehler einwandfrei festzustellen.

Triebwerk Walter HWK 109-509 A-1

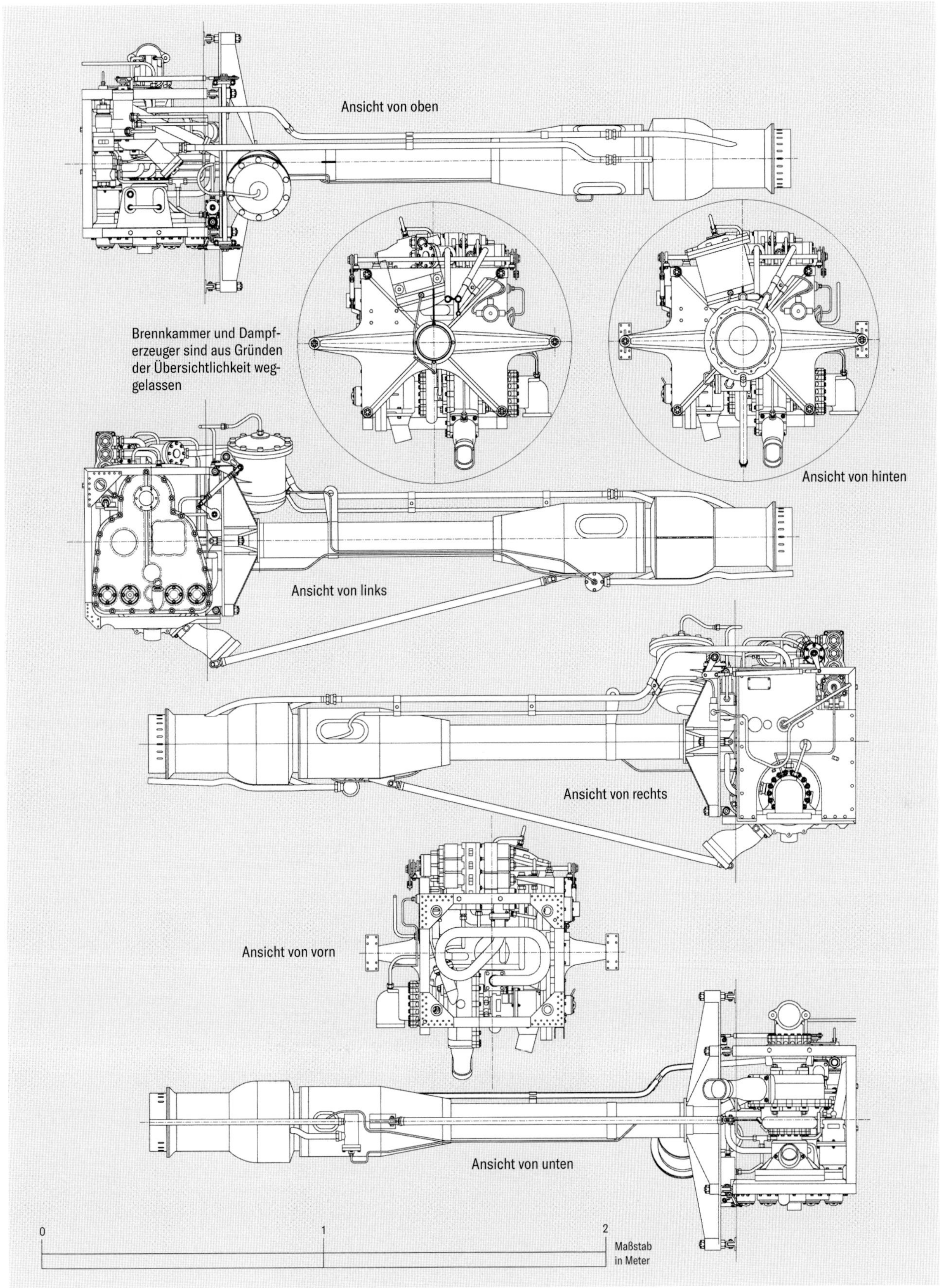

Walter HWK 109-509 A-1

Kraftstoffturbine

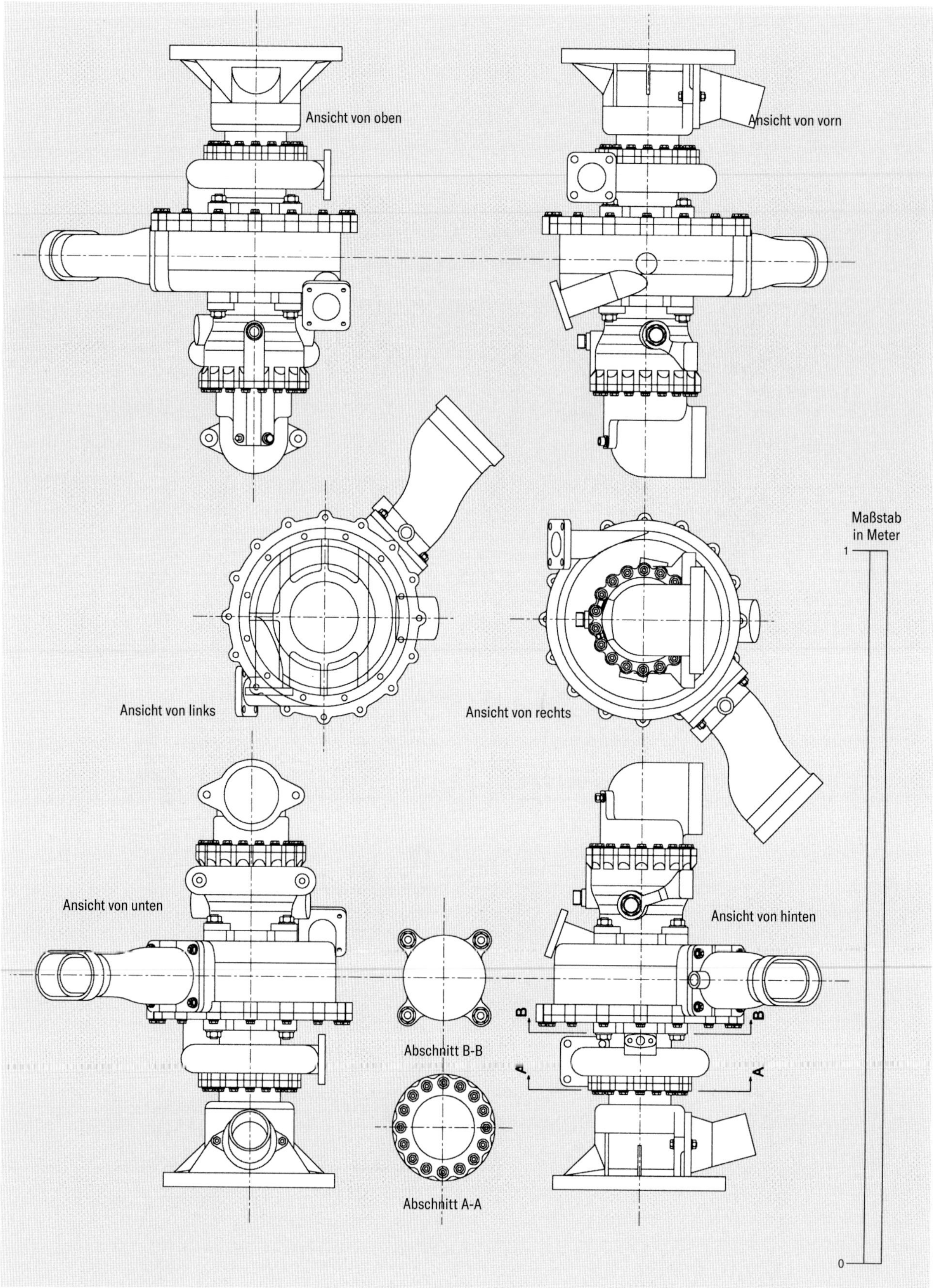

Walter
HWK 109-509 A-1

Kraftstoffdurchfluss-Regelventil

© A. L. Bentley 2003

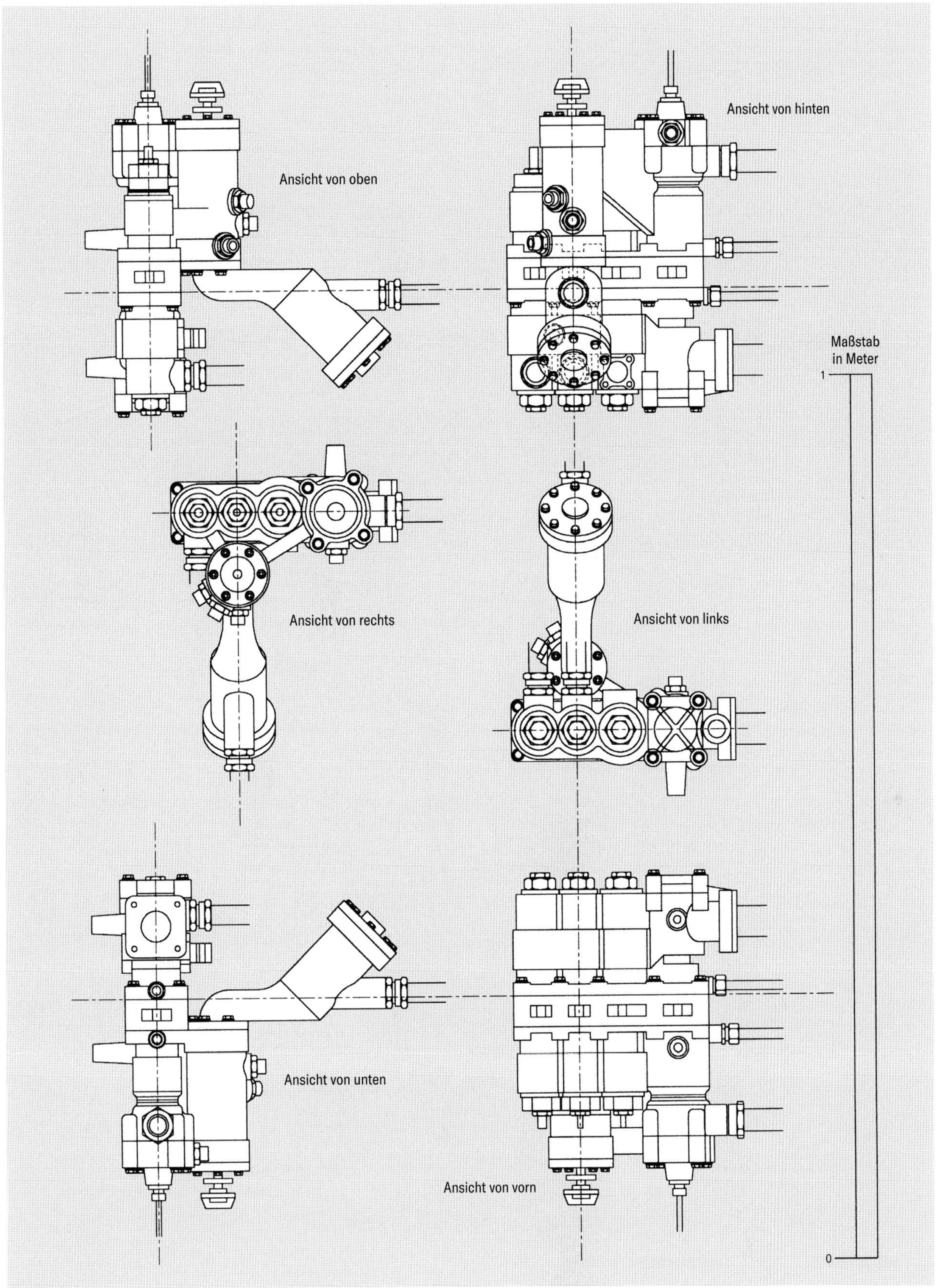

Me 163 B-0

Blatt 1
© A. L. Bentley 2003
überarbeitet 2009

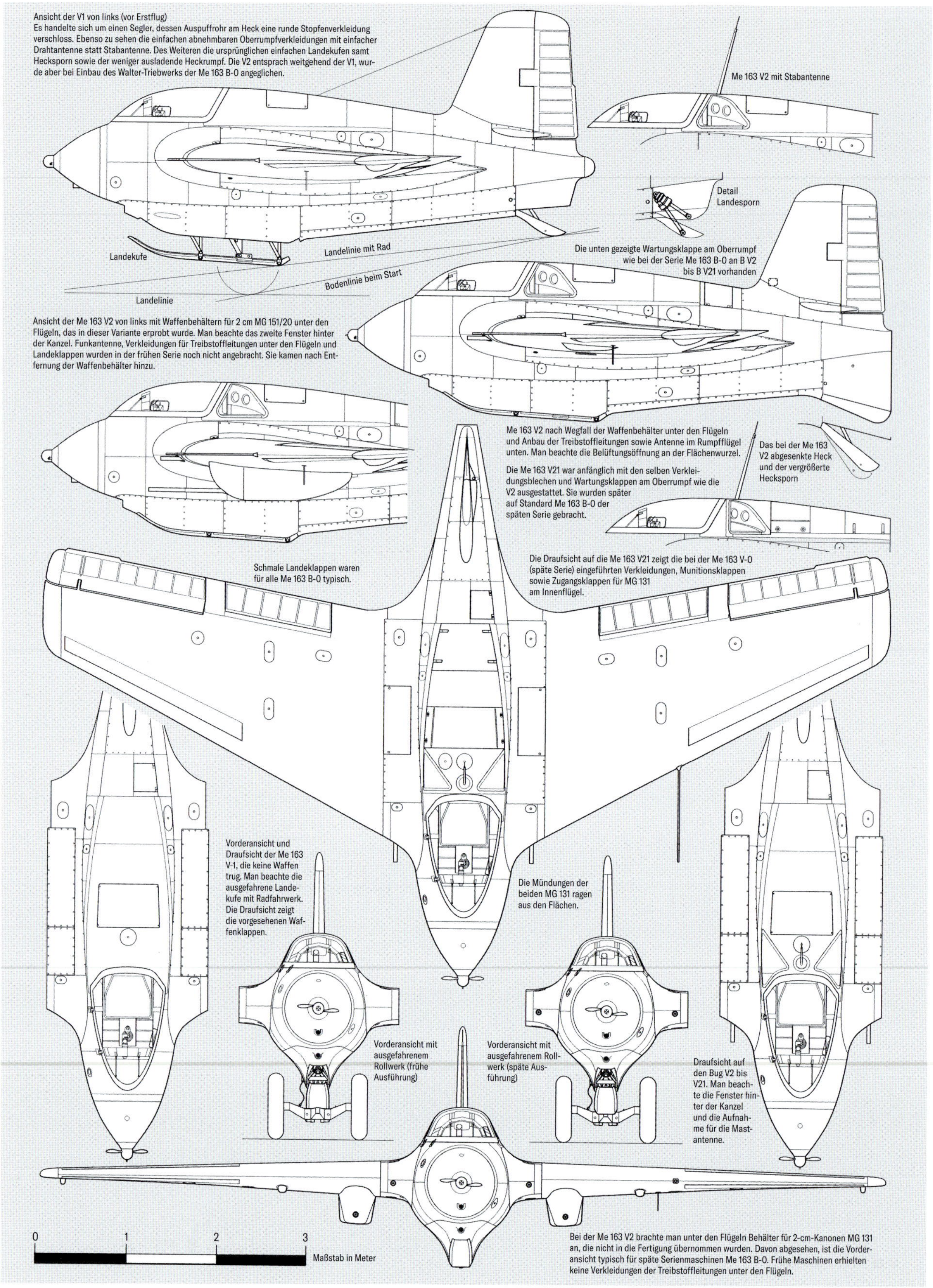

Me 163 B-0

Blatt 2

überarbeitet 2009

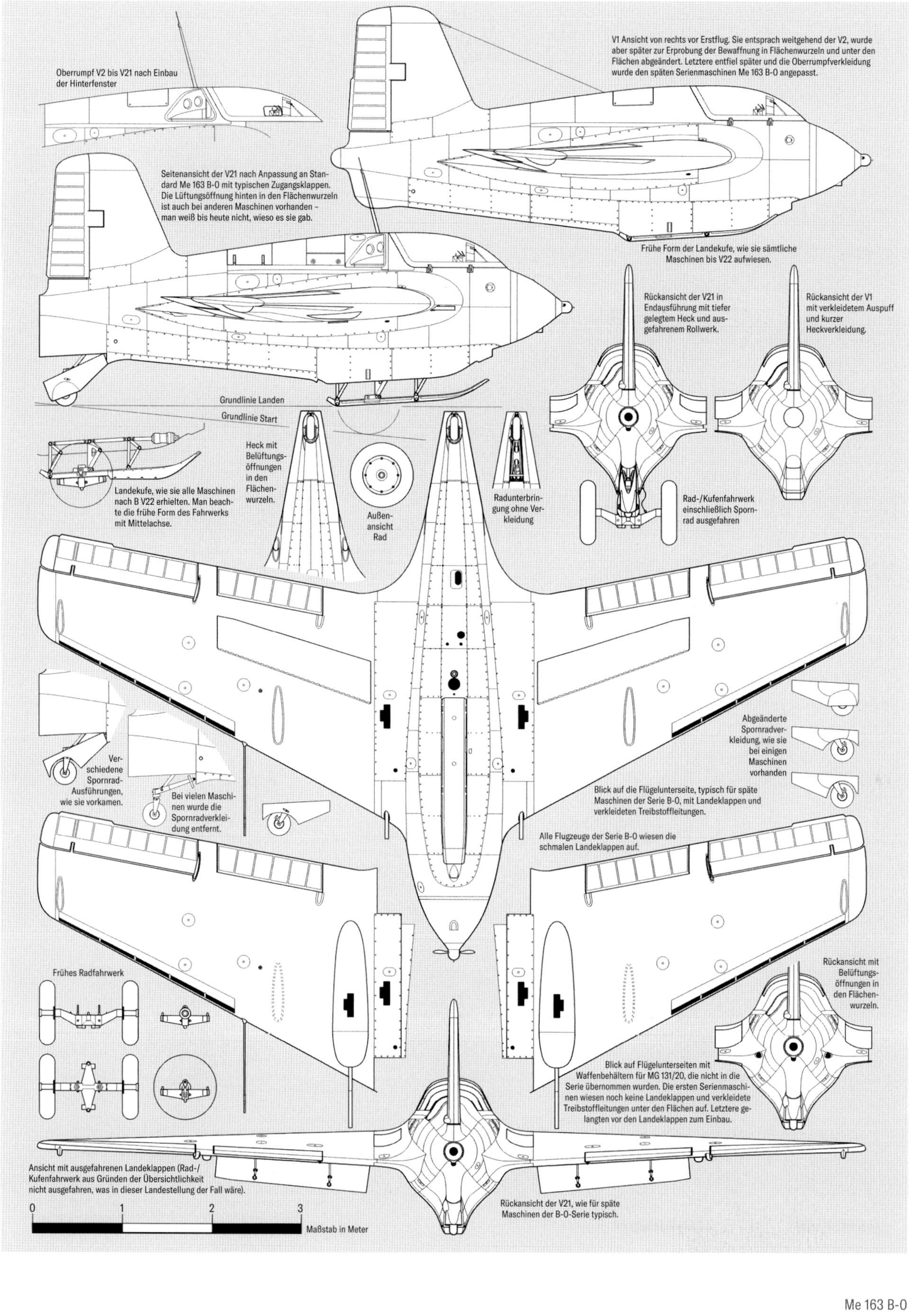

Me 163 B-1

Blatt 1
© A. L. Bentley 2003
überarbeitet 2009

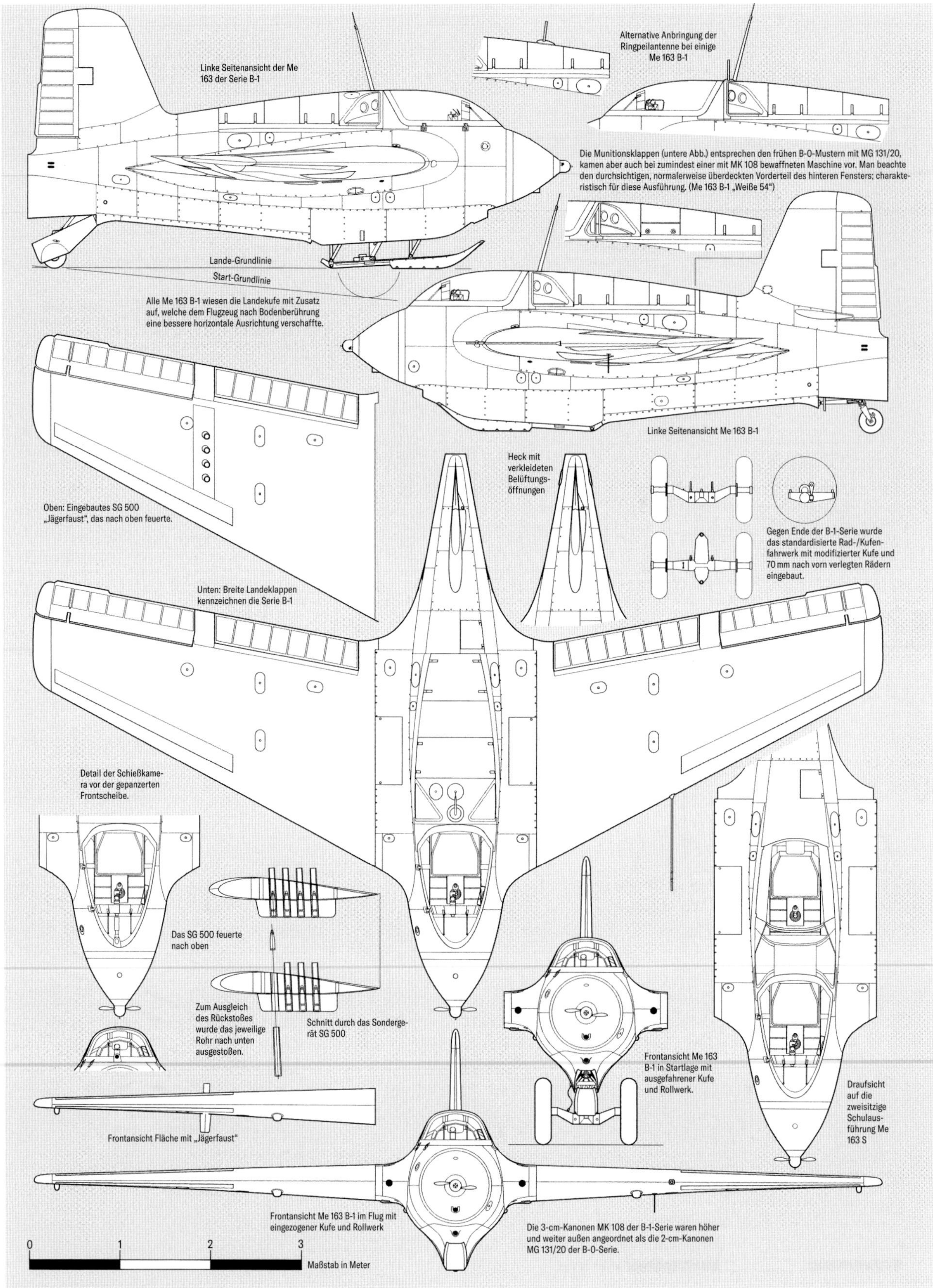

Me 163 B-1

Blatt 2
© A. L. Bentley 2003
überarbeitet 2009

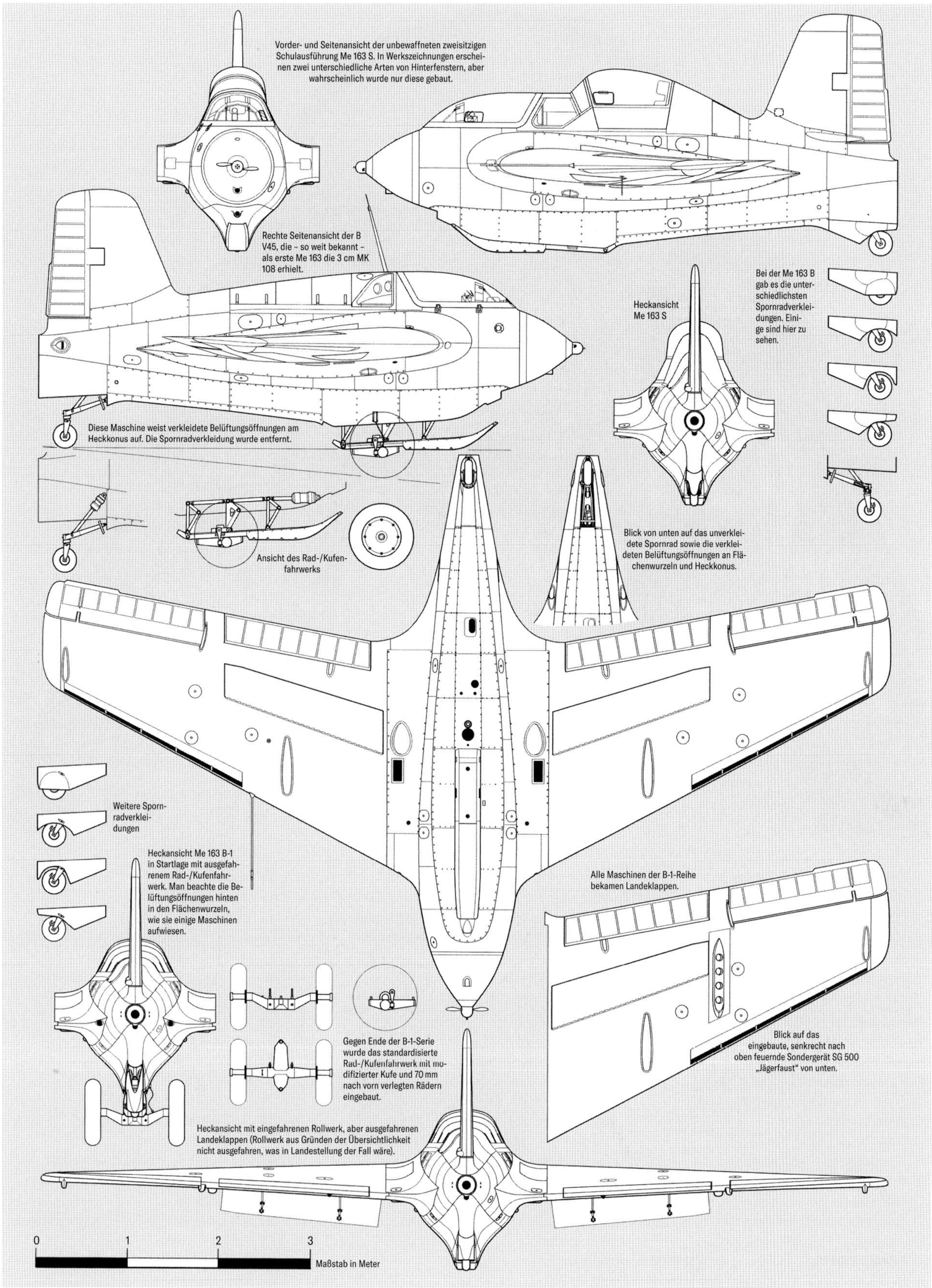

Führerraum Me 163 B

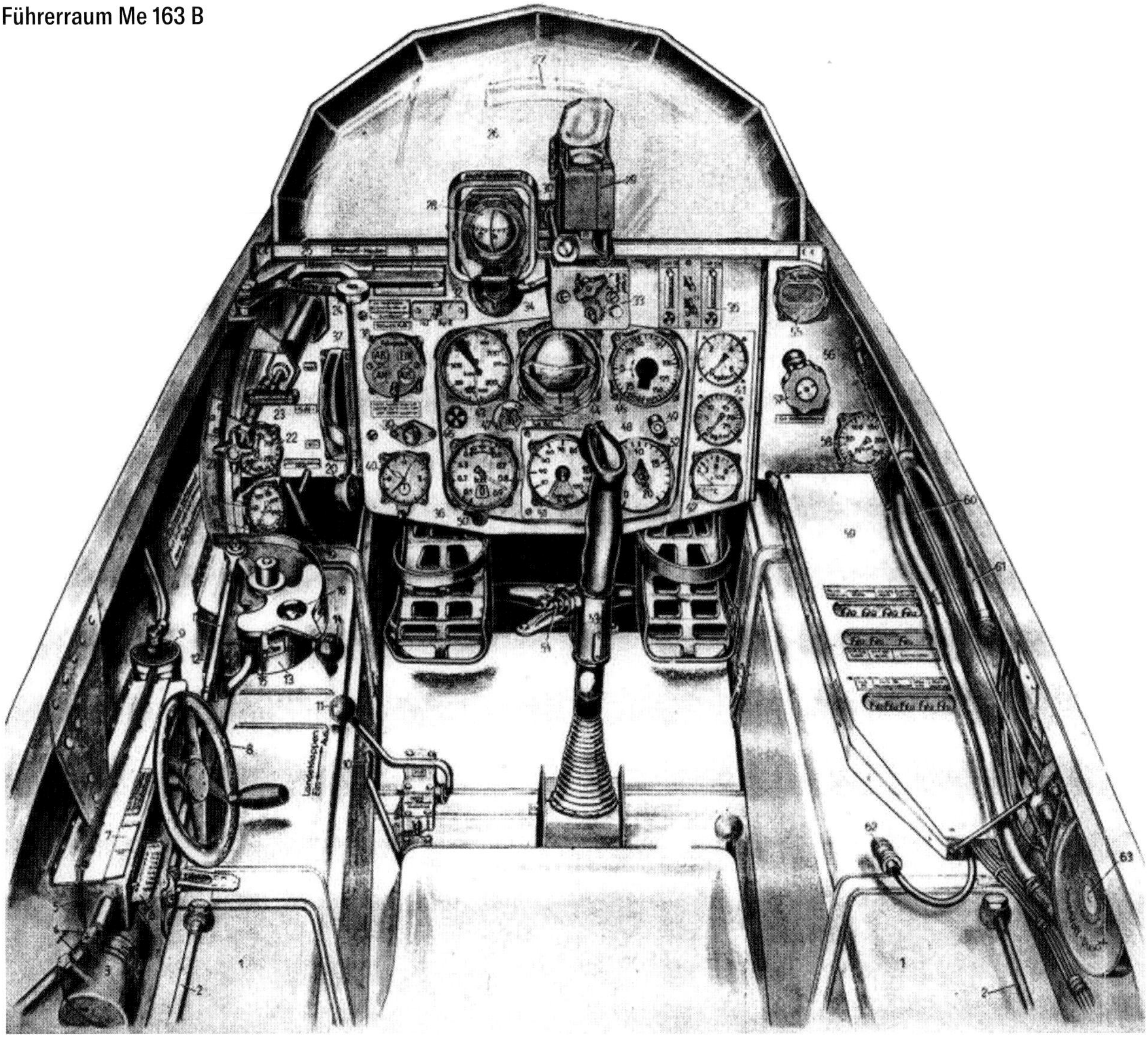

Quelle: Oberkommando der Luftwaffe, Me 163 Flugzeug-Handbuch. D.(Luft) T.2163B, Teil 9A: Allgemeine Ausrüstung. Ausgabe: Berlin, 21. September 1944. Die Kanzelinstrumente der Me 163 A sind auf Seite 91 dargestellt.

1 T-Stoffbehälter im Führeraum
2 Automatische Rücklaufleitung
3 Ölreserve für Landeklappen
4 Kardangelenk mit Kardanwelle
5 Schaltkasten für Trimmklappenbetätigung
6 Trimmklappenanzeige
7 Tabelle für Schleppstart u. Triebwerkstart
8 Handrad für Trimmklappenbetätigung
9 Druckölbehälter
10 Schalter für Landeklappen
11 Pumpenhebel für Landeklappen
12 Endumschalter für Brandwarnung
13 Hebelkasten
14 Handhebel (Anfahrhebel)
15 Anschläge für Handhebel
16 Anlaßschalter
17 Stoßstange
18 Druckmesser für Rollwerknotbetätigung
19 Auslösegriff für Schleppkupplung
20 Schalter für Kufe und Sporn
21 Ventil für Rollwerknotbetätigung
22 Druckmesser für Preßluft
23 Handgriff für Schnellablaß
24 Entriegelungshebel für Führerraumhaube
25 Notwurfhebel für Führerraumhaube
26 Panzerscheibe
27 Kabinenbelüftung
28 Führerkompaß
29 Revi-16 B (Reflexvisier)
30 Revi-Kompaßträger
31 Ablenkungstabelle (Deviation)
32 Frequenzschalter
33 Bediengerät für FuG 25a
34 Zugang für FT-Gerät
35 Schalt-, Zähl- u. Kontrollkasten (SZKK2)
36 Mittleres Gerätebrett
37 Linkes Gerätebrett
38 Anzeigegerät für Rollwerk und Kufe
39 Netzausschalter
40 Borduhr
41 Schubanzeigegeräte
42 Temperaturanzeiger
43 Fahrtmesser
44 Wendehorizont
45 Variometer
46 Drehschauzeichen für Staurohrheizung
47 Knopf für Frequenzangleich
48 Einsatz-Gerätebrett
49 Reststandwarnleuchte
50 Fein-Grob-Höhenmesser
51 Drehzahlmesser
52 Verbrauchsmeßanzeiger
53 Knüppelgriff KG 12E
54 Durchladeknopf für MK 108
55 O2-Wächter für Höhenatmer
56 Rechtes Gerätebrett
57 Fernventil für Höhenatmeranlage
58 Druckmesser für Höhenatmeranlage
59 Gerätebank
60 Notwurfgestänge für Führerraumhaube
61 Atemschlauch
62 Anschluß für Fliegerkopfhaube
63 Höhenatmer mit Sauerstoffdusche

Die Ziffern entsprechen den Nummern auf der linken Seite. In dieser Kanzel fehlen einige der links dargestellten Instrumente und andere sind unterschiedlich angeordnet. Die Folgeseite zeigt weitere Einblicke in einen Me 163-Führerraum.
Die Kanzelinstrumente der Me 163 A sind auf Seite 91 erläutert.

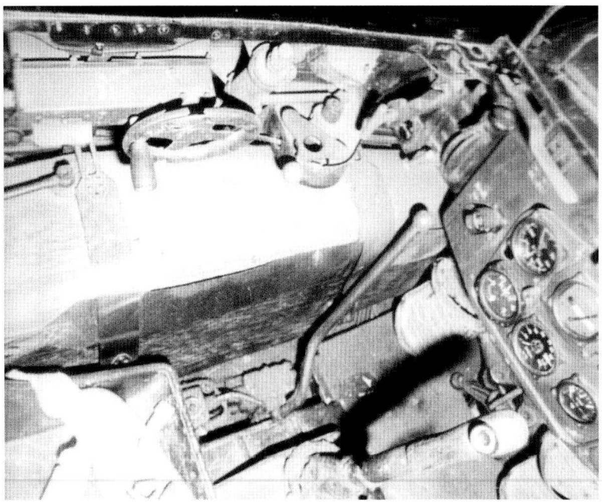

8

Von Pontius zu Pilatus

Die II./JG 400 in Stargard und Husum, Oktober 1944 bis Mai 1945

DIESES KAPITEL schildert Ereignisse der II./JG 400, die in der kurzen Zeit ihres Bestehens „von Pontius zu Pilatus" geschickt wurde; d. h. die Staffeln bezogen von Oktober 1944 bis Mai 1945 nacheinander insgesamt acht Standorte: Stargard, Stettin-Altdamm, Stendal, Salzwedel, Nordholz, Bad Zwischenahn, Wittmundhafen und Husum.

Den größten Teil bilden die Schilderungen von Reinhard Opitz, ehemals Staffelkapitän der 7./JG 400, die aus einem Schreiben an Wolfgang Späte aus dem Jahr 1976 stammen. (1) Hinzu kommen Berichte von Peter Gerth, seinerzeit Staffelkapitän der 5./JG 400, und Franz Woidich, damals Staffelkapitän der 6./JG 400. Diese stammen aus Notizen von Wolfgang Späte, die er im Zuge von Gesprächen mit Gerth und Woidich in den 1970er-Jahren anfertigte. Da die deutschen Unterlagen für die Ausgabe des Motorbuch Verlages leider nicht mehr zur Verfügung standen, mussten die englischen Texte rückübersetzt werden. Dies galt auch für die übrigen zeitgenössischen Quellen in deutscher Sprache.

Brandis

August – September 1944

19. August 1944

Ein Schreiben der Dienststelle des Generals der Jagdflieger führte unter diesem Datum stichwortartig die Fortschritte der im Aufbau begriffenen II./JG 400 auf: (4)

3./JG 400	Standort der Staffel Stargard. Im Aufbau begriffen. Ausgebildetes Personal verfügbar. Flugzeuge noch nicht verfügbar, Zuteilung erfolgt aus dem Ausstoß der Augsburger Fertigung [sic] im September.
4./JG 400	Antrag auf Errichtung gestellt. Verfügbares Personal in Ausbildung.
5./ und 6./JG 400	Technisches Personal verfügbar und in Ausbildung. Ausbildung bis 1. Oktober 1944 abgeschlossen.

Interessanter Weise wurden die Angaben zur 5. und 6./JG 400 vor dem Verschicken dieses Schreibens durch Abdecken wieder gelöscht.

Die im August 1944 ausgelieferten Me 163 B stammten aus Klemm-Fertigung. Diese Flugzeuge waren bisher zur Endmontage und zum Einfliegen von Böblingen nach Jesau/Ostpreußen verbracht worden, doch im August 1944 war diese Arbeit nach Oranienburg bei Berlin verlagert worden. Etwa zur selben Zeit begann die Zusammenarbeit der Firmen Messerschmitt und Junkers, wobei Junkers am 1. September 1944 die Verantwortung für die Gesamtproduktion der Me 163 übernahm.

4. September 1944

An diesem Tag gab das OKL den Aufstellungsbefehl für die 4./JG 400 heraus. (5) Der sollgemäße Flugzeugbestand setzte sich

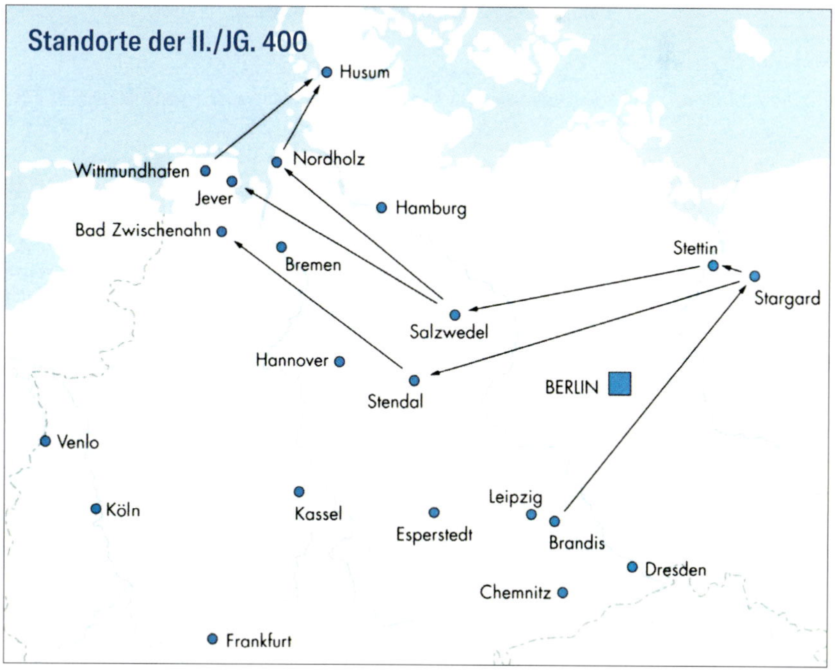

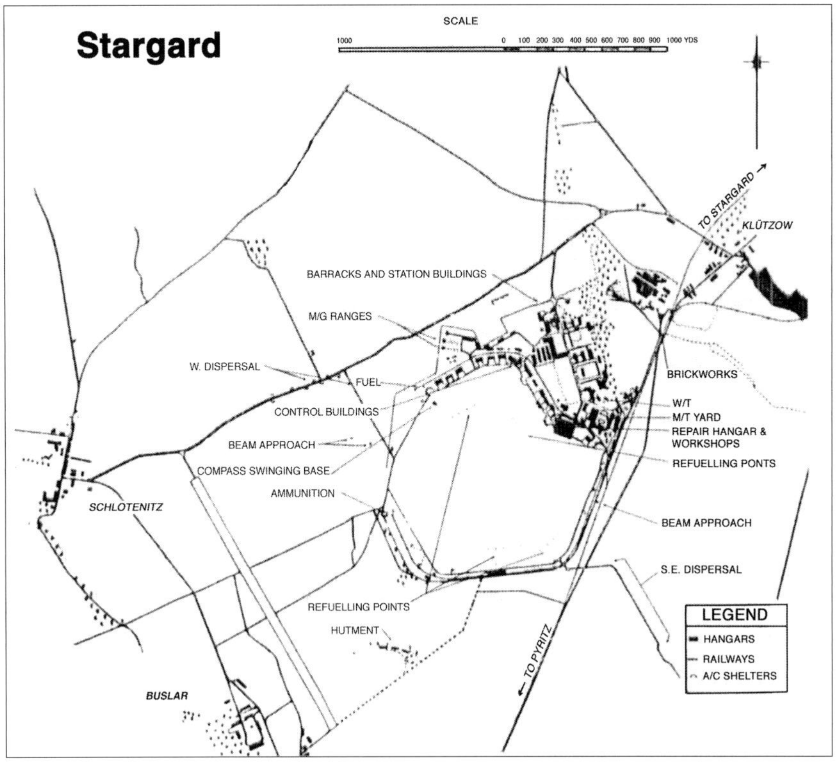

Britische Karte des Fliegerhorstes Stargard, auf den die II./JG 400 – oder deren Aufbauteile – im Oktober 1944 verlegten.

aus zwölf Me 163 B und vier Schleppmaschinen Bf 110 G nebst Besatzungen zusammen.

Stargard – Stettin-Altdamm

Oktober 1944 – Februar 1945

Kurz nach Kriegsende befragten Mitarbeiter des britischen Nachrichtendienstes zwei deutsche Kriegsgefangene, die in Stargard stationiert waren, über die II./JG 400 und den Ausbau des Flugplatzes für Einsätze mit Me 163: (6)

„Ein paar Angaben über die neue Raketenjägereinheit JG 400 konnten kürzlich von zwei Kriegsgefangenen erlangt werden, die im letzten Teil des Jahres 1944 in Stargard stationiert waren. Leider wusste keiner der beiden viel über die Einheit. Der eine gehörte ihr nicht einmal an und dem anderen war sie gleichgültig, obwohl er als Fallschirmpacker beim JG 400 gearbeitet hatte.

Der erste Gefangene war beim NSG 1 und NSG 3 Funker an der Ostfront gewesen und hatte sich Anfang letzten Jahres [1944] *zur Jagdfliegerausbildung gemeldet. Nach einem Gespräch bei der Überprüfungsstelle der Jagdflieger in Berlin war er aber aus Altersgründen (31) abgelehnt und Ende August dem JG 400 in Stargard als Fallschirmpacker zugeteilt worden.*

Als er dort eintraf, war die Einheit gerade in Aufstellung begriffen. Etwa 3 km vom Hauptplatz wurde eine Betonstartbahn gebaut und zusätzliche Unterkünfte auf dem Flugplatz waren fast fertig gestellt.

So weit er sich erinnern kann, trafen zu seiner Zeit keine Piloten des JG 400 ein, aber der Ausbau des Flugplatz wurde fast fertiggestellt. Als er Stargard im November verließ, waren Startbahn und Unterkünfte fertig, Scheuch-Schlepper zum Schleppen der Me 163 waren geliefert worden und man rechnete kurzfristig mit dem Eintreffen von Me 163. [Gemäß Gerth wurden 5000 sowjetische Kriegsgefangene zum Bau der Startbahn eingesetzt, die aber im Januar 1945 noch nicht fertig war.]

Der zweite Gefangene kam anlässlich seiner Versetzung zur I./EJG 1 nach Stargard erstmals Ende Oktober 1944 mit dem JG 400 in Kontakt. Obwohl er sich ab Ende Oktober auf dem Flugplatz befand, sickerte die Anwesenheit des JG 400 in Stargard erst Ende November bis zur Einheit des Gefangenen am anderen Ende des Platzes durch. Danach war allgemein bekannt, dass die 3. und 4. Staffel des JG 400 in Stargard und die 1. und 2. Staffel in Brandis lagen, und dort soll auch der Gruppenstab [sic; Geschwaderstab] gelegen haben. Gerüchten zufolge fand die abschließende Ausbildung der Piloten in Brandis statt, wonach sie als Einsatzpiloten nach Stargard kamen.

Die Me 163 wurden in einer speziellen großen Halle untergestellt und vom EJG 1 gewartet [das zumindest seit Ende Oktober in Stargard lag].

Jeden Tag wurden 4 bis 5 Übungsflüge gemacht, aber schon bei vergleichsweise moderatem Schlechtwetter wurde der Flugbetrieb eingestellt. Die Me 163 wurden von den Dreirad-Schleppern auf die Betonstartbahn gezogen und dann an eine Me 110 gehängt, welche die Me 163 auf 3000 m Höhe brachten und dann auskuppelten. Die Me 163 drehten dann ohne Triebwerkeinsatz einige Runden und machten einige Stöße [sic, gemeint sind wahrscheinlich Stürze im Gleitflug] *und landeten wieder. Sie landeten grundsätzlich auf der Grasfläche des Flugplatzes; die Betonpiste nutzten sie nur zum Start. Die Flüge dauerten maximal 10 Minuten.*

Der zweite Gefangene gibt an, dass die beiden Staffeln in Stargard über je 12 Piloten und insgesamt 25–30 Flugzeuge verfügten. Es gab zwei Me 110 für Schlepps und fünf Dreirad-Spezialtraktoren – mit VW-Motoren – zum Schleppen der Me 163 auf die Startbahn. Die Staffeln besaßen etwa sechs spezielle Tankwagen mit je 2000 Litern Fassungsvermögen. An den Seiten war in großen Lettern »C-Stoff« oder »T-Stoff« aufgemalt. Ein unterirdischer Tank mit 10.000–15.000 Litern Fassungsvermögen befand sich im Bau und ein zweiter war geplant.

Der Gefangene hatte gehört, dass die Me 163 3000 Liter Tankinhalt [sic] *habe, der für eine Flugzeit von 5 Minuten reiche.*

Das Personal in Stargard musste eine Vereinbarung unterschreiben, nichts Dienstliches nach außen dringen zu lassen. Die Sicherheitsmaßnahmen scheinen im Allgemeinen aber nicht allzu streng gewesen zu sein, da der zweite Gefangene bei einem der ersten Wirtshausbesuche in Stargard von einem Zivilisten gefragt wurde, ob er zu den neuen »Raketenjäger-Jungs« auf dem Flugplatz gehöre. Klatsch und Tratsch unter dem Flugplatz-Personal behaupteten

Leutnant Peter Gerth

Peter Gerth wurde am 5. Juli 1921 in Pforzheim geboren. Nach der fliegerischen Ausbildung diente er von Juli 1941 bis September 1943 als Ausbilder und Fluglehrer bei der 4. und 5. Staffel der Jagdführerschule 5. Beförderung zum Leutnant im Juni 1942. Danach Fronteinsatz bei der II./JG 51 und von Januar bis März 1944 Jagdfliegerausbilder bei der 1./Jagdgruppe Ost. Anschließend bis Oktober 1944 beim EKdo 16. Von Oktober 1944 bis Mai 1945 Staffelführer/Staffelkapitän der 5./JG 400.

zu wissen, dass die Befehle für das JG 400 direkt von Himmler kämen und von Göring gegengezeichnet würden.

Merkwürdiger Weise wurden die beiden Gefangenen, nachdem sie einiges Wissen über die neue Einheit erlangt hatten, zu einer Fallschirmjäger-Einheit wegversetzt, bei der die Möglichkeit einer Gefangennahme bestand (was in beiden Fällen geschah)."

Leutnant Peter Gerth erhielt den Befehl, eine erste Staffel aufzubauen und zu führen, nämlich die spätere 3./JG 400. Das ihm zugeteilte technische Personal kannte die Me 163 nicht und hatte keine spezielle Ausbildung erhalten. Es gab jedoch Triebwerkfachleute der Firma Walter.

Nun aber zu den Schilderungen von Reinhard Opitz (im Folgenden: RO) und Peter Gerth (im Folgenden PG), die als ehemalige Staffelkapitäne der 7. und 5./JG 400 die wohl besten Einblicke in das Geschehen bekamen.

RO „Nach dem ersten scharfen Start [in Brandis am 1. September 1944] erfüllte ich alle Anforderungen, um zu einer der in Aufstellung begriffenen Einsatzeinheiten versetzt zu werden. Die Versetzung erfolgte am 7. Oktober zur 3./JG 400 in Stargard.[1]
Im Südwesten der kleinen pommerschen Stadt war in der Nähe eines großen Landgutes eine ziemlich breite Betonstartbahn gebaut worden. Sie verlief in Richtung 340° direkt auf Pölitz zu, wo ein großes Hydrierwerk zur Erzeugung synthetischen Benzins errichtet worden war. Scharfen Starts folgten Landungen auf dem Flugplatz Stargard, von dem eine eigens errichtete Straße zum Schleppen der Me 163 zur Startbahn führte. Das Gerät der Staffel und die Unterkünfte waren neu. Material kam von überall her und auch Luftnachrichtenoffiziere, welche die Flugzeuge zu ihren Zielen dirigierten. Unsere Unterkünfte waren noch nicht bezugsfertig und die vorhandenen recht einfach."

PG „Die Soldaten waren in einem Teil der Baracken und in einem anderen etwa 300 Nachrichtenhelferinnen untergebracht. Zur Wasserversorgung diente ein Brunnen. Um die Wohnverhältnisse angenehmer zu gestalten, erlaubte ich ein gemischtes Beziehen der Quartiere."

RO „Auf dem Fliegerhorst Stargard lag zur besagten Zeit kein Militär [sic]. Er hatte einige Zeit lang als Produktions- und Lagerstätte für Torpedos gedient. Die Hallen waren entsprechend eingerichtet worden und konnten nun nicht für Wartungszwecke oder zum Unterstellen der Me 163 genutzt werden. Es gab viele hitzige Debatten mit dem Horstkommandanten, der uns ganz offensichtlich als ungeliebte Eindringlinge betrachtete. Die Lage änderte sich erst an dem Tag, als zwei Gruppen amerikanischer B-17-Bomber den Platz umpflügten. Dabei gingen die Fenster unserer Baracken zu Bruch, sonst entstanden aber keine Schäden an Gebäuden und Flugzeugen."

PG „Der Direktor der Torpedofabrik auf dem Flugplatz Stargard protestierte mit der Behauptung gegen die Besetzung, das Gelände sei ziviles Eigentum. Ende 1944 förderte ein Luftangriff eine erkleckliche Menge von Messingrohren zu Tage, die auf dem Flugplatz vergraben worden waren. Der Direktor wurde dafür verantwortlich gemacht und vor ein Erschießungskommando gestellt."

RO „Gegen Ende Oktober konnten wir die ersten Schleppstarts und Standläufe der in den Flugzeugen eingebauten Triebwerke durchführen. Ende Oktober erreichte mich ein Fernschreiben des Generals der Jagdflieger des Inhalts, dass ich die 7./JG 400 in Stettin-Altdamm aufbauen und übernehmen sollte. Angesichts dieser schwierigen Aufgabe verließ ich meine Kameraden in Stargard mit gemischten Gefühlen.[2] Im Rückblick kommt es mir noch immer märchenhaft vor, wie sechs Monate vor Kriegsende Personal aus allen Himmelsrichtungen und Material sowie Gerät direkt aus den Werken nach Stargard floss! Dazu gehörten eine nagelneue, mit allem Drum und Dran ausgerüstete Werkstatt, einige speziell für T- und C-Stoff eingerichtete 3½-Tonner-Tankwagen Opel »Blitz«, eine komplette Funkmessausrüstung sowie, nicht zu vergessen, die Flugzeuge, die sorgfältig verpackt mit der Eisenbahn eintrafen.
Wir führten unsere Aufträge aus, wiewohl wir uns kaum vorstellen konnten, die Maschinen von einem so kleinen Flugplatz wie Stettin-Altdamm zu fliegen. Da der Flugplatz an der Oder lag und das Oderhaff gefroren war, zogen wir die Möglichkeit in Betracht, scharfe Starts auf dem Eis auszuführen. Dieses Vorhaben ließ sich allein aus dem Grund nicht verwirklichen, weil der versprochene Treibstoff nicht eintraf; selbst Standläufe waren nicht machbar. Dessen ungeachtet machten wir Schleppflüge über Stettin mit den 110, wodurch viele Menschen neue Hoffnung auf eine Wende des Krieges dank der kleinen, wendigen neuartigen Flugzeuge schöpften."

PG „In Stargard gab es zahlreiche Flüge mit der Me 163, doch nur drei scharfe Einsätze. Einer davon ereignete sich im November, wobei ich eine »Mosquito« abfing, deren Kondensstreifen sie verraten hatte. Ich griff von hinten an. Eines der beiden Besatzungsmitglieder stieg aus und geriet in Gefangenschaft. Er gab später an, eine Explosion habe das Flugzeug zerstört. Eine zweite gesichtete »Mosquito« entkam. Ich denke, dass die beiden »Mosquito« den Auftrag hatten, das Hydrierwerk in Pölitz aufzuklären. Am nächsten Tag wurde Pölitz bombardiert. Ein Unteroffizier und ich stiegen im Alarmstart – die Bomber flogen auf 4000 m Höhe – bis auf 10.000 m auf und führten aus dieser Höhe zwei Gleitangriffe aus. Nach den Bildern meiner Schießkamera schlugen meine Granaten in den Flügel eines Bombers und Flächenteile flogen davon. Die Flak aber beanspruchte die vier Abschüsse des Tages allein für sich. Zur Zeit des Angriffs bemerkte ich keine Begleitjäger, obwohl Begleitjäger vor und nach dem Luftangriff über Stargard gesichtet worden waren."

Reinhard Opitz und Peter Gerth sprachen beide übereinstimmend von einem Angriff auf Pölitz im November 1944 und Opitz sogar davon, dass die Me 163 Ende Oktober 1944 noch nicht einsatzreif war. Tatsächlich gibt es keine Belege für einen US-Angriff auf Pölitz im November 1944. (Die Briten führten in der Nacht vom 22. auf den 23. Dezember 1944 einen Nachtangriff auf Pölitz aus und einen weiteren in der Nacht vom 13./14. Januar 1945; die Kanadier bombardierten es am 8. Februar 1945.) Erstaunlicherweise aber verloren die Amerikaner vier „Fliegende Festungen" B-17G bei einem Angriff auf Pölitz am 7. Oktober 1944, nach eigenen Angaben durch Flak. Es handel-

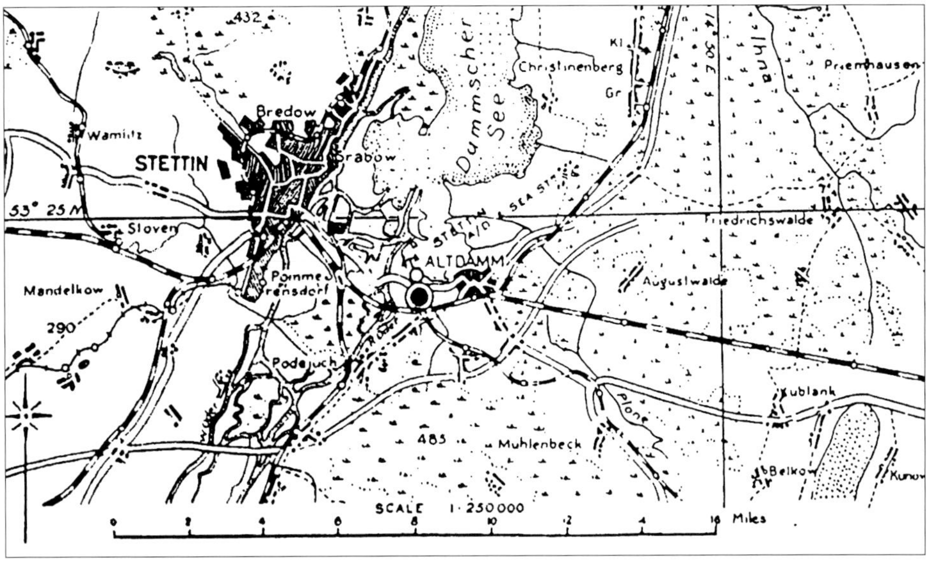

Den Flugplatz Stettin-Altendamm hielt Reinhard Opitz für Me 163-Einsätze für ungeeignet, da zu klein.

te sich um die B-17G „Z" *„Follow Me"* 42-97638 der 749. Bomberstaffel, die „J" 42-102905 der 748. Bomberstaffel, die „U" 44-6469 der 748. Bomberstaffel sowie die „N" 44-8046 der 750. Bomberstaffel. Eine fünfte B-17G 43-38529 stürzte aufgrund schwerer Beschuss-Schäden beim Rückflug nach England in den Ärmelkanal.

Ein Schreiben vom 12. November 1944 enthielt die Anweisung zur Umbenennung der Staffeln des JG 400 und zur Errichtung neuer Staffeln. (7) Sie trat unmittelbar in Kraft. Dadurch wurde die 3./JG 400 zur 5./JG 400 und die 4./JG 400 zur 6./JG 400. Neu errichtet wurden: Stab II./JG 400, 3./JG 400 und 7./JG 400.

Der Stab II./JG 400, die 5., 6. und 7./JG 400 bekamen Stargard als Standort zugewiesen; die „neue" 3. und 4./JG 400 hingegen Brandis. (Die 4./JG 400 wurde am 4. September 1944 errichtet und am 12. November 1944 in 6./JG 400 umbenannt. Eine Nachfolge-4./JG 400 gab es nicht.) Diese Umbenennungen sorgten nicht nur bei Historikern nach dem Krieg, sondern schon seinerzeit in der Luftwaffe für beträchtliche Verwirrung. In Flugbüchern von nach Stargard versetzten Flugzeugführern wurden beispielsweise oft noch die alten Staffelnummern weiter verwendet.

Die Führer der 5., 6. und 7./JG 400 durften sich nun offiziell „Staffelführer" nennen. Es sollte aber noch bis Februar 1945 dauern, bis sie in offiziellen Luftwaffendokumenten als Staffelkapitäne bezeichnet wurden!

Franz Woidich: *„Stargard wurde aufgegeben und wir sprengten alles, was wir nicht mitnehmen konnten.*[3] »Pitz« [Hauptmann Rudolf Opitz, Gruppenkommandeur der II./JG 400] *flog in einer Bf 110 aus, in der aber ein Brand ausbrach, so dass er in Stettin notlanden musste."*

Rudolf Opitz nach dem Krieg dazu: *„Als die Russen immer näher rückten, erhielt ich den Befehl zur Räumung* [von Stargard] *und packte alles zusammen. Da war eine Bf 110 in Reparatur wegen Fahrwerksproblemen, die ich nicht so einfach sang- und klanglos zurücklassen und verlieren wollte. Mit der Masse des Verbandes verließ ich den Platz am Abend, nicht ohne vorher die Mechaniker mit Zigaretten zu bestechen, die 110 bis zum nächsten Morgen flugklar zu machen. Als ich am Morgen zurückkehrte, standen die Russen schon am Rand des Flugplatzes. Ich flog mit der 110 heraus, aber als ich am Ziel meiner Reise das Fahrwerk ausfahren wollte, funktionierte es nicht. Ich musste also ohne Fahrwerk landen, wobei die 110 Totalschaden erlitt. Aber sie brannte nicht."*

Franz Woidich: *„Wir hatten Befehl bekommen, den Platz zu verteidigen. Die jungen Offiziere waren von diesem Gedanken begeistert, die alten Majore wurden blass. Wir übten mit der Panzerfaust. Beim versehentlichen Abfeuern meiner Waffe schlug das Geschoss 4 m vor mir in den Boden. Zum Glück traf ich nichts Wesentliches, doch ein Nachrichtenoffizier bekam Splitter in den Rücken ab. Gott sei Dank erhielten wir schließlich Befehl, nach Salzwedel zu verlegen."*

Nach der Erinnerung Peter Gerths verlegte seine 5./JG 400 Ende Januar über Stendal nach Bad Zwischenahn.[4] (Die 6./JG 400 muss um dieselbe Zeit über Salzwedel nach Wittmundhafen verlegt haben, zumal sich Reinhard Opitz bei seiner Ankunft in Salzwedel die Staffel nicht mehr vorfand.)

Leutnant Reinhard Opitz

Reinhard Opitz kam am 17. August 1923 in Rüdesheim am Rhein zur Welt. (Um es gleich vorweg zu nehmen: er war nicht mit verwandt mit dem am 9. August 1910 in Landeshut/Schlesien geborenen Hauptmann Rudolf Opitz, Staffelkapitän der 1./JG 400 und Gruppenkommandeur der I./JG 400 und II./JG 400; siehe Kurzlebensläufe S. 426). 1938 erwarb Reinhard Opitz als 15-jähriger seinen ersten Segelflugschein. 1941 trat er als Offiziersanwärter in die Luftwaffe ein und durchlief die fliegerische Erstausbildung 1942 auf der Luftkriegsschule II in Berlin-Gatow. 1943 schloss sich die Ausbildung zum Jagdflieger auf der Zerstörerschule II in Neubiberg an. Beförderung zum Leutnant im Juni 1943. Beim JG 101 diente er bis August 1944 als Einsatzpilot und Ausbilder von Jagdpiloten. Dort erzielte er zwei Luftsiege über eine B-17 und eine P-51, wurde aber im Februar 1944 selbst abgeschossen. Im August 1944 erfolgte die Versetzung zur Erg.St./JG 400 in Brandis und im Oktober zur II./JG 400 in Stargard. Dort wurde Reinhard Opitz im Dezember 1944 zum Staffelführer bzw. Staffelkapitän der 7./JG 400 ernannt. Mit der Einheit ging es im Februar 1945 über Salzwedel und Nordholz nach Husum. Bei Kriegsende half er dort beim Zerlegen der Raketenjäger. Erst im Juni 1945 geriet er in US-Kriegsgefangenschaft, aus der er 1946 entlassen wurde. Schließlich fand Reinhard Opitz eine Anstellung in der metallverarbeitenden Industrie, studierte Hüttentechnik und schloss 1951 als Diplom-Ingenieur ab. 1985 erhielt er für Verdienste in der Metallurgie den Ehrendoktor (Dr.-Ing. e.h.). Seinen Segelflugschein erneuerte er 1952 und erwarb 1956 die Privatpilotenlizenz.

Stendal – Salzwedel – Bad Zwischenahn – Nordholz – Wittmundhafen

Februar – April 1945

Am 1. März 1945 erging an die II./JG 400 der offizielle Befehl zur Verlegung auf Flugplätze in Nordwestdeutschland (Bad Zwischenahn, Wittmundhafen oder Nordholz), um von dort Einsätze gegen viermotorige Bomber zu fliegen. Flugzeugführer der I./JG 400 sollten die II. Gruppe verstärken, wobei die

Aufgabe der I. Gruppe nach wie vor darin bestand, die Hydrierwerke um Brandis herum zu verteidigen und Flugzeugführer auf die Me 163 B zu schulen. (8) Dieser Befehl hinkte der Wirklichkeit hinterher, denn die Staffeln der II. Gruppe hatten bereits im Februar Stargard und Stettin-Altdamm geräumt. Allerdings könnte er sich auf den Stab II./JG 400 unter Hauptmann Rudolf Opitz beziehen, der Stargard erst Anfang März verließ. (Am 20. Februar standen die Sowjets 10 km südlich Stargard und sie erreichten die Oder nach harten Kämpfen am 31. März 1945.)

RO „Wir [7./JG 400] verließen Stettin in den ersten Februartagen bei bitterer Kälte.[5] Unsere ganze Ausrüstung samt Flugzeugen hatten wir auf einen der letzten Güterzüge noch unter »normalen« Umständen verladen können. Russische Panzer hatten bereits Schneidemühl im südöstlichen Pommern erreicht [ca. 110 km östlich Stettin]. Nach ein paar Tagen kamen wir in Salzwedel an, wo Gerät und Ausrüstung auftragsgemäß entladen werden sollten.
Nach einer kurzen Besichtigung des Flugplatzes Salzwedel wurde mir klar, dass sich auch dieser Platz nicht für Me 163-Einsätze eignete. Er war zu kurz und es gab keine betonierte Startbahn. In den nächsten paar Wochen kamen verschiedene Jagdstaffeln hier an und zogen wieder weg. Tagsüber konnten wir uns wegen der ständig anwesenden amerikanischen Jäger kaum bewegen. Unsere Maschinen hatten wir in Schuppen und Scheunen der hiesigen Bauern untergestellt. Mittlerweile hatten wir eine Methode zum Bodenschlepp der Me 163 mit abgebauten Flächen entwickelt, wobei die Maschine mit einer kurzen Zugstange an einen Lkw gehängt wurde.

Folgendes Bild wirft ein bezeichnendes Licht auf die damals herrschende groteske und hoffnungslose Lage. Die Me 163 konnte sich nicht aus eigener Kraft zum Startpunkt bewegen. Wir hatten allerdings zum Bergen der Maschinen nach der Landung als Sondergerät den so genannten Scheuch-Schlepper bekommen. Es handelte sich um eine Art Gabelstapler mit VW-Motor, der das Flugzeug so weit anhob, dass man entweder das Fahrwerk entfernen oder die Maschine auf den Gabeln transportieren konnte. Der allgemein herrschende Mangel an Verpflegung und Material betraf natürlich auch den Kraftstoff, den es zu sparen galt. Wie auf allen anderen deutschen Flugplätzen gab es auch auf dem Fliegerhorst Brandis einen Bauern, der regelmäßig das Gras mähte und den Platz in Schuss hielt. Deshalb durften dort auch Kühe weiden. Dies brachte den Horstkommandanten auf den Gedanken, einen Ochsen als Zugmittel für die Me 163 anzufordern! Der Ochse gehörte einem alten Landsturmmann, der den Platz pflegte. Man stelle sich vor: ein archaischer Ochse zieht die Me 163, das schnellste Flugzeug der Welt!

An einen normalen Flugbetrieb in Salzwedel war nicht zu denken: ständig gab es Luftalarme und Flugzeuge wie Gerät waren so weit verstreut, dass allein zur täglichen Überprüfung mehrere Kilometer zurückzulegen waren. Als in den ersten Märztagen der Verlegungsbefehl nach Bad Zwischenahn einging, atmeten wir erleichtert auf. Es bestand Hoffnung, doch noch Einsätze fliegen zu können. Im Zuge der

Oberleutnant Franz Woidich

Franz Woidich wurde am 2. Januar 1921 im mährischen Znaim geboren. 1940 trat er in die Luftwaffe ein und kam im Juli 1941 als Oberfähnrich zur 5./JG 27, mit der er im Afrikafeldzug kämpfte und seine ersten beiden Luftsiege errang. Im April 1942 erfolgte die Versetzung zur 3./JG 52 an die Ostfront; im Juni 1943 wurde er Staffelkapitän. Den Ehrenpokal der Luftwaffe erhielt er am 13. September und das Deutsche Kreuz in Gold am 6. Dezember 1943. Bis Ende 1943 hatte Leutnant Woidich 56 Luftsiege errungen. Im Mai 1944 führte er als Staffelkapitän die 5.(Sturm)/JG 4 und wurde nach 80 Luftsiegen am 9. Juni 1944 mit dem Ritterkreuz ausgezeichnet. Am 11. August 1944 begann die Umschulung auf die Me 163 bei der Erg.St./JG 400, wonach Woidich am 11. September 1944 zur 4./JG 400 in Brandis stieß (die spätere 6./JG 400). Als Oberleutnant und Staffelführer bzw. Staffelkapitän führte er die 6./JG 400 von Oktober 1944 bis April 1945; am 22. April 1945 errang er einen der seltenen Abschüsse mit der Me 163. Im November 1944 verlegte er mit der II./JG 400 nach Stargard und noch im Mai 1945 nach Husum. Bei Kriegsende hatte Oberleutnant Franz Woidich auf über 1000 Feindflügen 110 Luftsiege errungen, 107 davon an der Ostfront, und steht daher an 86. Stelle der erfolgreichsten deutschen Jagdflieger. Nach kurzer US-Kriegsgefangenschaft und schwierigen Nachkriegsjahren als Heimatvertriebener wurde er als Kfz-Sachverständiger tätig. Franz Woidich starb am 5. Juli 2004 in Mainz.

Vorbereitungen zur Verlegung flog ich mit Hauptmann Frömert, der zum Stab II./JG 400 gehörte, nach Bad Zwischenahn. Sogar mit dem Fieseler »Storch« war es schwierig, dort einen geeigneten Landeplatz zu finden.

Die amerikanischen und britischen Bomber hatten den Platz bei früheren Angriffen dermaßen verwüstet, dass Bad Zwischenahn für Einsätze der 7./JG 400 nicht mehr in Frage kam.[6,7] In Folge erhielten wir Befehl nach Nordholz zu verlegen, den altehrwürdigen Flugplatz bei Cuxhaven, von dem im 1. Weltkrieg Zeppelin-Luftschiffe gestartet waren. Dieser Flugplatz bot sämtliche Voraussetzungen für Kampfeinsätze. Sofort nach der Ankunft wurden die Flugzeuge von den Eisenbahnwaggons entladen. Da Treibstoff vorhanden war, konnten wir ein paar Tage darauf Triebwerkstandläufe durchführen. Vor scharfen Starts überprüften wir die Maschinen bei Schleppflügen. Unsere Einsatzvorbereitungen wurden wiederholt von amerikanischen und englischen Tieffliegern gestört, aber wir waren so mit technischen und organisatorischen Dingen beschäftigt, dass wir sie kaum wahrnahmen. Zusätzlich mussten wir mit dem ständig wachsenden Zustrom an Flugzeugführern und anderem Luftwaffenpersonal fertig werden, die der Vormarsch der Westalliierten nach Norden von ihren Plätzen vertrieben hatte."

Husum

April – Mai 1945

RO „Der Vormarsch der Angloamerikaner machte unsere Position unhaltbar und so bekamen wir den Befehl zur Verlegung nach Husum, die sich vom 10.–15. April abspielte. Daran kann ich mich gut erinnern, denn ich erhielt keine genauen Anweisungen, wie dies zu bewerkstelligen sei. Ich unterhielt mittlerweile gute Beziehungen zum Personal des Marine-

Das langsamste Zugmittel für das schnellste Flugzeug der Welt. Ochsen waren als brave, starke, geduldige und manchmal auch sture Zugtiere in der kleinbäuerlichen Landwirtschaft ein vertrauter Anblick. Im Unterschied zu Pferden ließen sie sich kaum aus der Ruhe bringen. Notgedrungen und mangels anderer Möglichkeiten setzte man sie in der letzten Kriegshälfte auch auf Flugplätzen ein. Da viele Soldaten aus dem Bauernstand kamen, war der Umgang mit ihnen (meist) kein Problem. Das Foto entstand wahrscheinlich in Salzwedel, aber auch auf anderen Me 163-Plätzen nutzte man die Tiere.

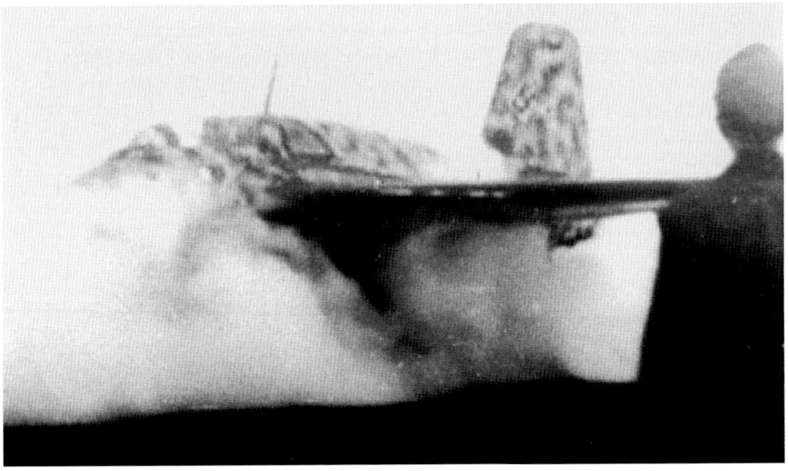

Oben links und rechts: Triebwerksprüfung und Start einer Me 163 (vermutlich Nordholz).

Der Bordwart unterstützt den Flugzeugführer bei den letzten Startvorbereitungen.

Die Me 163 B W.Nr. 191329 „Gelbe 7“ aus Junkers-Fertigung rollt in Nordholz zum Start.

Leutnant Reinhard Opitz führte mit dieser Maschine noch am 10. April 1945 einen Flug in Nordholz aus. Zwei Tage darauf überführte er sie nach Husum. Die mit einer Schablone am Leitwerk aufgebrachte W.Nr. 10061 weist sie als Me 163 B V52 W.Nr. 16310061 aus. Das Foto zeigt eine „Gelbe 1“ hinter dem Balkenkreuz (nur schwach zu erkennen). Gemäß Nachkriegsrecherchen war die B V52 aber die „Gelbe 13“. Ein zu einem späteren Zeitpunkt in Husum geschossenes Foto zeigt die „Gelbe 13“ wiederum in einem ganz anderen Tarnschema (siehe übernächste Seite). Daher gehen die Verfasser davon aus, dass es mit der „Gelben 1“/B V52 seine Richtigkeit hatte. Nach Kriegsende brachten die Briten die Maschine nach England und übergaben sie im März 1946 der französischen Luftwaffe.

Messerschmitt Me 163 B V52
W.Nr. 16310061 „Gelbe 1“
7./JG 400 Husum, April 1945

arsenals in Cuxhaven, von dem wir unsere Verpflegung bekamen, und nutzte diese erfolgreich zur Anforderung eines Schiffes für den Transport nach Husum.

Nach Überwindung der bürokratischen Hürden stellte man uns einen Küstenfrachter zur Verfügung, den wir in der Nacht beluden, nachdem wir unsere Flugzeuge mit abgebauten Flächen im Lkw-Transport von Nordholz in den Cuxhavener Hafen geschleppt hatten. Die zuvor flugklar gemachten acht oder zehn Maschinen überführten wir im Schleppflug mit Bf 110 nach Husum – was angesichts der ständig präsenten amerikanischen und englischen Jäger kein leichtes Unterfangen war.

Meine Me 163 stand startbereit am Ende der Nordholzer Betonstartbahn, bis alle Flugzeuge auf das Schiff verladen waren. Unser Staffelingenieur drängte mich zum Entleeren der Tanks, aber ich schwankte, ob ich seinem Rat folgen oder die Maschine mit scharfem Start nach Husum fliegen sollte. Der Abendhimmel des 12. April schien frei von englischen Jägern, und so startete ich mit meiner 163, Staffelkennzeichen »Gelbe 1«, stieg auf fast 13.000 m und kreiste über der Elbmündung. Von dort nach Husum waren es etwa 95 bis 100 km und mir war klar, dass ich aus dieser Höhe Husum im schnellen Gleitflug erreichen konnte. Als Orientierung dienten die charakteristischen Buch-

Luftaufnahme vom Flugplatz Nordholz.

ten der Nordseeküste und vor Husum die Insel Nordstrand, die eine Dammstraße mit dem Festland verband. Ich kann mich gut noch an den tiefblauen Abendhimmel erinnern und den Flug, der einen der Höhepunkte in meiner fliegerischen Laufbahn darstellte.

In 3000 m Höhe kam der Flugplatz Husum in Sicht. Ich überraschte den Fliegerhorst mit einem rasanten Überflug der Landebahn in nur wenigen Metern Höhe. Sie waren dort Landungen von Me 163 gewohnt und hatten eigentlich eine Schleppmaschine Bf 110 erwartet. Ich denke, es war einer der wenigen Überlandflüge mit Me 163 gewesen. Gemäß Flugbuch startete ich um 18.20 Uhr in Nordholz und landete um 18.29 Uhr in Husum.

Zweifelsohne stellte die Verlegung nach Husum eine Art Wunder dar, da sie in den letzten Kriegstagen wie ein Uhrwerk und ohne größere Schwierigkeiten ablief. Jeder wusste, dass der Krieg bald zu Ende sein würde, aber keiner, wann genau. Deshalb bauten wir unsere Flugzeuge wieder zusammen, führten Standläufe und eine Anzahl scharfer Starts durch.

Am 14. April kam es zu einem besonders tragischen Vorfall. Ein Feldwebel, der den Angloamerikanern bei der Einnahme des Flugplatzes Rheine entwischt war und sich bis zu uns nach Nordholz durchgeschlagen hatte, kam kurz nach dem Start mit einer Bf 110 ums Leben.

Er schleppte eine Me 163 und wurde von einer englischen »Spitfire« abgeschossen, der es gelungen war, sich im Tiefflug unbemerkt dem Flugplatz zu nähern. Der Me 163 gelang auf einer Lichtung in einem Kiefernwald die Notlandung.“

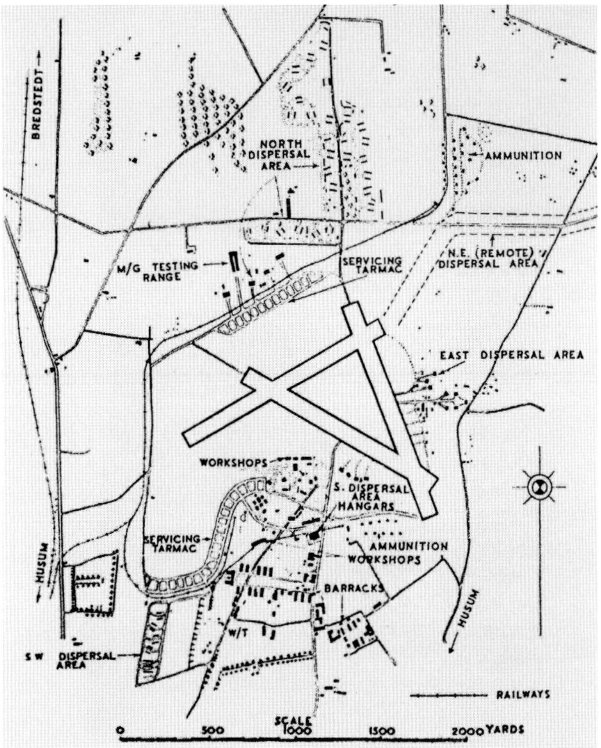

Rechts und unten: Der Flugplatz Husum bildete den letzten Standort der II./JG 400.

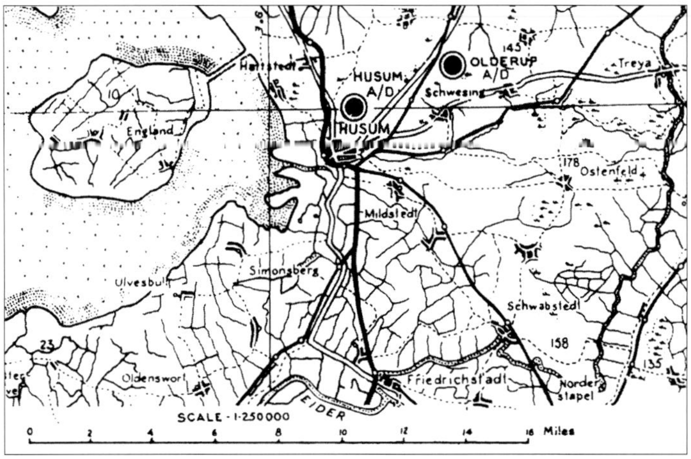

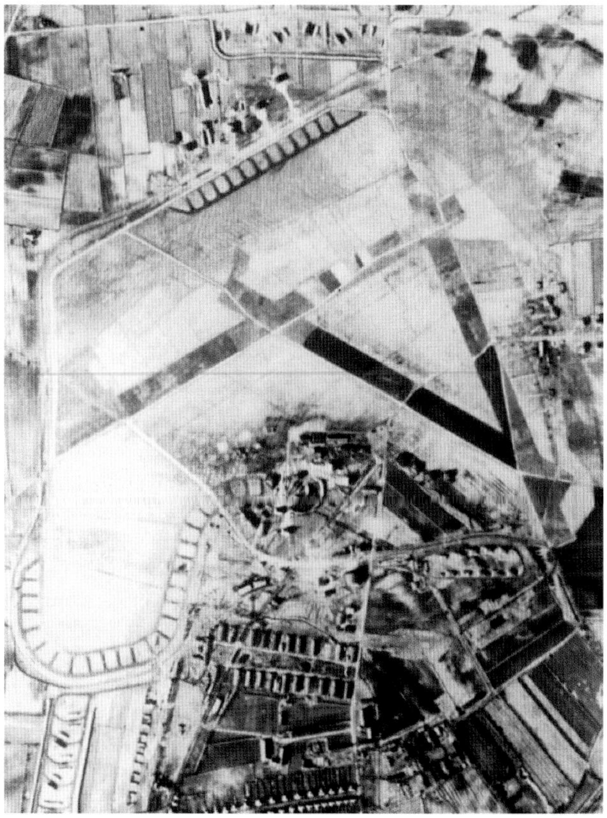

Me 163 B „Gelbe 2“ und „Gelbe 13“ auf dem Vorfeld in Husum. Man beachte den Schlieren-Tarnanstrich der „Gelben 13“.

Messerschmitt Me 163 „Gelbe 2“
der 7./JG 400
Husum, April 1945

Oberfeldwebel Werner Nelte, der Flugzeugführer der Me 163, kam in Husum ebenfalls noch ums Leben. Er wurde vom Staffelkapitän der britischen *41 Squadron, 125th Wing*, John B. Shepherd (Träger des DFC mit Spange), abgeschossen. Am 20. April 1945 wurden die I. und II./JG 400 offiziell aufgelöst. Der Auflösungsbefehl trat sofort in Kraft und seine Ausführung war bis 1. Mai 1945 zu bestätigen.

RO „Anfang 1945 funktionierte die Funkmessüberwachung in diesem Teil Deutschlands nahezu reibungslos, befand sich aufgrund verschiedener Probleme im April jedoch in einem beklagenswerten Zustand. Von morgens bis abends erhielten wir ständig Meldungen über sich nähernde Feindflugzeuge. Da es zu wenige Funkmessleitgeräte gab, nahmen wir die Sache notgedrungen selbst in die Hand. Dass dies funktionierte und mit welchem Ergebnis, wird am besten im Angriff einer Rotte Me 163 auf eine heimwärts fliegende »Mosquito« deutlich.

Wenige Tage vor Kriegsende, etwa Ende April, machten wir durch ein Loch in der Wolkendecke den Kondensstreifen eines nach Westen fliegenden Flugzeugs aus. Da dieser nur von einem in großer Höhe fliegenden englischen Aufklärer stammen konnte, erhielt eine Rotte Me 163 den Befehl zum Abfangen. Eine der beiden Maschinen flog Leutnant Gerth. Die Flugzeuge starteten einwandfrei und stiegen auf. An ihren Kondensstreifen ließ sich erkennen, dass sie sich dem Ziel rasch näherten. Auch das Mündungsfeuer der Kanonen war schwach draußen über der See zu erkennen, aber dann verloren wir die Flugzeuge aus den Augen und mussten auf ihre Rückkehr samt Bericht warten.

Der Bericht von Gerth – einer der erfahrensten Me 163-Piloten und alter Jagdflieger, der mit Me 109 einige Feindflugzeuge abgeschossen hatte – war typisch, was die technische Einsatzreife der Me 163 anging. Er hatte sich der schnell fliegenden »Mosquito« von hinten bis auf 200 m genähert und dann erst das Feuer eröffnet. Die MK 108 versagten nach je einem Feuerstoß ihren Dienst. Der Pilot der »Mosquito« war besonders gewieft. Er wusste, dass die Me 163 den Angriff aufgeben mussten, wenn er nur tief genug über See flog. Denn dann hatten sie nicht mehr genug Höhe, um im Gleitflug auf ihren Horst zurückfliegen zu können. Am nächsten Tag brachten wir Gerths Me 163 zur Überprüfung der Waffen auf den Schießstand. Sie funktionierten einwandfrei,

Fotos rechts: Leutnant Reinhard Opitz (Staffelkapitän 7./JG 400) unterstützt Hauptmann Rudolf Opitz (Gruppenkommandeur II./JG 400; in der Kanzel) bei den letzten Startvorbereitungen. Mitte und unten: Die Maschine beim Anrollen zum Start. Am 25. April 1945 unternahm Rudolf Opitz den letzten scharfen Flug in Husum. Er endete nach Aussetzen des Triebwerks mit einer Bruchlandung.

was wiederum und zum wiederholten Male bestätigte, dass die hohen Flieh- und Beschleunigungskräfte zur Blockade der Munitionsgurte in den Schächten führten…"

Bei der angegriffenen „Mosquito" PR.XVI (RG131) handelte es sich um eine Maschine der in Benson/Oxfordshire liegenden *544 Squadron* mit der Besatzung Hauptmann J. M. Daniels und Hauptfeldwebel J. Amos. (10) Ihr Bericht: (11) „Wir starteten auf dem Heimatflugplatz am 25. April 1945 um 08.55 Uhr und nahmen Kurs auf Hannover. Unser Auftrag lautete Ziele an der Stettiner Bucht und bei Kopenhagen zu fotografieren. Wir stiegen unter Beibehaltung des Kurses auf Kondensstreifenhöhe 30.000 Fuß [ca. 10.000 m] und gingen dann 1000 Fuß [ca. 300 m] tiefer, um keine Kondensstreifen zu ziehen. Der Himmel war wolkenfrei und die Kondensstreifenhöhe sank bis Hannover auf 25.000 Fuß [ca. 7600 m].

Um 10.50 Uhr erreichten wir mit dem Flugplatz Pasewalk unser erstes Ziel. Obwohl eine Cumulus-Bewölkung von 4/10 herrschte, gelang ein Überflug und bei den nächsten beiden Zielen, den Flugplätzen Anklam und Tutow, hatten wir ebensolches Glück.

Dann nahmen wir Kurs auf den Kaiser-Fahrt-Kanal [Usedom], wo wir nach der *Lützow* Ausschau halten sollten. [Schwerer Kreuzer, ex Panzerschiff *Deutschland*. Von Ende März bis zum 3. Mai 1945 bekämpfte die *Lützow* sowjetische Stellungen

April 1945. Me 163 B der II./JG 400 auf dem dunstigen Vorfeld von Husum. Rechts die W.Nr. 191453 „Gelbe 10“.

um Swinemünde, bis die letzte Munition verschossen war.] Von der russischen Front stiegen unzählige Rauchsäulen bis auf 5000 Fuß [ca. 1500 m] in den Himmel.

Wir machten unser Ziel aus und stellten fest, dass die *Lützow* ihren zuletzt gemeldeten Liegeplatz nicht verlassen hatte. Wir brauchten nur einen Überflug zu machen und nahmen Kurs auf Kopenhagen.

Unmittelbar nach Passieren der Küstenlinie überflogen wir eine Schicht 10/10 Stratocumulus die so weit das Auge reichte. Dies blieb so bis ETA [voraussichtliche Ankunftszeit] Kopenhagen und da es keine Wolkenlücken gab, nahmen wir Heimatkurs 259° M.

An der dänischen Westküste lockerte die Bewölkung auf und über der See herrschte klarer Himmel. Links kam Helgoland in Sicht. Wir entschlossen uns zu einem Überflug und änderten den Kurs 20° nach links. [Das Flugzeug befand sich in 25.000 Fuß 30 Meilen vor der dänischen Küste mit Kurs 245° M]. In diesem Augenblick sah ich [Daniels] zwei Feuerstöße aus Maschinenkanonen, die etwas tief und neben der rechten Flügelspitze lagen. Ich warnte meinen Navigator mit einem Schrei und zog eine Steilkurve nach links, ging auf 2850 Umdrehungen und gab Vollschub. Mein Navigator machte mich darauf aufmerksam, dass sich 500 yards [ca. 460 m] hinter uns offenbar eine Fw 190 befand, die zu einem zweiten Angriff ansetzte. Darauf ging ich in eine Steilkurve nach rechts. Jetzt erkannten wir, dass es sich um eine Me 163 handelte. Ich drehte dann einige steile Bogenkurven mit 270°, um das Feindflugzeug weiter hinaus auf See zu locken. Das Ganze dauerte etwa 7 Minuten, während der das Feindflugzeug zwei weitere Feuerstöße abgab, die rechts vorbeigingen. Wir stellten fest, dass der Feind keinen Gebrauch von seinen Raketen [sic] machte.

Dann änderte das Feindflugzeug seine Taktik, ging tiefer und versuchte von unten anzugreifen. Mein Navigator teilte den Beginn des Angriffs mit, worauf ich sofort in den Sturzflug überging. Der Gegner folgte unter Abgabe eines langen Feuerstoßes, der über uns vorbeiging, 100 yards [ca. 90 m] vor uns detonierten die Geschosse. Ich hielt den Steuerknüppel weiter nach vorn gedrückt, bis der Gegner auf 13.000 Fuß [ca. 4000 m] die Verfolgung abbrach und nach Norden flog. Die Geschwindigkeit betrug 480 [mph, ca. 770 km/h] und das Flugzeug bebte heftig.

Von beiden Flügelspitzen gingen Kondensstreifen aus, die sich in der Breite bis zu den Flächenwurzeln erstreckten. Allein über die Trimmsteuerung konnte ich die Maschine wieder in den Geradeausflug bringen. Da vom Gegner nichts mehr zu sehen war, flog ich fünf Minuten lang mit 2850 Umdrehungen und Ladedruck 12. Die Motoreninstrumente funktionierten normal, der Sturz hatte nur die Aufnahme der linken Ladedruckanzeige gelockert.

Den Rest der Strecke legten wir in 10.000 Fuß ohne weitere Vorkommnisse zurück. Um 12.45 Uhr landeten wir auf dem Stützpunkt und hatten noch Kraftstoff für zehn Minuten.“

RO „Wenige Tage vor Kriegsende machte Hauptmann Rudolf Opitz, Gruppenkommandeur II./JG 400, mit einer Me 163 der 7. Staffel einen der letzten scharfen Starts. Er wird hier nicht nur erwähnt, weil er den letzten scharfen Start mit einem Raketenflugzeug in Deutschland machte, sondern auch, weil er zusammen mit Heini Dittmar eine Pionierrolle bei der Entwicklung und Erprobung dieses Flugzeugs unter dramatischen Begleitumständen gespielt hat.

[Rudolf Opitz konnte sich lebhaft an seinen letzten Flug, genau gesagt die Landung, erinnern: „Ich versuchte auszusteigen. Nachdem ich den Sitzgurt gelöst hatte, richtete ich mich auf, sah hinunter auf den Sitzfallschirm und erkannte, dass ihn der auslaufende Treibstoff bereits angegriffen hatte. Nun hatte ich Sorge, dass der Fallschirm nicht mehr funktionierte, und entschloss mich deshalb zur Landung. Die starken Treibstoffdämpfe in der Kanzel hatten die ganze vordere Haube beschlagen. Zum Landeanflug musste ich seitlich hinausblicken und erfasste tatsächlich die Landebahn, setzte aber kurz vorher auf. Ich landete auf einer Wiese mit Teich. Die Me 163 pflügte durch den Deich, wobei die Flügel abrissen. Da ich nicht mehr angeschnallt war, flog ich beim plötzlichen Abbremsen des Flugzeugs im Wasser aus der Kanzel. Der Rest des Flugzeugs fing an zu brennen und explodierte kurz darauf.

Ich hatte den Flug nicht allein aus reiner Lust unternommen, noch einmal zu fliegen. Feldwebel Rudolf Zimmermann, der mit der Maschine vor mir gestartet war, hatte den Start wegen Triebwerkproblemen abbrechen müssen. Die Warte behaupteten, das Triebwerk sei in Ordnung, und

Die Me 163 B W.Nr. 190598 nach der Übergabe des Flugplatzes Husum an die Briten am 8. Mai 1945. Viele Flugzeuge waren am frühen Morgen des 8. Mai vor Eintritt des Waffenstillstandes noch weggeflogen, andere in Erdverstecken untergebracht worden, darunter vier Me 163.

warfen ihm Feigheit vor. Als Kommandeur griff ich ein, um diese Vorwürfe zu zerstreuen, und beschloss den »Rehabilitierungs-Werkstattflug« selber durchzuführen. Der Rest ist Geschichte. 2003 machte Zimmermann auf einer Kanada-Reise einen Abstecher nach Connecticut, um mir für diesen Flug und die Reinwaschung seines Namens zu danken."]
Ende April stießen die Flugzeugführer der anderen Staffeln, darunter Hauptmann Opitz, zu uns in Husum. Sie hatten ihre Maschinen in Wittmundhafen und Jever zurücklassen müssen. Opitz wollte noch einmal fliegen und bekam ein Flugzeug meiner Staffel [7./JG 400] zugeteilt, das am Morgen des Tages erfolgreich eine Triebwerk-Standprüfung durchlaufen hatte. Die Maschine startete einwandfrei, doch während des Steigfluges trat unten aus dem Rumpf Rauch aus. Wir teilten es ihm mit. Wir haben nie genau erfahren, warum Rudolf Opitz nicht antwortete und weshalb er nicht sofort aus der brennenden Maschine ausstieg. In etwa 3000–4000 m Höhe brach er den Steigflug ab und kam im Gleitflug zum Flugplatz zurück. Zum Aussteigen war immer noch Zeit. Rauch und Flammen waren deutlich zu erkennen. Zur Minderung der Geschwindigkeit flog er eine Runde um den Platz, entfernte sich vom Flugplatz und drehte zur Landung ein. Am Ende der Kurve schien die 163 nicht mehr steuerbar und dann sahen wir hinter einem flachen Hügel eine Rauchwolke aufsteigen. Keiner glaubte, dass er das überlebt haben konnte, doch wir fanden ihn unweit des brennenden Wracks lebend in einem Graben liegen. Offensichtlich war es ihm gelungen, das Gurtzeug und die Haube zu öffnen; die Bauchlandung hatte ihn aus der Kanzel geschleudert. In einem Husumer Krankenhaus wurde er gesund gepflegt und wir nahmen ihn unter abenteuerlichen Umständen Ende Juli auf einem Lkw mit nach Augsburg.

Der Waffenstillstand trat am Morgen des 8. Mai 1945 um 8 Uhr in Kraft. Eine große Anzahl Flugzeuge war noch in der Morgendämmerung gestartet mit dem Ziel, Flug- oder Landeplätze in Nähe der Heimatorte der Flugzeugführer zu erreichen. Eine Ju 88 der Wettererkundungsstaffel war noch vor zwei Stunden von einem Flug über der Nordsee zurückgekehrt und hatte den letzten deutschen Wetterbericht des Krieges mitgebracht.
Englische Bodentruppen hatten am Morgen den Nordostseekanal erreicht und nun, da der Krieg zu Ende war, waren wir noch immer frei."

Ein deutscher und zwei britische Luftwaffensoldaten posieren für ein gemeinsames Erinnerungsfoto vor der Me 163 B W.Nr. 191452.

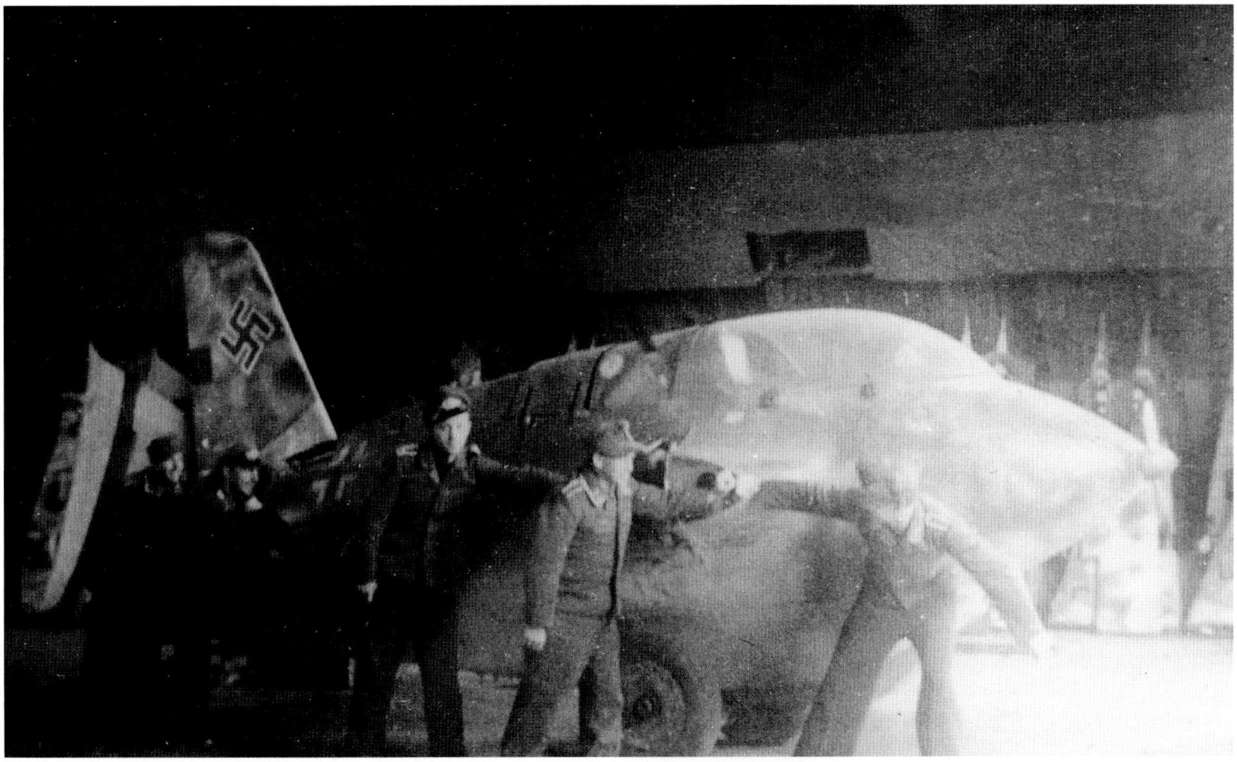

Bodenpersonal der II./JG 400 bewegt eine Me 163 aus ihrer Flugzeughalle in Husum.

PG „In Husum wurde alles vergraben, darunter eine mit Mottenkugeln vollgestopfte Me 108 und vier in Gummimatten verpackte Me 163. Leider wurden sie später bei Verlängerungsarbeiten an der Startbahn entdeckt, die sich auf den entsprechenden Abschnitt des Flugplatzes erstreckten. Die Maschinen waren in Gruben versteckt, die man ursprünglich für Luftschutzbunker ausgehoben hatte."

RO „Zwei Tage später meldete der Offizier vom Dienst dem Horstkommandanten beim Mittagessen im Kasino, dass ein englischer Panzerspähwagen vor dem Haupttor stehe und um Einfuhrerlaubnis bitte! Kurz darauf fand die offizielle Übergabe des Flugplatzes einschließlich unserer Gruppe, der anderen Jagdstaffeln und einer Halbstaffel »Volksjäger« Heinkel He 162 statt.

In den nächsten Tagen mussten wir umherziehende Banden bewaffneter Russen abwehren. Wenig später landete ein »Lancaster«-Bomber mit Beschussspuren von nächtlichen Einsätzen über Deutschland mit einer Gruppe englischer Offiziere, die sich für die Me 163 interessierten. Da wir von der Regierung Dönitz die Anweisung erhalten hatten, weder Flugzeuge noch Gerät zu zerstören und weitere Befehle abzuwarten, fielen so etwa 14 einsatzklare und etwa 12 bis 15 zerlegte Me 163 in britische Hände. Sämtliche Soldaten einschließlich des fliegenden Personals waren mittlerweile in ein großes Stacheldraht-umzäuntes Gelände rund 20 km von Husum entfernt verbracht worden

Zusammen mit 20 Männern unserer Staffel wurde ich dazu abgestellt, nach Anweisung der Bewacher eine Anzahl Flugzeuge einschließlich Ersatzteilen in große Behälter zu verpacken. Gespräche mit englischen Offizieren und Ingenieuren verliefen in korrekter, ja freundlicher Art und Weise.

Feldwebel Albert Twachtmann (2. v. l.) und drei Unteroffiziere der II./JG 400 stellen sich für ein letztes Foto. Feldwebel Rath (hinter der Kanzel) hat immer noch zu tun.

Auf einem Teil des Flugplatzes wurden Tausende deutsche Militärfahrzeuge abgestellt und in den leeren Hallen brachte man große Mengen wertvollen Geräts, Fallschirme und andere fliegerische und flugtechnische Ausrüstung unter. Wir konnten sogar berühmte englische Jagdstaffeln aus nächster Nähe in Augenschein nehmen, zumal »Spitfire 21« und »Tempest« eine Zeitlang auf dem Platz lagen. Niemand hinderte uns daran und wenn es doch Schwierigkeiten gab, brauchten wir nur die vom englischen Platzkommandanten ausgestellten Ausweise zu zeigen..."

Oben: Wrack der Me 163 B W.Nr. 191752 im Luftpark 4/XI in Kiel-Holtenau.

Wracks von Me 163 und Me 262 in Husum.

Fabrikneue Me 163 B in einer Lagerhalle des Luftparks Kiel-Holtenau. Man beachte den zivilen Pkw links unten mit aufgemalter englischer Kokarde und Kürzeln, den sich wohl eine britische Einheit als Stabsfahrzeug unter den Nagel gerissen hatte.

Weitere Ansichten der nagelneuen Me 163 B in der Lagerhalle des Luftparks 4/XI Kiel-Holtenau. Auf dem Foto rechts unten lässt sich am Leitwerk des zweiten Flugzeugs von rechts die W.Nr. 191752 ausmachen. Mit dieser Maschine führte Karl Voy am 23. Januar 1945 in Oranienflug einen Erprobungsflug durch.

Fußnoten

1 Die 3./JG 400 wurde später zur 5./JG 400 und eine neue Staffel in Brandis wiederum zur 3./JG 400.

2 Am 29. November 1944 startete Leutnant Reinhard Opitz letztmals zu einem Übungsflug in Stargard. Er flog eine Bf 110 mit einer Me 163 im Schlepp. Am 14. Dezember flog er mit einer Bf 110 nach Stettin-Altdamm.

3 Interessanter Weise verlegte die 5./JG 400 nach Bad Zwischenahn, das laut Aussage von Reinhard Opitz zu diesem Zeitpunkt nicht mehr für Me 163-Einsätze taugte.

4 Den letzten Flug in Stettin machte Reinhard Opitz am 28. Januar 1945 mit einer Bf 110.

5 Der Eintrag dieses Fluges fehlt im Flugbuch von Reinhard Opitz.

6 Dieser Flug dürfte sich bereits nach der Bombardierung Bad Zwischenahns am 15. August 1944 ereignet haben, denn die späteren Luftangriffe vom 21. und 24. März 1945, die schwere Zerstörungen anrichteten und den Flugplatz unbrauchbar machten, ereigneten sich nach der Verlegung der 7./JG 400 von Salzwedel nach Nordholz.

7 Die Verlegung von Salzwedel nach Nordholz muss vor dem 13. März 1945 stattgefunden haben, denn an diesem Tag unternahm Reinhard Opitz von Nordholz einen Flug mit der Me 163 „Gelbe 7".

9

Wie Fledermäuse

Mysteriöse Sichtungen

WÄHREND der letzten neun Kriegsmonate berichteten amerikanische und britische Flieger und Bomberbesatzungen bei Einsätzen über Deutschland von Begegnungen mit Me 163. Entweder machten sie diese irgendwo am Himmel aus oder sie wurden von einem oder mehreren Raketenjägern angegriffen. Allerdings ereigneten sich viele Sichtungen weit außerhalb der Reichweite der Flugplätze, von denen das EKdo 16 und das JG 400 operierten, also vornehmlich Bad Zwischenahn, Wittmundhafen, Venlo und Brandis. Besonders mysteriös sind Sichtungen – oder angebliche Sichtungen – im Großraum Aachen-Köln-Bottrop im Zeitraum 11. September 1944 bis 25. März 1945. Zu dieser Zeit lag die 2./JG 400 nicht mehr in Venlo, dem nächsten überhaupt in Frage kommenden Einsatzplatz. Die Staffel hatte Venlo schon am 3. September 1944 verlassen!

Die Verfasser haben mehrfach ehemalige Flugzeugführer des JG 400 danach befragt, ob im Raum Aachen-Köln-Bottrop eine Me 163-Staffel gelegen hatte. Alle antworteten übereinstimmend, ihnen sei davon ebenso wenig bekannt wie von einer Rückverlegung von Me 163-Einheiten in den Westen. Der ehemalige Geschwaderkommodore Wolfgang Späte meinte, er wisse von allen Leuten wohl am besten, wo seine Staffeln gelegen hätten. Da man davon ausgehen kann, dass die alliierten Flieger zur fraglichen Zeit in der Feinderkennung geschult waren und die Silhouette der Me 163 kannten, stellt sich die Frage: was haben sie denn gesehen und was ist ihnen da begegnet? Möglicher Weise verwechselten sie die Me 163 ja mit der weitaus häufiger vorkommenden Me 262. Ihre detailgenauen Beschreibungen deuten allerdings ziemlich eindeutig auf einen Flugzeugtyp hin, der größere Ähnlichkeiten zur Me 163 besaß. In diesem Kapitel stellen die Verfasser alliierte Berichte von „Begegnungen mit Me 163" vor, die sich in besagter Zeit und in besagtem Raum abspielten. Der Leser möge sich ein eigenes Urteil bilden.

Nordfrankreich

25. April 1944

Erstaunlicher Weise meldeten Besatzungen amerikanischer B-17 schon im April 1944 Me 163 im Raum Chartres. (1–3) Von der „Sichtung wahrscheinlich einer Me 163" berichtete etwa ein Besatzungsmitglied einer B-17 der 8. USAAF. Und zwar bei einem Einsatz am 25. April 1944 mit Koordinatenangabe 4830N-0100O (Nordfrankreich) auf drei bis fünf Meilen Entfernung (ca. 5–8 km). Die Sicht betrug 5/10 und das Flugzeug wurde in zehnminütigem Abstand zweimal gesehen, einmal im Querflug vor der B-17. „Der Rumpf des Flugzeugs war spitz und tränenförmig, es wird kleiner als eine P-47 beschrieben. Seine Flügel waren stark rückwärts gepfeilt und an den Enden fast spitz, extrem dick an den Flächenwurzeln und die Spannweite war größer als die Länge des Rumpfs. Der Offizier, der die Meldung verfasste, erinnerte sich nicht an die V-Stellung der Flächen. Es konnte keine Kanzel ausgemacht werden, und die Maschine schien kein Leitwerk zu haben. Bewaffnung war keine zu erkennen und sie hinterließ keine Kondensstreifen. ... Die Geschwindigkeit des Flugzeugs betrug schätzungsweise 350–400 mph (ca. 560–640 km/h). Der Anstrich schien einheitlich schwarz zu sein, auf die Entfernung konnten keine Abzeichen ausgemacht werden."

2. August 1944

Die Besatzung einer amerikanischen B-24 beobachtete bei Calais „eine Me 163" in 20.000 Fuß Höhe (ca. 6100 m). (2) Die nächst gelegenen Me 163-Flugplätze waren Bad Zwischenahn und Wittmundhafen, also deutlich außerhalb der Reichweite. Die Me 163-Sichtungen über Nordfrankreich beruhten mit Sicherheit auf Verwechslungen. Höchstwahrscheinlich sahen die US-Bomberbesatzungen Marschflugkörper V1 auf dem Weg nach London oder anderen Zielen im südlichen England. Die ersten V1 starteten in der Nacht vom 12. auf den 13. Juni 1944 von Stellungen zwischen Rouen und Calais gegen Albion. Anfang September gab man diese wegen des Vorrückens der Angloamerikaner auf. Die V1-Angriffe endeten damit nicht. Statt von Bodenstellungen wurden die Flugkörper nun von He 111 der KG 3 und 53 in Einsatzreichweite transportiert und luftgestartet. Die He 111 operierten von Venlo, Bad Zwischenahn, Münster-Handorf, Ahlhorn und Wittmundhafen.

Den Flugplatz Châteaudun (42 km südlich Chartres, 315 km südlich Calais) nutzten die I./KG 100 (He 177 A-3) und die II./KG 100 (Do 217 K-2) im April 1944, wobei die Do 217 Einsätze mit der Lenkbombe PC 1400 X („Fritz X") flogen. Von Châ-

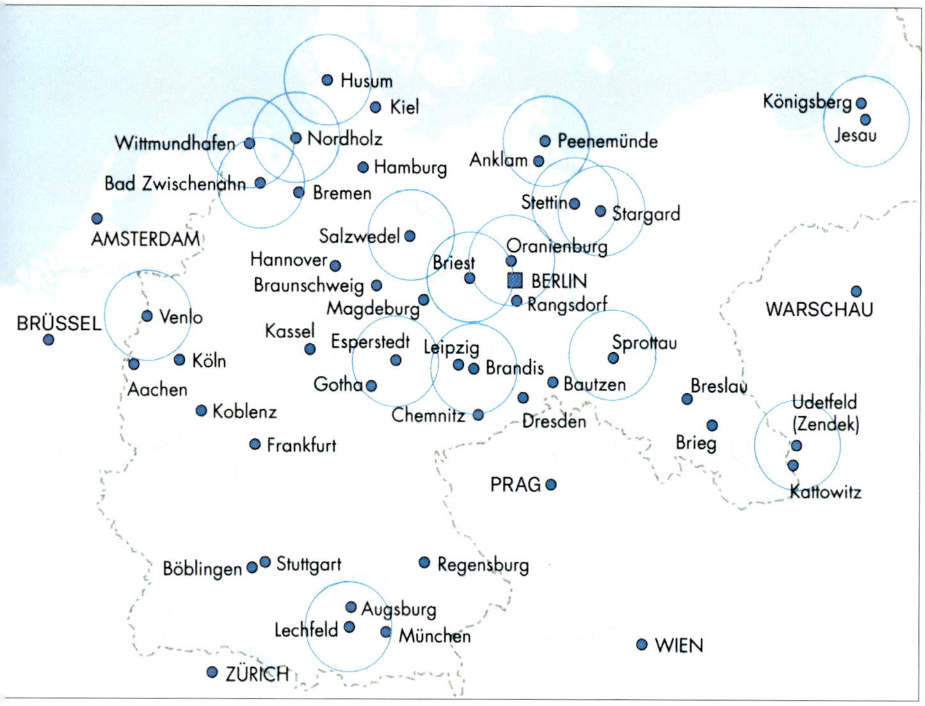

Me 163-Flugplätze (umkringelt) im Deutschen Reich. Die Karte entspricht nicht der Größe des deutschen Staatsgebietes ab 1938, zu dem auch Österreich mit Wien sowie das Sudetenland gehörten. Wahrscheinlich wurde eine Karte Deutschlands vor 1918 zu Grunde gelegt.

Ausgehend von ihren Flugplätzen im März und April 1945 entsprechen die eingekreisten Bereiche den Einsatzreichweiten der Me 163. In Salzwedel lagen zeitweise die 6. und 7./JG 400 nach der Verlegung von Stargard und Stettin. Me 163 A und B lagen auch in Fassberg; über ihre dortige Verwendung ist so gut wie nichts bekannt.

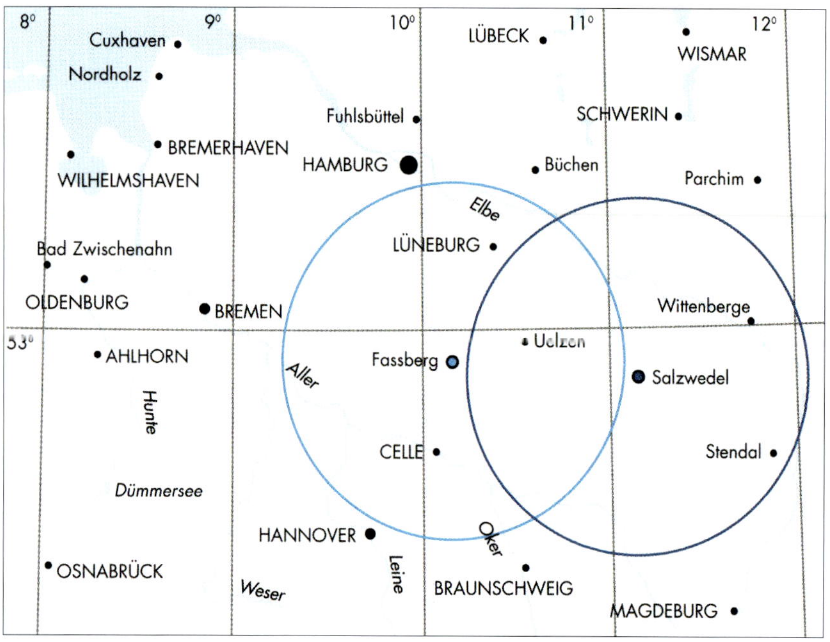

teaudun sowie von Ertampe, Creil und Juvincourt operierte vom 20. Juli bis 12. August 1944 des Weiteren das mit Me 262 A-1a ausgerüstete Kommando Schenk.

Deutschland

Stendal – Magdeburg – Braunschweig

5. August 1944 – 31. März 1945

5. August 1944

An diesem Tag bombardierte die 8. USAAF Braunschweig und Magdeburg. (2, 4) „Die in den letzten AMWIS-Ausgaben abgedruckten Berichte von Begegnungen mit Me 163 und Me 262 wurden durch einen aufschlussreichen Bericht einer B-17-Besatzung ergänzt, die am USAAF-Angriff auf Magdeburg am 5. August [1944] beteiligt war. Sie beobachtete, wie drei P-51 von Me 163 abgeschossen wurden.“ (5) Auszug aus dem erwähnten Bericht: „Zwei Minuten nach dem Einkurven über dem Ablaufpunkt für den Angriff sah ich [Sgt Charles M. Nekvasil, Funker in der „The Royal Flush“ der 100th Bomb Group (6)] die quellenden Kondensstreifen von drei Me 163 etwa 35.000 Fuß (ca. 11.000 m) über uns in Richtung 9 Uhr quer zu unserem Kurs. Sie flogen auf unsere Formation zu, schwenkten nach links und griffen drei P-51 an, die links querab etwa 3000 Fuß (ca. 900 m) über uns flogen. Die Jets stürzten sich auf unsere P-51 herab, die sich nun in Richtung 8 Uhr befanden (unser Verband hatte sich weiter vorwärts bewegt, während die Feindjäger aus Richtung 9 Uhr kamen). In Kiellinie kippten die Me 163 ab und kurvten auf die P-51 ein, was ich gut aus der Funkersichtluke beobachten konnte. Sie griffen mit großem Schneid bis fast auf Rammnähe an und zogen dann im Steigflug hoch in den wolkenlosen Himmel. Ich sah, wie Flammen aus den drei P-51 schlugen und sie abstürzend aus meinem Blickfeld verschwanden. Der obere Turmschütze meldete über Bordsprechanlage, dass sich die Jets in die Richtung entfernten, aus der sie gekommen waren. Zu diesem Zeitpunkt befanden sich keine weiteren Begleitschutzjäger in unserem Luftraum.“

In seinem Buch *Komet. The Messerschmitt Me 163* (deutsche Ausgabe: *Messerschmitt Komet*, Motorbuch Verlag 1980) schrieb Jeffrey L. Ethell: (6) „Am 5. August war die AAF (Army Air Force, später USAF) mit allen verfügbaren Kräften wieder im Anflug bis tief in das Reich, und 614 Einsätze wurden von den amerikanischen Tagjägern zur Unterstützung der schweren Bomber geflogen. Bomberbesatzungen beobachteten mehrere »Komet«, die aufstiegen, um auf den Bomberstrom zu treffen, aber nie griffen sie wirklich an. Die 488. Bombergruppe machte auf ihrem Weg nach Braunschweig-Fallersleben drei große Feuerbälle aus, und alle waren der Auffassung, dass es wegen der langen Kondensstreifen Raketenflugzeuge waren. Auf- und abschwingend wie eine Achterbahn verloren sich die Flugzeuge schließlich in senkrechtem Steigflug. Als die 94. Gruppe gerade über Magdeburg war, meldete sie zehn »Jets«. Zu diesem Zeitpunkt des Krieges wurden von den Besatzungen alle deutschen Rückstoß-Flugzeuge »Jets« genannt. Die »Jets« zogen dichte, ausgedehnte und markante Kondensstreifen, die sich mit hoher Geschwindigkeit fortbewegten.

Die 452. Gruppe beobachtete mehrere »Komet« in 9200 m, die in Abständen schwere, lange Kondensstreifen bildeten, und weitere vier Flugzeuge, acht bis zehn Meilen vor dem Verband. Die deutschen Flugzeugführer wurden immer noch wie die übrigen kolbengetriebenen Jäger zum Einsatz gebracht, und es wurde für sie zur niederschlagenden Erfahrung, den Gegner zwar zu sehen, aber nicht stellen zu können. Die 486. meldete acht Flugzeuge vom Typ »Komet«, und die 490. registrierte Jagdflugzeuge mit keulenartigen Flächen.... Die amerikanischen Unterlagen über diesen [von Sgt Nekvasil geschilderten und von Ethell beschriebenen] Luftkampf sind sehr verwirrend. Die 352 Fighter Group verlor die Leutnante French und Silcox, die aber zum Zeitpunkt, als sie abgeschossen wurden, nicht zusammen flogen. Die 20. verlor Lt. Fernandes. Insgesamt wurden drei P-51, zwei P-47 und eine P-38 aus unbekannten Gründen verloren gemeldet, von denen sich aber keine mit einer anderen zur Zeit des Verlustes im gleichen Luftraum befand. Es bleibt noch die Möglichkeit, dass die Mustangs nur beschädigt wurden und den Rückflug zum Heimatflugplatz schafften, trotzdem bleibt die Tatsache, dass keine der Jagdgruppen, die für die 8. Luftflotte Begleitschutz flogen, von einem Aufeinandertreffen mit Me 163 berichten."

11. September 1944

Angriffe der 8. USAAF auf Misburg, Magdeburg und Hannover. (4)

Hauptangriffsziele	3. Kampfgruppe: Misburg, Magdeburg, Hannover
Bomber	4 Bombergeschwader der 3. Kampfgruppe (396 B-24)
Begleitschutz	6 Jagdgruppen der 3. Kampfgruppe (165 P-47, 97 P-51)

„Bomber der 3. Kampfgruppe beobachteten 20–25 strahl- und raketengetriebene Flugzeuge bei Koblenz und Magdeburg, von denen 15 als Flugzeuge mit einem Triebwerk angesprochen wurden." (4)

12. September 1944

Angriffe der 8. USAAF auf Magdeburg und Böhlen. (4)

Hauptangriffsziele	2. Kampfgruppe: Magdeburg, Böhlen
Bomber	8 Bombergeschwader der 2. Kampfgruppe (348 B-17)
Begleitschutz	6 Jagdgruppen der 2. Kampfgruppe (80 P-47, 191 P-51)

„Eine Me 163 griff B-17 der 2. Kampfgruppe in der Gegend um Böhlen an (insgesamt 35 B-17 bombardierten das Braunkohle-Hydrierwerk Böhlen."

„Zehn strahl und raketengetriebene Flugzeuge wurden in der Nähe von Magdeburg gesichtet." (7)

31. März 1945

Me 163 wurden im Raum Stendal-Magdeburg-Braunschweig gesichtet. (4)

Hauptangriffsziele	3. Kampfgruppe: Kassel, Nienhagen, Braunschweig
Bomber	38 Staffeln der 2. Division der 3. Kampfgruppe (383 B-24)
Begleitschutz	5 Jagdgruppen der 3. Kampfgrupp (53 P-47, 213 P-51)

„Die 3. Kampfgruppe sichtete Me 163 im Raum Stendal-Magdeburg-Braunschweig." (4)

Ahlhorn – Dümmersee
5. August 1944 – 15. Februar 1945

5. August 1944

Hauptmann William J. Shackelford von der 375. Jagdstaffel der 361. Jagdgruppe flog eine von mehreren P-51 „Mustang", die um 12.30 Uhr den Flugplatz Ahlhorn angriffen. Er meldete die Zerstörung einer Do 217 und die Beschädigung zweier Me 163 am Boden. „Ich flog die »Cadet Yellow Leader« und kam mit meiner Teileinheit vom Einsatz in Magdeburg zurück, bei dem mein Einheitsführer abgeschossen worden war. Mein Rottenflieger war ausgeschert und ich hatte mich drei Maschinen der 359. Gruppe (grüne Schnauzen) angeschlossen. Auf dem Rückflug entdeckte ich einen großen Flugplatz, in dessen Mitte augenscheinlich mehrere zweimotorige Flugzeuge lagen. Aus etwa 16.000 Fuß (knapp 5000 m) setzte ich zum Bodenangriff mit Bordwaffen an. Ich kurvte hinunter und flog in südwestlich-nordwestlicher Richtung an. Die Absicht war, die Mitte des Platzes zu treffen. Ich machte eine Do 217 vor einem Gebäude aus, offensichtlich der Kontrollturm, und gab einen langen Feuerstoß auf Do 217 und Kontrollturm ab. Ebenso beschoss ich zwei Objekte längs der in ost-westlicher Richtung verlaufenden Startbahn und beobachtete Treffer. Beim Näherkommen sahen sie wie zwei sehr kleine Flugzeuge unter braunen Tarnnetzen aus. Ich vermutete, dass es sich um Raketenflugzeuge handelte, denn sie hatten einen sehr kurzen Rumpf einschließlich Heck im Vergleich zur Spannweite. Sie sahen eher wie Nurflügler aus. Beim Hochziehen beobachtete ich eine schwarze Rauchsäule vom Kontrollturm aufsteigen. Meiner Meinung nach brannte auch das Flugzeug davor. Ich melde eine zerstörte Do 217 und zwei beschädigte Raketenflugzeuge."

15. Februar 1945

Angriff der 8. USAAF auf Wesel und Rheine. (4)

Hauptangriffsziele	4. Kampfgruppe: Wesel und Rheine
Bomber	2 Gruppen der 3. Division (76 B-17)
Begleitschutz	? der 4. Kampfgruppe

„Eine Me 163 wurde von der 4. Kampfgruppe über dem Dümmersee [69 km nordöstlich Rheine] gesichtet." (4)

Nächstgelegener Me 163-Flugplatz: Bad Zwischenahn.

Im August 1944 lag das Erprobungskommando 16 noch in Bad Zwischenahn. Möglicherweise segelten einige Me 163 bei einem Übungsflug nach Ahlhorn oder wurden geschleppt (die Reichweite der Me 163 im Segelflug aus 6000 m Höhe wird mit 120 km angegeben). Allerdings ist weder in den Monatsberichten des EKdo 16 noch in verfügbaren Flugbüchern etwas darüber zu finden, noch führen sie unter dem 5. August Verluste auf. Bei der Me 163-Sichtung über dem Dümmersee handelte es sich höchstwahrscheinlich um eine Me 262. Die Nähe des Sees zu den Me-262-Plätzen Rheine, Hesepe und Achmer legt diese Vermutung nahe.

Baden-Baden
10. September 1944

Angriff der 8. USAAF auf Gaggenau, Sindelfingen und Stuttgart-Zuffenhausen. (4)

Hauptangriffsziele	3. Kampfgruppe: Gaggenau, Sindelfingen, Zuffenhausen
Bomber	11 Bombergeschwader der 3. Kampfgruppe (372 B-17)
Begleitschutz	3 Jagdgruppen der 3. Kampfgruppe (153 P-51)

„Bei Baden-Baden griff eine Me 163 eine zurückgebliebene B-17 der 3. Kampfgruppe an.“ (4)

Nächstgelegener Me 163-Standort: Firma Hanns Klemm Flugzeugbau in Böblingen. Die Flugerprobung der Me 163 fand nicht in Böblingen statt. Die bei Klemm gefertigten Me 163 kamen nach Jesau, Oranienburg oder zum EKdo 16 nach Bad Zwischenahn, wo sie endmontiert und eingeflogen wurden.

Aachen – Köln – Bottrop

11. September 1944 – 25. März 1945

Major Robert B. Drew von der nachrichtendienstlichen Abteilung AI3(b) schrieb in einer Mitteilung an Oberst Kingman Douglas am 5. März 1945: (7) „Es gibt keine Anzeichen für Me 163-Einsatzeinheiten der Japaner [sic] bis auf eine im Raum Leipzig [vermutlich meinte er Brandis] und eine für den Raum Stettin vorgesehene. Im Westen gibt es nur gelegentlich Anzeichen für mögliche Me 163-Einsätze. Wir wissen von keiner dort liegenden Einheit.

Die Erprobungseinheit [EKdo 16] lag lang in Zwischenahn, hat den Ort aber sicher im September [1944] verlassen. Vermutlich befinden sich auf dem Flugplatz Zwischenahn noch die Einrichtungen für T- und C-Stoff. ... Es gibt Anzeichen, dass in Giebelstadt Lehrgänge zum Umgang mit Sondertreibstoffen eingerichtet wurden, aber keine Hinweise, dass sich dort ein Einsatzflugplatz befindet. Im September gab es Nachforschungen, ob sich Deelen oder Twente für Me 163-Einsätze eignen. Dabei kam heraus, dass Deelen zerstört wurde und es keine Hinweise auf Einsätze von Twente gibt. Im Spätsommer ergingen Anweisungen zur Fertigung von Skizzen zur Verteilung der Me 163 im Rhein-Main-Gebiet, aber man hat weiter nichts davon gehört. Im Frühwinter meldete die Husumer Abteilung der Organisation Todt die bevorstehende Fertigstellung von T- und C-Stoff-Anlagen auf einem Flugplatz, vermutlich Husum, wobei dieser Flugplatz als Me 163-Einsatzhafen eher nicht in Frage kommt. Trotz dieser Erkenntnisse gibt es laufend Meldungen von Bomberbesatzungen über Me 163-Sichtungen im Westen, vor allem im Raum Koblenz/Köln.

11. September 1944

(siehe Vorseite)

12. Oktober 1944

Am Morgen des Tages flogen Hauptmann S. M. Mackay und Oberfeldwebel R. J. Mansell von der britischen *544 Squadron* in ihrer „Mosquito XVI“ (NS639) Aufklärung gegen Eisenbahnziele im Raum Hamm–Lohne–Hannover. In der Einsatzmeldung hieß es: (8) „F/Lt S. M. Mackay und F/Sgt R. J. Mansell wurden nördlich Dortmund von einer Me 163 abgefangen, die sich eiligst davon machte, als die Mosquito geradewegs auf sie zuhielt. Kurz danach wurde die Besatzung von einem einmotorigen Jäger nach Süden verfolgt. Nachdem sie ihn abgehängt hatten, kehrten sie um und führten ihren Auftrag ohne weitere Vorkommnisse aus.“

4. November 1944

Über Aachen griff eine Me 163 einen von 16 britischen „Lancaster“-Bombern an, die einen Einsatz gegen Bochum flogen. (9, 10) Oberfeldwebel Ben Rakus war Heckschütze in der von Leutnant H. W. Walker gesteuerten „Lancaster X“ (KB163) „S-Sugar“ und beschoss auf dem Heimflug einen raketengetriebenen Feindjäger, der später als Abschuss gemeldet wurde. Die Staffelmeldung beschrieb dies als „...verdammt gute Show.“ In Walkers Einsatzmeldung hieß es: „Wir warfen die Bomben vorwiegend durch 7/10-Bewölkung und leichten Dunst um 19.44 Uhr aus 17.500 Fuß (da. 5200 m) in der Mitte der Zielmarkierungen ab. Die Zielmarkierungen lagen eng beieinander. Im Zielgebiet viele Brände, darin Bombenexplosionen. Starke Rauchentwicklung. Eine gute Show. Um 20.01 Uhr bei 5048N 06100 in 9000 Fuß (ca. 2700 m) von Me 163 angegriffen. Melde Abschuss.“ Gemäß Walker wurde um 20.01 Uhr auf 9000 Fuß „das Feindflugzeug zuerst vom Funker links querab und 1200 yards (ca. 1100 m) über uns ausgemacht. Er meldete es dem Heckschützen. Das Flugzeug wechselte dann auf die rechte Seite und kam bis auf 600 yards (ca. 550 m) heran. Der Heckschütze gab Alarm »Ausweichmanöver ‚Korkenzieher nach rechts‘« und eröffnete das Feuer. Das Feindflugzeug wurde auf 500 yards (ca. 460 m) getroffen und ging in Flammen auf. Es wurde beobachtet, wie es sich auf den Bug stellte, am Boden aufschlug und explodierte, was die anderen Besatzungsmitglieder bestätigten. Es trat keine Waffenhemmung auf. Eine sehr gute Show. Der Jäger wird als vernichtet gemeldet.“

14. November 1944

Angriff der 8. USAAF auf Bottrop und Recklinghausen. (4)

Hauptangriffsziele	3. Kampfgruppe: Bottrop, Recklinghausen
Bomber	4 Bombergeschwader der 2. Division (143 B-24)
Begleitschutz	3 Jagdgruppen der 3. Kampfgruppe (36 P-47, 69 P-51)

„Die Kampfgruppe 3 sichtete im Zielgebiet bei Bottrop eine Me 163, welche den Verband überflog.“ (4)

8. Dezember 1944

Angriff einer Me 163 auf die von Leutnant C. D. Burton geflogene „Spitfire PR IX“ der *16 Squadron* um 12.20 Uhr in 30.000 Fuß (ca. 9100 m) im Raum Brüssel/Melsbroek bei Butzweiler. (11) Burton: „Ich befand mich auf einem Bildaufklärungsflug gerade über Leverkusen. 30.000 Fuß, Kurs 340 Grad.

Ich sah, wie links vier Me 163 in 6000 Fuß (ca. 1800 m) aus einer Wolke stiegen. Ich änderte den Kurs auf 270 Grad und sie stiegen sehr schnell und über mir hinweg. In diesem Moment entschloss ich mich zu einem Rundumblick und sah eine Me 163 Steuerbord achtern von oben zum Angriff im Gleitflug ansetzen. Ich drehte scharf nach rechts und das Feindflugzeug flog unter mir durch. Als ich es entdeckte, war das Feindflugzeug 400 yards (ca. 370 m) entfernt und eröffnete das Feuer, die Leuchtspur ging hinten vorbei. Es schien sich um eine 20- oder 30 mm-Waffe zu handeln. Die ersten vier [Me 163] waren dann

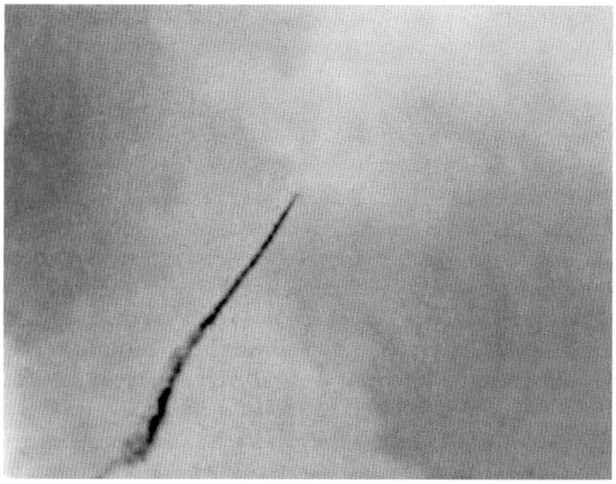

nach links weggekurvt und machten sich in 20.000 Fuß (ca. 6100 m) auf den Heimflug. Es gab keine weiteren Angriffe.... Vor dieser Begegnung hatte ich auf der Suche nach einem Loch in der Wolkendecke über meinem Ziel den Raum Köln etwa 20 Minuten lang abgeflogen."

23. Dezember 1944

Angriff auf eine britische „Spitfire PR XI" im Ruhrgebiet.(12)

Am frühen Vormittag beobachtete der von Brüssel-Melsbroek mit einer „Spitfire XI" (PL854) gestartete Oberleutnant M. A. Wetz, Träger des DFC, von der *16 Squadron* bei einem Aufklärungseinsatz gegen Flugplätze bei Kassel und Leipzig in 20.000 Fuß (ca. 6100 m) eine Anzahl Me 163: „Flog auf 25.000 Fuß (ca. 7600 m) über Kondensstreifen. Sah um 12.15 Uhr V2 und notierte die ungefähre Position. Über dem Ruhrgebiet entdeckte ich gegen 12.20 Uhr etwa zehn zweimotorige Flugzeuge in Kiellinie Richtung SSO mit anhaltenden Kondensstreifen sowie vier oder fünf Me 163 unmittelbar darunter und dahinter, die aber nicht anzugreifen schienen.[1] Als sie meinen Kurs kreuzten, drehte ich auf sie ein, setzte zum Sturzflug an und flog hinterher. Entweder bemerkten sie mich nicht oder scherten sich nicht um mich. Über 9/10-Bewölkung und dichtem Nebel bestimmte ich den Kurs, aber über Höhengelände östlich der Ruhr, wo der Himmel klar war bis auf Cirrus-Wolken in 23-25.000 Fuß (ca. 7-7600 m), hatte ich Orientierung weitgehend verloren. Nach einigem Suchen und mit Glück schließlich Kassel gefunden. Schoss auftragsgemäß Fotos vom Flugplatz NW[2] und Kanal[3] sowie ostwärts davon. Flugplatz etwa 25 Meilen südlich[4] unter Stratocumulus, fotografieren unmöglich. Runter auf 21.000 Fuß (ca. 6400 m) unter Cirrus. Stellte fest, bereits 1 Stunde 50 Minuten in der Luft zu sein und stellte auf den linken Tank um. Kraftstoffzufluss zunächst stockend, dann völlig aussetzend. Da Ziel Leipzig außerhalb praktischer Reichweite, Entschluss zum Heimflug."

Anmerkungen der Verfasser:

1) Bei den Richtung SSO fliegenden Flugzeugen könnte es sich um Bf 110 mit Me 163 im Schlepp gehandelt haben. Die Flughöhe deutet auf einen Langstreckenflug hin; sie waren keinesfalls erst gestartet. Die Dienstgipfelhöhe der Bf 110 lag bei 11.100 m.

Zwei Me 163 ziehen lange Kondensstreifen hinter sich her.

2) Möglicherweise der Flugplatz bei Grebenstein 13 km NW Kassel.

3) Die einzigen Kanäle östlich Kassel, die Wetz überflogen haben könnte, sind parallel der Unstrut laufende Hochwasserkanäle bei Bad Frankenstein. Der Flugplatz Esperstedt liegt 3 km NO Bad Frankenstein.

4) Vermutlich der Flugplatz Homberg 30 km südlich Kassel und 40 km südlich Grebenstein.

Bei einer angenommenen Reisegeschwindigkeit von 605 km/h und mit Kurs auf den Flugplatz bei Kassel muss Wetz in seiner „Spitfire PR XI" die seinen Kurs kreuzenden Flugzeuge rund 200 km vor Melsbroek gesehen haben, d.h. unmittelbar östlich Remscheid. Verlängert man den SSO-Kurs (der möglichen Bf 110/Me 163) nach Norden und Süden, kommen die Flugplätze Twente bei Enschede sowie Finthen bei Mainz in Frage. Ihren Kurs muss Wetz 21 Minuten nach dem Start von Melsbroek gekreuzt haben. Twente war als Me 163-Einsatzplatz im Gespräch, wozu es jedoch nie kam. Unter den angenommenen Voraussetzungen beobachtete Wetz die V2 150 km von Melsbroek entfernt bzw. 20 km SO Düsseldorf bei Grevenbroich.

25. – 26. Dezember 1944

Leutnant J. Haines, Bordschütze in einem von Leutnant E. H. Johnson geflogenen Bomber „Wellington B XIII" der britischen *69 Squadron* berichtete von einer Begegnung, die sich um 02.19 Uhr bei Heinberg 35 km südlich Henlo in Flughöhe 4000 Fuß (ca. 1200 m) zutrug: „Um 02.02 mit Kurs 088 Grad rechtweisend in 4000 Fuß über Hasselt näherte sich ein unbekanntes Flugzeug mit einem Triebwerk von Westen. Wir wichen aus und setzten unseren Kurs fort. Später gesellten sich zwei weitere Jets dem Flugzeug hinzu, das von Hasselt über Baal bis Düren und zurück nach Maaseik ständig Angriffsversuche unternahm. Meiner Meinung nach verfolgten uns die selben drei Flugzeuge die ganze Zeit. Da sie wie Fledermäuse aussahen und die Triebwerke immer wieder Flammen ausstießen, handelte es sich höchstwahrscheinlich um Me 163.

Sie setzten schätzungsweise 14-mal zum Angriff an und beschossen uns sechs Mal. Zwei Angriffe erfolgten seitlich, drei von hinten unten und zwei von hinten oben. Ich gab insgesamt sechs Feuerstöße ab. Als sich um 02.19, etwa bei Heinsberg, ein Feindflugzeug rechts von oben näherte, gab ich einen langen Feuerstoß ab und das Feindflugzeug wurde offenbar getroffen. Dies wurde auch vom fünften Besatzungsmitglied [Feldwebel G. W. Snooks] in der Astrokuppel beobachtet. Vermutlich wurde das Flugzeug beschädigt. Seine Bewaffnung schien aus zwei 30-mm-Kanonen zu bestehen, die Sprengmunition verschossen, da unser Bomber immer wieder von Explosionen erschüttert wurde."

14. Januar 1945

Hauptmann W. F. Barker von der *16 Squadron* befand sich in seiner „Spitfire XI" (PL853) auf einem Bildaufklärungsflug von Brüssel-Melsbroek zu Flugplätzen im Ruhrgebiet. (13) „Ich flog einen Bildaufklärungseinsatz gegen Flugplätze im Ruhrgebiet und östlich davon. Etwa 4 Meilen SO Düsseldorf auf 22.000 Fuß (ca. 6700 m) beobachtete ich ein einmotoriges Flugzeug, das über mir kreiste. Da ich es nicht identifizieren konnte, ging ich näher heran und wurde ein paar Augenblicke später vom Anblick zweier weiterer Flugzeuge überrascht, die aus etwa 19.000 Fuß (ca. 5800 m) rasch auf mich zustiegen. Nach Rücksprache mit der Basis konnte ich das Erstere, rechts gestaffelte als Me 163 ansprechen.... Sie stiegen an mir vorbei [sic] und griffen von hinten in Reihe an. Ich ging meinerseits zum Angriff über und beide Flugzeuge rasten vorbei ohne zu feuern. Sie lösten die Formation auf, eines nach links, das andere in Richtung Sonne; es stieg schnell mit langem braunem Abgasstreifen am Heck.... Das erste Flugzeug setzte dann achtern links querab erneut zum Angriff an, wobei es sich recht langsam näherte, wie ich beim Kurven bemerkte. Meine Geschwindigkeit betrug gemäß Anzeige etwa 270 mph (ca. 435 km/h). Beim nicht zu engen Kurven konnte ich es durch Beobachten im Rückspiegel und, wenn immer nötig, durch Verkleinerung des Kurvenradius leicht auf Abstand halten.... Als der Bauch meiner Maschine wieder in Richtung Sonne zeigte, sah ich das andere Flugzeug in etwa 800 yards (ca. 730 m) aus der Sonne kommen und mit vier Bugkanonen feuern.[1] Es schoss direkt los und die Leuchtspur ging hinter mir vorbei. Hätte ich weiter gekurvt, wäre ich direkt durch seine Garben geflogen.... Da ich nun auf beiden Seiten ein Flugzeug hatte, drehte ich auf das feuernde zu. Das zweite Flugzeug setzte sich hinter mich und nun befand ich mich in der Zwickmühle. Ich führte eine recht schlampige Fassrolle aus und ging, sobald ich auf dem Rücken lag, in den steilen Sturzflug über, wobei ich Vollschub gab.... Sobald ich stabil war und ausgetrimmt hatte, blickte ich ringsum und sah das Feindflugzeug in etwa 500 yards (ca. 460 m) ebenfalls im Sturzflug folgen. Ich befand mich in ungefähr 16.000 Fuß (ca. 4900 m). Da ich mittlerweile eine Geschwindigkeit von rund 470–480 mph (ca. 760–773 km/h) erreicht hatte, nahm ich zur kräftigen Drosselung Schub und Sturzwinkel zurück. Da die Geschwindigkeit zum Kurven mit Querrudern zur hoch war, versuchte ich das Flugzeug mit dem Seitenruder sanft aus dem steilen Sturzflug zu bringen. Dies funktionierte gut und das Seitenruder sprach während des gesamten Sturzflugs an.... Bei etwa 12.000 Fuß (ca. 3700 m) bemerkte ich, dass die Höhenruder nicht ausreichend ansprachen.... Bei etwa 3000 Fuß (ca. 914 m) – das Feindflugzeug war etwa 200 yards (ca. 183 m) hinter mir – wollte ich den Sturzflug ganz abbrechen, der Steuerknüppel ließ sich aber nur schwer bewegen. Mit Austrimmen und beiden Händen am Steuerknüppel konnte ich schließlich in etwa 1500 Fuß (ca. 460 m) abfangen. Dann verlor ich das Bewusstsein....

Als ich wieder zu mir kam, befand ich mich in etwa 4000 Fuß (ca. 1220 m) im Steilflug nach oben. Beim Rundumblick erkannte ich eine gräuliche Rauchwolke aus einem Wäldchen aufsteigen, auf das wir zugestürzt waren. Offenbar hatte das Feindflugzeug den Sturzflug nicht abbrechen können und war in das Wäldchen geschlagen.... Ich versuchte, das Ganze zu fotografieren, wurde aber sofort vom zweiten Feindflugzeug angegriffen. Wieder gab ich Vollschub und ging in den Sturzflug. Das Feindflugzeug schien Schwierigkeiten bei der Verfolgung zu haben und brach den Angriff ab. Dann verschwand es. (Meine angezeigte Geschwindigkeit betrug 360 mph (ca. 580 km/h) in Bodennähe.... Da ich von Beschädigungen des Flugzeugs und meiner Ohren ausging, entschloss ich mich zum Heimflug und stieg vor Einschlagen des Kurses auf 12.000 Fuß (ca. 3700 m). Zu diesem Zeitpunkt sah ich das nicht identifizierte Flugzeug noch immer am Himmel kreisen, diesmal in etwa 15.000 Fuß (ca. 4600 m).... Der Tarnanstrich der Me 163 war ein stumpfes Silbergrau mit den üblichen deutschen Kennzeichen."[2]

Anmerkungen der Verfasser:

[1] Der braune Abgasstreifen und vier Bordwaffen im Bug sprechen für eine Me 262.

[2] Dem Originaldokument wurde mit Bleistift die Bemerkung hinzugefügt *„allowed DES"* (Vernichtung anerkannt)

22.–25. März 1945

Ein Fernschreiben des britischen Nachrichtendienstes berichtete von Me 163-Sichtungen im Raum Aachen–Düren–Köln: „Aus über 100 Raketenflugzeug-Sichtungen zwischen dem 22. und 25. März haben erfahrene Piloten verschiedener Staffeln dieses Kommandos insgesamt 8 Me 163 im Raum Aachen–Düren–Köln in Höhen von 7000 bis 15.000 Fuß (ca. 2130–4600 m) beobachtet. Einige wurden von zweistrahligen Flugzeugen begleitet, aber alle diese »Fledermaus-Maschinen« machten sich aus dem Staub (wiederhole: machten sich aus dem Staub) und es kam zu keinen Luftkämpfen."

Nächster Me 163-Einsatzplatz wäre das bereits im September 1944 geräumte Venlo gewesen.

Diese Sichtungen und auch der oben geschilderte Luftkampf lassen sich nur schwer erklären und dürften zumeist in die Kategorie „nicht identifizierte Flugkörper" fallen. Sie lassen sich aber auch nicht so einfach als Verwechslungen abtun, was gleichbedeutend wäre, den Piloten oder Bomberbesatzungen mangelnde Kenntnisse in der Feinderkennung oder stressbedingte Fantastereien zu unterstellen. Dafür beschrieben sie die Feindlugzeugtypen zu genau, und nach diesen Beschreibungen muss es sich wohl um Me 163 gehandelt haben. Das als Einsatzplatz in Frage kommende Venlo war von der 2./JG 400 allerdings bereits am 3. September 1944 geräumt worden.

Münster – Bielefeld
2. November 1944 – 9. Februar 1945

2. November 1944
Angriff der 8. USAAF auf Bielefeld.(4)

Hauptangriffsziel	3. Kampfgruppe: Bielefeld
Bomber	5 Bombergeschwader der 3. Kampfgruppe (208 B-24)
Begleitschutz	3 Jagdgruppen der 3. Kampfgruppe (146 P-47)

„Sechs Me 262 und eine Me 163 griffen eine zurückgebliebene B-24 der 3. Kampfgruppe im Zielgebiet an. Sie vermieden den Kampf, indem sie unser Flugzeug aus großer Entfernung beschossen.“(4)

29. November 1944
Angriff von vier Feindflugzeugen in 30.000 Fuß (ca. 9140 m) auf die „Spitfire XI“ (No. 890) der *16 Squadron* von Generalmajor A. N. Davies, der sich auf einem Aufklärungsflug im Raum Arnheim–Münster–Hamm befand. Davies berichtete später: (14) „So weit ich mich erinnern kann, war es ein schöner wolkenfreier Tag über der Norddeutschen Tiefebene. Als ich meine Aufklärungsstreifen hin und her im Luftraum Münster flog, bemerkte ich 10 Meilen nördlich meiner Position auch einen Strom nach Osten ziehender amerikanischer Bomber. Etwa ein halbes Dutzend nicht indentifizierbarer, aber sehr schneller Jagdflugzeuge kreuzten regelmäßig durch den Strom und griffen die Bomber stets von hinten an. Ich sah keine abgeschossenen Bomber oder Jäger, aber beim Beschleunigen stießen die Jäger schwarze Rauchwolken aus, weshalb ich sie als Me 163 ansprach. ...Ich war eben mit einem Aufklärungsstreifen fertig und nahm mir den nächsten vor, als ich beim Drehen linksseitig in etwa 800 yards (ca. 730 m) Entfernung vier nun zweifellos als solche zu erkennende Me 163 erblickte. Ihre Raketentriebwerke liefen Volllast und stießen schwarzen Rauch[1] aus, während sie zum Angriff auf mich eindrehten. Auf etwa 600 yards (ca. 460 m) Entfernung kurvte ich unter Einleitung des Sturzfluges scharf nach links. Sie nahmen sofort Schub zurück (kein Rauch mehr) und versuchten mir zu folgen, befanden sich jedoch weit außerhalb meiner Kurve. Ich kurvte weiter eng hinunter bis in Bodennähe und machte mich auf den Heimflug. Die Me 163 versuchten noch immer, aber erfolglos, mich ins Visier zu bekommen, und flogen in losem Schwarm rechts von mir. Später erinnerte ich mich, kommentiert zu haben, dass, wenn sie mich in einem koordinierten Angriff aus verschiedenen Richtungen aufs Korn genommen hätten, mich sicher auch gekriegt hätten. Als ich etwa 10.000 Fuß (ca. 3000 m) erreicht hatte, hatten sie ihre Angriffe eingestellt – ich glaube aber, dass sie nur eine Stehzeit von etwa 10 Minuten bei Vollschub hatten. ... Damals befehligte ich die in Brüssel-Melsbroek liegende und mit »Spitfire 11« ausgerüstete *16 Squadron*, die freilich unbewaffnet waren. Außerdem gab es einige »Spitfire 9« für Einsätze in niedrigen Höhen.“

Anmerkung der Verfasser:

[1] Die Me 163 erzeugte bei Vollschub weißen Rauch, die Me 262 schwarzen.

8. Dezember 1944
Gemäß einem Wachbuch-Eintrag des Polizeipostens Hunteburg bei Osnabrück wurde um 11.50 Uhr des 8. Dezember 1944 bei Schwege das Wrack einer angeblichen Me 163 gefunden. Flugzeugführer Unteroffizier Gerhard Mutke von der 14. Staffel der IV./JG 54 lag tot in der Nähe des vollkommen zerstörten Flugzeugs. Ein Bergungstrupp vom Fliegerhorst Hesepe barg den Gefallenen (Gerhard Mutke fand auf dem Friedhof Bramsche die letzte Ruhe).

A. d. B.: Die 14./JG 54 lag ab dem 21. November 1944 in Vörden und flog die Fw 190 A.

9. Februar 1945
Angriff der 8. USAAF auf Böhlen, Weimar, Wesel, Düren und Münster.(4)

Hauptangriffsziele	2. Kampfgruppe: Böhlen (nicht angegriffen), Weimar 6. Kampfgruppe: Wesel, Düren, Münster
Bomber	8 Bombergruppen der 3. Division der 2. Kampfgruppe (311 B-17) 4 Bombergruppen der 3. Division der 6. Kampfgruppe (152 B-17)
Begleitschutz	? 2. Kampfgruppe ? 6. Kampfgruppe

„Die 2. Kampfgruppe sichtete drei Me 163 bei Bielefeld und die 6. Kampfgruppe begegnete drei Me 163 in der Nähe von Bielefeld.“(4)

13. März 1945
Hauptmann K. G. Campbell von der britischen *541 Squadron* flog an diesem Tag von 11.29–13.59 Uhr einen Einsatz mit seiner „Spitfire XI“ (PM143). Er gab an, um 12.32 Uhr in der Nähe von Rheine von einer Me 163 abgefangen worden zu sein. Die Me 163 ging im Steilflug hoch, um dann im Sturzflug auf die „Spitfire“ herabzustoßen. Campbell rettete sich stürzend im Korkenzieherflug in eine Wolkendecke auf 14.000 Fuß (ca. 4300 m). Die Me 163 folgte, verlor ihn aber. (15)

Celle – Hannover – Hamburg
6. Februar – 8. April 1945

6. Februar 1945
Angriff der 8. USAAF auf Böhlen-Rötha, Chemnitz, Lützkendorf und Magdeburg. (4)

Hauptangriffsziele	1. Kampfgruppe: Böhlen-Rötha (nicht angegriffen, Chemnitz
Bomber	14 Bombergruppen der 3. Division der 1. Kampfgruppe (535 B-17)
Begleitschutz	? der 1. Kampfgruppe

„Die 1. Kampfgruppe sichtete eine Me 163 in der Nähe von Hannover.“(4)

14. Februar 1945
Angriff auf die „Spitfire XI“ (PL922) der *16 Squadron* in der Nähe Hamburgs(?) (16) während eines Einsatzes gegen die Flugplätze Hamburg, Parchim und Münster. Pilot Leutnant C.

D. Burton berichtet: „Nahm Kurs Münster und stieg auf 24.000 Fuß (ca. 7300 m). Bei Ankunft 10/10-Bewölkung. Nahm Kurs auf Hamburg, bei Ankunft noch immer 10/10. Dort angegriffen von einer Me 163, machte zwei halbe Rollen und verlor sie aus den Augen. Nahm Kurs auf Basis und landete um 11.05 Uhr."

Anmerkung der Verfasser:
Die zweite Begegnung Burtons mit einer Me 163 (siehe Aachen-Köln-Bottrop 8. Dezember 1944).

Oberleutnant C. C. Caden von der *16 Squadron* wurde in seiner „Spitfire XI" (PM123) ebenfalls von einer Me 163 angegriffen: (16) „Nahm Kurs und stieg auf 25.000 Fuß (ca. 7600 m). Flog bis ETA [errechnete Ankunftszeit]. Musste auf 14.000 Fuß (ca. 4300 m) unter Cirrus gehen, doch Zielgebiet immer noch durch 10/10-Bewölkung verdeckt. Flog 20 Minuten umher, ohne Löcher in Wolkendecke zu entdecken. Beim Rückflug zum Rhein fast mit einer Me 163 zusammengestoßen, die nach dem Angriff auf einen »Fortress«-Verband [B-17] hochzog. Machte mich aus dem Staub. Landung Einsatzplatz 11.00 Uhr."

Anmerkung der Verfasser:
Die zweite Begegnung Cadens mit einer Me 163 (siehe Aachen-Köln-Bottrop 24. Dezember 1944).

8. April 1945

Angriff der 9. US-Bomberdivision auf Celle. (17)

Hauptangriffsziel	3. Kampfgruppe: Celle
Bomber	322., 344. und 391. Bombergruppe (132 B-26)
Begleitschutz	? 3. Kampfgruppe

Anmerkung der Verfasser:
Gemäß Einsatzmeldung begegneten der „332. Bombergruppe kurz hinter dem Zielgebiet (Celle) gegen 18.13 Uhr drei Me 163. Die »Komets« flogen in 6000 Fuß (ca. 1800 m) Richtung Norden. Sie unternahmen keinen Versuch, den Verband anzugreifen. (17) Zeit über Ziel: 1756-1904 Uhr. Wetter: wolkenlos, Bodensicht 10-20 Meilen."

Holland

Amsterdam – Almelo

5. – 7. Oktober 1944

5. Oktober – 24. Dezember 1944

Angriff der 8. USAAF auf Rheine, Lippstadt, Paderborn und Münster.

Hauptangriffsziele	2. Kampfgruppe: Rheine, Lippstadt, Paderborn 3. Kampfgruppe: Münster
Bomber	6 Bombergeschwader der 2. Kampfgruppe (360 B-24) 10 Bombergeschwader der 3. Kampfgruppe (382 B-17)
Begleitschutz	6 Jagdgruppen der 2. Kampfgruppe (195 P-51, 96 P-47) 5 Jagdgruppen der 3. Kampfgruppe (200 P-51, 49 P-47)

„2. Kampfgruppe sichtete um 11.00 Uhr in 5245N-05330 über der Zuidersee neun Me 163 mit quellenden Kondensstreifen." (4)

„Um 11.05 Uhr näherte sich eine Me 163 der 3. Kampfgruppe bis auf 1200 yards (ca. 1100 m) in 5218N-05070 [14 km südlich Amsterdam], um 12.09 Uhr sichtete die 3. Kampfgruppe eine Richtung Südosten fliegende Me 163 in 5212N-09600 [Minden-Herford]." (4) Letztere gehörte zum EKdo 16 und befand sich im Schleppflug auf dem Weg von Bad Zwischenahn nach Brandis. (18) (Siehe Kapitel 5)

7. Oktober 1944

Angriff der 8. USAAF auf Brüx (Most) und Ruhland. (4)

Hauptangriffsziele	2. Kampfgruppe: Brüx (nicht angegriffen), Ruhland
Auweichziele	Zwickau, Wurzen und Rositz
Bomber	9 Bombergruppen der 2. Kampfgruppe (333 B-17)
Begleitschutz	5 Jagdgruppen der 2. Kampfgruppe (256 P-51)

Begleitjäger griffen bei Almedo zwei Me 163 an. (4)

Venlo

24. Dezember 1944

Auch an Heiligabend 1944 ruhte der Krieg nicht. Oberleutnant L. L. Caden von der *16 Squadron* flog mit seiner „Spitfire PR XI" (PL892) an diesem Tag von Brüssel-Melsbroek einen Aufklärungseinsatz gegen Ziele im Raum Duisburg-Venlo: (19) „Stieg auf 26.000 Fuß (ca. 7900 m) und flog dicht unter Wolkenfetzen weiter Richtung Ziel. Über Venlo sah ich zwei Kondensstreifen von V2, stieg auf 30.000 Fuß (ca. 9100 m) und machte den ersten Überflug. Beim Drehen zum zweiten erblickte ich eine Me 163, die mit gewaltigem Schub schnell auf mich zu stieg. Ich wartete, bis das Feindflugzeug auf 200 Fuß (ca. 61 m) heran war, legte mich auf den Rücken und ging in den Sturzflug über. Dabei verlor ich die Me 163 aus den Augen und sah sie auch nicht wieder. Ging wieder auf 30.000 Fuß und setzte den zweiten Überflug fort. Sichtete ein Flugzeug, das hinter mir herflog und näher kam. Dachte, es wäre einer unserer Jungs auf dem Heimflug und kurvte leicht weg, doch das Flugzeug folgte. Legte eine schärfere Kurve ein, aber da das Flugzeug noch immer folgte, begriff ich, dass es hinter mir her war. Ich tauchte unter die Wolkenstreifen, das Feindflugzeug noch immer im Nacken, aber dann brach der Sichtkontakt ab. Da ich ihn abgeschüttelt zu haben glaubte, begab ich mich wieder ins Zielgebiet, doch plötzlich erschien er wieder und griff von hinten unten an. Es kam zum Kurvenkampf und nach drei engen Kurven konnte ich mich hinter ihn setzen. Er wich schlagartig in die Sonne aus und ich konnte wunderbar die Umrisse einer Bf 109 G erkennen. Ziemlich mitgenommen trat ich den Heimflug an. Diese 109 G hatte mich zehn Minuten lang gejagt." Aha: die vermeintliche Me 163 war tatsächlich eine „gute, alte Bf 109", die auch ordentlich beschleunigen konnte. Nur zur Erinnerung: der nächst gelegene Einsatzplatz für Me 163 wäre das bereits im September 1944 geräumte Venlo gewesen.

Bei den meisten der hier beschriebenen, von alliierten Fliegern in besagtem Raum und zur besagten Zeit gesichteten deutschen Flugzeugen dürfte es sich um Me 262 gehandelt haben.

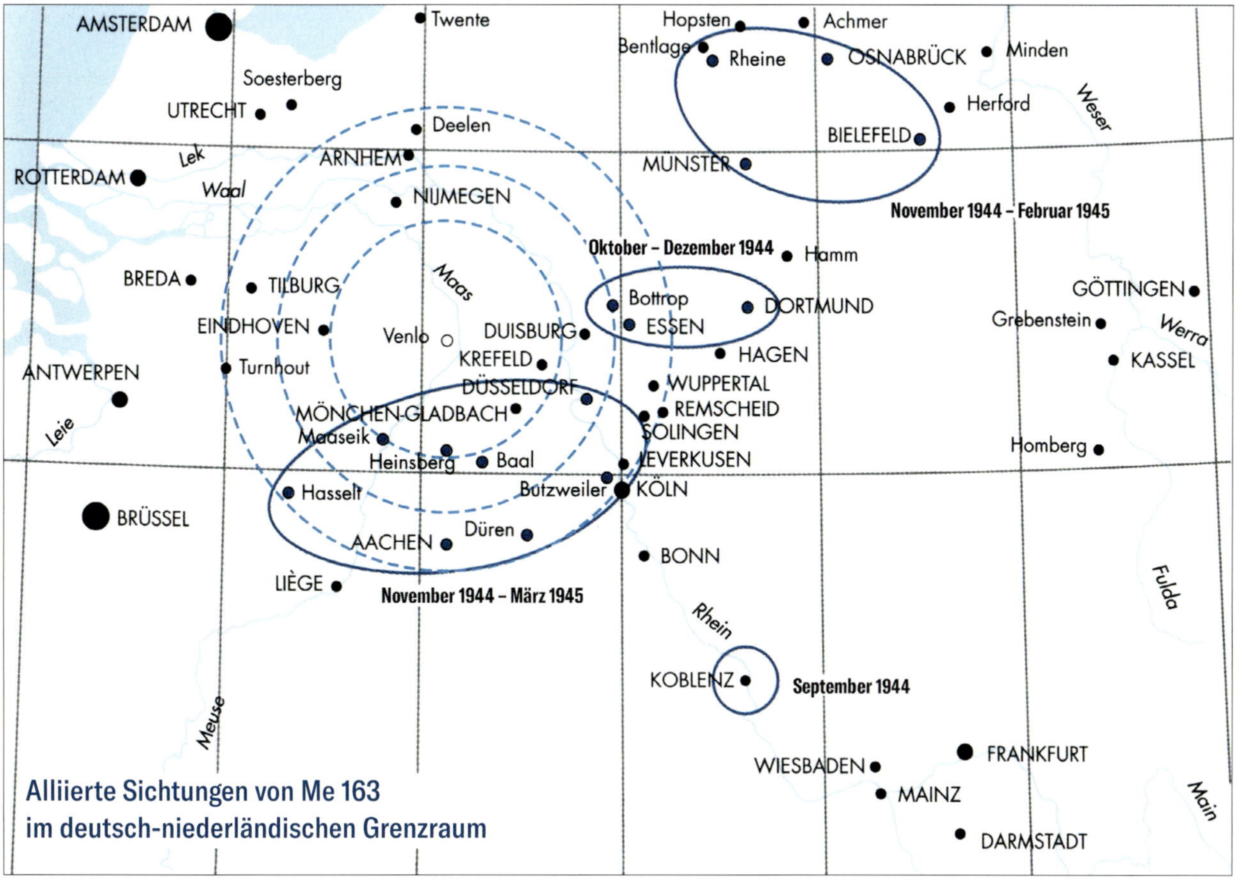

Sie gehörten entweder zum Kommando Schenk (3./KG 51) in Rheine oder zum Kommando Nowotny in Achmer und Hesepe. Das Kommando Schenk hatte am 5. September 1944 vom niederländischen Volkel nach Rheine verlegt und das Kommando Nowotny am 3. und 4. Oktober 1944 Achmer und Hesepe als Einsatzplätze bezogen.

Belgien

Turnhout
23. - 24. Dezember 1944

23. - 24. Dezember 1944

Leutnant J. Haines von der britischen *69 Squadron* erinnert sich an den Angriff auf seinen „Wellington B XIII"-Bomber. Dieser trug sich um 02.48 Uhr bei Turnhout 70 km nordöstlich Brüssel zu: „In der Nacht vom 23. auf den 24. Dezember 1944 flogen wir unseren zweiten Einsatz gegen die Flugplätze Soesterberg und Deelen. Dabei sichteten wir eine Ju 88 und eine Me 163, die aber nicht angriffen. Auf dem Rückflug wurden wir von einem einmotorigen Flugzeug attackiert das wir unbestätigter Weise für eine Me 163 hielten. Es griff von links unten an und stieg sehr schnell. Als es auf etwa 600 yards (ca. 550 m) heran war, gab ich einen langen Feuerstoß ab und wies den Kommandanten an, schnell abzukurven. Ich beobachtete Treffer am Feindflugzeug, welches das Feuer nicht erwiderte, nach rechts hinten wegbrach und zurückblieb. Dann aber griff es urplötzlich zum zweiten Mal von rechts an und ich eröffnete erneut das Feuer, bevor es zu nahe kam. Ich beobachtete weitere Treffer und das Feindflugzeug kam nicht näher als 600 yards heran. Flammen umgaben das Flugzeug und es ging in flachem Gleitflug nach rechts weg. Ich verfolgte es bis zum Aufschlag am Boden mit Explosion; die Stelle müsste sich hinter unseren Linien befunden haben. Der mittlere obere Turmschütze beobachtete den ganzen Kampf, konnte aber nicht bestätigen, dass es sich um eine Me 163 gehandelt hat. ... Im Gleitflug wurde das Feindflugzeug von der Bodenabwehr im Raum Diver bei Turnhout beschossen, ohne dass Treffer beobachtet wurden. Wir konnten weder einen Tarnanstich noch Kennzeichen ausmachen. Bei der Me 163, die wir zuerst gesehen hatten, erkannten wir im Schein von Leuchtmarkierungen einen silbernen Anstrich ohne Kennzeichen."
Wieder wäre der nächst gelegene Me 163-Einsatzplatz Venlo gewesen, den die 2./JG 400 aber bereits am 3. September 1944 verlassen hatte.

Reitschule auf dem Tiger

Die Ergänzungsstaffel/JG 400 und die IV./EJG 2, Juli 1944 bis März 1945

„Die Beschleunigung beim Start betrug um 4,5 g. Mit der Startgeschwindigkeit von über 700 km/h stieg die Me 163 B in einem Winkel von 60 Grad in den Himmel und nahm noch an Geschwindigkeit zu. Vom Anlassen des Triebwerks gerechnet, erreichte sie in 160 Sekunden die Höhe von 10.000 m. Die Me 163 musste aufgrund ihres Antriebs mit Raketentriebwerk sicher gelandet werden. Da die Treibstoffe während des Fluges verbraucht wurden, war ein Durchstarten im Landeanflug – im Gegensatz zu propellergetriebenen Flugzeugen – nicht möglich. Die erste Landeeinteilung musste stimmen."

Robert Olejnik

Die drei Ritterkreuzträger Oberleutnant Johannes Kiel, Leutnant Josef Pöhs und Oberleutnant Wolfgang Späte (v. l. n. r.) im Juni 1942 auf dem Flugplatz Augsburg. Kiel und Pöhs durchliefen dort die der Me 163-Schulung vorausgehende Segelflugausbildung.

Augsburg – Lechfeld – Bad Zwischenahn

MIT AUFSTELLUNG des *Erprobungskommandos 16* und Zuversetzung des ersten Personals musste man sich mit der Gestaltung der Ausbildung zukünftiger Me 163-Flugzeugführer befassen. Denn die „Reitschule auf dem Tiger" – sprich die Schulung auf dem „Komentenjäger" Me 163 – stellte ganz besondere Herausforderungen. Als Flugzeugführer für Erprobungsflüge kamen in erster Linie die sehr erfahrenen Segelflugzeugpiloten Heini Dittmar (der für Messerschmitt arbeitete), Leutnant Rudolf Opitz und Oberleutnant Wolfgang Späte (der später dazu stieß) in Frage. Zu ihnen traten Oberleutnant Johannes Kiel und Leutnant Josef Pöhs, deren Versetzung zum Erprobungskommando 16 nach Augsburg am 26. Mai 1942 erfolgte. Dort wurden sie zunächst im Segelfliegen vorgeschult. Als weitere Aufgabe stand das Einfliegen der beiden Piloten auf die unbeladene Me 163 A im Schleppflug bevor. (1) Auszug aus dem *Arbeitsbericht III* vom Juni 1942 (vgl. Kapitel 5):

„Am 23. bis 27.6.42 wurden Oblt. Kiel und Ltn. Pöhs in Augsburg, bzw. auf dem Flugplatz Lechfeld auf die Me 163 A mittels Schlepp umgeschult. Es zeigte sich, dass die eingeschlagene Methode, nach etwa 4–6 Schulflügen im Doppelsitzer-Segelflugzeug (Kranich) und einigen Flügen auf einsitzigen Segelschulflugzeugen (Grunau-Baby u.ä.) den Flugzeugführer mit 10–15 Starts auf dem Kunstflug-Segelflugzeug Muster Habicht vorzubereiten, eine ausreichende Vorschulung für die Me 163 A darstellt. Vorbedingung ist, dass der Flugzeugführer bereits genügende Motorflug-Erfahrung mitbringt. Oblt. Kiel und Ltn. Pöhs führten bisher je 6 Flüge mit einer Me 163 A durch, zu denen sie im Schlepp hinter einer Me 110 gestartet wurden. Gleichzeitig wurden sie auch im Schlepp mit der Me 110 ausgebildet." (2)

Bereits zu diesem Zeitpunkt stand fest, dass alle zukünftigen Flugzeugführer insbesondere im Beherrschen von Ziellandungen ausgebildet werden mussten. Auch die nachfolgenden

Flugzeugführer des EKdo 16 mussten sich einer ausgiebigen Ausbildung im Segelflug unterziehen und wurden parallel auf die Bf 110, das Schleppflugzeug, eingewiesen. Die Ende des Monats April 1943 zum EKdo 16 versetzten Flugzeugführer, Oberleutnant Anton Thaler und Leutnant Herbert Langer wurden im Segelflug soweit ausgebildet, dass sie zukünftig als Fluglehrer für umzuschulende Flugzeugführer der Me 163 eingesetzt werden konnten. (3)

In Absprache mit dem Luftwaffen-Personalamt wurden die notwendigen Befähigungen für Flugzeugführer der ersten Einsatzstaffel festgelegt, die sich gerade im Aufbau befand. Sie mussten entsprechende Qualifikationen im Motor- als auch im Segelflug mitbringen. Zunächst wählte man Fluglehrer von Flugzeugführerschulen und Piloten von Lastenseglerverbänden, aber auch einige Jagdflieger aus. (4) Der schwere britische Nachtangriff auf Peenemünde vom 17./18. August 1943 (der in erster Linie der in Peenemünde-Ost in Erprobung befindlichen Fernrakete V2 und den Wissenschaftlern unter Wernher von Braun galt), zog die Verlegung des EKdo 16 über Anklam nach Bad Zwischenahn nach sich. Da der Sonderausbau des Fliegerhorstes Bad Zwischenahn für die Me 163 noch nicht abgeschlossen war, fiel der Beschluss: „*Die Ausbildung der für den 15.9. zum E.-Kdo. 16 befohlenen Flugzeugführer im Segelflug wird nach Vereinbarung mit Chef AW [Ausbildungswesen] in diesem Ausnahmefall auf der Segelflugschule Gelnhausen unter Aufsicht und Beteiligung der Offiziere des Erprobungskommandos 16 vorgenommen und dürfte Ende September abgeschlossen sein.*“ (5) (Vgl. Arbeitsbericht 27, Kapitel 5).

Ein „Habicht“ mit 13,2 m-Spannweite. Man beachte den leichten Knick an der Tragflächen-Hinterkante in Rumpfnähe. Dieser entfiel beim „Stummelhabicht“ mit einer Spannweite von 6 m oder 8 m (je nach Ausführung).

Da die Me 163 im Vergleich mit den herkömmlichen Jagdflugzeugen eine höhere Landegeschwindigkeit besaß, musste auf einem Segelflugzeug mit ähnlichen Eigenschaften geschult werden. Dazu der Arbeitsbericht 27:

„*Habichte mit verkleinerter Tragfläche zur Vorschulung*

Am 1.9. flogen auf Vorschlaf von GL CE 2 Hptm. Späte und Hptm. Thaler in Trebbin ein Segelflugzeug Typ Habicht mit stark verkleinerten Tragflächen (6 m Spannweite). Die Flugeigenschaften zeigten in vieler Hinsicht eine Annäherung an die Me 163, sodaß der Wunsch besteht, eine Anzahl dieser Flugzeuge zur Vor- und Umschulung für Me 163-Flugzeugführer zu bekommen. Folgenden

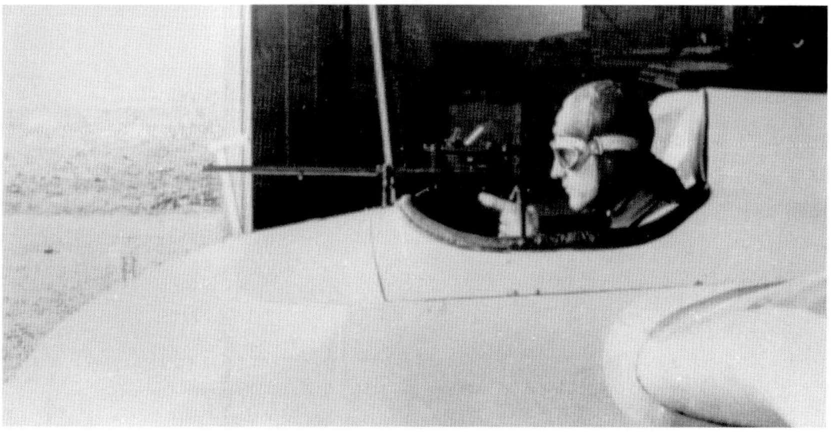

Für Flugschießübungen erhielt der „Habicht“ eine Maschinenpistole 38 oder ein Kleinkalibergewehr. Man beachte das Reflexvisier (Revi).

Die Sache mit dem Habicht

Segelflugzeug-Fertigung

Nach einer Überprüfung der vorhandenen Bestände sowie zukünftig benötigter Segelflugzeuge für die Luftwaffe und das NS-Fliegerkorps, legte der General der Fliegerausbildung am 22. Oktober 1943 die neuen Fertigungszahlen fest. (6)

Demnach sollten ab sofort folgende Stückzahlen monatlich hergestellt werden:

Zweck	Typ	Ausstoß
1) Schulgleiter zur Anfängerausbildung	SG 38	
2) Übungssegelflugzeuge zur Fortgeschritteneausbildung	Grunau „Baby II“	70 monatlich
3) Leistungsflugzeuge	Olympia „Meise“ und „Weihe“	10 monatlich
4) Doppelsitzer	„Kranich“	15 monatlich
5) Kunstflug-Segelflugzeuge	„Habicht“	bis Ende 1944 insgesamt 100, 1945 monatlich 5

Zeitgleich fiel der Beschluss zur unmittelbaren Einstellung der Produktion nach Erreichen der vorgeschriebenen Fertigungszahlen, da man dann genügend Segelflugzeuge für die nächsten Jahre zur Verfügung haben werde. Sollte eine erneute Produktion nötig werden, würden die Produktionszahlen rechtzeitig (etwa ein Jahr vor Produktionsanlauf) aufgegeben werden.

Weiterhin wurde hinsichtlich der Herstellung des Musters ‚Habicht“ empfohlen, das Herstellerwerk des Leistungssegelflugzeuges „DFS Olympia“ mit der Fertigung zu beauftragen, da durch Verringerung der Produktion der „DFS Olympia“ die geforderten Zahlen des Musters „Habicht“ erreicht werden können.

Demgegenüber forderte das EKdo 16 am 13. November 1943 beim General der Jagdflieger. (7)

„Auf Grund einer Rücksprache zwischen Fl. Stabsing. Blancke (General der Truppenausbildung) und Hauptmann Späte wird gebeten, einen Antrag an General der Fliegerausbildung, Ausbildungsabteilung, zu richten, in dem um beschleunigte Aufnahme der Entwicklung und Herstellung einer Serie von 100 Segelflugzeugen vom Baumuster Habicht mit 8 m Spannweite gebeten wird. Diese 8m Habichte sind für die Ausbildung und In-Übung-Haltung von Flugzeugführern für die Me 163 dringend notwendig, ja nahezu unerläßlich. Die Flugleistungen und Eigenschaften dieser Habichte mit verkleinerter Tragfläche entsprechen nämlich fast vollkommen denen der Me 163 A ohne Triebwerk. Die Herstellung dieser Flugzeuge dürfte jedoch wesentlich billiger [als die Me 163] *und von einer zur Zeit nicht voll ausgelasteten Baukapazität der Flugzeugindustrie zu bewerkstelligen sein. Ein Schul- und Übungsbetrieb nur mit Me 163 würde an den Betriebsstoffnachschub nach der derzeitigen Lage wahrscheinlich unerfüllbare Forderungen stellen. Mit 8m-Habicht ist er mit ganz geringen Betriebsstoffaufwand sichergestellt. An technischen Forderungen für diesen Spezial-Habicht wird verlangt:*

- *8 m Spannweite*
- *Kufenfederung mit Spiralfedern*
- *abwerfbares Fahrwerk*
- *Fahrwerksabwurfhebel links unten im Führersitz (entsprechend Me 163 A)*
- *Sturzflug-Höchstgeschwindigkeit 400 km/h*
- *Störklappen als Landehilfe*

Bei General der Truppenausbildung wird ein solcher Antrag als Unterlage benötigt, aus der die Notwendigkeit und die Dringlichkeit der Erstellung dieser Flugzeuge noch einmal führungsseitig unterstrichen wird.“ Siehe dazu Arbeitsbericht 27 S. 155

Am 22. Oktober 1943 reichte der General der Jagdflieger den Antrag des EKdo 16 an den General der Fliegerausbildung weiter und unterstrich die Forderung auch selbst: (8) *„Es wird größter Wert auf beschleunigte Ausbringung der 8 m-Habichte gelegt, da hiervon die Ausbildung der Besatzungen für die Me 163 abhängt“.*

Der zuständige Sachbearbeiter beim General der Fliegerausbildung versah daraufhin das Schreiben des Generals der Jagdflieger mit der lakonischen Bemerkung „Das passt ja mal wieder!“, sollten doch bis Ende 1944 insgesamt nur 100 Flugzeuge

Rechts: Oberleutnant Späte 1943 während eines Besuchs bei Wolf Hirth in Nabern am Rand der Schwäbisch Alb. Trotz „Kaiserflugwetters“ kamen dabei vor allem die am „Habicht“ für die Me 163-Pilotenschulung erforderlichen Änderungen zur Sprache. In Nabern befand sich auch die Reichssegelflugschule.

Links: Endmontage eines „Stummelhabicht" bei Hirth in Nabern bei Kirchheim unter Teck

des Typs „Habicht" hergestellt werden! In einem Schreiben vom 3. Dezember 1943 forderte die 6. Abteilung des Generalquartiermeisters im Generalstab die beschleunigte Ausbringung der ersten 8-m-„Habicht" beim Generalluftzeugmeister.(9)

In diesem Stadium des Verfahrens meldete sich am 7. März 1944(!) das Technische Amt-Abteilung GL/C-B 2/1-und sah Probleme mit der erneuten Fertigung in der geforderten Ausführung mit 8 m Spannweite, hatte doch der „Habicht" in der normalen Ausführung 13,6 m Spannweite. Zunächst wurde mitgeteilt, dass sämtliche Maßnahmen zur Sicherstellung der Forderung in die Wege geleitet sind und sich in fertigungsmäßiger Durchplanung befinden. Gleichzeitig vertrat man dort die Meinung, dass es zunächst zweckmäßiger sei, das Muster „DFS Olympia" zu nutzen, dessen monatliche Produktion aus wirtschaftlichen Gründen[!] von 10 auf 30 Flugzeuge zu erhöhen und den geforderten 8 m-Habicht später zu produzieren! Weiter wurde ausgeführt:

„Grundsätzlich muß... darauf hingewiesen werden, daß derartige Schwankungen in den Beschaffungsforderungen industriemäßig auf die Dauer nicht verantwortet werden können. Die Lieferung des Segelflugzeuges »Habicht« ist im September 1943 mit den letzten 5 Flugzeugen abgeschlossen. Es wird nun neuerlich die Beschaffung von 100 Flugzeugen dieses Musters gefordert, welche sofort eingeplant, selbstverständlich jedoch einen vollkommenen neuen Anlauf und dementsprechend grösseren Fertigungsaufwand erfordert. Es wird gebeten, den Vorschlag hinsichtlich der Fertigung des Segelflugzeuges »DFS Olympia« besonders unter Berücksichtigung des vorgenannten zu betrachten." (10, 11)

Am 17. März 1944 erläuterte GL/C-E 2 dem Generalstab-Generalquartiermeister/6. Abteilung nochmals die Forderungen des EKdo 16 nach Produktion des „Habicht" und erstellte einen Vergleich der Leistungsdaten der „Habicht"-Varianten und der „DFS Olympia": (12)

„Die Forderungen des EK 16 gehen dahin, von den normalen Segelflugzeugen, wie es die DFS-Olympia darstellt, zu der schnellen hochbelasteten Me 163 eine Zwischenstufe in der Ausbildung zu schaffen, die infolge seiner festigkeitsmäßigen Auslegung nur von dem Muster Habicht in der unten beschriebenen Ausführung erfüllt werden kann. Der Habicht ist das einzige für Kunstflug zugelassene Segelflugzeugmuster. Seine Flug- und vor allem Festigkeitseigenschaften sowie die Leistungen sind ausschließlich auf diesen Verwendungszweck ausgerichtet. Zudem ist den oben genannten Forderungen gemäß eine besondere Ausführung mit Flächen von 8 und 6 m Spannweite (normal 13,6 m) entwickelt worden, um die Eigenschaften noch mehr denen der Me 163 anzunähern. Da hingegen ist die DFS-Olympia ein normales Leistungssegelflugzeug, das seinen Eigenschaften und Leistungen nach, auch nach größeren Änderungen, für diesen Zweck absolut ungeeignet [!] *ist. Anschließend die technischen Daten und Leistungen der beiden Muster:*

Ein „Stummelhabicht" bei Startvorbereitungen.

		Habicht 8 m	Habicht 6 m	DFS-Olympia
Rüstgewicht	kg	225	215	173
Zuladung	kg	125	135	115
Fluggewicht	kg	350	350	290
Höchstzul. Geschw. im Windenschlepp	km/h	120	135	80
Höchstzul. Geschw. im Flugzeugschlepp	km/h	150	150	100
Höchstzul. Sturzgeschw.	km/h	500	550	220
Geringste Sinkgeschw.	m/s	1,5	2	0,67
Beste Gleitzahl	-	12,5	10	25

DFS „Kranich“ (WL-II-80) über der verschneiten Landschaft zwischen Vogelsberg und Spessart bei Gelnhausen. „Kranich“, „Habicht“ und „Stummelhabicht“ dienten zur Vor- und Umschulung angehender Me 163-Piloten.

Ein DFS „Habicht“ (WL-VIII-253) auf dem Flugplatz Gelnhausen. Das von Hans Jacobs entworfene kunstflugtaugliche Hochleistungs-Segelflugzeug trat erstmals bei den Olympischen Sommerspielen 1936 in Erscheinung und sorgte international für Furore.

Ein Leistungsvergleich der oben aufgeführten Segelflugzeuge zeigt eindeutig, dass sich nur der 6 m- und der 8 m-»Habicht« zur Schulung von Me 163-Flugzeugführern eigneten.

Ein Schreiben des Generalquartiermeisters vom 21. März 1944 hielt daher fest: (13)

„*Auf die Forderung, das Segelflugzeugmuster »Habicht« mit 8 m bzw. 6 m Spannweite nochmals in einer Serie von etwa 100 Flugzeugen zu bauen, wurde von GL/C-B 2 der Einsatz des Musters DFS Olympia vorgeschlagen, um besonderen Wiederanlauf des Musters »Habicht« zu vermeiden. Nach Mitteilung GL/C-E 2 kann jedoch Muster DFS Olympia auf Grund seiner Eigenschaften und Flugleistungen nicht als Vorschulmuster für Me 163 B angesehen werden. Um den Einsatz des Musters Me 163 B durch entsprechende Ausbildung und Vorschulung der Flugzeugführer sicherzustellen, wird daher gebeten, das Muster »Habicht« doch noch in der o.a. Stückzahl zu fertigen. Soweit möglich, werden von Gen.d.Fl.Ausb. vorhandene Habicht-Segelflugzeuge zwecks Verkürzung der Flächen zum schnelleren Anlauf zur Verfügung gestellt. Abruf der Flugzeuge ist in unmittelbarem Einvernehmen mit Gen.d.Fl.Ausb. unter Angabe des Umbauortes festzulegen.*“

Alles in allem hatte es also sechs Monate(!) gedauert, sich über eine erneute Fertigung von 100 Segelflugzeugen des Typs „Habicht“ zu einigen. Fast wäre der Einsatz der Me 163 B an zu wenig vorhandenen Segelflugzeugen für die Flugzeugführer-Ausbildung gescheitert. Doch diese Hürde war nun genommen. Das Oberkommando der Luftwaffe – Generalquartiermeister – legte folgende Fertigungszahlen fest:(14) Monatlicher Ausstoß 30 „Habicht“, jeweils zehn mit Spannweite 13,6 m, 8 m und 6 m. Die Produktion sollte schnellstmöglich beginnen. Im selben Fernschreiben wurde die Fertigstellung von 20 Jagdgleitern BV 40 gefordert, die man zur Vorschulung und Vorausbildung für angehende Me 163-Flugzeugführer bereits bei Blohm & Voss in Auftrag gegeben hatte. Über eine Erhöhung der Stückzahl sollte nach Abschluss der Flugerprobung entschieden werden.

Nach Kenntnis der Verfasser fand beim EKdo 16 keine Erprobung der BV40 auf Eignung zum Schulflugzeug für Me 163-Piloten statt. Dies hätte wegen der Liegendposition des Flugzeugführers in der BV 40 auch wenig Sinn gemacht.

Vom Jagdsegler Blohm & Voss BV 40 entstanden nur sieben Stück. Die Fertigung wurde im Frühjahr 1944 eingestellt.

Forderungen müsste dieser Habicht mit verkleinerter Tragfläche gerecht werden:

1.) *Etwas besserer Gleitwinkel, als der des 6 m-Habichtes (also etwa 8 m Spannweite)*
2.) *Beim Schleppstart muss Querruderwirkung vorhanden sein bei einer Geschwindigkeit, die der am Flächenende mitlaufende Hilfsposten noch ohne besondere Anstrengung mithalten kann.*
3.) *Störklappen (keine Sturzflugbremse)*
4.) *Sturzflughöchstgeschwindigkeit heraufsetzen (statt 250 km/h – wie z. Zt. – möglichst 400 km/h*
5.) *Versuchsweise Einbaub einer M.P. mit Revi zum übungsmässigen Schiessen aus der Luft.* (Siehe Versuche von Hirth mit einem Kleinkalibergewehr im Normal-Habicht).

Dieser Habicht mit verkleinerter Tragfläche stellt auch ein Übungsflugzeug für Einsatz-Verbände dar, das eine Inübunghaltung von Flugzeugführern billig gestaltet."

Gelnhausen – Bad Zwischenahn – Brieg

Alle Flugzeugführer, die beim EKdo 16 die Vor- und Umschulung durchliefen, führt nachfolgende Liste auf. Sie beruht zu einem guten Teil auf Befragungen ehemaliger Angehöriger des EKdo 16 durch die Verfasser. Da aber nicht alle Flugzeugführer des EKdo 16 den Krieg überlebten oder zur Zeit der Erstellung (der englischen Ausgabe) dieses Buches noch am Leben waren, zogen die Verfasser auch Flugbücher und Veröffentlichungen (4) heran. Die aufgelisteten Flugzeugführer kamen nicht alle auf einmal zum EKdo 16, sondern wurden ab September 1943 grüppchenweise zuversetzt. (In der zweiten Spalte in Klammern der vorherige Truppenteil bzw. Stellung, so weit bekannt):

Hptm Robert Olejnik	(Kommandeur III./JG 1)[1]
Oblt. Otto Böhner	(Technischer Offizier Stab/JG 53)
Lt. Hans Bott	(FFS A/B 10 Warnemünde)[2]
Oblt. Gerhard Eberle	(JG 27)
Lt. Franz Medicus	(SegelflugAusbStLw Gelnhausen)
Lt. Adolf Niemeyer	(SegelflugAusbStLw Gelnhausen)
Lt. Franz Rösle	(III./JG 2)
Lt. Rolf Schlegel	(6./JG 53)
Lt. Heinz Schubert	(LLG 1)
Lt. Hermann „Mano" Ziegler	(Überführungsgeschwader?)
Ofw. Friedrich „Fritz" Husser	(III./JG 1)
Ofw. Alois Wörndl	(wahrscheinlich JG 53)
Fw. Werner Nelte	
Fw. Schametz	
Fw. Friedrich „Fritz" Kelb	(nach Angaben Rolf Glogners: JG 5)
Fw. Siegfried Schubert	
Fw. Herbert „Nicky" Straznicky	(7./JG 2)
Fw. Hartmut Ryll	(I./JG 77)
Fw. Friedrich „Fritz" Oeltjen	(JG 54)
Uffz. Hans Wiedemann	
Uffz. Rudolf Zimmermann	(10./JG 27)
Uffz, Manfred Eisenmann	
Uffz. Rolf „Bubi" Glogner	(JG 52)
Uffz. Kurt Schiebeler	(JG 54)
Uffz. Wilhelm Josef „Jupp" Mühlstroh	
Uffz. Walther[3]	
Uffz. Anton Steidl	

Die Problematik, Flugzeugführer von Motorflugzeugen auf Segelflugzeuge umzuschulen, kam im *Arbeitsbericht 28* des Erprobungskommando 16 vom 2. Oktober 1943 zur Sprache:

„*Flugzeuge mit Strahlantrieb – insbesondere die Me 163 – sind im Unterschied zu Flugzeugen mit Luftschraubenantrieb im Beginn des Startvorganges mit Höhen- und Seitenruder nicht steuerbar. Es ist vielmehr erst mit zunehmender Rollgeschwindigkeit ein [unleserlich] der Ruderkräfte und Wirkungen von [unleserlich] Empfindlichkeit und Wirkung zu verzeichnen, was für normal ausgebildete Motorflieger ungewohnt ist. Ähnliche Verhältnisse liegen nur beim Segelflugschleppbetrieb vor. Deshalb – und auch zur Gewöhnung an*

Als Schulgleiter bei jedem Wetter dienten der einsitzige DFS „Habicht" (oben) und der zweisitzige DFS „Kranich" (unten).

motorlose Landungen-wurde bei der Vorschulung der zum E-Kdo 16 versetzten Flugzeugführer der Weg über die Segelflugausbildung beschritten. Dabei ergaben sich folgende Erfahrungen:

Es wurden 21 Flugzeugführer in Ausbildung genommen. Davon wurde ein Flugzeugführer mangels Eignung und Interesse nach den ersten Tagen abgelöst. Ein Zweiter muß aus gesundheitlichen Gründen zum alten Verband zurückgeschickt werden, obwohl er sich fliegerisch als gut geeignet erwies. Die gesamte Umschulung war innerhalb von 7 Tagen beendet, sodaß nunmehr an Schleppflüge mit der Me 163 herangegangen werden kann. Im Durchschnitt wurden 3-4 Flüge im Zweisitzer mit Lehrer ausgeführt. Dieses zeigte sich als dringend nötig, da fast jeder der Flugzeugführer sich fliegerisch Fehler bezw. Unsauberkeit des Flugstiles angewöhnt hatte, die erst einmal ausgemerzt werden mussten. Die Hauptbeanstandungen waren immer wieder:

Unsauberer Kurvenflug (falscher Gebrauch oder völlige Vernachlässigung des Seitensteuers).

Unruhe im Höhenruder (Me 109) [d.h. als Folge des Fliegens mit Bf 109].

Mangelndes Schätzungsvermögen für den Gleitwinkel (Motorflieger sind nicht mehr gewohnt, Ziellandungen ohne Motor auszuführen, sondern ziehen sich immer mit Gas an den Platz heran).

Fahrtverringerung bei Annäherung an den Boden unter das Fahrtmindestmaß und zu hohes Abfangen. Die Umstellung für Flugzeugführer auf die neuen Flugbedingungen erfolgte jedoch stets ungemein rasch. Nach 4-5 Doppelsteuerflügen und 4-5 Alleinstarts waren fast alle Flugzeugführer einwandfrei und wurden auf den Habicht gesetzt, der durchweg einwandfrei-auch im Kunstflug-geflogen wurde. Es wurde kein Bruch gemacht. Die Umschulung erfolgte nach Vereinbarung mit General der Truppenausbildung vom 17.-24.9.43 auf der Segelflugschule Gelnhausen, da beim Erprobungskommando noch nicht alle angeforderten Segelflugzeuge und das nötige Bodengerät eingetroffen waren."

Über die Ausbildung in Gelnhausen-Rothenbergen berichtet Hans-Joachim Senssfelder, der dort als Lehrgangsleiter und Schleppilot bei der *Segelflugausbildungsstelle der Luftwaffe* von Mai 1942 bis November 1944 eingesetzt war. (16) Herr Sennssfelder schilderte, dass zu den bekannten Fluglehrern Helmut Reukauf und Karl Keß gehörten. Helmut Reukauf wurde als Gruppenfluglehrer eingesetzt. Er hatte das internationale Leistungsabzeichen Nr. 37 der *Goldenen C* erworben. Er kam später bei einem Unfall mit der Me 163 ums Leben. Karl Keß hatte das Kommando über die fliegerische Ausbildung auf dem „Habicht" und dem „Stummelhabicht" seit 1943.

Nach Herrn Senssfelder wurde in Geinhausen eine geheime Schulung durchgeführt: es handelte sich hierbei um die Vorschulung für die Me 163. Geschult wurde auf den Varianten des „Habicht" mit 13,6 m, 8 m und 6 m Spannweite. Die Ausbildung fand in den so genannten K-Lehrgängen statt (ca. Oktober 1943 bis September 1944). Geflogen wurde zuerst der „Kranich II" und danach der „Habicht". Bereits während der Schulung auf dem „Kranich" wurden die Flugzeugführer überprüft und bei Nichteignung die weitere Ausbildung sofort abgebrochen. Nach Karl Keß wurden besonders bei der Landung das Aufsetzen auf dem Landekreuz mit dem „Stummelhabicht" geübt. Die Flugschüler, die diese Ziellandungen nicht schafften, wurden sofort abgelöst. Herr Keß hat nach eigener Aussage in Obertraubling 6-7 Schleppflüge mit einer Me 163 A(!) gemacht.[4] Ende Januar/Anfang Februar 1945 wurde die Ausbildung für die Me 163 in Gelnhausen eingestellt.

Über die Ausbildung der ersten Flugzeugführer des EKdo 16 in Gelnhausen gibt das Flugbuch des späteren Feldwebel Rudolf Zimmermann Auskunft:

Anzahl Flüge	Typ	Kenn-zeichen	Zeitpunkt	Bemerkung
2	„Kranich"	80	18.09.43	Flzgfhr: Thaler
2	„Baby IIa"	LB-FB	18.09.43	
1	„Baby IIa"	LD-SC	19.09.43	
2	„Baby IIa"	LA-LV	20.09.43	
1	„Kranich"	116	20.09.43	Flgzfhr: Rösle
1	„Baby IIa"	LB-FB	21.09.43	
2	„Baby IIa"	LD-SB	22.09.43	
3	„Habicht"	84	23.09.43	
1	„Meise"	279	23.09.43	
1	„Habicht"	254	23.09.43	
2	„Habicht"	84	24.09.43	

Drei Flüge mit dem Doppelsitzer-Segelflugzeug „Kranich" wurden zur Einweisung genutzt; Flugzeugführer waren die Offiziere Thaler und Rösle. Für jeden dieser Flüge wurde im Flugbuch unter der Rubrik „Bemerkungen" der Eintrag „*Segelflugsonderausbildung*„ gemacht. Nach Beendigung dieser Ausbildung in Gelnhausen wurde die Segelflugausbildung beim EKdo 16 in Bad Zwischenahn fortgesetzt, die der weiteren Schulung und dem Inübunghalten dienten. Parallel wurden die zukünftigen Me 163-Flugzeugführer aber auch als Piloten der Schleppflugzeuge, z. B. der Me 110, eingewiesen und eingesetzt. Schließlich erfolgten die ersten Schleppstarts mit der Me163 A und B.

Nur in vier bei den Verfassern vorhandenen Flugbüchern können Schulungsflüge und Flüge zur Inübunghaltung in Bad Zwischenahn belegt werden; die Flüge des Flugzeugführers Gerstenhauer, der für die Firma Focke-Achgelis geschult wurde, sind hierbei nicht berücksichtigt, da er nicht zu den Flugzeugführern des späteren JG 400 gehörte. Seine Flüge sind in der Tabelle im Anhang 8 aufgeführt.

Auszug aus dem Flugbuch von Rudolf Zimmermann:

Anzahl Flüge	Typ	Kennzeichen	Zeitpunkt
1	„Habicht"	243	27.09.43
2	„Baby IIa"	1174	29.09.43
1	„Kranich"	191	30.09.43
1	„Baby IIa"	1174	01.11.43
1	„Meise"	LA-ZC	02.11.43
1	„Kranich"	1238	02.11.43
1	„Habicht"	LE-VN	04.11.43
1	„Kranich"	1238	06.11.43
4	„Habicht"	LE-VD	08.11.43
1	„Baby IIa"	1174	01.11.43
1	„Habicht"	LE-VP	10.11.43
2	„Habicht"	LE-VP	11.11.43
1	„Habicht"	LE-VO	16.11.43
2	„Habicht" (klein)[5]	-	18.11.43

Auszug aus dem Segelflugbuch von Hans Bott (sämtlich Schleppflüge): (19)

Anzahl Flüge	Typ	Kennung	Zeitpunkt	Bemerkung
4	„Kranich"	-	14.11.43	Ein Flug mit Begleiter Lt. Medicus
3	„Baby IIa"	-	15.11.43	Ein Flug mit Begleiter Hptm. Späte
5	„Habicht"	-	16.11.43	Ein Flug Schlepp Zimmermann mit Fw 44 (KE+WZ)*
1	„Habicht"	-	18.11.43	
2	„Habicht" 8m	-	23.12.43	
2	„Habicht"	-	08.01.44	
2	„Habicht" 6m	-	20.02.44	
1	„Kranich"	-	21.02.44	

*Ergibt sich aus dem Flugbuch Rudolf Zimmermanns

Hans Bott hat in seinem Segelflugbuch keine Kennzeichen eingetragen; weitere Flugbucheinträge existieren nicht mehr. Die Richtigkeit der bis zum 08.01.44 durchgeführten Flüge wurde durch Oberleutnant Rudolf Opitz als stellvertretender Ausbildungsleiter am 17.01.44 bestätigt.

Auch der Unteroffizier Siegfried Rudschinat (20) von der 2./JG 11 hat an der Segelflugausbildung des E.Kdo. 16 in Geinhausen und Bad Zwischenahn teilgenommen und muss somit zu den ersten Flugzeugführern des Kommandos gezählt werden. Er blieb jedoch nicht beim EKdo 16 bzw. JG 400, sondern kehrte zum JG 11 zurück.[6]

Die Flüge der Segelflugausbildung aus dem Flugbuch von Siegfried Rudschinat:

Anzahl Flüge	Typ	Kennzeichen	Zeitpunkt	Ort	Anmerkung
4	„Kranich"	NK+AL	18.09.43	Gelnhausen	Schulungsflüge Pilot Lautenschläger*
3	„Baby"	LA+LN	19.09.43	Gelnhausen	Übungsflüge
4	„Baby"	LD+RZ	20.09.43	Gelnhausen	Übungsflüge
3	„Meise"	279	21.09.43	Gelnhausen	Übungsflüge
2	„Habicht"	84	22.09.43	Gelnhausen	Übungs- und Kunstflüge
2	„Habicht"	283	23.09.43	Gelnhausen	Übungsflüge
1	„Habicht"	284	24.09.43	Gelnhausen	Übungsflug
1	„Baby"	1059	27.09.43	Bad Zwischenahn	Übungsflug
1	„Habicht"	243	29.09.43	Bad Zwischenahn	Kunstflug
1	„Kranich"	1238	29.09.43	Bad Zwischenahn	
1	„Kranich"	1238	30.09.43	Bad Zwischenahn	
1	„Meise"	LA+ZC	01.11.43	Bad Zwischenahn	
1	„Meise"	LA+ZC	02.11.43	Bad Zwischenahn	
4	„Habicht" (kurz)	-	04.11.43	Bad Zwischenahn	
2	„Kranich"	1239	08.11.43	Bad Zwischenahn	
1	„Habicht"	LE+VP	11.11.43	Bad Zwischenahn	

*Lautenschläger war Segelfluglehrer an der Segelflugausbildungsstelle Gelnhausen

Die Richtigkeit der Flüge wurde durch Oberleutnant Pöhs als Flugleiter bestätigt.

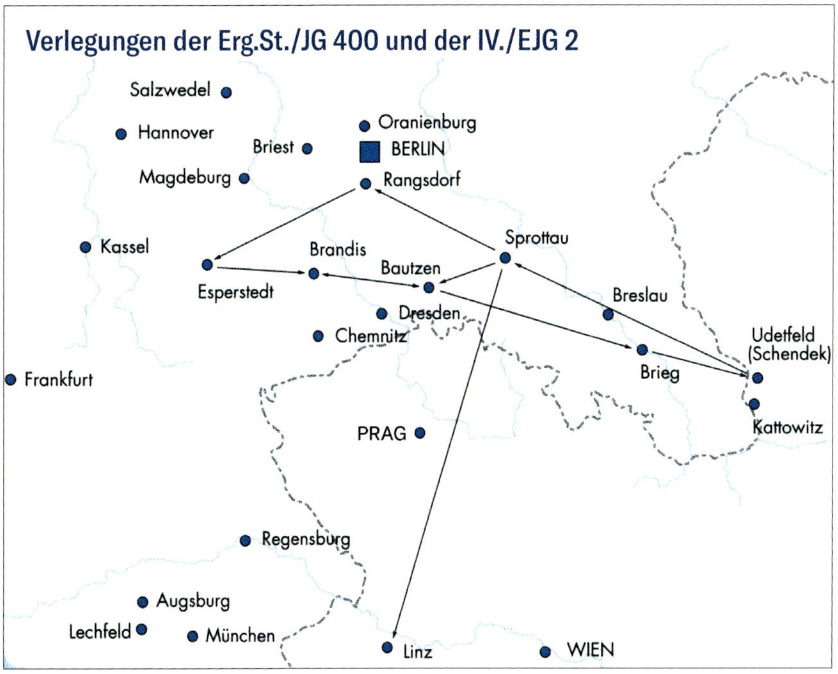

Nach der erfolgten Segelflugausbildung in Gelnhausen und Bad Zwischenahn nahmen die Flugzeugführer im Oktober 1943 an einem „Höhenanpassungslehrgang" des Institutes für Luftfahrtmedizin, München, auf der Zugspitze teil; von weiteren acht neu zuversetzten Flugzeugführern (von A/B-Schulen, Ergänzungsgruppen u.s.w.) befanden sich vier in Kurzausbildung bei der Jagdfliegerschule Fürth (Schießen aus der Luft) bzw. in Segelflugausbildung in Bad Zwischenahn. (21)

Nach Beendigung des „Höhenanpassungslehrgangs" begann nunmehr die Ausbildung auf der Me 163 A. Zunächst wurde im Schlepp geschult. In den vorhandenen Dokumenten gibt es keine Hinweise darauf, ob die Me 163 A, die zur Ausbildung genutzt wurden, Wasserballast in den Treibstofftanks hatten, um damit das Gewicht betankter Maschinen zu simulieren; es muss jedoch vermutet werden.

Über die Ausbildung berichtet der spätere Staffelkapitän der I./JG 400, Hauptmann Robert Olejnik: (22) *„So leicht die Me 163 A in der Luft zu fliegen war, denn sie gehorchte auf den kleinsten Steuerausschlag gutwillig und präzise, so war das Startverhalten etwas empfindlicher. Ganz zu schweigen von einer jedesmal erforderlichen Punktlandung. Diese war unbedingt nötig, da keine Möglichkeit bestand zum Durchstarten, um eine neue Landung zu probieren. Aus der sehr hohen Geschwindigkeit, die die Me 163 A erreichte, ergab sich auch eine viel höhere Landegeschwindigkeit. Sie lag bei einem Flugzeug ohne Triebwerk bei ca. 120 km/h, bei einer Maschine mit eingebautem Trieb-*

werk bei ca. 125–135 km/h, je nach Treibstoff-Restmengen. Bei dieser enorm hohen Landegeschwindigkeit musste die Me 163 A unbedingt am Landekreuz aufsetzen. Dadurch wurden an die in Frage kommenden Piloten höchste Anforderungen gestellt. Dementsprechend wurden sie systematisch geschult. Zunächst auf langsame Segelflugzeugmuster, wie »Grunau-Baby II“«, dann auf einem „ Kranich „ und zum Schluss auf einem »Stummel-Habicht«. Hatte der Pilot alle vorgeschriebenen Flüge auf den Segelflugzeugen absolviert, so nahte bald der Tag, an dem er zum erstenmal die Me 163 A im Schlepp fliegen durfte.

Eine Me 110 als Schleppmaschine stand vor der Me 163 A und wurde mit einem 120 m langen Seil verbunden. Die Me 110 zog langsam an und nach Erreichen von ca. 140–150 km/h hob die Me 163 A ab. Nun musste der Schüler das Fahrwerk abwerfen. Nachdem die Me 110 abgehoben hatte und das Fahrwerk eingezogen war, ging es mit größtmöglicher Steiggeschwindigkeit auf große Höhen (2000–4000 m). Dort wurde ausgeklinkt, und überrascht war jeder Pilot von den einmaligen Flugeigenschaften dieses Flugzeugtyps.

Hatte der Schüler nun 4–5 Schleppstarts mit der Me 163 A absolviert und ein sicheres Gefühl für diesen Typ erworben, rückte der Tag des ersten scharfen Starts (Start mit Triebwerk) heran.“

Im Gegensatz zu Robert Olejnik's Aufzeichnungen absolvierten die ersten umzuschulenden Flugzeugführer wesentlich mehr Schleppflüge mit der Me 163 A, bevor der erste scharfe Start erfolgte. Aufschluss darüber geben die Flugbücher von Kurt Schiebeler und Rudolf Zimmermann.

Nach Durchführung der Schleppstarts erfolgte die weitere Schulung mit scharfem Start. Hierzu berichtet Robert Olejnik: (22)

„Hatte der Schüler nun 4–5 Schleppstarts mit der Me 163 A absolviert und ein sicheres Gefühl für diesen Typ erworben, rückte der Tag des ersten scharfen Starts (Start mit Triebwerk) heran. Mit Sonderbekleidung bestieg der Schüler die Me 163 A. Diese wurde für die ersten Alleinflüge grundsätzlich nur halbvoll getankt, damit der Schüler bestenfalls nur auf 4000–5000 m Höhe steigen konnte. Nachdem das Triebwerk gezündet hatte, trimmte der Schüler die Maschine ganz schwanzlastig, dann gab er Gas. Nachdem die Maschine nach ungefähr 600–700 m Rollstrecke eine ausreichende Geschwindigkeit hatte, konnte bei 250–270 km/h abgehoben werden.“

Nach Robert Olejnik folgten dann Starts mit ¾ und voller Treibstoffmenge. Die vorhandenen Flugbücher geben hierüber keinen Aufschluss, da darin keine Angaben bezüglich der getankten Treibstoffmenge verzeichnet sind.

Nach erfolgreicher Beendigung der Schulung auf der Me 163 A folgte die weitere Ausbildung auf dem Einsatzmuster, der Me 163 B. Auch hierüber berichtet Robert Olejnik: (24)

„Nachdem die Umschulung auf der Me 163 A abgeschlossen war, begann die Einweisung auf die Einsatzmaschine Me 163 B. Diese benötigte weniger Zeit, da das Flugzeug genauso zu fliegen war, wie die Me 163 A. Nur war sie schwerer und hatte dadurch eine höhere Landegeschwindigkeit. Es wurden zunächst wieder drei Flugzeugschlepps mit leerer Maschine durchgeführt. Dann kamen 1–2 Schlepps hinter der Me 110 mit Ballast. Der Tank der Me 163 B

Auszug aus dem Flugbuch von Rudolf Zimmermann: (17)

Anzahl Flüge	Typ	Kennzeichen	Zeitpunkt	Ort
2	Me 163 A	V13	05.11.43	Bad Zwischenahn
2	Me 163 A	V13	27.11.43	Bad Zwischenahn
2	Me 163 A	V13	29.11.43	Bad Zwischenahn
1	Me 163 A	V10	30.11.43	Bad Zwischenahn
1	Me 163 A	V13	01.13.43	Bad Zwischenahn
1	Me 163 A	V12	02.12.43	Bad Zwischenahn
1	Me 163 A	V7	02.12.43	Bad Zwischenahn
1	Me 163 A	V13	02.12.43	Bad Zwischenahn
2	Me 163 A	V12	06.12.43	Bad Zwischenahn
1	Me 163 A	V7	06.12.43	Bad Zwischenahn
1	Me 163 A	V12	10.12.43	Bad Zwischenahn
1	Me 163 A	V13	20.12.43	Bad Zwischenahn

Auszug aus dem Flugbuch von Kurt Schiebeler: (23)

Anzahl Flüge	Typ	Kennzeichen	Zeitpunkt	Ort
2	Me 163 A	V7	22.11.43	Bad Zwischenahn
1	Me 163 A	V7	25.11.43	Bad Zwischenahn
1	Me 163 A	V10	27.11.43	Bad Zwischenahn
2	Me 163 A	V10	29.11.43	Bad Zwischenahn
1	Me 163 A	V12	29.11.43	Bad Zwischenahn
1	Me 163 A	V7	30.11.43	Bad Zwischenahn
1	Me 163 A	V13	01.12.43	Bad Zwischenahn
1	Me 163 A*	V12	01.12.43	Bad Zwischenahn
1	Me 163 A	V13	02.12.43	Bad Zwischenahn
1	Me 163 A	V12	02.12.43	Bad Zwischenahn
2	Me 163 A	V12	03.12.43	Bad Zwischenahn
1	Me 163 A	V13	03.12.43	Bad Zwischenahn
1	Me 163 A	V12	11.12.43	Bad Zwischenahn

* Die Schleppmaschine Bf 110 (PE+ST) wurde von Feldwebel Schametz geflogen, hinter ihm saß Feldwebel Rudolf Zimmermann

Die Flugbücher von Kurt Schiebeler und Rudolf Zimmermann verzeichnen folgende scharfe Starts mit der Me 163 A:

Anzahl Flüge	Flgzfhr.	Typ	Kennzeich.	Zeitpunkt	Ort
1	Schiebeler	Me 163 A	V10	17.12.43	Bad Zwischenahn
1	Schiebeler	Me 163 A	V9	20.12.43	Bad Zwischenahn
1	Zimmermann	Me 163 A	V13	20.12.43	Bad Zwischenahn
1	Zimmermann	Me 163 A	V10	20.12.43	Bad Zwischenahn
1	Schiebeler	Me 163 A	V10	21.12.43	Bad Zwischenahn
1	Schiebeler	Me 163 A	V8	21.12.43	Bad Zwischenahn
1	Zimmermann	Me 163 A	V10	21.12.43	Bad Zwischenahn
1	Zimmermann	Me 163 A	V10	22.12.43	Bad Zwischenahn
1	Zimmermann	Me 163 A	V8	23.12.43	Bad Zwischenahn
1	Zimmermann	Me 163 A	V10	23.12.43	Bad Zwischenahn
1	Zimmermann	Me 163 A	V9	25.12.43	Bad Zwischenahn
1	Schiebeler	Me 163 A	V9	30.12.43	Bad Zwischenahn
1	Zimmermann	Me 163 A	V7	08.01.44	Bad Zwischenahn

wurde mit 300–400 Liter Wasser, bzw. halbvoll gefüllt, um beim Landen eine höhere Landegeschwindigkeit zu haben. Denn nun hatte die Me 163 B eine Anfluggeschwindigkeit von ca. 250 km/h und setzte mit ca. 210–230 km/h auf. Das entsprach ungefähr der Landegeschwindigkeit einer aufgerüsteten Me 163 B mit evtl. Restbeständen an Treibstoff."

Robert Olejnik über den dann erfolgenden scharfen Start mit der Me 163 B:

„*Wie bei der Me 163 A wurde die Me 163 B auch erst halbvoll getankt, damit sie in einer Höhe von 4500–5000 m Höhe leergeflogen war. Zum Start wurde die Me 163 B ganz schwanzlastig getrimmt. Das Flugzeug nahm durch den höheren Schub sehr schnell an Fahrt auf. Nach dem Abheben wurde in ca. 15 m Höhe das Fahrwerk abgeworfen, und nun musste der Pilot mit affenartiger Geschwindigkeit die Höhentrimmung auf Normalflug zurückstellen. Die Kufe wurde eingezogen und am Platzrand hatte das Flugzeug bereits eine Geschwindigkeit von 650–750 km/h erreicht. Die Beschleunigung beim Startvorgang betrug um 4,5 g. Mit der Startgeschwindigkeit von über 700 km/h stieg die Me 163 B in einem Winkel von 60° in den Himmel und nahm noch an Geschwindigkeit zu. Sie wurde grundsätzlich leergeflogen, um möglichst viel vom gefährlichen Treibstoff loszuwerden. Wenn das Triebwerk abschaltete, war das Programm Erfliegen von Kurven und Üben von Landungen auf angenommenen Punkten (Wolkenfetzen). Die Landung war wie mit der Me 163 A, nur mit einer etwas höheren Landegeschwindigkeit (ca. 210–250 km/h).*"

Nach Olejnik erreichte die Me 163 B – vom Anlassen des Triebwerks an gerechnet – die Höhe von 10.000 m in 160 Sekunden; der Steigflug von 10.000 m auf 12.000 m Höhe dauerte 8 Sekunden.

So wie die Me 163 im Vergleich zu den bisherigen Flugzeugtypen der Luftwaffe ein völlig neuartiges Flugzeug war, so erforderte auch die Ausbildung der Flugzeugführer eine völlig neue Konzeption. Es gab für die spezielle Schulung der Me 163-Flugzeugführer zunächst keine Ausbildungsanweisung; auch diese musste man sich beim E.Kdo. 16 erst neu schaffen und den unterschiedlichen Ausbildungsständen der neuen Flugzeugführer und der wechselnden Kriegssituation anpassen. Während die ersten Flugzeugführer beispielsweise eine hohe Anzahl von Schleppflügen mit der Me 163 A zu absolvieren hatten, wurden später zum EKdo 16 bzw. JG 400 versetzte Flugzeugführer, wie Otto Krutsch (25) oder Günter Andreas, (26) in 5–6 Schleppflügen auf der Me 163 A geschult. Dagegen haben andere Flugzeugführer, darunter Reinhard Opitz (27) und Hans-Ludwig Löscher (28), die Me 163 A überhaupt nicht geflogen. Es muss erwähnt werden, dass die Schulung der Flugzeugführer in Bad Zwischenahn in den Herbst-, Winter- und Frühjahrsmonaten 1943/1944 durch schlechtes Wetter und durch fehlende Ersatzteile für die Me 163 A erheblich beeinträchtigt wurde. Während dieser Ausbildungsphase verunglückten Oberfeldwebel Alois Wörndl (30.11.43) und Leutnant Josef Pöhs (30.12.43) mit der Me 163 A tödlich. Das EKdo 16 hatte somit nur noch drei Me 163 A mit Triebwerk und drei Me 163 A ohne Triebwerk für die Ausbildung zur Verfügung. (29–31) An Schleppflugzeugen standen dem EKdo 16 in Bad Zwischenahn zur Verfügung: (17, 18, 23, 26)

Fw 44 KE+WZ, TY+BX
Fw 56 KD+NL, SE+FZ, S2+FX
Me 110 DO+GU, DO+VA, DO+WA, DQ+SG, PE+SB, PE+SK, PE+SN, PE+SR, PE+ST

Oberleutnant Robert Olejnik hatte sich aus dem Unteroffiziersstand hochgedient und als Jagdflieger am 30. Juni 1941 nach 32 Luftsiegen das Ritterkreuz des Eisernen Kreuzes erhalten. Als Hauptmann übernahm er im Dezember 1944 die IV./EJG 2, nachdem er zuvor als Staffelkapitän die 1./JG 400 geführt hatte. (Siehe Kurzlebensläufe S. 425).

Bis zur Aufstellung der I./JG 400 am 01.03.44 wurden das gesamte Bodenpersonal und zwölf Flugzeugführer vom EKdo 16 ausgebildet und dorthin versetzt. Ab dem 1. März 1944 trafen weitere elf Flugzeugführer zur Schulung bis zum 28.03.44 beim EKdo 16 ein und wurden umgehend ausgebildet. (32) Zu diesen Flugzeugführern gehörte auch der Oberfähnrich Günter Andreas, der ab dem 15. März 1944 zum EKdo 16 versetzt wurde. Er erinnert sich, dass sich die Masse der ab Herbst 1943 zum EKdo 16 versetzten Flugzeugführer zur weiteren Höhenanpassung im Luftwaffen-Kurheim „Wolkenstein" in Selva in Val Gardena/Südtirol befand. (33) Diese Höhenanpassung dauerte demnach über zwei Monate.[7] Der Grund dafür war, dass keine einsatzklaren Me 163 B beim EKdo 16 vorhanden waren. (34) Hans Bott nahm in dieser Zeit an einem Schießlehrgang in Kopenhagen-Kastrup teil.(35) Günter Andreas berichtet weiter, dass kurz nach ihm die Flugzeugführer Feldwebel Waldemar Walaschofski, Oberfeldwebel Walter Ertel und Feldwebel Horst Rolly zum EKdo 16 versetzt wurden. Auch Oberfeldwebel Otto Krutsch wurde von der III./St.G. I im Mai 1944 zum EKdo 16 versetzt. (36)

Bis zum 10. Mai 1944 waren 22 Flugzeugführer soweit ausgebildet, dass sie ihren ersten scharfen Start hätten durchführen können, wenn genügend flugklare Me 163 B vorhanden gewesen wären. Neu in das Ausbildungsprogramm wurde das Üben von Anflügen auf eigene Zieldarstellungsflugzeuge (Bf 110) in Höhen zwischen 6000 und 10.000 m aufgenommen.[8], (37) Am 30. Mai 1944 wurde der Fliegerhorst Bad Zwischenahn von den Amerikanern bombardiert. Als Folge daraus wurde die Flugzeugführer-Ausbildung des EKdo 16 ab dem 7. Juni von Bad Zwischenahn nach Brieg/Oder (505020N–1724470) verlegt. Bis zum 10. Juni war diese Verlegung beendet. Dieser Flugplatz war durch die sehr hohe Anzahl von Starts und Landungen einer Nahaufklärergruppe und aufgrund fehlender Infrastruktur – es stand keinerlei Hallen- oder Werftraum zur Verfügung – für die Schulung absolut ungeeignet. Bis zum 26. Juni wurde dort nicht ein einziger Start gemacht. (38)

Günter Andreas schreibt dazu: (24) „*Nach dem Bombenangriff auf Bad Zwischenahn wurde ein großer Teil der Flugzeugführer unter Führung von Oblt. Langer nach Brieg bei Breslau verlegt. Dieses Kommando übernahm aber gleich zu Anfang dann Oblt. Niemeyer, da Oblt. Langer auf dem Wege nach Brieg mit der Me 108 tödlich verunglückte* [gem. Namentlicher Verlustmeldung des E.Kdo. 16 vom 21.06.44 stürzte Oblt. Herbert Langer am 21.06.44 mit einer Me 108 El, W.Nr. 1687, in Haßendorf bei Rotenburg/Hon. tödlich alt. Mit ihm verstarb sein Begleiter auf diesem Flug, Stabsarzt Dr. Ortwin Rave][9] *Obwohl einige Me 163 B dorthin verlegt wurden, kamen wir wegen der dortigen Flugplatzverhältnisse praktisch gar nicht zum Fliegen. Es war für alle ein mehr oder wenig schöner Urlaub am Flugplatz Brieg und dessen Umgebung.*“ Günter Andreas wurde in Brieg vom Oberfähnrich zum Leutnant befördert. Oberfeldwebel Jakob Bollenrath hatte diese Zeit in Brieg wohl in schlechter Erinnerung. Er schrieb mit Datum 4. Juli 1944 an seine Verwandten: „*Hier in Brieg gibt es nichts besonderes zu erzählen. Es ist nicht viel los in Schlesien, kein schönes Nest.*“ Es wurden somit fast vier Wochen wertvoller Zeit für die Schulung vergeudet. (39) Interessant ist der Brief Bollenraths insofern, als aus ihm überhaupt ein Datum über den Aufenthalt der Schulung in Brieg hervorgeht. Weitere belegbare Daten über die Schulung in Brieg liegen den Verfassern nicht vor, da die Arbeits- bzw. Monatsberichte des EKdo 16 für den Zeitraum ab 26. Juni 1944 bis einschließlich August 1944 nicht vorhanden sind. Es ist davon auszugehen, dass die Schulung von Flugzeugführern für die Me 163 beim EKdo 16 Mitte Juli 1944 eingestellt und an die neu aufgestellte Ergänzungsstaffel des Jagdgeschwaders 400 übertragen wurde. Aus den Monatsberichten September und Oktober des EKdo 16 geht hervor, dass die Erg.St. zunächst in Brandis stationiert war. (40, 41)

Während die bisherige Ausbildung der Me 163-Flugzeugführer aufgrund selbst entwickelter Methoden des EKdo 16 beruhte, die jedoch mit den zuständigen Dienststellen des General der Jagdflieger, des Chef Ausbildungswesen und des General der Truppenausbildung abgestimmt waren, erfolgte nunmehr die offizielle Befehlsgebung für die zukünftige Ausbildung durch den Stab des General der Jagdflieger. Er stellte zunächst fest: „*Das Flugzeug kann jetzt für einsatzbereit erklärt werden.*“ (42) Folgende Ausbildung wurde dann in Abschnitt VI. des Befehls festgelegt: (43)

Ausbildungsanforderungen.
Die Eigenart der Me 163 als Kombination von Motor- und Gleitflug setzt von der bisherigen Jagdfliegerausbildung abweichende Ausbildungsanforderungen und damit einen besonderen Ausbildungsgang voraus.
Die Forderungen, die an einen „Kometenjäger“ gestellt werden, sind:
a) Hohe kämpferische Fähigkeiten und Härte. Grundsätzlich freiwillige Meldung.
b) Besondere fliegerische Begabung
c) Überdurchschnittliche Fähigkeiten im Segel- bzw. Gleitflug.
c) Einwandfreie Beherrschung schneller Schulflugzeuge in Start, Landung, Kunstflug,
Schießen und Angriffsübungen.
d) Sehr gute Schießleistungen

Ausbildungsgang.
1.) Auswahl der besten Segelflieger aus den vormilitärischen Segelfluglehrgängen des NSFK [Nationalsozialistisches Fliegerkorps].
2.) Nach Eintritt in die Luftwaffe Spezialsegelflugausbildung in einem dreimonatlichen Sonderlehrgang, in dem gleichzeitig die militärische Grundausbildung derFlugschüler durchgeführt wird. Die Segelflugausbildung erfolgt durch Segelfluglehrer des NSFK. Ort: Tiefensee.[10]
3.) Grundausbildung im Motorenflug und Waffenausbildung auf einer besonderen Kometen-Waffenschule. Ort z. Zt. Aalborg.[11]
Die Grundausbildung soll sich nur auf das für den späteren Einsatz auf Me 163 Notwendige erstrecken. Demzufolge können Nacht- und Verbandsflug entfallen. Instrumentenflug ist nur soweit zu üben, als dies bei Einhaltung von Kurs und Sinkgeschwindigkeit notwendig ist (Durchziehen, Durchstoßen). Im Wesentlichen wird die Beherrschung der Ar 96 im Kunstflug und Überlandflug mit Instrumentenausbildung genügen.
Die Waffenausbildung ist ebenfalls nur auf Ar 96 durchzuführen. Die Umschulung auf Bf 109 oder Fw 190 ist nicht erforderlich. Sie umfaßt Ziellandungen, Kunstflug, Scheibenanflüge, Luftschießen, Angriffsübungen auf Zielflugzeuge und Höhenflüge. Zur Inübungshaltung und Weiterbildung sind wiederholt Ziellandeübungen auf schnellen Segelflugzeugen (6m Habicht) durchzuführen.
Besonderes Gewicht ist auf eine umfassende Luftschießausbildung zu legen. Die Ausbildungsdauer auf der Kometenwaffenschule wird etwa 4 Monate betragen.
4.) Die Endausbildung erfolgt in der Erg.Staffel/J.G. 400 auf dem Einsatzmuster. Ort z. Zt. Brandis.Die Flugschüler werden zunächst auf den Segelflugmustern Kranich, 13,5 m Habicht und 6 oder 8 m Habicht auf ihr Können überprüft. Zweck: Nachweis der einwandfreien Beherrschung der Ziellandung ohne Motor. Die weitere Schulung erfolgt auf dem Einsatzmuster im Flugzeugschlepp, und zwar auf
a) Me 163-B ohne Triebwerk und ohne Waffen, genannt „Leichte B“
b) Me 163-B ohne Triebwerk, mit Waffen und Munition, genannt „Wasser B“,
c) Me 163-B mit Triebwerk, Waffen und Munition, genannt „Wasser B“
d) Me 163 B mit Waffen, Munition und vorkommende Betriebsstoffreststandsmenge, genannt „Wasser B“
e) Me 163-B Einsatzflugzeug, 50 % Betriebsstoff, vollmunitioniert,
f) Me 163-B Einsatzflugzeug, vollbeladen und munitioniert.

Ausbildungsdauer: 4–6 Wochen
Die Fluggewichte zu b) bis d) werden durch Auffüllen von Wasser auf die Tanks erreicht, daher Bezeichnung „Wasser B“[12]*. Im theoretischen Unterricht erfährt der Flugzeugführer das, was er für den Einsatz wissen muß. Dieser Gesamtausbildungsgang hat den Vorteil, kurz zu sein, aber den Nachteil, daß die Flugzeugführer notfalls nicht ohne weitere Ausbildung in normale Jagdverbände überführt werden können, da sie keine Jagdausbildung auf Bf 109 oder Fw 190 besitzen.*“

Über die oben erwähnte Ergänzungsstaffel des JG 400 liegen kaum verwertbare und beweiskräftige Dokumente vor. Auch die vom Luftwaffenpersonalamt verfügten Versetzungen von Offizieren der Erg.St. JG 400 weichen von beispielsweise in Flugbüchern und anderen Personalunterlagen angegebenen Eintragungen ab.[13] Einzig und allein aus den Stärke- und Einsatzbereitschaftsmeldungen der Luftflotten (Lfl) 10 und „Reich“ und den Bestandsmeldungen der Jagdverbände (Erg.)

sowie der Lagekarten „Aufmarsch der Luftverteidigungsverbände der Luftwaffe“ aus den Akten des Generalquartiermeisters Lw/6. Abteilung konnten die Daten für nachfolgende Tabelle entnommen werden: (46)

Interessant ist hierbei die Angabe „Erg.St. I./JG 400“ in den Lagekarten vom 15.10. und 21.10.44, welches bedeutet, dass die Erg.St. zur I./JG 400 gehörte.[14] (Möglicher Weise ein Schreib- oder Tippfehler; korrekt müsste es Erg.St./JG 400 heißen).

Stärke und Einsatzbereitschaft der Ergänzungsstaffel/JG 400:

Zeitpunkt	Bemerkung	Bereitschaftsstand	gemäß Meldung
20.07.44	in Aufstellung		Lfl. 10
31.07.44	kein Flugzeugbestand	nicht einsatzbereit	Lfl. Reich
10.08.44	kein Flugzeugbestand	nicht einsatzbereit	Lfl. Reich
20.08.44	9 Me 163, 4 einsatzfähig		
	9 Bf 110, 4 einsatzfähig	einsatzfähig	Lfl. Reich
31.08.44	9 Me 163 A/B, 4 einsatzfähig		
	(4 Me 163 A + 5 Me 163 B)	einsatzfähig	Lfl. Reich
10.09.44	11 Me 163 A/B, 6 einsatzfähig	einsatzfähig	Lfl. Reich
20.09.44	11 Me 163 A/B, 6 einsatzfähig	einsatzfähig	Lfl. Reich
30.09.44	11 Me 163 A/B, 6 einsatzfähig		
	(4 Me 163 A + 7 Me 163 B)	einsatzfähig	Lfl. Reich
10.10.44	12 Me 163 A/B, 6 einsatzfähig	einsatzfähig	Lfl. Reich
15.10.44	Erg.St. I./JG 400 in Udetfeld		
20.10.44	12 Me 163 A/B, 6 einsatzfähig	einsatzfähig	Lfl. Reich
21.10.44	Erg.St. I./JG 400 in Udetfeld		
31.10.44	15 Me 163 A/B, 6 einsatzfähig	einsatzfähig	Lfl. Reich
		Auflösung am 31.10.44	Lfl. 10 [sic]

Brandis – Udetfeld – Sprottau

Mit Verlegung des EKdo 16 von Bad Zwischenahn nach Brandis wurde der dortige Fliegerhorst durch die Stationierung von zu vielen Einheiten und Verbänden überbelegt. Darauf beantragte Kommandoführer Hauptmann Thaler, die Erg.St./JG 400 zu verlegen. Diese Verlegung erfolgte jedoch erst in der 2. Hälfte des Oktober 1944.(41)

Bis diese Verlegung durchgeführt war, wurden in Brandis weitere Flugzeugführer ausgebildet. Zu diesen gehörten unter anderem: Leutnant Reinhard Opitz, Feldwebel Georg Hauß, Unteroffizier Werner Husemann, Unteroffizier Anton „Toni“ Süß, Georg Neher, Rolf Ernst, Udo Schwanger, Herbert Hentschel, Egon Kerckhoff, Josef Mentenich, Karl Maurer, Kurt Konrad,

Kurz nach Stationierung der Ergänzungsstaffel/JG 400 in Brandis im Juli 1944 führte Leutnant Adolf Niemeyer dem ehemaligen Luftwaffenbefehlshaber Ost, Generaloberst Alfred Keller, eine Me 163 A im Flug vor. Der 61-jährige Keller war nach seiner Abberufung 1943 durch General der Flieger Günther Korten ersetzt worden und nun Korpsführer des für die Ausbildung des Pilotennachwuchses zuständigen NSFK. Rechts neben Keller der stattliche Oberst Paul Aue, Kommandeur der ebenfalls in Brandis liegenden Blindflugschule 31. Leutnant Franz Medicus, Staffelführer der Erg.St./JG 400 ist als Vierter von rechts zu sehen.

„Hannes“ Graf, Detlef Hamburger, Schorries, Steinmetz und Martin Fritz. (27, 47 - 49) Als Ausbilder fungierte unter anderem auch Feldwebel Helmut Reukauf aus Gelnhausen.

Auf folgenden Me 163 wurde geschult: (25, 27, 50)

Me 163 A V10	scharfe Triebwerksflüge
Me 163 A V11	scharfe Triebwerksflüge
Me 163 A V13	
Me 163 BVl	schwere B
Me 163 BV4	leichte B
Me 163 BV8	
Me 163 B V 12	scharfe Triebwerksflüge
Me 163 B V 31	schwere B
Me 163 B (SB+V7)[15]	

An Schleppflugzeugen waren vorhanden: (27, 47)

Fw 44	TY+BX
Fw 56	KD+NL, CJ+AK, TX+BX
Bf 110	DO+GU, KR+PF, SL+TI, VM+HZ

Männer der Ergänzungsstaffel des JG 400 im Herbst 1944 im Dorf Brandis. Das Gruppenbild mit Dame entstand nach dem Unfall Herbert Hentschels (mit Kopfverband), dessen Me 163 B sich nach einer Außenlandung am Flugplatzrand im Kreis gedreht hatte. Stehend v. l. n. r.: Rolf Ernst, Udo Schwenger, Alexander Steinmetz, Herbert Henschel, eine unbekannte junge Frau, Egon Kerkhoff, Josef Mentenich, Karl Maurer, unbekannt, Kurt Konrad und Hannes Graf. Sitzend v. l. n. r.: unbekannt, unbekannt, unbekannt, Anton „Toni“ Süß und Werner Husemann. Das genaue Datum des Unfalls von Herbert Henschel sowie sein Dienstgrad sind den Verfassern nicht bekannt.

V. l. n. r.: Unbekannt, Udo Schwenger, Herbert Henschel, Anton Süß und Werner Husemann.

V. l. n. r.: Georg Neher, Egon Kerkhoff, Udo Schwenger und Kurt Konrad.

V. l. n. r.: Unbekannt, Alexander Steinmetz, unbekannt, Karl Maurer, Josef Mentenich.

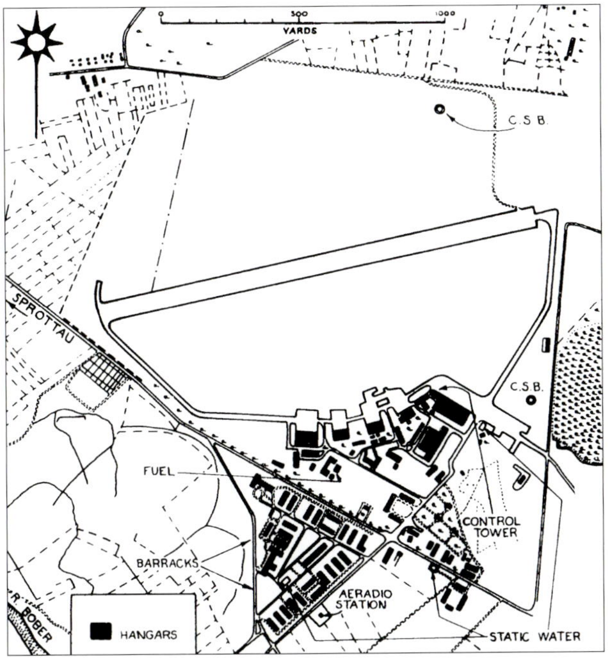

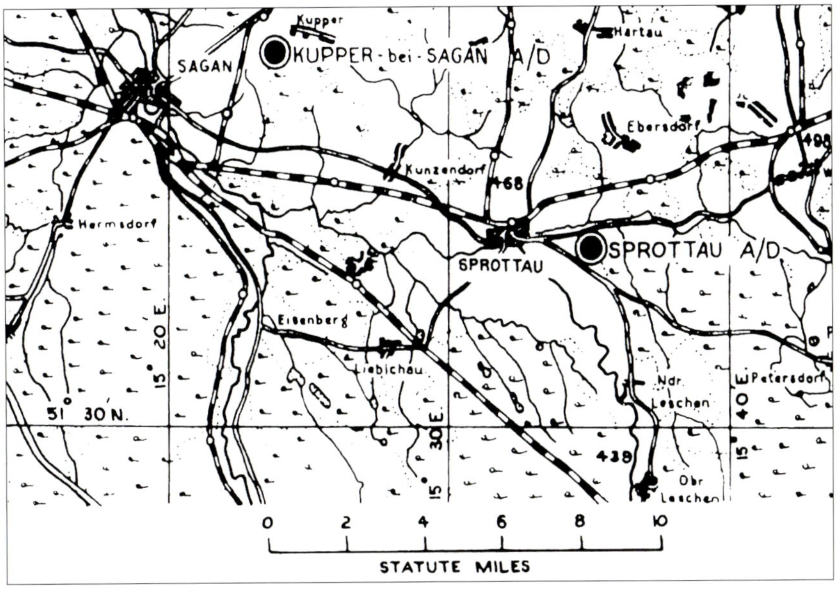

Nach Luftbildaufnahmen erstellte alliierte Karten von Sprottau in Niederschlesien.

Gemäß den Lagekarten (46) war die Erg.St./JG 400 ab dem 15. Oktober 1944 in Udetfeld stationiert. Die Verlegung wurde, wie von Hauptmann Thaler beantragt und oben geschildert, somit durchgeführt. Ob dann auch sofort die Fortsetzung der in Brandis begonnenen Ausbildung stattfand, ist nicht bekannt. Es wird jedoch vermutet, dass sich die Staffel dort erst einrichten musste, bis mit der weiteren Ausbildung begonnen werden konnte.

Vermutlich ab 1. November 1944 wurden die 13. und 14. Staffel der IV./EJG 2 aufgestellt,[16] die nunmehr für die Ausbildung der Me 163-Flugzeugführer zuständig war. Die 13./EJG 2 war auf dem Erprobungsplatz der Luftwaffe in Udetfeld (Schendek, 502835N-190455O) stationiert, während die 14./EJG 2 den Fliegerhorst Sprottau (513340N-153500O) nutzte (es ist nicht nachzuvollziehen, ob zunächst beide Staffeln in Udetfeld stationiert waren, was aber der Fall gewesen sein kann).[17] Die mögliche Aufstellung einer 15./EJG unter Hauptmann Erwin Sturm kann nicht mit Dokumenten belegt werden. Ab Dezember 1944 war Hauptmann Robert Olejnik Kommandeur der JV./EJG 2. Auch der Geschwaderstab des EJG 2 lag zeitweise in Sprottau. Interessanter Weise wird die Erg.St./JG 400 unter der Bezeichnung Erg.St. I./JG 400(!) in den Lagekarten über den 31. Oktober 1944 hinaus weitergeführt, woraus man schließen kann, dass diese Einheit nicht aufgelöst wurde. In den Soldbüchern von Horst Lachmann und Gerhard Stolle sind Eintragungen enthalten, wonach beide Flugzeugführer ab dem 1. November 1944 zur Erg.St./JG 400 nach Udetfeld versetzt wurden (siehe auch nachfolgend K III Lehrgang S. 327).

Staffelführer der 13./EJG 2 war im Zeitraum November 1944 bis März 1945 Oberleutnant Adolf Niemeyer. In den vorhandenen Flugbüchern ist der erste Flugbetrieb in Udetfeld am 5. November 1944 verzeichnet. Bei den Verfassern sind lediglich die Flugbücher von Leutnant Hans-Ludwig Löscher (28) und Feldwebel Georg Hauß (47) vorhanden, die Flugbetrieb in Udetfeld verzeichnen. Die in Brandis begonnene Ausbildung wurde in Udetfeld fortgesetzt. Zu den auszubildenden Flugzeugführern gehörten u. a. Hauptmann Albert Falderbaum sowie die Unteroffiziere Werner Husemann, Georg Neher und Anton Süß.

Werner Husemann berichtet über die Schulung in Udetfeld: (48) „*In Udetfeld haben wir auch noch Schießübungen auf dem Stummelhabicht geflogen. Da war Helmut Reukauf auch Einweisender. Die ersten Flüge wurden mit eingebautem Revi gemacht, dann waren noch zwei Stummelhabicht mit einer MP ausgerüstet. Diese Sache wurde aber nicht weiter verfolgt. Charly Mayersuppe* [Carl Marsen] *zeigte zwischendurch sehr guten Kunstflug auf dem Habicht.*"

Unteroffizier Georg Neher erlebte in Udetfeld zweimal, dass bei der „Blauen 14" das Fahrwerk nicht abgeworfen werden konnte – es löste sich beim einen Flug erst in 4000 m, beim anderen in 7000 m Höhe. Hauptmann Falderbaum machte einen Testflug mit dem gleichen Ergebnis. (51)

In Udetfeld wurde u. a. mit folgenden Flugzeugen geflogen: (28, 47, 51)

Me 163 A	V10[18]
Me 163 B	2,[19] 3, 6, 7,[20] 9, 59, „Blaue 14"
Bü 181	RB+MP für Zielanflüge und Angriffsübungen [21]

Dieses Emblem trugen sämtliche Maschinen der 14./EJG 2. Es gibt allerdings keine Fotonachweise, dass es auch die Flugzeuge der 13./EJG 2 erhielten.

Oberleutnant Adolf Niemeyer

kam am 17. April 1912 in Hameln zur Welt. Von Juli 1943 bis April 1944 diente er bei der Segelflugausbildungsstelle der Luftwaffe, dann von April bis August 1944 beim EKdo 16 und von August bis November 1944 bei der Erg.St./JG 400. Im November 1944 bis März 1945 Staffelführer/Staffelkapitän die 13./EJG 2, erlebte er den März und April 1945 beim JG 400. Adolf Niemeyer starb 2002 in Hameln.

Reinhard Opitz erinnert sich

Reinhard Opitz am Steuer einer Bf 110.

Ich traf Franz Medicus zum ersten Mal beim Mittagessen in der Pilotenmesse am Fliegerhorst in Bad Aibling. Medicus, einer aus der Garde der alten Segelflieger und bis zum Kriegsbeginn Leiter einer der großen Segelflugschulen, war mit einem Focke-Wulf *Stößer* unterwegs und hatte den Flug in Bad Aibling wegen schlechten Wetters unterbrechen müssen. Der Focke-Wulf Hochdecker mit dem schlanken, schmalen Fahrwerk war mir aufgefallen, als ich von einem Übungseinsatz mit meinem Schwarm Bf 110 vor die Halle zum Tanken rollte. Zu dieser Zeit war ich als Jagdlehrer beim Zerstörergeschwader 101 tätig. Medicus, Oberleutnant der Luftwaffe, erzählte aus seiner Segelfliegerzeit, und wir unterhielten uns über gemeinsame Bekannte. Nachdem aus dem Mittagessen ein Abendessen wurde und sich ein langer Abend anschloss, unterhielten wir uns ausführlich über unsere Chancen als Jagdflieger den die amerikanischen Bomberverbände begleitenden amerikanischen Jagdmaschinen gegenüber. Ich erzählte, dass wir in der letzten Woche Luftkämpfe mit amerikanischen einmotorigen Begleitjägern im Raum Ingolstadt-Passau hatten, und wir stellten Berechnungen über die Flugzeit dieser hervorragenden Maschinen, deren Kraftstoffvorräte, Bewaffnung, Steigfähigkeit und vieles weitere an. Meine Verzweiflung darüber, dass wir den Amerikanern keine gleichwertigen Flugzeuge entgegen zu setzen hätten, versuchte Medicus mehrmals mit dem Hinweis zu entkräften, dass „doch etwas im Busch sei." Viel brachte ich aus ihm nicht heraus, aber doch so viel, dass mich diese Sache gewaltig interessierte und wir gemeinsam nach einem Weg suchten, mich in die Richtung dieses „Pfundshaufen", wie Medicus meinte, in Marsch zu setzen. Da dort noch Flugzeugführer gesucht wurden, insbesondere solche, die in der Reichsverteidigung im Einsatz gewesen waren, und daneben nach Möglichkeit über Segelflugerfahrung verfügen sollten, versuchte ich auf verschiedenen Wegen, auf dem Dienstweg und auch anderen, meine Versetzung zum Erprobungskommando 16 zu erreichen. Dabei kam mir der Umstand zur Hilfe, dass die 12 Monate, für die man mich beim Zerstörergeschwader 101 als Jagdlehrer festgenagelt hatte, praktisch abgelaufen waren. Einige Monate vergingen noch, und im Juli 1944 hatte ich dann meine Versetzung zum Erprobungskommando 16 in der Hand. In München-Neubiberg befand sich zu diesem Zeitpunkt eine Stelle, die Flugzeuge verteilte, die Maschinen fabrikneu oder von aufgelösten Verbänden anderen Bestimmungen zuführte. Durch Zufall hatte ich erfahren, dass von dort eine Messerschmitt 110, umgebaut als Schleppmaschine, nach Brandis bei Leipzig zu überführen war, und so konnte ich meine Versetzung mit dem Flugzeug durchführen.[1]

Der Fliegerhorst Brandis bei Leipzig war einer der großen Flugplätze, die wir damals besaßen. Großes Flugfeld mit Betonstartbahn und weitverteilten, teilweise unter Bäumen verborgenen Unterkünften. Der Platz war von verschiedenen Luftwaffen-Einheiten belegt, darunter befand sich ein Kampfgeschwader, das hier aufgelöst wurde. Eine der großen Flugzeughallen gehörte der Fa. Junkers, die in Brandis Versuche mit dem Prototyp eines schweren Düsenbombers noch mit starrem Fahrwerk durchführte.

Das Zusammentreffen mit den Flugzeugführern des Erprobungskommandos 16, das in den gleichen Tagen in die Ergänzungsstaffel des Jagdgeschwaders 400 umgewandelt wurde, rief sehr unterschiedliche Gefühle in mir wach. War ich bisher gewohnt gewesen, ein gewisses Minimum an militärischem Betrieb auch in Jagdverbänden anzutreffen, so war dieser Rest hier offenbar abhanden gekommen. Franz Medicus, als Oberleutnant und Führer der Ergänzungsstaffel, hatte vom Major bis zum Unteroffizier alle Dienstgrade in seinem Haufen. So gut Medicus als Flieger war, so wenig taugte er als Soldat, und daraus hat er auch nie ein Hehl gemacht. Der Wechsel, der sich dann aus für uns sehr undurchsichtigen Gründen vollzog, war um der Sache willen sehr zu bedauern. Mit Hauptmann Nocher übernahm Anfang September ein Offizier die Staffelführung, dem weder die militärische Qualifikation eigen war, noch vom Handwerk des Fliegens wirklich etwas verstand. Zu keiner Zeit und an keiner Stelle habe ich während des Krieges mehr völlig blödsinnige Ansichten über die Mittel und Möglichkeiten der Luftwaffe gehört als in diesem Haufen.

Der Dienstälteste, Major Bacsila, Österreicher und Träger eines undefinierbaren rumänischen Halsordens, vertrat die Ansicht, dass die Me 163 das einzige Flugzeug sei, mit dem man erfolgreich Nachtjagd betreiben könne. Erst später erfuhr ich dann, dass Bacsila die 163 noch nicht einmal am Tage geflogen hatte. Nocher glaubte, dass die Aufgabe des Staffelkapitäns einer Me 163 Staffel künftig darin bestehen müsse, den Einsatz seiner Männer von der Leitzentrale vom Boden aus zu lenken. Verstand sich am Rande, dass eine solche Zentrale unter dickem Beton sich möglichen feindlichen Einflüssen entzog. Mit 14 Jahren hatte ich den Segelflug begonnen und mit 17 Jahren einen 5½ Stunden-Flug als erste Bedingung für das Segelfliegerleistungsabzeichen absolviert. Die fliegerischen Erlebnisse während meiner Ausbildung und während der Jagd- und Zerstörerfliegerei hatten meine Freude am Fliegen nur noch gesteigert. Ich hörte mir daher diese nutzlosen Diskussionen der „Experten" in abendlicher Kasinorunde gewissermaßen als Unbeteiligter an und nutzte wie bisher jede Möglichkeit, vom Boden in die Luft zu kommen. Gelegenheit gab es dazu genügend, ob mit der Fw 44 oder der [Fw 56] *Stößer* als Schleppmaschine vor den Segelflugzeugen, mit denen die Vorschulung betrieben wurde, oder im Segelflugzeug am Seil hinter den Motormaschinen. Das Segelflugzeug, mit dem vor dem Kriege Kunstflug betrieben wurde, hieß *Habicht*. Es war ein offener Schulterdecker mit einer Spannweite von etwas mehr als 13 m. Dieses Flugzeug wurde für die Umschulung auf die Messerschmitt 163 benutzt. Für diesen Spezialzweck hatte man dem Habicht gewissermaßen die Flügel beschnitten. Die Reihe der *Stummel-Habichte* begann mit dem 10 m *Habicht* und setzte sich über den 8 und 6 m *Habicht* fort. Man hatte den *Habicht*-Rumpf mit kürzeren Flächen versehen und dadurch seine Mindestgeschwindigkeit beträchtlich heraufgesetzt. So musste der 6 m *Habicht* schon mit Geschwindigkeiten angeschwebt werden, die höher lagen als die mancher kleiner Motorflugzeuge, und in der ganzen Anlage des Landeanfluges näherte man sich damit der für den Anflug mit der Messerschmitt 163 notwendigen Landeeinteilung. Es bedarf sicher keiner besonderen Erwähnung, dass dieses kurze Intermezzo auf schönen und dazu schnellen Segelflugzeugen bei herrlichem Sommerwetter in den Augusttagen des Jahres 1944 in vollen Zügen genossen wurde. Wir überboten uns gegenseitig im Kunstflug, und ich bin sicher, dass dabei den Nur-Motorfliegern einiges von der Schönheit des motorlosen Fluges aufgegangen ist.

Nach gründlicher theoretischer Einweisung begannen die ersten Schleppflüge mit der Me 163. So am 14. August mit der BV4, am 15. August mit der BV8 und am 19. August mit der BV31 der Ballastflug.[2]

Von Anfang an erschien mir nichts fremd im Cockpit der 163. Ob die Messerschmitt 110 dazu beigetragen hat, hinter der ich am Seil hing? Die Starts auf der Betonbahn verliefen jedes Mal normal. Das Abheben der 163 und Durchziehen durch die Propellerböen der 110, das Abwerfen des Fahrwerkes, alles das wurde sehr schnell selbstverständlich. Ungewöhnlich blieb allerdings bis zum Schluss die völlige Ruhe in diesem Flugzeug. Nach dem Ausklinken und den ersten Kurven habe ich dann erfahren, wie hervorragend die Flugeigenschaften dieser Zelle waren. Viel zu kurz war jeweils die Zeit nach dem Ausklinken bis zum Beginn der Landeeinteilung, die musste jedes Mal maßgeschneidert sein, denn der Gashebel zum Durchstarten fehlte.[3] Schnell hatte ich mich aber daran gewöhnt, ein Jagdflugzeug in der Hand zu haben, das wie ein schnelles Segelflugzeug behandelt werden wollte. Die ersten beiden Flüge hatten 8 und 9 Minuten gedauert. Die Schlepphöhen wurden dann bis auf 4000 m erhöht, und die Flugzeiten betrugen zwischen 10 und 15 Minuten.

Der Ballastflug als letzte Übung vor dem scharfen Start, dem Start also mit eigenem Triebwerk, steigerte den Reiz, mit dieser Maschine zu fliegen. Durch Füllung der Tanks mit Wasserballast wurde das Gewicht der Maschine hergestellt, das dem Gewicht einer Me 163 entsprach, die mit Triebwerk nach scharfem Start zur Landung anschwebt. Besonders eindrucksvoll erschien mir bei diesem Start, dass die Messerschmitt 110 vor mir bereits abgehoben hatte und ihr Fahrwerk einzog, als ich die ersten schüchternen Versuche machte, die 163 von der Betonbahn abzuheben. Das höhere Gewicht der Maschine setzte die Abhebegeschwindigkeit herauf und verlängerte den Start nicht unerheblich. Aber auch das ging glatt und dieser Ballastflug dauerte von einer Schlepphöhe von schätzungsweise 4000 m elf Minuten. Wenn ich heute überlege, wie ich den Unterschied zwischen den vorher geflogenen leeren Flugzeugen und der Ballast-163 schildern soll, so fällt mir als Autofahrer der Unterschied ein zwischen einem Volkswagen, den man alleine fährt und mit dem man im Stadtverkehr sich wendig bewegt, und demselben Volkswagen, in dem sich außer dem Fahrer noch drei oder vier Personen befinden. Die Me 163 lag etwas schwerer im Steuer, ohne dass jedoch die Steuerdrücke anders gewesen wären. Sie holte im Neigungsflug schneller Fahrt auf, sie tat also alle die Dinge, die man von einem Flugzeug natürlicherweise erwarten muss, wenn es mit einer höheren Zuladung fliegt. Dass die Anschwebe-Geschwindigkeit etwas höher gehalten werden musste, ist mir nicht mehr in Erinnerung. Lebhaft denke ich jedoch daran zurück, dass ich den Eindruck hatte, dass das Flugzeug, nachdem sich die breite, kurze Kufe auf das taufechte Gras gesetzt hatte, am Boden schneller und schneller würde.

Obwohl ich hinter der Platzgrenze nur wenige Meter hinter den Eisenbahnschienen aufgesetzt hatte, rutschte ich über zwei Drittel der Grasfläche neben der Betonbahn, das waren sicher 600 bis 700 m. Windstille und nasser Boden hatten zweifellos keine idealen Bedingungen geschaffen.[4] Mit solchen Bedingungen aber musste man rechnen, und mir wurde besonders klar, wie sehr ich künftig würde aufpassen müssen, besonders nach Flügen in großen Höhen und Landungen auf Plätzen, die nicht immer völlig frei sein konnten.

Was sich am Rande tat, war nicht weniger interessant. Da waren die Standläufe der Triebwerke und Flugzeuge, denen man das Heck abgenommen hatte und die gewissermaßen vom Flächenende nach rückwärts nackt waren. Das Walter-Triebwerk, die ungeheure Kraftquelle dieses Flugzeuges, war sichtbar. Ein viereckiges Rohrgestell mit Pumpen und Leitungen und dem kleinen Druckkessel zur Erzeugung von Wasserdampf für den Antrieb der Turbine, das schlanke Leitungsbündel zum Heck und darin die kurze Stahlbrennkammer, in der die beiden Treibstoffe zusammengeführt wurden und sich entzündeten. Unvergessen sind auch die Aufstiege in der Unterdruckkammer, die in regelmäßiger Folge durchgeführt werden mussten, da die Überwindung eines Höhenunterschiedes von 10.000 m in etwa zwei Minuten in einem Flugzeug ohne Druckkabine nicht ohne dauernde Inübunghaltung des Organismus möglich war. *Höhen-Diät* war ein Wort, das ich früher nie gehört hatte. *Höhen-Diät* wurde von einem Spezialkoch allen 163 Piloten serviert. Dazu rechneten sich auch die, die sie gerne geflogen hätten, oder sich auch um ihren ersten scharfen Start herumdrückten. *Höhen-Diät* war nichts anderes als eine leicht verdauliche Kost, und es wurden üble Geschichten darüber kolportiert, was geschehe, wenn einer nach einem Schlag deftiger Erbsensuppe die 10.000 m Höhenunterschied in zwei Minuten überwinden würde.

Das Geräusch des im Stand laufenden Walter-Triebwerkes habe ich heute noch nicht vergessen, verknüpften sich für mich damals mit diesem Geräusch doch die Hoffnungen, mit Hilfe dieses Triebwerkes und dieses Flugzeugs die Tageinflüge amerikanischer und englischer Bomber und Jagdflugzeuge erfolgreich abwehren zu können. Wenn auch jedem Standlauf, jedem Triebwerkstest entgegengefiebert wurde, und jeder wusste, wann damit zu rechnen war, so wurde doch – setzte beim Mittagessen das Triebwerksgeräusch ein – das Essen unterbrochen und bange wurden die Sekunden gezählt, um abzuschätzen, ob der Lauf erfolgreich war oder nicht. Denn so sehr das Flugzeug fliegerisch den Erwartungen entsprach, die man in ein neues Flugzeug setzen durfte, so wenig war das Walter-Triebwerk serienreif.

Wochenlang hatten wir darauf gewartet, dass eine Me 163 mit Triebwerk für den scharfen Start zur Verfügung stehen würde. Wochenlang hatten sich bei den Standläufen immer wieder Mängel herausgestellt. Auf der Warteliste standen 40 oder 50 Namen von Flugzeugführern, die ihre Umschulung praktisch beendet hatten und nun auf den ersten scharfen Start warteten. Einige Tage mit schlechtem Wetter und Fliegeralarm hatten mitgeholfen, dass am 28. September plötzlich drei Maschinen gleichzeitig startklar wurden. Major Bacsila auf der Liste der Anwärter Nr. 1, philosophierte noch immer über den Einsatz der Me 163 als Nachtjäger. Wir alle hatten morgens das Gefühl, dass er seinen Start lieber an einen der anderen Flugzeugführer abtreten würde. Dass seine Gefühle ihm Recht gegeben hatten, bewies er bei der Landung. Nach einem sonst einwandfrei durchgeführten Flug wurde er mit dem Krankenwagen vom Platz gefahren, und die 163 war für diesen Tag nicht mehr einsatzfähig.

Der zweite Start erfolgte mit der zweiten klaren Maschine und endete ebenfalls mit Beschädigungen am Flugzeug, wenn auch der Flugzeugführer diesmal heil davonkam. Die Stimmung war im Verlaufe des weiteren Tages nicht die beste, und bei den Inhabern der nächsten Plätze wurde sehr offen die Auffassung vertreten, dass man die Fliegerei für diesen Tag abbrechen solle. Hauptmann Nocher stellte dem um die Mittagszeit angetretenen fliegenden Personal der Staffel eben diese Frage. Keinesfalls, so meinte er, wolle er nach der Liste entsprechend der Anwartschaft weiter verfahren, vielmehr hielte er es für richtig, dass sich für den nächsten Flug – wenn überhaupt an diesem Tag weitergeflogen werden solle – ein Freiwilliger melde. Hier sah ich, auf Platz 28 oder 35, meine große Chance und kam an diesem Tage zu meinem scharfen Start. Er lief planmäßig, oder beinahe planmäßig ab, jedenfalls so gut, dass nach mir dann noch zwei weitere Flugzeugführer ihren ersten scharfen Start auf der Messerschmitt 163 reibungslos hinter sich bringen konnten.

Der 28. September 1944 war ein warmer Spätsommertag, etwas dunstig und mit geringer Bewölkung in 2000 – 3000 m Höhe. Besonders sorgfältig wurde ich in die säurefeste Spezialkombination verpackt und zum Start gefahren. Die Messerschmitt 163 stand in der Mitte der Startbahn vor den beiden startklaren Einsatzmaschinen der Staffeln Olejnik und Böhner.[5] Die graue PC-Kombination hatte ich für den scharfen Start zum ersten Mal an, ohne Zweifel verlieh dieser Aufzug der ganzen Versammlung eine gewisse Feierlichkeit. Mit guten Wünschen wird bei solchen Anlässen in der Fliegerei ja nie gespart, und so war ich froh, als ich die Kabine verriegeln konnte und für mich allein war. Die Tankfüllung betrug knapp die Hälfte der normalen Füllung und sollte für einen Steigflug auf 4000 – 5000 m reichen. Von dort dann alles andere wie gehabt, nämlich wie mit der Ballast-163, meinem letzten Start mit einem Flugzeug dieses Typs fünf Wochen vorher. Mit dem Einschalten des Bordnetzes sprangen die Zeiger der Instrumente in ihre Stellung. Kurze Zeit später hörte ich das Summen des Funkgerätes in meinem Kopfhörer. Das Einschalten der Turbine für den Antrieb der Pumpen erfolgte, das damit verbundene feine Pfeifgeräusch ahnte ich nur, ich konnte es diesmal nicht hören. So, wie immer wieder eingepaukt, wartete ich auf das Ansteigen der Drehzahl der Turbine und schob dann langsam den Schubhebel nach vorne. Den Gashebel in der Messerschmitt 109 nach vorne zu schieben bedeutete, dass die schnell ansteigende Drehzahl des Motors die verschiedenen Bereiche mit Schütteln und kritischen Reaktionen durchlief, um dann mit einem sanften Zug über die Luftschraube das Flugzeug in Bewegung zu setzen. Diese Vorgänge wurden nur noch im Unterbewusstsein registriert und reihten sich wie selbstverständlich aneinander. Anders hier jetzt bei der 163. Das Triebwerk hatte gezündet und lief etwas holpernd auf der ersten Stufe. Ich hatte einen kleinen Schub verspürt, die großen Räder des Fahrgestelles hatten aber die kleinen Holzklötze noch nicht überspringen können. Das Poltern in der Maschine, das ich mehr spürte durch den Sitz und den Fallschirm und die Ellbogen, die ich aufgelegt hatte, als ich es hören konnte, verschwand, als ich den Schubhebel auf die zweite Stufe geschoben hatte. Keinen Gedanken verschwendete ich daran, was sich hinter meinem Rücken jetzt abspielte. Ich wusste, dass der Start mit dem scharfen Triebwerk bevorstand und ich mich darauf zu konzentrieren hatte. Sicher war es eine kleine Erlösung, als auch die dritte Stufe nach dem Vorschieben des Schubhebels bis zum Anschlag störungsfrei arbeitete und die 163 sich schwerfällig zu dem kleinen Satz über die winzigen Vierkanthölzer vor den Reifen hob. Erst sehr langsam und dann immer schneller rollte das Flugzeug über die Startbahn. Ganz anders war es im Seitensteuer, es fehlte ja diesmal das Stahlseil zur 110, das bei den Schleppflügen für die Richtungsstabilisierung gesorgt hatte. Aber es war nicht schwer, die Maschine auf Kurs zu halten. Sie hob auch leicht vom Boden ab, ließ sich gut korrigieren, und wie mir eingetrichtert worden war, stieg ich im flachen Winkel, bis der Fahrtmesser etwa 700 km/h anzeigte. Dann drehte ich an dem großen Trimmrad zurück und, ohne dass sich der Steuerdruck änderte, richtete sich die Nase der Maschine nach oben und schoss steil in den Himmel.

Nun gehörten zur Durchführung aller mit dem Start verbundenen Vorgänge auch das Abwerfen des Fahrwerks und das damit verbundene Einfahren der Kufe. Das Fahrwerk sollte nicht zu früh abgeworfen werden, weil zu befürchten war, dass es noch in die eigene Maschine sprang, natürlich aber auch nicht zu spät, da ein Abwurf bei zu großer Geschwindigkeit und erst recht zu großer Höhe das Fahrwerk zerstörte. Hinterher war ich der Meinung, dass ich den Fahrwerkschalter nicht nur einmal, sondern mehrmals betätigt hatte. Fest stand jedoch, dass das Fahrwerk noch unter der Maschine war. Die Stimme des Sprechers auf dem Turm drang wie durch dicken Nebel zu mir. Erst sehr spät registrierte ich, dass er mich meinte. Als der weitere Steilflug nichts Sensationelles mehr erwarten ließ, antwortete ich. Die Stimme vom Boden teilte mir mit, dass ich mein Fahrwerk nicht abgeworfen hätte und unverzüglich alle Maßnahmen einzuleiten habe, die für diesen Fall vorgesehen seien. Ich bestätigte, dass ich verstanden hätte, und in diesem Augenblick gab es einen Ruck in der Maschine, der mich sanft nach vorne in die Gurte presste. Das Triebwerk hatte abgestellt, die Geschwindigkeit ließ nach, und ich legte die 163 in normale Fluglage. Mein erster Blick galt dem Flugplatz, und als ich ihn nach einer Linkskurve unter meiner linken Fläche entdeckte, glaubte ich endlich Zeit zu haben, um mich mit dem Instrumentenbrett beschäftigen zu können. Nun weiß ich heute nicht mehr, ob die Fahrwerksanzeige „ein“ oder „aus“ anzeigte, ob ich hätte sehen müssen, dass

Erwin Bacsila wurde 1910 als Sohn eines österreichisch-ungarischen Generals in Budapest geboren. Nach einem Chemiestudium in Wien trat er 1931 ins österreichische Bundesheer ein und besuchte die Theresianische Militärakademie. Ursprünglich Artillerist, wurde er im September 1935 als Leutnant in die Fliegertruppe übernommen, tat aber zunächst Dienst bei einem Flakregiment, bevor er die fliegerische Ausbildung zum Aufklärungs- und dann Jagdflieger durchlief. 1938 wurde er in die deutsche Luftwaffe übernommen und im Juni bei der I./JG 333, der späteren I./JG 54 und II./ZG 2, zum Oberleutnant befördert. Als Gruppenadjutant und dann Staffelkapitän der 11.(N)/LG 2 sowie der 7./JG 52 erlebte er den Polenfeldzug, die Luftkämpfe an der Kanalfront sowie die erste Phase des Russlandfeldzuges. Im September 1942 wurde er zum Stab/JG 77 nach Nordafrika versetzt und flog als Rottenflieger des Jagdfliegerasses Major Joachim Müncheberg. Im Januar 1943 kam Hauptmann Bacsila als Jagdfliegerführer zum Luftwaffenkommando 3 und war von April bis Oktober 1943 Jagdfliegerführer 4 (Bretagne). Im November 1943 kam er zur Sturmstaffel 1 und errang am 30. Januar 1944 mit dem Abschuss einer US-amerikanischen B-17 deren ersten Luftsieg. Nach einer Armverwundung im April 1944 wurde er als nicht mehr einsatztauglich eingestuft und im Mai zum EKdo 16 versetzt. Von dort kam Major Bacsila im August zur Erg.St./JG 400, zur I./JG 400 im Oktober und im November als Staffelführer zum JG 301. Im Januar 1945 erfolgte die Ernennung zum Kommandeur der IV./JG 3 und dann die Versetzung zum Gen.Kdo. I. Fliegerkorps. Insgesamt errang Erwin Bacsila 34 Luftsiege und trug das Deutsche Kreuz in Gold. Auf dem Foto trägt er eine britische Irvin-Fliegerjacke, begehrtes Beutestück bei deutschen Piloten.

das Fahrwerk noch dran war oder nicht, ich verließ mich jedenfalls auf die Mitteilung der Bodenstelle und versuchte, mein Fahrwerk loszuwerden. Ein kleiner Ruck, viel kleiner als der beim Abstellen des Triebwerkes, schien mir der Beweis dafür zu sein, dass ich die beiden Räder nun in 4500 m Höhe losgeworden war. Alle Anzeigen, einschließlich der Instrumente für die Triebwerksüberwachung, schienen mir normal. Da das Triebwerk ohne mein Zutun abgestellt hatte und ich die vorausberechnete Höhe in etwa erreicht hatte, war ich davon überzeugt, dass auch der weitere Flug so verlaufen müsse wie die Flüge mit der 163 vorher ohne eigenen Antrieb.

Um mir eine Bestätigung dafür zu holen, dass das Fahrwerk wirklich weg war, drückte ich den Platz an und überflog in etwa 300 m Höhe Flugleitung und Turm. Meine Absicht hatte man erkannt, denn ehe ich die Bodenstelle rufen konnte, kam von dort der Ruf, „Blaue 12, Blaue 12, Ihr Fahrwerk ist weg."

Besonders sorgfältig teilte ich den Landeanflug ein, setzte die 163 auf die Grasfläche neben der Betonbahn und ließ sie auf der Kufe ausrutschen. Ungefähr an dieser Stelle stand neben dem Transportzeug, einem Scheuch-Schlepper, vorsorglich auch ein Fahrzeug der Horstfeuerwehr, und alle Beteiligten waren froh, dass es keine Komplikationen gegeben hatte.

Das große Erlebnis des ersten scharfen Starts war also vorüber. Dass die Sache trotz der beiden Unfälle am Vormittag gebührend gefeiert wurde, versteht sich am Rande.

Rangsdorf, Dezember 1944. Italienische Piloten bei der Me 163-Vorausbildung an einem Grunau „Baby" (links) und einem „Stummelhabicht". Letztlich wurde keiner Me 163-Pilot, da sie für andere Aufgaben in Italien benötigt wurden.

Zu den Lehrgangsteilnehmern mit Segelflug-Abschluss zählten, stehend v. l. n. r., die *Tenente* (Oblt.) Gian Mario Zuccarini und Giuseppe Biron, *Sottotenente* (Lt.) Franco Storchi, *Tenente* Lusio Stramese, ein deutscher Pilot und ein deutscher Ausbilder. Sitzend v. l. n. r. *Sergent Maggiore* (Ofw.) Gino Pizatti, unbekannt und *Serg.Magg.* Giampiero Svanini.

Sergente Maggiore (Oberfeldwebel) Giampiero Svanini.

Capitano (Hauptmann) Giuseppe Robetto.

Tenente (Oberleutnant) Lucio Stramese.

Capitano Robetto, ein deutscher Ausbilder und *Sottotenente* Franco Storchi.

Zu bemerken ist, dass in den vorhandenen Flugbüchern in Udetfeld keine Flüge mit der Me 163 A und keine Triebwerkstarts mit Me 163 B verzeichnet sind.

In Udetfeld flog Oberleutnant Niemeyer auch die Me 163 A V10 mit unter den Tragflächen montierten R4M-Raketen. Auszug aus dem Fernschreiben „SSD LRSU" Nr. 16/45 des EJG. 2 vom 10.01.45: (52)

„Betr.: Erprobung der Me 163 A mit 24 R4M-Raketen in Aussenaufhängung.
Erprobung auf folgendem Stand: Scharfer Start mit 24 R4M-Raketen-Attrappen. Infolge Fehlens scharfer Munition scharfes Schiessen aus der Luft nicht durchführbar. Auf Befehl Gen. d. Jagdflieger übernimmt Erprobungskommando 16 weitere Erprobung. Stop. E.J.G. 2 bittet um Inmarschsetzung geeigneter Leute nach Udetfeld zur 13./E.J.G. 2 zur Übernahme der Erprobungsmaschine und Erprobungsergebnisse."

Wenig bekannt ist, dass auch italienische Piloten für die Me 163 ausgebildet wurden. Nach Gründung der Mussolini-treuen faschistisch-republikanischen Regierung R.S.I. (*Repubblica Sociale Italiana*) in Norditalien wurden junge italienische Flugzeugführer in Holzkirchen ausgebildet. Bevor sie nach Italien zurückkehrten, fragte man sie, ob sie sich freiwillig für ein Spezialkommando melden würden. 16 Piloten, meist Offiziere unter Führung von Hauptmann Giuseppe Robetto, meldeten sich und wurden auf dem Luftweg nach Rangsdorf überführt. Hier mussten sie einen Sondereid ablegen und wurden auf dem „Kranich" und dem „Habicht" geschult. Dann wurde die gesamte Gruppe zunächst nach Sprottau verlegt, wo man ihnen endlich das Geheimnis enthüllte. Sie waren auserwählt, die Me 163 B „Komet" zu fliegen. In Sprottau erhielten sie einen technisch-theoretischen Kurs und sollten schon nach wenigen Tagen die Endausbildung in Udetfeld beginnen. Zu Beginn des Jahres 1945 setzte starker Schneefall ein, der das Fliegen vorläufig unmöglich machte. Als der Boden wieder aufgetaut war, war es zu spät, das interessante Training fortzuführen. Mit Annäherung sowjetischer Truppen an Udetfeld wurden auch die Italiener evakuiert und kehrten nach Norditalien zurück. (53)

Die 14. Staffel unter Leutnant Hermann „Mano" Ziegler etablierte sich auf dem Fliegerhorst Sprottau. In Anlehnung an den Staffelführer „Mano" Ziegler, tauften die Staffelangehörigen ihren Unterkunftsbereich „Klein Zieglersdorf". Ab welchem Zeitpunkt der Ausbildungsbetrieb dort aufgenommen wurde, ist nicht genau feststellbar. In den vorhandenen Flugbüchern kann als belegbares Datum der 1. Dezember 1944 entnommen werden. (28) Von folgenden Flugzeugführern ist bekannt, dass sie in Sprottau ausgebildet wurden: Die Leutnants Werner Jung und. Hans-Ludwig Löscher, die Gefreiten Bernd von Bremen, Franz Kalt, Horst Lachmann, Petschk und Gerhard Stolle, die Flieger Walter Dittmar, Schönhoff, Weichold, Helmuth Ziegler, und vermutlich der Gefreite. Niederköppern (Siehe hierzu auch den Abschnitt Ausbildung des K III Lehrgang S. 327). Die Feldwebel Georg Hauß, Herbert Klein und Schorries fungierten hierbei als Ausbilder, wobei Hauß und Schorries als Jagdlehrer eingesetzt wurden. (49)

In den vorhandenen Flugbüchern von Werner Jung (54) und Hans-Ludwig Löscher sind keine(!) Flüge mit der Me 163 A verzeichnet. Triebwerkstarts mit der Me 163 B wurden nur vereinzelt durchgeführt; waren also eine Seltenheit. Lediglich Hans-Ludwig Löscher führte während seiner Ausbildung in Sprottau (01.12.44 - 24.01.45) einen scharfen Start mit der Me 163 B „58" durch.

In Sprottau wurde ebenfalls auf Segelflugzeugen (Habicht 8 m „LA-VI" und Condor III „1228") geschult, und es wurden auch Angriffsübungen mit der Bü 181 (RX+YW) geflogen. (55) Die Schulung auf der Me 163 B wurde auch hier mit Wasserballast („schwere B") durchgeführt. Folgende Flugzeuge waren in Sprottau dazu eingesetzt: (28, 54)

Me 163 B	51, 53, 55, 57, 58, 110, 121, 302, 320
Fw 56	21 (KD+NL)
Bf 110	TO+GU
Bü 181	RX+YW

Vermutlich hat es noch weitere Flugzeuge bei der 14./EJG 2 gegeben, da in den Bestandsmeldungen der „Jagdverbände (Erg.)" folgende Bestände an Flugzeugen bei der IV./EJG 2 verzeichnet waren: (45).

Datum	Muster	Bestand	Bemerkung
30.11.44	Me 163 A	4	
	Me 163 B	11	
	Fw 190A-6	2	Zugang 2 Fw 190 A-6 aus Reparatur
31.12.44	Me 163 A	0	Abgabe zur Überholung 4 Me 163 A
	Me 163 B	26	Zugang 17 Me 163 B; 2 Me 163 B Abgabe zur Überholung
	Fw 190A-6	2	
	Fw 190A-7	2	Zugang 2 Fw 190 A-7 aus Reparatur
	Fw 190A-8	1	Zugang 1 Fw 190 A-8 aus Reparatur
	Bf 110 G-2	8	Zugang 4 Bf 110 G-2 aus Reparatur und 4 Bf 110 G-2 von anderen Verbänden
	Bf 110 G-3	3	Zugang 1 Bf 110 G-3 aus Reparatur und 2 Me 110 G-3 von anderen Verbänden-
	Bf 110 G-4	7	Zugang 2 Bf 110 G-4 aus Reparatur und 5 Bf 110 G-4 von anderen Verbänden

Ob die zugewiesenen Fw 190 zur Ausbildung genutzt wurden oder als Platzschutz dienten, konnte nicht ermittelt werden. Me 163 S (Schulflugzeuge) waren bei beiden Staffeln nicht vorhanden. (56) (Siehe Kapitel 11).

Esperstedt

Aufgrund der Kriegslage musste die 14./EJG 2 im Januar 1945 den Fliegerhorst Sprottau räumen. Über welche Orte verlegt wurde, konnte nicht ermittelt werden. Es wurde jedoch auf verschiedenen Wegen zum Flugplatz Esperstedt nach Thüringen (512020N-1111400) verlegt. Leutnant Werner Jung flog zusammen mit Hauptmann Polzin in einer Me 108 am 25. Januar von

Sprottau über Bautzen nach Esperstedt, wo sie am 27. Januar landeten, (54) während Leutnant Hans-Ludwig Löscher mit der Fw 56 „21“ über Rangsdorf (24.01.45) nach Esperstedt flog, wo er am 28. Januar ankam. (28) Detlef Hamburger und Feldwebel Schorries überführten die ersten beiden Me 163 B im Schlepp nach Esperstedt. (49)

Auch die 13./EJG 2 verließ Udetfeld. Die Staffel verlegte ab dem 22. Januar über Sagan nach Esperstedt, wo sie um den 29. Januar eintraf.(57) Real verlegte die Staffel jedoch zumindest mit einer weiteren Zwischenstation in Merseburg nach Esperstedt, da Oberleutnant Niemeyer in Merseburg am 1. Februar im Flugbuch von Feldwebel Georg Hauß dessen in Udetfeld durchgeführte Flüge im Zeitraum 05.11.44–04.01.45 schriftlich bestätigte.

Nach den Lagekarten aus den Akten des Generalquartiermeisters Lw/6. Abteilung waren der Stab/EJG 2, die IV./(EJG 2 und die Erg.St./I./JG 400(!) im Zeitraum 06.02.–27.02.45 in Esperstedt disloziiert. Ob in Esperstedt noch weiter ausgebildet wurde, ist nicht mit Dokumenten zu belegen, muss aber vermutet werden, da zumindest Leutnant Werner Jung von Flugbetrieb in Esperstedt mündlich berichtete und auch die Flugzeugführer des K III-Lehrgangs im Februar bzw. März von Esperstedt zu den Einsatzstaffeln des JG 400 nach Brandis versetzt wurden.

Am 15. Februar 1945 befahl der General der Jagdflieger im Einvernehmen mit dem Generalquartiermeister/2. Abteilung, die IV./EJG 2 auf Heinkel 162 „Volksjäger“ umzurüsten. Weiterhin wurde befohlen, die I./JG 400 in Brandis zu belassen und zusätzlich mit den Aufgaben der Ergänzungsausbildung zu betrauen. Dieses Fernschreiben wurde am 1. März 1945 durch die Luftflotte Reich weitergeleitet. (58) Nach Robert Olejnik (57) verlegte der Geschwaderstab des EJG 2 nach drei Wochen (also ab dem 28.02.45) nach Schleswig-Holstein, während das Personal teilweise bei Esperstedt und Schafstädt in den Erdeinsatz geschickt wurde.[23] Er selbst verlegte ab dem 25. April 1945 mit den Fahrzeugen der IV./EJG 2 nach Brandis. Hier irrt Olejnik wahrscheinlich; die vermutliche Verlegung fand offensichtlich im März statt, da auch Oberleutnant Niemeyer mit seiner 13. Staffel ab Mitte März der Armee Schörner zum Erdkampf in der Tschechoslowakei unterstellt wurde. (56) In Esperstedt wurden nach Einmarsch der Amerikaner am 12. April 1945 ca. 7–9 Wracks von Me 163 B vorgefunden. (59) Damit dürfte die Ausbildung für die Me 163 B in der 13. und 14. Staffel des EJG 2 eingestellt worden sein.

K III Lehrgang

Der Buchstabe „K“ stand für „Kometgruppe“ und bezeichnete einen Lehrgang zur Heranbildung künftiger Einsatzpiloten für die Me 163 B. Für diesen Schulungskurs waren auch die Bezeichnungen *K III Gruppe*, *K III Lehrgang* oder *Gruppe III K* gebräuchlich. Die römische Ziffer „III“ bezeichnete die III. oder 3. Gruppe, die diese Ausbildung durchlief. Zu ihr gehörten Bernd von Bremen, Leo Hintze, Franz Kalt, Horst Lachmann, Gerhard Stolle und weitere in Ausbildung befindliche Flugzeugführer namens Atzler, Apeltauer, Milchram, Niederköppern und Petschk. Diese Gruppe war, bis auf wenige Abgänge, seit der A/B-Ausbildung auf der Fliegerschule zusammengeblieben. Diese Ausbildung auf verschiedenen Schulen wie Langensalza oder Neustadt-Glewe bein-

„Klein Zieglersdorf“ – der auf Staffelkapitän Mano Ziegler anspielende Wegweiser zu den Unterkünften der 14./EJG 2 in Sprottau. Darüber Baron Münchhausen beim legendären Ritt auf der Kanonenkugel.

Diese auf Anregung Mano Zieglers vom Wiener Künstler Ernst Liska (1907–1983) geschaffene Farbzeichnung von Baron Münchhausen auf der Kanonenkugel fand Mike Opitz im Nachlass seines Vaters Rudolf Opitz und stellte sie für dieses Buch zur Verfügung. Die Originalzeichnung war bei der Bombardierung Bad Zwischenahns durch die Amerikaner am 30. Mai 1944 leicht beschädigt worden. Es gibt allerdings keine Belege, dass das treffende Abzeichen tatsächlich an den Me 163 B des JG 400 angebracht wurde.

Leutnant Hermann Eugen „Mano“ Ziegler

Mano Ziegler kam am 7. Juni 1908 in Wyhlen bei Lörrach zur Welt. Nach Besuch der Oberschule studierte er an der *Deutschen Hochschule für Leibesübungen* (DHfL) in Berlin, wurde 1932 und 1934 Studenten-Weltmeister im Wasserspringen und gehörte zur deutschen Olympiamannschaft von 1936. Nach Verlust beider Elternteile, die ihn finanziell unterstützt und das Studium ihres sportlich so begabten Sohnes erst ermöglicht hatten, hielt er sich mit Zeitschriftenbeiträgen und Romanen über Wasser. 1932 trat er eine Stelle als Assistent des Leiters der Öffentlichkeitsarbeit bei Auto-Union an. Bei Kriegsausbruch 1939 wurde Mano Ziegler zur Luftwaffe eingezogen, zum Flugzeugführer ausgebildet und schließlich zum Leutnant befördert. Da er schon über 30 war, setzte man ihn als Überführungspiloten für Jagdflugzeuge ein. Dessen überdrüssig, meldete er sich im Oktober 1943 freiwillig zum EKdo 16 in Bad Zwischenahn. Im Juni 1944 Technischer Offizier in Jesau, wo die von Klemm fertiggestellten Me 163 eingeflogen wurden. Nach dem Ausfall dreier Klemm-Werkseinflieger kam auch Ziegler in den „Genuss“, die Me 163 zu fliegen und zählte bald zu den Piloten mit den meisten Raketenjäger-Flügen. Im Juli wieder in Bad Zwischenahn, kam er im September zur Ergänzungsstaffel des JG 400 nach Brandis. Im November 1944 erfolgte die Ernennung zum Staffelkapitän der 14./EJG 2, zuständig für die Pilotenschulung des JG 400. Nach Stationen in Rangsdorf, Udetfeld, Sprottau und Esperstedt ging es im Februar 1945 wieder zurück nach Brandis. Nach Kriegsende wurde Mano Ziegler in Berlin von den Sowjets verhaftet – doch nicht lang, er konnte entwischen. Von Ende der 1940er- bis in die frühen 1950er-Jahre arbeitete er als Künstler, Kabarettist, Schauspieler, Reporter, Schriftsteller und Autoverkäufer. Von 1957–1962 Journalist und Chefredakteur der *Flug Revue* und Leiter der Öffentlichkeitsarbeit bei Heinkel (1962–1964), Messerschmitt (1965–1969) sowie Deutsche Airbus (1969–1971). Zu seinen zahlreichen Büchern zählt der 1961 erstmalig erschienene Titel *Raketenjäger Me 163*, in dem er seine und die Erlebnisse von Kameraden bei der Entwicklung und Erprobung der Me 163 schilderte. Das Buch erlebte zahlreiche Auflagen (zuletzt beim Motorbuch Verlag Stuttgart) und wurde in verschiedene Sprachen übersetzt. Mano Ziegler starb im Oktober 1991 in Isny im Allgäu.

Zum K-III-Lehrgang von Dezember 1944 bis Februar 1945 gehörte auch das Fliegen mit Me 163 B der 14./EJG 2.

Teilnehmer des K-III-Lehrgangs Anfang 1945 in Sprottau. V. l. n. r. Ogefr. Gerhard Stolle, Gefr. Petschk, Gefr. Niederköppern, Gefr. Horst Lachmann, Gefr. Bernd von Bremen und Gefr. Franz Kalt.

haltete viel Theorie, nicht aber das praktische Fliegen. In Langensalza etwa wurde ein Kurs für Reserveoffiziere abgehalten, die das Fliegen erlernen wollten.

Daran schloss sich die segelfliegerische Ausbildung in Nordhausen und danach in Karlsbad das Erlangen des Segelflugzeugführerscheins I an. (60 - 62) Dann stand an der FFS A61 in Oschatz - ab 6. April 1944 in Leipzig-Mockau (64) - motorisiertes Fliegen auf verschiedenen einmotorigen Schulflugzeugtypen auf dem Plan: Ar 66, Bf 108, Bü 131, Bü 133, Bü 181, Kl 35, Fw 44, He 72 und Caudron C-445. (60 - 62, 65)

Parallel dazu lief eine Unteroffiziersausbildung, die am 1. April 1944 mit der Ernennung zu Unteroffiziersanwärtern endete. (54)

Doch nicht alle Teilnehmer hatten die Ausbildung in gleicher Länge durchlaufen und befanden sich auf dem gleichen Ausbildungsstand. Horst Lachmann zum Beispiel besuchte vom 23. Januar bis zum 15. Juli 1944 die FFS A61, (64) während Gerhard Stolle dort bei gleichem Beginn schon am 30. Juni 1944 abschloss. (63)

Ab Juli 1944 folgte der fliegerischen Erstausbildung zum Jagdflieger die Fortgeschrittenen-Ausbildung bei der I./JG 102

Bevor man sie an bzw. in die Raketenjäger ließ, mussten angehende Me 163-Piloten zuerst die anspruchsvolle Segelflug-Vorschulung bzw. Schulung in Karlsbad durchlaufen. Der Totenkopf am der Form nach zu urteilen tschechoslowakischen Beute-Schutzhelm stammt vermutlich noch vom Vorbesitzer.

in Zerbst oder im dänischen Aalborg-Ost. Auch hier fand die Ar 96 noch Verwendung. Gemäß Horst Lachmann kam dort erstmals die Bezeichnung *Gruppe K III* ins Spiel, die aber aus Geheimhaltungsgründen – es handelte sich ja um angehende Me 163-Piloten – nicht ins Soldbuch eingetragen wurde. (66) Diesem Abschnitt folgte vom 4. September bis zum 11. Oktober 1944 sozusagen zur Einstimmung auf die Me 163 die segelfliegerische Ausbildung an der Segelflugausbildungsstelle der Luftwaffe in Gelnhausen-Rothenbergen auf „Kranich", „Baby IIa", „Habicht" 13,6 m und 8 m sowie „Stummelhabicht" 6 m. Die Schüler flogen nicht nur Platzrunden, sondern auch Kunstflugfiguren; besonderen Wert legten die Fluglehrer auf die richtige Landeeinteilung bei Ziellandungen – ein ganz wichtiger Punkt hinsichtlich der Me 163, wie Reinhard Opitz ein paar Seiten vorher eindrücklich schilderte. Als Segelfluglehrer traten Oberfeldwebel Redl sowie die Feldwebel Hartmann und Willer in Erscheinung; stellvertretender Ausbildungsleiter und Chefausbilder war Oberleutnant Szczepankiewicz. (60, 61, 67, 68) Am 5. September 1944 versetzte ein alliierter Angriff mit Bombern und Jagdbombern der fast idyllischen Ausbildung in Gelnhausen eine herbe Note.

Gemäß Leo Hintze war sie ohnehin nicht ganz so idyllisch, denn zwischen den älteren Ausbildern, die ja „nur" Segelflieger waren, und den jungen Me 163-Eleven gab es beträchtliche Spannungen. Hinzu kamen „akademische Unterschiede", denn die meisten Schüler brachten Abitur oder Mittlere Reife mit; einige waren Reserveoffiziersbewerber oder Reserveoffiziere. Von Anfang an stand Leo Hintze mit (s)einem Fluglehrer auf Kriegsfuß, der zwar an seinen fliegerischen Leistungen nichts auszusetzen hatte, wohl aber an den Ziellandungen, wenn Hintze im Schiebeflug daherkam oder zu hart aufsetzte. Ein Unfall tat ein Übriges. Leo Hintze: (52) *„Ein »Habicht« mit einem Oberleutnant oder Leutnant am Steuer überflog im Landeanflug einen Teil der neutralen Zone, aus der ich eben ein abgeworfenes Fahrwerk barg. Meine Kameraden riefen mir Warnrufe zu, doch ich konnte mich nur noch umdrehen, dem »Habicht« aber nicht mehr ausweichen. Ergebnis: Der »Habicht« musste abgeschrieben werden (Flügelbruch, eingedellter Rumpf) und ich hatte eine ordentliche Schramme an der Hüfte. Wie auch immer – nach diesem Vorfall waren die Gruppe K III und ich geschiedene Leute.*"

Ab dem 13. Oktober 1944 (63) erfolgte die weitere Schulung beim *Kommando Rangsdorf* der FFS 61; Kommandoführer in Rangsdorf war ein Leutnant Frenzel.[24] Hier standen ebenfalls Kunstflug und Ziellandungen auf dem Programm. Gemäß dem Segelflugbuch von Horst Lachmann wurde dort nur mit „Habicht" 8 m und „Stummelhabicht" geflogen. Ende Oktober war auch dieser so wichtige Ausbildungsabschnitt abgeschlossen, auf dem aller Wahrscheinlichkeit nach vor allem auf die Befähigung zum Gleitflug wert gelegt wurde.

Am 1. November 1944 erfolgte die Versetzung der K III Gruppe zur Ergänzungsstaffel des JG 400 in Udetfeld, wo man erstaunt feststellte, dass die „Neuen" noch nie ein Jagdflugzeug

Auf der Flugzeugführerschule FFS A61 in Oschatz dienten Klemm Kl 35 als Schulflugzeuge.

Die Schulung in Karlsbad erfolgte u. a. im Doppelsitzer DFS „Kranich".

Links: Horst Lachmann begann seine fliegerische Laufbahn bei der Luftwaffen-Segelfluggruppe des Luftgaukommandos VI in Dortmund (6. Mai – 4. Juli 1943). Nicht er, sondern ein Kamerad zeichnete für diese Bruchlandung verantwortlich.

geflogen hatten. Umgehend schickte man sie drei Tage darauf ins pommersche Mackfitz (57 km nordöstliche Stettin), wo sie eine Staffel des JG 102 in die Fw 190 theoretisch und praktisch in das Fliegen mit dieser schnittigen Jagdmaschine einwies. (25, 26) Am 14. Dezember 1944 versetzte man die K III Gruppe dann zur 14./EJG 2 in Sprottau, wo sie auf „Habicht“ 8 m, „Condor III“ und erstmals auf Me 163 B übten.

Der Gefreite Bernd von Bremen am Steuer einer Arado Ar 96 während der Ausbildung zum Jagdflieger.

Die „leichte B“ wurde ohne und die „schwere B“ mit unterschiedlichem Wasserballast geflogen. Gerhard Stolle kann sich an sieben Schleppflüge mit der Me 163 B erinnern; u. a. mit dem Fluglehrer Feldwebel Herbert Klein. Leutnant Ziegler führte einen einzigen scharfen Start vor, wobei eine Abdeckung an den Flächenwurzeln oder eine Waffen-Zugangsklappe abfiel. Die Me 163-Flugschüler machten selber überhaupt keine scharfen Starts! (63, 64, 67, 69)

Möglicher Weise wegen der näher rückenden Front wurde das K-III-Personal in Sprottau zahlenmäßig verringert; der Hauptgrund dürfte aber im Umstand gelegen haben, dass für die Me 163 B mittlerweile zwar ausreichend Flugzeugführer, aber nicht genug Treibstoff vorhanden waren. Leutnant Ziegler und Leutnant Löscher ließen die Einzelnen zu sich kommen und ließen sie begründen, weshalb sie die Me 163 B noch immer fliegen wollten(!) (60, 62) Von den ursprünglich 22 Mann blieben so acht bis zwölf übrig. Ende Januar verlegte die 14./EJG 2 von Esperstedt in den Harz. (69) Dort wurden die Flugzeugführer den Staffeln in Brandis zugeteilt. So kamen der Obergefreite Bernd von Bremen, Franz Kalt und Gerhard Stolle am 15. Februar 1945 zur 2./JG 400, (63, 70) während Horst Lachmann nach Lazarettaufenthalt am 15. März zur 3./JG 400 stieß. (64)

Die Tabelle auf Seite 334 zeigt am Beispiel von Horst Lachmann und Gerhard Stolle den gesamten Ausbildungsgang der Flugzeugführer in zeitlicher Abfolge.

In Brandis machte Gerhard Stolle im Rahmen der Schulung dann als einziger der K III Gruppe fünf scharfe Starts mit der Me 163 B. Er erinnert sich (Rückübersetzung): „Den ersten scharfen Start brach ich ab, nachdem der Druckmesser keinerlei Triebwerksschub anzeigte. Beim zweiten scharfen Start wurde ich von Bernd von Bremen, der zur Überwachung des Starts eingeteilt war, wegen einer leckenden Treibstoffleitung zurückgewunken. Der dritte scharfe Start mit halber Treibstoffladung blieb mir deshalb besonders in Erinnerung, da beim Ausfahren der Landeklappen nur eine funktionierte. Nur mit sehr viel Glück gab es keinen Unfall. Dann kam der vierte scharfe Start in der »Roten 2«. Bei den Startvorbereitungen sagte der verantwortliche Wart: »*Bei diesem verdammten Vogel läuft ständig etwas schief! Sieh zu, dass Du ihn los wirst, aber pass auf dich auf.*« Beim Versuch, nach dem Abheben das Fahrwerk abzuwerfen, brach der Handhebel zur Rollwerkbetätigung. Da eine Landung mit Fahrwerk zu gefährlich war, entschloss ich mich zum Aussteigen. Zwei oder drei Mal versuchte ich es über die Hinterkante, den höchsten Punkt der Kanzel, was dumm war, denn dort saß die Antenne und das Leitwerk hätte mich schwer verletzen können. Von der Bodenleitstelle wurde alles beobachtet und kommentiert: »*Er steigt aus-jetzt steigt er aus-nein, doch nicht.*« Schließlich schaffte ich den Ausstieg, indem ich mich mit den Füßen von der Panzerscheibe abstieß und mit einem Rückwärtssalto freikam. Ich riss so stark am Aufziehgriff des

Entstehung des „Jamai“-Abzeichens

Wie beschrieben von Leo Hintze

Während ihrer gemeinsamen Segel- und Motorflugausbildung legten sich Bernd von Bremen, Franz Kalt, Gerhard Stolle, Leo Hintze (alle Angehörige der Gruppe K III) und andere den Schlachtruf „Jamai“ zu. Dieser Schlachtruf entstand, weil einer ihrer Fluglehrer – vermutlich ein Bayer – des Öfteren seine kritischen Bemerkungen zu den gezeigten Flugleistungen seiner Schüler mit den Worten „Ja mei …“ begann. Während der Segelflugausbildung in Karlsbad legten sie sich dann ein Abzeichen, sie nannten es „Staffeltier“, zu: Ein mit Fliegerbrille und Kopfhaube ausgestattetes gelbes Küken. Dieses Küken erhielt während der Segelflugausbildung in Gelnhausen einen Raketenantrieb. Die Schwanzfedern sind in den österreichischen Nationalfarben rot-weiß-rot, die Flügel in den deutschen Farben schwarz-weiß-rot gehalten (Gerhard Stolle und Leo Hintze stammten aus Österreich). Jedes Mitglied dieser Gruppe erhielt ein solches Abzeichen, welches auf Sperrholz aufgemalt, ausgesägt und mit dem jeweiligen Namen des Flugschülers versehen wurde. Entworfen und gezeichnet wurde das Abzeichen, welches kein offizielles Staffelabzeichen war, von Gerhard Stolle.

Gerhard Stolle besaß eine ausgeprägte künstlerische Ader und schuf u. a. das „Jamai“-Staffelabzeichen (unten links). Neben humorvollen Zeichnungen fertigte er auch packende Skizzen der Me 163 im Flug.

Weitere Segelflug-Ausbildung fand auf Grunau „Baby“ in Gelnhausen statt. Man beachte die pi-mal-Daumen aufgebrachte Tarnbemalung.

Dann kamen „Habicht“ und „Stummelhabicht“ (im Bild) zum Zug. Bei diesem Tarnanstrich wurde an Farbe nicht gespart.

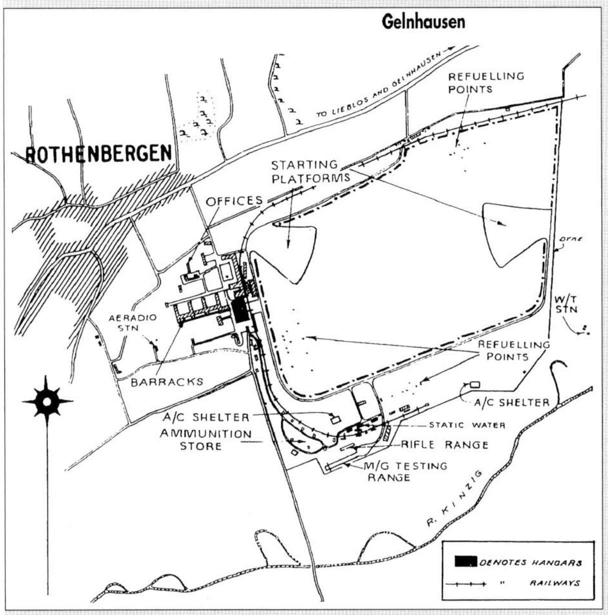

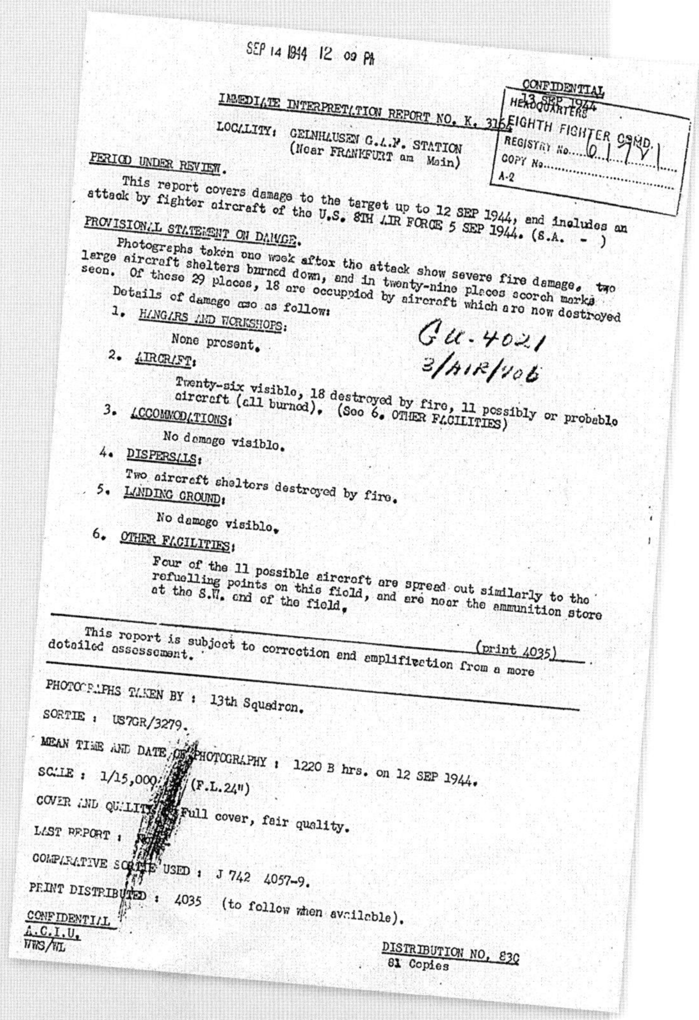

SEP 14 1944 12 09 PM

CONFIDENTIAL
13 SEP 1944
HEADQUARTERS
EIGHTH FIGHTER CMD.
REGISTRY No. 01771
COPY No.
A-2

IMMEDIATE INTERPRETATION REPORT NO. K. 3164

LOCALITY: GELNHAUSEN G.A.F. STATION
(Near FRANKFURT am Main)

PERIOD UNDER REVIEW.

This report covers damage to the target up to 12 SEP 1944, and includes an attack by fighter aircraft of the U.S. 8TH AIR FORCE 5 SEP 1944. (S.A. -)

PROVISIONAL STATEMENT ON DAMAGE.

Photographs taken one week after the attack show severe fire damage. two large aircraft shelters burned down, and in twenty-nine places scorch marks seen. Of these 29 places, 18 are occupied by aircraft which are now destroyed Details of damage are as follow:

1. HANGARS AND WORKSHOPS:
None present.

GU-4021
3/AIR/406

2. AIRCRAFT:
Twenty-six visible, 18 destroyed by fire, 11 possibly or probable aircraft (all burned). (See 6. OTHER FACILITIES)

3. ACCOMMODATIONS:
No damage visible.

4. DISPERSALS:
Two aircraft shelters destroyed by fire.

5. LANDING GROUND:
No damage visible.

6. OTHER FACILITIES:
Four of the 11 possible aircraft are spread out similarly to the refuelling points on this field, and are near the ammunition store at the S.W. end of the field.

This report is subject to correction and amplification from a more detailed assessment. (print 4035)

PHOTOGRAPHS TAKEN BY : 13th Squadron.
SORTIE : US7GR/3279.
MEAN TIME AND DATE OF PHOTOGRAPHY : 1220 B hrs. on 12 SEP 1944.
SCALE : 1/15,000 (F.L.24")
COVER AND QUALITY : Full cover, fair quality.
LAST REPORT :
COMPARATIVE SORTIE USED : J 742 4057-9.
PRINT DISTRIBUTED : 4035 (to follow when available).

CONFIDENTIAL
A.C.I.U.
WWS/WL

DISTRIBUTION NO. 830
81 Copies

Gelnhausen musste mehrere Bombardierungen der Amerikaner über sich ergehen lassen. Rechts der Bericht über die Auswertung der Bombenschäden des Angriffs vom 5. September 1944.

Leutnant Günter Frenzel

Günter Frenzel wurde am 19. März 1919 in Berlin geboren.[1] Als Zehnjähriger kam er bei einem Besuch der Flugtechnischen Arbeitsgemeinschaft Gotha und bei einem Flugtag in Gotha erstmals in Kontakt mit der Fliegerei. An diesem Flugtag fesselten ihn die Kunstflug-Vorführungen u. a. von Thea Rasche und Ernst Udet derart, dass er beschloss, einmal Flieger zu werden. Ab diesem Zeitpunkt war er ständiger Besucher der Fliegerwerkstatt auf dem Flugplatz Gotha. Auf der Flugschule in Ohrdruf machte er bereits als 11-jähriger(!) seinen ersten Alleinflug auf einem „Zögling".

Die Großeltern schenkten ihm zum Geburtstag den Lehrgang zum Erwerb der A-Lizenz im Segelflug. Dieser fand bei der Segelflugschule am Ith bei Hannover statt; sein Fluglehrer war Helmut Reukauf. Nach Eintritt in die Luftwaffe durchlief Günter Frenzel die fliegerische Ausbildung 1938–39 auf ein- und zweimotorigen Flugzeugen sowie im Blindflug an den Schulen in Oschatz, Sorau und Neuburg. Eine weitere Ausbildung auf He 111 und Fw 200 schloss sich an, und schließlich wurde er Transportflieger auf der Ju 52. Bei der 11. Staffel der III./K.G.z.b.V. 1 flog er Einsätze in Frankreich, Italien (Savoia 89), Albanien, auf Kreta und in Nordafrika. Im Sommer 1941 flog er mit seiner Ju 52 (1Z+KV) von Gambut nach Tripolis. Bei einer Zwischenlandung zum Betanken in Syrte stellte sich ihm ein Mann in zivil vor, der ihn bat mitzukommen. Dieser Zivilist wies sich als SS- oder SD-Offizier aus. In einem Gebäude führte man Frenzel in ein Zimmer, in dem sich ein Oberst der Luftwaffe, ein SS-Offizier (wahrscheinlich SD) und zwei weitere Zivilisten befanden (vermutlich Angehörige der Abwehr). Einer der Herren in zivil sagte zu ihm, er hieße jetzt nicht mehr Günter Frenzel, sondern Sergeant George Frankie. Danach wiesen sie ihn unter dem Siegel strengster Verschwiegenheit in ein geplantes Unternehmen ein. Und zwar hätten Briten und Amerikaner quer durch Zentralafrika von Dakar an den Golf von Aden eine Versorgungslinie aufgebaut, mit einem Versorgungszentrum in Belgisch-Kongo – Treibstofflager, Hallen und Gebäude verschiedener Art. Mit einem Luftangriff sollte alles zerstört werden. Drei Bomber vom Typ Vickers „Wellington"(!) mit britischen Hoheitsabzeichen sollten, geflogen von deutschen Besatzungen in englischen Uniformen, den Angriff ausführen. Die Flugzeuge und Besatzungen befänden sich getarnt im Süden von Libyen in der Oase Girabub (Jarabub, Al-Dschaghbub), nahe der ägyptischen Grenze. Der Angriff solle in Kürze erfolgen, aber einer der drei Flugzeugführer war jedoch durch Krankheit ausgefallen und Günter Frenzel alias George Frankie sollte ihn ersetzen. Alle drei Besatzungen – bis auf Frenzel – sprachen perfekt Englisch. Für den Fall der Gefangennahme hatten alle eine Zyankali-Kapsel erhalten, denn der Einsatz verstieß gegen die Bestimmungen der Haager Landkriegsordnung und sie mussten mit der Todesstrafe rechnen.

Geplant war folgender Ablauf des so genannten Unternehmen „XYZ": Flug mit drei Vickers „Wellington" von der Oase Girabub zu einem britischen Flugplatz der Versorgungslinie in Belgisch-Kongo. Dort Landung aller drei Flugzeuge zum Auftanken. Die Ankunft der drei Flugzeuge auf dem Flugplatz ist vorbereitet. Angeblich befinden sich die „Wellington" auf einem Flug von Gibraltar nach Alexandria in Ägypten. Der Umweg zum Auftanken wurde gewählt, um die deutsche Luftabwehr zu umgehen. Günter Frenzel durfte das Flugzeug nicht verlassen – wegen der fehlenden Englischkenntnisse – und musste noch eine Krankheit vortäuschen, um das englische Bodenpersonal von der „Wellington" fern zu halten. Nach dem Auftanken sollte der Start erfolgen und danach der Flugplatz und dessen Versorgungseinrichtungen mit Bomben und Bordwaffen angegriffen werden; die deutsche Luftwaffe sollte dabei einen Scheinangriff auf ein anderes Ziel fliegen, um die britische Luftwaffe abzulenken. Anschließend Rückflug – zur Ablenkung zunächst mit Kurs auf Alexandria und später nach Libyen zurück zur Oase Girabub.

Dieses von Günter Frenzel bezeichnete Unternehmen „XYZ" wurde wie geplant und ohne Zwischenfälle durchgeführt.

Etwa zwei Monate später startete Günter Frenzel von Athen zu einem Versorgungsflug zum Flugplatz Derna in Libyen.[2] Beim Start in Athen war Derna noch von deutschen Truppen besetzt. Bei der Landung musste er feststellen, dass der Platz von britischen Truppen erobert war, Frenzel und sein Bordwart gerieten in Gefangenschaft. Hätten die Briten herausgefunden, dass er Pilot beim Unternehmen „XYZ" gewesen war, hätte das für ihn sicherlich die Todesstrafe zur Folge gehabt. Während er noch darüber nachdachte, wie er sich verhalten sollte, wurde die britische Panzerspitze von deutsche Stukas und Jagdflugzeugen angegriffen. Die englischen Soldaten und auch er und sein Bordwart suchten Deckung in den Splitterschutzgräben. Die beiden Deutschen nutzten die entstandene Verwirrung aus, rannten zu ihrem Flugzeug und flogen davon. Im Tiefflug erreichten sie den Flugplatz Benina.

Bei einem weiteren Transportflug mit 13 Ju 52 am 12. Mai 1942, bei dem der gesamte Transportverband von britischen Jägern abgeschossen wurde, erhielt auch das Flugzeug von Frenzel Treffer. Durch Bordwaffenbeschuss verlor Frenzel drei Finger der rechten Hand; er erhielt zwei Steckschüsse im rechten Unterarm sowie eine Vielzahl an Treffern von Granatsplittern. Er konnte noch landen und kam in ein Feldlazarett in Libyen. Dort besuchte ihn Feldmarschall Albert Kesselring. Aufgrund seiner schweren Verwundungen flog man ihn dann nach Deutschland aus, wo er im Lazarett Gotha fast ein Jahr (Mai 1942 – Mai 1943) in Behandlung war. Im Lazarett erhielt er – inzwischen zum Feldwebel befördert –, das Ritterkreuz für diese Einsätze. Gleichzeitig erhielten weitere drei Staffelkameraden für ihre Einsätze beim K.G.z.b.V. 1 das Ritterkreuz – Transportflieger waren bislang nur wenig mit diesem hohen Orden ausgezeichnet worden. Des Weiteren erfolgte die Beförderung zum Leutnant. Zu diesem Zeitpunkt hatte Frenzel rund 100 Transportflüge von Foggia/Italien nach Albanien und etwa 100 Transportflüge nach Nordafrika bewältigt. Ebenso hatte er Fallschirm- und Gebirgsjäger auf Kreta abgesetzt.

Nach der Genesung kam Leutnant Frenzel als Lehrer an die Fluglehrerschule in Brandenburg-Briest. Auf eigenen Wunsch versetzte man ihn vier Monate darauf zur Segelflugausbildungsstelle der Luftwaffe nach Rothenbergen bei Gelnhausen. Dort besuchte ihn Wolfgang Späte und fragte ihn, ob er an einer besonderen Sache interessiert sei. Etwas später erhielt Günter Frenzel den Auftrag, künftige Me 163-Flugzeugführer im Segelflug zu schulen. Nach Frenzels Erinnerung handelte es sich um das *Segelflug-Sonderkommando „Komet"*.[3] Außer ihm waren dort drei weitere Fluglehrer tätig: Oberfeldwebel Redl, Feldwebel Willer und ein weiterer, dessen Name ihm nicht mehr erinnerlich war. Als Flugzeuge standen dem Sonderkommando je zwei „Kranich" (Doppelsitzer), eine Olympia „Meise" und zwei „Habicht" zur Verfügung. Hinzu kamen zwei Seilwinden und ein „Morane"-Schleppflugzeug. Später wurde der Flugzeugbestand um eine Bf 110, zwei 8 m- und 6 m-„Habicht" sowie, als zeitweise Leihgabe, um eine oder zwei Me 163 B erweitert. Letztere wurden mit und ohne Wasserballast geflogen. Bewaffnung, Funkanlage und Triebwerk waren ausgebaut.[4] Das Segelflug-Sonderkommando „Komet" unterstand dem General der Truppenausbildung. Da es keine besonderen Ausbildungsrichtlinien gab, mussten sie Günter Frenzel und die anderen Fluglehrer erst entwickeln, was später zu einer neuen Luftwaffen-Dienstvorschrift führte. Die wichtigsten Ausbildungsinhalte stellten neben dem Beherrschen des Gleit- und Steigfluges ohne Antrieb die exakte Landeeinteilung mit Slip und Ziellandung auf Kufe dar.

Ende 1943 verlegte das Kommando auf den Flugplatz Ettinghausen 15 km ostwärts Gießen und blieb dort bis Herbst 1944.[5] Aufgrund der zunehmenden Luftraumüberlegenheit der Westalliierten erfolgte die Verlegung nach Rangsdorf 27 km nördlich Berlin, wo auch zwei Gruppen italienischer Piloten für die Me 163 ausgebildet wurden. Als Generalmajor Adolf Galland einmal das Kommando besuchte, flog Günter Frenzel eine „Kranich"-Runde mit ihm. Ende Januar/Anfang Februar 1945 wurde die Schulung eingestellt und das Kommando aufgelöst. Leutnant Frenzel erhielt den Befehl, seine Leute der Waffen-SS zu überstellen. Statt diesen Befehl zu befolgen, schrieb er ihnen Marschbefehle zu Luftwaffen-Truppenteilen in der Nähe ihrer Heimatorte aus; er selbst wurde zum Flugplatz Gotha versetzt.

Da weder in Gelnhausen, Ettinghausen noch in Rangsdorf Me 163 S vorhanden waren und keiner der dort vorhandenen sechs bis acht „Stummelhabicht" über Bewaffnung und Zieleinrichtung verfügte, konnte das Kommando nicht im Luftkampf ausbilden (in Ettinghausen und Rangsdorf befanden sich sechs bis acht unbewaffnete „Stummelhabicht"). Alternativ übten die Flugschüler mit einer Bf 109 das Bekämpfen von Bodenzielen in Jüterbog.[6]

Die Auszeichnungen Günter Frenzels: EK II (1940), EK I (1941), Ehrenpokal der Luftwaffe (1941), Frontflugspange in Gold (1941), Merito di Guerra (ital. Kriegsmedaille, 1941) und Ritterkreuz (als Feldwebel am 23. Dezember 1942),

Anmerkungen der Verfasser:

1) Diese Zusammenstellung beruht auf dem Briefverkehr mit Günter Frenzel aus dem Jahr 2003.

2) Derna wechselte mehrfach den Besitzer. Das Afrikakorps nahm es am 17. April 1941; am 19. Dezember 1941 fiel es wieder in britische Hand. Kurz darauf wurde es erneut von deutsch-italienischen Truppen genommen und am 30. Januar 1942 von australisch-neuseeländischen Verbänden zurückerobert. Dann besetzten es Rommels „Afrikaner" erneut und hielten es bis zur Räumung und Besetzung durch die Briten am 15. November 1942. Die geschilderte Episode ereignete sich bei der Einnahme Dernas am 19. Dezember 1941.

3) Siehe *K III Lehrgang*, Seite 327 f.

4) Die Verfasser konnten in keinem der ihnen zur Verfügung stehenden Flugbücher Hinweise auf Schleppflüge mit der Me 163 B in Gelnhausen oder Rangsdorf finden.

5) Näheres dazu ist den Verfassern nicht bekannt, zumal sie nur wenige ehemalige Flugschüler der Me 163-Segelflugschulen ausfindig machen konnten. Die sie kannten, wurden nicht in Ettighausen ausgebildet. Nach Aussage Günter Frenzels und nach den Dokumenten und Flugbüchern im Besitz der Verfasser fand die Schulung parallel auf mehreren Flugplätzen statt. Siehe Anhang 8.

6) Weitere Informationen zur Waffenausbildung standen den Verfassern nicht zur Verfügung.

Nicht alle Landungen der Flugschüler glückten nach Vorschrift. Diese Fw 190 des JG 102 in Mackfitz stellten sich auf die Nase oder kippten um.

	Horst Lachmann		Gerhard Stolle	
	Zeitpunkt	**Einheit/Ort**	**Zeitpunkt**	**Einheit/Ort**
Vormilitärische Segelflugausbildung	11.07.39–23.08.41		1940–1942	
Grundausbildung	04.11.42–05.05.43	4./Fliegerregiment 53	01.01.43–17.04.43	6./Fliegerregiment 63 Toulouse
Segelflugausbildung	06.05.43–04.07.43 05.07.43–02.09.43 03.09.43–22.01.44	Lw.-Segelfluggruppe/ Luftgaukommando VI Dortmund Lw.-Segelfluggruppe Fredrickshavn/Dänemark LS Ausbildungsstaffel Wertheim	18.04.43–22.01.44	LS Ausbildungsstaffel Wertheim
Motorflugausbildung	23.01.44–15.07.44	FFS A61 Oschatz u. Leipzig-Mockau	23.01.44–30.06.44	FFS A61 Oschatz u. Leipzig-Mockau
Jagdflieger-Ausbildung einschl. Segelflug-Sonderausbildung	16.07.44–31.10.44 04.09.44–11.10.44 13.10.44–31.10.44	I./JG 102 Zerbst u. Aaalborg Segelflugausbildungsstelle d. L. Gelnhausen FFS 61 Kommando Rangsdorf, Rangsdorf	30.06.44–31.10.44 04.09.44–11.10.44 13.10.44–31.10.44	I./JG 102 Zerbst u. Aaalborg Segelflugausbildungsstelle d. L. Gelnhausen FFS 61 Kommando Rangsdorf, Rangsdorf
Schulung Me 163 und FW 190	01.11.44–13.12.44 nach 04.11.44 14.12.44–14.03.45 nach 15.03.45	Erg.St./JG 400 Udetfeld JG 102 Mackfitz (Ausb. Fw 190) 14./EJG 2 Sprottau u. Esperstedt 3./JG 400 Brandis	01.11.44–13.12.44 nach 04.11.44 14.12.44–14.02.45 nach 15.02.45	Erg.St./JG 400 Udetfeld JG 102 Mackfitz (Ausb. Fw 190) 14./EJG 2 Sprottau u. Esperstedt 2./JG 400 Brandis
Uffz.-Lehrgang	nach 20.03.45	EJG 1	–	–

Fallschirms, dass dieser abriss und davonflog – er kostete mich 5 RM. Ich landete in Beucha, einem Dorf westlich des Flugplatzes. Einen oder zwei Tage darauf traf ich den Wartungsmechaniker wieder. Er strahlte mich an und sagte: »*Hei, Du bist doch ein Teufelskerl!*« Er dachte, ich hätte den Abwurfhebel fürs Fahrwerk absichtlich abgebrochen!

Beim fünften scharfen Start lief alles glatt und ich stieg bis auf eine Höhe von 11.800 m."

Nach den Recherchen der Verfasser gab es noch eine K IV Gruppe, woraus sich schließen lässt, dass auch eine K I und eine K II Gruppe existiert haben müssen. Helmuth Ziegler gehörte nach eigenen Angaben (71) der Gruppe K IV an; vermutlich fand die Ausbildung der einzelnen Gruppen parallel statt. Ziegler berichtet von einer anfänglichen Ausbildung in Gelnhausen und später in Rangsdorf auf „Stummelhabicht", die sich dann in Sprottau fortsetzte. Im November 1944 erhielt die Gruppe in Mackfitz eine kurze Einweisung in die Fw 190.

Am 31. Oktober 1944 schrieb der Staffelkapitän der 1./JG 102 die Beurteilung für einen Schüler, der vom 7. Oktober bis 6. November die dortige Jagdfliegerausbildung durchlaufen hatte. Über der Beurteilung stand „Jagdgeschwader 101, 1. Staffel, Kometgruppe V". Der frischgebackene Flugzeugführer wurde dann zur Segelflugschule der Luftwaffe nach Fredrikshavn versetzt. (75)

Fußnoten

1 Bis zur Versetzung zum EKdo 16 hatte Hauptmann Robert Olejnik folgende Verwendungen hinter sich: Staffelkapitän 4./JG 1 (17. Mai 1941 – Mai 1943), Führer II./JG 1 (Mai 1943 – 28. Juni 1943) und danach bis 26. Juli 1943 bei der 4./JG 1. Gruppenkommandeur III./JG 1 bis 8. Oktober 1943. Bis dahin hatte er 42 Feindflugzeuge abgeschossen.

2 Obwohl er nicht die geforderte Einsatzerfahrung mitbrachte, wurde Leutnant Hans Bott zum EKdo 16 versetzt.

3 In seinem Buch *Der streng geheime Vogel* (4) erwähnt Wolfgang Späte, dass Unteroffizier Walther zu den ersten Flugzeugführern des EKdo 16 zählte. Die Verfasser können dies aus vorliegenden Dokumenten nicht bestätigen.

4 Es gibt keinen Beweis, dass sich in Obertraubling eine Me 163 A befand. Leider befand sich das Flugbuch von Karl Kess nicht mehr in Familienbesitz. Die Familie hatte es nach seinem Tod an einen Interessierten abgegeben.

5 „Habicht" mit verringerter Spannweite.

6 Unteroffizier (später Feldwebel) Siegfried Rudschinat schoss während seiner Zeit beim JG 11 (zuletzt bei der 10./JG 11) zwölf Gegner ab.

7 Aus dem Luftwaffen-Kurheim Wolkenstein schickte Oberfeldwebel Jacob Bollenrath zwei Postkarten (datiert 11. und 13. Mai 1944), die sich heute im Archiv Hans-Hermann Cammann befinden.

8 Der Pilot wurde vom Nachrichtenoffizier über Funk ans Zieldarsteller-Flugzeug geleitet. So machte man Flugzeugführer mit Funkleitverfahren vertraut.

9 Die Gemeinde Hassendorf liegt 3 km östlich Sottrum bei Rotenburg (Wümme) im nördlichen Niedersachsen.

10 Der 1936 errichtete Flugplatz Tiefensee, etwa 28 km nordöstlich Leipzig bei Bad Düben gelegen, wird in keinen der Quellen erwähnt, die sich im Besitz der Verfasser befinden. 1944 wurde Tiefensee zum Einsatzhafen Löbnitz und ist heute als Verkehrslandeplatz Roitzschjora bekannt.

11 Das JG 102 lag im dänischen Aalborg.

12 Die mit Wasserballast versehenen Flugzeuge „Wasser B" werden in Flugbüchern manchmal als „schwere B" bezeichnet.

13 Nach vorliegenden Dokumenten führten folgende Offiziere die Erg.St./JG 400: Oblt. Franz Medicus (erster Staffelführer Juli–Oktober 1944), Hptm.

Hans Nocher (November – Dezember 1944). Hans Nocher muss aber schon vor November 44 Staffelkapitän gewesen sein, da er in dieser Eigenschaft Oblt. Adolf Niemeyer am 7. September 1944 ein Führungszeugnis ausgestellt hatte, woraus hervorging, dass Nocher seit 13. Juni 1944 Niemeyers Disziplinarvorgesetzter gewesen war. Des Weiteren hatte Nocher im Oktober 44 die Flüge in den Flugbüchern von Lt. Reinhard Opitz und Ofw. Otto Krutsch mit „Hauptmann und Staffelkapitän" abgezeichnet. Den Verfassern sind keine weiteren Staffelkapitäne der Erg.St./JG 400 bekannt.

14 Die Verfasser gehen davon aus, dass die Erg.St./JG 400 im November 1944 in die IV./EJG 2 überführt wurde. Der Umstand, dass Hptm. Hans Nocher in persönlichen Aufzeichnungen noch im Dezember 44 als Staffelkapitän benannt wurde, lässt sich mit kriegsbedingten verwaltungstechnischen Verzögerungen bei der Auflösung und Übernahme der Erg.St./JG 400 in die IV./EJG 2 erklären.

15 Diese Kennung mit Zusatz „schwere B" findet sich im Flugbuch von Pancherz. Vermutlich war es die Kennung der Me 163 B V7, als sie zu Übungszwecken mit vollem Wasserballast als „Wasser B" oder „Schwere B" geflogen wurde. In manchen Flugbüchern wurde „Schwere B" mit „SB" abgekürzt. In Löschers Flugbuch ist mehrfach „SB 7" vermerkt, was auf die Me 163 B V7 hindeuten könnte. In anderen Dokumenten ist die Kennung SB+V7 nicht zu entdecken. Siehe dazu Anhang 5 unter V7 und Anmerkung 10.

16 In zeitgenössischen Unterlagen finden sich unterschiedliche Abkürzungen für *Ergänzungsjagdgeschwader 2*, beispielsweise (Erg.) JG 2, Erg. JG 2 und EJG 2. Die Verfasser haben sich für EJG 2 entschieden.

17 Den Verfassern ist es leider nicht gelungen, die anderen in Sprottau liegenden Ausbildungs- oder Einsatztruppenteile festzustellen.

18 Das Vorhandensein der Me 163 A V10 in Udetfeld wird durch Aussagen Adolf Niemeyers untermauert, der dort Luftkampfraketen R4M mit einer Me 163 A erprobte. Des Weiteren belegt dies ein dort entstandenes Foto der CD+IO mit R4M-Raketen. Vermutlich wurde die Me 163 A V10 auch zu Ausbildungszwecken benutzt; dies ist aber nicht sicher.

19 In seinem Flugbuch bezeichnet Löscher diese Me 163 B als „LB 2" mit der Anmerkung „leichte B (unbetankt)". Im Flugbuch von Hauss wird eine Me 163 B mit einer „2" versehen. Wahrscheinlich handelt es sich um dasselbe Flugzeug.

20 In Löschers Flugbuch wird eine Me 163 B mit dem Anhängsel „SB 7" und der Anmerkung „schwere B (voll aufgetankte B)" versehen. Im Flugbuch von Hauss steht eine „7" dahinter. Wahrscheinlich handelt es sich um dieselbe Maschine.

21 Gottfried Hauss vermerkte für diese Maschine in seinem Flugbuch die Kennung RP+MP (statt RB+MP). Vermutlich ein Schreibfehler.

22 Am 9. Februar 1945 griffen 13 US-Jagdflugzeuge P-51 „Mustang" der *77th Fighter Squadron* zwischen 13.15 und 13.35 Uhr den Flugplatz Esperstedt im Tiefflug mit Bordwaffen an. Von den 80 auf dem Platz befindlichen Flugzeugen meldeten sie 38 als zerstört. Es ist möglich, dass sich auf dem Flugfeld auch Me 163 der 13./EJG 2 befanden und dies den Anlass zur Verlegung der Staffel unter Zurücklassung ihrer Me 163 nach Brandis gab.

23 Schafstädt liegt rund 15 km nordwestlich Merseburg.

24 Gemäß einer vorliegenden Beurteilung der segelfliegerischen Fähigkeiten eines Gefreiten Schlüter, unterzeichnet von *Kommandoführer Lt. Frenzel*, hieß der Rangsdorfer Ausbildungstruppenteil *Segelfluggruppe „K" Rangsdorf bei Berlin*. (72)

25 Am 10. November 1944 meldete der Stab/JG 102 in Flensburg die Schulung von 38 Flugzeugführern an der Me 163 und ihre nachfolgende Versetzung zur weiteren Ausbildung nach Frederikshavn/Dänemark.(73) Zur Zeit der Abfassung der Meldung hatte das JG 102 keine Schüler (mehr). Vermutlich bezieht sie sich auf einen anderen K-Lehrgang als die Ausbildungsgruppe K-3.

26 Am 1. Dezember 1944 meldete der Stab/JG 102, dass er keine Me 163-Flugzeugführer mehr schule und empfahl die Übernahme weiterer Schüler durch das JG 103. (74)

11

Die Schulmaschine, die nie schulte

Messerschmitt Me 163 S

VOM ERPROBUNGSKOMMANDO 16 stammte der Vorschlag, zur Pilotenschulung eine Me 163 auf Doppelsteuerung umzubauen, was die Ausbildung vereinfachen würde. Die vorliegenden Dokumente verraten allerdings nicht, wann genau dieser Vorschlag erfolgte. Einen ersten Verweis fanden die Verfasser in einem Fernschreiben des Generalquartiermeisters im OKL (6. Abt. III) vom 5. April 1944: (1) *„Zur Ausbildung der Besatzungen für Me 163 ist ein doppelsitziges Schulflugzeug Me 163 erforderlich. Laut Angaben der Firma Messerschmitt AG und GL/C-E, Oberst Gollob und Hptm. Dr. Krome, lässt sich Einbau ohne besonderen Aufwand durchführen. Vorerst wird Umbau von 10 Flugzeugen, verteilt auf drei Monate, gefordert. Eine Beeinträchtigung der übrigen Serienfertigung nach Abzug dieser 10 Flugzeuge darf nicht erfolgen.“*

Ein weiterer Hinweis findet sich in einem Bericht des EKdo 16 über „Technische Mängel und Erfahrungen“ vom 27. Juni 1944, der als Anhang den *Erfahrungsberichten für die Zeiträume 13.05.-30.05.44 und 01.-26.06.44 beigegeben war:* (2) *„Der Vorschlag wurde vom Amt* [Technisches Amt] *nach Rücksprache mit der Firma Messerschmitt sofort aufgegriffen und die Fa. Messerschmitt mit dem Bau von 10 Doppelsitzern Me 163 B* [!] *beauftragt. Vom* [Technischen] *Amt aus wurde die Schulmaschine mit Triebwerk gefordert. Diese Forderung wird von Seiten des Kommandos* [EKdo 16] *nicht befürwortet, da einerseits die Schwierigkeit im normalen Beherrschen des Typs liegt und leichter und gefahrloser durch den Schleppstart erreicht werden kann und der Triebwerksstart an sich leichter ist, als der Schleppstart. Andererseits durch den Einbau eines Triebwerks bedeutende und schwerwiegende Änderungen notwendig sein werden. Es wäre erforderlich, dass alle Bedienungsgeräte, wie z. B. Gashebel, Schnellablass, Rollwerksabwurf, Landeklappenverriegelung usw. in zweifacher Ausfertigung vorhanden wären.*

Am 17. Juni 1944 fand durch Flugkapitän [Heini] *Dittmar und Hauptmann* [Anton] *Thaler bei Messerschmitt in Oberammergau eine Vorattrappenbesichtigung der Doppelsitzermaschine statt. Dabei festgestellte Mängel sollten am 23. Juni 1944 bei einer endgültigen Attrappenbesichtigung abgestellt werden.“*

Die Attrappenbesichtigung fand tatsächlich am 27. Juni 1944 statt, worüber Dittmar einen Bericht verfasste (3) wie auch die Messerschmitt AG ein Sitzungsprotokoll am 28. Juni. (4) An der Besichtigung nahmen teil Hauptmann Thaler vom EKdo 16, Herr Schittek von der Firma Kopperschmidt (Hersteller Kanzeldach) sowie die Herren Rentel, Telser, Gensel und Michelson von der Forschungsanstalt Oberammergau.[1] Außer der Notwendigkeit einiger technischen Änderungen und Ergänzungen ergingen folgende Empfehlungen: *„Beim Fliegen mit Lehrer und Schüler muss gefordert werden, dass der Schüler nicht in der Lage ist, das Fahrwerk zu frühzeitig abzuwerfen. Ferner, dass der Lehrer jederzeit das Fahrwerk abwerfen kann.“*

Ferner erwähnte das Messerschmitt-Protokoll erstmals eine Radbremse, die wahrscheinlich alle Me 163 S erhalten sollten, sowie den vorläufigen Verzicht auf Triebwerke, da für leckgeschützte Behälter (Treibstoffbehälter) Lieferschwierigkeiten bestanden und der Einbau ungeschützter Behälter als nicht vertretbar angesehen wurde. Die entsprechende Nachrüstung mit dem Triebwerk sollte später erfolgen. Somit kann angenommen werden, dass die Me 163 S aufgrund der fehlenden leckgeschützen Behälter ohne eingebaute Triebwerke ausgeliefert wurden.

Sowohl Dittmars Bericht als auch das Messerschmitt-Protokoll betonten die schlechte Pilotensicht im Schleppstart, die aber für die Landung ausreiche.

Ob oder wie viele Schulmaschinen Me 163 S die Messerschmitt AG überhaupt herstellte, entzieht sich der Kenntnis der Verfasser. Fakt bleibt jedoch, dass einzelne Me 163 B zu Me 163 S umgebaut wurden. Die Umbauten bewerkstelligte die Deutsche Lufthansa AG (DLH) in ihren Hauptwerkstätten Berlin-Staaken nach Vorgaben des Hauptausschusses Flugzeugbau. Es blieb eine Niederschrift der DLH Berlin-Staaken vom 22. September 1944 erhalten, in der es heißt: (5) *„Hauptausschuss benötigt Schulflugzeuge nach folgendem Lieferplan: November1944 eins; Dezember1944 zwei; Januar 1945 vier; Februar 1945 vier; usw. Lufthansa teilt mit, dass sie es in Übereinstimmung mit Herrn Oberst Gollob, General der Jagdflieger, für zweckmäßig hält, in Staaken lediglich die Rümpfe umzubauen und Zusammenbau und Einfliegen des Flugzeuges in Oranienburg zu erledigen.“*

Damit nicht genug. Die DLH Staaken sicherte nicht nur den Umbau der Zellen zu oben genannten Zeitpunkten zu, sondern auch deren Lieferung einen Monat früher als vereinbart. Wahrscheinlich fiel darauf der Beschluss, 30 Me 163 B zu Schulmaschinen umzubauen. Nur acht Wochen später beschloss der Chef Technische Luftrüstung allerdings größere Änderungen. Der Hauptausschuss Flugzeugbau I setzte den Sonderausschuss F1 der Junkers-Werke mittels Fernschreiben darüber in Kenntnis: (6) *„Laut Festlegung in Besprechung bei TLR-Chef am 25. November* [1944] *ist Umbauserie von 30 Schulflugzeugen gestrichen worden.*“[2] Man kann davon ausgehen, dass man die Undurchführbarkeit des Planes zur Indienststellung der Schulmaschinen erkannt hatte, zumal keinerlei Treibstoffreserven für sie (oder ihre Schleppmaschinen) zur Verfügung standen. Außerdem gab es schon genügend ausgebildete Me 163-Piloten.

Dennoch weiß man von einem Flug, den Junkers-Versuchspilot Oberleutnant Heinz Peters mit einer Me 163 S durchführte. Heinz Peters: (7) „[Am] *29. Dezember 1944 wurde Doppelsitzer* [Me 163 S] *in Staaken zur Überführung übergeben. Da Einflug unbekannt (war nicht zu erfahren), ein Schleppflug am Platz -- ohne Gast.* [Flug war] *in Ordnung. Für Schlepp wurde Junkers-Ingenieur Geyling wohl als erster und einziger Gast* [Fluggast] *in der 163-Doppelsitzer auf dem Luftwege nach Brandis überführt.* [Das] *Fahrwerk löste sich in Staaken nicht und wurde erst kurz vor der Landung frei. Vorherige Abwurfversuche – in allen Fluglagen – waren ohne Erfolg und brachten uns um einen genüsslichen unbeschwerten Gleitflug.*“[3]

Diese beiden Flüge sind im Flugbuch von Flugkapitän Hans-Joachim Pancherz verzeichnet. (8) Pancherz (Kurzlebenslauf siehe S. 350) arbeitete bei Junkers als Versuchspilot und führte an besagtem Tag die beiden Schlepps mit seiner Bf 110 (PJ+LS) durch. Er brachte um 11.30 Uhr in Staaken die Me 163 S zu Peters Platzrunde in die Luft und startete um 14.20 Uhr erneut, um das Flugzeug mit Peters und Passagier Geyling in einem 34-minütigen Flug nach Brandis zu schleppen, wo es um 14.54 Uhr landete. Am 22. Oktober 1944 unternahm Pancherz selbst einen Probeflug mit der Me 163 S in Brandis. Dieser dauerte 13 Minuten (16.33–16.46 Uhr).

Auch Karl Voy, Chefpilot bei Klemm (siehe Portrait S. 110), flog die Me 163 S. Der Flug von Staaken nach Oranienburg mit der W.Nr. 440177 ist unter dem 23. Januar 1945 in seinem Flugbuch vermerkt. (8) Er dauerte neun Minuten und Voy trug in der Spalte „Bemerkungen“ ein, dass es sich um einen Zweisitzer handelte. Die Werknummer weist auf eine Fertigung bei Leichtflugzeugbau Klemm in Böblingen hin. Alles in allem ein weiterer Beweis für den Umbau von Me 163 B zu Schulmaschinen Me 163 S. Den Verfassern gelang es bislang nicht festzustellen, ob die 163 S in Oranienburg oder Rangsdorf – wo Me 163-Piloten geschult wurden – zu Schulungszwecken eingesetzt wurde.

Zumindest eine Me 163 S befand sich auch in Brandis, wo aber üblicher Weise keine Pilotenschulung stattfand. Leutnant Hans Bott von der 1./JG 400: (9) *„Ich habe die Me 163 S (Doppelsitzer) als »Schüler« mit Hauptmann Falderbaum als »Lehrer« einmal in Brandis geflogen. Dabei musste ich als »Schüler« den »Lehrer« auf dem hinteren Sitz bei der Landung korrigieren, weil seine Sicht so schlecht war, dass er unmöglich den Abstand zum Boden richtig abschätzen konnte. Es erschien uns dann zu gefährlich, Umschulungen damit vorzunehmen.*“

Das Urteil dieser beiden erfahrenen Me 163-Piloten fiel an sich vernichtend, sehr wohl aber fundiert aus. Leutnant Bott war ehemaliger Fluglehrer bei der Flugzeugführerschule A/B 10 in Warnemünde und Hauptmann Albert Falderbaum, Staffelkapitän der 1./JG 400 und danach Gruppenkommandeur der I./JG 400, vor seiner Verwendung Kommandeur der Blindflugschule 10 im thüringischen Altenburg gewesen. Falderbaum war dazu mehrfacher deutscher Kunstflugmeister (vgl. Kurzlebenslauf S. 241).

Schon bei der Attrappenbesichtigung am 27. Juni 1944 hatte Flugkapitän Heini Dittmar die schlechte Pilotensicht bemängelt, sie im Unterschied zu Bott und Falderbaum aber als „ausreichend“ bezeichnet (siehe oben). Deren Urteil über die Me 163 S – jedenfalls was die Sicht anging – fiel wesentlich strenger aus, wobei man Dittmar, der es in Sachen Flugerfahrung durchaus mit den beiden aufnehmen konnte, zu Gute halten muss, dass er die Schulmaschine nie selbst geflogen hatte.

Bernhard Hohmann, Ingenieur und Versuchspilot an der für Beurteilung von Flugeigenschaften zuständigen Abteilung E2 der Erprobungsstelle der Luftwaffe in Peenemünde-West, schrieb 1951 allerdings mit anderem Tenor: (10) *„Auch habe ich mir eine der ersten Me 163 S (eine doppelsitzige Me 163 B, als*

Oberleutnant Heinz Peters

Heinz Peters in der Uniform des Deutschen Luftsport-Verbandes.

Heinrich Leonhard „Heinz“ Peters kam am 16. April 1912 in Niederkrüchten bei München-Gladbach zur Welt. Als Jugendlicher lernte er beim Aero Club Aachen das Segelfliegen und erwarb 1928 den A-Schein. 1929 folgte der B-Schein in Grunau, worauf Heinz als Helfer und Wettkampfteilnehmer erstmals die Wasserkuppe besuchte. 1930 erwarb er den C-Schein und unternahm zur Vorbereitung auf den nächsten Rhönwettbewerb mehrere Langstreckenflüge von bis zu vier Stunden Dauer. Prompt stellte er beim Rhönwettbewerb 1932 mit 10 Stunden 50 Minuten und einem Überlandflug von 49 km einen neuen Dauerflugrekord auf (und gewann den Wettbewerb). Als Ehrenpreis winkte ein kostenloser Motorflug-Lehrgang in Böblingen mit Erwerb des A2-Scheines. Damit konnte Heinz etwas Geld mit Werbe- und Vorführflügen in einer Klemm 26 verdienen. 1932 folgten der Segelflug-Ausbildungs- und der Kunstflugschein, und so konnte Heinz Peters 1933–1935 als Fluglehrer in Aachen, Borkenberge, Duisburg-Neuenkamp und auf der Wasserkuppe arbeiten. Beim Rhönwettbewerb 1935 erhielt er für einen 452-km-Langstreckenflug das silberne „C“-Segelflugabzeichen. 1938 nahm er als Reservist am ersten offiziellen Luftwaffen-Lehrgang für Flugzeugführer in Quakenbrück teil. Den C2-Schein erwarb er anschließend in Darmstadt. 1937 nahm er am Deutschlandflug und am Rhönwettbewerb teil. Bei Letzterem wurde sein Segelflugzeug im Sturm so schwer beschädigt, dass er mit dem Fallschirm aussteigen musste. 1938 Teilnahme am Städteflug Freiburg-Stettin und am Rhönwettbewerb, worauf er das goldene „C“-Leistungsabzeichen Nr. 5 erhielt. Bei Kriegsausbruch eingezogen, diente Leutnant Heinz Peters 1939–1943 als Fluglehrer, Staffelführer und Staffelkapitän des Luftlandegeschwaders. Mit seiner Staffel stand er in Frankreich, Russland, Serbien und Italien. Beförderung zum Oberleutnant. 1944 wurde er Versuchspilot zuerst bei Messerschmitt und dann bei Junkers, nachdem die Dessauer die Erprobung und Fertigung der Me 163 übernahmen. Dort flog er auch die Me 163 S und die Ju 248. 1945 führte er Erprobungsflüge in Brandis durch. Nach Kriegsende folgte eine 18-monatige Kriegsgefangenschaft. Die Amerikaner hielten ihn zuerst in einem Lager in Deutschland fest und übergaben ihn dann den Franzosen, die auf seine fliegerische Vergangenheit aufmerksam wurden und ihn entsprechend einsetzten. Und so kehrte Heinz Peters erst 1951 aus Frankreich heim. Da er fliegerisch „in Übung“ war, gewann er auf der Wasserkuppe den silbernen Segelflugpokal des ADAC. Danach war er für die Firma Alex Schleicher tätig und erprobte eine Reihe von Segelflugzeugen. Mitte der 1950er-Jahren zog sich Heinz Peters aus dem Segelflugsport zurück. Er starb am 11. September 1990 in Fulda.

Schulmaschine gedacht) nach Peenemünde geholt, um bei Erprobungsflügen den, die Zielsuchgeräte bearbeitenden Ingenieur, Theo [Theodor] *Erb*[4] *mitnehmen zu können, welcher dann auch die Beobachtung der notwendigen Messinstrumente übernimmt. Da die ersten Doppelsitzer im Herstellerwerk noch nie mit Raketenantrieb*[!] *geflogen wurden,*[5] *habe ich deshalb noch etwas Einfliegerarbeit zu leisten, die ich sehr gerne übernehme.*

Beim ersten Schleppflug mit dem neuen Doppelsitzer, bei dem ich im vorderen Sitz fliege, während ich hinten den Bordwart eingeladen habe, will komischerweise das Fahrwerk nicht abfallen. Nachdem ich in unsanften Worten der Bodenstelle mitgeteilt hatte, dass wieder einmal die Fahrwerksanlage nicht in Ordnung sei, ertönt die echt bayrische Stimme von Brunner, der am Mikrophon der Bodenstelle steht und sagt: »Die Fahrwerksanlage ist in Ordnung, da müssen Sie die Hydraulikpumpe einschalten! Sie haben wohl schon wieder vergessen, dass die Maschine eine elektrische Hydraulikpumpe hat«. Brunner hat sogar Recht!! Als ich zwischen den vielen Schaltern des Schaltpultes den Hydraulik-Schalter finde, muss ich leider feststellen, dass dieser tatsächlich nicht eingeschaltet war. (Die Me 163 S ist das erste Flugzeug, bei dem eine elektrische Hydraulikpumpe eingebaut worden war, während bei allen anderen Me 163-Flugzeugen ein mit Pressluft gefüllter Druckspeicher verwendet wurde. Die gesamte Bedienung des Fahrwerkes war jedoch dieselbe geblieben, mit Ausnahme des kleinen elektrischen Schalters). Das kommt eben davon, wenn man sich einbildet, dass man die Maschine im Schlafe kennt.

Aber in diesem Fall ist das weiter nicht schwierig, da wir in unserer Schleppmaschine ein ausgezeichnetes Funksprechgerät haben, so dass ich Herrmann [Dipl. Ing. Herrmann] *gehörte ebenfalls zur Erprobungsgruppe 2 der Erprobungsstelle der Luftwaffe], welcher die Schleppmaschine fliegt, sagen kann, dass er so niedrig wie möglich über den Flugplatz schleppen soll, damit ich das Fahrwerk abwerfen kann, was auch ausgezeichnet gelingt und das Fahrwerk noch nicht einmal beschädigt wird.*

Ansonsten ist die Me 163 S eine nette Maschine und sehr gut zum Umschulen von Flugzeugführern geeignet. Ich mache noch kurz vor Kriegsende eine Reihe von Umschulungsflügen, bei denen ich im hinteren Lehrersitz fliege, um Erb und Herrmann in die Geheimnisse der 163-Fliegerei einzuweisen."

Das positive Urteil Hohmanns über die Schulmaschine Me 163 S fußt auf jahrelangen Erfahrungen als Versuchspilot (siehe Kurzlebensläufe S. 423). Er schätzte den Typ aus dieser Sicht

Diese nach dem Krieg entstandenen Aufnahmen zeigen eine Me 163 S im Windkanal der sowjetischen Zentralen Aerodynamischen und Hydrodynamischen Forschungsstelle in Schukowski bei Moskau. Das Flugzeug wurde für Windkanalversuche freischwingend an der Decke aufgehängt. Man nimmt an, dass die Windkanalversuche 1946 stattfanden. Entgegen zahlreichen Berichten wurde das Flugzeug nicht in Brandis aufgefunden, das die Amerikaner am 16. April 1945 besetzt hatten und zur Übergabe an die Russen erst am 30. Juni 1945 wieder räumten, als sie den Sowjets ganz Mitteldeutschland überließen. Höchstwahrscheinlich fiel es den Sowjets bei der Besetzung Staakens in die Hände. Dort hatten die Lufthansa Hauptwerkstätten mindestens zwölf Me 163 B aus Klemm-Fertigung zu Me 163 S umgebaut. In russischen Versuchsberichten wurde die Me 163 S im Übrigen stets mit Me 163 B betitelt.

Links und Folgeseiten: Aufnahmen der Messerschmitt Me 163 S auf dem Gelände des *Zentralen Aerodynamischen und Hydrodynamischen Instituts* (ZAGI) und der sowjetischen *Flugforschungsstelle* (LLI) bei Moskau 1945/46.

Messerschmitt
Me 163 S

ein; bei Bott und Falderbaum standen die jungen, auf Me 163 zu schulenden Luftwaffenpiloten im Vordergrund.

Bei der Befragung erfahrener Flugzeugführer des JG 400 und des EJG 2 einschließlich der in die Umschulungen eingebundenen Mano Ziegler und Adolf Niemeyer kam heraus, dass bei den Verbänden praktisch keine Me 163 S zur Verfügung stand und der Typ als Schulmaschine deshalb gar nicht eingesetzt werden konnte. Es handelte sich um einen ausgesprochenen Einzel- und Zufall, als die Obergefreiten Gerhard Stolle und Franz Kalt von der 2./JG 400 im März 1945 die Gelegenheit zum Flug mit einer Me 163 S erhielten.

Gerhard Stolle: (11) *„Ein Offizier hatte bei Flugbetriebsbeginn angeordnet, die Me 163 S an den Start zu bringen. Da er bis zum Ende des Betriebes nicht erschienen war und auch sonst niemand damit fliegen wollte, durften Franz Kalt und ich eine Runde damit machen.“*

Gerhard Stolle nahm auf dem vorderen Schüler- und Franz Kalt auf dem Fluglehrersitz dahinter Platz. Gemäß Stolle trug die Me 163 S den gleichen Tarnanstrich wie die Me 163 B.[6] Das Flugzeug hieß wegen der wie ein Höcker hochstehenden Fluglehrerkanzel bei den Piloten „Dromedar“. (12)

Herauszufinden, wie viele Me 163 S tatsächlich gebaut wurden, erwies sich als unmöglich. Die einzig verfügbaren Quellen stellten die einen Zeitraum von drei Monaten abdeckenden Flugzeug-Verteilungslisten dar. Danach wurde eine (vermutlich auf Grundlage einer Me 163 B) werksmäßig umgebaute Me 163 S im Dezember 1944 ausgeliefert. Im Januar 1945 erhielt die DLH in Staaken den Auftrag zum Umbau zweier Me 163 B-1 zu Zweisitzern Me 163 S. (14) Ebenfalls im Januar lieferte die Industrie zwei umgebaute Schulmaschinen Me 163 aus. Eine ging an das EJG 2, die andere an die TLR. Im Februar lieferte die Industrie drei Flugzeuge aus, eine an die III./EJG 2 [sic] und zwei an die „Reservestaffel des OKL“.[7]

Fußnoten

1 Das Projektbüro, das Konstruktionsbüro sowie die Forschungsabteilung der Messerschmitt AG waren wegen der angloamerikanischen Luftangriffe auf die Messerschmitt-Hauptwerke Augsburg-Haunstetten (und Regensburg) nach Oberammergau ausgelagert worden. Diese Einrichtungen firmierten unter der Bezeichnung *Oberbayerische Forschungsanstalt Oberammergau*.

2 Dennoch wurden gemäß Flugzeug-Verteilungsliste des *Generalquartiermeisters 6. Abt.IIc.* noch einige Me 163 B zu Me 163 S umgebaut und ausgeliefert.

3 Gemäß der Flugzeug-Verteilungsliste vom Dezember 1944 wurde dem *Generalquartiermeister* in diesem Monat eine Schulmaschine Typ Me 163 übergeben. Sie ging an den *General der Fliegerausbildung* EJG 2 [sic]. Des Weiteren führt die Liste die Auslieferung zweier zu Doppelsitzern umgebauter Me 163 an die Luftwaffe auf.

4 Theodor Erb gehörte zur Fachgruppe 4c der Erprobungsgruppe 4 (E4) der Erprobungsstelle der Luftwaffe in Karlshagen (Peenemünde-West). Der Erprobungsgruppe 4 oblag die Erprobung von Funk- und Funksteuer-Ausrüstung bzw. -verfahren. Die Fachgruppe 4c arbeitete an Zielerfassungsgeräten und -verfahren.

5 Hier kann es sich nur um einen Irrtum Hohmanns handeln, denn nach allem, was bekannt ist, wurde keine Me 163 S noch mit einem Triebwerk versehen.

6 Vermutlich war dies die einzige Me 163 S in Brandis. Verschiedene Veröffentlichungen behaupten, das Flugzeug sei dort bei Kriegsende in sowjetische Hände gefallen. Tatsächlich fanden 1945/46 bei ZAGI in der Nähe von Moskau Windkanalversuche mit einer Me 163 S statt und diese wurde von den Sowjets auch geflogen. Deshalb muss das Flugzeug noch lange nicht aus Brandis stammen, das bekanntlich am 16. April 1945 von amerikanischen Verbänden besetzt wurde. Die USAAF-Bestandsaufnahme der in Brandis vorgefundenen Flugzeuge vom Mai 1945 führt keine Me 163 S auf, und Brandis übergaben die Amerikaner den Russen erst am 1. Juli 1945. Wahrscheinlich erbeuteten sowjetische Truppen neben wenigen Me 163 B besagte Me 163 S bei den Kämpfen im Raum Berlin – oder danach – auf dortigen Flugplätzen. Vielleicht auch bei der Einnahme Peenemündes am 5. Mai 1945. Gemäß eines Dokuments des Staatlichen russischen Archivs für Ökonomie, das Dimitri Alexejewitsch Sobolew in seinem Buch *Deutsche Spuren in der sowjetischen Luftfahrtgeschichte* (Verlag E.S. Mittler & Sohn, Hamburg 2000. S. 142)) veröffentlichte, „*... befanden sich Ende 1945 zehn Jagdflugzeuge Me 163 in der UdSSR (darunter sieben zweisitzige Schulflugzeuge)...*".

7 Vermutlich ein Schreib- oder Übertragungsfehler; korrekt müsste es IV./EJG 2 heißen.

12

Nur auf dem Reissbrett

Deltaflügler als Ableitungen der Me 163

Mitte 1941 führten die Arbeiten Alexander Lippischs (Mitte, in DLV-Uniform) an strahl- und raketengetriebenen Flugzeugen bei der Firma Messerschmitt nicht nur zu Meinungsverschiedenheiten und Zerwürfnissen zwischen ihm und Prof. Willy Messerschmitt (links), sondern auch zwischen der Abteilung L und dem Messerschmitt-Projektbüro unter Dipl.-Ing. Woldemar Voigt (rechts).

KURZ NACHDEM Alexander Lippisch im Januar 1939 bei der Messerschmitt AG in Augsburg angefangen hatte, begann die *Abteilung L* der Firma mit Projektstudien zu strahl- und raketengetriebenen Flugzeugen. Lippisch erinnerte sich nach dem Krieg: „Wir erhielten auch den Auftrag, uns mit einer Reihe Flugzeugentwürfe mit Strahltriebwerken zu beschäftigen, die sich damals gerade im Entwicklungsstadium befanden." Freilich räumte man diesen Projekten weit weniger Priorität als der Me 163 ein, deren Entwicklung damals unter der Bezeichnung „Projekt X" lief. Ab Mitte 1941 war allerdings eine Zunahme entsprechender Projekte bei der *Abteilung L* zu beobachten. Diese Arbeiten führten nicht nur zu Meinungsverschiedenheiten und persönlichen Differenzen zwischen Prof. Willy Messerschmitt und Alexander Lippisch, sondern auch zwischen dem Messerschmitt-Projektbüro unter Dipl.-Ing. Woldemar Voigt und der Abteilung L. Ruhe trat erst wieder ein, als Lippisch die Firma im April 1943 verließ.

Bei fast allen frühen Strahlflugzeug-Projekten handelte es sich um schwanzlose Typen mit Profilen ähnlich der Me 163, die statt eines Raketen- ein Strahltriebwerk erhielten. Vielleicht lag dies an der nur kurzen Höchstflugdauer der Me 163, was man schon damals wusste, oder es ging vielleicht wie bei anderen Flugzeugherstellern darum, den Einbau von Strahltriebwerken zu studieren und deren Auswirkungen auf die Flugleistung zu erforschen. 1940 und 1941 erschienen dann Entwürfe mit Mischantrieb (Raketen- plus Strahltriebwerk) oder reinem Raketenantrieb. Ende 1941 zog man dann größere Nurflügler mit Luftschrauben in Betracht. Diese Projekte sorgten erneut für Spannungen zwischen den rivalisierenden Projektbüros und es gab eine umfangreiche, wenn auch in gewisser Weise fruchtlose Untersuchung der Vorzüge von Flugzeugen mit und ohne Schwanz.

Lippisch beschäftigte sich nach seinem Abgang bei Messerschmitt weiter mit Nurflügel-Konstruktionen, wobei er der Firma weiterhin als Berater in Sachen Entwicklung Me 163 zur Verfügung stand. Den Projekten, die er in Wien verfolgte, teilte er fortlaufende Nummern der bei der *Abteilung L* begonnenen Entwürfe zu. Dies sorgte bei einigen Luftfahrthistorikern für Verwirrung, zumal auch das Messerschmitt-Projektbüro nach Übernahme der *Abteilung L* bei Nurflügel-Projekten mit dieser Nummerierung fortfuhr. So kam es, dass unterschiedliche Entwürfe die gleichen Nummern tragen.

Nachdem die Junkers Flugzeug- und Motorenwerke in Dessau die Fertigung der Me 163 B übernommen hatten, stellte die Firma Untersuchungen über verschiedene Konstruktionsmerkmale der Me 163 an mit dem Ziel, die bei der Erprobung beim EKdo 16 zu Tage getretene Nachteile auszubügeln und die begrenzte Einsatzdauer der Me 163 zu erhöhen. Die dem RLM vorgelegten Berichte mündeten im Konstruktionsauftrag für die Ju 248, die nach Einspruch Messerschmitts die Bezeichnung Me 263 erhielt. Ende 1944 wandte sich Junkers unter der Projektbezeichnung EF 127 „Walli" erneut der Konstruktion eines Objektschutzjägers mit Raketenantrieb zu.

Lippisch-Entwürfe

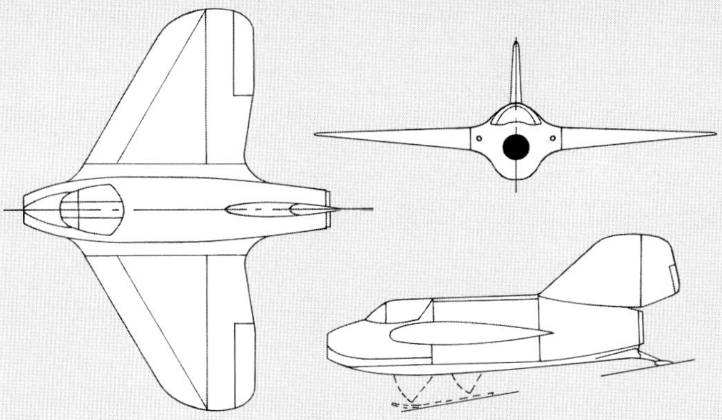

Projekt Nr. P.01-116 (Zeichnung vom 20. Dezember 1939)
Die Projektnummer wurde im Juni 1941 auch für einen anderen Entwurf verwendet (siehe unten rechts). Strahljäger mit Lufteinlauf im Bug und zwei MG 151 in den Flächenwurzeln. Spannweite: 10,60 m, Länge: 6,80 m

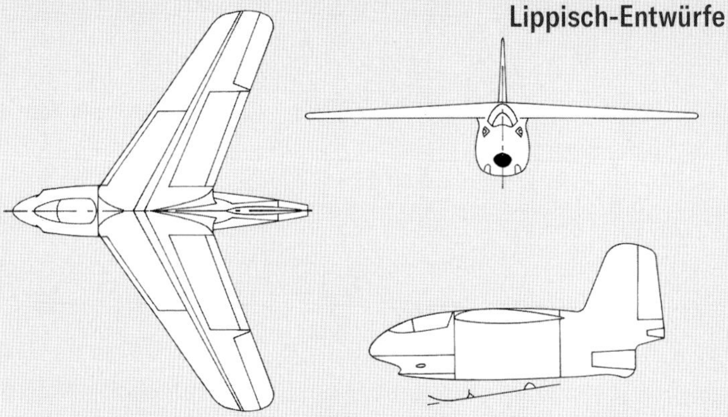

Projekt Nr. P.01-113 (Zeichnung vom 17. Juli 1940)
Jäger mit Mischantrieb Strahltriebwerk BMW P.3302 und Raketentriebwerk BMW P.3304. Bewaffnung zwei MK 103 im Bug rechts und links des Lufteinlaufs. Spannweite: 9,00 m, Länge 6,75 m

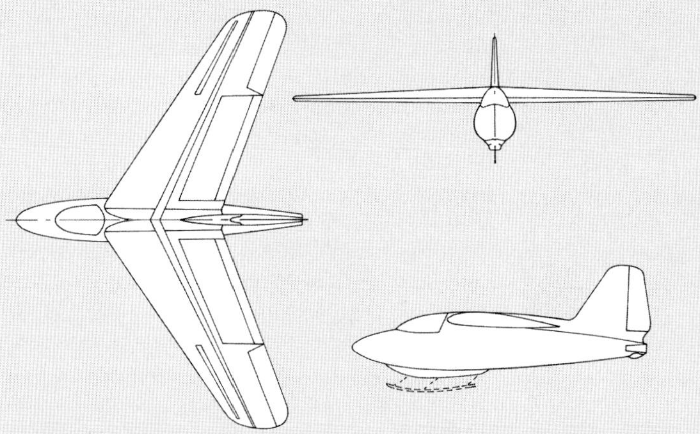

Projekt Nr. P.01-114 (Zeichnung vom 19. Juli 1940)
Hockdecker-Forschungsflugzeug mit einem Raketentriebwerk BMW 109-510. Spannweite: 9,00 m, Länge: 6,30 m

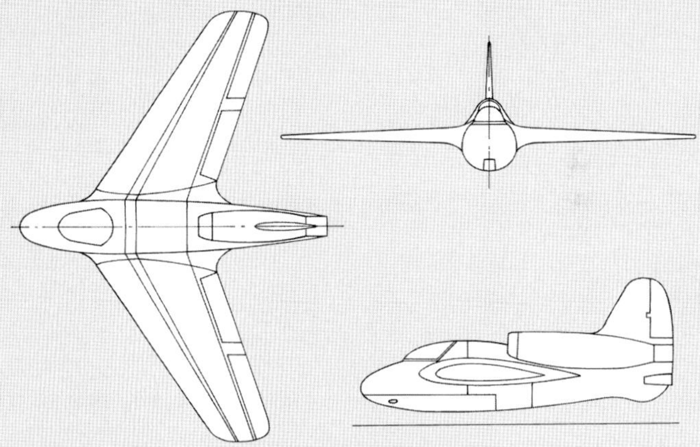

Projekt Nr. P.01-115 (Zeichnung vom 2. Juli 1940)
Jäger mit Mischantrieb Strahltriebwerk BMW 003 hinten über Raketentriebwerk BMW 109-510. Bewaffnung zwei MK 103 im Bug. Spannweite: 9,00 m, Länge 6,75 m

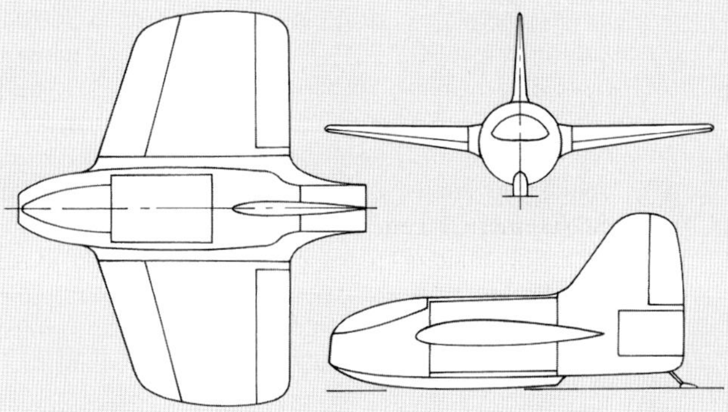

Projekt Nr. P.01-116 (Zeichnung vom 13. April 1939)
Projektstudie eines unbewaffneten Flugzeugs mit Strahltriebwerk und Lufteinlauf im Bug, kurz nachdem Lippisch bei Messerschmitt angefangen hatte. Spannweite: 6,00 m, Länge 5,42 m

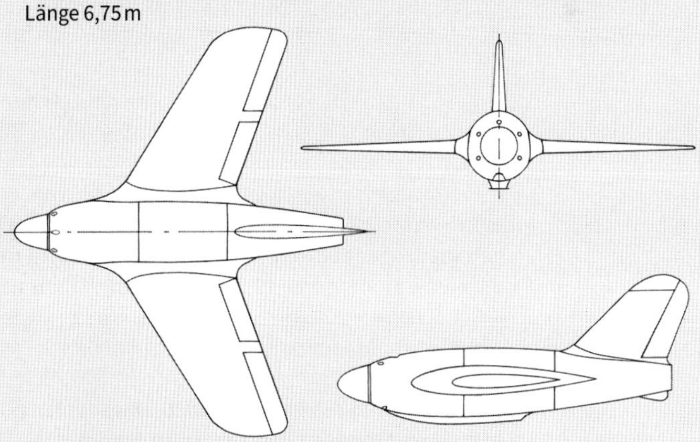

Projekt Nr. P.01-116 (Zeichnung vom 12. Juni 1941)
Jäger mit Lufteinlauf und Mischantrieb Strahltriebwerk BMW 003 und Raketentriebwerk BMW 109-510. Bewaffnung zwei MG 151 und zwei MG 151 im Bug unterhalb der Kanzel. Spannweite: 9,00 m, Länge 7,06 m

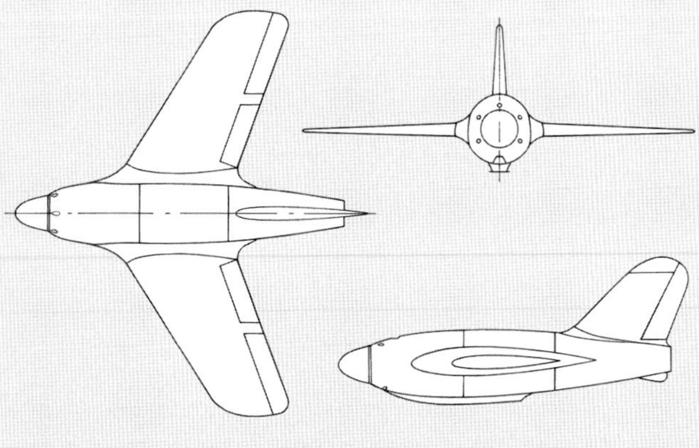

Projekt Nr. P.01-117 (Zeichnung vom 22. Juli 1941)
Jäger mit Raketentriebwerk BMW 109-510; Pilot liegend untergebracht. Bewaffnung zwei MG 151 und vier MG 131 um die Kanzel herum. Spannweite: 9,00 m, Länge 7,65 m

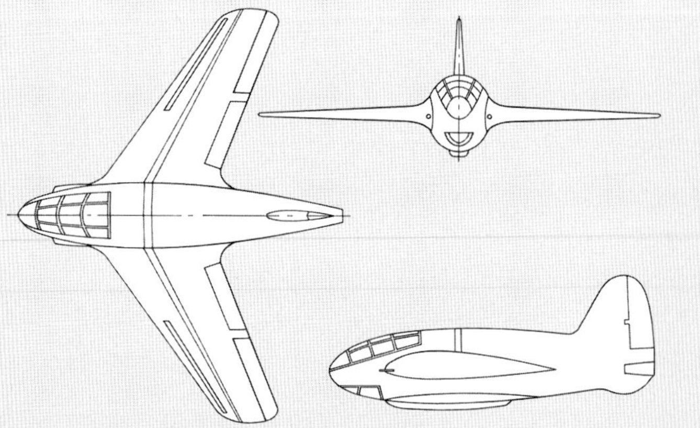

Projekt Nr. P.01-118 (Zeichnung vom 3. August 1941)
Jäger mit Raketentriebwerk und zwei MK 108. Spannweite: 9,00 m, Länge 7,20 m

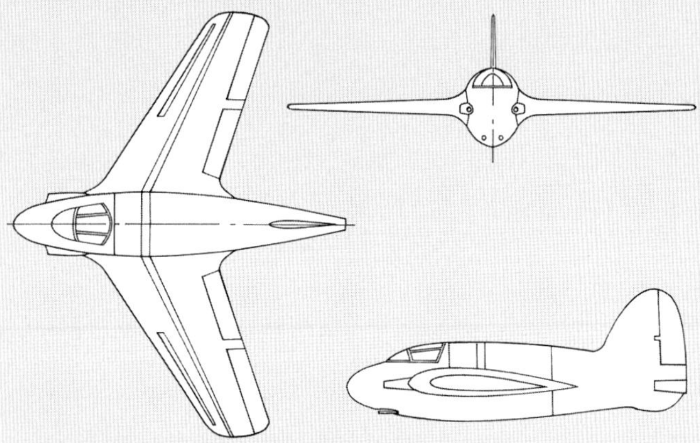

Projekt Nr. P.01-119 (Zeichnung vom 4. August 1941)
Variante von P.01-118 mit druckbelüfteter Kanzel. Bewaffnung vier MG 151: zwei unter Kanzel und zwei in Flächenwurzeln. Spannweite: 9,00 m, Länge 7,20 m

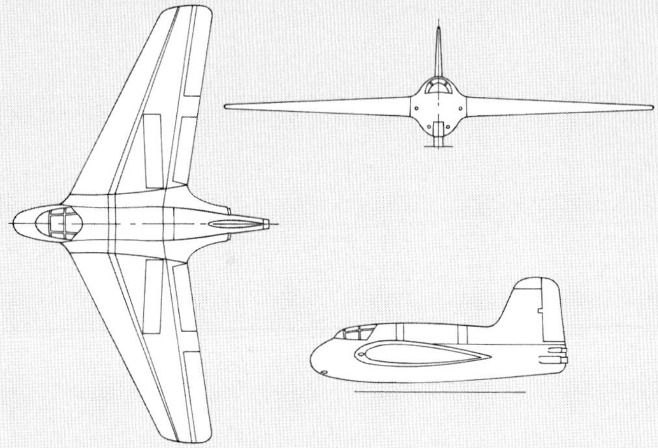

Projekt Nr. P.05 (August 1942)
Jäger mit zwei nebeneinander liegenden Raketen im Schwanz. Bewaffnung vier MG 151. Spannweite: 12,00 m, Länge 7,40 m

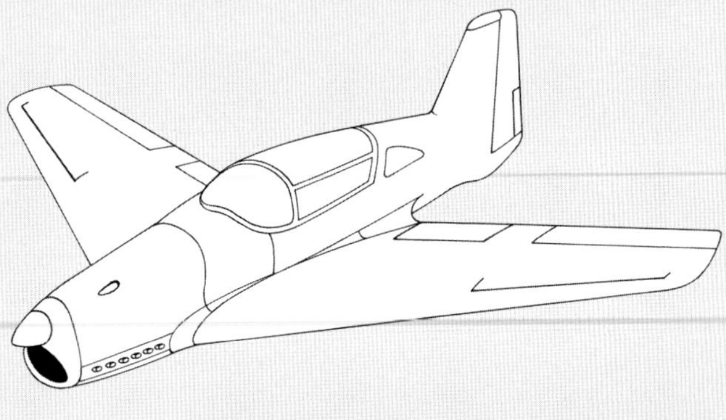

Projekt Nr. P.06-102 (Zeichnung vom 15. Januar 1941)
Begonnen im November 1940. Einsitziges Schulflugzeug mit 450-PS-Argus-Motor As 410 A zur Schulung von Me 163-Piloten. Bewaffnung ein MG 17 über dem Motor. Spannweite: 11,00 m, Länge 6,47 m, Leermasse 1147 kg, Startmasse 1564 kg,

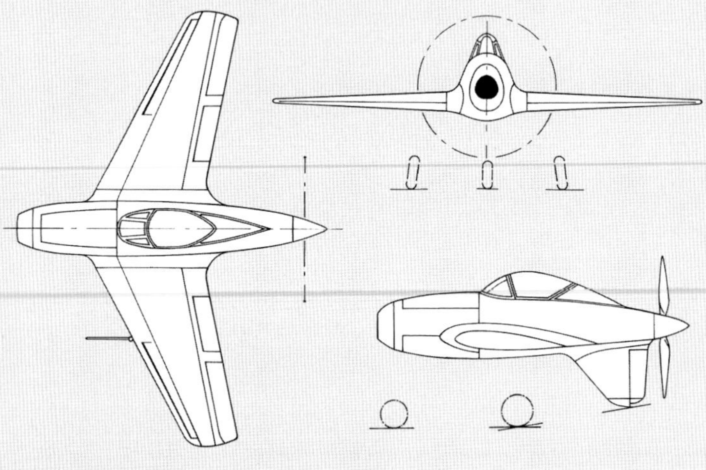

Projekt Nr. P.07-101 (Zeichnung von 1942)
Jäger(?) mit Daimler-Benz-Motor DB 601 und Druckschraube. Originalzeichnung ohne Bewaffnung. Spannweite: 9,30 m, Länge 6,80 m

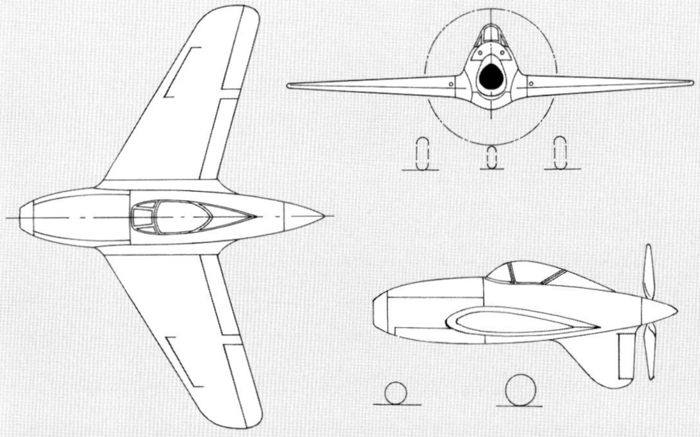

Projekt Nr. P.07-102 (Zeichnung von 1942)
Jäger mit Daimler-Benz-Motor DB 601 und Druckschraube. Bewaffnung vier MG: zwei im Bug und zwei in den Flächenwurzeln. Spannweite: 10,16 m, Länge 7,68 m

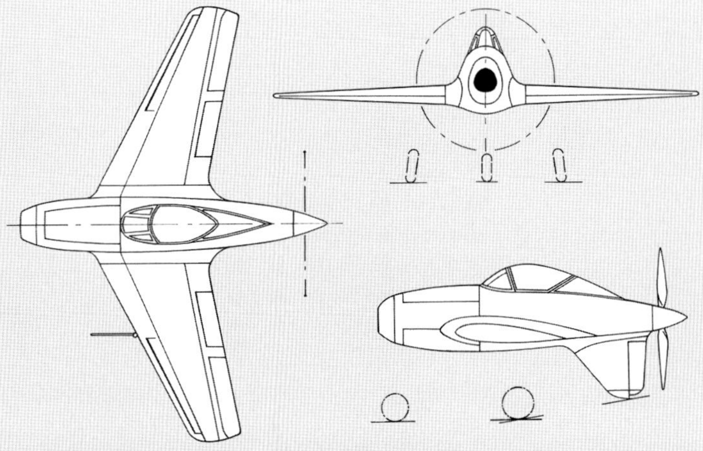

Projekt Nr. P.07-103 (Zeichnung von 1942)
Wie P.07-101, aber mit Daimler-Benz-Motor DB 610. Spannweite: 9,30 m, Länge 7,00 m

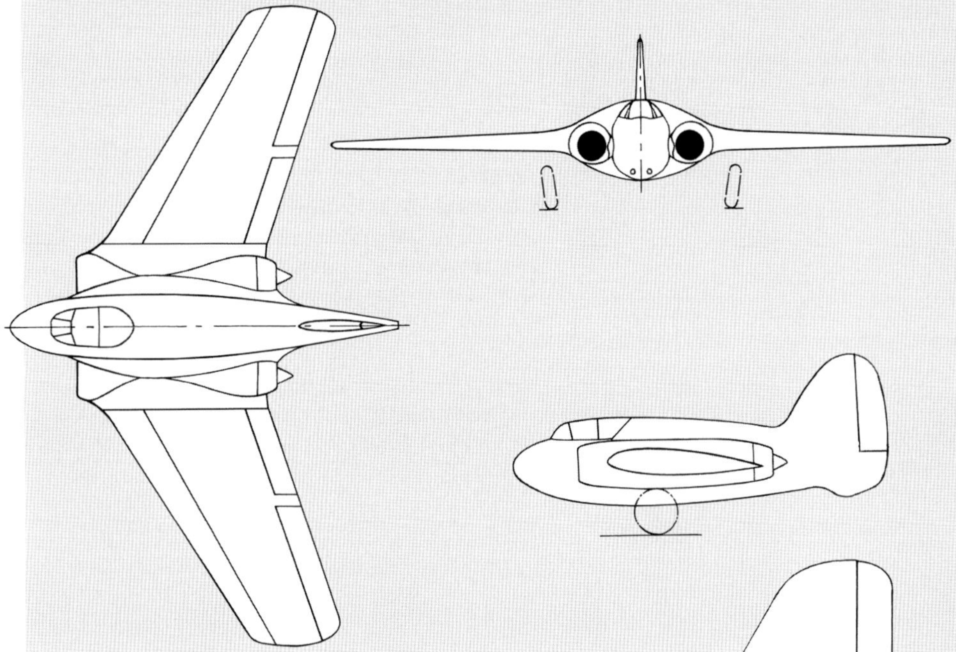

Projekt Nr. P.09 (Zeichnung von November 1941)
Einsitziger Schnellbomber mit zwei Strahltriebwerken Heinkel He S 011. Bewaffnung zwei MG 213 unter Kanzel plus Bombenlast. Spannweite: 11,60 m, Länge 7,10 m. Verwirrender Weise wurde eine Variante des Entwurfs mit nach hinten feuernden Zwillings-MG als P.10 bezeichnet.

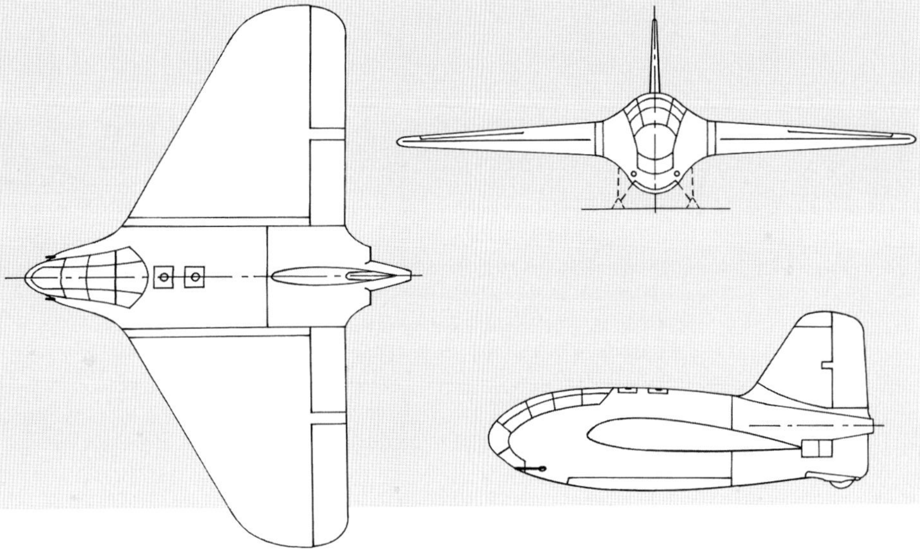

Projekt Nr. P.09 (Zeichnung vom Mai 1942)
Einsitziger Schnellbomber mit einziehbarem Kufenfahrgestell und zwei Walter-Raketentriebwerken zu je 1500 kg Schub. Erhielt trotz großer Unterschiede die gleiche Projektnummer wie obiger Entwurf vom November 1941. Spannweite: 10,00 m, Länge 7,40 m.

Projekt Nr. P.10
(Zeichnung vom Mai 1942)
Sturzbomber mit Daimler-Benz-Motor DB 606 und Druckschraube sowie nach vorn einziehendem Hauptfahrwerk. Bewaffnung eine im Vorderrumpf untergebrachte Bombe.
Spannweite: 16,00 m, Länge 9,85 m.

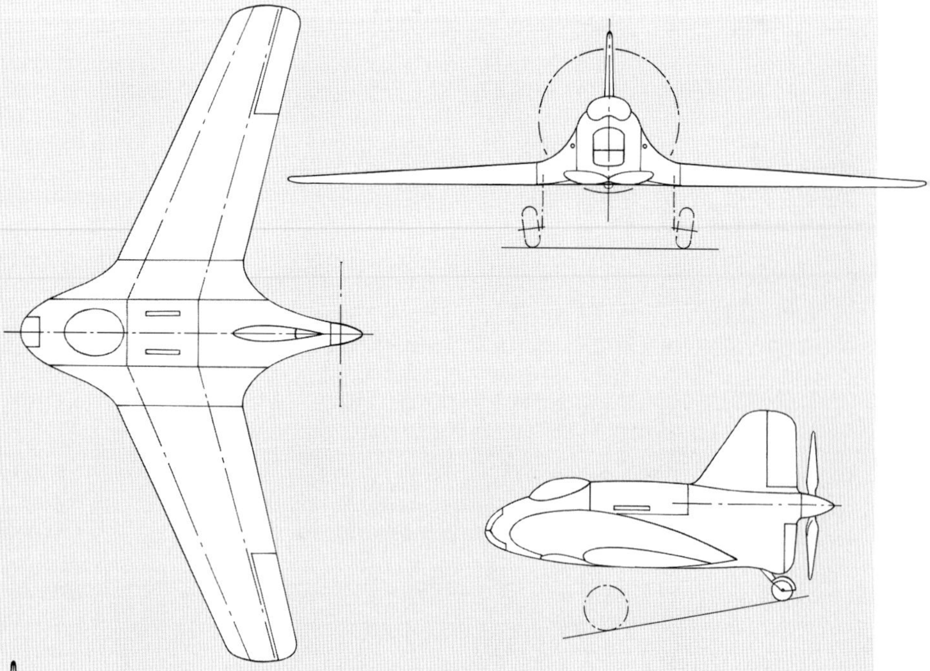

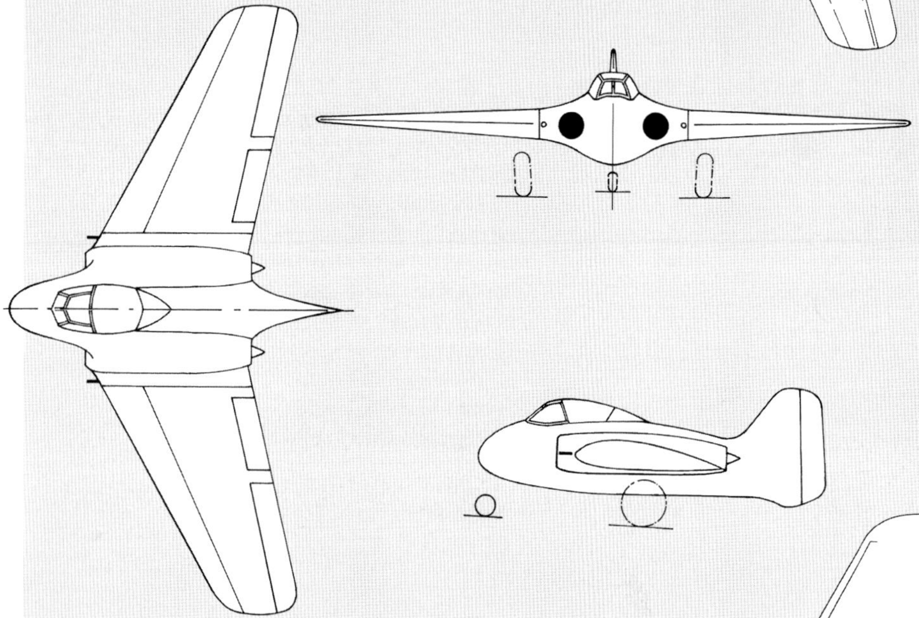

Projekt Nr. P.11
(Zeichnung vom 2. Dezember 1942)
Zweisitziger Schnellbomber mit zwei Strahltriebwerken Jumo 004 B zu je 1010 kg Schub sowie zwei Feststoff-Starthilfsraketen zu je 1000 kg Schub. Dreibein-Fahrwerk. Bewaffnung eine 1000 kg-Bombe in innerem Schacht und je ein MG in Flächenwurzeln.
Spannweite: 10,60 m, Länge 6,80 m.
Leermasse 3690 kg, übliche Startmasse 9500 kg.

Projekt Nr. P.12
(Zeichnung vom September 1942)
Einsitziger Jäger mit zwei übereinander angeordneten Strahltriebwerken.
Bewaffnung zwei MG 151 in Flächenwurzeln. Spannweite: 16,10 m, Länge 9,60 m.

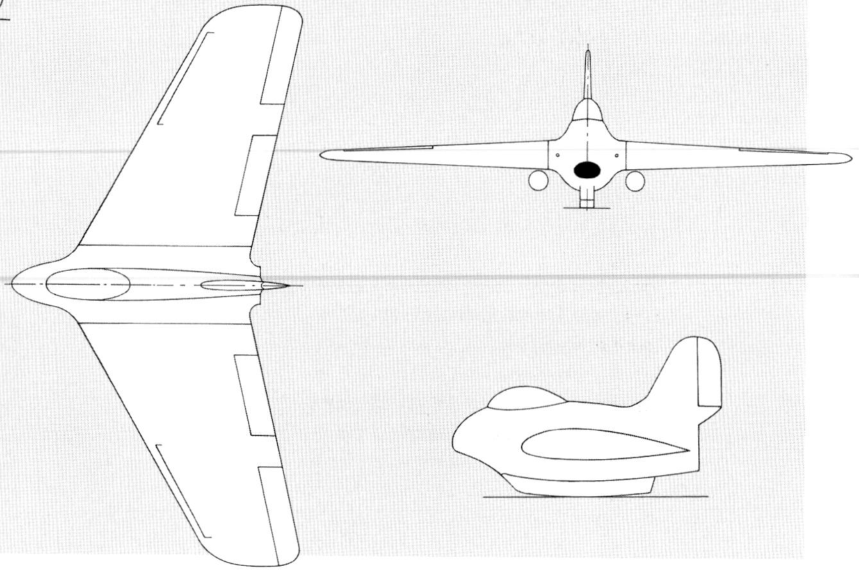

Oberfeldwebel Otto Krutsch 1944 vor einer Me 163.

Oberfeldwebel Otto Krutsch

Otto Krutsch erreichte nie den Bekanntheitsgrad Alexander Lippischs oder der Brüder Horten, trat aber ebenfalls als Konstrukteur eines Deltaflüglers in Erscheinung – obwohl er weder Flugzeugbau noch Aerodynamik studiert hatte.

Er erblickte am 28. Juli 1914 in Düsseldorf das Licht der Welt. 1929–1932 erlernte er den Beruf des Flugzeugbauers bei der Firma Espenlaub Flugzeugbau in Düsseldorf und arbeitete dort bis 1934 als Geselle. Hier baute er seine ersten Flugmodelle, die die Firma Espenlaub vertrieb. „Espe“ hatte nichts dagegen, dass sich Otto in der Freizeit beim Düsseldorfer Ortsverein des Deutschen Luftsport-Verbandes (DLV) zum Segelflieger ausbilden ließ. 1935 schloss sich die Ausbildung zum Motorflugzeugführer an den DLV-Schulen Krefeld und Düsseldorf an, die der Luftgaureserve XII in Essen unterstanden. Als Krutsch seinen Motorflugschein in der Tasche hatte, forderte dass Wehrbezirkskommando Münster Otto Krutsch auf, sich viereinhalb Jahre freiwillig zur Luftwaffe zu verpflichten – andernfalls würde ihm die Pilotenlizenz entzogen! Derart unter Druck gesetzt, verpflichtete sich Otto Krutsch im November 1935 zum Dienst in der Luftwaffe. Nach der militärischen Grundausbildung kam er als Flugzeugführer nach Kassel und danach von Juni bis September 1936 zur Aufklärungsgruppe 14 ins pommersche Stargard. Dort versuchten Vorgesetzte den offensichtlich herausragenden Piloten für zwölf Jahre zur Luftwaffe zu verpflichten. Krutsch lehnte mehrmals ab; er hatte andere Pläne. Seine Weigerung brachte ihm Schwierigkeiten und sogar Arrest ein, er durfte nicht mehr fliegen und auch mit Einschränkungen bei Beförderungen (mit entsprechenden Soldeinbußen) hatte er zu rechnen. Schließlich unterschrieb er die Verpflichtung auf 12 Jahre Dienst. (Die Beförderung zum Gefreiten erfolgte am 1. Juli 1936, zum Obergefreiten am 1. Oktober 1937, zum Unteroffizier am 1. Dezember 1937, zum Feldwebel am 1. Oktober 1942 und zum Oberfeldwebel am 1. Januar 1944).

Von Januar 1937 bis Mai 1939 diente Unteroffizier Krutsch bei der Aufklärungsgruppe 12 in Münster. Nach Besuch der Flugzeugführerschule (FFS) C7 in Celle und der FFS in Finsterwalde erhielt er den C2-Schein. Danach durchlief er bis März 1940 die Blindflugschule Wien-Aspen und eine Zusatzausbildung bei einer Ergänzungskampfgruppe.

Von März 1940 bis 30. Mai 1942 war er an der Fliegerschule der Luftwaffe (Segelflug) in Braunschweig tätig. Er führte Schleppversuche wie z. B. Starrschlepp, Nachtschleppflüge, Seillängen-Erprobung und Dreierschlepp durch.

Am 3. Mai 1940 wurde er mit einer Ju 52 (H4+IK) nach Hildesheim kommandiert. Dort meldete er sich befehlsgemäß bei der *Sturmabteilung Koch*, die sich zum später legendär gewordenen Angriff auf das belgische Sperrfort Eben-Emael und die Brücken über den Albert-Kanal bereitstellte. Am 10. Mai war es so weit und die *Sturmabteilung Koch* erfüllte ihren waghalsigen Auftrag mit äußerster Kühnheit. Otto Krutsch hatte dabei den Auftrag, als Ablenkungsmanöver mit seiner Ju 52 Fallschirm-Puppen über Lüttich abzuwerfen. Danach landete er in Köln-Ostheim, um unmittelbar einen neuen Auftrag zu erhalten: Bei einer der für Eben-Emael bestimmten DFS 230 war das Schleppseil gerissen – ausgerechnet in diesem Lastensegler saß Oberleutnant Rudolf Witzig als Führer der auf das Fort angesetzten Sturmgruppe „Granit“. Der Lastensegler war auf einer Rheinwiese bei Köln niedergegangen, wo Krutsch mit seiner Ju 52 um 07.45 Uhr landete. Nach Anbringung eines neuen Schleppseils erfolgte der Start um 08.10 Uhr. Krutsch konnte die DFS 230 nach Erreichen der vorgegebenen Höhe Punkt 08.55 Uhr ausklinken. Nach Abschluss des Unternehmens überreichte ihm Oberleutnant Witzig als spontanes Zeichen der Anerkennung sein EK II. Witzig hatte offensichtlich nicht mit dem Amtsschimmel gerechnet, denn in Braunschweig fragte man Krutsch nach der Verleihungsurkunde, die er natürlich nicht vorweisen konnte. Ein Brief Witzigs brachte die Sache wieder ins Lot. Außer Krutsch nahmen auch die späteren Angehörigen des EKdo 16 und des JG 400 Wilhelm Fulda, Rudolf Opitz und Heinz Schubert am Handstreich auf Eben-Emael und die Brücken am Albert-Kanal teil.

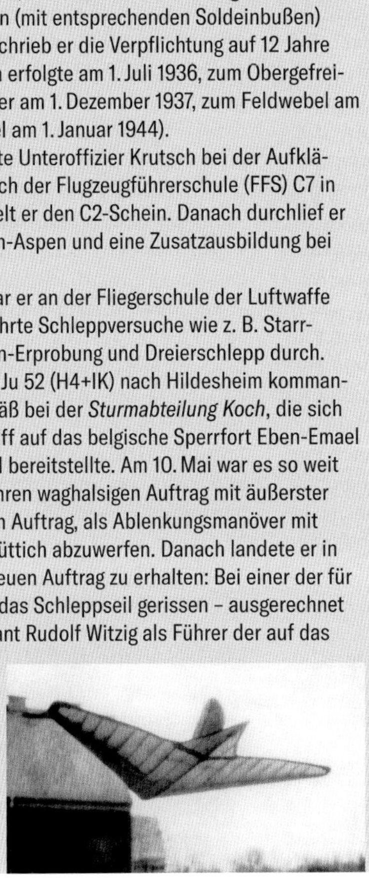

Das wie in seinem Patent beschriebene Modell des schwanzlosen Flugzeuges.

Im Juni 1942 kam Krutsch als Ausbilder von Lastenseglerpiloten zur Ergänzungsgruppe (S) 1 nach Langendiebach, um am 20. Juni schließlich als Luftfahrtsachverständiger für Lastensegler zur Ergänzungsstaffel des StG 2 „Immelmann“ nach Graz versetzt zu werden. Seine Aufgabe in der von einem gewissen Oberleutnant Hans-Ulrich Rudel geführten Ergänzungsstaffel war es, Verfahren zum Geräte- und Materialtransport mit DFS 230 zu entwickeln (zur raschen Verlegungen im Schlepp von Ju 87). Mit dem StG 2 verlegte Krutsch dann nach Sarabus auf der Krim, um ab dem 20. April 1943 als Gruppenfluglehrer an die Lastenseglerschule in Wertheim beordert zu werden. Es folgte eine Verwendung als Stabskurier (Dornier Do 17 Z) bei der III./SG 1.

Im April 1944 erfolgte die Überstellung zum EKdo 16 in Bad Zwischenahn und später zum JG 400 nach Brandis, wo er in die Waffenerprobung eingebunden wurde. Aufgrund seiner tiefgehenden Erfahrungen schlug Otto Krutsch den Bau eines der Me 163 ähnlichen Jägers mit Mischantrieb vor – Raketentriebwerk HWK 109-509 kombiniert mit Strahlturbine Junkers 004 B. Ing. Beushausen von der Junkers-Abteilung 700 in Brandis rechnete den Entwurf durch und leitete das Projekt dann an die Firma Horten zur weiteren Verfolgung weiter. Zu einer Bauausführung ist es nicht mehr gekommen. Als im April 1945 US-Truppen auf Leipzig vorrückten, überführte Oberfeldwebel Krutsch eine Bf 110 nach Prag-Rusin, wo er mit einer Me 262 Einsätze zu fliegen hoffte, wofür er allerdings keine Erlaubnis erhielt. Er schloss sich einem Jäger-Truppenteil an, der zum Flugplatz Bad Aibling flog. Am 3. Mai löste sich die Einheit auf und kurz darauf schnappten ihn die Amerikaner. Nach kurzer Gefangenschaft hielt er sich bis 1955 mit dem Bau und Vertrieb von Spielwaren und Gebrauchsartikeln über Wasser. 1955 erhielt er eine Anstellung als Stationsmechaniker bei der *British European Airways* (BEA) bzw. der Flughafenbetriebsgesellschaft mbH Düsseldorf-Lohausen und 1962 bei der Bölkow-Entwicklung KG in Laupheim als Kontrollmeister in der Flugzeugfertigung. 1965 erhielt Otto Krutsch einen Vertrag des ägyptischen Flugzeugherstellers Helwan. Bis 1968 arbeitete er im Flugzeugwerk der *Egyptian General Aero Organisation* (EGAO) in Helwan bei Kairo; zuständig für die Qualitätskontrolle und Abnahme von Flugwerk-Systemen und der Ausrüstung im Versuchsmusterbau des Mach-2-Jägers HA 300. 1968 wechselte er als Wartungsingenieur im Kontrolldienst zur *Saudi Arabia Airline*. 1971 kehrte er heim nach Deutschland, wo er bei Dornier in Oberpfaffenhofen bis 1980 als Sachbearbeiter in der Planung technischer Abläufe tätig war.

Nach einem Aufenthalt in einer Starnberger Klinik, wo er an einer Lungenentzündung erkrankte, starb Otto Krutsch am 13. September 1991 im Alter von 77 Jahren in Riederau am Ammersee.

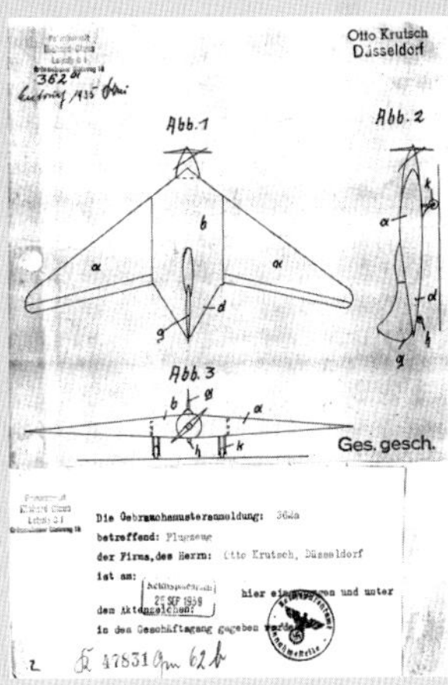

Für den Entwurf eines motorisierten Deltaflüglers – hier die Übersichtszeichnung der Gebrauchsmusteranmeldung – erhielt Otto Krutsch im September 1939 ein Patent.

13

Deutliche Leistungssteigerung

Me 163 C, Me 163 D und Ju 248 (Me 263)

VERSUCHE ZUR Leistungssteigerung der Me 163 gab es schon Anfang 1941 und zogen sich bis Kriegsende hin. Noch bevor der Raketenjäger 1944 Einsatzreife erlangte, wusste das OKL sehr wohl um die kurze Einsatzreichweite und -dauer aufgrund des geringen Treibstoffvorrats. Aber auch andere Dinge ließen zu wünschen übrig. So bereitete das Kufenfahrgestell Probleme und galt als Mitursache für eine Anzahl tödlicher Unfälle bei Notlandungen, nachdem das Triebwerk ausgefallen war, es einen Flammabriss gegeben hatte oder wegen schwierigen Untergrunds. Das Kufenfahrgestell verkomplizierte des Weiteren den Umgang mit der Maschine am Boden und erforderte die Entwicklung von Spezialfahrzeugen und -gerät, um sie von einem Punkt des Flugplatzes zu einem anderen zu bringen.

Zur Erhöhung der begrenzten Einsatzreichweite und -dauer griff man zu einem Zusatzraketenantrieb, dem so genannten Marschofen. Dieser erzeugte zwar weniger Schub, verbrauchte aber auch weniger Treibstoff als das Haupttriebwerk. Eine Me 163 mit Marschofen brachte es auf zwölf Minuten Einsatzdauer, rund sechs Minuten mehr als die übliche Me 163 B. Diese Ausführung erhielt die Bezeichnung Me 163 C.[1]

Die Schwierigkeiten mit dem Kufenfahrgestell sollte ein Einziehfahrwerk aus der Welt schaffen. Damit Fahrwerk und ausreichend Treibstoff unterkamen, musste allerdings der Rumpf verlängert werden. Diese Maßnahme sowie der Einbau des Marschofens führten zur Konstruktion der Ju 248, die nach Einspruch Messerschmitts im Dezember 1944 die Bezeichnung Me 263 erhielt – das seit 1941 benutzte Bezeichnungsschema sollte mit Blick auf den Stammbaum des Typs unbedingt beibehalten werden. Der Zwischenprototyp hieß Me 163 D.

Me 163 C

Die Arbeiten an der Me 163 C begannen schon 1941 (noch bevor Lippisch 1943 die Messerschmitt AG verließ) und zogen sich zumindest bis ins Frühjahr 1943 hin. (1 – 3) Die Entscheidung der Firma Messerschmitt zum Bau der Me 163 C fiel erst im Juli 1943. (4) Zu diesem Zeitpunkt gab das Unternehmen eine Beschreibung des Typs heraus – ein Zeichen, dass das Muster eine fortgeschrittene Entwicklungsphase erreicht hatte. (5) Als Bewaffnung sollte die Me 163 C vier 3 cm MK 108 erhalten, zwei davon links und rechts des Flugzeugführers angeordnet, dazu eine druckbelüftete Kanzel mit so genanntem Blasendach ohne Verstrebung zur Verbesserung der Pilotensicht. Außerdem einen Treibstoffvorrat, der die Einsatzdauer bei 800 km/h in 15.000 m Höhe um vier Minuten verlängerte. Die Konstruktions- bzw. Bauzeichnungen hatte Messerschmitt nach Abschluss der Arbeiten an der Me 163 B zur Verfügung zu stellen. Als nächstes war Focke-Achgelis in Laupheim mit der Ausarbeitung baulicher Einzelheiten, dem Bau einer Attrappe sowie von vier Prototypen gefordert, wofür Messerschmitt Personal abstellte. Aufgrund fehlenden Platzes bei Focke-Achgelis und Mangel an Unterkünften erschienen die Messerschmitt-Fachleute allerdings erst im Dezember 1943. Die Arbeiten an der Me 163 C zogen sich dann weitere neun Monate hin und wurden dann eingestellt. Zu diesem Zeitpunkt hatte Junkers den Auftrag zur Übernahme der Fertigung der Me 163 B erhalten (vgl. Kapitel 4).

Noch während der Entwurfsarbeiten an der Me 163 C gab es verschiedene Untersuchungen zur Verlängerung der Stehzeit der Me 163 B. Die meisten betrafen die Verlängerung des Rumpfes zum Einbau größerer Treibstoffbehälter. Vom 26.–28. Oktober 1942 unterzog die Aerodynamische Versuchsanstalt (AVA) in Göttingen ein solches Modell Versuchen im Windkanal. (2) Die Me 163 C hatte dies in den zurückliegenden zwölf Monaten bei der AVA sowie der Deutschen Versuchsanstalt für Luftfahrt (DVL) in Berlin schon hinter sich gebracht. (3, 6) Junkers in Dessau unternahm derweil Versuche bezüglich des Anbaus von Flächen-Abwurftanks zur Erhöhung der Treibstoffkapazität sowie zur Verbesserung der Längsstabilität. Dazu zählten insbesondere vorwärtsgepfeilte Vorflügel am Bug, was strömungstechnisch aber keine Vorteile brachte. (7 – 9)

Me 163 D und Ju 248 (Me 263)

Kurz nachdem die Junkers Flugzeug- und Motorenwerke AG mit der Endentwicklung und Serienfertigung der Me 163 B beauftragt worden waren, ergriffen die Dessauer bereits Maßnahmen zur Verbesserung und Weiterentwicklung des Typs. Am 11. Oktober 1944, einen Tag vor einer Sitzung in Berlin zu den bislang ergriffenen Maßnahmen, gab Junkers eine Beschreibung der vorgeschlagenen Ju 248 mit sämtlichen Verbesserun-

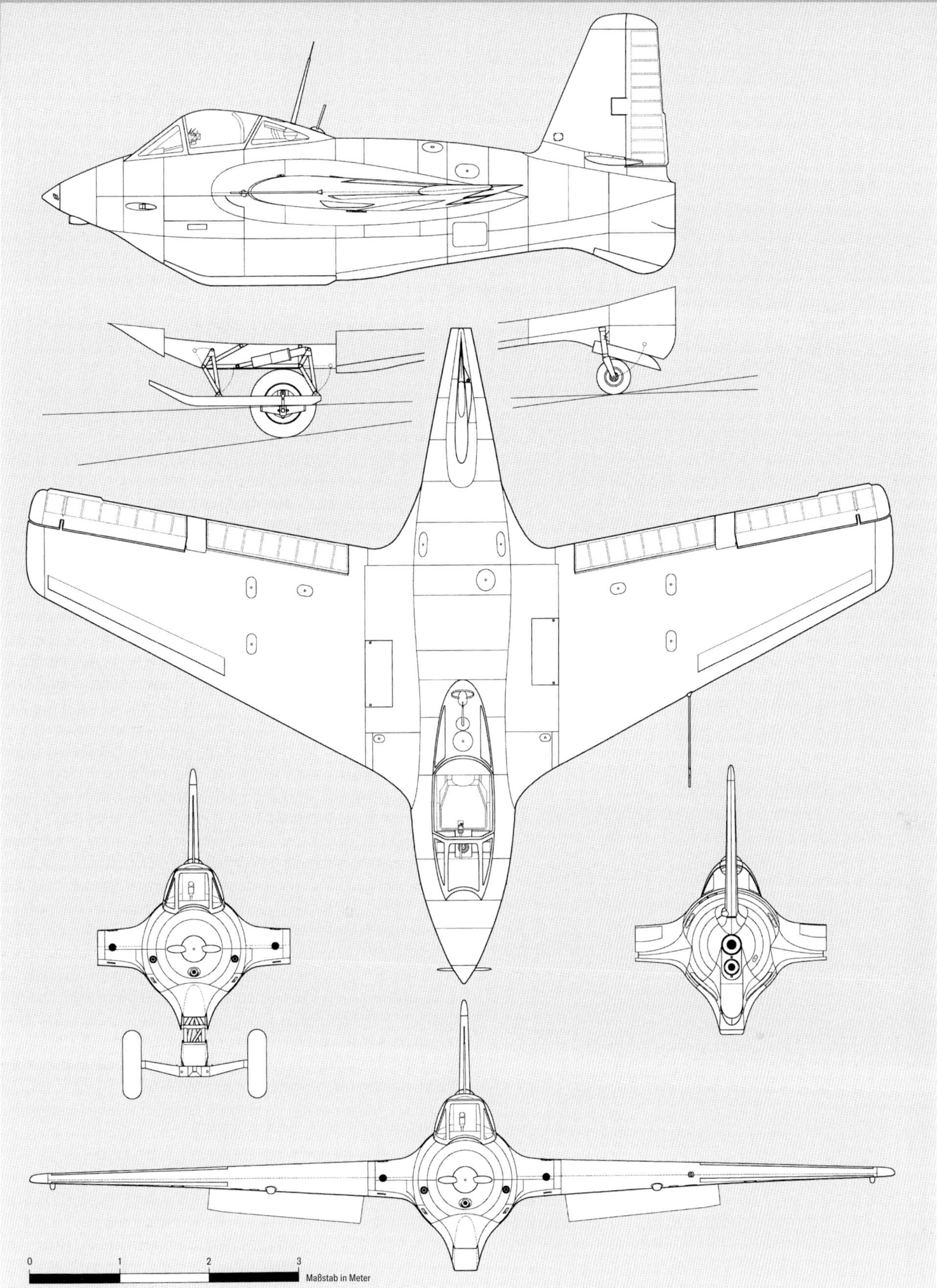

Me 163 C

gen heraus, einschließlich eines Vergleichs mit der Me 163 C. (10, 11)

Als Punkt 1 der Sitzung stand die Entwicklung der Ju 248 auf der Tagesordnung. Junkers-Direktor und -Chefingenieur Prof. Heinrich Hertel betonte, nach seiner Ansicht sei die Ju 248 eher aus der Me 163 B als aus der Me 163 C zu entwickeln. Das von Oberst Gollob vorgeschlagene Einziehfahrwerk würde so viele Änderungen an der Gesamtstruktur bedingen, dass der gesamte Rumpf neu konstruiert werden müsse. Deshalb betrachte er die Me 163 als Neukonstruktion. Die Ju 248 hingegen könne mit geringfügigen Änderungen Tragflächen und Leitwerk der Me 163 übernehmen, so dass nur etwa 60–70 % des Flugzeugs neu geschaffen werden müssten.

Hertel erklärte weiter, die durch die Änderungen gestiegene Startmasse bedinge keine längere Startstrecke als bei der Me 163, da man die Ju 248 mit einem stärkeren Raketentriebwerk ausrüsten werde. Dazu würde sich die Landegeschwindigkeit wegen der günstigeren Schwerpunktlage und in Folge besserer Ruderwirkung verringern. Obwohl die Konstruktion der Me 163 zu diesem Zeitpunkt so gut wie abgeschlossen war, gingen die Junkers-Leute von keinen zusätzlichen Verzögerungen bei der Ju 248 aus, zumal mit Ausnahme der Montagegestelle für die Prototypen noch keine Vorbereitungen zur Serienfertigung der Me 163 C getroffen seien. Trotz dieser schlüssigen Argumente kam der Hauptausschuss für Flugzeugentwicklung mehrheitlich überein, der Bau der Ju 248 bis zur Einsatzreife würde zu lange dauern. Dennoch sprach er sich für die Fertigung aus, da, wie der Einsatz der Me 163 B gezeigt hätte, selbst einzelne Flugzeuge von Nutzen wären.

Zur Behebung von Engstellen bei der Fertigung von Montagegestellen und Werkzeugen machte Generalstabsingenieur Roluf Lucht der Firma Junkers den Vorschlag, Fachleute abzustellen, allerdings nicht aus Bereichen, die mit der Fertigung der Me 262 zu tun hatten.

Hans-Joachim Pancherz (links) mit Major Erich Bloedorn, Kommodore des KG 30. Die Aufnahme entstand Ende 1941/Anfang 1942 bei Junkers in Dessau.

Hans-Joachim Pancherz

Hans-Joachim Pancherz kam am 14. April 1914 im oberschlesischen Beuthen zur Welt. Als Jungflieger trat er 1927 dem Beuthener Ortsverband des Deutschen Luftsport-Verbandes bei und erwarb in Steinberg die Segelflugscheine A, B und C. 1933–1935 durchlief er die Ausbildung zum Motorflieger in Gleiwitz, Breslau und an der Deutschen Verkehrsfliegerschule in Cottbus. 1935–1937 arbeitete er als ziviler Fluglehrer für Flugschulen in Würzburg, Kitzingen und Fürth sowie für die Luftkriegsschule Dresden. 1937–1938 flog er als Versuchspilot bei der Erprobungsstelle Rechlin, um dann als Verkehrspilot für die Fluggesellschaft SCADTA in Kolumbien tätig zu werden. 1940 kehrte er nach Deutschland zurück und arbeitete fortan für Junkers in Dessau als Versuchspilot. Nach Kriegsende holte ihn die *US Army* als Testpilot zur *Air Technical Intelligence Section* (Abteilung Fremdes Fluggerät des US-Heeres) nach Neubiberg, wo er bis 1946 blieb. Anfang der 1950er-Jahre wanderte nach Schweden aus, wo er 1952–1953 als Pilot für die *Ahrenberg Flyg* und von 1968 bis zur Pensionierung 1979 als Konstrukteur und Berater für die *SAAB Flygdivision* arbeitete. Hans-Joachim Pancherz starb am 4. Mai 2008 im Alter von 94 Jahren in Schweden.

Prof. Hertel führte aus, die Ju 248 V1 mit Rumpf-Zwischenlösung (Me 163 D) sei bis Anfang Dezember in flugfähigem Zustand und ein Prototyp mit Endrumpf (Ju 248) würde Ende Dezember „unter dem Christbaum liegen." Diese in greifbarer Nähe liegenden Fortschritte fachten die Diskussion weiter an und man stellte Überlegungen zur Machbarkeit an, die Ju 248 zur Verdoppelung der Einsatzdauer zusätzlich zum Walter-Raketen- mit einer Art Staustrahltriebwerk zu versehen. Die Erörterung endete mit der Forderung Luchts an Direktor Walter Schilo (BMW) von der Technischen Luftrüstung (TLR), Vertreter aller betreffenden Firmen zur weiteren Untersuchung der Frage an einen Tisch zu setzen. (Die Verfasser konnten das Ergebnis dieser Sitzung nicht in Erfahrung bringen).

Am 21. Oktober 1944 erhielt die Firma Junkers die schriftliche Ankündigung, sie erhalte den Vertrag zur Entwicklung der Ju 248 gemäß den am 12. Oktober festgelegten Richtlinien. (10, 12) Im selben Schreiben stand, die Arbeiten an der Me 163 C seien nun eingestellt und die vorhandenen Zellen könnten zur Gewinnung von Teilen kannibalisiert werden.

Nun begann Junkers nach dem Vorschlag Prof. Hertels mit den Arbeiten am Zwischentyp Me 163 D und ein flugfähiger Prototyp lag wahrscheinlich Anfang Dezember 1944 vor. In der Tat sollten zwei Me 163 B – die Me 163 BV13 und BV18 – auf diesen Standard gebracht werden. Die erste fanden die Amerikaner bei der Besetzung von Brandis am 16. April 1945 vor. Man weiß allerdings nicht, ob die Maschine bereits geflogen war und gewartet/instand gesetzt wurde, sich noch im Zustand des Zusammenbaus befand oder aber die Ereignisse der letzten Kriegswochen den Umbau an sich verhindert hatten. Letztmals wurde die BV13 in einem Bericht vom 4. Oktober 1944 erwähnt, worin von Beschädigungen durch Witterungseinflüsse die Rede war. (13) Mit der BV18 machte Junkers-Versuchspilot Hans-Joachim Pancherz jedenfalls am 3. November 1944 einen Flug aus eigener Kraft. Der nächste Hinweis auf die BV18 findet sich in einer Beschädigten-Meldung des EKdo 16 vom 6. Dezember. Der einzige schriftliche und zweifelsfreie Nachweis eines Fluges der BV18 als Prototyp der Me 163 D im Schlepp findet sich unter dem 23. Dezember 1944 im Flugbuch von Hans-Joachim Pancherz. In einem anderen Dokument ist allerdings vom Erstflug der BV18 als Me 163-Prototyp vor dem 4. Januar 1945 die Rede. (14) Möglicher Weise verzögerte auch ein bislang unbekannter Unfall den Erstflug. Die Modifikationen beider Zwischentypen bestanden lediglich aus dem Anbau zweier formschlüssiger Rumpfteile vor und hinter den Flügeln sowie eines Festfahrwerks. So weit feststellbar, erhielt keiner der beiden noch ein Raketentriebwerk.

Im Januar 1945 erhielt Junkers den Vertrag zur Serienfertigung der Ju 248; das Fertigungsprogramm firmierte unter der Tarnbezeichnung „Flunder" (die Serienfertigung der Me 163 B lief bei Junkers unter „Scholle"). Etwa zu selben Zeit erhielt die Erprobungsstelle der Luftwaffe in Karlshagen den Auftrag, ein Versuchsprogramm für die Me 263 aufzustellen. Federführend sollten Bernhard Hohmann und Hans Boye Flugerprobung und Triebwerkserprobung übernehmen. (15) Am 8. Februar 1945 unternahm Karl Wendt den Erstflug mit der Ju 248 V1 bei Junkers in Dessau. In der Schleppmaschine, einer Bf 110, saß Hans-Joachim Pancherz. Karl Wendt machte weitere Gleitflüge, dann übernahm Hans-Joachim Pancherz am 11. Febru-

Me 163 D

© A. L. Bentley 2003

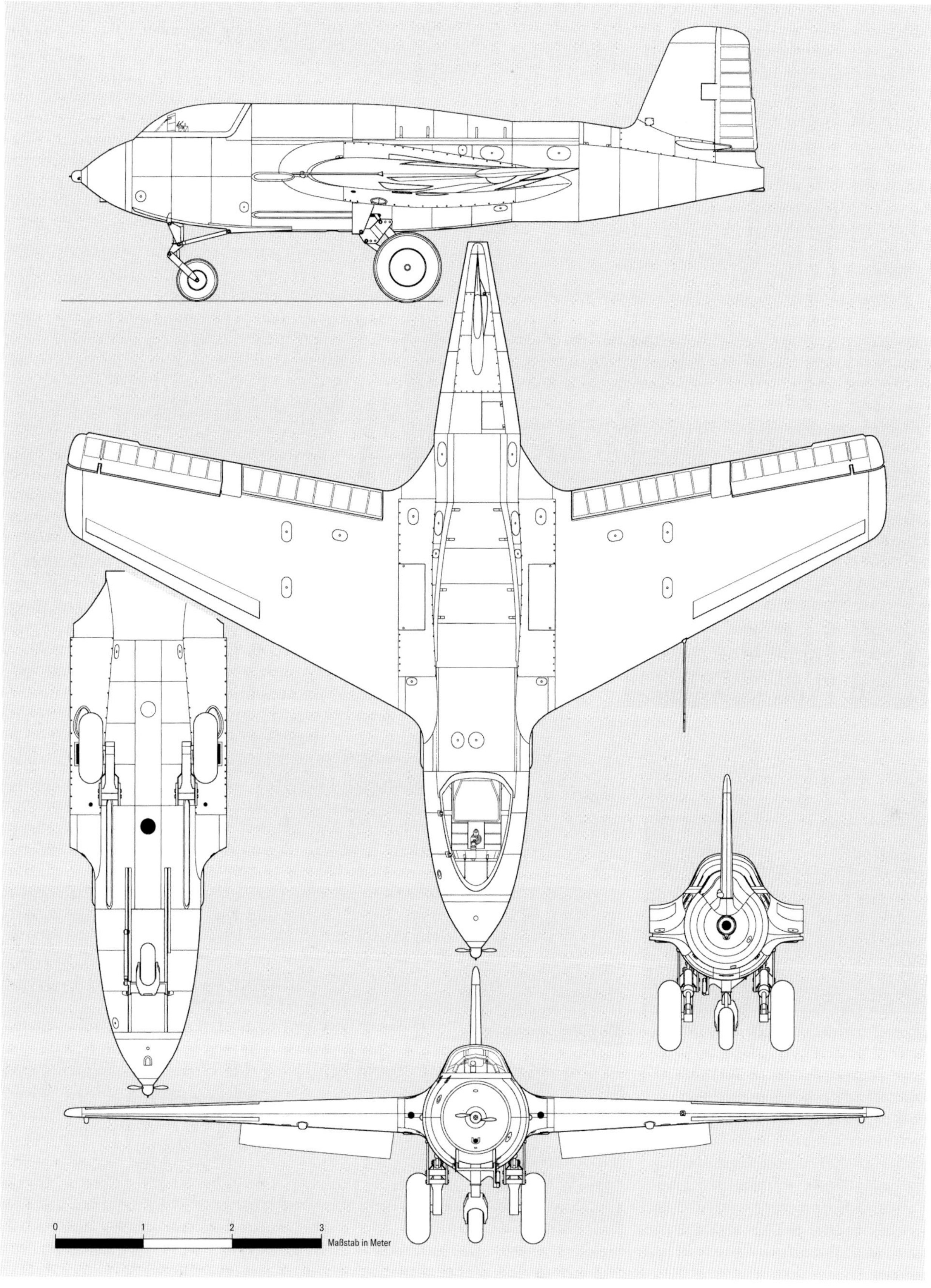

Rechts und rechts unten: Mit einem Modell der Ju 248 führte Junkers ab Oktober 1944 bis Januar 1945 mit zeitlichen Unterbrechungen Windkanalversuche durch. Die Ju 248 entstand auf Grundlage der Me 163 B, von der die Aerodynamische Versuchsanstalt (AVA) Göttingen ein Modell in ihrem Windkanal getestet und dieses Anfang September 1944 Junkers übergeben hatte.

Oben: Die auf der Me 163 BV18 (VA+SP) beruhende Me 163 D mit verlängertem Rumpf und Festfahrwerk. Letzteres ließ sich zum Feststellen der besten Positionierung manuell umsetzen. Die Rumpfverlängerung ergab sich durch Anbau formschlüssiger Zellenteile vor und hinter den Flügeln. Die Flugerprobung begann im Januar 1945, wobei nur noch Schleppversuche stattfanden. So weit bekannt, war die BV18 vor dem Umbau zur Me 163 D letztmals am 3. November 1944 geflogen.

In diesem Zustand fanden die Amerikaner die Me 163 BV 13 bei der Besetzung Brandis am 16. April 1945 vor. Wie die BV18 diente die BV13 als Zwischentyp für die Ju 248.

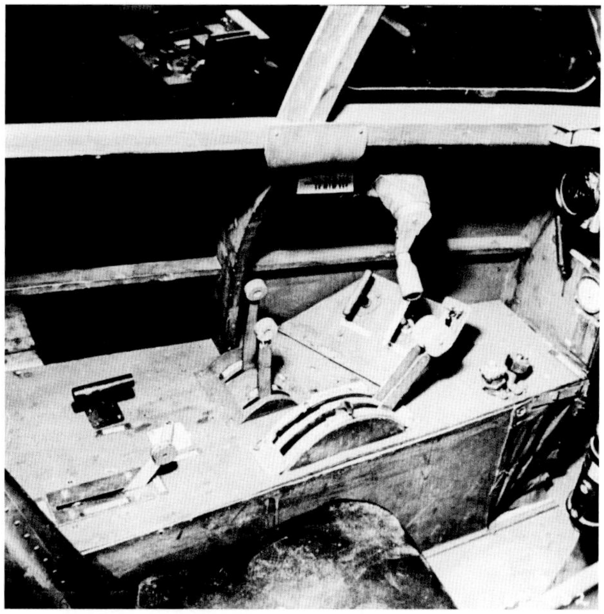

Die ziemlich echt wirkende Kanzelattrappe der Ju 248 nebst Instrumentierung mit gerade vorhandenen Teilen. Man beachte die ungewöhnliche Anordnung des Kompasses direkt vor dem Steuerknüppel. Unten links und rechts ein Blick in die Kanzel der Ju 248 V1. Die Aufnahmen entstanden Ende Januar/Anfang Februar 1945.

Oben und oben rechts: Ansichten der Ju-248-Attrappe. Das linke Foto entstand im Februar 1945 und das rechte nach der Besetzung von Brandis durch die Amerikaner am 16. April 1945. Den Doppelkreis und den US-Stern malte ein US-Soldat auf.

Rechts: Weitere Ansichten der Attrappe mit Flächenwurzel und Öffnung für die Bordkanone.

Rechts: Blick auf das Gestänge von Bugrad (links) und Hauptfahrwerk (rechts).

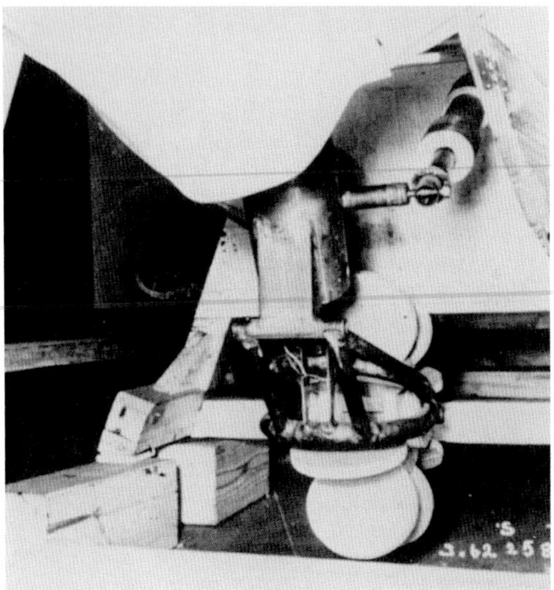

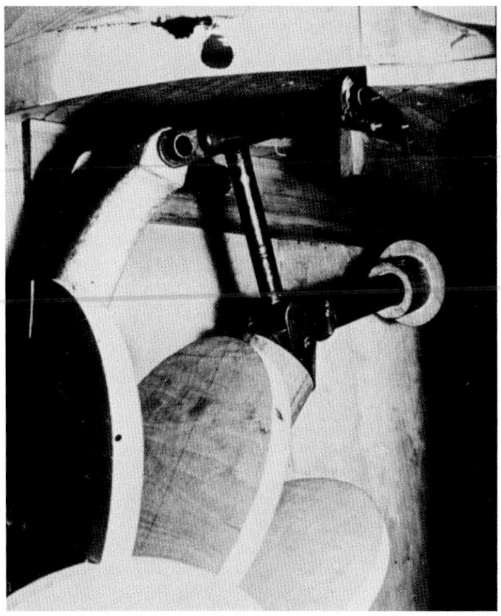

Aufnahmen von Rumpf und Flächenwurzeln der Ju 248 V1 während der Fertigung der Mustermaschine bei Junkers.

ar. Als er mit der Ju 248 V1 in 4000 m Höhe ausgeklinkt wurde, blieben ihm gerade einmal zwei Minuten für Versuche! Die Berichte von Wendt und Pancherz bezeugten eine Reihe von Schwierigkeiten mit der Steuerung, die meisten hatten mit dem Schwerpunkt sowie der Wirkung von Klappen, Seitenruder und kombiniertem Höhen- und Querruder zu tun. (16) Sie bekundeten die Möglichkeit einer Dreipunkt-Landung bei vorderem Schwerpunkt, vorausgesetzt die Piloten reagierten zügig auf die Flugbewegungen. Sie bemängelten jedoch, dass in Sachen Höhensteuerung das kombinierte Höhen- und Querruder dem Abkippen der Schnauze beim Ausfahren der Landeklappen kaum entgegenwirkte, was zu einem zu schnellen Sinken im Landeanflug führte. Obwohl sich ihrer Ansicht nach das Flugzeug mit weiter nach hinten verlagertem Schwerpunkt leichter fliegen ließ, empfahlen sie doch die Versetzung des Hauptfahrwerks noch weiter nach hinten, zumal das Flugzeug mit der bisherigen Schwerpunktlage beim Landen zum Aufsetzen mit dem Heck neigte. Diese Änderung ließ sich verhältnismäßig einfach bewerkstelligen, zumal die Konstruktion ohnehin Änderungen bzw. Ergänzungen am Hauptfahrwerk vorsah, um diesem Manko zu begegnen.

Des Weiteren trat bei den ersten Flügen ein zu starker Ausschlag des Seitenruders zutage, so dass das Flugzeug zum Gieren neigte. In dieser Fluglage sprachen aber die Querruder kaum noch an. Insofern verkürzte man den Seitenruderausschlag von 35° auf 20°.

Nach dem ersten Flug bemängelte Wendt die Charakteristik der Ölfederbeine des Hauptfahrwerks, denn beim Ausrollen nach der Landung schaukelte das Flugzeug über die Querachse hin und her. Dies bekam man nach Erhöhung der Landemasse von 1800 auf 2300 kg schnell in den Griff. Jetzt arbeiteten die Ölfederbeine sogar bei hartem Aufsetzen/Fall aus 5 m Höhe vorzüglich – in einer Me 163 B hätte sich der Flugzeugführer unweigerlich schwere Rückenverletzungen zugezogen. Zu einer solchen harten Landung kam es, als Pancherz erstmals den Bremsschirm einsetzte.

Die Anordnung der Kanzelinstrumente stieß ebenfalls auf Kritik. Beide Versuchspiloten fanden sie bescheuert, was sie bereits bei der Besichtigung der Attrappen-Kanzel geäußert hatten.

In der Zusammenfassung des Erprobungsberichts von Wendt und Pancherz hieß es: *„Der derzeitige Stand der Ju 248 V1 mit Festfahrwerk kommt den Vorstellungen recht nah. Für das Landen sollten der Massenschwerpunkt und mit ihm das Hauptfahrwerk leicht nach hinten versetzt werden, dies sollte aber erst nach Flügen mit eingebautem Triebwerk erfolgen. ... Die 248 ist ein ausgesprochen guter Ersatz für die Me 163 B, auch wenn sie noch nicht mit Raketentriebwerk gestartet und geflogen ist.“*

Die Tabelle auf Seite 359 listet die Erprobungsflüge von Wendt und Pancherz mit der Me 163 BV18 und der Ju 248 V1 in Brandis und Dessau auf. (17)

In Pancherz' Flugbuch sind vom 4. November 1944 bis 3. Februar 1945 weitere Schleppflüge mit der Bf 110 (PJ+LS) vermerkt – leider ohne Erwähnung der geschleppten Typen. Vermutlich flog er die Bf 110 für weitere Schleppflüge mit der Ju 248 V1 am 3. Februar 1945 von Brandis nach Dessau. Die kurzen Anmerkungen in seinem Flugbuch lassen den Schluss zu, dass die Flugerprobung von Me 163 D und Ju 248 V1 hauptsächlich Karl Wendt oblag (Gesamtflugzeit Ju 248 vor dem 19. Februar 207 Minuten; Pancherz notierte für sich 80 Minuten). Vom 8. bis zum 19. Februar 1945 absolvierte die Ju 248 insgesamt 13 Flüge.

Am 23. März 1945 berichtete Junkers vom Einbau des Raketentriebwerks in die erste Mustermaschine; ein fehlendes Teil sollte die Hellmuth Walter KG am 29. März liefern. (18) Vier

Ju 248 / Me 263

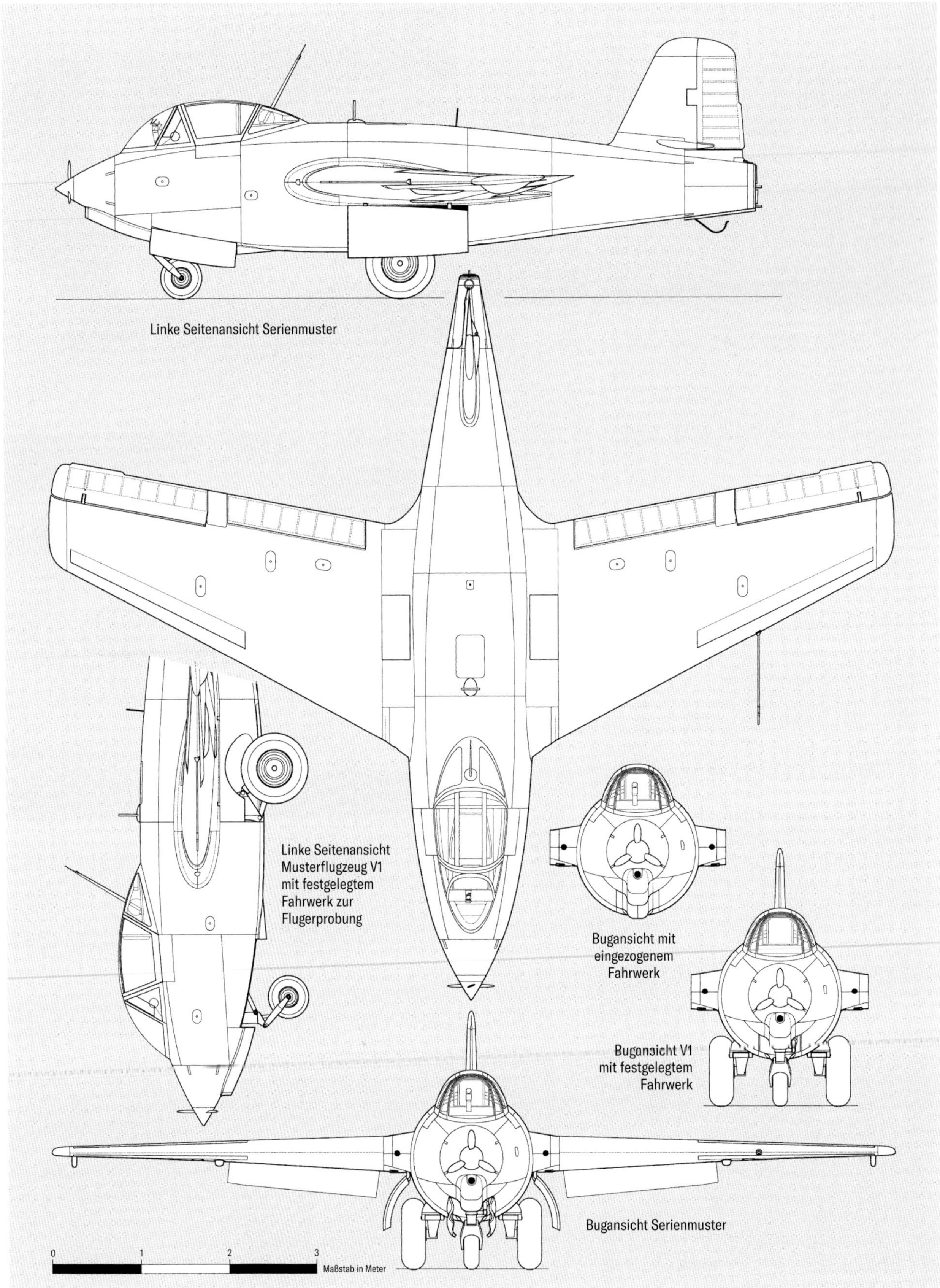
Linke Seitenansicht Serienmuster
Linke Seitenansicht Musterflugzeug V1 mit festgelegtem Fahrwerk zur Flugerprobung
Buganansicht mit eingezogenem Fahrwerk
Buganansicht V1 mit festgelegtem Fahrwerk
Buganansicht Serienmuster
0
1
2
3
Maßstab in Meter

Ju 248 / Me 263

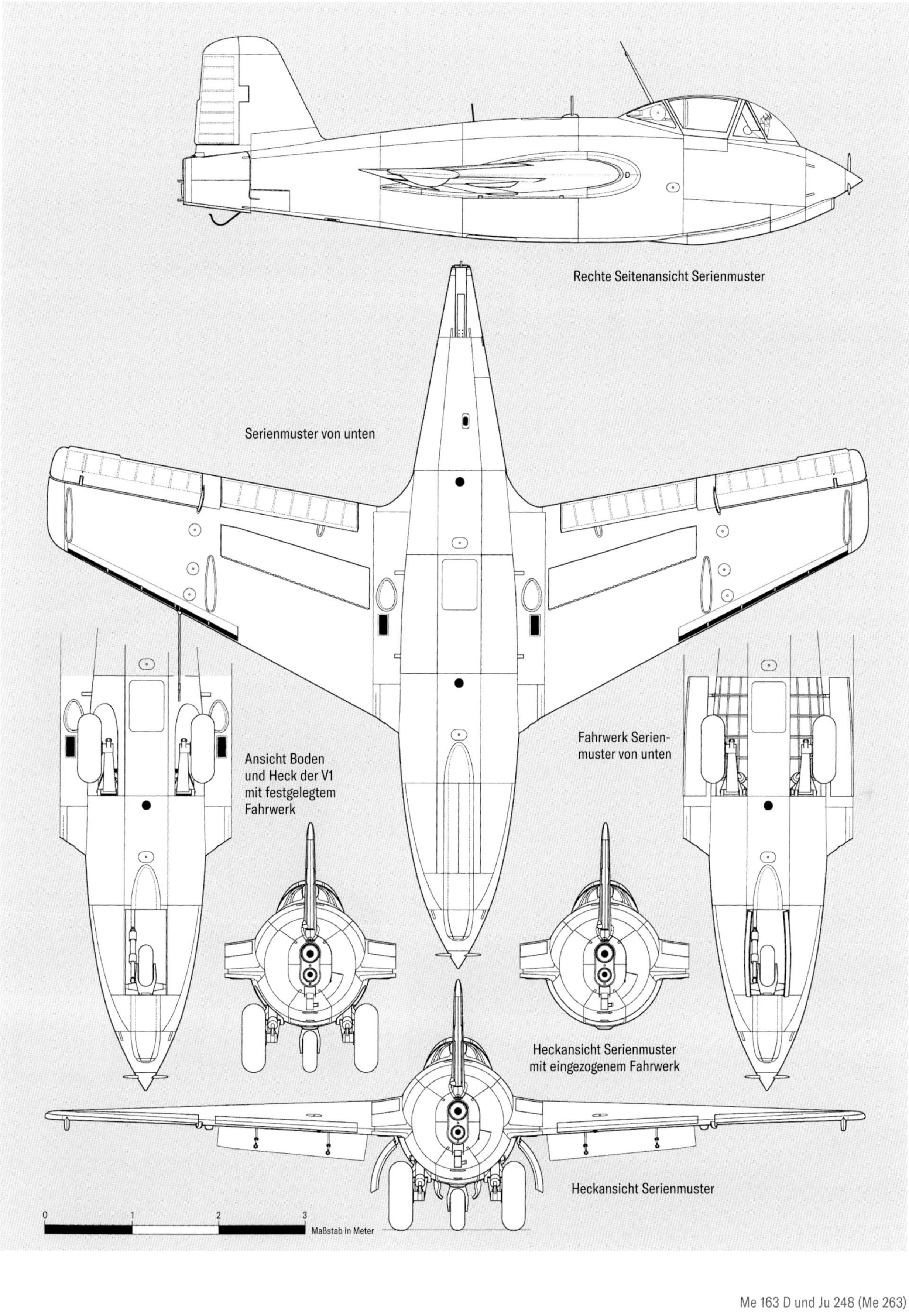
Rechte Seitenansicht Serienmuster
Serienmuster von unten
Ansicht Boden und Heck der V1 mit festgelegtem Fahrwerk
Fahrwerk Serienmuster von unten
Heckansicht Serienmuster mit eingezogenem Fahrwerk
Heckansicht Serienmuster
0
1
2
3
Maßstab in Meter

Oben und rechts: Die Ju 248 V1 (DV+PA; W.Nr. 381001) wurde im Januar 1945 fertig gestellt und absolvierte den ersten Gleitflug im Februar.

Unten: Wollfäden an den Flächen des Musterflugzeugs machten Luftströmung und Verwirbelungen sichtbar. Möglicherweise filmte man dies mit einer Bordkamera oder von einem Begleitflugzeug aus.

Unten rechts: Die Nahaufnahme des Hecks zeigt die Auslässe von Haupt- und Nebentriebwerk, wobei das Flugzeug nie mit eigenem Antrieb flog. Das Foto entstand irgendwann nach dem 23. März 1945.

Rumpfwrackteil einer Ju 248 V2 auf dem Dessauer Junkers-Flugplatz, den die Amerikaner wie auch das Junkers-Werk und andere örtliche Einrichtungen am 14. April 1945 besetzten.

Me 163 BV18 (VA+SP, W.Nr. 16310027)

Pilot	Zeitpunkt	Ort	Flugdauer (min)	Bemerkungen
Pancherz	03.11.44	Brandis	14	Selbststart
Pancherz	06.12.44	Brandis	-	Von EKdo 16 als beschädigt gemeldet
Pancherz	23.01.45	Brandis	24	Schleppstart (als Me 163 D)

Ju 248 V1 (DV+PA, W.Nr. 381001)

Pilot	Zeitpunkt	Ort	Flugdauer (min)	Bemerkungen
Wendt	08.02.45	Dessau	-	3 Probeflüge im Schlepp von Pancherz Bf 110 (PJ+LS)
Wendt	09.02.45	Dessau	-	2 Probeflüge im Schlepp von Pancherz Bf 110 (PJ+LS)
Pancherz	11.02.45	Dessau	9 + 11	2 Probeflüge
Pancherz	13.02.45	Dessau	25 + 8 + 18 + 9	4 Probeflüge

Wochen später besetzten Verbände der 1. US-Armee Dessau (24. April).

Nach Angaben der Abteilung „Fremdes Fluggerät" des US-Heeres durchsuchten die Amerikaner die Dessauer Junkerswerke vom 25.–30. April 1945. In der bei Raguhn gelegenen Konstruktionsabteilung fanden sie Unterlagen und Zeichnungen zur Me 163, Me 263 und Ju 248, die alle in die USA verbracht wurden. Aus dem US-Bericht:

„Zwei Flugzeuge Ju 248 wurden in einem Schuppen oder Hangar in den Wäldern nördlich des Flugplatzes aufgefunden. Eines hatten die Deutschen teilweise zerstört. Die Antriebseinheit [Raketentriebwerk] *war jedoch dem Anschein nach unbeschädigt geblieben. Die andere Ju 248 befand sich im Stadium des Zusammenbaus und war bei Ankunft der amerikanischen Truppen fast fertig montiert. Die Antriebseinheit war nicht eingebaut und ein paar kleinere Montageschritte fehlten noch. Unter Verwendung von Ersatzteilen, die im Hangar und im Bereich des Flugplatzes gefunden wurden, lässt sich eine Ju 248 einfach und vollständig zusammenbauen. In weiteren Flugplatzschuppen befanden sich Teile für die Me 163 und wenige Teile für die Ju 248."*

Fußnote

1 Die Bezeichnung Me 163 C (Bewaffnung vier MK 108) taucht des Weiteren in einem von Alexander Lippisch Abteilung L unterzeichneten Bericht vom 23. März 1942 auf. Darin ging es um eine unbewaffnete und mit Flugzeugkamera FK 50/30 ausgestattete Aufklärer-Variante mit 500 km Reichweite bei Selbst- und 750 km bei Schleuderstart. Nach Verbrauch des Treibstoffs betrug die Reichweite im Gleitflug 900 km. Die Einzelkamera war in einem Schacht zwischen Treibstoffbehältern und Raketentriebwerk untergebracht, was eine Rumpfverlängerung und eine Vergrößerung der Treibstofftanks nach sich zog.

14

Erprobungsbedarf weiter vorhanden

Das EKdo 16 und die Erprobungsstelle der Luftwaffe Karlshagen, Oktober 1944 bis April 1945

DAS ERPROBUNGSKOMMANDO 16 war zur praktischen Erprobung und Weiterentwicklung der Me 163 zur Einsatzreife aufgestellt worden, sprich um ein neues leistungsfähiges Jagdflugzeug in die Serienfertigung zu bringen. Zum Aufgabenbereich des EKdo 16 gehörte neben der Flugerprobung auch die Erprobung sämtlichen erforderlichen Bodengeräts zur Inbetriebhaltung, Wartung und Instandsetzung der Me 163. Hinzu kamen die Schulung und Ausbildung von Flugzeugführern, des Bodenpersonals sowie die Entwicklung von Bodenleitverfahren.

Über den Fortgang und die Ergebnisse seiner Arbeit verfasste das EKdo regelmäßige Arbeits- und Monatsberichte, in denen auch die technischen und verwaltungstechnischen Schwierigkeiten zur Sprache kamen. Diese Berichte wurden, so weit vorhanden, in Kapitel 5 bis Oktober 1944 vorgestellt. Dieses Kapitel enthält nun die letzten Monatsberichte ab Oktober 1944 bis Februar 1945. Sie gingen an den *Kommandeur der Erprobungsstellen* (KdE) in Rechlin, den *General der Jagdflieger* Generalmajor Adolf Galland und an den *Typenbegleiter Me 163/Ju 248* Oberst Gordon Gollob, der Galland am 31. Januar 1945 als General der Jagdflieger ablöste.

Die Berichte verfasste Kommandoführer Hauptmann Anton „Toni" Thaler als Nachfolger von Major Wolfgang Späte.

Wie schon in Kapitel 5 werden die Monatsberichte, wie die Arbeitsberichte ab Oktober 1944 hießen, wörtlich im Original wiedergegeben. Damit wird das „Tagebuch der Me 163" einschließlich Pilotenschulung und Einsatzerprobung bis zur Auflösung des EKdo 16 im Februar 1945 fortgeschrieben. Weitere Informationen aus zeitgenössischen Quellen dienten zur Untermauerung bzw. Ergänzung der Berichte.

Nach der Auflösung des EKdo 16 übernahm die *Erprobungsstelle der Luftwaffe Karlshagen* (Peenemünde-West) dessen Aufgaben und damit die weitere Erprobung der Me 163.

Erprobungskommando 16 Brandis Oktober 1944 – Februar 1945

Oktober 1944
Monatsbericht (1)
(Der Anfang des Monatsberichts ist in Kapitel 5 ab Seite 196) wiedergegeben und wird an dieser Stelle fortgesetzt)
Flugbetrieb:
Sofort nach Eintreffen des Kommandos wurden sämtliche 7 Maschinen flugklar gemacht. Bis zum 20.10.44 konnten jedoch keinerlei Standläufe bezw. Flugbetrieb durchgeführt werden, da der

Von Oktober 1944 bis Februar 1945 verfasste das EKdo 16 regelmäßig Monatsberichte für Oberst Edgar Petersen, Kommandeur der Erprobungsstelle Rechlin; General der Jagdflieger Generalleutnant Adolf Galland sowie Oberst Gordon Gollob (links), Typenbegleiter Me 163/Ju 248 und Nachfolger Gallands als General der Jagdflieger ab 31. Januar 1945. Sie beschrieben die geleistete sowie noch anstehende Arbeit und die technischen wie verwaltungstechnischen Schwierigkeiten, die Me 163 zur Einsatzreife zu bringen. Rechts: Im Gespräch mit Oberst Petersen raucht Galland eine seiner unvermeidlichen Zigarren.

C-Stoff des Kommandos aus Bad Zwischenahn noch nicht eingetroffen war. Von der I./J.G. 400, die aus C-Stoff-Mangel selbst nicht fliegen konnte, konnte kein C-Stoff entliehen werden. A, 20.10.44 traf der C-Stoff ein. Es standen 5 Maschinen flugklar bereit. Bis zum 30.10.44 war jedoch laufend QBI bezw. Wolkendecke von 200 m. Am 31.10.44 und 1.11.44 wurden dann die ersten vier scharfen Starts in Brandis durchgeführt. Die Werkstattflüge hatten gleichzeitig den Auftrag des Typenbegleiters Oberst Gollob, festzustellen, ob durch Weglassung des Sammlers nicht trotzdem einwandfreier Funksprechverkehr möglich ist, ohne die nötige Flugsicherheit zu gefährden. Es wurde festgestellt, dass der Generator nach Rollbeginn 35 – 37 m noch soviel Strom lieferte, dass ein einwandfreier Funkempfang und Funksprechverkehr möglich war. Auch im Langsamflug war bis 200 km/h ein einwandfreier Funkverkehr. Nach erfolgter Landung hatte der Flugzeugführer noch nach 200 m Rutschstrecke Empfang. Man kann hiermit bei Maschinen mit Gefälleanlasser ohne weiteres auf den Sammler verzichten, ohne die Flugsicherheit irgendwie zu gefährden.[1]

Bei den sieben genannten Maschinen handelte es sich um B V30 (C1+02), B V40 (C1+03), B V45 (C1+05), B V? (C1+08), B V12 (C1+??), B V14 (C1+12) und B V35 (C1+13).

Gegen Ende des Monats war der Kommandoführer im Beisein von Herrn Oberst Gollob bei der Fa. Hasag in Leipzig, um dort ein neues Schrotschussverfahren (Jägerfaust) für die Me 163 durchzusprechen. Das dort besprochene und vorgeführte Verfahren wurden von Herrn Oberst Gollob, Hauptmann Opitz und dem Kommandoführer des E.K. 16 als durchaus erfolgversprechend und bahnbrechend angesehen. Inzwischen ist der schriftliche Antrag des K.d.E. eingetroffen. Die technischen Vorbesprechungen sind abgeschlossen. Der technische Einbau beginnt in den nächsten Tage und ist derart einfach, dass mit einem baldigen Erprobungsergebnis gerechnet werden kann.

Das Vergleichsfliegen des hochpolierten und gespachtelten S-Musters 008 [C1+08, W.Nr. 440008 wurde später von der DHL Staaken zur Me 163 S umgebaut] mit einer rauhen Serienmaschine ist vorbereitet. Gegen 6.11. wird bei günstiger Wetterlage das Vergleichsfliegen erfolgen können.

Behälterkorrosion:

Die dem Kommando übertragenen, umfangreichen Versuche zur Klärung der Korrosionsbeständigkeit geschützter und ungeschützter Behälter werden sofort nach Eintreffen der Behälter in Angriff genommen. Vorgesehen ist bei einer Zeitdauer von etwa 4 Wochen im 48 Stunden Wechsel die Behälter dem Angriff der Stoffe und anschliessend nach einfachem Spülen mit Wasser, dem Luftzutritt auszusetzen.

Am 30.10.44 traf das 1. Triebwerk mit Gefälleanlasser beim Kdo. ein und wird z. Zt. in die V 40 eingebaut. Im Interesse der truppenseitigen Triebwerkserprobung wäre es unbedingt erforderlich, dem Kommando umgehend ein Marschofentriebwerk zuzuweisen. Die Zuweisung von zwei Serienflugzeugen für Waffenerprobung ist erfolgt. Die Maschinen kommen auf dem Bahntransport von Oranienburg nach Brandis.

Nachrichtenführung:

a) Das Führungsverfahren, das der N.O. des Kommandos, Lt. Korff, in Bearbeitung hat, sollte iu Bad Zwischenahn gerade in Flugerprobung gehen, als der Verlegebefehl eintraf. Lt. Korff musste die gesamte Nachrichtenstellung abbauen und unter schwierigsten Umständen in Brandis neu aufbauen.
b) Ebenso verhält es sich mit der „Strassburg-Rüse-Erprobng" der Fa. Telefunken.[2]

---

4. Oktober 1944

Durch Witterungseinflüsse (Schlechtwetter) beschädigt wurden folgende Flugzeuge gemeldet: (2) Die Me 163 B V1a (VA+EO), V6 (W.Nr. 16310015, Kennung unbekannt), V13 (W.Nr. 16310022, VD+EV), V15 (W.Nr. 16310024, VD+EX), V18 (W.Nr. 16310027, VA+SP) und V32 (W.Nr. 16310041, GH+IK). Die Schäden betrafen hauptsächlich die Lackierung des für die Flächenrippen verwendeten Schichtholzes und der Übergänge der Flächenholme zum Rumpf. Man beseitigte die Schäden und brachte die Flächen der B VIA an die B V6 an. Die B V13 ging zum Umbau in Me 163 D an die Firma Junkers. B V15 wurde ausgebessert und B V18 erhielt die Flächen von B V32. Die B VIa und V32 schienen abgeschrieben worden zu sein. Sie werden zumindest danach in keinem Flugbericht mehr erwähnt. Sämtliche Maschinen waren Ende September/Anfang Oktober 1944 vom Messerschmitt-Werkflugplatz Lechfeld nach Brandis überführt worden. Mit Sicherheit waren die Schäden bei einer Überprüfung nach dem Eintreffen in Brandis entdeckt worden.

November 1944

Monatsbericht (1)

Ausschlaggebend für die Arbeiten des Erprobungskommandos im Monat November war der Mangel an J 2 R-Betriebsstoff [T-Stoff], der gegen Ende des Monats völlig ausging. Erschwerend war besonders die völlig unzureichend prozentuale Beteiligung des Kommandos bei der Gesamtverteilung in Brandis. Bisher hatte das Kommando sein J.2 R selbst am Nachschubamt für sich und die Firma Walter angefordert. Anfang des Monats wurde dann vom Nachschubamt befohlen, daß der gesamte anlaufende J 2 R nach Brandis kommt und im Verhältnis 82 % zu 11 % zu 7 % verteilt wird. Dieser Schlüssel wurde anscheinend nach der reinen Maschinenzahl festgelegt.

Es ist aber nicht berücksichtigt worden, daß die 10 Maschinen des E.-Kommandos, sobald sie flugklar sind, geflogen werden, während die Maschinen der Einsatzeinheiten lediglich zum Feindflug, in ganz geringem Maße zu Übungsflügen, eingesetzt werden. Beweis dafür ist, daß das Kommando mit seinen bisher 6 zur Verfügung stehenden Maschinen fast soviel scharfe Starts machte, als die Einsatzgruppe mit ihren 40 Maschinen. Wenn also ein Waggon J 2 R ankommt, erhält das Kommando etwa 2000 Kilo, d. h. die Füllung für 2 Vollast-starts. Neuerdings ist befohlen, daß das Kommando und die Firma Junkers wieder getrennt für sich anfordern sollen, da General der Jagdflieger für die beiden Dienststellen [EKdo 16, Junkers] keinen Betriebstoff zur Verfügung stellen will.

Flugbetrieb:

An 14 Tagen mit Flugmöglichkeit wurden 22 Triebwerkstarts und ein Schleppflug durchgeführt. Ausserdem wurden mit der Do 217, Me 110 und Fi 156 7 Erprobungsflüge durchgeführt. Die Flugmöglichkeiten konnten bis zu 50 % nicht ausgeschöpft werden, da es an Betriebsstoff mangelte.

Der Flug zur Erprobung der Schwenkrüsselanlage zusammen mit dem ersten Gefälleanlassertriebwerk [B V40] verlief zur vollen Zufriedenheit. Da jedoch nur ein Halblastflug gemacht wurden, kann über die Schwenkrüsselanlage noch kein Urteil gefällt werden.

Zur Sonderbewaffnung, die man für die Me 163 in Betracht zog, zählte neben der „Jägerfaust“ auch der Lufttorpedo BT 1000. Damit hätte sich die Me 163 zur Bekämpfung von Schiffszielen verwenden lassen. Der Vorschlag vom Februar 1945 stammte von Dipl.-Ing. Josef Hubert vom Messerschmitt-Projektbüro der Oberbayerischen Forschungsanstalt Oberammergau. Mit einem maßstabsgetreuen Modell der Me 163 B plus Torpedo sollte die Aerodynamische Forschungsanstalt in Göttingen Ende Februar 1944 entsprechende Winkanalversuche anstellen. Diese Versuche erhielten besondere Dringlichkeit. Ob und wann sie durchgeführt wurden, ist nicht bekannt. Nachdem der Fa. Junkers im September 1944 die weitere Fertigung und Weiterentwicklung der Me 163 übertragen worden war, übernahm sie das Messerschmitt-Modell und brachte es in die Entwicklung der Ju 248 ein.

Oberleutnant August Hachtel

August Hachtel kam am 6. August 1916 in Stuttgart zur Welt. Nach der Volksschule schloss er 1934 bei Bosch eine Mechanikerlehre mit „ausgezeichnet“ ab. Der begeisterte Segelflieger erflog sich die Silber-C-Medaille und trat am 1. Oktober 1935 in die Luftwaffe ein. Nach der Ausbildung zum Flugzeugführer kam er 1937 zu einem Sturzkampfgeschwader und im August 1939 zur 7. Staffel des StG 51 (später in 4./StG 1 umbenannt). Mit Ausnahme eines kurzen Abstechers 1940 zum StG 3 blieb August Hachtel bis November 1942 bei dieser Stukastaffel. Am 9. September 1941 erhielt er den Ehrenpokal der Luftwaffe, das Deutsche Kreuz in Gold am 17. Oktober 1941 und das Ritterkreuz am 6. Januar 1942. Bis dahin hatte Hachtel u. a. 32 Panzer vernichtet sowie mehrere Schiffe mit einer Gesamttonnage von 32.000 BRT zerstört bzw. beschädigt. Bis Herbst 1942 hatte er bereits 400 Einsätze an der Ostfront hinter sich und 50 Panzer abgeschossen. Aufgrund seines hervorragenden fliegerischen Könnens diente Oberfeldwebel Hachtel dann von November 1942 bis Januar 1943 als Fluglehrer bei der Ergänzungsstaffel/StG 1 und von Januar 1943 bis April 1944 bei der 2./StG 103 (SG 103). Die Beförderung zum Leutnant erfolgte im August 1943. Zum EKdo 16 kam Hachtel im April 1944 und verlegte mit ihm im Oktober 1944 von Bad Zwischenahn nach Brandis. Beim JG 400 wurden ihm mit Me 163 mindestens zwei Abschüsse viermotoriger Bomber zugeschrieben. Im Dezember 1944 führte Leutnant Hachtel in Brandis mit der in der Me 163 B V45 eingebauten „Jägerfaust“ Versuche durch, bei denen er sich Verletzungen zuzog. 1945 erhielt er als Oberleutnant das Kommando über eine Staffel He 162 „Volksjäger“. Nach dem Krieg wanderte August Hachtel nach Mexiko aus. Dort starb er am 3. September 1985 im Alter von 69 Jahren.

Mit der V 45 wurde die von der Firma Hasag eingebaute Senkrecht-Schrotschußbewaffnung in 2 Flügen erprobt. Mit diesen beiden Flügen wurde vorerst einmal festgestellt, daß der Einbau in keiner Weise die Flugeigenschaften, den Start und Kurven in der Luft irgendwie beeinträchtigt. Abgeschossen wurde beide Male mit mechanischer Handauslösung. Der Abschuß war genau so wie im Zeitlupenfilm einwandfrei, es war in der Maschine keinerlei Erschütterung oder Veränderung der Fluglage zu bemerken, lediglich das Abschussgeräusche war etwas stärker als das der beiden M.K.108.

In einem Bericht für den Kommandeur der Erprobungsstellen (KdE) ging Hauptmann Anton Thaler näher auf die beiden Erprobungsflüge von Leutnant Hachtel mit der „Jägerfaust“ ein (Rückübersetzung): (3)

„Der Einbau der 2 cm »Schrotläufe« in die Flächen einer Me 163 wurde in enger Zusammenarbeit zwischen Fa. Hasag und dem Kommando vorgenommen und verlief ohne Schwierigkeiten. Mit der in der für diesen Zweck bereitgestellten B V45 wurden zwei Flüge gemacht. Der Einbau in die beiden Flächen nahm etwa einen Tag in Anspruch. Der Einbau des fotoelekrischen »Auges« erwies sich als schwieriger. Als letzte Prüfung zur Sicherstellung der reibungslosen Funktion, wurde das »Auge« vor dem Moranmast im Munitionskasten eingebaut. [In Einsatzmaschinen sollte das optische Auge im linken Flügel in einer bereits vorhandenen Klappe eingebaut werden.] *Nachdem die Waffe zur Überprüfung auf einen verschrotteten Flügel abgefeuert worden war, wobei die Flächen der Me 163 keinen Schaden nahmen, flog Lt. Hachtel die Me 163 mit halber Treibstofflast und ausgebauten MK 108. Der Flugzeugführer war sehr zufrieden mit dem Flug: der Einbau der Waffen hatte keinen Einfluss auf die Länge der Startstrecke, enges Kurven mit 700 km/h hatte keinen aerodynamischen oder mechanischen Einfluss auf die Fluglage und der Waffeneinbau wurde in keiner Weise beschädigt. Nach einer Anzahl enger Kurven flog Hachtel im Geradeausflug über den Flugplatz und feuerte die Waffe ab. Das Abschussgeräusch war etwas stärker als bei der MK 108. Die Maschine hielt Kurs und der Flugzeugführer spürte beim Abschuss keine Erschütterungen. Die Abschussrohre lösten sich wie erwartet und der Flugzeugführer landete sicher.*

Den zweiten Flug führte Lt. Hachtel in Anwesenheit des Generals der Jagdflieger und [von] *Gauleiter Mutschmann* [Martin Mutschmann, Gauleiter, Reichsstatthalter und Ministerpräsident von Sachsen] *in genau derselben Weise aus. Flug und Abfeuern der Waffe verliefen ohne Schwierigkeiten.*

Zusammenfassend kann gesagt werden, dass der Einbau der senkrechten Schrotschussbewaffnung in die Flächen der Me 163 sehr einfach und kostengünstig ist und die Flugeigenschaften in keiner Weise beeinträchtigt. Als einzige Sache muss nur noch die reibungslose Funktion der optischen Auslösung erprobt werden.“

Um die Justierung festzulegen, musste die Forderung der Firma, in 150 m Höchstabstand zu unterfliegen, praktisch erst einmal über ihre Durchführbarkeit erflogen werden. Nach Ansicht der Flugzeugführer war die Entfernung zu gross. Der Kommandoführer flog mit einer Me 110 in 2000 m Höhe über den Platz und Leutnant Hachtel flog 2 Angriffe von hinten und einen Angriff von schräg vorne. Beim ersten Anflug wurde vereinbarungsgemäss in 100 m Abstand geflogen. Beim zweiten Anflug unterflog Leutnant Hachtel nach seiner Schätzung in 30 bis 40 m, nach Ansicht der Besatzung Me 110 in 30 m Abstand. Der Anflug von vorn wurde in etwa 50 m durchgeführt. Es kann hierzu mit Sicherheit gesagt werden, daß die Waffen auf 100 m justiert werden können, aber jeder normale Flugzeugführer in 50 m und geringer durchfliegen kann, ohne daß er ein besonderer Flugkünstler sein muss, und somit nach Ansicht der Firma die Trefferzahl weitaus höher ist, als von der Firma theoretisch angenommen wird.

Die ersten Versuche über den Einbau des optischen Auges machten etwas Schwierigkeiten. Für die ersten Versuchsflüge wurde dieses vor dem Moranmast in der Munitionskasten [sic] eingebaut. Für den Einbau bei der Truppe ist in der linken Tragfläche ein schon vorhandener Handlochdeckel sehr gut geeignet. Dieser Probeeinbau wird zur Zeit durchgeführt. Noch nicht nachgewiesen war bisher die Funktion des optischen Auges. Nach Angabe von Herrn Dr. Hofmann, Firma Hasag, hat er jetzt die neuesten Geräte von der Firma Opta bekommen, die praktisch eine Nullverzugsauslösung haben. Eine Möglichkeit die Funktion des optischen Auges in der Luft auszuprobieren, wurde bisher noch nicht gefunden. Das Kommando macht den Vorschlag, eine von den vielen He 177, die auf dem Fliegerhorst Brandis stehen, zur Verfügung zu stellen, um einen Anflug mit einer Me 163 durchzuführen. Der ganze Abschuß wäre voll einsatzmässig, lediglich daß man Übungsgeschosse nehmen würde, und nach erfolgter Landung an Hand der Einschusslöcher ein genaues Trefferbild vorhanden ist. Der Flugzeugführer brauchte nur ganz leicht nach unten und hinten gepanzert werden, da mit einer Vo von etwa 400 [m/s] keine zu grosse Durchschlagskraft vorhanden ist. Allerdings müsste der Vorschlag dann als Sofortmaßnahme angesehen werden. Weitere vordringliche Erprobungsflüge können zur Zeit aus Betriebsstoffmangel nicht durchgeführt werden.

Sollte die Treffgenauigkeit so gut sein, wie sie theoretisch errechnet wurde, ist es nicht nötig, die gesamte vorhandenen Granatenzahl auf einmal abzuschiessen. Es wurde vom Kommandoführer Herrn Dr. Hofmann der Vorschlag gemacht, ggf. 2 bzw. 3 Schrotschüsse vorzusehen, um bei einem Unterfliegen eines Bomberverbandes gleich 2 oder 3 Bomber in einem Durchflug zu beschiessen. Der Vorschlag wurde von Herrn Dr. Hofmann sofort verwirklicht. Ebenso wurde vorgeschlagen mehrere Geschwindigkeitsstufen vorzusehen. Auch dieser Schalter ist schon fertig und in der Maschine eingebaut. Er ermöglicht eine Abgrenzung der Unterfluggeschwindigkeit von hinten in 3 Stufen und von vorn in einer Stufe, d.h. es spielt keine Rolle, ob der Flugzeugführer mit Schub mit 700 bis 800 km unterfliegt oder mit 600 bis 700 km oder ohne Schub noch mit 500 bis 600 km oder einen Angriff von vorne fliegt. Es wird lediglich ein Zündverzug eingeschaltet.

Gemäß Wolfgang Späte (60) wurde die „Jägerfaust" von Oberleutnant Gustav Korff erfunden, dem rührigen Nachrichtenoffizier des EKdo 16, der auch bei der Entwicklung des Leitstrahl-Führungsverfahrens für die Me 163 Pionierarbeit geleistet hatte. Die Patentierung der „Jägerfaust" erfolgte unter *Aktenzeichen 68 b 22 Nr. 11019 Geheim (FVD)*. Im Herbst 1944 lieferte die Firma Hasag 32 Waffensätze nach Brandis.

Die von Herrn Oberst Gollob geforderte Fortführung der M.K.108 Erprobung wurde aus folgenden Gründen bisher noch nicht in Angriff genommen:

1.) befand sich bisher keine Serienmaschine beim Kommando,
2.) war keine Möglichkeit vorhanden, ohne starke Gefährdung der Bevölkerung, ein Luftschiessen mit den M.K.108 durchzuführen (Nichtvorhandensein von Zerlegermunition),
3.) Fehlen von J 2 R.

Der im vorigen Bericht erwähnte bevorstehende Vergleichsflug einer hochpolierten Serienmaschine scheiterte bis Mitte des Monats am laufenden schlechten Wetter und Triebwerksschäden. Am 15. wurde die Maschine beim Fehlstart leicht beschädigt und erst jetzt wieder flugklar. Bei dem Erstlingsstart des Oblt. [Gottfried] Wagner mit der V 30 löste sich nach dem Start das Fahrwerk nicht. Auch in der Luft ging das Fahrwerk trotz Notbetätigung nicht ab. Oblt. Wagner landete trotzdem einwandfrei und stand nach nicht ganz 800 m Rollstrecke. Ursache: Bruch des Mitnehmerbolzens zur Verbindungslasche und Zahnstange der Verriegelung (bisher einmalige Störung). Der Klarstand der Maschinen war in diesem Monat befriedigend. Er betrug für eingebaute Triebwerke 81 %, flugwerkseitig 51 % und flugklar 48 %. Triebwerksseitig waren im Flugbetrieb 2 Störungen:

1.) Beim Hochregeln der der 2. auf die 3. Stufe nach Anrollen der Maschine riss die Schweissnaht der Brennkammer. Sofortiger Schubabfall führte zum Fehlstart.
2.) Beim Werkstattflug stellte der Flugzeugführer in der Luft starken Schubabfall fest, er zog den Schnellablass und landete. Ursache: Riss am Schraubstutzen im Bogen der T-Stoffverteilung (3. Stufe). Unsachgemässer Einbau.

<u>Funkerprobung:</u>
Um das Leitstrahlführungsverfahren des Nachrichten-Offiziers des Kommandos, Leutnant Korff, zu erproben, wurde die Anlage aus Mangel an J 2 R in die Fi 156 eingebaut. Da die Maschine aber zu langsam ist, wird jetzt dazu die Me 108 des Kommandos genommen. Gleichzeitig wird in die Maschine das Zielanfluggerät bei der Firma Lorenz eingebaut, um gleichzeitig die Flugzeugführer des Kommandos und der J.G.400 auf das ZVG umzuschulen. Vom Nachrichten-Offizier wurde der Ausbau der Gerätestellung, Y-Peiler, Seeburgtische und Unterkunftsbaracke durchgeführt. Am Rollfeld selbst wurde ein fernbedientes Durchstossfunkfeuer eingebaut. Ein Leitstrahlzusatz für ein Würzburg- und Freya-Gerät ist im Aufbau. Ebenso eine Fu.G. Bake mit Sprechzusatz. In der Fi 156 wurde ein Leitstrahlzusatz mit Kurs- und Durchstossanzeige eingebaut. Von Ing. Krahl [Fa. Lorenz] wurde die Erprobung ZVG 16 durchgeführt und zum Abschluß gebracht. Das in Erprobung befindliche Funkführungsverfahren „Moselland" wurde noch verbessert durch einen automatischen Drehfeldgeber in Verbindung mit einem Siemens-Sichtgerät zur Erleichterung der Steuerzeichengebung. Schwierigkeiten waren besonders in der Geräteentwicklung und Beschaffung. Seit 14 Tagen ist die Firma Telefunken zur Flugerprobung klar [seit etwa 15. November]. Trotz der besonderen Wichtigkeit dieser Erprobung war kein Flug möglich, da am 6.11. die Maschine durch Bruch der Kufe und starke Beschädigung des Kufenschachtes (Überrutschen einer Eisenbahnschiene [am ostwärtigen Ende der Startbahn], deren Auffüllung mit Erde schon seit Monaten bei der Bauleitung gefordert wurde) unklar wurde. Der Schaden hätte innerhalb 2 bis 3 Tagen behoben werden können, wenn es möglich gewesen wäre, eine neue Kufe und einen Kufenschacht zu bekommen. Da die Industrie an das Erprobungskommando selbst nicht mehr liefern darf, wurden am 6.11. bei der Techn. Verwaltung 2 Kufen und 1 Kufenschacht angefordert.

Das Sondergerät 500 (SG 500) „Jägerfaust"

Auf Geheiß der Briten fertigte der für die Erprobung der „Jägerfaust" bei Rheinmetall-Borsig zuständige Oberingenieur Dr. phil. Walter Grasse im September 1946 eine Beschreibung des SG 500 an, die nachfolgend im Original wiedergegeben wird.

Dr. phil. Walter Grasse leitete die Abteilung WKW (Waffenkonstruktion und -erprobung) von Rheinmetall-Borsig auf dem Schießplatz Unterlüß in der Lüneburger Heide.

Unterlüss, den 20. Sept. 1946
Bearbeiter: Dr. Grasse

A. Geschichtliche Entwicklung

B. Daten und Beschreibung

C. Einbau und Bedienung

A. Geschichtliche Entwicklung.
Der Ursprung aller Sondergeräte dieser Art war das Gerät 104, einem Rohr, aus dem nach vorn und hinten Geschoß und Gegengewicht mit gleicher Masse und V0 herausgeschossen wurden und das aus diesem Grunde vollständig rückstoßfrei war. Zu diesem System mußte man greifen, wenn man ein Geschoß von 35 cm Kaliber mit 350 m/s aus einem Flugzeug heraus verschießen wollte. Das Kaliber war zu groß geplant und kam nicht zur Fertigentwicklung, weil man seinerzeit glaubte, die Wirkung dieses Gerätes mit normalen

Bomben ebenfalls darstellen zu können. Als der Gedanke der Panzerbekämpfung vom Flugzeug aus mittels elektrischer automatischer Zielauslösug auftrat und ein Kaliber von 7,5 cm Anwendung finden sollte, wurde auf dieses System erneut zurückgegriffen; es entstand das SG 113 ursprünglich ebenfalls mit gleichem Geschoß– und Gegengewicht gleicher V0. Später wurde Erhöhung der V0 des Geschosses das Verhältnis von Geschoss zum Gegengewicht verändert. Wenn man dann die Durchlaufweg im Rohr im umgekehrten Verhältnis zu den Gewichten anordnet, bleibt das Gerät trotzdem vollständig rückstoßfrei.

Nachdem einmal das Problem der automatischen Schußauslösung aufgegriffen war, wurde recht bald von der LFA Braunschweig aus eine elektrooptische Schußauslösung zur Bekämpfung von Luftzielen dargestellt. Der derzeitige Stand der Auslösevorrichtungen verlangte eine Kanone mit großer Anfangsgeschwindigkeit, um einigermaßen Treffaussichten bei einem Zielabstand von ca. 200 m zu garantieren, es entstand das SG 116, ein 3 cm Sondergerät nach dem System des SG 113 – Geschoßgewicht Gegengewicht – mit einer V0 von 860 m/s. Von diesen Geräten wurden 3 fächerförmig im Flugzeugrumpf eingebaut und gleichzeitig elektrooptisch abgefeuert.

Der fächerförmige Einbau bestimmte den bestrichenen Zielraum, der so eingerichtet war, daß trotz Geschwindigkeitsvariation vom Zielflugzeug zum Angreifer, der systembedingten Streuungen der Auslöse- und Zündverzugszeit mindesten 1 Treffer in einem 4 mot. Bomber zu erwarten war.

Von Seiten des Amtes wurde in diesem Entwicklungszeitraum der Grundsatz aufgestellt, das 1 Flächentreffer mit 3 cm Minengranaten nicht ausreicht zur Zerstörung eines Großbombers, sondern dass entweder 4 Treffer mit 3 cm Minen oder 1 Treffer mit 5 bis 5,5 cm Minen – jedenfalls mit einer Sprengstoffmenge von ca. 400 g – notwendig sind zur Vernichtung des Bombers.

Da ein 5 cm-Gerät mit derartig hoher V0, das die gleichen Treffaussichten wie das SG 116 ausweist, zu schwer werden würde, entschloß man sich bei Rheinmetall zu einer Variation des aus anderen Gründen bereits in Entwicklung befindlichen Rohrblocks. Der Rohrblock (SG 117) wurde rückstoßfrei gemacht durch Abwurf des Rohrblocks bei Beschuß, der also die Rolle des Rohres und Gegengewichtes der bisher nach diesem System entwickelten Geräte übernahm. Die fächerförmige Anordnung zur gleichzeitigen Bestreichung eines vorgegebenen Zielraumes wurde ersetzt durch eine Abfeuerung in hoher Schußfolge, womit der Zielraum nacheinander bestrichen wurde. (Die gleichzeitige Abfeuerung des Rohrblockes war zudem aus Festigkeitsgründen nicht möglich). Mit dieser Anordnung war die Möglichkeit gegeben, die 4 Treffer darzustellen mit einem Gerät, das schnell greifbar war und eine Neuentwicklung von Munition – Geschoß und Zusatzvorrichtungen – erübrigte, da normale MK 108–Munition verwandt wurde.

Die Firma Hasag, Leipzig, hat auf Anregung der Erprobungsstelle der Luftwaffe Frechlinge [vermutlich Deckname für Peenemünde-West] den anderen Weg – den Einzeltreffer mit 5 cm Kaliber – aufgegriffen, weil sie kapazitätsmäßig für diese Entwicklung aufnahmefähig war. Das Prinzip war das gleiche wie bei dem Rohrblock, die Abfeuerung mehrerer Einzelrohre war gleichzeitig vorgesehen bei fächerförmigem Einbau. Zur Darstellung erträglicher Gewichte wurde die V0 mit 400 m/s begrenzt, was zur Folge hatte, daß zur 100%igen Treffwahrscheinlichkeit die Zielentfernung auf 0–50 m herabgesetzt und die Zahl der gleichzeitig gegebenen Schüsse von 3 bei SG 116 auf mindestens 5 bei SG 500 heraufgesetzt werden mußte.

Die erwähnten Rheinmetallgeräte sind an anderem Ort ausführlich beschrieben; unsere Kenntnisse von dem Hasag-Gerät SG 500 sind in den nächsten Abschnitten zusammengefaßt.

B. Daten und Beschreibung.
Das SG 500 mit der Tarnbezeichnung "Jägerfaust" besteht aus dem gezogenen Rohr, das unten geschlossen ist und gleichzeitig die Hülse darstellt, der Treibladung mit Zündmittel in einer Pappbüchse und dem Geschoß, das am Boden einen angestauchten Wulst hat, in dem die Feldereinschnitte ausgeräumt sind und das von der Mündung her in die Züge eingefädelt wird. Die Abbil-

dung auf Seite 3 stellt eine schematische Darstellung des Gerätes dar. Die Daten sind folgende:

Kaliber:	5 cm
Geschoß:	Minengranate ohne L'spur
Geschoßgewicht:	1 kg
Sprengladung:	400 kg HTA
V0:	400 m/s
Gesamtgewicht:	ca. 7 kg
Außen ø des Rohres an der Mündung:	65 mm
Außen ø des Rohres in zyl. Teil:	73 mm
Gerätelänge = Rohrlänge:	520 mm.
Zündung :	elektrisch mit S × 5/500
Mündungsgasdruck:	900 kg/cm²
Zielentfernung:	100 m

Das Rohr wird spanlos aus einem Rondell gezogen auf den gleichen Maschinen, auf denen auch sonst Hülsen dieses Kalibers bearbeitet werden. Beim letzten Egalisieren des Rohres werden die Züge mit konstantem Drall von etwa 8° spanlos eingezogen. Aus den Abmessungen des Rohres ist auf einen Gebrauchsgasdruck von ca. 1800–2000 kg zu schließen. Da das Rohr nur für einen einzigen Schuß benötigt wird, sind die Anforderungen an die Festigkeit und an die exakte Ausbildung der Züge nicht groß. Am Boden ist eine Bohrung angebracht zur Durchführung der Kabelenden des Zündmittels. Die Treibladung ist ähnlich derjenigen der Panzerfaust aufgebaut. Sie ist von einem Pappmantel umschlossen, der auch das Zündmittel vor Beschädigungen schützt. Das Zündmittel ist auch das gleiche wie das für die übrigen SG zum Zwecke kleinster Zündzeit entwickelte Sx5/500, eine Tricinatpille mit 500 g Übertragungssatz.

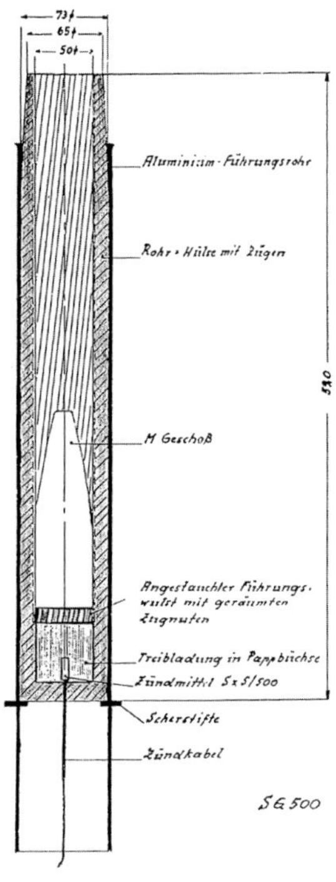

Die Kabelenden des Zündmittels werden durch die Bohrung am Rohrboden hindurchgeführt und in einfachster Weise an den Zündstromkreis angeklemmt. Das Geschoß ist ein extrem dünnwandiges Minengeschoß, für die geringen Beschleunigungsverhältnisse bei 2000 kg/cm² Höchstgasdruck besonders entwickelt. Der Boden wird zu einer kleinen Wulst kurz angestaucht, worin die Führungsnuten mit einer Stoßmaschine in einem Arbeitsgang grob geräumt werden. Auch hier braucht keine besondere Sorgfalt in der exakten Ausbildung und Oberfläche der Führung beobachtet zu werden, da diese robuste Eisenführung den Drall immer überträgt, keine Verschleißrücksichten vorliegen und die außenballistische Beeinflussung unregelmäßiger Kanten auf der kurzen Flugstrecke von höchstens 100 m nicht ins Gewicht fällt.

In der in Aussicht genommenen Weiterentwicklung war ein flügelstabilisiertes Geschoß geplant mit Stahlblechflügeln, die um den Geschoßzapfen gewickelt werden sollten. Es bestand jedoch die Gefahr der Beeinflussung der Geschosse und Beschädigung der Leitwerke durch den Gasdruck der Nachbarrohre, der bei flügelstabilisierten Geschossen erheblich größer ist als bei drallstabilisierten, da die Angriffsflächen bei den ersteren größer sind und die Stabilität an sich nicht so groß ist wie bei den Drallgeschossen. Es wurde daher zunächst der sichere Weg eingeschlagen, zumal der Fertigungsaufwand in diesem Fall als fast gleichgroß anzusehen ist.

C. Einbau und Bedienung.

Der Einbau des SG 500 erfolgte in einer FW 190 als Versuchsträger in Gruppen zu je 5 Rohren in jedem Tragflügel. Die Rohre wurden nebeneinander in einer Linie parallel zur Längsachse des Flugzeuges mit Schußrichtung senkrecht nach oben fächerförmig so eingebaut, daß der Abstand der Treffer auf 100 m Zielabstand je 4 m betrug. Der Abstand der Treffer aus dem ersten bis zum fünften Rohr betrug also 16 m. In dem Tragflügel wurde, je Gerät ein dünnwandiges Aluminumrohr zur Führung befestigt, in dem das Gerät zwischen Scherstiften fixiert war. Die lose herabhängenden Kabelenden des Zündmittels wurden an einfachen Klemmschrauben befestigt.

Die Abfeuerung von je 5 Rohren auf einer Seite erfolgte gleichzeitig durch einen Zündimpuls, der von der automatischen elektro-optischen Schußauslösung gesteuert wurde. Für den Fall, daß bei der Erprobung die Treffsicherheit nicht genügt hätte, war vorgesehen, alle 10 Schuß auf einmal auszulösen unter Verzicht auf die Möglichkeit eines zweiten Angriffs mit dieser Sonderbewaffnung.

Über die elektrooptischen Geräte können nur die LFA bzw. die Herren der E-Stelle Tarnowitz Auskunft geben.

Selbstverständlich wäre es ohne weitertes möglich, die einzelne Rohre nacheinander abzufeuern wie bei den Geräten Schlitter und Rohrblock SG-119 über einen Geber, der die Schußfrequenz bestimmt. Dabei müßten natürlich die Rohre nicht fächerförmig, sondern parallel eingebaut werden. Über die bei der Abfeuerung der großen Rohrbatterie benutzte Anordnung ist im Bericht WKW EZ 1 auf Seite 18 berichtet worden, ein Prinzipbild der Schaltung enthält die dortige Abbildung 19. Ein solcher Einbau ist jedoch nicht erprobt worden. Nach Erprobung in der FW 190 war auch ein Einbau in der Me 163 in Aussicht genommen, doch ist über die Zahl der Rohre und deren Einbau nichts bekannt geworden.

Dieses in Brandis vorgefundene Wrack gehörte zu den mindestens drei mit SG 500 „Jägerfaust" ausgerüsteten Me 163. Die „Jägerfaust" wurde nach ihrer Wirkweise auch als „Senkrecht-Schrotschussbewaffnung" bezeichnet. Der Einklinker oben links zeigt die drei Abschussöffnungen im Balkenkreuz des linken Flügels. Im rechten Flügel befanden sich vier. Das rechte Foto zeigt eine weitere „Jägerfaust"-Me-163 mit vier Abschussöffnungen je Tragfläche. (Einbau siehe auch Zeichnung S. 278).

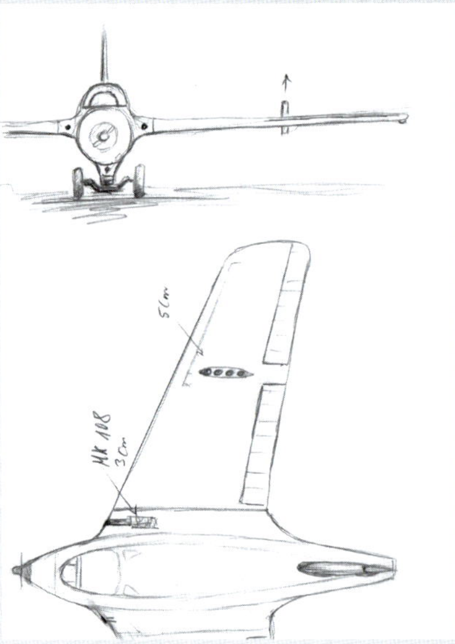

Rechts und unten: Im Sommer 2011 entdeckten Kampfmittelräumer im Zuge von Bombenentschärfungen bei Leipzig dieses „Jägerfaust"-Abschussrohr. Ein Vergleich mit den Maß- und Gewichtsangaben des im September 1946 erstellten Berichts von Oberingenieur Dr. phil. Walter Grasse von der Rheinmetall-Borsig AG in Unterlüss bestätigte den Befund. Interessanter Weise befinden sich unten am Abschussrohr drei 6,5 cm lange und 9 mm breite Federbügel, die wahrscheinlich für den festen Sitz des Abschuss- im äußeren Aluminium-Führungsrohr sorgten. Das Innenrohr weist 24 spiralförmige Züge auf. Im Unterschied zu bekannten Zeichnungen läuft das Rohr leicht konisch zu.

Das SG-500-Abschussrohr nach dem Sandstrahlen.

Oben: Skizzen von Gefr. Gerhard Stolle über den Einbau von SG 500 und MK 108 in die Me 163 nebst humoristischer Darstellung des gleichzeitigen Einsatzes von MK 108 und „Jägerfaust".

Die erwähnten Räumarbeiten förderten auch dieses 5 cm M-Geschoss für SG 500 zutage, das aus Sicherheitsgründen gesprengt werden musste.

Bodenstück mit 4 mm-Bohrung für das elektrische Zündkabel.

Mündung SG 500 mit 24 Zügen und Feldern.

Laut Schriftwechsel der T.V. wurde die Anforderung an das L.Z.A. Finow und von dort zum Arbeitsausschuß D.L.H. Berlin-Staaken, Herrn Dr. Ritter und Herrn Krauss weitergeleitet. Am 20. und 21.11. wurde von der Flugzeuggerät-Verwaltung mit Herrn Krauss und Herrn Dr. Ritter telefoniert. In beiden Gesprächen wurde darauf hingewiesen, daß nicht einmal in ausreichendem Maße Material für die Serienfertigung zu Verfügung stehe und die Lieferung sich verzögerte. Am 26.11. wurden bei der Firma Junkers 2 Kufen durch Kurier abgeholt. Der Kufenschacht wurde dem Kurier für die nächste Woche zugesagt. Dem Kommando ist es unverständlich, daß es angeblich unmöglich wäre, einen Kufenschacht aus Serienproduktionsgründen für solch eine Erprobung abzugeben, während doch schon seit 4 Wochen bekannt ist, daß nicht einmal annähernd Betriebsstoff für die z. Zt. produzierten Maschinen vorhanden ist, und schon jetzt soviel Maschinen vorhanden sind, daß die Einheiten sie schon gar nicht mehr gebrauchen können. Ähnlich verhielt es sich in Bezug auf Triebwerke. Früher wurden die Erprobungstriebwerke direkt von der Firma Walter bezogen. Heute ist das nicht mehr möglich und die Erprobung dadurch empfindlich verzögert. Bis heute befindet sich beim Kommando noch kein Marschofentriebwerk (B1-Triebwerk) und lediglich ein Triebwerk mit Gefälleanlasser (A2-Triebwerk ohne Ejektor). Da die Erprobung eines Triebwerkes mit Ejektor doch besonders wichtig ist, wäre es doch selbstverständlich, daß man dem Kommando auf schnellstem Wege ein solches Triebwerk zustellt.[3]

C-Stoffbehälter-Erprobung:
Die im vorigen Bericht erwähnten Behälter wurden am 2.11. in die Dauererprobung genommen. Am 2.12. wurden die ersten 2 Behälter entleert und aufgeschnitten und werden z. Zt. von Dipl.-Chemiker Steindl untersucht. Die daran interessierten Firmen wurden benachrichtigt. Genaues Ergebnis geht den interessierten Dienststellen zu. Die anderen 2 Behälter werden weiterhin so behandelt, um für die Weiterentwicklung ein festes Ergebnis zu haben.

Schutzbekleidung:
Die bisher vom Truppenarzt des Erprobungskommandos geleitete Erprobung der Schutzbekleidung für Flugzeugführer wurde an den Dipl-Chemiker Steindl übertragen, da das E.-Kommando keinen Arzt mehr zur Verfügung hat. Die bisherigen Kombinationen waren brauchbar, aber nicht für eine Serienproduktion geeignet, da es an PeCe-Stoffen fehlt. Der von Ob.Stabsing. Schickler angelieferte Buna-Schutzanzug wird z. Zt. überprüft und geht in den nächsten Tagen an Ob.Stabsing. Schickler zurück. Da durch die Anbringung einer Stauklappe im Führerraum bei auftretenden Undichtigkeiten keine Dämpfe mehr in den Führerraum kommen können, ist die Fertigung von gasdichten Brillen hinfällig. Es ist lediglich die normale Splitterschutzbrille notwendig, um bei evtl. Haubenwürfen gegen den scharfen Luftzug geschützt zu sein.

Höhenatemmasken:
Bei den Höhenflügen in Zwischenahn hat es sich gezeigt, daß mit den deutschen Jäger- oder Zerstörermasken ein Sprechen in grossen Höhen sehr schwierig und die Verständigung schlecht ist. Bei einer Notlandung eines amerikanischen Bombers im Frühjahr 1944 in Zwischenahn wurden 4 amerikanische Atemmasken dabehalten und auf deutschen Anschluß umgebaut. Es hat sich einwandfrei gezeigt, daß die amerikanische Atemmaske gegenüber der deutschen derartig grosse Vorteile besitzt, daß diese von den Flugzeugführern des E.-Kommandos gefordert wurde. Sie besteht aus derart gutem Gummi, der sich ganz fest an jegliche Gesichtsformen anpasst. Besonders an der Nasenwurzel, wo bei den deutschen Masken meist Luft beim Sprechen hinzukommt, ist in der amerikanischen Maske in den Gummi ein leichter Nasenklemmer eingegossen. Die Maske sitzt ausgesprochen gut und unbedingt dicht, auch bei ungünstigen Gesichtsformen. Ein Hauptvorteil der Maske ist, daß man in ihr sehr gut sprechen kann, da das Atemventil besonders leicht anspricht. Die vom Kommando damals gemachte Forderung nach einer ähnlichen deutschen Maske, wurde mit der Begründung abgelehnt, daß durch das leichtansprechende Atemventil zuviel Sauerstoff verbraucht würde. Da dies aber für die Me 163 mit ihrer kurzen Flugzeit in keinster Weise zutrifft, verblieb das Kommando auf seiner Forderung. Daraufhin wurde eine ähnliche Maske aus Buna hergestellt, die in den Formen fast der amerikanischen gleichkam, da sie aber aus Buna war, war sie überhaupt nicht zu vergleichen mit der Qualität der amerikanischen. Nebenbei lässt sich ein Nasenklemmer in Buna nicht einarbeiten. Das Kommando hat sich nun selbst geholfen. Es machte die Sammelstelle für erbeutetes E. und S.-Gerät ausfindig und stellte fest, daß dort in grossen Mengen diese amerikanischen Masken herumlagen, noch verschmutzt, so wie sie eben erbeutet wurden und dort ihrer Verschrottung harrten. Das Kommando liess sich 15 Masken ausliefern und baute sich dieselben um.

Das Kommando schlägt vor, eine amerikanische Maske in einer Me 109 oder Fw 190 zu erproben, ob wirklich der dort vorhandene Sauerstoff mit dieser Maske nicht ausreichen würde. Es ist schade, wenn solch wertvolles Material ungenutzt bleibt.

Personal:
Durch die Wiederaufnahme eines Me 163 Flugbetriebes in Karlshagen forderte die E.-Stelle Karlshagen beim Kommando der Erprobungsstellen namentlich 10 Mann an. Die anfordernde Dienststelle wusste sehr wohl, daß diese 10 Mann mit die besten Kräfte des Erprobungskommandos waren. Auf 2 Ferngespräche mit Herrn Major Großholz hin musste das Kommando 4 Mann, darunter 2 vorzügliche 1. Warte abgeben. Da das Kommando sowieso schon kaum mit seinen Leuten auskommt, musste es sich notgedrungen selbst Personal besorgen.

Diese 4 Mann wurden bei der Fliegertechn. Schule Faßberg angefordert und auch zugewiesen. Trotzdem vom Kommando erklärt wurde, daß es nicht im Stande ist, die anderen Leute abzugeben und Herr Major Großholz dies auch einsah, arbeitete die E.-Stelle Karlshagen selbständig weiter und beorderte die gewünschten aber nicht zugewiesenen Leute selbständig nach Karlshagen zurück. Der Kommandoführer erwartet, daß in Zukunft solche Personalwünsche an den Einheitsführer gerichtet, und nicht einfach die betreffenden Leute abkommandiert werden. Die Inmarschsetzung dieser Leute wurde nicht durchgeführt. Da sicherlich in Zukunft noch mehr Me 163-Spezialisten benötigt werden, macht das Kommando den Vorschlag, daß die E.-Stelle Karlshagen, bzw. Rechlin, von sich aus Leute anfordert oder nach Brandis zum Erprobungskommando zwecks Ausbildung [an] der Me 163 kommandiert, um dann im Bereich des K.d.E. ein gewisses Ressort an 163-Spezialpersonal zur Verfügung zu haben.

Dezember 1944

Monatsbericht (1)

Bestimmend für die Arbeiten im Monat Dezember waren der weiterhin empfindliche Mangel an J 2 R Betriebsstoff und das anhaltende schlechte Wetter. Da besonders viel Flüge in Zusammenarbeit mit der Messbasis anlagen, konnten auch die vorhandenen 17 Flugtage fast bis zur Hälfte ausgenutzt werden. Es standen zur Verfügung

9 Me 163 B
1 Do 217 (für 8 Tage)
4 Fw 190

Flugbetrieb:
a) Triebwerkerprobung
Es wurden durchgeführt an 9 Flugtagen 6 Triebwerkflüge und 4 Schleppflüge. Mit den 2 flugklaren Fw 190 wurden 20 Waffenerprobungsflüge durchgeführt.
Flugstörungen: Unfall der V 45 (Lt. Hachtel) am 24.12, siehe Anlage 2.

Gegen Mitte des Monats wurde die V 40 flugklar. Es zeigte sich aber schon vorher, daß die neu eingebaute Schwenkrüsselanlage technisch noch unvollkommen war. Daraufhin wurde sie wieder ausgebaut und befindet sich noch in Durcharbeitung bei der [Junkers-]Abteilung 700. Mit der V 14 wurden am 10.12. 2 Vollaststarts durchgeführt. Der erste Flug: Erfliegen der negativen Beschleunigung und ihre Auswirkung bei Zurücknahme des Schubes und beim Wiederanfahren. Die geforderten Bedingungen wurden erfüllt. Der 2. Flug: Steigflug auf 12.000 m bei unverändertem Vollschub; erreichte Höhe 15.100 m. Der Erprobungsträger war mit einem 10-fach-Schreiber ausgerüstet, der erstmalig zur Anwendung kam (Oszillograph mit Geber, Auswertung siehe Anl. 1). Es liegen genaueste Werte über Fluglage, Kammerdruck, Bahngeschwindigkeit, Steigen in m/sec. und Höhenangaben vor. Der Flugzeugführer, Obfw. [Friedrich] Oeltjen befand sich in körperlich bester Verfassung. Es sei aber betont, daß beim Kommando keinerlei Höhenanpassung und seit dem 30.5.44 keinerlei U.-Kammeraufstiege [Unterdruckkammer] gemacht wurden. Als Atemgerät wurde die vom Amt gesperrte amerikanische Höhenatemmaske benutzt, die beim E Kdo sich in etwa 60 Flügen trotz des angeblich nicht einwandfreien Ausatemventils bestens bewährte. Bei der Auswertung der Oszillographenwerte zeigte sich, daßß das Triebwerk selbständig von 20,6 atü Brennkammerdruck auf 16,9 atü abgefallen war, eine Tatsache, die von der techn. Seite aus besonders im Auge behalten werden muß. Dieser Umstand ist darauf zurückzuführen, daß bei dem geringen Schubhebelweg der 3. Stufe das Gasgestänge unter Spannung steht und beim Loslassen von selbst etwas zurückgeht. Diese Tatsache kann auch leicht zu einem Unfall führen. Der Flug bis auf 12.000 m war völlig normal. Der Flugzeugführer hielt bei Vollschub annähernd eine konstante Bahngeschwindigkeit. Beim Durchfliegen der 12.000 m Marke stellte der Flugzeugführer befehlsgemäß das Triebwerk ab. Da jedoch der Höhenmesser bei der hohen Steiggeschwindigkeit nachhinkt, wurde tatsächlich in 12.400 m abgestellt. Der Flugzeugführer ließ nun das Flugzeug ausschießen. Bei 13.600 m blieb der Höhenmesser stehen. Kurz danach empfand der Flugzeugführer ein leichtes Unwohlsein und ging darauf sofort in einer leichten Linkskurve zum Sturzflug über. Da inzwischen der Platz zugezogen war, stürzte der Flugzeugführer an seinem eigenen Kondens herunter und bekam in etwa 8000 m (ohne Schub) Machwarnung (rote Glühlampe) und anschliessend starkes Schütteln der Maschine. Beim Abfangen las er etwa 950 km/h ab (Höhenkompensierter Fahrtmesser). Das Unwohlsein des Flugzeugführers war sofort in etwa 12.000 m beseitigt. Es dürfte wohl der erste Flug in dieser Höhe ohne Druckkabine sein. Beim Enttanken stellte sich heraus, daß noch etwa 180 kg Restmenge vorhanden war. Die reine Triebwerklaufzeit war 4 Min. 13 Sek., die reine Flugzeit von 0 auf 15.000 m betrug 3 min 26 sec. Abschließend muß festgestellt werden, daß bei dieser Bahn- und Steiggeschwindigkeit der Steigwinkel ab 6000 m derart groß war, daß man fast keinerlei Horizont mehr sah und keinerlei Kontrolle über die Lage im Raum hatte. Nur der vorzüglichen Flugleistung des Ofw. Oeltjen ist es zu verdanken, daß er so auf diese Höhe gekommen ist. Nach Aussage des Uffz. Bartusch, E-Stelle Rechlin, wurde dort ein Gerät entwickelt, das genauen Steigwinkel und Lage im Raum angibt. Das E Kdo bittet um sofortige Zuweisung einen solchen Gerätes zwecks Einbau und Erprobung, da es für die [Ju] 248 vermehrt gefordert werden muß.

Leider ist auch im Monat Dezember kein weiteres A 2 Triebwerk eingetroffen, sodaß diese wichtige Erprobung des Gefälleanlassers und besonders des dazu gehörenden Gasgestänges nicht durchführbar gewesen ist. Auch ein Marschofentriebwerk, bezw. die dazu gehörigen Heckstücke sind noch nicht geliefert worden. Die seit August im Umbau befindliche Ju 88 zur Erprobung des C bezw. 248 Triebwerkes hat sich bis heute hinaus gezögert. Sie soll angeblich bis Anfang Januar klar werden. Es ist höchste Zeit, daß die Ju 88 zum Flugbetrieb kommt, da Ende Januar schon das erste V-Muster 248 zum Fliegen gelangt.

b) Riffel-Kufen:
Auf die Forderung des E K 16 nach Riffelkufen wurden von der Fa. Junkers serienmäßig 8 mm Riffelkufen zum Nachrüsten angeliefert. Seltsamerweise war[en] diese 8 mm Riffel in Flugrichtung hin durch ein etwa 6 cm breites Blech abgeschrägt, sodaß von Seiten des Kommandos eine Wirkung nicht erwartet wurde. Durch mehrere durchgeführte Landungen mit Ju-R und Ek 16-Riffeln wurde der Beweis erbracht, daß die von der Fa. Junkers angelieferten Riffeln fast denselben Reibungsbeiwert hatten, wie eine glatte Kufe. Daraufhin wurde von Junkers sofort die Änderung durchgeführt. Eine gegen Ende des Monats durchgeführte Landung mit einer 8 mm Riffel-Kufe zeigte den guten Wirkungsgrad. Trotz hartgefrorenen Bodens und etwa 4 bis 5 cm Pulverschnee wurde eine reine

Oberfeldwebel Friedrich Oeltjen

Friedrich „Fritz" Oeltjen kam am 7. April 1913 im oldenburgischen Astederfeld zur Welt. 1937 durchlief er die Ausbildung zum Lastenseglerpiloten, besuchte ein Jahr darauf die A/B-Flugschule in Magdeburg und 1939 die Jagdfliegerschule in Schleißheim. 1939 kam er zum JG 54. 1940 errang er bei der 7./JG 54 zwei Luftsiege („Blenheim" und „Spitfire"). Von 1941–1943 war er Fluglehrer an der Jagdfliegerschule Zerbst, wo er als Gruppenfluglehrer u. a. das spätere Jagdfliegerass Erich Hartmann ausbildete. Danach kam er wieder zum JG 54 und im September 1943 zum EKdo 16. Dort blieb er bis zur Auflösung im Februar 1945 und führte sämtliche Triebwerkserprobungen für die Hellmuth Walter KG durch. Er machte 56 Bodenstarts mit der Me 163, flog mit ihr aber nie einen Einsatz. In den letzten Kriegsmonaten flog er die Heinkel He 162, mit der ein Teil des JG 400 ausgerüstet werden sollte. Nach Kriegsende kam er in britische und amerikanische Gefangenschaft. Fritz Oeltjen war Träger des EK I und II sowie der Frontflugspange in Silber. Er starb 2005.

Die Aufnahme zeigt ihn nach dem 50. Erprobungsflug mit der Me 163, um den Hals das von den Kameraden angefertigte „Jubiläumsschild".

Rutschstrecke von 360 m gemessen, sodaß auch die Bedenken der Gruppe durch diese Tatsache beseitigt sind.

c) Dampferzeugersteine:

Durch die laufenden Schwierigkeiten mit den Dampferzeugersteinen [für Gefälleanlasser] hat das Kdo mit dem Entwickler, Dr. Demant, E.-Stelle Karlshagen, vereinbart, daß in Zukunft sämtliche von ihm entwickelten, neuen Steine sofort durch Kurier zum EK 16 abgesandt und in den Flugbetrieb eingeschleust werden. Anschließend gehen sie wieder zur Nachuntersuchung an Dr. Demant zurück. Das EK 16 hofft dadurch zu erreichen, daß in Zukunft vermieden wird, daß Steine, die angeblich im Labor so hervorragende Eigenschaften haben, im Flugbetrieb bei Weitem nicht die Bedingungen erfüllen, die von ihnen verlangt oder erwartet werden. Vielleicht ist es auch Dr. Demant möglich, schneller dahinter zu kommen, wieso der Flugbetrieb ganz andere Leistungen von den Steinen erwartet, wie sie im Laborversuch nachgeahmt werden.

d) Waffenerprobung:

Die im Auftrage vom General der Jagdflieger und vom Kommando der E-Stellen befohlene Senkrecht-Waffenerprobung in engster Zusammenarbeit mit der Fa. Hasag verlagerte sich durch J 2 R Mangel auf die zur Verfügung stehende Fw 190. Nachdem die im vorigen Monatsbericht erwähnten 2 cm Schrotschusskästen flugmäßig erprobt waren, ging das EK 16 dazu über, die reine Funktion der [elektro-optischen] Selen-Zelle nachzuweisen.

Zu diesem Zweck wurde als Erstes eine schußklare Me 163 auf das Rollfeld gestellt, etwa 20 m daneben in gleicher Höhe einige 2 cm Rohre aufgestellt. Daraufhin überflog eine Fw 190 in etwa 30 m Höhe die am Boden stehende 163. Es wurde tatsächlich ein Schuß ausgelöst, der vom Flugzeugführer der Fw 190 in gleicher Höhe seiner Fläche beobachtet wurde. Dieser Versuch wurde ein zweites Mal wiederholt. (7) Um das Auslösen in der Luft nachzuweisen, wurden in Ermangelung anderweitiger Unterstützung 2 Stangen von etwa 25 m Höhe am Rollfeldende aufgebaut und ein 40 × 1 m breites Tuch dazwischen gespannt; der Flugzeugführer sollten zwischen den beiden Stangen unter diesem Tuch hindurchfliegen. Als Vorversuch wurde die Fw 190 genommen. Das Durch- und Unterfliegen ging einwandfrei. Bei einem scharfen Schuß mit Handauslösung aus sechs 5 cm Röhren prallten die Rohre auf dem hartgefrorenen Boden wieder zurück und flogen in fast gleicher Höhe der Maschine hinterher. Dadurch war die Flugsicherheit sehr start gefährdet; der Versuch mit der 190 musste eingestellt werden.

Tatsächlich fanden die ersten Versuche mit der Fw 190 „Weiße 5" noch in Werneuchen statt. Sie wurden im Beisein von Fachleuten der Erprobungsstelle Tarnewitz mit der „Weißen 5" in Brandis fortgeführt.

Am 24.12.44, 14.00 Uhr wurde derselbe Versuch mit der V 45 durch Lt. Hachtel durchgeführt. Der Flugzeugführer stieg mit Halblast auf etwa 3000 m und flog von Westen nach Osten auf das Flugtor an. Da das Flugzeug erst gegen die Sonne flog und dann aus der Sonne nach Westen eindrehte und dabei gleichzeitig zum Sturzflug überging, muß ein starker Flächenschatten auf die Selenzelle geworfen worden sein. Durch den starken Lichtunterschied sprach die Selenzelle in etwa 300 m an und die Schüsse gingen vorzeitig los. Dabei wurde durch den Mündungsdruck das Kabinendach zertrümmert und der völlig überraschte Flugzeugführer bekam dabei einen harten Schlag gegen den Kopf. Noch benommen setzte er gegen die Sonne bei schlechter Sicht zur Landung an. Bei der Landung wurde das Flugzeug 40 % beschädigt, der Flugzeugführer erlitt starke Rückgrat- und Beinverstauchungen. Erläuterungen über den Unfall sind im beiliegenden Ergänzungsbericht gegeben [hier nicht abgedruckt, da fehlend.]

Leutnant August Hachtel schrieb in seinem Bericht (Rückübersetzung): (8) *„Am 24. Dezember startete ich zur Erprobung der Flugzeugbewaffnung der Me 163 B V45 um 14.30 Uhr. Nach Verbrauch des Treibstoffs ging ich in den Sturzflug Richtung Flugplatz, wo in 300 m Höhe die Waffen vorzeitig auslösten. Wegen der durch die tiefen Temperaturen erzeugten Spannungen zerbrach die Kabinenhaube. Ich erhielt einen harten Schlag auf den Kopf und war benommen. In diesem Zustand zog ich hoch und kurvte zur Landung ein. Da ich wegen feiner Trümmer in den Augen und geblendet von der Sonne nicht mehr richtig sehen konnte, war mein Landeanflug zu hoch, weshalb ich zur Verringerung der Höhe in eine leichte Kurve ging. Ich konnte das Flugzeug nicht mehr abfangen und kam auf dem hartgefrorenen Boden hart auf. Die Maschine machte zwei etwa 10 m hohe Sprünge und kam nach kurzer Rutschstrecke zum Halten. Ich schaffte es gerade noch, aus eigener Kraft auszusteigen. Später ging mir auf, dass ich die Maschine nicht schwanzlastig getrimmt hatte."*[4]

Auf kurz nach Kriegsende in Brandis entstandenen Aufnahmen von der Me 163 B V45 lassen sich weder eingebaute „Jägerfaust"-Vorrichtungen noch Schäden vom Unfall Hachtels erkennen.[5] Sehr wahrscheinlich war die „Jägerfaust" ausgebaut und die Maschine wieder repariert worden, zumal Fl.-Ing. Harald Kuhn mit der B V45 am 8. April 1945 wieder einen Erprobungsflug unternahm.

Nun wieder zum Monatsbericht Dezember, der sich allerdings mit der widersprüchlichen Aussage fortsetzt, dass das EKdo 16 die Fw 190 weiterhin zur „Jägerfaust"-Erprobung einsetzte.

Inzwischen wurden die 5 cm Versuche auf der Fw 190 fortgesetzt. Anfangs wurde auch bei dieser Maschine durch den Mündungsschlag das Kabinendach zertrümmert bezw. beschädigt. Durch das weiter nach außen Verlegen der Rohre und Einsetzen eines Verzögerungszünders wurde dieser Mangel beseitigt. Die letzten Erprobungsflüge laufen z. Zt. noch. Nach Rücksprache mit Herrn Dr. Langweiler, Fa. Hasag, hat die Fortsetzung der 2 cm Schrotschußkästen-Entwicklung keinen Sinn, da der Aufwand größer ist und der Erfolg mit der 5 cm Waffe weitaus besser sein wird. Es wurde vorgeschlagen, die 5 cm Rohre in die Flächen der Me 163 so einzusetzen, wie bei der Fw 190. Die statischen und aerodynamischen Vorklärungen wurden durch den Kommandoführer bei der Fa. Junkers selbst getroffen. Der Vorschlag von Hptm. Thaler, die Funktion der Selenzelle und die Trefferergebnisse dadurch nachzuweisen, daß man dasselbe 40 × 1 Meter Tuch in etwa 200 bis 300 m Höhe zwischen 2 Sperrballone aufhängt, wurde von der Fa. Hasag sofort aufgegriffen. Ende Dezember wurden dem E Kdo. 4 Stück 200 cbm Sperrballone mit kompl. Besatzung zugewiesen. Das Gerät und Personal ist inzwischen eingetroffen. Die Versuche werden im ersten Drittel des Monat Januar durchgeführt. Auf eine ähnliche Art und Weise könnte man Jagdschüler vorzüglich im Luftschießen schulen, indem man bei etwas mehr Tragfähigkeit der Ballone eine leichte naturgetreue Stoffattrappe aufhängt und die Flugschüler gegebenenfalls mit Zerlegermunition darauf schießen läßt. Vor allen Dingen wäre ein Entfernungsverschätzen sehr leicht festzustellen.

e) Funkerprobung:

Der Ausbau der Gerätestellung wurde trotz großer Schwierigkeiten mit eigenen Mitteln fortgesetzt.

1.) Verfahren „Moselland" ist zur Erprobung fertiggestellt. Notwendige Sprecheinrichtungen und Werteleitungen wurden erstellt. Die ungünstige Wetterlage ließ bisher die Durchführung der Erprobungsflüge mit Leitstrahl- und Mosellandführung nicht zu.

2.) Eine Leitstrahlanlage für Fu.G. 16-Bereich wurde betriebsmäßig fertiggestellt. Die Bodenvermessung und Erprobung zeigte einwandfreies Arbeiten. Leitstrahlbreite 3,5 bis 4,0. Die Reichweite wurde in der Arbeitsrichtung wesentlich vergrößert (durch Anwenung von Rückstrahlreflektoren). Die Bodenversuche ergaben einwandfreie Kursanzeige in den Leitstrahlkanten auch bei starker Schräglage der Empfängerantenne; damit ist der Strahl kurvensicher. Klick ist nicht feststellbar.

Technischer Aufbau:

Als Sendeantenne wurde die normale Y-Peilantenne H II mit Schleifringkörper verwendet. Es waren lediglich in den Reflektorkästen je ein Punkt- und Strichrelais mit Schiebespule (Baumuster AFFA 2) einzubauen und Mitteldipol um 25 cm je Hälfte zu kürzen. Als Sender wird der normale netzbetriebene Y-Sender benutzt. Hierdurch ist es möglich, einen vollwertigen Sprech- und Messbetrieb durchzuführern. Durch einen Klinkenumschalter vom IIo-Platz kann die Betriebsart gewählt werden:

1) Normal = Leitstrahlführung

2) Strahlsprechen = Sprechen, Stichdiagramm von etwa 12° Breite mit großer Reichweite-

3) Rundsprechen = normaler Rundsprechbetrieb.

Als Tastfrequenz kann wahlweise die Messfrequenz von 3 Khz oder eine Frequenz von 800 Mz. geschaltet werden. Aufbau E-Meßstelle erfolgt wie üblich. Genaue Darlegung des Aufbaues und der einsatzmäßigen Handhabung erfolgt bei Durchführung der Probeflüge.

3.) Eine Fw 190, die zur Senkrecht-Waffenerprobung benutzt wird, wurde gleichzeitig mit Kurs- und Durchstoßanzeigegerät ausgerüstet.

4.) Eine verbesserte Freya-Bakenantenne wurde in Betrieb genommen.

Allgemeines:

a) L-Akte werksneuer Flugzeuge.

Am 11.12.44 wurde das Flugzeuge Werk-Nr. 191 094 werksneu dem Kdo angeliefert. Nach der Aufrüstung war eine Umrüstung auf Marschkammertriebwerk vorgesehen. Inzwischen hatte sich jedoch die Fluguntüchtigkeit des Flugzeuges, die seine Zulassung bis 750 km/h beschränkte, herausgestellt. Dieser Mangel machte die Rückgabe des Flugzeuges an die Industrie erforderlich (Abgabe am 19.12. an Junkers-Erprobungs Abtlg. 700). Die L-Akte, die einen den Mangel aufzeigenden Vermerk enthielt, ging erst am 31.12. beim Kdo. ein. Zur Vermeidung unnötigen Aufwandes an Arbeitszeit und Werkstoff ist zu fordern, daß mit den angelieferten Flugzeugen auch die zugehörigen L-Akten eingehen und sofort eine aktenmäßige Erfassung aller Betriebssparten möglich ist.

b) Betriebsstoffe:

Als vorläufiges Ergebnis der beim Kdo. durchgeführten Behältererprobung ist festzuhalten, daß ein Behälterschutz weniger im Hinblick auf den Behälterwerkstoff zu treffen ist, als vielmehr zum Schutze des getankten Betriebsstoffes. Erosion der Behälterwandungen war zwar zweifelsfrei nachzuweisen, jedoch erreichte sie in keinem fall Ausmaße, die eine besondere Gefahr bedeutet hätten. Die Untersuchung des getankten J 2 R führte zu dem Ergebnis, daß sich der Stoff in lackierten Behältern am besten erhält, während das Oxinverfahren zu einer weitaus geringeren Beständigkeit (infolge Begünstigung des Ausfalls von KR 20) führt. Z. Zt. werden die Versuche als Standversuche fortgeführt. Im Anschluß an diese Versuchsreihe wird zusammenfassend über das Ergebnis der Behältererprobung berichtet werden. Die vorläufigen Ergebnisse sind in einem Zwischenbericht zusammengestellt worden und sind allen interessierten Stellen zugegangen. In einer hier abgehaltenen Besprechung wurde die Dienstanweisung für den Flugbetriebsstoff-Prüfingenieur festgelegt und eine Erörterung aller einschlägigen Fragen getroffen.

c) Personal:

Falls eine weitere Einschränkung in der Verwendung von technischem Personal erforderlich werden sollte, wird der Einsatz von weiblichem Hilfspersonal vorgeschlagen, und zwar als:

Flugzeugmechaniker	4
Elektriker	2
2. Warte für die Me 163	10
Feinmechaniker	2
Maler	1
R.- u. S. Warte	2
Sattler	1
Waffenwarte	5
Lagerpersonal	2
Meßbasis (Zeichner)	2
Insgesamt	30

Es ist allerdings darauf hinzuweisen, daß mit der Einstellung von 30 weiblichen Hilfskräften nicht eine gleich große Anzahl von Angehörigen des technischen Personals freigestellt werden kann, da erfahrungsgemäß der Arbeitsausfall (Krankheit, Waschtage, Sonderurlaub) bei weiblichen Kräften höher in Rechnung zu stellen ist. Voraussetzung bleibt fernerhin, daß die Hilfskräfte entspr. des vorgesehenen Einsatzes umgeschult sind und eine genügende Einweisung erhalten können.

Januar 1945

Monatsbericht (1)

Die Erprobung im Monat Januar war durch weitere hinzukommende Schwierigkeiten, ausser dem Mangel an J2R, gekennzeichnet. Besonders der in den ersten Tagen des Monats bekanntgegebene sofortige Anlauf der Serienproduktion wirkte sich auf die gesamte 163-Arbeit sehr stark hemmend aus, da der grösste Teil der zuständigen Amtsstellen und die Industrie den Befehl völlig anders ausgelegt hatten und dadurch schlagartig bei sämtlichen beteiligten Dienststellen die Meinung vorhanden war, dass die 163 getötet sei.

Besonders schwierig ist die Lage in der Heranschaffung von neuem Erprobungsgerät. Durch die vorübergehende kritische Lage im Osten und die einschneidenden Massnahmen der Reichsbahn, kommen einzelne Teile einfach nicht heran. Von dem in der 2. Januar-Woche einlaufenden J2R wurden über 2000 kg der Firma Telefunken zur Verfügung gestellt, um die Erprobung zügig und geschlossen bei günstiger Wetterlage durchführen zu können. Herr Dr. Schirrmacher der Firma Telefunken gab jedoch an, dass er nicht in der Lage sei, bei der derzeit herrschenden angeblichen Schlechtwetterlage hier nun zu warten bis gutes Wetter wird und fuhr nach Berlin zurück. In den ersten 3 Wochen war nachweislich mindestens an 7 – 8 Tagen einwandfreies Flugwetter für diese Funkführungseprobung. Firma Telefunken erschien jedoch nicht in Brandis. Ende des Monats wurde uns durch Stabsing. Vogel, Chef TLR/F1-E4 fernschriftlich mitgeteilt, dass die Moselland-Funkerprobung sofort einzustellen sei. Am nächsten Tag waren schon die Firmenvertreter hier und bauten die Geräte aus. Das E-Kdo. weist darauf hin, dass Erprobungsaufträge oder Abstoppen von Erprobungsaufträgen nur vom Kommando der Erprobungsstellen befohlen werden können.

Auf Anweisung des Kommandos der Erprobungsstellen wird auf Grund des verfrühten Auslaufs der Me 163 B das Hauptgewicht der Erprobung auf die Funkführung, Waffen-, wie Triebwerkserprobung gelegt, als Vorarbeit für die [Me] 263 [od. Ju 248].

Flugbetrieb:

Es standen zur Verfügung 9 Me 163 B, 1 Do 217 und 4 Fw 190.
Es wurden durchgeführt: 6 Triebwerkstarts und ein Schleppflug, 3 Ft-Flüge [Funkführung] mit einer Fw 58 der J.G. 400 und 16 Flüge mit der Fw 190 für Senkrechtwaffen-Erprobung.

Flugstörungen:

Am 10.1.45 fiel die Me 163 B Werk Nr. 191130 infolge Hindernisberührung bei der Landung aus. (80 % Bruch). Flugzeugführer Ing. Uffz. Kuhn unverletzt.

Am 22.1.45 ging V 30 durch Führungsfehler bei der Landung 75 % zu Bruch. Flugzeugführer Oberleutnant Wagner tot.

Neuzuweisung:

Für die im Dezember–Januar ausgefallenen 3 V-Muster wurde Ersatz angefordert. Die schriftliche Zuweisung ist inzwischen eingetroffen. Wann allerdings mit dem tatsächlichen Eintreffen der Maschinen zu rechnen ist, kann nicht übersehen werden. Das Kommando weist nochmals darauf hin, dass es mit den zur Zeit zur Verfügung stehenden Erprobungsträgern nicht auskommt, da bei der Anfälligkeit der Me 163 für wichtige Erprobungen immer 2 Erprobungsträger zur Verfügung stehen müssen.

Von dem im Monat Dezember schriftlich zugewiesenen 10 A2-Triebwerken sind bisher 5 beim Kommando in der letzten Woche eingetroffen. Die zugehörigen Ejektoren sind nachgeliefert und werden nachgerüstet. Die Triebwerke können erst Anfang bis Mitte Februar in Betrieb genommen werden, da durch Unfall v. 6.1.45 die Gefälleanlasser gesperrt sind. Neue V2A-Gefälleanlasser sind auf dem Wege nach Brandis. Die Marschofentriebwerke konnten bisher nicht in Flugbetrieb genommen werden, da auch im Monat Januar keines der bisher zugesagten Heckstücke für Marschofentriebwerke angeliefert wurden. Die in Berlin-Staaken zum Umbau stehende Ju 88 zur Triebwerkserprobung 262 war auch im Monat Januar noch nicht fertig. Nach endgültiger Zusicherung soll sie in den ersten Tagen des Februar abholbereit sein. Die Do 217 kam Mitte des Monats nach Staaken zurück. Das Triebwerk wurde gegen ein Sondertriebwerk mit Schubmessanlage ausgetauscht.

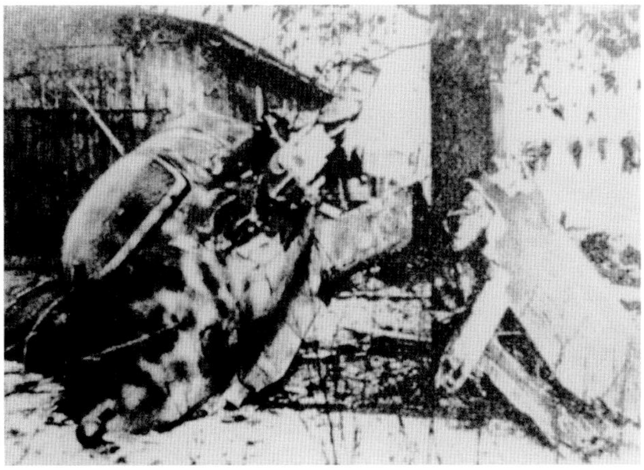

Trotz anders lautender Angabe im Monatsbericht Januar des EKdo 16 trug Fl.-Ing. Harald Kuhn (rechts) bei der Bruchlandung mit der Me 163 W.Nr. 191130 am 10. Januar 1945 Verletzungen davon. Nach Hindernisberührung (Baum) wurde die Maschine beim Aufsetzen zu 80 % beschädigt. Nach seiner Genesung führte Kuhn beim JG 400 weiter Erprobungsflüge durch und unternahm am 10. April 1945 mit der B V40 (C1+03) vielleicht sogar den letzten Me 163-Flug in Brandis. Es ging um eine Triebwerksprüfung. An jenem 10. April schoss Leutnant Fritz Kelb über Leipzig mit der „Jägerfaust“ einen britischen „Lancaster“-Bomber ab (siehe Berichte Kuhn und Kelb Kapitel 7 S. 252).

Oberleutnant Gottfried Wagner kam am 22. Januar 1945 bei einem Unfall mit der Me 163 B V30 (C1+02) ums Leben. Vor der Kommandierung zum EKdo 16 im August 1944 war er bei der 3./Bordfliegergruppe 196 geflogen und außerdem an der Erprobung des Hubschraubers Flettner Fl 282 beteiligt gewesen.

Der erwähnte Unfall am 6. Januar 1945 trug sich bei einer Triebwerkstandprüfung der Me 163 B V40 (C1+03) zu. Kurz nach dem Ausspülen des Triebwerks mit Wasser explodierte der Gefälleanlasser, wobei abgesplitterte Teile die 10 cm dicke Betondecke der 15 m hohen Flugzeughalle durchschlugen. Oberprüfmeister Gründler, Unteroffizier Pützer und der Obergefreite Bickert erlitten Verbrennungen durch T-Stoff. (9)

Funkerprobung:

Der zur Führung der Me 163 aufgebaute Leitstrahlsender arbeitet wie angestrebt einwandfrei. Die Drehantenne steht oberhalb des Seeburgtisches und ist unmittelbar vom Seeburgtisch aus einstellbar. Bedienungspersonal entfällt hierdurch, ebenso jeder Zeitverlust. Die Bodenvermessung ergab Eindeutigkeit des Leitstrahls, gute Seitenkennung, Strahlbreite je nach Frequenz 3,5 – 4,5°.

Flugerprobung:

Die Flugerprobung stiess infolge der schlechten Wetterlage, Maschinenschäden und Mangel an J2R auf erhebliche Schwierigkeiten. Es wurden 3 Flüge mit einer Fw [58] »Weihe« durchgeführt. Ergebnis: Die ersten beiden Flüge ergaben genaue Lage des Leitstrahls bei einer Breite von 4°, gemessen bei einem Ausschlag des AFN2 von 1-Zeigerbreite. Bei einer Abweichung von 10° vom Sollkurs trat ein Ausschlag von 10 mm auf. Der Strahl wurde bis auf eine Entfernung von 55 km in 800 m Höhe ausgeflogen. Lautstärkeabnahme trat hierbei nicht auf. An den Strahlkanten war auch in starker Kurvenlage keine Zeichenbeeinflussung festzustellen. Nach Umschaltung des Bedienungsgerätes auf »Rückflug« konnte ein Hakenanflug wie bei AFF durchgeführt werden. Der Sender wurde in etwa 200 m überflogen. Kurszeichen kamen noch unmittelbar über dem Sender, dabei war die Überfliegung infolge Trillern des Bakentones (Übersteuerung) während 3 Sekunden deutlich erkennbar. Nach dem 2. Flug wurde die Empfindlichkeit der Anzeige gesteigert

Die Me 163 A V10 (CD+IO) mit 24 R4M-Raketen (Attrappen) unter den Flächen. Die Ausrüstung mit dieser Waffe wird Oberleutnant Adolf Niemeyer zugeschrieben; die Versuche begannen in Udetfeld und wurden beim EKdo 16 in Brandis bis zu dessen Auflösung im Februar 1945 fortgeführt.

und ein 1700 Hertz-Filter zur Aussiebung des Durchstossfunkfeuers im Bedienungsgerät eingebaut.

3. Flug: Die Anzeigeempfindlichkeit war zu gross. Das Durchstossfunkfeuer arbeitete akustisch und optisch (Glimmlampe im AFN2) gut. Der Platz wurde in etwa 300 m Höhe in verschiedenen Richtungen überflogen. Die Durchstosszeichen setzten bereits bei einer Entfernung von 6 km vom Standort des Senders ein. Das Rollfeld war jedoch durch rasch zunehmendes An- und Abschwellen der optischen und akustischen Anzeige deutlich erkennbar. Das Überfliegen des Durchstossenders wurde durch starkes tonloses Tasten bei voller Glimmlampenanzeige gut wahrgenommen.

Nach dem 3. Flug wurde die Kursempfindlichkeit entsprechend herabgesetzt. Arbeiten zur besseren Bündelung des Durchstossdiagramms sind im Gange. Weitere Flüge sind vorbereitet, insbesondere Zielanflüge mit Me 163, konnten jedoch wegen Wetterverschlechterung noch nicht durchgeführt werden.

Die Ausrüstung der Einsatzmaschinen des J.G. 400 mit Kursweiserzusätzen konnte bisher nicht erfolgen, da die durch E-Stelle Rechin, E 4 zugewiesenen AZS bisher nicht eintrafen.

Waffen-Erprobung:

Nach den im vorigen Monat gemachten Erfahrungen, dass bei grösserer Kälte grösstenteils die Kabinenscheiben der Fw 190 wie 163 durch den Mündungsdruck zerstört wurden, musste ein neuer Weg gesucht werden. Es stellte sich heraus, dass es lediglich an der Zündart lag. Durch die Anwendung eines Exaktzünders trat zu dem normalen Mündungsdruck ein Gasschlag hinzu. Durch die Firma Hasag wurde eine ganz geringe Verzugszündung [3/1000stel Sekunden] eingeschaltet, ausserdem wurde der Abstand zwischen Kabine und Waffen etwas vergrössert. Seitdem schiessen bei der Fw 190 die Waffen einwandfrei. In 16 Flügen wurde die Waffenerprobung durchgeführt.

Schwierigkeiten:

Es stellte sich heraus, dass das optische Auge bei vollaufendem Motor laufend ansprach. Zur besseren Sichtbarmachung für den Flugzeugführer wurde im Gerätebrett eine Glühlampe angebracht. Diese verlischt kurzzeitig, wenn die Selen-Zelle einen Impuls abgibt. Auf die Art und Weise sieht der Flugzeugführer laufend, ob und wie sein optisches Auge anspricht.

Die inzwischen aufgebauten Sperrballone haben sich gut bewährt, allerdings ist eine grosse Schwierigkeit, dass bei starkem Wind die Ballone nicht hochgelassen werden können und die Tragfähigkeit der 200 cbm-Sperrballone gering ist. Im gedrosselten Flug (etwa mit 350–400 km/h) wurde ein 25 × 3,20 m grosses Tuch in 20 – 40 m Entfernung unterflogen. Bei 3 Flügen wurden insgesamt 12 Schuss abgegeben und ergaben 12 Treffer. Die Hauptarbeit des Sachbearbeiters der Hasag, Herrn Dr. Hoffmann [bisherige Schreibweise: *Hofmann*], war nun in mühevollen, komplizierten Untersuchungen das fehlerhafte Ansprechen des optischen Auges festzustellen. Es hat sich gezeigt, dass das Opta-Gerät nicht erschütterungsfrei war. Die Bemühungen des Kommandos, das angeblich einwandfrei arbeitenden AEG-Gerät zu bekommen, blieben bisher vergeblich. Es ist abschliessend dazu zu sagen, dass sich die enge Zusammenarbeit zwischen dem EK 16 und der Firma Hasag bestens bewährt hat. Wenn sich im Flugbetrieb Störungen zeigten, die an Ort und Stelle nicht erledigt werden konnten, fuhr Herr Dr. Hoffmann umgehend zu seiner Firma und beseitigte die Störungen oft über Nacht, um am nächsten Tage wieder beim Flugbetrieb zu sein.

Der derzeitige Stand ist folgender, dass die Waffen einwandfrei schiessen und auch treffen. Es kommt lediglich darauf an, in kürzester Zeit mit allen zur Verfügung stehenden Mitteln das Opta-Gerät oder irgend ein anderes optisch-auslösendes Gerät Truppenreif zu machen. Auch nach Ansicht des Geschwader-Kommodores der J.G. 400 [Major Wolfgang Späte] ist die Senkrechtbewaffnung mit optischer Auslösung die einzig erfolgversprechende Waffe für Hochgeschwindigkeitsjäger. Der Aufwand ist äusserst gering und die fliegerische Bedingung auf das Können der Masse der heutigen Flugzeugführer abgestimmt.

Nach dem reinen Funktionsnachweis in der Fw 190 wurden 8 × 5 cm-Rohre in die Flächen einer Me 163 eingebaut. Der erste Flugversuch und Abschuss erfolgt in den ersten Tagen des Februar.

Waffenerprobung R4M:

Auf Befehl von General der Jagdflieger bezw. Kommodore der Ergänzungsgruppen wurde der in Udetfeld begonnene Einbau von 24 R4M-Raketen in waagerechter Aufhängung unter den Flächen zum Schuss nach vorne vom EK 16 übernommen. Die Einbauten an einer Me 163 stehen kurz vor der Vollendung. Auch diese Waffe scheint sehr erfolgversprechend. Gegebenenfalls lässt sie sich mit der Senkrechtbewaffnung koppeln.

Einbau EZ 42:

Der Einbau der Anlagen EZ 42 [Eigen- und Zielgeschwindigkeitsgesteuertes Visier 42; Kreiselvisier EZ 42] wurde von einem Sonderkommando der Firma Askania in Verbindung mit der E-Stelle Tarnewitz durchgeführt. Am 10.1. ging die Erprobungsmaschine [Me 163 W.Nr. 191130] 80 % zu Bruch. Der Einbau musste nochmals in eine andere Maschine vorgenommen werden. Die Flugerprobung erfolgt in den nächsten Tagen.

Kälteerprobung:

Um Erfahrungen über den Einfluss der Kälte auf den Anlassvorgang der Triebwerke zu bekommen, wurde ein betanktes Flugzeug mehrere Tage über im Freien abgestellt (tiefste erreichte Temperatur: – 7°). Die in regelmässigen Abständen wiederholten Anlassversuche führten in jedem Falle zum Erfolg. An dem im Freien aufgestellten Prüfstand wurde die Eignung verschiedener Getriebeöle für den Winterbetrieb untersucht. Das vorgesehene Getriebeöl der Wehrmacht E 8 erwies sich dabei als ausreichend kältebeständig und ermöglichte in jedem Falle ein Anfahren des Triebwerkes. Die hier im Einvernehmen mit der E-Stelle Rechlin durchgeführten Anwärmversuche an betankten Flugzeugen ergaben zum Teil irreführende Ergebnisse. Geeignete Massnahmen liessen sich leicht ins Auge fassen, wenn die Abkühlungskurve für T-Stoff hätte festgelegt werden können. Dazu wären jedoch umfassende Kälteversuche erforderlich (Kältekammer), da die normalerweise auftretenden Kältegrade nur in seltenen Fällen eine ausreichende Temperaturdifferenz umspannen.

Sondermessgeräte:

Aus den Auswertungen der bisher vermessenen Erprobungsflüge lassen sich insbesondere bei Dosengeräten (z.B. Höhenmessung, Fahrtmessung) Schwierigkeiten erkennen, die mit den besonderen Flugleistungen der Me 163 im Zusammenhang stehen (Steigleistung, hohe Steiggeschwindigkeit, Bahngeschwindigkeit). Sie machen sich in erster Linie in einem zeitlichen Nachhinken der erzielten Messergebnisse bemerkbar. Die gewonnenen Ergebnisse lassen eine Entwicklung von in grossen Höhen hinreichend genau messenden Geräten (Abhängigkeit der Dosengeräte von der Höhe) angezeigt erscheinen. Der Geber für die Höhenmessung beim Erprobungsflug am 10.12.44 wurde bei der Firma Askania – Berlin nachgeeicht. Die mit 15.100 m angezeigte Gipfelhöhe fand dabei ihre Bestätigung, ihr zeitliches Nacheilen ist jedoch unverkennbar. Um von einer konstruktiven Korrektur an Hand anderer gemessener Werte unabhängig zu sein, soll versucht werden, aus dem Vergleich der oszillographischen Messung zur optischen vom Boden aus (Messbasis) einen Korrekturfaktor herleiten zu können. In gleicher Weise sollen die im Fluge gemessenen Bahn- und Steiggeschwindigkeiten mit Hilfe der optischen Messung überprüft werden. Die nicht nach dem Dosenprinzip arbeitenden Geber liefern zweifelsfreie Messergebnisse.

Betriebsstoffe:

Anfang Januar kam nacheinander J2R in Brandis an. Es entstanden Schwierigkeiten dadurch, dass bis heute der Fliegerhorst Brandis noch keine J2R-Stofftankanlage besitzt und die [unleserlich; gemeint sind wahrscheinlich Eisenbahn-Tankwagen] sofort enttankt werden müssen. Das Kommando wie die Truppe halfen sich nur, indem sie allen verfügbaren Tankraum (Tankwagen und Flugzeuge) ausnützten. Stoffmässig begründete Schwierigkeiten lagen in der Berichtszeit nicht vor.

Katalysatorsteine:

Die zunächst in Prüfstandversuchung in Erprobung genommenen neuen Zersetzersteine D 97 und D 99 werden inzwischen im laufenden Flugbetrieb eingesetzt. Eine Beurteilung kann erst nach entsprechender Betriebszeit gegeben werden; mit einer minderen Leistung dürfte jedoch nicht zu rechnen sein.

Behälterkorrosion:

Zur Frage der Behälterkorrosion wurden die der zu Bruch gegangenen Fläche von C1+02 (V 30) entnommenen J2R-Behälter aufgeschnitten. Das Flugzeug stand von Juli 1944 bis Januar 1945 im laufenden Flugbetrieb. Die Behälter sind in dieser Zeit nicht gewechselt worden. Es liegt somit eine den tatsächlichen Betriebsverhältnissen entsprechende Dauererprobung vor. Die Behälter zeigen Korrosion, die nach oberflächlicher Untersuchung auf die Oberfläche beschränkt bleibt und an keiner Stelle zu gefährlichen Anfressungen geführt hat. Proben dieser Behälter sollen allen interessierten Stellen zugeleitet werden. In gleicher Weise wird die Untersuchung auf den T-Stoff-Behälter des Flugzeuges ausgedehnt. Zur Erprobung wurden von der Fa. Raspe Cottonidbehälter angeliefert. Es handelt sich absprachegemäss um durchzuführende Tastversuche, die grundsätzlich eine Verwendbarkeit dieses Werkstoffes für T- bezw. C-Stoff klarstellen sollen. Je nach Ausfall dieser Vorversuche wäre gegebenenfalls die Weiterentwicklung auf diesem Gebiete der E-Stelle zu übertragen.

Personal:

Auf Befehl des K.d.E. wurden im Januar Flieg. Ing. Krahl, Hochfrequenztechniker Schurig und Flieg. Obering. Rink an die E-Stelle Karlshagen abgegeben. Nach Rückkehr von einer Dienstreise teilte Dipl. Chemiker Steindl des E-Kommandos mit, dass Herr Stabsing. Weigand[6] ihm mitgeteilt habe, dass er und die Schreibkraft Jasper sofort wieder nach Karlshagen zurückkehren sollten, da die gesamte technische Erprobung der 263 in Karlshagen stattfinden würde. Dazu stellt das Kommando fest: 1. werden solche personellen Veränderungen nur nach vorheriger Rücksprache mit dem Kommando der Erprobungsstellen und dem Kommandoführer selbst vorgenommen und 2. läuft die Erprobung 263 aller Wahrscheinlichkeit nicht vor Monat März an. Bis dahin geht beim EK 16 der gesamte Erprobungsbetrieb verstärkt weiter. Es kommt auch schon aus diesem Grunde eine Abgabe von Spitzenpersonal nicht in Frage. Vor über zwei Monaten machte das Kommando darauf aufmerksam, dass es nicht möglich ist, bei der beschränkten Anzahl von Fachkräften auch noch einen grösseren Teil an Personal an die E-Stelle Karlshagen abzugeben, noch dazu, wenn die E-Stelle sich schlauerweise immer die besten Leute namentlich bei K.d.E. anfordert. Vom Kommando wurde bei Herrn Major Großholz der Vorschlag gemacht, da demnächst sowieso ein Bedarf an Me 163 Spezialpersonal eintreten wird, dass aus dem Personalbestand des K.d.E. bezw. der E-Stelle Karlshagen, Leute zum E-Kommando kommandiert werden sollen, um dort ihre Spezialausbildung zu erhalten. Ein diesbezügliches Fernschreiben wurde vom K.d.E. an die E-Stelle Karlshagen, nachrichtlich an das E-Kdo. herausgegeben. Bis heute ist nicht ein einziger Mann auf diesem Wege eingetroffen. Sicher ist aber, dass jetzt laufend von der E-Stelle Karlshagen Personal vom E-Kdo. abverlangt wird. Das Kommando bittet die personelle Frage von diesem Gesichtspunkt aus nochmals zu überprüfen.

Schnellaktion Prof. Gladenbeck:

Die zunächst in Sagan aufzustellende Erprobung „Gladenbeck" ist inzwischen durch die Ereignisse im Osten nach Brandis verlegt und dem E-Kdo. zugeteilt worden. Der vorher hierfür bestimmte Kommandoführer, Herr Hauptmann Baumgart, ist nach Rechlin zurückgekehrt. Die für die Erprobung vorgesehenen Flugzeuge – 3 Me 163, 1 Me 262, 1 He 111, 1 Ju 88 und 1 Hochleistungssegelflugzeug – sind inzwischen eingetroffen und stehen voll zur Verfügung. Es hat sich allerdings gezeigt, dass die Schnellaktion Gladenbeck weitaus grössere Formen annimmt, als es vorher aussah. Zu den etwa benötigten 20 Mann Bodenpersonal kommen etwa 20 Mann von verschiedenen Firmen. Es handelt sich durchweg um Entwicklungsingenieure der Hochfrequenz und Akustik. Es sind die Firmen Telefunken, Patin, Lorenz und AEG, sowie die Physikalisch-technische Reichsanstalt und die technische Hochschule Braunschweig vertreten.

Flugzeugführer können alle vom EK 16 gestellt werden, bis auf den Flugzeugführer der Me 262. Da das Kommando aber über vorzügliche Flugzeugführer verfügt, wäre es ein Leichtes, zwei davon auf E-Stelle Rechlin zu kommandieren, um sie auf 262 umzuschulen. In den nächsten Tagen, wenn alle Firmenvertreter eingetroffen sind, wird ein Erprobungsprogramm aufgestellt. Die Dauer wird etwa 3–4 Monate sein.

Die amerikanischen und britischen Nachrichtendienste meldeten im April 1945: „*Gegen Ende Februar kam eine Anzahl Fachleute aus der Wissenschaft nach Brandis, um dort unter dem Sammelbegriff Arbeitsgemeinschaft 9 in drei Gruppen unter einem Professor Gladenbeg* [sic] *zu arbeiten. Diese Expertengruppe stand in Brandis in Verbindung mit einer Flugerprobungseinheit unter dem Befehl von Hauptmann Baumgart, die angeblich Versuche mit Raketengeschossen und unbemannten Flugzeugen durchführen sollten. Die Einheit führte Me 163, Me 262, Fw 58 und Fw 190 im Bestand.*“ (10)

Adolf Niemeyer: „*Im Februar 1945 unternahm ich mit einer Me 163 verschiedene Messflüge für die Entwicklungsgruppe Professor Gladenbeck, die akustische Zielsuchgeräte zur Bekämpfung von Feindflugzeugen entwickelte. Bei einem dieser Flüge entging ich dem Tod nur knapp, was ich einer Flak-Batterie zu verdanken hatte, die kurz vor Beginn der Erprobungen in Brandis Stellung an den Flugplatzrändern bezogen hatte.*

Für diesen Flug, der verhältnismäßig spät am Tag stattfand, hatte man meine Me 163 mit einem Mikrofon versehen. Ich sollte im Tiefflug eine andere, am Boden vertäute Me 163 direkt und mit Vollschub überfliegen, deren Triebwerk ebenfalls mit Vollschub lief.

Nach Überfliegen der Maschine am Boden nutzte ich den Resttreibstoff zu einem Steigflug auf etwa 3000 m. Es war schon recht spät und das Flak-Oberkommando hatte gemeldet, dass sich alle alliierten Jäger aus dem Gebiet zurückgezogen hätten und in Richtung Westen flogen. So unternahm ich den üblichen Gleitanflug zum Platz. Noch im Gleitflug in geringerer Höhe, eröffnete plötzlich die Flak das Feuer. Ich ging in den Sturzflug und landete das Flugzeug, wobei mir der Schreck noch immer in den Knochen steckte.

Am Abend gratulierte mir der Platzkommandant der Flak im Offizierskasino zu meinem Glück und fügte hinzu, er könne nicht begreifen, weshalb die erste der beiden »Mustang«, die sich dicht hinter mich gehängt hatten, nicht das Feuer eröffnet hätte. Dass ich nicht abgeschossen wurde lag aber höchstwahrscheinlich daran, dass den beiden Burschen die Munition ausgegangen war.“

Februar 1945

Mit Befehl vom 14. Februar 1945 ordnete das Oberkommando der Luftwaffe die Auflösung der Erprobungskommandos 16 (Me 163) und 26 (Ju 388 und Do 335) an. (11) Mit der Umsetzung des Befehls wurde der KdE beauftragt. Das Erprobungskommando Prof. Gladenbeck wurde der Erprobungsstelle Karlshagen unterstellt. (12)

Das gesamte Fliegende Personal stellte man zur Verfügung der verschiedenen Luftwaffenbefehlshaber. Das Bodenpersonal kam entweder zur Feldwerft-Ersatzabteilung in Eschwege,

Professor Friedrich Gladenbeck

Prof. Dr. rer. nat. Dr.-Ing. e.h. Hermann Gerhard Joachim Friedrich Gladenbeck erblickte am 21. November 1899 in Berlin-Friedrichshagen das Licht der Welt. Nach dem Kriegseinsatz 1917–18 begann er an der TH Berlin das Studium der Elektrotechnik, das er 1923 als Dipl.-Ing. abschloss. 1924 fand er Anstellung im Entwicklungslabor von Siemens & Halske in Berlin. Im Februar 1925 trat er als Postreferendar ins Telegraphenzeugamt der Reichspostdirektion Berlin ein, wo er sich auf Hochfrequenztechnik spezialisierte. 1928 wurde er Postassessor bei der Oberpostdirektion Trier und stieg 1931 im Haupttelegraphenamt Berlin zum Telegraphendirektor auf. 1933 wechselte er ins Reichspostministerium, wo er 1935 zum Oberpostrat und 1938 zum Ministerialrat sowie *Präsident der Forschungsanstalt der Deutschen Reichspost* befördert wurde. Dort machte er sich bei der Entwicklung des hochfrequenten Drahtfunks sowie eines Fernsehempfängers einen Namen. Er leitete die Forschungsanstalt bis 1942 und entwickelte im Krieg u. a. die Radarstörgeräte „Bumerang“ und „Hyperbol“. 1941 ernannte ihn die Universität Heidelberg für seine Verdienste zum Honorarprofessor; in Heidelberg promovierte er 1942 auch zum Dr. rer. nat. Im November des Jahres verlieh ihm die TH Berlin in Würdigung seiner Forschungsarbeit den Titel Dr.-Ing. e. h. 1942 berief die AEG Prof. Gladenbeck als Leiter des Fernmeldewesens in den Vorstand; eine Funktion, die er unter britischer Besatzung noch bis 1947 ausübte. Da ihn der Reichsforschungsrat zum *Bevollmächtigten für fernsteuerische Forschung* berufen hatte, ernannte ihn Reichsmarschall Göring als Oberbefehlshaber der Luftwaffe im Februar 1943 zum *Bevollmächtigten der Entwicklung ferngesteuerter Waffen*. In dieser Eigenschaft hatte Prof. Gladenbeck u. a. mit der Entwicklung akustisch-zielsuchender Torpedos sowie akustischen, optischen oder Funk-Annäherungszündern zu tun. Im Mai 1944 berief ihn Rüstungsminister Speer zum *Leiter der Sonderkommission elektrotechnisches Zubehör zu Munition* (SKZM), auch als *Arbeitsgemeinschaft Gladenbeck* bekannt.[7] Im September 1944 beauftrage ihn Speer mit der Entwicklung einer zielsuchenden Luftkampfrakete. Im Januar 1945 stellte die Luftwaffe zur Erprobung zielsuchender Luftkampfraketen im schlesischen Sagan das *Erprobungskommando Gladenbeck* auf. Zum Flugzeugbestand zählten auch drei Me 163. Kurz nach seiner Errichtung verlegte das Kommando nach Brandis und wurde dort dem EKdo 16 unterstellt. Nach dessen Auflösung im Februar 1945 kam das *Erprobungskommando Gladenbeck* unter die Fittiche der *Erprobungsstelle der Luftwaffe Karlshagen* in Peenemünde.[8]

Nach dem Krieg wurde Prof. Gladenbeck zum Leiter der Entwicklungsabteilung der *Reichspostoberdirektion für die britische Zone* (BZRPO) berufen und 1947 Gruppenleiter der *Entwicklungs- und Forschungsabteilung Fernmeldewesen beim Post- und Fernmeldetechnischen Zentralamt* in Bargtheide bei Hamburg, sowie 1949 Technischer Berater beim Nordwestdeutschen Rundfunk. 1950 leitete Prof. Gladenbeck die Oberpostdirektion Hamburg und wurde 1952 zum Ministerialdirektor sowie *Chefingenieur der Deutschen Bundespost* ernannt. Von 1954–1959 war er Staatssekretär im Bundespostministerium. 1959 verlieh ihm die Bundesrepublik in Würdigung seiner Aufbauarbeit das Große Verdienstkreuz mit Stern und Schulterband. Im Dezember 1959 trat Prof. Gladenbeck zwar offiziell in den Ruhestand, übernahm jedoch die Leitung der *Deutsch-Atlantischen Telegraphengesellschaft* (DAT) in Köln, die ihn 1960 zum Präsident wählte. Von 1960–1961 leitete er zudem die unabhängige Sendeanstalt Freies Fernsehen. Im Dezember 1969 ehrte ihn der Bundespostminister mit der Philipp-Reis-Plakette (Philipp Reis, 1834–1874, Erfinder des Telefons). Friedrich Gladenbeck starb am 13. September 1987 in Bonn.

Die Me 262 aus dem Flugzeugbestand des *Erprobungskommandos Gladenbeck*, auch unter *Schnellaktion Prof. Gladenbeck* oder *Schnellaktion Gladenbeck* bekannt. Des Weiteren verfügte das Kommando über einen Hochleistungssegler (wahrscheinlich „Stummelhabicht"), drei Me 163, eine Heinkel He 111 und eine Junkers Ju 88.

zu Luftwaffen-Regimentern oder zu Fallschirm- und Infanterieverbänden. Die Flugzeuge gingen in die Verfügungsgewalt des Generalquartiermeisters der Luftwaffe über und die verbliebenen Restaufgaben übertrug das EKdo 16 dem JG 400.

Zum Zeitpunkt seiner Auflösung verfügte das EKdo 16 über sechs Offiziere, darunter ein Truppenarzt, einen unterstellen Luftwaffen-Ingenieur (Fl.-Ing. Uffz. Harald Kuhn?), zwei Beamte und 137 Unteroffiziere und Mannschaften. Davon kamen zwei Offiziere und ein Unteroffizier zur II./JG 1, ein Offizier und 45 Mann zum JG 400, 26 Mann gingen mit dem Kommando Gladenbeck nach Karlshagen. Andere schickte man zur Waffenschule der Luftwaffe nach Bug auf Rügen, zur Heeresmunitionsanstalt Munsterlager oder zum Fallschirmjäger-Regiment (27?) nach Gardelegen. (12, 14)

März – April 1945

Auch nach der offiziellen Auflösung des EKdo 16 fand in Brandis weiter Flugerprobung der Me 163 statt. So bestehen keinerlei Zweifel daran, dass Fl.-Ing.Unteroffizier Harald Kuhn noch im März und April 1945 Flüge mit der Me 163 B V40 unternahm. Seinen letzten Flug in Brandis machte er am 8. April 1945 mit der Me 163 B V45. (15) Es handelte sich sämtlich um Werkstattflüge zur Überprüfung gewarteter oder instand gesetzter Maschinen.

Erprobungsstelle der Luftwaffe Karlshagen

Januar – April 1945

Schon im Spätherbst 1944 gab es Vorschläge, die Flugerprobung der Me 163 im einstigen „Mutterhaus" Peenemünde-West – der späteren Erprobungsstelle der Luftwaffe Karlshagen – wieder aufzunehmen. Die zuständige Dienststelle im Oberkommando der Luftwaffe TLR/F1-E2 gab dazu am 16. Januar 1945 ihren Segen. Die den Abteilungen E2 (Flugleistungserprobung) und E3 (Triebwerkserprobung) unterstellen Flugzeugführer Bernhard Hohmann und Hans Boye führten die Flugerprobungen durch. (16)

Bernhard Hohmann nach dem Krieg: (17) „In Peenemünde-West richte ich im Herbst 1944 wieder einen 163-Flugbetrieb ein, da die Me 163 B diesmal als »Erprobungsträger« zur Erprobung der Zielsuchgeräte und Abstandszünder für die ferngelenkten Körper eingesetzt werden soll.[9] Für diesen Zweck habe ich mir einige Serien-Flugzeuge besorgt und führe gleichzeitig während dieser Erprobungsflüge eine Dauer-Erprobung der gesamten, Maschine durch. Hierbei ist sehr interessant festzustellen, welche Fehler uns bei der früheren Erprobung nicht auffielen. Im großen und ganzen sind die Serien-Maschinen recht gut mit Ausnahme der Tatsache, dass die Maschinen in einem teilweise sehr schlechten Zustand vom Herstellerwerk ausgeliefert werden.

Eine der an den Flugplatzrändern zum Schutz gegen Tiefflieger aufgestellten 2 cm-Vierlingsflak; Aufnahme vom Juni 1944. Die Bedienung bestand bis auf den Geschützführer (mit Schiffchen) aus blutjungen Luftwaffenhelfern, darunter der 16-jährige Hans-Peter Weymar (im Hemd) als Ladekanonier am Geschütz. Eine solche Bedienung nahm auch die „Mustang" unter Feuer, die es auf Oberleutnant Adolf Niemeyer und seine Me 163 abgesehen hatten, als er nach einem Erprobungsflug für das Erprobungskommando Gladenbeck zur Landung ansetzte.

Aber auch diese Schwierigkeiten müssen ausgebügelt werden, obwohl meine ewigen rücksichtslosen Beanstandungen den Herren der Bauaufsicht sowie der Firmen-Prüfgruppe ganz und gar nicht passen: es hilft ihnen aber nichts, ich setze es trotzdem durch.

Die Flugzeuge sind soweit serienreif geworden, dass wir drei Maschinen ständig im Flugbetrieb mit einer Gruppe von etwa 8 Mann, einschließlich aller Triebwerks- und Wartungsarbeiten, im Betrieb halten können, ohne viele Überstunden machen zu müssen.

Ich habe fast täglich zu fliegen, manchmal sogar mit einer Maschine mehrere Flüge. Ein Triebwerkswechsel dauert in diesen Tagen nicht länger als 8 Stunden. Im Rahmen der Zielsuchgeräte-Erprobung ist es notwendig, dass ich mit der Me 163 im Tiefflug Turm-Überfliegungen durchführe, bei denen es darauf ankommt, dass ich so niedrig wie möglich mit Vollschub über ein auf dem Turm montiertes Mikrophon[9] möglichst schnell

Im Frühjahr 1945 führte Bernhard Hohmann in Peenemünde eine Anzahl Flüge für das Erprobungskommando Gladenbeck durch. Bei den Versuchen mit Zielsuchgeräten musste er die Me 163 bei Vollschub so tief als möglich über den Kontrollturm fliegen!

fliege. Diese Tiefflüge machen mir zum Leidwesen der bodenständigen Bevölkerung (einschließlich des Kommandeurs, der lange nicht von der Notwendigkeit überzeugt werden konnte) den größten Spaß. Wie man mir immer hinterher bestätigt, sollen es »ohrenbetäubende Geräusche« sein, wenn ich mit Vollschub über den Turm gebraust komme. Alles hängt an den Fenstern, da es unmöglich ist, während dieser Zeit zu arbeiten.

Bei einer dieser Turm-Überfliegungen lassen wir die Flugbahn der Me 163 von der Messbasis vermessen, um Flugzeugabstand vom Mikrophon und Fluggeschwindigkeit genau bestimmen zu können, welche mit 4 m und 945 km/h festgestellt werden.[10]

Am 14. April 1945 mache ich meinen letzten Flug mit der Me 163 und den letzten Erprobungsflug überhaupt, der bei der E-Stelle in Peenemünde-West ausgeführt wird, da alle anderen technischen Abteilungen und Einheiten schon lange von Peenemünde nach Wesermünde oder in den Mitteldeutschen Raum verlegt haben.[11] Bei diesem Flug fliege ich noch einmal über Swinemünde, Ostswine zur Insel Wollin in größerer Höhe, um einen letzten Blick auf die russische Front zu werfen. Die Front ist sehr leicht zu erkennen, da hinter den deutschen Linien sofort alle Bauernhöfe in Flammen stehen, überall brennt es, der Russe steht schon einige Tage in Ostswine, und in Swinemünde, das vom Bombenangriff schwer mitgenommen ist, steht schon alles auf dem Kopf. Ich bin absichtlich so hoch geflogen, damit ich, für den Fall, dass das Triebwerk ausfällt, noch genügend Höhe habe, um Peenemünde im Gleitflug zu erreichen, da ich andererseits auch nicht sicher bin, ob der Flugplatz Garz bei Swinemünde noch in Ordnung ist. Beim Rückflug drücke ich noch einmal den Peenemünder Platz an und fliege im Tiefflug mit dem letzten Schuss Vollschub, den ich mir eigens zu diesem Zweck aufgespart hatte, in wenigen Metern über das Dach des neuen Fliegerhorstkommandanten, um ihm durch das ohrenbetäubende Geräusch den Kalk etwas in den Adern zu lockern. Oberst Kraut hatte nach Abzug der E-Stelle, den Flugplatz übernommen und sich durch sein reichlich komisches Benehmen sofort bei allen Leuten unmöglich gemacht. In dieser Zeit entstand der Ausdruck: »Der E-Stelle ist doch kein Kraut gewachsen!« Nach der Landung lächelten mir die letzten Leute der E-Stelle verständnisvoll zu und waren noch ganz erfreut über den wütenden Blick des Herrn Oberst, mit dem er der 163 nachsah.

Am folgenden Montag, also zwei Tage später, verlegte ich mit meiner Gruppe, einschließlich der zwei letzten Me 163, Tankfahrzeugen, Instrumenten, Werkzeugen, Panzerschränken, sonstigen Geräten, Ingenieuren, Monteuren, Hilfspersonal usw., alles auf Fahrzeuge und Anhänger verpackt, nach dem Süddeutschen Raum, nach Zirl bei Innsbruck, wo wir nach sehr erlebnisreicher Fahrt zwischen der russischen und amerikanischen Front, Bombenangriffen, Reifenpannen und Benzinschwierigkeiten noch gerade zwei Tage vor Kriegsende eintrafen."[12]

Noch Mitte April 1945 bis zur Räumung Peenemündes befanden sich noch viele Angehörige des Stabes der Erprobungsstelle unter Oberstabsintendant Johannes Lange dort. Hinzu kamen das Sprengkommando unter Betriebsingenieur Bick, das Führungspersonal der von der Abteilung E2 benutzten Werkstätten und Personal der Abteilung E7. Nachdem die Masse des Verwaltungspersonals abgezogen war, übernahm die II./KG 200 den Flugplatz. Diese Gruppe hatte den Auftrag, mit „Mistel"-

Gespannen Angriffe auf die sowjetischen Oder-Übergänge zu fliegen (16, 18) (worüber Robert Forsyth in seiner 2021 beim Motorbuch Verlag erschienenen Dokumentation *Mistel – Deutsche Mistel-Flugzeuge im Einsatz 1942–1945* umfassend berichtet).

Der Befehl zur Räumung Peenemündes erging am 28. April, zwei Tage vor den letzten aufopferungsvollen „Mistel"-Einsätzen gegen die Oderbrücken. Am 5. Mai 1945 besetzten sowjetische Truppen Peenemünde.

Fußnoten

1 Der katalytische Schwerkraftanlasser ersetzte den bisherigen elektrischen Anlasser für das Raketentriebwerk. Dabei wurde in einem über dem Triebwerk angeordneten Tank T-Stoff über Steine geleitet und so Dampf erzeugt. Der T-Stoff wurde über eine Leitung vom T-Stoff-Behälter abgeleitet und dem Tank durch ein über den Leistungshebel in der Kanzel steuerbares Ventil zugeführt. Der durch die Katalyse erzeugte Dampf wurde der Turbine zugeführt, die Treibstoff in die Brennkammer pumpte. Der chemische Prozess machte die elektrische Starterbatterie überflüssig. Die durch Stauluft angetriebene Lichtmaschine in der Flugzeugnase wurde dadurch zum alleinigen Stromerzeuger. Siehe Baxter, A.D.: *Walter Rocket Motors for Aircraft*. Technical Note No. Aero 1668 (Revised), Royal Aircraft Establishment, Farnborough, September 1945.

2 Das Gerät Straßburg-Rüse hatte nichts mit dem üblichen Leitverfahren für die Me 163 B zu tun, sondern vielmehr mit dem *Rheinland*-Leitverfahren für Boden-Luft-Raketen wie „Enzian", „Schmetterling" und „Wasserfall". Der Versuch wurde mit zwei Me 163 durchgeführt; im Flug nur mit einer. Diese Me 163 erhielt einen Rüse (Rücksender), der ein ständiges Strichsignal übertrug. Der Flugweg der Me 163 ließ sich dann mit einem bodengestützten Gerät namens *Rheingold* verfolgen. Das Ziel selber wurde mit den Funkmessgeräten Würzburg-Riese oder Mannheim-Riese erfasst bzw. verfolgt.

3 Zur Vermeidung zu hohen Drucks in der Hauptbrennkammer des A2-Triebwerk mussten Einspritzgeräte mit größeren Düsen eingebaut werden.

4 Der Bericht Hachtels, der aus einem in den 1950er-Jahren gegebenen Interview stammt, ist symptomatisch für die Schwierigkeiten, mit denen sich die Verfasser beim Abgleichen von persönlichen Erinnerungen Ehemaliger mit offiziellen Dokumenten konfrontiert sahen. Hier der Bericht Hachtels (Rückübersetzung): *„Ich startete mit halber Treibstofflast bei dunstigem Wetter. Den Sturzflug führte ich im Winkel von etwa 40° aus. Ich hatte zuvor beschlossen, nach Unterfliegen des Tuches vor der Landung eine Linkskurve zu fliegen. Im Sturzflug kamen mir die beiden Stangen winzig vor. Plötzlich gab es in 300 m Höhe bei 900 km/h eine laute Explosion, wie ein Donnerschlag. Mein Kopf flog zurück, die Schutzbrille davon und die Haube war verschwunden. Ich konnte den Kurs nicht mehr halten und nicht mehr richtig sehen. Ich zog hoch und drehte zum Landeanflug ein. Ich war benommen, die Augen voller Dreck, eine Landung war Glücksache – aber aussteigen wollte ich nicht. Beim Aufsetzen gab es einen Schlag, die Maschine machte einen Satz und kam wieder auf, das harte Aufschlagen setzte meinem Rücken sehr zu. Ohne Kufe rutschte das Flugzeug, bis es zum Stillstand kam. Ich löste das Gurtzeug, kletterte aus der Kanzel, stolperte davon und brach zusammen.*

Aufgrund des Dunstes hatte die fotoelektrische Zelle vorzeitig ausgelöst, außerdem hatten die Mechaniker vergessen, die verzögerte Zündung einzustellen. Alle 10 Schüsse gingen gleichzeitig los. Wäre dies schon beim Unterfliegen des Tuches passiert, wäre ich mit ziemlicher Sicherheit abgestürzt.",

5 Über den genauen Einbau der „Jägerfaust" in der Me 163 B herrscht unter den Gelehrten Zwietracht. Für einen Junkers-Windkanalversuch mit einem 1:1-Zwischenmodell der Ju 248 am 3. November 1944 wurde die „Jägerfaust" etwa nahe den Tragflächen-Vorderkanten 1080 mm von der Mittellinie eingebaut. Siehe Wenzlau: *Int. 248 mit „Sondergerät"*. Junkers Eilversuchsbericht E.44/83, Dessau 4. November 1944. Höchstwahrscheinlich wurde die „Jägerfaust" zunächst dann genauso in die BV45 eingebaut und später weiter nach außen (d. h. in Richtung Flügelspitze) gerückt. Trifft dies zu, wäre dies einzig hinter den Treibstofftanks in der Tragflügel-Vorderkante möglich gewesen. Kurzum: Die Anordnung der „Jägerfaust" lässt sich anhand der entsprechenden Abbildungen in diesem Kapitel gut erkennen.

6 Flieger-Stabsingenieur Leo Weigand leitete die Abteilung E3 der Erprobungsstelle der Luftwaffe Karlshagen.

7 Die *Arbeitsgemeinschaft Gladenbeck* wird in Dokumenten auch als *Arbeitsgemeinschaft 9*, als *Schnellaktion Prof. Gladenbeck*, als *Schnellaktion Gladenbeck*, als *Entwicklungsgruppe Professor Gladenbeck*, als *Kommando Gladenbeck* oder als *Eprobungskommando Gladenbeck* geführt.

8 Dort setzte die Arbeitsgemeinschaft Gladenbeck bzw, das Erprobungskommando Gladenbeck die Erprobungen fort.

9 Diese Aussage wird durch Wochenberichte der Erprobungsstelle der Luftwaffe Karlshagen bestätigt, die per Fernschreiben verschickt wurden:

- Nr. 40/44 vom 7. Oktober 1944: Anforderung einer Me 163 für Versuche mit Zielsuchgerät (ZSG) und Fernlenk-Zusatz-Ausrüstung (FZ) für ferngelenkte Waffen.
- Nr. 44/44 vom 28. Oktober 1944: Lieferung der Me 163 für ZSG- und FZ-Erprobungen hat sich verzögert, wird aber am 30. Oktober von Oranienburg nach Karlshagen überführt.
- Nr. 45/44 vom 3. November 1944: Wilhelminenhof/Oranienburg setzt Karlshagen über die Inmarschsetzung der Me 163 für ZSG und FZ per Bahntransport am 1. November in Kenntnis.
- Nr. 50/44 vom 9. Dezember 1944: Me 163 für ZSG- und FZ-Erprobungen ist einsatzbereit, schlechtes Wetter verhinderte jedoch Erprobungsflüge.
- Nr. 51/44 vom 16. Dezember 1944: Schallmessungen werden in Zusammenarbeit mit der Physikalisch-Technischen Reichsanstalt (PTR) durchgeführt.
- Nr. 52/44 vom 26. Dezember 1944: In Verbindung mit den ZSG- und FZ-Erprobungen sowie zur Triebwerkserprobung wurden zwei scharfe Flüge durchgeführt.
- Nr. 7/45 vom 17. Februar 1945: Versuche mit Mach-Anzeigegerät. Erster Versuch mit Mach 0.6 in 400 m Höhe. Zweiter Versuch wegen technischem Ausfall der Bodenausrüstung gestrichen. Schlechtes Wetter verhinderte weitere Flüge.

10 Die Geschwindigkeit von 945 km/h auf Meereshöhe entspricht Mach 0.77. Hohmann erwähnt keinerlei Probleme mit Kompressibilitätseinflüssen, wie sie andere Piloten bei dieser Geschwindigkeit erfuhren.

11 Ab Mitte April 1945 wurde die Masse von Personal und Ausrüstung in Peenemünde-West nach Thüringen, Süddeutschland, Tirol oder nach Wesermünde evakuiert bzw. ausgelagert.

12 Anlässlich einer Besprechung an der Erprobungsstelle der Luftwaffe Karlshagen am 13. April 1945 mit *Reichsführung-SS SB 2* Obergruppenführer Dr.-Ing. Kammler, Major Harras, Major Hollweck und Prof. Gladenbeck fiel der Beschluss zur sofortigen Verlegung der *Sonderkommission elektrotechnisches Zubehör zu Munition* (SKZM) von Reichsminister Speer (*Arbeitsgemeinschaft Gladenbeck*) einschließlich der *Arbeitsgruppe v. Burger* sowie der *Arbeitsgruppe Karlshagen, Dr. Lottermoser* nach Süddeutschland.

Prof. Gladenbeck entschied sich zur Verlagerung der Flugerprobungen nach Ainring sowie der Laborarbeiten nach Zirl in Tirol. (Von Major Franz Hollweck unterzeichneter Aktenvermerk der Erprobungsstelle der Luftwaffe Karlshagen vom 15. April 1945.)

SS-Obergruppenführer und General der Waffen-SS Dr.-Ing. Hans Kammler war in dieser Kriegsphase als Sonderbeauftragter (SB) verantwortlich für die gesamte Entwicklung und Fertigung von Raketen und Lenkwaffen. Am 27. März 1945 wurde er noch zum Generalbevollmächtigten für die Strahlflugzeugentwicklung ernannt; mit allumfassenden Vollmachten.

Luftabwehr-Spezialist Major Horst Harras war Chef der *1. Abt./Amtsgruppe Flakentwicklung GL* im RLM (01.11.43 – 05.44).

Major Franz Hollweck gehörte zur *Erprobungsgruppe 2* (Flugzeuge und Raketen) der Erprobungsstelle der Luftwaffe Karlshagen und war *Kommandeur der Versuchsstaffel 293*, dem späteren *Erprobungs- und Lehrkommando 15* (11.41 – 03.42), dem die Erprobung und Ausbildung an der ferngelenkten Gleitbombe Hs 293 oblag. Vom 7. Mai bis zum 10. September 1943 war er Gruppenkommandeur der mit Hs 293 ausgerüsteten II./KG 100 „Wiking".

Die Verfasser verorten den zur *Arbeitsgruppe Karlshagen* zählenden Dr. Lottermoser als Physiker und Akustik-Spezialisten bei der *Physikalisch-Technischen Reichsanstalt* (PTR).

Über die *Arbeitsgruppe von Burger* konnten sie nichts Näheres herausfinden.

Die japanische 163

Die MXY „Akikusa" und die J8M1 „Shusui"

AB MÄRZ 1944 bombardierten auch schwere US-amerikanische B-29 „Superfortress" Japan. Zuerst waren es nur kleinere Verbände, die Ziele auf Kyushu angriffen. Die Japaner wussten, dass es nur eine Frage der Zeit war, bis große Formationen dieses neuen schweren Langstreckenbombers sie heimsuchen würden. Und in der Tat spielte dieser dann bei der Bombardierung Japans eine Schlüsselrolle. Und zwar nicht erst bei den Atombomben-Abwürfen in Hiroshima und Nagasaki, sondern schon zuvor bei Flächenbombardierungen japanischer Städte. Darunter der Angriff auf Tokio in der Nacht vom 9. auf den 10. März 1945, einer der verheerendsten Bombenangriffe des 2. Weltkriegs: 346 mit Brandbomben beladene B-29 zerstörten die Wohnviertel Tokios, wobei über 250.000 Häuser in Flammen aufgingen und rund 83.000 Menschen ihr Leben verloren.

Dank des deutsch-japanischen Abkommens über gegenseitigen Technologieaustausch erfuhren die japanischen Heeres- und Marineattachés in Deutschland (beide Teilstreitkräfte unterhielten eigene Luftwaffen) von der Me 163. Rasch erkannten sie das hohe Potenzial, das in diesem rasanten Raketenjäger steckte: binnen Minuten konnte er seine Einsatzhöhe in mehreren Tausend Metern Höhe erreichen und den B-29 das Leben schwer machen.

Insofern baten die Japaner um Baupläne und sie bekamen sie auch. Zuerst entwickelten sie daraus einen Segler mit der Bezeichnung MXY8, woraus die J8M1 mit Raketentriebwerk entspross. Die schwanzlose J8M1 wies eine Spannweite von neuneinhalb Metern auf und wurde von einem 1500 kg Schub leistenden Zweistoff-Flüssigraketentriebwerk des Typs Tokio Ro.2 (KR 10) angetrieben. Als Bewaffnung dienten zwei 3 cm-Kanonen Typ 5 in den Flächen.

Nach der Kapitulation Japans am 31. August 1945 brachte das *US War Office* (Kriegsministerium) einen Bericht heraus, der sich vor allem auf Erkenntnisse aus dem abgehörten Funkverkehr zwischen Berlin und Tokio stützte. Darin gab es Interessantes über die japanischen Anstrengungen zu lesen, ein Flugzeug nach Vorbild der Me 163 zu bauen.(1,2,3) Vor allem aber zeigte der Bericht vom August 1945, wie viel die Alliierten – in diesem Fall die Amerikaner – durch abgehörte und entschlüsselte Funksprüche zu diesem Sachverhalt zwischen April 1944 und März 1945 herausbekommen hatten.

Es war nur zu verständlich, sollte man wenigstens annehmen, dass die Japaner versuchten, den größtmöglichen Nutzen aus deutschen Entwicklungen, Einsatzerfahrungen und auch Fertigungsverfahren auf dem Gebiet der Strahlflugzeuge zu ziehen, zumal Deutschland Japan mit Konstruktionsunterlagen, Bauplänen sowie Baumustern von Strahltriebwerken versorgte – ja sogar ganzen Flugzeugen, die die Deutschen zur Einsatzreife und zur Serienfertigung entwickelt hatten.

Andererseits waren sich die Japaner den Beschränkungen hinsichtlich der Höhenleistung eigener Flugzeuge und deren relativ schwacher Funkmess-Ausstattung bewusst; ein ausschlaggebender Punkt für die Verwundbarkeit gegen die amerikanischen Bombardierungen aus großer Höhe bei Tag und bei Nacht. Der deutsche Raketenjäger Me 163 mit seiner hohen Steigleistung schien diesem Manko zumindest bei Tag abhelfen zu können, und so zeigte Tokio gesteigertes Interesse gerade an diesem Typ. Flugzeuge mit Strahl- oder Raketentriebwerken waren für die Japaner aber auch aus anderem Grund interessant: Da die Strahlflugzeuge Diesel-ähnlichen und die Raketenflugzeuge chemischen Kraftstoff benutzten, konnte ihre Massenfertigung und Versorgung die auf die Erzeugung von hochoktanigem Benzin ausgerichtete japanische Kraftstoffindustrie entlasten. Diese war in hohem Maße von Ölquellen in den von Japan besetzten Gebieten abhängig, die nun die Gegner kontrollierten. Insofern waren ernste Engpässe bei der Kraftstoffversorgung entstanden.

In den anfänglichen Verhandlungen der Japaner über den Erhalt deutscher Strahl- und Raktenflugzeug-Technologien herrschte zwischen Heer und Marine offenbar Uneinigkeit – beide verfolgten unterschiedliche Ziele. Der Austausch zwischen Berlin und Tokio zur Klärung der Prämissen brachte verschiedene Forschungsansätze bezüglich strahl- und raketengetriebener Flugzeuge hervor. Eine am 29. April 1944 von Berlin nach Tokio verschickte Nachricht berichtete von Gesprächen zwischen Abgesandten des japanischen Heeres und der Marine in Deutschland und ersuchte um Beilegung des Problems der Verhandlung mit getrennten Partnern. Die Nachricht stammte von einer deutschen Marinedienststelle und zeugte davon, dass die japanischen Heeresvertreter sich für die grundsätzliche Entwicklung von Strahl- und Raketenwaffen beim Luftfahrt-Forschungszentrum (vermutlich dem Luftechnischen Depot in Yokosuka) ausgesprochen hatten, wo schon große Fortschritte erzielt worden seien. Am 15. Mai informierte Tokio seinen Marineattaché in Berlin – womöglich als Antwort –, dass Heer und Marine bezüglich raketengetriebener Flugzeuge eine gemeinsame Entwicklung unter Leitung der Marine verfolgten. Am 23. Mai bat Berlin Tokio um zeitnahe Auskunft über den Stand der japanischen Raketenflugzeug-Forschung und -Erprobung.

Aus erbeuteten Unterlagen geht hervor, dass sich die Japaner schon 1941 mit Strahlantrieben beschäftigten und 1942 eine Strahlturbine entwickelt und nahezu fertig gestellt hatten. Des Weiteren lag ein Nurflügel-Entwurf für zwei solche Triebwerke vor. Dass sie dieses Flugzeug im Pazifikkrieg nicht (mehr) einsetzten, lag wohl in praktischen Schwierigkeiten begründet, es zur Serienreife zu bringen.

Vor allem wollten die Deutschen über die verschiedenen in Japan in Entwicklung befindlichen Raketenantriebe sowie deren Leistungen einschließlich Schwierigkeiten oder Versagen genauer Bescheid wissen; ebenso über Gasturbinen (vermutlich Strahlturbinen). Am 9. Dezember erhielt Berlin die Mitteilung, die japanische Heeres-Forschungsstelle für Raketenantriebe würde ausgebaut und weitere Arbeiten in enger Zusammenarbeit mit der Marine durchgeführt. Das Hauptaugenmerk solle der Me 163 gelten. Außerdem beabsichtige das Heer die Nutzung der Me 262 und des Triebwerks Jumo 004, vermutlich als Grundlage zur Entwicklung eines zweistrahligen Flugzeugs. In der Antwort auf diese und eine andere, hier nicht zur Verfügung stehende Botschaft, zeigte sich der Marineattaché in Berlin erstaunt und erfreut über die raschen Fortschritte des Heeres. Wahrscheinlich enthielt die nicht zur Verfügung stehende Mitteilung Einzelheiten darüber.

Für die Entwicklung von Flüssigraketentriebwerken in Japan gibt es kaum Belege. Ein japanischer Kriegsgefangener, den seine US-Verhöroffiziere als verlässlich und von hohem Wissensstand einstuften, erwähnte jedoch einen als „Shu Su" (Schwertstreich) bezeichneten, kleinen einsitzigen Abfangjäger, der von einer schwenkbaren Rampe gestartet und binnen drei Minuten eine Höhe von 10.000 m erreichen würde. Weiters sagte der Gefangene, dass es sich nach seinem Dafürhalten nicht um ein Feststoff-Raketentriebwerk wie bei der „Baka" und beim Abfangjäger um eine abgeänderte deutsche Me 163 handele. Er verfüge über ein einzelnes Leitwerk mit Seitenruder. Die sehr hohe Steigrate lässt auf die Verwendung eines Flüssigraketentriebwerks schließen, das, wie der Gefangene aussagte, auf einem deutschen Entwurf beruhte. Wahrscheinlich handelte es sich um den Walter-Typ mit Wasserstoffperoxid.

Das anfängliche japanische Interesse an deutschen Raketenantrieben rührte von Starthilfsraketen her, wie sie etwa die Ju 88 benutzte. Anfang September 1943 erhielten die japanischen Vertreter in Berlin die Anweisung, Informationen über diese Raketen zu beschaffen. Aus der Anweisung geht hervor, dass die Japaner zu diesem Zeitpunkt von Feststoffantrieben ausgingen, weniger von Wasserstoffperoxid mit Katalysator. Im November teilte Berlin mit, man wolle Muster der Raketen schnellstmöglich nach Japan schicken, aber der Transport des gefährlichen T-Stoffs (konzentriertes Wasserstoffperoxid) werfe Probleme auf. In Ergänzung einer bereits im Oktober versandten Mitteilung ging die Nachricht kurz auf Art und Eigenschaften von T-Stoff und Z-Stoff (Kaliumpermanganat als Katalysator) ein und schloss mit dem Hinweis, Verhandlungen über die Herstellungsrechte (vermutlich der Feststoffraketen) seien noch im Gange.

Anfang 1944 informierte das OKL die Japaner erstmals über die geheimen deutschen Strahl- und Raketenjäger-Entwicklungen. Ende Februar meldete der japanische Militärattaché in Berlin nach Tokio, es sei für Japan dringend geboten, einen Vertrag mit der Firma Messerschmitt abzuschließen, die gerade die Entwicklung des Raketenflugzeugs abgeschlossen habe. Man solle sofort japanische Fachleute zur Begutachtung des neuen Flugzeuges nach Deutschland schicken. Anfang April teilte Tokio mit, man habe bereits eine Auswahl an Fachleuten getroffen, ohne jedoch auf deren geplante Abreise einzugehen.

Die Japaner verloren ansonsten keine Zeit dabei, das deutsche Angebot bezüglich der Strahl- und Raketenflugzeuge anzunehmen. Eine offizielle Anfrage ließ nicht lang auf sich warten und am 31. März konnte der Marineattaché nach Tokio melden, Hitler und Göring hätten die Unterstützung bewilligt.

Gemäß eines Schreibens vom 1. April von Milch an Göring hatte sich aus Gesprächen zwischen deutschen und japanischen Repräsentanten a) die Bitte um Übersendung von Messerschmitt-Strahlflugzeugentwicklungen nach Japan, b) die Ausbildung japanischer Techniker in Deutschland und c) der Erwerb der Rechte zur Lizenzfertigung der Me 163 B und der Me 262 A-1 durch Japan ergeben.

Dabei konnten sich die Japaner auf eine Führerweisung berufen, Japan seien umfassende Informationen über fortschrittliche deutsche Entwicklungen zu geben. Dessen eingedenk hatte Göring schon im Januar sein grundsätzlichen Einverständnis zur engen deutsch-japanischen Zusammenarbeit in Hinsicht auf moderne deutsche Flugzeugentwicklungen und ihre Herstellung bekundet. Die Japaner legten ihre Anfragen Göring zur Entscheidung vor. Anfang April 1944 wurden Beschreibungen, Aufmassskizzen und Konstruktionszeichnungen der Me 163 und der Me 262 A-1 japanischen Repräsentanten übergeben, obwohl sich diese Muster noch in der Erprobung befanden.

Anfänglich scheinen das japanische Heer und die Marine mit den Anfragen zweigleisig gefahren zu sein. Am 29. April benachrichtige der japanische Marineattaché Tokio, dass seine Leute bei Gesprächen mit Messerschmitt über die Lieferung von Musterflugzeugen nach Japan erfahren hätten, dass das Heer bereits in ähnliche Verhandlungen eingetreten sei und dass gewisse Unstimmigkeiten zwischen den Plänen von Marine und Heer bestünden. Die Deutschen aber stellten klar, sie hätten nicht die Absicht, getrennte Verträge mit Marine und Heer zu schließen. Es sei ratsam, dass eine Seite die Verhandlungsführung übernähme. Man bat Tokio, die Aufgabenverteilung vorzunehmen.

Besprechungen in Tokio führten wohl zur Entscheidung, der Marine das Szepter zu überlassen. Immerhin hatte sie mit der Strahltriebwerksforschung begonnen und seitdem „beachtliche Fortschritte" erzielt. Die Marine zeichnete nun für die Beschaf-

Pototototypen der MXY8 „Akikusa“ (Autumn Grass)

fung von Konstruktionsunterlagen, Gerät, Produktionsplänen sowie für die Ausbildung und Schulung von Technikern verantwortlich. Nichtsdestoweniger sprach sich Tokio für das gemeinsame Vorgehen von Heer und Marine auf diesem Gebiet aus. Im Zuge dessen beschlossen Heer und Marine die Zusammenarbeit bei der Entwicklung von Raketenflugzeugen.

Dies hinderte das Heer aber nicht daran, Tokio weiter Informationen zu liefern, insbesondere zur Me 163. Die Masse der Unterlagen und des Geräts aber erreichte über die Marine oder als gemeinsames Gut von Heer und Marine Japan.

Die Aufgaben der beiden Teilstreitkräfte bezüglich der Strahl- und Raketenflugzeuge lassen sich nicht so einfach unterscheiden und sind zum Teil widersprüchlich. Der Marine kam offenbar die hauptsächliche Aufgabe der Entwicklung und Forschung in Japan zu, während Heer und Marine gleichermaßen für die Fertigung verantwortlich zeichneten. Eine Heeresmeldung vom Oktober 1944 verkündete die Aufnahme der Serienfertigung der Me 262, obwohl in vorausgehenden Mitteilungen die Rede davon war, das Heer spezialisiere sich auf die Me 163. Wahrscheinlich unternahmen beide den Versuch, sowohl Strahl- als auch Raketenflugzeuge zu produzieren. Am 29. April informierte Berlin Tokio über die Erteilung der Fertigungsrechte für das Walter-Triebwerk, die Me 163-Zelle, die Strahlturbine (wahrscheinlich das Junkers-Modell, obwohl auch das von BMW Begehrlichkeiten weckte) sowie über die Lieferung von zwei Me 163. Des Weiteren sollte Tokio in den Genuss sämtlicher Erprobungs- und Erfahrungsberichte der deutschen Herstellerfirmen kommen. Spätere Mitteilungen legen nahe, dass die Vergabe der Herstellerrechte wohl etwas zu früh erfolgt war. So sprach eine Mitteilung vom 31. Mai davon, es sei möglich, die genannten Fertigungsrechte einschließlich für die Me 262-Zelle zu erwerben – ohne einen Hinweis darauf, dass die Verhandlungen schon erfolgreich abgeschlossen waren.

Erbeutete OKL-Unterlagen belegen des Weiteren, dass das Oberkommando der Luftwaffe bezüglich der Freigabe von Bauplänen und Teilen der Strahl- und Raketenflugzeugen einen Gang zurückschaltete. Trotz der mündlichen Zusagen Hitlers und Görings von Anfang 1944 geht aus einem Mitte Juni verfassten Schreiben hervor, dass auf Anordnung Görings die deutschen Hersteller ohne Sondergenehmigungen des RLM keine Unterlagen herausgeben durften, auch wenn dies vertraglich so festgelegt war. Diese Sondergenehmigungen lagen allerdings im Juli vor und die Vertreter Japans erhielten das Erwünschte. Zeichnungen, Baupläne, Triebwerke und Treibstoffe gingen an Bord verschiedener U-Boote auf die Reise nach Japan. Am 22. Juli genehmigte Göring die Lieferung einer Me 163 und einer Me 262. Natürlich legten die Deutschen größten Wert auf Geheimhaltung und Sicherheit. In einem Schreiben vom 21. August hieß es, die Lieferung der beiden Musterflugzeuge könne erst erfolgen, wenn das OKL alle notwendigen Sicherheitsmaßnahmen zu ihrem Schutz ergriffen hätte. Dazu gehörte etwa die Möglichkeit zur raschen Zerstörung der Ausrüstung im Notfall, denn sie durfte unter keinen Umständen in Feindeshand fallen.

Am 28. August erhielt das OKL erneut eine Anfrage der Japaner zum Stand der Lieferung der Me 163 und der Me 262. Hitler setzte dem Ganzen einen Dämpfer auf, als er der Herausgabe der Flugzeuge zeitweilig einen Riegel vorschob. Ein Schreiben vom 16. September aus dem Führerhauptquartier erklärte, es handle sich nur um eine vorübergehende Verzögerung, da die Flugzeuge technisch noch nicht völlig ausgereift seien. Außerdem bestätigte das Schreiben die Übergabe der Fertigungsrechte und der Baupläne für Triebwerke und Flugzeuge an Japan. Ende September führte das OKL aus, dass sich die Lieferung der Flugzeuge mangels Transportkapazitäten verzögere, Baupläne und Triebwerke sowie besonders schwierig zu fertigende Triebwerksteile aber wahrscheinlich im Oktober auf die Reise nach Japan gingen. Ferner hob Hitler sämtliche Beschränkungen auf. Zu diesem Zeitpunkt aber waren Seetransporte nach Japan kaum mehr möglich (A. d. B.: zumindest von Deutschland und den meisten französischen Atlantikhäfen aus; aber noch im April 1945 stachen U-Boote mit Fracht für Japan von Norwegen aus in See). Und so schien es ziemlich klar, dass die Musterflugzeuge und -triebwerke nicht nach Japan geschickt werden konnten.

Mittlerweile war der Austausch zwischen Berlin und Tokio über strahl- und raketengetriebene Flugzeuge nicht zur Ruhe gekommen. Daraus ergibt sich, dass die Japaner anfänglich vor allem an der Me 163 interessiert waren; die Me 262 und andere Strahlflugzeuge standen noch hinten an. Anfang 1944 hatten die Japaner (nach Aussagen führender Messerschmitt-Mitarbeiter) den Lizenzbau von Me 163 und Me 262 in Japan unter Anleitung deutscher Ingenieure vorgeschlagen. Außerdem sollten Messerschmitt-Ingenieure dort den Bau von Hochgeschwindigkeits-Flugzeugen aus dem Hause Messerschmitt begleiten. Bei diesen Gesprächen führten Vertreter der japanischen Marine den Vorsitz. Während der Gespräche wurde klar, dass die Japaner die Me 163 und die Me 262 nicht ohne spezifische Änderungen bauen würden, weshalb sie Spezialisten zur Überwachung der Fertigung unter Einschluss dieser Teile anforderten. Die Änderungen ergaben sich aus den unterschiedlichen Fertigungsverfahren in Deutschland und Japan sowie der Tatsache, dass es in Japan an entsprechenden Facharbeitern und einigen speziellen Werkstoffen mangelte. Dazu zählte vor allem dünnes Stahlblech, wie es zum Bau der Me 262 gebraucht wurde. Für die Japaner war es wichtig, in der Fertigung selbst kleinster Einzelteile beider Flugzeuge völlig unabhängig zu sein. Insofern beschafften sie sich nicht nur die Fertigungsrechte für die Zellen und Tragflächen, sondern für sämtliche Teile. Besonderes Interesse zeigten sie an den Sperrholz-Verstärkungsverfahren durch vorgeformte und Tegofilm-verleimte Furnierstreifen. Sie erhielten die Lizenz und japanische Experten wurden in diesem Verfahren ausgebildet. Die Messerschmitt-Mitarbeiter gewannen aus den Gesprächen mit den Japanern folgende Eindrücke.

A) Es war klar, dass die Japaner mit einigen baulichen Änderungen den Eigenbau der Me 262 anstrebten.
B) Die Fertigung sollte nur in Kleinserie erfolgen.
C) Die Japaner wollten die Me 163 nicht selber bauen, entsprechende Unterlagen dienten nur zu Studienzwecken.
D) Das nachdrückliche Interesse an einer Lizenz für das Sperrholz-Fertigungsverfahren unterstrich die Bedeutung, die sie diesem beimaßen.
E) Unter günstigsten Voraussetzungen könnte die Serienfertigung der Me 262 anderthalb Jahre nach Eintreffen der Baupläne in Japan erfolgen.

Unmittelbar nachdem die Japaner über ihre Attachés in Berlin von den deutschen Strahl- und Raketenflugzeug-Entwicklungen erfahren hatten, erwachte in Tokio das Interesse an der Me 163. Am 2. April 1944 erhielten die Attachés den Auftrag, alles darüber in Erfahrung zu bringen, besonders was den Antrieb anging. Der Fragenkatalog aus Tokio wollte etwa wissen, ob das Flugzeug mit oder ohne Hilfsraketen startete, welchen Treibstoff es benutzte und welches Triebwerk – mit Turbine, mit Raketenmotor oder ein ganz neuer Typ. Die Art der Fragestellung beweist, dass die Japaner über die verschiedenen Antriebsarten Bescheid wussten. Ferner machten sie sich Sorgen über den hohen Treibstoffverbrauch eines Raketentriebwerks und betonten in der selben Botschaft, es wäre wohl vorteilhafter, Raketen als Starthilfen zu nutzen. Die Berliner Gegenstelle war jedenfalls angewiesen, den Verbündeten ausreichend Material zur Verfügung zu stellen, damit japanische Spezialisten sich ein Bild über die theoretischen Grundlagen, die Entwicklung und die erzielten Fortschritte machen konnten. Außerdem von Interesse waren Art und Abmessungen der Tragflächen, die dem Flugzeug sogar noch sichere Flüge in Nähe der Schallgrenze garantierten. Am 29. April meldeten die japanischen Vertreter in Berlin nach Tokio – angesichts kommender Ereignisse etwas vorzeitig –, man habe sich die Fertigungsrechte für die Me 163 und das Walter-Triebwerk gesichert und außerdem zwei vollständige Me 163 beschafft. Die Meldung betonte jedoch, dass Techniker die Flugzeuge genau untersuchen sollten und an ihnen geschult werden müssten.

Mitte Mai instruierte die Marine ihre Berliner Leute zur Beschaffung genauer Baupläne und von Fertigungs- sowie Triebwerksspezialisten zur Überstellung nach Japan.

Eine japanische Marinedelegation besuchte am Freitag, dem 14. Juli 1944 die Messerschmitt-Werke in Augsburg und die Firma Klemm in Böblingen. Am Samstag fanden Besprechungen auf Schloss Jettingen bei Burgau/Kreis Günzburg statt, wobei Korvettenkapitän Nagamori am Sonntag Unterlagen und Zeichnungen erhielt. (4) Marineattaché Hidu Kopuna bestätigte den Erhalt schriftlich am 3. August 1944. (5) Folgende Personen nahmen an der Besichtigung in Augsburg und Böblingen teil: Korvettenkapitän Umesaki, Korvettenkapitän Nagamori, Major Suematzu, Kapitänleutnant Tarutani, Direktor Dr. Graf Thun, Stabsingenieur Harke sowie Rolf von Chlingensperg, der stellvertretende Leiter des Projektbüros bei Messerschmitt.

Sowohl die japanische Marine als auch das Heer tauschten sich weiter mit den japanischen Dienststellen in Berlin über die Me 163 aus. Am 2. August wies das Heer seine Vertreter in Berlin nach Ausführungen über die Schwierigkeiten, von der Marine

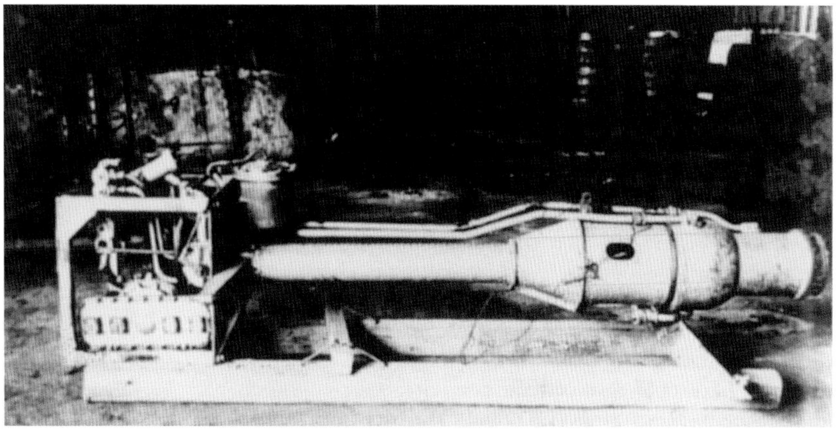

Tokio Ro.2 – das japanische Gegenstück zum Walter-Raketentriebwerk 509 A. Für die Entwicklung zeichnete das Marinefliegerarsenal 11 in Hiro verantwortlich. Die „Shusui" wurde angetrieben von einem Gemisch aus Ko-Flüssigkeit (T-Stoff; 80% Wasserstoffperoxid mit Oxychinolin und Pyrophosphat als Stabilisator) und Otsu-Flüssigkeit (C-Stoff; 30% Hydrazinwasserstoff in Methanol und Kupfer sowie einer Prise Kupferkaliumzyanid).

ausreichend U-Boot-Transportraum für die Überführung zu erhalten, an, alle Anstrengungen zu unternehmen, die Druckkammer für den chemischen Treibstoff und die Brennkammer der Me 163 an Bord des japanischen U-Boots I-52 zu bekommen. Bis Mitte August 1944 war offenbar eine beträchtliche Menge detaillierter Unterlagen nach Tokio gelangt. Möglicher Weise gelangte das Material über Kurier Inayagi[1] oder verschiedene Verkehrsmittel dorthin. Wie dem auch sei – aus einer Akte der Electro Chemischen Werke in München (Hersteller von Raketen-Flüssigtreibstoffen) geht jedenfalls hervor, dass höchstwahrscheinlich Pläne des Me 163-Triebwerks Walter HWK 109-509 Japan tatsächlich erreichten. Die Akte enthält einen auf den 9. August 1944 datierten Brief vom Berliner Büro der Firma Walter, der auf eine RLM-Anweisung an die Hersteller von Strahl- und Raketenflugzeugen bzw. Triebwerken Bezug nimmt: unabhängig vom Abschluss einer Vereinbarung (mit den Japanern) sollten die Hersteller ihre Bauzeichnungen zur Verfügung stellen. Ferner enthielt der Brief die Mitteilung, dass die Walter-Werke in Kiel den Japanern bereits sämtliche Zeichnungen geliefert hätten, einschließlich zehn Bauplan-Sätzen sowie einem vollständigen Produktionsplan. Wahrscheinlich übergab man die Unterlagen den Japanern am 13. Juli – jenem Tag, an dem sie alle Bauzeichnungen sowie die Unterlagen für die Flüssigtreibstoffe erhielten. Auf alle Fälle wurden die Walter-Unterlagen vor dem 9. August übergeben. Da die Pläne in zehnfacher Ausfertigung vorlagen ist es wahrscheinlich, dass sie an Bord von zumindest zwei der drei U-Boote kamen, die Ende August ausliefen und Japan sicher erreichten. Angesichts der Bedeutung, die die Japaner den Walter-Plänen beimaßen, ist es gut vorstellbar, dass jedes der drei U-Boote einen Satz transportierte. Trifft die U-Boot-These zu, befanden sich die Unterlagen im Dezember 1944 in Japan.

Eine Mitteilung vom 14. September 1944 wies Rolf von Chlingensperg an, sich zwischen dem 10. und 15. Oktober für die Abreise nach Japan bereitzuhalten. (6) Riclef Schomerus, Leiter der Aerodynamik-Abteilung bei Messerschmitt, und August Bringewald sollten ihn begleiten (Letzterer sollte die Fertigung der Me 163 und der Me 262 in Japan überwachen). Zu einem späteren Zeitpunkt fiel der Beschluss, Viktor Caspar als Berater ebenfalls nach Japan zu entsenden. Letztlich verzögerte sich ihre Abreise bis Februar 1945.

Am 21. August erkundigte sich die Marine nach genauen Einzelheiten des Flugzeugs, so zum Tragflächenaufbau, zur Schwerpunktverlagerung und zu den Werkstoffen der Treibstoffanlage, was wiederum ein mehr als oberflächliches Wissen der Japaner über die Me 163 belegt. Eine Woche darauf kam die nächste, nicht minder detaillierte Anfrage nach Einzelheiten der Holzbauteile. Die Antwort auf die Anfrage vom 21. August erfolgte am 6. September in einer von drei an diesem Tag abgesandten Mitteilungen. Sie enthielt präzise Maßangaben zu Bauteilen der Zelle und zur Masse des Flugzeugs (aufgeschlüsselt nach Einzelteilen) sowie von Treibstoff und Waffen. Die anderen Mitteilungen enthielten die Abmessungen der Tragflächen in Millimetern sowie Polardiagramme, aus deren Kurven sich Auftriebs- und Luftwiderstandskoeffizienten in Bezug zu Mach-Zahlen ablesen ließen. In Bezugnahme auf die Anfrage zur Kraftstoffanlage verriet eine Mitteilung, dass die Treibstoffbehälter aus der Aluminiumlegierung CHHT bestanden (mit Prozentangabe der Metalle), die sich einfach schweißen ließ; und dass man Oppanol (Polyvinilchlorid) versuchsweise als Rostschutz verwendete.

Die Anfragen vom 28. August beantworten die japanischen Vertreter in Berlin am 6. September. In der Mitteilung stand zu lesen, dass der Hauptflügel aus Buchensperrholz bestand, einschließlich der Dickenangaben der Außenhaut an verschiedenen Stellen. Weiters führte man die Holz-Klebstoffe auf und – obwohl Tokio dies nicht angefragt hatte – weitere Informationen vom Tragflächen-Hersteller über die Herstellung der Hauptholme und der laminierten Flügelflächen sowie zur Reparatur der Tragflügel.

Hochrangige Vertreter des japanischen Heeres und der Marine besuchten am 17. Oktober 1944 Augsburg und Leipheim (Messerschmitt) sowie am 18. Oktober Böblingen (Klemm). (7) In Augsburg führte man ihnen die Me 262, in Leipheim ihre Fertigungsanlagen und in Böblingen die Endmontage der Me 163 vor.

In einer Mitteilung vom 6. September erfuhr Tokio erstmals von der Me 163 C einschließlich der Hauptunterschiede zu den Ausführungen A und B. Zusätzlich wurden die Normen zur Feststellung der Festigkeit der beweglichen Teile der Me 163 C einigermaßen beschrieben. Weitere Auskünfte brachte eine Mitteilung vom 16. Oktober u. a. über das Verfahren, mit dem die Deutschen das Problem der unterbrochenen Treibstoffzufuhr in den Griff bekamen, nachdem das Flugzeug nach steilem Anstieg in den Horizontalflug übergegangen war. Am 4. November wollte das notorisch wissbegierige Tokio dann genau Bescheid über die Handhabung der chemischen Treibstoffe und die dazu notwendigen Anlagen wissen. Daraus lässt sich schließen, dass die Japaner – obwohl noch nicht im Besitz der Me 163-Baupläne – auf Grundlage der vorhandenen Kenntnisse ein Versuchsflugzeug bauen wollten. Weitere Hinweise auf die Entwicklung einer japanischen Me 163 bis hin zur Einsatzreife gibt eine japanische Anfrage von Ende September 1944, in der es um Einsatztaktiken und Bodenleitverfahren des Raketenjägers ging. Dass es tatsächlich so war, geht aus einer Mitteilung vom 9. September (Tokio–Berlin) hervor. Tokio bestätigte darin, dass derzeit Versuche mit dem Triebwerk im Gange seien, man aber aufgrund von Blasenbildung an den Turbinenblättern zum Antrieb der Kraftstoffpumpen, was die Treibstoffversorgung beeinträchtigte, Schwierigkeiten erwarte. Dieses Problem bekam man ebenso wenig in den Griff wie das unerwünschte Entstehen von Dampf (wahrscheinlich Wasserstoffperoxid). Nichtsdestoweniger ging man davon aus, die Versuche mit Triebwerk und Zelle bis Ende des Monats abschließen zu können, um danach das Triebwerk einzubauen und erste Flugversuche zu unternehmen. In der Zwischenzeit sollten die japanischen Vertreter in Berlin wichtige Einzelheiten zur Treibstoffversorgung und -einspritzung in die Brennkammer in Erfahrung bringen. Obwohl es um sehr spezielle Fragen ging, warfen diese doch ein bezeichnendes Licht auf grundsätzliche Probleme mit den Turbinenblättern, deren Form und Größe, der Art des Katalysators, der Beschaffenheit der Treibstoffbehälter – die alle nichts mit der unmittelbaren Entwicklung hin zum Versuchsstadium und einer bevorstehenden Flugerprobung zu tun haben.

Die Wissenschaftsabteilung des Marinefliegertechnikarsenals in Yokosuka erhielt den Auftrag zum Bau eines hölzernen Segelflug-Pendants der „Shusui" mit der Bezeichnung MXY8 „Akikusa" (Herbstgras). Der Erstflug am 8. Dezember 1944 erfolgte auf dem Flugplatz Hyakurigahara, Standort der Marinefliegergruppe 312, die als erste die „Shusui" erhalten sollte.[2] Am Steuer saß Korvettenkapitän Toyohiko Inuzuka. Den „Akikusa"-Gleiter brachte eine Schleppmaschine Kyushu K10W1 in die Luft; in seinem Flugbericht sprach sich Inuzuka sehr lobend über die Steuerungseigenschaften aus. Die zweite „Akikusa" wurde am Heeresflugforschungsinstitut in Tachikawa von Oberst Aramaki mit ähnlich erfreulichem Ergebnis geflogen.

Auf gewisse von Tokio angesprochene Punkte, die Kraftstoff-Einspritzanlage und die Kraftstoffbehälter betreffend, ging man erst Anfang März 1945 ein. Ob die anderen Punkte bis dahin geklärt wurden, entzieht sich der Kenntnis der Verfasser.

Am 19. Januar 1945 kam die nächste Anfrage aus Tokio. Diesmal wollte man die genaue Form mit Abmessungen der Brennkammer wissen, die Zahl der Einspritzdüsen, das Kühlverfahren und das Verfahren zur Kraftstoffverbrauchsmessung. Diese wichtigen Punkte, deren Unkenntnis sich nicht mit der erfolgreichen Entwicklung einer Me 163 deckt, beziehen sich vermutlich auf die C-Ausführung. Denn im nächsten Punkt ging es um das Umschalten von Haupt- auf Marschanlage (Marschofen). General Ulrich Kessler, der am 22. Januar 1945 zum deutschen Luftwaffenattaché in Tokio ernannt wurde und an Bord von U 234, das sich am 14. Mai 1945 auf offener See amerikanischen Kriegsschiffen stellte, in US-Gefangenschaft geriet, bestätigte im Verhör, dass die erste japanische Me 163 – oder ein Nachbau – sich im Dezember 1944 erstmals aus eigener Kraft in die Luft erhob. Diese überraschende Nachricht stammte vom deutschen Botschafter in Tokio.

Sofern sich die japanische Nachfrage auf die Me 163 C bezog, hatte die Entwicklung der B-Ausführung vermutlich den in der Mitteilung vom 19. Januar geschilderten Stand erreicht. Man rufe sich nur ins Gedächtnis, dass sich die erste japanische Anfrage zur Me 163 auf deren hohe Steiggeschwindigkeit und den Kraftstoffverbrauch bezog. Insofern ist es nur verständlich, dass die erweiterte Stehzeit der C-Ausführung bei Marschgeschwindigkeit für die Japaner von großem Interesse war. Der weitere Austausch zwischen Tokio und Berlin konzentrierte sich nach vorhandenen Quellen auf die zwei Hauptthemen Me 163 C sowie Organisation, Ausrüstung und Taktik der deutschen Me 163-Verbände. Ende Januar berichteten sowohl der Heeres- als auch der Marineattaché Japans an ihre Führungsstellen in Tokio detailliert über die deutschen Me 163-Einheiten, nachdem sie eine Staffel (in Brandis) besucht hatten. Darin enthalten die Gliederung einer Me 163-Staffel, die Verteilung der Flugzeuge, Angaben zur Wendigkeit und Leistung der Maschinen im Einsatz, Leitverfahren und Taktiken der Abfangjagd, Angriffe auf amerikanische Bomber, Ausbildung der Flugzeugführer und des Bodenpersonals, Transport und Aufbewahrung der Treibstoffe sowie Reinigung der Kraftstoffanlage nach dem Flug.

Weitere Mitteilungen bestätigten das japanische Interesse an der Me 163 C (verschiedentlich als Ju 248, Ju 263 oder Me 263 bezeichnet). Am 17. Januar erging an die japanischen Vertreter in Berlin der Auftrag, technische Angaben und Zeichnun-

Der Erstflug des Seglers MXY8 „Akikusa" (Herbstgras) erfolgte am 8. Dezember 1944 auf dem Flugplatz Hyakurigahara, Standort der Marinefliegergruppe 312, die als erste die J8M1 „Shusui" erhalten sollte. Am Steuer saß der junge Korvettenkapitän Toyohiko Inuzuka.

gen zur Ju 248, aus denen die Hauptbaugruppen und die Unterschiede zu früheren Typen hervorgingen, zu beschaffen. Am 7. Februar traf erneut eine Nachricht vom japanischen Heer in Berlin ein, die bezüglich der für Japan vorgesehenen deutschen Fachleute an erster Stelle um einen Montagemeister bat und an zweiter Stelle um einen Ingenieur, der sich mit der Ju 248 auskannte. Fünf Tage zuvor hatte der japanische Marineattaché in Beantwortung einer Anfrage aus Tokio Leistungsangaben der Me 263 verschickt, die nun von Junkers gebaut werden sollte. In dieser Mitteilung war auch von Starthilfsraketen die Rede.

Diese fertig montierte „Shusui“ diente im Mitsubishi-Werk Ohe zur Erprobung der Zellenfestigkeit.

Das deutsche U-Boot U 864 (KKpt. Ralf-Reimar Wolfram), in dem Rolf von Chlingensperg und Riclef Schomerus nach Japan ausreisten, wurde am 9. Februar 1945 westlich Bergen aufgrund eines Maschinenschadens vom britischen U-Boot HMS Venturer (8) geortet und versenkt (im Übrigen der einzige bekannte Fall, bei dem ein getauchtes Unterseeboot von einem ebenfalls getauchten U-Boot versenkt wurde). August Bringewald und Viktor Caspar, die für die Überwachung der Flugzeugproduktion in Japan vorgesehen waren, reisten mit U 234 (Kptlt. Johann Heinrich Fehler). Dieses U-Boot lag jedoch noch mehrere Wochen zur Reparatur in einem norwegischen Hafen, bevor es im April nach Japan auslief. Nach der Kapitulation der Wehrmacht stellte sich das Boot in See am 14. Mai amerikanischen Kriegsschiffen, die es nach Portsmouth/Virginia geleiteten. (9) A. d. B.: 1.) Die beiden an Bord befindlichen japanischen Offiziere, die Marineoberbauräte Hideo Tomonaga und Genzo Shoji wählten den Freitod und wurden auf See zusammen mit ihren Geheimunterlagen bestattet. 2.) An Bord von U 234 befanden sich 560 kg atomwaffenfähiges Uranoxid 235, das in Portsmouth unter Aufsicht von Robert Oppenheimer (Vater der amerikanischen Atombombe) entladen wurde. Sehr wahrscheinlich diente es zum Bau der ersten amerikanischen Atombombe, denn den Amerikanern fehlte es an waffenfähigem Uran.

Es liegt auf der Hand, dass die Me 163 mit ihrer hohen Steiggeschwindigkeit als Verteidigungswaffe gegen die hoch fliegenden amerikanischen B-29-Ströme für Japan von höchster Bedeutung war.

Ihre geringe Stehzeit fiel angesichts der Tatsache, dass die Amerikaner hauptsächlich japanische Küstenstädte angriffen, nicht so sehr ins Gewicht. Bei nur kurzer Radar-Vorwarnzeit konnte ein Jäger mit hoher Steiggeschwindigkeit durchaus punkten, der noch dazu chemischen Treibstoff nutzte und somit die angespannte Kraftstoff-Versorgungslage entlastete. Insofern ist es mehr als verständlich, dass die Japaner große Anstrengungen zum Nachbau der Me 163 unternahmen. Obwohl kein Musterflugzeug und wahrscheinlich kein vollständiger Satz Baupläne nach Japan gelangten, reichte das vorhandene Wissen aus, den Nachbau zumindest zu versuchen. Dafür spricht auch die Angabe in der Mitteilung vom 19. Dezember, die Arbeiten seien weit fortgeschritten. Offenbar gelangten sie aber nicht zum Abschluss. Zumindest gibt es keine eindeutigen Augenzeugenberichte amerikanischer Bomberbesatzungen vom Einsatz dieses Flugzeugs über Japan, geschweige denn bildliche Beweise. Nichtsdestoweniger legten sich die Japaner bei der Entwicklung ins Zeug. Am 19. März 1945 schickte der deutsche Botschafter in Tokio eine Nachricht nach Berlin, wonach sich eine Zelle und ein Triebwerk der Me 163 nach deutschen Plänen im Nachbau befänden. Um welche Art Pläne es sich genau handelte, ging nicht daraus hervor – vermutlich um Unterlagen, die Kurier Inayagi nach Japan gebracht hatte und um über Funk versandte Angaben zum Walter-Triebwerk.

Die Aufträge zum Bau raketengetriebener Flugzeuge – der Marineausführung J8M1 „Shusui“ und der Heeresversion Ki-200 – ergingen an Mitsubishi und wurden federführend von Mijiro Takahasi betreut. Das Heer entschied sich jedoch, sein Projekt im Geheimen am Luftfahrttechnischen Institut in Tachikawa weiter zu verfolgen; vor allem wegen der Mangelsituation hinsichtlich bestimmter Teile der Me 163. Nach Angaben der japanischen Historiker Ikuhiko Hata und Yasuho Izawa übertrug die Marine die Versuche der 312 Kokutai (Marinefliegergruppe 312): (10) „Die 312 Kokutai wurde eigens zur Schulung von Piloten auf die Shusui errichtet. Der erfahrene Marineflieger Kapt. z. S. Takeo Shibata wurde zum Befehlshaber bestimmt. KKpt. Masao Yamashita wurde Gruppenkommandeur und KKpt. Yorio Yamagata, ein erfahrener Wasserflugzeug-Führer, sein Stellvertreter. ... Yamashita oblag die Verantwortung für die Ausbildung des Verbandes, der zum Kasumiguara-Geschwader gehörte. Letzteres verfügte über zwei Buntai (Staffeln) „Zero“-Jäger (Sollbestand 24 Flugzeuge) sowie über Segler zur fliegerischen Ausbildung. Die Masse der Piloten war jung und ohne Kampferfahrung, bei den wenigen Alt-

Die erste J8M1 „Shusui“ (Schwertstreich) vor dem Einbau des Raketentriebwerks Ro.2 in der Marinefabrik Natsushima. Danach brachte man sie auf den nahe gelegenen Flugplatz Yokoku. Das Flugzeug ist hier mit eingebauten 3 cm-Kanonen in den Flächenwurzeln zu sehen, die man aber vor dem Erstflug wieder ausbaute.

Mitsubishi J8M1 „Shusui“
Natsushima, Frühjahr 1945.

Mitsubishi J8M1 (Ki 200) Shusui

Spannweite: 9,5 m
Länge: 6,05 m

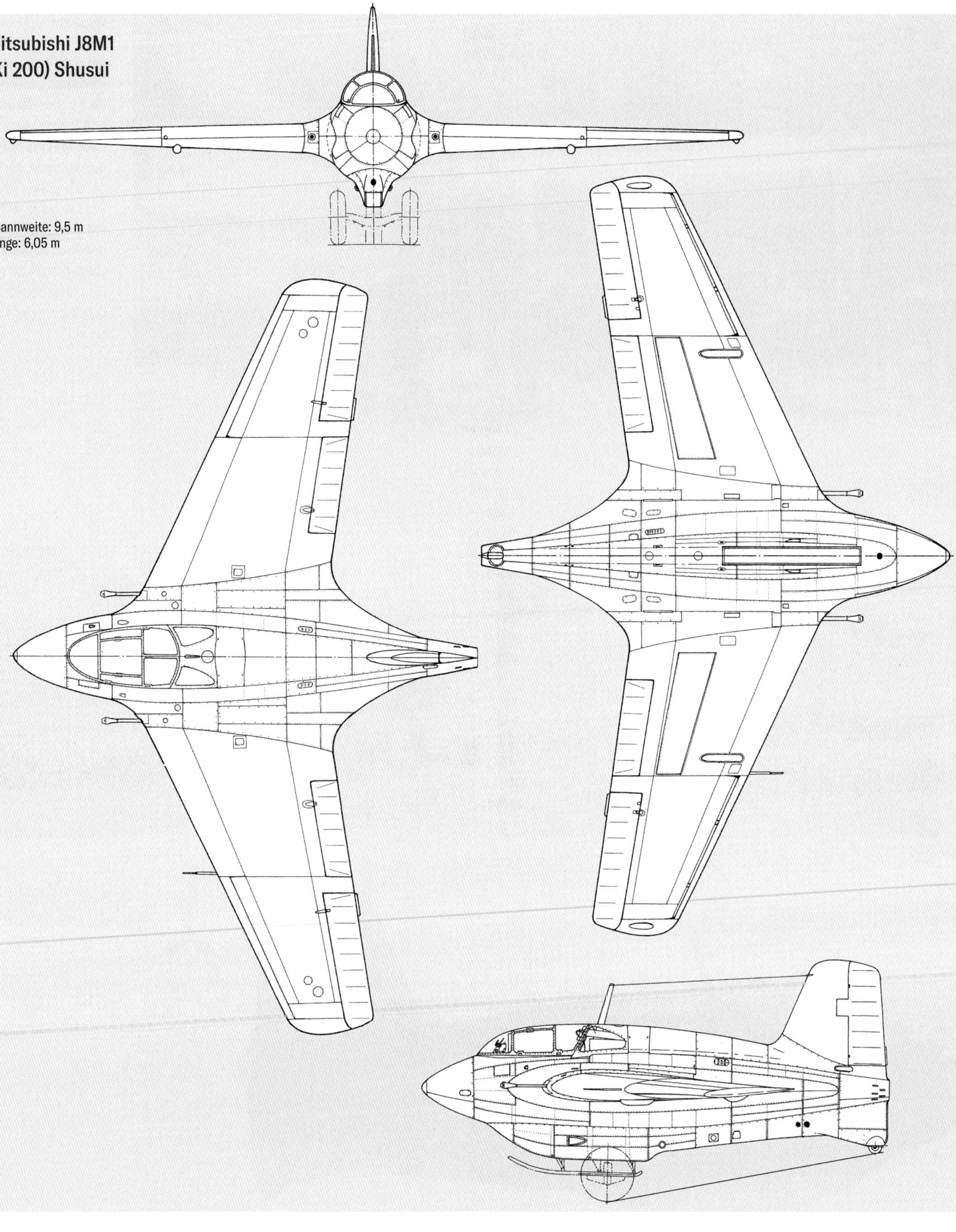

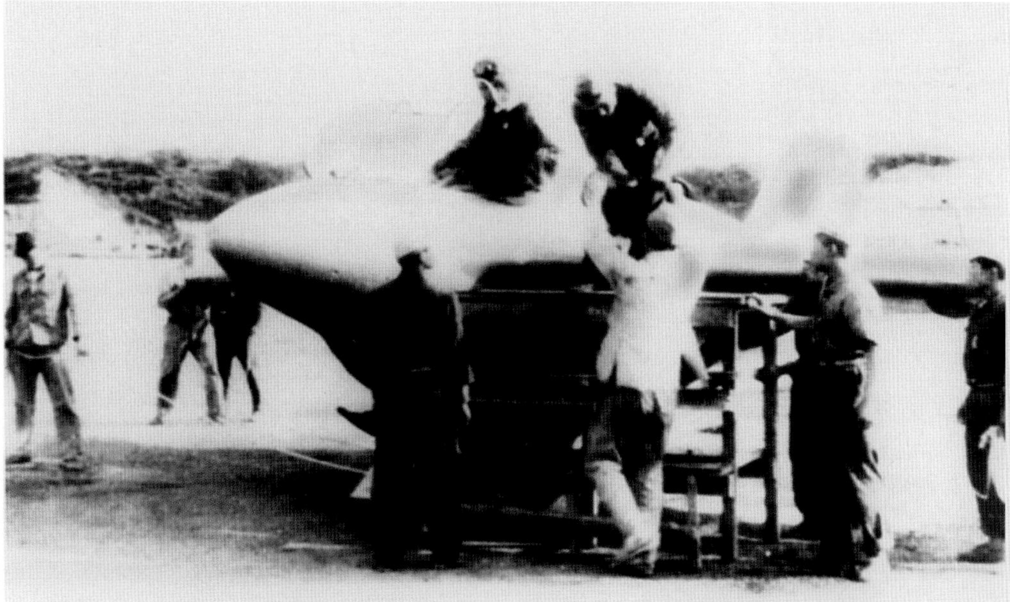

Der Erstflug der „Shusui" fand am 7. Juli 1945 auf dem Flugplatz Yokoku statt. Flugzeugführer Korvettenkapitän Toyohiko Inuzuka verlor dabei sein Leben.

Eine „Shusui" nach Kriegsende vor dem Transport als Beutegut in die USA. Hinter ihr eine Nakajima Ki-106 „Frank".

Eine der beiden nicht mit Triebwerken ausgestatteten „Shusui“ nach der Verbringung in die USA. Sie kam später ins kalifornische Chino Air Museum.

Eine einsame und ziemlich mitgenommene „Shusui“ auf dem Gelände des US-Marinestützpunktes Glenview in Illinois.

gedienten handelte es sich um gerade Genesene. Natürlich gab es Bedenken, diese Leute in ein raketengetriebenes Flugzeug zu setzen, das eine Menge an technischem Können verlangte. Aber nicht nur bei Kapt. z. S. Shibata lagen Erwartungen und Hoffnungen für die „Shusui“ hoch. So führte man nicht nur intensive Ausbildung durch, sondern entwickelte auch ein Bodenleitverfahren, um die kurze Stehzeit im Flug auszugleichen. Das von Kommandeur Shibata entwickelte Angriffsverfahren lief wie folgt ab: »Mit Boden-Leitung steigt die ‚Shusui‘ in steilem Winkel schnell auf und positioniert sich hinter einer B-29-Formation, wobei sie 10.000 m Höhe in etwas mehr als drei Minuten erreicht. Der Angriff erfolgt unter Einsatz der beiden 3 cm-Kanonen in den Flächen; unter entsprechenden Umständen versetzt der Pilot dem Feindflugzeug dann den Todesstoß. Danach setzt die ‚Shusui‘, die ihren Treibstoff verbraucht hat und nur noch die halbe Masse aufweist, im Gleitflug zur

Landung an. – Obwohl einige vorgesetzte Stellen die Rammtaktik empfahlen, wandte sich Kommandeur Shibata vehement dagegen.«"

Trotz fortlaufender amerikanischer Bombenangriffe konnte das Mitsubishi Werk Ohe den ersten J8M1-Rumpf im Dezember 1944 fertig stellen. Diesen brachte man zum Einbau des Triebwerks umgehend nach Yokosuka. Yoshi Imagawa: (2) „Anfang Juli 1945 brachte man die erste ‚Shusui' mit eingebautem Triebwerk auf den Flugplatz Yokoku. Dieser verhältnismäßig kleine Platz an der Küste hatte man wegen seiner Nähe zur Anlage Natsushima [ein ehemaliges unterirdisches Marinelabor bei Yokosuka], zumal auf längeren Transportwegen die Gefahr von Luftangriffen bestand; hauptsächlich aber weil der Pilot bei Versagen des Raketenmotors unmittelbar nach dem Start die Möglichkeit hatte, im Meer zu wassern und zu überleben. Denn eine Bruchlandung an Land würde mit hoher Wahrscheinlichkeit mit der Explosion der leicht entzündlichen Treibstoffe enden. ... Die ersten Startläufe liefen wenig zufrieden stellend; der Treibstoff verbrannte ungleichmäßig, wie an den unterschiedlichen Farben der Verbrennungsgase am Strahlrohr zu erkennen – hellrot bei unvollständiger Verbrennung und gelblich-grün bei vollständiger Verbrennung. Nach Änderung einiger Einstellungen funktionierte die Verbrennung am 5. Juli dann ganz gut. So fiel der Beschluss, zwei Tage darauf den ersten Probeflug zu wagen ... Am 7. Juli um 16.55 Uhr ließ Toyohiko Inuzuka das Raketentriebwerk an. Nach einer Startstrecke von 320 m in 11 Sekunden erhob sich die ‚Shusui' sanft in die Luft und warf das Startgestell aus 10 m Höhe ab.

Zur Begeisterung der Zuschauer stieg die Maschine sanft weiter. Alles schien gut zu laufen. Auf etwa 350 m Höhe traten dunkle Rauchwölkchen aus, das Triebwerk stotterte und fiel aus. Die ‚Shusui' aber stieg weiter auf etwa 500 m, worauf Inuzuka in den Geradeausflug überging, eine Rechtskurve beschrieb und im Gleitflug auf den Flugplatz zuhielt.... Ko-Flüssigkeit [T-Stoff] strömte aus dem Notablassventil, als die Maschine nach einigem Rechts-Links-Kurven zum Landeanflug ansetzte. Inuzuka hatte jedoch zu viel Geschwindigkeit verloren. Als er sah, dass er in ein Haus am Flugplatzrand stürzen würde, zog er die Nase hoch und überzog absichtlich. Der rechte Flügel ging nach unten und berührte fast ein Gebäudedach. Die Maschine drehte sich im Kreis, beide Flächen montierten ab, und der Rest schlug auf offenem Feld zu Boden. Der Vorderrumpf und weitere Teile waren schwer beschädigt. Inuzuka starb an seinen schweren Verletzungen."

Der Krieg endete, bevor die „Shusui" noch Einsatzreife erlangte. Der ehrgeizige Fertigungsplan sah die Auslieferung von 155 Maschinen bis März 1945 vor, weitere 12.000 und 3600 sollten bis September 1945 bzw. März 1946 folgen, wozu es nicht mehr kam. Bis August 1945 waren vier „Shusui"-Zellen und vier Raketentriebwerke Ro.2 fertig gestellt; weitere standen kurz vor der Vollendung. Die 312 Kokutai wurde aufgelöst und kam nie in den Einsatz.

Zum Schluss ein aufschlussreicher Auszug aus einem Bericht des *US War Office* vom August 1945:

„Jede Erörterung über die Möglichkeit einer erfolgreichen Entwicklung der Me 163 in Japan verbietet sich ohne Einbeziehung der erfolgreichen Entwicklung ihrer chemischen Flüssigtreibstoffe. Den Japanern hätte das Erreichen der Produktionsreife der Me 163 wenig genützt, wenn sie nicht auch die Schwierigkeiten der Herstellung, des Transports und der Lagerung großer Mengen chemischen Treibstoffs in den Griff bekommen hätten. Diese Probleme waren groß und vielschichtig, wie schon die deutschen Erfahrungen auf diesem Gebiet belegen."

Fußnoten

1 Der Name dieses Kuriers und Ingenieurs erscheint in verschiedenen Berichten als Inayagi, Iwaya oder Iwayajii. Wir haben uns für Inayagi entschieden [Fregattenkapitän Eiichi Iwaya war japanischer Verbindungsoffizier in Deutschland. (3)].

2 Nach Yasumori Matogawa (3) fand der Erstflug der MXY8 Akigusa [sic] am 26. Dezember 1944 statt.

16

Wo sind sie geblieben?

Schicksale erbeuteter Me 163

DIE IN HUSUM vorgefundenen Me 163 (vgl. Kapitel 8) brachten die Briten nach England. Ein paar Maschinen überließen sie später der französischen Luftwaffe. Man versah sie mit britischen oder französischen Zulassungen, wobei man über ihre ursprünglichen Stammkennzeichen nur lückenhaft Bescheid weiß. (1) Einzelne Me 163 kamen in Museen und wurden vielfach ohne Rücksicht auf die Original-Kennzeichen „restauriert", so dass so manches Einsatzkennzeichen schlicht verschwand. Andere wurden innen und außen überholt, so dass ihr jetziger Anstrich kaum mehr als authentisch gelten kann.

Wieder andere Me 163 fielen den Angloamerikanern sonst wo im Reich in die Hände, so etwa in Linz und Zirl. Einige brachten sie zur Überführung nach England oder in die USA nach Kassel-Rothwesten. Jene für die USA stammten von der IV./EJG 2. Man kann mit an Sicherheit grenzender Wahrscheinlichkeit davon ausgehen, dass Maschinen ohne Kennung nagelneu waren und nie geflogen wurden. Sie tragen Junkers-Werknummern, beginnend mit 191... Heute weiß man, dass sechs Me 163, darunter die „Gelbe 1", den Franzosen übergeben wurden. Je eine Maschine kam zur Marineschule Lauvéoc-Poulmic, zum *Centre D'essais En Vol* (CEV) nach Bretigny (wo sie später die Zivilkennung F-WLEG erhielt), zum *Musée de l'Air* in Chalais-Meudon, zum *Arsenal de l'Aéronautique* in Chatillon und zum Flugzeughersteller *Société Nationale de Constructions Aéronautiques du Centre* (SNCAC) nach Billancourt. Wo die „Gelbe 1" hinkam, ist unbekannt. (2)

Zwei noch immer nicht gelöste Rätsel gibt die VF241 auf: Man weiß weder, welche Maschine sich dahinter verbirgt, noch wie diese „erworben" wurde. Nach einem nachrichtendienstlichen Bericht der Briten vom 30. April 1945 (3) verhielt es sich so: *„Eine neue und unbeschädigte Me 163 B wurde ins Land* [Großbritannien] *gebracht, was es jetzt ermöglicht, die Kenntnisse aus früheren AI2(g)-Berichten über diesen ungewöhnlichen Entwurf in vielerlei Hinsicht zu erweitern.*" Segelflugversuche mit der Maschine fanden in den Jahren 1946 und 1947 statt. (4)

Zwei Monate vor der Entstehung dieses Berichts hatten US-Truppen am 1. März 1945 Venlo eingenommen und dort in den Trümmern von Flugzeughallen ein paar Me 163 gefunden. Als sie am 12. und 16. April (5) Esperstedt und Brandis besetzten, fanden sie in Esperstedt nur beschädigte Maschinen vor. In Brandis mussten sie feststellen, dass sämtliche Me 163 mit Ausnahme der Me 163 B V13/Me 163 D vor dem Einmarsch zerstört worden waren. Ende April rückten sie in Lechfeld ein, wo sich angeblich Me 163 befanden, die ab dem 14. April von Peenemünde hierher gebracht worden waren. (5, 6) (Bad Zwischenahn fiel am 2. Mai (7) in kanadische und Husum am 8. Mai in britische Hände.)

Da es unwahrscheinlich ist, dass die Amerikaner unbeschädigte Me 163 den Briten übergaben, kann man davon ausgehen, dass die VF241 irgendwo von den Engländern erbeutet wurde. Eigentlich kommt dafür nur das von der britischen 2. Armee am 16. April eingenommene Fassberg in Frage, wo sich die Fliegertechnische Schule II befand. Man weiß, dass die Schule Me 163 zu Ausbildungszwecken nutzte. Erfreulicher Weise führt ein 1969 von der *Main Library* der RAE Farnborough erstellter Katalog von *Enemy Aircraft Reports* mehrere Berichte auf, die Licht ins Dunkel hätten bringen können. Insbesondere jener mit der Überschrift *Preliminary report on Me 163* (Vorläufiger Bericht über Me 163) vom Mai 1945. (9) Ausgerechnet dieser Bericht wird aber als „fehlend" aufgelistet! So gibt uns die VF241 weiter Rätsel auf.

Bezüglich der von den Sowjets erbeuteten Me 163 S sei auf den Fußnoten-Quellennachweis zu diesem Kapitel verwiesen. (10) Gemäß dem russischen Luftfahrthistoriker Dmitri Sobolew (10) verhielt es sich so:

„Man entdeckte Flugzeuge und Flugtriebwerke von besonderem Interesse und verschickte sie in die UdSSR. Darunter befanden sich drei Me 163 mit Walter-Flüssigkeitsantrieb... Ende 1945 befanden sich zehn Jagdflugzeuge Me 163 in der UdSSR (darunter sieben zweisitzige Schulmaschinen)..."

Übersichtstabelle zur Geschichte erbeuteter Me 163

Typ	Werk-nummer	Kennung	Weitere Markierung	Alliierte Registrierung	Andere Kennzeichnung	Zeitpunkt	Letzter bekannter Standort
B	?	?	?	VF241		??04.45	Vor dem 30.04.45 zur RAE Farnborough gebracht
				VF241		11.07.45	Erster Schleppflug auf RAF Wisley[1]
				VF241		10.07.46	Erster Schleppflug auf RAF Wisley
				VF 241		13.11.47	Erster Schleppflug auf RAF-Fliegerhorst Wittering
				VF 241		15.11.47?	Letzter Schleppflug auf Wittering, Totalschaden
				VF 241		?	Abgeschrieben durch 54 MU auf Fliegerhorst Cambridge
B	191329	?	Gelbe 7	-	-	08.05.45	Erbeutet in Husum. Überführung zur RAE Farnborough
					AM200	09.07.45	Zur 6 MU nach Brize Norton
					AM200	21.03.46	Aufgeführt in Flugzeugzählung
					AM200	14.08.47	Abgeschrieben durch 6 MU in Brize Norton
B	191330	-	?	-	-	08.05.45	Erbeutet in Husum. Überführung zur RAE Farnborough
					AM201	09.07.45	Zur 6 MU nach Brize Norton
					AM201	14.08.47	Abgeschrieben durch 6 MU in Brize Norton
B	191915	-	?	-	-	08.05.45	Erbeutet in Husum. Überführung zur RAE Farnborough
					AM202	09.07.45	Zur 6 MU in Brize Norton
					AM202	14.08.47	Abgeschrieben durch 6 MU in Brize Norton
BV52	(163)10061	(GH+IU)	Gelbe 1	-	-	08.05.45	Erbeutet in Husum. Überführung zur RAE Farnborough
			Gelbe 1		AM203	09.07.45	Zur 6 MU in Brize Norton
			Gelbe 1		AM203	21.12.45	Zur 76 MU in Wroughton
			?		?	06.03.46	Übergabe an französische Luftwaffe
			?		?	09.03.46	Überführung nach Dieppe
			-		?	10.03.46	Übernahme durch französische Luftwaffe
B	191454	-	Gelbe 11	-	-	08.05.45	Erbeutet in Husum. Überführung zur RAE Farnborough
			Gelbe 11		AM 204	12.07.45	Zur 6 MU in Brize Norton
			Gelbe 11		AM204	16.09.45	Ausstellung im Londoner Hyde Park
			Gelbe 11		AM204	??.??.45	Wieder zur 6 MU in Brize Norton
			Gelbe 11		AM204	21.03.46	Aufgeführt in Flugzeug-Bestandsaufnahme
B	191905	-	?	-	-	08.05.45	Erbeutet in Husum. Überführung zur RAE Farnborough
					AM205	21.07.45	Zur 6 MU in Brize Norton
					AM205	21.03.46	Aufgeführt in Flugzeug-Bestandsaufnahme
					AM205	14.08.47	Abgeschrieben durch 6 MU in Brize Norton
B	191902	-	?	-	-	08.05.45	Erbeutet in Husum. Überführung zur RAE Farnborough
					AM206	21.07.45	Zur 6 MU in Brize Norton
					AM206	21.03.46	Aufgeführt in Flugzeug-Bestandsaufnahme
					AM206	14.08.47	Abgeschrieben durch 6 MU in Brize Norton
B	191461	-	?	-	-	08.05.45	Erbeutet in Husum. Überführung zur RAE Farnborough
					AM207	21.07.45	Zur 6 MU in Brize Norton
					?	?	Möglicher Weise zur RPE Westcott überführt
					8481M („191614“)	??.??.80	RAF Museum Cosford
B	191912	-	?	-	-	08.05.45	Erbeutet in Husum. Überführung zur RAE Farnborough
					AM208	21.07.45	Zur 6 MU in Brize Norton
					?	19.10.–09.11.45	German Aircraft Exhibition in Farnborough
					?	??.02.46–??.05.46	Ausgestellt im Wissenschaftsmuseum London
						Unbekannt	RPE Westcott
B	191315	-	?	-	-	08.05.45	Erbeutet in Husum. Überführung zur RAE Farnborough
					AM209	21.07.45	Zur 6 MU in Brize Norton
					AM209	21.03.46	Aufgeführt in Flugzeug-Bestandsaufnahme
					AM209	14.08.47	Abgeschrieben durch 6 MU in Brize Norton
B	191318	-	Gelbe 6	-	-	08.05.45	Erbeutet in Husum. Überführung zur RAE Farnborough
			Gelbe 6	-	AM210?	21.07.45	Zur 6 MU in Brize Norton
			Gelbe 6		AM210?	21.03.46	Aufgeführt in Flugzeug-Bestandsaufnahme
			Gelbe 6		AM210?	17.06.46	Zur 47 MU in Sealand
			Gelbe 6		?	1949 - 1955	GAFEC bei der 3 MU in Stanmore Park
			Gelbe 6			1962 - 1964	Fliegertechnische Lehrschule der RAF in Halton
			Gelbe 6			1964	Ans Wissenschaftsmuseum London
B	191095	-	?	-	-	08.05.45	Erbeutet in Husum. Überführung zur RAE Farnborough
					AM211	25.07.45	Zur 6 MU in Brize Norton
					AM211	21.03.46	Aufgeführt in Flugzeug-Bestandsaufnahme
					AM211	26.06.46	Zur 47 MU in Sealand zwecks Überführung nach Kanada
					AM211	28.08.46	Verschiffung von Salford Docks
					?	09.09.46	Eintreffen in Montreal
					?	1946 - 1957	Tor-Denkmal auf Fliegerhorst RCAF St. Jean/Quebec
					?	1957 - 1964	Canadian War Museum in Ottawa

Typ	Werk-nummer	Kennung	Weitere Markierung	Alliierte Registrierung	Andere Kennzeichnung	Zeitpunkt	Letzter bekannter Standort
					?	1964-1978	CNAC auf Flugplatz Rockcliffe
					?	1978-1985	Ausgestellt im USAF Museum Fliegerhorst Wright-Patterson in Dayton/Ohio
					?	1985-1999	National Air Museum Canada (früher CNAC) auf Flugplatz Rockcliffe
					?	1999	Erwerb durch National Museum of the US Air Force auf Fliegerhorst Wright-Patterson in Dayton/Ohio
B	191965	-	?	-	-	08.05.45	Erbeutet in Husum. Überführung zur RAE Farnborough
					AM212	26.07.45	Zur 6 MU in Brize Norton
					AM212	21.03.46	Aufgeführt in Flugzeug-Bestandsaufnahme
					AM212	14.08.47	Abgeschrieben durch 6 MU in Brize Norton?
B	191954	-	?	-	-	08.05.45	Erbeutet in Husum. Überführung zur RAE Farnborough
					AM213	26.07.45	Zur 6 MU in Brize Norton
					AM213	21.03.45	Aufgeführt in Flugzeug-Bestandsaufnahme
					AM213	19.02.47	An die CFS Little Rissington. Dort verliert sich die Spur
B	191660	-	?	-	-	08.05.45	Erbeutet in Husum. Überführung zur RAE Farnborough
					AM214	26.07.45	Zur 6 MU in Brize Norton
					AM214	18.09.46	An das RAF College in Cranwell
					?	1961	Ans Imperial War Museum in London
					?	1976	Ans Imperial War Museum in Duxford
					?	2005	Erwerb durch Flying Heritage & Combat Armor Museum in Paine Field bei Everett/Washington
B	191659	-	Gelbe 15	-	-	08.05.45	Erbeutet in Husum. Motorisierter Flug von Eric W. Brown
			Gelbe 15		Gelbe 15	10.06.45	An die RAE Farnborough
			Gelbe 15		AM215	26.07.45	Zur 6 MU in Brize Norton
			Gelbe 15		AM215	21.03.46	Aufgeführt in Flugzeug-Bestandsaufnahme
			Gelbe 15		Gelbe 15	19.05.47	Zum CAe in Cranfield
			Gelbe 15		Gelbe 15	1975	Überholung bei Marshall's of Cambridge
					Gelbe 15	1976	Ans Royal Scottish Museum of Flight in East Fortune
B	191309	-	?	-	-	08.05.45	Erbeutet in Husum. Überführung zur RAE Farnborough
					AM216?	31.07.45	Zur 6 MU in Brize Norton
					AM216?	16.07.46	Vorgesehen für den Transport zur 23 Grp RAF FTC nach Little Rissington oder South Cerney
					AM216?	?	RAF-Fliegerhorst West Raynham
					AM216?	?	RAF-Fliegerhorst Fulbeck
					AM216?	1964	RAF-Fliegerhorst Biggin Hill
					AM216?	28.11.64	Übergabe an Deutschland in Biggin Hill
					-	30.11.64	Lufttransport von Gatwick nach Erding
					-	03.12.64	Lufttransport von Erding nach Manching
					-	02.07.65	Ans Deutsche Museum in München
					-	2015	Zur Flugwerft Schleißheim
					-	2019	Ans Fraunhofer Institut in Fürth zur Computertomographie
B-1a	191917	-	?	-	-	08.05.45	Erbeutet in Husum. Überführung zur RAE Farnborough
					AM217	31.07.45	Zur 6 MU in Brize Norton
					AM217	20.02.46	Rückkehr zur RAE Farnborough
B-1a	191654	-	?	-	-	08.05.45	Erbeutet in Husum. Überführung zur RAE Farnborough
					AM218	31.07.45	Zur 6 MU in Brize Norton
					AM218	21.03.46	Aufgeführt in Flugzeug-Bestandsaufnahme
					AM218	14.08.47	Abgeschrieben durch 6 MU in Brize Norton
B	191904	-	Gelbe 25	-	-	08.05.45	Erbeutet in Husum. Überführung zur RAE Farnborough
					AM219	08.08.45	Zur 6 MU nach Brize Norton
					AM219	21.03.46	Aufgeführt in Flugzeug-Bestandsaufnahme
					?	1949?	Zum RAF-Fliegerhorst Colerne
					8480M	1975?	Zum RAF-Fliegerhorst St. Athan
					„Weiße 25“	05.05.88	Überführung auf den deutschen Fliegerhorst Oldenburg
						1997	Ans Luftwaffenmuseum Berlin-Gatow
B	191914		Gelbe 26	-	-	08.05.45	Erbeutet in Husum. Überführung zur RAE Farnborough
			Gelbe 26	-	AM220	08.08.45	Zur 6 MU nach Brize Norton
			Gelbe 26		AM220	21.03.46	Aufgeführt in Flugzeug-Bestandsaufnahme
			Gelbe 26		?	17.06.46	Zur 47 MU/Sealand zwecks Überführung nach Kanada
			Gelbe 26		?	28.06.46	Verschiffung in Salford Docks
			Gelbe 26		?	08.09.46	Ankunft in Montreal, Einlagerung
			Gelbe 26		Gelbe 26	1946-64	An die RCAF
			Gelbe 26		Gelbe 26	1957	Auf Fliegerhorst Calgary/Alberta
	„191916“		Gelbe 26		Gelbe 26	1957-?	Canadian War Museum/Ottawa
				?	?	?-2000	National Aviation Museum Canada/Rockcliffe-Ottawa
					Gelbe 26	2002	Canada Air & Space Museum/Rockcliffe (früher NAMC)

Typ	Werk-nummer	Kennung	Weitere Markierung	Alliierte Registrierung	Andere Kennzeichnung	Zeitpunkt	Letzter bekannter Standort
B	191961	-	?	-	-	08.05.45	Erbeutet in Husum. Überführung zur RAE Farnborough
			-		AM221	08.08.45	Zur 6 MU nach Brize Norton
					AM221	21.03.46	Aufgeführt in Flugzeug-Bestandsaufnahme
					AM221	14.08.47	Abgeschrieben durch 6 MU in Brize Norton
B	191907	-	?	-	-	08.05.45	Erbeutet in Husum. Überführung zur RAE Farnborough
					AM222	08.08.45	Zur 6 MU nach Brize Norton
						21.03.46	Aufgeführt in Flugzeug-Bestandsaufnahme
						30.04.46	Zur 76 MU nach Worthington zwecks Überführung nach Australien
						1946 - 1971	Einlagerung im Australian War Memorial (AWM)/Canberra
						1971 - 1986	Ausgestellt auf Fliegerhorst Point Cook
						1986	Ans AWM/Canberra
						2002	Ans AWM Mitchell Annex, später zur Anzac Hall/Canberra
B	191452	-	?	-	?	08.05.45	Erbeutet in Husum. Überführung zur RAE Farnborough
						??.??.45	Zur 6 MU nach Brize Norton?
						21.03.46	Aufgeführt in Flugzeug-Bestandsaufnahme?
						25.06.46	Zur 47 MU/Sealand zwecks Überführung nach Kanada
						28.09.46	Verschiffung in Salford Docks
						09.09.46	Ankunft in Montreal
						??.09.57	Verschrottet in Arnprior/Ontario
B	191190	-	Weiße 54[2]	-	-	?	Erbeutet in Altenburg?
			Weiße 54	-		02.05.45	Auf US-Sammelstelle Merseburg. Verschiffung über Cherbourg in USA
			Weiße 54	-	FE495	21.09.45	In Freeman Field in Seymour/Indiana. Flügel für FE550
					FE495	01.08.46	Auf Fliegerhorst Wright Field in Dayton/Ohio
					FE495	1950?	Verschrottet
B	191301	-	-	-	-	?	Erbeutet?
						02.05.45	Auf US-Sammelstelle Merseburg
					FE550	?	Über Kassel und Cherbourg nach Newark/New Jersey
					FE550	10.08.45 - 21.03.46	Überholung auf Freeman Field in Seymour/Indiana
					FE550	12.04.46	Im Lufttransport nach Fliegerhorst Muroc (heute Edwards)/Kalifornien
					T2-500	04.05.46	Erster Flugversuch in Gegenwart Lippischs gescheitert. Nachfolgende Flüge erfolgreich
					T2-500	?	Nach Fliegerhorst Norton/Kalifornien
					T2-500	1954 - 1996	Zur Paul Garber Facility in Old Silver Hill/Maryland
					T2-500	1996 - 2008	Ans Mighty Eight Air Force Museum in Savannah/Georgia
					T2-500	2008	Ans Steven Udvar-Hazy Center in Chantilly/Virginia
B	?	-	?	-	-	?	Erbeutet?
					FE501	21.09.45	In Freeman Field/USA
					T2-501	17.01.47	In Wright Field. Teile ausgeschlachtet für FE500/T2-500
B	(16310033)/V24	(GH+IC)	?	-	-	?	Erbeutet?
					FE502	21.09.45	In Freeman Field/USA
					T2-502	17.01.47	In Wright Field. Teile ausgeschlachtet für FE500/T2-500
B	?	-	?	-	-	?	Erbeutet?
					FE503/T2-503	21.09.45	In Freeman Field/USA. Keine Lieferung an Bell Aircraft Corp. nach Buffalo/New York wegen Streichung der Bell-Erprobung? Ein ehem. deutscher Kriegsgefangener aus einem Lager bei Buffalo erzählte, er habe eine Me 163 im Segelflug gesehen.

Fußnoten

1 Flüge mit der Me 163 B, VF241

Tag	Ort	Pilot	Bemerkungen
11.07.45	RAF Wisley	Wing Cdr Falk	Geschleppt von Spitfire IX, EN498
13.07.45	RAF Wisley	Wing Cdr Falk	Geschleppt von Spitfire IX, EN498
18.07.45	RAF Wisley	Wing Cdr Falk	Geschleppt von Spitfire IX, EN498 (zwei Flüge)
26.03.46	RAF Wisley	Sqn Ldr Coton	Geschleppt von Spitfire IX, NH403
28.03.46	RAF Wisley	Sqn Ldr Coton	Geschleppt von Spitfire IX, NH403
01.04.46	RAF Wisley	Sqn Ldr Coton	Geschleppt von Spitfire IX, NH403
03.04.46	RAF Wisley	Sqn Ldr Coton	Geschleppt von Spitfire IX, NH403
16.04.46	RAF Wisley	Sqn Ldr Coton	Geschleppt von Spitfire IX, NH403
10.07.46	RAF Wisley	Sqn Ldr Coton	Geschleppt von Spitfire IX, EN498
13.11.47	RAF Wittering	Capt E.M. Brown	
??.11.47	RAF Wittering	Capt E.M. Brown	
15.11.47	RAF Wittering	Capt E.M. Brown	Bruch der Landekufe beim Landen. Flugzeug stark beschädigt.

2 Funkrufzeichen einer Staffel der IV./EJG 2.

Messerschmitt Me 163 B
mit alliierter Kennung VF241.
Erprobungsstelle RAE Farnborough,
Mai 1945.

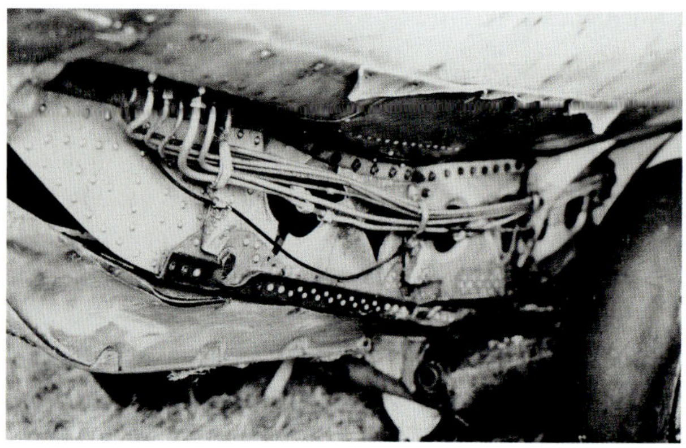

Die **Me 163 B (VF241)** auf der Erprobungsstelle Farnborough und vor Versuchen auf den Fliegerhorsten RAF Wisley und RAF Wittering. Die Aufnahme unten rechts zeigt die Beschädigungen bei der Landung durch Capt E. M. Brown (Marineflieger) am 15. November 1947. Die Landung erfolgte mit dem abwerfbaren Radfahrgestell, wie hier zu sehen. Die Maschine erlitt schwere Beschädigung und musste abgeschrieben werden. Autor Phil Butler schreibt in *War Prizes* (Nachdruck 1998; Beuteflugzeuge), die VF241 sei „vor Kriegsende nach England gebracht worden“. Trifft dies zu, dann sicher im Original-Tarnanstrich. Bis zum 8. Mai 1945 befanden sich alle Me 163-Flugplätze in der Hand britisch-kanadischer, amerikanischer oder französischer Truppen. Wie das Flugzeug dann nach England kam, ist nicht bekannt. Bei den Flügen auf dem Fliegerhorst Wisley war die Rumpfunterseite wahrscheinlich noch nicht gelb überstrichen und auf der Oberseite blieben wohl noch große Teile der alten Tarnbemalung erhalten.

Messerschmitt Me 163 B (W.Nr. 191454)
„Gelbe 11“ der 7./JG 400.
Nordholz, März/April 1945.

Die **Me 163 B (W.Nr. 191454) „Gelbe 11“** wurde im September 1945 zusammen mit anderen Beuteflugzeugen im Londoner Hyde Park ausgestellt. Dann ging sie an die Wartungseinheit 6 MU in Brize Norton zurück, die sie auch in der Flugzeug-Bestandsaufnahme vom 21. März 1946 registrierte. Bei jener Me 163 B, die man nach Kanada brachte und wahrscheinlich 1957 in Arnpior/Ontario verschrottete, handelte es sich um W.Nr. 191452 (siehe Abb. S. 294)

Zurschaustellung der **Me 163 B (W.Nr. 191659) „Gelbe 15“** bei der Instandsetzungseinheit 6 MU in Brize Norton (oben) und beim *College of Aeronautics* in Cranfield/Bedfordshire (rechts). Bevor man das Flugzeug 1975 dem *Royal Scottish Museum of Flight* auf dem Flugplatz East Fortune bei East Lothian überstellte, wo man sie heute besichtigen kann, durchlief sie bei der Firma *Marshall of Cambridge* eine Überholung. Mit Kapitän z. S. Eric Brown am Steuer erreichte die Maschine am 10. Juni 1945 in Husum nach Bodenstart eine Höhe von 32.000 ft (9754 m).

Messerschmitt Me 163 B (W.Nr. 191659)
„Gelbe 15“ der II./JG 400, so wie sie 1945–47 bei der *6 Maintenance Unit in Brize* Norton und beim *College of Aeronautics* in Cranfield anzutreffen war.

Oben: Die **Me 163 B (W.Nr. 191660)** in Cranfield. Im Hintergrund eine He 162. Offensichtlich hat man die Maschine neu bemalt, denn das Flecktarnmuster am Heck dürfte wohl kaum original sein. Auch die auf das Seitenruder gepinselte „Weiße 3“ sowie die beidseitig oben am Leitwerk angebrachte Werknummer entsprechen nicht dem deutschen Standard. Das Flugzeug wurde im *Imperial War Museum* in Lambeth/London ausgestellt (links) und dann wieder ins IWM-Museum Duxford verbracht. 2005 ging es an das Flying *Heritage & Combat Armor Museum* in Paine Field bei Everett/Washington.

Me 163 B (W.Nr. 191316) „Gelbe 6“ im Londoner Wissenschaftsmuseum.

Oben: Die **Me 163 B (W.Nr. 191912)**, abgestellt in der Forschungsstelle für Raketenantriebe RPE Westcott in Buckinghamshire, zeigt noch den Original-Anstrich sowie die ursprünglichen Kennzeichen. Sie befindet sich in der Gesellschaft moderner deutscher Raketenwaffen: im Vordergrund eine Flugabwehrrakete „Enzian“ (gebaut von Messerschmitt), dahinter eine Flügelbombe V1 sowie links oben das Heckteil einer Flugabwehrrakete R 1 „Rheintochter“ (gebaut von Rheinmetall-Borsig). Rechts ragt die Spitze einer Fernrakete V2 ins Bild.
Abb. rechts oben: Vom 29. Oktober bis 9. November 1945 gehörte die Me 163 zu den Ausstellungsstücken der *German Aircraft Exhibition* in Farnborough. Im Hintergrund ein Prototyp des von Blohm & Voss entwickelten Höhenjägers BV 155.

Rechts: Bevor sie auf den Fliegerhorst Cosfort kam, wo sie noch heute steht, wurde die **Me 163 B (W.Nr. 191461) „Gelbe 14“** bei Restaurierungen mehrfach überstrichen. Die Aufnahme stammt von 1987. Gemäß der 2012 vom RAF-Museum herausgegebenen Beschreibung trägt die Herstellerplakette an der rechten Flügelwurzel die Nummer 191614; der Innenkonus am Heck jedoch die Nummer 191461. April, April…

Diese Me 163 wird an der RPE Westcott gerade für eine Ausstellung auf dem Fliegerhorst Cosford aufgehübscht. Sie trägt deutsches Tarnmuster und Hoheitsabzeichen sowie am Rumpfrücken die Markierungen C und T für C-Stoff und T-Stoff. Über dem Spornrad-Ausleger lässt sich ein Anschlagpunkt für Hebezeug ausmachen. Eine Werknummer ist nirgends zu erkennen.

Die **Me 163 B (W.Nr. 191907)** blieb lange unberührt mit Originalanstrich und Kennzeichen. 1976 kam ein kluger Mensch auf die Idee, sie neu zu bemalen, was leider gründlich schief ging. Zum Glück machte man den Fehler durch einen Anstrich, der sich am Vorbild orientierte, später einigermaßen wieder wett. Zur Zeit der Manuskripterstellung dieses Buches stand sie in der so genannten ANZAC-Halle des *Australian War Memorial* in Canberra.

Oben die **Me 163 B (W.Nr. 191941) „Gelbe 26“** noch im Originalzustand. 1946 kam sie nach Kanada. Die Aufnahme rechts zeigt sie im *Canada Aviation & Space Museum* in Rockcliffe mit falscher „kanadischer“ Werknummer 191916. Ansonsten gab man sich bei der Restauration redlich Mühe.

Diese Bildreihe zeigt verladene und zum Transport vorbereitete Me 163 auf der US-Sammelstelle für Beuteflugzeuge in Merseburg. Von dort kamen sie nach Kassel-Rothwesten und im Weitertransport per Flugzeug (Douglas C-54) in die USA. Das Heckfoto (links. 3. v. o.) aus Merseburg zeigt die **Me 163 B V1 (KE+SX)**, wobei es sich möglicher Weise um die **W.Nr. 191301** handelte. Die Maschine verfügt über einen Heckkegel, nicht aber über seitliche Lüftungsöffnungen am Rumpf. Foto oben rechts: Die verladene Me 163 auf dem Lkw ganz rechts trägt die Nummer 42. Alle Räder der Startwagen weisen eine rot-weiße Bemalung auf und gehörten zur IV./EJG 2. Einige Maschinen befanden sich in Linz, so dass der Verband wohl nicht alle Maschinen von Sprottau nach Esperstedt verlegt hatte.

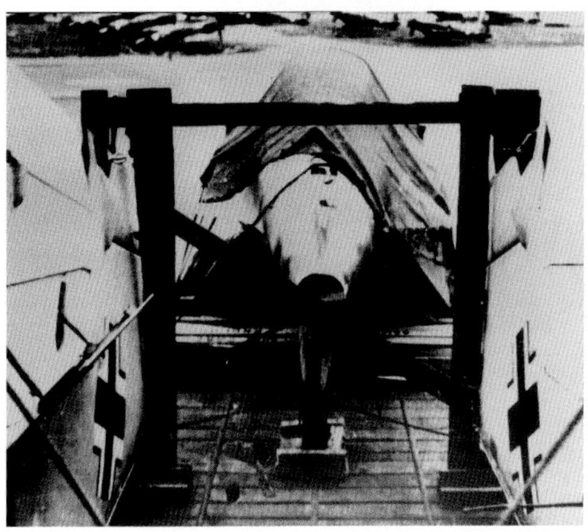

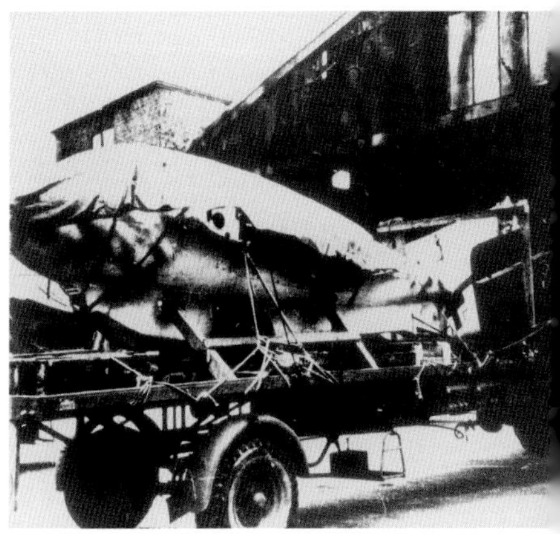

Links: Die Aufnahme dieser beiden auf Eisenbahnwaggons verladenen Me 163 mit unterschiedlichem Tarnanstrich entstand auf dem US-Luftwaffenstützpunkt Wattisham in Suffolk/England. Neugierige GIs interessieren sich für die deutschen Wundervögel.

Die **Me 163 B „Weiße 54“** von der IV./EJG 2 gehörte zu den Maschinen, die über Kassel-Rothwesten in die USA gelangten. Später erhielt sie einen neuen Anstrich und das Kennzeichen FE 495.

Messerschmitt 163 B (W.Nr. 191190) „Weiße 54“ der IV./EJG 2.
In den USA verpasste man ihr die Kennung FE 495 und brachte sie auf den Luftwaffenstützpunkt Wright Field bei Dayton/Ohio, wo sie sich von 1946 – 1950 befand.

Oben: Die **Me 163 B (W.Nr. 191301)** wollten die Amerikaner am 3. Mai 1946 auf der *Muroc Army Air Base* (dem heutigen Luftwaffenstützpunkt Edwards) erstmals im Schlepp einer B-29 in die Luft bringen. Dies ging schief, da das Schleppseil nach dem Start zu früh ausgeklinkt wurde. Nachfolgende Flüge verliefen erfolgreicher, wobei die Maschine nie aus eigener Kraft flog. Alexander Lippisch und Mitarbeiter Vogel (rechts) waren Zeugen der Versuche.

Links: Die **Me 163 B (W.Nr. 191301)** in Originalanstrich (links und obere Bildreihe unten) und nach „Aufhübschung" zu Ausstellungszwecken (untere Bildreihe).

Oben und unten: **Die Me 163 B (W.Nr. 191301)** mit US-Kennung FE500 erhielt später das Kennzeichen T2-500. Die Maschine ganz unten weist eine andere Zelle, aber ebenso die Nummer FE500 auf.

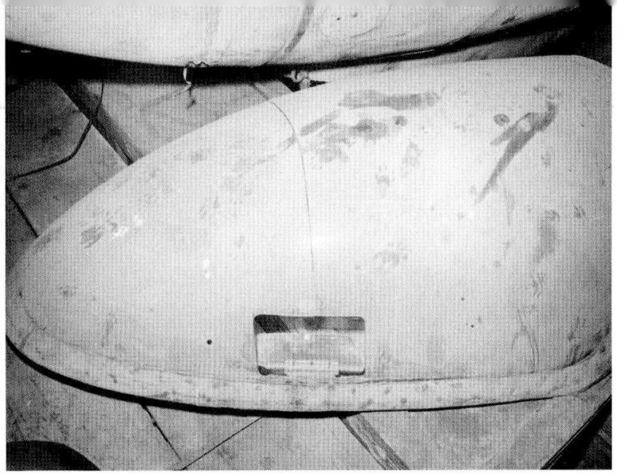

Den maroden Zustand der **FE550** nach jahrelangem Dahindämmern in einem Lager des kalifornischen Luftwaffenstützpunktes Norton bzw. der Paul-Garber-Sammlung in Silver Hill/Maryland dokumentiert diese Bildreihe. 1996–2008 stellte das *Mighty Eight Air Force Museum* in Savannah/Georgia die Maschine dann aus. Im Manuskriptstadium dieses Buches befand sie sich im Steven F. Udvar Centre in Chantilly/Virginia.

Oben: Die **Me 163 B (W.Nr. 191478)** unterzog das *Arsenal de l'Aéronautique* im Werk Châtillon von März bis September 1946 akribischen Untersuchungen. Anschließend kam sie ins *Musée de l'Air* nach Chalais-Meudon. Leider litt das Museum an Platzmangel und so stellte man sie im September 1946 vor der Schule Petit-Clamart aus, wo sie verfiel und später verschrottet wurde. Durch das Gebäudefenster lässt sich das vom *Arsenal de l'Aéronautique* gebaute Segelflugzeug Air-100 erkennen.

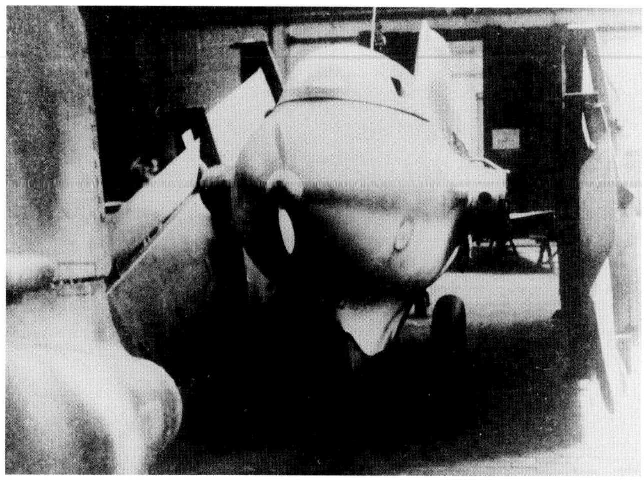

Der Bahnhof Nanterre diente als Depot für deutsche Beuteflugzeuge. Diese Me 163 B mit abmontierten Tragflächen ging ans *Centre d'Essais en Vol* nach Brétigny. Bei der Me 163 davor handelt es sich um die oben gezeigte Maschine, die das *Arsenal de l'Aéronautique* in Châtillon so sträflich vernachlässigte. Die Aufnahme entstand im Februar 1946.

Die einzige Me 163 mit ziviler Kennung (F-WLEG). Ihr verpassten die Franzosen außerdem einen Anstrich in Rot und Silber und am Leitwerk den Namen *Avions Lestrade* (das Foto entstand in Brétigny). Das Flugzeug wurde mit und ohne Verwendung des Triebwerks (Segler) geflogen. Man beachte das Munitionsabteil sowie das geänderte Kanzeldach. Mit dem Raketentriebwerk stellte das *Laboratoire de Recherches Balistiques et Aérodynamiqes* (Forschungslabor für Bewaffnung und Aerodynamik) in Vernon Bodenversuche an.

Links und oben: Diese Me 163 B ging an den Flugzeughersteller SNAC in Billancourt. Ihr Raketentriebwerk nutzte SNAC als Antrieb für den zweiten Prototyp des Versuchsflugzeugs NC-271.

Links: Diese Me 163 B bekam 1948 die französische Marine, hier zu sehen im Originalanstrich mit Marinefliegern auf dem Stützpunkt Lanvéoc-Poulmic bei Crozon. 1955 baute man die Tragflächen ab und überließ den Rumpf irgendwelchen Ausstellern auf dem Festival von St. Eloi an der französischen Riviera, wonach er verschrottet wurde.

Wie an dem dreieckigen Fenster hinter dem Kanzeldach und dem Schleifsporn zu erkennen, handelt es sich bei dieser Me 163 B um einen frühen Prototyp. Vielleicht fanden ihn die Sowjets nach der Besetzung von Sprottau so vor. Die Entfernung der Außenhaut erlaubte es ZAGI-Spezialisten des Büros für Neue Technologien jedenfalls, den Aufbau des Rumpfes und die Anordnung von Anlagen und Ausrüstung genauer zu untersuchen.

Den Sowjets fielen mindestens drei Me 163 B in die Hände, von denen sich aber nur eine in flugfähigem Zustand befand. Mit dieser stellte das Staatliche Forschungsinstitut der sowjetischen Luftstreitkräfte auf dem Flugplatz Tschkalowskaja Flugversuche an. Da es den Sowjets nicht gelungen war, ausreichend C- und T-Stoff zu ergattern, blieb es jedoch beim Schlepp hinter einem Tupolew-Bomber Tu-2. Man beachte den zusätzlich angebrachten Antennendraht vom Mast hinter der Kanzel bis zum Leitwerk.

Die Maschine in Tschkalowskaja mit zusätzlicher Versuchsausrüstung in Gestalt eines Venturirohrs hinter dem Antennenmast. Fotos belegen, dass die Me 163 mit und ohne Venturirohr geflogen wurde.

Zwei Me 163 kehren heim

1. Die Me 163 B (W.Nr. 191309?)

kam 1965 nach Aufenthalten auf den britischen Fliegerhorsten Fulbeck und Biggin Hill ins Deutsche Museum in München und 2015 zur Flugwerft Oberschleißheim.

Am 28. November 1964 begann die Rückreise der Me 163 vom britischen Fliegerhorst Biggin Hill über mannigfache Umwege nach Deutschland. Der Propeller an der Nase wurde offensichtlich durch einen Nachbau ersetzt.

Oben: Die Maschine noch in Biggin Hill. Es ist eindeutig zu erkennen, dass das kleine Dreiecksfenster hinter der Kanzel überdeckt wurde.

Nach der Überholung bei Messerschmitt-Bölkow-Blohm (MBB) im Juni 1965 erstrahlt die Me 163 in altem Glanz. Auf dem Foto lässt sich eine Anzahl interessanter Einzelheiten erkennen: Die kleine Öffnung für den Visierlinienprüfer belegt den ursprünglichen Einbau einer 3 cm-Maschinenkanone MK 108. Weshalb man aber bei der Überholung eine 2 cm-Kanone MG 151/20 mit vortretendem Rohr einbaute, bleibt unverständlich! Die viereckige Lüftungsklappe unter dem Kanzeldach ist gut zu sehen. Der dunkle Hebel am Rahmen des Kanzeldachs stammt noch aus England; wahrscheinlich diente er zur Verriegelung. Schließlich erhielt die Me 163 noch das Staffelwappen der 7./JG 400 – möglicher Weise, weil der ehemalige Staffelkapitän Reinhard Opitz das fehlende Instrumentenbrett gespendet hatte.

Reinhard Opitz rettete bei Kriegsende das Staffelwappen der 7./JG 400 und bewahrte es später bei sich daheim auf. Der Entwurf stammte von Staffelkamerad Leutnant Werner Lehn.

Seitenansicht der überholten Me 163 B. Größe und Art des Balkenkreuzes stimmen nicht ganz mit der im Krieg gebräuchlichen Form überein.

Links: Eine Szene aus der feierlichen Übergabe am 2. Juli 1965 im Deutschen Museum. Eric „Winkle" Brown (in der Kanzel) und Reinhard Opitz freuen sich über das Geleistete. Kapitän z.S. Eric Brown war Testpilot bei den britischen Marinefliegern und flog nach Kriegsende zahllose deutsche Flugzeuge nach England bzw. erprobte sie. Am 10. Juni 1945 stieg er in Husum mit der Me 163 B (W.Nr. 191659) auf, nachdem er am 26. Mai in einer Me 163 A(!) in Fassberg drei Eingewöhnungsflüge im Schlepp einer Bf 110 durchgeführt hatte, wobei ihn die deutsche Me-110-Besatzung auf 20.000 ft (ca. 6100 m) Höhe brachte. In Husum startete er eigenständig um 06.20 Uhr und stieg bis auf 32.000 ft (ca. 9750 m). Ins Flugbuch vermerkte er „Fantastisch!". Aus Gründen der Loyalität gegenüber seinem Arbeitgeber, der britischen Marine, behielt er das Geschehnis jahrzehntelang für sich und machte es erst wenige Jahre vor seinem Tod publik. Im Stab des britischen Militärattachés in Bonn setzte er sich für die Rückgabe der Me 163 ans Deutsche Museum und die Beschaffung eines Raketentriebwerks ein. 2015 entfernten die Münchner den Landekufenschutz der „Komet" und brachten die letzten drei Ziffern 309 der Werknummer an der Innenverkleidung an. Insofern kann man davon ausgehen, dass die vollständige Werknummer 191309 lautete.

Rechts: Diese beiden freundlicher Weise vom Deutschen Museum zur Verfügung gestellten Aufnahmen zeigen die Me 163 B im Zustand von 2015 und 2017. Das rechte Foto entstand 2015 im Deutschen Museum; das untere 2017 auf der Außenstelle Flugwerft Schleißheim. Detail am Rande: Die kleine Öffnung für den Visierlinienprüfer wurde geschlossen. Die Me 163 war eine Zeitlang im Deutschen Museum wegen Umbauarbeiten nicht zu sehen und wurde 2019 beim Fraunhofer Institut in Fürth zu Forschungsgründen durchleuchtet.

Oben und rechts: Die Me 163 B (W.Nr. 191904). Man beachte die unterschiedlichen Anstriche, die deutschen Hoheitsabzeichen und die Staffelnummer als Folge der „Restauration" für verschiedene Anlässe. So stellte man die Maschine auf den RAF-Fliegerhorsten Colerne und St. Athan sowie dem deutschen Fliegerhorst Oldenburg aus, bevor sie ans Deutsche Luftwaffenmuseum Berlin-Gatow kam.

Rechts: In Oldenburg durchlief die Me 163 B eine Überholung in der dortigen Werft und wurde dann im Traditionsraum des Jagdbombergeschwaders 43 bis 1994 ausgestellt. 1997 kam sie dann ans Luftwaffenmuseum Berlin-Gatow. Das Foto entstand nach der Überholung in Oldenburg. Am Bug das „Münchhausen-Wappen" – der berühmte Ritt auf der Kanonenkugel – der 1./JG 400. Die Autoren fanden allerdings keine Beweise, dass dieses Wappen im Krieg tatsächlich eine Me 163 B des JG 400 zierte.

2. Die Me 163 B (W.Nr. 191904) „Gelbe 25"

kam 1997 nach Aufenthalten auf den britischen Fliegerhorsten Brize Norton, Colerne und St. Athan über den deutschen Fliegerhorst Oldenburg nach Berlin-Gatow.

Links: Auf dem RAF-Fliegerhorst St. Athan. Man beachte das nachträglich am Heck angebrachte Flecktarnmuster sowie am Bug das Staffelwappen der 2./JG 400, den Floh mit Raketenantrieb und dem Wahlspruch „Wie ein Floh, aber oho!". Aus der „Gelben 25" wurde eine „Weiße 25".

Unten links und rechts: Nachdem Wolfgang Späte 1964 bei den Briten die Rückgabe einer Me 163 ans Deutsche Museum erreicht hatte, holte er 1988 einen weiteren Raketenjäger nach Deutschland zurück. Am 5. Mai 1988 brachte eine Transall C-160 der Bundeswehr die „Weiße 25" (die ehemalige „Gelbe 25" der II./JG 400 in Husum) von St. Athan in Wales auf den deutschen Luftwaffen-Fliegerhorst Oldenburg. Links wird die Maschine gerade ausgeladen.

Anhang 1

Flächengeometrie der Me 163

von Arthur L. Bentley

Rumpfverlängerung Me 163 A

Die untere der beiden Zeichnungen zeigt dem im Typenblatt (Dreiseitenriss) dargestellten Rumpf. Irgendwann in der Konstruktionsphase des ersten Musters verlängerte man das Triebwerksabteil um 150 mm. Sämtliche Prototypen der Me 163 A wurden danach gebaut.

Ein Studie zur Tragflächengeometrie der Me 163 A

Ein Besuch Stephen Ransoms in Göttingen förderte eine Anzahl technischer Berichte zur DFS 194 und ein von der AVA unter der Auftragsnummer J-7010 untersuchtes Projekt zutage, an dem Alexander Lippisch bei der DFS vor dem Wechsel zu Messerschmitt im Januar 1939 arbeitete. Kopien der Berichte beinhalteten Zeichnungen von Windkanal-Modellen mit den genauen Tragflügelgeometrien der unterschiedlichen in Göttingen untersuchten Tragflächen. Angaben aus dem Lippisch-Archiv der Ohio State University zeigten unterschiedliche Tragflügel-Wölbungen der Göttingen 765, wie sie Lippisch wohl für die Me 163 B vorgesehen hatte. Vermutlich ging die Me 163 A auf eines dieser DFS-Projekte zurück.

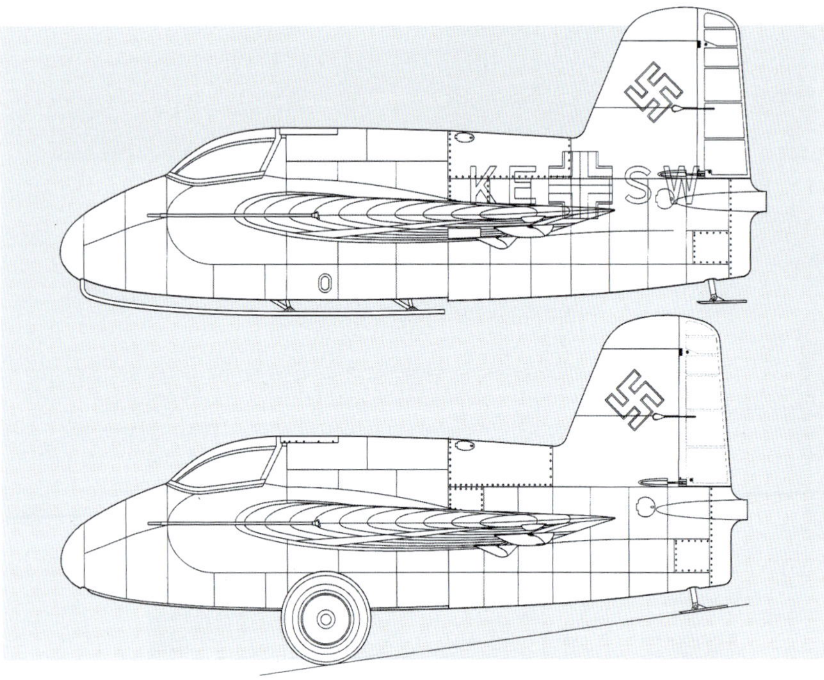

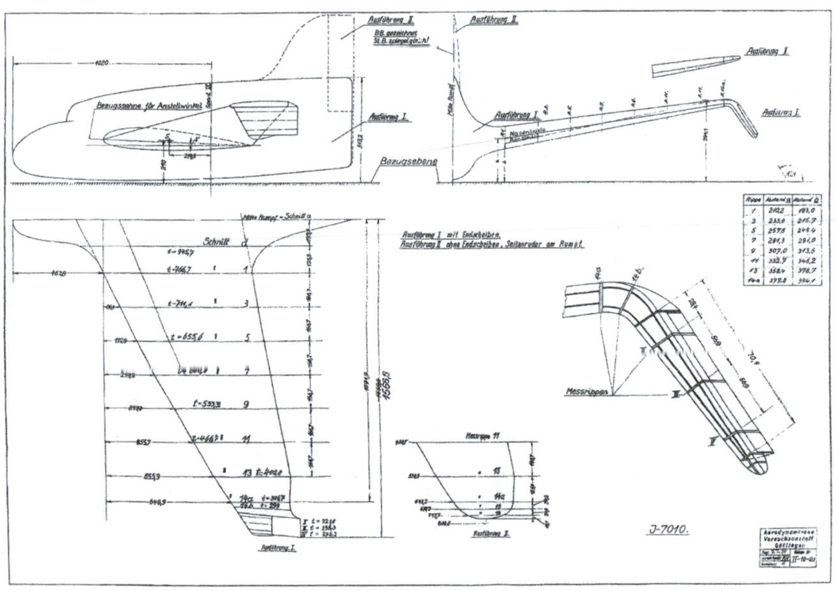

AVA-Zeichnung eines Windkanalmodells gemäß Auftragsnummer J-7010 vom 2. Februar 1939.

Im Vergleich mit all diesen Modell-Flügelprofilen weist die Me 163 B nach Messerschmitt-Zeichnung 8-163.000-785 eine Anzahl Flügelteile für das Produktionsmuster auf. Dies belegt eindeutig, dass die Windkanal-Modelle noch anders aussahen. Um eine möglichst große Trefferquote zu erzielen, zeichnete ich unterschiedliche Tragflächenprofile; anfänglich ohne Erfolg. Die Dickenverteilung bei der 163 B diente als Grundlage zur Untersuchung der Modell-Tragflächenprofile, indem ich die unterschiedlichen Wölbungen aus dem Datenblatt der Lippisch-Unterlagen übernahm. Dabei betrug die maximale Wölbung 1,5 % bei 20 % Flügeltiefe bei fünf unterschiedlichen biegsamen Tragflügel-Hinterkanten. In Folge fertigte ich Dickenverteilungskurven nach den im Datenblatt der Me 163 A angegebenen relativen Profildicken an. Dabei stellte sich heraus, dass die Maximalwölbung von 1,5 % bei 20 % Flügeltiefe – wie sie die Göttingen-765-Varianten aufwiesen – weder bei den Windkanalmodellen noch bei der Me 163 B stimmen konnte.

Auf Rat des US-Experten David Lecnicer zog ich nun das Dokument Me.1.8.25.14-1.1-30 für die Me 163 B heran, was mehr Licht ins Dunkel brachte. Stephen Ransom nahm an, dass diese Auslegung höchstwahrscheinlich eine Maximalwölbung von 1,8 % bei 25 % Flügeltiefe bei einer Maximaldicke von 14 % bei 30 % Flügeltiefe darstellte. Genau dies war der Fall und richtete meine Aufmerksamkeit nun auf die Erstellung neuer Kurven auf Grundlage der Göttingen 765-Varianten. Im Vergleich der Berichte über die verschiedenen Windkanalversuche fiel auf, dass das Projekt J-7010 auf den 8. Mai 1939 datiert war, als Lippisch schon drei Monate bei Messerschmitt arbeitete. Folglich konzentrierte ich mich nun ganz auf dieses Modell, zumal bekannt ist, dass Lippisch erste Zeichnungen der späteren Me 163 A von der DFS mit zu Messerschmitt genommen hatte. Die Erstellung eines Tragflächenumrisses und der Vergleich mit der Me 163 A zeigte – mit Ausnahme der Flügelspitzen – eine völlige Übereinstimmung. Dasselbe galt für das Dickenverhältnis. Die Übertragung der neuen Wölbungslinien auf das angegebene Dickenverhältnis erbrachte eine nahezu vollständige Übereinstimmung mit der kleinsten Biegungslinie der in den J-7010-Zeichnungen dargestellten Tragflächen. Auch der Vergleich der negativen Tragflächen-Verwindung/Pfeilung bei der J-7010 und der Me 163 A erbrachte eine fast völlige Übereinstimmung.

Das letzte Puzzleteilchen war der Anstellwinkel der Fügelwurzeln. Beim Projekt J-7010 betrug er – je nach Zeichnung – 2,0°, bei der Me 163 A 3,4°. Dass die Flügelspitzen in der Zeichnung der Me 163 A keine Neigung aufwiesen, war auf den ersten Blick verwirrend. Änderte man jedoch den Fügelwurzel-Anstellwinkel beim J-7010-Flügel von 2,0° auf 3,4°, fielen die negative Verwindung/Pfeilung sowie die Anstellwinkel von Flügelwurzeln und -spitzen fast identisch zur Me 163 B aus. Wieder war die Übereinstimmung verblüffend.

Aus dem Ganzen lässt sich der Schluss ziehen, dass das Projekt J-7010 der wahre Ausgangspunkt zur Me 163 A bei Messerschmitt war. Abgesehen von geringfügigen Änderungen der Flügelspitzen betrafen die Hauptänderungen bei Messerschmitt den Rumpf. So lässt sich nun mit an Sicherheit grenzender Wahrscheinlichkeit feststellen, dass Flächengeometrie und -aerodynamik der Me 163 A auf dem Projekt J-7010 beruhen.

© A. L. Bentley 2010

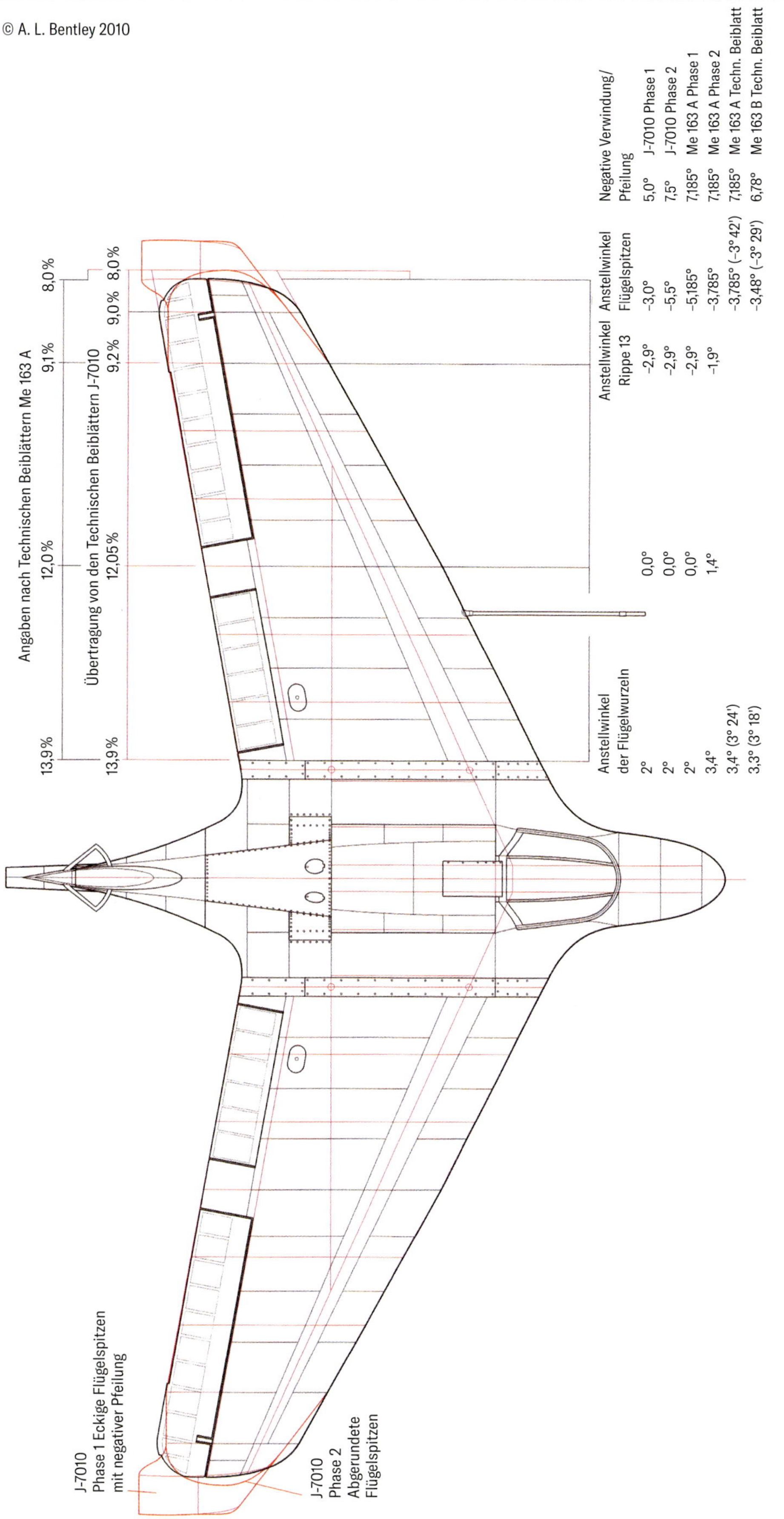

Tragflächen-Vergleich

DFS 194 Erstentwurf J-7010	**Rot**
Me 163 A	**Schwarz**

Das Auflegen der Zeichnung der Me 163 A auf die Zeichnung der J-7010 zeigt die fast völlige Übereinstimmung beider Entwürfe. Auch ein Vergleich der relativen Profildicken sowie der negativen Verwindung/Pfeilung und der Anstellwinkel ist signifikant.

Vergleich der Flügelgeometrien
von J-7010 und Me 163 A

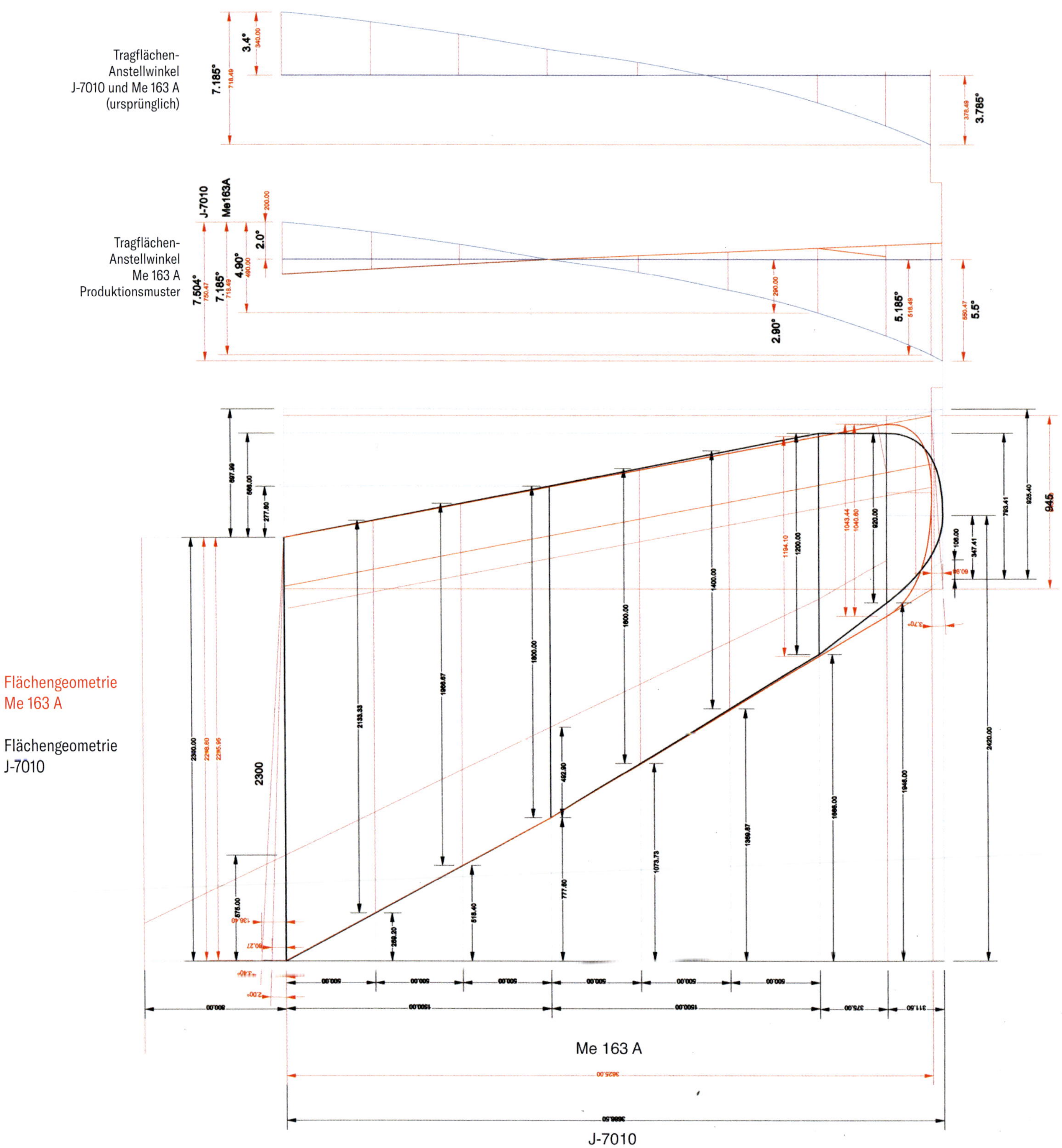

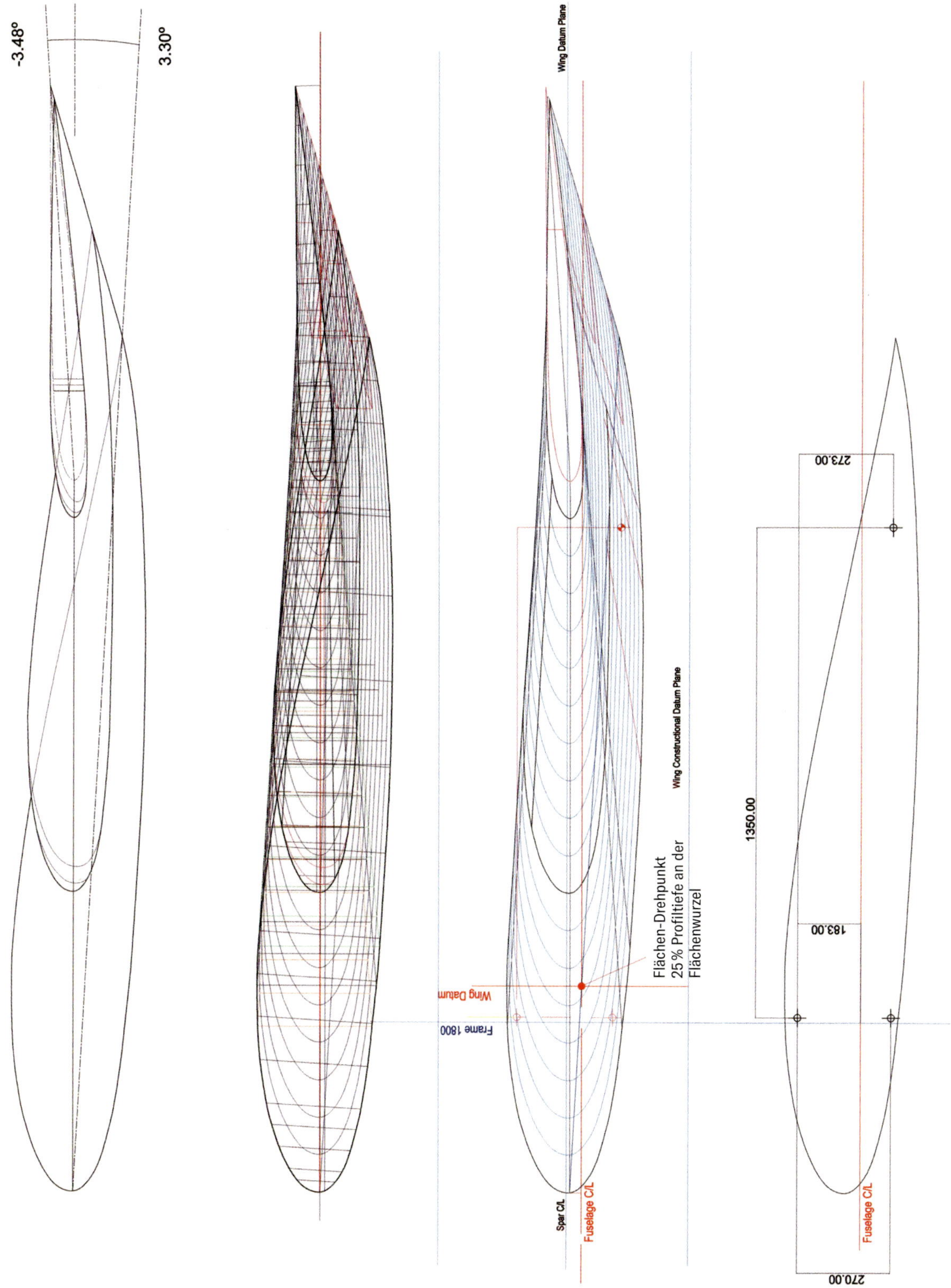

Messerschmitt 163 B und Me 263

Tragflügelgeometrien und -profile

Tragflächenprofil: Der Flügel besitzt keine V-Form. Die Vorderkante dient als Festpunktlinie, über die die Tragfläche kippt. Es gibt drei Steuerrippen. Die Rippe der Flächenwurzel hat einen Anstellwinkel von +3,30°, die mittlere Rippe von +1,57° und die theoretische Rippe der Flügelspitze von -3,48°. Die Flügelflächen zwischen den Rippen bilden eine gerade Linie. Die hier gezeigte Wurzelrippe ist theoretisch angenommen, die tatsächliche verlängert sich zur Flügelhinterkante und geht in die Flächenwurzel-Verkleidung über.

Anhang 2

Personallisten der EKdo 16, JG 400 und EJG 2

Neben dem Führungspersonal sind Unteroffiziere und Mannschaften erfasst. Die Listen wurden Jahrzehnte nach dem Krieg erstellt und können daher keinen Anspruch auf Vollständigkeit erheben. Auch war es nicht möglich, alle Vornamen, Auszeichnungen sowie die genaue Einheits-Zugehörigkeit in Erfahrung zu bringen.
RK = Ritterkreuz, EL = Eichenlaub, DK = Deutsches Kreuz in Gold, EP = Ehrenpokal der Luftwaffe, EK = Eisernes Kreuz

EKdo 16, JG 400

Maj. Wolfgang Späte RK, EL, DK, EP	*Kommandeur* EKdo 16 (Mai 1942 - April 1944) Gruppenkommandeur I./JG 400 *(August - November 1944)* Geschwaderkommodore JG 400 *(November 1944 - April 1945)*
Hptm. Anton Thaler	Kommandeur Ekdo 16 *(April 1944 - Februar 1945)*

I./JG 400

Hptm. Wilhelm Fulda RK	Gruppenkommandeur I./JG 400 *(November 1944 - Februar 1945)*
Hptm. Albert Falderbaum	Erg.St./JG 400 und 1./JG 400 *(Oktober - November 1944)* Staffelführer 1./JG 400 *(Dezember 1944 - Februar 1945)* Staffelkapitän 1./JG 400 *(Februar - April 1945)* Gruppenkommandeur I./JG 400 *(Februar - April 1945)*
Hptm. Otto Böhner EK II, EK I	EKdo 16 *(September 1943 - April 1944)* Staffelführer 1./JG 400 *(April - Mai 1944)* Staffelkapitän 2./JG 400 *(Juli 1944 - Februar 1945)*
Hptm. Johannes Polzin	13./EJG 2 und 1./JG 400 Staffelführer 2./JG 400 *(Februar - April 1945)*
Oblt. Franz Rösle	EKdo 16 und 1./JG 400 *(September 1943 - September 1944)* Staffelführer 3./JG 400 *(September 1944 - Februar 1945)* Staffelkapitän 3./JG 400 *(Februar - April 1945)* Verwundet am 28. September 1944

II./JG 400

Hptm. Rudolf Opitz EK II, EK I, DK	EKdo 16 *(Mai 1943 - Mai 1944)* Staffelkapitän 1./JG 400 *(August - November 1944)* Stellvertr. Gruppenkommandeur I./JG 400 *(August - Oktober 1944)* Gruppenkommandeur II./JG 400 *(November 1944 - Mai 1945)*
Hptm. Jochen Langen	Staffelführer 5./JG 400 (November - Dezember 1944)
Oblt. Franz Woidich RK, DK, EP	EKdo 16 *(September 1944)* Staffelführer 6./JG 400 *(September - Oktober 1944)* Staffelführer 5./JG 400 *(Oktober - Dezember 1944)* Staffelführer 6./JG 400 *(Januar - Februar 1945)* Staffelkapitän 6./JG 400 *(Februar - Mai 1945)*
Lt. Peter Gerth	Staffelführer 6./JG 400 *(Oktober - Dezember 1944)* Staffelführer 5./JG 400 *(Januar - Februar 1945)* Staffelkapitän 5./JG 400 *(Februar - Mai 1945)*
Lt. Reinhard Opitz EK	Staffelführer 7./JG 400 *(November 1944 - Februar 1945)* Staffelkapitän 6./JG 400 *(Februar - Mai 1945)*

Erg.St./JG 400

Oblt. Franz Medicus	EKdo 16 *(Februar - Juli 1944)* Staffelführer Erg.St./JG 400 *(Juli - Oktober 1944)* 6./JG 400 und 5./JG 400 *(November 1944 - Mai 1945)*
Hptm. Hans Nocher	Staffelkapitän Erg.St./JG 400 *(November - Dezember 1944)*

IV./EJG 2

Hptm. Robert Olejnik RK, EP	Staffelkapitän 1./JG 400 *(März - April und November 1944)* Gruppenkommandeur IV./EJG 2 *(Dezember 1944 - März 1945)*
Oblt. Adolf Niemeyer	EKdo 16 und Erg.St./JG 400 *(April - November 1944)* Staffelkapitän 13./EJG 2 *(November 1944 - März 1945)*
Lt. Hermann Ziegler	EKdo 16 und Erg.St./JG 400 *(Oktober 1943 - November 1944)* Staffelkapitän 14./EJG 2 *(November 1944 - März 1945)*
Hptm. Erwin Sturm	Erg.St./JG 400 *(Oktober - November 1944)* Staffelkapitän 15./EJG 2 *(November 1944 - Februar 1945)*

EKdo 16, JG 400, IV./EJG 2

Maj. Erwin Bacsila	EKdo 16, Erg.St./JG 400, Stab/JG 400
Maj. Gerhard Fichtner	5./JG 400
Maj. Franz Jäckel	Einsatzoffizier (Ia) Stab/JG 400
Maj. Walter Milius	TO I./JG 400
Hptm. Alexander Dahl	Stab/JG 400
Hptm. Heribert Frömert	Einsatzoffizier (Ia) II./JG 400
Hptm. Paul Helwig	TO II./JG 400
Hptm. Jürgen Hepe	I./JG 400
Hptm. Johannes Kiel RK, DK, EP	EKdo 16
Hptm. Hubert Krieger	Leiter der Segelflugschulung EKdo 16
Hptm. Otto Kulmöber	Erg.St./JG 400, Einsatzoffizier (Ia) Stab IV./EJG 2
Hptm. Karl Püllenberg	Adjutant, Stab I./JG 400
Hptm. Ehrenfried Schulze	1./JG 400
Hptm. Bernhard Graf von Schweinitz	1./JG 400, 2./JG 400
Hptm. Josef Sigel	Einsatzoffizier (Ia) I./JG 400
Hptm. Karl Zimmermann	TO IV./EJG 2
Oblt. Dietrich Angermann	EKdo 16, Erg.St./JG 400
Oblt. Wolfgang Baudis	EKdo 16, Erg.St./JG 400, 1./JG 400
Oblt. Joachim Bialucha	2./JG 400. Tod durch Unfall am 12.08.44

Oblt. Heinz Dönnike	1./JG 400. Tod durch Unfall am 12.08.44
Oblt. Franz Dünser	II:/JG 400
Oblt. Gerhard Eberle	1./JG 400, 5./JG 400
Oblt. Hans-Werner Ertel	4./JG 400
Oblt. Hans Fasel	4./JG 400
Oblt. Friedrich	Nachrichtenoffizier (Ic) I./JG 400
Oblt. Fritz-Joachim Grohmann	2./JG 400
Oblt. Josef Hund	Schießlehrer IV./EJG 2
Oblt. Ludwig Köhl	1./JG 400
Oblt. Heinz Könnecke	?/JG 400
Oblt. Gustav Korff	JLO Kommando 216/EKdo 16 und I./JG 400
Oblt. von Langen-Steinkeller	?
Oblt. Herbert Langer	EKdo 16. Gefallen am 21.06.44
Oblt. Herbert Leiterer	?/JG 400
Oblt. Kurt Müller EK II, EK I	1./JG 400
Oblt. Heinz Peters	EKdo 16
Oblt. Josef Pöhs RK, DK, EP	TO EKdo 16. Tod durch Unfall am 30.12.43
Oblt. Schulz	1./JG 400. Tod durch Unfall am 13.09.44
Oblt. Wilhelm Schwöbel	Adjutant Stab/JG 400
Oblt. Ernst Siebert	TO 1./JG 400
Oblt. Sommer	EKdo 16. Tod durch Unfall am 23.07.44
Oblt. Gottfried Wagner	EKdo 16. Tod durch Unfall am 11.01.45
Oblt. Wolfgang Wollenweber	13./EJG 2
Lt. Günter Andreas	EKdo 16, 2./JG 400
Lt. Erwin Bauer	Erg.St./JG 400
Lt. Hans Bott EK II	EKdo 16, 1./JG 400. Verwundet im Einsatz am 11.10.44
Lt. Paul Braun	1./JG 400
Lt. von Donner	?/JG 400
Lt. Dorsel	Nachrichtenoffizier (Ic) 2./JG 400
Lt. Albrecht Finke	?/JG 400
Lt. Alfred Gepert	TO ?/JG 400
Lt. Hans-Helmuth Gerstenhauer	Ekdo 16
Lt. Siegfried Graf	I./JG 400
Lt. Egon Grosse	4./JG 400
Lt. August Hachtel RK, DK, EP	EKdo 16
Lt. Walter Haselin	Erg.St./JG 400
Lt. Herbert Hoffer-Sulmthal	?/JG 400
Lt. Werner Jung	14./EJG 2
Lt. Friedrich Kelb	EKdo 16, 2./JG 400
Lt. Ernst Kern	TO 1./JG 400
Lt. Kurt Kraft	?/JG 400
Lt. Werner Lehn	6./JG 400
Lt. Hans-Ludwig Löscher	14./EJG 2, 1./JG 400
Lt. Hartmut Ryll	1./JG 400. Gefallen am 16.08.44
Lt. Rolf Schlegel	EKdo 16, 2./JG 400
Lt. Schreiber	1./JG 400
Lt. Heinz Schubert	EKdo 16, 2./JG 400
Ofhr. Breuker	II./JG 400
Hpfw. Freiburg	Spieß 1./JG 400
Hpfw. Jacobi	Spieß EKdo 16
Ofw. Hermann Bauer	EKdo 16
Ofw. Jacob Bollenrath	2./JG 400. Gefallen am 02.11.44
Ofw. Dietrich	EKdo 16
Ofw. Günter Dietz	EKdo 16. Gefallen bei Feindangriff am 30.05.44
Ofw. Friedrich-Peter Husser EK I	EKdo 16, 1./JG 400, 2./JG 400. Verwundet am 07.10.44
Ofw. Otto Krutsch EK II	EKdo 16, 1./JG 400
Ofw. Kristoph Kurz	2./JG 400

Ofw. Horst Lenk	EKdo 16
Ofw. Wilhelm Josef Mühlstroh	EKdo 16, 1./JG 400
Ofw. August Müller	EKdo 16, 1./JG 400
Ofw. Werner Nelte	EKdo 16. Gefallen am 14.04.45
Ofw. Friedrich Oeltjen	EKdo 16
Ofw. Helmut Reukauf	1./JG 400. Tod durch Unfall am 13.09.44
Ofw. Rimbeck	EKdo 16
Ofw. Horst Rolly	2./JG 400. Tod durch Unfall am 02.11.44
Ofw. Alfons Schneider	EKdo 16
Ofw. Herbert Straznicki	EKdo 16, 1./JG 400. Gefallen am 02.11.44
Ofw. Alois Werndl	EKdo 16. Tod durch Unfall am 30.11.43
Fhr. Carl Marsen (Mayersuppe)	1./JG 400
Fw. Baseler	II./JG 400
Fw. Erwin Diehl	EKdo 16, ?/JG 400
Fw. Heinrich Eggert	EKdo 16, ?/JG 400
Fw. Fleischmann	?/JG 400. Tod durch Unfall am 15.03.45
Fw. Rolf Glogner EK II, EK I	EKdo 16, 2./JG 400
Fw. Grahl	II./JG 400
Fw. Gross	EKdo 16
Fw. Detlef Hamburger	?
Fw. Harnsdorf	?
Fw. Gottfried Hauss	Erg.St./JG 400, 13./EJG 2
Fw. Hans-Günther Heinzel	EKdo 16
Fw. Johanning	?
Fw. Herbert Klein	14./EJG 2, 1./JG 400
Fw. Reinhard Lukas	EKdo 16. Tod durch Unfall am 23.08.44
Fw. Gerhard Mohr	EKdo 16, 1./JG 400
Fw. Ingo Päsold	1./JG 400
Fw. Schametz	EKdo 16, 2./JG 400
Fw. Ernst Schelper	EKdo 16, 2./JG 400
Fw. Konrad Schiebeler EK II	EKdo 16, 1./JG 400
Fw. Schorries	13./EJG 2
Fw. Siegried Schubert	1./JG 400. Tod durch Unfall am 07.10.44
Fw. Herbert Solzin	EKdo 16. Verwundet bei Feindangriff am 30.05.44
Fw. Albert Twachtmann	EKdo 16, II./JG 400
Fw. Waldemar Wallaschofski	EKdo 16, ?/JG 400
Fw. Walter	?/JG 400
Fw. Hans Wiedemann	EKdo 16, 1./JG 400. Gefallen am 13.04.45
Fw. Ernst Zielsdorf	2./JG 400
Fw. Zimmer	EKdo 16
Fw. Rudolf Zimmermann	EKdo 16, 1./JG 400
Uffz. Ahrens	EKdo 16
Uffz. Helmut Berg	EKdo 16
Uffz. Braun	?
Uffz. Hellmuth Claus	EKdo 16. Verwundet bei Feindangriff am 30.05.44
Uffz. Dietz	EKdo 16. Gefallen bei Feindangriff am 30.05.44
Uffz. Fritz Erhardt	EKdo 16
Uffz. Josef Eisenbarth	EKdo 16
Uffz. Manfred Eisenmann	EKdo 16, 2./JG 400. Tod durch Unfall am 07.10.44
Uffz. Rolf Ernst	1./JG 400
Uffz. Erwes	?
Uffz. Heinz Falkenrath	Ekdo 16
Uffz. Ferner	2./JG 400
Uffz. Garzarek	EKdo 16

Uffz. Siegfried Germann	EKdo 16
Uffz. Hannes Graf	?/JG 400
Uffz. Georg Grube	EKdo 16, 1./JG 400
Uffz. Herbert Hentschel	2./JG 400
Uffz. Werner Husemann	?/JG 400
Uffz. Egon Kerckhoff	?/JG 400
Uffz. Wilhelm Klumpe	EKdo 16
Uffz. Kurt Konrad	?/JG 400
Uffz. Erwin Kopf	EKdo 16
Uffz. Harald Kuhn	Ekdo 16, ?/JG 400
Uffz. Lang	?
Uffz. Maier	EKdo 16
Uffz. Karl Maurer	?/JG 400
Uffz. Josef Mentenich	2./JG 400
Uffz. Georg Neher	2./JG 400
Uffz. Pützer	EKdo 16
Uffz. Rath	EKdo 16
Uffz. Hermann Reckstatt	EKdo 16
Uffz. Siegfried Rudschinat	EKdo 16
Uffz. Josef Schich	EKdo 16
Uffz. Otto Schlichting	EKdo 16
Uffz. Ferdinand Schmitz	?/JG 400
Uffz. Oswin Schüller	1./JG 400
Uffz. Ludwig Schweiger	?/JG 400. Vermisst 1945
Uffz. Udo Schwenger	?/JG 400
Uffz. Slaby	?/JG 400
Uffz. Heribert Sponheuer	?
Uffz. Anton Steidl	EKdo 16, 1./JG 400
Uffz. Steinmetz	I./JG 400
Uffz. Anton Süss	2./JG 400
Uffz. Werner Tegtmeier	EKdo 16
Uffz. Thomas	2./JG 400
Uffz. Max Wieland	?/JG 400. Vermisst 1945
Uffz. Weichold	Erg.St./JG 400, IV./EJG 2
Uffz. Kurt Ziegler	EKdo 16. Verwundet bei Feindangriff am 30.05.44
Uffz. Leo Zielonka	?/JG 400
Stabsgefr. Theodor Jürgens	EKdo 16
Ogefr. Bedrunka	EKdo 16
Ogefr. Bickert	EKdo 16
Ogefr. Birkenstock	EKdo 16
Ogefr. Erwin Bitzer	?/JG 400. Vermisst 1945
Ogefr. Bernd von Bremen	3./JG 400
Ogefr. Hans Dehramann	?/JG 400. Tod durch Unfall am 21.01.45
Ogefr. Hans Finke	?/JG 400. Vermisst 1945
Ogefr. Fritsche	Ekdo 16
Ogefr. Franz Kalt	2./JG 400
Ogefr. Klemm	?
Ogefr. Horst Lachmann	Erg.St./JG 400, 14./EJG 2, 3./JG 400
Ogefr. Hans Lampe	?/JG 400. Vermisst 1945
Ogefr. Marten	II./JG 400
Ogefr. Pätzold	EKdo 16
Ogefr. Fritz Schade	?/JG 400. Vermisst 1945
Ogefr. Gerhard Scholz	EKdo 16. Verwundet bei Feindangriff am 30.05.44
Ogefr. Walter Schüttler	EKdo 16

Ogefr. Gerhard Stolle	14./EJG 2, 2./JG 400
Ogefr. Karl-Heinz Willius	EKdo 16
Ogefr. Zander	Ekdo 16
Gefr. Otto Berger	EKdo 16
Gefr. Damm	Erg.St./JG 400
Gefr. Genther	Erg.St./JG 400
Gefr. Hermann Giesel	13./EJG 2. Gefallen am 17.12.44
Gefr. Hans Meckprang	?/JG 400. Vermisst 1945
Gefr. Neubarth	?
Gefr. Kurt Voss	?/JG 400. Vermisst 1945
Flg. Gerhard Angel	EKdo 16. Gefallen am 30.05.45
Flg. (Hptm.) Walter Dittmar	I./JG 400
Flg. Erich Meyns	EKdo 16. Verwundet bei Feindangriff am 30.05.44
Flg. Heinrich Müller	EKdoe 16. Verwundet bei Feindangriff am 30.05.44
Flg. Erwin Schallmo	EKdo 16. Verwundet bei Feindangriff am 30.05.44
Stabsing. Gräber	Stab/JG 400
Fl.-Stabsing. Beeg	TO EKdo 16
Fl.-Haupting. Brede	Ekdo 16, 1./JG 400
Fl.-Ing. Frosch	2./JG 400
Fl.-Ing. Straub	?
Ob-Inspektor Berberich	Ekdo 16
Ob.-Prüfmeister Gründler	Ekdo 16
Ob.-Prüfmeister Oskar Unterhuber	1./JG 400
Prüfmeister Hacker	EKdo 16
Prüfmeister Panosch	II./JG 400
Ob.-Werkmeister Iser	EKdo 16, 1./JG 400
Ob.-Zahlmeister Ressel	II./JG 400
Dr. Erich Dunker	EKdo 16 (abgestellt von der luftfahrtmedizinischen Abteilung des RLM)
Dr. Helmut Dyckerhoff	EKdo 16, Stab/JG 400
Dr. Melchior	Stabsarzt EKdo 16
Dr. Mielke	Stabsarzt II./JG 400
Dr. Ortwin Rave	Stabsarzt EKdo 16. Tod durch Unfall am 21.06.44
Dr. Schwarzbach	Stab/JG 400

Folgende Personen gehörten ebenfalls den Verbänden an. Leider ließen sich entweder Dienstgrad oder Vorname oder aber der genaue Truppenteil nicht mehr feststellen:

Heinz Becker EKdo 16; Boettcher; Brieger EKdo 16; Werner Ernst Dehr EKdo 16; Karl Deis EKdo 16; Martin Fritz IV./EJG 2; Hahne; Hein EKdo 16; Wilhelm Kip; Menzel EKdo 16; Messenzel; Österreicher EKdo 16; Petschk; Preschel EKdo 16; Reinsperger EKdo 16; Reyle; Sabudowsky EKdo 16; Schöpf (od. Schipf) IV./EJG 2; Steffen EKdo 16 u. Erg.St./JG 400; Wilke; Woger IV./EJG 2.

Beauvais, Heinrich wurde am 25. Mai 1908 in Mainz geboren. Er studierte Maschinenbau an der Technischen Hochschule München und schloss als Diplom-Ingenieur ab. 1932 – 34 arbeitete er als Konstrukteur bei MAN in Mainz-Gustavsburg. In der Freizeit ließ er sich zum Segelfluglehrer ausbilden und legte 1934 die A2-Prüfung ab. 1935 wechselte er von MAN an die Erprobungsstelle Rechlin, wo er später Gruppenleiter und Versuchspilot bei der Flugerprobungsabteilung E2 wurde, wo er für die Leistungsermittlung aller Arten von Jagdflugzeugen verantwortlich zeichnete; darunter die Me 163 A. Nach Kriegsende schlug er sich 1945–1949 als Landarbeiter durch und verfasste in alliiertem Auftrag für das *Aeromedical Centre* in Heidelberg mehrere Beiträge zum Bericht *German Aviation Medicine in World War II*. 1949 konnte er wieder als Konstrukteur bei MAN anfangen. 1953 wechselte Heinrich Beauvais als Technischer Assistent an die jüngst eingerichtete *Vorläufige Bundesstelle für Luftfahrt und Flugunfalluntersuchung* in Bonn und zur DFS in München-Riem. 1958 konnte er seinen fliegerischen Ambitionen wieder als Versuchspilot und Ausbilder an der Erprobungsstelle für Luftfahrtgerät in Oberpfaffenhofen und Manching nachgehen. 1967 wurde er Leiter der Abteilung Unfallermittlung bei der *Musterprüfstelle der Bundeswehr für Luftfahrtgerät* (MBL). 1968 holte ihn die Bundeswehr als technischen Ratgeber des Kommandeurs und Leiters der Forschungsabteilung der Fachhochschule der Luftwaffe nach Neubiberg. Von 1956-1973 hielt er des Weiteren Vorlesungen über Flugtechnik an der Technischen Universität München. 1973 ging er in Pension. Heinrich Beauvais starb am 17. März 2002 in München.

Betz, Prof. Dr. phil. Johann Albert erblickte am 25. Dezember 1885 in Schweinfurt das Licht der Welt. Ein Schiffstechnik-Studium schloss er 1910 an der TH Berlin ab, um von 1911 – 1918 zuerst als Assistent, dann als Abteilungsleiter in der *Modellversuchsanstalt* des Instituts für angewandte Mechanik der Universität Göttingen zu arbeiten – nur unterbrochen durch freiwilligen Kriegseinsatz in den Jahren 1914 – 1915. Ab Januar 1919 firmierte die Modellversuchsanstalt unter dem neuem Namen *Aerodynamische Versuchsanstalt* (AVA) und in diesem Jahr machte Albert Betz seinen Doktor, um 1924 stellvertretender Direktor der AVA zu werden. 1926 ernannte ihn die Universität Göttingen zum Professor. 1930 holte ihn das *Kaiser-Wilhelm-Institut für Strömungsforschung* (KWI) als stellvertretenden Direktor nach Göttingen; 1937 wurde er schließlich Direktor und Leiter der AVA sowie zum *Professor im Reichsdienst* berufen. Zusammen mit Adolf Busemann (siehe dort) wurde ihm am 8. September 1939 das Geheimpatent 732/42 über die Strömungseigenschaften gepfeilter Flügel bei Annäherung an die Schallgeschwindigkeit erteilt. Nach dem Krieg folgte er Strömungs-Pionier Ludwig Prandtl als Leiter des KWI (ab 1948 *Max-Planck-Institut für Strömungsforschung*). 1957 emeritierte Albert Betz und ging in Pension. Er starb am 16. April 1968 in Göttingen.

Böhner, Hptm. Otto. Otto Böhner, geboren am 14. Dezember 1913 in Hamburg, studierte 1934–1935 Maschinenbau und machte in dieser Zeit auch seinen ersten Flugschein. Als Soldat der Luftwaffe in Oldenburg erhielt er den Flugzeugführerschein B und an der Flugzeugführerschule Ludwigslust im Oktober 1937 den Flugzeugführerschein C. Nach dem Besuch der Jagdfliegerschule Werneuchen wurde er im April 1938 als Leutnant zur 4./JG 334 (dem späteren JG 53) nach Mannheim versetzt. Im Westfeldzug 1940 errang er drei Luftsiege, wurde am 10. Juni aber selber abgeschossen. Beim Aussteigen aus der Maschine verletzte er sich; am Boden schnappten ihn die Franzosen. Nach kurzer Kriegsgefangenschaft wurde er in Bordeaux entlassen, kehrte über Paris nach Mannheim zurück und kurierte im Luftwaffenlazarett Wismar seine schwere Verletzung aus. Wiederhergestellt, meldete er sich beim JG 53, das mittlerweile in Dinan in der Bretagne lag. Nach einigen Wochen im Stab einer Flugzeugführerschule in Schlesien ernannte man ihn im Oktober 1940 zum Staffelkapitän der 6./JG 53. Im Begleitschutz für Kampfflieger schoss er in der so genannten Luftschlacht über England zwei Gegner ab (nach anderen Quellen vier). Ab Oktober 1940 bis September 1941 wechselte die Staffel wie ein Wanderzirkus mehrfach die Standorte: von Berck-sur-mer und St. Omer über Jever und Berlin-Döberitz nach Westerland sowie Bergen aan Zee/Nordholland. Im Dezember 1941 ging es über München und Foggia nach Sizilien. Während der Luftkämpfe über Malta erhielt seine Maschine Flaktreffer, doch Hauptmann Böhner schaffte es auf den Einsatzhafen zurück. Ende März 1942 ging es als TO mit dem JG 53 nach Nordafrika. Zum *Erprobungskommando 16* in Peenemünde kam er im August 1943 kurz vor dem Umzug nach Bad Zwischenahn. Im Januar 1944 wurde er nach dem Tod von Oberleutnant Josef Pöhs TO des EKdo 16 und nach dem Unfall von Hauptmann Robert Olejnik am 21. April Staffelführer der 1./JG 400 in Wittmundhafen. Nach Genesung von einem am 28. Mai erlittenen Unfall, übernahm er im Juli 1944 als Staffelkapitän die 2./JG 400. Anfang 1944 verlegte die Einheit nach Brandis und im April 1945 noch nach Eger/Sudetenland. Bei Kriegsende geriet er in US-amerikanische Gefangenschaft, aus der er bereits im Juli entlassen wurde. Otto Böhner starb am 20. November 2010 kurz vor seinem 97. Geburtstag.

Busemann, Prof. Dr.-Ing. Adolf. Geboren am 20. April 1901 in Lübeck. Das Maschinenbau-Studium an der TH Braunschweig schloss er 1924 als Diplomingenieur ab und arbeite dann als Assistent von Prof. Otto Föppl im dortigen Labor für Baumaterialien. Am 17. Dezember 1924 promovierte er bei Prof. Föppl mit einer Dissertation über Drehschwingungen von Stäben. Von 1925 – 1930 arbeitete er unter Prof. Ludwig Prandtl beim KWI in Göttingen, wo er 1927 Leiter des Strömungslabors wurde. Seine erste Arbeit zur Hochgeschwindigkeits-Aerodynamik erschien 1928. Im Mai 1930 habilierte er sich an der Universität Göttingen und lehrte dort Angewandte Mechanik, um 1931 Dozent für Strömungslehre und Thermodynamik an der TH Dresden zu werden. Über die Eigenschaften von Pfeilflügeln berichtete er erstmals im Oktober 1935 beim 5. Volta-Kongress in Rom. Im Oktober 1936 berief man Prof. Busemann zum Leiter des *Instituts für Gasdynamik* an der neu errichteten *Deutschen Forschungsanstalt für Luftfahrt* (DFL) in Braunschweig und 1937 zum *Professor im Reichsdienst.* Zusammen mit Prof. Albert Betz (siehe dort) erhielt er 1939 das Geheimpatent 732/42 über die Strömungseigenschaften gepfeilter Flügel bei Annäherung an die Schallgeschwindigkeit (ausgestellt am 8. September 1939). 1944 erhielt Prof. Busemann den Carl-Bosch-Preis für Fortschritte in der Luftfahrttechnik. Um von seinen äußerst fortschrittlichen Erkenntnissen zu profitieren, schafften die Briten Prof. Busemann 1946 an die *RAE Farnborough*; bei der *Power Jets Ltd* erhielt er einen Halbjahresvertrag. Im Rahmen der Operation „Paperclip" holten ihn die Amerikaner ans *Navy Department* in die USA, wo er von April 1947 bis Februar 1948 tätig war. Danach erhielt er einen Beratervertrag für Aerodynamik beim *Langley Research Center* und 1963 eine Professur an der University of Colorado in Butler. Von 1948 bis 1964 war Adolf Busemann maßgeblich an der Entwicklung der NASA-Raumfähre *Space Shuttle* sowie von Überschall-Transportflugzeugen beteiligt. 1971 ging Adolf Busemann als eremitierter Professor in den Ruhestand. Die *Rheinisch-Westfälische Technische Hochschule* (RWTH) Aachen verlieh im am 13. Januar 1966 die Ehrendoktorwürde und die TH Braunschweig am 17. Dezember 1974. Adolf Busemann starb am 31. Oktober 1984 in Boulder/Colorado.

Croneiß, Theodor Jakob „Theo“. Geboren am 29. Dezember 1894 in Schweinfurt. Bei Ausbruch des 1. Weltkriegs meldete er sich freiwillig zum 1. bayerischen Chevauleger-Regiment und Ende 1914 zur Fliegertruppe, wo er in Döberitz und Freiburg zum Flugzeugbeobachter und dann in der Schweriner Fokkerschule zum Jagdflieger ausgebildet wurde. 1915 erhielt er als Unteroffizier die Kommandierung zur Unterstützung der Türken an die Dardanellen, wohin er sich von Ungarn im Alleinflug begab – im Übrigen der erste Langstreckenflug mit diesem Flugzeugtyp. Als deutscher Jagdpilot errang er in den nächsten Jahren bei der Jagdstaffel der *Feld-Flieger-Abteilung 6* fünf Abschüsse, erhielt mehrere türkische Auszeichnungen und wurde 1918 zum Oberleutnant der türkischen Streitkräfte befördert. Als Inhaber des EK beider Klassen, des Ritterkreuzes des Königlichen Hausordens von Hohenzollern mit Schwertern, des Eisernen Halbmondes, der Liakat- und der Imtiaz-Medaille sowie des Mecidiye-Ordens kehrt er hoch dekoriert aus dem Krieg heim. 1924 gründete Theo Croneiß zusammen mit seinem Bruder Carl auf dem Fürther Flugplatz die *Sportflug GmbH für Mittelfranken und Oberpfalz* und 1926 die *Nordbayerische Verkehrsflug GmbH* in Fürth, als deren Direktor er bis 1934 tätig war. Am 10. Februar 1933 trat er in die NsDAP ein und wurde in der SA im Mai zum Sonderkommissar des Obersten SA-Führers für Luftfahrtfragen bei der Bayerischen Staatskanzlei sowie im Juli zum Fliegerreferenten der Obersten SA-Führung ernannt. Des Weiteren beförderte ihn die SA im Frühjahr 1933 gleich zum Standartenführer und kurz danach zum Oberführer. Die SS verlieh ihm den Ehrenrang eines Brigadeführers und der Deutsche Luftsportverband betraute ihn mit der Stellung des Geschwaderführers seiner Fliegergruppe X (Bayern). Wegen Differenzen mit Staatssekretär Milch im RLM und Hermann Göring musste sich Croneiß im Juli 1934 aus der Luftfahrtpolitik zurückziehen. Nichtsdestoweniger konzentrierte er sich nun auf die Luftfahrtindustrie und gründete 1936 die *Bayerischen Flugzeugwerke Regensburg GmbH* (1941 in *Messerschmitt Regensburg GmbH* umbenannt), um im April 1942 schließlich Vorstandsvorsitzender der *Messerschmitt AG* zu werden. Die Arbeit Alexander Lippischs unterstützte Croneiß mit Bauteilen und Ratschlägen für die „Delta I“. Außerdem war er ab 1935 als Berater für besondere technische Fragen im Stab von Rudolf Hess tätig – selbst ehemaliger Kampfflieger des 1. Weltkriegs und Bearbeiter für fliegerische Fragen der Partei. Aufgrund seines jagdlichen Engagements wurde der unermüdliche „Hansdampf in allen Gassen“ außerdem zum *Gaujägermeister der Oberpfalz* ernannt. Theo Croneiß starb am 7. November 1942 in München an einer Embolie und wurde in einem Ehrengrab beigesetzt

Dittmar, Flugkapitän Heinrich „Heini“. Geboren am 30.März 1911 in Bad Kissingen, besuchte nach der Schulzeit die Handelsschule in Schweinfurt und machte außerdem eine Lehre am *Deutschen Forschungsinstitut für Segelflug* (DFS). Schon als Jugendlicher hatte er in den Jahren 1925 – 1929 erfolgreich an Modellbau-Wettbewerben teilgenommen. 1929 trat er der *Rhön-Rossitten-Gesellschaft* (RRG) bei und erwarb als Segelflieger auf der Wasserkuppe den A- und B-Schein. 1931 – 1932 baute er eigene „Condor“-Segler und errang mit einem „Condor“ 1932 den ersten Sieg seiner Klasse im Rhönwettbewerb, dem sich 1933 ein weiterer anschloss. Nach weiteren Erfolgen im Fernsegelflug reiste Dittmar 1934 zusammen mit Walter Georgii, Hanna Reitsch und Wolf Hirth als Mitglied der *deutschen Segelflugexpedition* nach Argentinien, wo er im Februar 1934 neue Höhenweltrekorde für Segelflugzeuge aufstellte (4350 m und 4675 m). Beim Rhönwettbewerb 1934 stellte „Heini“ Dittmar mit der „Fafnir II“ außerdem mit einem Flug über 375 km nach Liban in der Tschechoslowakei einen Langstreckenweltrekord auf (ausgezeichnet mit dem Hindenburg-Pokal) und außerdem mit 2700 m den Höhenweltrekord für zweisitzige Segelflugzeuge. 1936 überflog er als erster Mensch die Alpen in einem Segelflugzeug, gewann 1937 den ersten Alpen-Segelflugwettbewerb am Jungfraujoch und im selben Jahr die erste Weltmeisterschaft im Segelflug. Er erhielt das erste Goldene Leistungsabzeichen im Segelflug. Die *Internationale Studienkommission für Segelflug* (ISTUS) verlieh ihm 1938 die Goldmedaille und das NSFK beförderte ihn zum Hauptsturmführer. Beruflich arbeitete Dittmar seit 1936 als Versuchspilot beim DFS in Darmstadt und bei der Abteilung L der Messerschmitt AG in Augsburg, wo er Anfang der 1940er-Jahren die Erstflüge mit der DFS 194 und der Me 163 A bestritt. Bei der Flugerprobung der Me 163 A-V4 überschritt er am 2. Oktober 1941 mit einer Geschwindigkeit von 1003,57 km/h als erster Mensch die 1000 km/h-Marke, was ihm die Beförderung zum Flugkapitän und den Otto-Lilienthal-Preis für Luftfahrtforschung einbrachte. Am 6. Juli 1944 erreichte Dittmar mit der Me 163 B V18 sogar eine Geschwindigkeit von 1130 km/h. Doch es ging nicht ohne Blessuren ab: 1942 erlitt er beim Flug mit einer Me 163 schwere Verletzungen. Nach dem Krieg arbeitete Dittmar, sobald die alliierten Verbote gefallen waren, wieder in der Luftfahrtindustrie, nachdem er bereits 1951 wieder mit dem Bau von Segelflugzeugen begonnen hatte. Am 28. April 1960 stürzte Heini Dittmar bei einem Probeflug mit der Eigenkonstruktion „Motor-Möwe“ in Mühlheim an der Ruhr tödlich ab.

Dunne, John William. Geboren am 2. Dezember 1875 in Kildar/Irland. Diente im Burenkrieg (1899 – 1903) zuerst als einfacher Reiter bei der *Imperial Yeomanry* und dann als Leutnant beim *Royal Wiltshire Regiment*. Zur Behandlung von Herzproblemen, wahrscheinlich die Folge eines Fiebers, schickte man ihn zweimal aus Südafrika nach England zurück. 1903 begann er mit dem Bau von Flugzeugmodellen aus Papier und arbeitete ab 1906 in der königlichen Ballonfabrik (*HM Balloon Factory*, ab 1912 *Royal Aircraft Factory*) in Farnborough unter Oberst J. E. Copper als Konstrukteur schwanzloser Segler und motorgetriebener Flugzeuge mit gepfeilten Tragflächen, bei denen er seine Vorstellungen von Eigenstabilität im Flug umsetzte. Mangelnde handwerkliche Fähigkeiten glich er mit seiner gewinnenden Art und Überzeugungskraft wieder aus. Letztere leisteten ihm gute Dienste auch bei der Gewinnung von Sponsoren für das 1910 gegründete *Blair Atholl Syndicate*, das seine Entwicklungsarbeit und seine Flugversuche finanziell unterstützte. 1912 fing er sich eine schwere Lungenentzündung ein, worauf er seine fliegerischen Tätigkeiten aufgeben musste. In den 1920er und -30er-Jahren machte er sich im englischsprachigen Raum einen Namen als Mysterien-Schritsteller. Zu seinen bekanntesten Büchern zählte der 1927 erschienene Titel *An Expermiment with Time*, der sich mit Traumdeutungen befasste. Außerdem schrieb er Kinderbücher und Bücher für Angler (Angeln war sein Lieblingshobby). John William Dunne starb am 24. August 1949 in Oxfordshire.

Espenlaub, Gottlob „Espe“ wurde als ältestes von 15 Kindern eines Dorfschäfers am 25. Oktober 1900 in Balzholz bei Beuren im Königreich Württemberg geboren. Nach dem Abschluss einer Schreinerlehre in Korntal bei Stuttgart diente er von 1917 bis 1919 beim württembergischen Heer und kämpfte als blutjunger Soldat im 1. Weltkrieg. Danach kehrte er zu seinen Eltern nach Balzholz zurück. 1920 meldete er sich aufgrund einer Anzeige in der Zeitschrift *Flugsport* als freiwilliger Helfer bei Oskar Ursinuns (siehe dort) für den ersten, vom 15. Juli bis zum 31. August ausgetragenen Segelflug-Rhönwettbewerb auf der Wasserkuppe. Dort (oder vielleicht schon früher) entdeckte er seine Leidenschaft für die Fliegerei. Er blieb bis September auf der Wasserkuppe und baute sich aus Teilen des Seglers von Eugen von Loessl, der damit am 8. August tödlich abgestürzt war, einen eigenen Hanggleiter zusammen. Im November 1920 arbeitete er als Möbelschreiner in einer Uracher Schreinerei und baute im Winter 1920/21 nach Skizzen und Zeichnungen, die er sich auf der Wasserkuppe angefertigt hatte, einen Nurflügel-Segler. Im Mai 1921 kündigte er die Stelle in Urach, um sich voll und ganz auf den zweiten Rhönwettbewerb im Sommer konzentrieren zu können, an dem er diesmal mit dem Eigenbau teilnahm. Auch 1922 und 1923 flog er mit selbstgebauten Seglern auf der Wasserkuppe und anderswo. So errang „Espe" im Oktober 1923 mit einer zurückgelegten Entfernung von 3,5 km den zweiten Platz im Langstreckenflug in Waschberg bei Wien. Ende 1923 trat er der vom *Bund der Deutschen Flieger in Hirschberg* im schlesischen Grunau gegründeten Segelflugschule bei. 1925 nahm er an Wettbewerben im ostpreußischen Rossitten an der Kurischen Nehrung und sogar in Gora Klementigew bei Koktebel auf der Krim teil. Im November 1925 gründete er in Dörnberg bei Kassel eine eigene Segelflugschule und nahm im Mai 1927 in Kassel und Rossitten an Wettkämpfen im Schlepp-Segelflug teil. Ende 1927 verlagerte er seine Tätigkeit auf den Flugplatz Lohausen bei Düsseldorf und baute für Alexander Soldenhoff (siehe dort) schwanzlose Flugzeuge; 1929 und 1930 nahm er erneut an den Rhönwettbewerben teil. In Lohausen experimentierte Gottlob Espenlaub auch mit Raketenantrieben und startete am 22. Oktober 1929 erstmals mit einem Eigenbau. Seine Versuche finanzierte er mit Schreinerarbeiten und Flugzeug-Reparaturen. Während des 2. Weltkriegs betrieb er in Düsseldorf und im estnischen Reval eine Reparaturwerkstätte für beschädigte Militärflugzeuge und entwickelte Luftabwehr-Drachen, die wie Fesselballone als Sperren um Industrieanlagen und Flugplätze eingesetzt wurden. Nach 1945 bis Anfang der 1950er-Jahre wandte sich Espenlaub gezwungener Maßen der Konstruktion von Pkw zu, um ab 1956 wieder leichte Personenflugzeuge zu entwerfen. Gottlob „Espe" Espenlaub starb nach langem Herzleiden am 9. Januar 1972 in Barmen.

Etrich, Dr.-Ing. E. h. Ignaz „Igo" kam am 25. Dezember 1879 in Oberaltstadt bei Trautenau in Österreichisch-Schlesien zur Welt. 1906 baute er mit Franz Xaver Wels einen schwanzlosen Gleiter mit Tragflügelform des javanischen Zanonia-Flugsamens. Eine motorisierte Ausführung flog 1909 in Wien. Danach kamen die patentierten Nurflügler der „Taube"-Reihe, die Rumpler in Berlin in Lizenz baute. Ende 1912 gründete er im schlesischen Liebau die *Etrich-Fliegerwerke* und 1914 in Brandenburg-Briest die *Brandenburgischen Flugzeugwerke* (die späteren *Hansa- und Brandenburgischen Flugzeugwerke*). Nach dem 1. Weltkrieg machten die tschechischen Behörden den weiteren Flugzeugbau Etrichs im einverleibten Sudetenland unmöglich. „Igo" Etrich starb am 4. Februar 1967 in Salzburg.

Georgii, Prof. Dr. phil. Dr.-Ing e. h. Walter. Geboren am 12. August 1888 in Meiningen. Nach der Oberschule studierte Georgii an den Universitäten Leipzig und Jena Maschinenbau, Physik und Geografie. In Jena machte er den Dr. phil. und arbeitete als wissenschaftlicher Assistent am Königlich-Preußischen Institut für Meteorologie in Berlin. Während des 1. Weltkriegs diente er von April 1915 bis Februar 1916 beim *Feldluftschifferbataillon V* als Wetterbeobachter an der Westfront, von März bis September 1916 als Leutnant d. Res. bei der *Feldfliegerabteilung 300 „Pascha" in Palästina,* von Januar bis Juni 1917 beim *Kommando des Heimatschutzes* in Frankfurt am Main und von Juni 1917 bis Dezember 1918 als Stabsoffizier beim *Bombengeschwader 3.* Inhaber des EK beider Klassen und des türkischen Halbmondes. 1919 habilitierte Dr. Georgii an der Universität Frankfurt, wo der die meteorologische Abteilung des Instituts für Meteorologie und Geophysik von 1919–1924 leitete. 1924 zum Professor ernannt, arbeitete er ab Oktober des Jahres als Regierungsrat für die *Reichssee- und Wetterwarte Hamburg* und hielt Vorlesungen an der Universität Hamburg. 1925 nahm er an der Wissenschaftsexpedition der *Deutsch-Columbianischen Luftverkehrsgesellschaft* nach Kolumbien, Venezuela und Guatelmala teil. Im Mai 1926 zum außerordentlichen Professor für Flugmeteorologie an die TH Darmstadt berufen, übernahm Georgii gleichzeitig die Leitung des Forschungsinstituts der *Rhön-Rossitten-Gesellschaft* (RRG), für die er bis 1934 hauptamtlich die Rhönwettbewerbe organisierte. Außerdem wurde er 1926 zum Vorsitzenden der *Organisation Scientifique et Technique du Vol à Voile* (OSTIV) und der *Commission du Vol à Voile de la Fédération Aéronautique Internationale* (FAI) gewählt. 1928 verlieh ihm die *Wissenschaftliche Gesellschaft für Luftfahrt* (WGL) die Otto-Lilienthal-Medaille. 1930 wählte ihn auch die *Internationale Studienkommission für den Segelflug* (ISTUS) zu ihrem Präsidenten und im November 1932 die RRG in den Vorstand. Von März 1933 bis August 1934 war Georgii im Vorstand des *Deutschen Luftsportverbandes* (DLV) tätig und leitete von März 1933 bis Mai 1945 die DFS in Darmstadt, die er zu einer der großen Luftfahrt-Forschungsanstalten aufbaute. Von Januar bis Mai 1934 leitete er die deutsche wissenschaftliche Segelflugexpedition nach Argentinien und Brasilien. Im August 1934 ernannten ihn die TH Darmstadt zum Professor (ab 1937 *Professor im Reichsdienst*) und während des Krieges das *Flugfunk-Forschungsinstitut* (FFO) in Oberpfaffenhofen zum Direktor. 1942 verlieh ihm die TH Braunschweig die Ehrendoktorwürde. 1946 Ehrenpräsident der OSTIV. 1948–1955 Professor und Chef des *Forschungsinstituts für Aerodynamik* der Universität Mendoza/Argentinien. 1955 Leiter des *Instituts für Flugforschung* an der neu entstandenen *DFS* in München (ab 1960: *Flugwissenschaftliche Forschungsanstalt München*, FFM). 1961 traf Prof. Dr. phil. Dr.-Ing. e. h. Walter Georgii in den Ruhestand. Der herausragende deutsche Wissenschaftler starb am 24. Juli 1968 in München.

Gollob, Oberst Gordon Max „Mac". Geboren am 16. Juni 1912 in Wien, studierte an der TH Graz vier Semester Maschienbau, durchlief die Offiziersausbildung beim österreichischen Bundesheer und war als Leutnant Jagdflieger und Flugausbilder. In die deutsche Luftwaffe übernommen, erzielte er im Polenfeldzug 1939 die ersten Abschüsse bei der I./ZG 76. Im April 1940 nahm er als Staffelkapitän der 3,/ZG 76 am Norwegenfeldzug teil. Im Oktober 1940 zur II./JG an den Ärmelkanal. Juli – Dezember 1941 Gruppenkommandeur der II./JG 3, wo er im September als Hauptmann nach 42 Abschüssen das Ritterkreuz und am 26. Oktober nach 85 Luftsiegen das Eichenlaub erhielt. Januar – April 1942 Abkommandierung an die E-Stelle Rechlin. Mai– September 1942 Kommodore des JG 77; nach 107 Luftsiegen Schwerter am 27. Juni und nach 150 Abschüssen am 30. August als Major Diamanten. Von Oktober 1942 bis April 1944 *Jagdführer 5*. Beförderung zum Oberst. Mai bis Oktober 1944 beim *General der Jagdflieger* im OKL verantwortlich für Entwicklung und Erprobung von Me 262, Me 163 und He 162, nachdem Gordon

Gollob bereits ab Herbst 1942 im *Einsatzstab für moderne Jagdflugzeuge* zahlreiche neue Flugzeugtypen getestet hatte. Außerdem baute Gollob zusammen mit Ingenieur Karstensen unter einfachsten Umständen die erste *Funkmessanlage „Neptun J“* als Führungsmittel für Jagdflugzeuge, die, obwohl sehr zuverlässig, nie in Serie ging. Mitglied des *Jägerstabes* und im Dezember 1944 Leiter des *Jäger-Sonderstabes* für die Ardennenoffensive. Ab 31. Januar 1945 Nachfolger Adolf Gallands als *General der Jagdflieger*. 1946 aus US-Kriegsgefangenschaft entlassen, wurde er 1951 Vertriebsleiter bei Klöckner-Humboldt-Deutz in Bremen. Gordon M. Gollob starb am 8. September 1987 in Syke bei Bremen.

Groenhoff, Günther. Geboren am 7. April 1908 in Stade, entwickelte er als jugendlicher Helfer bei den Rhönwettbewerben 1923 – 1925 seine Leidenschaft für das Fliegen. Er durchlief die fliegerische Ausbildung bei Ferdinand Schulz in Rossitten und anschließend im Motorflug bis zum Verkehrsflieger bei der DVS Stettin, in Schleißheim und Berlin-Staaken. Nach Erwerb des C-Scheins wurde er 1926 Segelfluglehrer und Versuchspilot bei der RRG. Beim 10. Rhönwettbewerb 1929 stellte er mit 36 km/h und 1250 m neue Geschwindigkeits- und Langstreckenrekorde für zweisitzige Gleiter auf. Versuchspilot der DFS. Gesamtsieger des 12. Rhönwettbewerbs 1931, wo er am 4. Mai 1931 über 272 km einen neuen Langstrecken-Weltrekord sowie mit 2050 m einen neuen deutschen Höhenrekord (über Flugplatz) aufstellte. Für seine fliegerischen Leistungen erhielt er im selben Jahr den *Hindenburg-Pokal*. Während des 13. Rhönwettbewerbs kam Günther Groenhoff im Alter von 24 Jahren am 23. Juli 1932 beim Absturz seines „Fafnir“ ums Leben; nachdem er in niedriger Flughöhe noch versucht hatte auszusteigen.

Hatry, Julius „Uss“ erblickte am 30. Dezember 1906 in Mannheim das Licht der Welt, wurde mit 16 Mitglied des Mannheimer Fliegerclubs und kam 1922 zum ersten Mal auf die Wasserkuppe. 1927 bestand er die C-Prüfung im Segelflug, begann ein Ingenieursstudium in München, arbeitete als RRG-Fluglehrer in Rossitten und nahm 1928 erstmals am Rhönwettbewerb teil. 1929 gewann er beim *Preisfliegen Rossitten* mehrere Preise sowie 1200 RM für sein Wassersegelflugzeug „Wasserratte“. Seine Bekanntschaft mit Ernst Udet ging auf das Jahr 1925 zurück, als Hatry als Skiläufer und Kameramann unter Dr. Arnold Fanck an den Dreharbeiten für den Spielfilm *Der Heilige Berg* beteiligt war (in dem Udet als Flieger mitwirkte). Anfang 1928 trat er der *Akaflieg München* bei – einerseits, um sich auf den Rhönwettbewerb des Jahres vorzubereiten, andererseits um an der Konstruktion des damals größten einsitzigen Segelflugzeuges mit freitragenden Flächen Mü 3 „Kakadu“ mitzuwirken. Auf der Wasserkuppe flog er den Zweisitzer „Mannheim“. Über Alexander Lippisch und Oskar Ursinus kam ein Vertrag mit Hermann Köhl (siehe dort) zum Bau eines Motorseglers zustande, der allerdings nie fertig gestellt wurde. Im Rahmen der Raketenflug-Modellversuche Lippischs wertete Hatry die Ergebnisse akribisch aus und entwickelte eine Theorie über die Einflüsse der Aerodynamik auf den unkontrollierbaren Steilstart der Modelle. Auf Anregung Lippischs und finanziert vom Industriellen Fritz von Opel, begann Hatry 1928 in Opels Auftrag mit der Konstruktion des bemannten Raketenflugzeugs „RAK 1“. Am 17. September 1929 legte er in Kelsterbach mit dem Prototyp rund 350 m in 10 m Höhe bei einer Geschwindigkeit von rund 100 km/h zurück. Bei der öffentlichen Vorführung in Frankfurt-Rebstock am 30. September flog Opel die Maschine selber, nachdem er auf Hatry hindeutende Aufschriften vorher übermalt hatte. Nichtsdestoweniger baute Hatry für Opel weitere Raketenflugzeuge, arbeitete von 1930 – 1933 als Fachjournalist, erwarb in Mannheim die Motorfluglizenz A2 und schloss sein unterbrochenes Maschinenbaustudium an der TH München ab. 1934 erhielt er von Udet den finanziell dotierten Auftrag, das Drehbuch für den Film *Wunder des Fliegens* zu schreiben. Über Udet lernte Hatry Walter Dornberger kennen, der ihn um einen detaillierten Bericht über seine Erfahrungen bei der Entwicklung und Anwendung des Raketenantriebs für das Heereswaffenamt bat. Bei der DVL in Berlin-Adlershorst schloss Hatry den Bericht 1934 ab. Die Nürnberger Rassengesetze von 1935 zwangen Hatry, der einen jüdischen Großvater evangelischen Glaubens hatte, zur Einstellung seiner Forschungen, jedenfalls was die Öffentlichkeit anging. Ernst Udet verschaffte ihm eine Anstellung als Kameramann für Hochgeschwindigkeitsaufnahmen bei den *Junkers Flugzeug- und Motorenwerken* in Dessau. Nach Junkers Freitod 1941 kündigte Hatry offiziell, doch der Junkers-Vorstand beschäftigte ihn bis März 1942 weiter. Von 1934 – 1945 arbeitete er als Drehbuchautor und Regieassistent für die Tobis sowie ab 1943 als Produktionsleiter und Regisseur für die Mars-Film, die u. a. Lehrfilme für die Luftwaffe drehte. Nach 1945 produzierte Julius Hatry Dokumentar- und Spielfilme, führte Regie am Theater Baden-Baden, übersetzte französische Werke, übernahm die Immobilienfirma seines Vaters und arbeitete als Innenarchitekt. 1982, im Alter von 76 Jahren, fand Hatry mit Eintritt in die *Deutsche Gesellschaft für Luft- und Raumfahrt* (DGLR) wieder Anschluss an die Luftfahrt, indem er über seine Erfahrungen als Pilot, Konstrukteur und Raketenpionier berichtete und eine Reihe von Kurzbiografien über Luftfahrtpioniere betreute. Julius Hatry starb am 7. November 2000 mit fast 94 Jahren an Herzversagen in seiner Heimatstadt Mannheim.

Hill, Prof. Geoffrey Terence Roland. Geboren 1895 in London, machte sich 1909 zusammen mit seinem Bruder Roderic an den Bau eines Doppeldecker-Gleiters. Der wurde 1913 fertig gestellt und flog erstmals am 3. November in Firle Beacon/Sussex. 1914 machte er seinen Abschluss an der Londoner Universität. Bei Ausbruch des 1. Weltkriegs machte er gerade eine Lehre bei der *Royal Aircraft Factory* in Farnsborough, meldete sich aber zum *Royal Flying Corps* (RFC), wo er 1916 zum Leutnant befördert wurde. Ab August 1916 stand er mit der *29 Squadron* in Frankreich und erhielt im Oktober 1917 das *Military Cross* für den Abschuss eines Drachenballons in niedriger Höhe unter Feindbeschuss. Als Hauptmann kehrte er zum Auskurieren einer Krankheit nach England zurück. Ende 1917 flog er dann als Versuchspilot für die *Royal Aircraft Factory*, ganz wie sein Bruder. 1918 leitete er die Abteilung Aerodynamik der nun in *Royal Aircraft Establishment* (RAE) umgetauften Erprobungsstelle. Im November 1918 holte ihn die Firma Handley Page als Cheftestpilot an Bord, wo er HP-Muster mit Spaltflügeln und -klappen erprobte. 1923 gewann er das dreijährige Stipendium der *Royal Commission for the 1851 Exhibition* für das Studium der Flugsicherheit. Die Früchte daraus (*ARC Report T.1823: A Tailless Airoplane*) schlugen sich in der Konstruktion und im Bau der „Pterodactyl“-Reihe schwanzloser Flugzeuge nieder. Das erste, ein Segler, absolvierte am 31. Dezember 1924 in Devil's Rest Bottom/Surrey seinen Jungfernflug. Der Erstflug des motorisierten „Pterodactyl I“ erfolgte am 2. November 1925 in Farnborough. Im Frühjahr 1925 trat Hill eine Stelle bei *Westland Aircraft* in Yeovil an und konstruierte dort weiter schwanzlose Flugzeuge. Nach der Ernennung zum Professor beim *Kennedy Chair of Mechanical Engineering* am *University College* in London 1934 gab Hill seine Anstellung bei Westland auf. Seine Studien und Arbeiten an Nurflüglern sowie der „Pterodactyl“-Reihe führte er privat weiter. Im September 1939 wurde er ins Luftfahrtministerium berufen, wo er als Berater für den *Canadian National Research Council* wirkte, der den Auftrag zur Konstruktion und Erprobung des Langstreckenbombers „Pterodactyl VIII" erhalten hatte. Danach ging es 1942–1945 als Verbindungsoffizier der britischen zur kanadischen Regierung ans Ministerium für Flugzeugproduktion. Nach dem Krieg erhielt Hill technische Beraterverträge bei *Short Brothers* in Belfast und bei der *General Aircraft Ltd* (1947–1950). 1948 zog er sich vom *University College* zurück, hielt aber weiter Vorlesungen am *Technical College* in Belfast. Bei *Short Brothers* beschäftigte er sich vor allem mit der Konstruktion so genannter aeroklinischer Tragflächen für die schwanzlosen Flugzeuge S.B.1 und S.B.4 „Sherpa". 1954 gab er die Stelle als Chefberater in Sachen Aerodynamik auf und zog sich ins Privatleben auf seine Farm zurück. Geoffrey Hill starb im Dezember 1955 in Londonderry.

Hohmann, Ing. Bernhard A. Geboren am 12. Mai 1916 in Philippsthal bei Hersfeld. Mitglied im Luftfahrt-Verein Vacha. 1931 auf der Wasserkuppe startete er zum ersten Segelflug und erwarb später seine Scheine auf den Segelflugschulen Dörnberg (bei Kassel) und Laucha (bei Merseburg). Bernhard stellte darüber hinaus Versuche mit raketengetriebenen Modellflugzeugen an und studierte Luftfahrttechnik an der TH Frankenhausen. Während des Studiums bestand er die Segelfluglehrer-Prüfung, erlernte den Motorflug und war an der Entwicklung von Schleppmethoden für Segelflugzeuge anf der Segelflugschule Bad Frankenhausen am Kyffhäuser beteiligt, deren Cheflehrer und Geschäftsführer er wurde. Im Sommer 1940 kam Hohmann zur Abteilung E2 der *Erprobungsstelle der Luftwaffe* in Peenemünde, wo er für verschiedenste Hilfsstart-Einrichtungen für Lastensegler, Transportflugzeuge und Kampfflugzeuge verantwortlich zeichnete. Am 15. August 1943 flog er erstmals eine Me 163 A im Schleppstart, dem zahllose Flüge mit Me 163 A und B folgten; noch am 14. April 1945 flog er letztmals eine Me 163 B! Zwei Tage darauf verlegte seine Gruppe mit zwei Me 163 von Peenemünde nach Zirl bei Innsbruck, wo sie am 6. Mai ankamen. Im Sommer 1945 erfuhr Hohmann von der Operation „Paperclip" und erhielt auf Empfehlung Alexander Lippischs einen Kurzzeitvertrag von den Amerikanern, der später verlängert wurde. Im September 1946 ging es in die USA, wo es Bernhard Hohmann bald bis zum Leiter der Flugzeugentwicklung am *USAAF Technical Command* in Wright Field/Ohio brachte. Von 1946–1957 war er vor allem für Luftbetankungs-Methoden zuständig. Von 1957–1960 leitete er das *Mercury-Atlas Project Office* der *Space Technologies Inc.* Im August 1960 kam er zum *NASA Manned Launch Vehicle Programmes Office* der *Aerospace Corporation* in El Segundo/Kalifornien, wo er für die technischen Startvorbereitungen der Mercury-Atlas- und Gemini-Titan II-Raketen verantwortlich zeichnete. 1963 wurde er Leiter der Systemtechnik dieser Einrichtung. Inhaber der US-Verdienstmedaille für Zivilpersonal und Mitglied der *Society of Experimental Test Pilots*, der *US National Aeronautics Association* sowie Ehrenmitglied (*Associate Fellow*) des *American Institute of Aeronautics and Astronautics.* Bernhard Hohmann starb am 11. Mai 1984.

Horten, Dr. rer. nat. Reimar, geboren am 2. März 1915 in Bonn, begann 1927 mit dem Segelfliegen, erwarb den A-, B- und 1932 den C-Schein. 1929 erste Versuche mit Flugzeugmodellen. Angeregt von den schwanzlosen Flugzeugen Alexander Lippischs konstruierte Reimar mit seinem Bruder Walter (siehe dort) in Bonn den ersten Horten- Nurflügel, den sie in Hangelar testeten. Teilnahme an den Rhönwettbewerben von 1934, 1938 und 1939. 1935 Eintritt in die Luftwaffe und Segelfluglehrer in Köln. 1938 Urlaub für das Flugzeugtechnik-Studium bei Prof. Hoff an der TH Berlin-Charlottenburg. Flugzeugführerschein der Luftwaffe für Motorflugzeuge in Halberstadt, danach Ausbildung zum Jagdflieger auf der Bf 109 auf der *Jagdschule Fürth*. Im August 1940 zur Segelflugschule der Luftwaffe in Braunschweig-Waggum versetzt, die im Dezember nach Königsberg-Neuhausen verlegte. In Braunschweig half Reimar bei der Umrüstung von Segelflugzeugen DFS „Kranich", Horten H II und H III zu Lastenseglern für das geplante Unternehmen „Seelöwe" (Landung in England). Am 4. August 1941 wurde Leutnant Reimar Horten dem Kommandeur des *Sonderkommandos Luftwaffen-Inspektion 3* unterstellt und zur Firma *Peschke Flugzeugbau* nach Minden beordert, wo er im Auftrag Udets zusammen mit Bruder Walter die Reparaturarbeiten an der zweisitzigen Horten H Vb und deren Umbau zum Einsitzer H Vc überwachte. 1942 ging es mit dem Sonderkommando (dem späteren *Luftwaffenkommando IX*) auf den Fliegerhorst Göttingen. Das rund 30 Mann starke *Luftwaffenkommando IX*, das sich vorrangig mit Horten-Entwürfen beschäftigte, wurde im August 1943 aufgelöst. Darauf gründeten die Brüder zur Fortführung ihrer Arbeiten in Bonn die Horten Flugzeugbau GmbH. Es ging um aerodynamische Fragen von Nurflügeln sowie um Konstruktion und Bau von schwanzlosen Flugzeugen mit Motor-, Strahl- oder Raketenantrieb. Eines davon, die zweistrahlige Horten H IX, sollte als Ho 229 die Me 163 beim JG 400 ersetzen, wozu es aufgrund des Kriegsverlaufs nicht mehr kam. Nach Kriegsende wurden die Brüder von amerikanischen und britischen Fachleuten über Monate zu ihren Konstruktionen und dem Verbleib ihrer Flugzeuge verhört. 1946 konnte Reimar dann sein vor dem Krieg begonnenes Mathematik-Studium abschließen und promovierte an der Universität Göttingen, um anschließend als wissenschaftlicher Assistent an der Universität Bonn zu arbeiten. 1948 wanderte er nach Argentinien aus, wo er das *Instituto Aerotécnio* und das *Instituto Argentino de Vuella a Velo* in Cordoba leitete. Ab 1954 Professor an der Universität. Am 30. Oktober 1956 gelang Heinz Scheidhauer mit der von Reimar konstruierten Horten Ho XVc „Urubu" die erste Andenüberquerung in einem Segelflugzeug. Reimar Horten setzte sich 1979 zur Ruhe und starb am 14. März 1994 in Cordoba. Die britische *Royal Aeronautical Society* verlieh ihm posthum die Goldmedaille für herausragende Leistungen in der Luftfahrt.

Horten, Walter erblickte am 13. November 1913 in Bonn das Licht der Welt. Mit seinem jüngeren Bruder Reimar arbeitete er vor und während des 2. Weltkriegs beim Bau von Nurflügel-Flugzeugen eng zusammen. Beim JG 26 stand er 1940/41 als Jagdpilot (Bf 109) sechs Monate in Frankreich im Einsatz und wurde dann Technischer Offizier beim JG 6 „Horst Wessel". Während eines Verbindungsfluges nach Berlin besuchte er im Sommer 1941 Reimar in Braunschweig, der ihn darum bat, für anstehende Besprechungen in Berlin die Vorteile ihrer Nurflügler herauszuarbeiten und die beschädigte, auf dem Fliegerhorst Potsdam-Werder liegende Horten H Vb vor dem Verfall zu retten. Walters Bemühungen hatten seine Versetzung als Berater für einsitzige Jagdmaschinen zum Stab des *Generals der Jagdflieger* Adolf Galland zur Folge. Als Hauptmann erfolgte die Versetzung zum *Sonderkommando Luftwaffen-Inspektion* 3 in Göttingen (das sich mit Nurflüglern beschäftigte; 1942 in *Luftwaffenkommando IX* umbenannt). Nach dessen Auflösung gründete er im August 1943 zusammen mit Reimar (siehe dort) die *Horten Flugzeugbau GmbH* in Bonn. Walter Horten starb am 10. Dezember 1998 in Bonn.

Jacobs, Hans. Geboren am 30. April 1907 in Hamburg. Nach einer Schiffsbauer-Lehre studierte er Schiffsbau an der Fachhochschule Hamburg. 1927 trat er der RRG bei, war Assistent bei Lippisch auf der Wasserkuppe und konstruierte die erfolgreichen Segler „Rhönadler",

„Rhönbussard“ und „Rhönsperber“. 1935 wurde er zum Leiter des *Instituts für Segelflug* bei der DFS Darmstadt berufen. Dort zeichnete er für den Bau der Hochleistungs-Segelflugzeuge „Reiher,“ mit dem Wolfgang Späte (siehe dort) den Rhönwettbewerb 1938 gewann, sowie von „Kranich“, „Meise“ und „Habicht“ verantwortlich, die man später zur Schulung von Me 163-Piloten einsetzte. Während des Krieges arbeitete Hans Jacobs bei der DFS, wo er u. a. den Bau spezieller Lastensegler anregte, was zur DFS 230 führte. Nach dem Krieg zog er sich aus der Luftfahrt zurück. Hans Jacobs starb am 24. Oktober 1994 in Siegen.

Kiel, Hptm. Johannes, wurde am 14. April 1912 in Kiel geboren. Als Offizier der Reserve bei der 3./JGr 102 (der späteren 3./ZG 2) nahm er 1939 am Polenfeldzug teil. Vor Beginn des Westfeldzugs (der am 10. Mai 1940 begann) wurde er am 7. April über französischem Gebiet abgeschossen und erst Ende Juni aus der Kriegsgefangenschaft befreit. Bei der 3./ZG 2 flog er dann England-Einsätze. Im April 1941 zum Staffelkapitän der 3./ZG 26 ernannt, kämpfte er auf dem Balkan, über Kreta und in Russland. Am 23. September 1941 verlieh ihm Hermann Göring den *Ehrenpokal der Luftwaffe*. Am 9. Februar 1942 erhielt er das Deutsche Kreuz in Gold und am 18. März 1942 als Oberleutnant nach 21 Luftsiegen das Ritterkreuz. Für die Verleihung war die zusätzliche Zerstörung von neun Panzern, 20 Geschützen, 16 Lokomotiven, drei Nachschubkolonnen und 62 Feindfugzeugen am Boden maßgebend. Hinzu kam die Versenkung eines U-Bootes, eines Transportschiffes und dreier Schnellboote vor der estnischen Insel Ösel. Staffelkapitän der 3./ZG 2 im Mai 1942, kam Jacobs Anfang Oktober zum *Erprobungskommando 16* in Peenemünde. Bei der Bruchlandung der Me 163 AV 5 zog er sich am 25. August 1942 schwere Verletzungen zu, so dass er seinen Dienst erst im November wieder aufnehmen konnte. Im August 1943 wurde er Staffelkapitän der 7./ZG 26 und im November 1943 Gruppenkommandeur der III./ZG 26. Hauptmann Johannes Kiel fiel am 29. Januar 1944 im Luftkampf über Kirchheimbolanden.

Köhl, Hermann. Geboren am 15. April 1888 in Neu-Ulm. Als junger württembergischer Pionieroffizier 1914 in den Vogesen schwer verwundet, meldete sich Köhl zur Fliegertruppe, wurde zunächst Beobachter und kam im März 1915 als Oberleutnant zum *Kampfgeschwader der Obersten Heeresleitung 4* (Kagohl 4), das in Flandern vor allem Nachteinsätze flog. Im Frühjahr 1918 Chef eines Bombengeschwaders, wurde Hauptmann Köhl für seinen Einsatz bei der Zerstörung eines großen französischen Munitionslagers mit dem Pour le-Mérite ausgezeichnet. Nach dem Krieg trat er zunächst in die Reichswehr ein, um 1925 den Dienst zu quittieren und als Nachtstreckenleiter der *Junkers Luftverkehr AG* und 1926 als Nachtflugleiter der neu gegründeten *Luft Hansa* zu arbeiten. Weltweite Bekanntheit erfuhr Hermann Köhl, als er im April 1928 in der Junkers W 33 „Bremen“ erstmals den Atlantik von West nach Ost überflog. Mit an Bord Kopilot Major James Fitzmaurice (1898–1965), Kommandeur der *Irish Free State Airforce*, und Ehrenfried Günther Freiherr von Hünefeld (1892–1929), der als Pressechef des Norddeutschen Lloyd nicht nur den Flug angeregt, sondern auch für die Finanzierung gesorgt hatte (und später durch weitere fliegerische Großtaten in Nordamerika und Japan von sich reden machen sollte). Von Baldonnel in Irland erreichten sie nach 37 Stunden Flug die kanadische Insel Greenly Island vor Neufundland. In Zusammenarbeit mit Alexander Lippisch machte sich Köhl an die Entwicklung eines Transatlantik-Postflugzeuges (die „Delta 1“), das aber ebenso wie ein Nurflügel-Entwurf Ernst von Loessls die Erwartungen nicht erfüllte. Nach Zerwürfnissen mit Lippisch sowie Luftfahrt- und Parteifunktionären wurde es in den 1930er-Jahren still um den Atlantikflieger. Hermann Köhl erlag am 7. Oktober 1938 in München mit 50 Jahren einem Nierenleiden, das er sich bei seinen zahllosen Flügen in zugigen Kanzeln zugezogen hatte.

Lippisch, Dr. phil. nat. Alexander Martin. Geboren am 1. November 1894 in München. Die Flüge von Orville Wright auf dem Tempelhofer Feld im September 1909 weckten bzw. steigerten sein Interesse an der Luftfahrt. Während des 1. Weltkriegs diente Lippisch als Luftbildauswerter und Militärkartograf an der Ostfront. Nach dem deutsch-russischen Waffenstillstand 1917 erfolgte die Anstellung als Aerodynamiker bei den Zeppelin-Werken in Lindau-Reumoos, wobei er Claude Dornier in Seemoos bei Friedrichshafen unterstand. Bei Dornier blieb er bis Dezember 1918 und ließ sich dann von der brasilianischen Regierung anstellen, um mithilfe von Luftbildern das riesige Land zu kartieren. Der Versailler Vertrag erzwang die Auflösung des Arbeitsverhältnisses. 1921 kam Lippisch als Aerodynamiker und Helfer Fritz Schweizers auf die Wasserkuppe und unterstützte dort auch Gottlob Espenlaub (siehe dort) beim Bau eines schwanzlosen Flugzeugs. Im Herbst 1922 trat er der *Weltensegler Gmbh* bei und konstruierte eine Anzahl Segelflugzeuge. Im November 1923 erhielt er eine Anstellung bei Steinmann-Flugzeugbau in Hagen, wo er schwanzlose Flugzeuge mit Pfeilflächen konstruierte (deren Erprobung im nahe gelegenen Winterberg erfolgte). Im Herbst 1925 ernannte ihn die RRG zum Leiter der Technischen Abteilung ihres Forschungsinstituts unter Walter Georgii. Dort entstanden die Segelflugzeug-Typreihen „Storch“ und „Delta“, Motorsegler und kleine Motorflugzeuge. 1928 führte Lippisch mit seinem Schwager Fritz Stamer (siehe dort) Versuche mit raketengetriebenen Modellflugzeugen durch, bevor er für Fritz von Opel das Raketenflugzeug „Ente“ erprobte. Bei der DFS Darmstadt entwickelte er 1934 die „Delta“-Serie und andere Entwürfe weiter, um sich 1936 an die Konstruktion der DFS 194 zu machen, dem Vorläufer der Me 163. Diese entwickelte er nach Eintritt in die Messerschmitt AG am 2. Januar 1939 als Leiter der Abteilung L. Für die Arbeit *Flugmechanische Beziehungen des Fluges mit Strahlenantrieb* verlieh ihm die Universität Heidelberg am 19. März 1943 den Doktortitel. Am 28. April 1943 verließ Lippisch die Messerschmitt AG, blieb aber weiterhin Berater bei der Me 163-Entwicklung, und trat am 1. Mai die Stelle als Leiter der *Luftfahrtforschung Wien* (LFW) an. Dort entwarf er Deltaflügler mit Lorin- und Staustrahltriebwerken. Als 1945 die Sowjets vor Wien standen, machte sich Lippisch nach Strobl am Wolfgangsee auf, wo ihn die Amerikaner gefangen nahmen. Nach einem Verhör am 23. Mai 1945 in Paris flogen ihn die Briten nach Wimbledon zur weiteren Befragung. Im Frühjahr 1946 holten ihn die Amerikaner als Berater für Aerodynamik ans *USAAF Technical Command* nach Wright Field bei Dayton/Ohio und 1947 ans *US Navy Air Materiel Center* (NAMC) nach Philadelphia. 1949 entwickelte Lippisch dann für die *Collins Radio Corporation* ferngesteuerte Drohnen und aerodynamische Konzepte. Im Februar 1950 wurde Lippisch Chef der *Collins' Fluid Dynamics Research Group* in Cedar Rapids/Iowa und leitete die Entwicklung so genannter Bodeneffekt-Fahrzeuge. Zur Entwicklung weiterer derartiger Entwürfe gründete er 1966 die *Lippisch Research Corporation*. Bodeneffektfahrzeuge baute in Deutschland die Rhein-Flugzeugbau; Wolfgang Späte (siehe dort) erprobte sie auf dem Bodensee. 1972 wurde Alexander Lippisch als Berater für Dornier in Sachen Drohnen nach Aerodyn-Konzept tätig. Alexander Lippisch starb am 11. Februar 1976 in Cedar Rapids.

Medicus, Oblt. Franz. Geboren am 3. Juni 1909 in Bobingen bei Augsburg. Von 1928–1930 Lehre bei Keller u. Knappich und MAN. 1930–1934 Flugzeugmechaniker bei den Bayerischen Flugzeugwerken (Vorläufer Messerschmitt AG) in Augsburg. 1928 Erwerb der Segelflugscheine A und B auf der Segelflugschule Wangen im Allgäu und des C-Scheins 1930 auf dem Hesselberg bei Gerolfingen. Ab 1934 Segelfluglehrer. Vom 1. Dezember 1935 bis 1. Februar 1936 Militärausbildung bei der *Fliegerübungsstelle Nürnberg*; Erwerb des Luftwaffen-Flugzeugführerscheins. 1937 – 1939 Leiter der Segelflugschule Hesselberg. Besuch von Schulungslehrgängen der *Luftgaureserve* und Erwerb der Führerscheine BI und BII für Motorflugzeuge. 26. August bis 22. September 1939 bei der *3./Fliegerergänzungsbataillon 33*; ab 23. September bei der *Schülerkompanie/Fliegerausbildungsregiment 23* (die spätere *Flugzeugführerschule A/B 23*) in Kaufbeuren. Gefreiter der Reserve am 1. Dezember 1939. 1940 Abschluss des Fluglehrer-Lehrgangs in Brandenburg-Briest; Beförderung zum Unteroffizier der Reserve am 1. Juni und zum Feldwebel der Reserve am 1. Dezember 1940. Fluglehrer bei der Flugzeugführerschule A/B 23 sowie bei der *Segelflugausbildungstelle der Luftwaffe* in Gelnhausen. Beförderung zum Leutnant am 1. September 1941. Von Oktober 1943 bis Februar 1944 Dienst beim JG 104 (Ausbildungsverband). Im Februar 1944 kam Medicus zum Erprobungskommando 16 nach Bad Zwischenahn. Im Juli 1944 Staffelführer Erg.St./JG 400 in Brandis. Einsatz bei der 6./JG 400 von Oktober 1944 bis Februar 1945 und bei der 5./JG 400 von Februar bis Kriegsende. Nach dem Krieg Versuchspilot bei der Firma Scheibe. 1954 Segelflugberater ehrenhalber des *Luftsport-Verbandes Bayern e. V.* Franz Medicus kam am 27. Oktober 1960 bei einem Flugunfall in Unterwössen/Chiemgau ums Leben.

Messerschmitt, Prof. Wilhelm Emil „Willy". Geboren am 26. Juni 1898 in Frankfurt am Main, baute bereits als Zehnjähriger Flugzeugmodelle und ab 1913 als Schüler in Bamberg Gleitflugzeuge, die er mit Kameraden erprobte. Den Segelflugpionier Friedrich Harth (1880 – 1936) unterstützte er 1915 beim Bau und der Erprobung seines Seglers in Heidelstein/Rhön und auch in späteren Jahren. 1916 bauten sie gemeinsam den ersten Harth-Messerschmitt-Gleiter. Unmittelbar nach dem Abitur 1917 wurde Willy eingezogen und erreichte im Juni 1918 die Versetzung an die *Fliegerpionierabteilung* in Milbertshofen bei München. 1918 – 1923 studierte Messerschmitt Maschinenbau an der TH München mit Abschluss Diplom-Ingenieur. 1921 gründete er zusammen mit Harth die Firma *Segelflugzeugbau Harth-Messerschmitt Bamberg* mit einer Werkstatt in Bischofsheim/Rhön, die Wolf Hirth als Fluglehrer anstellte. 1921 Bau des ersten schwanzlosen Seglers S 9 mit vorwärts gepfeilten Flügeln, dem kein Erfolg beschieden war. 1922 endete die Zusammenarbeit mit Harth. 1923 Gründung der *Flugzeugbau Messerschmitt Bamberg* mit Flugschule auf der Wasserkuppe und Hirth als Ausbilder. Mit dem Bau eines Motorseglers für den Rhönwettbewerb 1924 begann der Schritt hin zu Motorflugzeugen. Es folgte eine Reihe erfolgreicher einmotoriger Leichtflugzeuge. 1926 Gründung der *Messerschmitt Flugzeugbau GmbH* in Bamberg. 1927 kam es zu einer Vereinbarung mit der *Bayerischen Flugzeugwerke AG* (BFW), wonach diese nur noch Messerschmitt-Enwürfe bauten und die Messerschmitt Flugzeugbau GmbH ihren Sitz nach Augsburg verlagerte, wo sie sich auf reine Konstruktionsarbeiten beschränkte. BFW stellte eine Anzahl Verkehrsflugzeuge her (u. a. die zwölfsitzige M 20), die u. a. bei der von Theo Croneiß (siehe dort) 1925 gegründeten *Nordbayerischen Verkehrsflug GmbH* flogen. Die Privatisierung von BFW und der drohende Kontrollverlust über die Messerschmitt Flugzeugbau GmbH veranlassten die Familie Stromeyer-Paulino (BFW), Hauptanteilseigner auch dieses Unternehmens zu werden und Willy Messerschmitt seines Direktorenpostens zu entheben. (Finanzprobleme in Folge der Wirtschaftskrise wurden durch Abstürze von M 20 und Streichung von Bestellungen der Luft Hansa noch verschärft, weshalb BFW 1931 in Konkurs ging. Im Mai 1933 wurde das Unternehmen refinanziert und nahm die Produktion wieder auf). Nach dem Abgang bei BFW 1930 hielt sich Messerschmitt mit Vorlesungen über Flugzeugbau an der TH München sozusagen über Wasser; 1937 wurde er zum Professor ehrenhalber ernannt. 1936 erhielt Messerschmitt den Chefposten bei der *Deutschen Forschungsanstalt für Luftfahrt* (DFL) in Braunschweig und gründete im Juli die *Messerschmitt GmbH Regensburg*. Die enge Zusammenarbeit mit BFW führte am 11. Juli 1938 zur Gründung der Messerschmitt AG Augsburg mit Messerschmitt als Vorsitzendem und Geschäftsführer. Nach dem Erfolg von Bf 108, Bf 109 und Bf 110 wurde er 1939 zum Wehrwirtschaftsführer ernannt. Nach technischen Problemen mit der Me 210 und Auseinandersetzungen mit Generalfeldmarschall Erhard Milch musste Messerschmitt seine Führungsposten am 30. April 1942 allerdings aufgeben, blieb aber Technischer Direktor. (Vorsitzender wurde sein Freund Theo Croneiß, dem im November 1942 Rakan Kokothaki nachfolgte). Am 1. Januar 1945 erhielt Messerschmitt auch diesen Posten zurück, aber mit beschränkter Entscheidungsgewalt. Bei Kriegsende wurde Messerschmitt von den Amerikanern in deren Lagern für politische Gefangene Murnau, der Bärenkeller-Siedlung bei Augsburg, Ludwigsburg-Ossweil und Heilbronn interniert. Von Murnau flogen ihn die Briten zum Verhör nach London. Als Zeuge für die Nürnberger Prozesse bis 1947 festgehalten. Von 1947 – 1951 wandte sich der Unermüdliche dem Bau von Windkraftanlagen zu und ließ im (vormals enteigneten) Bamberger Werk Fertighäuser, Nähmaschinen, Bügeleisen und die bekannten Messerschmitt-Kabinenroller herstellen. Ab Oktober 1951 konnte er bei *Hispana Aviacion* in Sevilla wieder seiner alten Leidenschaft frönen; er richtete dort ein Flugzeug-Konstruktions- und Entwicklungsbüro ein und ein weiteres Konstruktionsbüro in München. In Ägypten baute er beim staatlichen Luftfahrtunternehmen EGAO die strahlgetriebenen Hispano Aviacion HA-200 in Lizenz in Serie sowie die HA-300 als Helwan HA-300. Als sich die deutsche Luftfahrtindustrie 1955 wieder aus der Asche erhob, entwickelte und baute Willy Messerschmitt als Chefkonstrukteur und Direktor der Messerschmitt AG und später bei der Messerschmitt-Bölkow-Blohm GmbH als Teilhaber wieder Flugzeuge für Bundeswehr und NATO. Er starb am 15. September 1978 in München.

Olejnik, Hptm. Robert Ignatz. Geboren am 9. März 1911 in Borbeck (heute Stadtteil von Oberhausen). Trat 1933 in die DVS und 1935 in die Luftwaffe ein, wo er 1936 bei der 2./JG 3 zum Oberfeldwebel befördert wurde. In der „Luftschlacht über England" erzielte er fünf Abschüsse, wofür er am 9. September 1940 das EK II und am 30. September das EK I erhielt. Zuerst Leutnant und Staffelführer der 1./JG 3 (die spätere 4./JG 3) wurde er im Mai 1941 Staffelkapitän. Ehrenpokal der Luftwaffe am 18. Juli und Ritterkreuz als Oberleutnant am 30. Juli 1941 nach 32 Luftsiegen. Im Herbst verlegte die 4./JG 3 nach Holland. Im Mai 1943 wurde Olejnik stellvertretender Gruppenkommandeur der II./JG 3 und übernahm im Juni die III./JG 1 als Kommandeur. Zum EKdo 16 kam er im Oktober 1943 und wurde im März 1944 Staffelkapitän der 1./JG 400 in Wittmundhafen. Nach einem Startunfall mit der Me 163 B V16 am 21. April fiel er bis Juli aus und kehrte dann nach Brandis zurück und übernahm die alte Staffel wieder im September. Im Dezember 1944 erfolgte die Ernennung zum Gruppenkommandeur der IV./EJG 2 in Sprottau. Ende Januar 1945 verlegte die Gruppe nach Esperstädt und blieb dort bis Mitte April (einige Flugzeugführer kamen im Februar zum JG 400 nach Brandis). Kurz vor der Räumung des Flugplatzes Esperstedt wurde Hauptmann Olejnik nach Brandis zurückbeordert, wo er einem Heerestruppenteil unterstellt wurde, der über Dresden nach Eger verlegte. Dort geriet er in US-Kriegsgefangenschaft. Insgesamt hatte er 42 Luftsiege erzielt, davon vier viermotorige Bomber im Westen, und war 620 Einsätze geflogen. Robert Olejnik starb am 29. Oktober 1988 in München.

Opel, Fritz von. Der Enkel des berühmten Automobilbauers Adam Opel (1837–1895) erblickte am 4. Mai 1899 in Rüsselsheim das Licht der Welt (in den Adelsstand wurde die Familie erst 1917 erhoben). Fritz von Opel diente 1916 – 1918 bei der *Kaiserlichen Kraftfahrtruppe*, studierte 1918 – 1925 Maschinenbau an der TH Darmstadt und wurde zunächst Versuchsleiter der Adam Opel AG und dann ihr Direktor. Nach der Übernahme des Unternehmens durch General Motors 1929 verlor er den Direktorenposten und widmete sich fortan ganz dem Rennsport. Bereits 1928 hatte er mit Max Valier, Friedrich Wilhelm Sander und Kurt C. Volkhart einen Rennwagen mit Pulverraketenantrieb gebaut, der 1928 die Spitzengeschwindigkeit von 138 km/h erreichte, die später auf 235 km/h gesteigert werden konnte. Das von Julius Hatry (siehe dort) gebaute Raketenflugzeug „RAK 1" führte er am 30. September 1929 in Frankfurt-Rebstock vor. Kurz darauf verließ er Deutschland, um einer drohenden Gefängnisstrafe wegen betrügerischen Konkurses zu entgehen. Nach Einstellung des Verfahrens 1934 kehrte er zurück, um später in die USA auszuwandern. Dort suchte er nach Öl und baute ein großes Tankstellennetz auf. Nach dem Kriegseintritt der USA im Dezember 1941 erfolgte die Internierung als *enemy alien* (feindlicher Ausländer) und die Beschlagnahme seiner Besitztümer. 1950 kehrte er nach Europa zurück und gründete Firmen in Deutschland, Frankreich sowie in Afrika. Am 21. Mai 1962 ernannte ihn die TH Darmstadt zum Ehrensenator. Fritz von Opel starb am 8. April 1971 in Samedan/Schweiz.

Opitz, Hptm. Paul Rudolf „Rudi". Er kam am 9. August 1910 im schlesischen Landeshut zur Welt und machte nach der Schule eine Schreinerlehre. 1927 – 1934 arbeitete er in diesem Beruf, stellte Möbel her und spezialisierte sich auf hölzerne Flugzeugkonstruktionen. 1935–1939 war er als RRG-Segelfluglehrer auf der Wasserkuppe, an der *Reichs-Schlepp- und Kunstflugschule* in Darmstadt-Griesheim sowie als Ausbilder und Versuchspilot beim *Institut für Segelflug* und beim *Institut für Flugversuche* der DFS in Darmstadt tätig. Inhaber der C- und B1-Scheine. 1935, 1936 und 1938 Teilnahme an zahlreichen Segelflugwettbewerben. Für seine Leistungen erhielt Rudi Opitz die ISTUS-Goldmedaille, die NSFK-Silbermedaille und die Silbermedaille der Stadt Darmstadt. Im September 1939 wurde er als einfacher Flieger zur Luftwaffe eingezogen. Als Lastenseglerpilot (DFS 230) der *Sturmabteilung Koch* (nach Fallschirmjäger-Major Walter Koch) wurde er für die Teilnahme an der Erstürmung des belgischen Sperrforts Eben Emael und der Brücken über den Albertkanal am 10. Mai 1940 mit dem EK I ausgezeichnet und zum Feldwebel befördert. Anschließend bildete er auf der Segelflugschule Hildesheim Lastenseglerpiloten aus (als *Fliegerschule für Lastensegler* später Hauptlehranstalt). Im Mai 1941 erfolgte die Versetzung nach Frankfurt am Main und die Beförderung zum Leutnant. Im August kam Opitz zur *Abteilung L der Messerschmitt AG* und wurde Versuchspilot in Peenemünde. Dort kam er im Mai 1942 zum EKdo 16, das dann nach Bad Zwischenahn verlegte. Nach dem Unfall von Hauptmann Otto Böhner (siehe dort) in Wittmundhafen wurde er im Mai 1944 Staffelkapitän der 1./JG 400, die im Juli nach Brandis verlegte. Die Ernennung zum Gruppenkommandeur der I./JG 400 erfolgte im Oktober und zum Gruppenkommandeur der II./JG 400 im November 1944. Mit dem Verband ging es von Brandis nach Stargard und von dort nach Husum. Am 1. Januar 1945 erhielt Rudi Opitz das Deutsche Kreuz in Gold. Am 8. Mai übergab er, nach einem Landeunfall am Vortag schwer verletzt, die II./JG 400 in Husum einem britischen Luftwaffenverband. 1946 holten die Amerikaner Opitz ans *USAAF Technical Command* nach Wright Field in Dayton/Ohio, wo er u. a. verschiedene Schleppversuche durchführte und beim Wiederaufbau einer Horten IV half. Ab 1956 arbeitete er als Versuchspilot und Betreuer der Strahlturbinenentwicklung unter Dr. Anselm Franz bei *Avco-Lycoming* in Stratford/Connecticut. Bis ins hohe Alter mit der Segelfliegerei verbunden, starb er dort wenige Wochen vor seinem 100. Geburtstag am 1. Mai 2010.

Pöhs, Oblt. Josef „Joschi". Geboren am 14. März 1912 in Altkettenhof bei Schwechat. 1934 trat er der österreichischen Fliegertruppe bei und wurde später Mitglied der Kunstflugstaffel. 1938 in die deutsche Luftwaffe übernommen, nahm er 1939/40 mit der 2./JG 76 (die spätere 5./JG 54) am Polen- und Westfeldzug sowie an der „Luftschlacht über England" teil, wo er sieben Luftsiege errang. 1941 machte er den Balkan- und den Ostfeldzug mit. Nach 228 Einsätzen und 28 Abschüssen erhielt Leutnant Pöhs am 6. August 1941 das Ritterkreuz und am 9. August den *Ehrenpokal der Luftwaffe*. Im September 1941 erfolgte die Versetzung zur Ergänzungsgruppe des JG 54 und im Februar 1942 zur *Ergänzungsgruppe Ost*. Deutsches Kreuz in Gold (gestiftet am 28. September 1941) am 20. Dezember 1941. Bevor er im Juni 1942 zur Erprobungsstelle Rechlin kam, hatte es „Joschi" Pöhs auf insgesamt 43 Luftsiege und 300 Fronteinsätze gebracht. Kurz darauf wurde er Technischer Offizier des EKdo. Oberleutnant Josef Pöhs kam am 30. Dezember 1943 in Bad Zwischenahn beim Absturz der Me 163 AV8 ums Leben.

Reitsch, Flugkapitän Hanna. Geboren am 29. März 1912 in Hirschberg/Niederschlesien. Schon als Kind träumte sie von der Fliegerei und da ihr Vater Arzt war, wollte sie selbst einmal „fliegende Missionsärztin" werden. Folgerichtig studierte sie Medizin in Berlin und Kiel und erwarb neben dem Studium 1931 unter den Auspizien Wolf Hirths den A-Segelflugschein in Grunau/Schlesien. 1932 folgte der Motorflugschein in Berlin-Staaken. Als ihr Wolf Hirth das Angebot unterbreitete, auf der Segelflugschule Hornberg bei Schwäbisch Gmünd als Fluglehrerin zu arbeiten, hängte die leidenschaftliche Fliegerin das Studium an den Nagel. 1933 nahm sie erstmals am Rhönwettbewerb teil und von Januar bis Mai 1934 an der von Prof. Walter Georgii geleiteten wissenschaftlichen deutschen Segelflugexpedition nach Argentinien und Brasilien, in deren Folge man ihr als erster weiblicher Pilotin das *Leistungsabzeichen für Segelflieger* verlieh. Nach der Rückkehr wurde sie Versuchspilotin bei der DFS in Darmstadt. 1934 – 1939 nahm Hanna Reitsch an Segelflugexpeditionen nach Finnland, Portugal, Ungarn, Jugoslawien, Libyen und den USA teil und erflog etliche Weltrekorde. Auf der *Deutschen Verkehrsfliegerschule* (DVS) in Stettin erwarb sie in dieser Zeit die B-1-, B-2-, C-1- und C-2-Scheine für Verkehrspiloten. Für die Erprobung der von Hans Jacobs (siehe dort) entworfenen Sturzflugbremsen für Segel- und Motorflugzeuge verlieh ihr Hermann Göring als Reichsminister der Luftfahrt 1937 ehrenhalber den Titel Flugkapitän. Im Mai des Jahres zählte sie als einzige Frau zu den fünf deutschen Segelflugpiloten, die die Alpen überflogen. Ab September 1937 bis 1945 war Hanna Reitsch dann als Versuchspilotin an der E-Stelle Rechlin tätig. Im Februar 1938 saß sie bei der spektakulären Vorführung des Fw 61 in der Berliner Deutschlandhalle am Steuer des Tragschraubers. Während des Krieges führte sie u. a. riskante Versuche zum Kappen der Drahtseile von Sperrballonen durch, wofür sie das *Flugzeugführer- und Beobachterabzeichen in Gold* sowie das EK II erhielt. Für die Flugerprobung neuartiger Flugzeugmuster wie der Me 163, bei der sie schwere Verletzungen erlitt, erhielt sie des Weiteren als einzige Frau das Eiserne Kreuz I. Klasse. 1944 führte sie Versuche mit einer bemannten V1 (Fi 103) im Schlepp einer He 111 durch. Noch am 26. April 1945 flog sie mit Generaloberst Robert Ritter von Greim in das von sowjetischen Truppen eingeschlossene Berlin, wo Hitler im Bunker der Reichskanzlei Ritter von Greim zum Oberbefehlshaber der Luftwaffe ernannte und zum Generalfeldmarschall beförderte (Göring hatte er am 23. April aller Ämter enthoben). Von Berlin flog Hanna Reitsch am 29. April unter abenteuerlichen Umständen nach Rechlin. Bei Kriegsende geriet sie am 8. Mai in Zell am See in amerikanische Gefangenschaft und verbrachte insgesamt 18 Monate in verschiedenen Internierungslagern für politische Gefangene; u. a. in Oberursel. In den 1940er- und 1950er-Jahren engagierte sie sich humanitär. 1951 gab sie ihr erstes Buch *Fliegen – mein Leben* heraus und wurde wieder im Segelflugsport aktiv. So gewann sie 1952 bei der Segelflugweltmeisterschaft in Spanien die Bronzemedaille und stellte danach weitere Rekorde auf. Als ihr die polnische Regierung 1958 die Teilnahme an der Weltmeisterschaft in Polnisch-Lissa (Leszno) verweigerte, nahm sie an keiner weiteren mehr teil. Ab 1954 arbeitete sie erneut als Versuchspilotin bei der wiedererstandenen DVL und reiste 1959 auf Einladung von Premierminister Jawaharlal Pandit Nehru nach Indien, um dort ein Leistungssegelflugnetz aufzubauen. 1961 erfolgte eine Einladung von US-Präsident John F. Kennedy ins Weiße Haus. 1962–1966 baute sie in Ghana im Auftrag von Präsident Kwame Nkrumah eine Segelflugschule auf. 1968 Gründungsmitglied der *Vereinigung Deutscher Pilotinnen*. Zahlreiche Ehrungen folgten, darunter 1972 die Ernennung zum Ehrenmitglied der *Society of Experimental Test Pilots* in Kalifornien. 1974 gab die begnadete Fliegerin die deutsche Staatsbürgerschaft aus Protest gegen unbegründete Vorwürfe zur „NS-Vergangenheit" auf. Nichtsdestoweniger stellte sie – nun Österreicherin – am 3. Juni 1978 mit 714,7 km einen neuen Langstreckenweltrekord für Frauen auf und erreichte im April 1979 in den USA 800 km. Die vielleicht größte deutsche Fliegerin, klein an Gestalt, aber groß an Können, Mut und an Liebe zu ihrem Land, starb am 24. August 1979 in Frankfurt am Main an Herzversagen.

Richthofen, GFM Dr.-Ing. Wolfram Freiherr von. Geboren am 10. Oktober 1895 auf Gut Barzdorf bei Striegau in Schlesien. Nach einer schulischen Erziehung Eintritt in die königlich-preußische Kadettenanstalt in Groß-Lichterfelde und im März 1914 als Fähnrich ins Husaren-Regiment „von Schill" (1. Schlesisches) Nr. 4. Nach Besuch der Kriegsschule Kassel Beförderung zum Leutnant im Juni 1914. Einsatz als Kavallerieoffizier an der Ost- und Westfront. September 1917 Übertritt zur Fliegertruppe und Ausbildung zum Flugzeugführer bei der 14. und 11. Fliegerersatzabteilung. Ab März 1918 bei der Jagdstaffel 1 (Jasta 1) des JG 1 „Richthofen" (geführt von seinem berühmten Vetter Manfred Freiherr von Richthofen, der am 21. April bei Vaux-sur-Somme fiel). Bis Kriegsende acht Luftsiege. Februar 1920 Ausscheiden aus dem aktiven Militärdienst als Oberleutnant. Maschinenbau-Studiums an der TH Hannover. Nach Abschluss (Dipl.-Ing. 1924 zuerkannt) im November 1923 Eintritt in das 11. Reiter-Regiment der Reichswehr; nebenher weitere technische Studien. Das Pariser Abkommen von 1925 erlaubte wieder Fliegen in Deutschland, wenn auch in engen Grenzen, und so nahm von Richthofen als Angehöriger der geheimen Luftwaffe der Reichswehr und des Heereswaffenamtes an verschiedenen Flugwettbewerben teil. 1927–1928 als Oberleutnant beim Reiter-Regiment 13, der 5. (württ.) Sanitätskompanie und beim Artillerie-Regiment 5. 1929 in die Abteilung T-3 des Reichswehrministeriums berufen. Februar 1929 Beförderung zum Hauptmann. Promotion zum Dr.-Ing. an der TH Berlin-Charlottenburg. Von April 1929–1932 als Attaché an die deutsche Botschaft in Rom versetzt und Gast des italienischen Generalstabs. Danach Kompaniechef in der 6. (preuß.) Kraftfahr-Abteilung und ab 1. Oktober 1933 beim neu errichteten RLM im Technischen Amt, dessen Entwicklungsabteilung von Richthofen ab 1934 leitete. In diese Zeit fiel sein weitsichtiger Vorschlag, raketengetriebene Flugzeuge zum Abfangen hoch fliegender Bomber einzusetzen. 1934–1935 Chef der E-Stelle Rechlin. Beförderung zum Major und zum Oberstleutnant im Juni 1934 bzw. April 1936. Ab Januar 1937 Chef des Stabes der „Legion Condor" im Spanischen Bürgerkrieg (1936–39) und von Januar bis November 1938 als Oberst Kommodore des KG 257 in Lüneburg. November 1938 Beförderung zum Generalmajor und nach den Generalen Sperrle und Volkmann (die an der spanischen Mentalität verzweifelten) zum dritten Kommandeur der „Legion Condor" berufen. 1939–1941 Teilnahme am Polen-, West-, Balkan- und Ostfeldzug sowie an der Eroberung Kretas aus der Luft. Ritterkreuz am 18. Mai 1940, Eichenlaub am 17. Juli 1941. Aufgrund der Erfolge seines „Nahkampfkorps" (VIII. Fliegerkorps) in der Luftnahunterstützung am 1. Februar 1942 zum General der Flieger *und* zum Generaloberst befördert, zum Generalfeldmarschall kaum zwei Wochen später am 16. Februar 1942! Im Juli 1942 zum Kommandeur der Luftflotte 4 ernannt, die dann ab Mitte November 1942 die Luftversorgung der eingeschlossenen 6. Armee in Stalingrad sicherstellen sollte. Im Juni 1943 zusätzliche Übernahme der Luftflotte 2 in Italien, deren Chef er im September wurde. Abgabe des Kommandos im Oktober 1944 nach Feststellung eines Gehirntumors. Im November zur Führerreserve versetzt. Wolfram Freiherr von Richthofen starb am 12. Juli 1945 in US-Gefangenschaft im Luftwaffenlazarett Bad Ischl.

Shenstone, Beverley Strahan. Geboren am 10. Juni 1906 im kanadischen Toronto. Sein Maschinenbau-Studium an der Universität Toronto schloss er 1928 als *Bachelor of Applied Science* (BASc) ab. Ein zusätzliches Studienjahr brachte ihm den *Master* in Luftfahrttechnik ein. In den Semesterferien 1928 und 1929 erlernte er bei der kanadischen Luftwaffe (RCAF) in Camp Borden/Ontario das Fliegen, denn diese war erpicht darauf, aus Studenten technischer Fachrichtungen Hilfspiloten zu machen. Im November 1929 erhielt Shenstone mit Unterstützung des britischen Luftwaffenattachés in Berlin, Oberst Christie, eine zeitlich begrenzte Stelle bei den Junkers Flugzeug- und Motorenwerken in Dessau. Dort wollte er nicht nur besser Deutsch lernen, sondern sich auch im Metallbau von Flugzeugen schlau machen. Im Sommerurlaub erwarb er am 21. Juli 1930 auf der Wasserkuppe den C-Schein und trat im November der RRG bei, wo er bei Lippisch ein halbes Jahr lang an frühen „Delta"-Konstruktionen arbeitete. 1931 nahm er am ersten Lehrgang der *Reichs-Schlepp- und Kunstflugschule* in Darmstadt-Griesheim teil und reiste danach nach England, wo er bei Vickers-Supermarine in Southampton eine Anstellung als Aerodynamiker gefunden hatte. Dort arbeitete er unter A. N. Clifton und R. J. Mitchell an der Konstruktion von Flugbooten, Bombern und Jagdflugzeugen wie der „Spitfire". In dieser Zeit reiste er öfters nach Deutschland, um sich stets auf dem neuesten Stand der dortigen Flugzeugtechnik zu halten. 1938 trat er der zivilen Abteilung Forschung und Flugzeugfertigung des Luftfahrtministeriums bei, wobei er sich hauptsächlich mit der Erstellung von Lastenheften beschäftigte und Bestellungen von Flugzeugen abarbeitete. Im November 1940 schickte man Shenstone zur *British Air Commission* in die USA. 1943 beorderte man ihn als stellvertretenden Direktor der Forschungs- und Entwicklungsabteilung für das Lufttransportwesen zurück. 1944–1946 wirkte er bei der Canadair

Ltd als Berater in technischen Fragen des kanadischen Ministers für den Wiederaufbau und der Trans-Canada Airlines. 1946 - 47 stellvertretender Vizepräsident und Geschäftsführer von Avro Canada sowie Präsident der *Soaring Association of Canada* (kanad. Segelfliegerverband) und von 1948 - 64 Chefingenieur bei BEA. 1958 - 64 betreute Shenstone außerdem die Veröffentlichungen von OSTIV und gab das Buch *The World's Sailplanes* heraus. 1960 - 64 war er BEA-Direktor, 1962 Präsident der *Royal Aeronautical Society* und 1964 - 66 Technischer Vorstand von BOAC. Seinen Altersruhesitz bezog Beverley Strahan Shenstone im sonnigen Kyrenia auf Zypern, wo er am 10. November 1979 im Alter von 73 Jahren verstarb.

Soldenhoff, Alexander, geboren am 13. September 1882 in Genf, veröffentlichte noch vor der Jahrhundertwende zahlreiche unkonventionelle Flugzeugentwürfe. Wie John William Dunne (siehe dort) hatten es ihm eigenstabile Pfeilflügler besonders angetan, und er ließ sich einen Entwurf 1912 patentieren. Zur Umsetzung seiner Vorstellungen baute er in den 1920er- und 1930er-Jahren eine ganze Reihe von Modellen und personentragenden Luftgefährten,, wozu auch das Modell eines großen Transportflugzeugs mit „Auftriebsrumpf" gehörte. 1927 flog Soldenhoff als Erster einen motorisierten Nurflügler in der Schweiz. Im selben Jahr zog er nach Berlin um, wo er sich 1928 an den Bau eines motorisierten Nurflügels machte - den ersten einer Reihe -, den Gottlob Espenlaub (siehe dort) dann 1929 in Düsseldorf fertig stellte. Im September 1930 gründete er in Böblingen die *Soldenhoff-Aero-Gesellschaft*, musste die Firma mangels Aufträgen 1932 aber wieder dicht machen. Er nahm in der Schweiz mit Unterstützung von Langguth und Friedmann - die 1934 zu Northrop in die USA gingen - einen zweiten Anlauf mit einer neuen Nurflügel-Konstruktion. Am 27. September 1931 stellte Anton Riedinger mit einer Soldenhoff A/5 einen neuen Langstreckenrekord im Ohnehaltflug für leichte Nurflügler auf; die Strecke führte von Dübendorf über Luzern nach Böblingen. Alexander Soldenhoff starb am 9. November 1951 in Zürich.

Späte, Maj. Wolfgang, geboren am 8. September 1911 in Dresden, erwarb seine Segelflugscheine 1927 auf der Wasserkuppe und nahm ab 1934 an zahlreichen in- und ausländischen Wettbewerben teil. Beim Rhönwettbewerb 1938 wurde er Gesamtsieger. Inhaber des *Goldenen Leistungsabzeichens für Segelflug* Nr. 7. 1937 stellte ihn die DFS in Darmstadt als Versuchspilot an und Wolfgang Späte begann, da er schon einmal dort war, ein Ingenieursstudium an der dortigen TH. Bei Kriegsausbruch 1939 als Leutnant der Reserve eingezogen, flog er in Polen und Frankreich bei der Heeresaufklärungsstaffel 2./H33 eine Hs 123. Am 1. Januar 1941 wurde er Bf 109-Pilot und machte mit der 5./JG 54 den Balkan- und den Ostfeldzug 1941 mit. Am 9. August 1941 erhielt er den Ehrenpokal der Luftwaffe und wurde im September Staffelkapitän der 5./JG 54. Nach 45 Luftsiegen hatte sich Oberleutnant Späte am 6. Oktober 1941 das Ritterkreuz verdient und am 20. Dezember das (erst am 28.09.41 gestiftete) Deutsche Kreuz in Gold. Nach 72 Luftsiegen erhielt er am 23. April 1942 das Eichenlaub, dem im Mai die Beförderung zum Hauptmann folgte. Als solcher wurde er *Typenbegleiter* Me 163 und Kommandeur des für die Einsatzerprobung zuständigen EKdo 16. Im Mai 1944 zum Gruppenkommandeur der IV./JG 54 bestallt, flog Wolfgang Späte Einsätze an der Ost- und Westfront und erzielte bis Kriegsende insgesamt 99 Abschüsse. Im August 1944 Beförderung zum Major und Gruppenkommandeur der I./JG 400 in Brandis; ab Dezember Geschwaderkommodore. Im April 1945 wurde er Gruppenkommandeur der mit Me 262 ausgerüsteten III./JG 7 in Alt-Lönnewitz, mit der er noch nach Prag verlegte. Nach dem Krieg arbeitete Wolfgang Späte als Versuchspilot für die französische Luftwaffe, bevor er in Frankfurt am Main Leiter einer Fotofirma wurde. 1956 trat er in die neugegründete bundesdeutsche Luftwaffe ein und wurde dort Inspizient für Flugsicherheit. 1967 ging er als Oberstleutnant in den (Un-)Ruhestand, um 1967 - 71 für Alexander Lippisch Bodeneffekt-Fahrzeuge zu erproben. Er schrieb mehrere viel beachtete Bücher, die u. a. ins Englische übersetzt wurden. Wolfgang Späte starb am 30. April 1997 in Edewecht bei Oldenburg.

Stamer, Fritz kam am 28. November 1897 in Hannover zur Welt. 1913 wurde er als Wandervogel in der deutschen Jugendbewegung aktiv. Sein Berufswunsch war es, Architekt zu werden, doch der Ausbruch des 1. Weltkriegs durchkreuzte die Pläne. Als Kriegsfreiwilliger bei Langemarck schwer verwundet, meldete sich Stamer zur Fliegertruppe und wurde zum Feldpiloten ausgebildet. Bei einem Aufklärungsflug im August 1918 wurde er bei Lunéville abgeschossen und von den Franzosen eineinhalb Jahre lang im Fliegergefängnis Etranches inhaftiert. Nach der Freilassung im Februar 1920 schloss er zunächst sein Architekturstudium ab. 1921 arbeitete er dann als Fluglehrer der *Weltensegler GmbH* auf der Wasserkuppe und wechselte 1924 zur neu gegründeten Flugschule von Arthur Martens, die 1925 in der *Rhön-Rossitten-Gesellschaft* (RRG) aufging. Im Juni 1928 flog Fritz Stamer als erster Mensch ein raketengetriebenes Flugzeug - die von Alexander Lippisch geschaffene RRG-„Ente". Sie wurde mit einem Gummiseil gestartet und der erste von insgesamt drei Flügen dauerte nur 35 Sekunden. 1933 wechselte Stamer nach Berlin in die Zentrale des DLV und 1934 zur DFS nach Darmstadt-Griesheim. Nach der Ernennung Walter Georgiis zum Chef der Forschungsabteilung im RLM wurde Stamer 1933 Leiter des *Instituts für Flugversuche* der DFS in Ainring und leistete während des Krieges u. a. Pionierarbeit bei der Entwicklung so genannter Mistel-Gespanne. 1950 gehörte er zu den Gründungsmitgliedern des *Deutschen Aero Clubs* und übernahm das Amt des Generalsekretärs und Vizepräsidenten, bis er es 1962 krankheitsbedingt abgeben musste. Fritz Stamer starb am 30. Dezember 1969 in Oberursel.

Thaler, Hptm. Anton „Toni" wurde am 14. August 1914 in München-Pasing geboren. 1935 Eintritt in die Luftwaffe und Besuch der Kriegsschule Potsdam vom 17. Oktober 1937 bis zum 2. Juli 1938. Beförderung zum Leutnant am 1. September 1938. Nachfolgende Stationen bildeten die Stuka-Schule Marienbad (abgestellt vom RLM), das St.G 51 ab 16. August 1939 (Beförderung zum Oberleutnant 1. Oktober 1940), die 4./St.G. 1 von Juli 1941 bis Mai 1942 (*Ehrenpokal der Luftwaffe* am 20. Oktober 1941), das St.G. 3 von Mai bis August 1942, die I./St.G. 5 von August bis November 1942 sowie die Wasserflugzeug-Reparaturwerkstatt Bari von November 1942 bis Januar 1943. Von Januar bis April 1943 Versuchspilot bei Focke-Wulf in Marienburg. Ab 15. April 1943 Fluglehrer beim EKdo 16 in Peenemünde. Beförderung zum Hauptmann am 1. September 1943. Übernahme des Kommandos von Wolfgang Späte (siehe dort) im Mai 1944. Versetzung zur I./JG 1. „Toni" Thaler fiel am 3. Mai 1945 auf dem Flug von Neustadt-Glewe nach Leck im Luftkampf mit einer „Spitfire".

Ursinus, Carl Oskar. Geboren am 11. März 1878 im thüringischen Weisenfels. Angeregt durch Otto Lilienthal und andere Pioniere, begann er sich schon früh für die Luftfahrt zu interessieren. Von 1896–1899 studierte er Maschinenbau am Technikum Mittweida und fand um die Jahrhundertwende Anstellung bei Borsig in Berlin. 1901 zog er nach

Frankfurt am Main, wo er ab 1901 die technische Wochenzeitschrift *Vulkan* herausgab. Das wachsende Interesse für die Luftfahrt ließ ihn die Zeitschrift *Flugsport* gründen, die bei Flugsportinteressierten bald sehr populär wurde und die er als Herausgeber und Chefredakteur zusammen mit seiner Frau Hedwig bis zur Einstellung 1944 aufgrund von Papierknappheit leitete. 1909 gründete Ursinus den *Frankfurter Flugtechnischen Verein* und begann mit dem Bau selbst entworfener Hanggleiter und motorisierter Flugapparate. Auf seine Initiative ging ferner die erste *Internationale Luftfahrtausstellung* (ILA) vom 10. Juli – 17. Oktober 1909 in Frankfurt zurück. Im 1. Weltkrieg entwickelte Ursinus Aufklärungs- und Bombenflugzeuge für die *Gothaer Waggonfabrik*, darunter 1915 den zweimotorigen Fernaufklärer Gotha G I. Für die *Flugmaschine Rex GmbH* in Köln-Bickersdorf konstruierte er des Weiteren ein einmotoriges Wasserjagdflugzeug mit einziehbaren Schwimmern, das 1917 flog. 1920 organisierte er in Zusammenarbeit mit dem *Deutschen Modell- und Segelflugverband* sowie dem *Reichs-Luftamt* den ersten Rhön-Segelflugwettbewerb auf der Wasserkuppe. Sein fortgesetzter, unermüdlicher Einsatz für diese jährliche Veranstaltung brachte ihm den Beinamen „Rhönvater" ein. Auf Hinwirken Ursinus' und Dr. Karl Kotzenbergs entstand im August 1924 auch die *Rhön-Rossitten-Gesellschaft* (RRG). Oskar Ursinus starb am 7. Juli 1952 in Frankfurt am Main.

Voepel, Heinrich M. A. (Geburts- und Todesdatum unbekannt) arbeitete als Entwurfsassistent bei der DFS; u. a. am Nurflügel „Delta I" von Alexander Lippisch, sowie während des Krieges bei Henschel unter Prof. Werner Wagner. Er regte Windkanalversuche mit Delta-Flügeln geringer Tragflächenstreckung an (gem. Lange und Wacke: *Prüfbericht über 3- und 6-Komponentenmessungen an der Zuspitzreihe kleiner Streckung*. ZWB UM 1023, 1943).

Walter, Prof. Hellmuth. Geboren am 26. August 1900 in Wedel bei Hamburg. 1923 nach dem Studienabschluss an der TH Charlottenburg konstruierte er bei der Hamburger Vulkanwerft Turbinen und entwickelte später für die Reichswehr Flugabwehrwaffen. Ab 1930 arbeitete er bei der Kieler Germaniawerft an Gasturbinen als Antrieb für U-Boote und schlug des Weiteren Wasserstoff-Peroxid-Antriebe für Torpedos und U-Boote vor. 1935 gründete er mit dem *Ingenieurbüro Hellmuth Walter*, der späteren Walter KG, seine eigene Firma. 1936 entwickelte er Flüssigkeits-Starthilfsraketen sowie Raketenantriebe mit so genanntem Z-Stoff bzw. C-Stoff und T-Stoff für Flugzeuge. Erste Versuche mit Z-Stoff-Raketen an He 72 und Fw 56 „Stößer" fanden 1937 in Kummersdorf statt. Das Raketentriebwerk Walter R 1-203 diente als Antrieb für die Typen He 176 und DFS 194; dessen Weiterentwicklung HWK 109-509 für Me 163, Me 263 und Bachem „Natter". 1937 zum *Professor im Reichsdienst* ernannt. Die Briten brachten Hellmuth Walter und etliche Mitarbeiter 1946 nach England, um sie dort weiter am Walter-Antrieb für U-Boote arbeiten zu lassen. Offiziell war er „Berater der Admiralität". 1949 kehrte er nach Deutschland zurück, siedelte jedoch schon nach wenigen Monaten in die USA über, wo er bis 1965 für die *Worthington Corporation* in Harrison/New Jersey arbeitete. Sozusagen nebenher gründete er 1956 in Kiel die *Hellmuth Walter GmbH*. Professor Hellmuth Walter starb am 16. Dezember 1980 in Upper Montclair/New Jersey.

Warsitz, Flugkapitän Erich erblickte am 18. Oktober 1906 in Hattingen das Licht der Welt. Seinen fliegerischen Interessen ging er zuerst 1927 bei der *Akaflieg* Bonn-Hangelar nach, wo er den Pilotenschein A-2 erwarb. Bei Daimler-Benz, den Wanderer-Werken sowie bei den Zschopauer Motorenwerken frönte er dem Rennsport mit Autos und Motorrädern als weitere Leidenschaft. Die B-1- und B-2-Scheine erwarb er bei verschiedenen Luftsportvereinen und den C-2-Schein bei der *Deutschen Verkehrsfliegerschule* (DVS) in Stettin. Eine Blindflugausbildung, der Kunstflugschein K-2 und die C-2-Lizenz für Wasserflugzeuge durften nicht fehlen. Nach dem Erwerb sämtlicher Scheine (auch der militärischen) arbeitete Erich Warsitz zunächst als Sportfluglehrer bei der DVS Stettin-Finkenwalde und dann als Fluglehrer, Gruppenfluglehrer und Ausbildungsleiter an der so genannten *Reichsbahnstrecke* (dort sammelten künftige Militärpiloten ihre Erfahrungen bei Langstreckenflügen, was aufgrund der Versailler Beschränkungen geheim bleiben musste). 1934 wechselte Warsitz als Versuchspilot zur Abteilung E5 der *Luftwaffen-Erprobungsstelle Rechlin*. 1936 versetzte ihn das RLM nach Anfrage beim OKH auf die *Heeresversuchsanstalt Kummerdorf*, denn dort liefen die von der Technischen Abteilung des RLM durchgeführten Versuche mit der raketengetriebenen He 162. 1937 führte Warsitz in Neuhardenberg Testflüge mit der ebenfalls raketengetriebenen He 112 durch und kam schließlich 1938 als Cheftestpilot nach Peenemünde. Dort wagte er 1939 die Erstflüge mit der raketengetriebenen He 176 und der strahlgetriebenen He 178. Die Beförderung zum Flugkapitän erfolgte unmittelbar nach dem zweiten Flug der He 176 in Anwesenheit von Ernst Heinkel und Erhard Milch am 21. Juni 1939. Nach Kriegsausbruch blieb Warsitz weiter als Versuchspilot für die Luftwaffe tätig. 1942 erlitt er bei einem Werftflug mit einer Bf 109 einen schweren Unfall mit Wirbelbruch, der ihn fast ein Jahr ans Bett fesselte und der fliegerischen Laufbahn dieses herausragenden Piloten ein Ende bereitete. Aufgrund familiärer „Vorbelastung" übernahm bzw. eröffnete Erich Warsitz in Nossen, Drehna, Luckau und Dresden Metallbetriebe, die u. a. Munitionsteile herstellten, und gründete in Amsterdam die Warsitz-Werke, die feinmechanische Einzelteile höchster Präzision fertigten. Nach Kriegsende wurde Erich Warsitz in der Nacht vom 5. auf den 6. Dezember 1945 von vier sowjetischen Offizieren aus dem amerikanischen Sektor Berlins nach Osten entführt und zu seinen früheren Tätigkeiten in der Raketen- und Strahlflugzeugentwicklung verhört. Da Warsitz standhaft jede Auskunft verweigerte, wurde er zu 25 Jahren Zwangsarbeit verurteilt. Die nächsten fünf Jahre verbrachte er in einem berüchtigten sibirischen Straflager, aus dem ihn die Sowjets 1950 entließen. Zurück in der Heimat gründete er in Hilden die *Maschinenfabrik Hilden*, die hauptsächlich Hydraulikteile und Hochleistungspumpen herstellte. Auch nach der Übernahme der Fabrik durch ein US-Unternehmen im November 1962 (im Übrigen auf Vermittlung seines Freundes Wernher von Braun) blieb Erich Warsitz weitere fünf Jahre Geschäftsführer. 1967 trat er in den Ruhestand und zog mit seiner Familie ins malerische Barbengo bei Lugano. Dort starb Erich Warsitz am 12. Juli 1983.

Weiss, José (Josef) wurde am 21. Januar 1859 vermutlich in Paris geboren; die Familie stammte wahrscheinlich aus dem Elsaß. 1894 heiratete er eine Engländerin und zog mit ihr nach Amberley in West Sussex, wo Weiss als Ingenieur und Landschaftsmaler arbeitete. Stark an der Luftfahrt interessiert, baute Weiss zuerst Modelle und unternahm ab 1907 eine Anzahl Flugversuche mit schwanzlosen Seglern. 1908 erhielt er das Patent für seinen biegsamen halbmondförmigen Flügel. 1909 baute er den schwanzlosen Gleiter „Olive", den Eric Gordon England, Graham Wood und andere 1908 und 1909 in Amberley erfolgreich in die Luft brachten. Am 27. Juni 1909 gelang England damit ein 58-sekündiger Flug– der inoffizielle britische Rekord im Segelfliegen, der bis nach dem 1. Weltkrieg bestand (Orville Wright stellte am 24. Oktober

1911 in Kitty Hawk mit 9¾ Minuten den Weltrekord auf, der erst nach zehn Jahren wieder eingestellt wurde). Weiss zog mit seinen Entwürfen die Aufmerksamkeit Frederick Handley Pages auf sich, der Anteilseigner der am 10. Juni 1908 gegründeten *Weiss Aeroplane and Launcher Syndicate Ltd* wurde. Seine Bekanntschaft mit Weiss frischte Page im folgenden September anlässlich eines Treffens auf dem Flugplatz Fambridge wieder auf, wo Weiss den mit einer Druckschraube ausgestatteten Eindecker-Nurflügler „Madge" in die Luft zu bringen versuchte. Es kam zur Vereinbarung, dass Page den Vogel im März 1909 auf der *Aero & Motor Boat Show* in London ausstellen und außerdem den nächsten Weiss` schen Segler mit verbesserten Tragflächen versehen wollte, während Weiss im Gegenzug Page uneingeschränkte Nutzungsrechte an seinem Patent einräumte. Infolge tauchten die sichelförmigen Weiss` schen Schwingen fast an allen frühen Handley-Page-Typen auf. Die erwähnten Versuche, den Eindecker mit Druckschraube in Fambridge zu fliegen, scheiterten allerdings. Angeblich soll er in überarbeiteter Form Geradeausflüge in Littlehampton/Sussex geschafft haben. Den letzten seiner motorisierten Apparate baute Weiss 1910 mit der „Elsie", die über eine Druckschraube und einen 25 PS leistenden Dreizylinder-Motor von Warren-Simpson verfügte. Man brachte „Elsie" zum Fliegen nach Brooklands/Surrey – doch es gibt keinen Beweis, dass sie auch flog. Auf „Elsie" folgte die größere „Sylvia" mit Leitwerk, die im Dezember 1910 auf den Rieselfeldern von Brooklands eine Bruchlandung hinlegte. Nach Ausbruch des 1. Weltkriegs stellte Weiss, ein bekennender Pazifist, sämtliche Tätigkeiten in der Luftfahrt ein und widmete sich ganz der Malerei. Er starb am 11. Dezember 1919 und wurde auf dem katholischen Friedhof von Houghton Hill/Sussex begraben.

Wenk, Dr. phil. nat. Friedrich. Angeregt durch die Luftfahrtpioniere seiner Zeit begeisterte sich der am 6. September 1893 in Blaubeuren auf der Schwäbischen Alb geborene Friedrich Wenk schon in früher Jugend für die Luftfahrt. 1909–1910 baute er einen Hanggleiter, den er bei Allmendingen erprobte. 1913 begann er ein Studium der Aeronautik an der TH Karlsruhe, das der Ausbruch des 1. Weltkriegs jäh unterbrach. Wenk diente als Beobachter und Meteorologe bei der Fliegertruppe. Nach Kriegsende nahm er sein Studium wieder auf und baute mit seinem Kriegskameraden Fritz Peschker 1920 einen Gleiter, mit dem er am 19. August 1920 auf dem Feldberg im Schwarzwald kunstvoll eine „8" flog. Dann nahm ihn das Studium der Philosophie, der Mathematik, der Physik, der Aerodynamik und der Höhenwetterkunde (Aerologie) an den Technischen Hochschulen bzw. Universitäten Tübingen, Karlsruhe, Göttingen (bei Prof. Ludwig Prandtl) und Halle (bei Prof. Albert Wigand) wieder in Anspruch (1924 Promotion in Halle). Was Friedrich Wenk aber keineswegs daran hinderte, mit finanzieller Unterstützung seines Vaters und von Albert Steinmetz 1921 in Baden-Baden die *Segelflugzeuge GmbH* zu gründen. Der Ableger *Weltensegler GmbH* entstand ein Jahr darauf in Berlin. Umso erstaunlicher, da Friedrich ja noch *Studiosus* war, die Unternehmen persönlich führte und darüber hinaus eigene Nurflügel-Segelflugzeuge mit Möwenflügeln baute. Ferner gründete er auf der Wasserkuppe die erste Segelflugschule, wobei ihn u. a. Wolf Hirth unterstützte. Alles in allem: Hut ab! Die wirtschaftliche Not der 1920er-Jahre zwang jedoch 1926 zur Schließung der Unternehmen, worauf Wenk als Höhenwetterkundler an der Universität Halle und am Lindenberg-Observatorium (1929–1931) sowie als beratender Meteorologe am Flughafen Berlin-Tempelhof tätig wurde. In Halle und Tempelhof zog er sich Herzprobleme zu, da er sich ohne geeignete Schutzkleidung Experimenten bei sehr tiefen Temperaturen bzw. in großer Höhe aussetzte. Ferner entwickelte Wenk verschiedene Flugzeuginstrumente. 1934 kam er zum *Institut für Flugmechanik* der DVL in Berlin-Adlershof, wo er sich mit dynamischer Seitenstabilität beschäftigte. 1942 wurde er Leiter der Abteilung Flugmechanik. Nach dem Krieg entwickelte er als Aerodynamiker und Höhenwetterkundler Windkraftanlagen. 1951 folgte Friedrich Wenk einer Einladung Prof. Claude Dorniers nach Madrid. Dort leitete er eine kleine Gruppe, die für die spanische Luftwaffe das Kurzstart-Mehrzweckflugzeug Do 25 entwickelte. Danach arbeitete er als Berater für Dornier. Dr. phil. nat. Friedrich Wenk starb am 15. Oktober 1966 im Alter von 74 Jahren in Friedrichshafen.

Wurster, Dr.-Ing. Hermann erblickte am 20. Dezember 1907 in Stuttgart das Licht der Welt. 1930 beendete er sein Flugzeugbau-Studium an den Technischen Hochschulen München und Stuttgart als Dipl.-Ing. und arbeitete am *Flugtechnischen Institut* der TH Stuttgart als Assistent von Prof. Georg Madelung. Auf der Flugschule Böblingen erwarb der den A-2-Pilotenschein. 1933 promovierte er über die Stabilität von Nurflüglern an der TH Stuttgart. 1933 – 1935 leitete er die Bauabteilung der DVL in Berlin-Adlershof und machte in dieser Zeit die C-2- und K-Pilotenscheine in Stettin und Travemünde. Von 1935-1936 arbeitete er als Versuchspilot für die Luftwaffe in Rechlin und Travemünde, um von 1937 – 1942 als Cheftestpilot für die Bayerischen Flugzeugwerke AG bzw. die Messerschmitt AG in Augsburg zu fliegen. Am 11. November 1937 stellte er mit der Bf 109 V13 und 610,95 km/h den bisherigen Geschwindigkeitsrekord für Landflugzeuge von Howard Hughes ein. Hermann Wurster absolvierte ferner die Erstflüge mit der Bf 110 V1, V2 und V3, der Bf 109 X V21, der Bf 161 V1, der Bf 162 V1 und V2, der Me 209 V1 und V4 sowie der Me 210 V1 und V2. 1942 – 1943 war er in der Messerschmitt-Abteilung L unter Lippisch Chefkonstrukteur und entwickelte die Typen Me 163, P 04, P 08, Me 329 und P 20. 1943 – 1945 leitete er die Entwicklungsabteilung für die Flugabwehrrakete „Enzian", die sich zuerst in Augsburg, dann in Sonthofen bei der Holzbau-Kissing KG und auf Schloss Linderhof befand, bevor es zuletzt unter SS-Ägide noch nach Oberammergau ging – wenige Tage, bevor die Amerikaner einrückten. Nach Verhören in Oberammergau versuchten ihn die Amerikaner zur Fortsetzung seiner Arbeiten in den USA zu bewegen, was Hermann Wurster jedoch ablehnte. Er gründete in Nördlingen eine Baustoffhandlung, die er bis zum Ruhestand 1973 führte. Dr.-Ing. Hermann Wurster starb am 17. Oktober 1985 in Augsburg.

Zanssen, Gen.Maj. Dipl.-Ing. Leo. Geboren am 14. Juni 1896 in Speicher bei Bitburg, trat am 8. August 1914 als Fahnenjunker in das königlich-preußische Heer ein und wurde am 10. Februar 1915 beim 3. Oberelsässischen Infanterie-Regiment Nr. 172 zum Leutnant befördert. Bis 1918 stand er an der Westfront und wurde 1919 von der Reichswehr übernommen. Als so genannter Studienoffizier studierte er 1928 – 1933 an der TH Charlottenburg Maschinenbau (Dipl.-Ing.) und kam danach zur Abteilung *Waffenprüfwesen* (Wa.Prüf. 1) ins Heereswaffenamt, wo er eng mit Walter Dornberger und später mit Wernher von Braun zusammenarbeitete. 1934 Beförderung zum Hauptmann. Im Mai 1935 schlug er zusammen mit Major Wolfram Freiherr von Richthofen (siehe dort) weitsichtig den Bau raketengetriebener Jäger zum Abfangen hoch fliegender Bomber vor. 1935 – 1937 Batteriechef bei einem *Nebeltruppen*-Verband in Bremen. 1937 – 1938 *Inspekteur der Nebeltruppen* beim OKH in Berlin. Von April 1938 bis Mai 1938 Kommandant, dann Kommandeur der *Heeresversuchsstelle Peenemünde*; unterbrochen von Juli 1941 bis April 1942 durch Fronteinsatz im Osten bei verschiedenen Nebelwerfer-Gruppen). 1938 Beförderung zum Oberstleutnant, 1940 zum Oberst. Von Mai bis September 1943 Stellvertreter

Generalmajor Walter Dornbergers bei der *Abteilung für Sondergerät* (Wa.Prüf. 11) im HWA. 1943 begann mit der „Zanssen-Affaire" eine politische Intrige gegen Leo Zanssen, deren Hintergrund die Umwandlung der Raketenversuchsstelle Peenemünde in eine AG war, was zwar aber nicht gelang, doch die zeitweise Ablösung Zanssens als Kommandeur bewirkte. Dornberger aber hielt eisern zu Zanssen; dieser wurde im Oktober 1943 wieder als Kommandeur der Heeresversuchsanstalt Peenemünde eingesetzt und blieb es bis August 1944 (sowie Chef von Wa.Prüf. 11 bis Frühjahr 1944).

Beförderung zum Generalmajor am 1. April 1944. Von September 1944 bis Mai 1945 Kommandeur der Volks-Werfer-Brigade 15. Nach der amerikanischen Kriegsgefangenschaft 1945 - 1947 arbeitete Leo Zanssen von 1947-1966 beim Seifert Röntgenwerk in Hamburg. Er starb am 6. April 1973 in Hamburg.

Weitere Kurzlebensläufe und Laufbahnübersichten finden sich in den einzelnen Kapiteln:

Major Erwin **Bacsila** (Kapitel 10, S. 324)
Hauptmann Albert **Falderbaum** (Kapitel 7, S. 241)
Leutnant Günter **Frenzel** (Kapitel 10, S. 332)
Hauptmann Wilhelm **Fulda** (Kapitel 10, S. 242)
Leutnant Peter **Gerth** (Kapitel 8, S. 284)
Prof. Friedrich **Gladenbeck** (Kapitel 14, S. 374)
Oberleutnant August **Hachtel** (Kapitel 14, S. 362)
Major Karl **Henkelmann** (Kapitel 2, S. 60)
Gustav **Koch** (Kapitel 1, S. 13)
Robert **Kronfeld** (Kapitel 2, S. 61)
Oberfeldwebel Otto **Krutsch** (Kapitel 12, S. 347)
Oberleutnant Adolf **Niemeyer** (Kapitel 10, S. 321)
Oberfeldwebel Friedrich **Oeltjen** (Kapitel 14, S. 368)
Leutnant Reinhard **Opitz** (Kapitel 8, S. 286)
Hans-Joachim **Pancherz** (Kapitel 13, S. 350)
Oberleutnant Heinz **Peters** (Kapitel 11, S. 337)
Ing. Friedrich Wilhelm Georg **Sander** (Kapitel 2, S. 50)
Max **Valier** (Kapitel 2, S. 47)
Karl **Voy** (Kapitel 4, S. 110)
Erich **Wiegmeyer** (Kapitel 1, S. 38)
Oberleutnant Franz **Woidich** (Kapitel 8, S. 287)
Leutnant Hermann „Mano" **Ziegler** (Kapitel 10, S. 327)
Feldwebel Rudolf **Zimmermann** (Kapitel 7, S. 234)

Anhang 4

Verbandsgliederungen mit Stellenbesetzung

Während ihres Bestehens änderte sich die Verbandsgliederung beim Erprobungskommando 16, beim Jagdgeschwader 400 und beim Ergänzungsjagdgeschwader 2 mehrfach, was mit der Versetzung von Personal zwischen den Truppenteilen verbunden war. Die nachfolgend aufgeführten zeitlichen Angaben stammen aus Befragungen ehemaliger Flugzeugführer der Verbände und müssen nicht zwingend mit offiziellen Luftwaffen-Dokumenten übereinstimmen.

Die Tabellen sind als Gedächtnisstützen für die einzelnen Kapitel gedacht.

April 1942 – Februar 1945

EKdo 16

Aufstellungsbefehl April 1942
Aufgestellt im Mai 1942 in Göttingen
Verlegung nach Augsburg, Peenemünde und Kiel im Mai 1942
Verlegung nach Bad Zwischenahn über Anklam im August 1943
Verlegung nach Brandis im Oktober 1943
Verstärkt durch *Erprobungskommando Gladenbeck* aus Sagan im Januar 1945
Als *Lehr- und Erprobungskommando 16* aufgelöst am 14. Februar 1945 in Brandis
Überführung des Personals an JG 400, EKdo Gladenbeck und Heeresverbände im Februar 1945

Oblt./Hptm. Wolfgang Späte
Kommandeur Mai 1942 – April 1944

Hptm. Anton Thaler
Kommandeur April 1944 – Februar 1945

März – Juli 1944

1./JG 400
aufgestellt in Wittmundhafen
am 01.03.44 als 20./JG 1
am 27.03.44 umbenannt in 1./JG 400
und Verlegung nach Brandis
im Juli 1944

Hptm. Robert Olejnik
(St.Kpt. März – April 44)

Hptm. Otto Böhner
(St.Kpt. April – Mai 44)

Oblt. Rudolf Opitz
(St.Kpt. Mai – Juli 44)

2./JG 400
aufgestellt in Oranienburg
am 06.04.44
Verlegung nach Venlo
im Juli 44

Hptm. Otto Böhner
(St.Kpt. Juli 44)

3./JG 400
aufgestellt in Brandis
am 21.07.44

Erg.St./JG 400
aufgestellt in Bad Zwischenahn
am 21.07.44
Verlegung nach
Brandis im Juli 44

Lt. Franz Medicus
(St.Kpt. Juli 44)

August – Oktober 1944

I./JG 400
aufgestellt in Brandis im August 44

Maj. Wolfgang Späte
(Gr.Kdr. Aug. – Okt. 44)

Hptm. Rudolf Opitz
Fhr. der Gruppe Okt. 44)

1./JG 400
in Brandis Aug. – Okt. 44

Hptm. Robert Olejnik
(St.Kpt. Aug. – Okt. 44)

2./JG 400
in Venlo Aug. 44,
im Sept. 44 nach Brandis

Hptm. Otto Böhner
(St.Kpt. Aug. – Okt. 44)

3./JG 400
in Brandis Aug. – Okt. 44

Oblt. Franz Rösle
(St.Fhr. Sept. – Okt. 44)

4./JG 400
aufgest. in Brandis
Sept. 44

Erg.St./JG 400
in Brandis Aug. – Okt. 44,
im Okt. 44 nach Udetfeld

Lt. Franz Medicus
(St.Fhr. Juli – Aug. 44)

Hptm. Hans Nocher
(St.Kpt. Sept. – Okt. 44)

II./JG 400
aufgestellt in Brandis im November 1944
Verlegung nach Stargard im Dezember 1944

Hptm. Rudolf Opitz
(Gr.Kdr. Nov. - Dez. 44)

5,/JG 400	6./JG 400	7./JG 400
aufgest. in Brandis Sept. 44 nach Stargard Okt.44	aufgest. in Brandis Sept. 44 nach Stargard Okt. 44	aufgest. in Stettin-Altdamm Okt. 44
Hptm. Jochen Langen (St.Fhr. Sept. - Okt. 44)	Oblt. Franz Woidich (St.Fhr. Sept. - Okt. 44)	Lt. Reinhard Opitz (St.Fhr. Okt. 44)
Oblt. Franz Woidich (St.Fhr. Okt. 44)	Lt. Peter Gerth (St.Fhr. Okt. 44)	

November – Dezember 1944

JG 400
Maj. Wolfgang Späte
(Geschwaderkommodore Nov. - Dez. 44)

I./JG 400
in Brandis Nov. - Dez. 44

Hptm. Rudolf Opitz
(Fhr. der Gruppe Nov. 44)

Hptm. Wilhelm Fulda
(Gr.Kdr. Dez. 44)

1./JG 400	2./JG 400	3./JG 400	4./JG 400	Erg.St./JG 400
in Brandis Nov. - Dez.44	in Brandis Nov. - Dez.44	in Brandis Nov. - Dez.44 umbenannt in 5./JG 400 am 12.11.44 neue 3./JG 400 aufgestellt in Brandis am 12.11.44	in Brandis Nov. - Dez.44 umbenannt in 6./JG 400 am 12.11.44 keine neue 4./JG 400 aufgestellt	in Udetfeld Nov. - Dez. 44
Hptm. Robert Olejnik (St.Kpt. Nov. 44)	Hptm. Otto Böhner (St.Kpt. Nov. - Dez. 44)	Oblt. Franz Rösle (St.Fhr. Nov. - Dez. 44)		Hptm. Hans Nocher (St.Kpt. Nov. - Dez. 44)
Hptm. Albert Falderbaum (St.Fhr. Dez. 44)				

II./JG 400
aufgestellt in Brandis Nov. 44
Verlegung nach Stargard Dez. 44

Hptm. Rudolf Opitz
(Gr.Kdr. Nov. - Dez. 44)

5./JG 400	6./JG 400	7./JG 400
in Stargard Nov. - Dez. 44	in Stargard Nov. - Dez. 44	in Stargard Nov. - Dez. 44
Oblt. Franz Woidich (St.Fhr. Nov. - Dez. 44)	Lt. Peter Gerth (St.Fhr. Nov. - Dez. 44)	Lt. Reinhard Opitz (St.Fhr. Nov. - Dez. 44)

IV./EJG 2
(die frühere Erg.St./JG 400)
aufgestellt in Brandis Nov. 44
Verlegung nach Sprottau Dez. 44

Hptm. Robert Olejnik
(Gr.Kdr. Dez. 44)

13./EJG 2	14. EJG 2	15./EJG 2
nach Udetfeld Dez. 44	nach Sprottau Dez. 44	nach Sprottau Dez. 44
Oblt. Adolf Niemeyer (St.Kpt. Nov. 44)	Lt. Hermann „Mano" Ziegler (St.Kpt. Nov. - Dez. 44)	Hptm. Erwin Sturm (St.Kpt. Nov. - Dez. 44)

Januar – Mai 1945

JG 400

Maj. Wolfgang Späte
(Geschwaderkommodore Jan. – April 45)

I./JG 400

in Brandis Jan. – April 45 (bis Evakuierung)
Personal überstellt ans JG 7 in Prag und Heeresverbände in Eger April 45

Hptm. Wilhelm Fulda
(Gr.Kdr. Jan. – Febr. 45)

Hptm. Albert Falderbaum
(Gr.Kdr. April 45)

1./JG 400
in Brandis Jan. – Mai 45

Hptm. Albert Falderbaum
(St.Kpt. Jan. – April 45)

2./JG 400
in Brandis Jan. – Mai 45

Hptm. Otto Böhner
(St.Kpt. Jan. – Febr. 45)

Hptm. Johannes Polzin
(St.Fhr. Febr. – April 45)

3./JG 400
in Brandis Jan. – Mai 45

Oblt. Franz Rösle
(St.Kpt. Febr. – April 45)

II./JG 400

in Stargard Jan. – Febr. 45
Stab in Jever Febr. – März 45
Stab nach Husum Apr. 45
dort Übergabe im Mai 45

Hptm. Rudolf Opitz
(Gr.Kdr. Jan. – Mai 45)

5./JG 400
in Stargard Jan. 45
in Stettin Febr. 45
in Bad Zwischenahn März 45
nach Husum April 45

Lt. Peter Gerth
(St.Fhr. Jan. – Febr. 45)
(St.Kpt. Febr. – Mai 45)

6./JG 400
in Stargard Jan. 45
in ? Febr. 45
in Wittmundhafen März 45
nach Husum April 45

Oblt. Franz Woidich
(St.Fhr. Jan. – Febr. 45)
(St.Kpt. Febr. – Mai 45)

7./JG 400
in Stettin-Altendamm Jan. 45
in Salzwedel Febr. – März 45
in Nordholz März – April 45
nach Husum April 45

Lt. Reinhard Opitz
(St.Fhr. Jan. – Febr. 45)
(St.Kpt. Febr. – Mai 45)

Januar – März 1945

IV./EJG 2

(die frühere Erg.St./JG 400)
in Sprottau Jan. 45
nach Esperstedt Febr. 45
nach Schleswig-Holstein März 45
Personal überstellt an I./JG 400 März 45

Hptm. Robert Olejnik
(Gr.Kdr. Jan. – März 45)

13./EJG 2
in Udetfeld Jan. 45
in Esperstedt Febr. 45
in Brandis Febr. 45

Oblt. Adolf Niemeyer
(St.Kpt. Jan. – März 45)

14./EJG 2
in Sprottau Jan. 45
in Esperstedt Febr. 45
in Brandis Febr. 45

Lt. Hermann „Mano“ Ziegler
(St.Kpt. Jan. – März 45)

15./EJG 2
in Sprottau? Jan. 45
in Esperstedt? Febr. 45

Hptm. Erwin Sturm
(St.Kpt. Jan. 45)

Anhang 5

Flugbuch-Einträge für Me 163-Versuchsmuster

Die nachfolgende Tabelle wurde aus Flugbuch-Einträgen von Flugzeugführern der Prototypen von Me 163 A und Me 163 B, aus Berichten von Messerschmitt-Versuchspiloten (ausgestellt von der Messerschmitt-Versuchsabteilung), aus Erprobungsberichten der E-Stelle Rechlin und aus den Monatsberichten von Hauptmann Wolfgang Späte sowie Hauptmann Anton Thaler beim Erprobungskommando 16 zusammengestellt. Da viele Flugzeugführer im Strudel der chaotischen Zustände gegen Kriegsende, als die Sowjets von Osten und die Angloamerikaner von Westen anrückten, ihre persönliche Habe und ihre Flugbücher verloren, muss diese Auflistung lückenhaft bleiben. Ebenso trugen viele Piloten nicht alle Flüge ein.

Anmerkungen

1) In bereits veröffentlichten Listen ging man von einer Zuteilung der Kennungen nach Baulosen aus. Meist traf dies auch zu. Bei ihren Nachforschungen stießen die Verfasser jedoch mancherorts auf die Schwierigkeit, dass sich Kennungen nicht durch offizielle Quellen bestätigen ließen bzw. in diesen nicht enthalten waren. Wir sprechen hier in erster Linie von Einheits- und Erprobungsberichten sowie von Flugbüchern. In Zweifelsfällen haben die Verfasser deshalb auf die Übernahme von Kennungen aus Veröffentlichungen verzichtet (z. B. der CE+RE für die Me 163 B V6), zumal sie einfach keine entsprechenden Belege in Dokumenten aufspüren konnten.

   Bislang ging man speziell beim Baulos Me 163 B V1 bis B V15 (mit Ausnahme B V6) von einer alphabetischen Vergabe der Kennungen aus, d. h. von +EK bis +EX. Heini Dittmars Flugbuch zeigt eindeutig, dass dies nicht der Fall war und bringt überdies die ganze Abfolge durcheinander: die B V1 erhielt die Kennung KE+SX, die B V9 aber die Kennung EC+AY. Vom ganzen Baulos lassen sich aus offiziellen Dokumenten nur bestätigen B V2 bis B V4 (VD-EL bis VD+EN), B V7 (VD+EP) sowie B V14 und B V15 (VD+EW und VD+EX).

   Über die B V5, mit der Hanna Reitsch bruchlandete, konnte ebenso wenig etwas in Unterlagen gefunden werden, wie sich die Kennung VD+ER für die B V8 bestätigen ließ – obwohl es das Foto einer Me 163 mit dieser Kennung gibt, das angeblich die B V8 zeigt. Kein einziges Messerschmitt-Dokument gibt über die Kennung der B V8 Auskunft und Piloten, die sie geflogen hatten, benannten sie nur nach ihrer Prototypennummer. Des Weiteren stellt sich die Frage, ob die Kennung VD+EQ je vergeben wurde und ob B V10 bis B V13 Kennungen in fortlaufender Reihenfolge EC+ oder VD+ erhielten.

   Bezüglich der B V1a kam den Verfassern nur ein einziges Messerschmitt-Dokument unter die Augen, das ihr die Kennung VA+EO zuwies. Heini Dittmar, der die Maschine nachweislich mehrfach flog, erwähnt in seinem Flugbuch die Kennung mit keiner Silbe. Gemäß dem *Gesamt-Durchlaufplan Me 163 B – Za-Zentralplanung* (Messerschmitt) vom 18. August 1942 handelte es sich bei der B V1a um eine zusätzlich zu den 70 bestellten Me 163 B, eigens zu besonderen Versuchszwecken gebauten Maschine.

   Die Liste der Versuchsmuster-Flugbucheinträge lässt aber auch vermuten, dass man bestimmte Kennungen in zeitlicher Reihenfolge vergab. Trifft dies zu, so könnte B V6 die Kennung VD+EQ erhalten haben. Messerschmitt sah dieses Flugzeug für die Ausstattung mit Druckkabine und Marschofen vor. Aufgrund verschiedener Verzögerung und der Bombardierung Regensburgs am 17. August 1943 flog B V6 aber erst nach B V7 (VD+EP).

   Auch die genaue Kennung für B V40 ließ sich nicht bestätigen. Sie lautete entweder GH+IS oder PK+QK, je nachdem ob das Baulos mit der Prototypennummer B V40 oder der Werknummer 16310050 (B V41) anfing.

   In Klammern stehende Kennungen sind unbestätigt. Die Verfasser sind sich jedoch einigermaßen sicher, dass sie die entsprechenden Flugzeuge entweder trugen oder erhalten sollten.

   Die von Messerschmitt gebauten Me 163 erhielten ihre Hoheitsabzeichen nicht gleich nach der Endmontage, sondern wurden zuerst nur mit Kennungen aus zwei Buchstabenpaaren mit Bindestrich geflogen, z. B. VD-EL. Wann die Rumpf-Kennzeichen angebracht wurden, lässt sich nicht mit Bestimmtheit sagen, zumal die Erprobungsberichte oft widersprüchliche Kennungen angaben. Beispielsweise wurde die B V18 einmal als VA-SP und einmal als VA+SP geführt.
2) Der in der Spalte „Einheit“ angegebene Truppenteil ist die Einheit, an die der Hersteller die Maschine auslieferte. Die Piloten, die sie flogen, müssen nicht zwangsläufig auch dieser Einheit angehört haben.
3) Gemäß dem Flugbuch von Leutnant Günter Andreas flog er die A V4 im April 1944 in Bad Zwischenahn als Gleiter. Die Flüge erscheinen unmittelbar vor dem Eintrag der Flüge mit der B V4, was den leisen Verdacht erregt, ob die A V4-Einträge auch korrekt sind. Frühere Geschehnisse mit der A V4 ereigneten sich bereits im August 1942. Andere Flugbücher bestätigen die Überführung der A V4 nach Bad Zwischenahn. Bislang ging man davon aus, dass die A V4 nach dem Rekordflug Heini Dittmars im Oktober 1941 nicht mehr geflogen worden sein könnte, da das Flugzeug beim Flug beschädigt und deshalb abgeschrieben wurde. Sicher ist, dass die A V4 nur noch als Gleiter geflogen wurde.
4) Gemäß Arbeitsbericht 27 des EKdo 16 wurden sieben Me 163 A und eine Me 163 B von Peenemünde über Anklam nach Bad Zwischenahn überführt; darunter A V6 bis A V10 (die siebte Me 163 A und die Me 163 B ließen sich nicht identifizieren).
5) A V10, A V11, A V13, B V1, B V4 und B V8 kamen von Bad Zwischenahn nach Brandis und bildeten den Grundstock der Ergänzungsstaffel/JG 400 unter Leutnant Franz Medicus.
6) Die Me 163 A V10 (CD+IO) kam zur IV./EJG 2 nach Udetfeld und erhielt dort Abschussgestelle für Raketen unter den Flächen – wohl auf Anregung von Oberleutnant Adolf Niemeyer, Staffelkapitän 13./EJG 2.
7) Bei der Verlegung von Bad Zwischenahn nach Brandis brachte das EKdo 16 die B V12, B V14, B V30, B V35, B V40, B V45 und wahrscheinlich auch die B V47 mit.

   Der HWK-Bericht Nr. 5113 über die Zeit vom 1. – 21. Januar 1945 erwähnt Triebwerkerprobungen mit B V6, B V14, B V15, B V30, B V40 und zwei Flugzeugen mit den Kennungen C1+04 sowie C1+08. Die Kennung C1+04 war ursprünglich der am 1. August 1944 schwer beschädigten B V41 zugewiesen worden, die danach zu Ausbildungszwecken an die Fliegertechnische Schule II in Fassberg kam. Insofern mag die Kennung einer anderen Maschine zugeteilt worden sein – zumindest flog Harald Kuhn am 2. Januar 1945 in Brandis eine C1+04. Um welche Maschine es sich bei der C1+08 handelte, ließ sich nicht herausfinden.
8) Bei der Verlegung der 1./JG 400 von Wittmundhafen nach Brandis kamen B V48, B V50, B V52, B V55 und B V56 mit.

9) Die Schadensmeldung vom 6. Oktober 1944 nennt Witterungsschäden, die zur Auflösung der Leimverbindungen der hölzernen Flächenrippen und zu Schäden an den Verbindungsholmen zwischen Tragflächen und Rumpf führten.
10) Die Flugbücher von Pancherz und Krutsch bestätigen die Neuzuweisung der Prototypennummer V7. Welche Maschine genau Pancherz und Krutsch flogen, ließ sich aber nicht herausfinden.
11) B V23, B V42, B V51, B V58 und B V64 wurden beim US-Angriff auf Regensburg am 17. August 1943 wahrscheinlich so schwer beschädigt, dass keine Reparatur mehr in Frage kam.

Abkürzungen

Ju Junkers Flugzeug- und Motorenwerke AG
Kl Klemm-Flugzeugbau GmbH
Me Messerschmitt Flugzeugwerke AG
K Konventioneller Start
GS Geschleppt und freigelassen als Segelflugzeug
GR Geschleppt und ausgeklinkt. Weiterflug mit Raketentriebwerk
RS Raketenunterstützter konventioneller Start (scharfer Start)

Ausf.	Werknummer	Kennung (Anm. 1)	Andere Markierung	Datum	Ort	Firma/Einheit (Anm. 2)	Flugzeugführer	Flugmodus	Bermerkungen
A V4	1630000001	–	+4	13.02.41	Augsburg	Me	–	–	Flugfreigabe ohne Triebwerk
		–	+4	13.02.41	Augsburg	Me	Dittmar	GS	Erster Schleppflug
		–	+4	12.03.41	Augsburg	Me	Dittmar	GS	
		–	+4	13.03.41	Augsburg	Me	Dittmar	GS	Machte 2 Flüge am selben Tag
		KE+SW	–	21.03.41	Augsburg	Me	Dittmar	GS	
		KE+SW	–	14.05.41	Augsburg	Me	Dittmar	GS	
		KE+SW	–	15.05.41	Augsburg	Me	Dittmar	GS	
		KE+SW	–	22.05.41	Augsburg	Me	Dittmar	GS	
		KE+SW	–	23.05.41	Augsburg	Me	Dittmar	GS	Machte 2 Flüge am selben Tag
		KE+SW	–	25.05.41	Augsburg	Me	Dittmar	GS	
		KE+SW	–	27.05.41	Augsburg	Me	Dittmar	GS	
		KE+SW	–	30.05.41	Augsburg	Me	Dittmar	GS	
		KE+SW	–	07.06.41	Augsburg	Me	Dittmar	GS	Machte 2 Flüge am selben Tag
		KE+SW	–	09.06.41	Augsburg	Me	Dittmar	GS	Machte 3 Flüge am selben Tag
		KE+SW	–	18.06.41	Augsburg	Me	Dittmar	GS	Machte 2 Flüge am selben Tag
		KE+SW	–	19.06.41	Augsburg	Me	Dittmar	GS	
		KE+SW	–	21.06.41	Augsburg	Me	Dittmar	GS	
		KE+SW	–	24.06.41	Augsburg	Me	Dittmar	GS	Machte 2 Flüge am selben Tag
		KE+SW	–	25.06.41	Augsburg	Me	Dittmar	GS	
		KE+SW	–	01.07.41	Augsburg	Me	Dittmar	GS	
		KE+SW	–	02.07.41	Augsburg → Lechfeld → Augsburg	Me	Dittmar	GS	Machte 2 Flüge am selben Tag
		KE+SW	–	?	Augsburg → Peenemünde	Me			Überführt
		KE+SW	–	10.08.41	Peenemünde	Me	–	–	Flugfreigabe mit Triebwerk
		KE+SW	–	13.08.41	Peenemünde	Me	Dittmar	K	Erster Triebwerksstart
		KE+SW	–	02.10.41	Peenemünde	Me	Dittmar	GR	Erreichte 1003 km/h.
		KE+SW	–	??.08.42	Peenemünde	EKdo 16	siehe Bemerkungen	GS	Siehe EKdo 16 Arbeitsbericht 7. Fahrwerkserprobung. Flugzeugführer: Dittmar, Opitz, Späte, Kiel
		KE+SW	–	22.04.43	Peenemünde	EKdo 16	Baur, Karl	GS	
		KE+SW	–	22.04.43	Peenemünde	EKdo 16	Baur, Hermann	GS	
		KE+SW	–	??.08.43	Peenemünde → Bad Zwischenahn	EKdo 16			Überführt
		KE+SW	–	18.04.44	Bad Zwischenahn	EKdo 16	Gerstenhauer	GS	
		KE+SW	–	19.04.44	Bad Zwischenahn	EKdo 16	Gerstenhauer	GS	
		KE+SW	–	21.04.44	Bad Zwischenahn	EKdo 16	Andreas	GS	Machte 2 Flüge am selben Tag. Siehe Anm. 3
		KE+SW	–	21.04.44	Bad Zwischenahn	EKdo 16	Gerstenhauer	GS	
		KE+SW	–	22.04.44	Bad Zwischenahn	EKdo 16	Andreas	GS	
		KE+SW	–	22.04.44	Bad Zwischenahn	EKdo 16	Bauer, Hermann	GS	
A V5	1630000002	GG+EA	–	08.11.41	Augsburg	Me	–	–	Flugfreigabe ohne Triebwerk
		GG+EA	–	08.11.41	Augsburg	Me	Dittmar	GS	Machte 2 Flüge am selben Tag
		GG+EA	–	09.11.41	Augsburg	Me	Dittmar	GS	
		GG+EA	–	11.11.41	Augsburg	Me	Dittmar	GS	
		GG+EA	–	12.11.41	Augsburg	Me	Dittmar	GS	
		GG+EA	–	13.11.41	Augsburg	Me	Dittmar	GS	
		GG+EA	–	14.11.41	Augsburg	Me	Dittmar	GS	Machte 2 Flüge am selben Tag
		GG+EA	–	?	Augsburg → Peenemünde	Me			Überführt
		GG+EA	–	29.04.42	Peenemünde	EKdo 16	–	–	Flugfreigabe mit Triebwerk
		GG+EA	–	??.08.42	Peenemünde	Me	Siehe Remarks	GS	Siehe EKdo 16 Arbeitsbericht 7. Fahrwerkserprobung. Flugzeugführer: Dittmar, Opitz, Späte, Kiel
		GG+EA	–	25.08.42	Peenemünde	EKdo 16	Kiel	K	Flugzeug zerstört; Kiel verletzt
A V6	1630000003	CD+IK	–	30.05.42	Augsburg	Me	–	–	Flugfreigabe ohne Triebwerk
		CD+IK	–	22.06.42	Augsburg	Me	–	–	Flugfreigabe mit Triebwerk
		CD+IK	–	03.07.42	Augsburg	Me	Baur, Karl	GS	
		CD+IK	–	13.07.42	Augsburg	Me	–	–	BAL
		CD+IK	–	15.07.42	Augsburg → Peenemünde	Me			Überführt
		CD+IK	–	20.08.42	Peenemünde	EKdo 16436	–	–	Zustandsbeurteilung in Peenemünde
		CD+IK	–	24.11.42	Peenemünde	EKdo 16	Opitz, Rudolf	K	
		CD+IK	–	27.11.42	Peenemünde	EKdo 16	Opitz, Rudolf	K	
		CD+IK	–	30.11.42	Peenemünde	EKdo 16	Opitz, Rudolf	K	
		CD+IK	–	16.02.43	Peenemünde	EKdo 16	?	K	
		CD+IK	–	21.04.43	Peenemünde	EKdo 16	Beauvais	K	Machte 2 Flüge am selben Tag und einen Startversuch

Ausf.	Werk-nummer	Kennung (Anm. 1)	Andere Markierung	Datum	Ort	Firma/Einheit (Anm. 2)	Flugzeugführer	Flug-modus	Bermerkungen
		CD+IK	–	22.04.43	Peenemünde	EKdo 16	Baur, Karl	K	
		CD+IK	–	19.07.43	Peenemünde	EKdo 16	Opitz, Rudolf	K	
		CD+IK	–	18.08.43	Peenemünde → Anklam	EKdo 16			Überführt. Siehe Anm. 4
		CD+IK	–	??.08.43	Anklam → Bad Zwischenahn	EKdo 16			Überführt
		CD+IK	–	30.11.43	Bad Zwischenahn	EKdo 16	Wörndl	K	Flugzeug zerstört; Wörndl ums Leben gekommen
A V7	1630000004	CD+IL	–	23.05.42	Augsburg	Me	–	–	Flugfreigabe ohne Triebwerk
		CD+IL	–	02.07.42	Lechfeld	Me	Scheidhauer	GS	
		CD+IL	–	15.07.42	Augsburg → Peenemünde	Me		GS	Auslieferungsflug
		CD+IL	–	20.08.42	Peenemünde	EKdo 16	–	–	Zustandsbeurteilung in Peenemünde
		CD+IL	–	23.02.43	Peenemünde	EKdo 16	–	–	Flugfreigabe mit Triebwerk
		CD+IL	–	18.08.43	Peenemünde → Anklam	EKdo 16			Überführt. Siehe Anm. 4
		CD+IL	–	??.08.43	Anklam → Bad Zwischenahn	EKdo 16			Überführt
		CD+IL	–	22.11.43	Bad Zwischenahn	EKdo 16	Schiebeler	GS	Machte 2 Flüge am selben Tag
		CD+IL	–	25.11.43	Bad Zwischenahn	EKdo 16	Schiebeler	GS	
		CD+IL	–	30.11.43	Bad Zwischenahn	EKdo 16	Schiebeler	GS	
		CD+IL	–	02.12.43	Bad Zwischenahn	EKdo 16	Zimmermann	GS	
		CD+IL	–	06.12.43	Bad Zwischenahn	EKdo 16	Zimmermann	GS	
		CD+IL	–	08.01.44	Bad Zwischenahn	EKdo 16	Zimmermann	K	
		CD+IL	–	14.01.44	Bad Zwischenahn	EKdo 16	Zimmermann	K	
		CD+IL	–	24.01.44	Bad Zwischenahn	EKdo 16	Voy	K	Machte 3 Flüge am selben Tag
		CD+IL	–	25.01.44	Bad Zwischenahn	EKdo 16	Voy	K	
A V8	1630000005	CD+IM	–	14.07.42	Augsburg	Me	–	–	Flugfreigabe ohne Triebwerk
		CD+IM	–	10.11.42	Augsburg → Peenemünde	Me			Überführt
		CD+IM	–	02.02.43	Peenemünde	EKdo 16	Opitz, Rudolf		Strahlruder-Eprobung
		CD+IM	–	03.02.43	Peenemünde	EKdo 16	Opitz, Rudolf		Strahlruder-Erprobung
		CD+IM	–	04.02.43	Peenemünde	EKdo 16	Opitz, Rudolf		Strahlruder-Erprobung
		CD+IM	–	29.04.43	Peenemünde	EKdo 16	Opitz, Rudolf	K	Starthilfsraketen-Versuche mit zwei 500 kg Schub leistenden Rheinmetall-Raketen unter den Flächen, Einbau Strahlruder
		CD+IM	–	22.06.43	Peenemünde	EKdo 16	Opitz, Rudolf	K	Starthilfsraketen-Versuche; eine 250 kg Schub leistende Rheinmetall-Rakete unter einem Flügel. Einbau Strahlruder
		CD+IM	–	26.06.43	Peenemünde	EKdo 16	Opitz, Rudolf	K	Starthilfsraketen-Versuche. Einbau Strahlruder
		CD+IM	–	18.08.43	Peenemünde → Anklam	EKdo 16			Überführt. Siehe Anm. 4
		CD+IM	–	??.08.43	Anklam → Bad Zwischenahn	EKdo 16			Überführt
		CD+IM	–	21.12.43	Bad Zwischenahn	EKdo 16	?	K	
		CD+IM	–	23.12.43	Bad Zwischenahn	EKdo 16	Zimmermann	K	
		CD+IM	–	30.12.43	Bad Zwischenahn	EKdo 16	Pöhs	K	Flugzeug zerstört; Pöhs kam ums Leben
A V9	1630000006	CD-IN	–	30.07.42	Augsburg	Me			Flugfreigabe ohne Triebwerk
		CD+IN	–	10.11.42	Augsburg → Peenemünde	Me			Überführt
		CD+IN	–	07.04.43	Peenemünde	EKdo 16			Flugfreigabe mit Triebwerk
		CD+IN	–	19.07.43	Peenemünde	EKdo 16	Opitz, Rudolf	K	
		CD+IN	–	18.08.43	Peenemünde → Anklam	EKdo 16			Überführt. Siehe Anm. 4
		CD+IN	–	??.08.43	Anklam → Bad Zwischenahn	EKdo 16			Überführt
		CD+IN	–	20.12.43	Bad Zwischenahn	EKdo 16	Schiebeler	K	
		CD+IN	–	25.12.43	Bad Zwischenahn	EKdo 16	Zimmermann	K	
		CD+IN	–	30.12.43	Bad Zwischenahn	EKdo 16	Schiebeler	K	
		CD+IN	–	27.04.44	Bad Zwischenahn	EKdo 16	Krieger		Flugzeug 30% beschädigt; Krieger verletzt
A V10	1630000007	CD+IO	–	03.09.42	Augsburg	Me	–	–	Flugfreigabe ohne Triebwerk
		CD+IO	–	10.11.42	Augsburg → Peenemünde	Me			Überführt
		CD+IO	–	03.04.43	Peenemünde	EKdo 16	–	–	Flugfreigabe mit Triebwerk
		CD+IO	–	19.07.43	Peenemünde	EKdo 16	Opitz, Rudolf	K	
		CD+IO	–	27.07.43	Peenemünde	EKdo 16	Opitz, Rudolf	K	Fahrwerkserprobung
		CD+IO	–	18.08.43	Peenemünde → Anklam	EKdo 16			Überführt. Siehe Anm. 4
		CD+IO	–	??.08.43	Anklam → Bad Zwischenahn	EKdo 16			Überführt
		CD+IO	–	27.11.43	Bad Zwischenahn	EKdo 16	Schiebeler	GS	
		CD+IO	–	29.11.43	Bad Zwischenahn	EKdo 16	Schiebeler	GS	Machte 2 Flüge am selben Tag
		CD+IO	–	30.11.43	Bad Zwischenahn	EKdo 16	Zimmermann	GS	
		CD+IO	–	17.12.43	Bad Zwischenahn	EKdo 16	Schiebeler	K	
		CD+IO	–	20.12.43	Bad Zwischenahn	EKdo 16	Zimmermann		
		CD+IO	–	21.12.43	Bad Zwischenahn	EKdo 16	Schiebeler		
		CD+IO	–	21.12.43	Bad Zwischenahn	EKdo 16	Zimmermann		
		CD+IO	–	22.12.43	Bad Zwischenahn	EKdo 16	Zimmermann		
		CD+IO	–	23.12.43	Bad Zwischenahn	EKdo 16	Zimmermann		
		CD+IO	–	26.01.44	Bad Zwischenahn	EKdo 16	Voy		
		CD+IO	–	16.05.44	Bad Zwischenahn	EKdo 16	Frömert		
		CD+IO	–	23.05.44	Bad Zwischenahn	EKdo 16	Frömert		
		CD+IO	–	27.05.44	Bad Zwischenahn	EKdo 16	Frömert		
		CD+IO	–	??.07.44	Bad Zwischenahn → Brandis	ErgSt/JG 400			Überführt. Siehe Anm. 5
		CD+IO	–	03.08.44	Brandis	ErgSt/JG 400	Frömert		
		CD+IO	–	09.08.44	Brandis	ErgSt/JG 400	Krutsch		Siehe Anm. 6
A V11	1630000008	CD+IP	–	31.08.42	Augsburg	Me	–		Flugfreigabe ohne Triebwerk
		CD+IP	–	16.02.43	Augsburg → Peenemünde	Me	–		Ausgeliefert per Eisenbahn
		CD+IP	–	09.06.43	Peenemünde	EKdo 16	–		Flugfreigabe mit Triebwerk
		CD+IP	–	24.10.43	Peenemünde	E-Stelle	–		Tirebwerkserprobung
		CD+IP	–	??.12.43	Peenemünde	E-Stelle	?		Messung der Steuerkräfte

Ausf.	Werk-nummer	Kennung (Anm. 1)	Andere Markierung	Datum	Ort	Firma/Einheit (Anm. 2)	Flugzeugführer	Flug-modus	Bermerkungen
		CD+IP	–	?	Peenemünde → Brandis	ErgSt/JG 400			Überführt
		CD+IP	–	08.08.44	Brandis	ErgSt/JG 400	Krutsch		
A V12	1630000009	CD+IQ	–	18.09.42	Augsburg	Me	–	–	Flugfreigabe ohne Triebwerk
		CD+IQ	–	16.10.42	Augsburg	Me	Dittmar	GS	Dittmar verletzt bei harter Landung
		CD+IQ	–	16.02.43	Augsburg → Peenemünde	Me	–	–	Ausgeliefert per Eisenbahn
		CD+IQ	–	18.08.43	Peenemünde → Anklam	EKdo 16			Überführt. Siehe Anm. 4
		CD+IQ	–	??.08.43	Anklam → Bad Zwischenahn	EKdo 16			Überführt
		CD+IQ	–	29.11.43	Bad Zwischenahn	EKdo 16	Schiebeler	GS	
		CD+IQ	–	01.12.43	Bad Zwischenahn	EKdo 16	Schiebeler	GS	
		CD+IQ	–	02.12.43	Bad Zwischenahn	EKdo 16	Schiebeler	GS	
		CD+IQ	–	02.12.43	Bad Zwischenahn	EKdo 16	Zimmermann	GS	
		CD+IQ	–	03.12.43	Bad Zwischenahn	EKdo 16	Schiebeler	GS	Machte 2 Flüge am selben Tag
		CD+IQ	–	06.12.43	Bad Zwischenahn	EKdo 16	Zimmermann	GS	Machte 2 Flüge am selben Tag
		CD+IQ	–	10.12.43	Bad Zwischenahn	EKdo 16	Zimmermann	GS	
		CD+IQ	–	11.12.43	Bad Zwischenahn	EKdo 16	Schiebeler	GS	
A V13	1630000010	CD+IR	–	01.03.43	Augsburg	Me	–	–	Flugfreigabe ohne Triebwerk
		CD+IR	–	05.03.43	Augsburg → Peenemünde	Me	–	–	Ausgeliefert per Eisenbahn
		CD+IR	–	20.04.43	Peenemünde	EKdo 16	Beauvais	GS	Machte 2 Flüge am selben Tag
		CD+IR	–	??.08.43	Peenemünde → Bad Zwischenahn	EKdo 16			Überführt
		CD+IR	–	25.11.43	Bad Zwischenahn	EKdo 16	Zimmermann	GS	
		CD+IR	–	27.11.43	Bad Zwischenahn	EKdo 16	Zimmermann	GS	
		CD+IR	–	29.11.43	Bad Zwischenahn	EKdo 16	Zimmermann	GS	
		CD+IR	–	01.12.43	Bad Zwischenahn	EKdo 16	Schiebeler	GS	
		CD+IR	–	01.12.43	Bad Zwischenahn	EKdo 16	Zimmermann	GS	
		CD+IR	–	02.12.43	Bad Zwischenahn	EKdo 16	Schiebeler	GS	
		CD+IR	–	02.12.43	Bad Zwischenahn	EKdo 16	Zimmermann	GS	
		CD+IR	–	03.12.43	Bad Zwischenahn	EKdo 16	Schiebeler	GS	
		CD+IR	–	20.12.43	Bad Zwischenahn	EKdo 16	Zimmermann	GS	
		CD+IR	–	09.01.44	Bad Zwischenahn	EKdo 16	Schiebeler	GS	
		CD+IR	–	11.01.44	Bad Zwischenahn	EKdo 16	Voy	GS	Machte 4 Flüge am selben Tag
		CD+IR	–	14.01.44	Bad Zwischenahn	EKdo 16	Voy	GS	Machte 3 Flüge am selben Tag
		CD+IR	–	24.01.44	Bad Zwischenahn	EKdo 16	Voy	GS	
		CD+IR	–	15.04.44	Bad Zwischenahn	EKdo 16	Gerstenhauer	GS	
		CD+IR	–	16.04.44	Bad Zwischenahn	EKdo 16	Gerstenhauer	GS	
		CD+IR	–	19.04.44	Bad Zwischenahn	EKdo 16	Andreas	GS	
		CD+IR	–	20.04.44	Bad Zwischenahn	EKdo 16	Bauer, Hermann	GS	Machte 2 Flüge am selben Tag
		CD+IR	–	21.04.44	Bad Zwischenahn	EKdo 16	Andreas	GS	Machte 2 Flüge am selben Tag
		CD+IR	–	21.04.44	Bad Zwischenahn	EKdo 16	Bauer, Hermann	GS	Machte 3 Flüge am selben Tag
		CD+IR	–	22.04.44	Bad Zwischenahn	EKdo 16	Bauer, Hermann	GS	Machte 2 Flüge am selben Tag
		CD+IR	–	23.04.44	Bad Zwischenahn	EKdo 16	Bauer, Hermann	GS	
		CD+IR	–	09.05.44	Bad Zwischenahn	EKdo 16	Frömert	GS	Machte 6 Flüge am selben Tag
		CD+IR	–	10.05.44	Bad Zwischenahn	EKdo 16	Frömert	GS	Machte 8 Flüge am selben Tag
		CD+IR	–	11.05.44	Bad Zwischenahn	EKdo 16	Frömert	GS	Machte 2 Flüge am selben Tag
		CD+IR	–	13.05.44	Bad Zwischenahn	EKdo 16	Krutsch	GS	
		CD+IR	–	14.05.44	Bad Zwischenahn	EKdo 16	Krutsch	GS	
		CD+IR	–	16.05.44	Bad Zwischenahn	EKdo 16	Krutsch	GS	Machte 2 Flüge am selben Tag
		CD+IR	–	17.05.44	Bad Zwischenahn	EKdo 16	Frömert	GS	
		CD+IR	–	18.05.44	Bad Zwischenahn	EKdo 16	Frömert	GS	
		CD+IR	–	18.05.44	Bad Zwischenahn	EKdo 16	Krutsch	GS	Machte 2 Flüge am selben Tag
		CD+IR	–	20.05.44	Bad Zwischenahn	EKdo 16	Frömert	GS	Machte 2 Flüge am selben Tag
		CD+IR	–	27.05.44	Bad Zwischenahn	EKdo 16	Frömert	GS	
		CD+IR	–	??.07.44	Bad Zwischenahn → Brandis	ErgSt/JG 400			Überführt. Siehe Anm. 5
		CD+IR	–	03.08.44	Brandis	ErgSt/JG 400	Krutsch	GS	
		CD+IR	–	06.08.44	Brandis	ErgSt/JG 400	Frömert	GS	
B V1	16310010	KE+SX	–	01.12.41	Augsburg	Me	–	–	Baubeginn
		KE+SX	–	10.06.42	Augsburg	Me	–	–	Flugfreigabe (plangemäß)
		KE+SX	–	26.06.42	Augsburg	Me	Dittmar	GS	1. Flug
		KE+SX	–	30.06.42	Augsburg	Me	Dittmar	GS	
		KE+SX	–	29.08.42 - 08.09.42	Augsburg & Lechfeld	Me	?	GS	
		KE+SX	–	15.10.42	Lechfeld	Me	Dittmar	GS	Bremsschirm-Erprobung
		KE+SX	–	03.11.42	Lechfeld	Me	Opitz, Rudolf	GS	Bremsschirm-Erprobung. Außenlandung
		KE+SX	–		Lechfeld → Augsburg	Me			Überführt
		KE+SX	–	01.03.43	Augsburg	Me	Späte/Opitz	GS	Spornrad-Erprobung
		KE+SX	–	02.03.43	Augsburg	Me	Späte/Opitz	GS	Spornrad-Erprobung
		KE+SX	–	15.03.43	Augsburg	Me	Späte/Opitz	GS	Spornrad-Erprobung
		KE+SX	–	16.03.43	Augsburg	Me	Späte/Opitz	GS	Spornrad-Erprobung
		KE+SX	–	10.08.43	Augsburg	Me	Opitz, Rudolf	GS	Landeklappen-Erprobung
		KE+SX	–	11.08.43	Augsburg	Me	Späte	GS	Landeklappen-Erprobung
		KE+SX	–	11.08.43	Augsburg	Me	Baur, Karl	GS	
		KE+SX	–	13.08.43	Augsburg	Me	Opitz, Rudolf	GS	Landeklappen-Erprobung
		KE+SX	–	23.09.43	Augsburg	Me	Dittmar	GS	
		KE+SX	–	24.09.43	Augsburg	Me	Dittmar	GS	
		KE+SX	–	30.09.43	Augsburg	Me	Dittmar	GS	
		KE+SX	–	14.11.43	Augsburg	Me	Dittmar	GS	
		KE+SX	–	15.11.43	Augsburg	Me	Dittmar	GS	

Ausf.	Werk-nummer	Kennung (Anm. 1)	Andere Markierung	Datum	Ort	Firma/Einheit (Anm. 2)	Flugzeugführer	Flug-modus	Bermerkungen
		KE+SX	–	?	Augsburg → Bad Zwischenahn	Me	–	–	Ausgeliefert
		KE+SX	–	28.01.44	Bad Zwischenahn	EKdo 16	Zimmermann	GS	
		KE+SX	–	11.02.44	Bad Zwischenahn	EKdo 16	Schiebeler	GS	
		KE+SX	–	13.02.44	Bad Zwischenahn	EKdo 16	Schiebeler	GS	Machte 2 Flüge am selben Tag
		KE+SX	–	13.02.44	Bad Zwischenahn	EKdo 16	Zimmermann	GS	
		KE+SX	–	14.02.44	Bad Zwischenahn	EKdo 16	Zimmermann	GS	
		KE+SX	–	10.05.44	Bad Zwischenahn	EKdo 16	Bauer, Hermann	GS	Machte 2 Flüge am selben Tag
		KE+SX	–	12.05.44	Bad Zwischenahn	EKdo 16	Bauer, Hermann	GS	
		KE+SX	–	20.05.44	Bad Zwischenahn	EKdo 16	Frömert	GS	
		KE+SX	–	22.05.44	Bad Zwischenahn	EKdo 16	Frömert	GS	
		KE+SX	–	22.05.44	Bad Zwischenahn	EKdo 16	Krutsch	GS	
		KE+SX	–	23.05.44	Bad Zwischenahn	Ekdo 16	Frömert	GS	
		KE+SX	–	23.05.44	Bad Zwischenahn	EKdo 16	Krutsch	GS	
		KE+SX	–	??.07.44	Bad Zwischenahn → Brandis	ErgSt/JG 400			Überführt. Siehe Anm. 5
		KE+SX	–	25.07.44	Brandis	ErgSt/JG 400	Krutsch	GS	
		KE+SX	–	28.07.44	Brandis	ErgSt/JG 400	Krutsch	GS	
		KE+SX	–	31.07.44	Brandis	ErgSt/JG 400	Krutsch	GS	
		KE+SX	–	05.08.44	Brandis	ErgSt/JG 400	Krutsch	GS	
		KE+SX	–	10.08.44	Brandis	ErgSt/JG 400	Krutsch	GS	Machte 2 Flüge am selben Tag
		KE+SX	–	14.08.44	Brandis	ErgSt/JG 400	Krutsch	GS	
B V2	16310011	VD-EL	–	10.06.42	Regensburg	Me	–	–	Flugfreigabe vorgesehen
		VD-EL	–	24.07.42	Regensburg	Me	–	–	Zellen-Untersuchung
		VD-EL	–	24.07.42	Regensburg → Lechfeld	Me	–	–	Überführt
		VD-EL	–	06.10.42	Lechfeld	Me	?	–	Standbeschuss-Erprobung MG 151
		VD-EL	–	09.11.42	Lechfeld	Me	?	–	Standbeschuss-Erprobung MG 151
		VD-EL	–	11.11.42	Lechfeld	Me	Späte	GS	Machte 2 Flüge am selben Tag. Waffenerprobung
		VD-EL	–	21.11.42	Lechfeld → Peenemünde	Me	–	–	Ausgeliefert per Eisenbahn
		VD-EL	–	27.11.42	Peenemünde	EKdo 16	?		Waffenerprobung/Luftschießen
		VD-EL	–	??.12.42 – 21.12.42	Peenemünde	EKdo 16	?	GS	14 Flüge im Zeitraum. Waffenerprobung
		VD-EL	–	22.12.42	Peenemünde	EKdo 16	?	?	Machte 4 Flüge am selben Tag. Waffennerprobung
		VD-EL	–	24.06.43	Peenemünde	EKdo 16	Opitz, Rudolf	K	
		VD-EL	–	??.11.43	Peenemünde	E-Stelle	Boye	GS	Messflüge im Gleitflug
		VD-EL	–	??.12.43	Peenemünde	E-Stelle	?	?	Messflüge im Gleitflug
		VD-EL	–	?	Peenemünde → Lechfeld	E-Stelle	–	–	Überführt
		VD-EL	–	??.05.44	Lechfeld	Me	Dittmar	GS	Messflüge im Gleitflug
B V3	16310012	VD-EM	–	30.06.42	Regensburg	Me	–	–	Flugfreigabe (plangemäß)
		VD-EM	–	16.09.42	Regensburg	Me	–	–	Maschine fertig gestellt
		VD-EM	–	?	Regensburg → Kiel	Me			Überführt
		VD-EM	–	??.11.42	Kiel	HWK	–	–	Triebwerkeinbau/Erprobung
		VD-EM	–	?	Kiel → Augsburg	HWK			Überführt
		VD-EM	–	20.06.43	Augsburg	Me	–	–	Flugfreigabe ohne Triebwerk
		VD-EM	–	15.08.43	Augsburg	Me	?	?	
		VD-EM	–	?	Augsburg → Lechfeld	Me			Überführt
		VD-EM	–	04.03.44	Lechfeld	Me	–	–	Trieibwerk-Standerprobung
		VD-EM	–	18.03.44	Lechfeld	Me	–		Beschädigt bei US-Bombenangriff
		VD-EM	–	13.04.44	Lechfeld	Me	–		Beschädigt bei US-Bombenangriff
		VD-EM	–	20.04.44	Lechfeld	Me	–	–	Triebwerk-Standerprobung
		VD-EM	–	21.04.44	Lechfeld	Me	–	–	Triebwerk-Standerprobung
		VD-EM	–	24.04.44	Lechfeld	Me	–	–	Triebwerk-Standerprobung
		VD-EM	–	25.04.44	Lechfeld	Me	–	–	Triebwerk-Standerprobung
		VD-EM	–	27.04.44	Lechfeld	Me	Dittmar	GS	1. Flug
		VD-EM	–	28.04.44	Lechfeld	Me	Dittmar	GS	2. und 3. Flug. Kufe bei Landung beschädigt
		VD-EM	–	17.05.44	Lechfeld	Me	–	–	Flugfreigabe nach Umbau
		VD-EM	–	18.05.44	Lechfeld	Me	Dittmar	GS	4., 5. und 6. Flug
		VD-EM	–	20.05.44	Lechfeld	Me	Brückner	GS	7. Flug
		VD-EM	–	20.05.44	Lechfeld	Me	Brückner	GS	8. Flug. Nach Startabbruch im Schleppflug zerstört nach Zusammenstoß mit B V22 am Boden
B V4	16310013	VD+EN	–	10.07.42	Regensburg	Me	–	–	Flugfreigabe (plangemäß)
		VD+EN	–	21.11.42	Regensburg → Peenemünde	Me	–	–	Ausgeliefert per Eisenbahn
		VD+EN	–	20.12.42	Peenemünde → Rechlin	EKdo 16	?	GS	Überführungsflug
		VD+EN	–	08.01.43	Rechlin	EKdo 16	Kiel	GS	Funkerprobung
		VD+EN	–	08.01.43	Rechlin	EKdo 16	Pöhs	GS	Funkerprobung
		VD+EN	–	25.01.43	Rechlin	EKdo 16	?	GS	Funkerprobung
		VD+EN	–	26.01.43	Rechlin	EKdo 16	?	GS	Funkerprobung
		VD+EN	–	10.03.43	Rechlin → Peenemünde	EKdo 16	Pöhs	GS	Überführt. Erprobung Egon- und Y-Leitverfahren
		VD+EN	–	13.04.43	Peenemünde	EKdo 16	Opitz, Rudolf	GS	Beschädigt bei Landung nach Startabbruch
		VD+EN	–	31.07.43	Peenemünde	EKdo 16	Opitz, Rudolf	GS	Werkstattflug nach Instandsetzung
		VD+EN	–	18.08.43	Peenemünde → Augsburg	EKdo 16			Überführt
		VD+EN	–	?	Augsburg	Me			
		VD+EN	–	??.11.43	Augsburg → Bad Zwischenahn	Me			Überführt
		VD+EN	–	24.01.44	Bad Zwischenahn	EKdo 16	Schiebeler	GS	
		VD+EN	–	24.01.44	Bad Zwischenahn	EKdo 16	Zimmermann	GS	
		VD+EN	–	04.02.44	Bad Zwischenahn	EKdo 16	Schiebeler	GS	
		VD+EN	–	04.02.44	Bad Zwischenahn	EKdo 16	Zimmermann	GS	
		VD+EN	–	06.02.44	Bad Zwischenahn	EKdo 16	Schiebeler	GS	

Ausf.	Werknummer	Kennung (Anm. 1)	Andere Markierung	Datum	Ort	Firma/Einheit (Anm. 2)	Flugzeugführer	Flugmodus	Bermerkungen
		VD+EN	–	21.04.44	Bad Zwischenahn	EKdo 16	Gerstenhauer	GS	Machte 7 Flüge am selben Tag!
		VD+EN	–	22.04.44	Bad Zwischenahn	EKdo 16	Andreas	GS	
		VD+EN	–	23.04.44	Bad Zwischenahn	EKdo 16	Bauer, Hermann	GS	Machte 3 Flüge am selben Tag
		VD+EN	–	23.04.44	Bad Zwischenahn	EKdo 16	Gerstenhauer	GS	
		VD+EN	–	26.04.44	Bad Zwischenahn	EKdo 16	Andreas	GS	
		VD+EN	–	26.04.44	Bad Zwischenahn	Ekdo 16	Bauer, Hermann	GS	
		VD+EN	–	27.04.44	Bad Zwischenahn	EKdo 16	Andreas	GS	
		VD+EN	–	09.05.44	Bad Zwischenahn	EKdo 16	Bauer, Hermann	GS	
		VD+EN	–	10.05.44	Bad Zwischenahn	Ekdo 16	Bauer, Hermann	GS	
		VD+EN	–	18.05.44	Bad Zwischenahn	EKdo 16	Krutsch	GS	Machte 3 Flüge am selben Tag
		VD+EN	–	19.05.44	Bad Zwischenahn	Ekdo 16	Frömert	GS	
		VD+EN	–	20.05.44	Bad Zwischenahn	EKdo 16	Krutsch	GS	Machte 2 Flüge am selben Tag
		VD+EN	–	28.05.44	Bad Zwischenahn	Ekdo 16	Frömert	GS	
		VD+EN	–	??.07.44	Bad Zwischenahn → Brandis	EKdo 16			Überführt. Siehe Anm. 5
		VD+EN	–	31.07.44	Brandis	ErgSt/JG 400	Krutsch	GS	
		VD+EN	–	03.08.44	Brandis	ErgSt/JG 400	Frömert	GS	
		VD+EN	–	12.08.44	Brandis	ErgSt/JG 400	Krutsch	GS	
		VD+EN	–	14.08.44	Brandis	ErgSt/JG 400	Opitz, Reinhard	GS	
		VD+EN	–	15.08.44	Brandis	ErgSt/JG 400	Opitz, Reinhard	GS	Machte 2 Flüge am selben Tag
		VD+EN	–	17.08.44	Brandis	ErgSt/JG 400	Opitz, Reinhard	GS	
		VD+EN	–	10.09.44	Brandis	ErgSt/JG 400	Hauss	GS	
		VD+EN	–	11.09.44	Brandis	ErgSt/JG 400	Hauss	GS	
		VD+EN	–	27.09.44	Brandis	ErgSt/JG 400	Frömert	GS	
		VD+EN	–	03.10.44	Brandis	ErgSt/JG 400	Pancherz (Ju)	GS	Machte 3 Flüge am selben Tag
		VD+EN	–	04.10.44	Brandis	ErgSt/JG 400	Pancherz (Ju)	GS	
		VD+EN	–	07.10.44	Brandis	ErgSt/JG 400	Pancherz (Ju)	GS	Machte 2 Flüge am selben Tag
		VD+EN	–	11.10.44	Brandis	ErgSt/JG 400	Kuhn	GS	
B V5	16310014	?	–	20.07.42	Regensburg	Me	–	–	Flugfreigabe (plangemäß)
		?	–	30.10.42	Obertraubling	Me	Reitsch (RLM)	GS	Flugzeug beschädigt; Hanna Reitsch verletzt. BV 5 geschleppt von Rudolf Opitz. Einziger Flug in Obertraubling
		?	–	16.11.42	Regensburg	Me	–	–	Vor dem 15.04.43 fiel der Beschluss, die V5 zu verschrotten anstatt fertig instand zu setzen.
B V6	16310015	?	–	??.08.42	Regensburg	Me			Änderungen an der Druckkabine
		?	–	13.08.42	Regensburg → Augsburg	Me	–	–	Überführt
		?	–	01.10.42	Augsburg	Me	–	–	Flugfreigabe (plangemäß)
		?	–	27.04.43	?	Me	–	–	Umbau nicht vollständig
		?	–	18.06.44	?	Me	–	–	Umbau für Marschofen-Triebwerk HWK 109-509 B-1
		?	–	22.07.44	Laupheim → Lechfeld	Me	–	–	Überführt
		?	–	04.08.44	Lechfeld	Me	–	–	Triebwerk-Standerprobung: Marschofen
		?	–	08.08.44	Lechfeld	Me	–	–	Triebwerk-Standerprobung: Marschofen
		?	–	18.08.44	Lechfeld	Me	Dittmar	GS	1. Flug
		?	–	20.08.44	Lechfeld	Me	Peters	GS	2. Flug. Spornrad bei Erprobung beschädigt
		?	–	24.08.44	Lechfeld	Me	–	–	Triebwerk-Standlauf
		?	–	25.08.44	Lechfeld	Me	Peters	K	3. Flug. Steigflug-Messungen
		?	–	26.08.44	Lechfeld	Me	Peters	K	4. Flug. Steigflug-Messungen
		?	–	?	Lechfeld → Brandis	Me			Überführt
		?	–	06.10.44	Brandis	EKdo 16	–	–	Beschädigt gemeldet (Witterungsschaden). Erhält die Flächen der B V1a. Siehe Anm. 9
		?	–	06.01.45	Brandis	EKdo 16	Pancherz (Ju)	GS	
		?	–	21.01.45	Brandis	EKdo 16	Pancherz (Ju)	K	Siehe Anm. 7
		?	–	09.04.45	Brandis	?	Kuhn	K	Machte 2 Flüge am selben Tag
		?	–	16.04.45	Brandis	–	–	–	In zerstörtem Zustand von US-Truppen vorgefunden
B V7	16310016	VD+EP	–	31.07.42	Regensburg	Me	–	–	Flugfreigabe (plangemäß)
		VD+EP	–	14.09.43	Augsburg	Me			BAL
		VD+EP	–	??.09.43	Augsburg → Peenemünde	Me	–	–	Ausgeliefert
		VD+EP	–	06.10.43	Peenemünde	E-Stelle	–	–	Laut Meldung Triebwerksprobleme
		VD+EP	–	02.12.43	Peenemünde	E-Stelle	Hohmann	GS	
		VD+EP	–	10.12.43	Peenemünde	E-Stelle	Hohmann	GS	
		VD+EP	–	?	Peenemünde → Lechfeld	E-Stelle	–	–	Überführt
		VD+EP	–	30.01.44	Lechfeld	Me	Hohmann	K	1. und 2. Triebwerksflug am selben Tag
		VD+EP	–	31.01.44	Lechfeld	Me	Hohmann	K	
		VD+EP	–	01.02.44	Lechfeld	Me	Hohmann	K	Mit Mach-Zeiger ausgestattet. Nachfolgende Flüge mit Mach-Zeiger
		VD+EP	–	?	Lechfeld → Bad Zwischenahn	Me			Überführt
		VD+EP	–	28.04.44	Bad Zwischenahn	EKdo 16	Opitz, Rudolf	K	
		VD+EP	–	09.05.44	Bad Zwischenahn	EKdo 16	Opitz, Rudolf	K	
		VD+EP	–	11.05.44	Bad Zwischenahn	EKdo 16	Opitz, Rudolf	K	
		VD+EP	–	12.05.44	Bad Zwischenahn	EKdo 16	Opitz, Rudolf	K	
		VD+EP	–	27.05.44	Bad Zwischenahn	EKdo 16	Opitz, Rudolf	K	
		VD+EP	–	30.05.44	Bad Zwischenahn	EKdo 16	Opitz, Rudolf	K	
		VD+EP	–	15.06.44	Bad Zwischenahn	EKdo 16	Hohmann	K	
		VD+EP	–	22.06.44	Bad Zwischenahn	EKdo 16	Hohmann	K	
		VD+EP	–	27.06.44	Bad Zwischenahn	EKdo 16	Hohmann	K	
		VD+EP	–	01.07.44	Bad Zwischenahn	EKdo 16	Hohmann	K	
		VD+EP	–	02.07.44	Bad Zwischenahn	EKdo 16	Hohmann	K	
		VD+EP	–	03.07.44	Bad Zwischenahn	EKdo 16	Hohmann	K	
		VD+EP	–	06.07.44	Bad Zwischenahn	EKdo 16	Hohmann	K	

Ausf.	Werk-nummer	Kennung (Anm. 1)	Andere Markierung	Datum	Ort	Firma/Einheit (Anm. 2)	Flugzeugführer	Flug-modus	Bermerkungen
		VD+EP	–	07.07.44	Bad Zwischenahn	EKdo 16	Hohmann	K	
		VD+EP	–	08.07.44	Bad Zwischenahn	EKdo 16	Hohmann	K	
		VD+EP	–	23.07.44	Bad Zwischenahn	EKdo 16	Hohmann	K	Machte 2 Flüge am selben Tag
		VD+EP	–	25.07.44	Bad Zwischenahn	EKdo 16	Oeltjen	K	
		VD+EP	–	03.08.44	Bad Zwischenahn	EKdo 16	Hohmann	K	
		VD+EP	–	06.08.44	Bad Zwischenahn	EKdo 16	Hohmann	K	
		–	C1+11	08.08.44	Bad Zwischenahn	EKdo 16	Oeltjen	K	Machte 2 Flüge am selben Tag
		–	C1+11	09.08.44	Bad Zwischenahn	EKdo 16	Oeltjen	K	
		–	C1+11	11.08.44	Bad Zwischenahn	EKdo 16	Oeltjen	K	
		–	C1+11	08.09.44	Bad Zwischenahn	EKdo 16	Oeltjen	K	
		–	C1+11	09.09.44	Bad Zwischenahn	EKdo 16	Oeltjen	K	
		–	C1+11	10.09.44	Bad Zwischenahn	EKdo 16	Tegtmeier	K	
		–	C1+11	11.09.44	Bad Zwischenahn	EKdo 16	Tegtmeier	K	Zerstört 2 km südöstl. Lohe; Tegtmeier stieg aus. Gemäß Unfallbericht Flugzeug 98% beschädigt. Kennung C1+11 geht an Me 163 B-0, 440008
B V7	?	?	7	03.10.44	Brandis	ErgSt/JG 400	Frömert	GS	
	?	?	–	11.10.44	Brandis	EKdo 16	Pancherz (Ju)	GS	Kennung neu zugeteilt an V7. Siehe Anm. 10
	?	?	–	27.11.44	Brandis	ErgSt/JG 400	Krutsch	K	
B V8	16310017	(VD+ER)	–	21.02.43	Peenemünde	EKdo 16	Opitz, Rudolf	K	1. Flug. Erprobung mit kaltem HWK-Triebwerk
		(VD+ER)	–	21.02.43	Peenemünde	EKdo 16	Späte	K	Erprobung mit kaltem HWK-Triebwerk
		(VD+ER)	–	16.04.43	Peenemünde	EKdo 16	Pöhs	K	Bei Landung beschädigt (Überschlag); Pöhs verletzt
		(VD+ER)	–	19.04.43	Peenemünde	EKdo 16	?	K	Erprobung mit kaltem HWK-Triebwerk
		(VD+ER)	–	18.08.43	Peenemünde → Anklam	EKdo 16			Überführt
		(VD+ER)	–	27.08.43	Anklam → Bad Zwischenahn	EKdo 16			Überführt
		(VD+ER)	–	02.01.44	Bad Zwischenahn	EKdo 16	Zimmermann	GS	
		(VD+ER)	–	08.01.44	Bad Zwischenahn	EKdo 16	Schiebeler	GS	
		(VD+ER)	–	09.01.44	Bad Zwischenahn	EKdo 16	Zimmermann	GS	
		(VD+ER)	–	12.01.44	Bad Zwischenahn	EKdo 16	Zimmermann	GS	
		(VD+ER)	–	24.01.44	Bad Zwischenahn	EKdo 16	Schiebeler	GS	
		(VD+ER)	–	26.01.44	Bad Zwischenahn	EKdo 16	Voy	GS	
		(VD+ER)	–	28.04.44	Bad Zwischenahn	EKdo 16	Andreas	GS	
		(VD+ER)	–	28.04.44	Bad Zwischenahn	EKdo 16	Bauer, Hermann	GS	
		(VD+ER)	–	29.04.44	Bad Zwischenahn	EKdo 16	Andreas	GS	
		(VD+ER)	–	29.04.44	Bad Zwischenahn	EKdo 16	Bauer, Hermann	GS	
		(VD+ER)	–	02.05.44	Bad Zwischenahn	EKdo 16	Andreas	GS	
		(VD+ER)	–	02.05.44	Bad Zwischenahn	Ekdo 16	Bauer, Hermann	GS	
		(VD+ER)	–	04.05.44	Bad Zwischenahn	EKdo 16	Andreas	GS	
		(VD+ER)	–	04.05.44	Bad Zwischenahn	EKdo 16	Bauer, Hermann	GS	Machte 2 Flüge am selben Tag
		(VD+ER)	–	05.05.44	Bad Zwischenahn	EKdo 16	Andreas	GS	
		(VD+ER)	–	05.05.44	Bad Zwischenahn	EKdo 16	Bauer, Hermann	GS	
		(VD+ER)	–	08.05.44	Bad Zwischenahn	EKdo 16	Bauer, Hermann	GS	
		(VD+ER)	–	09.05.44	Bad Zwischenahn	EKdo 16	Bauer, Hermann	GS	Machte 2 Flüge am selben Tag
		(VD+ER)	–	10.05.44	Bad Zwischenahn	EKdo 16	Bauer, Hermann	GS	
		(VD+ER)	–	11.05.44	Bad Zwischenahn	EKdo 16	Frömert	GS	Machte 3 Flüge am selben Tag
		(VD+ER)	–	12.05.44	Bad Zwischenahn	EKdo 16	Frömert	GS	Machte 3 Flüge am selben Tag
		(VD+ER)	–	15.05.44	Bad Zwischenahn	EKdo 16	Frömert	GS	
		(VD+ER)	–	16.05.44	Bad Zwischenahn	EKdo 16	Frömert	GS	
		(VD+ER)	–	??.07.44	Bad Zwischenahn → Brandis	Ekdo 16			Überführt. Siehe Anm. 5
		(VD+ER)	–	14.08.44	Brandis	ErgSt/JG 400	Opitz, Reinhard	GS	
		(VD+ER)	–	17.08.44	Brandis	ErgSt/JG 400	Opitz, Reinhard	GS	
		(VD+ER)	–	09.09.44	Brandis	ErgSt/JG 400	Hauss	GS	
		(VD+ER)	–	10.09.44	Brandis	ErgSt/JG 400	Hauss	GS	
		(VD+ER)	–	11.09.44	Brandis	ErgSt/JG 400	Hauss	GS	
		(VD+ER)	–	12.09.44	Brandis	ErgSt/JG 400	Hauss	GS	
		(VD+ER)	–	12.10.44	Brandis	ErgSt/JG 400	Kuhn	GS	Machte 2 Flüge am selben Tag
		(VD+ER)	–	?	Brandis→Sprottau	ErgSt/JG 400	?	?	Überführt
		(VD+ER)	–	15.01.45	Sprottau	ErgSt/JG 400	Wollenweber	GS	
		(VD+ER)	–	31.01.45	Sprottau → Esperstedt	ErgSt/JG 400	Wollenweber	GS	B V8 geschleppt von Me 110 (Flugzeugführer Wollenweber). Wollenweber flog mit der Me 110 am 30.01.45 von Udetfeld nach Sprottau.
B V9	16310018	EC+AY	–	30.09.43	Augsburg → Lechfeld	Me	Dittmar	GS	Überführt. Eintrag Kennung in Dittmars Flugbuch
		EC+AY	–	02.10.43	Lechfeld	Me	Dittmar	GS	
		EC+AY	–	20.11.43	Lechfeld	Me	–	–	1. Triebwerk-Standlauf
		EC+AY	–	21.11.43	Lechfeld	Me	–	–	2. Triebwerk-Standlauf
		EC+AY	–	06.01.44	Lechfeld → Bad Zwischenahn	Me			Überführt
		EC+AY	–	11.01.44	Bad Zwischenahn	EKdo 16	Opitz, Rudolf	K	
		EC+AY	–	11.02.44	Bad Zwischenahn	EKdo 16	Späte	K	Höhenflug bis auf 11.000 m
B V10	16310019	?	–	18.06.43	? → Spandau	BMW	–	–	Überstellt an BMW Spandau zum Einbau des BMW-Raketentriebwerks
		?	–	23.06.43	?	?	–	–	BAL
		?	–	19.11.44	Brandis	EKdo 16	Krutsch	K	Kufe fährt bei Landung nicht aus
B V11	16310020	?	–	21.10.42	Augsburg	Me	–	–	Nach Me-Protokoll sollent B V11 and B V12 mit Schmidt-Argus-Triebwerk erprobt werden. Nach Protokoll vom 11.03.1943 wurde die Erprobung gestrichen.
		?	–	??.11.42	Augsburg	Me	–	–	Nach Meldung in Reparatur
		?	–	?	Augsburg → Brandis	Me			Ausgeliefert
		?	–	05.11.44	Brandis	EKdo 16	Krutsch	K	

Ausf.	Werk-nummer	Kennung (Anm. 1)	Andere Markierung	Datum	Ort	Firma/Einheit (Anm. 2)	Flugzeugführer	Flug-modus	Bermerkungen
B V12	16310021	?	–	21.10.42	Augsburg	Me	–	–	Nach Me-Protokoll sollent B V11 and B V12 mit Schmidt-Argus-Triebwerk erprobt werden. Nach Protokoll vom 11.03.1943 wurde die Erprobung gestrichen.
		?	–	23.12.43	Augsburg	Me	–	–	BAL
		?	–	?	Augsburg → Bad Zwischenahn	Me			Ausgeliefert
		?	–	23.06.44	Bad Zwischenahn	EKdo 16	?	GS	
		?	C1+??	??.10.44	Bad Zwischenahn → Brandis	EKdo 16			Überführt. Siehe Anm. 7
		?	C1+??	02.10.44	Brandis	EKdo 16	Krutsch	K	
B V13	16310022	?	–	30.12.43	Augsburg	Me	–	–	Für Umbauten zurück an Messerschmitt
		?	–	?	Augsburg → Laupheim Laupheim	Me → FA			Überführt
		?	–	26.05.44	Laupheim → Lechfeld	FA → Me			Überführt
		?	–	25.06.44	Lechfeld	Me	Peters	GS	1. und 2. Flug
		?	–	27.06.44	Lechfeld	Me	Peters	GS	3. Flug
		?	–	28.06.44	Lechfeld	Me	Peters	K	Flug wegen Triebwerkausfall abgebrochen
		?	–	11.07.44	Lechfeld	Me	–	–	Triebwerk-Standerprobung
		?	–	18.07.44	Lechfeld	Me	Dittmar	K	Laut Me-Bericht der 4. Flug
		?	–	20.07.44	Lechfeld	Me	Dittmar	K	Laut Me-Bericht der 5. Flug
		?	–	26.07.44	Lechfeld	Me	Dittmar	RS	Laut Me-Bericht der 6. Flug. Versuche mit zwei 1250 kg Schub leistenden Raketen unter den Flächen
		?	–	18.08.44	Lechfeld	Me	–	–	Einbau eines neuen Triebwerks
		?	–	22.08.44	Lechfeld	Me	–	–	Zweimaliger Triebwerk-Standlauf
		?	–	25.08.44	Lechfeld	Me	–	–	Triebwerk-Standlauf
		?	–	30.08.44	Lechfeld	Me	?	K	Laut Me-Bericht der 7. Flug
		?	–	05.09.44	Lechfeld	Me	Peters	K	
		?	–	?	Lechfeld → Brandis	Me			Ausgeliefert
		?	–	06.10.44	Brandis	Ju	–	–	Als beschädigt gemeldet (Witterungsschaden). Von Junkers repariert und zur Me 163 D umgebaut. Siehe Anm. 9
		?	–	16.04.45	Brandis	–	–	–	In zerlegtem Zustand von US-Soldaten entdeckt
B V14	16310023	VD+EW	–	03.10.43	Augsburg → Lechfeld	Me	Dittmar	GS	Überführungsflug
		VD+EW	–	18.10.43	Lechfeld	Me	–	–	1. Triebwerk-Standlauf
		VD+EW	–	19.10.43	Lechfeld	Me	–	–	2. und 3. Triebwerk-Standlauf
		VD+EW	–	24.10.43	Lechfeld	Me	Dittmar	K	Erstflug
		VD+EW	–	01.11.43	Lechfeld	Me	–	–	4. Triebwerk-Standlauf
		VD+EW	–	02.11.43	Lechfeld	Me	–	–	5. Triebwerk-Standlauf
		VD+EW	–	07.11.43	Lechfeld	Me	Dittmar	K	2. Flug
		VD+EW	–	15.11.43	Lechfeld	Me	Dittmar	K	3. Flug
		VD+EW	–	17.11.43	Lechfeld	Me	Dittmar	K	4. Flug
		VD+EW	–	11.01.44	Lechfeld → Bad Zwischenahn	EKdo 16	Opitz, Rudolf	GS	Auslieferungsflug
		VD+EW	–	11.01.44	Bad Zwischenahn	EKdo 16	Opitz, Rudolf	K	Werkstattflug
		VD+EW	–	15.01.44	Bad Zwischenahn	EKdo 16	Späte	K	
		VD+EW	–	18.01.44	Bad Zwischenahn	EKdo 16	Späte	K	
		VD+EW	–	13.02.44	Bad Zwischenahn	EKdo 16	Opitz, Rudolf	K	
		VD+EW	–	18.02.44	Bad Zwischenahn	EKdo 16	Späte	K	Flugzeug bei Landung beschädigt; Späte verletzt
		VD+EW	–	22.02.44	Bad Zwischenahn	EKdo 16	Opitz, Rudolf	K	
		VD+EW	–	23.02.44	Bad Zwischenahn	EKdo 16	Opitz, Rudolf	K	Trieberksversagen nach Start
		VD+EW	–	26.02.44	Bad Zwischenahn	EKdo 16	Opitz, Rudolf	K	
		VD+EW	–	08.04.44	Bad Zwischenahn	EKdo 16	Opitz, Rudolf	K	
		VD+EW	–	10.04.44	Bad Zwischenahn	EKdo 16	Opitz, Rudolf	K	Bei Start Spornradreifen geplatzt
		VD+EW	–	13.04.44	Bad Zwischenahn	EKdo 16	Opitz, Rudolf	K	Machte 2 Flüge am selben Tag
		VD+EW	–	18.04.44	Bad Zwischenahn	EKdo 16	Opitz, Rudolf	K	
		VD+EW	–	30.05.44	Bad Zwischenahn	EKdo 16	–	–	10% beschädigt bei US-Bombenangriff
		VD+EW	–	01.08.44	Bad Zwischenahn	EKdo 16	Oeltjen	K	
		–	C1+12	05.08.44	Bad Zwischenahn	EKdo 16	Oeltjen	K	
		–	C1+12	09.09.44	Bad Zwischenahn	EKdo 16	Tegtmeier	K	
		–	C1+12	10.09.44	Bad Zwischenahn	EKdo 16	Oeltjen	K	Machte 2 Flüge am selben Tag
		–	C1+12	12.09.44	Bad Zwischenahn	EKdo 16	Oeltjen	K	
		–	C1+12	13.09.44	Bad Zwischenahn	EKdo 16	Oeltjen	K	
		–	C1+12	14.09.44	Bad Zwischenahn	EKdo 16	Oeltjen	K	Machte 2 Flüge am selben Tag
		–	C1+12	21.09.44	Bad Zwischenahn	EKdo 16	Oeltjen	K	
		–	C1+12	??.10.44	Bad Zwischenahn → Brandis	EKdo 16			Überführt. Siehe Anm. 7
		–	C1+12	12.10.44	Brandis	EKdo 16	Krutsch	K	
		–	C1+12	12.10.44	Brandis	EKdo 16	Oeltjen	K	
		–	C1+12	25.11.44	Brandis	EKdo 16	Oeltjen	K	
		–	C1+12	27.11.44	Brandis	EKdo 16	Oeltjen	K	
		–	C1+12	10.12.44	Brandis	EKdo 16	Oeltjen	K	Machte 2 Flüge am selben Tag. Beim 2. Flug erreichte das Flugzeug 15.100 m Höhe
		–	C1+12	10.01.45	Brandis	EKdo 16	Krutsch	GS	
		–	C1+12	23.02.45	Brandis	EKdo 16	Kuhn	K	
		–	C1+12	16.04.45	Brandis	–	–	–	In zerstörtem Zustand von US-Truppen vorgefunden
B V15	16310024	VD+EX	–	08.09.43	Augsburg	Me	–	–	BAL
		VD+EX	–	?	Augsburg → Peenemünde	Me	–	–	Ausgeliefert
		VD+EX	–	11.12.43	Peenemünde	E-Stelle	–	–	Bodenerprobung Strahlruder
		VD+EX	–	03.05.44	Peenemünde → Lechfeld	E-Stelle	–	–	Ausgeliefert
		VD+EX	–	12.08.44	Lechfeld	Me	–	–	Triebwerk-Standlauf
		VD+EX	–	?	Lechfeld → Brandis	Me			Ausgeliefert
		VD+EX	–	06.10.44	Brandis	EKdo 16	–	–	Als beschädigt gemeldet (Witterungsschaden). Repariert. Siehe Anm. 9
		VD+EX	–	02.12.44	Brandis	EKdo 16	Pancherz (Ju)	GS	

Ausf.	Werk-nummer	Kennung (Anm. 1)	Andere Markierung	Datum	Ort	Firma/Einheit (Anm. 2)	Flugzeugführer	Flug-modus	Bermerkungen
		VD+EX	–	08.12.44	Brandis	EKdo 16	Pancherz (Ju)	GS	
		VD+EX	–	10.12.44	Brandis → Pomssen	EKdo 16	Pancherz (Ju)	GS	Überlandflug
		VD+EX	–	11.12.44	Pomssen → Brandis	EKdo 16	Pancherz (Ju)	GS	Überlandflug
		VD+EX	–	19.12.44	Brandis	EKdo 16	Pancherz (Ju)	K	
		VD+EX	–	08.02.45	Brandis	EKdo 16	Kuhn	GS + K	Machte 2 Flüge am selben Tag (1. GS, 2. K)
		VD+EX	–	02.04.45	Brandis	?	Kuhn	GS	
		VD+EX	–	16.04.45	Brandis	–	–	–	In zerstörtem Zustand von US-Truppen vorgefunden
B V16	16310025	?	–	29.03.44	Bad Zwischenahn → Wittmundhafen	EKdo 16	Opitz	K	Überführt an 1./JG 400 zur Erprobung MK 108
		?	–	21.04.44	Wittmundhafen	1./JG 400	Olejnik	K	Flugzeug zerstört; Olejnik verletzt
B V17	16310026	?	–	30.05.44	Bad Zwischenahn	EKdo 16	–	–	30% beschädigt bei US-Bombenangriff
B V18	16310027	VA-SP	–	24.08.43	Lechfeld	Me	–	–	BAL
		VA-SP	–	05.10.43	Lechfeld	Me	Dittmar	GS	Erstflug
		VA-SP	–	06.10.43	Lechfeld	Me	Dittmar	GS	2. Flug
		VA+SP	–	13.10.43	Lechfeld	Me	–	–	Triebwerk-Standlauf
		VA+SP	–	13.10.43	Lechfeld	Me	Dittmar	K	Startabbruch. Nicht festgehalten in Dittmars Flugbuch
		VA+SP	–	14.10.43	Lechfeld	Me	Dittmar	K	3. Flug
		VA+SP	–	15.10.43	Lechfeld	Me	Dittmar	K	4. Flug
		VA+SP	–	25.11.43	Lechfeld	Me	–	–	Triebwerk-Standlauf
		VA+SP	–	18.12.43	Lechfeld	Me	Dittmar	K	5. Flug
		VA+SP	–	22.12.43	Lechfeld	Me	Dittmar	K	6. Flug
		VA+SP	–	23.12.43	Lechfeld	Me	Dittmar	K	7. Flug. Leitwerk beschädigt
		VA+SP	–	20.01.44	Lechfeld	Me	Dittmar	K	8. Flug
		VA+SP	–	21.01.44	Lechfeld	Me	Späte	K	9. Flug
		VA+SP	–	24.01.44	Lechfeld	Me	Späte	K	10. Flug. Höhenflug (12.300 m)
		VA+SP	–	04.03.44	Lechfeld	Me	Dittmar	K	11. Flug
		VA+SP	–	05.03.44	Lechfeld	Me	–	–	Triebwerk-Standlauf
		VA+SP	–	10.03.44	Lechfeld	Me	Hohmann	K	12. Flug
		VA+SP	–	18.03.44	Lechfeld	Me	–	–	Beschädigt bei US-Bombenangriff
		VA+SP	–	13.04.44	Lechfeld	Me	–	–	Beschädigt bei US-Bombenangriff
		VA+SP	–	20.05.44	Lechfeld	Me	–	–	Erhielt Triebwerk von B V22
		VA+SP	–	16.06.44	Lechfeld	Me	Dittmar	K	13. Flug. Strahlruder beschädigt
		VA+SP	–	29.06.44	Lechfeld	Me	–	–	Triebwerk-Standlauf
		VA+SP	–	29.06.44	Lechfeld	Me	Dittmar	K	14. Flug. Strahlruder-Erprobung
		VA+SP	–	29.06.44	Lechfeld	Me	Peters	K	15. Flug
		VA+SP	–	02.07.44	Lechfeld	Me	Dittmar	GR	16. & 17. Flug. Starthilfsraketen-Versuche; zwei 350 kg (16. Flug) and eine 350 kg Schub leistende Rakete (17. Flug) montiert
		VA+SP	–	03.07.44	Lechfeld	Me	Dittmar	GR	18. Flug. Starthilfsraketen-Versuche; eine 500 kg Schub leistende Rakete montiert
		VA+SP	–	06.07.44	Lechfeld	Me	Dittmar	RS	19., 20. & 21. Flug. Starthilfsraketen-Versuche mit zwei Raketen zu 350 kg Schub (19.), einer zu 350 kg Schub (20.) and zwei zu 500 kg Schub (21.). Nach unbestätigter Meldung im Hochgeschwindigkeitsflug: beschädigt. Dittmar erreichte 1130 km/h
		VA+SP	–	07.07.44	Lechfeld	Me	–	–	Triebwerk-Standlauf
		VA+SP	–	10.07.44	Lechfeld	Me	–	–	Triebwerk-Standlauf
		VA+SP	–	12.07.44	Lechfeld	Me	Dittmar	RS	22. & 23. Flug. Starthilfsraketen-Versuche mit zwei 750 kg Schub (22.) and zwei 1000 kg Schub leistenden Raketen (23.)
		VA+SP	–	13.07.44	Lechfeld	Me	Dittmar	RS + K	24. & 25. Flug. Starthilfsraketen-Versuche mit zwei Raketen zu je 1000 kg Schub (am 24.). Konventioneller Start am 25. und Vergleichsflug zum 24.
		VA+SP	–	15.07.44	Lechfeld	Me	–	–	Triebwerk-Standlauf
		VA+SP	–	17.07.44	Lechfeld	Me	–	–	Triebwerk-Standlauf
		VA+SP	–	26.07.44	Lechfeld	Me	Dittmar	RS	26. Flug. Starthilfsraketen-Versuche mit zwei 1250 kg Schub leistenden Raketen unter den Flächen
		VA+SP	–	28.07.44	Lechfeld	Me	Dittmar	K	27. Flug. Starthilfsraketen-Versuche mit einer 500 kg Schub leistenden Rakete. Strahlruder beschädigt
		VA+SP	–	29.07.44	Lechfeld	Me	Dittmar	K	28. Flug. Starthilfsraketen-Versuche mit einer 750 kg Schub leistenden Rakete. Einbau Strahlruder
		VA+SP	–	02.08.44	Lechfeld	Me	–	–	Standerprobung mit Triebwerk von B V13
		VA+SP	–	04.08.44	Lechfeld	Me	–	–	Standerprobung mit Triebwerk von B V13
		VA+SP	–	10.08.44	Lechfeld	Me	–	–	Standerprobung mit neuem Triebwerk
		VA+SP	–	19.08.44	Lechfeld	Me	Dittmar	GS	29. Flug. Abkipp- und Trudelversuche
		VA+SP	–	21.08.44	Lechfeld	Me	Dittmar	RS	30. Flug. Starthilfsraketen-Versuche mit einer 500 kg leistenden Rakete am linken Flügel
		VA+SP	–	25.08.44	Lechfeld	Me	Dittmar	RS	31. Flug. Starthilfsraketen-Versuche mit einer 750 kg Schub leistenden Rakete am linken Flügel
		VA+SP	–	27.08.44	Lechfeld	Me	?	RS	32. Flug. Starthilfsraketen-Versuche mit zwei 500 kg Schub leistenden Raketen am linken Flügel
		VA+SP	–	28.08.44	Lechfeld	Me	?	RS	33. Flug. Starthilfsraketen-Versuche mit zwei 1000 kg Schub leistenden Raketen unter den Flächen
		VA+SP	–	29.08.44	Lechfeld	Me	?	RS	34. Flug. Starthilfsraketen-Versuche mit zwei 1000 kg Schub leistenden Raketen unter den Flächen
		VA+SP	–	?	Lechfeld → Brandis	Me			Ausgeliefert
		VA+SP	–	06.10.44	Brandis	EKdo 16	–	–	Als beschädigt gemeldet (Witterungsschaden). Repariert bei Junkers und umgebaut zur Me 163 D mit Flächen der B V32. Siehe Anm. 9
		VA+SP	–	03.11.44	Brandis	EKdo 16	Pancherz (Ju)	K	
		VA+SP	–	06.12.44	Brandis	EKdo 16	–	–	Als beschädigt gemeldet

Ausf.	Werk-nummer	Kennung (Anm. 1)	Andere Markierung	Datum	Ort	Firma/Einheit (Anm. 2)	Flugzeugführer	Flug-modus	Bermerkungen
		VA+SP	–	23.01.45	Brandis	EKdo 16	Pancherz (Ju)	GS	
B V19	16310028	VA+SQ	–	01.09.43	Lechfeld	Me	–		BAL
		VA+SQ	–	20.10.43	Lechfeld	Me	–	–	Triebwerksaustausch nach 1. Prüflauf
		VA+SQ	–	22.10.43	Lechfeld	Me	–	–	Prüflauf mit neuem Triebwerk
		VA+SQ	–	23.10.43	Lechfeld	Me	–	–	2. Prüflauf mit neuem Triebwerk
		VA+SQ	–	29.10.43	Lechfeld	Me	Dittmar	GS	1. Flug. Landeklappen-Erprobung
		VA+SQ	–	01.11.43	Lechfeld	Me	–	–	Triebwerk-Standlauf
		VA+SQ	–	11.11.43	Lechfeld	Me	Dittmar	GS	2. Flug. Landeklappen-Erprobung
		VA+SQ	–	16.11.43	Lechfeld	Me	Dittmar	GS	3. Flug. Landeklappen-Erprobung
		VA+SQ	–	22.12.43	Lechfeld	Me	Dittmar	GS	4. Flug. Landeklappen-Erprobung
		VA+SQ	–	13.01.44	Lechfeld	Me	Dittmar	GS	5. Flug. Landeklappen-Erprobung
		VA+SQ	–	22.01.44	Lechfeld	Me	Dittmar	GS	6. Flug. Landeklappen-Erprobung
		VA+SQ	–	24.01.44	Lechfeld	Me	Dittmar	GS	7. Flug. Landeklappen-Erprobung
		VA+SQ	–	28.01.44	Lechfeld	Me	Dittmar	GS	8. Flug. Landeklappen-Erprobung
		VA+SQ	–	16.02.44	Lechfeld	Me	–	–	Triebwerk-Standlauf
		VA+SQ	–	18.02.44	Lechfeld	Me	Dittmar (?)	?	9. Flug. Landeklappen-Erprobung
		VA+SQ	–	21.02.44	Lechfeld	Me	–	–	Triebwerk-Standerprobung
		VA+SQ	–	22.02.44	Lechfeld	Me	–	–	Triebwerk-Standerprobung
		VA+SQ	–	23.02.44	Lechfeld	Me	Dittmar (?)	?	Startabbruch
		VA+SQ	–	18.03.44	Lechfeld	Me	–	–	Beschädigt bei US-Bombenangriff und zur Reparatur an FA Laupheim
B V20	16310029	(VA+SR)	–	10.08.43	?	Me	–	–	BAL
		(VA+SR)	–	06.01.44	? → Bad Zwischenahn	Me			Ausgeliefert
		(VA+SR)	–	10.02.44	Bad Zwischenahn	EKdo 16	Späte	K	Machte 2 Flüge am selben Tag
		(VA+SR)	–	18.02.44	Bad Zwischenahn	EKdo 16	Späte	K	RLM Vorführung
B V21	16310030	VA+SS	–	12.06.43	Peenemünde	EKdo 16	–	–	Flugfreigabe
		VA+SS	–	24.06.43	Peenemünde	EKdo 16	Opitz, Rudolf	K	1. Flug mit heißem Triebwerk
		VA+SS	–	12.07.43	Peenemünde	EKdo 16	Opitz, Rudolf	K	2. Flug
		VA+SS	–	15.07.43	Peenemünde	EKdo 16	Opitz, Rudolf	K	3. Flug
		VA+SS	–	17.07.43	Peenemünde	EKdo 16	Opitz, Rudolf	K	4. Flug. Vorführung für Major Ihlefeld
		VA+SS	–	19.07.43	Peenemünde	EKdo 16	Opitz, Rudolf	K	5. Flug
		VA+SS	–	20.07.43	Peenemünde	EKdo 16	Opitz, Rudolf	K	6. Flug
		VA+SS	–	24.07.43	Rechlin	EKdo 16	Opitz, Rudolf	K	7. Flug. Vorführung vor Hermann Göring
		VA+SS	–	26.07.43	Peenemünde	EKdo 16	Opitz, Rudolf	K	8. Flug
		VA+SS	–	28.07.43	Peenemünde	EKdo 16	Opitz, Rudolf	K	9. Flug. Höhenversuch (11.600 m)
		VA+SS	–	31.07.43	Peenemünde	EKdo 16	Opitz, Rudolf	K	10. Flug; bei Landung leicht beschädigt
		VA+SS	–	03.08.43	Peenemünde	EKdo 16	Opitz, Rudolf	K	11. Flug. Druckabfall Kabine wegen Verlust der hinteren Kanzelscheibe. Leitwerk beschädigt durch Teile. Erprobungsflug mit Kamera an Fliegerhaube des Flugzeugführers
		VA+SS	–	?	Peenemünde → Augsburg	EKdo 16			Ausgeliefert
		VA+SS	–	19.10.43	Augsburg → Lechfeld	Me	Dittmar	GS	Überführt
		VA+SS	–	28.10.43	Lechfeld	Me	–	–	1. Triebwerk-Standlauf
		VA+SS	–	31.10.43	Lechfeld	Me	–	–	2. Triebwerk-Standlauf
		VA+SS	–	03.11.43	Lechfeld	Me	–	–	3. Triebwerk-Standlauf
		VA+SS	–	23.11.43	Lechfeld	Me	Dittmar	K	1. Flug
		VA+SS	–	24.11.43	Lechfeld	Me	Dittmar	K	2. Flug
		VA+SS	–	?	Lechfeld → Bad Zwischenahn	Me			Ausgeliefert
		VA+SS	–	10.02.44	Bad Zwischenahn	EKdo 16	Späte	K	
		VA+SS	–	08.04.44	Bad Zwischenahn	EKdo 16	Opitz, Rudolf	K	
		VA+SS	–	12.04.44	Bad Zwischenahn	EKdo 16	Opitz, Rudolf	K	
		VA+SS	–	14.05.44	Bad Zwischenahn	EKdo 16	Opitz, Rudolf	K	
		VA+SS	–	28.05.44	Bad Zwischenahn	EKdo 16	Kelb	K	Bei Kelbs Flug versagte das Triebewrk und bei der Landung gab es Probleme mit den Landeklappen
		VA+SS	–	30.05.44	Bad Zwischenahn	EKdo 16	–	–	25 % beschädigt bei US-Bombenangriff
B V22	16310031	GH+IA	–	13.08.43	Augsburg	Me	–	–	BAL
		GH+IA	–	?	Augsburg → Peenemünde	Me			Ausgeliefert
		GH+IA	–	24.09.43	Peenemünde	E-Stelle	Hohmann	K	
		GH+IA	–	27.09.43	Peenemünde	E-Stelle	Hohmann	K	Erprobung Kufenhydraulik
		GH+IA	–	28.09.43	Peenemünde	E-Stelle	Hohmann	K	Erprobung Kufenhydraulik
		GH+IA	–	10.10.43	Peenemünde	E-Stelle	Hohmann	K	
		GH+IA	–	?	Peenemünde → Insterburg	E-Stelle			Überführt
		GH+IA	–	26.11.43	Insterburg	E-Stelle	Hohmann	K	Vorführung vor Luftwaffenführungsstab
		GH+IA	–	?	Insterburg → Peenemünde	E-Stelle			Überführt
		GH+IA	–	06.12.40	Peenemünde → Augsburg	E-Stelle	–	–	Ausgeliefert per Eisenbahn
		GH+IA	–	?	Augsburg → Lechfeld	Me			Überführt
		GH+IA	–	01.05.44	Lechfeld	Me	–	–	Triebwerk-Standlauf
		GH+IA	–	17.05.44	Lechfeld	Me	–	–	3 Triebwerk-Standläufe am selben Tag
		GH+IA	–	19.05.44	Lechfeld	Me	Hohmann	K	Machte 2 Flüge am selben Tag
		GH+IA	–	20.05.44	Lechfeld	Me	–	–	Schwer beschädigt bei Unfall; Flugzeug am Boden durch B V3 gerammt, die den Schleppstart abbrechen musste. Triebwerk aus- und in B V18 eingebaut
B V23	16310032	(GH+IB)	–						Kein Eintrag. Siehe Siehe Anm. 11
B V24	16310033	(GH+IC)	–						Als FE502/T-2-502 nach Freeman Field/USA
B V25	16310034	GH+ID	–	21.07.44	Jesau	Kl	Voy	GS	
B V26	16310035	(GH+IE)	–	18.10.44	Oranienburg		Voy	GS	Machte 2 Flüge am selben Tag
B V27	16310036	GH+IF	–	29.06.44	Jesau	Kl	Voy	GS	
		GH+IF	–	?	Jesau → Oranienburg	Kl			Ausgeliefert

Ausf.	Werk-nummer	Kennung (Anm. 1)	Andere Markierung	Datum	Ort	Firma/Einheit (Anm. 2)	Flugzeugführer	Flug-modus	Bermerkungen
		GH+IF	–	17.12.44	Oranienburg	Ju	Voy	GS	
B V28	16310037	GH+IG	–	29.02.44	Bad Zwischenahn	EKdo 16	–	–	Triebwerk-Standerprobung
		GH+IG	–	24.04.44	Bad Zwischenahn	EKdo 16	–	–	Triebwerk-Standerprobung
		GH+IG	–	25.04.44	Bad Zwischenahn	EKdo 16	–	–	Triebwerk-Standerprobung
		GH+IG	–	30.07.44	Bad Zwischenahn	EKdo 16	–	–	Triebwerk-Standerprobung
		–	C1+01	14.08.44	Bad Zwischenahn	EKdo 16	?	K	
		–	C1+01	22.08.44	Bad Zwischenahn	EKdo 16	–	–	Triebwerk-Standerprobung
		–	C1+01	23.08.44	Bad Zwischenahn	EKdo 16	Lukas	K	Flugzeug 90% beschädigt; Lukas kam ums Leben
		–	C1+01	?	Bad Zwischenahn → Fassberg	EKdo 16			Abgegeben an Fliegertechnische Schule II
B V29	16310038	GH+IH	–	16.05.44	Wittmundhafen	1./JG 400	Voy	GS	Machte 4 Flüge am selben Tag
		GH+IH	–	18.05.44	Wittmundhafen	1./JG 400	Voy	GS	Machte 2 Flüge am selben Tag
		GH+IH	–	22.05.44	Wittmundhafen	1./JG 400	Voy	K	
		GH+IH	–	11.06.44	Wittmundhafen → Rechlin-Lärz	1./JG 400	Schiebeler	GS	Überführungsflug
		GH+IH	–	12.06.44 - 13.06.44	Rechlin-Lärz	1./JG 400	Opitz, Rudolf	K	RLM Vorführung (Göring, Milch, italienische und japanische Delegierte). Formationsflug mit 2 weiteren 163. Soloflug von Opitz; Flugzeug bei Landung beschädigt; Opitz verletzt; Schiebeler half bei Rettung. Siehe B V54
		GH+IH	–	?	Rechlin → Fassberg	?	–	–	Abgegeben an Fliegertechnische Schule II
B V30	16310039	GH+II	–	25.03.44	Bad Zwischenahn	EKdo 16	Opitz, Rudolf	GS	
		GH+II	–	29.03.44	Bad Zwischenahn	EKdo 16	Opitz, Rudolf	K	
		GH+II	–	17.07.44	Bad Zwischenahn	EKdo 16	Rolly	K	Flugzeug beschädigt
		–	C1+02	??.10.44	Bad Zwischenahn → Brandis	EKdo 16			Überführt. Siehe Anm. 7
		–	C1+02	29.10.44	Brandis	EKdo 16	Tegtmeier	K	
		–	C1+02	12.11.44	Brandis	EKdo 16	Wagner	K	Landung mit Fahrwerk
		–	C1+02	22.01.45	Brandis	EKdo 16	Wagner		Flugzeug 75 % beschädigt; Wagner kam ums Leben
B V31	16310040	GH+IJ	–	05.06.44	?	?	?	?	Beginn der Druckkabinen-Erprobung
		GH+IJ	–	17.07.44	Jesau	Kl	Voy	K	
		GH+IJ	–	19.07.44	Jesau	Kl	Voy	GS + K	Machte 4 Flüge am selben Tag (1., 2. u. 3. GS; 4. K)
		GH+IJ	–	?	Jesau → Brandis	Kl			Ausgeliefert
		GH+IJ	–	19.08.44	Brandis	?./JG 400	Opitz, Reinhard	GS	
		GH+IJ	–	20.08.44	Brandis	?./JG 400	Opitz, Reinhard	GS	
		GH+IJ	–	22.08.44	Brandis	?./JG 400	Opitz, Reinhard	GS	Machte 2 Flüge am selben Tag
		GH+IJ	–	02.10.44	Brandis	?./JG 400	Krutsch	GS	
B V32	16310041	GH+IK	–	24.02.44	Lechfeld	Me	Dittmar	GS	1. Flug. Überprüfung Notwurf Kabinenhaube
		GH+IK	–	18.03.44	Lechfeld	Me	–	–	Beschädigt bei US-Bombenangriff
		GH+IK	–	05.04.44	Lechfeld	Me	–	–	Triebwerk-Standlauf
		GH+IK	–	06.04.44	Lechfeld	Me	–	–	Triebwerk-Standlauf
		GH+IK	–	08.04.44	Lechfeld	Me	Dittmar	K	2. Flug
		GH+IK	–	13.04.44	Lechfeld	Me	Dittmar	K	3. Flug. Kufe bei Landung beschädigt
		GH+IK	–	13.04.44	Lechfeld	Me	–	–	Beschädigt bei US-Bombenangriff
		GH+IK	–	29.04.44	Lechfeld	Me	Dittmar	GS	4. Flug. Aufsetz-Versuche. Kufe bei Landung beschädigt
		GH+IK	–	03.06.44	Lechfeld	Me	–	–	Kufe und Kufenkasten repariert
		GH+IK	–	04.06.44	Lechfeld	Me	Peters	GS	5. Flug. Beim Startk konnte der E-Motor die Kufe nicht einziehen
		GH+IK	–	15.06.44	Lechfeld	Me	Dittmar	GS	6. und 7. Flug
		GH+IK	–	16.06.44	Lechfeld	Me	Peters	GS	8. Flug. Harte Landung
		GH+IK	–	23.06.44	Lechfeld	Me	Dittmar	GS	9. Flug
		GH+IK	–	23.06.44	Lechfeld	Me	Peters	GS	10. Flug
		GH+IK	–	25.06.44	Lechfeld	Me	Peters	GS	11. Flug. Aufsetz-Versuche. Kufe bei Landung beschädigt
		GH+IK	–	30.06.44	Lechfeld	Me	Peters	GS	12. Flug
		GH+IK	–	01.07.44	Lechfeld	Me	Peters	GS	13. Flug. Aufsetz-Versuche
		GH+IK	–	02.07.44	Lechfeld	Me	Peters	GS	14. und 15. Flug. Aufsetz-Versuche
		GH+IK	–	13.07.44	Lechfeld	Me	Peters	GS	16. Flug. Kabinendach-Abwurf bei 500 km/h
		GH+IK	–	06.08.44	Lechfeld	Me	Peters	GS	17. und 18. Flug. Aufsetz-Versuche
		GH+IK	–	16.08.44	Lechfeld	Me	Peters	GS	19. Flug
		GH+IK	–	17.08.44	Lechfeld	Me	Peters	GS	20. Flug
		GH+IK	–	26.08.44	Lechfeld	Me	Peters	GS	21. Flug. Erprobung der Hydraulik
		GH+IK	–	?	Lechfeld → Brandis	Me			Ausgeliefert
		GH+IK	–	06.10.44	Brandis	EKdo 16	–	–	Beschädigt gemeldet (Witterungsschaden). Flügel kommen an die B V18. Siehe Anm. 9
B V33	16310042	GH+IL	–	10.04.44	Bad Zwischenahn	EKdo 16	Opitz, Rudolf	GS	
		GH+IL	–	27.04.44	Bad Zwischenahn	EKdo 16	Opitz, Rudolf	GR	
		GH+IL	–	04.05.44	Bad Zwischenahn	EKdo 16	Opitz, Rudolf	K	Triebwerkausfall nach Start
		GH+IL	–	08.05.44	Bad Zwischenahn	EKdo 16	Opitz, Rudolf	K	
		GH+IL	–	10.05.44	Bad Zwischenahn	EKdo 16	Opitz, Rudolf	K	
		GH+IL	–	22.05.44	Bad Zwischenahn	EKdo 16	Opitz, Rudolf	K	Kampfeinsatz
		GH+IL	–	27.05.44	Bad Zwischenahn	EKdo 16	Nelte	K	
		GH+IL	–	30.05.44	Bad Zwischenahn	EKdo 16	–	–	Zerstört bei US-Bombenangriff
B V34	16310043	(GH+IM)	–	14.03.44	Bad Zwischenahn	EKdo 16	Opitz, Rudolf	GS	
		(GH+IM)	–	19.03.44	Bad Zwischenahn	EKdo 16	Opitz, Rudolf	K	
		(GH+IM)	–	21.03.44	Bad Zwischenahn	EKdo 16	Opitz, Rudolf	K	Waffenerprobung
B V35	16310044	GH+IN	–	22.02.44	Lechfeld	Me	?	GS	Landung im Schnee
		GH+IN	–	?	Lechfeld → Bad Zwischenahn	Me			Überführt
		GH+IN	–	28.06.44	Bad Zwischenahn	Kdo Hummel	Hohmann	GS	
		GH+IN	–	01.07.44	Bad Zwischenahn	Kdo Hummel	Hohmann	GS	
		GH+IN	–	05.08.44	Bad Zwischenahn	EKdo 16	Hohmann	GS	Funkerprobung mit FuG 25a
		GH+IN	–	05.08.44	Bad Zwischenahn	EKdo 16	Germann	GS	

Ausf.	Werk-nummer	Kennung (Anm. 1)	Andere Markierung	Datum	Ort	Firma/Einheit (Anm. 2)	Flugzeugführer	Flug-modus	Bermerkungen
		GH+IN	–	07.08.44	Bad Zwischenahn	EKdo 16	Hohmann	GS	Funkerprobung mit FuG 25a
		GH+IN	–	15.09.44	Bad Zwischenahn	EKdo 16	Hachtel	K	Funkerprobung mit FuG 25a
		–	C1+13	26.09.44	Bad Zwischenahn	EKdo 16	Tegtmeier	K	Funkerprobung mit FuG 25a
		–	C1+13	28.09.44	Bad Zwischenahn	EKdo 16	Tegtmeier	K	
		–	C1+13	??.10.44	Bad Zwischenahn → Brandis	EKdo 16			Überführt. Siehe Anm. 7
		–	C1+13	02.11.44	Brandis	EKdo 16	Tegtmeier	K	Kampfeinsatz?
		–	C1+13	03.11.44	Brandis	EKdo 16	Tegtmeier	K	Versuche mit Zielsuch-Ausrüstung
		–	C1+13	05.11.44	Brandis	EKdo 16	Heinzel	K	Fehllandung. Kufe und Spornrad beschädigt bei Aufprall auf Eisenbahngleis quer zur Startbahn
B V36	16310045	(GH+IO)	–	14.07.44	Jesau	KI	Voy	GS	
		(GH+IO)	–	21.07.44	Jesau	KI	Voy	K	
		(GH+IO)	–	28.07.44	Jesau	KI	Voy	GS + K	Machte 2 Flüge am selben Tag (1. tGS; 2. K)
B V37	16310046	GH+IP	–	26.06.44	Jesau	KI	Voy	GS	
		GH+IP	–	07.07.44	Jesau	KI	Voy	GS	
		GH+IP	–	11.07.44	Jesau	KI	Voy	GS	
B V38	16310047	GH+IQ	–	19.06.44	Bad Zwischenahn	EKdo 16	Nelte	GS	2. Flug. (Zeitpunkt des 1. Fluges unbekannt.). Notwasserung auf dem Zwischenahner Meer; Flugzeug aus Klemm-Fertigung 35 % beschädigt.
B V39	16310048	GH+IR	–	26.06.44	Bad Zwischenahn	EKdo 16	Oeltjen	K	
		GH+IR	–	28.06.44	Bad Zwischenahn	EKdo 16	Bialucha	K	
		GH+IR	–	15.08.44	Bad Zwischenahn	EKdo 16	–	–	75 % beschädigt bei US-Bombenangriff
		GH+IR	–	?	Bad Zwischenahn → Fassberg	EKdo 16	–	–	Abgegeben an Fliegertechnische Schule II
B V40	16310049	?	–	22.04.44	Bad Zwischenahn	EKdo 16	Opitz, Rudolf	GS	
		?	–	26.04.44	Bad Zwischenahn	EKdo 16	Opitz, Rudolf	GR	
		?	–	27.04.44	Bad Zwischenahn	EKdo 16	Opitz, Rudolf	GR	
		?	–	04.05.44	Bad Zwischenahn	EKdo 16	Späte	TG	
		?	–	10.05.44	Bad Zwischenahn	EKdo 16	Nelte	K	
		?	–	19.05.44	Bad Zwischenahn	EKdo 16	Nelte	K	Kampfeinsatz. Start abgebrochen
		?	–	22.05.44	Bad Zwischenahn	EKdo 16	Nelte	K	Kampfeinsatz; Feindberührung kam nicht zustande
		?	–	29.05.44	Bad Zwischenahn	EKdo 16	Opitz, Rudolf	K	Zwei Kampfeinsätze am selben Tag; beide ohne Feindberührungl (Me 163 von RAF „Spitfire" beim 2. Einsatz gesichtet)
		–	C1+03	??.10.44	Bad Zwischenahn → Brandis	EKdo 16			Überführt. Siehe Anm. 7
		–	C1+03	01.12.44	Brandis	EKdo 16	Oeltjen	K	
		–	C1+03	06.01.45	Brandis	EKdo 16	–	–	Triebwerksexplosion in Flugzeughalle
		–	C1+03	21.01.45	Brandis	EKdo 16	?	K	
		–	C1+03	22.01.45	Brandis	EKdo 16	Oeltjen	K	
		–	C1+03	16.02.45	Brandis	EKdo 16	?	K	
		–	C1+03	17.03.45	Brandis	?	Kuhn	K	
		–	C1+03	10.04.45	Brandis	?	Kuhn	K	
		–	C1+03	16.04.45	Brandis	–	–	–	In zerstörtem Zustand von US-Truppen vorgefunden
B V41	16310050	PK+QL	–	29.04.44	Bad Zwischenahn	EKdo 16	Böhner	GS	
		PK+QL	–	05.05.44	Bad Zwischenahn	EKdo 16	Böhner	GS	
		PK+QL	–	08.05.44	Bad Zwischenahn	EKdo 16	Böhner	GS	
		PK+QL	–	10.05.44	Bad Zwischenahn	EKdo 16	Böhner	K	
		PK+QL	–	11.05.44	Bad Zwischenahn	EKdo 16	Böhner	K	
		PK+QL	–	11.05.44	Bad Zwischenahn	EKdo 16	Nelte	K	
		PK+QL	–	11.05.44	Bad Zwischenahn	EKdo 16	Oeltjen	K	
		PK+QL	–	12.05.44	Bad Zwischenahn	EKdo 16	Oeltjen	K	
		PK+QL	–	14.05.44	Bad Zwischenahn	EKdo 16	Späte	K	Zwei Kampfeinsätze am selben Tag ohne Feindberührung (1. gegen einet P-47; beim 2. konnte Feindflugzeug nicht gefunden werden)
		PK+QL	–	28.05.44	Bad Zwischenahn	EKdo 16	Langer	K	Kampfeinsatz ohne Feindberührungl (Feindflugzeug nicht gefunden)
		PK+QL	–	17.06.44	Bad Zwischenahn	EKdo 16	Germann	K	
		PK+QL	–	02.07.44	Bad Zwischenahn	EKdo 16	Kelb	K	
		PK+QL	–	02.07.44	Bad Zwischenahn	EKdo 16	Ziegler	K	
		PK+QL	–	03.07.44	Bad Zwischenahn	EKdo 16	Kelb	K	
		PK+QL	–	03.07.44	Bad Zwischenahn	EKdo 16	Hachtel	K	
		PK+QL	–	04.07.44	Bad Zwischenahn	EKdo 16	Ziegler	K	
		–	C1+04	23.07.44	Bad Zwischenahn	EKdo 16	Lukas	K	
		–	C1+04	23.07.44	Bad Zwischenahn	EKdo 16	Germann	K	
		–	C1+04	26.07.44	Bad Zwischenahn	EKdo 16	Oeltjen	K	
		–	C1+04	26.07.44	Bad Zwischenahn	EKdo 16	Germann	K	
		–	C1+04	01.08.44	Bad Zwischenahn	EKdo 16	?	?	Bei Bruchlandung zu 60 % beschädigt
		–	C1+04	?	Bad Zwischenahn → Brandis	EKdo 16			Überführung unbestätigt. Siehe Anm. 7
		–	C1+04	02.01.45	Brandis	EKdo 16	Kuhn	K	
		–	C1+04	?	Brandis → Fassberg	EKdo 16	–	–	Gemäß Meldung vom 16.02.1945 wurde B V41 an die Fliegertechnische Schule II abgegeben
B V42	16310051	(PK+QM)	–						Kein Eintrag. Siehe Anm. 11
B V43	16310052	PK+QN	–	14.06.43	Augsburg → Lechfeld	Me			Zur Endmontage nach Lechfeld überführt
		PK+QN	–	09.03.44	Lechfeld	Me	Voy	GS	
		PK+QN	–	11.03.44	Lechfeld	Me	Voy	GS	
		PK+QN	–	17.03.44	Lechfeld	Me	Voy	K	
		PK+QN	–	?	Lechfeld → Wittmundhafen	Me			Überführt
		PK+QN	–	18.04.44	Wittmundhafen	1./JG 400	Voy	GS	
		PK+QN	–	19.04.44	Wittmundhafen	1./JG 400	Voy	K	
		PK+QN	–	29.04.44	Wittmundhafen	1./JG 400	Voy	GS	

Ausf.	Werk-nummer	Kennung (Anm. 1)	Andere Markierung	Datum	Ort	Firma/Einheit (Anm. 2)	Flugzeugführer	Flug-modus	Bermerkungen
		PK+QN	–	04.05.44	Wittmundhafen	1./JG 400	Voy	GS	
		PK+QN	–	10.05.44	Wittmundhafen	1./JG 400	Voy	GS	Machte 2 Flüge am selben Tag
		PK+QN	–	12.05.44	Wittmundhafen	1./JG 400	Voy	GS	Machte 2 Flüge am selben Tag
		PK+QN	–	13.05.44	Wittmundhafen	1./JG 400	Voy	K	
		PK+QN	–	22.05.44	Wittmundhafen	1./JG 400	Zimmermann	GS	
		PK+QN	–	14.06.44	Wittmundhafen → Lechfeld	1./JG 400			Ausgeliefert
		PK+QN	–	19.07.44	Lechfeld	Me	–	–	80 % beschädigt bei US-Bombenangriff
B V44	16310053	(PK+QO)	–	19.06.44	Wittmundhafen	1./JG 400	Schiebeler	K	
		(PK+QO)	–	29.06.44	Wittmundhafen	1./JG 400	Schiebeler	K	
B V45	16310054	PK+QP	–	30.05.44	Bad Zwischenahn	EKdo 16	–	–	15 % beschädigt bei US-Bombenangriff
		–	C1+05	19.07.44	Bad Zwischenahn	EKdo 16	Hachtel	K	
		–	C1+05	20.07.44	Bad Zwischenahn	EKdo 16	Hachtel	K	
		–	C1+05	22.07.44	Bad Zwischenahn	EKdo 16	Hachtel	K	
		–	C1+05	09.09.44	Bad Zwischenahn	EKdo 16	Hachtel	K	
		–	C1+05	10.09.44	Bad Zwischenahn	EKdo 16	Nelte	K	
		–	C1+05	10.09.44	Bad Zwischenahn	EKdo 16	Germann	K	
		–	C1+05	15.09.44	Bad Zwischenahn	EKdo 16	Nelte	K	
		–	C1+05	17.09.44	Bad Zwischenahn	EKdo 16	Hachtel	K	
		–	C1+05	28.09.44	Bad Zwischenahn	EKdo 16	Nelte	K	
		–	C1+05	??.10.44	Bad Zwischenahn → Brandis	EKdo 16			Überführt. Siehe Anm. 7
		–	C1+05	05.11.44	Brandis	EKdo 16	Hachtel	K	
		–	C1+05	13.11.44	Brandis	EKdo 16	Hachtel	K	Erprobung der „Jägerfaust"
		–	C1+05	24.12.44	Brandis	EKdo 16	Hachtel	K	Erprobung der „Jägerfaust". Flugzeug 40 % beschädigt durch vorzeitige Waffenzündung. Hachtel verletzt
		–	C1+05	08.04.45	Brandis	EKdo 16	Kuhn	K	
		–	C1+05	16.04.45	Brandis	–	–	–	In beschädigtem Zustand von US-Truppen vorgefunden
B V46	16310055	PK+QQ	–	19.05.44	Wittmundhafen	1./JG 400	Voy	GS + K	Machte 4 Flüge am selben Tag (1., 3. u.. 4. GS; 2. K)
		PK+QQ	–	22.05.44	Wittmundhafen	1./JG 400	Voy	K	
B V47	16310056	(PK+QR)	–	30.05.44	Bad Zwischenahn	EKdo 16	–	–	15 % beschädigt bei US-Bombenangriff
		(PK+QR)	C1+06	03.08.44	Bad Zwischenahn	EKdo 16	Hachtel	K?	
		(PK+QR)	C1+06	13.09.44	Bad Zwischenahn	EKdo 16	Nelte	K	
B V48	16310057	PK+QS	–	24.05.44	Wittmundhafen	1./JG 400	Voy	GS + K	Machte 3 Flüge am selben Tag (1. u.. 3.GS; 2. K)
		PK+QS	–	19.06.44	Wittmundhafen	1./JG 400	Schiebeler	K	
		PK+QS	–	??.07.44	Wittmundhafen → Brandis	1./JG 400			Überführt. Siehe Anm. 8
		PK+QS	–	14.08.44	Brandis	1./JG 400	Schiebeler	K	Kampfeinsatz
		PK+QS	–	11.10.44	Brandis	1./JG 400	Bott	K	Kampfeinsatz. Flugzeug zerstört; Bott verletzt
B V49	16310058	PK+QT	–	24.06.44	Jesau	KI	Voy	GS	
		PK+QT	–	25.06.44	Jesau	KI	Voy	GS	
		PK+QT	–	28.09.44	Brandis	1./JG 400	Rösle	K	Kampfeinsatz. Flugzeug 60 % beschädigt; Rösle schwer verletzt
B V50	16310059	PK+QU	–	12.05.44	Wittmundhafen	1./JG 400	Voy	GS	Machte 2 Flüge am selben Tag
		PK+QU	–	13.05.44	Wittmundhafen	1./JG 400	Voy	GR	
		PK+QU	–	15.05.44	Wittmundhafen	1./JG 400	Voy	GS	
		PK+QU	–	18.05.44	Wittmundhafen	1./JG 400	Voy	GS	
		PK+QU	–	19.07.44	Wittmundhafen	1./JG 400	Schiebeler	K	Kampfeinsatz ohne Feindberührung („Lightning"). Siehe Anm. 8
B V51	16310060	(GH+IT)	–						Kein Eintrag. Siehe Anm. 11
B V52	16310061	(GH+IU)	–	11.05.44	Wittmundhafen	1./JG 400	Voy	GS	
		(GH+IU)	–	11.06.44	Wittmundhafen	1./JG 400	Zimmermann	K	
		(GH+IU)	–	18.06.44	Wittmundhafen	1./JG 400	Zimmermann	K	Siehe Anm. 8
		–	Gelb 13	08.05.45	Husum	?./JG 400	–	–	Von Briten erbeutet
		–	Gelb 13	?	Husum → Farnborough	AM	–	–	Überführt an RAE Farnborough
		–	AM203	10.03.46	Farnborough → Dieppe	AM	–	–	Übergeben an französische Luftwaffe
B V53	16310062	GH+IV	–	25.06.44	Jesau	KI	Voy	GS	
		GH+IV	–	26.06.44	Jesau	KI	Voy	GS	
		GH+IV	–	?	Jesau → Brandis	KI			Überführt
		–	Weiß 9	04.08.44	Brandis	1./JG 400	Schiebeler	K	
B V54	16310063	GH+IW	–	18.05.44	Wittmundhafen	1./JG 400	Voy	GS	
		GH+IW	–	13.06.44	Wittmundhafen → Rechlin-Lärz	1./JG 400	Zimmermann	GS	Überführungsflug
		GH+IW	–	13.06.44	Rechlin-Lärz	1./JG 400		K	RLM Vorführung (Göring, Milch, italienische und japanische Delegierte). Start im Formationsflug mit 2 anderen Me 163. Siehe B V29
		GH+IW	–	14.06.44	Rechlin-Lärz → Wittmundhafen	1./JG 400		GS	Überführungsflug
		GH+IW	–	17.06.44	Wittmundhafen	1./JG 400		K	
		GH+IW	–	28.06.44	Wittmundhafen	1./JG 400		K	
B V55	16310064	GH+IX	–	09.05.44	Wittmundhafen	1./JG 400		GS	
		GH+IX	–	10.05.44	Wittmundhafen	1./JG 400		GS	Machte 3 Flüge am selben Tag
		GH+IX	–	15.05.44	Wittmundhafen	1./JG 400		K	
		GH+IX	–	19.05.44	Wittmundhafen	1./JG 400		GS	Machte 2 Flüge am selben Tag
		GH+IX	–	19.05.44	Wittmundhafen	1./JG 400		GS	
		GH+IX	–	07.07.44	Wittmundhafen	1./JG 400		K	2 Kampfeinsätze ohne Feindberührung am selben Tag (1. „Mustang"; 2. „Lightning")
		GH+IX	–	16.07.44	Wittmundhafen	1./JG 400		K	
		GH+IX	–	20.07.44	Wittmundhafen → Brandis	1./JG 400		GS	Überführt. Siehe Anm. 8
B V56	16310065	GH+IY	–	12.05.44	Wittmundhafen	1./JG 400		GS	
		GH+IY	–	16.05.44	Wittmundhafen	1./JG 400		GS	
		GH+IY	–	19.05.44	Wittmundhafen	1./JG 400		K	Machte 2 Flüge am selben Tag

Ausf.	Werk-nummer	Kennung (Anm. 1)	Andere Markierung	Datum	Ort	Firma/Einheit (Anm. 2)	Flugzeugführer	Flug-modus	Bermerkungen
		GH+IY	–	20.05.44	Wittmundhafen	1./JG 400		K	Machte 2 Flüge am selben Tag
		GH+IY	–	19.06.44	Wittmundhafen	1./JG 400		K	Siehe Anm. 8
B V57	16310066	GH+IZ	–	13.05.44	Wittmundhafen	1./JG 400		GR	
		GH+IZ	–	28.05.44	Wittmundhafen	1./JG 400		K	Flugzeug 15 % beschädigt; Böhner verletzt
		GH+IZ	–		Wittmundhafen → Jesau	1./JG 400			Überführt
		GH+IZ	–	29.06.44	Jesau	Kl		GS	
B V58	16310067	(GN+MA)	–						Kein Eintrag. Siehe Anm. 11
B V59	16310068	GN+MB	–	23.05.44	Wittmundhafen	1./JG 400		GS	
		GN+MB	–	24.05.44	Wittmundhafen	1./JG 400		GS	Machte 5 Flüge am selben Tag
		GN+MB	–	26.05.44	Wittmundhafen	1./JG 400		GS + K	Machte 2 Flüge am selben Tag (1. GS; 2. K)
		GN+MB	–	06.07.44	Wittmundhafen	1./JG 400		K	Kampfeinsatz
		GN+MB	–		Wittmundhafen → Oranienburg	1./JG 400			Ausgeliefert
		GN+MB	–	01.11.44	Oranienburg	Ju		GS	Machte 2 Flüge am selben Tag
B V60	16310069	(GN+MC)	–						Kein Eintrag. Siehe Anm. 11
B V61	16310070	GN+MD	–	13.06.44	Jesau	Kl		GS	
		GN+MD	–	24.06.44	Jesau	Kl		GS	
		GN+MD	–	25.06.44	Jesau	Kl		GS	
		GN+MD	–	26.06.44	Jesau	Kl		GS	
		GN+MD	–	?	Jesau → Brandis	Kl			Überführt
		GN+MD	–	07.10.44	Brandis	1./JG 400		K	2 Kampfeinsätze. Flugzeug zerstört beim Start zum 2. Einsatz. Schubert kam ums Leben
B V62	16310071	?	Weiße 7	28.09.44	Brandis	1./JG 400		K	Kampfeinsatz
		?	Weiße 7	07.10.44	Brandis	1./JG 400		K	Kampfeinsatz. Bei der Landung von „Mustang“ beschossen und zerstört. Zimmermann unverletzt
B V63	16310072	?	–	??.08.44	Lechfeld	Me → Kl		–	V63 Fertigstellung nicht vor Ende August 1943.
B V64	16310073	?	–	??.08.44	?	Me → Kl		–	V64 Fertigstellung nicht vor Ende August 1943.
B V65	16310074	?	–	??.08.44	?	Me → Kl		–	V65 Fertigstellung nicht vor Ende August 1943.
B V66	16310075	?	–	??.08.44	?	Me → Kl		–	V66 Fertigstellung nicht vor Ende August 1943.
B V67	16310076	?	–	??.08.44	?	Me → Kl		–	V67 Fertigstellung nicht vor Ende August 1943.
B V68	16310077	?	–	??.08.44	?	Me → Kl		–	V68 Fertigstellung nicht vor Ende August 1943.
B V69	16310078	?	–	??.08.44	?	Me → Kl		–	V69 Fertigstellung nicht vor Ende August 1943.
B V70	16310079	?	–	23.08.44	?	Me		–	V70 erwähnt in Mtt-Plan AM 75 e vom 20.08.43
B V1a	?	VA+EO	–	??.03.44	Augsburg	Me		–	Erwähnt in Messerschmitt-Bericht
		VA+EO	–	05.05.44	Augsburg → Lechfeld	*Me*		–	Überführt
		VA+EO	–	15.05.44	Lechfeld	*Me*		–	Flugfreigabe ohne Triebwerk
		VA+EO	–	25.05.44	Lechfeld	*Me*	Dittmar	GS	1. und 2. Flug
		VA+EO	–	26.05.44	Lechfeld	Me	Dittmar	GS	3. Flug
		VA+EO	–	30.05.44	Lechfeld	Me	Dittmar	GS	4. und 5. Flug
		VA+EO	–	04.06.44	Lechfeld	Me	-	-	Flugerprobung wegen Mangel an Schleppmaschinen vorläufig eingestellt
		VA+EO	–	22.06.44	Lechfeld	Me	Dittmar	GS	Flugerprobung wieder aufgenommen. 6. und 7. Flug
		VA+EO	–	23.06.44	Lechfeld	Me	Peters	GS	8. Flug
		VA+EO	–	12.08.44	Lechfeld	Me	Peters	GS	9. und 10. Flug am selben Tag. Abwurfversuche mit Kanzelhaube
		VA+EO	–	19.08.44	Lechfeld	Me	Dittmar	GS	11. Flug. Abkipp- und Trudelversuche
		VA+EO	–	20.08.44	Lechfeld	Me	Dittmar	GS	12. Flug. Abkipp- und Trudelversuche
		VA+EO	–	20.08.44	Lechfeld	Me	Peters	GS	13. Flug am selben Tag wie 12. Flug. Abwurfversuche mit Kanzelhaube
		VA+EO	–	24.08.44	Lechfeld	Me	Peters	GS	14. und 15. Flug. (14. Sturzflug; 15. Abwurfversuche mit Kanzelhaube)
		VA+EO	–	26.08.44	Lechfeld	Me	Peters	GS	16. Flug. Abwurfversuch mit Kanzelhaube
		VA+EO	–	02.09.44	Lechfeld	Me	Peters	GS	
		VA+EO	–	?	Lechfeld → Brandis	Me			Überführt
		VA+EO	–	06.10.44	Brandis	EKdo 16	-	-	Beschäfigt gemeldet (Witterungsschaden). Flügel für B V6 verwendet. Siehe Anm. 9
		–	C1+07						Frühere Identität unbekannt
		–	C1+08	10.01.45	Brandis	EKdo 16	Kuhn	K	Frühere Identität unbekannt
		–	C1+09						Frühere Identität unbekannt
		–	C1+10						Frühere Identität unbekannt

Fertigung der Me 163

Anhang 6

Es war den beiden Verfassern bis zur Herausgabe dieses Werkes nicht möglich, die genaue Anzahl der gebauten Me 163 festzustellen. Ebenso blieb offen, wie viele Me 163 das JG 400 und das EJG 2 in den letzten Kriegsmonaten tatsächlich erhielten. Die Fertigung der **Me 163 B** wurde im Februar 1945 eingestellt, da dieses Muster von der Me 263 (Ju 248) abgelöst werden sollte.

Die **Me 163 C** ging nie in Produktion. Die Firma Focke-Achgelis in Laupheim erhielt den Auftrag, vier Versuchsmuster zu bauen. Kurz nachdem sie damit angefangen hatte, wurde der Auftrag storniert.

Auch von der **Me 163 D** sollten zwei Prototypen gebaut werden, und zwar durch Umbau vorhandener Me 163. Die BV 18 wurde fertig gestellt und ging in den Versuch; die BV 13 befand sich im Stadium der Montage, als US-Truppen den Flugplatz Brandis am 16. April 1945 besetzten.

Aus Dokumenten geht hervor, dass die Lufthansa in Staaken zumindest drei zweisitzige Schulflugzeuge **Me 163 S** fertigte. Es handelte sich um Umbauten von Maschinen aus der Fertigung von Klemm.

Ausführung	Werknummer	Kennung	bestellte Anzahl	Hersteller	Ort der Endmontage	Bemerkungen
A V4	1630000001	KE+SW	1	Messerschmitt AG	Augsburg	
A V5	1630000002	GG+EA	1	Messerschmitt AG	Augsburg	
A V6 - V13	1630000003 - 1630000010	CD+IK - CD+IR	8	Messerschmitt AG	Augsburg	
B-0 V1	16310010	KE+SX	1	Messerschmitt AG	Augsburg	Bruchzelle laut Mtt-Plan TA 005/h vom 12.07.43
B-0 V2 - V4	16310011 - 16310013		3	Messerschmitt GmbH	Obertraubling	
B-0 V5	16310014	?	1	Messerschmitt GmbH	Obertraubling	Kennung unbestätigt
B-0 V6	16310015	?	1	Messerschmitt GmbH	Laupheim	Kennung unbestätigt. Nach der Bombardierung von Regensburg am 17. August 1945 wurde die Endmontage nach Augsburg verlagert.
B-0 V7	16310016	VD+EP	1	Messerschmitt GmbH	Augsburg	
B-0 V8	16310017	(VD+ER)	1	Messerschmitt GmbH	Augsburg	Kennung unbestätigt
B-0 V9	16310018	EC+AY	1	Messerschmitt GmbH Augsburg		
B-0 V10 - V13	16310019 - 16310022	?	7	Messerschmitt GmbH und Fahrzeugbau	Laupheim Lechfeld	Kennungen unbestätigt. Umbau der V13 zur Me 163 D bei Junkers.
B-0 V14 - V16	163100 3 - 16310025	VD+EW - (VD+EY)	3	Messerschmitt GmbH	Lechfeld	Kennung V16 unbestätigt.
B-0 V17	163100 6	?	1	?	?	Unbestätigt
B-0 V18 - V21	16310027 - 16310030	VA+SP - VA+SS	4	Messerschmitt GmbH	Lechfeld	Umbau der V18 zur Me 163 D bei Junkers.
B-0 V22	16310031	GH+IA	1	Messerschmitt GmbH	Lechfeld (Kl)	
B-0 V23 - V39	16310032 - 16310048	GH+IB - GH+IR	17	Messerschmitt GmbH	Lechfeld (Kl)	Fertigstellung bei Klemm. V23 unbestätigt.
B-0 V40	16310049	?	1	Messerschmitt GmbH	Lechfeld (Kl)	Kennung unbestätigt
B-0 V41 - V50	16310050 - 16310059	PK+QL - PK+QU	10	Messerschmitt GmbH	Jesau (Kl)	V48 unbestätigt. Ab V46 Ausstattung sämtlicher Me 163 mit MK 108.
B-0 V51 - V57	16310060 - 16310067	GH+IT - GH+IZ	7	Messerschmitt GmbH	Jesau (Kl)	V51 unbestätigt
B-0 V58 - V61	16310067 - 16310070	GN+MA - GN+MD	4	Messerschmitt GmbH	Jesau (Kl)	V58 und V60 unbestätigt
B-0 V62 - V69	16310071 - 16310078	?	8	Messerschmitt GmbH	?	V62 fertiggestellt. V63 - V69 unbestätigt
B-0 V1a	?	VA+EO	1	Messerschmitt AG	Augsburg	
B-0/R1	440001 - 440020	BQ+DU - BQ+UW	20	Klemm	Jesau und Oranienburg	Umbau 440008 und 440011 zu Me 163 S durch Lufthansa in Staaken
B-0/R2	440165 - 440195	?	31	Klemm	Jesau und Oranienburg	Umbau 440177 zu Me 163 S in Staaken. Bekannte Kennungen: DS+VV (440184) und TP+TN (440186)
B-0	190571 - 190 99	?	29	Baugesellschaft Antonienhof (Ju)	Oranienburg	Auslieferungen nicht abgeschlossen
B-0	191090 - 191101	?	12	Baugesellschaft Antonienhof (Ju)	Oranienburg	Auslieferungen nicht abgeschlossen
B-0	191102 - 191103	SC+VA - SC+VW	29	Baugesellschaft Antonienhof (Ju)	Oranienburg	Auslieferungen nicht abgeschlossen
B	191301 - 191330	?	30	Baugesellschaft Antonienhof (Ju)	Oranienburg	Auslieferungen nicht abgeschlossen
B	191441 - 191478	?	38	Baugesellschaft Antonienhof (Ju)	Oranienburg	Auslieferungen nicht abgeschlossen
B	191559 - 191563	?	5	Baugesellschaft Antonienhof (Ju)	Oranienburg	Auslieferungen nicht abgeschlossen
B-1a	191641 - 191660	?	10	Baugesellschaft Antonienhof (Ju)	Oranienburg	Auslieferungen nicht abgeschlossen
B	191742 - 191753	?	10	Baugesellschaft Wilhelminenhof	Oranienburg	Auslieferungen nicht abgeschlossen
B	191782 - 191789	?	8	Baugesellschaft Antonienhof (Ju)	Oranienburg	Auslieferungen nicht abgeschlossen
B-1a	191901 - 191919	?	19	Baugesellschaft Antonienhof (Ju)	Oranienburg	Auslieferungen nicht abgeschlossen
B	191922 - 191941	?	20	Baugesellschaft Antonienhof (Ju)	Oranienburg	Auslieferungen nicht abgeschlossen
B	191942 - 191965	?	24	Baugesellschaft Antonienhof (Ju)	Oranienburg	Auslieferungen nicht abgeschlossen

Gemäß „Scholle Dokumentation“ als Zulieferer am Bau der Me 163 beteiligte Firmen

Teile für Me 163	Firma	Standort	Fertigungs-kennzeichen	Bemerkungen
Messinstrumente für Heckeinheit	Seyfert & Donner/Strickmaschinen	Chemnitz, Beckstraße 7	?	
Montagetisch für Vorderholm	Möbelfabrik Julius Wilhelm	Themar (Thüringen)	loy	
Batterien	Deutsche Edison-Akkumulatoren-Co. GmbH (DEAC)	Berlin SW 11, Askanischer Platz 3	fzb	
Bugkegel	Junkers Flugzeug- u. Motorenwerke AG	Dessau	hwu	
Tragflächenmontage	Möbelfabrik Theodor Puklitzsch	Zeitz	lng	Eine Plakette der Firma befindet sich an der im RAF-Museum Cosford stehenden Me 163 B (W.Nr. 191416)
Kappen für Flügelspitzen	Möbelfabrik Greifzu & Co	Themar (Thüringen)	lox	
Kappen für Flügelspitzen	Möbelfabrik Adolf Wildt K-G.	Neustadt/Orla	ndt	
Hauptkraftstoffbehälter (Flügel)	Schulte	Berlin-Heiligensee, Henningsdorferstraße 137 – 143	?	
Kanzel-Kraftstoffbehälter	Gummiwerk Ballenstedt GmbH	Ballenstedt/Harz	mvg	
Kanzelhaube	Henze	Eilenburg	?	
Antriebspropeller für Lichtmaschine Typ Seppeler	Rietberg-Werke AG	Rietberg	fck	
Kanzelhaube	W. Kopperschmidt & Söhne (WKS)	Blumberg/Baden	khb	
Kanzelhaube	Chemische Fabrik Röhm & Haas	Darmstadt, Weiterstädterstraße 38 – 42	gwk	
Hintere Waffenhalterung	Luftfahrt-Apparatebau GmbH	Berlin SO 36, Schlesische Straße 26	haq, mjy, ngk	
Landeklappen, Trimm-klappen, Querruder	Möbelfabrik C. Fleischer & Sohn	Eilenburg	cxu	
Kraftstoffbehälter Vorderflügel	Metalloxyd GmbH	Berlin O 17, Alte Stralau 54/55	hxv	
Tragflügel-Vorderkanten	Reussische Möbelfabrik Carl Simmering	Zeulenroda/Thüringen	lsg	
Tragflügel-Vorderkanten	Möbelfabrik Arnstadt & Nellenschulte	Zeulenroda/Thüringen	lrp	
Tragflügel-Vorderkanten	Pianoforte-Fabrik Albert Fahr	Zeitz	djv	
Tragflügel-Vorderkanten	Möbelfabrik August Möller	Themar/Thüringen	lrd	
Kanzel-, Rumpf- und Flügelmontage	Zeulenrodaer Kunstmöbelwerke Albin May	Zeulenroda/Thüringen	ayv	
Halterungen für Startwagen	Elektron-Co GmbH (EC)	Stuttgart-Bad Cannstatt, Pragstraße 56	hlm	Eine Plakette der Firma befindet sich an der im Museum East Fortune stehen-den Me 163 B (W.Nr. 191659)
Rippen, Holme, Nasenklappen, Flügelkraftstoffbehälter	Möbelfabrik Robert Paul K.-G.	Zeulenroda/Thüringen	nds	
Rippen, Holme, Nasenklappen, Flügelkraftstoffbehälter	Möbelfabrik und Dampfsägewerk Robert Thummernicht	Teschen/Oberschlesien	lvu	
Startwagen-Gestell	Gärtner	Heilbronn	?	
Rumpf	Sitzmöbelfabrik Walter Knoll & Co	Herrenberg/Württemberg	jyf	
Rumpf	Band- und Gurtweberei C. J. Schickhardt	Ebhausen/Württemberg	?	bekannt als Karo
Rumpf, Trimmklappen, Querruder	Büro-Einrichtungsfabriken GmbH Fortschritt	Freiburg im Breisgau	lhh	
Rumpf	Kinderwagenfabrik Ernst Albert Naether	Zeitz, Judengasse 2	kuk	
Rumpf-Kraftstoffbehälter	Leichtflugzeugbau Hanns Klemm (LFK)	Böblingen/Württemberg	hlo	
Rumpf-Kraftstoffbehälter	Herdfabrik Richard Wiest	Kirchheim unter Teck	efk	
Kraftstoffbehälter für Rumpf, Hauptflügel- u. Vorderflügel	Neue Kühler- und Flugzeugteile-Fabriken Kurt Hodermann (NFK)	Zweigwerk Polsnitz bei Freiburg/Schlesien	jau	
Treibstoff-Ablassventil	Aero-Bau Heinrich Lehmann GmbH	Berlin SN 29, Bergmannstraße 102	ezx	Zulieferer war die Firma KAF in Lörrach
Tragflügel	Jahn	Zeulenroda/Thüringen	?	
Tragflügelzubehör, Flügelmontage	Max Retsch Nachfolger	Eisenberg/Thüringen	bdv	
Flächenmontage	Möbelfabrik Alexander Schwarz	Themar/Thüringen	eko	
Flächenmontage	Möbelfabrik Emil Tippmann	Triebes/Thüringen	lsh	
Fertigungslehren	Schuhfabrik Max Detzner	Weißenfels/Bayern	?	
Trimmklappen, Querruder	Christian Kern, Inh. E. Kern und H. Fischer	Probstzella	kpr	
Fertigungslehren für Trimmklappen und Querruder	Ossberger Turbinenfabrik	Weißenburg/Bayern	onq	

Die Fertigungskennzeichen samt Zuweisungen entstammen der 1944 vom HWA (Wa Z 2) herausgegebenen *Liste der Fertigungskennzeichen für Waffen, Munition und Gerät.*

Auslieferung von Me 163 B und Me 163 S von Juli 1944 bis März 1945

Monat	Ausführung	Werkslieferung				Nachgerüstete Flugzeuge	Lieferung von		Lieferung an				Insgesamt	Bemerkungen
		Neu	Instandgesetzt	Umgebaut	In Instandsetzung		Werksnachrüstung	Werksumbau	Luftflotte Reich	General der Flieger-Ausbildung	Andere u. Firmenumbauten	OKL-Reserve		
Juli 1944	Me 163	19	–	–	–	–	–	–	16	–	3	–	19	n. a. Ang.: 3 an *Höh.Vers.Stelle* [sic][1]
August 1944	Me 163	10	–	–	–	–	–	–	9	–	1	–	10	n. a. Ang.: 1 an Erprobungsstelle
September 1944	Me 163	28	–	–	–	–	–	–	28	–	–	–	28	
Oktober 1944	Me 163	61	4	1	1	–	–	–	20	–	47	–	67	n. a. Ang.: 3 an TLR, 2 an EKdo 16, 42 umgebaut
November 1944	Me 163	22	4	41	–	–	–	–	35	–	32	–	67	n. a. Ang.: 20 an EJG, 10 umgebaut, 1 an TLR, 1 an EKdo 16
Dezember 1944	Me 163	89	1	–	–	58	–	–	26	–	6	–	32	n. a. Ang.: 3 an EJG, 2 = Me 163 S, 1 an TLR
Dezember 1944	Me 163 S	–	–	1	–	–	–	–	–	–	1	–	1	n. a. Ang.: 1 an EJG 2
Januar 1945	Me 163	30	1	–	–	–	58	–	4	–	3	82	89	n. A. Ang.: 3 an Ekdo 16
Januar 1945	Me 163 S	–	–	–	–	–	–	2	–	–	2	–	2	n. a. Ang.: 1 an TLR, 1 an EJG
Februar 1945	Me 163	3	–	–	–	–	–	–	–	–	–	3	3	
Februar 1945	Me 163 S	–	–	–	–	–	–	3	–	–	1	2	3	n. a. Ang.: 1 an *III./EJG 2* [sic][2]
März 1945	Me 163	4	–	–	–	–	–	–	–	–	–	4	4	
Insgesamt		**266**	**10**	**43**	**1**	**58**	**58**	**5**	**138**		**96**	**91**	**325**	

Quelle: Generalquartiermeister (6. Abt. III C) monatliche Auslieferungen von Juli 1944– März 1945

Anzahl der Auslieferungen: 319 Me 163 B und 6 Me 163 S. Unter den 319 als Me 163 B beschriebenen Flugzeugen befanden sich 11 instandgesetzte bzw. noch in Instandsetzung befindliche Maschinen. Bemerkenswert ist die große Zahl der in Reserve gehaltenen Flugzeuge – insgesamt 91, davon 89 beim OKL.

Fußnoten

1 Der Begriff *Höh.Vers.Stelle* (Höhere Versuchsstelle) ist falsch und lautet korrekt *Versuchsstelle für Höhenflüge* (Oranienburg).

2 Dies ist falsch. Die Schulung an der Me 163 führte die IV./EJG 2 durch.

Anhang 7 Flugbuch-Einträge für Serienmuster

Die nachfolgende Tabelle stellt die Flugbucheinträge der von Klemm und Messerschmitt gebauten Me 163-Serienmuster zusammen.

Anmerkungen

1) Die *Namentliche Verlustmeldung* zum Tod von Unteroffizier Manfred Eisenmann gibt die Me 163 W.Nr. 440013 (BQ+DU) an. Wahrscheinlich liegt bezüglich der Kennung ein Irrtum vor; korrekt müsste sie lauten BQ+UP.
2) Die Flugerprobung der von Jesau nach Oranienburg überführten Me 163 fand vom 4. bis 21. August 1944 statt.
3) Diese Maschinen wurden als erste des Bauloses ausgeliefert.
4) Nach dem Flugbuch von Karl Voy handelte es sich um die BQ+WU.
5) Die Art der Überführung nennt das Flugbuch Voys nicht.
6) Baugesellschaft Antonienhof (Junkers) in Oranienburg. Flugzeuge mit den Werknummern 191744–191753 und 191922–191944 durchliefen im Dezember 1944/Januar 1945 die Abnahme der *Bauaufsicht Luft* (BAL).

Abkürzungen

BGA	Baugesellschaft Antonienhof
DLH	Deutsche Lufthansa
Ju	Junkers Flugzeug- und Motorenwerke AG
Kl	Klemm-Flugzeugbau GmbH
K	Konventioneller Start
GS	Schleppstart mit anschließendem Segelflug
GR	Schleppstart, Weiterflug mit Raketentriebwerk
RS	Raketentriebwerk-gestützter Start, „scharfer Start"

Ausf.	Werk-nummer	Kennung	Einheits-Markierung	Zeitpunkt	Ort	Firma / Einheit	Flugzeugführer	Flug-modus	Bemerkungen
B	440001	BQ+UD	-	26.05.44	Wittmundhafen	1./JG 400	Voy	GS	Siehe Anmerkung 1
B	440002	BQ+UE	-	19.06.44	Jesau	Kl	Voy	GS + K	Machte 4 Flüge an einem Tag (1., 2., 3. GS; 4. K)
		BQ+UE	-	21.06.44	Jesau	Kl	Voy	GS + K	Machte 2 Füge an einem Tag (1.GS; 2. K). Maschine beim 2. Flug zerstört, Voy stieg aus
B	440003	BQ+UF	-	26.08.44	Oranienburg	BGA	Voy	K	
		BQ+UF	-	02.11.44	Brandis	1./JG 400	Bollenrath	K	Kampfeinsatz. Flugzeug zerstört; Bollenrath gefallen
B	440004	BQ+UG	-	20.06 44	Jesau	Kl	Voy	GS	
B	440005	BQ+UH	-		Jesau	Kl	?	?	Es gibt ein Foto von der Außenlandung bei Jesau
B	440006	BQ+UI	-	20.06.44	Jesau	Kl	Voy	GS	
		BQ+UI	-	20.02.45	Brandis	I./JG 400		K	Flugzeug 30% beschädigt
B	440007	BQ+UJ	-	23.06.44	Jesau	Kl	Voy	GS	
		BQ+UJ	-	30.07.44	Jesau	Kl	Voy	GS	
		BQ+UJ	-	02.11.44	Brandis	2./JG 400	Rolly	K	Kampfeinsatz. Flugzeug zerstört; Rolly gefallen
B	440008	(BQ+UK)	C1+11	30.07.44	Jesau	Kl	Voy	GS	
		(BQ+UK)	C1+11	31.07.44	Jesau	Kl	Voy	GS	Machte 5 Flüge an einem Tag
		(BQ+UK)	C1+11	?	Jesau → Oranienburg	Kl	?	?	Ausgeliefert
		(BQ+UK)	C1+11	23.08.44	Oranienburg	BGA	Voy	GR?	
		(BQ+UK)	C1+11	24.08.44	Oranienburg	BGA	Voy	K	
		(BQ+UK)	C1+11	25.08.44	Oranienburg → Staaken	BGA	Voy	GS	Überstellung an DLH für Änderungen
		(BQ+UK)	C1+11	?	Staaken → Brandis	DLH	?	?	Ausgeliefert
		(BQ+UK)	C1+11	24.11.44	Brandis	EKdo 16	Oeltjen	K	
		(BQ+UK)	C1+11	27.01.45	Brandis	EKdo 16	Oeltjen	K	
B	440009	BQ+UL	-	26.07.44	Venlo	2./JG 400	Rolly		Flugzeug 25% beschädigt bei Landung
B	440010	BQ+UM	-	25.07.44	Jesau	Kl	Voy	GS	Machte 2 Flüge an einem Tag
B	440011	BQ+UN	-	11.07.44	Jesau	Kl	Voy	GS	
B	440012	BQ+UO	-	27.07.44	Jesau	Kl	Voy	GS	Machte 2 Flüge an einem Tag
B	440013	BQ+UP	-	27.08.44	Oranienburg	BGA	Voy	K	
		BQ+UP	-	07.10.44	Brandis	2./JG 400	Eisenmann	K	Kampfeinsatz. Flugzeug zerstört; Eisenmann gefallen. Siehe Anmerkung 1
B	440014	BQ+UQ	-	27.07.44	Jesau	Kl	Voy	GS	
B	440015	BQ+UR	-	26.07.44	Jesau	Kl	Voy	GS	Machte 2 Flüge an einem Tag
		BQ+UR	-	29.07.44	Jesau	Kl	Voy	K	
		(BQ+UR)	?	09.02.45	Brandis	?./JG 400	Zielsdorf	K	Flugzeug 90% beschädigt; Zielsdorf verletzt
B	440016	BQ+US	-	04.08.44	Jesau	Kl	Voy	GS	Siehe Anmerkung 2
		BQ+US	-	21.08.44	Oranienburg	BGA	Voy	GS	
		BQ+US	-	23.08.44	Oranienburg	BGA	Voy	K	
		BQ+US	Blaue 12	28.09.44	Brandis	Erg.St./JG 400	Opitz, Reinhard	K	
		BQ+US	Blaue 12	12.10.44	Brandis	Erg.St/JG 400	Frömert, Herbert	K	
		BQ+US	Blaue 12	17.12.44	Udetfeld	13./EJG 2	Giesl, Hermann	K	Absturz ostwärts Tschenstochau, Giesl tot.
B	440017	(BQ+UT)	-						Nichts Näheres bekannt
B	440018	BQ+UU	-	25.05.44	Wittmundhafen	1./JG400	Voy	GS	Machte 2 Flüge an einem Tag. Siehe Anmerkung 3
B	440019	(BQ+UV)	-						Nichts Näheres bekannt
B	440020	BQ+UW	-	26.05.44	Wittmundhafen	1./JG 400	Voy	GS + K	Machte 2 Flüge an einem Tag (1st GS; 2nd K). Siehe Anmerkungen 3 and 4
B	440165	?	?	31.08.44	Oranienburg	BGA	Voy	GS + K	Machte 3 Flüge an einem Tag (1. u. 2. GS; 3. K)
				07.10.44	Brandis	2./JG 400	Husser	K	Kampfeinsatz. Flugzeug 65% beschädigt; Husser schwer verletzt
B	440166	?	?	29.07.44	Jesau	Kl	Voy	GS	

Ausf.	Werk-nummer	Kennung	Einheits-Markierung	Zeitpunkt	Ort	Firma / Einheit	Flugzeugführer	Flug-modus	Bemerkungen
B	440167	?	-						Nichts Näheres bekannt
B	440168	?	?	02.12.44	Oranienburg	BGA	Voy	GS	
B	440169	?	?	31.08.44	Oranienburg	BGA	Voy	K	Flugzeug zerstört; Voy ausgestiegen
B	440170	?	?	30.08.44	Oranienburg	BGA	Voy	GS	Machte 2 Flüge an einem Tag
B	440171	?	?	07.09.44	Oranienburg	BGA	Voy	GS	
B	440172	?	?	19.11.44	Brandis	1./JG 400	Müller	K	Flugzeug 50% beschädigt; Müller verletzt
B	440173	?	?	15.09.44	Oranienburg	BGA	Voy	K	
S?	440174 - 176	?	-						Nichts Näheres bekannt
S	440177	?	?	23.01.45	Staaken → Oranienburg	DLH	Voy	GS	Überführungsflugzur BGA
S?	440178	?	-						Nichts Näheres bekannt
B	440179	?	?	23.09.44	Oranienburg	BGA	Voy	GS	Machte 2 Flüge an einem Tag
B	440180	?	?	25.09.44	Oranienburg	BGA	Voy	GS	
				26.09.44	Oranienburg	BGA	Voy	GS	
				27.09.44	Oranienburg	BGA	Voy	GS	
B	440181	?	?	24.09.44	Oranienburg	BGA	Voy	GS	
B	440182	?	?	25.09.44	Oranienburg	BGA	Voy	GS	Machte 2 Flüge an einem Tag
B	440183	?	-						Nichts Näheres bekannt
B	440184	DS+VV	-	19.09.44	Oranienburg	BGA	Voy	GS	
		DS+VV	-	20.09.44	Oranienburg	BGA	Voy	GS	Machte 3 Flüge an einem Tag
		DS+VV	Weiße 2	10.02.45	Brandis	1./JG 400	Mohr	K	Flugzeug zerstört; Mohr ums Leben gekommen
B	440185	?	?						Nichts Näheres bekannt
B	440186	TP+TN	Weiße 8	02.11.44	Brandis	1./JG 400	Straznicky	K	Kampfeinsatz. Flugzeug zerstört westl. Delitzsch; Straznicky gefallen
B	440187	?	-	24.09.44	Oranienburg	BGA	Voy	GS	
B	440188	?	-						Nichts Näheres bekannt
B	440189	?	-	24.09.44	Oranienburg	BGA	Voy	GS	Machte 2 Flüge an einem Tag
		?	-	26.09.44	Oranienburg	BGA	Voy	GS	
B	440190 - 192	?	-						Nichts Näheres bekannt
B	440193	?	-	26.09.44	Oranienburg	BGA	Voy	GS	Machte 3 Flüge an einem Tag
B	440194	?	?						Nichts Näheres bekannt
B	440195	?	?	10.01.45	Brandis	Ju	Pancherz	K?	
S	440???	?	?	29.12.44	Staaken	DLH	Peters	GS	
		?	?	29.12.44	Staaken → Brandis	Ju	Peters / Geyling	GS	Auslieferungflug, geschleppt von Pancherz (Ju) in Bf 110, PJ+LS
		?	?	22.01.45	Brandis	Ju	Pancherz		
B	190571	?	?	28.09.44	Oranienburg	BGA	Voy	GS + K	Machte 3 Flüge an einem Tag (1., 2. GS; 3. K)
B	190572	?	?	29.09.44	Oranienburg	BGA	Voy	GS	Machte 3 Flüge an einem Tag
B	190573	?	?	11.02.45	Brandis	?	?	?	Flugzeug 80 % beschädigt
B	190574 - 575	?	-						Nichts Näheres bekannt
B	190576	?	-	30.09.44	Oranienburg		Voy	GS	Machte 3 Flüge an einem Tag
		?	?	08.03.45	Brandis	?./JG 400	Päsold	K?	Flugzeug 45 % beschädigt
B	190577	?	-						Nichts Näheres bekannt
B	190578	?	-	02.10.44	Oranienburg		Voy	GS	Machte 2 Flüge an einem Tag
		?	?	20.02.45	Brandis	?./JG 400	Berger	K	Flugzeug zerstört; Berger verletzt
B	190579	?	?						Nichts Näheres bekannt
B	190580	?	?	07.10.44	Oranienburg		Voy	GS	Machte 2 Flüge an einem Tag
B	190581	?	?	05.10.44	Oranienburg		Voy	GS	
B	190582	?	-						Nichts Näheres bekannt
B	190583	?	?	07.10.44	Oranienburg		Voy	GS	
				11.10.44	Oranienburg		Voy	GS	Machte 2 Flüge an einem Tag
B	190584 - 586	?	-						Nichts Näheres bekannt
B	190587	?	?	18.10.44	Oranienburg	BGA	Voy	GS	
				19.10.44	Oranienburg	BGA	Voy	GS	
B	190588	?	?	07.10.44	Oranienburg	BGA	Voy	GS	
B	190589 - 592	?	-						Nichts Näheres bekannt
B	190593	?	?	05.10.44	Oranienburg	BGA	Voy	GS	Machte 3 Flüge an einem Tag
		?	?	15.02.45	Brandis	?./JG 400	?	K	Flugzeug zerstört SW Böhlen; Flugzeugführer unverletzt
B	190594 - 596	?	-						Nichts Näheres bekannt
B	190597	?	?	25.10.44	Oranienburg	BGA	Voy	K	Siehe Anmerkung 2
B	190598	?	Weiße 10	20.02.45	Brandis	1./JG 400	Löscher	K	
			Weiße 10	22.02.45	Brandis	1./JG 400	Löscher	K	
B	190599	?		04.11.44	Oranienburg	BGA	Voy	GS	Machte 2 Flüge an einem Tag
B	191090	?	?	08.05.45	Husum	?./JG 400	-	-	Zur weiteren Geschichte siehe Kapitel 16
B	191091	?	?	21.10.44	Oranienburg	BGA	Voy	GS	Machte 2 Flüge an einem Tag. Siehe Anmerkung 2
B	191092	?	-						Nichts Näheres bekannt
B	191093	?	?	25.10.44	Oranienburg	BGA	Voy	GS	Siehe Anmerkung 2
B	191094	?	-	02.11.44	Oranienburg	BGA	Voy	GS	Siehe Anmerkung 2
		?	-	03.11.44	Oranienburg	BGA	Voy	GS	
		?	-	07.11.44	Oranienburg	BGA	Voy	GS	
		?	-	20.11.44	Oranienburg	BGA	Voy	GS	
		?	-	21.11.44	Oranienburg	BGA	Voy	GS	

Ausf.	Werk-nummer	Kennung	Einheits-Markierung	Zeitpunkt	Ort	Firma / Einheit	Flugzeugführer	Flug-modus	Bemerkungen
		?	-	11.12.44	Oranienburg → Brandis	BGA	?	?	Ausgeliefert an EKdo 16 zur Ausrüstung mit Marschofen
		?	-	19.12.44	Brandis	Ju	-	-	Von EKdo 16 abgelehnt und der Junkers Abteilung 700 in Brandis überstellt wegen Junkers-Geschwindigkeitsbegrenzung auf 750 km/h
		?	-	20.01.45	Brandis	Ju	Pancherz	GS?	
B	191095	?	?	08.05.45	Husum	?./JG 400	-	-	Zur weiteren Geschichte siehe Kapitel 16
B	191096 - 097	?	-						Nichts Näheres bekannt
B	191098	?	?	05.11.44	Oranienburg	BGA	Voy	GS	Machte 2 Flüge an einem Tag
B	191099	?	-	07.11.44	Oranienburg	BGA	Voy	GS	Machte 2 Flüge an einem Tag
			-	08.11.44	Oranienburg	BGA	Voy	GS	
B	191100 - 101	?	-						Nichts Näheres bekannt
B	191102	SC+VA	-	19.11.44	Brandenburg Briest → Oranienburg	BGA	Voy	GS?	Überführungsflug. Siehe Anmerkung 5
B	191103 - 109	(SC+VB / VH)	-						Nichts Näheres bekannt
B	191110	(SC+VI)	?	10.12.44	Sprottau	14./EJG 2	Löscher	GS	
		(SC+VI)	?	23.12.44	Sprottau	14./EJG 2	Löscher	GS	
		(SC+VI)	?	23.12.44	Sprottau	14./EJG 2	Jung	GS	
		(SC+VI)	?	28.12.44	Sprottau	14./EJG 2	Löscher	TG	
B-0/R2	191111	(SC+VJ)	Weiße 22	11.02.45	Brandis	1./JG 400	Schüller	K	Flugzeug 15 % beschädigt; Schüller verletzt
B	191112 - 115	(SC+VK / VN)	-						Nichts Näheres bekannt
B	191116	SC+VO	-	20.11.44	Oranienburg	BGA	Voy	GS	
B	191117 - 118	(SC+VP / VQ)	-						Nichts Näheres bekannt
B	191119	SC+VR	-	11.11.44	Oranienburg	BGA	Voy	GS	
		SC+VR	-	13.11.44	Oranienburg	BGA	Voy	GS	
B	191120	(SC+VS)	-						Nichts Näheres bekannt
B	191121	(SC+VT)	?	13.12.44	Sprottau	14./EJG 2	Löscher	GS	
		(SC+VT)	?	17.12.44	Sprottau	14./EJG 2	Jung	GS	
B	191122	SC+VU	-	21.11.44	Oranienburg	BGA	Voy	GS	
B	191123	(SC+VV)	-						Nichts Näheres bekannt
B	191124	SC+VW	-	19.11.44	Brandenburg-Briest → Oranienburg	BGA	Voy	GS?	Überführungsflug. Siehe Anmerkung 5
		SC+VW	-	20.11.44	Oranienburg	BGA	Voy	GS	
B	191301	?	-	03.12.44	Oranienburg	BGA	Voy	GS	Machte 2 Flüge an einem Tag. Zur weiteren Geschichte siehe Kapitel 16
B	191302	?	?	12.12.44	Sprottau	14./EJG 2	Löscher	GS	
		?	?	22.12.44	Sprottau	14./EJG 2	Jung	GS	
B	191303	?	-	02.12.44	Oranienburg	BGA	Voy	GS	Machte 3 Flüge an einem Tag
B	191304	?	-	17.12.44	Oranienburg	BGA	Voy	GS	
B	191305 - 306	?	-						Nichts Näheres bekannt
B	191307	?	-	17.12.44	Oranienburg	BGA	Voy	GS	
B	191308	?	-						Nichts Näheres bekannt
B	191309	?	-	22.12.44	Oranienburg	BGA	Voy	GS	
		?	-	?	Oranienburg → Husum	BGA	?	?	Ausgeliefert
		?	?	08.05.45	Husum	?./JG 400	-	-	Zur weiteren Geschichte siehe Kapitel 16
B	191310	?	-						Nichts Näheres bekannt
B	191311	?	-	17.12.44	Oranienburg	BGA	Voy	GS	
B	191312	?	-						Nichts Näheres bekannt
B	191313	?	-	13.01.45	Oranienburg	BGA	Voy	GS	Machte 2 Flüge an einem Tag
B	191314	?	-						Nichts Näheres bekannt
B	191315	?	-	22.12.44	Oranienburg	BGA	Voy	GS	
		?	?	08.05.45	Husum	?./JG 400	-	-	Zur weiteren Geschichte siehe Kapitel 16
B	191316	?	Gelbe 6	08.05.45	Husum	?./JG 400	-	-	Zur weiteren Geschichte siehe Kapitel 16
B	191317	?	-						Nichts Näheres bekannt
B	191318	?	-	02.12.44	Oranienburg	BGA	Voy	GS	
B	191319	?	-	11.12.44	Oranienburg	BGA	Voy	GS	
B	191320	?	?	17.12.44	Sprottau	14./EJG 2	Löscher	GS	
		?	?	23.12.44	Sprottau	14./EJG 2	Jung	GS	
B	191321 - 323	?	-						Nichts Näheres bekannt
B	191324	?	-	02.12.44	Oranienburg	BGA	Voy	GS	
B	191325	?	-						Nichts Näheres bekannt
B	191326	?	-	06.12.44	Oranienburg	BGA	Voy	GS	Machte 2 Flüge an einem Tag
		?	-	07.12.44	Oranienburg	BGA	Voy	GS	
		?	-	08.12.44	Oranienburg	BGA	Voy	GS	
		?	-	17.12.44	Oranienburg	BGA	Voy	GS	
B	191327	?	-	17.12.44	Oranienburg	BGA	Voy	GS	Machte 2 Flüge an einem Tag
B	191328	?	-	09.12.44	Oranienburg	BGA	Voy	GS	Machte 2 Flüge an einem Tag
B	191329	?	?	08.05.45	Husum	?./JG 400	-	-	Zur weiteren Geschichte siehe Kapitel 16
B	191330	?	-	17.12.44	Oranienburg		Voy	GS	
		?	?	08.05.45	Husum	?./JG 400	-	-	Zur weiteren Geschichte siehe Kapitel 16
B	191441	?	-	17.12.44	Oranienburg	BGA	Voy	GS	Machte 2 Flüge an einem Tag

Ausf.	Werk-nummer	Kennung	Einheits-Markierung	Zeitpunkt	Ort	Firma / Einheit	Flugzeugführer	Flug-modus	Bemerkungen
B	191442 - 453	?	-						Nichts Näheres bekannt
B	191454	?	Gelbe 11	08.05.45	Husum	?./JG 400	-	-	Zur weiteren Geschichte siehe Kapitel 16
B	191455 - 460	?	-						Nichts Näheres bekannt
B	191461	?	?	08.05.45	Husum	?./JG 400	-	-	Zur weiteren Geschichte siehe Kapitel 16
B	191462	?	-	17.01.45	Oranienburg	BGA	Voy	GS	
		?	-	18.01.45	Oranienburg	BGA	Voy	GS	
		?	-	19.01.45	Oranienburg	BGA	Voy	GS	
B	191463 - 476	?	-						Nichts Näheres bekannt
B	191477	?	-	20.01.45	Oranienburg		Voy	GS	Machte 2 Flüge an einem Tag
B	191641	?	-						Zur weiteren Geschichte siehe Kapitel 16 und Werknummer 191461
B	191642 - 653	?	-						Nichts Näheres bekannt
B-1a	191654	?	?	08.05.45	Husum	?./JG 400	-	-	Zur weiteren Geschichte siehe Kapitel 16
B	191655 - 658	?	-						Nichts Näheres bekannt
B-1a	191659	?	Gelbe 15	08.05.45	Husum	?./JG 400	-	-	Zur weiteren Geschichte siehe Kapitel 16
B	191660	?	-	18.12.44	Brandenburg-Briest → Oranienburg	BGA	Voy	GS?	Überführungsflug. Siehe Anmerkung 5
		?	?	08.05.45	Husum	?./JG 400	-	-	Zur weiteren Geschichte siehe Kapitel 16
B	191744 - 751	?	-	-	Oranienburg	BGA	-	-	BAL. Siehe Anmerkung 6
B	191752	?	-	23.01.45	Oranienburg	BGA	Voy	GS	
B	191753	?	-	?	Oranienburg	BGA	-	-	BAL
B	191754 - 759	?	-						Nichts Näheres bekannt
B	191760	?	-	23.01.45	Oranienburg	BGA	Voy	GS	Letzter Eintrag in Voys Flugbuch
B	191901	?	-						Nichts Näheres bekannt
B	191902	?	-	?	Oranienburg	BGA			Mentioned in Ju report
		?	-	?	Oranienburg → Husum	BGA			Ausgeliefert
		?	?	08.05.45	Husum	?./JG 400	-	-	Zur weiteren Geschichte siehe Kapitel 16
B	191903	?	-	22.12.44	Oranienburg	BGA	Voy	GS	Machte 2 Flüge an einem Tag
B-1a	191904	?	?	08.05.45	Husum	?./JG 400	-	-	Zur weiteren Geschichte siehe Kapitel 16
B	191905	?	-	18.12.44	Brandenburg-Briest → Oranienburg	BGA	Voy	GS?	Überführungsflug Me zu Ju. Siehe Anmerkung 10
		?	?	08.05.45	Husum	?./JG 400	-	-	Zur weiteren Geschichte siehe Kapitel 16
B	191906	?	-	17.12.44	Oranienburg	BGA	Voy	GS	
B	191907	?	?	08.05.45	Husum	?./JG 400	-	-	Zur weiteren Geschichte siehe Kapitel 16
B	191908	?	-	17.12.44	Oranienburg	BGA	Voy	GS	
B	191909	?	-						Nichts Näheres bekannt
B	191910	?	-	23.12.44	Oranienburg	BGA	Voy	GS	
B	191911	?	-	29.11.44	Oranienburg	BGA	-	-	BAL
B	191912	?	?	08.05.45	Husum	?./JG 400	-	-	Zur weiteren Geschichte siehe Kapitel 16
B	191913	?	?	08.05.45	Husum	?./JG 400	-	-	Zur weiteren Geschichte siehe Kapitel 16
B	191914	?	?	08.05.45	Husum	6./JG 400	-	-	Zur weiteren Geschichte siehe Kapitel 16
B	191915	?	?	08.05.45	Husum	?./JG 400	-	-	Zur weiteren Geschichte siehe Kapitel 16
B	191916	?	?	08.05.45	Husum	?./JG 400	-	-	Zur weiteren Geschichte siehe Kapitel 16
B	191917	?	Gelbe 25	08.05.45	Husum	?./JG 400	-	-	Zur weiteren Geschichte siehe Kapitel 16
B	191918 - 921	?	-						Nichts Näheres bekannt
B	191922	?	-	??.12.44	Oranienburg	BGA	-	-	BAL. Siehe Anmerkung 6
B	191923 - 941	?	-	-	Oranienburg	BGA	-	-	BAL
B	191942	?	-	-	Oranienburg	BGA	-	-	BAL
		?	-	13.01.45	Brandenburg-Briest → Oranienburg	BGA	Voy	GS?	Überführungsflug. Siehe Anmerkung 5
B	191943	?	-	12.01.45	Brandenburg-Briest → Oranienburg	BGA	Voy	GS?	Überführungsflug. Siehe Anmerkung 5
B	191944	?	-	04.01.45	Oranienburg	BGA	-	-	BAL
B	191945 - 948	?	-						Nichts Näheres bekannt
B	191949	?	-	20.01.45	Oranienburg	BGA	Voy	GS	Machte 2 Flüge an einem Tag
B	191950 - 953	?	-						Nichts Näheres bekannt
B	191954	?	?	08.05.45	Husum	?./JG 400	-	-	Zur weiteren Geschichte siehe Kapitel 16
B	191955 - 960	?	-						Nichts Näheres bekannt
B	191961	?	?	08.05.45	Husum	?./JG 400	-	-	Zur weiteren Geschichte siehe Kapitel 16
B	191962 - 964	?	-						Nichts Näheres bekannt
B	191965	?	?	08.05.45	Husum	?./JG 400	-	-	Zur weiteren Geschichte siehe Kapitel 16

Anhang 8 Flugbuch-Einträge der I./JG 400, II./JG 400 und IV./EJG 2

Nach der Ausrüstung der Verbände mit Me 163 entfielen die bisherigen Kennungen. Das JG 400 und die IV./EJG 2 brachten eigene Kennzeichen an. So blieb die auf der rechten Seite der Schwanzflosse eingeprägte Werknummer das einzige Identifikationsmerkmal. Leider ist sie auf Fotografien oft nicht zu erkennen und die Piloten trugen sie nur selten ins Flugbuch ein. Daher konnten die Verfasser nur wenige Maschinen durch Vergleiche in Versuchs- oder Unfallberichten eindeutig identifizieren.

Anmerkung zu den Flugbüchern

Die Flugerprobung der Me 163 verlagerte sich zwischen dem 4. und 21. August von Jesau nach Oranienburg. Staffelkennzeichen zerstörter Flugzeuge wurden neu vergeben.

Abkürzungen in der Tabelle

Ju Junkers Flugzeug- und Motorenwerke AG
Kl Klemm Flugzeugbau GmbH
K Konventioneller Start
S Schleppflug mit Auslösung

Flugbucheinträge der I./JG 400

Typ	Werknummer	Kennung	weiteres Kennzeichen	Tag	Ort	Staffel	Flugzeugführer	Art des Fluges	Bemerkungen
B	?	?	Weiße 1	24.08.44	Brandis	1./JG 400	Schiebeler	K	Einsatz gegen B-17 ohne Abschusserfolg
B	?	?	Weiße 2	11.09.44	Brandis	1./JG 400	Schiebeler	K	Erfolgreicher Einsatz gegen B-17
			Weiße 2	20.09.44	Brandis	1./JG 400	Zimmermann	K	
			Weiße 2			Brandis			Flugzeug zerstört? (siehe Anm. 2)
B	440184	DS+VV		19.09.44	Oranienburg	Kl / Ju	Voy	S	Siehe Anm. 1
		DS+VV		20.09.44	Oranienburg	Kl / Ju	Voy	S	Drei Flüge an diesem Tag
			Weiße 2	10.02.45	Brandis	1./JG 400	Mohr	K	Flugzeug zerstört, Mohr starb (siehe Anm. 2)
B	?	?	Weiße 3	24.08.44	Brandis	1./JG 400	Zimmermann	K	Einsatzflug abgebrochen. Flugzeug bei Landung zerstört (siehe Anm. 2)
B	?	?	Weiße 3	15.09.44	Brandis	1./JG 400	Zimmermann	K	
			Weiße 3	07.10.44	Brandis	1./JG 400	Schiebeler	K	Erfolgreicher Einsatz gegen B-17
			Weiße 3	02.11.44	Brandis	1./JG 400	Schiebeler	K	Einsatz gegen B-17 und P-51 ohne Abschusserfolg
B	?	?	Weiße 4	07.08.44	Brandis	1./JG 400	Schiebeler	K	Einsatz gegen „Mosquito" ohne Abschusserfolg
			Weiße 4	21.11.44	Brandis	1./JG 400	Zimmermann	K?	
			Weiße 4	24.11.44	Brandis	1./JG 400	Schiebeler	K	
			Weiße 4	16.02.45	Brandis	1./JG 400	Schiebeler	K	
			Weiße 4	??.03.45	Brandis	1./JG 400	Schiebeler	K	Einsatzflug
B	?	?	Weiße 5–Weiße 6						
B V62	16310071		Weiße 7	28.09.44	Brandis	1./JG 400	Zimmermann	K	Einsatzflug
			Weiße7	07.10.44	Brandis	1./JG 400	Zimmermann	K	Einsatzflug mit Landung in Borna
			Weiße 7	22.11.44	Brandis	1./JG 400	Schiebeler	K	
			Weiße 7	27.11.44	Brandis	1./JG 400	Krutsch	K	
B	440186	TP+TN		02.11.44	Brandis	1./JG 400	Straznicky	K	Einsatzflug. Maschine zerstört westl. Delitzsch, Straznicky tot
B V53	16310062	GH+IV	Weiße 9	25.06.44	Jesau	Kl	Voy	S	
		GH+IV	Weiße 9	26.06.44	Jesau	Kl	Voy	S	
		GH+IV	Weiße 9	04.08.44	Brandis	1./JG 400	Schiebeler	K	
B	190598	?	Weiße 10		Brandis	1./JG 400			
			Weiße 10	20.02.45	Brandis	1./JG 400	Löscher	K	
			Weiße 10	22.02.45	Brandis	1./JG 400	Löscher	K	
B	?	?	Weiße 11	17.12.44	Brandis	1./JG 400	Schiebeler	S	
			Weiße 11	07.01.45	Brandis	1./JG 400	Schiebeler	S	
B	?	?	Weiße 12–Weiße 13						
B	?	?	Weiße 14		Brandis	?/JG 400			
B	?	?	Weiße 15	05.01.45	Brandis	1./JG 400	Schiebeler	S	
			Weiße 15	10.01.45	Brandis	1./JG 400	Schiebeler	S	
B	?	?	Weiße 16	18.02.45	Brandis	1./JG 400	Löscher	K	
			Weiße 16	19.02.45	Brandis	1./JG 400	Löscher	K	
B	?	?	Weiße 17						
B	?	?	Weiße 18	18.12.44	Brandis	1,/JG 400	Schiebeler	K	
B	?	?	Weiße 19–Weiße 20						
B	?	?	Weiße 21	??.03.45	Brandis	1./JG 400	Schiebeler	K	Einsatzflug
			Weiße 21	19.03.45	Brandis	1./JG 400	Löscher	K	Einsatzflug
B-0/R2	191111	SC+VJ	Weiße 22	11.02.45	Brandis	1./JG 400	Schüller		Flugzeug zu 15 % beschädigt, Schüller verletzt
B	?	?	Rote 6	05.01.45	Brandis	1./JG 400	Krutsch	S	
B	?	?	Rote 26		Brandis	1./JG 400	Mentenich	K	Absturz bei Start. Mentenich steigt aus
B	?	?	Grüne 3	16.10.44	Brandis	1./JG 400	Krutsch	K	
B V??	1631100??	?	?	16.08.44	Brandis	1./JG 400	Ryll	K	Einsatzflug. Maschine bei Bad Lausick zerstört, Ryll gefallen

Flugbucheinträge der II./JG 400

Typ	Werk-nummer	Kennung	weiteres Kennzeichen	Tag	Ort	Staffel	Flugzeugführer	Art des Fluges	Bemerkungen
B	16310061	GH+IU	Gelbe 1	10.04.45	Nordholz	7./JG 400	Reinhard Opitz	K	
		GH+IU	Gelbe 1	12.04.45	Nordholz – Husum	7./JG 400	Reinhard Opitz	K	Überführungsflug
		GH+IU	Gelbe 1	19.04.45	Husum	7./JG 400	Reinhard Opitz	K	Letzter Eintrag im Flugbuch. Weiteres Schicksal unbekannt. Angeblich zur RAE Farnborough überführt
B	?	?	Gelbe 2–Gelbe 5						
B	191316	Gelbe 6	08.05.45	-	-	Siehe Kapitel 16			
B	191316	?	Gelbe 6	08.05.45	Husum	?./JG 400	Siehe Kapitel 16		
B	191319	?	Gelbe 7	13.03.45	Nordholz	7./JG 400	Reinhard Opitz	K	
B	?		Gelbe 7	30.03.45	Nordholz	7./JG 400	Reinhard Opitz	K	
		?	Gelbe 7	06.04.45	Nordholz	7./JG 400	Frömert	K	
		?	Gelbe 7	??.04.45	Nordholz – Husum	7./JG 400	-	-	Überführungsflug
		?	Gelbe 7	27.04.45	Husum	7./JG 400	Frömert	K	
B	?	?	Gelbe 8	29.11.44	Stargard	7./JG 400	Reinhard Opitz	S	
B	?	?	Gelbe 9						
B	191453	?	Gelbe 10	05.04.45	Nordholz	7./JG 400	Reinhard Opitz	K	
			Gelbe 10	10.04.45	Nordholz	7./JG 400	Reinhard Opitz	K	
B	191454	?	Gelbe 11	08.05.45	Husum	?./JG 400	-	-	Siehe Kapitel 16
B	?	?	Gelbe 12						
B	?	?	-	11.05.44	Wittmundhafen	1./JG 400	Voy	S	
		?	-	11.06.44	Wittmundhafen	1./JG 400	Zimmermann	K	
		?	-	18.06.44	Wittmundhafen	1./JG 400	Zimmermann	K	
		?	Gelbe 13	08.05.45	Husum	?./JG 400	-	-	Siehe Kapitel 16
B	?	?	Gelbe 14						
B-1a	191659	?	Gelbe 15	08.05.45	Husum	?./JG 400	-	-	Siehe Kapitel 16
B	?	?	Gelbe 16–Gelbe 24						
B-1a	191917	?	Gelbe 25	08.05.45	Husum	?./JG 400	-	-	Siehe Kapitel 16
B	?	?	Gelbe 26	08.05.45	Husum	6./JG 400	-	-	Siehe Kapitel 16
B	?	?	Blaue 2	13.01.45	Stargard	7./JG 400	Reinhard Opitz	K	
			Blaue 2	15.01.45	Stettin	7./JG 400	Reinhard Opitz	S	Zwei Flüge an diesem Tag

Flugbucheinträge der IV./EJG 2

Typ	Werk-nummer	Kennung	weiteres Kennzeichen	Tag	Ort	Staffel	Flugzeug-führer	Art des Fluges	Bemerkungen
B	?	?	2	12.11.44	Udetfeld	14./EJG 2	Löscher	S	
			2	05.12.44	Udetfeld	14./EJG 2	Hauss	S	
B	?	?	3	05.11.44	Udetfeld	14./EJG 2	Hauss	S	
B	?	?	6	05.12.44	Udetfeld	14./EJG 2	Hauss	S	
B	?	?	7	06.11.44	Udetfeld	14./EJG 2	Löscher	S	
			7	12.11.44	Udetfeld	14./EJG 2	Löscher	S	
			7	13.11.44	Udetfeld	14./EJG 2	Löscher	S	
			7	07.12.44	Udetfeld	14./EJG 2	Hauss	S	
B	?	?	9	05.11.44	Udetfeld	14./EJG 2	Hauss	S	
			9	17.01.45	Sprottau	14./EJG 2	Löscher	S	
B	440016	BQ+US	-	04.08.44	Jesau	KI	Voy	S	Siehe Anm. 1
				21.08.44	Oranienburg	KI/Ju	Voy	S	
				23.08.44	Oranienburg	KI/Ju	Voy	K	
			Blaue 12	28.09.44	Brandis	Erg.St./JG 400	Opitz, Reinhard	K	
			Blaue 12	17.12.44	Udetfeld	13./EJG 2	Giesl		Flugzeug ostwärts Tschenstochau, zerstört; Giesl ums Leben gekommen
B	191110	SC+VI	?	10.12.44	Sprottau	14./EJG 2	Löscher	S	
			?	23.12.44	Sprottau	14./EJG 2	Löscher	S	
			?	23.12.44	Sprottau	14./EJG 2	Jung	S	
			?	28.12.44	Sprottau	14./EJG 2	Löscher	S	
B	191121	SC+VT	?	13.12.44	Sprottau	14./EJG 2	Löscher	S	
			?	17.12.44	Sprottau	14./EJG 2	Jung	S	
B	191320	?	?	17.12.44	Sprottau	14./EJG 2	Löscher	S	
			?	23.12.44	Sprottau	14./EJG 2	Jung	S	
B	191301	?	Weiße 51	14.01.45	Sprottau	14./EJG 2	Jung	?	
			Weiße 51	15.01.45	Sprottau	14./EJG 2	Jung	S	Zwei Flüge an diesem Tag
B	?	?	Weiße 52						
B	?	?	Weiße 53	17.01.45	Sprottau	14./EJG 2	Löscher	S	
B	?	?	Weiße 54						FE 495. Siehe Kapitel 16
B	?	?	Weiße 55	15.01.45	Sprottau	14./EJG 2	Löscher	S	
			Weiße 55	20.01.45	Sprottau	14./EJG 2	Löscher	S	
B	?	?	Weiße 56						
B	?	?	Weiße 57	20.01.45	Sprottau	14./EJG 2	Löscher	S	
B	?	?	Weiße 58	20.01.45	Sprottau	14./EJG 2	Löscher	K	

Anhang 9 Flugbuch-Einträge Segelflugausbildungsstelle der Luftwaffe, Erg.St./JG 400 and IV./EJG 2

Auch diese Tabelle beruht auf erhalten gebliebenen Flugbüchern und enthält ausschließlich Schulflüge. In manchen Fällen ermöglichte ein Vergleich mehrerer Flugbücher (Datum und Startzeiten) die genaue Ansprache von Schleppmaschine und geschlepptem Flugzeug.

Es sei darauf hingewiesen, dass die unterschiedlichen Schreibweisen von Kennungen in den Flugbüchern durchaus dasselbe Flugzeug benennen. Beispielsweise handelt es sich beim „Habicht" mit Kennung LE-VP im Flugbuch von Rudolf Zimmermann und beim „Habicht" LE+VP im Flugbuch von Siegfried Rudschinat um ein- und dasselbe Flugzeug. Ab dem 25. Juni 1943 erhielten die Segelflugzeuge der Luftwaffe statt eines Balkens zwischen dem zweiten und dritten Buchstaben der Kennung ein Balkenkreuz in halber Buchstabengröße.[1] In einigen Fällen beließ man es aber beim Trennbalken.

Rudolf Zimmermann trug seine Schulflüge schlicht als „Segelflugsonderausbildung" ein. Hans Bott verzichtete in seinem Segelflugbuch grundsätzlich auf Kennungen. Bei Gottfried Hauss und Werner Jung bezeichnete „Me 163" immer den Typ B.

Die Beiwörter „kurz" oder „klein" hinter „Habicht" bezeichnen „Habicht"-Segler mit verkürzter Spannweite, was andere Piloten durch den Zusatz „6 m" oder „8 m" (für den Standard-„Habicht") verdeutlichten.

In den Flugbüchern ist auch von „Bf 110" und „Me 110" die Rede. Beides waren übliche Bezeichnungen für die zweimotorige Messerschmitt Bf 110. In der Tabelle haben wir uns für „Me 110" entschieden.

Starts mit Raketentriebwerk (scharfe Starts) mit Me 163 A und B sind extra vermerkt. Ansonsten erfolgten alle Starts im Schlepp.

Oft finden sich in Flugbüchern Unterschriften von Fluglehrern oder Einheitsführern. Sie bestätigten die Durchführung der eingetragenen Flüge durch den Flugschüler. Meist wurden mehrere Flüge durch eine Unterschrift bestätigt, oft nach Abschluss der Gesamtausbildung.

[1] Ries, K.: *Markierungen und Tarnanstriche der Luftwaffe im 2. Weltkrieg, Band IV*. Verlag Dieter Hoffmann, Mainz 1972.

Anmerkungen

1) Otto Lautenschläger war Fluglehrer an der Segelflugausbildungsstelle der Luftwaffe in Gelnhausen.
2) Auf einem Vergleich der Flugbücher von Rudolf Zimmermann und Hans Bott beruhend.
3) Auf einem Vergleich der Flugbücher von Rudolf Zimmermann und Kurt Schiebeler beruhend.
4) „Habicht" mit verkürzter Spannweite.
5) Da im Flugbuch als Schulungsflüge ausgewiesen, wurden die Flüge von Kurt Schiebeler bei der 1./JG 400 in Wittmundhafen in die Liste aufgenommen.
6) Dass es sich um die Me 163 B V8 handelte, brachte ein Vergleich der Flugbücher von Reinhard Opitz und Gottfried Hauss ans Licht.
7) Verweis auf Me 163 B V4.
8) Verweis auf Me 163 B V8.
9) Hans-Joachim Pancherz war Versuchspilot der Junkers Flugzeug- und Motorenwerke Dessau.
10) Die Me 163 B V7 wurde mit Wasserballast geflogen. „SB" steht für „schwere B".
11) Vermutlich ein Irrtum im Flugbuch von Gottfried Hauss, da er vom 13. September bis zum 4. November keine Einträge vornahm (sein letzter Flug in Brandis erfolgte am 12. September 1944). Gemäß Flugbuch absolvierte er am Morgen des 5. November 1944 einen Flug in Brandis und am Nachmittag desselben Tages einen weiteren in Udetfeld!
12) Wahrscheinlich ein fälschlicher Eintrag im Flugbuch, wobei das Flugzeug stimmen könnte. Die Kennung ist nicht absolut sicher.
13) Gemeint ist Walter Dittmar, der zur Bewährung Rammeinsätze mit einer speziell ausgerüsteten Me 163 B fliegen sollte.
14) So weit bekannt, durchliefen folgende Piloten der italienischen Luftwaffe die Schulung: *Cap.* Giuseppe Robetto, *Ten.* Giuseppe Biron, *Ten.* Lucio Stramese, *Ten.* Gian Mario Zuccarini, *S.Ten.* Aurelio Morandi, *S.Ten.* Raffaele Marzzoca, *S.Ten.* Franco Storchi, *M.llo.* Danilo Billi, *M.llo.* Silvio Girolami, *M.llo.* Luigi Jellici, *M.llo.* Romano Spazzoli, *Serg. Magg.* Isonzo Baccarini, *Serg.Magg.* Gino Pizzati, *Serg.Magg.* Giampiero Svanini, *Serg.Magg.* Mario Veronesi und *Serg.* Dante Toselli (vgl. Kapitel 10).

Schulungsflüge deutscher Flugzeugführer

Flugzeugführer	Begleitung	Flugzeugtyp	Kennung	Ort	Datum	Anzahl der Flüge	Bemerkungen
Thaler	Zimmermann	Kranich	80	Gelnhausen	18.09.43	2	
Lautenschläger	Rudschinat	Kranich	NK+AL	Gelnhausen	18.09.43	4	Umschulung 1)
Zimmermann		Baby II a	LB-FB	Gelnhausen	18.09.43	2	
Zimmermann		Baby II a	LD-SC	Gelnhausen	18.09.43	1	
Rudschinat		Baby	LA+LN	Gelnhausen	19.09.43	3	Übungsflüge
Zimmermann		Baby II a	LD-SC	Gelnhausen	19.09.43	2	
Rudschinat		Baby	LD+RZ	Gelnhausen	20.09.43	4	
Zimmermann		Baby II a	LA-LV	Gelnhausen	20.09.43	2	
Rösle	Zimmermann	Kranich	116	Gelnhausen	20.09.43	1	
Rudschinat		Meise	279	Gelnhausen	21.09.43	3	
Zimmermann		Baby II a	LB-FB	Gelnhausen	21.09.43	1	
Rudschinat		Habicht	84	Gelnhausen	22.09.43	2	Gewöhnungs- und Kunstflüge
Zimmermann		Baby II a	LD-SB	Gelnhausen	22.09.43	2	
Rudschinat		Habicht	283	Gelnhausen	23.09.43	2	
Zimmermann		Habicht	84	Gelnhausen	23.09.43	3	
Zimmermann		Meise	279	Gelnhausen	23.09.43	1	
Zimmermann		Habicht	254	Gelnhausen	23.09.43	1	
Rudschinat		Habicht	284	Gelnhausen	24.09.43	1	
Zimmermann		Habicht	84	Gelnhausen	24.09.43	2	
Rudschinat		Baby	1059	Bad Zwischenahn	27.09.43	1	

Flugzeugführer	Begleitung	Flugzeugtyp	Kennung	Ort	Datum	Anzahl der Flüge	Bemerkungen
Zimmermann		Habicht	243	Bad Zwischenahn	27.09.43	1	
Rudschinat		Habicht	243	Bad Zwischenahn	29.09.43	1	Kunstflug
Rudschinat		Kranich	1238	Bad Zwischenahn	29.09.43	1	
Zimmermann		Baby II a	1174	Bad Zwischenahn	29.09.43	2	
Rudschinat		Kranich	1238	Bad Zwischenahn	30.09.43	1	
Thaler	Schiebeler	Me 110	DQ+SG	Bad Zwischenahn	30.09.43	1	Umschulung
Zimmermann		Kranich	191	Bad Zwischenahn	30.09.43	1	
Rudschinat		Meise	LA+CZ	Bad Zwischenahn	01.11.43	1	
Zimmermann		Baby II a	1174	Bad Zwischenahn	01.11.43	1	
Rudschinat		Meise	LA+CZ	Bad Zwischenahn	02.11.43	1	
Zimmermann		Meise	LA-ZC	Bad Zwischenahn	02.11.43	1	
Rudschinat		Habicht (kurz)	–	Bad Zwischenahn	04.11.43	4	
Zimmermann		Habicht	LE-VN	Bad Zwischenahn	04.11.43	1	
Zimmermann		Habicht	LE-VN	Bad Zwischenahn	05.11.43	1	
Zimmermann		Kranich	1238	Bad Zwischenahn	06.11.43	1	
Rudschinat		Kranich	1239	Bad Zwischenahn	08.11.43	2	
Zimmermann		Habicht	LE-VD	Bad Zwischenahn	08.11.43	4	
Zimmermann		Habicht	LE-VP	Bad Zwischenahn	10.11.43	1	
Rudschinat		Habicht	LE+VP	Bad Zwischenahn	11.11.43	1	
Zimmermann		Habicht	LE-VP	Bad Zwischenahn	11.11.43	2	
Bott	Medicus	Kranich	–	Bad Zwischenahn	14.11.43	1	
Bott	Späte	Kranich	–	Bad Zwischenahn	14.11.43	1	
Bott		Kranich	–	Bad Zwischenahn	14.11.43	2	
Bott		Baby II a	–	Bad Zwischenahn	15.11.43	3	
Zimmermann		Habicht	LE-VO	Bad Zwischenahn	16.11.43	1	
Bott		Habicht	–	Bad Zwischenahn	16.11.43	4	
Schiebeler		Fw 44	KE+WZ	Bad Zwischenahn	16.11.43	10	
Medicus	Zimmermann	Fw 44	KE+WZ	Bad Zwischenahn	16.11.43	2	
Zimmermann		Fw 44	KE+WZ	Bad Zwischenahn	16.11.43	6	
Zimmermann		Fw 44	KE+WZ	Bad Zwischenahn	16.11.43	1	Habicht im Schlepp (Bott)[2]
Zimmermann		Habicht (klein)	–	Bad Zwischenahn	18.11.43	1	
Bott		Habicht	–	Bad Zwischenahn	18.11.43	1	
Schiebeler		Me 163 A	V7	Bad Zwischenahn	22.11.43	2	
Schiebeler		Me 163 A	V7	Bad Zwischenahn	25.11.43	1	
Zimmermann		Me 163 A	V13	Bad Zwischenahn	25.11.43	2	
Zimmermann		Fw 44	KE+WZ	Bad Zwischenahn	27.11.43	1	
Zimmermann		Me 163 A	V13	Bad Zwischenahn	27.11.43	2	
Schiebeler		Me 163 A	V10	Bad Zwischenahn	29.11.43	2	
Zimmermann		Me 163 A	V13	Bad Zwischenahn	29.11.43	2	
Schiebeler		Me 163 A	V12	Bad Zwischenahn	29.11.43	1	
Zimmermann		Me 163 A	V10	Bad Zwischenahn	30.11.43	1	
Schiebeler		Me 163 A	V7	Bad Zwischenahn	30.11.43	1	
Schiebeler		Me 163 A	V13	Bad Zwischenahn	01.12.43	1	
Zimmermann		Me 163 A	V13	Bad Zwischenahn	01.12.43	1	
Schametz	Zimmermann	Me 110	PE+ST	Bad Zwischenahn	01.12.43	10	Schleppflüge
Schametz	Zimmermann	Me 110	PE+ST	Bad Zwischenahn	01.12.43	1	Me 163 A V12 im Schlepp (Schiebeler)[3]
Schiebeler		Me 163 A	V13	Bad Zwischenahn	02.12.43	1	
Zimmermann		Me 163 A	V12	Bad Zwischenahn	02.12.43	1	
Zimmermann		Me 163 A	V7	Bad Zwischenahn	02.12.43	1	
Zimmermann		Me 163 A	V13	Bad Zwischenahn	02.12.43	1	
Schiebeler		Me 163 A	V12	Bad Zwischenahn	02.12.43	1	
Schiebeler		Me 163 A	V12	Bad Zwischenahn	03.12.43	2	
Schiebeler		Me 163 A	V13	Bad Zwischenahn	02.12.43	1	
Mühlstroh	Zimmermann	Me 110	DO+GU	Bad Zwischenahn	03.12.43	4	
Zimmermann		Me 163 A	V12	Bad Zwischenahn	06.12.43	2	
Zimmermann		Me 163 A	V7	Bad Zwischenahn	06.12.43	1	
Zimmermann		Me 163 A	V12	Bad Zwischenahn	10.12.43	1	
Straßnicky	Zimmermann	Me 110	DO+VA	Bad Zwischenahn	10.12.43	3	
Schiebeler		Me 110	PE+SB	Bad Zwischenahn	11.12.43	5	
Schiebeler		Me 163 A	V10	Bad Zwischenahn	17.12.43	1	Start mit Triebwerk
Zimmermann		Fw 56	KD+NL	Bad Zwischenahn	17.12.43	11	
Schiebeler	Schubert	Me 110	DO+GU	Bad Zwischenahn	18.12.43	1	
Schiebeler		Me 163 A	V9	Bad Zwischenahn	20.12.43	1	Start mit Triebwerk
Schiebeler		Me 163 A	V10	Bad Zwischenahn	21.12.43	1	Start mit Triebwerk
Schiebeler		Me 163 A	V8	Bad Zwischenahn	21.12.43	1	Start mit Triebwerk
Zimmermann		Me 163 A	V13	Bad Zwischenahn	20.12.43	1	
Zimmermann		Me 163 A	V10	Bad Zwischenahn	20.12.43	1	Start mit Triebwerk
Schametz	Zimmermann	Me 110	PE+SK	Bad Zwischenahn	21.12.43	4	
Zimmermann		Me 163 A	V10	Bad Zwischenahn	21.12.43	1	Start mit Triebwerk

Flugzeugführer	Begleitung	Flugzeugtyp	Kennung	Ort	Datum	Anzahl der Flüge	Bemerkungen
Zimmermann		Me 163 A	V10	Bad Zwischenahn	22.12.43	1	Start mit Triebwerk
Zimmermann		Me 163 A	V8	Bad Zwischenahn	23.12.43	1	Start mit Triebwerk
Zimmermann		Me 163 A	V10	Bad Zwischenahn	23.12.43	1	Start mit Triebwerk
Bott		Habicht 8 m	–	Bad Zwischenahn	23.12.43	2	
Zimmermann		Me 163 A	V9	Bad Zwischenahn	25.12.43	1	Start mit Triebwerk
Germann	Zimmermann	Me 110	PE+SK	Bad Zwischenahn	25.12.43	2	
Schametz	Zimmermann	Me 110	PE+SK	Bad Zwischenahn	25.12.43	7	
Schiebeler	Eisenmann	Me 110	PE+SK	Bad Zwischenahn	26.12.43	3	
Schiebeler	Steffen	Me 110	PE+SK	Bad Zwischenahn	26.12.43	4	
Schiebeler		Me 163 A	V9	Bad Zwischenahn	30.12.43	1	Start mit Triebwerk
Schametz	Zimmermann	Me 110	DO+GU	Bad Zwischenahn	07.01.44	3	
Schiebeler	Germann	Me 110	PE+SN	Bad Zwischenahn	07.01.44	4	
Schiebeler		Me 163 B	V8	Bad Zwischenahn	08.01.44	1	
Bott		Habicht	–	Bad Zwischenahn	08.01.44	2	
Zimmermann		Me 163 A	V7	Bad Zwischenahn	08.01.44	1	Start mit Triebwerk
Zimmermann		Me 163 B	V8	Bad Zwischenahn	09.01.44	1	
Schiebeler		Me 163 A	V13	Bad Zwischenahn	09.01.44	1	
Zimmermann		Me 163 B	V8	Bad Zwischenahn	12.01.44	1	
Zimmermann		Me 110	DO+GU	Bad Zwischenahn	12.01.44	1	
Schiebeler	Sabudowsky	Me 110	DO+WA	Bad Zwischenahn	14.01.44	1	
Schiebeler	Sabudowsky	Me 110	PE+SN	Bad Zwischenahn	14.01.44	1	
Zimmermann		Me 163 A	V7	Bad Zwischenahn	14.01.44	1	Start mit Triebwerk
Schiebeler		Me 163 B	V4	Bad Zwischenahn	24.01.44	1	
Zimmermann		Me 163 B	V4	Bad Zwischenahn	24.01.44	1	
Schiebeler		Me 163 B	V8	Bad Zwischenahn	24.01.44	1	
Zimmermann		Me 163 B	V1	Bad Zwischenahn	28.01.44	1	
Schiebeler		Me 163 B	V4	Bad Zwischenahn	04.02.44	1	
Zimmermann		Me 163 B	V4	Bad Zwischenahn	04.02.44	1	
Schiebeler		Me 163 B	V4	Bad Zwischenahn	06.02.44	1	
Zimmermann		Kranich	1238	Bad Zwischenahn	08.02.44	2	
Schiebeler	Schüttler	Me 110	DO+WA	Bad Zwischenahn	08.02.44	4	
Schiebeler	Eggert	Me 110	PE+SN	Bad Zwischenahn	09.02.44	1	
Schiebeler		Me 163 B	V1	Bad Zwischenahn	11.02.44	1	
Zimmermann		Me 110	PE+SN	Bad Zwischenahn	11.02.44	5	
Zimmermann		Me 110	PE+SK	Bad Zwischenahn	12.02.44	7	
Schiebeler		Me 163 B	V1	Bad Zwischenahn	13.02.44	2	
Zimmermann		Me 163 B	V1	Bad Zwischenahn	13.02.44	1	
Zimmermann		Me 163 B	V1	Bad Zwischenahn	14.02.44	1	
Bott		Habicht 6 m	–	Bad Zwischenahn	20.02.44	2	
Bott		Kranich	–	Bad Zwischenahn	21.02.44	2	
Schiebeler		Fw 44	KE+WZ	Bad Zwischenahn	06.03.44	4	
Andreas	Schubert	Fw 44	KE+WZ	Bad Zwischenahn	17.03.44	2	
Andreas		Fw 44	KE+WZ	Bad Zwischenahn	17.03.44	4	
Andreas		Fw 44	KE+WZ	Bad Zwischenahn	22.03.44	11	
Andreas		Fw 56	SE+FZ	Bad Zwischenahn	23.03.44	11	
Andreas		Fw 56	S2+FX	Bad Zwischenahn	25.03.44	10	
Andreas		Fw 44	KE+WZ	Bad Zwischenahn	29.03.44	9	
Andreas		Fw 56	S2+FX	Bad Zwischenahn	30.03.44	8	
Gerstenhauer	Schubert	Kranich	LF+YM	Bad Zwischenahn	31.03.44	5	
Gerstenhauer		Habicht	10	Bad Zwischenahn	01.04.44	1	
Gerstenhauer		Habicht	10	Bad Zwischenahn	02.04.44	2	
Gerstenhauer		Habicht	14	Bad Zwischenahn	02.04.44	2	
Andreas		Fw 44	TY+BX	Bad Zwischenahn	02.04.44	8	
Gerstenhauer		Habicht	14	Bad Zwischenahn	03.04.44	4	
Gerstenhauer		Habicht	13	Bad Zwischenahn	03.04.44	2	Habicht mit verkürzter Spannweite[4]
Andreas		Fw 44	KE+WZ	Bad Zwischenahn	03.04.44	18	
Andreas		Fw 56	S2+FX	Bad Zwischenahn	08.04.44	17	
Gerstenhauer		Habicht	13	Bad Zwischenahn	10.04.44	2	Habicht mit verkürzter Spannweite[4]
Gerstenhauer		Kranich	5	Bad Zwischenahn	11.04.44	1	
Gerstenhauer		Habicht	13	Bad Zwischenahn	12.04.44	4	Habicht mit verkürzter Spannweite[4]
Andreas		Fw 56	S2+FX	Bad Zwischenahn	12.04.44	21	
Gerstenhauer		Kranich	10	Bad Zwischenahn	12.04.44	1	
Andreas		Fw 44	KE+WZ	Bad Zwischenahn	13.04.44	9	
Gerstenhauer	Schubert	Kranich	1238	Bad Zwischenahn	14.04.44	1	
Gerstenhauer		Habicht	13	Bad Zwischenahn	14.04.44	6	
Gerstenhauer		Kranich	1238	Bad Zwischenahn	14.04.44	1	
Gerstenhauer		Me 163 A	V13	Bad Zwischenahn	15.04.44	1	
Gerstenhauer		Me 163 A	V13	Bad Zwischenahn	16.04.44	1	
Gerstenhauer		Me 163 A	V4	Bad Zwischenahn	18.04.44	1	

Flugzeugführer	Begleitung	Flugzeugtyp	Kennung	Ort	Datum	Anzahl der Flüge	Bemerkungen
Andreas		Me 163 A	V13	Bad Zwischenahn	19.04.44	1	
Gerstenhauer		Me 163 A	V4	Bad Zwischenahn	19.04.44	1	
Andreas		Me 163 A	V13	Bad Zwischenahn	21.04.44	2	
Andreas		Me 163 A	V4	Bad Zwischenahn	21.04.44	2	
Gerstenhauer		Me 163 A	V4	Bad Zwischenahn	21.04.44	1	
Gerstenhauer		Me 163 B	V4	Bad Zwischenahn	21.04.44	7	
Andreas		Me 163 A	V4	Bad Zwischenahn	22.04.44	1	
Andreas		Me 163 B	V4	Bad Zwischenahn	22.04.44	1	
Schubert	Gerstenhauer	Me 110	DO+GU	Bad Zwischenahn	23.04.44	1	
Gerstenhauer		Me 110	PE+SR	Bad Zwischenahn	23.04.44	2	
Gerstenhauer		Me 163 B	V4	Bad Zwischenahn	23.04.44	1	
Gerstenhauer		Me 110	DO+WA	Bad Zwischenahn	24.04.44	5	
Andreas		Me 163 B	V4	Bad Zwischenahn	26.04.44	1	
Andreas		Me 163 B	V4	Bad Zwischenahn	27.04.44	1	
Andreas		Me 163 B	V8	Bad Zwischenahn	28.04.44	1	
Andreas		Me 163 B	V8	Bad Zwischenahn	29.04.44	1	
Andreas		Me 163 B	V8	Bad Zwischenahn	02.05.44	1	
Frömert		Habicht	-	Bad Zwischenahn	04.05.44	4	
Andreas		Me 163 B	V8	Bad Zwischenahn	04.05.44	1	
Frömert		Habicht	-	Bad Zwischenahn	05.05.44	2	Habicht mit verkürzter Spannweite[4)]
Frömert		Habicht	-	Bad Zwischenahn	05.05.44	1	
Andreas		Me 163 B	V8	Bad Zwischenahn	05.05.44	1	
Frömert		Kranich	–	Bad Zwischenahn	08.05.44	3	
Frömert		Habicht	–	Bad Zwischenahn	09.05.44	3	
Frömert		Me 163 A	V13	Bad Zwischenahn	09.05.44	6	
Frömert		Me 163 A	V13	Bad Zwischenahn	09.05.44	8	
Frömert		Me 163 A	V13	Bad Zwischenahn	11.05.44	2	
Frömert		Me 163 B	V8	Bad Zwischenahn	11.05.44	3	
Krutsch	Doger	Me 110	PE+SN	Bad Zwischenahn	11.05.44	4	1 × Erprobungsflug 163 (Heini Dittmar)
Schiebeler		Me 110	SL+IR	Wittmundhafen	12.05.44	2	
Frömert		Me 163 B	V8	Bad Zwischenahn	12.05.44	3	
Krutsch		Me 163 A	V13	Bad Zwischenahn	13.05.44	1	
Krutsch		Me 163 A	V13	Bad Zwischenahn	14.05.44	1	
Frömert		Me 110	PE+SN	Bad Zwischenahn	15.05.44	13	
Frömert		Me 163 B	V8	Bad Zwischenahn	15.05.44	1	
Krutsch		Me 163 A	V13	Bad Zwischenahn	16.05.44	2	
Frömert		Me 163 B	V8	Bad Zwischenahn	16.05.44	1	
Frömert		Me 163 A	V10	Bad Zwischenahn	16.05.44	1	Start mit Triebwerk
Frömert		Me 110	PE+SN	Bad Zwischenahn	16.05.44	7	
Frömert		Me 163 A	V13	Bad Zwischenahn	17.05.44	1	
Frömert		Me 163 A	V13	Bad Zwischenahn	18.05.44	1	
Krutsch		Me 163 A	V13	Bad Zwischenahn	18.05.44	2	
Frömert		Me 110	PE+SK	Bad Zwischenahn	18.05.44	5	
Krutsch		Me 163 B	V4	Bad Zwischenahn	18.05.44	3	
Frömert		Me 163 B	V4	Bad Zwischenahn	19.05.44	1	
Frömert		Me 163 A	V13	Bad Zwischenahn	20.05.44	2	
Frömert		Me 163 B	V1	Bad Zwischenahn	20.05.44	1	
Krutsch		Me 163 B	V4	Bad Zwischenahn	20.05.44	2	
Krutsch		Me 163 B	V1	Bad Zwischenahn	22.05.44	1	schwere B
Frömert		Me 163 B	V1	Bad Zwischenahn	22.05.44	1	
Frömert		Me 163 B	V1	Bad Zwischenahn	23.05.44	1	
Frömert		Me 163 A	V10	Bad Zwischenahn	23.05.44	1	Start mit Triebwerk
Krutsch		Me 163 B	V1	Bad Zwischenahn	23.05.44	1	schwere B
Frömert		Me 110	PE+SN	Bad Zwischenahn	24.05.44	4	
Frömert		Me 163 A	V10	Bad Zwischenahn	27.05.44	1	Start mit Triebwerk
Frömert		Me 163 A	V13	Bad Zwischenahn	27.05.44	1	
Frömert		Me 163 B	V4	Bad Zwischenahn	28.05.44	1	
Frömert		Me 110	PE+SN	Bad Zwischenahn	29.05.44	6	
Schiebeler		Me 163 B	V54	Wittmundhafen[5)]	17.06.44	1	Übungsflug. Start mit Triebwerk
Schiebeler		Me 163 B	V44	Wittmundhafen	19.06.44	1	Übungsflug. Start mit Triebwerk
Schiebeler		Me 163 B	V48	Wittmundhafen	19.06.44	1	Übungsflug. Start mit Triebwerk
Schiebeler		Me 163 B	V44	Wittmundhafen	29.06.44	1	Übungsflug. Start mit Triebwerk
Krutsch		Fw 44	TY+BX	Brandis	25.07.44	12	
Krutsch		Me 163 B	V1	Brandis	25.07.44	1	schwere B
Krutsch		Me 163 B	V1	Brandis	28.07.44	1	schwere B
Krutsch		Me 163 B	V4	Brandis	31.07.44	1	schwere B
Krutsch		Me 163 A	V13	Brandis	03.08.44	1	
Frömert		Me 163 B	V4	Brandis	03.08.44	1	
Frömert		Me 163 A	V10	Brandis	03.08.44	1	Start mit Triebwerk

Flugzeugführer	Begleitung	Flugzeugtyp	Kennung	Ort	Datum	Anzahl der Flüge	Bemerkungen
Krutsch		Me 163 B	V1	Brandis	05.08.44	1	schwere B
Frömert		Me 110	GA+GQ	Brandis	05.08.44	3	
Frömert		Me 110	DS+WI	Brandis	05.08.44	3	
Frömert		Me 163 A	V13	Brandis	06.08.44	1	
Frömert		Me 110	PE+SN	Brandis	06.08.44	6	
Frömert		Me 110	DS+WI	Brandis	06.08.44	4	
Frömert		Me 110	DO+GU	Brandis	07.08.44	10	
Krutsch		Me 163 A	V11	Brandis	08.08.44	1	Start mit Triebwerk
Krutsch		Me 163 A	V10	Brandis	09.08.44	1	Start mit Triebwerk
Frömert		Me 110	PE+SN	Brandis	10.08.44	22	
Frömert		Me 110	PE+SI	Brandis	11.08.44	2	
Krutsch		Me 163 B	V1	Brandis	10.08.44	2	schwere B
Opitz, Reinhard		Fw 44	TY+BX	Brandis	12.08.44	1	
Opitz, Reinhard		Habicht	–	Brandis	12.08.44	3	
Opitz, Reinhard		Habicht 10 m	–	Brandis	12.08.44	3	Habicht mit verkürzter Spannweite[4)]
Krutsch		Me 163 B	V4	Brandis	12.08.44	1	
Opitz, Reinhard		Habicht 6 m	–	Brandis	13.08.44	3	Habicht mit verkürzter Spannweite[4)]
Opitz, Reinhard		Me 163 B	V4	Brandis	14.08.44	1	
Opitz, Reinhard		Me 163 B	V8	Brandis	14.08.44	1	
Krutsch		Me 163 B	V1	Brandis	14.08.44	1	schwere B
Opitz, Reinhard		Me 163 B	V4	Brandis	15.08.44	2	
Opitz, Reinhard		Habicht 8 m	–	Brandis	16.08.44	1	Habicht mit verkürzter Spannweite[4)]
Opitz, Reinhard		Me 163 B	V8	Brandis	17.08.44	1	
Opitz, Reinhard		Me 163 B	V4	Brandis	17.08.44	1	
Opitz, Reinhard		Me 163 B	V31	Brandis	19.08.44	1	Flug mit Wasserballast
Opitz, Reinhard		Me 163 B	V31	Brandis	20.08.44	1	
Opitz, Reinhard	Damm	Me 110	DO+GU	Brandis	20.08.44	3	1 × Schleppflug (Nocher)
Opitz, Reinhard	Damm	Me 110	DO+GU	Brandis	21.08.44	3	
Opitz, Reinhard	Damm	Me 110	KR+PF	Brandis	21.08.44	3	
Opitz, Reinhard		Me 163 B	V31	Brandis	22.08.44	2	
Hauss		Fw 56	KD+NL	Brandis	23.08.44	11	
Hauss		Fw 56	CJ+AK	Brandis	23.08.44	4	
Hauss		Fw 56	CJ+AK	Brandis	24.08.44	12	
Hauss		Fw 56	CJ+AK	Brandis	25.08.44	33	
Hauss		Fw 56	TX+BX	Brandis	26.08.44	5	
Hauss		Fw 56	KD+NL	Brandis	27.08.44	2	
Opitz, Reinhard		Me 163 B	V31	Brandis	28.08.44	1	
Hauss		Fw 56	KD+NL	Brandis	28.08.44	8	
Hauss		Fw 56	CJ+AK	Brandis	29.08.44	18	
Hauss		Fw 56	CJ+AK	Brandis	30.08.44	15	
Hauss		Kranich	LE-MY	Gelnhausen	04.09.44	1	
Hintze	Redl	Kranich	SB-WX	Gelnhausen	04.09.44	1	
Lachmann	Willer	Kranich	LE-MY	Gelnhausen	05.09.44	1	
Lachmann		Avia P 40	LY-LX	Gelnhausen	05.09.44	1	
Hintze		Kranich	SB-WX	Gelnhausen	05.09.44	1	
Hintze		Avia P 40	LY-LX	Gelnhausen	05.09.44	1	
Lachmann		Baby	LI-XU	Gelnhausen	07.09.44	4	
Hintze		Baby II b	LI-XU	Gelnhausen	07.09.44	4	
Hintze		Baby II b	LY-QL	Gelnhausen	08.09.44	1	
Opitz, Reinhard	Damm	Me 110	KR+PF	Brandis	09.09.44	6	
Opitz, Reinhard	Damm	Me 110	KR+PF	Brandis	09.09.44	1	Me 163 im Schlepp
Opitz, Reinhard	Damm	Me 110	KR+PF	Brandis	09.09.44	1	Me 163 V8 im Schlepp (Hauss)[6)]
Opitz, Reinhard	Weichold	Me 110	SL+TI	Brandis	10.09.44	8	
Opitz, Reinhard	Weichold	Me 110	SL+TI	Brandis	10.09.44	1	Me 163 V8 im Schlepp (Hauss)[6)]
Lachmann		Baby	LY-PZ	Gelnhausen	10.09.44	1	Kunstflug
Hauss		Me 163	V47	Brandis	10.09.44	1	Kunstflug
Lachmann		Habicht	LB-HS	Gelnhausen	11.09.44	1	
Hauss		Me 163	V47	Brandis	11.09.44	1	Übungsflug
Hauss		Me 163	V8[8)]	Brandis	11.09.44	1	Übungsflug
Hintze		Baby II b	LY-QL	Gelnhausen	11.09.44	1	Kunstflug
Hintze		Habicht	LB-HS	Gelnhausen	11.09.44	1	
Hauss		Me 163	V8[8)]	Brandis	12.09.44	1	Übungsflug
Hintze		Habicht	LD-UF	Gelnhausen	12.09.44	1	
Hintze		Baby II b	LY-QL	Gelnhausen	12.09.44	1	
Hintze		Baby II b	LI-XU	Gelnhausen	12.09.44	1	
Lachmann		Habicht	LD-UF	Gelnhausen	14.09.44	2	
Opitz, Reinhard		Me 110	KR+PF	Brandis	14.09.44	1	
Hintze		Baby II b	LI-XU	Gelnhausen	14.09.44	1	Kunstflug
Hintze		Habicht	LB-HS	Gelnhausen	14.09.44	2	

Flugzeugführer	Begleitung	Flugzeugtyp	Kennung	Ort	Datum	Anzahl der Flüge	Bemerkungen
Lachmann		Baby	LY-QL	Gelnhausen	15.09.44	1	Kunstflug
Opitz, Reinhard	Genther	Me 110	KR+PF	Brandis	15.09.44	7	
Opitz, Reinhard	Steffen	Me 110	VM+HZ	Brandis	15.09.44	1	
Hintze		Baby II b	LY-QL	Gelnhausen	15.09.44	1	Kunstflug
Hintze		Habicht	LD-UF	Gelnhausen	16.09.44	1	
Hintze		Habicht	LD-UE	Gelnhausen	18.09.44	1	
Opitz, Reinhard	Weichold	Me 110	SL+TI	Brandis	20.09.44	1	
Hintze		Habicht	LD-UE	Gelnhausen	20.09.44	1	Kunstflug
Lachmann		Habicht	LD-UF	Gelnhausen	24.09.44	2	1 x Kunstflug
Hintze		Habicht	LD-UE	Gelnhausen	20.09.44	2	1 x Kunstflug / 1 x Prüfflug.
Lachmann		Habicht	LD-UE	Gelnhausen	26.09.44	3	
Lachmann		Habicht	LD-UE	Gelnhausen	27.09.44	1	Kunstflug
Frömert		Me 163 B	V4	Brandis	27.09.44	1	
Opitz, Reinhard		Me 163 B	Blaue 12	Brandis	28.09.44	1	Start mit Triebwerk auf 6500 m
Lachmann		Habicht	LD-UE	Gelnhausen	28.09.44	2	Kunstflug
Pancherz[9)]		Habicht 6 m	–	Brandis	29.09.44	2	
Opitz, Reinhard	Genther	Me 110	SL+TI	Brandis	30.09.44	3	
Krutsch		Me 163 B	V31	Brandis	02.10.44	1	
Krutsch		Me 163 B	V12	Brandis	02.10.44	1	Start mit Triebwerk
Frömert		Me 163 B	V7 / Weiße 7	Brandis	03.10.44	1	
Pancherz		Me 163 B	V4	Brandis	03.10.44	3	leichte B
Lachmann		Habicht 8 m	LK-EB	Gelnhausen	04.10.44	3	
Pancherz		Me 163 B	V4	Brandis	04.10.44	1	leichte B
Hintze		Habicht	LD-UF	Gelnhausen	04.10.44	1	Kunstflug
Hintze		Habicht 8 m	LK-ED	Gelnhausen	04.10.44	2	Kunstflug
Hintze		Habicht 8 m	LA-HH	Gelnhausen	06.10.44	2	Kunstflug
Pancherz		Me 163 B	V4	Brandis	07.10.44	2	leichte B
Lachmann		Habicht 8 m	LK-ED	Gelnhausen	09.10.44	1	
Frömert		Me 163 B	Blaue 12	Brandis	12.10.44	1	Start mit Triebwerk
Pancherz		Me 163 B	SB+V7[10)]	Brandis	11.10.44	1	schwere B
Lachmann		Habicht 8 m	LA-JV	Rangsdorf	14.10.44	1	
Lachmann		Habicht 8 m	LA-JV	Rangsdorf	15.10.44	1	
Lachmann		Habicht 8 m	LA-JV	Rangsdorf	16.10.44	1	
Lachmann		Habicht 6 m	LZ-AI	Rangsdorf	16.10.44	1	
Lachmann		Habicht 6 m	LZ-AI	Rangsdorf	17.10.44	3	
Lachmann		Habicht 8 m	LA-JV	Rangsdorf	17.10.44	2	Kunstflug
Lachmann		Habicht 6 m	LZ-AI	Rangsdorf	18.10.44	2	
Lachmann		Habicht 6 m	LZ-AI	Rangsdorf	19.10.44	1	
Lachmann		Habicht 8 m	LA-JV	Rangsdorf	20.10.44	3	
Frömert		Bf 108	CI+HN	Brandis	21.10.44	1	Zieldarsteller
Frömert		Fi 156	CQ+HW	Brandis	03.11.44	1	Zieldarsteller
Jung		Habicht 8 m	LK-EB	Gelnhausen	05.11.44	2	Kunstflüge
Hauss		Me 163	3	Brandis[11)]	05.11.44	1	Übungsflug
Hauss		Me 163	9	Udetfeld	05.11.44	1	
Jung		Habicht 8 m	LK-EB	Gelnhausen	06.11.44	3	
Löscher		Me 163 B	SB 712	Udetfeld	06.11.44	1	schwere B
Löscher		Me 163 B	SB 712	Udetfeld	12.11.44	1	schwere B
Jung		Habicht 6 m	LZ-AI	Rangsdorf	12.11.44	1	
Löscher		Me 163 B	LB 2	Udetfeld	12.11.44	1	Kunstflug (leichte B)
Löscher		Me 163 B	SB 710	Udetfeld	13.11.44	3	schwere B
Jung		Habicht 6 m	LZ-AI	Rangsdorf	13.11.44	1	
Jung		Habicht 6 m	LZ-AI	Rangsdorf	14.11.44	1	
Hauss		Me 163	7	Udetfeld	14.11.44	1	
Jung		Habicht 6 m	LZ-AI	Rangsdorf	15.11.44	2	
Jung		Habicht 6 m	LZ-AI	Rangsdorf	17.11.44	1	
Jung		Habicht 8 m	LA-JV	Rangsdorf	19.11.44	1	
Frömert		Me 163 B	Weiße 5	Brandis	22.11.44	1	Start mit Triebwerk
Frömert		Me 163 B	Grüne 4	Brandis	22.11.44	1	Start mit Triebwerk
Frömert		Me 163 B	Rote 13	Brandis	24.11.44	1	Start mit Triebwerk
Hauss		Me 163	7	Udetfeld	25.11.44	1	
Löscher		Fw 56	KD+NL	Sprottau	01.12.44	2	
Hauss		Bü 181	RB+MP[12)]	Udetfeld	03.12.44	2	Zielanflüge
Hauss		Me 163	6	Udetfeld	05.12.44	1	
Hauss		Me 163	2	Udetfeld	05.12.44	1	
Hauss		Me 163	7	Udetfeld	07.12.44	1	
Hauss		Me 163	7	Udetfeld	08.12.44	1	
Löscher		Me 163 B	110	Sprottau	10.12.44	1	Kunstflug (schwere B)
Löscher		Me 163 B	302	Sprottau	12.12.44	1	Kunstflug (schwere B)
Hauss		Bü 181	RP+MP[12)]	Udetfeld	13.12.44	1	Scheinangriffsflug

Flugzeugführer	Begleitung	Flugzeugtyp	Kennung	Ort	Datum	Anzahl der Flüge	Bemerkungen
Löscher		Fw 56	KD+NL	Sprottau	13.12.44	2	
Löscher		Me 163 B	121	Sprottau	13.12.44	1	schwere B
Lachmann		Habicht 8 m	LA-VI	Sprottau	14.12.44	2	Kunstflugs
Lachmann		Condor III	1228	Sprottau	15.12.44	1	
Jung		Me 163 B	121	Sprottau	17.12.44	1	
Löscher		Me 163 B	320	Sprottau	17.12.44	1	Kunstflug (schwere B)
Jung		Me 163 B	302	Sprottau	22.12.44	1	
Löscher		Me 163 B	110	Sprottau	23.12.44	1	Kunstflug (schwere B)
Jung		Me 163 B	320	Sprottau	23.12.44	1	Kunstflug
Jung		Me 163 B	110	Sprottau	23.12.44	1	
Löscher		Me 163 B	110	Sprottau	28.12.44	1	schwere B
Hauss		Me 163	59	Udetfeld	04.01.45	1	
Löscher	Dittmar[13]	Bü 181	RX+YW	Sprottau	04.01.45	1	Zieldarsteller
Löscher	Kalt	Bü 181	RX+YW	Sprottau	04.01.45	1	Zieldarsteller
Löscher	Schönhoff	Bü 181	RX+YW	Sprottau	04.01.45	1	Zieldarsteller
Jung		Me 163	51	Sprottau	14.01.45	1	
Jung		Me 163	51	Sprottau	15.01.45	1	
Löscher		Me 163 B	53	Sprottau	15.01.45	1	schwere B
Jung		Me 163	51	Sprottau	15.01.45	1	
Löscher		Me 163 B	53	Sprottau	17.01.45	1	schwere B
Löscher	Weichold	Me 110	TO+GU	Sprottau	18.01.45	2	
Löscher		Me 163	57	Sprottau	20.01.45	1	
Löscher		Me 163	55	Sprottau	20.01.45	1	
Löscher		Me 163	58	Sprottau	20.01.45	1	Start mit Triebwerk
Löscher	Weichold	Me 110	TO+GU	Sprottau	20.01.45	5	

Schulungsflüge italienischer Flugzeugführer[14)]

Flugzeugführer	Begleitung	Flugzeugtyp	Kennung	Ort	Datum	Anzahl der Flüge	Bemerkungen
Biron		Kranich	–	Rangsdorf	03.12.44	1	Windenschlepp
Biron		Kranich	–	Rangsdorf	04.12.44	1	Windenschlepp
Billi		Kranich	–	Rangsdorf	05.12.44	1	Schleppflug
Billi		Kranich	–	Rangsdorf	06.12.44	1	Windenschlepp
Biron		Kranich	–	Rangsdorf	06.12.44	1	Schleppflug
Billi		Kranich	–	Rangsdorf	08.12.44	1	Windenschlepp
Biron		Kranich	–	Rangsdorf	08.12.44	1	Schleppflug
Billi		Kranich	–	Rangsdorf	10.12.44	1	Windenschlepp
Billi		Grunau Baby	–	Rangsdorf	10.12.44	1	Windenschlepp
Biron		Grunau Baby	–	Rangsdorf	10.12.44	2	Windenschlepp
Biron		Habicht 14 m	–	Rangsdorf	10.12.44	2	Schleppflüge
Billi		Grunau Baby	–	Rangsdorf	11.12.44	2	Windenschlepp
Biron		Habicht 14 m	–	Rangsdorf	11.12.44	2	Schleppflüge. 1 × Kunstflug
Billi		Habicht 14 m	–	Rangsdorf	12.12.44	1	Schleppflug
Billi		Habicht 14 m	–	Rangsdorf	15.12.44	2	Schleppflüge.
Billi		Habicht 14 m	–	Rangsdorf	16.12.44	2	Schleppflüge. 1 × Kunstflug
Biron		Habicht 14m	–	Rangsdorf	16.12.44	1	Schleppflug. Kunstflug
Billi		Habicht 14 m	–	Rangsdorf	17.12.44	1	Schleppflug. Kunstflug
Billi		Habicht 8 m	–	Rangsdorf	18.12.44	3	Schleppflüge. 1 × Kunstflug
Biron		Habicht 8 m	–	Rangsdorf	18.12.44	7	Schleppflüge. 1 × Kunstflug
Billi		Habicht 8 m	–	Rangsdorf	19.12.44	4	Schleppflüge. 1 × Kunstflug
Biron		Habicht 8 m	–	Rangsdorf	22.12.44	3	Schleppflüge
Billi		Habicht 8 m	–	Rangsdorf	23.12.44	5	Schleppflüge
Billi		Habicht 8 m	–	Rangsdorf	27.12.44	1	Schleppflug. Kunstflug
Billi		Habicht 6 m	–	Rangsdorf	30.12.44	6	Schleppflüge
Biron		Habicht 6 m	–	Rangsdorf	30.12.44	6	Schleppflüge

Andere Flugzeugmuster bei EKdo 16, JG 400 und IV./EJG 2

Anhang 10

Diese aus Flugbüchern zusammengestellte Tabelle listet Flugzeugmuster auf, die bei den Verbänden zur Ausbildung oder zu anderen Zwecken geflogen wurden.

Typ	Kennung	Ort	Zeitpunkt	Bemerkungen
Bf 110 C-2	CF+NN	Bad Zwischenahn	14.08.42	W.Nr. 3073
Bf 110 G-3	PE+SB	Bad Zwischenahn	30.11.43	
Bü 181 B-1	PD+PN	Bad Zwischenahn	11.01.44	W.Nr. 110218
Bf 110	PE+SN	Bad Zwischenahn	14.01.44	
Bf 110	DO+WA	Bad Zwischenahn	08.02.44	
Bf 110 G	PE+SK	Bad Zwischenahn	12.02.44	
DFS 230	DS+DI	Bad Zwischenahn	19.02.44	
Fi 156 C-3/trop	BL+MY	Bad Zwischenahn	21.02.44	W.Nr. 110335. Am 20.05.44 in Wittmundhafen. In Bad Zwischenahn am 30.05.44 zu 100 % zerstört
Bf 110 G	DO+GU	Bad Zwischenahn	05.05.44	
Bf 110	SL+IR	Wittmundhafen	12.05.44	
Fw 44	KE+WZ	Wittmundhafen	18.05.44	
Bf 110	D5+BA	Wittmundhafen	10.06.44	
Bf 110	PG+XC	Wittmundhafen	14.06.44	
Bf 110*	D5+??	Wittmundhafen	16.06.44	
Bf 110	GL+IE	Wittmundhafen	22.06.44	
Ar 66	8X+EA	Wittmundhafen	23.06.44	Am 21.07.44 in Brandis
Fi 156 C-3/trop	RI+WD	Brandis	??.03.43	W.Nr. 8101 ging im März 1943 zu. Verwendung zur Zieldarstellung und für Luftkampfübungen
Bü 181	RB+MP	Brandis		
Fw 44	TY+BX	Brandis	25.07.44	
Fw 56	KD+NL	Brandis	23.08.44	
Fw 56	CJ+AK	Brandis	23.08.44	
Fw 44	TX+BX	Brandis	26.08.44	
Bf 110	GA+GQ	Brandis	05.08.44	
Bf 110	DS+WI	Brandis	05.08.44	
Bf 110 G	DO+GU	Brandis	07.08.44	
Bf 110	PE+SI	Brandis	11.08.44	
Bf 110	2N+EP	Brandis	16.08.44	
Bf 110	PE+SE	Brandis	16.08.44	Geflogen von Schiebeler mit Schuberts Me 163 im Schlepp von Altenburg, wo er nach dem Abschuss einer B-17 landete.
Bf 110	KR+PF	Brandis	21.08.44	
Fw 56	CJ+AK	Brandis	23.08.44	
Bf 110	SL+TI	Brandis	10.09.44	Am 21.01.45 in Sprottau
Fw 56	PL+NX	Brandis	10.09.44	
Bf 110	VM+HZ	Brandis	15.09.44	
Fi 156	RI+WD	Brandis	19.11.44	
Fi 156	TE+JD	Brandis	22.11.44	
Bf 110	NI+IM	Brandis	04.01.45	
Bf 110	NQ+HA	Brandis	13.01.45	
Bf 110	PJ+LS	Brandis	23.01.45	
Fi 156	RI+NQ	Brandis	23.01.45	
Bf 110	LN+LM	Brandis	04.02.45	
Fi 156	BA+AH	Brandis	06.02.45	
Ar 96	39	Brandis	03.03.45	
Bü 181	RB+MP	Udetfeld	13.12.44	
Bf 110	D5+XZ	Stettin / Stargard	15.01.45	
Bf 110	2N+AM	Sprottau	19.01.45	
Bü 181 C-3	BU+RW	Sprottau	04.01.45	W.Nr. 120436

*Kurt Schiebelers Flugbuch berichtet von der Überführung dieser Bf 110 von Stade nach Wittmundhafen. Sie war die persönliche Maschine des berühmten Nachtjägers Oberstleutnant Helmut Lent, Träger des Ritterkreuzes mit Eichenlaub und Schwertern (zu denen später noch die Brillanten kamen). Das Leitwerk zierten zahlreiche Abschussbalken. Kurt Schiebeler erzählte dazu folgende Anekdote: Der Flugbetriebsleiter, ein älterer Reserveoffizier und im Zivilberuf Lehrer, hatte die jungen Me 163-Piloten auf dem Kieker. Als er die Maschine landen sah, glaubte er Oberstleutnant Lent vor sich zu haben. Da es eine Anweisung gab, nach der Piloten mit dem Ritterkreuz die Ehrenbezeugung zu erweisen sei, eilte er zum Flugzeug, nahm Haltung an und hob die Hand zum Gruß an die Mütze. Er war nicht wenig erstaunt und düpiert, als Unteroffizier Kurt Schiebeler aus der Kanzel kletterte.
A. d. B.: Zur Grußpflicht: Ritterkreuzträger aller Waffengattungen mussten auch von Ranghöheren immer zuerst gegrüßt werden, außer diese trugen ebenfalls das Ritterkreuz. Ein General ohne Ritterkreuz hatte also einen Mannschaftsdienstgrad mit Ritterkreuz zuerst zu grüßen.

Fußnoten-Quellennachweis

1. Ein Flugsamen namens Zanonia Macrocarpa

1) Supf, Peter: *Das Buch der deutschen Fluggeschichte* (Drei Brunnen Verlag, Stuttgart 1956).
2) Schwipps, Werner: *Der Mensch fliegt. Lilienthals Flugversuche in historischen Aufnahmen* (Bernard & Gräfe Verlag, Koblenz 1988).
3) Ders.: *Schwerer als Luft. Die Frühzeit der Flugtechnik in Deutschland* (Bernard & Gräfe Verlag, Koblenz 1984).
4) Vorreiter, Ansbert: *„Konstruktionsprinzipien der dynamischen Flugapparate", Kritik der Drachenflieger* (Bibliothek für Luftschiffahrt und Flugtechnik, 1909).
5) Lewis, Peter.: *British Aircraft 1809 - 1914* (Putnam & Co, London 1962).
6) Penrose, Harald: *British Aviation. The Pioneer Years 1903 - 1914* (Putnam & Co, London 1967).
7) Barnes, C. H.: *Handley Page Aircraft since 1907* (Putnam & Co, London 1976).
8) Walker, Percy B.: *Early Aviation at Farnborough. The First Aeroplanes* (Macdonald & Co, London 1974).
9) Dunne, John William.: *The Theory of the Dunne Aeroplane* in *The Aeronautic Journal*, April 1913, S. 83–102 und Oktober 1913, S. 235 - 244.
10) Unbekannter Verfasser: *Tailless Revolution* in *The Aeroplane Vol. 61, No. 1590* vom 14. November 1941, S. 542 - 545. Anm.d.V.: Dieser Artikel wurde von der ZWB übersetzt und der deutschen Luftfahrtindustrie zur Verfügung gestellt.
11) Woolridge, E. T.: *Winged Wonders. The Story of the Flying Wings* (Smithsonian Institute Press, Washington D.C. 1983).
12) Tapper, Oliver: *Armstrong Whitworth Aircraft since 1913* (Putnam & Co, London 1973).
13) Radenbach, Friedrich Wilhelm.: *Gottlob Espenlaub. Ein Fliegerleben* (Thienemanns Verlag, Stuttgart 1942).
14) Lippisch, Alexander Martin: *Erinnerungen* (Luftfahrtverlag Axel Zuerl, Steinebach-Wörthsee 1978). A. d. V.: Der Verlag brachte das Buch unter Mitarbeit von Fritz Trenkle erst nach Lippischs Tod heraus.
15) Lippisch, Alexander: *Versuche mit neuartigen Flugzeugtypen* in *Zeitschrift für Flugtechnik und Motorluftschiffahrt* Nr. 12/1928, S. 274 - 281.
16) Ders.: *Das Nur-Flügel-Flugzeug* in *Tagungsberichte der 1. Internationalen Wissenschaftlichen Segelflugtagung vom 8. - 10. März 1930 in Darmstadt*, S. 46 - 57.
17) Ders. und Trenkle, Fritz: *Ein Dreieck fliegt. Die Entwicklung der Delta-Flugzeuge bis 1945* (Motorbuch Verlag, Stuttgart 1976).
18) Langer, R.: *Untersuchung von zwei Flugzeugmodellen* in *Ergebnisse der Aerodynamischen Versuchsanstalt zu Göttingen, IV. Lieferung* (R. Oldenbourg Verlag, München 1932).
19) Meisel, Christin: *Über den Wolken - Wellblech und Atlantikflug* (Siepmann und Kurze Verlag, Bremen 1998).
20) Unbekannter Verfasser: *Alexander Soldenhoff - Kunstmaler und Konstrukteur des eigenstabilen Flugzeuges* in *Aero-Revue* 1971 Nr. 5, S. 213 - 214 und Nr. 6, S. 273.
21) Meier, H. J.: *Der Lastraumflügel von Alexander Soldenhoff* in *Luftfahrt International* 1981 Nr. 81, S. 305 - 307.
22) Frost, G. und Kössler, K.: *Soldenhoffs Flugzeuge für Jedermann* in *Modell Magazin* 1982 Nr. 2, S. 13 - 15.
23) Lippisch, Alexander: *Das Problem des schwanzlosen Flugzeuges und seine Weiterentwicklung zum Nurflügelflugzeug* in *Zeitschrift für Flugtechnik und Motorluftschiffahrt* 1932 Nr. 22, S. 653 - 658.
24) Köhl, Hermann: *Bremsklötze weg!* (Sieben-Stäbe-Verlag, Berlin 1932).
25) Lippisch, Alexander Martin: *Wie die Me 163 entstand.* Unveröffentlichtes handgeschriebenes und undatiertes Manuskript aus den USA. A. d. V.: Das Manuskript ist auf liniertem amerikanischem Papier im Viererformat geschrieben. Es gibt einen bearbeiteten Abzug mit deutschen Korrekturen, als ob zur Veröffentlichung bestimmt. Der Text ist nahezu identisch, entspricht aber nicht vollständig dem nach Lippischs Tod 1976 im Luftfahrtverlag Axel Zuerl erschienenen Buch (vgl. Nr. 14). Es ist anzunehmen, dass das Manuskript als Vorlage diente. Etliche Dinge, die Lippisch darin erwähnte, stehen jedoch weder in diesem Buch noch in *Ein Dreieck fliegt* (vgl. Nr. 17).
26) Kupper, August.: *Der Entwurf des schwanzlosen Versuchsflugzeuges Go 147* in *Tagung der Arbeitsgruppe: Nurflügel-Flugzeuge in Köln am 18. und 19. Januar 1937*, S. 25 - 34.
27) Berger, B.: *Aussprachebemerkung über die statischen Bemerkungen an der Go 147* in *Tagung der Arbeitsgruppe: Nurflügel-Flugzeuge in Köln am 18. und 19. Januar 1937*, S. 161 - 165.
28) Kössler, Karl: *Das schwanzlose Versuchsflugzeug Gotha Go 147* in *Jet & Prop* Nr. 6/98, S. 66 - 68.
29) Unbekannter Verfasser: *Aussprachebeitrag der E-Stelle Rechlin* in *Tagung der Arbeitsgruppe: Nurflügel-Flugzeuge in Köln am 18. und 19. Januar 1937*, S. 159 - 160.
30) Lippisch, Alexander: Über die Messergebnisse des schwanzlosen Versuchsflugzeuges DFS 193 in *Tagung der Arbeitsgruppe: Nurflügel-Flugzeuge in Köln am 18. und 19. Januar 1937*, S. 35 - 64. Nachdruck in *Jahrbuch 1937 der deutschen Luftfahrtforschung*, S. I 300 - I 308. A. d. V.: Die Tragflügelform der DFS 193 ähnelte dem von Junkers 1923 in Dessau im Niedergeschwindigkeits-Windkanal untersuchten Flügel stark! Siehe Junkers-Windkanalberichte P.649 vom September und P.657 vom Oktober 1923.
31) Lippisch, Alexander: *The Development, Design and Construction of Gliders and Sailplanes* in *Journal of the Royal Aero-nautical Society*, S. 532 - 578.
32) Hill, G. T. R.: *A Tailless Aeroplane* in *ARC Report T.1823*, Februar 1923.
33) Penrose, Harald: *British Aviation. Widening Horizons 1930 - 1934* (Her Majesty's Stationery Office, London 1979).
34) Lewis, Peter: *The Ptale of the Pterodactyl* in *Air Pictorial*, Juni - August 1973.
35) Horten, Reimar und Selinger, Peter F.: *Nurflügel. Die Geschichte der Horten-Flugzeuge 1933 - 1960* (H. Weishaupt Verlag, Graz 1987).
36) Myhra, David: *The Horten Brothers and Their All-Wing-Aircraft* (Schiffer Publishing Ltd, Atglen/Pennsylvania 1998).

2. Aufbruch ins All

1) Verne, Jules: *De la Terre à la Lune* (1865). Deutsch: *Von der Erde zum Mond* (Erstausgabe: A. Hartlebens Verlag, Wien - Pest - Leipzig 1873).
2) Büdeler, Werner.: *Geschichte der Raumfahrt* (Edition Sigloch, Künzelsau 1982).
3) Miller, Ron: *The Dream Machine. A Pictorial History of the Spaceship in Art, Science an Literature* (Krieger Publishing Co, Malabar/Florida 1993).
4) Winter, Frank H.: *Prelude to the Space Age. The Rocket Societies: 1924 - 1940* (Smithonian Institution Press, Washington DC 1983).
5) Ders.: *Birth of the VfR: The start of modern astronautics* in *Spaceflight* Juli-August 1977, S. 243 - 256.
6) Steffler, Reinhard: *Die Verbreitung der Raumfahrtidee in Deutschland Anfang der zwanziger Jahre.* Tagungsbericht der Jahrestagung des Hermann-Oberth-Raumfahrt-Museums vom 26. - 28. Juni 1998 in Feucht.
7) Jelnina, Tanja und Rohrwild, Karlheinz: *Hermann Oberth und die Anfangsperiode der Raketentechnik in der Sowjetunion (1923 - 1933).* Tagungsbericht der Jahrestagung des Hermann-Oberth-Raumfahrt-Museums vom 26. - 28. Juni 1998 in Feucht.
8) *Sitzungsbericht vom 17.12.1930 über die Raketenfrage.* A. d. V.: Genauere bibliografische Angaben waren den Verfassern nicht möglich. Der als „Geheim" eingestufte Bericht umfasst die Inhalte eines Treffens der Amtsgruppenleiter des HWA.
9) Engel, Rolf: *Beiträge zur Geschichte der deutschen Raketentechnik* (Unveröffentlichtes Manuskript, Paris 1947).
10) Ders.: *Johannes Winkler - ein Mann der ersten Stunde.* Tagungsbericht der DGLR-Jahrestagung 1978.
11) Guder, Rudolf.: *Johannes Winkler - zwischen Glauben und Wissen.* Tagungsbericht der Jahrestagung des Hermann-Oberth-Raumfahrt-Museums vom 26. - 28. Juni 1998 in Feucht.
12) Essers, Ilse.: *Max Valier. Ein Vorkämpfer der Weltraumfahrt, 1895 - 1930* (VDI-Verlag, Düsseldorf 1968).
13) Valier, Max: *Raketenfahrt* (Verlag R. Oldenbourg, München 1930).
14) Essers, Ilse: *Max Valier: Ein Pionier der Raumfahrt* (Verlagsanstalt Athesia, Bozen 1980).
15) Ingenhaag, Karl Heinz: *Die Raketenflugzeug-Entwürfe von Max Valier* in *Luftfahrt International* 5/1980, S. 211 - 217.

16) Wagner, Wolfgang: *Hugo Junkers Pionier der Luftfahrt - seine Flugzeuge* (Bernard & Graefe Verlag, Bonn 1996).
17) Stamer, Fritz: *12 Jahre Wasserkuppe* (Verlag Reimar Hobbing, Berlin 1933).
18) Winter, Frank H.: *1928 - 1929 Forerunners of the Shuttle: The „Von Opel Flights"* in *Spaceflight* Februar 1979, S. 75 - 83, 92.
19) Ders.: *The influence of the von Opel-Valier experiments upon German rocket propelled model aircraft development, 1920's - 1930's* in *Journal of the British Interplanetary Society* Band 52 (1999), S. 267 - 270.
20) Lippisch, Alexander Martin: *Erinnerungen* (Luftfahrtverlag Axel Zuerl, Steinebach-Wörthsee 1978).
21) Ders. und Stamer, Fritz: *Raketenversuche mit Flugzeugen und Flugzeugmodellen* in *Zeitschrift für Flugtechnik und Motorluftschiffahrt* 12/1928, S. 270 - 274.
22) Filthaut, Klaus F.: *Die Entwicklung des Opel-GMG-Raketenflugzeuges mit flüssigen Triebstoffkomponenten.* Tagungsbericht der Jahrestagung des Hermann-Oberth-Raumfahrt-Museums vom 26. - 28. Juni 1998 in Feucht.
23) Ders.: *Projekt RAK. Das Raketenzeitalter begann in Rüsselsheim* (Aero-Verlag, Petershausen 1999).
24) Radenbach, Friedrich Wilhelm.: *Gottlob Espenlaub. Ein Fliegerleben* (Thienemanns Verlag, Stuttgart 1942).
25) Fischer, Hans-Jürgen: *Das Schleppgespann Espenlaub. Teil I - Der Weg zum Segelflug-Anhänger Espenlaub E.7* in *Modellflug international* 5/98, S. 54 - 69.
26) Ders.: *Das Schleppgespann Espenlaub. Teil II - vom Schleppflugzeug E11, Raketenflügen und ewigen Streitereien* in *Modellflug international* 9/98, S. 43 - 49.
27) Kolinowski, H.: *Die Entwicklung des Raketenfluges* (Studiengesellschaft für Raketen e.V, Frankfurt am Main, Mai 1930).
28) Polizeioberwachtmeister Werner: *Vernehmung Polizeiflugwache Bremerhaven, 5. Mai 1930.*
29) Ders.: *Ergänzungsbericht zur Unfallanzeige Nr. 1/1930, Polizeiflugwache Bremerhaven, 8. Mai 1930.*
30) Hatry, Julius.: *Über frühe theoretische Arbeiten und praktische Entwicklung von Raketen als Flugzeugantrieb und zu Katapultstart.* Tagungsbericht der DGLR-Jahrestagung 1983.
31) Käsmann, Ferdinand C. W.: *1932 bei Junkers entworfen: Der erste Raketenjäger der Welt* in *Luft und Raumfahrt* 5/2011, S. 34 - 36 (Teil I) und 6/2011, S. 34 - 35 (Teil II).
32) Sagner, Dr. Reinhard: *Johannes Winkler - Ein Raketenpionier der ersten Stunde* in *Luft und Raumfahrt* Januar - Februar 2016, o. S.
33) *Junkers*, Auszug aus *Fluid Dynamics Department Report No. 9141/513*, Dessau 16. April 1935.
34) Familie Henkelmann: *A north hessian familly chronicle, Volume II* (Undatierte Familienchronik in Privatbesitz)
35) Stüwe, Botho: *Peenemünde-West* (Bechtle Verlag, Esslingen 1995).
36) Neufeld, Michael J.: *Die Rakete und das Reich* (Brandenburgisches Verlagshaus, Berlin 1997).
37) Freeman, Marsha: How we got to the Moon, the storiy of the German Space Pioneers (21st Century Associates, Washington DC 1993). Deutsche Ausgabe: *Hin zu neuen Welten. Die Geschichte der deutschen Raumfahrtpioniere* (Böttiger Verlag, Wiesbaden 1995).
38) Dornberger, Walter: *Peenemünde - die Geschichte der V-Waffen* (Bechtle Verlag, Esslingen 1981).
39) Koos, Volker: *Heinkel He 176 - Dichtung und Wahrheit* in *Jet & Prop* 1/94, S. 17 - 21.
40) Bartelsen, A.: *The Progress of Development of the Propulsion Units R II 203 for Training Airplanes Me 163A. Ministry of Aviation Report HEC 230.* A. d. V.: Es handelt sich um die englische Übersetzung des HWK-Berichts L 61 von Stabsingenieur Asmus Bartelsen vom 1. Februar 1943, der nach einem Besuch von RLM-Vertretern zur Inspektion des R II 203 am 26. Januar 1943 entstand. Den Verfassern gewährte man nur Einsicht in jene Teile des englischsprachigen Berichts, die sich mit Flügen der He 112 V3, der He 176 V1 und der DFS 194 befassen.

3. In eigenen Worten

Nur Fußnote (1) wird im Kapitel aufgeführt. Die anderen enthalten eine Menge biografischer Angaben.

1) Lippisch, Alexander: *Über die Entwicklung der schwanzlosen Flugzeuge.* DAL-Bericht 1064/43 gKdos, Schriften der Deutschen Akademie der Luftfahrtforschung (DAL), Berlin 1943. A. d. V.: Dieser Vortrag wurde auf der 9. Wissenschaftlichen Tagung der DAL in Berlin am 6. November 1942 gehalten. Es gab zwei Ausführungen der Arbeit: Von der als „Geheim" eingestuften mit Erwähnung der Me 163 ist hier die Rede. Die andere erwähnte die Me 163 mit keiner Silbe und wurde im *Jahrbuch 1942/1943 der Deutschen Akademie der Luftfahrtforschung* auf S. 410 - 433 abgedruckt.
2) Ders.: *Erinnerungen* (Luftfahrtverlag Axel Zuerl, Steinebach-Wörthsee 1978).
3) Ders.: *Ein Dreieck fliegt* (Motorbuch Verlag, Stuttgart 1976).
4) Borst, Henry V.: *The Aerodynamics of the Unconventional Air Vehicles of A. Lippisch* (Henry V. Borst Associates, Wayne/Pennsylvania 1980).

4. Eine Sternschnuppe

1) Brennecke, G.: *Untersuchung des schwanzlosen Flugzeuges DFS 194 mit Druckschraube.* AVA-Bericht 37/34, Göttingen 4. November 1937.
2) Ders.: *Untersuchung des schwanzlosen Flugzeuges DFS 194 in abgeänderter Ausführung.* AVA-Bericht 38/1, Göttingen 3. Februar 1938.
3) Ders.: *Zusätzliche Messungen am Gesamtmodell des schwanzlosen Flugzeuges DFS 194.* AVA-Bericht 38/25, Göttingen 22. September 1938.
4) Lippisch, Alexander Martin: *Wie die Me 163 entstand.* In den USA verfasstes, undatiertes und unveröffentlichtes Manuskript.
5) Winter: *Kraft- und Druckverteilungsmessungen an einem schwanzlosen Flugzeug.* AVA-Bericht 38/18, Göttingen 18. Mai 1938.
6) VFW-Fokker: *Verbindungsflugzeug WESERFLUG Bf 163 - D-IUCY* (Flugzeug-Monographie Nr. 3)
7) Ludwieg, Hubert: *Pfeilflügel bei hohen Geschwindigkeiten.* Vortrag auf der „Hochgeschwindigkeits"-Tagung der Lilienthal-Gesellschaft für Luftfahrtforschung am 3. September 1940 in Braunschweig und am 26./27. September in Göttingen.
8) Busemann, Adolf: *Aerodynamischer Auftrieb bei Überschallgeschwindigkeit.* Tagungsbericht der XIII Reale Accademia d'Italia Fondatione Alessandro Volta „Le alto velocita in aviatione" (5. Volta-Tagung in Rom, 30. September - 6. Oktober 1935).
9) Croneiß, Theo und Hentzen, Fritz H.: *Besprechung mit dem RLM.* Sitzungsbericht vom 29. August 1941 in Berlin.
10) Hentzen, Fritz H.: *Besprechung bei Generaloberst Udet am 22.10.41 betr. Bau 163 B.* Sitzungsbericht vom 23. Oktober 1941.
11) Baxter, A. D.: *Walter Rocket Motors for Aircraft.* Technical Note No. Aero 1668 (Revised), Royal Aircraft Establishment, Farnborough, September 1945.
12) *Work on Special Fuels at Peenemünde West.* ADI(K) Report no. 4/1946, Air Ministry, London, 18 January 1946. A. d. V.: Diese technische Notiz beruhte auf einem von Diplom-Chemiker Dr. Botho Demant auf alliierte Anweisung hin verfassten und ins Englische übersetzten Bericht. Dr. Botho Demant war Leiter des Treibstofflabors in Peenemünde-West.
13) Lippisch, Alexander et al.: *Einbau der Triebwerke der Firmen BMW und HWK in 163 B.* Protokoll der Besprechung bei Messerschmitt in Augsburg am 25. April 1942.
14) Lindemann, H.: *Hochgeschwindigkeitsmessungen am Modell des schwanzlosen Flugzeuges Me 163 B.* ZWB UM 185, Berlin-Adlershof 1. Oktober 1943. A. d. V.: Die Versuche/Messungen wurden vom 17. Februar bis 6. März 1943 durchgeführt.
15) Messerschmitt, Willy: *Schwanzloses Flugzeug.* Mitteilung an Eidinger (Patentamt). Augsburg, 11. Juli 1942.
16) Ders.: *Einführung gepfeilter Flügel.* Mitteilung an Lippisch und Voigt, Augsburg, 8. Januar 1943.
17) Ders.: Mitteilung an Lippisch. Augusburg, 19. Januar 1943.
18) Späte, Wolfgang: *Arbeitsbericht 17, Erprobungskommando 16.* Peenemünde, 1. März 1943.
19) Ders.: *Arbeitsbericht 18, Erprobungskommando 16.* Peenemünde, 16. März 1943.
20) von Lill: *Vertragsverhältnis des Herrn Lippisch.* Mitteilung. Augsburg, 26. März 1943.
21) Göttel, W.: *Besuch des Herrn Seiler bei Herrn Dr. Lippisch in Wien am 22.7. 43.* Mitteilung. Augsburg, 27. Juli 1943.
22) Mitteilung der Verwaltungsabteilung (ZA) an die Hauptabteilungen der Messerschmitt-Werke. Augsburg, 27. April 1943.

23) Späte, Wolfgang: *Arbeitsbericht 23, Erprobungskommando 16*. Peenemünde, 25. Juni 1943.
24) Rutkammer, C.: *Stand der Me 163 B. Verbesserung für einen Weiterbau, Weiterentwicklung des R-Jägers. Erprobungsbericht Nr. 227/40, Teil 4*. Erprobungsstelle der Luftwaffe Peenemünde-West, 6. Juni 1943.
25) *Me 163 B. Schreiben KdE Nr. 612/43 g.Kdos*. Brief 7487/43 (I A) g.Kdos. vom Chef GL/C-E 2 an Chef GL/C. Berlin, 13. Juli 1943.
26) Späte, Wolfgang: *Arbeitsbericht 25, Erprobungskommando 16*. Peenemünde, 3. August 1943.
27) Eick: Protokoll der Besprechung beim RLM am 18. Oktober 1943. Ref. GL/C-E 2 Nr. 10662/43 (I A) g.Kdos. RLM Berlin, 26. Oktober 1943.
28) Schmedemann, J.: *Anlage zum Aktenvermerk v. 22. 12. 43 über Lagebesprechung am 11.12. in Augsburg*. Augsburg, 6. Januar 1944.
29) Späte, Wolfgang: *Arbeitsbericht 31, Erprobungskommando 16*. Bad Zwischenahn, 17. Dezember 1943.
30) Ders: *Arbeitsbericht 32, Erprobungskommando 16*. Bad Zwischenahn, 13. Januar 1944.
31) Thaler, Anton: *Arbeitsbericht 35, Erprobungskommando 16*. Bad Zwischenahn, 30. März 1944.
32) Hohmann, Bernhard A.: *Über die Entwicklung des Hochgeschwindigkeitsfluges*. Unveröffentlichtes Manuskript. Fairborn/Ohio, 6. Juni 1951.
33) Auszug einer Besprechung beim Rüstungsstab. Die Verfasser konnten den genauen Zeitpunkt nicht feststellen. Aufgrund der geschilderten Ereignisse dürfte sie aber im April 1944 stattgefunden haben.
34) Hentzen, Fritz H.: *Fliegerhorst Laupheim*. Schriftliche Mitteilung des Sonderausschusses F2 an die RLM-Abteilung GL/C-B 2 vom 4. März 1944. A. d. V.: Der 1941 eingerichtete Sonderausschuss F2 überwachte die Fertigung sämtlicher Messerschmitt-Flugzeuge einschließlich der Me 163.
35) Funk, Erwin: *Böblingen – Fliegerstadt und Garnison* (Stadt Böblingen 1974).
36) Ders.: *Böblingen. Die Zerstörung im Zweiten Weltkrieg* (Stadt Böblingen 1983).
37) Brief von Rubens an Späte, 13. Juli 1963.
38) Chef TLR: *Fragen zum Entwicklungsablauf und abgelaufener Flugzeugtypen*. Berlin, 18. Dezember 1944. A. d. V.: Das Schreiben wurde am 11. Januar 1945 an Kurt Cyron weitergeleitet, Chef der Junkers-Abteilung Zellenbau, und von Herrn Rentel, dem Typenbegleiter 163/263, am 15. Januar beantwortet.

5. Erfolge und Rückschläge

1) *Arbeitsberichte des Erprobungskommandos 16*. Peenemünde vom 11. Juni 1942 (I), 11. Juni 1942 (II), 29. Juni 1942 (III), 31. Juli 1942 (5), 16. August 1942 (6), 31. August 1942 (7), 16. September 1942 (8), 16. Oktober 1942 (10), 2. November 1942 (11), 16. November 1942 (12), 3. Dezember 1942 (13), 21. Dezember 1942 (14), 2. Februar 1943 (15), 16. Februar 1943 (16), 1. März 1943 (17), 16. März 1943 (18), 2. April 1943 (19), 19. April 1943 (20), 4. Mai 1943 (21), 1. Juni 1943 (22), 25. Juni 1943 (23), 19. Juli 1943 (24), 3. August 1943 (25); Bad Zwischenahn vom 22. August 1943 (26), 5. September 1943 (27), 2. Oktober 1943 (28), 29. Oktober 1943 (29), 21. November 1943 (30), 17. Dezember 1943 (31), 13. Januar 1944 (32), 4. Februar 1944 (33), 8. März 1944 (34). 30. März 1944 (35), 10. Mai 1944 (36), 7. Juni 1944 (36), 12. Juni 1944 (37). A. d. V.: Die Arbeitsberichte 4 (ca. 15. Juli 1942) und 9 (ca. 1. Oktober 1942) sind nicht auffindbar oder verloren gegangen. Der Arbeitsbericht 26 stammt bereits von Bad Zwischenahn, was auf ein Vorauskommando hinweist; das Gros des EKdo 16 traf im August 1943 ein. Vom Arbeitsbericht 27 gibt es zwei Ausführungen in unterschiedlichen Formaten. Die Nummer 36 wurde – wahrscheinlich irrtümlich – zweimal verwendet.
2) *Monatsberichte des Erprobungskommandos 16*. Bad Zwischenahn vom 3. September 1944 (für August), 2. Oktober 1944 (für September). Waldpolenz (Brandis) vom 4. November 1944 (für Oktober). A. d. V.: Der Monatsbericht für Juli 1944 ist nicht auffindbar oder ging verloren.
3) Beauvais, Heinrich.: *Me 163. Nachfliegen Beauvais 20./21.4.43*. Bericht der Abteilung E2c der Erprobungsstelle Rechlin vom 24. Mai 1943.
4) Unbekannter Verfasser: *Reported Interception of PRU Spitfire by Me 163*. AI2(g) Report No. 3027, 6 June 1944 (PRO Files AIR 20/963 and AIR 40/2168).
5) Felkin, Samuel Denys: *Erprobungskommando 16 and the Me 163*. ADI(K) Report No. 330/1944, 4 July 1944.
6) Unbekannter Verfasser: *Report on German jet-propelled aircraft*. Report No. 3004, Air Ministry DI(O), 19 July 1943 (PRO File AIR 20/2690).
7) Gen.Qu.6.Abt.(V): *Flugzeugunfälle und Verluste bei Schulen und sonstigen Dienststellen*. 9. Mai 1944 (Bundesarchiv Freiburg).
8) *Arbeitsberichte des Erprobungskommandos 16*. Flugberichte aus Bad Zwischenahn Nr. 163/39/44 vom 14. Mai 1944 (Späte, BV41), 163/40/44 vom 14. Mai 1944 (Späte, BV41) und 163/50/44 vom 19. Mai 1944 (Nelte, BV40).
9) Gen.Qu.6.Abt.(V): *Flugzeugunfälle und Verluste bei Schulen und sonstigen Dienststellen*. 10. Mai 1944 (Bundesarchiv Freiburg).
10) Gen.Qu.6.Abt.(V): *Flugzeugunfälle und Verluste bei Schulen und sonstigen Dienststellen*. 10. Juni 1944 (Bundesarchiv Freiburg).
11) Gen.Qu.6.Abt.(V): *Flugzeugunfälle und Verluste bei Schulen und sonstigen Dienststellen*. 25. Juni 1944 (Bundesarchiv Freiburg).
12) Mösch: *Flugunfall-Untersuchungsbericht*. HWK-Bericht 1262. Bad Zwischenahn, 3. September 1944 (Über den Unfall von Feldwebel Lukas am 23. August 1944).
13) *USAAF Eight Airforce Intops Summaries, May – October 1944*: No. 158, 5 Oct. 44.
14) Unbekannter Verfasser: *Enemy Jet Propelled Aircraft*. Report D-Z-63, Headquarters 2nd Bombardment Division, 25 August 1944.
15) Unbekannter Verfasser: *Development of Airfields for Me 163s and Me 262s*. AI2(b) Report, 14 October 1944.
16) Unbekannter Verfasser: *German jet propelled aircraft. Analysis of their tactics, types, and bases for operation. Report*, Headquarters 65th Fighter Wing, 24 November 1944.
17) Hohmann, Bernhard A.: *Über die Entwicklung des Hochgeschwindigkeitsfluges*. Unveröffentlichtes Manuskript. Fairborn/Ohio, 6. Juni 1951.
18) Stüwe, Botho: *Peenemünde-West* (Bechtle Verlag, Esslingen 1995).
19) Jones, Reginald Victor: *Most Secret War. British Scientific Intelligence 1939 – 1945* (Hamish Hamilton Ltd, London 1978; Coronet Books, Hodder and Stoughton Ltd, London 1979).
20) Operational Record Book, 540 Squadron RAF (PRO File AIR 27/2007).
21) Reinicke, Johannes: *Chronik des Flugplatzes Zwischenahn* (Cramer-Druck, Buchdruckerei Eberhard Ries, Westerstede 1986).
22) Operational Record Book, 541 Squadron RAF (PRO File AIR 27/2013).
23) Späte, Wolfgang und Bateson, Richard P.: *Messerschmitt Me 163 Komet* (Aircraft Profile 225, Profile Publications Ltd, Windsor/Berkshire 1971).
24) Ethell, Jeffrey L.: *Messerschmitt Komet. Entwicklung und Einsatz des ersten Raketenjägers* (Motorbuch Verlag, Stuttgart 1980).
25) Späte, Wolfgang: *Der streng geheime Vogel. Erprobung an der Schallgrenze* (Verlag für Wehrwissenschaften, München 1983).

6. Start mit Hindernissen

1) *Arbeitsberichte des Erprobungskommandos 16*. Bad Zwischenahn vom 17. Dezember 1943 (31), 13. Januar 1944 (32), 4. Februar 1944 (33), 8. März 1944 (34), 30. März 1944 (35), 10. Mai 1944 (36), 7. Juni 1944 (36– wohl versehentlich dupliziert), 12. Juni 1944 (37).
2) Briefverkehr Späte und Cammann mit Andreas, Böhner, Bott, Husser und Olejnik.
3) Unbekannter Verfasser: *Programm für den 12.6. und 13.6*. Bericht Nr. 603/44 gKdos. Rechlin, ca. Juni 1944.
4) ACIO Interpretation Report No. L.215, 3 July 1944 (PRO London, File AIR 40/175).
5) Briefverkehr Ransom mit dem Veteranenverband der USAAF 7th Photographic Reconnaisance Group sowie mit Charles F. Parker.
6) Unbekannter Verfasser: *Development of Airfields for Me 163s and Me 262s*. AI2(b) Report, 14 October 1944.
7) Seidel, Hans-Georg von: Aufstellung 2./Jagdgeschwader 400. Akte Nr. Az 11b16.10 Notiz Nr. 8744/44 gKdos (2. Abt. IIB) OKL Generalquartiermeister, 6. April 1944.
8) Interwiew Mombeek mit Böhner.
9) Walter, E.: *Technical Experience Report No. 1 of 1./JG 400*. Auszug aus Translation TP 218a, Technical Information Library. Großbritannien ohne Jahr.
10) *USAAF Eight Airforce Intops Summary No. 108*, 16 August 44.
11) Girard, Flt Lt E. C.: *Venlo Airfield, M,R*. QE.947087, Air Mechanical Intelligence Headquarters, 2nd Tactical Air Force, 8 March 1945.
12) Verfassername unleserlich: *Me 163*. Air Mechanical Intelligence Headquarters, 2nd Tactical Air Force, 10 March 1945. (Der Bericht listete im Hangar unter Schrott entdeckte beschädigte Me 163-Teile auf).

13) Proctor, Wing Cdr G. E. F.: *Me 163 Rocket-Propelled Interceptor*. AI2 (g) Report 2323, 3 April 1945. (Auch dieser Bericht listete im Hangar unter Schrott entdeckte beschädigte Me 163-Teile auf).

7. Gegen gewaltige Übermacht

1) Ethell, Jeffrey L.: *Messerschmitt Komet. Entwicklung und Einsatz des ersten Raketenjägers* (Motorbuch Verlag, Stuttgart 1980). A. d. V.: Die Auszüge wurden der 1978 bei Ian Allan in London englischen Originalausgabe entnommen. Die deutsche Ausgabe enthält zusätzliche Informationen und einige Ergänzungen.
2) Ziegler, Mano: *Raketenjäger Me 163* (Motor Presse Verlag, Stuttgart 1961).
3) Ransom, Stephen: *Zwischen Leipzig und der Mulde. Flugplatz Brandis 1935 - 1945* (Stedinger Verlag, Lemwerder 1996).
4) Drew, Robert B.: *Third Allied Intelligence Report on German Jet Operations*. Nachrichtendienstlicher Bericht von etwa Februar 1945.
5) Flugbücher von Otto Krutsch, Harald Kuhn, Hans-Ludwig Löscher, Reinhard Opitz, Kurt Schiebeler und Rudolf Zimmermann.
6) Späte, Wolfgang: *Der streng geheime Vogel. Erprobung an der Schallgrenze* (Verlag für Wehrwissenschaften, München 1983).
7) *USAAF Eight Airforce Intops Summaries:* 28 Jul 44 (No.89), 29 Jul 44 (90), 16 Aug 44 (108), 24 Aug 44 (116), 11 Sep 44 (134), 12 Sep 44 (135), 13 Sep 44 (136), 28 Sep 44 (151), 5 Oct 44 (158), 7 Oct 44 (160), 2 Nov 44 (186), 25 Nov 44 (209), 30 Nov 44 (214), 12 Dec 44 (226), 6 Feb 45 (282), 9 Feb 45 (285), 15 Feb 45 (291), 2 Mar 45 (306), 3 Mar 45 (307), 26 Mar 45 (330), 31 Mar 45 (335).
8) Fernschreiben(?) von AJAX 2100B an SFW OSIAS OIWTH und alle Gruppen vom 28. Juli 1944.
9) Unbekannter Verfasser: *Enemy Jet Propelled Aircraft*. Report D-Z-63, Headquarters 2nd Bombardment Division, 25 August 1944. S. 15 - 16.
10) Unbekannter Verfasser: *German jet propelled aircraft. Analysis of their tactics, types, and bases for operation. Report,* Headquarters 65th Fighter Wing, A-2 Office, AAF Station F-370 APO 558, 24 November 1944. S. 8.
11) Namentliche Verlustmeldungen.
12) *Air Ministry Weekly Intelligence Summary* No.261, S. 7.
13) Unbekannter Verfasser: *German jet propelled aircraft. Analysis of their tactics, types, and bases for operation. Report,* Headquarters 65th Fighter Wing, A-2 Office, AAF Station F-370 APO 558, 24 November 1944. S. 9 - 10.
14) Unbekannter Verfasser: *Me 163-B. Kurze technische Beschreibung, Leistungen*. Mitteilung 4042/44 gKdos. von der Dienststelle des Generals der Jagdflieger in Berlin-Kladow vom 19. August 1944.
15) Unbekannter Verfasser: *Stand der Aufstellung der Verbände Me 163*. Mitteilung 4045/44 gKdos. von der Dienststelle des Generals der Jagdflieger in Kladow-Hottengrund vom 19. August 1944.
16) Undatierter Brief von Franz Rösle an Mano Ziegler.
17) Briefe von Hans Bott an Mano Ziegler (11. Juni 1957) und Hans-Hermann Cammann (10. September 2002) sowie Interview mit Wolfgang Späte (ohne Datum).
18) Walter, E.: *„Kill" success with the Me 163*, MoS TIL Übersetzung TP 218a (ohne Datum). A. d. V.: Dieser Bericht ist die Übersetzung der Kopie eines deutschen Dokuments aus der Bücherei des Rocket Propulsion Establishment im englischen Westcott. Die hier benutzten Auszüge stammen aus den *Technical Experience Reports of 1./JG 400, No. 1* (16. August 1944) und *No. 2* (24. August 1944). Keine weiteren Berichte dieser Art konnten gefunden werden.
19) Schreiben von Hans Hoever an Mano Ziegler (ohne Datum).
20) von Criegern: *Aufstellung 4./JG 400*. Akte Nr. Az. 11b16.10, Mitteilung Nr. 12871/44 g.Kdos., Stab des OKL, Generalquartiermeister, 4. September 1944.
21) Galland, Adolf: Mitteilung über die Einsatzreife der Me 163 Nr. 4041/14 g.Kdos. Berlin-Kladow, 8. September 1944.
22) Anhang eines Schreibens von Reinhard Opitz an Wolfgang Späte vom 28. März 1976.
23) Schreiben von Rolf Glogner an Mano Ziegler vom 12. Januar 1957.
24) Anmerkungen von Wolfgang Späte bei einem Gespräch mit Kurt Schiebeler (ohne Datum).
25) Feldluftgaukommando, Führeranweisung, Fernschreiben 1600/44 g.Kdos., Stab Kommando Flughafenbereich 6/111 Gilze Rijen, Belgien, Frankreich, 26. September 1944.
26) Bemerkungen von Wolfgang Späte bei einem Gespräch mit Friedrich-Peter Husser (ohne Datum).
27) Unbekannter Verfasser: *German jet propelled aircraft. Analysis of their tactics, types, and bases for operation. Report,* Headquarters 65th Fighter Wing, A-2 Office, AAF Station F-370 APO 558, 24 November 1944. S. 17.
28) Ethell, Jeffrey und Price, Alfred: *Deutsche Düsenflugzeuge im Kampfeinsatz 1944/45. Me 163 - Me 262 - Ar 234.* (Motorbuch Verlag, Stuttgart 1981).
29) Galland, Adolf: *Vollmacht*. Mitteilung 5045/44 g.Kdos., OKL General der Jagdflieger. Berlin-Kladow, 14. Oktober 1944.
30) Unbekannter Verfasser: *German jet propelled aircraft. Analysis of their tactics, types, and bases for operation. Report,* Headquarters 65th Fighter Wing, A-2 Office, AAF Station F-370 APO 558, 24 November 1944. S. 13 - 14.
31) Schreiben von Günter Andreas an Mano Ziegler (ohne Datum).
32) von Criegern: *Umbenennung 3. und 4./J.G. 400, Aufstellung Stab II./J.G. 400, 3. und 7./J.G. 400*. Akte Nr. Az 11b16.10, Mitteilung Nr. 14332/44 g.Kdos. Stab OKL Generalquartiermeister, 12. November 1944.
33) von Criegern: *Aufstellung von Geschwaderstäben bzw. Jagdstaffeln.* Akte Nr. Az 11b16.10, Mitteilung Nr. 15075/44 g.Kdos. Stab OKL Generalquartiermeister, 27. Dezember 1944.
34) von Greiff: *Me 263*. Fernschreiben Nr. 20066/45 g,Kdos. Stab OKL, Generalquartiermeister. 12. Januar 1945.
35) Kriegstagebuch mit Anhang der 542 Squadron RAF, 8. Februar 1945.
36) ACU Interpretation Report No.L.283, 22 February 1945.
37) Bemerkungen von Wolfgang Späte bei einem Gespräch mit Wilhelm Josef Mühlstroh (ohne Datum).
38) von Criegern: *Auflösung von Erprobungskommandos.* Akte Nr. Az 11b16.24, Mitteilung Nr. 727/45 g.Kdos. Stab OKL Generalquartiermeister, 14. Februar 1945.
39) Drew, Robert B.: *Operational Probabilities of Jet Aircraft*. Anhang zur Mitteilung von Major Drew, AI3(b), an Colonel Kingman Douglas (Abschriften an Wing Commanders Hurst und Rose), 5. März 1945.
40) von Criegern: *Auflösung Stab J.G. 400.* Akte Nr. Az 11b16.10, Mitteilung Nr. 1017/45 g.Kdos. Stab OKL Generalquartiermeister, 7. März 1945.
41) Kriegstagebuch mit Anhang der 542 Squadron RAF, 7. März 1945.
42) RAF *Coastal Command Review*, Vol.IV, No.3, März 1945.
43) Kriegstagebuch mit Anhang der 544 Squadron RAF, 15. März 1945.
44) Kriegstagebuch mit Anhang der 544 Squadron RAF, 16. März 1945.
45) ACIO Interpretation and Immediate Interpretation Reports: IR SA.3402/IIR, IR K4039, IR SA.3400, IR SA.3399/IIR K.4033, IR SA.3404, IR SA.3405/IIR K.4031.
46) Einsatzberichte der 6 Group RCAF, 10. April 1945.
47) *The RCAF Overseas. The Sixth Year*. S. 162 - 163.
48) Kriegstagebuch der 309 (Polish) Squadron RAF, 10. April 1945.
49) Ing. Uffz. Kuhn: *Final reports on 109 - 509 flight tests.* 13. August 1945 (Übersetzung der RAE Farnborough vom April 1946).
50) Unbekannter Verfasser: *Einsatzbereitschaft der flg. Verbände im Bereich Lfl.Kdo.Reich. Stand: 11. 4. 1945, abends.* Bericht Chefgruppe Generalquartiermeister, 12. April 1945.

8. Von Pontius zu Pilatus

1) Anhang des Schreibens von Reinhard Opitz an Wolfgang Späte vom 28. März 1976,
2) Notizen von Wolfgang Späte über ein Gespräch mit Peter Gerth (ohne Datum).
3) Notizen von Wolfgang Späte über ein Gespräch mit Franz Woidich (ohne Datum).
4) Unbekannter Verfasser: *Stand der Aufstellung der Verbände Me 163.* Mitteilung 4045/44 g.Kdos. vom Stab General der Jagdflieger. Kladow-Hottengrund, 19. August 1944.
5) von Criegern: *Aufstellung 4./J.G. 400.* Akte Nr. Az 11b16.10, Mitteilung Nr. 12871/44 g.Kdos. Stab OKL Generalquartiermeister, 4. September 1944.
6) Felkin, Samuel Denys: *Some information on Jagdgeschwader 400*. ADI(K) Report No. 160/1945, London(?), April(?) 1945.
7) von Criegern: *Umbenennung 3. und 4./J.G. 400, Aufstellung Stab II./J.G. 400, 3. und 7./J.G. 400*. Akte Nr. Az 11b16.10, Mitteilung Nr. 14332/44 g.Kdos. Stab OKL Generalquartiermeister, 12. November 1944.
8) Christian, E.: *Fernschreiben G.d.J. Nr. 724/45 g.Kdos. (Gr. 1) v. 15.2.45*. Fernschreiben Nr. 20312/45 g.Kdos. Stab OKL (Robinson), 1. März 1945.

9) Fernschreiben OKL *Luftwaffenorganisationsstab an Luftflottenkommando Reich* vom 20. April 1945.
10) Kriegstagebuch der 544 Squadron RAF, 25. April 1945.
11) RAF *Coastal Command Review*, Vol.IV, No.4, April 1945.

9. Wie Fledermäuse

1) *USSTAF Air Intelligence Summary* No.26, Week ending 7 May 1944.
2) Unbekannter Verfasser: *Enemy Jet Propelled Aircraft.* Report D-Z-63, Headquarters 2nd Bombardment Division, A-2 Office, AAF 147, APO 558, 25 August 1944. S. 3.
3) Unbekannter Verfasser: *German jet propelled aircraft. Analysis of their tactics, types, and bases for operation. Report,* Headquarters 65th Fighter Wing, A-2 Office, AAF Station F-370 APO 558, 24 November 1944.
4) *USAAF Eight Airforce Intops Summaries:* 10 Sep 44 (no.133), 11 Sep 44 (134), 12 Sep 44 (135), 5 Oct 44 (158), 7 Oct 44 (160), 2 Nov 44 (186), 11 Nov 44 (195), 6 Feb 45 (282), 9 Feb 45 (285), 15 Feb 45 (291), 3 Mar 45 (307), 31 Mar 45 (335).
5) *Air Ministry Weekly Intelligence Summary*, 5 August 1944, S. 20.
6) Ethell, Jeffrey: *Komet. The Messerschmitt 163* (Ian Allan Ltd, Shepperton/Surrey 1978).
7) Drew, Robert B.: *Operational Probabilities of Jet Aircraft.* Anhang zur Mitteilung von Major Drew, AI3(b), an Colonel Kingman Douglas (Abschriften an Wing Commanders Hurst und Rose), 5. März 1945. S. 2 - 3. A. d. V.: Der „Anhang" ist nicht datiert oder sonst wie eingeordnet, wurde aber nach Januar 1945 verfasst.
8) Kriegstagebuch der 544 Squadron RAF, 12. Oktober 1944.
9) Kriegstagebuch der 428 (RCAF) Squadron.
10) Kriegstagebuch der 428 (RCAF) Squadron, Anhang A.222, S. 6.
11) Treibel, Werner: *Geschichte der deutschen Verkehrsflughäfen* (Bernard & Graefe Verlag, Bonn 1992. S. 283 - 291).
12) Kriegstagebuch der 16 Squadron RAF, 23. Dezember 1944.
13) Kriegstagebuch der 16 Squadron RAF, 14. Januar 1945.
14) Davis, A. N.: *First Rocket Fighter.* Leserbrief an *Flight International* 7. Mai 1964, S. 786.
15) Kriegstagebuch der 541 Squadron RAF, 13. März 1945.
16) Kriegstagebuch der 16 Squadron RAF, 14. Februar 1945.
17) *Mission Summary* No.104 (Afternoon Mission), Headquarters, 9th Bombardment Division. A. d. V.: Auszug aus Bertram, Mijndert.: *April 1945. Der Luftangriff auf Celle und das Schicksal der KZ-Häftlinge aus Drütte* (Schriftenreihe des Stadtarchivs Celle und des Bomann-Museums Heft 18, Celle 1989).
18) Thaler, Anton: *Monatsbericht des Erprobungskommandos 16.* Waldpolenz, 4. November 1944.
19) Kriegstagebuch der 16 Squadron RAF, 24. Dezember 1944.

10. Reitschule auf dem Tiger

1) Späte, Wolfgang: *Arbeitsbericht II, Erprobungskommando 16.* Peenemünde West, 11. Juni 1942.
2) Ders.: *Arbeitsbericht III, Erprobungskommando 16.* Peenemünde-West, 29. Juni 1942.
3) Ders.: *Arbeitsbericht 22, Erprobungskommando 16.* Peenemünde-West, 1. Juni 1943.
4) Ders.: *Der streng geheime Vogel. Erprobung an der Schallgrenze* (Verlag für Wehrwissenschaften, München 1983).
5) Thaler, Anton: *Arbeitsbericht 27, Erprobungskommando 16.* Bad Zwischenahn, 10. September 1943.
6) Mitteilung vom General der Fliegerausbildung Az. 65 Nr. 11339/43 (Ausb. Abt.V J) vom 22. Oktober 1943.
7) Mitteilung vom Erprobungskommando 16, 13. November 1943.
8) Schreiben Brb.Nr. 7020/43 geh. (T) vom General der Jagdflieger, 22 November 1943.
9) Mitteilung Nr. 22126/43 geh. (IIIA) vom Generalstab - Generalquartiermeister - 6. Abt., 3. Dezember 1943.
10) Mitteilung Nr. 1505/44 g.Kdos. (III) vom Generalstab - Generalquartiermeister - 6. Abt., 2. März 1944.
11) Mitteilung GL/C Nr. 14050/44 g.K. (B2/IB) Ref.: Ing. Haberl, Technisches Amt, 7. März 1944.
12) Mitteilung GL/C-E 2 Az. 89 Nr. 5664/44 C-E 2V g.Kdos.Technisches Amt, 7. März 1944.
13) Mitteilung Nr. 2252/44 g.Kdos. (III) vom Generalstab - Generalquartiermeister - 6. Abt., 21. März 1944.
14) Fernschreiben Nr. 8802/44 geh. (6. Abt. III) vom OKL-Generalquartiermeister, 15. Juni 1944.
15) Thaler, Anton: *Arbeitsbericht 28, Erprobungskommando 16.* Bad Zwischenahn, 2. Oktober 1943.
16) Freund, Gerhard: *Der Fliegerhorst Gelnhausen-Rothenbergen 1935 - 1945* (Märchenstraßen-Verlag, Steinau an der Straße 1995).
17) Flugbuch Rudolf Zimmermann.
18) Flugbuch Hans Helmut Gerstenhauer.
19) Segelflugbuch Nr. 1 von Hans Bott.
20) Flugbuch Siegfried Rudschinat.
21) Späte, Wolfgang: *Arbeitsbericht 29, Erprobungskommando 16.* Bad Zwischenahn, 29. Oktober 1943.
22) Olejnik, Robert: *Das gelungene Flugzeug - Me 163 - 1. Teil.* Undatiertes Manuskript.
23) Flugbuch Kurt Schiebeler.
24) Olejnik, Robert: *Das gelungene Flugzeug - Me 163 - 2. Teil.* Undatiertes Manuskript.
25) Flugbuch Otto Krusch.
26) Flugbuch Günter Andreas.
27) Flugbuch Reinhard Opitz.
28) Flugbuch Hans-Ludwig Löscher.
29) Späte, Wolfgang: *Arbeitsbericht 31, Erprobungskommando 16.* Bad Zwischenahn, 17. Dezember 1943.
30) Ders.: *Arbeitsbericht 32, Erprobungskommando 16.* Bad Zwischenahn, 15. Januar 1944.
31) Ders.: *Arbeitsbericht 33, Erprobungskommando 16.* Bad Zwischenahn, 4. Februar 1944.
32) Thaler, Anton: *Arbeitsbericht 35, Erprobungskommando 16.* Bad Zwischenahn, 30. März 1944.
33) Undatiertes Schreiben von Günter Andreas, Berlin.
34) Interview Cammann mit Rolf Glogner am 2. Oktober 2002.
35) Schreiben von Hans Bott, Banos de Futura, 10. September 2002.
36) Schreiben von Otto Krutsch, Riederau, 25. August 1990.
37) Späte, Wolfgang: *Arbeitsbericht 36, Erprobungskommando 16.* Bad Zwischenahn, 10. Mai 1944.
38) Thaler, Anton: *Arbeitsbericht 37, Erprobungskommando 16.* Bad Zwischenahn, 26. Juni 1944.
39) Schreiben von Jakob Bollenrath, Brieg, 4. Juli 1944.
40) Thaler, Anton: *Monatsbericht September 1944, Erprobungskommando 16.* Bad Zwischenahn, 2. Oktober 1944.
41) Ders.: *Monatsbericht, Erprobungskommando 16.* Waldpolenz, 4. November 1944.
42) Mitteilung General der Jagdflieger 4041/44 g.Kdos. Berlin-Kladow, 19. August 1944.
43) Mitteilung General der Jagdflieger 4042/44 g.Kdos. Berlin-Kladow, 8. September 1944.
44) Generalquartiermeister Lw, 6. Abt.: *Stärke- und Einsatzbereitschaftsmeldungen Luftflotte 10 und Reich für den Zeitraum 20.07.1944 - 31.10.44.* (Ohne Orts- und Zeitangabe).
45) Generalquartiermeister Lw, 6. Abteilung: *Bestandsmeldungen Jagdverbände (Erg.) für November und Dezember 1944.* (Ohne Orts- und Zeitangabe).
46) Generalquartiermeister Lw, 6. Abteilung: *Lagekarten „Aufmarsch der Luftverteidigungsverbände der Luftwaffe" für den Zeitraum 26.07.1944 - 27.02.45.*
47) Flugbuch Gottfried Hauss.
48) Schreiben von Werner Husemann, Meppen, 2. Juli 1989.
49) Schreiben von Detlef Hamberger, Frankfurt a. M., 28. Februar 1961.
50) Flugbuch Hans-Joachim Pancherz.
51) Interview mit Georg Neher (ohne Datum).
52) EJG 2, Fernschreiben SSD LRSU 189 Nr. 16/45 g.Kdos., 10. Januar 1945.
53) Arena, Nino: *L'Aeronautica Nazionale Repubblicana - La guerra aerea in Italia 1943 - 1945* (S.T.E.M. Mucchi, Modena 1975).
54) Flugbuch Werner Jung.
55) Flugbuch Horst Lachmann.

56) Schreiben von Adolf Niemeyer, Beverungen, 24. März 1992.
57) Interview mit Robert Olejnik (ohne Orts- und Zeitangabe).
58) General der Jagdflieger, Fernschreiben Nr. 724/45 g.Kdos. Gr. 1, 15. Februar 1945.
59) Dittmann, Fred: *Der Einsatzflughafen Esperstedt der deutschen Luftwaffe 1935 bis 1945.* In *Kelbraer Heimatgeschichtshefte* Heft Nr. 5 (Graphischer Kunstverlag „Kyffhäuser", Kelbra 1995).
60) Schreiben von Gerhard Stolle, Wien und Niederlöblarn, vom 11. Dezember 1985, 1. Januar 1986, 20. Juni 1989, 9. Januar 1990 und 9. Januar 1991.
61) Schreiben von Leo Hintze, Wien, vom 17. Dezember 1989, 3. Januar 1990 und 9. Januar 1991.
62) Schreiben von Bernd von Bremen, Erkrath, vom 11. Mai, 21. Mai, 10. Juli, 28. Juli, 7. September, 12. Oktober und 9. Dezember 1989 sowie vom 22. Juni 1990.
63) Soldbuch Gerhard Stolle.
64) Soldbuch Horst Lachmann.
65) Luftwaffen-Flugzeugführerschein Franz Kalt.
66) Schreiben von Horst Lachmann, Ludwigshafen (ohne Datum).
67) Flugbuch Nr. 2 von Horst Lachmann.
68) Flugbuch Rolf Hintze.
69) Flugbuch Hans-Ludwig Löscher.
70) JG-400-Sonderausweis für fliegendes Personal vom 22. Februar 1945 für Franz Kalt.
71) Schreiben von Helmuth Ziegler (ohne Orts- und Zeitangabe).
72) Lt. Frenzel: *Beurteilung der Segelflugbefähigung des Gefreiten Schlüter*. Segelfluggruppe „K", Rangsdorf, 9. November 1944.
73) ULTRA-Entzifferung vom 11. November 1944.
74) ULTRA-Entzifferung vom 2. Dezember 1944.
75) Pilotenbeurteilung vom Staffelkapitän 1./JG 102, 31. Oktober 1944 (ohne Ortsangabe).

11. Die Schulmaschine, die nie schulte

1) Fernschreiben OKL Generalquartiermeister (6.Abt. IIIT) vom 5. Mai 1944.
2) Erprobungskommando 16: *Technische Mängel und Erfahrungen. Ergänzung zu Erfahrungsberichte für die Zeiträume 13.05. - 30.05.44 und 01.06. - 26.06.44.* Bad Zwischenahn, 27. Juni 1944.
3) Dittmar, Heini: *Attrappenbesichtigung Me 163 S am 27.06.44*. Oberammergau, 27. Juni 1944.
4) Messerschmitt AG: *Protokoll Me 163 S (Schulflugzeug) - Attrappenbesichtigung Me 163 S*. Oberammergau, 28. Juni 1944.
5) Deutsche Lufthansa AG: *Niederschrift der Besprechung zwischen Hauptausschuss Flugzeugbau IB und DLH- Hauptwerkstätten Staaken.* Staaken, 22. September 1944.
6) Fernschreiben vom Hauptausschuss Flugzeugbau I an den Sonderausschuss F1 von Junkers. Dessau, 27. November 1944.
7) Schreiben von Heinz Peters, Margaretenhaun, vom 16. Februar 1988.
8) Flugbücher von Hans-Joachim Pancherz und Karl Voy,
9) Schreiben von Hans Bott, Alicante, vom 20. Februar 1989.
10) Hohmann, Bernhard A.: *Über die Entwicklung des Hochgeschwindigkeitsfluges*. Unveröffentlichtes Manuskript. Fairborn/Ohio, 6. Juni 1951.
11) Schreiben von Gerhard Stolle, Wien, vom 22. April 1989.
12) Schreiben von Detlef Hamburger, Frankfurt a. M., vom 28. Februar 1961.
13) OKL/Generalquartiermeister (6. Abt.IIIC): *Flugzeugverteilung für die Monate Dezember 1944 und Januar und Februar 1945.* (Ohne Orts- und Zeitangabe).
14) OKL/Generalquartiermeister (Chef Nachschub 2. Abt.II): *Beschaffungsmeldung für die Monate Dezember 1944 und Januar und Februar 1945.* (Ohne Orts- und Zeitangabe).

12. Nur auf dem Reissbrett

Diese Quellen wurden verwendet, aber im Kapitel nicht gesondert als Fußnoten aufgeführt.

1) *Projektbaubeschreibung P 01-112*. Messerschmitt AG Augsburg, ohne Datum.
2) *Projektbaubeschreibung P 06*. Messerschmitt AG Augsburg, 4. November 1940.
3) *Projektbaubeschreibung P 04-109*. Messerschmitt AG Augsburg, 1. März 1941.
4) *Projektbaubeschreibung P 08*. Messerschmitt AG Augsburg, 1. September 1941.
5) *Projekt Me 329*. Messerschmitt AG Augsburg, 15. März 1942.
6) Franz, Böttger: *Einbau des Sondertriebwerks Jumo 004 B T2 in Lippisch-Zelle P 11.* Mitteilung Junkers/Dessau, 12. November 1942.
7) Unbekannter Verfasser und Lippisch, Alexander: *Vergleich eines Schnellbombers normaler und schwanzloser Bauart.* Messerschmitt AG Abteilung L. Augsburg, 16. November 1942.
8) Hornung, Hans: *Vergleich zwischen Normal- und schwanzlosen Flugzeugen*. Bericht Nr. 80/42. Messerschmitt/Augsburg, 1. Dezember 1942. Auch unter ZWB UM 7838 veröffentlicht.
9) *Projektbaubeschreibung P 11*. Messerschmitt AG Augsburg, 4. Januar 1943.
10) *Projektbaubeschreibung P13*. Luftfahrtforschung Wien, Januar 1945.
11) Lippisch, Alexander: *Flugtechnische Grundlagen für Projekt P 15 Diana.* Luftfahrt-Forschung Wien, 4. März 1945.
12) Root, L. E.: *Tailless vs. Conventional designs.* Air Technical Intelligence Review Report F-IR-6-E *Survey of Messerschmitt Factory and Functions, Oberammergau, Germany.* Air Materiel Command, Wright Field, Dayton, 1 August 1946, S. 396 - 398.
13) Lippisch, Alexander: *Ein Dreieck fliegt* (Motorbuch Verlag, Stuttgart 1976).
14) Nowarra, Heinz J.: *Die deutsche Luftrüstung 1933 - 1945* (Bernard & Graefe Verlag, Bonn. ISBN 3-8289-5315-8).
15) Ebert, Hans J./Kaiser, Johann B./Peters, Klaus: *Willy Messerschmitt - Pionier der Luftfahrt und des Leichtbaues* (Bernard & Graefe Verlag, Bonn 1992).
16) Schick, Walter und Meyer, Ingolf: *Geheimprojekte der Luftwaffe. Jagdflugzeuge 1939 - 1945* (Motorbuch Verlag, Stuttgart 1994).
17) Wagner, Wolfgang: *Hugo Junkers Pionier der Luftfahrt - seine Flugzeuge* (Bernard & Graefe Verlag, Bonn 1996).

13. Deutliche Leistungssteigerung

1) Schwenk, T.: *Windkanalmessungen an einem Pfeilflugzeug Me 263.* AVA-Bericht 41/14/32. Göttingen 28. Februar 1942.
2) Novotny, K.: *Untersuchung eines Gesamtmodells Me 163 B mit verlängertem Rumpf*. AVA-Bericht 42/W/60. Göttingen 10. Dezember 1942.
3) Ders.: *Windkanalmessungen an einem Pfeilflugzeugs Me 163 C (mit unverwundenem Flügel).* AVA-Bericht 42/W/57. Göttingen 12. Februar 1943.
4) *Me 163 B. Schreiben KdE Nr. 612/43 g.Kdos.* Schreiben 7487/43 (I A) g.Kdos vom Chef GL/C-E 2 an Chef GL/C RLM. Berlin 13. Juli 1943.
5) *Projektbaubeschreibung Me 163 C*. Messerschmitt AG Augsburg, Juli 1943.
6) *Hochgeschwindigkeitsmessungen am Modell des Schwanzlosen Flugzeuges Me 163 C mit ungeschränktem Flügel.* DVL-Bericht, Berlin-Adlershof ohne Datum. A. d. V.: Dieser Bericht ließ sich nicht aufspüren, wurde aber nach dem 22. Juli 1943 veröffentlicht. Die Messungen wurden aufgrund vertraglicher Vereinbarungen der DVL mit der Messerschmitt AG durchgeführt.
7) *Me 263 mit Kraftstoff-Abwurfbehältern. Eilbericht E.44/85*. Dessau, November 1944. A. d. V.: Auf diesen Bericht bezieht sich G. V. Schliestett in *Index of Junkers Wind Tunnel Test Reports*. Technical Report No. 437 - 45, US Naval Technical Mission in Europe, October 1945. Der Eilbericht selber ist verschollen.
8) *Me 163 mit Entenleitwerk. Systematische Flugzustände*. Junkers-Schnellbericht S.44/77, Dessau 4. Oktober 1944.
9) *8-163. Entenleitwerk des vollständigen Modells*. Junkers-Schnellbericht S.44/86, Dessau 29. November 1944.
10) *Kurzbaubeschreibung 248*. Bericht Kobü-Ew 4569, Dessau 11. Oktober 1944.
11) Lucht, Roluf: *Bericht über Besprechung vom 12. Oktober 1944*. Bericht Nr. 100/44 g.Kdos. Reichsminister für Kriegsproduktion, Entwicklungshauptkommission Flugzeuge, Berlin. Er ging am 17. Oktober 1944 bei Junkers in Dessau ein.
12) Eick: *Me 163 und 248*. Schreiben 10436/44 (IIIA) g.Kdos., OKL Chef der Technischen Luftrüstung TLR/FL-E2. Berlin 21. Oktober 1944.
13) Eickeler: *Besichtung der schadhaften Flächen der Versuchsflugzeuge Me 163 (V1a, V6, V15, V13, V18).* Mitteilung Junkers-Eprobungsstelle Brandis, 4. Oktober 1944. A. d. V.: In anderen Berichten wird die Schreibweise „Aikele" verwendet.
14) Gropler, Kaul: *Vergleich des Einfluges 163 V18 mit den Kanalversuchen am entsprechenden Modell.* Bericht Kobü-Ew 4802. Junkers/Dessau, 4. Januar 1945.

15) Boye, H. und Hohmann, B.: *Erprobungsprogramme für 8-263.* Bericht Nr. 240/45 g.Kdos. Erprobungsstelle der Luftwaffe, Karlshagen 20. Januar 1945.
16) Pancherz, Hans-Joachim und Wendt, Karl: *Erster Erprobungsbericht 248/V 1.* Junkers-Bericht FIA. 76/45. Dessau 19. Februar 1945.
17) Flugbuch Hans-Joachim Pancherz.
18) Rentel: *Triebwerk für 163 B und 263.* Junkers-Mitteilung Kobü-Cy 1235745. Dessau 23. März 1945,
19) McDonald, George C.: *Investigation of Enemy Aircraft Factories.* Technical Intelligence Report No.A 353, Air Technical Intelligence Section, Office of the Director of Intelligence Headquarters, USSTAF APO 613, US Army, 4 May 1945.

14. Erbrobungsbedarf weiter vorhanden

1) *Monatsberichte Erprobungskommando 16*: Waldpolenz (Brandis) 4. November 44 (für Oktober), 2. Dezember 44 (für November), 5. Januar 45 (für Dezember 44 mit Anhängen), 31. Januar 45 (für Januar)
2) Eickeler: *Besichtung der schadhaften Flächen der Versuchsflugzeuge Me 163 (V1a, V6, V15, V13, V18).* Mitteilung Junkers-Eprobungsstelle Brandis, 4. Oktober 1944.
3) Thaler, Anton: *Sonderauftrag Senkrechtwaffen.* Mitteilung 637/44 g.Kdos von EKdo 16 Waldpolenz an KdE Rechlin vom 30. November 1944.
4) Grosholz: *Bez. Erprobung Jägerfaust.* Mitteilung 2313/44 g.Kdos von KdE Rechlin an OKL Genst.Gen.Qu.6.Abt.IA Berlin vom 6. Dezember 1944.
5) Grosholz: *Bez. Monatsbericht Nov.* Mitteilung 2734/44 g.Kdos von KdE Rechlin an EKdo 16 vom 8. Dezember 1944.
6) Späte, Wolfgang: *Der streng geheime Vogel* (Verlag für Wehrwissenschaften, München 1983).
7) Dahl: *Wochenbericht vom 4.12. - 10.12.44.* Fernschreiben 1823/44 geh. Vom EKdo 16 Waldpolenz an KdE Rechlin vom 11. Dezember 1944.
8) Anhang 2 zum Monatsbericht Ekdo 16 Brandis, 5. Januar 1945.
9) Beeg: *Unfallbericht.* EKdo 16 Brandis, 27. Januar 1945.
10) Felkin, Samuel Denys: *Recent Developments in Jet Propulsion Types.* ADI(K) Report No. 287/1945, 19 April 1945.
11) von Criegern: *Auflösung von Erprobungskommandos.* Akte Nr. Az 11b16.24, Mitteilung Nr. 727/45 g.Kdos. Stab OKL Generalquartiermeister, 14. Februar 1945.
12) Petersen, Edgar: *Auflösung Erprobungskommando 16.* Besprechungsprotokoll KdE Rechlin vom 19. Februar 1945.
13) Grosholz: *Auflösung von Erprobungskommandos.* Mitteilung 535/45 g.Kdos von KdE Rechlin an OKL und Luftflottenkommando 10 vom 8. März 1945.
14) Petersen, Edgar: *Auflösung Erprobungskommando 16.* Mitteilung 1950/45 geh. von KdE Rechlin an Erprobungskommandos Ju 388, EKdo 26 und EKdo 15 vom 19. Februar 1945.
15) Flugbuch Harald Kuhn.
16) Stüwe, Botho: *Peenemünde-West* (Bechtle Verlag, Esslingen 1995).
17) Hohmann, Bernhard A.: *Über die Entwicklung des Hochgeschwindigkeitsfluges.* Unveröffentlichtes Manuskript. Fairborn/Ohio, 6. Juni 1951.
18) Forsyth, Robert: *MISTEL. Deutsche Mistel-Flugzeuge im Einsatz 1942 - 1945* (Motorbuch Verlag, Stuttgart 2021).

15. Die japanische Me 163

1) Unbekannter Verfasser: *German Technical Aid to Japan.* ULTRA Report, War Department, Military Intelligence Service, 31 August 1945.
2) Imagawa, Y.: *Japan's Final Sword Stroke - The Story of Shushui* in *Air International* Juni 1976, S. 283 - 288.
3) Matogawa, Y.: *Shusui - Japan's Rocket Fighter in the World War II.* Beitrag No. IAA-99-IAA.2.3.01 der 50th *International Aeronautical Conference* in Amsterdam vom 4. - 8. Oktober 1999.
4) Unbekannter Verfasser: *Programm für den Japan-Besuch Me 262 und Me 163 am 14,7. - 16.7.* Ref.VT/L/Bstr. Jettingen, 12. Juli 1944.
5) Magamori, Y.: *Übernahme Protokoll Me 163.* Jettingen, 2. August 1944.
6) Unbekannter Verfasser: *Japan.* Mitteilung Nr.1 VK Berlin, 14. September 1944.
7) Thun und Layritz: *Programm für Japaner-Besuch 17. und 18. Oktober 1944.* Augsburg, 13. Oktober 1944.
8) Smith, J. Richard und Creek, Eddie J.: *Me 262 Vol. 1* (Classic Publications, Burgess Hill 1997).
9) Ebert, Hans J/Kaiser, Johann B./Peters, Klaus: *Willy Messerschmitt - Pionier der Luftfahrt und des Leichtbaues* (Bernard & Graefe Verlag, Bonn 1992).
10) Hata, Ikuhito und Izawa, Yasuho: *Japanese Naval Aces and Fighter Units in World War II* (Airlife Publishing, Shrewsbury 1990).

16. Wo sind sie geblieben?

1) Butler, Phil: *War Prizes* (Midland Counties Publications, Leicester 1994).
2) Schreiben von Philippe Couderchon an die Verfasser vom Dezember 2002.
3) Proctor, G. E.: *Me 163 Rocket-propelled Interceptor Fighter.* AI2(g) Report No.2338, 30 April 1945.
4) Port, W. G. A.: *Flight Tests on an German Tailless Aicraft Messerschmitt Me 163 B.* RAE Report No.Aero 2255, Farnborough, March 1948.
5) Ransom, Stephen: *Zwischen Leipzig und der Mulde. Flugplatz Brandis 1935 - 1945* (Stedinger Verlag, Lemwerder 1996).
6) Hohmann, Bernhard A.: *Über die Entwicklung des Hochgeschwindigkeitsfluges.* Unveröffentlichtes Manuskript. Fairborn/Ohio, 6. Juni 1951.
7) Stüwe, Botho: *Peenemünde-West* (Bechtle Verlag, Esslingen 1995).
8) Schwarzwälder, Herbert: *Bremen und Nordwestdeutschland am Kriegsende 1945. III. Teil: Vom Kampf um Bremen bis zur Kapitulation* (Carl Schünemann Verlag, Bremen 1974).
9) Raitt, D. I.: *Catalogue of Enemy Aircraft Reports 1939 - 1946,* Library Bibliography No. 312, RAE Farnborough, March 1969.
10) Sobolew, Dimitri Alexejewitsch: *Deutsche Spuren in der sowjetischen Luftfahrtgeschichte* (E.S. Mittler & Sohn GmbH, Hamburg 2000. S. 141 ff.).

Abkürzungen

ACIU	*Alliied Combined Intelligence Unit* (gemeinsame brit.-amerik. nachrichtendienstliche Auswertungsstelle)
AFB	*Airforce Base* (Luftwaffenstützpunkt; Fliegerhorst)
AGARD	*Advisory Group for Aeronautical Research and Development* (Beratergruppe für Luftfahrtforschung und -entwicklung)
Akaflieg	Akademische Fliegergruppe
AM	*Air Ministry* (brit. Luftfahrtministerium)
AMWIS	*Air Ministry Weekly Intelligence Summary* (Wöchentliche Zusammenfassung von Erkenntnissen des brit. Luftfahrtministeriums)
AN	Anpassungsnetzwerk
API	*Armour Piercing Incendiary* (panzerbrechende Brandmunition)
ARC	*Aeronautical Research Committee* (später *Council)* (Luftfahrt-Forschungsausschuss)
AVA	Aerodynamische Versuchsanstalt Göttingen e. V.
AVUS	Automobil-Verkehrs- und Übungsstraße
AW	Ausbildungswesen
BAL	Bauaufsicht-Luft
BEA	British European Airways
BFS	Blindflugschule
BFW	Bayerische Flugzeugwerke AG, Augsburg
BG	*Bomb Group* (Bombergruppe)
BIOS	*British Intelligence Operations Sub-committee* (Operativer Unterausschuss des britischen Nachrichtendienstes)
BMW	Bayerische Motorenwerke
BordflGr	Bordfliegergruppe
CAe	*College of Aeronautics, Cranfield* (Hochschule für Luftfahrt, Cranfield)
CEV	*Centre D'essais En Vol* (Flugerprobungsstelle)
CFS	*Central Flying School* (brit. Zentrale Fliegerschule)
CIOS	*Combined Intelligence Operations Sub-committee* (Unterausschuss für gemeinsame nachrichtendienstliche Unternehmen)
CNAC	*Canadian National Aeronautical Collection* (Nationale Kanadische Flugzeugsammlung; 1964 gegründet)
DAL	Deutsche Akademie für Luftfahrtforschung
DFC	*Dinstinguished Flying Cross* (brit. Verdienstkreuz für Flieger)
DFL	Deutsche Forschungsanstalt für Luftfahrt
DFS	Deutsches Forschungsinstitut für Segelflug, später: Deutsche Forschungsanstalt für Segelflug Ernst Udet e.V.
DFVLR	Deutsche Forschungs- und Versuchsanstalt für Luft- und Raumfahrt
DGLR	Deutsche Gesellschaft für Luft- und Raumfahrt
DK	Deutsches Kreuz
DLR	Deutsches Zentrum für Luft- und Raumfahrt
DLV	Deutscher Luftsport-Verband
DSO	*Distinguished Service Order* (brit. Verdienstorden für besondere militärische Leistungen)
DVL	Deutsche Versuchsanstalt für Luftfahrt e. V.
DVS	Deutsche Verkehrsfliegerschule
EJG	Ergänzungsjagdgeschwader
EK	Eisernes Kreuz
EKdo	Erprobungskommando
EL	Eichenlaub
ENAGr	Ergänzungsnahaufklärungsgruppe
EP	Ehrenpokal (der Luftwaffe)
ErgGr	Ergänzungsgruppe
ErgSt	Ergänzungsstaffel
FAGr	Fernaufklärungsgruppe
FAI	*Fédération Aéronautique Internationale* (Internationale Aeronautische Vereinigung; Internationaler Luftsportverband)
FAR	Fliegerausbildungsregiment
FB	Forschungsbericht
FFM	Flugwissenschaftliche Forschungsanstalt München
FFO	Flugfunk-Forschungsinstitut e. V., Oberpfaffenhofen
FFS	Flugzeugführerschule
Fl. Ing.	Flg.-Ing., Flieger-Ingenieur
FlRgt	Fliegerregiment
FlüG	Fliegerüberführungsgeschwader
FO	*Field Order* (Einsatzbefehl)
F/O	*Flying Officer* (Oberleutnant RAF)
FS	Fliegertechnische Schule
FS	*Fighter Squadron* (Jagdstaffel)
FT	urspr.: Funkentelegraphie; Kurzbezeichnung für „Funk" od. „Funkspruch"
FTC	*Flying Training Command* (Fliegerausbildungskommando an der CFS)
FuG	Funkgerät
FVA	Flugtechnische Versuchsanstalt (DVL, Prag)
G	Geschwader
GAFEC	*German Airforce Exhibition Centre* (brit. Dauerausstellung deutscher Beuteflugzeuge 1949 – 55)
GL	Generalluftzeugmeister
GMG	Flugzeubau Gebrüder Müller (Darmstadt-Griesheim)
Gr	Gruppe
H	Nah-(Heeres)Aufklärung
HEI	*High Explosive Incendiary* (Sprengbrandmunition)
HM	*His/Her Majesty* (Ihre/Seine Majestät)
HP	Handley Page Ltd
HVP	Heeresversuchsstelle Peenemünde
HWA	Heereswaffenamt
HWK	Hellmuth Walter KG, Kiel
IAS	*Indicated Air Speed* (angezeigte Flug- oder Eigengeschwindigkeit)
IFF	*Identification Friend-Foe* (Freund-Feind-Kennung)
Intops	*Interdiction Operations* (Abfangunternehmen, -maßnahmen)
ISTUS	Internationale Studienkommission für Segelflug

JAS	Junkers-Arbeits-Stab
JFS	Jagdfliegerschule
JG	Jagdgeschwader
JGr	Jagdgruppe
JLO	Jägerleitoffizier
Jumo	Junkers Motorenwerke AG
KdE	Kommandeur der Erprobungsstelle(n)
KG	Kampfgeschwader
KG	Kommanditgesellschaft
KGzbV	Kampfgeschwader zur besonderen Verwendung
KGrzbV	Kampfgruppe zur besonderen Verwendung
KKpt.	Korvettenkapitän
Kpt.z.S	Kapitän zur See
KVK	Kriegsverdienstkreuz
KWI	Kaiser-Wilhelm-Institut für Strömungsforschung, Göttingen
LF	Luftwaffen-Führerschein
LFA	Luftfahrtforschungsanstalt Hermann Göring e.V., Braunschweig
LFM	Luftfahrtforschungsanstalt München
LFW	Luftfahrtforschungsanstalt Wien
LG	Lehrgeschwader
LGK	Luftgaukommando
LGL	Lilienthal-Gesellschaft für Luftfahrtforschung
LLG	Luftlandegeschwader (Lastensegler)
MAN	Maschinenfabrik Augsburg Nürnberg
MBL	Musterprüfstelle der Bundeswehr für Luftfahrtgerät
MC	*Military Cross* (brit. Militärkreuz)
Mtt.	Messerschmitt (Abkürzung für die Firma in Arbeitsberichten)
MU	*Maintenance Unit* (Instandsetzungseinheit, -staffel)
NACA	*National Advisory Committee for Aeronautics* (US-Luftfahrtforschungsamt; Vorgänger der NASA)
NAMC	*Navy Air Materiel Centre (Command)* (Zentrale Marine-Beschaffungsstelle für Luftfahrtgerät)
NASA	*National Aeronautics and Space Administration* (Nationale Luft- und Raumfahrtbehörde)
NCO	*Non-Commissioned Officer* (Unteroffizier)
NJG	Nachtjagdgeschwader
NO	Nachrichtenoffizier
NSFK	Nationalsozialistisches Fliegerkorps
NVW	Nachrichten- und Verbindungswesen
OKH	Oberkommando des Heeres
OKL	Oberkommando der Luftwaffe
ONR	*Office of Naval Research* (Marine-Forschungsamt)
OSTIV	*Organisation Scientifique et Technique Internationale du Vol à Voile* (Internationale wissenschaftlich-technische Vereinigung für Segelflug)
PRU	*Photographic Reconnaissance Unit* (Bildaufklärerstaffel)
PTR	Physikalisch-Technische Reichsanstalt
RAE	*Royal Aircarf Establishment, Farnborough* (Königliche Flugerprobungsstelle Farnborough)
RAeS	*Royal Aeronautic Society* (Königliche Luftfahrt-Gesellschaft)
RAF	*Royal Air Force* (Königlich britische Luftwaffe)
RCAF	*Royal Canadian Air Force* (Königlich kanadische Luftwaffe)
RFC	*Royal Flying Corps* (Königliches Fliegerkorps, Vorläufer der RAF)
RK	Ritterkreuz
RLM	Reichsluftfahrtministerium
RPE	*Rocket Propulsion Establishment,* Westcott (Forschungsstelle für Raketenantriebe Westcott)
RRG	Rhön-Rossitten-Gesellschaft e.V.
RVM	Reichsverkehrsministerium
RWTH	Rheinisch-Westfälische Technische Hochschule, Aachen
SG	Schlachtgeschwader
s/n	*serial number* (Seriennummer)
SS	Schutzstaffel (1929 gegründete Organisation der NsDAP)
St	Staffel
St.Fhr.	Staffelführer
St.G.	Sturzkampfgeschwader
St.Kpt.	Staffelkapitän
SturmSt	Sturmstaffel
TB	Technischer Bericht
TLR	Technische Luftrüstung
TO	Technischer Offizier
TU	Technische Universität
UM	Untersuchungen und Mitteilungen
USAAF	*United States Army Air Force* (US-Heeresluftwaffe, aus der 1947 die USAF – US-Luftwaffe – hervorging)
VerbKdo	Verbindungskommando
VLF	Vereinigung für Luftfahrtforschung
VfR	Verein für Raumschiffahrt
WGL	Wissenschaftliche Gesellschaft für Luftfahrt e.V.
WIG	*Wing-in-ground-effect* (Bodeneffekt. Je nach Form des umströmten Körpers kann zusätzlicher Auftrieb oder aber Abtrieb entstehen)
W.Nr.	Werknummer
W/O	*Warrant Officer* (oberer Feldwebeldienstgrad)
W/O	*Written off* (abgeschrieben)
ZAGI	*Zentralnoje Aerogidrodinamitschiski Institut* (sowj. Zentrales Aerohydrodynamisches Institut)
ZWB	Zentrale für technisch-wissenschaftliches Berichtwesen über Luftfahrtforschung in Berlin-Adlershof, ab 1937: Zentrale für wissenschaftliches Berichtswesen der Luftfahrtforschung des Generalluftzeugmeisters

Besondere Funktions- und Dienststellungsbezeichnungen

Die fliegenden Verbände der Luftwaffe hatten und haben besondere Funktionsbezeichnungen. So wie die Dienststellungsbezeichnung „Kompaniefeldwebel" („Spieß") an sich nichts über den Rang verrät – in der Regel ein höherer Feldwebeldienstgrad –, so waren und sind auch folgende Bezeichnungen in erster Linie an die Funktion gebunden:

Geschwaderkommodore		Der Kommandeur des Geschwaders.
Gruppenkommandeur	Gr.Kdr.	Der Kommandeur der Gruppe.
Staffelkapitän	St.Kpt.	Chef der Staffel; beim Heer: Kompaniechef
Staffelführer	St.Fhr.	Führt die Staffel in Vertretung oder bei Ausfall des Staffelkapitäns
Adjutant	Adj.	Adjutanten sind auf Geschwader-, Gruppen- und Staffelebene angesiedelt und „rechte Hand" des jeweiligen Chefs bzw. Kommandierenden
Einsatzoffizier	Ia	Berater des jeweiligen Vorgesetzten in Fragen der Einsatzführung, Organisation und Ausbildung
Nachrichtenoffizier	Ic NO	Verantwortlich für Bearbeitung der Feindlage, Auswertung von Meldungen, Befragung von Gefangenen u.v.m.
Technischer Offizier	TO	Verantwortlich für die technische Einsatzbereitschaft
Jägerleitoffizier	JLO	In den Jägerleitstellen verantwortlich für die Abstimmung der Einsätze der verschiedenen Staffeln oder Gruppen.

Rangvergleiche

Die Dienstgrade entsprechen den während des 2. Weltkriegs gebräuchlichen Rangbezeichnungen der deutschen, britischen und US-amerikanischen Luftstreitkräfte.

Luftwaffe		**Royal Air Force**		**USAAF**	
Generalfeldmarschall	GFM, Gen.Feldm.	Marshal of the RAF	–	General (five star)	Gen
Generaloberst	Gen.Obst.	Air Chief Marshal	ACM	General (four star)	Gen
General der Flieger	Gen.d.Fl.	Air Marshal	AM	Lieutenant General	Lt Gen
Generalleutnant	Gen.Lt.	Air Vice Marshal	AVM	Major General	Maj Gen
Generalmajor	Gen.Maj.	Air Commodore	Air Cmdre	Brigadier General	
Oberst	Obst.	Group Captain	Grp Cptn	Colonel	Col
Oberstleutnant	Oberstlt.	Wing Commander	Wing Cdr	Lieutenant Colonel	Lt Col
Major	Maj.	Squadron Leader	Sqn Ldr	Major	Maj
Hauptmann	Hptm.	Flight Lieutenant	Flt Lt	Captain	Capt
Oberleutnant	Oblt.	Flying Officer	F/O	1st Lieutenant	1st Lt
Leutnant	Lt.	Pilot Officer	P/O	2nd Lieutenant	2nd Lt
Hauptfeldwebel	Hptfw.*	Warrant Officer	W/O	Flight Officer	Flt Off
Oberfeldwebel	Obfw.	Flight Sergeant	F/S	Master Sergeant	M/Sgt
Feldwebel	Fw.	Sergeant	Sgt	Technical Sergeant	T/Sgt
Unterfeldwebel	Ufw.	keine Entsprechung		Staff Sergeant	S/Sgt
Unteroffizier	Uffz.	Corporal	Cpl	Corporal	Cpl
Obergefreiter	Ogefr.	Leading Aircraftman	LAM	keine Entsprechung	
Gefreiter	Gefr.	Aircraftman 1st Class	AC1	Private 1st Class	Pfc
Flieger	Flg.	Aircraftman 2nd Class	AC2	Private	Pvt

*) Hauptfeldwebel bezeichnete keinen Rang, sondern die Dienststellung als Kompanie- oder Staffelfeldwebel („Spieß"). Im Übrigen das einzige zweigeschlechtliche Wesen beim Militär. Als Zeichen seiner Würde trug die „Mutter der Kompanie" je zwei „Kolbenringe" aus Unteroffizierstresse an den Unterarmen.

Außerdem gab es noch die Offiziersanwärter-Dienstgrade Fahnenjunker (Fhj.), Fähnrich (Fhr.) und Oberfähnrich (Ofhr.), die bei Briten und Amerikanern als Cadet und Leading Cadet bezeichnet wurden.
Die Bezeichnung „Fahnenjunker" war in der Regel mit einem Dienstgrad verbunden, z. B. Fahnenjunker-Unteroffizier oder Fahnenjunker-Feldwebel, insbesondere bei Quereinsteigern aus dem Unteroffiziersstand.

Personenverzeichnis

Anfänge

Deutsche Luftwaffe, Streitkräfte, Firmen und Organisationen

Italienische Luftwaffe

Japanische Marine und Heer

Britische Luftwaffe und Marine

US-Heeresluftwaffe und Heer